Mechanisches Verhalten der Werkstoffe

Joachim Rösler • Harald Harders • Martin Bäker

Mechanisches Verhalten der Werkstoffe

6., aktualisierte Auflage

Springer Vieweg

Joachim Rösler
TU Braunschweig
Braunschweig, Deutschland

Martin Bäker
TU Braunschweig
Braunschweig, Deutschland

Harald Harders
Mülheim an der Ruhr, Deutschland

ISBN 978-3-658-26801-5   ISBN 978-3-658-26802-2   (eBook)
https://doi.org/10.1007/978-3-658-26802-2

Die Deutsche Nationalbibliothek verzeichnet diese Publikation in der Deutschen Nationalbibliografie; detaillierte bibliografische Daten sind im Internet über http://dnb.d-nb.de abrufbar.

Springer Vieweg

Lektorat: Thomas Zipsner

Springer Vieweg ist ein Imprint der eingetragenen Gesellschaft Springer Fachmedien Wiesbaden GmbH und ist ein Teil von Springer Nature.
Die Anschrift der Gesellschaft ist: Abraham-Lincoln-Str. 46, 65189 Wiesbaden, Germany

Vorwort

Nahezu jedes im Maschinenbau eingesetzte Bauteil unterliegt hohen mechanischen Belastungen. Eine eingehende Beschäftigung mit dieser Thematik ist deshalb für Studierende des Maschinenbaus und der Materialwissenschaften von grundsätzlicher Bedeutung. Dabei ist die Herangehensweise oftmals grundsätzlich unterschiedlich. Während sich die Ingenieurin oder der Ingenieur eher für Bemessungsregeln als für Vorgänge im Werkstoffinneren interessiert, stehen in der materialwissenschaftlichen Ausbildung oftmals die physikalischen Mechanismen im Vordergrund, die sich bei mechanischer Beanspruchung abspielen. Letztlich ist aber in der beruflichen Praxis beides wichtig. Ohne ein wirkliches Verständnis der Verformungsmechanismen im Werkstoff läuft man Gefahr, Bemessungsregeln unkritisch anzuwenden und dadurch »unerwartetes« Werkstoffversagen hervorzurufen. Umgekehrt bleibt alles Grundlagenverständnis für die berufliche Praxis bedeutungslos, wenn es nicht gelingt, die Brücke zur praktischen Anwendung zu schlagen.

Es ist unser Anliegen, dieser Problematik im vorliegenden Buch Rechnung zu tragen. Deshalb wird der Bogen von den materialkundlichen Mechanismen, die bei der mechanischen Beanspruchung maßgeblich sind, bis hin zu den ingenieurwissenschaftlichen Vorgehensweisen bei der Bauteilauslegung gespannt. Will man dabei der beruflichen Praxis gerecht werden, die heute mehr denn je durch den Einsatz aller Werkstoffgruppen geprägt ist, muss man auch die jeweiligen Besonderheiten der Metalle, Keramiken, Polymere und Verbundwerkstoffe berücksichtigen. Entsprechend ist das Buch aufgebaut. Im Abschnitt »Wie man dieses Buch liest« auf Seite 1 wird der Aufbau im Einzelnen erläutert.

Deshalb informiert das vorliegende Buch umfassend über das »Mechanische Verhalten der Werkstoffe«. Es richtet sich an Studierende des Maschinenbaus und der Materialwissenschaften sowie an Ingenieurinnen und Ingenieure in der beruflichen Praxis, die sich mit der mechanischen Auslegung von Bauteilen beschäftigen. Obwohl sich das Buch vertieft mit dem mechanischen Werkstoffverhalten befasst und in dem Sinne kein »Einsteigerbuch« ist, sind die dargestellten Sachverhalte auch ohne vertiefte werkstoffphysikalische und werkstoffmechanische Vorkenntnisse verständlich. Deswegen finden sich am Anfang des Buches ein einführendes Kapitel zum Aufbau der Werkstoffe sowie Anhänge zu den Themen Tensorrechnung, Kristallorientierungen und Thermodynamik.

Das Buch ist aus einer gleichnamigen Vorlesung entstanden, die in den Vertiefungsrichtungen »Allgemeiner Maschinenbau« und »Materialwissenschaften« an der TU Braunschweig im Bachelor-Studiengang Maschinenbau gehalten wird.

Für die vorliegende sechste Auflage wurden die Abbildungen durchgängig farbig gestaltet. Außerdem wurden Korrekturen vorgenommen.

Besonders bedanken möchten wir uns bei Prof. Dr. Günter Lange, der uns wertvolle Hilfe bei der Ausarbeitung des Buches gegeben hat. Für die freundliche Bereitstellung von Bildmaterial danken wir Prof. Dr. Jürgen Huber (CeramTec AG), Wen-Bo Luo (Institute of Fundamental Mechanics and Material Engineering, Xiangtan University, China), Prof. Dr. Peter Neumann (Max-Planck-Institut für Eisenforschung GmbH), Dr. Volker

Saß (ThyssenKrupp Nirosta GmbH), Dr. Johannes Stoiber (Allianz-Zentrum für Technik GmbH), Dr. Dirk Kulawinski, der Lufthansa Technik AG, der Siemens AG, dem Institut für Werkstofftechnik der Universität Gh Kassel, dem Institut für Füge- und Schweißtechnik der TU Braunschweig, dem Institut für Baustoffe, Massivbau und Brandschutz der TU Braunschweig, dem Institut für Flugzeugbau und Leichtbau der TU Braunschweig, sowie den Mitarbeitern am Institut für Werkstoffe der TU Braunschweig. Dr. Steffen Müller hat maßgeblich zur Ausgestaltung des Vorlesungsmanuskriptes beigetragen, das als Vorlage für dieses Buch diente. Weiterhin danken wir Timo Franz und Dr. Knut Hupfer, die das Manuskript Korrektur gelesen haben. Zahlreiche Leserinnen und Leser haben uns über den Verlag Buchbewertungen und Hinweise für die Verbesserung unseres Buches übermittelt, für die wir dankbar sind. Dem Springer Vieweg Verlag und insbesondere Thomas Zipsner, Dr. Martin Feuchte und Harald Wollstadt möchten wir für die gute Zusammenarbeit danken.

Braunschweig,   *Joachim Rösler,*
Essen,   *Harald Harders,*
im Juni 2019   *Martin Bäker*

Inhaltsverzeichnis

---

1 Abschnitte, die wie dieser mit einem * an der Abschnittsüberschrift gekennzeichnet sind, beinhalten weitergehende Informationen, die ohne Nachteil für das weitere Verständnis übersprungen werden können.

Die Autoren

Prof. Dr. rer. nat. Joachim Rösler, geb. 1959, studierte von 1979 bis 1985 Werkstoffwissenschaften an der Universität Erlangen-Nürnberg und der Universität Stuttgart. Nach der Promotion am Max-Planck-Institut für Metallforschung in Stuttgart und Post-Doctorate Fellowship an der University of California at Santa Barbara Industrietätigkeit von 1991 bis 1996 bei der Asea Brown Boveri AG, Schweiz, hier zuletzt Leiter des Materiallabors der ABB Kraftwerke AG, Schweiz. Seit 1996 Professor für Werkstoffe und Leiter des gleichnamigen Instituts der Technischen Universität Braunschweig. Forschungsschwerpunkte sind metallische Hochtemperaturwerkstoffe, das mechanische Verhalten von Werkstoffen und die Werkstoffentwicklung.

Dr.-Ing. Harald Harders, geb. 1972, studierte von 1993 bis 1998 Maschinenbau an der Technischen Universität Braunschweig mit der Vertiefungsrichtung Mechanik und Werkstoffe. 1999 Wissenschaftlicher Mitarbeiter am Deutschen Zentrum für Luft- und Raumfahrt (DLR). 1999 bis 2004 Wissenschaftlicher Mitarbeiter am Institut für Werkstoffe der Technischen Universität Braunschweig, 2005 Promotion über das Ermüdungsverhalten von Metallschäumen. Seit 2004 tätig bei der Siemens AG in Mülheim an der Ruhr. Momentan Leiter des globalen Werkstoffengineerings in der Division Power and Gas.

Priv.-Doz. Dr. rer. nat. Martin Bäker, geb. 1966, studierte von 1987 bis 1993 Physik an der Universität Hamburg. Nach der Promotion an der Universität Hamburg von 1995 bis 1996 Wissenschaftlicher Mitarbeiter am II. Institut für theoretische Physik der Universität Hamburg. Seit 1996 Wissenschaftlicher Mitarbeiter am Institut für Werkstoffe der Technischen Universität Braunschweig, Arbeitsschwerpunkt ist die kontinuumsmechanische Simulation von Werkstoffprozessen. 2004 Habilitation mit dem Lehrgebiet Werkstoffkunde.

Wie man dieses Buch liest

Dieses Buch ist sowohl als Lehrbuch als auch als Nachschlagewerk gedacht. Daher ist es für das chronologische Lesen so aufgebaut, dass zum Verstehen eines Kapitels – soweit möglich – kein Wissen aus späteren Kapiteln benötigt wird. Für die Verwendung als Nachschlagewerk wurde ein ausführliches Stichwortverzeichnis erstellt, das auch alternative Begriffe, die nicht in diesem Buch verwendet werden, aufführt und auf die erklärten Synonyme verweist.

Um dem interdisziplinären Charakter des Themas gerecht zu werden, enthält das Buch zum einen Kapitel, die wesentliche mechanische Beanspruchungsfälle behandeln und werkstoffübergreifende Gesetzmäßigkeiten besprechen (Kapitel 2: elastisches Verhalten; Kapitel 3: Plastizität und Versagen; Kapitel 4: Kerben; Kapitel 5: Bruchmechanik; Kapitel 10: Werkstoffermüdung; Kapitel 11: Kriechen) und zum anderen solche, die die Besonderheiten im mechanischen Verhalten spezifischer Werkstoffgruppen und die zugrunde liegenden physikalischen Mechanismen behandeln (Kapitel 6: Metalle; Kapitel 7: Keramiken; Kapitel 8: Polymere; Kapitel 9: Verbundwerkstoffe).

Oftmals erschien es uns wünschenswert, Hintergrundinformationen für besonders interessierte Leserinnen und Leser zu geben, die über den Lehrstoff wesentlich hinausgehen bzw. angrenzende Gebiete berühren. Sie können ohne Nachteil für das weitere Verständnis auch übersprungen werden. Diese Bereiche sind wie folgt gekennzeichnet:

> Kurze Erklärungen sind als eingerückte Abschnitte besonders zu erkennen. Sie können beim Lesen des Haupttextes mitgelesen oder übersprungen werden.

Im Falle umfangreicherer Abhandlungen sind die entsprechenden Abschnitte durch ein »*« an der Abschnittsnummer gekennzeichnet (siehe zum Beispiel Abschnitt 2.5.2) bzw. im Anhang ab Seite 471 aufgeführt.

Am Ende des Textteils befinden sich Übungsaufgaben mit ausgearbeiteten Lösungen. Sie dienen als Rechenbeispiele für die im Text erläuterten Zusammenhänge und sollen eine kritische Überprüfung des erarbeiteten Wissens ermöglichen. Ab Seite 515 werden die im Buch verwendeten Formelzeichen sowie die wichtigsten Festigkeitsbegriffe zusammengefasst.

1 Aufbau der Werkstoffe

Werkstoffe existieren in einer großen Vielfalt und mit stark unterschiedlichen Eigenschaften. So lässt sich beispielsweise ein Kupferdraht leicht mit der Hand in eine neue Form biegen, eine Gummiband dagegen wird nach einer Verformung wieder in seine ursprüngliche Form zurückschnellen, während der Versuch, ein Glasröhrchen zu biegen, mit dem Bruch des Röhrchens endet. Die starken Unterschiede in den mechanischen Eigenschaften spiegeln sich auch im Einsatz der Werkstoffe als Konstruktionswerkstoffe wieder — weder wird man Autos aus Glas noch Brücken aus Gummi bauen wollen. Dem Konstrukteur erlaubt diese Vielfalt, den geeignetsten Werkstoff für eine bestimmte Konstruktion auszuwählen. Dazu ist es jedoch oft notwendig, die mechanischen Eigenschaften der Werkstoffe nicht nur zu kennen, sondern auch zu verstehen, welche physikalischen Mechanismen ihnen zugrunde liegen.

Die mechanischen Eigenschaften der Werkstoffe werden durch ihre atomare Struktur verursacht. Zum Verständnis dieser Eigenschaften ist deshalb die Kenntnis des Aufbaus der Werkstoffe notwendig. Diese soll in diesem Kapitel vermittelt werden. Die Untersuchung des Aufbaus der Materie ist der Gegenstand der Festkörperphysik, für das Verständnis der mechanischen Eigenschaften ist jedoch eine vertiefte Kenntnis festkörperphysikalischer Grundlagen nicht notwendig, denn sie können meist mit relativ einfachen Modellen erklärt werden.

Dieses Kapitel beginnt mit einer kurzen Erläuterung der Prinzipien des Atomaufbaus und der chemischen Bindung. Anschließend werden die drei großen Werkstoffgruppen behandelt, nämlich die *Metalle*, die *Keramiken* und die *Polymere*. Dabei werden die relevanten Details der jeweils vorliegenden atomaren Bindungen erläutert, und der mikroskopische Aufbau der einzelnen Klassen wird diskutiert.

Für einen tiefer gehenden Einblick in die Bindungsmechanismen der Werkstoffe sei auf die Bücher von *Bäker* [15], *Beiser* [18] und *Podesta* [120] verwiesen.

1.1 Atomaufbau und chemische Bindung

Atome bestehen aus einem positiv geladenen *Atomkern,* der von negativ geladenen *Elektronen* umgeben ist. Der Atomkern trägt nahezu die gesamte Masse eines Atoms, da er aus schweren Elementarteilchen, den Protonen und Neutronen besteht. Die Anzahl der positiv geladenen Protonen im Atomkern bestimmt die *Kernladungszahl* und damit das chemische Element. So hat beispielsweise Wasserstoff – mit einem Proton im Kern – eine Kernladungszahl von 1, Sauerstoff eine Kernladungszahl von 8 und Eisen eine von 26. Der Atomkern ist an chemischen Reaktionen nicht direkt beteiligt, diese werden durch die den Kern umgebenden Elektronen vermittelt.

Die Elektronen eines Atoms können sich nicht in beliebiger Weise um den Atomkern anordnen. Vielmehr befinden sie sich auf sogenannten *Elektronenschalen,* die – stark vereinfacht – in zunehmendem Abstand vom Atomkern angeordnet sind und die jeweils nur

© Springer Fachmedien Wiesbaden GmbH, ein Teil von Springer Nature 2019

J. Rösler et al., *Mechanisches Verhalten der Werkstoffe*, https://doi.org/10.1007/978-3-658-26802-2_1

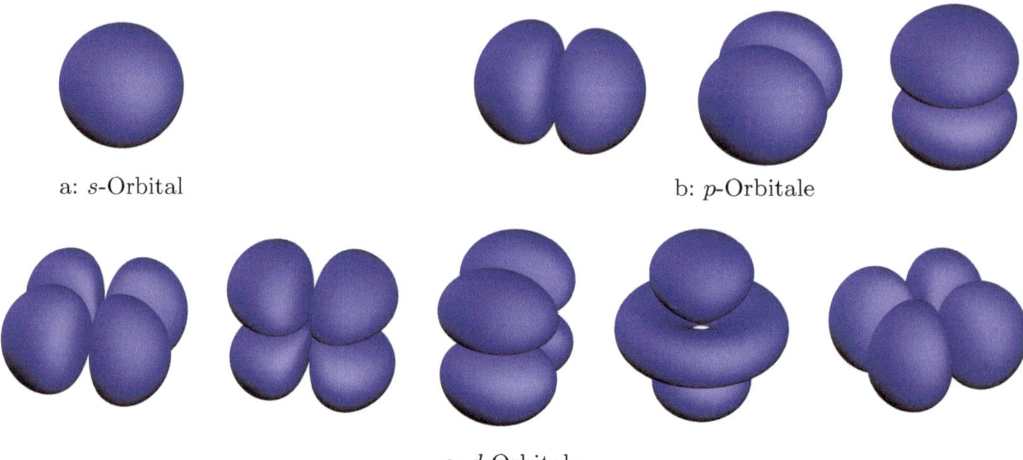

a: *s*-Orbital   b: *p*-Orbitale

c: *d*-Orbitale

Bild 1.1: Schematische Darstellung der Struktur einiger Elektronenorbitale (Daten berechnet
        mit dem Programm Orbital Viewer [116])

eine begrenzte Anzahl von Elektronen aufnehmen können. Je weiter eine Elektronenschale vom Atomkern entfernt ist, desto größer ist die Energie der Elektronen in dieser Schale,
so dass Elektronen auf den äußeren Schalen schwächer an den Kern gebunden sind als
die auf inneren Schalen.

Elektronen können im Allgemeinen nicht an einem Ort lokalisiert werden, d. h., ihr
Aufenthaltsort ist nicht genau bestimmt. Man kann nur eine gewisse Wahrscheinlichkeit
dafür angeben, dass sich ein Elektron an einem bestimmten Ort aufhält. Es gibt also Orte
in der Nähe des Atomkerns, an denen sich ein Elektron bevorzugt aufhält, während es andere Orte meidet. Den Bereich, in dem man das Elektron antreffen kann, bezeichnet man
als *Elektronenwolke* oder als *Orbital*. Bild 1.1 zeigt einige Beispiele für Elektronenorbitale.
Man erkennt, dass es sowohl kugelsymmetrische als auch gerichtete Orbitale geben kann.
Eine Elektronenschale setzt sich im Allgemeinen aus verschiedenen Orbitalen zusammen.
Jedes einzelne dieser Orbitale kann maximal zwei Elektronen aufnehmen (Pauli-Prinzip).

Die prinzipielle Struktur der Elektronenschalen ist für alle Atome dieselbe. Die in-
nerste Elektronenschale aller Atome, K-Schale genannt, kann maximal zwei Elektronen
aufnehmen, da sie nur ein einziges kugelsymmetrisches Orbital (das *s*-Orbital) besitzt.
Die nächste Schale, die L-Schale, nimmt bis zu acht Elektronen auf, von denen wiederum
zwei ein kugelsymmetrisches *s*-Orbital einnehmen, während sich die anderen sechs auf
gerichteten Orbitalen, den drei *p*-Orbitalen, befinden. Die nachfolgende M-Schale bietet
sogar Platz für 18 Elektronen auf *s*-, *p*- und *d*-Orbitalen.[1] Da die Natur Zustände möglichst niedriger Energie anstrebt, werden diese Schalen bei einem einzelnen Atom von der
innersten angefangen aufgefüllt, bis die Zahl der Elektronen gleich der Kernladungszahl
ist, so dass das Atom elektrisch neutral ist. Tabelle 1.1 zeigt die Elektronenanordnung
einiger ausgewählter Atome.

---

1 Allgemein folgt die Zahl k der Elektronen, die von der n-ten Schale aufgenommen werden können,
  dem Gesetz $k = 2n^2$.

Tabelle 1.1: Elektronenkonfigurationen ausgewählter Elemente

		K	L		M			N			
		$1s$	$2s$	$2p$	$3s$	$3p$	$3d$	$4s$	$4p$	$4d$	$4f$
1	H	1									
2	He	2									
3	Li	2	1								
4	Be	2	2								
5	B	2	2	1							
6	C	2	2	2							
7	N	2	2	3							
8	O	2	2	4							
9	F	2	2	5							
10	Ne	2	2	6							
11	Na	2	2	6	1						
17	Cl	2	2	6	2	5					
19	K	2	2	6	2	6		1			
20	Ca	2	2	6	2	6		2			
21	Sc	2	2	6	2	6	1	2			
22	Ti	2	2	6	2	6	2	2			
26	Fe	2	2	6	2	6	6	2			
28	Ni	2	2	6	2	6	8	2			
29	Cu	2	2	6	2	6	10	1			
30	Zn	2	2	6	2	6	10	2			

Da die Energie der Elektronen auf den äußeren Schalen höher ist als die der inneren Elektronen, sind vor allem diese an chemischen Reaktionen beteiligt. Die Energie, mit der das am schwächsten gebundene Elektron an das Atom gebunden ist, bezeichnet man als *Ionisierungsenergie,* da beim Entfernen dieses Elektrons ein positiv geladenes Ion zurückbleibt. Die Ionisierungsenergie ist also ein Maß für die Stärke, mit der ein Elektron der äußeren Schale an das Atom gebunden ist.

Die Ionisierungsenergie eines Atoms ist immer dann besonders hoch, wenn die äußere Elektronenschale voll besetzt ist.[2] Volle Elektronenschalen sind energetisch besonders günstig, so dass Atome bestrebt sind, Konfigurationen zu erreichen, bei denen die äußere Elektronenschale gefüllt ist. Dies erklärt, warum Edelgase, die eine solche Konfiguration besitzen, chemisch praktisch vollkommen inert sind, warum Fluor, dem zur vollen Elektronenschale nur ein einziges Elektron fehlt, eine hohe Affinität zur Aufnahme eines Elektrons hat und warum umgekehrt ein Metall wie Natrium, das nur ein Elektron auf der äußeren Schale hat, eine niedrige Ionisierungsenergie besitzt.

Zu einer chemischen Bindung zwischen Atomen kommt es dadurch, dass sich mehrere Atome ihre Elektronen miteinander »teilen« oder sie vollständig von einem auf das andere übertragen, um eine möglichst günstige Elektronenkonfiguration zu erhalten. Wasserstoff mit einem einzigen Elektron auf der K-Schale benötigt beispielsweise noch ein

---

2 Die inneren Elektronenschalen bleiben wegen ihrer hohen Bindungsenergie in chemischen Reaktionen immer unbeteiligt. Sie spielen aber beispielsweise bei der Erzeugung von Röntgenstrahlen eine Rolle.

weiteres Elektron, um diese Schale aufzufüllen. Zwei Wasserstoffatome können sich deshalb miteinander verbinden und sich ihre Elektronen miteinander teilen. Dabei entsteht ein Wasserstoffmolekül H_2. In diesem einfachen Bild der chemischen Eigenschaften eines Atoms kann jedes Atom also so viele Bindungen eingehen, wie ihm Elektronen auf der äußeren Schale fehlen. Dieser Bindungstyp wird als *kovalent* bezeichnet und in Abschnitt 1.3.1 näher erläutert. Die Zahl der Bindungen, die ein Element eingehen kann, bezeichnet man allgemein als die *Valenz* eines Elements. So ist die Valenz von Fluor 1, diejenige von Sauerstoff 2 und die von Kohlenstoff 4.[3]

Das Valenzmodell der Elemente kann viele chemische Verbindungen erklären, allerdings nicht alle. Ein einfaches Beispiel zeigt die Grenzen des Modells auf: Ionisiert man ein Wasserstoffmolekül, so erhält man ein Molekül mit der chemischen Formel H_2^+. Beide Wasserstoffkerne teilen sich also ein einziges Elektron. Keines der beiden Wasserstoffatome erreicht dabei eine volle Elektronenschale. Dennoch besitzt das H_2^+-Molekül eine relativ hohe Bindungsenergie und dissoziiert nicht einfach in ein Wasserstoffatom und ein Proton. Dies hängt mit einer besonderen Eigenschaft von Elektronen zusammen. Elektronen sind bestrebt, einen Zustand einzunehmen, bei dem sie sich möglichst weit über ein Gebiet ausbreiten können. Je stärker man ein Elektron räumlich einschränkt, desto höher ist seine Energie. Für das Elektron ist es deshalb günstig, sich gleichermaßen bei beiden Wasserstoffkernen aufzuhalten, weil dies seine Energie erniedrigt.

Diese Eigenschaft der Elektronen erklärt auch, warum die Elektronen eines Atoms nicht in den Atomkern stürzen. Nach den Regeln der klassischen Physik sollte man erwarten, dass ein um ein Proton kreisendes Elektron seine Energie dadurch minimiert, dass es möglichst dicht an das Proton heranrückt, denn die beiden Teilchen ziehen sich elektrisch stark an. Je dichter das Elektron jedoch an das Proton heranrückt, desto stärker steigt seine Energie, weil der Ort, an dem das Elektron sich aufhalten kann, dabei immer stärker eingeschränkt wird. Diese beiden Effekte mit entgegengesetztem Vorzeichen führen zu einer Minimierung der Energie bei einem bestimmten Abstand des Elektrons vom Atomkern. Wir werden im nächsten Abschnitt sehen, dass die physikalischen Eigenschaften von Metallen von diesem Prinzip entscheidend bestimmt werden.

Die chemische Bindung zwischen zwei Atomen sorgt dafür, dass diese einander anziehen. Kommen sich die Atome jedoch zu nahe, so führt die elektrostatische Abstoßung der inneren Elektronenschalen zu einer abstoßenden Kraft zwischen den Atomen. Ein weiterer Abstoßungseffekt kommt dadurch zustande, dass die Größe der Elektronenorbitale sich bei Annäherung der Atome verringert, was, wie erläutert, energetisch ungünstig ist. Es stellt sich deshalb ein Gleichgewichtsabstand ein, bei dem die Energie minimiert ist und keine Gesamtkraft auf die Atome wirkt (vgl. Abschnitt 2.3). Typische Bindungsabstände für kovalente Bindungen liegen zwischen 0,1 nm und 0,3 nm.

Je nachdem, welche Elemente sich chemisch miteinander verbinden, können sich verschiedene Bindungstypen einstellen, die deutlich unterschiedliche Eigenschaften aufwei-

---

3 Elemente, deren äußere Elektronenschale weniger als halb gefüllt ist, haben eine Valenz, die nicht der Zahl der fehlenden Elektronen, sondern der Zahl der vorhandenen Elektronen entspricht. So ist die Valenz von Natrium 1 und die von Magnesium 2. Komplizierter sind die Verhältnisse bei den Nebengruppenelementen. Eisen kann beispielsweise mit Sauerstoff zu FeO (Valenz 2) oder Fe_2O_3 (Valenz 3) reagieren.

sen. Diese Typen werden in den nächsten Abschnitten zusammen mit den Werkstoffgruppen vorgestellt, für die sie charakteristisch sind.

1.2　Metalle

Metalle bilden eine besonders wichtige Klasse von Festkörpern. Sie zeichnen sich durch eine Reihe besonderer Eigenschaften aus, nämlich durch ihre gute thermische und elektrische Leitfähigkeit, ihre gute Verformbarkeit und durch den charakteristischen metallischen Glanz ihrer Oberflächen. Ihre gute Verformbarkeit zusammen mit ihrer – durch Legieren erreichbaren – hohen Festigkeit[4] macht Metalle zu besonders attraktiven Konstruktionswerkstoffen.

Als natürlich vorkommende Materialien sind Metalle selten, da sie eine Neigung zur Oxidation besitzen. Betrachtet man jedoch die reinen Elemente, so liegen mehr als zwei Drittel von ihnen im metallischen Zustand vor. Viele Atomsorten sind in Metallen im festen Zustand löslich und ermöglichen so die Bildung einer metallischen Legierung. Beispielsweise lässt sich aus Eisen durch Legieren mit Kohlenstoff Stahl erzeugen. Die große Anzahl der metallischen Elemente bietet ein entsprechend großes Spektrum an möglichen Legierungen. Die größte technische Bedeutung als Konstruktionswerkstoffe kommt dabei Legierungen auf der Basis von Eisen (Stähle und Gusseisen), Aluminium, Kupfer (Bronzen und Messing), Nickel, Titan und Magnesium zu.

In diesem Abschnitt soll zunächst die Natur der chemischen Bindung von Metallen diskutiert werden. Dabei wird sich zeigen, dass sich die Metallatome normalerweise in einer regelmäßigen, kristallinen Struktur anordnen. Deshalb wird weiterhin auf die Struktur von Kristallen eingegangen. Anschließend wird erläutert, wie sich ein metallisches Material aus einzelnen Kristallen zusammensetzt.

1.2.1　Metallische Bindung

Betrachtet man das Periodensystem der Elemente, so fällt auf, dass die Metalle sich dadurch auszeichnen, dass sie relativ wenige Elektronen auf der äußeren Schale besitzen (Bild 1.2). Ihnen fehlen zum Erreichen einer vollen äußeren Schale also viele Elektronen. Sie haben aber sie die Möglichkeit, durch Abgabe ihrer wenigen Außenelektronen eine volle Elektronenschalenkonfiguration zu erreichen. Die Ionisierungsenergie von Metallen ist deshalb normalerweise niedrig.

Wegen der niedrigen Zahl der äußeren Elektronen kann die metallische Bindung nicht darauf beruhen, dass sich mehrere Atome ihre Elektronen teilen, um so eine volle äußere Elektronenschale zu erhalten. Dass dennoch eine Bindung zustande kommen kann, liegt an der oben im Zusammenhang mit dem H_2^+-Molekül diskutierten Eigenschaft der Elektronen, sich über einen möglichst großen Bereich ausdehnen zu wollen.

Wie diese Eigenschaft zur Bildung eines Metalls führen kann, lässt sich am einfachsten an einem Beispiel erläutern: Lithium zählt zu den Alkalimetallen und besitzt nur ein

---

4 Die Festigkeit eines Werkstoffs ist die Höhe der Belastung, die er erträgt, ohne zu versagen. Darauf wird in Abschnitt 3.2 näher eingegangen.

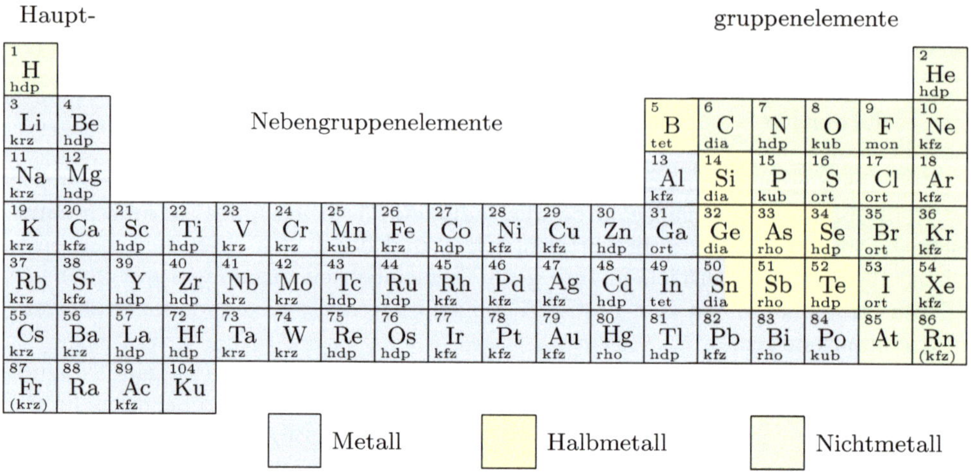

Haupt-   gruppenelemente

1 **H** hdp																	2 **He** hdp
3 **Li** krz	4 **Be** hdp				Nebengruppenelemente							5 **B** tet	6 **C** dia	7 **N** hdp	8 **O** kub	9 **F** mon	10 **Ne** kfz
11 **Na** krz	12 **Mg** hdp											13 **Al** kfz	14 **Si** dia	15 **P** kub	16 **S** ort	17 **Cl** ort	18 **Ar** kfz
19 **K** krz	20 **Ca** kfz	21 **Sc** hdp	22 **Ti** hdp	23 **V** krz	24 **Cr** krz	25 **Mn** kub	26 **Fe** krz	27 **Co** hdp	28 **Ni** kfz	29 **Cu** kfz	30 **Zn** hdp	31 **Ga** ort	32 **Ge** dia	33 **As** rho	34 **Se** hdp	35 **Br** ort	36 **Kr** kfz
37 **Rb** krz	38 **Sr** kfz	39 **Y** hdp	40 **Zr** hdp	41 **Nb** krz	42 **Mo** krz	43 **Tc** hdp	44 **Ru** hdp	45 **Rh** kfz	46 **Pd** kfz	47 **Ag** kfz	48 **Cd** hdp	49 **In** tet	50 **Sn** dia	51 **Sb** rho	52 **Te** hdp	53 **I** ort	54 **Xe** kfz
55 **Cs** krz	56 **Ba** krz	57 **La** hdp	72 **Hf** hdp	73 **Ta** krz	74 **W** krz	75 **Re** hdp	76 **Os** hdp	77 **Ir** kfz	78 **Pt** kfz	79 **Au** kfz	80 **Hg** rho	81 **Tl** hdp	82 **Pb** kfz	83 **Bi** rho	84 **Po** kub	85 **At**	86 **Rn** (kfz)
87 **Fr** (krz)	88 **Ra**	89 **Ac** kfz	104 **Ku**														

☐ Metall   ☐ Halbmetall   ☐ Nichtmetall

hdp – hexagonal dichtest gepackt	krz – kubisch raumzentriert
kfz – kubisch flächenzentriert	kub – kubisch
ort – orthorhombisch	tet – tetragonal
rho – rhomboedrisch	dia – Diamantstruktur

Bild 1.2: Periodensystem der Elemente ohne Lanthaniden (Ordnungszahlen 58 bis 71) und Actiniden (Ordnungszahlen 90 bis 103). Die angegebenen Kristallstrukturen werden ab Abschnitt 1.2.2 eingeführt.
Halbmetalle besitzen Bindungen mit kovalenten und metallischen Bindungsanteilen. Einige Materialien besitzen abhängig von der Temperatur verschiedene Kristallstrukturen (nach [10, 85]).

einziges Elektron auf der äußersten Elektronenschale, so dass dort sieben freie Plätze für weitere Elektronen vorliegen. Bringt man zwei Lithium-Atome zusammen, so können die äußeren Elektronen, die *Valenzelektronen,* beider Atome sich jeweils bei beiden Atomen aufhalten und auf diese Weise ihre Energie verringern. Diese Situation ist ähnlich der bei der Bindung des H_2^+-Moleküls. Kommt ein drittes Lithium-Atom hinzu, so kann auch dieses sein Elektron über die Position aller dreier Atome verteilen, so dass sich ein Li_3-Molekül bildet. Auch ein weiteres hinzukommendes Lithium-Atom kann sein Elektron in den Verbund einbringen. Insgesamt bildet sich so eine Struktur aus, bei der jedes Lithium-Atom von acht nächsten Nachbarn umgeben ist und seine Elektronen mit diesen teilt. Jede Bindung zwischen zwei Lithium-Atomen enthält von jedem Atom im Mittel ein Achtel eines Elektrons. Die Bindung zwischen den Atomen kommt dabei durch die stärkere Ausbreitung der Elektronen zustande.

Diese starke Ausbreitung der Elektronen sorgt dafür, dass man die einzelnen Elektronen nicht mehr ihrem jeweiligen Atom zuordnen kann, zu dem sie ursprünglich gehörten. Die Elektronen breiten sich über das ganze Material aus, so dass sich zwar im Mittel in der Umgebung jedes Lithium-Atoms noch ein Elektron befindet,[5] dieses Elektron aber

---

5 Die Elektronen der inneren Schalen bleiben fest an das jeweilige Lithium-Atom gebunden und werden bei dieser Betrachtung deshalb nicht berücksichtigt.

nicht stationär dort verbleibt, sondern sich frei bewegen kann. Aus diesem Grund spricht man bei der metallischen Bindung oft auch davon, dass die Atome ihre Valenzelektronen an ein gemeinsames *Elektronengas* abgeben, so dass sich positive Atomrümpfe innerhalb eines »Gases« aus negativen Elektronen befinden.[6]

Die Beweglichkeit der Elektronen innerhalb des Elektronengases erklärt viele der physikalischen Eigenschaften der Metalle, denn sowohl die exzellente elektrische als auch die Wärmeleitfähigkeit der Metalle wird durch diese Beweglichkeit verursacht. Der Glanz von Metallen wird ebenfalls durch Elektronenbewegung hervorgerufen, da die Elektronen in einem elektromagnetischen Wechselfeld wie z. B. Licht mitschwingen und dieses so daran hindern, in das Metall einzudringen [49, 120].

Da die metallische Bindung nicht zu einer vollen Elektronenschale der einzelnen Atome führt, ist eine einzelne Bindung schwächer als andere Bindungstypen. Die Energie einer einzigen metallischen Bindung zwischen zwei Atomen liegt etwa zwischen 0,1 eV und 0,3 eV.[7] Jedes Atom in einem Metall hat jedoch eine relativ große Zahl nächster Nachbarn, so dass sich insgesamt relativ hohe Bindungsenergien ergeben, so für Natrium eine Bindungsenergie pro Atom von 1,1 eV, für Kupfer ein Wert von 3,5 eV. Da die Bindungsenergie etwas niedriger liegt als bei den Keramiken, die eine volle Elektronenschale besitzen, sind normalerweise auch die Schmelzpunkte der Metalle niedriger.

Die Verteilung der Elektronen über einen relativ weiten Bereich führt dazu, dass die Stärke der Bindung zwischen den Atomen mit dem Abstand relativ langsam abfällt, wenn man sie mit anderen Bindungstypen vergleicht. Weil es möglich ist, einzelne Atome mit relativ geringem Energieaufwand gegeneinander zu verschieben, können Metalle gut plastisch verformt werden. Ersetzt man einzelne Metallatome durch solche eines anderen Metalls, so zerstört dies die Bindung meist nicht, da für den Bindungscharakter nur das Abgeben von Elektronen an das Elektronengas entscheidend ist. Dies erklärt, warum Metalle in vielen verschiedenen Zusammensetzungen legiert werden können.

Wie die metallische Bindung die mechanischen Eigenschaften der Metalle bestimmt, wird in den Kapiteln 2 und 6 ausführlicher diskutiert werden.

1.2.2 Kristallstrukturen

Die Diskussion des vorherigen Abschnitts zeigt, dass sich die Atome in einem metallischen Festkörper so anordnen, dass sich ihre Elektronen über viele Atome ausbreiten können. Diese Ausbreitung ist dann besonders günstig, wenn die Atome relativ dicht und regelmäßig angeordnet sind. Metalle bilden deshalb *Kristalle,* die sich durch eine besonders geordnete Struktur auszeichnen. Um die verschiedenen in der Natur auftretenden Kristallstrukturen zu verstehen, ist es zunächst hilfreich, sich allgemein darüber Gedanken zu machen, wie eine regelmäßige Anordnung in drei Dimensionen überhaupt aussehen kann.

---

6 Das Bild des Elektronengases ist in vieler Hinsicht gut geeignet, um die Eigenschaften der Metalle zu beschreiben, es hat jedoch den Nachteil, dass in diesem Bild die metallische Bindung als etwas fundamental anderes als die kovalente Bindung erscheint. Dies entspricht jedoch nicht der Realität, da es zwischen beiden Bindungstypen Zwischenstufen gibt, die bei den sogenannten Halbmetallen auftreten.

7 Atomare Energien werden meist in Elektronenvolt (eV) angegeben. 1 eV entspricht dabei einer Energie von $1{,}602 \cdot 10^{-19}$ J. In der Chemie werden Energien oft auf 1 mol bezogen: $1\,\text{eV} \approx$ 96 kJ/mol.

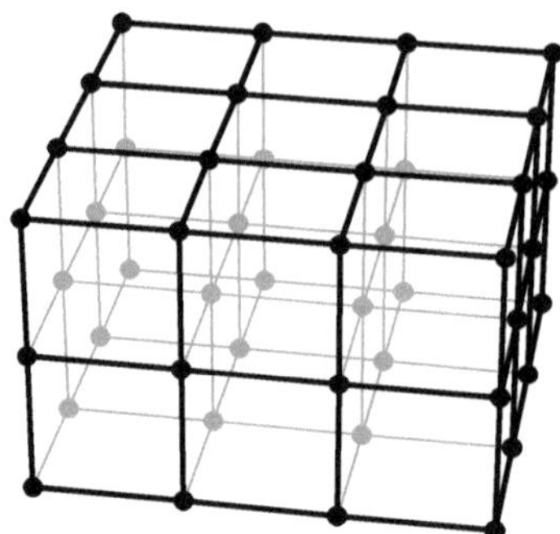

Bild 1.3: Einfach kubische Kristallstruktur

Mathematisch kann ein Kristall als eine dreidimensionale Anordnung von Punkten (also ein *Gitter* von Punkten) definiert werden, die von jedem Punkt aus betrachtet exakt gleich aussieht. In einem realen Kristall befindet sich dann an jedem dieser Punkte ein Atom[8]. Der Kristall hat also eine regelmäßige, periodische Struktur, die sich immer wieder exakt wiederholt. Er verfügt damit nicht nur über eine *Nahordnung,* weil die Lage der Nachbarpunkte eines jeden Punkts festgelegt ist, sondern auch über eine *Fernordnung,* denn auch die Struktur eines weit entfernten Bereichs kann von jedem Punkt aus exakt vorhergesagt werden. Bild 1.3 zeigt als Beispiel einen Kristall mit einer einfach kubischen Struktur. Der Kristall kann dabei als aus lauter Würfeln zusammengesetzt angesehen werden, die alle gleich aussehen. Diese Würfel bilden »Bausteine«, aus denen der Kristall aufgebaut werden kann, wenn diese immer wieder aneinander gesetzt werden. Man bezeichnet diese Bausteine als *Einheitszellen.* Einheitszellen können nicht beliebig geformt sein. Da der Kristall lückenlos aus den Einheitszellen aufgebaut werden kann, können nur solche Einheitszellen einen Kristall aufbauen, die den Raum vollständig erfüllen können.

Insgesamt gibt es 14 prinzipiell verschiedene Möglichkeiten, Atome regelmäßig so auf einem Gitter anzuordnen, dass dieses von jedem Gitterpunkt aus gleich aussieht. Diese werden als *Kristalltypen* oder, nach ihrem Entdecker Auguste Bravais, als *Bravais-Gitter* bezeichnet. Ihre Einheitszellen sind in Bild 1.4 dargestellt. Beispielsweise unterscheidet sich das einfach orthorhombische vom einfach kubischen Gitter darin, dass beim orthorhombischen Gitter die Einheitszelle ein Quader mit ungleichen Kantenlängen ist, während sie beim kubischen Gitter ein Würfel ist. Die genaue Geometrie der Einheitszellen der einzelnen Kristalltypen wird weiter unten erläutert.

Einige der 14 Kristalltypen sind einander sehr ähnlich. Das kubisch raumzentrierte Gitter unterscheidet sich vom einfach kubischen nur dadurch, dass ein zusätzliches Atom in der Mitte der dargestellten Einheitszelle eingefügt wurde. Solche Ähnlichkeiten zwischen den Kristalltypen lassen sich an Hand ihrer *Symmetrien* beschreiben. Unter einer Symmetrie versteht man dabei eine Operation, die ein Objekt unverändert lässt. Der in Bild 1.3 dargestellte einfach kubische Kristall bleibt beispielsweise unverändert, wenn man ihn um 90° entlang einer der Würfelkanten dreht, aber auch bei einer Drehung um 120° um die Raumdiagonale des Würfels oder bei einer Spiegelung entlang der

---

8 Manchmal wird ein Gitterpunkt auch durch mehrere Atome gebildet, vgl. Abschnitt 1.3.6.

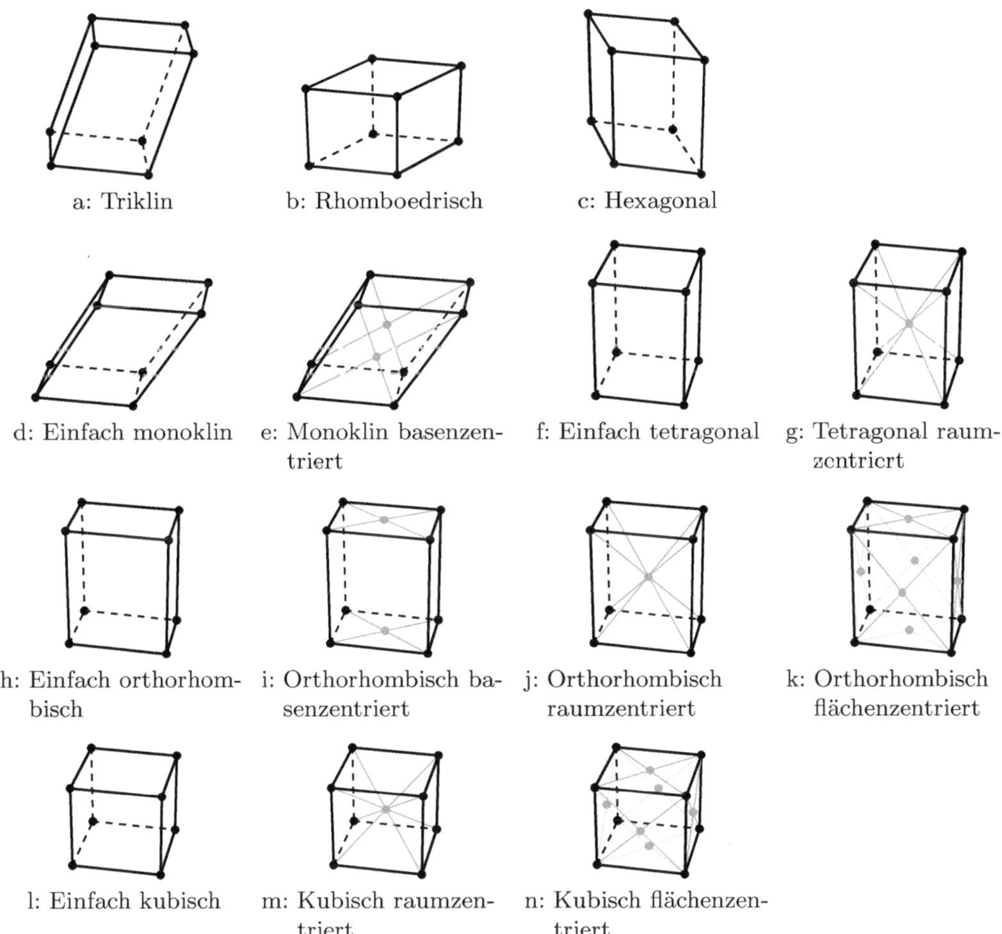

a: Triklin   b: Rhomboedrisch   c: Hexagonal

d: Einfach monoklin   e: Monoklin basenzen-   f: Einfach tetragonal   g: Tetragonal raum-
triert   zentriert

h: Einfach orthorhom-   i: Orthorhombisch ba-   j: Orthorhombisch   k: Orthorhombisch
bisch   senzentriert   raumzentriert   flächenzentriert

l: Einfach kubisch   m: Kubisch raumzen-   n: Kubisch flächenzen-
triert   triert

Bild 1.4: Die 14 Bravais-Gitter, dargestellt durch ihre Einheitszellen

Mittelflächen. Alle Kristalltypen, die dieselben Symmetrien gegenüber Rotationen und Spiegelungen wie dieser kubische Kristall besitzen, werden zum selben *Kristallsystem*, dem *kubischen Kristallsystem*, zusammengefasst. Obwohl sich das kubisch raumzentrierte, das kubisch flächenzentrierte und das einfach kubische Gitter in der Anordnung der Atome unterscheiden, besitzen sie alle diese kubische Symmetrie.

Insgesamt lassen sich die 14 Bravais-Gitter nach ihrer Symmetrie in sieben Kristallsysteme einteilen, die in Tabelle 1.2 aufgeführt sind. Generell wird jedes Kristallsystem durch die Angabe von sechs Größen charakterisiert, nämlich durch drei *Gitterkonstanten*, die die Kantenlängen der drei die Einheitszelle aufbauenden Achsen angeben, und durch die Angabe der Winkel zwischen diesen Achsen. Typische Werte der Gitterkonstanten in Metallen liegen zwischen 0,2 nm und 0,6 nm.

Die Symmetrien der Kristalltypen sind deshalb von Bedeutung, weil sie sich oft in den Materialeigenschaften wiederfinden. Beispielsweise hat ein kubischer Kristall im Allge-

Tabelle 1.2: Die sieben möglichen Kristallsysteme

Name	Gitter-konstanten	Gitterwinkel	
triklin	$a \neq b \neq c$	$\alpha \neq \beta \neq \gamma$	
monoklin	$a \neq b \neq c$	$\alpha = \gamma = 90° \neq \beta$	
orthorhombisch	$a \neq b \neq c$	$\alpha = \beta = \gamma = 90°$	
hexagonal	$a = b \neq c$	$\alpha = \beta = 90°, \gamma = 120°$	
tetragonal	$a = b \neq c$	$\alpha = \beta = \gamma = 90°$	
rhomboedrisch	$a = b = c$	$\alpha = \beta = \gamma \neq 90°$	
kubisch	$a = b = c$	$\alpha = \beta = \gamma = 90°$	

meinen eine entsprechende Symmetrie in seinen mechanischen Eigenschaften. Je geringer die Symmetrie des Kristalltyps ist, desto komplizierter kann die Richtungsabhängigkeit seiner Eigenschaften sein. Dies wird in Kapitel 2 anhand der elastischen Eigenschaften von Materialien ausführlicher diskutiert werden.

Bei Metallen treten drei Gitterstrukturen besonders häufig auf. Zwei von ihnen sind Bravais-Gitter mit kubischer Symmetrie:

- *Kubisch flächenzentriert* (Bilder 1.4 n und 1.5 a, abgekürzt mit *kfz* oder im Englischen mit *fcc* für *face centered cubic*),[9]
- *kubisch raumzentriert* (Bilder 1.4 m und 1.5 b, abgekürzt mit *krz* oder im Englischen mit *bcc* für *body centered cubic*).

---

9 Im Periodensystem der Elemente, Bild 1.2, sind die Kristallstrukturen der einzelnen Elemente enthalten.

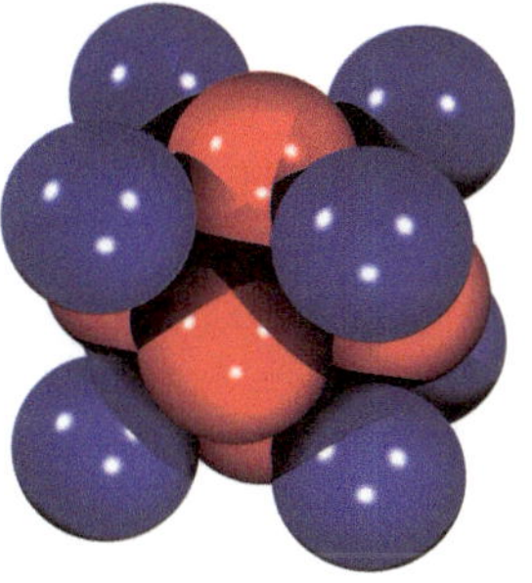

a: Kubisch flächenzentriert

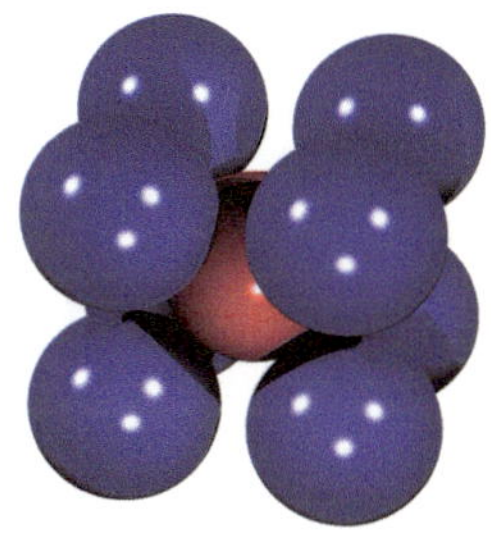

b: Kubisch raumzentriert

Bild 1.5: Kubische Gitter als Kugelmodelle. Unterschiedliche Farben dienen zur Verdeutlichung der Struktur.

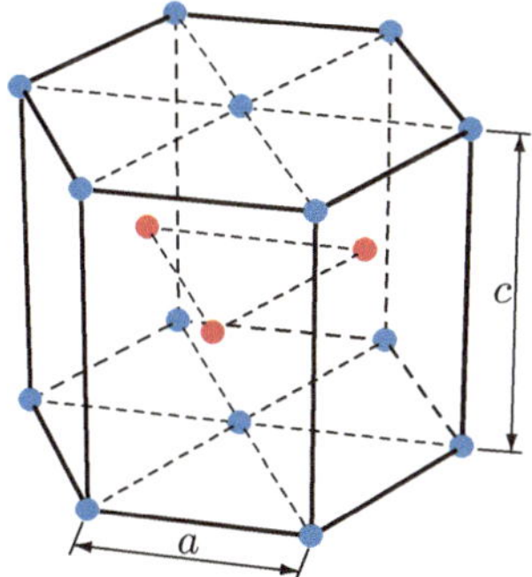

a: Gitterdarstellung

b: Kugeldarstellung

Bild 1.6: Darstellungen der hexagonal dichtest gepackten Kristallstruktur. Unterschiedliche Farben dienen zur Verdeutlichung der Struktur.

Eine weitere wichtige Kristallstruktur von Metallen ist die *hexagonal dichtest gepackte* Struktur (Bild 1.6, abgekürzt mit *hdp* oder im Englischen mit *hcp* für *hexagonal closest packing*). Diese Gitterstruktur ist jedoch kein Bravais-Gitter, da in ihr nicht alle Atome gleichwertig sind. Betrachtet man Bild 1.6, so erkennt man, dass das Atom an der vorderen rechten Kante der dargestellten Zelle einen nächsten Nachbarn hat, den man erreicht, wenn man um $c/2$ nach oben und um $a/\sqrt{3}$ nach links hinten fortschreitet. Geht man jedoch von dem so erreichten Atom noch einmal um die gleiche Distanz in dieselbe Richtung weiter, so liegt dort kein Atom. Man kann das hexagonal dichtest gepackte Gitter als die Ineinanderschachtelung zweier einfacher hexagonaler Gitter betrachten. Solche sogenannten *Gitter mit einer Basis* werden in Abschnitt 1.3.6 näher untersucht. In realen Metallen liegt meist eine verzerrte hexagonal dichtest gepackte Struktur vor, bei der das Verhältnis c/a vom idealen Verhältnis abweicht, so dass das Gitter in senkrechter Richtung gestaucht oder gestreckt wird. Obwohl die Struktur damit nicht mehr dichtest gepackt ist, spricht man auch in diesem Fall von einem hexagonal dichtest gepackten Gitter.

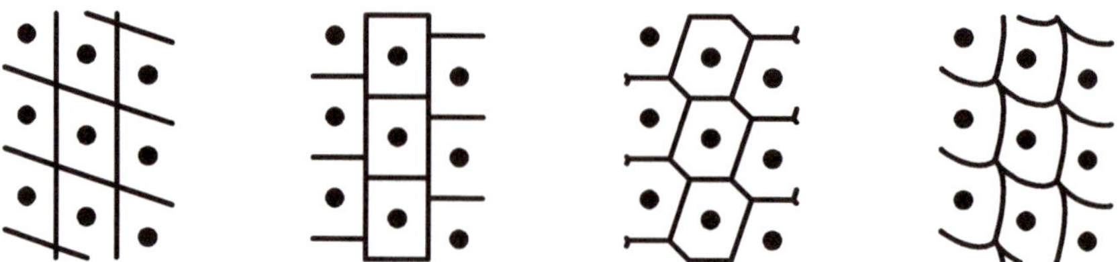

Bild 1.7: Unterschiedliche Elementarzellen für die gleiche Struktur in zweidimensionaler Darstellung (nach [10])

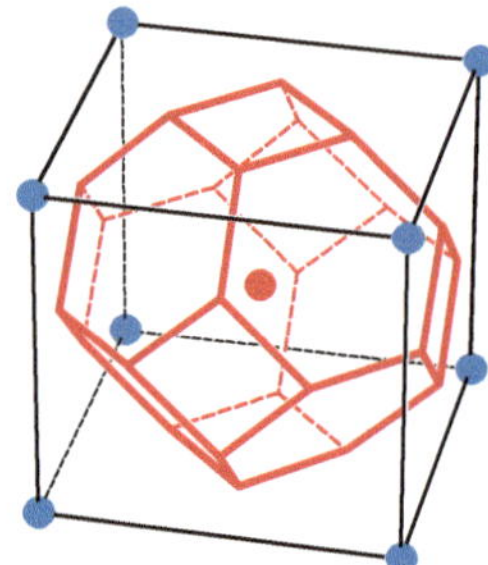

Bild 1.8: Kubisch raumzentriertes Gitter, eine echte Elementarzelle (rot) und eine kubische Einheitszelle (schwarz). Beide gezeigten Einheitszellen umschließen das Zentralatom (rot).

Eine besondere Einheitszelle eines Kristallgitters ist die *Elementarzelle,* die als die kleinste mögliche Einheitszelle definiert ist, aus der sich der Kristall aufbauen lässt. Wie Bild 1.7 veranschaulicht, ist die Elementarzelle nicht eindeutig definiert, sondern kann in verschiedener Weise gewählt werden. Alle möglichen Elementarzellen eines Bravais-Gitters haben aber natürlich dasselbe Volumen. Der Begriff der Elementarzelle wird in der Literatur leider nicht einheitlich verwendet. So ist eine kleinstmögliche Einheitszelle eines kubisch raumzentrierten Gitters in Bild 1.8 dargestellt. Diese Zelle nimmt nur einen Teil des Volumens des Würfels ein, aus dem man sich das Kristallgitter zusammengesetzt denkt. Sie hat den Nachteil, unanschaulicher zu sein als die in Bild 1.8 dargestellte kubische Einheitszelle. Deshalb wird diese oft auch als kubische Elementarzelle bezeichnet, obwohl sie nicht das kleinstmögliche Volumen hat. Ob eine Einheitszelle eines Bravais-Gitters tatsächlich elementar ist, lässt sich leicht an der Zahl der Atome in dieser Zelle ablesen: Enthält die Einheitszelle nur ein Atom, so ist sie elementar, enthält sie mehrere Atome, so ist sie es nicht. Bei der Zählung der Atome muss dabei darauf geachtet werden, dass ein Atom, das in mehreren Elementarzellen liegt, nur mit dem entsprechenden Bruchteil gezählt wird. So enthält die kubische Einheitszelle (»Elementarzelle«) des kubisch raumzentrierten Gitters 2 Atome und ist somit nicht elementar, die kubische Einheitszelle des kubisch flächenzentrierten Gitters enthält sogar 4 Atome und ist demnach auch nicht elementar.

Zwei wichtige Eigenschaften eines Kristallgitters sind die Koordinationszahl und der Raumerfüllungsgrad. Metalle ordnen sich, wie oben erläutert, in Kristallstrukturen an, da diese es ihnen ermöglichen, ihre Elektronen mit vielen anderen Atomen zu teilen. Es

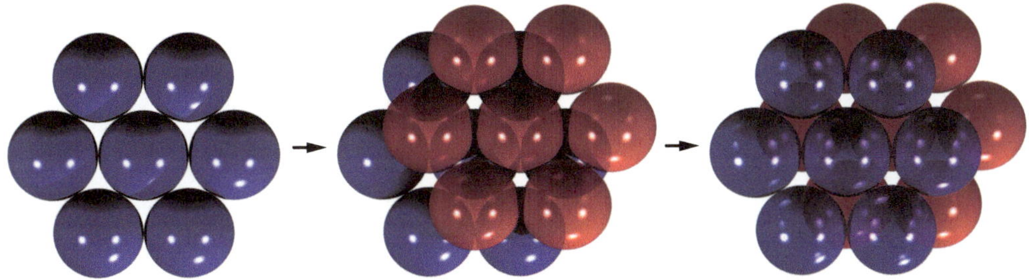

a: Hexagonal dichtest gepacktes Gitter

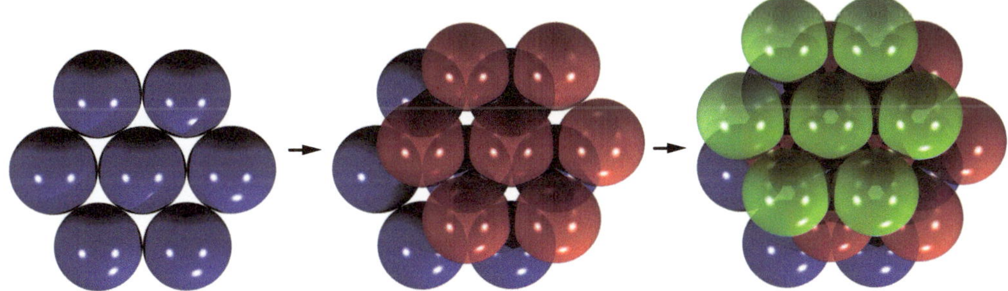

b: Kubisch flächenzentriertes Gitter

Bild 1.9: Aufbau des hexagonal dichtest gepackten und des kubisch flächenzentrierten Gitters durch Stapeln von dichtest gepackten Ebenen. Die beiden Strukturen unterscheiden sich in ihrer Stapelfolge: Beim hexagonal dichtest gepackten Gitter liegt die dritte Schicht senkrecht über der ersten, beim kubisch flächenzentrierten Gitter ist sie dagegen versetzt.

ist deshalb günstig, wenn sie eine große Zahl eng benachbarter Atome besitzen. Diese Anzahl nächster Nachbarn bezeichnet man als *Koordinationszahl* des Kristalls. Sie beträgt 12 für den kubisch flächenzentrierten und den hexagonalen, 8 für den kubisch raumzentrierten, aber nur 6 für den einfach kubischen Kristall. Stellt man sich die Atome als Kugeln vor, die so groß sind, dass sie innerhalb des Kristalls aneinander stoßen, sich aber nicht überlappen, so füllen diese Kugeln einen gewissen Volumenanteil des Raums aus. Dieser *Raumerfüllungsgrad* ist für das hexagonal dichtest gepackte und für das kubisch flächenzentrierte Kristallgitter maximal und beträgt hier 74 % (siehe Aufgabe 1).[10] Die Bilder 1.5 und 1.6 b illustrieren anhand von Kugelmodellen den Raumerfüllungsgrad. Es ist zu erkennen, dass beim kubisch raumzentrierten Kristall die Atomzwischenräume größer als bei dem kubisch flächenzentrierten und dem hexagonalen Kristall sind.

Das hexagonale dichtest gepackte und das kubisch flächenzentrierte Gitter besitzen beide die dichteste Kugelpackung. Sie unterscheiden sich aber in der Anordnung der Atome. Dies kann man sich anhand der sogenannten Stapelfolge veranschaulichen, wie in Bild 1.9 dargestellt. Dazu ordnet man Kugeln zunächst dichtest gepackt in der Ebene an,

---

10 Es ist nicht möglich, eine Kugelpackung zu finden, die einen höheren Raumerfüllungsgrad als die hdp- und die kfz-Struktur hat. Dass dies so ist, wurde bereits von Johannes Kepler 1611 vermutet, ein Beweis dieser Vermutung gelang aber erst 1999 Hales und Ferguson mit den Methoden der modernen Computeralgebra [122].

a: Metallographischer Schliff einer Aluminiumlegierung (Lichtmikroskop)

b: Kornaufbau einer Nickelbasis-Legierung
(Rasterelektronenmikroskopische Aufnahme eines interkristallinen Bruchs)

Bild 1.10: Beispiele für Kornstrukturen von Metallen

so dass jede Kugel sechs nächste Nachbarn hat. Stapelt man eine weitere Kugellage auf diese Ebene, so wird jede zweite Lücke besetzt. Für die dritte Stapelebene gibt es nun zwei Möglichkeiten: Werden die Kugeln direkt oberhalb der Kugel in der ersten Ebene platziert, so erhält man die hexagonal dichtest gepackte Struktur, positioniert man sie dagegen so in die Lücken, dass sie nicht direkt oberhalb der Kugeln der ersten Ebene liegen, so ergibt sich die kubisch flächenzentrierte Struktur.

Zur Diskussion der Eigenschaften kristalliner Materialien ist es oft notwendig, Richtungen innerhalb des Kristalls eindeutig beschreiben zu können. Dazu werden die sogenannten *millerschen Indizes* verwendet, die in Anhang 15 erläutert werden.

Kompliziertere Kristallstrukturen als die bisher beschriebenen können sich ergeben, wenn ein Kristall aus verschiedenen Atomsorten zusammengesetzt ist. Da dieser Fall vor allem bei den Keramiken auftritt, wird er in Abschnitt 1.3.6 näher diskutiert werden.

1.2.3 Polykristalline Metalle

Kühlt man ein Metall aus der Schmelze ab und lässt es erstarren, so beginnt es zu kristallisieren. Hierbei bilden sich zunächst abhängig von der Abkühlgeschwindigkeit zahlreiche Kristallisationskeime, kleine, erstarrte Bereiche mit einer kristallinen Struktur. Diese wachsen dann zusammen. Da die Kristallisationskeime unabhängig voneinander entstehen, besitzen sie untereinander keine Fernordnung. Ein Metall besteht deshalb normalerweise nicht aus einem einzigen Kristall mit einer Fernordnung, sondern aus einzelnen kristallinen Bereichen, die als *Kristallite* oder *Körner* bezeichnet werden. Sie haben typischerweise Größenordnungen von einigen Mikrometern bis hin zu einigen Zehntel Millimetern, können aber in Einzelfällen auch größer sein. Man kann diese Körner sichtbar machen, indem man die Oberfläche eines Metalls zunächst poliert und dann mit einer Säure anätzt, denn die Säure greift die Körner je nach ihrer Orientierung unterschiedlich stark an (siehe Bild 1.10 a). Die Kornstruktur eines Werkstoffs wird auch als *Gefüge* bezeichnet.

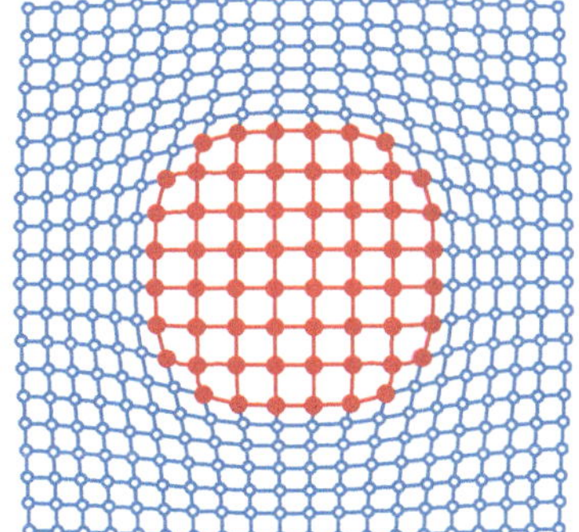

a: Kohärent. Alle Kristallebenen laufen
durch Matrix und Teilchen.

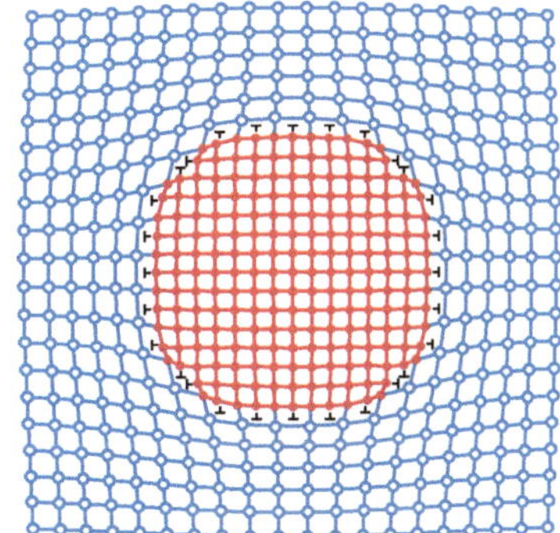

b: Teilkohärent. Ein Teil der Kristallebenen
des Teilchens läuft in der Matrix weiter.

Bild 1.11: Schematische Darstellung kohärenter und teilkohärenter Teilchen. Die ⊥-Symbole
in Teilbild b kennzeichnen eingeschobene Gitterhalbebenen. Die Kante, an der
eine Halbebene endet, wird als *Stufenversetzung* bezeichnet. Darauf wird in Abschnitt 6.2 näher eingegangen.

Die *Korngrenzen,* also die Grenzflächen zwischen den einzelnen Kristalliten, besitzen
keine perfekte Kristallstruktur, da hier Bereiche mit unterschiedlicher Kristallorientierung aneinander stoßen. Sie können deshalb als *Gitterbaufehler* bezeichnet werden. Sie
beeinflussen oft entscheidend die Eigenschaften des Materials, da sie beispielsweise als
Diffusionswege für angreifende korrosive Medien dienen können. Eine solche Schwächung
der Korngrenzen kann dazu führen, dass das Material bei Belastung versagt. Man spricht
dann von einem *interkristallinen Bruch,* wie er in Bild 1.10 b dargestellt ist.

Technische Legierungen bestehen häufig aus verschiedenen Phasen, d. h. aus Bereichen
mit unterschiedlicher chemischer Zusammensetzung. Wie wir später (in Abschnitt 6.4.3)
sehen werden, sind für viele mechanische Eigenschaften insbesondere solche Teilchen einer zweiten Phase interessant, die in einer umgebenden *Matrix* der ersten Phase einge-
schlossen sind. Ein Beispiel hierfür ist Eisenkarbid (Zementit, Fe_3C), das in Form feiner
Teilchen in Stählen zur Festigkeitssteigerung dient.

Abhängig von der Kristallgitterstruktur der beiden Phasen können die Grenzflächen
zwischen ihnen unterschiedlich ausgebildet sein: Sind die Kristallstruktur und die Kristallorientierung gleich und ist die Gitterkonstante hinreichend ähnlich, so sind die Teilchen der zweiten Phase *kohärent,* d. h., die Gitterebenen der Matrix werden im Teilchen
fortgesetzt (siehe Bild 1.11 a). Besitzen die Kristallebenen von Teilchen und Matrix dagegen keinen Zusammenhang (Bild 1.12), weil die Gitterstrukturen der beiden Phasen
verschieden sind oder sich die Kristallorientierungen unterscheiden, so sind die Teilchen
inkohärent. Setzen sich einige Gitterebenen innerhalb der Teilchen fort, andere jedoch
nicht, spricht man von *teilkohärenten* Teilchen (Bild 1.11 b). Dies ist beispielsweise bei
gleicher Gitterstruktur und -orientierung, aber stark unterschiedlicher Gitterkonstante
der Fall. Es ist aber auch möglich, dass bei einem Teilchen einige Grenzflächen kohärent,
andere inkohärent sind. Auch dann liegt Teilkohärenz vor.

Auch innerhalb der einzelnen Körner ist der Kristall nicht perfekt. So können einzelne

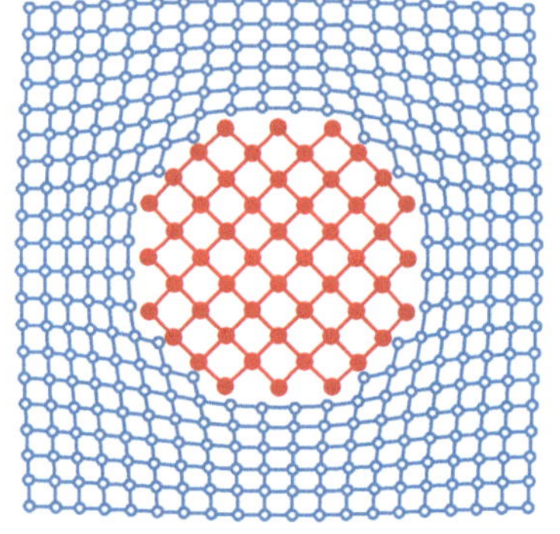

a: Unterschiedliche Kristallorientierung

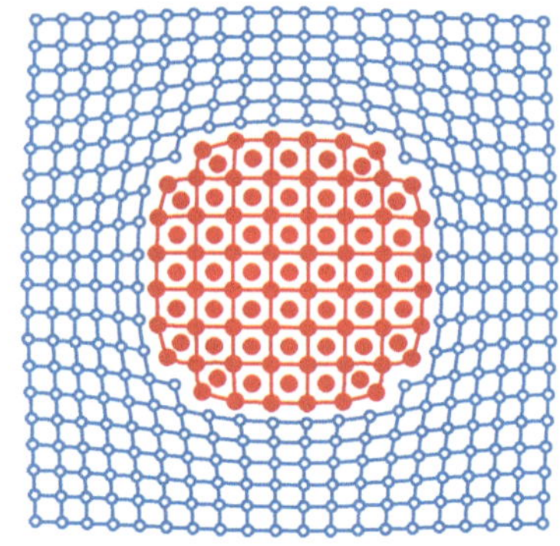

b: Unterschiedliche Gitterstrukturen

Bild 1.12: Schematische Darstellung inkohärenter Teilchen

Gitterplätze unbesetzt bleiben, die man als *Leerstellen* bezeichnet, oder durch Fremdatome besetzt sein (*Substitutionsatome*, vgl. Abschnitt 6.4.2). Auch kompliziertere Gitterbaufehler sind möglich, zu denen insbesondere die *Versetzungen* gehören. Da diese eine
entscheidende Rolle bei der Verformung von Metallen spielen, werden sie in Kapitel 6
ausführlich behandelt.

1.3   Keramiken

Als Keramiken bezeichnet man alle nichtmetallischen, anorganischen Werkstoffe [72].[11]
Physikalisch erfolgt die Abgrenzung zu den Metallen durch die Art der chemischen Bindung – Keramiken besitzen keine metallische Bindung, sondern im Allgemeinen Bindungsarten, die zu einer vollen äußeren Elektronenschale führen.

Keramiken können elementar sein, also nur aus einer einzigen Atomsorte bestehen
(wie beispielsweise Kohlenstoff, der als Diamant oder Graphit vorliegen kann), oder aber
Verbindungen verschiedener Elemente sein. Von technischer Bedeutung sind vor allem
Silikatkeramiken, die Siliziumoxid enthalten und zu denen beispielsweise Porzellan und
Mullit gehören, *Oxidkeramiken*, die Verbindungen von metallischen Elementen mit Sauerstoff sind (beispielsweise Aluminiumoxid, Zirkonoxid, Magnesiumoxid), sowie *Nichtoxid-
keramiken*, also sauerstofffreie Verbindungen wie etwa Siliziumkarbid oder Siliziumnitrid.

Keramiken können in verschiedener Weise chemisch gebunden sein. Man unterscheidet
die relativ starken *kovalenten* und *ionischen* Bindungen von den schwächeren *van-der-
Waals-, Dipol-* und *Wasserstoffbrückenbindungen*.

1.3.1   Kovalente Bindung

Die kovalente Bindung wurde bereits in Abschnitt 1.1 besprochen. Atome, denen nur
wenige Elektronen zum Erlangen der günstigen gefüllten Elektronenschalenkonfiguration

---

11 Die Einteilung von Werkstoffen in die verschiedenen Kategorien ist in der Literatur nicht einheitlich, es existieren also auch andere Kriterien. Dadurch können manche Materialien von verschiedenen Autoren als zu unterschiedlichen Gruppen zugehörig angesehen werden.

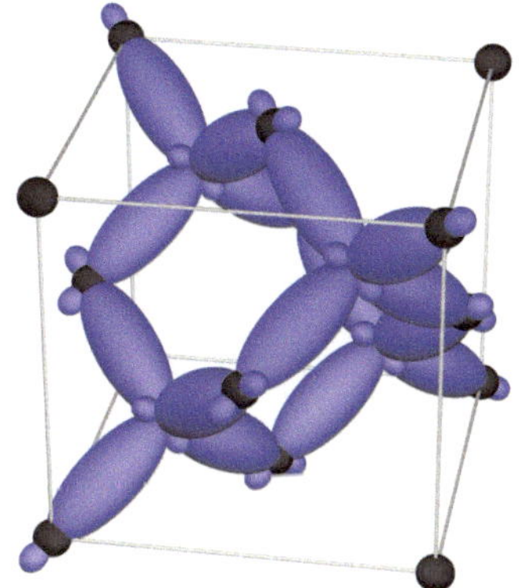

Bild 1.13: Diamantstruktur mit schematisch dargestellten Elektronenorbitalen

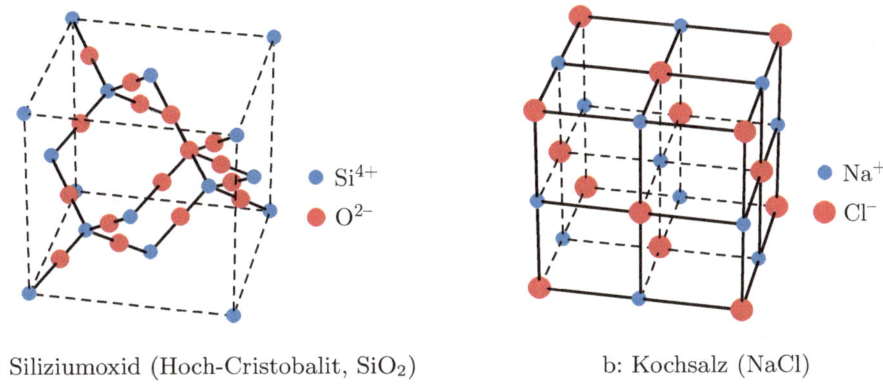

a: Siliziumoxid (Hoch-Cristobalit, SiO_2)   b: Kochsalz (NaCl)

Bild 1.14: Einheitszellen unterschiedlicher Keramiken

fehlen, teilen sich ihre Elektronen. Als Beispiel wurde das H_2-Molekül diskutiert. Um einen Festkörper mit starken Bindungen zwischen den Atomen bilden zu können, genügt es nicht, wenn jedem Atom nur ein Elektron fehlt, denn in diesem Fall kann sich nur ein zweiatomiges Molekül bilden. Ein Atom mit mehreren Valenzen wie Kohlenstoff, dem vier Elektronen auf der äußeren Schale fehlen, kann sich dagegen zu großen Atomverbänden zusammenschließen, bei denen jedes Atom vier Bindungspartner hat. Bild 1.13 zeigt ein solches Kohlenstoff-Makromolekül, den Diamant. Andere Elemente mit vier freien Valenzen, wie Silizium und Germanium, bilden eine ähnliche Struktur aus.

Ein Beispiel für eine Keramik, die aus verschiedenen Elementen zusammengesetzt ist, ist das in Bild 1.14 a dargestellte Siliziumoxid, SiO_2. Bei dieser Keramik ist jedes Sauerstoffatom an zwei Siliziumatome gebunden. Die Siliziumatome dienen dabei als »Knoten« innerhalb des sich bildenden räumlichen Netzwerks.

Im Gegensatz zur metallischen Bindung ist die kovalente Bindung gerichtet. Die Elektronen breiten sich also nicht gleichmäßig über einen weiten Bereich des Kristalls aus, sondern konzentrieren sich jeweils auf der Verbindungslinie zwischen zwei Atomen. Es ist deshalb deutlich schwieriger, die Atome in einem kovalenten Kristall gegeneinander zu verschieben, so dass derart gebundene Keramiken schlecht verformbar und spröde sind.

Die Bindungsstärke der kovalenten Bindung liegt typischerweise bei etwa 1 eV pro Bindung, erreicht aber beim Diamant einen Wert von 1,85 eV pro Bindung. Wegen der geringeren Zahl nächster Nachbarn ist der Unterschied in der gesamten Bindungsenergie im Vergleich zu den Metallen allerdings kleiner – so ist selbst im Diamant die Bindungsenergie eines Atoms mit 7,4 eV nur etwa doppelt so hoch wie im Kupfer, das für ein Metall eine relativ hohe Bindungsenergie hat. Bei anderen kovalenten Kristallen beträgt sie zwischen 3 eV und 5 eV pro Atom, also etwa das Doppelte der typischen Bindungsenergien von Metallen.

1.3.2   Ionenbindung

Viele Keramiken bestehen aus der Verbindung eines Metalls mit einem Nichtmetall. Aus dem Alltag ist etwa das Kochsalz NaCl bekannt. Aus dieser Strukturformel und der Tatsache, dass Kochsalz kristallin vorliegt, lässt sich bereits ableiten, dass die Bindung innerhalb des Kristalls nicht kovalent sein kann, denn da Chlor nur eine freie Valenz besitzt, würde sich ein zweiatomiges Molekül bilden, nicht aber ein Kristall. Stattdessen bildet sich eine *ionische Bindung* bzw. *Ionenbindung* heraus.

Die ionische Bindung beruht darauf, dass die Elektronenaffinität (auch als *Elektronegativität* bezeichnet) des Nichtmetalls (im Beispiel also des Chlors) hoch ist, während das Metall (im Beispiel das Natrium) eine geringe Ionisierungsenergie besitzt. Überträgt man das Elektron vom Metall auf das Nichtmetall, so ist hierfür ein relativ geringer Energieaufwand notwendig. Zusätzlich kann Energie gewonnen werden, weil die entstandenen Ionen elektrisch geladen sind und sich gegenseitig anziehen. Es bildet sich also ein aus zwei Ionen bestehendes Molekül aus, das durch die elektrostatische Anziehung zusammengehalten wird.

> Die Bindungsenergie von NaCl kann relativ leicht berechnet werden (siehe auch Aufgabe 3). Die Ionisierungsenergie von Natrium beträgt 5,1 eV, die Elektronenaffinität von Chlor, also die Energie, die man gewinnt, wenn man Chlor ein Elektron zuführt, beträgt 3,6 eV. Man benötigt also eine Energie von 1,5 eV, um ein Elektron vom Natrium- zum Chloratom zu übertragen. Hieraus allein kann also offensichtlich noch keine Bindung entstehen. Die nach der Übertragung des Elektrons entstandenen Ionen sind jedoch entgegengesetzt geladen, so dass zusätzliche Energie gewonnen werden kann, wenn die beiden Ionen sich annähern. Nähert man die beiden Ionen auf einen Abstand von 0,4 nm (ein geringerer Abstand ist wegen der Abstoßung der Elektronenhüllen energetisch ungünstiger), so wird zusätzlich eine Energie von 3,6 eV frei. Insgesamt ergibt sich also eine Bindungsenergie von 2,1 eV für ein zweiatomiges NaCl-Molekül.

In einem Kristall aus Ionen ist die Bindungsenergie noch höher als in einem Molekül aus zwei Ionen, da sich jedes Ion mit mehreren Ionen der entgegengesetzten Ladung umgeben kann. Bild 1.14 b zeigt die Struktur eines Kochsalzkristalls, bei der es sich um ein einfaches kubisches Gitter mit alternierenden Atomsorten handelt. Jedes Ion ist von sechs entgegengesetzt geladenen Ionen umgeben. Betrachtet man jeweils eine Atomsorte, so sieht man, dass diese die Gitterplätze eines kubisch flächenzentrierten Gitters einnimmt,

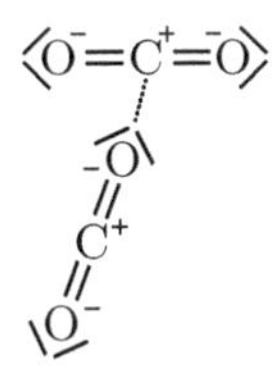

$$\langle \overset{-}{O}=\overset{+}{\underset{.}{C}}=\overset{-}{O}\rangle$$

Bild 1.15: Dipolbindung zwischen zwei Kohlendioxid-Molekülen. Zwischen den unterschiedlich geladenen Atomen herrschen elektrische Anziehungskräfte.

wobei die beiden Teilgitter um eine halbe Gitterkonstante gegeneinander versetzt sind. Die kubische Struktur eines solchen Kristalls kann sogar makroskopisch beobachtet werden – Salzkristalle haben stets im rechten Winkel zueinander angeordnete Seiten. Die resultierende Bindungsenergie ist mit Werten von 3,28 eV pro Atom beim NaCl und 4,33 eV pro Atom beim Lithiumfluorid (LiF) in einer ähnlichen Größenordnung wie die der kovalenten Bindung.

Ähnlich wie die kovalente Bindung ist auch die Ionenbindung gerichtet, weil eine Verschiebung der Atome gegeneinander zu einer starken Erhöhung der Energie durch elektrostatische Abstoßung führen würde. Deshalb sind auch ionische Kristalle schlecht verformbar und spröde.

Die Übergänge zwischen der kovalenten und der ionischen Bindung sind fließend. Die Ionisierungsenergie der Metalle steigt mit zunehmender Anzahl äußerer Elektronen, während die Elektronenaffinität der Nichtmetalle mit zunehmender Zahl der Valenzen sinkt. Neben der rein kovalenten und der rein ionischen Bindung gibt es deshalb auch Zwischenstufen, bei denen die bindenden Elektronen sich bevorzugt, aber nicht ausschließlich bei einem Bindungspartner aufhalten. Ein Beispiel für ein solches Molekül ist Kohlendioxid (CO_2), bei dem die Sauerstoff-Atome eine höhere Elektronegativität als das Kohlenstoffatom besitzen. Die Elektronen des Moleküls haben also eine höhere Tendenz, sich bei den Sauerstoffatomen aufzuhalten, so dass diese eine gewisse negative Ladung besitzen, während das Kohlenstoffatom geringfügig positiv geladen ist. Das Molekül besitzt eine elektrisch polare Struktur und kann als aus zwei elektrischen Dipolen bestehend angesehen werden. Derartige Bindungen bezeichnet man als *polar*.

1.3.3   Dipolbindung

Kühlt man Kohlendioxid (CO_2) auf $-78\,°C$ ab, so bildet sich Trockeneis, also ein Festkörper. Da die Atome innerhalb jedes CO_2-Moleküls vollständige Elektronenschalen besitzen, kann keiner der bisher diskutierten Bindungstypen für den Zusammenhalt zwischen den Molekülen verantwortlich sein.

Die Bindung zwischen den einzelnen Kohlendioxid-Molekülen beruht darauf, dass das Kohlendioxid, wie oben erläutert, ein polares Molekül ist, das eine ungleichmäßige elektrische Ladungsverteilung besitzt. Dadurch kann es zu einer Bindung zwischen verschiedenen Molekülen kommen, wie in Bild 1.15 dargestellt. Dieser Bindungstyp heißt *Dipolbindung*, da die beteiligten Moleküle elektrische Dipole bilden. Weil die Atome in den verschiedenen Molekülen keine ganzen Ladungen tragen, sondern nur schwach geladen sind, ist die Anziehungskraft zwischen den Molekülen entsprechend gering. Typische Bindungsenergien liegen bei etwa 0,2 eV bis 0,4 eV pro Bindung.

Festkörper wie Trockeneis sind zwar definitionsgemäß Keramiken, haben aber wegen der geringen Bindungskräfte keine Bedeutung als Werkstoffe. Die Dipolbindung spielt jedoch bei den Polymeren eine große Rolle, die weiter unten diskutiert werden.

1.3.4   Van-der-Waals-Bindung

Selbst vollständig unpolare Moleküle wie Sauerstoff oder auch Edelgase werden schließlich zu Festkörpern, wenn man sie nur stark genug abkühlt. Die Anziehungskraft zwischen solchen Molekülen ist noch kleiner als die zwischen Molekül-Dipolen, aber dennoch vorhanden. Diese Anziehungskraft wird als *van-der-Waals-Kraft* oder *Dispersionskraft* bezeichnet.

Ihren Ursprung hat die van-der-Waals-Kraft in Fluktuationen in der Elektronenhülle der Atome. Man kann sich vereinfacht vorstellen, dass die Ladungsverteilung eines Atoms zeitlich nicht konstant ist, weil sich die äußeren Elektronen um den Kern herumbewegen. Deshalb bildet jedes Atom zu jedem Zeitpunkt einen schwachen Dipol, obwohl es im zeitlichen Mittel neutral ist. Benachbarte Atome, die solche zeitlich veränderlichen *Dipolmomente* besitzen, ziehen sich gegenseitig an, da es energetisch günstig ist, wenn die Elektronenbewegung der Atome korreliert stattfindet.

Eine van-der-Waals-Kraft wirkt zwischen allen Molekülen. Sie ist jedoch die schwächste von allen Bindungsarten, so dass sie nur dann eine merkliche Rolle spielt, wenn kein anderer Bindungstyp vorliegt. Ihre Stärke beträgt zwischen 0,01 eV und 0,1 eV pro Bindung. Darüber hinaus besitzt sie nur eine sehr kurze Reichweite und nimmt schnell mit der Entfernung zwischen den Molekülen ab.[12] Sie ist tendenziell bei großen Atomen größer als bei kleinen, da größere Atome aufgrund ihres größeren Radius ein stärkeres Dipolmoment ausbilden können.

1.3.5   Wasserstoffbrückenbindung

Wasser hat sehr spezielle Eigenschaften. Vergleicht man die Siedepunkte von Wasserstoffverbindungen der Elemente der sechsten Hauptgruppe (Tellur, Selen, Schwefel und Sauerstoff), so betragen diese für H_2Te $-2\,°C$, für H_2Se $-42\,°C$ und für H_2S $-60\,°C$, was an den mit abnehmendem Atomradius abnehmenden van-der-Waals-Kräften und Dipolmomenten liegt. Man sollte also für Wasser eine sehr niedrige Siedetemperatur erwarten. Tatsächlich siedet H_2O aber erst bei $+100\,°C$. Die Bindungskräfte zwischen den Wassermolekülen sind also deutlich stärker, als man dies zunächst erwartet. Entsprechend ist auch der Schmelzpunkt von Wasser deutlich höher als der vergleichbarer Moleküle.

Wasser ist ein polares Molekül, und da Sauerstoff eine etwas höhere Elektronenaffinität besitzt als beispielsweise Schwefel, kann die höhere Siedetemperatur zum Teil hierauf zurückgeführt werden. Eine genauere Berechnung zeigt jedoch, dass die Größenordnung der Dipolkräfte allein bei Weitem nicht ausreicht, um den hohen Siedepunkt des Wassers zu erklären.

---

12 Dennoch ist die van-der-Waals-Kraft stark genug, dass sie es einigen Eidechsen ermöglicht, auch an glatten senkrecht stehenden Glaswänden zu laufen. An den Füßen dieser Tiere befinden sich zahlreiche mikroskopisch kleine und weiche Lamellen, die so eng an den Untergrund gedrückt werden, dass die van-der-Waals-Kraft ausreicht, um das Gewicht der Eidechse zu tragen [12].

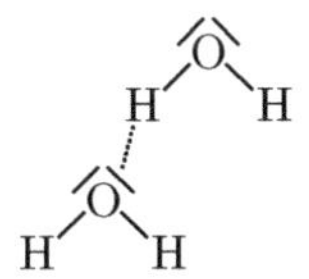

O
H   H
O
H   H

Bild 1.16: Wasserstoffbrückenbindung

Die besondere Eigenschaft des Wassers beruht auf der Ausbildung von sogenannten *Wasserstoffbrückenbindungen*. Innerhalb des Wassermoleküls sind die Wasserstoffatome wie erläutert teilweise positiv geladen. Um eine möglichst günstige Elektronenkonfiguration zu bekommen, können sich die Wasserstoffatome so anordnen, dass sie teilweise in diejenigen Elektronenwolken eines benachbarten Sauerstoffatoms eintreten, die selbst nicht an einer Bindung beteiligt sind. Sie ermöglichen es dadurch diesen Elektronen, sich über einen größeren räumlichen Bereich auszudehnen und somit ihre Energie zu verringern. Dieser Effekt sorgt dafür, dass Wasserstoffbrückenbindungen stärker als Dipolbindungen sind. Bild 1.16 zeigt die Ausbildung solcher Brückenbindungen zwischen verschiedenen Wassermolekülen. Die Wasserstoffatome wirken also als Brücke zwischen verschiedenen Wassermolekülen.

Eine derartige Brücke kann nur Wasserstoff ausbilden, denn ein positiv geladenes Wasserstoffatom ist lediglich ein Proton. Dieses kann, aufgrund seiner geringen Größe und da es keine äußere negative Ladung besitzt, tief in die Elektronenwolke eines anderen Atoms eindringen und so zu einer Brückenbindung führen. Typische Bindungsenergien liegen bei etwa 0,1 eV bis 0,3 eV.

Die Verbindungen der anderen Elemente der sechsten Hauptgruppe bilden keine Wasserstoffbrücken aus, weil die Elektronegativität dieser Elemente kleiner ist und weil sich die Atome aufgrund ihrer größeren Radien schlechter aneinander annähern können.

1.3.6 Kristallstruktur von Keramiken

Die Kristallstruktur von Keramiken ist häufig komplexer als die der Metalle. Bereits eine elementare Keramik wie Diamant kristallisiert nicht in einer der für Metalle typischen kubischen oder hexagonalen Struktur. Da Kohlenstoff im Diamant mit einer Valenz von 4 kovalent gebunden ist, hat jedes Kohlenstoffatom 4 nächste Nachbarn. Eine Einheitszelle der sich bildenden dreidimensionalen Struktur ist in Bild 1.13 dargestellt. Man erkennt, dass das Diamantgitter eine kubische Struktur hat. Es handelt sich jedoch nicht um ein Bravais-Gitter, da es nicht von jedem Atom aus gesehen genau gleich aussieht.

Derartige Gitter bezeichnet man als *Gitter mit einer Basis*. Man kann das Diamantgitter dadurch erzeugen, dass man in einem kubisch flächenzentrierten Gitter die Gitterpunkte nicht mit einem Atom, sondern mit zwei Atomen besetzt (Bild 1.17). Ein weiteres Beispiel für ein Gitter mit Basis, die hexagonal dichtest gepackte Struktur, wurde bereits in Abschnitt 1.2.2 diskutiert. Dieses lässt sich durch Einfügen einer zweiatomigen Basis in ein einfaches hexagonales Gitter konstruieren.[13]

Betrachtet man Kristalle, die sich aus verschiedenen Elementen zusammensetzen, so müssen diese immer als Gitter mit einer Basis beschrieben werden, da die verschiedenen

---

13 Alternativ kann man sich vorstellen, dass man zwei Gitter ineinander verschachtelt.

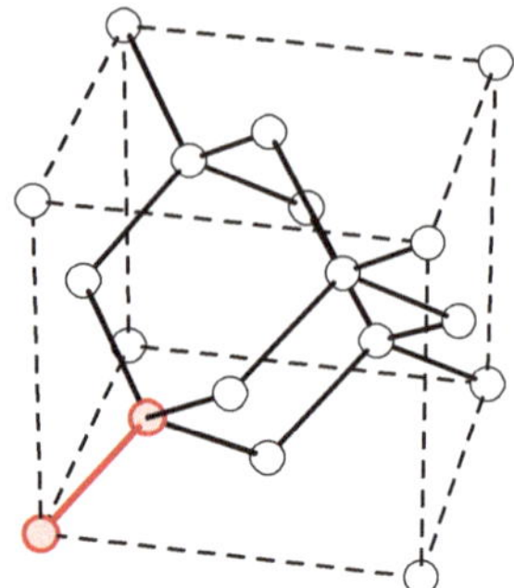

Bild 1.17: Diamantgitterstruktur als kubisch flächenzentriertes Gitter mit einer zweiatomigen Basis

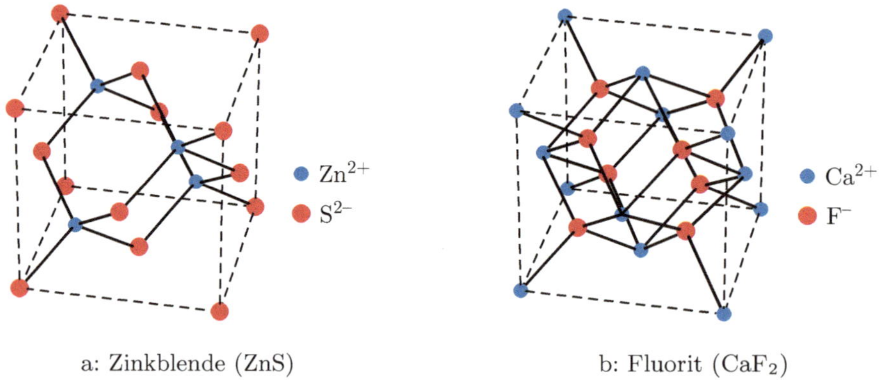

a: Zinkblende (ZnS)   b: Fluorit (CaF$_2$)

Bild 1.18: Einheitszellen unterschiedlicher Keramiken

Atomsorten ja nicht gleichwertig sind. Kochsalz (NaCl, Bild 1.14 b) kristallisiert in einer einfach kubischen Struktur, bei der die Gitterpunkte abwechselnd mit Natrium- und Chlor-Ionen besetzt sind und kann ebenfalls als kubisch flächenzentriertes Gitter mit einer zweiatomigen Basis beschrieben werden. Zinkblende (ZnS, Bild 1.18 a) kristallisiert in einer Diamantgitter-Struktur, bei der die Atompositionen ebenfalls abwechselnd mit den beiden Atomsorten besetzt sind. Eine ähnliche Struktur, allerdings mit einer dreiatomigen Basis, zeigt Hoch-Cristobalit (SiO$_2$, Bild 1.14 a). Eine andere auf dem kubisch flächenzentrierten Gitter beruhende Kristallstruktur besitzt das Fluorit (CaF$_2$, Bild 1.18 b). Auch wesentlich kompliziertere Strukturen sind möglich, wenn die den Kristall aufbauenden Elemente in einem entsprechendem stöchiometrischem Verhältnis vorliegen.

Ähnlich wie Metalle bestehen auch Keramiken meist nicht aus Einkristallen, sondern aus Körnern. Bild 1.19 zeigt beispielhaft eine Kornstruktur von Aluminiumoxid.

1.3.7 Amorphe Keramiken

Keramiken werden häufig nicht in kristalliner, sondern in *amorpher* Struktur eingesetzt. Man bezeichnet sie in diesem Fall als *Gläser*. Eine *amorphe Struktur* ist dadurch ge-

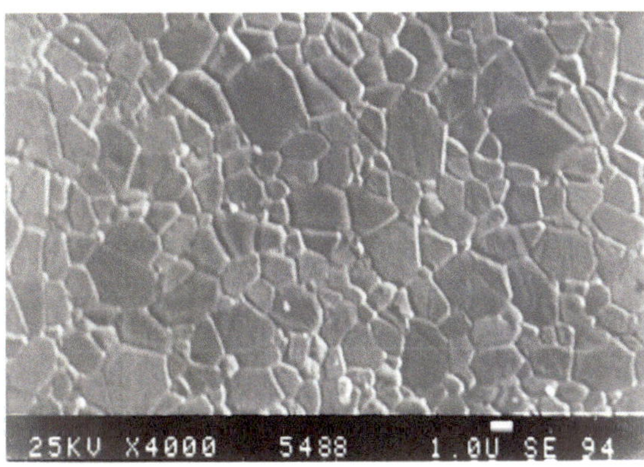

Bild 1.19: Kornstruktur von Aluminiumoxid (Al_2O_3). Rasterelektronenmikroskopische Aufnahme. Der horizontale Balken hat eine Länge von 1 μm. CeramTec AG, Plochingen

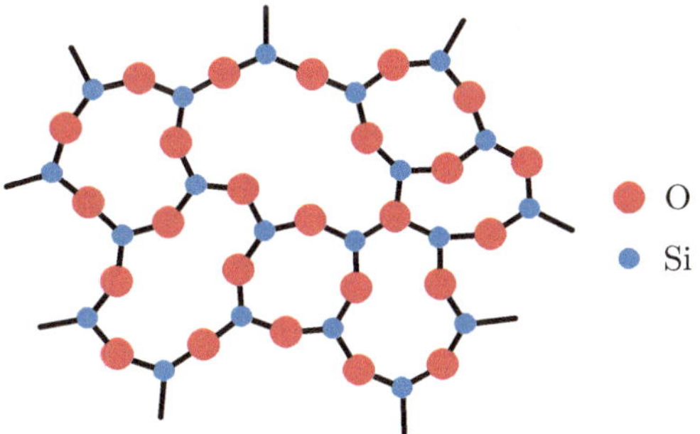

Bild 1.20: Amorphe Struktur eines Glases (nach [9, 19]). Aufgrund der zweidimensionalen Darstellung sind je Siliziumatom nur drei Bindungen dargestellt.

kennzeichnet, dass sie keine Fernordnung besitzt. Bild 1.20 zeigt eine zweidimensionale Darstellung einer solchen Struktur. Man erkennt, dass zwar jedes Atom über abgesättigte Valenzen verfügt, dass sich aber dennoch hieraus keine geordnete Struktur ergibt. Die Atomanordnung ist ähnlich wie die einer Schmelze, so dass man Gläser auch als *unterkühlte Schmelzen* ansehen kann. Gläser sind häufig lichtdurchlässig, da es keine Korngrenzen gibt, an denen Licht gebrochen werden kann.

Häufig werden als Gläser silikatisch-oxidische Werkstoffe verwendet, die also zu einem Großteil aus SiO_2 bestehen. Ein Beispiel hierfür ist Fensterglas, das etwa 70 % SiO_2, 15 % Na_2O und 10 % CaO enthält. Ein anderer im Alltag häufig verwendeter glasartiger Werkstoff ist Email. Dabei handelt es sich um eine Beschichtung von Metallen mit einem Glas niedrigen Schmelzpunkts, die wegen ihrer hohen Stoßfestigkeit, Temperatur- und Korrosionsbeständigkeit eingesetzt wird.

Auch Metalle können prinzipiell in amorpher Struktur vorliegen. Man spricht dann von *metallischen Gläsern*. Da wegen der Besonderheiten der metallischen Bindung die Metallatome meist eine größere Zahl nächster Nachbarn anstreben als kovalent gebundene Keramiken, ist es entsprechend schwieriger, eine amorphe metallische Struktur herzustellen. Metallische Gläser können deshalb nur gebildet werden, wenn ein Metall mit extremen Geschwindigkeiten

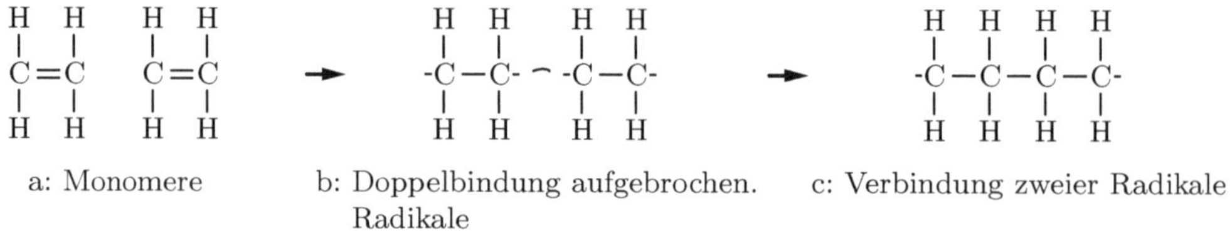

$$
\begin{array}{ccc}
\text{H}\ \text{H}\quad\text{H}\ \text{H} & \text{H}\ \text{H}\quad\text{H}\ \text{H} & \text{H}\ \text{H}\ \text{H}\ \text{H}\\
|\ \ |\quad\ |\ \ | & |\ \ |\quad\ |\ \ | & |\ \ |\ \ |\ \ |\\
\text{C}=\text{C}\quad\text{C}=\text{C}\ \rightarrow & \text{-C}-\text{C-}\ \frown\ \text{-C}-\text{C-}\ \rightarrow & \text{-C}-\text{C}-\text{C}-\text{C-}\\
|\ \ |\quad\ |\ \ | & |\ \ |\quad\ |\ \ | & |\ \ |\ \ |\ \ |\\
\text{H}\ \text{H}\quad\text{H}\ \text{H} & \text{H}\ \text{H}\quad\text{H}\ \text{H} & \text{H}\ \text{H}\ \text{H}\ \text{H}
\end{array}
$$

a: Monomere   b: Doppelbindung aufgebrochen.   c: Verbindung zweier Radikale
        Radikale

Bild 1.21: Chemische Reaktion zur Herstellung von Polyethylen (PE)

von bis zu 10^5 K/s aus der Schmelze abgekühlt wird. Durch spezielle Legierungen ist es möglich, die notwendige Abkühlgeschwindigkeit zu reduzieren. Metallische Gläser besitzen eine hohe Festigkeit bei gleichzeitig guter Verformbarkeit.

1.4 Polymere

Polymere (Kunststoffe) bestehen aus Makromolekülen, die häufig in Form langer Molekülketten vorliegen, deren Atome durch kovalente Bindungen zusammengehalten werden, während die Bindungen zwischen den verschiedenen Ketten deutlich schwächer sind. Aus diesem Grund kann man die Molekülketten als Grundbausteine der Polymere ansehen. Im Gegensatz zu den Metallen und Keramiken setzen sich Polymere also nicht aus mehr oder weniger punktförmigen Teilchen (den Atomen), sondern aus linienförmigen Bestandteilen zusammen. Der Aufbau der Polymere ist dementsprechend komplizierter als der der bisher betrachteten Werkstoffgruppen.

1.4.1 Chemischer Aufbau der Polymere

Die einzelnen Molekülketten eines Polymers sind meist organische Verbindungen. Diese Molekülketten bestehen aus zahlreichen identischen Einzelbausteinen, den *Monomeren*. Typischerweise bestehen die Molekülketten aus 10^3 bis 10^5 Monomeren, so dass die Moleküle eine Länge von einigen Mikrometern erreichen können. Die mittlere Anzahl der Monomere in den Kettenmolekülen wird als *Polymerisationsgrad* bezeichnet.

Als Monomere eignen sich alle Moleküle, die sich in einer einfachen chemischen Reaktion zu einer Kette verbinden können.[14] Ein Beispiel für eine solche chemische Reaktion ist die Bildung von Polyethylen aus Ethylen (C_2H_4) durch eine Polymerisationsreaktion. Ethylen besteht aus zwei mit einer Doppelbindung verbundenen Kohlenstoffatomen, wobei jede freie Bindung der Kohlenstoffatome mit einem Wasserstoffatom abgesättigt ist. Zwei Ethylen-Moleküle können miteinander reagieren, wobei jeweils Elektronen aus der Doppelbindung verwendet werden, um eine Bindung zwischen den beiden Molekülen herzustellen, wie in Bild 1.21 skizziert. Die beiden frei bleibenden Elektronen an den Enden sind nicht abgesättigt, so dass das enstehende C_4H_8-Molekül äußerst reaktiv ist und weitere Doppelbindungen in den Ethylenmolekülen aufspalten kann. Es bildet sich eine Kette aus Kohlenstoffatomen, bei der jedes Atom mit zwei Nachbarn durch eine Einfachbindung verbunden ist. Die weiteren Bindungen der Kohlenstoffatome sind

---

14 Polymere werden durch *Polyadditions-*, *Polykondensations-* oder *Polymerisationsreaktionen* gebildet. Die einzelnen Reaktionstypen werden beispielsweise in *Merkel* [105] beschrieben.

Bild 1.22: Räumliche Struktur von Polyethylen. Der Bindungswinkel entlang der Kette beträgt 109°.

durch Wasserstoffatome abgesättigt (Bild 1.22). Die Reaktion kann durch Zugabe weiterer Chemikalien in einer sogenannten Abbruchreaktion gestoppt werden, indem die freien Elektronen der Radikale abgesättigt werden.

Alle Moleküle, bei denen eine solche Kettenreaktion möglich ist, können zur Synthese eines Polymers verwendet werden. Es gibt deshalb ein sehr weites Spektrum von Polymeren mit sehr unterschiedlichen chemischen und physikalischen Eigenschaften. Eine Auswahl wichtiger Polymere wird im nächsten Abschnitt vorgestellt.

Zwischen den einzelnen Molekülsträngen sind keine starken chemischen Bindungen vorhanden. Stattdessen gibt es, abhängig von der Molekülstruktur, die relativ stark temperaturabhängigen Dipol-, Wasserstoffbrücken- bzw. van-der-Waals-Bindungen.

Beispiele für Polymere

Die mechanischen Eigenschaften der Polymere werden maßgeblich durch die Beweglichkeit der Kettenmoleküle bestimmt, wie in Kapitel 8 ausführlich diskutiert wird. Die Beweglichkeit hängt wiederum von der chemischen Struktur des Polymers ab. Ein Polymermolekül mit einer reinen Kohlenstoffkette mit Einfachbindungen ist beispielsweise an jedem seiner Kohlenstoffatome beweglich, da die Bindung zwischen zwei Kohlenstoffatomen drehbar ist, während dies bei einer Doppelbindung nicht der Fall ist. Die Beweglichkeit der Kettenmoleküle wird auch durch das Vorhandensein von Seitengruppen beeinflusst. Deshalb soll in diesem Abschnitt der chemische Aufbau einiger Polymere exemplarisch vorgestellt werden.

Das einfachste verwendbare Monomer, aus dem eine Polymerkette gebildet werden kann, ist das bereits diskutierte Ethylen. Das resultierende Polymer besteht aus einer Kette von Kohlenstoffatomen, deren freien Bindungen mit Wasserstoff abgesättigt sind. Symbolisch schreibt man dies als $[C_2H_4]_n$, wobei der Index n die Anzahl der sich wiederholenden Einheiten, den Polymerisationsgrad, angibt. Ausgehend vom Ethylen als Grundbaustein kann man eine ganze Reihe verschiedener Polymere erzeugen, wenn man eines oder mehrere der Wasserstoffatome durch eine andere Seitengruppe ersetzt. So ergeben sich beispielsweise das Polyvinylchlorid, bei dem ein Chloratom an die Stelle eines Wasserstoffatoms tritt, oder das Polystyrol, bei dem ein ganzer Benzolring ein Wasserstoffatom ersetzt. Tabelle 1.3 sowie Bild 1.23 zeigen einige weitere Beispiele.

Es ist natürlich nicht unbedingt notwendig, als Monomer ein Derivat des Ethylens zu wählen. So setzt sich beispielsweise Nylon (Polyamid) aus Monomeren zusammen, die eine Amidgruppe (NHCO) enthalten, bei Polydimethylsiloxan (einem Silikon) besteht

Tabelle 1.3: Übersicht über einige Polymere. T_g und T_m sind die Glasübergangs- und die Schmelztemperatur, die in Kapitel 8 näher erläutert werden. Da diese Werte vom Polymerisationsgrad und vom Vorhandensein von Zusatzstoffen im Polymer abhängen, sind sie nur als Richtwerte zu verstehen. *am* steht für »amorph«. Ist *am* und eine Zahl angegeben, kann das Polymer amorph oder teilkristallin auftreten (nach [13, 46, 105]).

Name	Anwendungsbeispiele	$T_g/°C$	$T_m/°C$
	Thermoplaste		
Polyethylen niedriger Dichte, LDPE	Folien, elektr. Isolierungen	$-110\ldots-20$	$100\ldots110$
Polyethylen hoher Dichte, HDPE	Rohre, Flaschen, Haushaltsartikel	$-100\ldots-20$	$125\ldots135$
Polypropylen, PP	Rohre, Lebensmittelverpackungen, elektr. Isolierungen	$-20\ldots0$	$160\ldots175$
Polystyrol, PS	Spielzeuge, Schall- / Wärmedämmung, Verpackungen	100	*am* / 270
Polyvinylchlorid, PVC	Rohre, Verpackungen, Bodenbeläge, Fensterrahmen	$70\ldots90$	*am* / 212
Polymethylmethacrylat, PMMA	Fenster (z. B. Flugzeugfenster), Beleuchtungstechnik	100	*am*
Polyamide, PA	Zahnräder, Wälzlagerkäfige, Gleitlager	$40\ldots150$	$170\ldots300$
Polycarbonat, PC	Gehäuse, Zahnräder, Ventile, Klebebänder, Verpackungen	150	*am* / $220\ldots260$
Polytetrafluorethylen, PTFE	Dichtungen, Gleitlager, Nahrungsmittelindustrie	126^a	327
Polyethylenterephtalat, PET	Klebstoff, Stecker, Bedachungen, Tanks, Karosserien	80	*am* / $240\ldots250$
	Elastomere		
Polybutadien	Autoreifen	$-100\ldots-15$	$-$
	Duromere		
Polyester	Glasfaser-Laminate	$-$	$-$
Aromatische Polyamide (Aramide)	Fasern für Verbundwerkstoffe	$-$	$-$
Polyimid, PI	Kolbenringe, Lager, Dichtungen, elektr. Isolierungen	$-$ / $310\ldots365^b$	$-$ / *am*

a Die Angaben für die Glastemperaturen von PTFE schwanken stark, da ihre Messung problematisch ist [80]. Der hier angegebene Wert folgt [13].

b Polyimid ist normalerweise ein Duromer, kann aber auch als Thermoplast vorliegen. Die angegebene Glastemperatur gilt für einen Thermoplast.

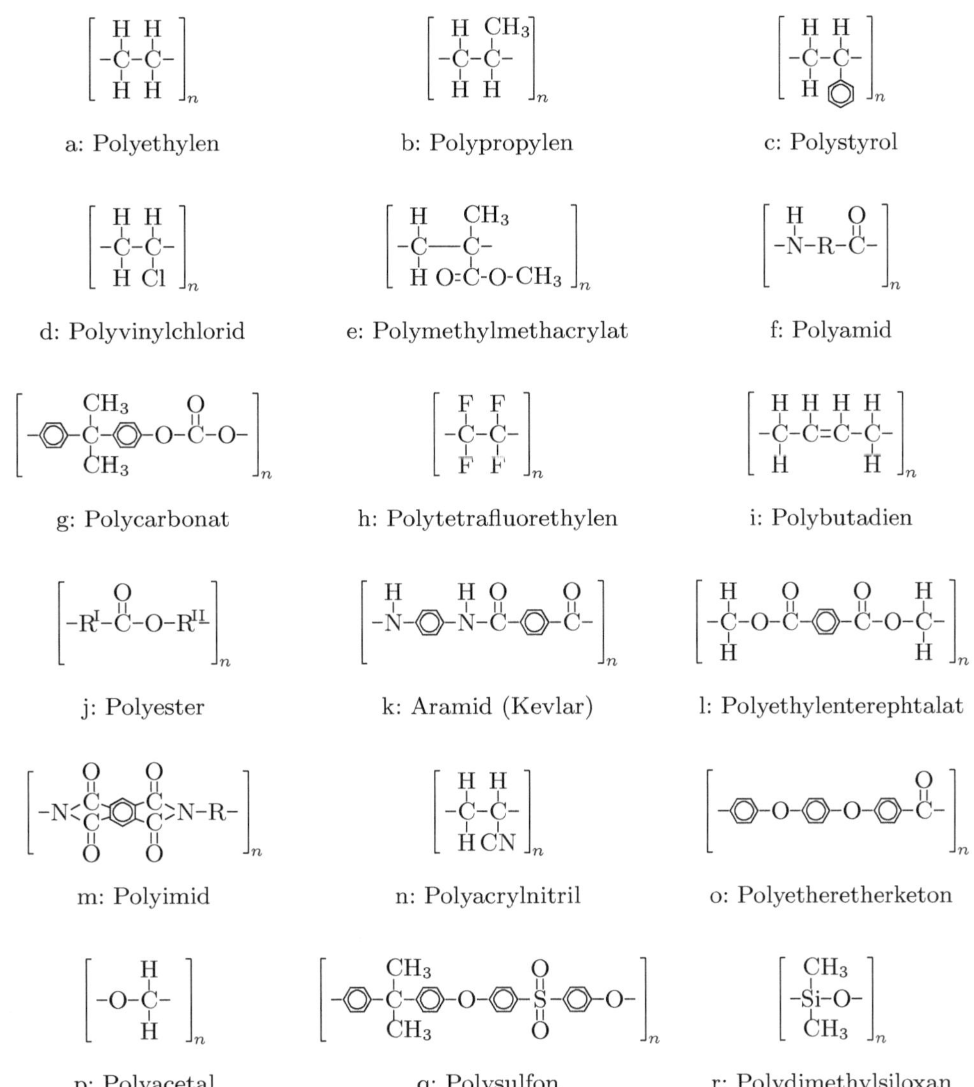

a: Polyethylen

b: Polypropylen

c: Polystyrol

d: Polyvinylchlorid

e: Polymethylmethacrylat

f: Polyamid

g: Polycarbonat

h: Polytetrafluorethylen

i: Polybutadien

j: Polyester

k: Aramid (Kevlar)

l: Polyethylenterephtalat

m: Polyimid

n: Polyacrylnitril

o: Polyetheretherketon

p: Polyacetal

q: Polysulfon

r: Polydimethylsiloxan

Bild 1.23: Strukturformeln einiger Polymere. Der Index n zeigt an, dass sich die gezeigte Struktur dem Polymerisationsgrad entsprechend wiederholt. »R« steht für eine Molekülkette beliebiger Länge (»Rest«).

a: Thermoplast. Die Molekülketten sind unvernetzt.

b: Elastomer. Zwischen den
Molekülketten existieren
wenige Vernetzungsstellen.

c: Duromer. Die Molekülketten sind an vielen Stellen
vernetzt.

Bild 1.24: Darstellung der Vernetzung unterschiedlicher Polymerarten

die Kette selbst aus alternierenden Silizium- und Sauerstoffatomen, wobei an das Siliziummatom jeweils zwei Methylgruppen CH_3 gebunden sind.

1.4.2 Struktur der Polymere

Während Metalle und Keramiken vollständig kristallin vorliegen können, ist dies bei
Polymeren im Allgemeinen nicht möglich. Prinzipiell können sich die einzelnen Molekülketten zwar parallel zueinander anordnen und so eine regelmäßige Struktur ausbilden, da
diese aber typischerweise sehr lang sind und aus vielen Tausend Monomeren bestehen,
ist es sehr unwahrscheinlich, dass sie bei der Abkühlung eines Polymers aus dem flüssigen Zustand in linear gestreckter oder in aufgefalteter Form vorliegen. Aus statistischen
Gründen ist es sehr viel wahrscheinlicher, dass sich ein Kettenmolekül zu einer kompliziert gefalteten Struktur *verknäult*. Polymere besitzen deshalb immer eine zumindest
teilweise amorphe Struktur.

Wie bereits erläutert, sind lineare Ketten die Grundbausteine der Polymere. Es ist
jedoch möglich, die einzelnen Ketten durch kovalente Bindungen miteinander zu verbinden, so dass ein molekulares Netzwerk entsteht. Diese Querverbindungen haben einen
entscheidenden Einfluss auf die mechanischen Eigenschaften des Polymers, da das Vorhandensein solcher Verbindungen die verschiedenen Ketten untereinander fixiert und es so
beispielsweise unmöglich macht, einzelne Ketten aus dem Verbund herauszuziehen. Man
unterscheidet deshalb zwischen *Thermoplasten,* bei denen keine Vernetzung vorliegt, *Elastomeren,* die eine relativ geringe Vernetzung aufweisen, und *Duromeren* mit einer hohen
Vernetzungsdichte.[15] Die Bilder 1.24 a, 1.24 b und 1.24 c veranschaulichen die verschiedenen Strukturen. Die *Vernetzungsdichte* kann dabei folgendermaßen quantifiziert werden:
Sieht man einen Diamantkristall als Verbund aus parallel liegenden Kohlenstoff-Kettenmolekülen an, in dem jedes Atom mit der benachbarten Kette vernetzt ist, so erhält man
die maximal mögliche Vernetzungsdichte. Dieser ordnet man den Wert 1 zu. Elastomere
haben dann eine auf Diamant bezogene Vernetzungsdichte von etwa 10^{-4} bis 10^{-3}, d. h.,

---

15 In einigen Duromeren entsteht das Molekülnetzwerk nicht durch eine Bindung zwischen vorhandenen Ketten, sondern bildet sich direkt aus den Monomeren. In diesem Fall ist es streng genommen
nicht mehr möglich, von vernetzten Ketten zu sprechen

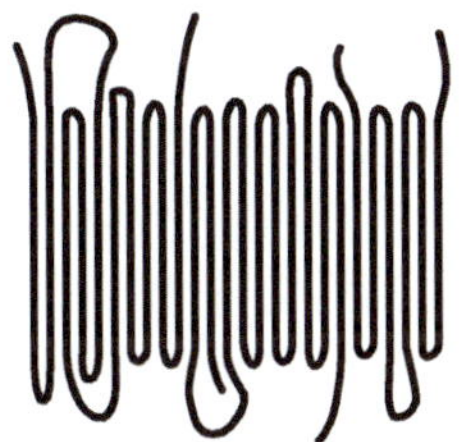

a: Kristalliner Bereich (nach [9])

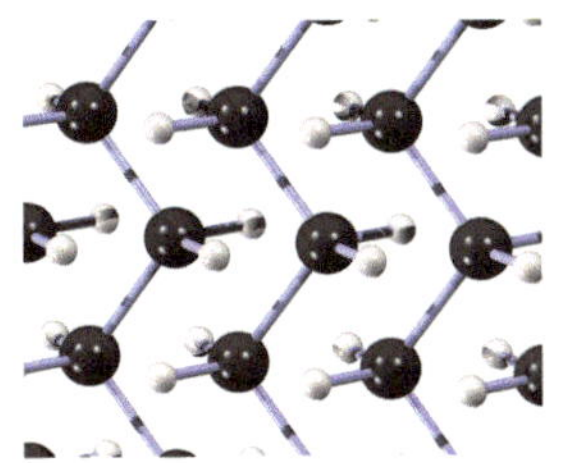

b: Anordnung der Polymerketten im kristallinen Bereich

Bild 1.25: Schematische Darstellung kristalliner Bereiche in einem Polymer

nur etwa jedes tausendste Monomer hat eine Verzweigung. Die Vernetzungsdichte der Duromere ist mit 10^{-2} bis 10^{-1} deutlich höher.

Elastomere und Duromere liegen immer im vollständig amorphen Zustand vor, weil die chemischen Verbindungen zwischen den Ketten eine regelmäßige Anordnung unmöglich machen. Thermoplaste können zumindest teilweise kristallin sein. Der Volumenanteil der kristallinen Bereiche in einem teilkristallinen Thermoplasten wird als *Kristallinität* bezeichnet.

In einem *teilkristallinen Thermoplast* bestehen die kristallinen Bereiche nicht aus gestreckten Kettenmolekülen, die parallel zueinander angeordnet sind, sondern aus Bereichen, in denen die Moleküle in regelmäßiger Weise aufgefaltet vorliegen (siehe Bild 1.25). Die kristallinen Bereiche haben typischerweise eine Dicke von ca. 10 nm und eine Länge von 1 µm bis 10 µm. Zwischen diesen Bereichen befinden sich amorphe Zonen. Die kristallinen Bereiche selbst ordnen sich oft radial an, wobei zwischen ihnen amorphe Bereiche liegen, Sie bilden dabei sogenannte *Sphärolithe* (Bild 1.26), die als Analogon zu den Kristalliten der Metalle gesehen werden können. Ihre Größe beträgt etwa 0,01 mm bis 0,1 mm.

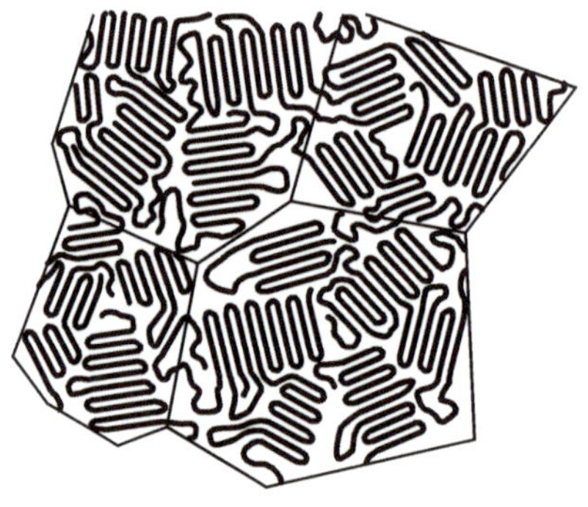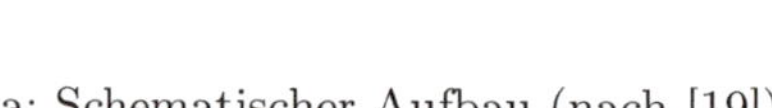

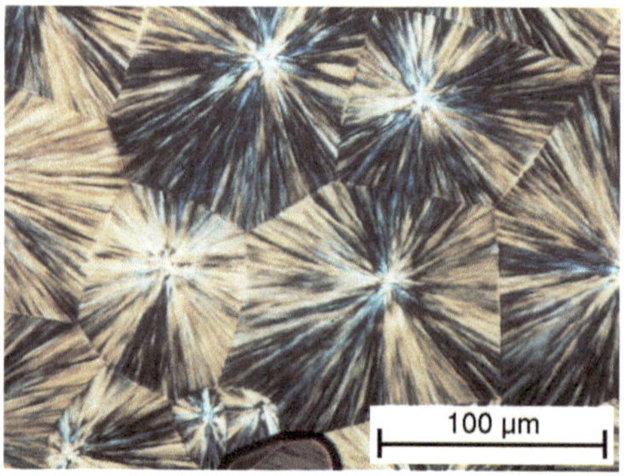

a: Schematischer Aufbau (nach [19])   b: Mikroskopische Aufnahme. Institut für
                                          Baustoffe, Massivbau und Brandschutz,
                                          TU Braunschweig

Bild 1.26: Aufbau von Sphärolithen. Die kristallinen Bereiche in einem Sphärolith ordnen sich
            radial von einem Zentrum ausgehend an, wobei die aufgefalteten Kettenmoleküle
            tangential orientiert sind. Zwischen den kristallinen Bereichen befinden sich amor-
            phe Zonen.

2 Elastisches Verhalten

2.1 Arten der Verformung

Wird ein Werkstoff mit einer Kraft belastet, so reagiert er auf diese Kraft mit einer Verformung, bei der sich die Atome im Inneren des Werkstoffs verschieben. Diese Verformung bestimmt das *mechanische Verhalten* des Werkstoffs. Es gibt verschiedene Arten der Verformung, die nicht nur durch unterschiedliche physikalische Mechanismen verursacht werden, sondern auch verschiedene technische Anwendungen besitzen. Insbesondere unterscheidet man zwischen *reversiblen* Verformungen, d. h. solchen, bei denen der Werkstoff bei der Entlastung wieder seine ursprüngliche Form annimmt, und *irreversiblen* Verformungen, bei denen die Verformung auch nach der Entlastung erhalten bleibt. Reversible Verformungen werden beispielsweise in Federn oder schwingenden Saiten angewandt, irreversible Verformungen dienen etwa in Schmiedeprozessen zur Herstellung von Bauteilen oder werden zur Energieabsorption in Crashelementen genutzt. Allgemein bezeichnet man jede Art von reversibler Verformung als *elastisch,* irreversible Verformungen als *plastisch.*

Eine weitere wichtige Unterscheidung ist die zwischen zeitabhängiger und zeitunabhängiger Verformung. Reagiert ein Material auf eine Belastungsänderung mit zeitlicher Verzögerung, so ist die Verformung zeitabhängig. Findet im Gegensatz dazu die gesamte Verformung praktisch sofort statt, so ist sie zeitunabhängig. Zeitabhängige Verformungen werden mit der Vorsilbe *visko-* bezeichnet. Insgesamt ergeben sich so vier verschiedene Arten der Verformung, da sowohl die elastische als auch die plastische Verformung zeitabhängig oder -unabhängig sein können.

In diesem Kapitel wird zunächst erläutert, wie äußere Kräfte und die resultierende Verformung in Materialien beschrieben werden können. Anschließend wird das *zeitunabhängige elastische* Verhalten der Werkstoffe vorgestellt, das oft – nicht ganz korrekt – einfach als »*das elastische Verhalten*« bezeichnet wird.

Die zeitunabhängige plastische Verformung ist Gegenstand der Kapitel 3, 6 und 8, die zeitabhängige plastische Verformung wird in den Kapiteln 8 und 11 behandelt. Zeitabhängiges elastisches Verhalten tritt im Wesentlichen bei Polymeren auf und ist Gegenstand von Kapitel 8.

2.2 Spannung und Dehnung

Die in der Technik eingesetzten Bauteile haben zum einen sehr unterschiedliche Größen, zum anderen besitzen sie häufig komplizierte Geometrien, so dass die Belastungen über das Bauteil stark variieren. Für die Auslegung von Bauteilen ist es notwendig, über werkstoffspezifische Kennwerte zu verfügen, die das Werkstoffverhalten beschreiben. Diese Kennwerte müssen von der Bauteilgeometrie und -dimension unabhängig sein, damit sie

© Springer Fachmedien Wiesbaden GmbH, ein Teil von Springer Nature 2019
J. Rösler et al., *Mechanisches Verhalten der Werkstoffe*, https://doi.org/10.1007/978-3-658-26802-2_2

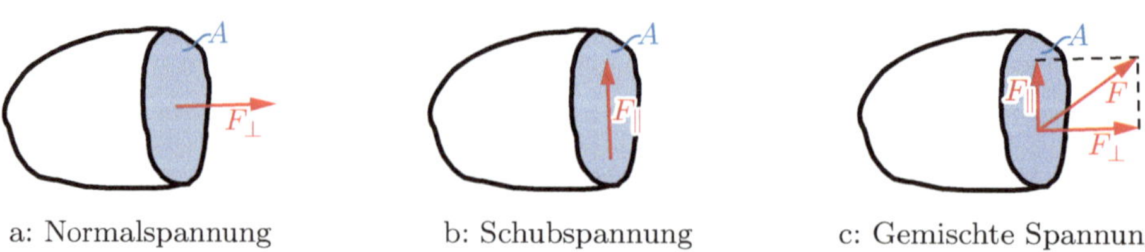

a: Normalspannung   b: Schubspannung   c: Gemischte Spannung

Bild 2.1: Unterschiedliche Spannungsmaße

an Versuchen mit genormten Proben ermittelt und auf unterschiedliche Bauteile übertragen werden können. Dies lässt sich erreichen, indem die Belastung und die Verformung auf die Dimension (Fläche bzw. Länge) normiert werden. Um die lokal innerhalb des Bauteils schwankenden Verhältnisse beschreiben zu können, werden diese Belastungs- und Verformungsgrößen lokal für kleine Volumenelemente angegeben. Dabei wird normalerweise ein kontinuumsmechanischer Ansatz verfolgt, bei dem die betrachtete Größenskala groß gegenüber dem Atomabstand ist. Die Materie wird als »verschmiert« angesehen, wodurch alle Größen stetig werden.

2.2.1 Spannung

Bauteile werden häufig durch bestimmte Kräfte oder Momente belastet. Wie stark dabei das Material beansprucht wird, hängt vom belasteten Querschnitt ab. Vergrößert man diesen, so verringert sich die Beanspruchung. Als normierte Größe wird die *Spannung* σ eingeführt, die als Kraft geteilt durch die Fläche, auf die diese Kraft wirkt, definiert ist. Spannungen unterscheidet man nach der Orientierung der Kraft und der Fläche zueinander. Steht die Kraft F senkrecht auf der Fläche A, so wird die Spannung

$$\sigma = \frac{F_\perp}{A} \tag{2.1}$$

als *Normalspannung* bezeichnet (Bild 2.1 a). Ist die Kraft, die auf eine Fläche wirkt, parallel zu dieser (Bild 2.1 b), so wirkt eine *Schubspannung*

$$\tau = \frac{F_\parallel}{A} \,. \tag{2.2}$$

Für alle anderen Fälle lässt sich die Kraft in einen normal und einen parallel wirkenden Anteil aufteilen, so dass gleichzeitig eine Normal- und eine Schubspannung wirken (Bild 2.1 c).

Möchte man die Belastung eines Materials in einem Punkt beschreiben, so schneidet man den Körper in diesem Punkt in Gedanken entlang einer *Schnittebene* auf. Die Spannung, die vor dem Aufschneiden durch das weggeschnittene Material auf die Fläche übertragen wurde, muss nun durch äußere Oberflächenkräfte ersetzt werden, um das Kräftegleichgewicht im Material zu erhalten. Betrachtet man ein sehr kleines Flächenelement in der Umgebung des Punkts, auf dem die Oberflächenkraft näherungsweise konstant ist, dann kann man diese Kraft auf die Fläche normieren. Es ergibt sich ein Vektor, der als *Schnittspannung* $\underline{q}$ bezeichnet wird.

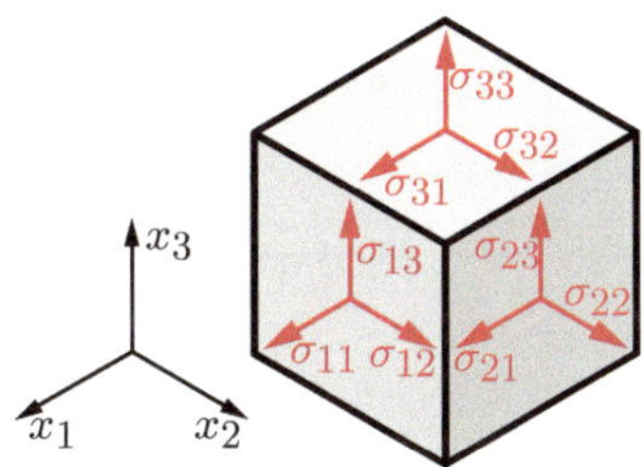

Bild 2.2: Nummerierung der Komponenten des Spannungstensors $\underline{\sigma}$

Welche Schnittspannung angelegt werden muss, hängt von der Orientierung der Schnittebene ab. Schneidet man beispielsweise einen mit der Spannung σ belasteten Zugstab senkrecht zur Zugrichtung auf, so erhält man als Schnittspannung einen Vektor in Richtung des Stabes mit dem Betrag σ. Trennt man den Stab dagegen parallel zur Zugrichtung auf, so ist die Schnittebene frei von Schnittkräften, es muss also keine Schnittspannung angelegt werden, um das Kräftegleichgewicht zu erhalten.

Der Spannungszustand in einem Punkt kann vollständig beschrieben werden, indem man das Material in drei unterschiedlich orientierten (linear unabhängigen) Ebenen schneidet und die zugehören Schnittspannungen bestimmt. Man kann das Material beispielsweise senkrecht zu den Koordinatenachsen in den Ebenen A_i mit Normalenvektor in i-Richtung schneiden und je Schnittebene die zugehörige Schnittspannung $\underline{q}^{(i)}$ berechnen. Aus den Komponenten dieser drei Schnittspannungen lassen sich 9 Größen $\sigma_{ij} = q_j^{(i)}$ berechnen.[1] Diese werden in eine Komponentenmatrix (σ_{ij}) geschrieben, die den *Spannungstensor* 2. Stufe $\underline{\sigma}$ bildet. Bild 2.2 zeigt die Nummerierung der Komponenten dieses Spannungstensors.

Wird ein sogenanntes *klassisches Kontinuum* betrachtet, so können an einem infinitesimal kleinen Stoffelement keine Momente übertragen werden.[2] Daraus folgt, dass

$$\sigma_{ij} = \sigma_{ji} \quad \text{für } i,j = 1\ldots 3 \tag{2.3}$$

gilt, Spannungstensoren also symmetrisch sind [20, 78]. Sie haben dann nur noch 6 statt 9 unabhängige Komponenten (3 Hauptdiagonal- und 3 Nebendiagonalkomponenten).

Stellt man den Spannungstensor $\underline{\sigma}$ in einem anderen Koordinatensystem dar, so hat die neue Beschreibung andere Komponenten. Dennoch wird der selbe Spannungszustand beschrieben. Die Änderung der Komponenten erfolgt nach den Transformationsregeln für Tensoren (Anhang 14.5).

Für jeden Spannungstensor $\underline{\sigma}$ lässt sich ein Koordinatensystem angeben, in dem er nur Hauptdiagonalkompontenen (also Normalspannungsanteile) besitzt. Diese Form des Spannungstensors heißt *Hauptachsenform*, die zugehörigen Spannungswerte heißen *Hauptspannungen* (vgl. Anhang 14.7). Die Hauptspannungen werden mit einem römischen In-

---

1 Für die Schubspannungen ist auch die Schreibweise τ_{ij} mit $i \neq j$ gebräuchlich.
2 Es gibt auch die Theorie des sogenannten *Cosserat-Kontinuums,* bei dem zusätzlich zu den Kräften am infinitesimalen Stoffstück auch Momente übertragen werden können. In diesem Fall ist der Spannungstensor nicht symmetrisch [82].

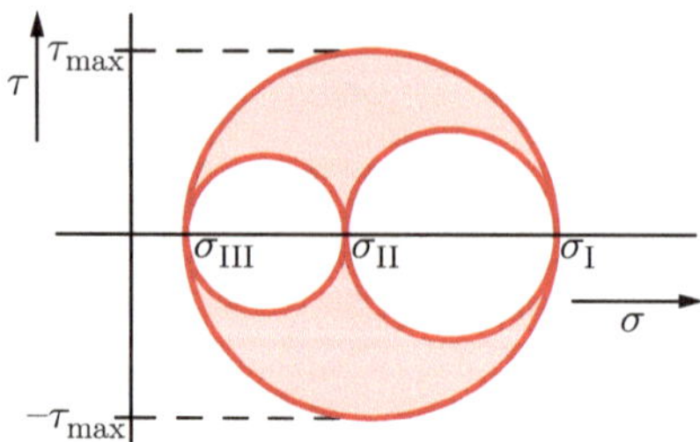

Bild 2.3: Mohrscher Spannungskreis. Es können nur Schnittspannungspaare auftreten, die im rot hinterlegten Bereich liegen.

dex bezeichnet, wenn sie der Größe nach sortiert sind: $\sigma_\mathrm{I} \geq \sigma_\mathrm{II} \geq \sigma_\mathrm{III}$. Sind sie nicht sortiert, werden arabische Indizes verwendet: σ_1, σ_2, σ_3. Der Spannungstensor hat in Hauptachsenform folgende Gestalt:

$$\underline{\underline{\sigma}} = \begin{pmatrix} \sigma_1 & 0 & 0 \\ 0 & \sigma_2 & 0 \\ 0 & 0 & \sigma_3 \end{pmatrix}.$$

In vielen Fällen (beispielsweise bei der Betrachtung plastischer Verformungen, siehe Abschnitt 3.3.2) ist es notwendig, aus den bekannten Hauptspannungen abzuleiten, welche Schubspannungen im Material auftreten können. Dieses Problem lässt sich mit Hilfe des *mohrschen Spannungskreises* graphisch lösen [59, 82] (siehe Bild 2.3). Dazu zeichnet man ein Diagramm, bei dem auf der Abszisse die Normalspannungen und auf der Ordinate die Schubspannungen aufgetragen werden. Die drei Hauptspannungen werden in dieses Diagramm eingetragen und drei Kreise eingezeichnet, die jeweils von zwei der Hauptspannungen begrenzt werden. Schneidet man das Material an dem betrachteten Ort, so ergibt sich für die verwendete Schnittorientierung ein Paar aus einer Normalspannung und einer Schubschnittspannung in der Schnittebene. Zeichnet man nun die σ-τ-Paare für alle möglichen Schnittorientierungen in das Diagramm ein, so füllen die σ-τ-Paare die in Bild 2.3 eingezeichnete rote Fläche aus. Beispielsweise gibt es eine Schnittebene maximaler Schubspannung, für die die Schubspannung den Wert $\tau_\mathrm{max} = (\sigma_\mathrm{I} - \sigma_\mathrm{III})/2$ besitzt und auf der die Normalspannung durch den Mittelwert der größten und kleinsten Hauptspannung, $(\sigma_\mathrm{I} + \sigma_\mathrm{III})/2$ gegeben ist.

Für den Fall, dass zwei Hauptspannungen denselben Wert besitzen, ergibt sich ein einfacher Kreis ohne Aussparungen, fallen sogar alle drei Hauptspannungen zusammen, bleibt lediglich ein Punkt übrig. In diesem Fall ist der Spannungszustand von der Richtung der Schnittebene unabhängig.

2.2.2 Dehnung

Belastet man ein Bauteil, so verschieben sich einzelne Punkte innerhalb des Bauteils. Die Verschiebungen können unterschiedlicher Herkunft sein: Das Bauteil kann bewegt

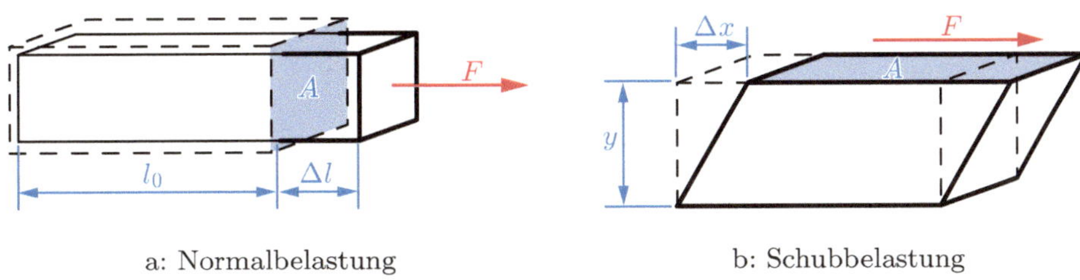

a: Normalbelastung   b: Schubbelastung

Bild 2.4: Einfache Lastfälle

worden sein, was als *Starrkörperverschiebung* bezeichnet wird. Ebenso kann das Bauteil ohne Verformung gedreht worden sein (*Starrkörperrotation*). Da sich in beiden Fällen die Abstände und Winkel zwischen Punkten innerhalb des Materials nicht geändert haben, wurde das Bauteil in beiden Fällen nicht verformt. Möchte man die Verformung eines Bauteils beschreiben, ist eine Betrachtung der Verschiebungen allein deshalb nicht zweckmäßig. Vielmehr ist es notwendig, Längen*änderungen* und Winkel*verzerrungen* innerhalb des Bauteils zu beschreiben. Dies geschieht dadurch, dass man die Änderung der Verschiebung mit dem betrachteten Ort angibt.

Alle möglichen Formänderungen lassen sich aus Längenänderungen und Winkelverzerrungen (Scherungen) zusammensetzen. Für Längenänderungen ist die *Normaldehnung* ε definiert als die Differenz Δl zwischen der Länge l_1 nach der Verformung und der Ausgangslänge l_0 (Bild 2.4 a) bezogen auf die Ausgangslänge:

$$\varepsilon = \frac{l_1 - l_0}{l_0} = \frac{\Delta l}{l_0} \, . \tag{2.4}$$

Für Winkelverzerrungen ist die *Scherung* γ, die der Winkelveränderung eines anfänglich rechten Winkels entspricht, entsprechend Bild 2.4 b für kleine Δx definiert als

$$\gamma = \frac{\Delta x}{y} \, , \tag{2.5}$$

wobei hier Δx und y senkrecht aufeinander stehen.

Eine allgemeine Verformung mit kleinen Deformationen[3] eines Materialelements kann – ähnlich wie die Spannung – durch einen *Dehnungstensor* 2. Stufe $\underline{\underline{\varepsilon}}$ beschrieben werden. Um ihn zu bestimmen, wird ein ortsfestes Koordinatensystem gewählt, gegenüber dem sich die »Materiepunkte« des Werkstoffs bei einer Verformung verschieben, wie in Bild 2.5 skizziert. Diese ortsabhängigen Verschiebungen werden mit $\underline{u}(\underline{x})$ bezeichnet. Wie aus dem Verschiebungsfeld Dehnungen hergeleitet werden, wird zunächst anhand einiger spezieller Fälle erläutert.

Eine reine Dehnung in Normalrichtung, beispielsweise in x_1-Richtung, führt dazu, dass die Verschiebung u_1 mit steigender x_1-Koordinate zunimmt. Betrachtet man zwei benachbarte Punkte $x_1^{(1)}$ und $x_1^{(2)}$ mit einem anfänglichen, infinitesimalen Abstand $\Delta x_1 \to 0$,

---

3 Auf allgemeine Dehnungszustände mit großen Deformationen wird in Abschnitt 3.1 eingegangen.

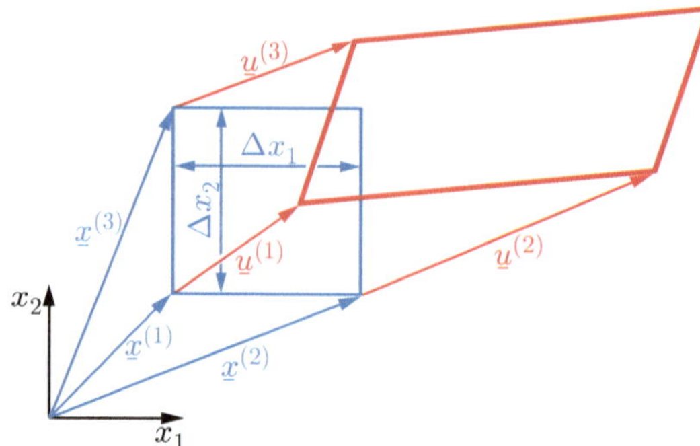

Bild 2.5: Zweidimensionales Verschiebungsfeld in einem Werkstoff. Das Koordinatensystem x_i bleibt raumfest, und die Verschiebungen $\underline{u}^{(j)}$ der einzelnen Stoffpunkte $\underline{x}^{(j)}$ werden in diesem angegeben.

die nach der Verformung um $u_1^{(1)}$ bzw. $u_1^{(2)}$ verschoben sind, so ergibt sich eine Dehnung

$$\varepsilon_{11} = \lim_{\Delta x_1 \to 0} \frac{u_1^{(2)} - u_1^{(1)}}{\Delta x_1} = \frac{\partial u_1}{\partial x_1} \, .$$

Auf die anderen Raumrichtungen übertragen ergibt sich für Normaldehnungen folgende Gleichung:

$$\varepsilon_{\underline{ii}} = \frac{\partial u_i}{\partial x_i} \, . \tag{2.6}$$

Die Unterstreichung der Indizes besagt, dass für sie die einsteinsche Summenkonvention (siehe Anhang 14) nicht angewendet wird, also nicht über sie summiert wird.

Wird das Material geschert, so wird der betrachtete Bereich so verzerrt, dass ehemals rechte Winkel verringert bzw. vergrößert werden. Zu der Winkelveränderung tragen zwei Anteile bei. Zum einen ist dies die Verdrehung der parallel zu der x_1-Achse liegenden Kante, zum anderen die Verdrehung der anderen Kante (vgl. Bild 2.5). Daraus ergibt sich für kleine Dehnungen sowie für $\Delta x_1 \to 0$ und $\Delta x_2 \to 0$ die Scherung

$$\gamma_{12} = \lim_{\Delta x_1 \to 0} \frac{u_2^{(2)} - u_2^{(1)}}{\Delta x_1} + \lim_{\Delta x_2 \to 0} \frac{u_1^{(3)} - u_1^{(1)}}{\Delta x_2} = \frac{\partial u_2}{\partial x_1} + \frac{\partial u_1}{\partial x_2} \, .$$

Auf alle Koordinatenachsen verallgemeinert ergibt sich daraus

$$\gamma_{ij} = \frac{\partial u_i}{\partial x_j} + \frac{\partial u_j}{\partial x_i} \quad \text{für } i \neq j \, . \tag{2.7}$$

Aufgrund dieser Definition gilt $\gamma_{ji} = \gamma_{ij}$.

Mit Hilfe der Gleichungen (2.6) und (2.7) lassen sich alle Dehnungsanteile unter der Voraussetzung kleiner Dehnungen angeben. Allerdings lassen sie sich in dieser Form nicht als Komponenten eines Tensors verwenden, da mit ihnen keine Koordinatentransformation durchgeführt werden kann. Dies ist aber eine Grundeigenschaft von Tensoren. Diese

Eigenschaft wird erreicht, wenn statt der Scherdehnung γ_{ij} der halbe Wert $\varepsilon_{ij} = \gamma_{ij}/2$ verwendet wird. Das hat den weiteren Vorteil, dass damit die Gleichungen (2.6) und (2.7) nicht getrennt formuliert werden müssen und so für alle Komponenten gilt:

$$\varepsilon_{ij} = \frac{1}{2}\left(\frac{\partial u_i}{\partial x_j} + \frac{\partial u_j}{\partial x_i}\right). \tag{2.8}$$

Durch diese Definition gilt $\varepsilon_{ij} = \varepsilon_{ji}$. Der Dehnungstensor ist damit symmetrisch. Wie der Spannungstensor besitzt er also nur 6 unabhängige Komponenten.

Wird das Material nur in einer *Starrkörperverschiebung* gegenüber dem Koordinatensystem verschoben, so sind die Verschiebungsvektoren an jedem Punkt des Körpers gleich. Es gilt $\underline{u}(\underline{x}) = $ const, woraus $\partial u_i/\partial x_j = 0$ und somit auch wie erwartet $\varepsilon_{ij} - 0$ folgt. Das entspricht der Anschauung, weil eine reine Starrkörperverschiebung keine Dehnungen mit sich bringt.

Eine *Starrkörperrotation* ist problematischer. Für eine kleine Rotation um die x_3-Achse mit dem Winkel α gilt $\partial u_1/\partial x_1 = \cos\alpha - 1 \approx 0$, $\partial u_2/\partial x_2 = \cos\alpha - 1 \approx 0$, $\partial u_1/\partial x_2 = -\sin\alpha \approx -\alpha$ sowie $\partial u_2/\partial x_1 = \sin\alpha \approx \alpha$. Setzt man diese Werte in die Definitionsgleichung (2.8) ein, so heben sich auch die gemischten Anteile $\partial u_1/\partial x_2$ und $\partial u_2/\partial x_1$ heraus, so dass wiederum $\varepsilon_{ij} = 0$ folgt. Für große Rotationen gelten die notwendigen Näherungen nicht mehr, so dass die Definition der Dehnung, Gleichung (2.8), nicht mehr anwendbar ist. Die für große Deformationen geeigneten Dehnungsdefinitionen verwenden aufwändige Tensoroperationen. Auf sie wird in Abschnitt 3.1 näher eingegangen.

2.3 Atomare Wechselwirkungen

Im vorherigen Kapitel wurde erläutert, dass die verschiedenen Werkstoffgruppen unterschiedliche Bindungstypen besitzen, d. h., dass sich die Atome innerhalb eines Materials aufgrund verschiedener physikalischer Mechanismen gegenseitig anziehen. Da in der Natur stets ein möglichst energiearmer Zustand angestrebt wird, würde dies bedeuten, dass der Atomabstand gegen null ginge. Dies ist jedoch nicht der Fall, da es zusätzlich zu der anziehenden Wechselwirkung noch eine abstoßende Wechselwirkung gibt. Diese beruht – vereinfacht betrachtet – auf der Abstoßung der Elektronenwolken der verschiedenen Atome, die einander nicht durchdringen können. Die abstoßende Wechselwirkung hat eine geringe Reichweite, d. h., sie ist nur für relativ kleine Atomabstände relevant. Bei sehr kleinen Abständen wird sie jedoch extrem groß und überwiegt die anziehende Wechselwirkung bei Weitem.

Entsprechend stellt sich der Atomabstand r in einem Atomverbund (z. B. einem Festkörper) so ein, dass ein möglichst kleines Potential der Wechselwirkungen zwischen den Atomen erreicht wird. Durch die Überlagerung des abstoßenden Potentials $U_R(r)$ (Index R für engl. *repulsive*) und des anziehenden Potentials $U_A(r)$ (Index A für engl. *attractive*) ergibt sich ein Gesamtpotential

$$U(r) = U_A(r) + U_R(r), \tag{2.9}$$

das bei dem stabilen *Atomabstand* r_0 minimal ist. Dieser Sachverhalt ist in Bild 2.6 skizziert. Atomabstände bewegen sich normalerweise im Bereich zwischen 0,1 nm und

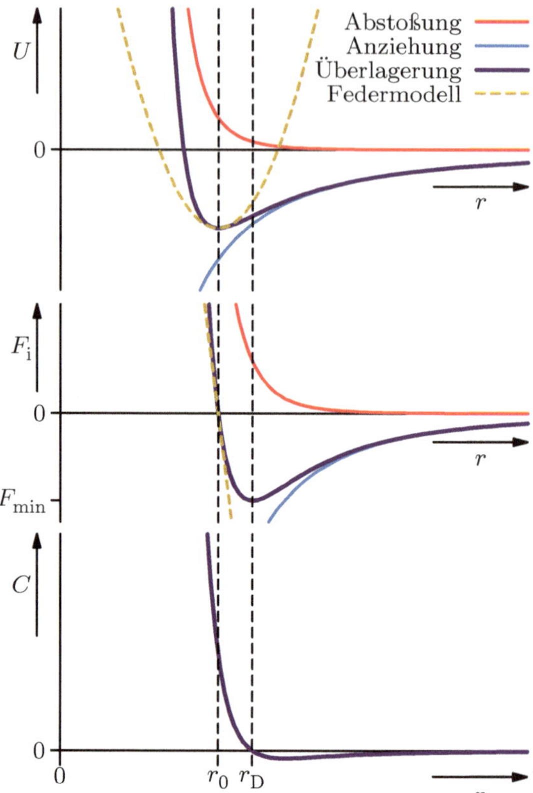

Bild 2.6: Wechselwirkung zwischen zwei Atomen (Potential U, innere Wechselwirkungskraft $F_\mathrm{i} = -\mathrm{d}U/\mathrm{d}r$, Steifigkeit $C = \mathrm{d}^2U/\mathrm{d}r^2$)

0,5 nm [18]. Wegen der Form des Potentials spricht man oft auch von einem *Potentialtopf,* in dem sich die Atome befinden.

Aus den Potentialen ergibt sich durch Differenzieren die *innere Wechselwirkungskraft* $F_\mathrm{i}(r)$ zwischen den Atomen:

$$F_\mathrm{i}(r) = -\frac{\mathrm{d}U(r)}{\mathrm{d}r}\,. \tag{2.10}$$

Im Gleichgewichtszustand ist $F_\mathrm{i}(r_0) = 0$. Wenn zusätzlich zu den inneren Kräften bei einer äußeren Beanspruchung eine weitere Kraft hinzukommt, verändert sich der stabile Atomabstand, und der Werkstoff verformt sich.

Am Potentialminimum verschwindet die Kraft, also die erste Ableitung der Energie. Man kann diese deshalb für kleine Auslenkungen aus der Gleichgewichtslage r_0 mit einem Federgesetz mit der Federsteifigkeit k annähern:[4]

$$U(r) \approx U_0 + \frac{1}{2}k(r - r_0)^2\,,$$

---

4 Mathematisch ist dies eine nach dem quadratischen Glied abgebrochene Taylorreihe.

$$F_{\mathrm{i}}(r) \approx -k(r - r_0)\,. \tag{2.11}$$

Die äußere Kraft, die auf einer Bindung lastet, entspricht der negativen inneren Kraft:

$$F \approx k(r - r_0)\,. \tag{2.12}$$

Für kleine Auslenkungen ist die Kraft also proportional zur Auslenkung.

Wird die äußere Kraft so groß, dass die Atome den in Bild 2.6 eingezeichneten Abstand r_{D} (Index D für engl. *debonding*) erreichen, bei dem die rücktreibende Kraft maximal wird, können die Bindungskräfte bei einer minimalen Erhöhung der Last dieser nicht mehr standhalten, so dass die Bindung gelöst wird und das Material bricht.

Dies spiegelt sich auch in der Steifigkeit wider. Sie sinkt von der Gleichgewichtslage r_0 bis r_{D} auf Null ab und nimmt darüber negative Werte an. Dadurch wird die Bindung instabil. Wird die Vereinfachung des linearen Federgesetzes verwendet, so wird damit angenommen, dass die Steifigkeit konstant bleibt. Bei den Abstandsänderungen, die bei elastischen Verformungen in Metallen und Keramiken auftreten, ist dies zulässig.

2.4   Energie der elastischen Verformung

Bei der elastischen Verformung eines Materials wird in diesem Energie gespeichert, wie man sich anhand des Federmodells aus Abschnitt 2.3 veranschaulichen kann. Um diese Energie zu bestimmen, betrachtet man ein (infinitesimales) quaderförmiges Materialvolumen der Länge l mit der Querschnittsfläche A, an dem eine Kraft F und somit eine Spannung $\sigma = F/A$ anliegt. Wird die Spannung um einen Betrag $\mathrm{d}\sigma$ erhöht, so muss hierzu die anliegende Kraft um den Wert $\mathrm{d}F = \mathrm{d}\sigma A$ erhöht werden. Dabei längt sich das Material um einen Betrag $\mathrm{d}l$.

Die hierbei geleistete Arbeit ist $\mathrm{d}W = F\mathrm{d}l$.[5] Setzt man $\sigma = F/A$ und die Definition der Dehnung $\mathrm{d}\varepsilon = \mathrm{d}l/l$ ein, so ergibt sich für die geleistete Arbeit

$$\mathrm{d}W = F\mathrm{d}l = \sigma A \mathrm{d}\varepsilon\, l = \sigma \mathrm{d}\varepsilon\, V\,, \tag{2.13}$$

wobei $V = Al$ das Volumen des betrachteten Materialelements ist. Normiert man die Arbeit auf das Volumen, betrachtet also die *Energiedichte* $\mathrm{d}w = \mathrm{d}W/V$, so ergibt sich $\mathrm{d}w = \sigma \mathrm{d}\varepsilon$.

Die insgesamt bei einer Verformung des Materials bis zu einer Dehnung $\varepsilon_{\mathrm{max}}$ geleistete Arbeit pro Volumen ergibt sich als Integral über $\mathrm{d}w$:

$$w = \int_0^{\varepsilon_{\mathrm{max}}} \sigma \mathrm{d}\varepsilon\,. \tag{2.14}$$

In dieser Form gilt die Gleichung bei beliebigen (einachsigen) Verformungen, wobei allerdings bei irreversiblen Verformungen die Arbeit teilweise in Wärme übergeht und somit bei einer Entlastung nicht zurückgewonnen werden kann. Bei elastischer Verformung

---

5 Dabei wurde die Kraft am Anfang des Dehnungsinkrementes verwendet. Da Terme zweiter Ordnung bei der infinitesimalen Betrachtung vernachlässigt werden können, spielt dies jedoch keine Rolle: $\mathrm{d}W = (F + \mathrm{d}F)\mathrm{d}l = F\mathrm{d}l + \mathrm{d}F\mathrm{d}l = F\mathrm{d}l$.

wird die Energie im Material durch Dehnung atomarer Bindungen gespeichert und kann deshalb bei Entlastung zurückgewonnen werden.[6] In diesem Fall bezeichnet man die gespeicherte Energie auch als *elastisches Potential* (vgl. Abschnitt 2.3). Diese Betrachtung galt nur für einachsige Spannungen und Dehnungen. Für den Fall beliebiger Spannungen und Dehnungen verallgemeinert sich Gleichung (2.14) zu

$$
w = \int_{\underline{\underline{0}}}^{\underline{\underline{\varepsilon}}\text{max}} \underline{\underline{\sigma}} \cdot\cdot \,\mathrm{d}\underline{\underline{\varepsilon}} \,. \tag{2.15}
$$

Bei dem Produkt von Spannung und Dehnungsinkrement handelt es sich um ein sogenanntes *doppeltes Skalarprodukt*, das in Anhang 14.4 erläutert wird.

2.5   Hookesches Gesetz

Für kleine Auslenkungen aus der Gleichgewichtslage ist die Kraft zwischen den Atomen proportional zur Auslenkung (vgl. Gleichung (2.12)). Dies gilt nicht nur für einzelne Atombindungen, sondern auch für große Atomverbünde, also auch für makroskopische Körper. Dieses sogenannte *linear-elastische Verhalten* wird durch das *hookesche Gesetz* mathematisch beschrieben. Das hookesche Gesetz ist allerdings nur für kleine Verformungen gültig. Dies ist für Metalle und Keramiken keine bedeutende Einschränkung, da der elastische Anteil aller Verformungen immer klein ist.

2.5.1   Elastische Verformung bei einachsiger Beanspruchung

Für eine einachsige Normalbeanspruchung (Bild 2.4 a) lautet das hookesche Gesetz

$$
\sigma = E\varepsilon \tag{2.16}
$$

mit dem *Elastizitätsmodul E* (häufig kurz *E-Modul* genannt). Der Elastizitätsmodul ist ein Maß für die *Steifigkeit* eines Werkstoffs: Je größer er ist, desto geringer ist die elastische Verformung eines Materials bei der gleichen Belastungshöhe.

Dehnt man ein Bauteil elastisch um die Dehnung ε, so induziert diese außerdem zusätzliche senkrechte Dehnungen. Da eine positive Dehnung bei den meisten Materialien zu einer Stauchung in Querrichtung führt, wird dieses Verhalten als *Querkontraktion* bezeichnet. Die *Querkontraktions-* oder *Poissonzahl* ν bestimmt die Größe der Querkontraktion. Es gilt

$$
\varepsilon_{\text{quer}} = -\nu\varepsilon \,. \tag{2.17}
$$

Bei vielen Metallen liegt die Querkontraktionszahl bei $\nu \approx 0{,}33$, bei einem inkompressiblen Material, dessen Volumen bei jeder Verformung konstant bleibt, gilt $\nu = 0{,}5$.

Für eine reine Schubbelastung (Bild 2.4 b) gilt

$$
\tau = G\gamma
$$

---

6 Siehe zur Speicherung und Dissipation von Energie auch Aufgabe 27.

mit dem *Schubmodul G*. Entsprechend dem Elastizitätsmodul bestimmt der Schubmodul die Steifigkeit des Materials gegen Scherverformungen.

Bei isotropen Werkstoffen, deren elastischen Eigenschaften in allen Raumrichtungen gleich sind, hängen die elastischen Konstanten voneinander ab, und es gilt

$$G = \frac{E}{2(1+\nu)} \, . \tag{2.18}$$

Auf das Zustandekommen dieser Gleichung wird in Abschnitt 2.5.3 eingegangen.

In einem linear-elastischen Material unter einachsiger Normalbeanspruchung kann die gespeicherte elastische Energie direkt berechnet werden. Es gilt $\sigma = E\varepsilon$, so dass das Integral in Gleichung (2.14) direkt gelöst werden kann:

$$w^{(\mathrm{el})} = \int_0^{\varepsilon_{\max}} E\varepsilon\,\mathrm{d}\varepsilon = \frac{1}{2}E\varepsilon_{\max}^2 = \frac{1}{2E}\sigma_{\max}^2 \, . \tag{2.19}$$

Die elastisch gespeicherte Energie steigt also quadratisch mit Dehnung und Spannung (siehe auch Aufgabe 7).

Tabelle 2.1 gibt einen Überblick über die Elastizitätsmoduln wichtiger Werkstoffe. Die elastische Steifigkeit von Keramiken liegt etwas oberhalb derer von Metallen, aber in der gleichen Größenordnung, während der Elastizitätsmodul von Polymeren meist deutlich niedriger ist.[7] Dies entspricht der Erwartung, da die elastische Steifigkeit durch die Bindungsstärke bestimmt wird, die für Keramiken etwas höher als für Metalle ist, während bei Polymeren die schwächeren Bindungen zwischen den Makromolekülen die Steifigkeit bestimmen. Wie der Elastizitätsmodul gemessen werden kann, wird in Abschnitt 3.2 beschrieben.

Tabelle 2.1 zeigt auch, dass sich der Elastizitätsmodul eines Werkstoffs durch Legieren nicht sehr stark beeinflussen lässt. So unterscheidet er sich beispielsweise bei verschiedenen Aluminiumlegierungen nur um etwa 10 %, während ihre Festigkeit (siehe Kapitel 6) durch Legieren um ein Vielfaches gesteigert werden kann.

Legiert man zwei verschiedene Metalle, so ergibt sich nicht notwendigerweise eine Mittelung des Elastizitätsmoduls der beteiligten Metallsorten. Das liegt daran, dass die Bindungsenergie U_{AB} zwischen den Metallatomen A und B im Allgemeinen nicht dem Mittelwert der Bindungsenergien U_{AA} und U_{BB} entsprechen muss. Abhängig von den Legierungselementen kann der Elastizitätsmodul sogar auf einen Wert steigen, der über dem jedes einzelnen Elements liegt. Als Faustregel lässt sich angeben, dass im Allgemeinen ein Zulegieren eines hochschmelzenden Elements (z. B. Wolfram zu Nickel) den Elastizitätsmodul erhöht.

Bei einigen wenigen Legierungssystemen lassen sich nennenswerte Änderungen des Elastizitätsmoduls erreichen, nämlich wenn eine große Löslichkeit der Atomsorten ineinander mit einem großen Unterschied des Elastizitätsmoduls zusammenkommt. Beispielsweise besitzt Nickel ($E_{\mathrm{Ni}} = 207\,\mathrm{GPa}$) in Kupfer ($E_{\mathrm{Cu}} = 121\,\mathrm{GPa}$) eine vollständige Löslichkeit. Der Elastizitätsmodul unterscheidet sich nahezu um den Faktor zwei. Daher kann dieser in Kupfer-Nickel-Legierungen (Nickelbronzen) durch Erhöhen des Nickelanteils relativ stark erhöht werden (Bild 2.7).

---

7 Eine Ausnahme bilden Polymerfasern, siehe Abschnitt 8.5.2.

Tabelle 2.1: Elastizitätsmoduln ausgewählter Werkstoffe [8]. Für Polymere ist eine ausführlichere Zusammenstellung in Tabelle 8.2 enthalten.

Werkstoff	E/GPa
Metalle	$\approx \mathbf{15\ldots 500}$
Wolfram	411
Nickellegierungen	$180\ldots 234$
ferritische Stähle	$200\ldots 207$
austenitische Stähle	$190\ldots 200$
Gusseisen	$170\ldots 190$
Kupferlegierungen	$120\ldots 150$
Titanlegierungen	$80\ldots 130$
Messing und Bronze	$103\ldots 124$
Aluminiumlegierungen	$69\ldots 79$
Magnesiumlegierungen	$41\ldots 45$
Keramiken	$\approx \mathbf{40\ldots 1000}$
Diamant	1000
Wolframkarbid, WC	$450\ldots 650$
Siliziumkarbid, SiC	450
Aluminiumoxid, Al_2O_3	390
Titankarbid, TiC	379
Magnesiumoxid, MgO	250
Zirkonmonoxid, ZrO	$160\ldots 241$
Zirkondioxid, ZrO_2	145
Beton	$45\ldots 50$
Silizium	107
Quarzglas, SiO_2	94
Fensterglas	69
Polymere	$\approx \mathbf{0{,}1\ldots 5{,}0}$
Polyester	$1{,}0\ldots 5{,}0$
Nylon	$2{,}0\ldots 4{,}0$
Polymethylmethacrylat	$3{,}0\ldots 3{,}4$
Epoxidharze	$3{,}0$
Polypropylen	$0{,}9$
Polyethylen	$0{,}2\ldots 0{,}7$
Verbundwerkstoffe	
kohlefaserverstärkter Kunststoff	$70\ldots 200$
glasfaserverstärkter Kunststoff	$7\ldots 45$
Holz, $\parallel$ zur Faser	$9\ldots 16$
Holz, $\perp$ zur Faser	$0{,}6\ldots 1$

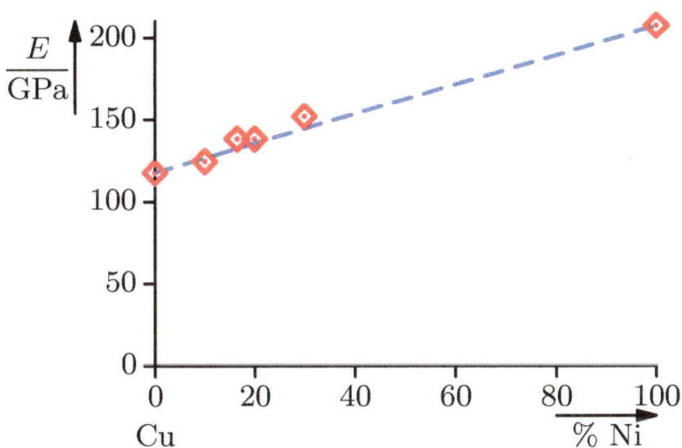

Bild 2.7: Abhängigkeit des Elastizitätsmoduls von der Menge des zu Kupfer hinzulegierten Nickels [34]

Zumeist sind diese Effekte aber gering, weil die Löslichkeit von Legierungselementen in den meisten technisch bedeutsamen Konstruktionswerkstoffen eingeschränkt ist ($< 10\,\%$). Deswegen weicht der Elastizitätsmodul von Konstruktionswerkstoffen meistens um weniger als $\pm10\,\%$ von dem der unlegierten Matrix ab. Dagegen lässt sich die Festigkeit, also die Belastbarkeitsgrenze, um ein Vielfaches steigern, auch weit über die Festigkeiten der einzelnen Legierungselemente hinaus. Dies wird in Abschnitt 6.4 ausführlich besprochen.

Eine besonders effektive Möglichkeit zur Erhöhung des Elastizitätsmoduls ist die Verwendung von Verbundwerkstoffen, bei denen beispielsweise Fasern mit einem hohen Elastizitätsmodul in eine Matrix aus einem anderen Material eingebracht werden. Verbundwerkstoffe werden in Kapitel 9 diskutiert.

Die bisher besprochenen Gleichungen des hookeschen Gesetzes gelten nur für reine Normal- oder Schubbeanspruchungen. In realen Bauteilen liegen jedoch fast immer komplizierte, mehrachsige Belastungen mit kombinierten Normal- und Schubspannungen vor. Welche Dehnungen ergeben sich aber, wenn solche mehrachsige Belastungen auf einen Werkstoff wirken? Die folgenden Abschnitte definieren das hookesche Gesetz in der allgemeinen Form und führen anschließend Vereinfachungen ein, die auf spezielle Werkstoffeigenschaften oder Belastungsannahmen zurückzuführen sind.

* 2.5.2 Elastische Verformung bei mehrachsiger Beanspruchung[8]

Wie in Abschnitt 2.2.2 schon erläutert, führt eine Belastung, die eine Normaldehnung in einer Richtung bewirkt, auch zu Normaldehnungen quer dazu. Beispielsweise dehnt eine Spannung in x_1-Richtung, σ_{11}, das Material nach den Gleichungen (2.16) und (2.17) folgendermaßen: $\varepsilon_{11} = \sigma_{11}/E$, $\varepsilon_{22} = \varepsilon_{33} = -\nu\sigma_{11}/E$. Eine Komponente des Spannungstensors $\underline{\sigma}$ beeinflusst somit mehrere Komponenten des Dehnungstensors $\underline{\varepsilon}$. Umgekehrt kann auch eine in einer Richtung vorgegebene Dehnung die Spannung in einer anderen Richtung beeinflussen. Der Zusammenhang zwischen Spannung und Dehnung soll darüber hinaus linear sein, da wir uns hier auf den Fall kleiner Auslenkungen beschränken.

---

8 Abschnitte, die wie dieser mit einem * an der Abschnittsüberschrift gekennzeichnet sind, beinhalten weitergehende Informationen, die ohne Nachteil für das weitere Verständnis übersprungen werden können.

Mathematisch wird ein beliebiger linearer Zusammenhang zwischen zwei Tensoren 2. Stufe durch ein doppeltes Skalarprodukt beschrieben:

$$\sigma_{ij} = C_{ijkl}\,\varepsilon_{kl} \quad \text{oder} \quad \underline{\underline{\sigma}} = \underset{4}{C} \cdot\cdot\, \underline{\underline{\varepsilon}} \tag{2.20}$$

Bei dem *Elastizitätstensor* $\underset{4}{C}$ handelt es sich um einen Tensor 4. Stufe, der als vierdimensionale »Matrix« mit drei Komponenten in jeder der 4 Richtungen angesehen werden kann, mit $3^4 = 81$ Komponenten C_{ijkl}. Er enthält die Werkstoffkennwerte für das elastische Verhalten.

Da sowohl der Spannungs- als auch der Dehnungstensor durch ihre Symmetrie jeweils nur 6 unabhängige Komponenten besitzen, benötigt der Elastizitätstensor $\underset{4}{C}$ nur $6^2 = 36$ unabhängige Materialkonstanten.

Die Tatsache, dass nicht alle 81 Komponenten des Elastizitätstensors benötigt werden, kann an einem Beispiel verdeutlicht werden. Für σ_{12} gilt nach Gleichung (2.20)

$$\sigma_{12} = C_{1211}\,\varepsilon_{11} + C_{1212}\,\varepsilon_{12} + C_{1213}\,\varepsilon_{13} + C_{1221}\,\varepsilon_{21} + C_{1222}\,\varepsilon_{22} + C_{1223}\,\varepsilon_{23}$$
$$+ C_{1231}\,\varepsilon_{31} + C_{1232}\,\varepsilon_{32} + C_{1233}\,\varepsilon_{33}\,.$$

Mit der Symmetriebedingung $\varepsilon_{ij} = \varepsilon_{ji}$ kann dies folgendermaßen zusammengefasst werden:

$$\sigma_{12} = C_{1211}\,\varepsilon_{11} + C_{1222}\,\varepsilon_{22} + C_{1233}\,\varepsilon_{33}$$
$$+ (C_{1212} + C_{1221})\,\varepsilon_{12} + (C_{1213} + C_{1231})\,\varepsilon_{13} + (C_{1223} + C_{1232})\,\varepsilon_{23}\,.$$

Die Komponenten C_{ijkl} und C_{ijlk} treten immer gemeinsam auf und stellen somit jeweils nur eine unabhängige Größe dar. Dies wird darin berücksichtigt, dass die Bedingung $C_{ijkl} = C_{ijlk}$ verwendet wird. Damit werden beispielsweise aus den 9 Komponenten C_{12kl} nur 6 unabhängige Komponenten C_{1211}, C_{1222}, C_{1233}, C_{1212}, C_{1213} und C_{1223}.

Da zusätzlich $\sigma_{12} = \sigma_{21}$ gilt, kann in den obigen Formeln auch $C_{ijkl} = C_{jikl}$ gesetzt werden. Insgesamt führen die beiden Symmetriebedingungen $C_{ijkl} = C_{jikl}$ und $C_{ijkl} = C_{ijlk}$ auf nur 36 unabhängige Komponenten für den Elastizitätstensor.

Mit der reduzierten Komponentenzahl ist es nun möglich, eine vereinfachte Matrixnotation (*voigtsche Schreibweise*) zu verwenden, bei der die Tensoren 2. Stufe auf Spaltenmatrizen und der Tensor 4. Stufe auf eine quadratische Matrix umgeschrieben werden: $(\sigma_{ij}) \longrightarrow (\sigma_\alpha)$, $(\varepsilon_{ij}) \longrightarrow (\varepsilon_\alpha)$ und $(C_{ijkl}) \longrightarrow (C_{\alpha\beta})$, wobei die neuen, griechischen Indizes α und β von 1 bis 6 laufen. Ausgeschrieben gilt somit

$$(\sigma_\alpha) = \begin{pmatrix} \sigma_{11} & \sigma_{22} & \sigma_{33} & \sigma_{23} & \sigma_{13} & \sigma_{12} \end{pmatrix}^{\mathrm{T}},$$
$$(\varepsilon_\alpha) = \begin{pmatrix} \varepsilon_{11} & \varepsilon_{22} & \varepsilon_{33} & \gamma_{23} & \gamma_{13} & \gamma_{12} \end{pmatrix}^{\mathrm{T}}$$

mit $\gamma_{ij} = 2\varepsilon_{ij}$. Die Faktoren 2 an den gemischten Komponenten kommen durch die Umsortierung der Tensorkomponenten zustande.

Dieser Sachverhalt kann am besten an einem Beispiel erklärt werden. Die Spannungskomponente σ_{11} ergibt sich nach Gleichung (2.20) zu

$$\sigma_{11} = C_{1111}\varepsilon_{11} + C_{1112}\varepsilon_{12} + C_{1113}\varepsilon_{13} + C_{1121}\varepsilon_{21} + C_{1122}\varepsilon_{22} + C_{1123}\varepsilon_{23}$$
$$+ C_{1131}\varepsilon_{31} + C_{1132}\varepsilon_{32} + C_{1133}\varepsilon_{33}\,.$$

Mit den Symmetriebedingungen $\varepsilon_{21} = \varepsilon_{12}$, $\varepsilon_{31} = \varepsilon_{13}$, $\varepsilon_{32} = \varepsilon_{23}$, $C_{1121} = C_{1112}$, $C_{1131} = C_{1113}$ und $C_{1132} = C_{1123}$ ergibt sich

$$\sigma_{11} = C_{1111}\varepsilon_{11} + C_{1122}\varepsilon_{22} + C_{1133}\varepsilon_{33} + 2C_{1123}\varepsilon_{23} + 2C_{1113}\varepsilon_{13} + 2C_{1112}\varepsilon_{12}\,.$$

Die Reihenfolge der gemischten Glieder ist nicht einheitlich festgelegt, muss aber durchgängig gleich verwendet werden.[9]

Da es ein elastisches Potential gibt [118], gelten für den Elastizitätstensor weitere Symmetriebedingungen, die zu der Symmetrie der Elastizitätsmatrix $(C_{\alpha\beta})$ führen. Dadurch reduziert sich die Anzahl der unabhängigen Komponenten auf 21 (6 Haupt- und 15 Nebendiagonalelemente).

In Gleichung (2.15) haben wir bereits das elastische Potential eingeführt. Schreibt man diese Gleichung in differentieller Form, so folgt $\mathrm{d}w = \underline{\underline{\sigma}} \cdot\cdot\, \mathrm{d}\underline{\underline{\varepsilon}}$ und nach Umstellen

$$\sigma_{ij} = \frac{\mathrm{d}w}{\mathrm{d}\varepsilon_{ij}} \quad \text{oder} \quad \underline{\underline{\sigma}} = \frac{\mathrm{d}w}{\mathrm{d}\underline{\underline{\varepsilon}}}\,.$$

Der Spannungstensor kann also aus der Ableitung des elastischen Potentials nach der Dehnung berechnet werden.

Auch das hookesche Gesetz, Gleichung (2.20), kann in differentieller Form geschrieben werden:

$$C_{ijkl} = \frac{\partial\sigma_{ij}}{\partial\varepsilon_{kl}} \quad \text{oder} \quad \underset{\sim}{\overset{4}{C}} = \frac{\partial\underline{\underline{\sigma}}}{\partial\underline{\underline{\varepsilon}}}\,.$$

Der Elastizitätstensor ergibt sich also aus der Ableitung der Spannung nach der Dehnung.

Setzt man hier die Spannung aus der vorherigen Gleichung ein, so folgt

$$C_{ijkl} = \frac{\partial^2 w}{\partial\varepsilon_{ij}\partial\varepsilon_{kl}} \quad \text{oder} \quad \underset{\sim}{\overset{4}{C}} = \frac{\partial^2 w}{\partial\underline{\underline{\varepsilon}}\partial\underline{\underline{\varepsilon}}}\,.$$

Da die Reihenfolge der Differentiation in doppelten Ableitungen beliebig ist, folgt daraus die Symmetriebedingung $C_{ijkl} = C_{klij}$ und in voigtscher Schreibweise $(C_{\alpha\beta}) = (C_{\beta\alpha})$.

Insgesamt führen die drei Symmetriebedingungen $C_{ijkl} = C_{jikl} = C_{ijlk} = C_{klij}$ auf nur 21 unabhängige Komponenten für den Elastizitätstensor für beliebige, auch anisotrope Werkstoffe.

Ausgeschrieben ergibt sich das hookesche Gesetz zu

$$\begin{pmatrix} \sigma_{11} \\ \sigma_{22} \\ \sigma_{33} \\ \sigma_{23} \\ \sigma_{13} \\ \sigma_{12} \end{pmatrix} = \begin{pmatrix} C_{11} & C_{12} & C_{13} & C_{14} & C_{15} & C_{16} \\ C_{12} & C_{22} & C_{23} & C_{24} & C_{25} & C_{26} \\ C_{13} & C_{23} & C_{33} & C_{34} & C_{35} & C_{36} \\ C_{14} & C_{24} & C_{34} & C_{44} & C_{45} & C_{46} \\ C_{15} & C_{25} & C_{35} & C_{45} & C_{55} & C_{56} \\ C_{16} & C_{26} & C_{36} & C_{46} & C_{56} & C_{66} \end{pmatrix} \begin{pmatrix} \varepsilon_{11} \\ \varepsilon_{22} \\ \varepsilon_{33} \\ \gamma_{23} \\ \gamma_{13} \\ \gamma_{12} \end{pmatrix}\,. \tag{2.21}$$

Diese Schreibweise ist zwar einfacher zu handhaben als die Tensorschreibweise, hat aber den Nachteil, dass Koordinatentransformationen in ihr nicht durchgeführt werden können. Dazu muss immer die Tensorschreibweise verwendet werden.

---

9 Außerdem muss bei der Angabe von Materialkonstanten darauf geachtet werden, welche Konvention jeweils verwendet wird.

Weitere Symmetriebedingungen lassen sich oft aus dem Aufbau der Materialien ableiten, beispielsweise aus der Symmetrie des zu Grunde liegenden Kristallgitters oder der Anordnung von Fasern in einem Verbundwerkstoff. Solche Symmetrien verringern die Anzahl der unabhängigen Komponenten des Elastizitätstensors. Sie werden in den folgenden Abschnitten 2.5.3 bis 2.5.7 erläutert.

Ein besonders einfacher dreiachsiger Spannungszustand ist die Belastung mit einem hydrostatischen Druck. Unter einem hydrostatischem Druck p ändert sich das Volumen entsprechend

$$p = -K\frac{\Delta V}{V_0} \tag{2.22}$$

mit dem *Kompressionsmodul* K und der relativen Volumenänderung $\Delta V/V_0$. Da positive Druckänderungen normalerweise Volumenabnahmen verursachen, enhält die Gleichung ein Minuszeichen.

Bei isotropen Werkstoffen gilt

$$K = \frac{E}{3(1 - 2\nu)} \,. \tag{2.23}$$

Das Zustandekommen dieser Gleichung wird in Aufgabe 5 erläutert.

∗ 2.5.3   Isotropes Material

Ein Werkstoff ist genau dann mechanisch *isotrop,* wenn seine mechanischen Eigenschaften in allen Raumrichtungen gleich sind. Dann darf sich die Elastizitätsmatrix für beliebige Rotationen des Materials bzw. des Koordinatensystems nicht ändern. Ihre Komponenten müssen gegenüber Rotationen invariant sein. Ist ein Werkstoff nicht isotrop, wird er als *anisotrop* bezeichnet.

Die (hier nicht durchgeführte) Anwendung dieser Invarianzbedingung auf die Elastizitätsmatrix führt auf folgende Form:

$$(C_{\alpha\beta}) = \begin{pmatrix} C_{11} & C_{12} & C_{12} & & & \\ C_{12} & C_{11} & C_{12} & & & \\ C_{12} & C_{12} & C_{11} & & & \\ & & & C_{44} & & \\ & & & & C_{44} & \\ & & & & & C_{44} \end{pmatrix} \tag{2.24}$$

mit der Nebenbedingung

$$C_{44} = \frac{C_{11} - C_{12}}{2} \,. \tag{2.25}$$

Die nicht spezifizierten Komponenten sind null. Es bleiben also noch die zwei unabhängigen Konstanten C_{11} und C_{12}.

Der Zusammenhang mit den häufiger verwendeten Größen Elastizitätsmodul E, Querkontraktionszahl ν und Schubmodul G ist wie folgt:

$$C_{11} = \frac{E(1-\nu)}{(1+\nu)(1-2\nu)} \,,$$
$$C_{12} = \frac{E\nu}{(1+\nu)(1-2\nu)} \,,$$
$$C_{44} = G = \frac{E}{2(1+\nu)} \,. \tag{2.26}$$

Damit folgt für die σ_{11}-Komponente

$$\sigma_{11} = \frac{E}{(1+\nu)(1-2\nu)} \Big((1-\nu)\varepsilon_{11} + \nu(\varepsilon_{22} + \varepsilon_{33}) \Big) \tag{2.27a}$$

sowie für σ_{12}

$$\sigma_{12} = G\gamma_{12} \,. \tag{2.27b}$$

Außer E, G und ν sind auch die sogenannten *laméschen Konstanten* λ und μ gebräuchlich, für die folgende Zusammenhänge gelten [17, 123]:

$$\lambda = C_{12} = \frac{E\nu}{(1+\nu)(1-2\nu)} \,,$$
$$\mu = C_{44} = \frac{E}{2(1+\nu)} \,.$$

Mit Gleichung (2.25) ergibt sich $C_{11} = \lambda + 2\mu$. Damit lässt sich das hookesche Gesetz in der Form

$$\sigma_{ij} = \lambda\varepsilon_{kk}\delta_{ij} + 2\mu\varepsilon_{ij}$$

schreiben. Dabei sind $\varepsilon_{kk} = \varepsilon_{11} + \varepsilon_{22} + \varepsilon_{33}$ und δ_{ij} das *Kronecker-Delta*

$$\delta_{ij} = \begin{cases} 1 & \text{für } i = j, \\ 0 & \text{sonst.} \end{cases}$$

Die Gültigkeit der Nebenbedingung (2.25) kann mit folgendem Beispiel veranschaulicht werden.[10] Einem Werkstoff wird die ebene Dehnung

$$(\varepsilon_{ij}) = \begin{pmatrix} -\varepsilon & 0 & 0 \\ 0 & \varepsilon & 0 \\ 0 & 0 & 0 \end{pmatrix} \,,$$

betrachtet im x_i-Koordinatensystem, aufgeprägt, wie in Bild 2.8 a skizziert. Mit Hilfe des hookeschen Gesetzes (2.21) und mit der Elastizitätsmatrix der Form (2.24) ergibt sich die dazu nötige Spannung zu

$$(\sigma_{ij}) = \begin{pmatrix} -\varepsilon(C_{11} - C_{12}) & 0 & 0 \\ 0 & \varepsilon(C_{11} - C_{12}) & 0 \\ 0 & 0 & 0 \end{pmatrix} \,. \tag{2.28}$$

---

10 Die vollständige Berechnung dieses Beispiels ist in Aufgabe 6 enthalten.

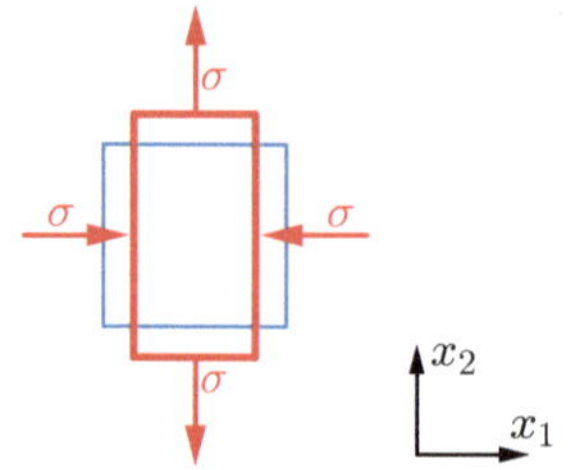
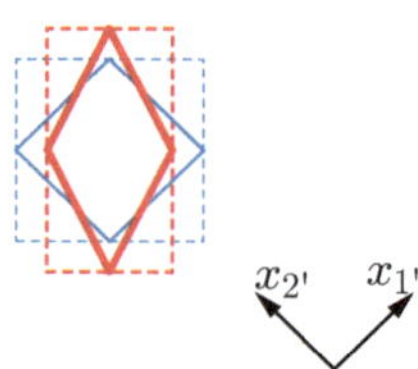

a: Ungestrichenes Koordinatensystem   b: Gestrichenes Koordinatensystem

Bild 2.8: Darstellung einer Beispielbelastung und der zugehörigen Verformung zur Veranschaulichung der Nebenbedingung (2.25). Beide Bilder zeigen den gleichen Dehnungszustand, nur in verschiedenen Bezugssystemen betrachtet.

Betrachtet man den Verformungszustand im um $45°$ gedrehten $x_{i'}$-Koordinatensystem, so ergibt sich durch Koordinatentransformation folgender Dehnungstensor:

$$(\varepsilon_{i'j'}) = \begin{pmatrix} 0 & \varepsilon & 0 \\ \varepsilon & 0 & 0 \\ 0 & 0 & 0 \end{pmatrix}. \tag{2.29}$$

Das entspricht einer reinen Scherung mit $\gamma_{12} = 2\varepsilon$, vgl. Bild 2.8 b. Lässt man zunächst die Isotropiebedingung für den Elastizitätstensor außer Acht, so müssen seine Komponenten für unterschiedliche Bezugssysteme als verschieden angenommen werden. Dann ergibt sich im gestrichenen Koordinatensystem aus $\sigma_{\alpha'} = C_{\alpha'\beta'}\,\varepsilon_{\beta'}$ die Spannung zu

$$(\sigma_{i'j'}) = \begin{pmatrix} 0 & 2\varepsilon C_{4'4'} & 0 \\ 2\varepsilon C_{4'4'} & 0 & 0 \\ 0 & 0 & 0 \end{pmatrix}. \tag{2.30}$$

Die Spannungen (σ_{ij}) und $(\sigma_{i'j'})$ beschreiben den selben Spannungszustand in verschiedenen Bezugssystemen. Sie müssen also dem selben Tensor entsprechen und durch eine Koordinatentransformation ineinander überführt werden können. Die Transformation von (σ_{ij}) auf $(\sigma_{i'j'})$ führt auf

$$(\sigma_{i'j'}) = \begin{pmatrix} 0 & \varepsilon(C_{11} - C_{12}) & 0 \\ \varepsilon(C_{11} - C_{12}) & 0 & 0 \\ 0 & 0 & 0 \end{pmatrix}. \tag{2.31}$$

Ein Komponentenvergleich von (2.30) und (2.31) ergibt

$$C_{4'4'} = \frac{C_{11} - C_{12}}{2}. \tag{2.32}$$

Da ein isotropes Material betrachtet wird, bei dem $C_{\alpha'\beta'} = C_{\alpha\beta}$ und somit auch $C_{4'4'} = C_{44}$ gilt, entspricht Gleichung (2.32) der Gleichung (2.25).

Häufig wird das hookesche Gesetz nicht benötigt, um wie in Gleichung (2.20) die Spannungskomponenten aus einem gegebenen Dehnungszustand zu berechnen, sondern zur Bestimmung der Dehnungen für einen gegebenen Spannungszustand. Dazu kann Gleichung (2.20) folgendermaßen umgestellt werden:

$$\varepsilon_{ij} = S_{ijkl}\,\sigma_{kl}, \tag{2.33}$$

wobei der *Nachgiebigkeitstensor* $\underset{4}{S}$ der Inversen der Elastizitätsmatrix $\underset{4}{C}$ entspricht.[11]
Da die Berechnung der Inversen aufwändig ist, werden häufig auch die Komponenten der
Nachgiebigkeitsmatrix angegeben:

$$(S_{\alpha\beta}) = \begin{pmatrix} {}^{1}/_{E} & -{}^{\nu}/_{E} & -{}^{\nu}/_{E} & & & \\ -{}^{\nu}/_{E} & {}^{1}/_{E} & -{}^{\nu}/_{E} & & & \\ -{}^{\nu}/_{E} & -{}^{\nu}/_{E} & {}^{1}/_{E} & & & \\ & & & {}^{1}/_{G} & & \\ & & & & {}^{1}/_{G} & \\ & & & & & {}^{1}/_{G} \end{pmatrix} \tag{2.34}$$

mit der Nebenbedingung $S_{44} = 2(S_{11} - S_{12})$, aus der Gleichung (2.18), $G = E/2(1 + \nu)$,
folgt. Setzt man Gleichung (2.34) in das hookesche Gesetz ein, so folgt beispielsweise für
die ε_{11}-Komponente

$$\varepsilon_{11} = \frac{1}{E}\left(\sigma_{11} - \nu(\sigma_{22} + \sigma_{33})\right) \tag{2.35a}$$

und für die γ_{12}-Komponente

$$\gamma_{12} = \frac{1}{G}\sigma_{12} \, . \tag{2.35b}$$

Für die anderen Komponenten gilt entsprechendes.

Betrachtet man die Elastizitätsmatrix $(C_{\alpha\beta})$, Gleichung (2.24), und die Nachgiebigkeitsmatrix $(S_{\alpha\beta})$, Gleichung (2.34), so fallen einige Dinge auf: Beide haben die Form

$$\begin{pmatrix} \begin{array}{ccc|ccc} \bullet & \bullet & \bullet & & & \\ \bullet & \bullet & \bullet & & & \\ \bullet & \bullet & \bullet & & & \\ \hline & & & \bullet & & \\ & & & & \bullet & \\ & & & & & \bullet \end{array} \end{pmatrix} \, ,$$

wobei ein $\bullet$ für eine Zahl steht und ein freier Platz für eine Null. Die rechte obere und die
linke untere Teilmatrix beinhalten die Verknüpfung von Schubspannungen mit Normaldehnungen beziehungsweise von Scherdehnungen mit Normalspannungen. Da sie vollständig mit Nullen gefüllt sind, existiert eine solche Verknüpfung nicht. Bei isotropen
Materialien können Normalspannungen in einem festgelegten Koordinatensystem also
keine Scherverformungen und Schubspannungen keine Normaldehnungen verursachen.

Die untere rechte Teilmatrix, die Schubspannungen mit Scherverformungen verknüpft,
hat Diagonalform. Das führt dazu, dass eine Schubspannung immer nur eine gleich orientierte Scherverformung nach sich zieht.

Die linke obere Teilmatrix, die Normalspannungen mit Normaldehnungen verknüpft,
ist voll besetzt. Dadurch induziert eine Normalspannung nicht nur eine Dehnung in die

---

11 Die Inversion kann statt für die Tensoren $(S_{ijkl}) = (C_{ijkl})^{-1}$ auch für die Matrizen der voigtschen
   Schreibweise durchgeführt werden: $(S_{\alpha\beta}) = (C_{\alpha\beta})^{-1}$.

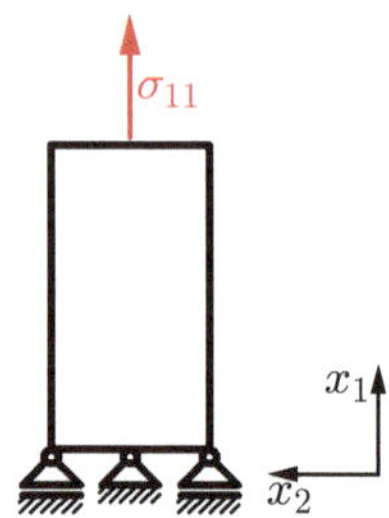

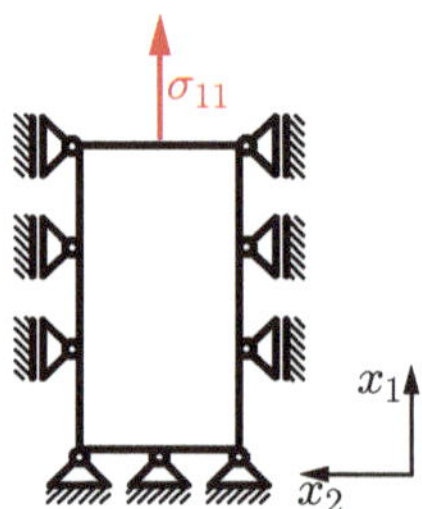

a: Einachsige Spannung   b: Einachsige Dehnung

Bild 2.9: Zwei unterschiedliche Lastfälle für ein Bauteil

gleiche Richtung, sondern auch Querdehnungen in Form der Querkontraktion. Ebenso folgen einer aufgeprägten Dehnung in einer Richtung auch Spannungen quer zu dieser.

Welche Auswirkung diese Verknüpfung der verschiedenen Raumrichtungen hat, illustriert das folgende Beispiel. Es liegt ein Bauteil vor, dessen Steifigkeit in x_1-Richtung für zwei Fälle berechnet werden soll. Im ersten Fall ist das Bauteil in x_2- und x_3-Richtung frei verformbar, so dass sich ein einachsiger Spannungszustand mit $\sigma_{22} = \sigma_{33} = 0$ einstellt (Bild 2.9 a). Im zweiten Fall werden Querdehnungen unterbunden, so dass $\varepsilon_{22} = \varepsilon_{33} = 0$ gilt und ein einachsiger Dehnungszustand herrscht (Bild 2.9 b).

Für die einachsige Spannung ist es am einfachsten, die Dehnung mit Hilfe von Gleichung (2.33) zu berechnen. Es ergibt sich

$$(\varepsilon_{ij}) = \begin{pmatrix} \sigma_{11}/E & 0 & 0 \\ 0 & -\sigma_{11}\nu/E & 0 \\ 0 & 0 & -\sigma_{11}\nu/E \end{pmatrix}.$$

Für die x_1-Richtung gilt also $\sigma_{11} = E\varepsilon_{11}$, was dem einachsigen hookeschen Gesetz (2.16) entspricht.

Für den Fall der einachsigen Dehnung ist es zweckmäßig, Gleichung (2.20) zu verwenden. Es ergibt sich

$$(\sigma_{ij}) = \begin{pmatrix} C_{11}\varepsilon_{11} & 0 & 0 \\ 0 & C_{12}\varepsilon_{11} & 0 \\ 0 & 0 & C_{12}\varepsilon_{11} \end{pmatrix}.$$

In x_1-Richtung folgt mit der Gleichung (2.26)

$$\sigma_{11} = \frac{E(1 - \nu)}{(1 + \nu)(1 - 2\nu)}\varepsilon_{11}.$$

Nimmt man an, dass die Querkontraktionszahl $\nu = 1/3$ ist, so ergibt sich

$$\sigma_{11} = \frac{3}{2}E\varepsilon_{11}.$$

Die Steifigkeit des seitlich eingespannten Bauteils ist also durch die verhinderte Querkontraktion um 50 % höher als die des freien Bauteils. Dieses Beispiel zeigt, dass es keineswegs immer zulässig ist, die einfache Form $\sigma = E\varepsilon$ des hookeschen Gesetzes zu verwenden, wenn man sich nur für Dehnungen und Spannungen in einer Richtung interessiert.

*2.5.4 Kubisches Kristallgitter

Im kubischen Kristallgitter sind die Werkstoffeigenschaften richtungsabhängig, der Werkstoff ist also anisotrop. Jedoch sind einige Rotationssymmetrien vorhanden. So führen Drehungen um Vielfache von 90° um die $\langle 100\rangle$-Achsen[12] zu keiner Veränderung der Kristalllage relativ zum Koordinatensystem. Weitere Symmetrien sind Drehungen um Vielfache von 120° um die $\langle 111\rangle$-Achsen und Drehungen um Vielfache von 180° um die $\langle 110\rangle$-Achsen. Bei einer entsprechenden Drehung dürfen sich die Komponenten des Elastizitätstensors und die des Nachgiebigkeitstensors nicht ändern. Mit Hilfe der Tensorrechnung ergibt sich für ein Koordinatensystem mit zu den Elementarzellenkanten parallelen Achsen folgende Gestalt der Nachgiebigkeitsmatrix aus Gleichung (2.33):

$$(S_{\alpha\beta}) = \begin{pmatrix} S_{11} & S_{12} & S_{12} & & & \\ S_{12} & S_{11} & S_{12} & & & \\ S_{12} & S_{12} & S_{11} & & & \\ & & & S_{44} & & \\ & & & & S_{44} & \\ & & & & & S_{44} \end{pmatrix}. \tag{2.36}$$

Die nicht spezifizierten Komponenten sind null. Es bleiben also die drei unabhängigen Konstanten S_{11}, S_{12} und S_{44}. Für Koordinatensysteme, die nicht parallel zu den Elementarzellenkanten ausgerichtet sind, können die Komponenten des Nachgiebigkeitstensors mit Hilfe einer entsprechenden Koordinatentransformation berechnet werden. Dadurch erhält seine Koeffizientenmatrix eine andere Gestalt als in Gleichung (2.36).

Da in einem kubischen Kristall die Werkstoffeigenschaften richtungsabhängig sind, müssen diese unter Angabe der entsprechenden Richtung benannt werden. Entsprechend ihrer Definition muss für den Elastizitätsmodul die Belastungsrichtung angegeben werden: E_i. Für den Schubmodul müssen entsprechend der Schubspannung τ_{ij} und der Scherung γ_{ij} zwei Richtungen angegeben werden: G_{ij}. Die Querkontraktionszahl verknüpft Dehnungen in zwei Richtungen. Hier kennzeichnet der zweite Index j die Richtung der Dehnung, die eine Querkontraktion in der durch den ersten Index i gekennzeichneten Richtung bewirkt: $\varepsilon_{\underline{ii}} = -\nu_{ij}\varepsilon_{\underline{jj}}$.[13] Wird ein Koordinatensystem für ein Kristallgitter verwendet, können dazu Richtungsangaben in millerschen Indizes verwendet werden (z. B. $E_{\langle 100\rangle}$). Es ergibt sich folgender Zusammenhang zwischen den Komponenten S_{ij} sowie E, G und ν:

$$S_{11} = \frac{1}{E_{\langle 100\rangle}}, \tag{2.37a}$$

$$S_{12} = -\frac{\nu_{\langle 010\rangle\langle 100\rangle}}{E_{\langle 100\rangle}} = -\frac{\nu_{\langle 001\rangle\langle 100\rangle}}{E_{\langle 100\rangle}}, \tag{2.37b}$$

---

12 Die zur Beschreibung von Richtungen und Ebenen verwendeten *millerschen Indizes* werden in Anhang 15 beschrieben.

13 Die Unterstreichung der Indizes kennzeichnet, dass die einsteinsche Summenkonvention nicht angewendet werden soll, vgl. Anhang 14.4.

$$S_{44} = \frac{1}{G_{\langle 010\rangle\langle 100\rangle}} = \frac{1}{G_{\langle 001\rangle\langle 100\rangle}} \, . \tag{2.37c}$$

$\langle 100\rangle$ ist dabei die Schar aller Richtungen, die zu den Elementarzellenkanten parallel sind. Bei kubischen Kristallen ist jedoch eine Angabe der Größen E, G und ν unüblich. Stattdessen werden normalerweise die Komponenten S_{11}, S_{12} und S_{44} der Nachgiebigkeitsmatrix oder die Komponenten C_{11}, C_{12} und C_{44} der Elastizitätsmatrix angegeben.

Eine Gleichung der Form (2.25) gilt für das kubische Gitter nicht. S_{11}, S_{12} und S_{44}, beziehungsweise C_{11}, C_{12} und C_{44}, sind also nicht voneinander abhängig. Das lässt sich mit dem Beispiel aus Abschnitt 2.5.3 auf Seite 49 begründen. Die Rechnung gilt bis zur Gleichung (2.32), $C_{4'4'} = (C_{11} - C_{12})/2$, auch hier. Wenn das Material anisotrop ist, was bei kubischen Gittern im Allgemeinen der Fall ist, gilt $C_{4'4'} \neq C_{44}$, so dass gilt:

$$C_{44} \neq \frac{C_{11} - C_{12}}{2} \, .$$

Es genügt, die Elastizitätskonstanten für ein Koordinatensystem (beispielsweise S_{11}, S_{12} und S_{44}) zu kennen, um die Werkstoffeigenschaften für beliebige Richtungen ausrechnen zu können.

Dazu wird für den Elastizitätstensor $\underset{\sim}{C}_{4}$ bzw. den Nachgiebigkeitstensor $\underset{\sim}{S}_{4}$ eine entsprechende Koordinatentransformation durchgeführt. Diese muss wirklich auf den Tensor, nicht auf die Matrix $\underline{\underline{C}}$ bzw. $\underline{\underline{S}}$ der voigtschen Schreibweise angewendet werden, da es sich bei den Matrizen nicht um echte Tensoren handelt.

So gilt für den Elastizitätsmodul in beliebige Raumrichtungen $[hkl]$:

$$\frac{1}{E_{[hkl]}} = S_{11} - \left[2(S_{11} - S_{12}) - S_{44}\right]\left(\alpha^2\beta^2 + \alpha^2\gamma^2 + \beta^2\gamma^2\right) \tag{2.38}$$

mit $\alpha = \cos\big([hkl],[100]\big)$, $\beta = \cos\big([hkl],[010]\big)$ und $\gamma = \cos\big([hkl],[001]\big)$.

Der *Anisotropiefaktor* A ist ein Maß dafür, inwieweit sich das mechanische Verhalten von dem isotropen Fall unterscheidet:

$$A = \frac{2(S_{11} - S_{12})}{S_{44}} \, . \tag{2.39}$$

Bei einem Wert $A = 1$ ist das Material isotrop, bei $A > 1$ oder $A < 1$ anisotrop.

Bei der Elastizitätsmatrix $(C_{\alpha\beta})$ sind die gleichen Elemente wie bei der Nachgiebigkeitsmatrix $(S_{\alpha\beta})$ besetzt.[14] Die beiden Matrizen können mit Hilfe der folgenden Gleichungen ineinander überführt werden, die auch für isotrope Materialien gelten:

$$C_{11} = \frac{S_{11} + S_{12}}{(S_{11} - S_{12})(S_{11} + 2S_{12})} \, , \tag{2.40a}$$

$$C_{12} = -\frac{S_{12}}{(S_{11} - S_{12})(S_{11} + 2S_{12})} \, , \tag{2.40b}$$

---

14 Wiederum für ein Koordinatensystem mit zu den Elementarzellen parallelen Achsen.

$$C_{44} = \frac{1}{S_{44}} \qquad (2.40\text{c})$$

sowie

$$S_{11} = \frac{C_{11} + C_{12}}{(C_{11} - C_{12})(C_{11} + 2C_{12})}, \qquad (2.41\text{a})$$

$$S_{12} = -\frac{C_{12}}{(C_{11} - C_{12})(C_{11} + 2C_{12})}, \qquad (2.41\text{b})$$

$$S_{44} = \frac{1}{C_{44}}. \qquad (2.41\text{c})$$

Die am Ende des Abschnitts 2.5.3 durchgeführten Überlegungen bezüglich der Kopplungen der einzelnen Dehnungs- und Spannungskomponenten untereinander gelten auch hier.

*2.5.5 Orthorhombisches Kristallgitter und orthotrope Elastizität

Das orthorhombische Kristallgitter besitzt eine quaderförmige Elementarzelle. Seine elastischen Eigenschaften sind deshalb bezüglich dreier senkrecht aufeinander stehender Ebenen symmetrisch. In einem Koordinatensystem parallel zu den Kanten der Elementarzelle sieht die Nachgiebigkeitsmatrix (Gleichung (2.33)) wie folgt aus:

$$
(S_{\alpha\beta}) = \begin{pmatrix}
S_{11} & S_{12} & S_{13} & & & \\
S_{12} & S_{22} & S_{23} & & & \\
S_{13} & S_{23} & S_{33} & & & \\
& & & S_{44} & & \\
& & & & S_{55} & \\
& & & & & S_{66}
\end{pmatrix}
$$

$$
= \begin{pmatrix}
1/E_1 & -\nu_{12}/E_2 & -\nu_{13}/E_3 & & & \\
-\nu_{21}/E_1 & 1/E_2 & -\nu_{23}/E_3 & & & \\
-\nu_{31}/E_1 & -\nu_{32}/E_2 & 1/E_3 & & & \\
& & & 1/G_{23} & & \\
& & & & 1/G_{13} & \\
& & & & & 1/G_{12}
\end{pmatrix}. \qquad (2.42)
$$

Die nicht spezifizierten Komponenten sind null. Insgesamt ergeben sich also neun unabhängige elastische Konstanten. Dabei ist zu beachten, dass der Nachgiebigkeitstensor symmetrisch ist, also beispielsweise $-\nu_{21}/E_1 = -\nu_{12}/E_2$ gelten muss. Dennoch ist es sinnvoll, bei den elastischen Konstanten ν_{12} und ν_{21} zu unterscheiden, da diese ja über die Querkontraktion definiert sind.

In einem parallel zu den Elementarzellenkanten liegenden Koordinatensystem gilt, dass Normalspannungen nur Normaldehnungen und Schubbelastungen nur Scherungen erzeugen. In einem beliebig orientierten Koordinatensystem ist dies jedoch nicht der Fall, und Dehnungen und Scherungen treten gekoppelt auf.

Das orthorhombische Kristallgitter selbst ist nicht von großer Bedeutung, da nur wenige Materialien diese Kristallstruktur besitzen. Allerdings besitzen Faserverbundwerkstoffe (Kapitel 9) häufig dieselbe Symmetrie wie ein orthorhombischer Kristall, da in ihnen häufig gerichtete Fasern vorliegen. Man bezeichnet Werkstoffe, deren Eigenschaften dieselbe Symmetrie wie ein orthorhombischer Kristall besitzen, als *orthotrop*.

* 2.5.6   Transversal-isotrope Elastizität

Ein transversal-isotropes Material besitzt eine Ebene, innerhalb derer die Materialeigenschaft isotrop sind. Senkrecht zu dieser Ebene sind die Eigenschaften jedoch andere. Ein Beispiel für ein solches Material ist ein hexagonaler Kristall, der bezüglich seiner mechanischen Eigenschaften transversal-isotrop ist.[15] Auch andere technisch relevante Materialien können transversal-isotrop sein. Beispiele hierfür sind gerichtet erstarrte Metalle, bei denen die Kristallite eine Vorzugsorientierung besitzen (siehe auch Abschnitt 2.6), oder Faserverbundwerkstoffe (siehe Kapitel 9), in denen die Fasern in einer Richtung orientiert, und ansonsten hexagonal oder nicht regelmäßig angeordnet sind.

In einem Koordinatensystem, bei dem die 3-Achse die Symmetrieachse ist, hat die Nachgiebigkeitsmatrix (Gleichung (2.33)) die folgende Struktur:

$$(S_{\alpha\beta}) = \begin{pmatrix} S_{11} & S_{12} & S_{13} & & & \\ S_{12} & S_{11} & S_{13} & & & \\ S_{13} & S_{13} & S_{33} & & & \\ & & & S_{44} & & \\ & & & & S_{44} & \\ & & & & & 2(S_{11}-S_{12}) \end{pmatrix}$$

$$= \begin{pmatrix} {}^1\!/E_1 & -\nu_{21}/E_1 & -\nu_{13}/E_3 & & & \\ -\nu_{21}/E_1 & {}^1\!/E_1 & -\nu_{13}/E_3 & & & \\ -\nu_{31}/E_1 & -\nu_{31}/E_1 & {}^1\!/E_3 & & & \\ & & & {}^1\!/G_{13} & & \\ & & & & {}^1\!/G_{13} & \\ & & & & & 2(1+\nu_{21})/E_1 \end{pmatrix} . \qquad (2.43)$$

Es ergeben sich also fünf unabhängige elastische Konstanten, da auch hier, wie bei den orthotropen Materialien, wegen der Symmetrie der Nachgiebigkeitsmatrix Beziehungen zwischen den ν_{ij} hergestellt werden können. Es gilt $\nu_{21} = \nu_{12}$ sowie $\nu_{31}/E_1 = \nu_{13}/E_3$.

* 2.5.7   Andere Kristallgitter

Auch für die bisher nicht diskutierten Kristallgitter kann die Anzahl der elastischen Konstanten festgelegt werden (siehe Tabelle 2.2). Generell gilt, dass bei Kristalltypen mit mehr als drei Elastizitätskonstanten nicht mehr gewährleistet ist, dass keine Kopplung zwischen Scherspannungen und Normaldehnungen bzw. Normalspannungen und Scherdehnungen vorhanden ist. Dann kann beispielsweise eine einachsige Zugspannung nicht

---

15 Das Gitter selbst ist allerdings nur symmetrisch gegenüber Drehungen um 60°.

Tabelle 2.2: Anzahl unabhängiger Elastizitätskonstanten für verschiedene Kristallgitter (vgl. Tabelle 1.2). Begriffe, die eine Symmetrie, aber kein Kristallgitter bezeichnen (z. B. *»isotrop«*) sind kursiv gedruckt.

Kristalltyp	Anzahl der Elastizitätskonstanten
isotrop	2
kubisch	3
hexagonal, *transversal-isotrop*	5
tetragonal	6
orthorhombisch / *orthotrop*	9
monoklin	13
triklin	21

nur zu Normaldehnungen, sondern auch zu Scherverformungen führen, wie bereits oben am Beispiel des orthorhombischen Gitters erläutert wurde.

* 2.5.8 Beispiele

In Tabelle 2.3 sind für einige Metalle und Keramiken die für die Betrachtung der Isotropie wichtigen elastischen Konstanten angegeben. Es fällt auf, dass Wolfram einen Anisotropiefaktor von 1,0 hat, also auch als Einkristall (nahezu) isotrop ist, während sich für die meisten anderen Werkstoffe erst in einem Vielkristall nahezu isotrope Eigenschaften ergeben können. Bild 2.10 zeigt die Abhängigkeit des Elastizitätsmoduls von der Raumrichtung für verschiedene Werkstoffe.

* 2.6 Isotropie und Anisotropie makroskopischer Bauteile

Wie in den Abschnitten 2.5.4 bis 2.5.8 bereits beschrieben, haben einzelne Kristalle im Allgemeinen mechanisch anisotrope Eigenschaften. In Polykristallen sind die Kristallite dagegen häufig bezüglich ihrer Orientierungen regellos verteilt, so dass sich die anisotropen Effekte makroskopisch herausmitteln. Es kann dann näherungsweise von einem isotropen Material gesprochen werden. Ist hingegen eine der folgenden Voraussetzungen erfüllt, so zeigt ein Bauteil auch global anisotropes Verhalten:

- Das Bauteil besteht aus einem Einkristall. Das ist zum Beispiel bei einigen, thermisch besonders belasteten, Turbinenschaufeln der Fall, wie im Beispiel auf Seite 61 näher erläutert.

- Die Körner sind im Vergleich zur Bauteilgröße nicht klein, so dass über den Bauteilquerschnitt nur wenige Körner vorhanden sind und keine ausreichende Mittelung der Eigenschaften stattfindet.

- Bei dem Bauteil handelt es sich um einen Verbundwerkstoff, wobei die verstärkende Phase eine Vorzugsorientierung aufweist. Das trifft beispielsweise für Faserverbundwerkstoffe zu (vgl. Kapitel 9).

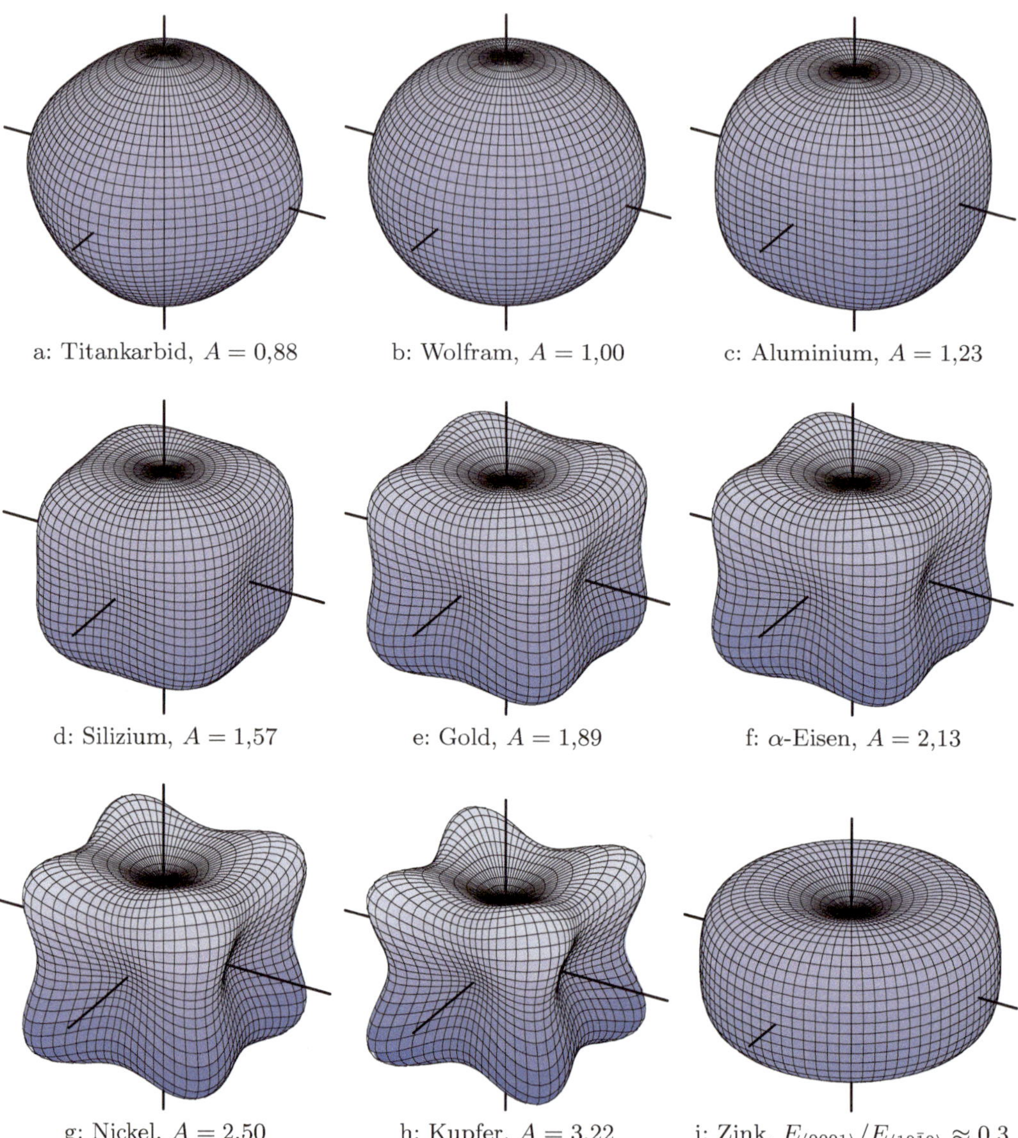

Bild 2.10: Richtungsabhängigkeit der Elastizitätsmoduln einiger Werkstoffe aus Tabelle 2.3. In jede Raumrichtung gibt der Abstand der Oberfläche vom Koordinatenursprung die Größe des Elastizitätsmoduls an.

Tabelle 2.3: Elastische Konstanten für verschiedene Einkristalle [36, 105, 113]. $E_{\text{isotr.}}$ ist der Elastizitätsmodul eines polykristallinen Materials, das annähernd isotrop ist.

| **Materialien mit kubischer Gitterstruktur** | | | | | | | |
Material	$E_{\text{isotr.}}$ GPa	$E_{\langle 100 \rangle}$ GPa	$E_{\langle 111 \rangle}$ GPa	A	C_{11} GPa	C_{12} GPa	C_{44} GPa
Metalle und Halbmetalle							
Al	70	64	76	1,23	108	61	29
Au	78	43	117	1,89	186	157	42
Cu	121	67	192	3,22	168	121	75
α-Fe	209	129	276	2,13	233	124	117
Ni	207	137	305	2,50	247	147	125
Si	–	130	188	1,57	166	64	80
W	411	411	411	1,00	501	198	151
Keramiken							
Diamant	–	1050	1200	1,20	1076	125	576
MgO	310	247	343	1,54	291	90	155
NaCl	37	44	32	0,72	49	13	13
TiC	–	476	429	0,88	512	110	117

| **Materialien mit hexagonaler Gitterstruktur** | | | | | |
Material	$E_{\text{isotr.}}$ GPa	C_{11} GPa	C_{33} GPa	C_{44} GPa	C_{12} GPa	C_{13} GPa
Mg	44	60	62	16	26	22
Ti	112	162	181	47	92	69
Zn	103	164	64	39	36	53

- Bei der Erstarrung des Werkstoffs aus der Schmelze bzw. bei der Rekristallisation kam es zu einer *Textur*, d. h. zu einer Vorzugsorientierung der Kristallite. Eine mögliche Ursache hierfür ist ein thermischer Gradient während der Erstarrung einer Legierung (Bild 2.11): Dabei bilden sich an der kältesten Stelle in einer Schmelze sehr viele kleine Kristallite mit beliebigen Orientierungen, die in Richtung des Temperaturgradienten wachsen. Die Wachstumsgeschwindigkeit der Kristallite hängt jedoch von ihrer Kristallorientierung ab, so dass diejenigen Kristallite mit der höchsten Wachstumsgeschwindigkeit die übrigen »abhängen«. So bildet sich eine transversal-isotrope Kristallstruktur aus. Dieser Prozess kann technisch ausgenutzt werden, um sogenannte gerichtet erstarrte Werkstoffe herzustellen. Ein Beispiel hierfür sind Turbinenschaufeln, die sehr langgestreckte Körner enthalten, die in längsrichtung der Schaufel orientiert sind (siehe Bild 2.12). Wie dies erreicht werden kann, wird im nächsten Abschnitt erläutert.

- Durch große plastische Deformationen ($> 50\,\%$) haben sich die Kristallite bevorzugt in bestimmte Orientierungen gedreht und so *Texturen* erzeugt. Der Effekt tritt deshalb auf, weil Kristalle sich nur in bestimmten Ebenen und Richtungen plastisch

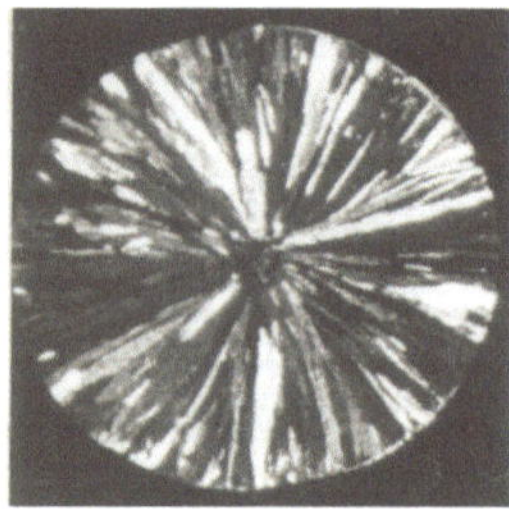
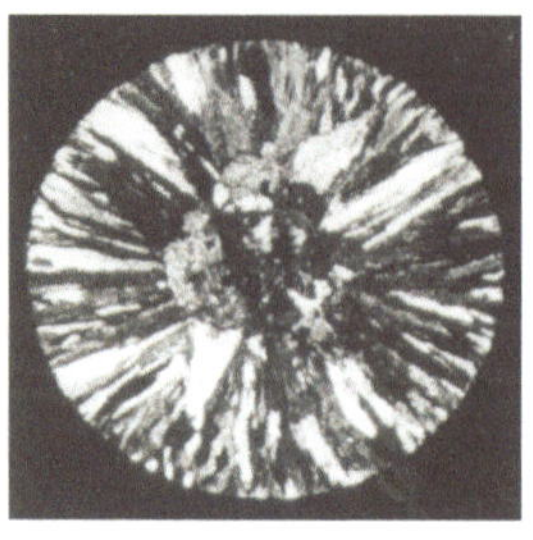

a: 20°C   b: 200°C   c: 400°C

Bild 2.11: Gefüge von technisch reinem Aluminium in Abhängigkeit von der Kokillentemperatur (Gießtemperatur 900°C). Je kälter die Kokille ist, desto stärker bildet sich eine Kristallwachstumsauslese bei der Erstarrung heraus.

Bild 2.12: Gerichtet erstarrte Gasturbinenschaufel. Die Körner wurden durch Ätzen sichtbar gemacht. Einige Körner erstrecken sich über die gesamte Länge der Schaufel (385 mm). Siemens AG, Mülheim an der Ruhr

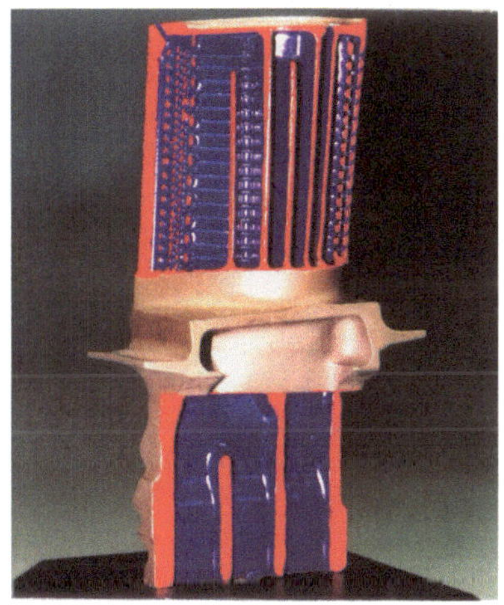

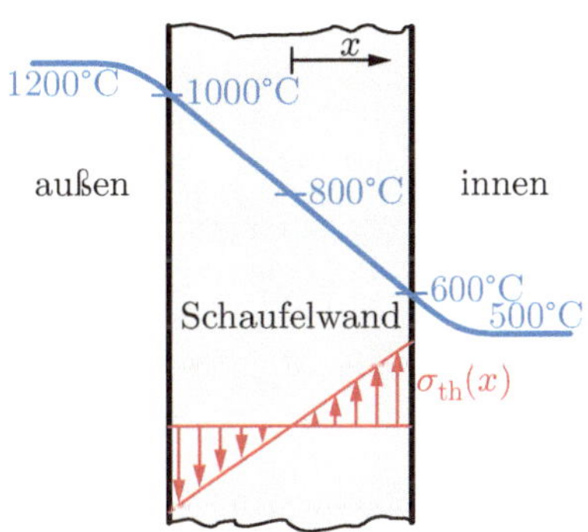

a: Schnittbild. Lufthansa Technik AG, Hamburg   b: Temperaturverlauf über die Wand

Bild 2.13: Gasturbinenschaufel eines Flugtriebwerks. Schnittflächen sind rot lackiert. Durch
die Kanäle im Inneren der Turbinenschaufel (hier blau lackiert) wird Kühlluft gelei-
tet.

verformen können[16] und sich dafür in möglichst günstige Orientierungen drehen. Solche großen Umformgrade treten bei vielen Verarbeitungsverfahren, wie z. B. Walzen
oder Ziehen, auf.

* Technische Ausnutzung elastischer Anisotropie: Gasturbinenschaufeln

Gasturbinenschaufeln (Bild 2.13 a) arbeiten unter extremen Bedingungen. Sie werden
gleichzeitig mechanisch durch große Zentrifugalkräfte und thermisch durch hohe Temperaturen belastet. Um den Turbinenwerkstoff vor den hohen Umgebungstemperaturen von
mehr als 1200 °C zu schützen, werden die Turbinen von innen mit etwa 500 °C warmer
Luft gekühlt. So hat eine Schaufelwand von ca. 2 mm Dicke bei einer Umgebungstempe-
ratur von 1200 °C auf der Außenseite eine Temperatur von ca. $T_{\mathrm{a}} = 1000\,°\mathrm{C}$ und auf der
Innenseite von ca. $T_{\mathrm{i}} = 600\,°\mathrm{C}$ (Bild 2.13 b). Durch die Wärmedehnung möchte sich das
Material auf der Außenseite ausdehnen, wird daran aber durch die kältere Innenwand
teilweise gehindert. Es ergeben sich auf der Außenseite thermische Druck- und auf der
Innenseite Zugspannungen. In der Wandmitte bildet sich bei einer Mitteltemperatur von
$T_{\mathrm{m}} = 800\,°\mathrm{C}$ eine neutrale Faser ohne thermische Spannungen. Die Wärmespannung σ_{th}
an einem Punkt x lässt sich in Bezug auf die Temperatur der neutralen Faser näherungs-
weise folgendermaßen berechnen:

$$\sigma_{\mathrm{th}}(x) = E\,\varepsilon_{\mathrm{th}} = E\,\alpha\,\big(T_{\mathrm{m}} - T(x)\big) \tag{2.44}$$

mit der ortsabhängigen Temperatur $T(x)$. Die thermische Spannung ist also proportional zum *Wärmeausdehnungskoeffizienten* α und zum Elastizitätsmodul E. Gelingt es,

---

16 Dieser Sachverhalt wird im Kapitel 6 näher erläutert.

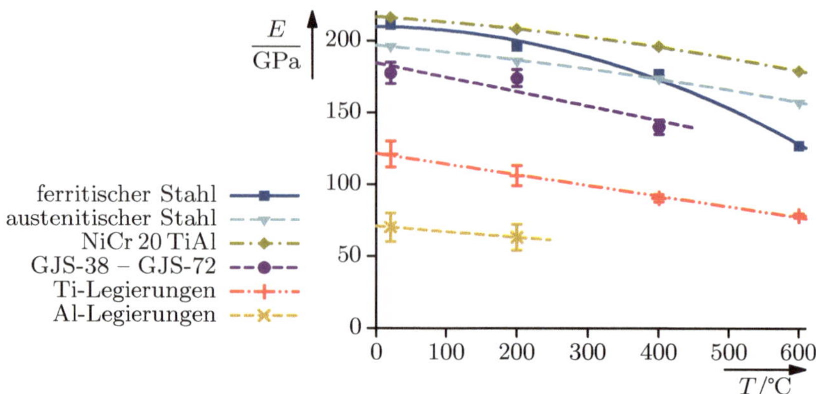

Bild 2.14: Temperaturabhängigkeit des Elastizitätsmoduls für einige Metalle [60].
GJS: Gusseisen mit Kugelgraphit (alte Bezeichnung GGG), NiCr 20 TiAl: Hochwarmfeste Nickelbasis-Legierung

den Elastizitätsmodul des Turbinenwerkstoffs in Richtung der thermischen Spannungen zu senken, so sinken gleichzeitig die thermischen Spannungen. So bleibt ein größerer Spielraum für die mechanischen Spannungen oder die Möglichkeit, die Temperatur und somit den Wirkungsgrad der Turbine zu erhöhen. Die Tatsache, dass ein Senken des Elastizitätsmoduls in Richtung der thermischen Spannungen gleichzeitig die elastische Verformung der Turbinenschaufel durch Zentrifugallasten erhöht, ist nebensächlich, da die Verformung in jedem Fall so klein ist, dass sie die Bauteilfunktion nicht beeinträchtigt.

Nimmt man beispielsweise an, die Turbinenschaufel sei aus einer polykristallinen und isotropen Nickelbasis-Legierung mit einem Elastizitätsmodul $E_{\mathrm{isotr.}} = 200\,000\,\mathrm{MPa}$ und einer Wärmedehnungszahl von $\alpha = 15 \cdot 10^{-6}\,\mathrm{K}^{-1}$ hergestellt, dann kann die thermische Spannung an der Außenseite mit $\sigma_{\mathrm{th,a}} = -600\,\mathrm{MPa}$ und an der Innenseite mit $\sigma_{\mathrm{th,i}} = 600\,\mathrm{MPa}$ abgeschätzt werden.

Stellt man stattdessen die Turbine aus einem Einkristall oder einer gerichtet erstarrten Legierung her, der in $\langle 100 \rangle$-Richtung orientiert ist und einen Elastizitätsmodul $E_{\langle 100 \rangle} = 135\,000\,\mathrm{MPa}$ besitzt, so ergeben sich bei gleicher Turbinentemperatur folgende Wärmespannungen: $\sigma_{\mathrm{th,a},\langle 100 \rangle} = -405\,\mathrm{MPa}$, $\sigma_{\mathrm{th,i},\langle 100 \rangle} = 405\,\mathrm{MPa}$. Nimmt man an, dass das Material maximal bis ca. 600 MPa thermisch belastet werden darf, so kann man die Temperatur an der Oberfläche auf knapp 1100 °C erhöhen, ohne eine andere Legierung einsetzen zu müssen.

2.7   Temperaturabhängigkeit des Elastizitätsmoduls

In diesem Abschnitt wird die Temperaturabhängigkeit nur für Metalle und Keramiken diskutiert; die elastischen Eigenschaften der Polymere werden in Kapitel 8 erläutert.

Für typische Einsatztemperaturen T, die meist unterhalb der halben Schmelztemperatur T_{m} in Kelvin liegen ($T < 0{,}5\,T_{\mathrm{m}}$, $[T] = \mathrm{K}$), können für Metalle und Keramiken Faustregeln für die Temperaturabhängigkeit des Elastizitätsmoduls angegeben werden.

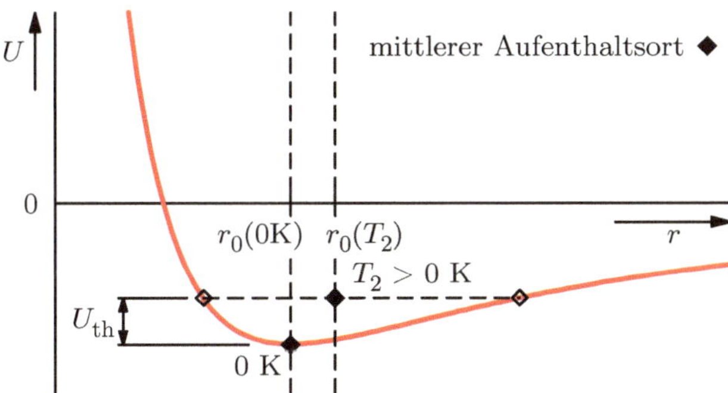

Bild 2.15: Wechselwirkungspotential zweier Atome. Bei der Erhöhung der Temperatur steht die thermische Energie U_{th} zusätzlich zur Verfügung. Durch die Asymmetrie des Potentialtopfes erhöht sich dadurch der mittlere Abstand der Atome.

Der Elastizitätsmodul von Metallen E_{M} besitzt eine relativ starke Temperaturabhängigkeit:

$$E_{\mathrm{M}}(T) \approx E_{\mathrm{M}}(0\,\mathrm{K}) \cdot \left(1 - 0{,}5\frac{T}{T_{\mathrm{m}}}\right) . \tag{2.45}$$

Dabei ist $E_{\mathrm{M}}(0\,\mathrm{K})$ der Elastizitätsmodul des Metalls bei einer Temperatur von $0\,\mathrm{K}$. Für einige Metalle ist die Temperaturabhängigkeit des Elastizitätsmoduls in Bild 2.14 skizziert. Die Temperaturabhängigkeit des Elastizitätsmoduls der Keramiken ist geringer [52]:

$$E_{\mathrm{K}}(T) \approx E_{\mathrm{K}}(0\,\mathrm{K}) \cdot \left(1 - 0{,}3\frac{T}{T_{\mathrm{m}}}\right) . \tag{2.46}$$

Die Temperaturabhängigkeit lässt sich am Bindungsmodell aus Abschnitt 2.3 erklären. Eine Erhöhung der Temperatur bewirkt eine Erhöhung der Energie der Atome um den temperaturabhängigen Betrag U_{th}. Die Atome beginnen, um ihre Gleichgewichtslage zu schwingen. Die Schwingungsweite ergibt sich, wenn man zur Energie im Potentialminimum die thermische Energie hinzuaddiert, wie in Bild 2.15 skizziert. Da die abstoßende Wechselwirkung eine kürzere Reichweite als die anziehende hat, besitzt die linke Seite des Potentialtopfes eine größere Steigung als die rechte Seite. Die mittlere Entfernung der Atome vergrößert sich also bei der Temperaturerhöhung. Damit erklärt sich zunächst das Phänomen der *thermischen Ausdehnung* von Materialien.

Durch die thermische Ausdehnung befindet sich die mittlere Gleichgewichtslage des Atoms an einer Stelle im Potentialtopf, an der die Steigung der Bindungskraft geringer und somit die Steifigkeit kleiner ist. Dies entspricht einem geringeren Elastizitätsmodul.

Dieses einfache Modell stellt einen Zusammenhang zwischen der thermischen Ausdehnung und der Abnahme des Elastizitätsmoduls mit der Temperatur her. Seine Richtigkeit wird dadurch bestätigt, dass Metalle, die eine stärkere Temperaturabhängigkeit des Elastizitätsmoduls als Keramiken besitzen, auch einen größeren thermischen Ausdehnungskoeffizienten haben.

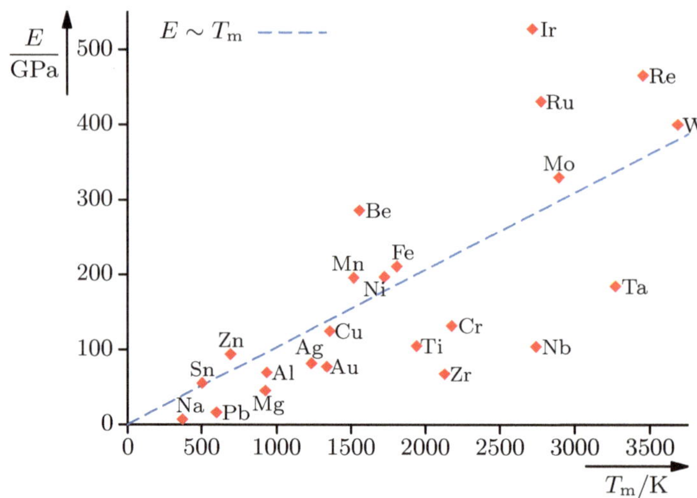

Bild 2.16: Auftragung der Elastizitätsmoduln einiger Metalle über ihren Schmelztemperaturen [60, 156]

Die Ursache hierfür ist die größere Bindungslänge der metallischen Bindung. Da diese dadurch erfolgt, dass Elektronen an eine über weite Kristallbereiche verschmierte Elektronenwolke abgegeben werden, nimmt die Energie der Wechselwirkung nicht so stark mit der Entfernung ab wie bei einer kovalenten Bindung, an der im Wesentlichen immer nur zwei Atome beteiligt sind. Auch bei der Ionenbindung ist die Reichweite relativ gering, da das elektrische Feld eines Atoms durch die benachbarten, entgegengesetzt geladenen Atome abgeschirmt wird.

Als Faustregel lässt sich angeben, dass innerhalb einer Werkstoffklasse der Elastizitätsmodul grob proportional zur Schmelztemperatur ist:

$$E \sim T_\mathrm{m}\,. \tag{2.47}$$

Diese Abhängigkeit lässt sich durch das Bindungsmodell aus Bild 2.15 erklären. Die zum Schmelzen notwendige Energie entspricht ungefähr der Tiefe des Potentialtopfes, da die Bindungen zwischen den Atomen so weit gelöst werden müssen, dass diese frei beweglich sind. Je tiefer aber der Potentialtopf ist, desto steiler sind seine Wände, da die Reichweite der abstoßenden und der anziehenden Wechselwirkungen innerhalb einer Werkstoffklasse keinen sehr starken Schwankungen unterliegt. Da die zweite Ableitung der Energie die elastischen Eigenschaften bestimmt, folgt damit, dass Materialien mit höherer Bindungsenergie auch einen größeren Elastizitätsmodul besitzen. Bild 2.16 stellt die Schmelztemperatur und den Elastizitätsmodul einiger Werkstoffe gegenüber.

3 Plastizität und Versagen

In diesem Kapitel werden die Grundzüge der Plastizität phänomenologisch diskutiert, ohne dabei auf einzelne Werkstoffklassen mit ihren speziellen Mechanismen einzugehen. Dies wird in den Kapiteln 6 bis 9 getan.

Plastische Verformungen sind im Gegensatz zu den elastischen (Kapitel 2) irreversibel. Das bedeutet, dass eine einmal aufgebrachte plastische Verformung nach dem Entlasten nicht wieder zurückgeht. In der Realität ist dabei jeder plastischen Verformung eine elastische überlagert. Nach dem plastischen Verformen eines Bauteils geht beim Entlasten der elastische Anteil zurück, der plastische Anteil bleibt erhalten. Ein zentrales Problem bei der Untersuchung der Verformung von Werkstoffen ist deshalb, die experimentell gewonnenen Dehnungen in einen elastischen und einen plastischen Anteil aufzuteilen.

Ähnlich wie bei den elastischen Verformungen gibt es eine zeitunabhängige und eine zeitabhängige Form. Wenn von *Plastizität* gesprochen wird, ist im Folgenden immer die zeitunabhängige Form gemeint. Die zeitabhängige Form wird als *Viskoplastizität* oder *Kriechen* bezeichnet. Für Metalle und Keramiken wird sie in Kapitel 11, für Polymere in Kapitel 8 diskutiert.

Durch plastische Deformationen können Bauteile bzw. Halbzeuge bei der Herstellung in eine neue Form gebracht werden, beispielsweise durch Walzen, Tiefziehen oder Schmieden. Im Betrieb ist plastische Verformung meist unerwünscht, da bei ihr große Deformationen auftreten. Daher kann dort die Grenze zwischen elastischer und plastischer Verformung als Versagenskriterium angesehen werden. Dagegen bietet das Auftreten plastischer Verformung vor einem Bruch auch eine gewisse Sicherheit, da so ein Bauteilversagen vor einem katastrophalen Bruch erkannt und Abhilfe geschaffen werden kann. Auch in Crashelementen in Fahrzeugen wird die plastische Verformung ausgenutzt, um kinetische Energie zu dissipieren und das Fahrzeug so abzubremsen.

Da bei plastischen Verformungen große Dehnungen möglich sind, wird in diesem Kapitel zunächst der Dehnungsbegriff bei großen Formänderungen untersucht. Das plastische Verhalten untersuchter Werkstoffe wird meist durch Zugversuche charakterisiert. Auf diese wird in Abschnitt 3.2 ausführlich eingegangen. Anschließend folgt in Abschnitt 3.3 eine Betrachtung kontinuumsmechanischer Ansätze zur Beschreibung der Grenze zwischen elastischem und plastischem Verhalten, der plastischen Verformung selbst und der dabei auftretenden Verfestigung. Mit der Härte wird eine weitere wichtige Kenngröße der Werkstoffe in Abschnitt 3.4 besprochen. Am Ende des Kapitels wird auf unterschiedliche Versagensmechanismen, die zu sogenannten *Gewaltbrüchen* führen, eingegangen.

3.1 Technische und wahre Dehnung

In Abschnitt 2.2.2 wurde die Dehnung ε als Quotient der Längenänderung Δl und der Ausgangslänge l_0

$$\varepsilon = \frac{l_1 - l_0}{l_0} = \frac{\Delta l}{l_0} \tag{3.1}$$

© Springer Fachmedien Wiesbaden GmbH, ein Teil von Springer Nature 2019
J. Rösler et al., *Mechanisches Verhalten der Werkstoffe*, https://doi.org/10.1007/978-3-658-26802-2_3

eingeführt. Bei elastischen Verformungen ist diese Definition sinnvoll, da der unverformte Zustand (Länge l_0) einem Grundzustand entspricht, auf den das Material bei Entlastung zurückgeht.

Bei plastischen Verformungen findet eine bleibende Umverteilung von Atomen im Material statt, so dass der Anfangszustand im Material nach einer plastischen Verformung nicht mehr erhalten ist. Daher ist es nicht sinnvoll, alle Formänderungen auf den Anfangszustand zu beziehen. Stattdessen ist es zweckmäßig, Dehnungen für den aktuellen Zustand zu berechnen. Wird eine Probe beispielsweise zunächst plastisch gedehnt und dann wieder auf ihre Ausgangslänge gestaucht, so scheint sie zwar makroskopisch den Originalzustand zu besitzen, aber die einzelnen Atome sind in den meisten Fällen nicht wieder in ihrer Ausgangslage. Dies zeigt, dass der aktuelle Werkstoffzustand bei plastischer Verformung nicht nur von der aktuellen Dehnung, sondern auch von der Verformungsgeschichte abhängt.

> Beispielsweise unterscheidet sich bei Metallen nach der oben betrachteten Verformungsfolge der Zustand nach der Verformung von dem vor der Verformung auch makroskopisch. Normalerweise ist nämlich die Spannung, die zu einer weiteren plastischen Verformung notwendig ist (die Dehngrenze, siehe Abschnitt 3.2) durch die Verformung gestiegen. Um die Verformungsgeschichte beschreiben zu können, wird die sogenannte *plastische Vergleichsdehnung* $\varepsilon_{\mathrm{V}}^{(\mathrm{pl})}$ eingeführt, bei der jede plastische Verformung unabhängig von der Verformungsrichtung einen positiven Beitrag leistet. Sie ist nach der beschriebenen Verformungsfolge von Null verschieden. Auf sie wird in Abschnitt 3.3.5 näher eingegangen.

Ein weiterer Grund, warum bei plastischen Verformungen die Längenänderung nicht auf die Ausgangslänge bezogen werden sollte, ist die Tatsache, dass bei ihnen große Dehnungen auftreten. Gerade bei hintereinander geschalteten Verformungen würden dadurch Ungenauigkeiten in der Dehnungsberechnung auftreten (siehe dazu das Beispiel auf Seite 67).

Für die auf die Ausgangslänge bezogene Dehnung ε werden häufig die Begriffe *technische Dehnung* oder *Nenndehnung* verwendet, um sie von der im Folgenden eingeführten *wahren Dehnung* φ zu unterscheiden. Der Term »technisch« weist darauf hin, dass in vielen technischen Anwendungen die technische Dehnung ausreichend genau ist, weil dort die Dehnungen relativ gering bleiben.

Zur Berechnung der *wahren Dehnung* bzw. des *Umformgrades* φ wird das Aufbringen der Dehnung in unendlich viele kleine Schritte aufgeteilt und jeweils die infinitesimale Längenänderung $\mathrm{d}l$ auf die aktuelle Länge l bezogen. Zu jedem Zeitpunkt gilt also für die wahre Dehnungsänderung $\mathrm{d}\varphi$ analog zu Gleichung (3.1):

$$\mathrm{d}\varphi = \frac{(l + \mathrm{d}l) - l}{l} = \frac{\mathrm{d}l}{l} \, . \tag{3.2}$$

Das entspricht für sehr kleine Dehnungen der technischen Dehnung. Um die Gesamtdehnung φ zu erhalten, müssen die Teildehnungen $\mathrm{d}\varphi$ integriert werden:

$$\varphi = \int_{l_0}^{l_1} \frac{\mathrm{d}l}{l} = \ln \frac{l_1}{l_0} = \ln \left(1 + \frac{\Delta l}{l_0} \right) = \ln(1 + \varepsilon) \, . \tag{3.3}$$

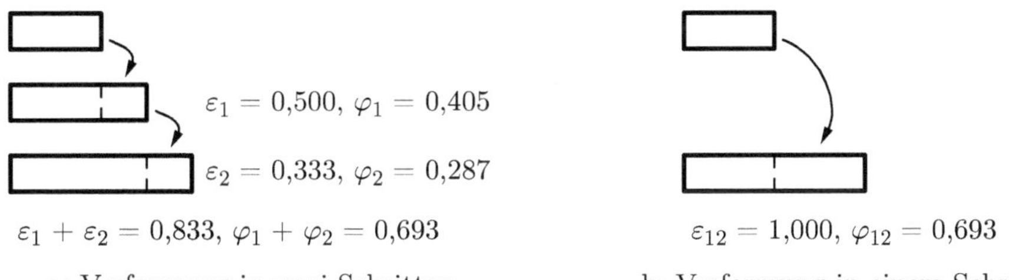

Bild 3.1: Vergleich der Dehnungsmaße für eine Verformung einer Zugprobe in zwei Schritten und in einem Schritt. Insgesamt wird die Länge der Probe verdoppelt. Die technischen Dehnungen sind in beiden Fällen verschieden ($\varepsilon_1 + \varepsilon_2 \neq \varepsilon_{12}$), die wahren Dehnungen gleich ($\varphi_1 + \varphi_2 = \varphi_{12}$).

Der Unterschied zwischen wahrer und technischer Dehnung kann anhand der Verformung zweier gleicher Proben in verschiedenen Verformungsschritten veranschaulicht werden. Bild 3.1 skizziert einen solchen Fall:

Die erste Probe wird von der Ausgangslänge l_0 zunächst auf die Länge $l_1 = 1{,}5\,l_0$ ($\Delta l = 0{,}5\,l_0$) gezogen, was einer technischen Dehnung von

$$\varepsilon_1 = \frac{\Delta l}{l_0} = \frac{0{,}5\,l_0}{l_0} = 0{,}5$$

und einer wahren Dehnung von

$$\varphi_1 = \ln\frac{1{,}5\,l_0}{l_0} = 0{,}405$$

entspricht. Durch eine weitere Verformung wird sie um $\Delta l = 0{,}5\,l_0$ auf die Länge $l_2 = 2\,l_0$ verlängert. Diese Verformung kann durch folgende Dehnungsmaße beschrieben werden:

$$\varepsilon_2 = \frac{\Delta l}{1{,}5\,l_0} = \frac{0{,}5\,l_0}{1{,}5\,l_0} = 0{,}333\,,$$

$$\varphi_2 = \ln\frac{2\,l_0}{1{,}5\,l_0} = 0{,}287\,.$$

Nimmt man an, dass aufeinander folgende Dehnungen zu einer Gesamtdehnung addiert werden können, ergeben sich entsprechend Bild 3.1 a folgende Gesamtdehnungen:

$$\varepsilon_1 + \varepsilon_2 = 0{,}833\,,$$

$$\varphi_1 + \varphi_2 = 0{,}693\,.$$

Die zweite Probe wird in einem Schritt von der Länge l_0 auf die Länge $2\,l_0$ verlängert ($\Delta l = l_0$), so dass sich folgende Dehnungen ergeben (Bild 3.1 b):

$$\varepsilon_{12} = \frac{l_0}{l_0} = 1{,}000\,,$$

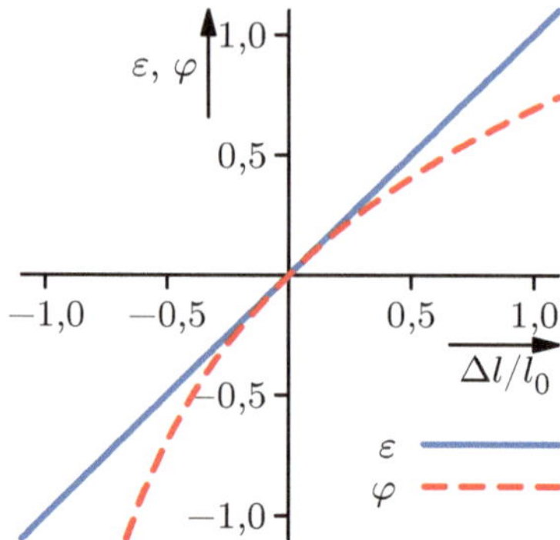

Bild 3.2: Vergleich der technischen und der wahren Dehnung

$$\varphi_{12} = \ln \frac{2\,l_0}{l_0} = 0{,}693 \,.$$

Vergleicht man die Dehnungsmaße für beide Proben, die jeweils vor und nach den Verformungen die gleiche Länge besitzen, so ergeben sich für die wahren Dehnungen die gleichen Werte ($\varphi = 0{,}693$), für die technischen Dehnungen jedoch verschiedene Werte ($0{,}833 \neq 1{,}000$). Nur die wahren Dehnungen führen also unabhängig von der Verformungsgeschichte auf die gleichen Dehnungswerte. Der Unterschied zwischen wahrer und technischer Dehnung wird in Aufgabe 8 näher betrachtet.

Mathematische Betrachtung

Entwickelt man den Zusammenhang zwischen wahrer und technischer Dehnung (3.3) in eine Taylorreihe um den Ursprung und bricht nach dem quadratischen Glied ab, so ergibt sich

$$\varphi = \ln(1 + \varepsilon) \approx \varepsilon - \frac{1}{2}\varepsilon^2 \,.$$

Für kleine Dehnungen $\varepsilon \ll 1$ kann man ε^2 vernachlässigen, und es ergibt sich $\varphi \approx \varepsilon$, so dass die technische Dehnung ε also eine recht gute Näherung für die wahre Dehnung φ darstellt, wie auch Bild 3.2 zeigt. Generell ist die wahre Dehnung für positive Dehnungen (Zugbereich) geringer als die technische Dehnung, für negative Dehnungen (Druckbereich) ist ihr Betrag größer als der der technischen Dehnung.

∗ Mehrachsige große Deformationen

Die in diesem Abschnitt eingeführte wahre Dehnung φ kann in dieser Form nur für Normaldehnungen verwendet werden. Große Scherungen können mit ihr nicht dargestellt werden. Um allgemeine Deformationen beschreiben zu können, gibt es mehrere Ansätze [17, 69, 123]. Sie basieren darauf, eine mathematische Abbildungsmatrix, den sogenannten *Deformationsgradienten* $\underline{F}$, der mit einer Koordinatentransformation vergleichbar ist, zwischen dem unverformten und dem verformten Zustand zu berechnen.

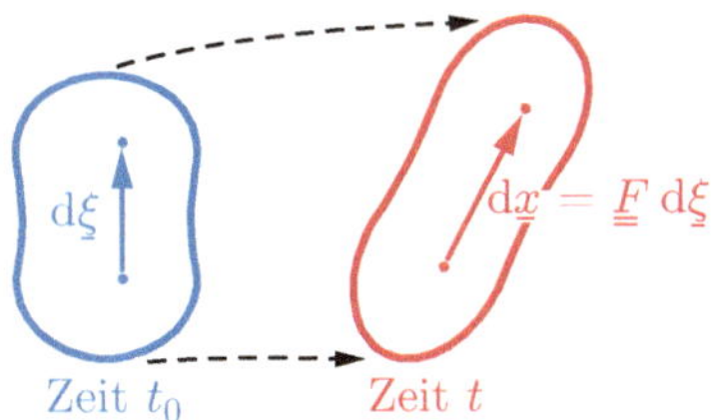

Bild 3.3: Bewegung einer Verbindung zweier Stoffpunkte bei einer Verformung (nach [17])

Dazu wird im unverformten Zustand (Zeitpunkt t_0) ein Koordinatensystem eingeführt, in dem jedes Element des zu verformenden Körpers eine Koordinate ξ erhält. Mit diesem Koordinatensystem wird die Verbindung zwischen zwei benachbarten Stoffpunkten zum Zeitpunkt t_0 durch den Vektor dξ gebildet. Dieses Koordinatensystem bleibt während der gesamten Verformung raumfest, verändert sich also weder in Größe, Lage oder Position. Vor der Verformung wird ein weiteres Koordinatensystem, $\underline{x}$, eingeführt, das zum Zeitpunkt t_0 identisch mit dem ξ-Koordinatensystem ist. Dieses bewegt und verformt sich allerdings mit dem Körper (Bild 3.3), so dass es beispielsweise nicht mehr rechtwinklig ist. Beide Koordinatensysteme können durch eine Abbildungsmatrix, den ortsabhängigen *Deformationsgradienten* $\underline{F}(\xi)$, ineinander überführt werden. Für zwei benachbarte Stoffpunkte, die durch die Vektoren dξ bzw. d$\underline{x}$ miteinander verbunden sind, gilt somit

$$\mathrm{d}\underline{x} = \underline{F}(\xi)\,\mathrm{d}\xi \qquad \text{bzw.} \qquad \mathrm{d}x_i = F_{ij}(\underline{\xi})\,\mathrm{d}\xi_j \,.$$

Normalerweise ist der Deformationsgradient vom betrachteten Ort abhängig, es gilt

$$F_{ij}(\underline{\xi}) = \frac{\partial x_i(\underline{\xi}, t)}{\partial \xi_j}\,. \tag{3.4}$$

Der Deformationsgradient $\underline{F}$ enthält neben der Verformung auch Informationen über die Starrkörperrotation des betrachteten Materials. Da diese Rotation jedoch nicht zur Deformation beiträgt, müssen die beiden Anteile getrennt werden. Dies ist möglich, indem der Deformationsgradient als Abfolge einer *Verzerrung* $\underline{U}$ (des sogenannten *Rechts-Streck-Tensors*) und einer anschließenden *Rotation* $\underline{R}$ dargestellt wird. Die beiden aufeinander folgenden Abbildungen werden durch eine Tensormultiplikation aneinander gefügt:

$$\underline{F} = \underline{R}\,\underline{U} \tag{3.5}$$

Die Verzerrung $\underline{U}$ kann aus $\underline{F}$ mit der folgenden Beziehung berechnet werden:

$$\underline{U}^2 = \underline{F}^{\mathrm{T}}\underline{F}\,. \tag{3.6}$$

Zwar beschreibt $\underline{U}$ die gesuchte Verzerrung schon, allerdings sind häufig andere, aus $\underline{U}$ abgeleitete, *Verzerrungstensoren* vorteilhaft. Ein Beispiel ist der *greensche Verzerrungstensor* $\underline{G}$. Er ist folgendermaßen definiert:

$$\underline{G} = \frac{1}{2}(\underline{U}^2 - \underline{1}) = \frac{1}{2}(\underline{F}^{\mathrm{T}}\underline{F} - \underline{1})\,. \tag{3.7}$$

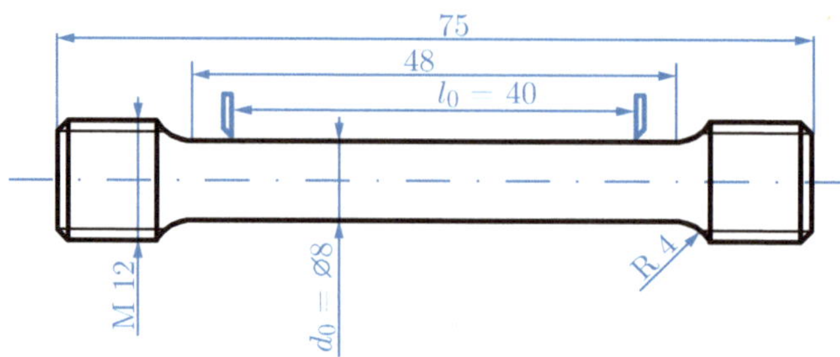

Bild 3.4: Runde Zugprobe mit Gewindeköpfen (Form B) mit dem Nenndurchmesser $d_0 =$ 8 mm und Messlänge $L_0 = 40$ mm (Probenbezeichnung: Zugprobe DIN 50 125-B 8×40)

Der greensche Verzerrungstensor verschwindet für ein unverformtes System: $\underline{\underline{G}} = \underline{\underline{0}}$. Für kleine Verzerrungen nähert sich der greensche Verzerrungstensor dem in Abschnitt 2.2.2 eingeführten Dehnungstensor $\underline{\underline{\varepsilon}}$ an.

Schreibt man $\underline{\underline{G}}$ elementweise für die Verschiebungen $\underline{u}$, so ergibt sich (die Herleitung findet sich beispielsweise in *Becker / Bürger* [17])

$$G_{ij} = \frac{1}{2}\left(\frac{\partial u_i}{\partial \xi_j} + \frac{\partial u_j}{\partial \xi_i}\right) + \frac{1}{2}\frac{\partial u_k}{\partial \xi_i}\frac{\partial u_k}{\partial \xi_j}\,. \tag{3.8}$$

Für kleine Verzerrungen sind die Quotienten des Typs $\partial u_k/\partial \xi_i$ klein, so dass das Produkt im zweiten Summand sehr klein wird und vernachlässigt werden kann. Somit entspricht der greensche Verzerrungstensor $\underline{\underline{G}}$ für kleine Deformationen der in Abschnitt 2.2.2 eingeführten Dehnung $\underline{\underline{\varepsilon}}$ nach Gleichung (2.8).

3.2 Spannungs-Dehnungs-Diagramme

3.2.1 Charakteristische Spannungs-Dehnungs-Diagramme

Häufig wird das elastisch-plastische Verhalten von Werkstoffen mit Hilfe von Spannungs-Dehnungs-Kurven beschrieben, die in Zugversuchen ermittelt werden. Aus den Zugversuchen werden Kennwerte ermittelt, die in Tabellenwerken, z. B. den entsprechenden DIN-Normen, angegeben werden. Diese Kennwerte werden zur Werkstoffauswahl und zur Bauteilauslegung verwendet. Auch für komplizierte Bauteile mit damit verbundenen mehrachsigen Spannungszuständen sind Auslegungskriterien verfügbar, die auf Kennwerten aus einachsigen Zugversuchen basieren. Darauf wird im Zusammenhang mit der Plastizitätstheorie in Abschnitt 3.3 eingegangen.

Bei Zugversuchen werden Proben mit konstanter Geschwindigkeit auseinandergezogen und dabei die Längenänderung ΔL und die dazu notwendige Kraft F gemessen. Um vergleichbare Ergebnisse zu erzielen, gibt es genormte Probenformen (siehe beispielsweise Bild 3.4). Meist werden runde Proben mit einem über die Messlänge konstanten Durchmesser verwendet. Um ein Versagen an der Einspannung zu verhindern, ist diese dicker als der Probendurchmesser. Der Übergang zwischen beiden Durchmessern wird mit einem Radius gestaltet, um abrupte Querschnittsänderungen zu vermeiden, da diese zu Spannungsüberhöhungen und somit lokalisiertem Versagen führen würden (vgl. Kapitel 4).

Um die gemessenen Größen (Kraft F und Längenänderung ΔL) in Werkstoffkennwerte umzurechnen, werden normalerweise die *technische Spannung* σ und die technische Dehnung ε berechnet:

$$\sigma(\Delta L) = \frac{F(\Delta L)}{S_0}\,, \tag{3.9}$$

$$\varepsilon(\Delta L) = \frac{\Delta L}{L_0}\,. \tag{3.10}$$

Dabei sind S_0 die Querschnittsfläche zu Versuchsbeginn und L_0 die Anfangsmesslänge.[1] Das in Gleichung (3.9) verwendete Spannungsmaß σ entspricht nicht der wirklich im Material auftretenden Spannung, da es während des gesamten Versuchs, bei dem sich die Querschnittsfläche ändert, auf die Anfangsquerschnittsfläche S_0 bezogen wird. Im Zusammenhang mit Zugversuchen wird σ als *technische Spannung* oder *Nennspannung* bezeichnet. Ist bei Zugversuchen von der wirklich wirkenden Spannung die Rede, wird diese als *wahre Spannung* bezeichnet und mit σ_w bezeichnet.

Je nach getestetem Material ergeben sich bei Zugversuchen unterschiedliche, charakteristische Spannungs-Dehnungs-Diagramme, die in Bild 3.5 zusammengefasst sind.

Die Spannungs-Dehnungs-Kurven der meisten Metalle entsprechen Bild 3.5 a. Während des Versuchs verhält sich die Probe zunächst fast vollständig elastisch. Die Spannungs-Dehnungs-Kurve besitzt zunächst die Steigung des Elastizitätsmoduls E. Mit steigender Spannung setzt allmählich plastische Verformung ein, wobei es nicht möglich ist, eine scharfe Grenze zwischen elastischer und plastischer Verformung zu ziehen. Im Ingenieurwesen wird angenommen, dass eine plastische – also bleibende – Dehnung von $0{,}2\,\%$ noch akzeptabel ist. Daher wird als Grenzwert für einsetzende plastische Dehnung normalerweise der Spannungswert verwendet, bei dem $0{,}2\,\%$ bleibende Dehnung erreicht wird. Dieser wird als *Dehngrenze* $R_\mathrm{p0,2}$ bezeichnet.

Um die plastische Dehnung zu ermitteln, muss der elastische Anteil der Dehnung von der Gesamtdehnung abgezogen werden. Wie in Abschnitt 2.3 erläutert, beruht die elastische Dehnung auf einer Streckung der Bindungen zwischen den Atomen. Wird die Last entfernt, so nehmen die Atome ihre Gleichgewichtslagen ein, so dass die elastische Dehnung auf Null zurückgeht. Da die Streckung der Atombindungen unabhängig von der Umordnung der Atome bei einer plastischen Verformung ist, entspricht die Steigung der Spannungs-Dehnungs-Kurve bei einer Entlastung der Probe deshalb dem Elastizitätsmodul.[2] Aufgrund der Umordnung der Atome bei der plastischen Verformung ist die elastische Gerade allerdings verschoben, da die Gleichgewichtslagen der Atome nicht mehr denen des Ausgangszustands entsprechen. Um die Spannung bei einer bleibenden plastischen Dehnung von $0{,}2\,\%$ zu ermitteln, muss also im Abstand von $0{,}2\,\%$ zur elastischen Gerade eine Parallele gezogen werden. Ihr Schnittpunkt mit der gemessenen Kurve entspricht der Dehngrenze (Bild 3.6).

Bei weiterer Probenverlängerung wächst zunächst die technische Spannung σ weiter an, bis ein Maximum erreicht wird. Dieses wird als *Zugfestigkeit* R_m bezeichnet. Ab die-

---

1 Bezeichnungen nach DIN EN ISO 6892-1.

2 Die Entlastungsgerade ist in Wirklichkeit nicht vollständig parallel zur elastischen Gerade am Versuchsbeginn, da während der plastischen Verformung die Querschnittsfläche der Probe abnimmt (vgl. Abschnitt 3.2.2).

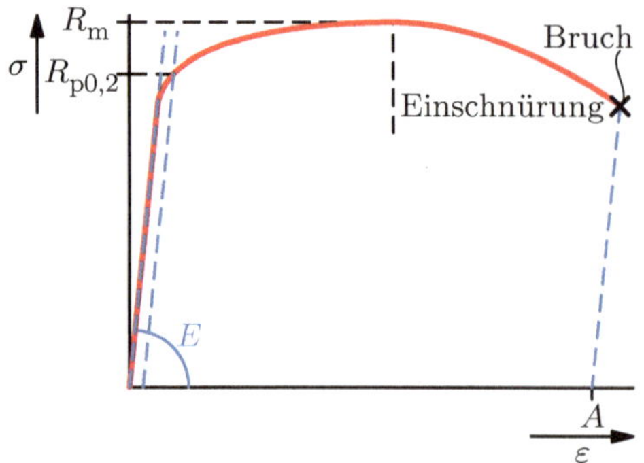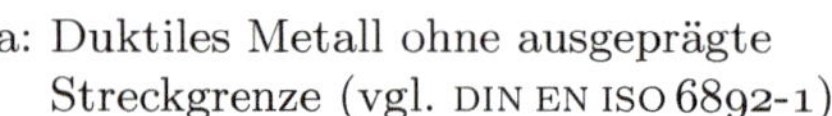

a: Duktiles Metall ohne ausgeprägte
   Streckgrenze (vgl. DIN EN ISO 6892-1)

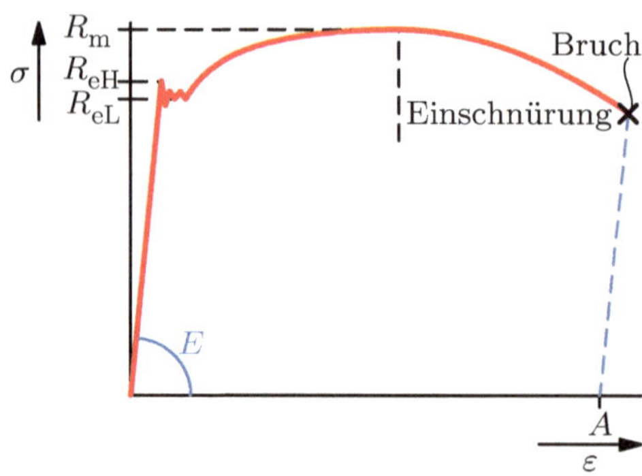

b: Duktiles Metall mit ausgeprägter Streckgrenze (vgl. DIN EN ISO 6892-1)

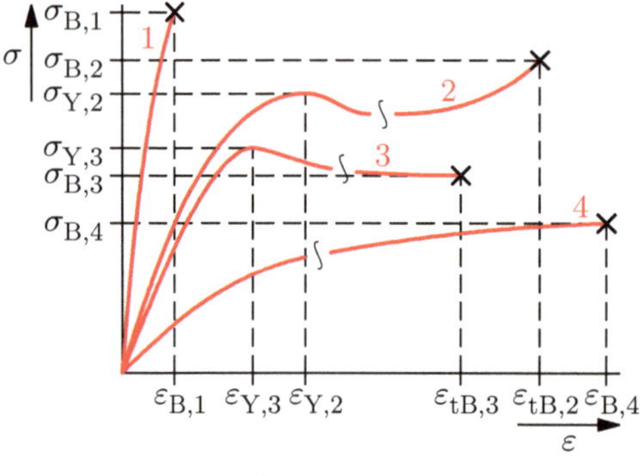

c: Polymere (vgl. DIN EN ISO 527-1)

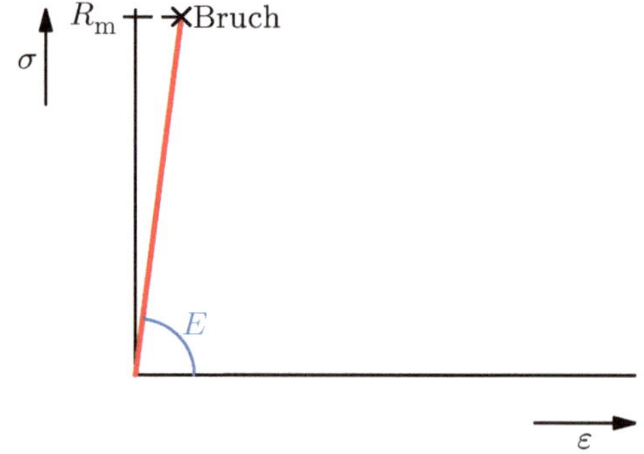

d: Sprödes Material

Bild 3.5: Prinzipielle Spannungs-Dehnungs-Kurven (nach [50])

sem Maximum bildet sich in der Probe eine Einschnürung, die an einer im Vergleich zur
restlichen Probe schwächeren Stelle (beispielsweise mit einem minimal geringeren Querschnitt, einer Drehriefe oder einem Lunker) einsetzt, so dass sich lokal die Spannung
erhöht. Der Probenquerschnitt nimmt nun in der Einschnürung rapide ab, weil sich die
weitere plastische Verformung auf diesen Bereich konzentriert. Obwohl normalerweise
die wahre Spannung in der Einschnürung weiter steigt, sinkt die äußere Kraft und somit auch die technische Spannung σ, da diese immer noch auf den Ausgangsquerschnitt
bezogen berechnet wird.[3] Damit die Verformung auch bei dieser Kraftverringerung stabil verläuft, werden Zugversuche weggeregelt durchgeführt. Der Probenbereich außerhalb
der Einschnürung wird durch die Verringerung der Kraft entlastet und daher nicht weiter
plastisch verformt.

Der Zugversuch wird durch den vollständigen Bruch der Probe beendet. Die bleibende Dehnung nach dem Bruch wird als *Bruchdehnung* $A_k = \Delta L / L_0$ bezeichnet, wobei
$k = L_0 / \sqrt{S_0}$ ist. Für die gängigen Probenmaße $L_0 = 5\,d_0$ bzw. $L_0 = 10\,d_0$ ergeben sich

---

3 In Abschnitt 3.2.2 wird diese Tatsache näher untersucht.

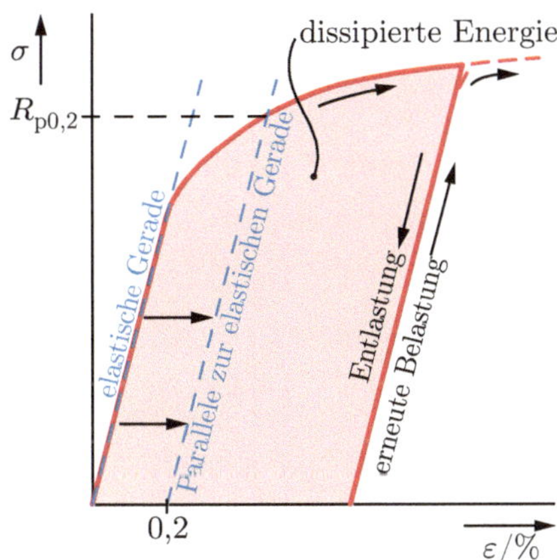

Bild 3.6: Entlastung während eines Zugversuchs. Die Entlastungsgerade ist parallel zur elastischen Gerade beim Versuchsbeginn. Die Dehngrenze $R_{\mathrm{p0,2}}$ wird ermittelt, indem eine Parallele zur elastischen Gerade im Abstand von $\varepsilon = 0{,}2\,\%$ mit der Spannungs-Dehnungs-Kurve zum Schnitt gebracht wird.

$k = 5{,}65$ bzw. $k = 11{,}3$ und somit die Bruchdehnungen $A_{5,65}$ und $A_{11,3}$.[4] Für $A_{5,65}$ wird nach DIN EN ISO 6892-1 nur A geschrieben.

Die Eigenschaft eines Materials, sich vor dem Bruch plastisch zu verformen, wird als *Duktilität* bezeichnet. Je größer die Bruchdehnung ist, desto *duktiler* ist der geprüfte Werkstoff. Werkstoffe mit geringer Duktilität werden als *spröde* bezeichnet.

Die Höhe der Spannung, die der Werkstoff bis zum Versagen erträgt, wird als *Festigkeit* bezeichnet. Je nachdem, ob das Auftreten plastischer Verformungen oder der Bruch der Zugprobe als Versagenskriterium herangezogen werden, bestimmen $R_{\mathrm{p0,2}}$ oder R_{m} die Festigkeit. In den Kapiteln 5, 10 und 11 werden weitere Versagensarten und Parameter als Maß für die Werkstofffestigkeit eingeführt.

Einige wenige Metalle, insbesondere unlegierte Stähle, zeigen zunächst ein anderes Verhalten, die sogenannte *ausgeprägte Streckgrenze* (Bild 3.5 b): Bis zum Erreichen der *oberen Streckgrenze* R_{eH} verhalten sie sich fast vollständig elastisch. Beim Erreichen dieser Spannung setzt plötzlich plastische Verformung ein, die lokal in Form sogenannter *Lüdersbänder* auftritt. Bei schwankenden Spannungen breiten sich die plastischen Zonen über die gesamte Probe aus. Die niedrigste dabei auftretende Spannung wird als *untere Streckgrenze* R_{eL} bezeichnet.[5] Die zu diesem Phänomen der lokalen Plastifizierung führenden Mechanismen werden in Abschnitt 6.4.2 besprochen. Sobald die Probe vollständig plastifiziert ist, verhält sie sich wie ein Metall ohne ausgeprägte Streckgrenze.

Auch bei Polymeren gibt es unterschiedliche Typen von Spannungs-Dehnungs-Kurven (Bild 3.5 c). Bei Polymeren mit einer *ausgeprägten Streckspannung* (Kurven 2 und 3)

---

4 Nach der nicht mehr gültigen Norm DIN 50145 wurde die Bruchdehnung durch das Verhältnis L_0/d_0 gekennzeichnet: $L_0 = 5d_0$ ergab somit A_5.

5 Bei der Bestimmung von R_{eL} wird der erste Spannungsabfall nicht berücksichtigt, da es sich bei ihm meist um einen Überschwinger der Prüfmaschine handelt.

steigt die Spannung zunächst auf einen Maximalwert, die *Streckspannung* σ_Y (für engl. *yield stress*) mit der Streckdehnung ε_Y, an. Die Spannung fällt dann zunächst ab. Bis zum Bruch, der bei der *Bruchspannung* σ_B und der Bruchdehnung ε_{tB} auftritt, sind unterschiedliche Verläufe, mit oder ohne Spannungsanstieg, möglich. Die höchste auftretende Spannung wird als *Zugfestigkeit* σ_M bezeichnet. In Kurve 2 gilt somit $\sigma_M = \sigma_B$, in Kurve 3 gilt $\sigma_M = \sigma_Y$. Die bei der Zugfestigkeit vorhandene Dehnung wird mit ε_M bezeichnet, wenn die Zugfestigkeit der Streckspannung entspricht (Kurve 3), und mit ε_{tM}, wenn die Zugfestigkeit oberhalb der Streckspannung liegt (Kurve 2). Bei Polymeren ohne ausgeprägte Streckspannung (Kurve 1 eines spröden Materials, Kurve 4 eines duktilen Materials) steigt die Spannung während des Versuchs monoton bis zum Bruch an. Die *Bruchspannung* ist gleichzeitig die *Zugfestigkeit,* $\sigma_B = \sigma_M$. Die zugehörige Dehnung wird mit $\varepsilon_B = \varepsilon_M$ bezeichnet. Im Gegensatz zu den Metallen werden die Dehnungen (ε_Y, ε_B, ε_{tM}, ε_M) nicht für den entlasteten Zustand angegeben, sondern direkt aus dem Diagramm abgelesen.[6] Die einzelnen Mechanismen, die zu diesen Spannungs-Dehnungs-Kurven führen, werden in Kapitel 8 besprochen.

Bei spröden Werkstoffen, insbesondere Keramiken, findet keine oder nur geringe plastische Deformation statt. Sie verhalten sich bis zum Bruch elastisch (Bild 3.5 d). Die Bruchspannung entspricht dann der *Zugfestigkeit* R_m. Bei der plastischen Verformung dissipiert Energie, die teilweise im Material gespeichert, aber zum größten Teil in Form von Wärme abgeführt wird. Die auf das Volumen bezogene *spezifische plastische Energiedissipation* ist gleich der Fläche unter der Spannungs-Dehnungs-Kurve (in Bild 3.6 rot eingefärbt). Formelmäßig gilt nach Gleichung (2.15)

$$w^{(\mathrm{pl})} = \int \underline{\underline{\sigma}} \cdot\cdot \, \mathrm{d}\underline{\underline{\varepsilon}}^{(\mathrm{pl})} = \int \sigma_{ij} \, \mathrm{d}\varepsilon_{ij}^{(\mathrm{pl})} \,, \tag{3.11}$$

wobei $\underline{\underline{\varepsilon}}^{(\mathrm{pl})}$ der plastische Anteil der Dehnung ist.

Bild 3.7 zeigt Spannungs-Dehnungs-Kurven für verschiedene Werkstoffe. Der Anfangsbereich ist gesondert gedruckt, da dieser im Gesamtbild kaum zu erkennen ist.

Andere neben dem Zugversuch gängige Versuche zur Bestimmung der Festigkeit sind der Druckversuch und der Biegeversuch. Bei einem *Druckversuch* wird die Probe bis zum Versagen zusammengedrückt. Ähnlich wie beim Zugversuch findet bei duktilen Werkstoffen zunächst plastische Deformation statt. Der Spannungswert bei 0,2 % bleibender Dehnung wird als *Stauchgrenze* (oder auch Dehngrenze im Druckversuch) $\sigma_{d0,2}$, der Spannungswert, bei dem der erste Riss oder der Probenbruch auftritt, wird als *Druckfestigkeit* σ_{dB} bezeichnet.[7] Gerade zur Bestimmung der Festigkeit spröder Werkstoffe wird häufig der *Biegeversuch* verwendet, bei dem eine Flachprobe bis zum Bruch gebogen wird. Die Spannung an der Probenoberfläche,[8] bei der die Probe versagt, wird als *Biegefestigkeit* σ_B bezeichnet.

---

6 Der Einfachheit halber werden im Weiteren die Bezeichnungen $R_{p0,2}$ und R_m auch für Polymere verwendet, auch wenn die Norm σ_Y und σ_M vorschreibt.

7 Die Stauchgrenze $\sigma_{d0,2}$ und die Druckfestigkeit σ_{dB} werden als positive Zahlen angegeben, obwohl es sich um Druckspannungen handelt. Siehe auch DIN 50 106

8 Bei einer elastischen Biegebelastung ergibt sich ein linearer Normalspannungszustand mit der maximalen Zug- bzw. Druckspannung an den Probenoberflächen.

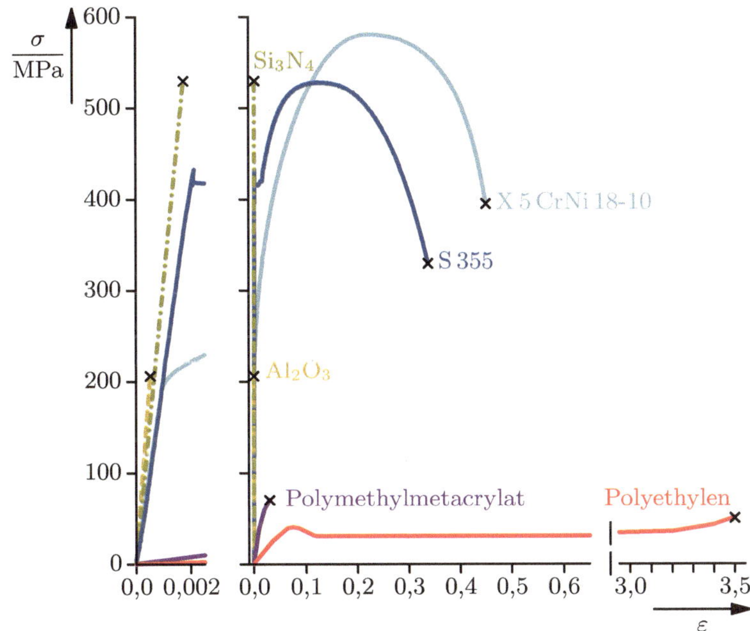

Bild 3.7: Spannungs-Dehnungs-Kurven verschiedener Werkstoffe (nach [46, 93, 109]), im linken Teil eine Ausschnittsvergrößerung. Bei Al_2O_3 und Si_3N_4 handelt es sich um Keramiken. S 355 ist ein unlegierter Stahl (frühere Bezeichnung St 52), X 5 CrNi 18-10 ist ein austenitischer Stahl. Polymethylmethacrylat (PMMA) und Polyethylen (PE) sind Polymere.

3.2.2 Analyse eines Spannungs-Dehnungs-Diagramms

In Zugversuchen werden die Kennwerte *Elastizitätsmodul E*, *Dehngrenze* $R_{p0,2}$ bzw. *Streckgrenze* R_{eH}, *Zugfestigkeit* R_m sowie die *Bruchdehnung A* ermittelt. In diesem Abschnitt wird ihre Ermittlung und Bedeutung am Beispiel eines duktilen Metalls genauer untersucht.

Bei Zugversuchen werden Kraft-Weg-Kurven aufgenommen. Diese werden unter Berücksichtigung des Probenquerschnitts und der Proben- bzw. Messlänge in (Nenn-)Spannungs-(Nenn-)Dehnungs-Kurven umgerechnet, indem zur Berechnung der Nennspannung $\sigma(\Delta L)$ die Kraft $F(\Delta L)$ auf den Ausgangsquerschnitt S_0 und zur Berechnung der Nenndehnung $\varepsilon(\Delta L)$ die Probenverlängerung ΔL auf die Ausgangslänge L_0 bezogen werden (Gleichungen (3.9) und (3.10)).

Bei kleinen Dehnungen entspricht die Steigung der Spannungs-Dehnungs-Kurve näherungsweise dem *Elastizitätsmodul E*. Dabei ist jedoch zu beachten, dass die Steigung direkt bei Versuchsbeginn normalerweise kleiner als der Elastizitätsmodul ist (Bild 3.8), unter anderem, weil Setzvorgänge in der Einspannung stattfinden. Bei Metallen ohne ausgeprägte Streckgrenze beginnt die plastische Verformung allmählich, so dass auch die obere Grenze der elastischen Geraden nicht exakt bestimmt werden kann. So kann

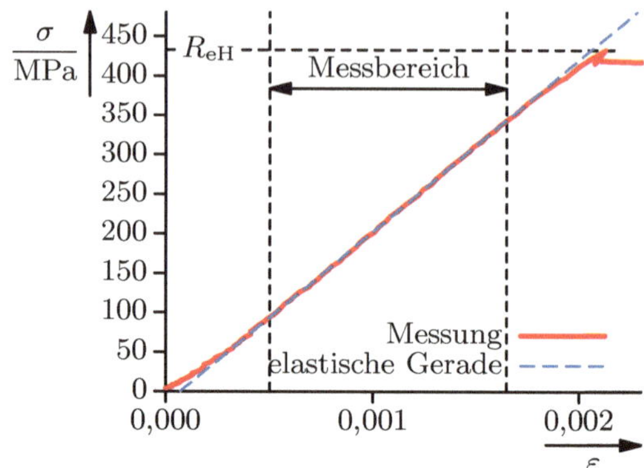

Bild 3.8: Ermittlung des Elastizitätsmoduls $E = 217\,797\,\text{MPa}$ aus einem Zugversuch für S 355 (alte Bezeichnung St 52). Der Anfangsbereich sowie der Bereich kurz vor der Plastifizierung dürfen nicht in die Bestimmung des Elastizitätsmoduls einbezogen werden (Die hier verwendeten Grenzen sind durch vertikale Linien gekennzeichnet). Messdaten: Institut für Werkstofftechnik, Universität Gh Kassel

es ausgesprochen schwierig sein, den Elastizitätsmodul aus einem Spannungs-Dehnungs-Diagramm exakt abzulesen. Um diese Probleme abzuschwächen, werden Proben zur Ermittlung des Elastizitätsmoduls häufig knapp über die Dehngrenze belastet und dann entlastet. Die Steigung der Entlastungskurve entspricht dem Elastizitätsmodul besser als die der ersten Belastung.

> Elastizitätsmoduln können auch auf anderem Wege ermittelt werden. Eine Möglichkeit besteht darin, die Eigenschwingungen eines Balkens zu messen, da die Schwingungsfrequenz durch die Schallgeschwindigkeit $c = \sqrt{E/\varrho}$ bestimmt ist. Die Vorteile dieser Messmethode bestehen darin, dass sehr kleine Schwingungsamplituden zur Messung ausreichen und dass Frequenzen elektronisch sehr genau gemessen werden können.

Der Übergang von elastischem zu plastischem Verhalten ist bei Metallen mit ausgeprägter Streckgrenze durch einen Spannungsabfall leicht zu lokalisieren (Bild 3.5 b). Hat ein Metall jedoch keine ausgeprägte Streckgrenze, so kann kein Zustand angegeben werden, an dem plastische Verformung einsetzt, da dies allmählich geschieht. Normalerweise wird eine für Ingenieursanwendungen sinnvolle Grenze von 0,2 % bleibender Dehnung als Dehngrenze $R_{\text{p0,2}}$ verwendet.

Bei plastischer Verformung tritt eine nennenswerte Änderung der Querschnittsfläche auf, so dass die Nennspannung nicht der wirklich im Material auftretenden *wahren Spannung* σ_{w} entspricht, die sich aus dem Quotienten der äußeren Last $F(\Delta L)$ und der momentanen Querschnittsfläche $S(\Delta L)$ ergibt:

$$\sigma_{\text{w}}(\Delta L) = \frac{F(\Delta L)}{S(\Delta L)} \,. \tag{3.12}$$

Während der plastischen Verformung entspricht die wahre Spannung derjenigen Spannung, bei der das Material zum jeweiligen Zeitpunkt fließt, und wird dementsprechend als *Fließspannung* σ_{F} bezeichnet.

Bild 3.9: Messung der Dehnung im Zugversuch

Für die aktuelle Querschnittsfläche $S(\Delta L)$ kann unter der Annahme, dass die plastische Verformung ohne Volumenänderung abläuft und die Volumenänderung durch elastische Dehnungen vernachlässigbar ist,[9] eine Näherung berechnet werden. Die Bedingung für Volumenkonstanz ergibt

$$S(\Delta L) \cdot L(\Delta L) = S_0 \cdot L_0 = \text{const}.$$

Mit Gleichung (2.4) ergibt sich daraus folgender Zusammenhang mit der Nenndehnung ε:

$$\frac{S(\Delta L)}{S_0} = \frac{1}{1 + \varepsilon(\Delta L)}. \tag{3.13}$$

Diese Näherung gilt nur, wenn im betrachteten Bereich der Länge L der Querschnitt konstant ist. Durch die abnehmende Querschnittsfläche liegt die wahre Spannung

$$\sigma_{\mathrm{w}} = \sigma\,(1 + \varepsilon) \tag{3.14}$$

im Spannungs-Dehnungs-Diagramm oberhalb der Nennspannung σ.

Normalerweise wird die Längenänderung ΔL mittels zweier aufgesetzter Schneiden mit dem Anfangsabstand L_0 gemessen, wie in Bild 3.9 gezeigt. Alle Dehnungswerte sind also über diese Messlänge gemittelt. Solange die Probe sich auf der vollen Länge gleichmäßig elastisch und plastisch dehnt, spielt es keine Rolle, an welcher Position und über welche Messlänge man die Längenänderung und damit die Dehnung bestimmt. Dieser Bereich der Spannungs-Dehnungs-Kurve, in dem sich die Probe gleichmäßig verformt, wird als *Gleichmaßdehnung* bezeichnet.

Sobald sich die Probe aber einschnürt, ergeben sich je nach Messbereich sehr unterschiedliche Ergebnisse, da sich die weitere plastische Verformung auf die Einschnürung konzentriert. Bild 3.10 veranschaulicht diese Tatsache. Bild 3.10 a zeigt eine unbelastete

---

9 Die Annahmen sind zumindest für Metalle korrekt.

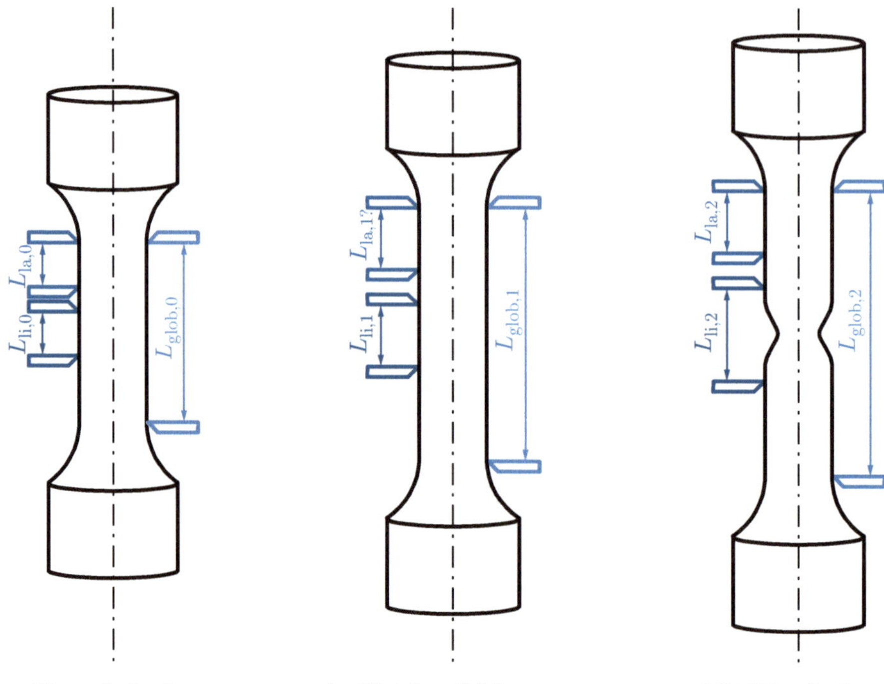

a: Versuchsbeginn   b: Gleichmaßdehnung   c: Mit Einschnürung

Bild 3.10: Schematische Darstellung eines Zugversuchs mit verschieden angesetzten Dehnungsmessern. Es werden die Indizes glob für die *globale* Dehnung, li für die *lokale* Dehnung *innerhalb* der Einschnürzone und la für die *lokale* Dehnung *außerhalb* der Einschnürzone verwendet.
Während der Gleichmaßdehnung wird in allen Messbereichen die gleiche Dehnung gemessen, z. B. im Bild 3.10 b abgelesen: $\varepsilon_{\mathrm{glob},1} = \varepsilon_{\mathrm{li},1} = \varepsilon_{\mathrm{la},1} = 0{,}42$. Sobald die Einschnürung beginnt, hängt das Ergebnis von der Position und der Messlänge ab. Aus dem Bild 3.10 c abgelesen ergibt sich beispielsweise $\varepsilon_{\mathrm{glob},2} = 0{,}60$, $\varepsilon_{\mathrm{li},2} = 1{,}19$ und $\varepsilon_{\mathrm{la},2} = 0{,}42$.

Probe mit drei unterschiedlichen Messbereichen. In Bild 3.10 b befindet sich die Probe noch im Gleichmaßdehnungsbereich. Bei allen drei Messbereichen wird die gleiche Dehnung gemessen. Durch die in Bild 3.10 c vorhandene Einschnürung hat sich die weitere plastische Verformung auf diese beschränkt. Dadurch hat sich die Dehnung $\varepsilon_{\mathrm{la}}$ der Messstelle außerhalb der Einschnürung gegenüber Bild 3.10 b nur geringfügig verändert. Der große Messbereich (Dehnung $\varepsilon_{\mathrm{glob}}$) erfasst die plastische Verformung in der Einschnürung. Da aber auch viel gegenüber Bild 3.10 b nahezu unverformte Länge berücksichtigt wird, fällt $\varepsilon_{\mathrm{glob},2}$ kleiner als $\varepsilon_{\mathrm{li},2}$ aus, das fast nur die Dehnung in der Einschnürung enthält. Deshalb ist es notwendig anzugeben, bei welchem Verhältnis von Messlänge L_0 zu Probendurchmesser d_0 bzw. Probenquerschnitt S_0 die Bruchdehnung ermittelt wurde. Beispielsweise bedeutet $A_{11,3}$ ein Verhältnis $L_0/\sqrt{S_0} = 11{,}3$ (vgl. Seite 72).[10]

---

10 Bei Rundproben entspricht dies einem Verhältnis $L_0/d_0 = 10$.

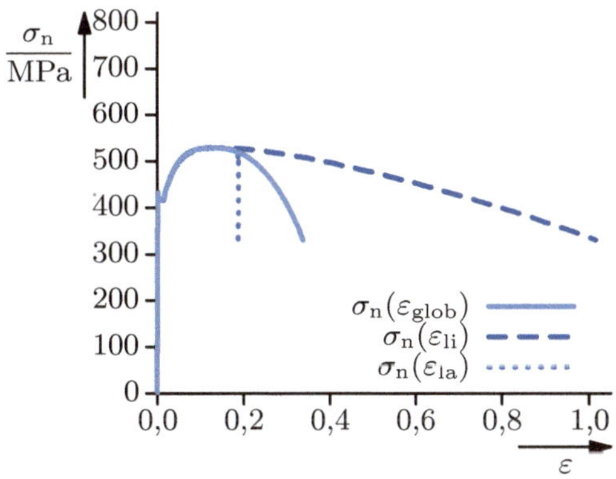

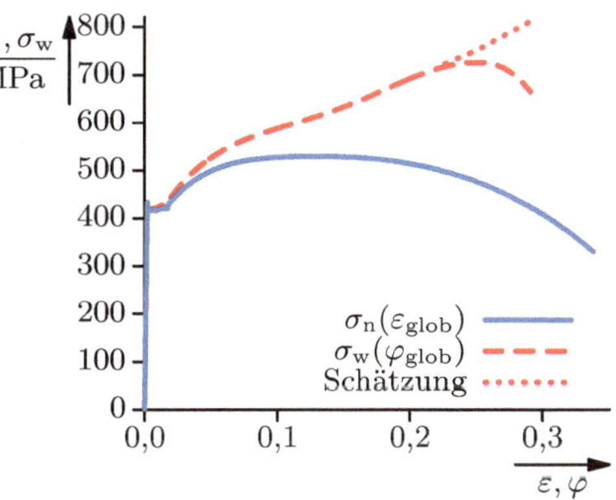

a: Auftragung der Nennspannung über der auf unterschiedliche Messbereiche bezogenen Dehnung (Definition der Messbereiche in Bild 3.10)

b: Auftragung der Nennspannung und wahren Spannung über der auf die gesamte Messlänge bezogenen Dehnung.

Bild 3.11: Gemessene Spannungs-Dehnungs-Kurven für S 355. Messdaten: Institut für Werkstofftechnik, Universität Gh Kassel.

Bild a zeigt, wie die Dehnung ab Auftreten der Einschnürung vom Messbereich abhängt.

Bild b zeigt den Einfluss der abnehmenden Querschnittsfläche auf die Berechnung der Spannung. Dabei wurde die wahre Spannung σ_w über die Näherungsformel (3.13) für eine kurze Messlänge im Bereich der Einschnürung berechnet. Diese verliert bei einer starken Einschnürung ihre Gültigkeit, so dass die an der engsten Stelle der Einschnürung wirkende wahre Spannung entsprechend der Schätzung bis zum Bruch weiter ansteigt.

Bild 3.11 a stellt reale Messwerte in verschiedenen Messbereichen gegenüber. Die Kurve für $\varepsilon_{\mathrm{glob}}$ entspricht der Spannungs-Dehnungs-Kurve mit einer großen Messlänge. Die Kurve für $\varepsilon_{\mathrm{la}}$,[11] die außerhalb der Einschnürung gemessen wurde, zeigt, wie die Probe dort entlastet wird und entsprechend keine weitere plastische Verformung stattfindet. Das Material zieht sich durch die Entlastung elastisch wieder zusammen, so dass die senkrecht erscheinende Kurve in Wirklichkeit in etwa die Steigung der elastischen Gerade am Versuchsbeginn hat. Die Kurve $\varepsilon_{\mathrm{li}}$ zeigt dagegen, dass die plastische Verformung in der Einschnürzone ungleich größer als die global gemessene ist.[12]

In der Einschnürzone nimmt der Probenquerschnitt $S(\Delta L)$ drastisch ab, so dass auch die äußere Kraft $F(\Delta L)$ und somit die Nennspannung $\sigma(\Delta L)$ sinken. Die Berechnung der Spannung durch das Beziehen der Kraft auf den Ausgangsquerschnitt ist in diesem Bereich nicht mehr sinnvoll. Zur Berechnung der wahren Spannung σ_w nach Gleichung (3.12) kann die Näherungsformel (3.13) zunächst noch verwendet werden, wenn ein sehr kurzer Messbereich im Bereich der Einschnürung vorhanden ist, so dass die Bedingung einer

---

11 $\varepsilon_{\mathrm{la}}$ wurde in Bild 3.10 definiert.

12 Mit modernen Messverfahren (wie beispielsweise der sogenannten *Laserextensiometrie*, bei der Längenänderungen mittels eines Laserstrahls gemessen werden) ist es möglich, auf der gesamten Probe sehr viele kurze Messlängen zu verteilen und alle gleichzeitig zu messen, wie es hier getan wurde.

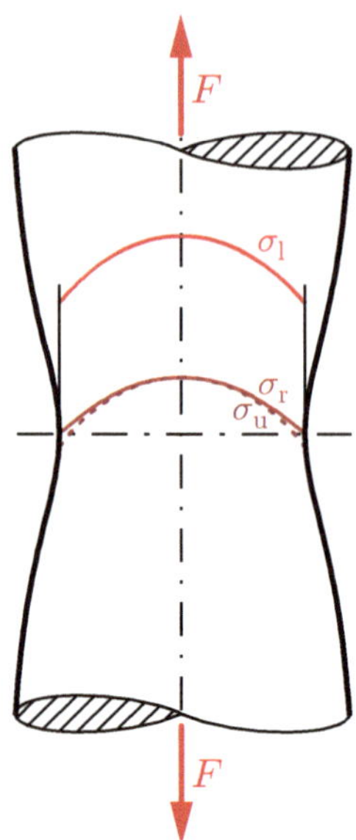

Bild 3.12: Dreiachsiger Zugspannungszustand in der Einschnürung (nach [92]). Es sind die Längsspannung σ_l, die Spannung in Umfangsrichtung σ_u sowie die Radialspannung σ_r eingezeichnet.

konstanten Querschnittsfläche über die Messlänge noch näherungsweise erfüllt wird. Bei zunehmender Einschnürung wird die Näherung immer schlechter.

Die wahre Dehnung wurde in Abschnitt 3.1 als

$$\varphi_{\text{glob}} = \ln(1 + \varepsilon_{\text{glob}}) = \ln \frac{L_{\text{glob}}}{L_0}$$

eingeführt. Technische und wahre Spannungs-Dehnungs-Kurven sind in Bild 3.11 b miteinander verglichen. Die wahre Kurve liegt höher als die Nennkurve, da während des Versuchs der Probenquerschnitt abnimmt. Gegen Ende des Versuchs bei einer immer stärker werdenden Einschnürung sinkt die genäherte »wahre« Kurve wieder ab. Das entspricht nicht den wirklich auftretenden Belastungen an der dünnsten Stelle der Probe und ist darin begründet, dass die Näherungsformel aufgrund der starken Einschnürung und des endlich langen Messbereichs eine zu große Querschnittsfläche liefert. Die an der engsten Stelle der Einschnürung auftretende Spannung steigt normalerweise auch hier weiter an, da bei Metallen die Fließspannung fast immer mit zunehmender plastischer Verformung ansteigt. Dies wird als *Verfestigung* bezeichnet. Unter bestimmten Umständen ist jedoch auch ein Sinken der Fließspannung möglich (*Entfestigung*). Darauf wird am Ende dieses Abschnitts eingegangen.

Innerhalb der Einschnürzone bildet sich ein dreiachsiger Zugspannungszustand aus, der zusätzlich zur Längsspannung σ_l eine Radialspannung σ_r und eine Spannung in Um-

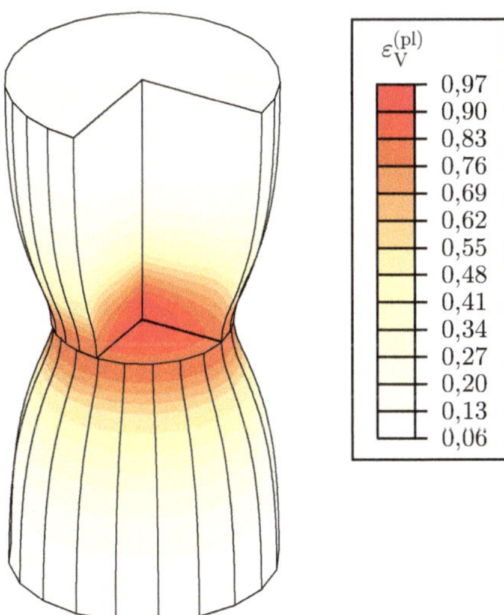

Bild 3.13: Plastische Dehnung in einem eingeschnürten Zugstab. In der eingeschnürten Zone befindet sich die maximale plastische Verformung in der Probenmitte. Als Maß für die plastische Dehnung dient die *plastische Vergleichsdehnung* $\varepsilon_{\mathrm{V}}^{(\mathrm{pl})}$, die quantitativ angibt, wie stark die plastische Verformung insgesamt war (vgl. Abschnitt 3.3.5).

fangsrichtung σ_{u} enthält.[13] Dieser in Bild 3.12 skizzierte Spannungszustand ist über den Probenquerschnitt veränderlich: Alle Spannungskomponenten sind in der Probenmitte am größten, die Umfangsspannung σ_{u} und die Radialspannung σ_{r} sind im Probeninneren gleich groß, im Randbereich ergeben sich kleine (nicht relevante) Abweichungen [92]. Die Differenzen der Spannungen $\sigma_{\mathrm{l}} - \sigma_{\mathrm{u}}$ und $\sigma_{\mathrm{l}} - \sigma_{\mathrm{r}}$ ist über den Probenquerschnitt nahezu konstant.

> Dies ist darin begründet, dass die Probe über den gesamten Querschnitt plastifiziert ist. Sie erfüllt daher überall die, in Abschnitt 3.3.1 eingeführte, sogenannte Fließbedingung. Verwendet man die Fließbedingung nach Tresca, so muss die Differenz zwischen größter und kleinster Spannung konstant sein, um die Fließbedingung zu erfüllen.

Anders als das äußere Erscheinungsbild einer eingeschnürten Probe vermuten lässt, ist die plastische Verformung in der Probenmitte am größten (vgl. Bild 3.13).

Der Bruch der Probe erfolgt schließlich durch *Ausziehen der Einschnürung zu einer Spitze* oder durch die Ausbildung eines *Trichter-Kegel-Bruchs (Kegel-Tasse-Bruch)* oder eines *Scherbruchs* [92] (Bild 3.14). Beim Ausziehen zu einer Spitze schnürt sich die Probe immer weiter ein, bis der tragende Querschnitt auf Null reduziert ist. Dabei treten sehr große plastische Deformationen auf (siehe auch Bild 8.20). Bei technischen Legierungen

---

13 Dieser Zustand darf nicht mit dem in Kapitel 4 eingeführten Spannungszustand bei konstruktiven Kerben verwechselt werden. Dort herrscht ein (fast) vollständig elastischer Spannungszustand vor, hier ist das Material über den gesamten Querschnitt plastifiziert. Die Spannungsverteilungen im elastischen und im voll-plastischen Zustand unterscheiden sich grundlegend.

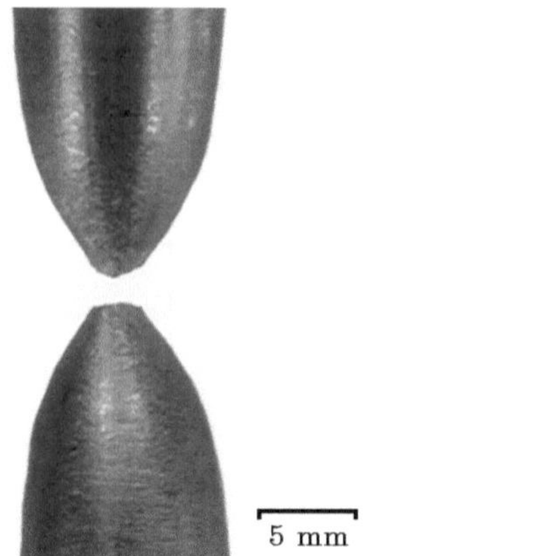

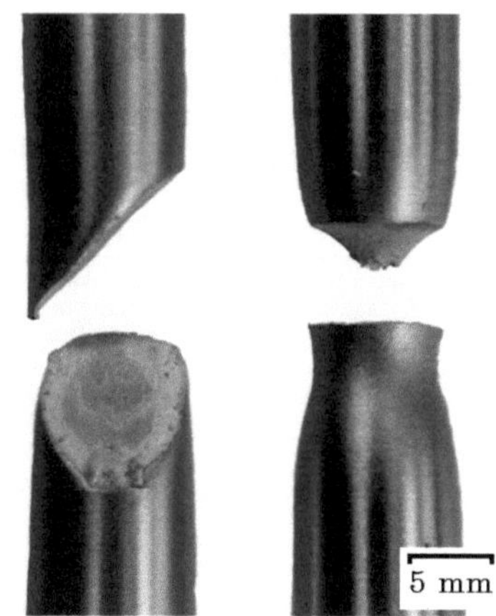

a: Ausgezogenes Reinaluminium

b: Scherbruch und Trichter-Kegel-Bruch von AlMg 5-Zugproben

Bild 3.14: Bruchformen duktiler Zugproben [92]

kommt es aufgrund von im Material entstehenden Anrissen meist zu einem Trichter-Kegel-Bruch[14], gelegentlich auch zu einem Scherbruch. Es gibt einige Ursachen, die die Bildung eines Scherbruchs begünstigen. Beispielsweise kann eine überlagerte Biegebeanspruchung durch eine unsaubere Einspannung der Probe oder durch die Bauteilgeometrie (z. B. bei Drahtseilen) einen Scherbruch auslösen. Zeigt ein Werkstoff bei einsetzender plastischer Verformung eine Entfestigung, so kann auch dies zur Bildung eines Scherbruchs führen. Eine solche Entfestigung kann beispielsweise bei Werkstoffen mit stark temperaturabhängiger Fließspannung durch die Erwärmung der plastisch verformenden Werkstoffbereiche auftreten [92]. Auf die genauen Mechanismen des Probenversagens wird in Abschnitt 3.5 eingegangen.

3.2.3   Approximation der Spannungs-Dehnungs-Kurve

Häufig werden Zugversuchsdaten realer Werkstoffe durch relativ einfache Formeln approximiert. Dabei wird oft das *Ramberg-Osgood-Gesetz*

$$\varphi = \frac{\sigma_{\mathrm{w}}}{E} + \left(\frac{\sigma_{\mathrm{w}}}{K}\right)^{1/n} \tag{3.15}$$

mit dem Parameter K, der ein Maß für die Festigkeit ist, und dem *Verfestigungsexponenten* n verwendet. Bild 3.15 zeigt die Spannungs-Dehnungs-Kurve für die Aluminiumlegierung AlMgSi 1 im Vergleich mit der darauf angepassten Approximation.

Bei der Betrachtung großer Deformationen, wie sie bei Umformvorgängen (z. B. Tiefziehen, Schmieden) von Metallen auftreten, kann der elastische Anteil vernachlässigt werden, so dass sich

$$\sigma_{\mathrm{w}} = K\varphi^{n} \tag{3.16}$$

---

14 Meist befinden sich Trichter- und Kegelanteile auf beiden Probenhälften. Die Bildung eines vollständigen Trichters und eines vollständigen Kegels wie in Bild 3.14 b ist selten.

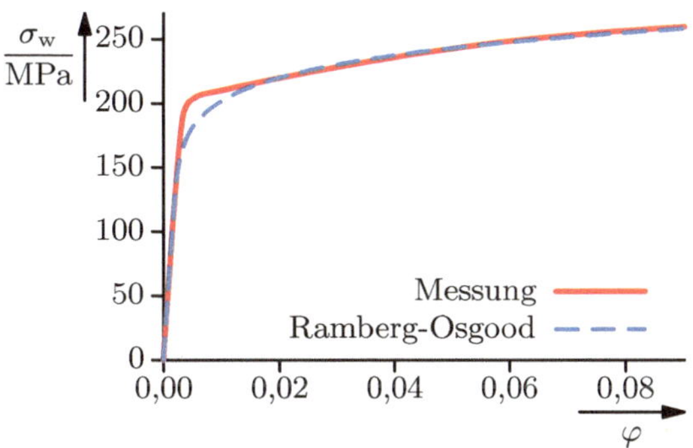

Bild 3.15: Wahre Zugkurve für AlMgSi 1 und darauf angepasstes Ramberg-Osgood-Gesetz. Es gilt $E = 66{,}2\,\mathrm{GPa}$, $K = 327\,\mathrm{MPa}$, $n = 0{,}10$.

ergibt. Für $n = 0$ verfestigt der Werkstoff nicht, so dass die Fließspannung bei plastischer Verformung konstant bei $\sigma_\mathrm{w} = K$ bleibt. Dies wird als *idealplastisches* Verhalten bezeichnet (vgl. Abschnitt 3.3.5). Mit steigendem Verfestigungsexponenten nimmt auch die Verfestigung des Werkstoffs zu. Wie in Abschnitt 6.4.1 gezeigt werden wird, ist die Größe der Verfestigung $\Delta\sigma_\mathrm{w}$ für verschiedene Werkstoffe einer Werkstoffgruppe ähnlich und zeigt keine starke Abhängigkeit von der Anfangsfestigkeit. Deshalb zeigen niederfeste Werkstoffe eine wesentlich stärkere relative Verfestigung $\Delta\sigma_\mathrm{w}/\sigma_\mathrm{w}$ als hochfeste Werkstoffe. Die relative Verfestigung ist somit bei einer großen Anfangsfestigkeit geringer. Bezogen auf Gleichung (3.16) bedeutet dies, dass niederfeste Werkstoffe einen kleinen Vorfaktor K und einen hohen Verfestigungsexponenten n besitzen, während hochfeste Werkstoffe ein großes K und ein kleines n haben. Gängige Werte für n liegen im Bereich 0,1 bis 0,45. Der Vorfaktor K ist zwar ein Maß für die Festigkeit, entspricht aber quantitativ weder der Dehngrenze noch der Zugfestigkeit, sondern dem auf $\varphi = 1$ extrapolierten Wert der Spannung.

Mit Hilfe dieser Approximation ist es möglich, eine Abschätzung für den Beginn der Einschnürung bzw. für das Ende der Gleichmaßdehnung zu finden (im Weiteren mit dem Index Gl für »Gleichmaßdehnung« bezeichnet).

Eine Einschnürung tritt dann auf, wenn die Werkstoffverfestigung nicht mehr ausreicht, um eine lokale Querschnittsabnahme zu kompensieren und somit die Kraft, die die Querschnittsfläche übertragen kann, abzunehmen beginnt. Der Einschnürbeginn entspricht also dem Moment, an dem die äußere Last nicht mehr zunimmt: $\mathrm{d}F_\mathrm{Gl}/\mathrm{d}\varphi_\mathrm{Gl} = 0$. Mit der wahren Spannung σ_w gilt $F = \sigma_\mathrm{w}S$. Bildet man daraus das Differential $\mathrm{d}F/\mathrm{d}\varphi$, so ergibt sich für beginnende Einschnürung[15]

$$\frac{\mathrm{d}F_\mathrm{Gl}}{\mathrm{d}\varphi_\mathrm{Gl}} = \sigma_\mathrm{w,Gl}\,\frac{\mathrm{d}S_\mathrm{Gl}}{\mathrm{d}\varphi_\mathrm{Gl}} + S_\mathrm{Gl}\,\frac{\mathrm{d}\sigma_\mathrm{w,Gl}}{\mathrm{d}\varphi_\mathrm{Gl}} = 0\,.$$

Daraus folgt

$$\frac{1}{\sigma_\mathrm{w,Gl}}\,\frac{\mathrm{d}\sigma_\mathrm{w,Gl}}{\mathrm{d}\varphi_\mathrm{Gl}} = -\frac{1}{S_\mathrm{Gl}}\,\frac{\mathrm{d}S_\mathrm{Gl}}{\mathrm{d}\varphi_\mathrm{Gl}}\,. \tag{3.17}$$

---

15 Es wird angenommen, dass gerade noch keine Einschnürung vorliegt, so dass die Querschnittsfläche noch nicht ortsabhängig ist.

Tabelle 3.1: Verfestigungsexponenten für einige Werkstoffe [60, 91]. Die Tabelle zeigt, dass Gleichung (3.20) von diesen Werkstoffen näherungsweise erfüllt wird. Die Werkstoffkennwerte können sich je nach Wärmebehandlungszustand stark von den angegebenen Werten unterscheiden.

Werkstoff	φ_{Gl}	n	$R_{\mathrm{p0,2}}, R_{\mathrm{eH}}/\mathrm{MPa}$	$R_{\mathrm{m}}/\mathrm{MPa}$
S 235 JR (St 37-2)	0,21	0,22	235	430
E 335 (St 60-2)	0,15	0,17	335	650
X 5 CrNi 18-10	0,39	0,38	185	600
AlMg 5	0,19	0,19	80	180
CuZn 36 (Messing)	0,40	0,42	180	330

Vernachlässigt man die elastische Dehnung, so muss während der plastischen Verformung (also auch zum Zeitpunkt beginnender Einschnürung) das Volumen $V = S\,L$ konstant bleiben:

$$\frac{\mathrm{d}V_{\mathrm{Gl}}}{\mathrm{d}\varphi_{\mathrm{Gl}}} = S_{\mathrm{Gl}}\frac{\mathrm{d}L_{\mathrm{Gl}}}{\mathrm{d}\varphi_{\mathrm{Gl}}} + L_{\mathrm{Gl}}\frac{\mathrm{d}S_{\mathrm{Gl}}}{\mathrm{d}\varphi_{\mathrm{Gl}}} = 0\,.$$

Durch Umsortieren und Verwenden der Definition für das wahre Dehnungsinkrement, Gleichung (3.2), ergibt sich

$$-\frac{1}{S_{\mathrm{Gl}}}\frac{\mathrm{d}S_{\mathrm{Gl}}}{\mathrm{d}\varphi_{\mathrm{Gl}}} = \frac{1}{\mathrm{d}\varphi_{\mathrm{Gl}}}\frac{\mathrm{d}L_{\mathrm{Gl}}}{L_{\mathrm{Gl}}} = \frac{\mathrm{d}\varphi_{\mathrm{Gl}}}{\mathrm{d}\varphi_{\mathrm{Gl}}} = 1\,. \tag{3.18}$$

Setzt man Gleichung (3.18) in Gleichung (3.17) ein, so folgt

$$\frac{\mathrm{d}\sigma_{\mathrm{w,Gl}}}{\mathrm{d}\varphi_{\mathrm{Gl}}} = \sigma_{\mathrm{w,Gl}}\,. \tag{3.19}$$

Leitet man entsprechend die Formel für die Spannungs-Dehnungs-Kurve (3.16) nach der Dehnung ab, so ergibt sich

$$\frac{\mathrm{d}\sigma_{\mathrm{w,Gl}}}{\mathrm{d}\varphi_{\mathrm{Gl}}} = n \cdot K \cdot \varphi_{\mathrm{Gl}}^{n-1} = n\frac{K\varphi_{\mathrm{Gl}}^{n}}{\varphi_{\mathrm{Gl}}} = n\frac{\sigma_{\mathrm{w,Gl}}}{\varphi_{\mathrm{Gl}}}$$

und eingesetzt in Gleichung (3.19)

$$\sigma_{\mathrm{w,Gl}} = n\frac{\sigma_{\mathrm{w,Gl}}}{\varphi_{\mathrm{Gl}}}\,.$$

Aus dieser Rechnung folgt als Bedingung für das Ende der Gleichmaßdehnung:

$$\varphi_{\mathrm{Gl}} = n\,. \tag{3.20}$$

Gleichung (3.20) zeigt, dass ein Zusammenhang zwischen der ertragbaren Dehnung bzw. der maximal möglichen Umformung und der Verfestigung vorhanden ist. Daher neigen Werkstoffe mit einer hohen Streckgrenze, bei denen der Verfestigungsexponent n geringer als bei niederfesten Werkstoffen ist, dazu, nur geringere plastische Dehnungen zu ertragen. Tabelle 3.1 zeigt für einige Werkstoffe die entsprechenden gemessenen Werkstoffkennwerte.

3.3 Plastizitätstheorie

In den vorherigen Abschnitten wurde gezeigt, dass sich ein Werkstoff bei einer wachsenden Belastung zunächst elastisch verformt und dann plötzlich oder allmählich plastisches Verhalten zeigt. Bei der plastischen Verformung steigt aufgrund der schon angesprochenen Verfestigung die Fließspannung an. Alle bisherigen Überlegungen galten jedoch nur für Zugversuche, also einachsige Beanspruchungen. Da diese in realen Bauteilen jedoch nur selten auftreten, müssen auch für mehrachsige Spannungen Gesetzmäßigkeiten für die Fließgrenze[16] sowie das Verformungs- und Verfestigungsverhalten gefunden werden. Dies ist insbesondere für die numerische Berechnung von Bauteilen, beispielsweise mit der Finite-Elemente-Methode [14], wichtig. Dabei wäre es zu aufwändig, für alle möglichen Spannungszustände einzeln Versuche durchzuführen. Daher werden normalerweise Ansätze verwendet, die die Kennwerte aus Zugversuchen (beispielsweise $R_{\mathrm{p}0,2}$) auch für mehrachsige Beanspruchungen nutzbar machen.

Alle in diesem Abschnitt vorgestellten Ansätze wurden phänomenologisch entwickelt. Sie basieren auf kontinuumsmechanischen Überlegungen und berücksichtigen somit die der Verformung zugrunde liegenden mikroskopischen Mechanismen in den einzelnen Stoffklassen nicht explizit. Weiterhin wird isotropes Materialverhalten vorausgesetzt, da Materialien, insbesondere Metalle, meist polykristallin vorliegen, so dass die mechanischen Eigenschaften makroskopisch gemittelt nahezu isotrop sind.

Der Übergang von elastischem zu plastischem Verhalten kann für beliebige Spannungszustände mit Hilfe von *Fließbedingungen* bestimmt werden, die in den Abschnitten 3.3.1 bis 3.3.3 eingeführt werden. Anschließend werden *Fließgesetze* besprochen, mit denen bestimmt werden kann, wie sich ein plastifizierter Werkstoff verformt. Wie sich bei der plastischen Verformung die Fließspannung ändert, wird durch die in Abschnitt 3.3.5 besprochenen *Verfestigungsgesetze* beschrieben.

3.3.1 Fließbedingungen

Fließbedingungen oder *Fließkriterien* stellen ein mathematisches Instrument dar, um zu entscheiden, ob ein im Material wirkender Spannungszustand zu plastischen Verformungen führt oder nicht. Bei einem polykristallinen metallischen Zugstab, für den isotropes Materialverhalten und einachsige Belastung angenommen werden, tritt näherungsweise bei

$$\sigma = R_{\mathrm{p}} \tag{3.21}$$

plastische Verformung auf.[17] Gleichung (3.21) ist somit die zugehörige Fließbedingung.

Bei mehrachsigen Beanspruchungen ist es nicht mehr so einfach, die Grenze zwischen elastischer und plastischer Verformung anzugeben. Eine Möglichkeit besteht darin,

---

16 Bei allgemeinen, nicht einachsigen Spannungszuständen spricht man häufig von der *Fließgrenze*, die die beginnende plastische Deformation kennzeichnet.

17 R_{p} ist dabei die Dehngrenze, wobei nicht spezifiziert ist, welche plastische Dehnung ihr zugrunde liegt. Meist wird $R_{\mathrm{p}0,2}$ verwendet (vgl. Abschnitt 3.2).

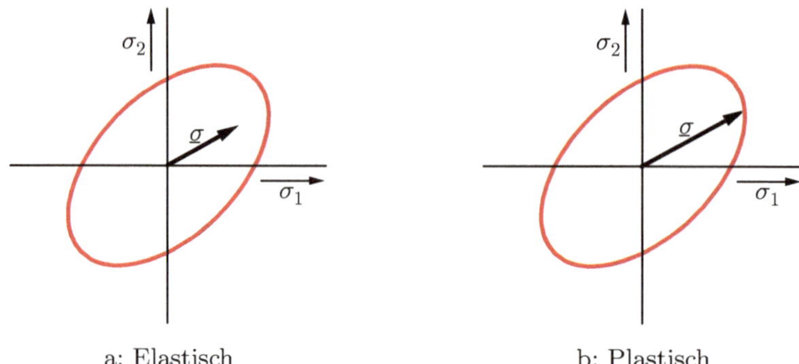

Bild 3.16: Fließfläche für einen ebenen Spannungszustand. Sobald der Spannungszustand die Fließfläche berührt, plastifiziert das Material.

aus den sechs unabhängigen Spannungskomponenten eines Spannungstensors (vgl. Abschnitt 2.5.2) eine skalare Vergleichsspannung σ_V zu berechnen, die mit einer kritischen Spannung σ_krit verglichen wird. Fließen tritt ein, wenn der kritische Wert erreicht wird:

$$\sigma_\mathrm{V}(\sigma_{11}, \sigma_{22}, \sigma_{33}, \sigma_{23}, \sigma_{13}, \sigma_{12}) = \sigma_\mathrm{krit} \tag{3.22a}$$

oder kurz geschrieben

$$\sigma_\mathrm{V}(\sigma_{ij}) = \sigma_\mathrm{krit}\,. \tag{3.22b}$$

Meist werden Fließbedingungen in der Form

$$f(\sigma_{ij}) = 0 \tag{3.23}$$

mit $f(\sigma_{ij}) = \sigma_\mathrm{V}(\sigma_{ij}) - \sigma_\mathrm{krit}$ angegeben. Für $f(\sigma_{ij}) < 0$ bleibt das Material elastisch, für $f(\sigma_{ij}) = 0$ wird es plastisch. Im einachsigen Fall hat Gleichung (3.21) dann folgende Form:

$$f(\sigma) = \sigma - R_\mathrm{p} = 0\,.$$

In der Praxis sind die meisten Werkstoffe näherungsweise isotrop (vgl. Abschnitt 2.6). Wenn dies der Fall ist, ist es für das Auftreten plastischer Verformung unerheblich, in welche Raumrichtung eine bestimmte Belastung aufgebracht wird. Da die zu einem Spannungszustand $\underline{\sigma}$ gehörigen Hauptspannungen den Spannungszustand bis auf die Orientierung der Hauptspannungen vollständig beschreiben, kann Gleichung (3.23) auch mit Hilfe der Hauptspannungen geschrieben werden, sofern das betrachtete Material isotrop ist:[18]

$$f(\sigma_1, \sigma_2, \sigma_3) = 0\,. \tag{3.24}$$

Die Funktion $f(\sigma_1, \sigma_2, \sigma_3)$ lässt sich auch geometrisch deuten, wenn man ein Koordinaten-

---

18 Sortierte Hauptspannungen werden mit einem römischen Index bezeichnet, unsortierte mit einem arabischen, vgl. Abschnitt 2.2.1.

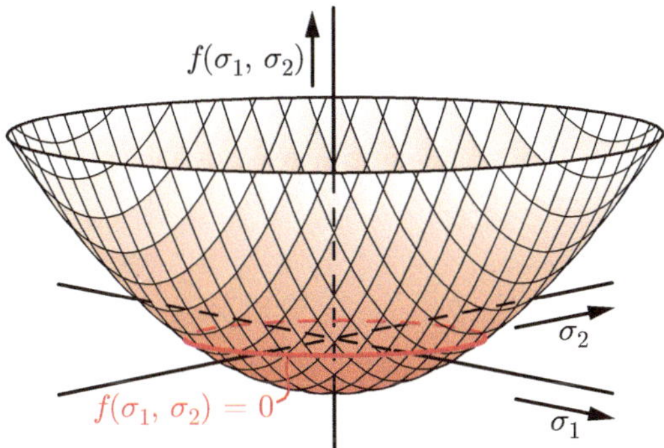

Bild 3.17: Darstellung der Fließflächenfunktion f für zwei veränderliche Hauptspannungen σ_1 und σ_2. Die Kurve mit $f(\sigma_1, \sigma_2) = 0$ stellt die Fließfläche für das Material dar und hat hier die Gestalt einer Ellipse. Sie entspricht der später eingeführten von-misesschen Fließbedingung (vgl. Bild 3.22 a). Für drei Hauptspannungen ist f eine Hyperfläche im vierdimensionalen Raum, die graphisch nicht darstellbar ist.

system mit den drei Achsen σ_1, σ_2 und σ_3 aufspannt. Der damit aufgespannte Raum, der nicht dem physikalischen Raum[19] entspricht, wird als *Hauptspannungsraum* bezeichnet. Die Funktion f gibt für jeden Punkt im Hauptspannungsraum und somit jeden denkbaren Spannungszustand an, ob das Material bei dieser Belastung plastisch fließt oder nicht. Normalerweise ergibt sich für Punkte nah am Ursprung (also kleine Spannungen) $f < 0$ und somit rein elastisches Verhalten. Für weit entfernte Punkte gilt meistens $f > 0$.[20] Die Grenze, bei der $f = 0$ gilt, spannt im Hauptspannungsraum eine Fläche, die sogenannte *Fließfläche*, auf. Daher wird f auch als *Fließflächenfunktion* bezeichnet. Innerhalb der Fließfläche reagiert das Material elastisch, beim Erreichen der Fließfläche plastifiziert es.

Auch in der Form $f(\sigma_{ij})$ lässt sich die Fließflächenfunktion geometrisch deuten. Allerdings ist der betrachtete *Spannungsraum* dann sechsdimensional. $f(\sigma_{ij}) = 0$ wird eine Hyperfläche.

Reduziert man die Anzahl der veränderlichen Hauptspannungen auf zwei, z. B. im ebenen Spannungszustand, so reduziert sich die Fließfläche auf eine Kurve. Wie im allgemeinen Fall tritt plastische Verformung beim Erreichen der Kurve auf, wie in Bild 3.16 skizziert. Wie sich die Fließfläche aus der Fließflächenfunktion $f(\sigma_1, \sigma_2)$ ergibt, ist in Bild 3.17 dargestellt.

Es ist nicht möglich, einen Spannungszustand einzustellen, der außerhalb der Fließfläche liegt, so dass nur die Fälle $f < 0$ und $f = 0$ auftreten können. Dies lässt sich anhand eines idealplastischen Werkstoffs plausibel machen, der ein Spannungs-Dehnungs-Diagramm entsprechend Bild 3.18 a besitzt. Es ist leicht einzusehen, dass es nicht möglich ist, eine Spannung oberhalb von R_p aufzubringen. Wie sieht es aber mit einem verfestigenden Werkstoff aus? Dort sind Spannungen oberhalb R_p möglich (vgl. Bild 3.18 b). Dazu kommt es aber nicht durch eine Belastung außerhalb der Fließfläche. Vielmehr verändert

---

19 Als *physikalischer Raum* wird der Raum bezeichnet, der durch das Koordinatensystem aufgespannt wird, in dem sich die Probengeometrie befindet und in dem die Verschiebungen, Kräfte, Spannungen und Dehnungen definiert sind. Im Normalfall spannt also ein x_1-x_2-x_3-Koordinatensystem den physikalischen Raum auf.

20 Dass dieser Fall nicht auftreten kann, wird später gezeigt.

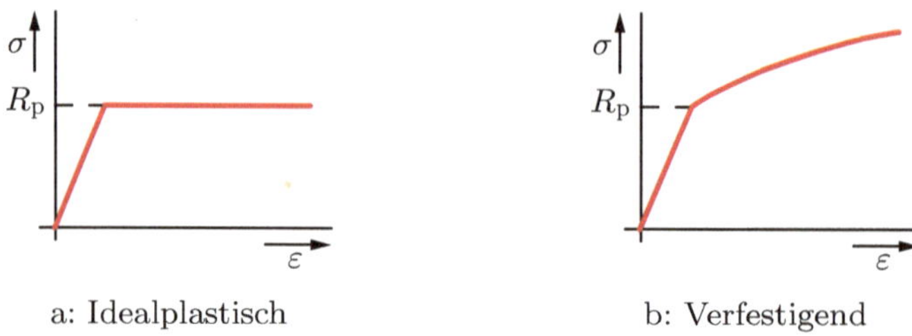

Bild 3.18: Spannungs-Dehnungs-Kurven unterschiedlicher Werkstoffe

sich die Fließfläche während der Belastung so, dass die aufgebrachte Spannung während der plastischen Verformung stets auf der Fließfläche bleibt. Darauf wird in Abschnitt 3.3.5 näher eingegangen.

Die genaue Formulierung der Fließbedingungen hängt im Wesentlichen von der betrachteten Stoffklasse ab. Zunächst werden die beiden am weitesten verbreiteten Fließbedingungen für Metalle vorgestellt. Es folgt eine Betrachtung möglicher Modifikationen für Polymere.

3.3.2 Fließbedingungen für Metalle

Die plastische Verformung von Metallen erfolgt innerhalb eines Korns durch sogenannte Abgleitvorgänge, bei denen Kristallebenen gegeneinander verschoben werden.[21] Das Material wird dabei plastisch geschert. Es sind dabei gleichzeitig mehrere Abgleitungen auf unterschiedlichen Ebenen möglich, so dass insgesamt beliebige plastische Verformungen möglich sind. Entscheidend ist hier die Tatsache, dass die plastische Verformung durch Scherungen stattfindet, die durch Schubspannungen hervorgerufen werden.

Wie in Abschnitt 3.2.2 schon erwähnt, verändert ein Metall sein Volumen bei plastischer Verformung nicht, es ist inkompressibel.[22] Dies ist plausibel, da eine plastische Verformung nur eine Umsortierung der Atome ist, bei der die Atomabstände unverändert bleiben (vgl. Abschnitt 6.2.3).

Versuche haben gezeigt, dass *hydrostatische Spannungen,* bei denen $\sigma_1 = \sigma_2 = \sigma_3$ gilt, nicht zu plastischer Verformung führen. Man nimmt daher an, dass nur die Abweichung des Spannungszustands von einem hydrostatischen Spannungszustand entscheidet, ob ein Material fließt. Im Hauptspannungsraum wird die Fließfläche geometrisch als ein Mantel (beispielsweise Zylinder oder Prisma) um die hydrostatische Raumdiagonale $\sigma_1 = \sigma_2 = \sigma_3$ interpretiert. Variiert man die Position auf der hydrostatischen Achse (Raumdiagonalen), so ändert die Mantelfläche um diese Achse weder Form noch Größe. Mathematisch wird diese Forderung dadurch umgesetzt, dass der hydrostatische Anteil[23]

$$\sigma_{\mathrm{m}} = \frac{1}{3}\sigma_{ii} = \frac{1}{3}(\sigma_{11} + \sigma_{22} + \sigma_{33}) \tag{3.25}$$

---

21 In einigen Punkten wird hier Abschnitt 6.2.4 vorgegriffen. Dieser Abschnitt kann aber auch ohne die dort eingeführten Begriffe verstanden werden.

22 Die Querkontraktionszahl für den plastischen Anteil der Verformung liegt bei $\nu^{(\mathrm{pl})} = 0{,}5$. Die Querkontraktion des elastischen Anteils der Verformung bleibt hiervon aber unberührt, denn die gesamte Querkontraktion setzt sich immer aus der elastischen Querkontraktion und der plastischen Querkontraktion zusammen.

23 Der hydrostatische Spannungsanteil σ_{m} entspricht dem negativen Druck: $-p = \sigma_{\mathrm{m}}$.

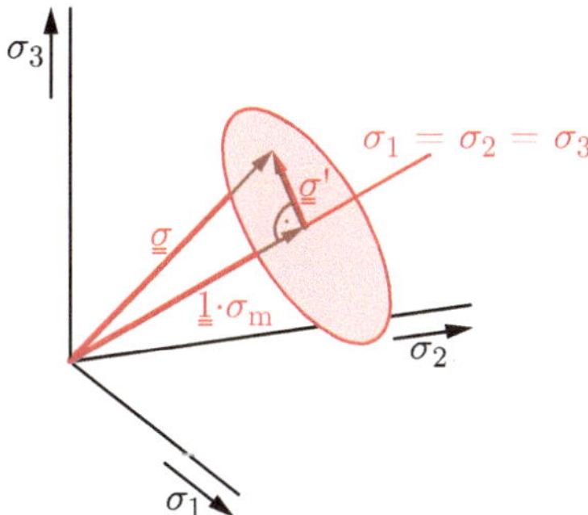

Bild 3.19: Darstellung von Spannungsdeviatoren im Hauptspannungsraum

für die Hauptdiagonalkomponenten von der Spannung abgezogen wird, was auf den sogenannten *Spannungsdeviator*

$$
\begin{pmatrix} \sigma'_{11} & \sigma'_{12} & \sigma'_{13} \\ \sigma'_{21} & \sigma'_{22} & \sigma'_{23} \\ \sigma'_{31} & \sigma'_{32} & \sigma'_{33} \end{pmatrix} = \begin{pmatrix} \sigma_{11} & \sigma_{12} & \sigma_{13} \\ \sigma_{21} & \sigma_{22} & \sigma_{23} \\ \sigma_{31} & \sigma_{32} & \sigma_{33} \end{pmatrix} - \begin{pmatrix} \sigma_{\mathrm{m}} & 0 & 0 \\ 0 & \sigma_{\mathrm{m}} & 0 \\ 0 & 0 & \sigma_{\mathrm{m}} \end{pmatrix}
$$

oder in Indexschreibweise

$$
\sigma'_{ij} = \sigma_{ij} - \delta_{ij}\sigma_{\mathrm{m}} \tag{3.26}
$$

führt.[24] Bild 3.19 zeigt dies exemplarisch. Die Fließbedingung wird nun für den Deviator formuliert.

Für isotrope Materialien darf die Fließfläche nicht von der Raumrichtung der Belastung abhängen. Daher darf die Fließflächenfunktion nur Anteile des Spannungsdeviators enthalten, die sich bei Koordinatentransformationen nicht ändern. Diese Forderung wird durch die Formulierung der Fließbedingung mit Hauptspannungen schon erfüllt, da auch die hydrostatische Spannung σ_{m} koordinateninvariant ist.

Es gibt unterschiedliche Möglichkeiten, Fließbedingungen zu formulieren, die die eingeführten Bedingungen erfüllen. Die beiden wichtigsten werden im Weiteren vorgestellt.

Schubspannungshypothese nach Tresca

Die *Schubspannungshypothese* basiert nicht auf den Überlegungen des vorherigen Abschnitts, erfüllt sie aber. Sie legt fest, dass die höchste im Material vorkommende Schubspannung über den Fließbeginn entscheidet. Die maximal vorkommende Schubspannung lässt sich anhand eines mohrschen Spannungskreises für einen dreiachsigen Spannungszustand graphisch bestimmen, wie in Bild 2.3 auf Seite 36 skizziert. Die größte Hauptspannung wird mit σ_{I}, die mittlere mit σ_{II}, die kleinste mit σ_{III} bezeichnet. Es ergibt sich eine

---

24 δ_{ij} ist das *Kronecker-Delta*, für das $\delta_{ij} = \begin{cases} 1 & \text{für } i = j, \\ 0 & \text{sonst} \end{cases}$ gilt.

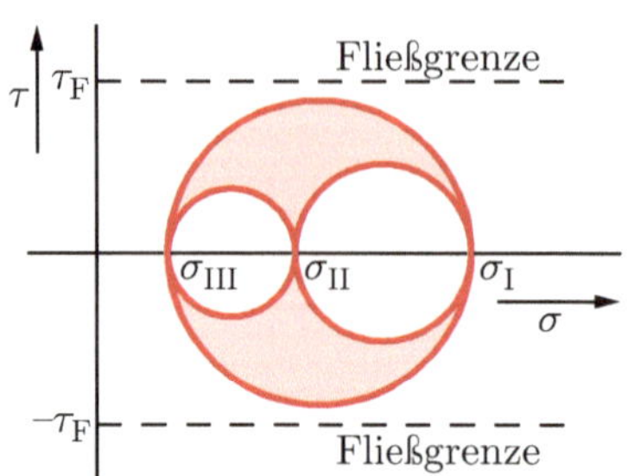
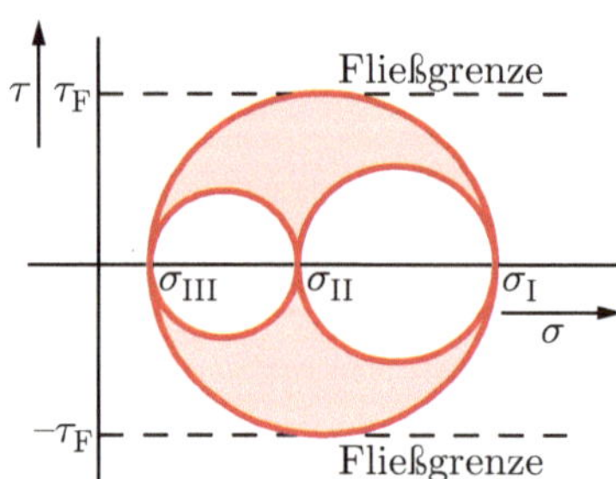

a: Das Material fließt nicht   b: Das Material fließt

Bild 3.20: Fließgrenze im mohrschen Spannungskreis. Ist die durch σ_I und σ_III bestimmte maximale Schubspannung τ_max kleiner als die Fließgrenze τ_F, so tritt kein Fließen auf (a). Erreicht τ_max die Fließgrenze, so wird das Material plastisch (b).

maximale Schubspannung von

$$\tau_\mathrm{max} = \frac{\sigma_\mathrm{I} - \sigma_\mathrm{III}}{2}.$$

Die Größe der mittleren Hauptspannung σ_II wird nicht berücksichtigt.

Erreicht τ_max einen kritischen Wert τ_F, so beginnt das Material zu fließen. Die Fließbedingung lautet somit

$$\frac{\sigma_\mathrm{I} - \sigma_\mathrm{III}}{2} - \tau_\mathrm{F} = 0. \tag{3.27}$$

Der Wert von τ_F lässt sich beispielsweise aus einem Zugversuch bestimmen, bei dem $\sigma_\mathrm{I} = R_\mathrm{p}$ und $\sigma_\mathrm{II} = \sigma_\mathrm{III} = 0$ gilt. Es ergibt sich

$$\tau_\mathrm{F} = \frac{R_\mathrm{p}}{2}.$$

Gleichung (3.27) lässt sich also auch in der Form

$$\sigma_\mathrm{I} - \sigma_\mathrm{III} = R_\mathrm{p} \tag{3.28}$$

schreiben. Der Term $\sigma_\mathrm{I} - \sigma_\mathrm{III}$ bildet die *Vergleichsspannung* $\sigma_\mathrm{V,SH}$, wobei der Index SH für »Schubspannungshypothese« steht. Die Fließgrenze kann auch in den mohrschen Spannungskreis eingezeichnet werden, wie Bild 3.20 zeigt. Sobald der Kreis die Grenze berührt, fließt das Material.

Stellt man, wie am Anfang des Abschnitts 3.3.1 erläutert, die Fließbedingung im Hauptspannungsraum dar, und beschränkt man sich zunächst auf den ebenen Spannungszustand mit $\sigma_3 = 0$, so ergibt sich der im Bild 3.21 a skizzierte Fließflächenverlauf. Die römisch indizierten Hauptspannungen sind hier wiederum der Größe nach sortiert ($\sigma_\mathrm{I} \geq \sigma_\mathrm{II} \geq \sigma_\mathrm{III}$), die arabisch indizierten sind unsortiert. Es ergeben sich entlang der Fließfläche sechs unterschiedliche Abschnitte:

Im Abschnitt ① sind σ_1 und σ_2 positiv, und es gilt: $\sigma_\mathrm{I} = \sigma_1$, $\sigma_\mathrm{II} = \sigma_2$ und $\sigma_\mathrm{III} = 0$. Die Fließbedingung $R_\mathrm{p} = \sigma_\mathrm{I} - \sigma_\mathrm{III}$ führt auf $\sigma_1 = R_\mathrm{p}$. Im Bereich ② ergibt sich $\sigma_\mathrm{I} = \sigma_2$,

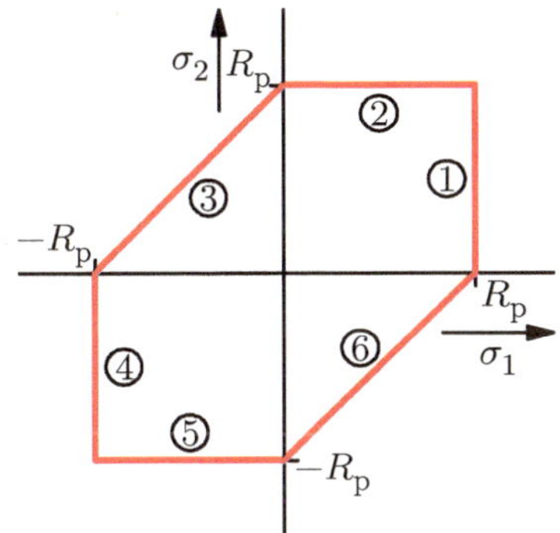

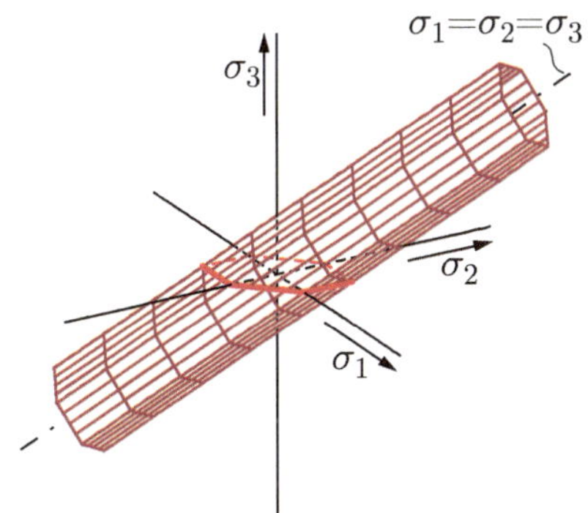

a: Fließfläche für $\sigma_3 = 0$. Die einzelnen Bereiche sind im Text erläutert.

b: Fließfläche für beliebige Spannungszustände im Hauptspannungsraum

Bild 3.21: Fließfläche für die Fließbedingung nach Tresca

$\sigma_{\mathrm{II}} = \sigma_1$ und $\sigma_{\mathrm{III}} = 0$ und somit $\sigma_2 = R_{\mathrm{p}}$. Im Bereich ③ sind $\sigma_2 > 0$ und $\sigma_1 < 0$. Daher ergibt sich $\sigma_{\mathrm{I}} = \sigma_2$, $\sigma_{\mathrm{II}} = 0$ und $\sigma_{\mathrm{III}} = \sigma_1$. Die Fließbedingung führt auf $R_{\mathrm{p}} = \sigma_2 - \sigma_1$ bzw. auf die Geradengleichung $\sigma_2 = \sigma_1 + R_{\mathrm{p}}$. Ähnlich lassen sich die Bereiche ④, ⑤ und ⑥ beschreiben.

Betrachtet man einen allgemeinen, dreiachsigen Spannungszustand, so ergibt sich eine sechseckige Röhre, deren Mittelachse der Raumdiagonalen $\sigma_1 = \sigma_2 = \sigma_3$ entspricht. Die zugehörige Fließfläche ist in Bild 3.21 b skizziert.

Da die Fließbedingung nach Tresca sehr einfach im mohrschen Spannungskreis dargestellt werden kann, wird sie häufig für anschauliche Erklärungen verwendet. Ihre Anwendung bei der Berechnung von plastischen Deformationen, beispielsweise in der Finite-Elemente-Methode, ist jedoch problematisch, weil die Fließfläche an den Ecken nicht stetig differenzierbar ist (siehe Anmerkung auf Seite 97).

Gestaltänderungsenergiehypothese nach von Mises

Die *Fließbedingung nach von Mises* oder auch *Gestaltänderungsenergiehypothese*[25] stellt im Hauptspannungsraum einen Zylinder um die hydrostatische Achse $\sigma_1 = \sigma_2 = \sigma_3$ mit dem Radius

$$R = \sqrt{2}\, k_{\mathrm{F}}$$

dar (vgl. Bild 3.22 b). k_{F} ist dabei die Fließgrenze für die folgende Fließbedingung, die in Hauptachsenform

$$\sqrt{\frac{1}{6}\left[(\sigma_1 - \sigma_2)^2 + (\sigma_2 - \sigma_3)^2 + (\sigma_1 - \sigma_3)^2\right]} = k_{\mathrm{F}} \tag{3.29}$$

---

25 Der Name folgt aus einer der Annahmen bei der Herleitung dieser Fließbedingung, wonach die sogenannte *Gestaltänderungsenergie* (die plastisch dissipierte Energie) bei der plastischen Verformung maximal werden soll. Dies geschieht dadurch, dass sich bei einer vorgegebenen Dehngeschwindigkeit die Spannung so einstellt, dass unter Erfüllung der Fließbedingung die Gestaltänderungsenergie maximal wird. Darauf wird in Abschnitt 3.3.4 noch einmal eingegangen.

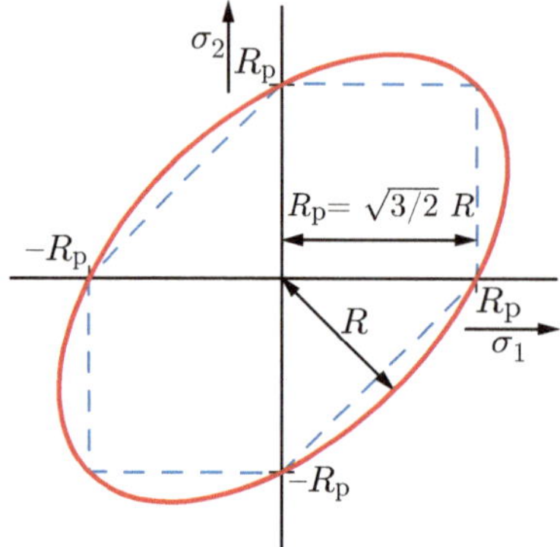

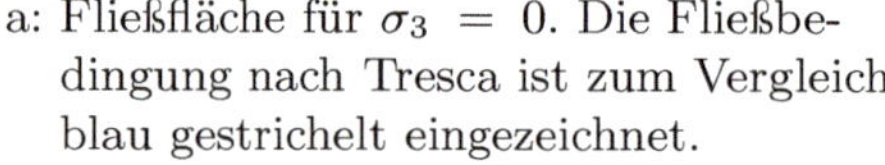

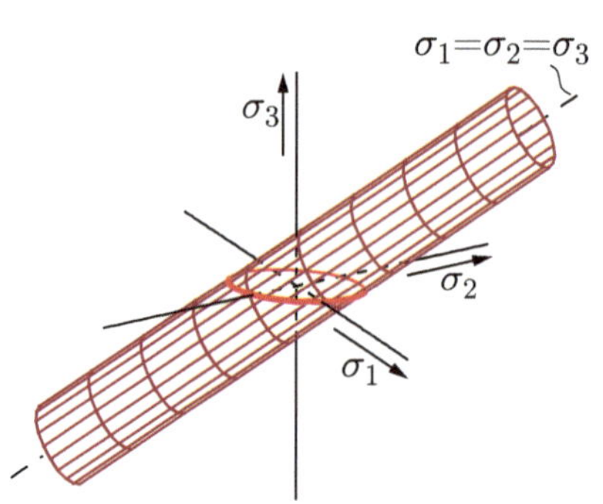

a: Fließfläche für $\sigma_3 = 0$. Die Fließbedingung nach Tresca ist zum Vergleich blau gestrichelt eingezeichnet.

b: Fließfläche für beliebige Spannungszustände im Hauptspannungsraum

Bild 3.22: Fließfläche für die von-misessche Fließbedingung

lautet.[26] Arbeitet man nicht im Hauptachsensystem, so müssen auch die Schubspannungskomponenten berücksichtigt werden. Dann lautet die von-misessche Fließbedingung

$$\sqrt{\frac{1}{6}\left[(\sigma_{11} - \sigma_{22})^2 + (\sigma_{22} - \sigma_{33})^2 + (\sigma_{11} - \sigma_{33})^2\right] + \sigma_{23}^2 + \sigma_{13}^2 + \sigma_{12}^2} = k_{\mathrm{F}}\,. \tag{3.30}$$

Außer den Hauptspannungen hat ein Spannungstensor auch einen anderen Satz aus invarianten Größen, die als die drei *Grundinvarianten* J_1, J_2 und J_3 bezeichnet werden (vgl. Anhang 14.7). Sie sind folgendermaßen definiert:

$$J_1 = \sigma_{ii}\,,$$
$$J_2 = \frac{\sigma_{ii}\sigma_{jj} - \sigma_{ij}\sigma_{ji}}{2}\,,$$
$$J_3 = \det(\sigma_{ij})\,.$$

Nach Gleichung (3.25) entspricht der hydrostatische Anteil $\sigma_{\mathrm{m}} = J_1/3$. Daraus folgt die bereits verwendete Koordinateninvarianz der hydrostatischen Spannung σ_{m}.

Die von-misessche Fließbedingung wird mit den Grundinvarianten für den Spannungsdeviator J_1', J_2' und J_3' formuliert. Mit Gleichung (3.26) folgt

$$J_1' = 0\,,$$
$$J_2' = -\frac{1}{2}\left(\sigma_{ij}'\sigma_{ji}'\right) \tag{3.31}$$
$$= -\frac{1}{6}\left[(\sigma_{11} - \sigma_{22})^2 + (\sigma_{22} - \sigma_{33})^2 + (\sigma_{11} - \sigma_{33})^2\right] - \sigma_{23}^2 - \sigma_{13}^2 - \sigma_{12}^2\,,$$
$$J_3' = \det(\sigma_{ij}')\,.$$

---

26 In den Gleichungen (3.29) und (3.30) werden die Komponenten des Spannungstensors statt denen des Deviators verwendet, da für die Hauptdiagonalelemente nur Differenzen vorkommen und $\sigma_{\underline{ii}}' - \sigma_{\underline{jj}}' = (\sigma_{\underline{ii}} - \sigma_{\mathrm{m}}) - (\sigma_{\underline{jj}} - \sigma_{\mathrm{m}}) = \sigma_{\underline{ii}} - \sigma_{\underline{jj}}$ gilt.

Formuliert man die Fließfläche nur abhängig von ihnen, so ergibt sich $f(J_2', J_3') = 0$.

Die von-misessche Fließbedingung, Gleichung (3.29), ergibt sich, wenn man postuliert, dass die Fließbedingung nur von der zweiten Invarianten J_2' nach Gleichung (3.31) abhängt:

$$f(J_2') = \frac{1}{2}\sigma_{ij}'\sigma_{ji}' - k_{\mathrm{F}}^2 = 0 \, . \tag{3.32}$$

J_2' ist dabei ein Maß für den Abstand von der hydrostatischen Achse im Hauptspannungsraum.

Wendet man Gleichung (3.29) auf einen einachsigen Zugversuch an, so ergibt sich analog zur Herleitung von Gleichung (3.28)

$$k_{\mathrm{F}} = \frac{R_{\mathrm{p}}}{\sqrt{3}} \, .$$

Damit lässt sich die von-misessche Fließbedingung auf

$$\sqrt{\frac{1}{2}\left[(\sigma_1 - \sigma_2)^2 + (\sigma_1 - \sigma_3)^2 + (\sigma_2 - \sigma_3)^2\right]} = R_{\mathrm{p}} \tag{3.33}$$

beziehungsweise

$$\sqrt{\frac{1}{2}\left[(\sigma_{11} - \sigma_{22})^2 + (\sigma_{22} - \sigma_{33})^2 + (\sigma_{11} - \sigma_{33})^2\right] + 3\left(\sigma_{23}^2 + \sigma_{13}^2 + \sigma_{12}^2\right)} = R_{\mathrm{p}} \tag{3.34}$$

umschreiben. Die Wurzelterme der Gleichungen (3.33) und (3.34) werden als *Vergleichsspannung* $\sigma_{\mathrm{V,GEH}}$ für die Gestaltänderungsenergiehypothese oder als *von-Mises-Spannung* bezeichnet. Bild 3.22 a zeigt die von-misessche Fließbedingung für einen ebenen Spannungszustand im Vergleich mit der trescaschen Fließbedingung, sofern beide im Zugversuch bestimmt wurden. Der Unterschied zwischen beiden beträgt maximal 15,5 %.

Es ist auch möglich, die beiden Fließbedingungen so zu normieren, dass sie für einen Scherversuch, bei dem $\sigma_2 = -\sigma_1$ gilt, übereinstimmen. Dann ist die von-Mises-Ellipse vollständig innerhalb des trescaschen Fließkriteriums und berührt dieses an den sechs linearen Bereichen.

Es ist nicht möglich, die beiden vorgestellten Fließbedingungen theoretisch zu beweisen. Das ist offensichtlich, da sie nur kontinuumsmechanische Näherungen an die nicht kontinuierliche Wirklichkeit darstellen. Versuche zeigen jedoch, dass beide – insbesondere die von-misessche Fließbedingung – das reale Werkstoffverhalten gut beschreiben.

3.3.3 Fließbedingungen für Polymere

Im Gegensatz zu den Metallen findet man bei Polymeren eine unterschiedliche Zug- und Druckdehngrenze. Häufig liegt die Dehngrenze im einachsigen Druckversuch um 20 % bis 30 % über derjenigen im Zugversuch (siehe dazu Abschnitt 8.4). Um die von-misessche Fließbedingung dennoch einsetzen zu können, werden ihr Terme angefügt, die von der hydrostatischen Spannung abhängen, so dass sich eine *modifizierte Gestaltänderungsenergiehypothese* ergibt. Zwei mögliche Ansätze werden hier vorgestellt.

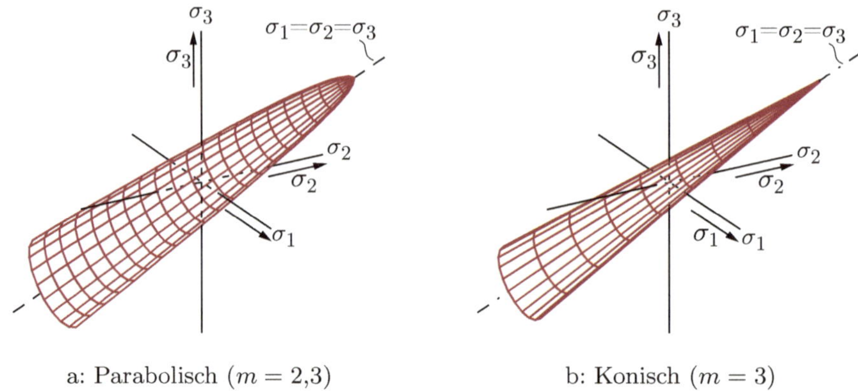

a: Parabolisch ($m = 2{,}3$)   b: Konisch ($m = 3$)

Bild 3.23: Modifizierte Fließkriterien für Polymere

Bei der *parabolischen Fließbedingung* wird die Fließfläche als Paraboloid um die hydrostatische Achse gelegt (Bild 3.23 a). Ihr Radius besitzt folgende Abhängigkeit von der hydrostatischen Spannung σ_m:

$$R(\sigma_\mathrm{m}) = \sqrt{\frac{2m}{3} R_\mathrm{p}^2 - 2(m-1)\sigma_\mathrm{m}\, R_\mathrm{p}}\,, \tag{3.35}$$

wobei m ein Maß für den Unterschied des Materialverhaltens im Zug- und im Druckbereich darstellt:

$$m = \frac{\sigma_\mathrm{d}}{R_\mathrm{p}} \tag{3.36}$$

mit den Dehngrenzen im einachsigen Druck- bzw. Zugversuch σ_d und R_p. Ergibt sich in dieser Formel ein negativer Ausdruck unter der Wurzel, so ist der Radius gleich Null zu setzen; das Material fließt also plastisch.

Setzt man den mittelspannungsabhängigen Radius der Fließfläche, $R(\sigma_\mathrm{m})$, in Gleichung (3.29) ein, so erhält man für ein Hauptachsensystem die *parabolisch modifizierte Gestaltänderungsenergiehypothese* [47]

$$\sigma_{\mathrm{V,pGEH}} = \frac{m-1}{2m}(\sigma_1 + \sigma_2 + \sigma_3) \tag{3.37}$$
$$+ \sqrt{\left[\frac{m-1}{2m}(\sigma_1 + \sigma_2 + \sigma_3)\right]^2 + \frac{1}{2m}\left[(\sigma_1 - \sigma_2)^2 + (\sigma_1 - \sigma_3)^2 + (\sigma_2 - \sigma_3)^2\right]}\,.$$

Dabei wird als Fließkriterium $\sigma_{\mathrm{V,pGEH}} = R_\mathrm{p}$ sowohl für Zug- als auch für Druckbelastungen verwendet.[27]

---

27 Setzt man beispielsweise für einen reinen Druckversuch $\sigma_1 = -\sigma_\mathrm{d}$, $\sigma_2 = \sigma_3 = 0$ und die Definition von m ein, so ergibt sich nach einiger Rechnung $\sigma_{\mathrm{V,pGEH}} = R_\mathrm{p}$. Bei der Rechnung ist zu beachten, dass der Wurzelausdruck in Gleichung (3.37) immer positiv ist. Für $\sigma < 0$ gilt somit $\sqrt{\sigma^2} = |\sigma| = -\sigma$.

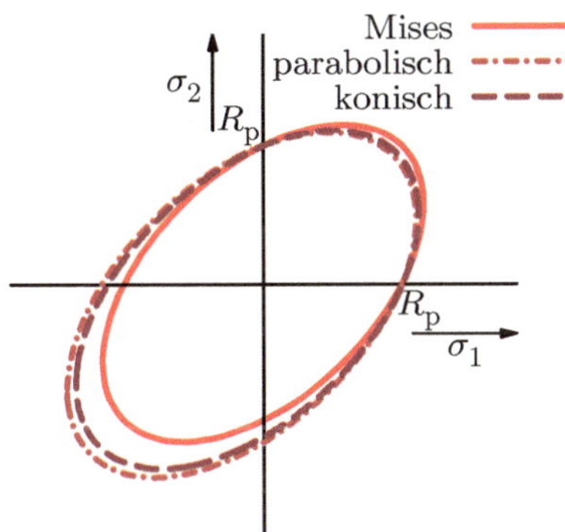

Bild 3.24: Gestaltänderungsenergiehypothesen für Polymere im ebenen Spannungszustand. Die Kurven sind für gleiche R_p angegeben.

Ein anderer Ansatz besteht darin, einen Kegel als Fließfläche zu verwenden (siehe Bild 3.23 b). Für den Radius der *konischen Fließbedingung* gilt

$$R(\sigma_\mathrm{m}) = \sqrt{\frac{2}{3}} \, \frac{1}{m+1} \left[2mR_\mathrm{p} - 3(m-1)\sigma_\mathrm{m} \right] . \tag{3.38}$$

Für die *konisch modifizierte Gestaltänderungsenergiehypothese* in Hauptachsenform gilt somit

$$\sigma_{\mathrm{V,kGEH}} = \frac{1}{2m} \Bigg[(m-1)(\sigma_1 + \sigma_2 + \sigma_3) \\ + (m+1)\sqrt{\frac{1}{2}\left[(\sigma_1 - \sigma_2)^2 + (\sigma_1 - \sigma_3)^2 + (\sigma_2 - \sigma_3)^2 \right]} \Bigg] \tag{3.39}$$

mit m aus Gleichung (3.36) und der Fließbedingung $\sigma_{\mathrm{V,kGEH}} = R_\mathrm{p}$ (nach [47]). Auch hier gilt, dass ein negativer Ausdruck unter der Wurzel bedeutet, dass der Radius gleich Null ist und das Material plastisch fließt.

In Bild 3.24 werden für den ebenen Spannungszustand die Verläufe der verschiedenen Fließkriterien verglichen. Es ist zu erkennen, dass die modifizierten Fließbedingungen für $m > 1$ eine größere Druck- als Zugfestigkeit widerspiegeln.

3.3.4 Fließgesetze

Wie in den vorangegangenen Abschnitten beschrieben, kann mit Hilfe der *Fließbedingungen* bestimmt werden, bei welcher Belastung ein Werkstoff plastisches Verhalten zeigt. Darüber, auf welche Weise die plastische Verformung stattfindet, geben sie keine Auskunft. Das plastische Verhalten selbst wird durch *Fließgesetze* oder *-regeln* beschrieben. An dieser Stelle wird nur kurz auf sie eingegangen. Für ein weitergehendes Studium seien kontinuumsmechanische Werke wie zum Beispiel *Becker / Bürger* [17], *Hill* [67], *Kaliszky* [82] oder *Reckling* [126] empfohlen.

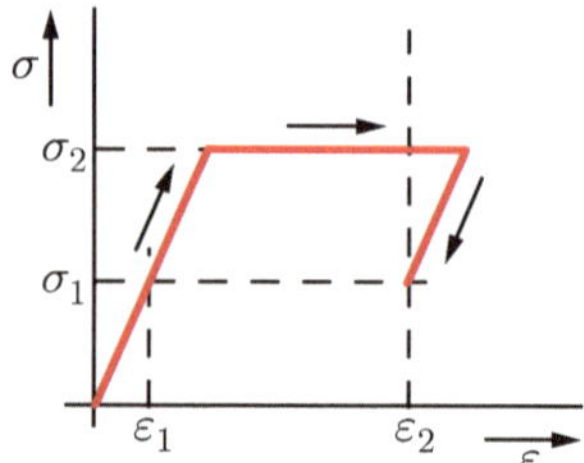

Bild 3.25: Veranschaulichung der Tatsache, dass im plastischen Bereich kein eindeutiger Zusammenhang zwischen Dehnungen und Spannungen besteht, am Beispiel eines idealplastischen Werkstoffs. Bei der gleichen Last σ_1 treten nach unterschiedlichen Belastungsgeschichten verschiedene Dehnungen auf (ε_1 bzw. ε_2). Ebenso kann je nach Belastungsgeschichte für die gleiche Dehnung ε_2 die Spannung unterschiedlich sein (σ_1 bzw. σ_2).

Sobald plastische Verformungen eingetreten sind, herrscht kein eindeutiger Zusammenhang zwischen Spannungen und Dehnungen mehr. Beispielsweise führt ein Zugversuch, bei dem man über die Dehngrenze hinaus belastet und wieder entlastet, zu zwei möglichen Dehnungen für jede betrachtete Spannung (Bild 3.25). Die vorhandene Dehnung (z. B. ε_1 und ε_2 für σ_1 in Bild 3.25) hängt davon ab, ob vor dem Erreichen der Spannung σ schon eine Belastung über diese Spannung hinaus stattgefunden hat. Ebenso können zwei unterschiedliche Spannungen (im Bild σ_1 oder σ_2) zu der gleichen Dehnung (im Bild ε_2) führen. Es kann demnach keine eindeutige Funktion zwischen der Spannung und der Dehnung aufgestellt werden. Der aktuelle Zustand hängt bei plastischen Verformungen von der Verformungsgeschichte ab.

Wohl aber kann die notwendige Spannung $\underline{\underline{\sigma}}$ angegeben werden, um ein *plastisches Dehnungsinkrement* $\mathrm{d}\underline{\underline{\varepsilon}}^{(\mathrm{pl})}$ aufzubringen,[28] da dabei die Fließbedingung erfüllt werden muss. Diese Formulierung der Form

$$\mathrm{d}\underline{\underline{\varepsilon}}^{(\mathrm{pl})} = \mathrm{d}\underline{\underline{\varepsilon}}^{(\mathrm{pl})}(\underline{\underline{\sigma}})$$

wird als *inkrementelle Formulierung* bezeichnet. Häufig werden die differentiellen Änderungen durch die inkrementelle Zeit $\mathrm{d}t$ geteilt, in der sie eingebracht werden. Dadurch ergibt sich eine *Ratenformulierung* der Form

$$\underline{\underline{\dot{\varepsilon}}}^{(\mathrm{pl})} = \underline{\underline{\dot{\varepsilon}}}^{(\mathrm{pl})}(\underline{\underline{\sigma}})$$

mit der *plastischen Formänderungsgeschwindigkeit* $\underline{\underline{\dot{\varepsilon}}}^{(\mathrm{pl})}$.[29] Es hat sich bewährt, (plasti-

---

28 Hier wird auch für plastische Verformungen $\underline{\underline{\varepsilon}}$ statt eines Maßes für große Deformationen, z. B. $\underline{\underline{G}}$, verwendet. Der Grund dafür ist, dass die verwendeten Dehnungsinkremente $\mathrm{d}\underline{\underline{\varepsilon}}$ immer klein sind, so dass in der inkrementellen Darstellung kein Fehler gemacht wird, solange $\mathrm{d}\underline{\underline{\varepsilon}}$ stets für den aktuellen Zustand berechnet wird. Beim Berechnen der Gesamtdeformation aus diesen Inkrementen muss hingegen wieder ein Dehnungsmaß für große Deformationen wie $\underline{\underline{G}}$ verwendet werden. Dabei ist es erforderlich, den Anteil der Starrkörperrotation korrekt zu berücksichtigen, was nicht unproblematisch ist [69, 73].

29 Dadurch wird in die Gleichung keine Abhängigkeit der Werkstoffeigenschaften von der Verformungsrate eingebracht.

sche) Dehnungsinkremente vorzugeben und die dazu notwendigen Spannungen zu berechnen, da dadurch gewährleistet ist, dass die Rechnungen stabil verlaufen und eindeutige Ergebnisse erzielen. Beispielsweise kann bei einem idealplastischen Werkstoff (vgl. Bild 3.25) die Spannung eindeutig dem Dehnungsinkrement zugeordnet werden, was andersherum nicht der Fall ist. Die Vorgabe einer Dehnung bei Ermittlung der dazu notwendigen Spannung aus Stabilitätsgründen wurde auch schon bei Zugversuchen (Abschnitt 3.2) vorgestellt.

Ein gängiges Fließgesetz in Ratenformulierung lautet

$$\dot{\varepsilon}_{ij}^{(\mathrm{pl})} = \dot{\lambda}\sigma_{ij}' \, . \tag{3.40}$$

Der Proportionalitätsfaktor $\dot{\lambda}$ stellt sich bei vorgegebener plastischer Formänderungsgeschwindigkeit $\dot{\varepsilon}_{ij}^{(\mathrm{pl})}$ stets so ein, dass der Spannungsdeviator σ_{ij}' im Falle plastischer Verformung die Fließfläche nicht verlässt.

Um Gleichung (3.40) herzuleiten, betrachtet man die bei plastischer Verformung in Wärme umgesetzte Leistung $\dot{w}^{(\mathrm{pl})}$, also die auf die Zeit bezogene *plastische Energiedissipation*. Diese ist gegeben durch $\dot{w}^{(\mathrm{pl})} = \sigma_{ij}\,\dot{\varepsilon}_{ij}^{(\mathrm{pl})}$ und muss, wenn das System bei der plastischen Verformung Energie dissipiert, größer als Null sein, eine Forderung, die als *druckersches Postulat* bezeichnet wird. Gleichung (3.40) lässt sich herleiten, wenn man fordert, dass die plastische Energiedissipation für gegebenes $\dot{\varepsilon}_{ij}^{(\mathrm{pl})}$ maximal wird [107]:

$$\dot{w}^{(\mathrm{pl})} = \sigma_{ij}\,\dot{\varepsilon}_{ij}^{(\mathrm{pl})} = \underline{\underline{\sigma}} \cdot\cdot\, \underline{\underline{\dot{\varepsilon}}}^{(\mathrm{pl})} = \max .$$

Für diese Forderung existiert keine strenge theoretische Begründung, wohl aber gibt es thermodynamische Argumente und eine Bestätigung durch Experimente.

Berücksichtigt man die Volumenkonstanz der plastischen Deformation, folgt daraus

$$\dot{w}^{(\mathrm{pl})} = \sigma_{ij}'\,\dot{\varepsilon}_{ij}^{(\mathrm{pl})} = \underline{\underline{\sigma}}' \cdot\cdot\, \underline{\underline{\dot{\varepsilon}}}^{(\mathrm{pl})} = \max . \tag{3.41}$$

Betrachtet man nun eine beliebige Fließfläche $f(\sigma_{ij}) = 0$ und gibt eine plastische Formänderungsgeschwindigkeit (in voigtscher Schreibweise) $\underline{\dot{\varepsilon}}^{(\mathrm{pl})}$ vor, so ist Gleichung (3.41) dann erfüllt, wenn die Projektion von $\underline{\sigma}'$ auf $\underline{\dot{\varepsilon}}^{(\mathrm{pl})}$ maximal wird. Dies ist in Bild 3.26 skizziert. Um bei vorgegebenem $\underline{\dot{\varepsilon}}^{(\mathrm{pl})}$ eine maximale Formänderungsleistung zu erreichen, muss eine äußere Spannung mit Spannungsdeviator $\underline{\sigma}_2'$ angelegt werden. Beispielsweise führt $\underline{\sigma}_1'$ zu einer geringeren Leistung nach Gleichung (3.41). Wenn die Fließfläche stetig differenzierbar ist, ist die Position, an der die Leistung maximal wird, dadurch gekennzeichnet, dass der Gradient der Fließflächenfunktion $\operatorname{grad} f = \partial f/\partial\sigma_{ij}'$, der senkrecht auf der Fließfläche steht, parallel zu $\dot{\varepsilon}_{ij}^{(\mathrm{pl})}$ ist. Es folgt das Fließgesetz

$$\dot{\varepsilon}_{ij}^{(\mathrm{pl})} = \dot{\lambda}\frac{\partial f}{\partial\sigma_{ij}'} \, . \tag{3.42}$$

Dabei ist $\dot{\lambda}$ ein Proportionalitätsfaktor.

Außerdem muss, wie bereits erwähnt, der Zusammenhang zwischen Spannungen und plastischen Formänderungsgeschwindigkeiten eindeutig sein. Daraus folgt die Bedingung, dass die Fließfläche *streng konvex*[30] und stetig differenzierbar sein muss, um ein Fließgesetz formulieren zu können. Da die trescasche Fließfläche nicht stetig differenzierbar ist (an den

---

30 Eine (einfach) konvexe Fläche darf ebene Bereiche enthalten, in denen der Normalenvektor konstant ist. Wenn keine ebenen Bereiche vorhanden sind und die Fläche überall (und ohne Wendestelle) gekrümmt ist, ist sie *streng konvex*.

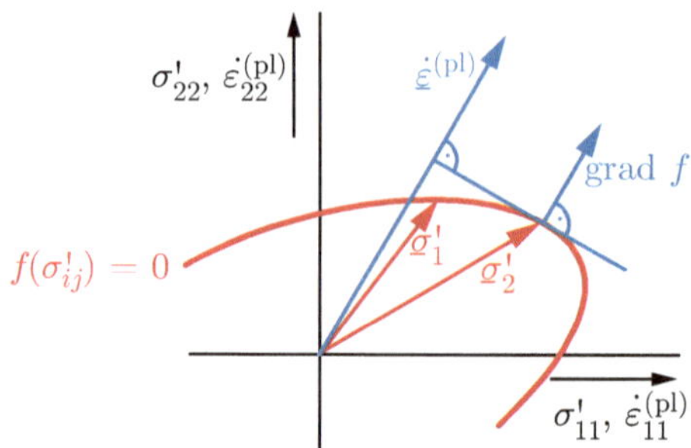

Bild 3.26: Veranschaulichung der Forderung, dass die plastische Formänderungsleistung maximal werden muss. Bei einer vorgegebenen plastischen Formänderungsgeschwindigkeit $\dot{\underline{\varepsilon}}^{(\mathrm{pl})}$ ist die plastische Formänderungsleistung $\dot{w}^{(\mathrm{pl})} = \underline{\sigma}' \cdot\cdot \dot{\underline{\varepsilon}}^{(\mathrm{pl})}$ dann maximal, wenn die Projektion von $\underline{\sigma}'$ auf $\dot{\underline{\varepsilon}}^{(\mathrm{pl})}$ maximal ist. Dies ist bei $\underline{\sigma}_2'$ der Fall. Beispielsweise ergäbe $\underline{\sigma}_1'$ ein kleineres $\dot{w}^{(\mathrm{pl})}$. Für die Spannung mit der maximalen plastischen Leistung $\underline{\sigma}_2'$ ist der Gradient der Fließflächenfunktion grad f, der senkrecht auf der Fließfläche steht, parallel zur plastischen Dehnrate $\dot{\underline{\varepsilon}}^{(\mathrm{pl})}$.

Kanten der Fließfläche ist keine eindeutige Normale definiert) und an den Flächen für ein $\dot{\varepsilon}_{ij}^{(\mathrm{pl})}$ unterschiedliche Spannungszustände Gleichung (3.42) erfüllen, ist es nicht möglich, mit der Fließbedingung von Tresca ein Fließgesetz zu entwickeln.

Für die von-misessche Fließflächenfunktion gilt Gleichung (3.32),

$$f(\sigma_{kl}') = \frac{1}{2}\sigma_{kl}'\sigma_{lk}' - k_{\mathrm{F}}^2$$

und somit

$$\frac{\partial f}{\partial \sigma_{ij}'} = \frac{1}{2}\left(\frac{\partial \sigma_{kl}'}{\partial \sigma_{ij}'}\sigma_{lk}' + \sigma_{kl}'\frac{\partial \sigma_{lk}'}{\partial \sigma_{ij}'} \right).$$

Für die partiellen Ableitungen gilt

$$\frac{\partial \sigma_{kl}'}{\partial \sigma_{ij}'} = \begin{cases} 1 & \text{für } k = i,\, l = j \\ 0 & \text{sonst} \end{cases} = \delta_{ki}\delta_{lj}.$$

Damit vereinfacht sich obige Gleichung zu

$$\frac{\partial f}{\partial \sigma_{ij}'} = \frac{1}{2}\left(\sigma_{ji}' + \sigma_{ij}' \right) = \sigma_{ij}'.$$

Setzt man dies in Gleichung (3.42) ein, so folgt für die von-misessche Fließbedingung das Fließgesetz (3.40).

Die Konsistenz dieser Gleichung kann anhand der Forderung, dass plastische Verformungen volumenkonstant sind, überprüft werden. Dies ist einfach. Da $\dot{\lambda}$ ein Skalar ist und die Spur des Spannungsdeviators σ_{ii}' verschwindet, gilt auch $\operatorname{tr}\dot{\underline{\varepsilon}} = \dot{\varepsilon}_{ii} = 0$. Die zeitliche Volumenänderung ist somit null.

Fließgesetze stellen wie gesagt ein Instrument dar, um aus einer vorgegebenen Formänderungsgeschwindigkeit die dazu notwendige Spannung zu bestimmen. Aus ihnen lässt

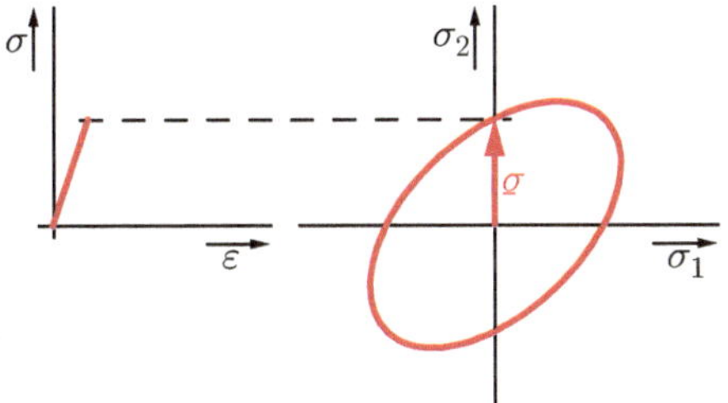

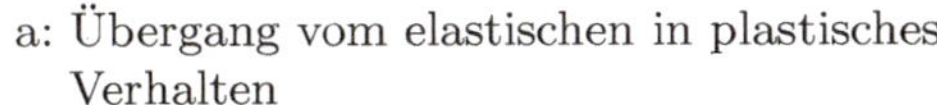

a: Übergang vom elastischen in plastisches Verhalten

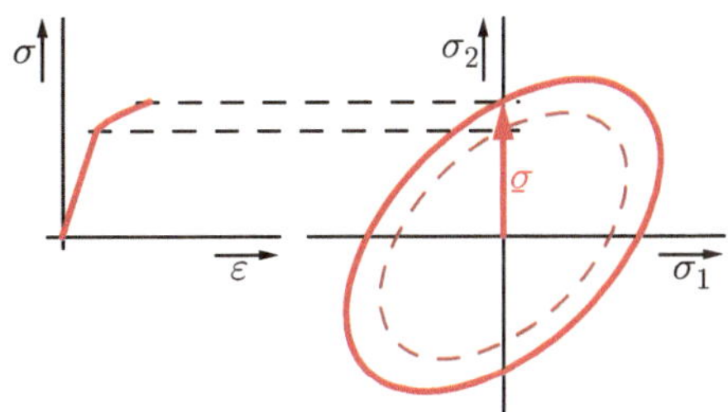

b: Plastisches Verhalten, die Fließfläche wächst mit.

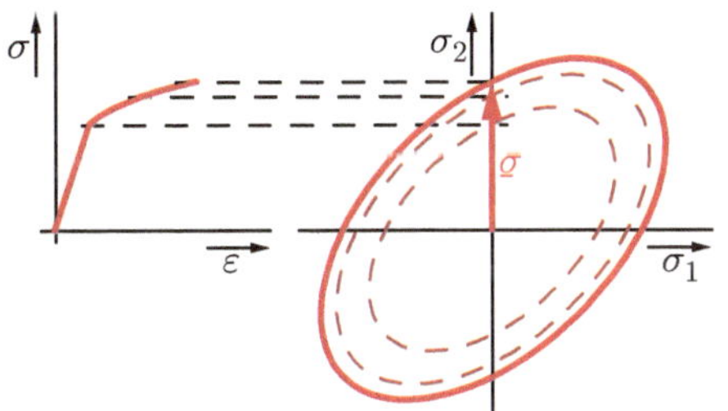

c: Plastisches Verhalten, die Fließfläche wächst weiter mit.

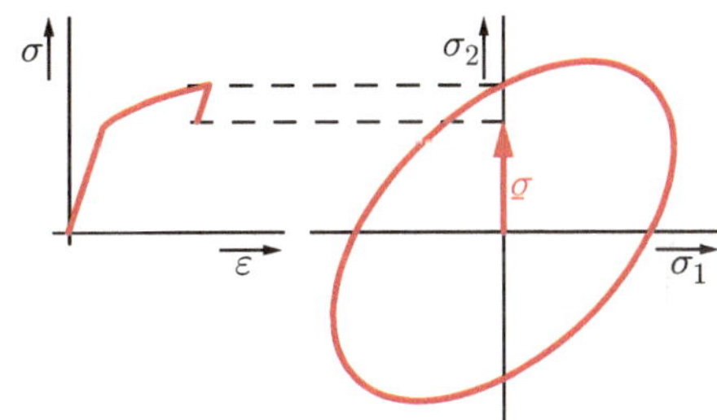

d: Bei Entlastung sofort wieder elastisches Verhalten, die Fließfläche bleibt unverändert.

Bild 3.27: Veranschaulichung der Verfestigung anhand einer Spannungs-Dehnungs-Kurve. Angenommen wurde die sogenannte isotrope Verfestigung, die im Text erläutert wird.

sich jedoch *nicht* bestimmen, wie sich die Fließfläche durch Verfestigung verändert (vgl. Abschnitt 3.3.1). Dies ist Aufgabe der Verfestigungsgesetze, die im folgenden Abschnitt erläutert werden.

3.3.5 Verfestigungsgesetze

Sieht man sich die Spannungs-Dehnungs-Kurve eines Zugversuchs an, so erkennt man, dass die Spannung nach dem Fließbeginn (Erreichen von R_p) sehr wohl scheinbar über die durch die Fließfläche festgelegte Fließgrenze hinaus ansteigt, was aber in Abschnitt 3.3.1 ausgeschlossen wurde. Das ist damit zu erklären, dass sich die Fließfläche während der plastischen Verformung verändert.

Dass die Spannung die Fließfläche nicht überschreiten kann und dass diese stattdessen mitwächst, ist auch deshalb plausibel, da der Werkstoff bei einer Entlastung nach einer plastischen Verformung sofort wieder elastisch wird. Der Spannungszustand muss sich also wieder innerhalb der Fließfläche befinden. Diese Tatsache wird in Bild 3.27 verdeutlicht. Bis zum Erreichen der Fließgrenze bleibt die Fließfläche konstant (Bild 3.27 a). Bei der dann aufgebrachten plastischen Verformung mit der damit verbundenen Verfestigung wächst die Fließfläche entsprechend der momentanen Fließspannung mit (Bilder 3.27 b und 3.27 c). Wird anschließend entlastet, verhält sich der Werkstoff sofort wieder elastisch, so dass die Steigung der Spannungs-Dehnungs-Kurve dem Elastizitätsmodul entspricht. Die Fließfläche bleibt dann unverändert (Bild 3.27 d).

Die Fließfläche kann sowohl Form, Größe als auch Position im Spannungsraum verändern. Mathematisch wird diese Tatsache dadurch berücksichtigt, dass die Fließbedingung (3.23) zusätzliche Terme erhält, die die Veränderung der Fließfläche beschreiben (die veränderliche Fließflächenfunktion wird mit g bezeichnet) [126]:

$$g(\sigma_{ij}, \varepsilon_{ij}^{(\mathrm{pl})}, k_l) = 0\,. \tag{3.43}$$

Dabei sind $\varepsilon_{ij}^{(\mathrm{pl})}$ die aktuelle plastische Verformung und k_l ein Satz an *Verfestigungsparametern*, die von der Verformungsgeschichte, aber beispielsweise auch von der Dehngeschwindigkeit und der Temperatur abhängen können. Wie bei der ursprünglichen Fließflächenfunktion ist der Werkstoff innerhalb der durch g beschriebenen Fläche, also für $g < 0$, elastisch.

Um die Verfestigung zu berücksichtigen, muss ein einfaches Maß gefunden werden, das die Verformungsgeschichte des Materials beschreibt. Dieses Maß muss bei plastischer Verformung stets zunehmen, unabhängig von der Verformungsrichtung, da im Allgemeinen jede plastische Verformung zu einer Verfestigung führt. Ein solches Maß ist die sogenannte *plastische Vergleichsdehnung* $\varepsilon_{\mathrm{V}}^{(\mathrm{pl})}$. Um sie zu berechnen, definiert man zunächst die *plastischen Vergleichsdehnrate* $\dot{\varepsilon}_{\mathrm{V}}^{(\mathrm{pl})}$ analog zur Fließbedingung nach von Mises:[31]

$$\dot{\varepsilon}_{\mathrm{V}}^{(\mathrm{pl})} = \sqrt{\frac{2}{9}\left[\left(\dot{\varepsilon}_1^{(\mathrm{pl})} - \dot{\varepsilon}_2^{(\mathrm{pl})}\right)^2 + \left(\dot{\varepsilon}_1^{(\mathrm{pl})} - \dot{\varepsilon}_3^{(\mathrm{pl})}\right)^2 + \left(\dot{\varepsilon}_2^{(\mathrm{pl})} - \dot{\varepsilon}_3^{(\mathrm{pl})}\right)^2\right]} \tag{3.44}$$

Da die so definierte plastische Vergleichsdehnrate für beliebige plastische Dehngeschwindigkeiten positiv ist, berücksichtigt die plastische Vergleichsdehnung jede plastische Verformung unabhängig von der Verformungsrichtung positiv.

Die plastische Vergleichsdehnung $\varepsilon_{\mathrm{V}}^{(\mathrm{pl})}$ ergibt sich aus der plastischen Vergleichsdehnrate $\dot{\varepsilon}_{\mathrm{V}}^{(\mathrm{pl})}$ durch Integration:

$$\varepsilon_{\mathrm{V}}^{(\mathrm{pl})} = \int \dot{\varepsilon}_{\mathrm{V}}^{(\mathrm{pl})}\mathrm{d}t\,. \tag{3.45}$$

Im Fall einer einachsigen monotonen Verformung ist $\varepsilon_{\mathrm{V}}^{(\mathrm{pl})} = \varepsilon^{(\mathrm{pl})}$.

Die Verfestigungsparameter k_l in Gleichung (3.43) hängen dann von der plastischen Vergleichsdehnung ab:

$$g\big(\sigma_{ij}, \varepsilon_{ij}^{(\mathrm{pl})} = 0, k_l(\varepsilon_{\mathrm{V}}^{(\mathrm{pl})})\big) = f(\sigma_{ij})\,.$$

Im Folgenden werden der Fall, dass keine Verfestigung eintritt, sowie die beiden Extremfälle des Verfestigungsverhaltens, *isotrope Verfestigung* und *kinematische Verfestigung*, näher betrachtet. Die meisten Materialien verfestigen mit isotropen und kinematischen Anteilen.

---

31 Eine Definition entsprechend der von-misesschen Fließbedingung erscheint sinnvoll, da auch bei den plastischen Dehnungen die Spur verschwindet. $\mathrm{tr}\,\underline{\varepsilon}^{(\mathrm{pl})} = 0$.

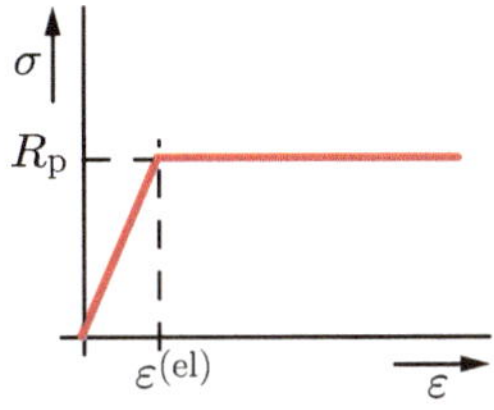

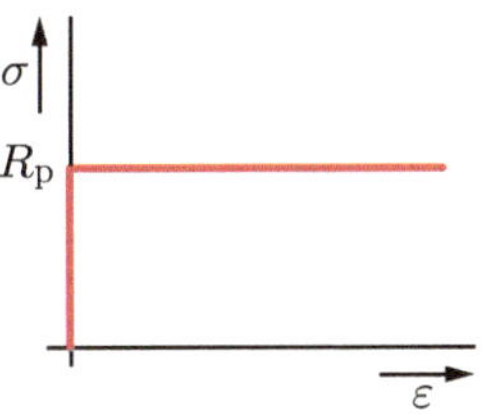

a: Elastisch-idealplastisch   b: Starr-idealplastisch

Bild 3.28: Spannungs-Dehnungs-Kurven idealplastischer Werkstoffe

Keine Verfestigung

Ein *idealplastischer* Werkstoff verfestigt bei plastischer Verformung nicht, so dass die Fließfläche, Gleichung (3.23), konstant bleibt. Daraus folgt, dass die Fließbedingung unverändert bleibt:

$$g(\sigma_{ij}) = f(\sigma_{ij}) = 0\,. \tag{3.46}$$

Ein entsprechendes Spannungs-Dehnungs-Diagramm ist in Bild 3.28 a dargestellt.

In der Realität gibt es keinen idealplastischen Werkstoff. Bei einem Zugversuch würde bei einem solchen sofort nach Eintreten der plastischen Verformung eine Einschnürung auftreten, da die Stabilitätsbedingung nach Abschnitt 3.2.3 sofort verletzt würde (für einen idealplastischen Werkstoff gilt $\sigma = R_\mathrm{p}\varphi^0$ und somit $\varphi_{\mathrm{Gl}} = 0$). Dennoch sind idealplastische Werkstoffmodelle gerade in der Umformtechnik sehr verbreitet, da sie einfach sind und häufig analytische Lösungen mit Hilfe der sogenannten *Gleitlinientheorie* [67] erlauben. Wird angenommen, dass der Werkstoff sich elastisch verformen kann, so wird er als *elastisch-idealplastisch* bezeichnet (Bild 3.28 a). Da bei großen plastischen Deformationen der elastische Anteil klein ist, wird dieser häufig ignoriert und der Werkstoff *starr-idealplastisch* angenommen (Bild 3.28 b).

Isotrope Verfestigung

Bei der *isotropen Verfestigung* wächst die Fließfläche symmetrisch um den Ursprung, wie in Bild 3.29 a skizziert. Mathematisch fällt in Gleichung (3.43) somit der Anteil $\varepsilon_{ij}^{(\mathrm{pl})}$ weg, so dass

$$g\big(\sigma_1, \sigma_2, \sigma_3, k_l(\varepsilon_\mathrm{V}^{(\mathrm{pl})})\big) = 0 \tag{3.47}$$

folgt. Für ein Material, dessen Fließbeginn durch die von-misessche Fließbedingung beschrieben wird, ergibt sich mit der veränderlichen Fließspannung $\sigma_\mathrm{F}(\varepsilon_\mathrm{V}^{(\mathrm{pl})})$ die Fließbedingung mit Verfestigung

$$\sqrt{\frac{1}{2}\Big[(\sigma_1 - \sigma_2)^2 + (\sigma_1 - \sigma_3)^2 + (\sigma_2 - \sigma_3)^2\Big]} = \sigma_\mathrm{F}(\varepsilon_\mathrm{V}^{(\mathrm{pl})}) \tag{3.48}$$

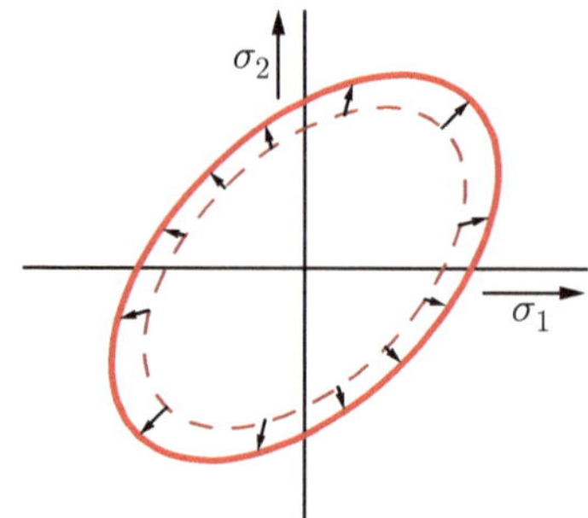

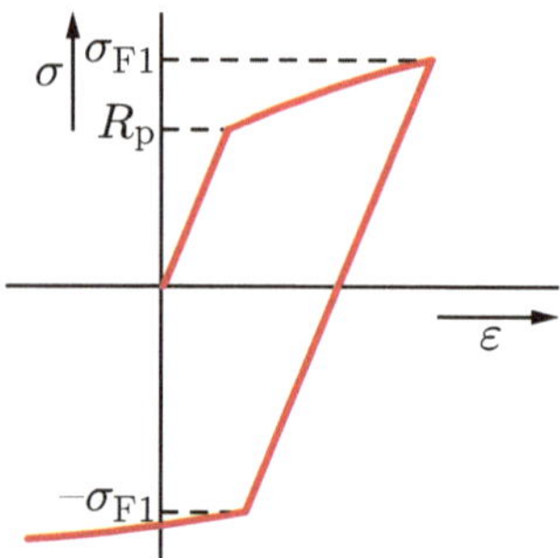

a: Entwicklung der Fließfläche bei isotro-
per Verfestigung

b: Spannungs-Dehnungs-Diagramm mit
Lastumkehr für einen isotrop verfestigenden Werkstoff

Bild 3.29: Isotrope Verfestigung

mit der Anfangsbedingung

$$\sigma_{\mathrm{F}}(\varepsilon_{\mathrm{V}}^{(\mathrm{pl})} = 0) = R_{\mathrm{p}}\,. \tag{3.49}$$

Wie stark sich die Fließfläche mit zunehmender plastischer Vergleichsdehnung verändert, wurde bisher nicht festgelegt. Dies wird durch das im Folgenden beschriebene *Verfestigungsgesetz* festgelegt.

Ein sehr einfaches isotropes Verfestigungsgesetz ist die sogenannte *lineare Verfestigung*, bei der die Dehngrenze linear mit der plastischen Verformung steigt [67]. In Ratenformulierung lautet es

$$\dot{\sigma}_{\mathrm{F}} = H \cdot \dot{\varepsilon}_{\mathrm{V}}^{(\mathrm{pl})} \tag{3.50}$$

mit dem *Verfestigungskoeffizienten* H (für engl. *hardening*). Zu Beginn der Verformung entspricht die Fließspannung σ_{F} der Dehngrenze R_{p}. Es gilt also Gleichung (3.49). Das lineare Verfestigungsgesetz lässt sich integrieren, so dass folgt:

$$\sigma_{\mathrm{F}} = R_{\mathrm{p}} + H \cdot \varepsilon_{\mathrm{V}}^{(\mathrm{pl})}\,.$$

Wird in einem Versuch zunächst einachsiger Zug und dann Druck ausgeübt, so ergibt sich bei einem isotrop verfestigenden Werkstoff ein Spannungs-Dehnungs-Diagramm entsprechend Bild 3.29 b. Im Druckbereich plastifiziert die Probe erst bei Erreichen der Spannung $-\sigma_{\mathrm{F1}}$, die betragsmäßig der maximalen im Zug aufgebrachten Spannung σ_{F1} entspricht.

Kinematische Verfestigung

Bei der *kinematischen Verfestigung* verändert die Fließfläche weder Form noch Größe, sondern bewegt sich im Spannungsraum (vgl. Bild 3.30). Mathematisch lässt sich dies durch Einarbeiten einer *kinematischen Rückspannung* $(\sigma_{ij}^{(\mathrm{kin})})$ in die Fließbedingung dar-

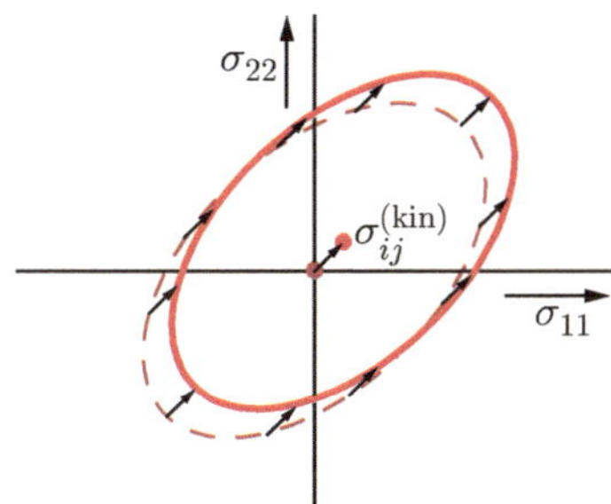

Bild 3.30: Verschiebung der Fließfläche durch kinematische Verfestigung. Eine Darstellung im Hauptspannungsraum ist hier nicht möglich, weil das Material durch die Verfestigung anisotrop wird und seine Eigenschaften somit richtungsabhängig sind.

stellen [81]:

$$g\bigl(\sigma_{ij} - \sigma_{ij}^{(\text{kin})}\bigr) = 0\,. \tag{3.51}$$

Dabei entspricht $(\sigma_{ij}^{(\text{kin})})$ der Verschiebung der Fließfläche aus dem Ursprung entsprechend Bild 3.30.

Durch die Verschiebung der Fließfläche wird das Material während der Verformung anisotrop, da sich die Größe der Fließspannung je nach Raumrichtung unterscheidet. Dadurch ist es nicht möglich, die Fließbedingung nur mit Hauptspannungen zu formulieren. Die kinematische Rückspannung ist von der Verformungsgeschichte abhängig. Da aber auch sie anisotrop ist, kann sie nicht allein von der plastischen Vergleichsdehnung $\varepsilon_{\mathrm{V}}^{(\text{pl})}$ abhängen, sondern beispielsweise auch vom plastischen Dehnungszustand $(\varepsilon_{ij}^{(\text{pl})})$.

Wegen der Anisotropie muss für die von-misessche Fließbedingung die vollständige Formulierung gewählt werden:

$$\begin{aligned}
\Bigl(\tfrac{1}{2}\Bigl[\bigl(\sigma_{11}^{(\text{eff})} - \sigma_{22}^{(\text{eff})}\bigr)^2 + \bigl(\sigma_{22}^{(\text{eff})} - \sigma_{33}^{(\text{eff})}\bigr)^2 + \bigl(\sigma_{11}^{(\text{eff})} - \sigma_{33}^{(\text{eff})}\bigr)^2\Bigr] \\
+ 3\bigl(\sigma_{23}^{(\text{eff})}\bigr)^2 + 3\bigl(\sigma_{13}^{(\text{eff})}\bigr)^2 + 3\bigl(\sigma_{12}^{(\text{eff})}\bigr)^2\Bigr)^{1/2} = R_{\mathrm{p}}
\end{aligned} \tag{3.52}$$

mit $\sigma_{ij}^{(\text{eff})} = \sigma_{ij} - \sigma_{ij}^{(\text{kin})}$ für alle $i,j = 1,2,3$.

Ein einfaches kinematisches Verfestigungsgesetz lautet [81]

$$\dot{\underline{\underline{\sigma}}}^{(\text{kin})} = C \cdot \dot{\varepsilon}_{\mathrm{V}}^{(\text{pl})} \cdot \frac{\underline{\underline{\sigma}} - \underline{\underline{\sigma}}^{(\text{kin})}}{\sigma_0}\,. \tag{3.53}$$

Dabei sind C ein Verfestigungsparameter und σ_0 eine konstante Bezugsspannung, die für $\underline{\underline{\sigma}}^{(\text{kin})} = \underline{\underline{0}}$ der Fließspannung entspricht. Zu Beginn der Verformung gilt $\underline{\underline{\sigma}}^{(\text{kin})} = \underline{\underline{0}}$.

Führt man an einem kinematisch verfestigenden Werkstoff einen Zug-Druck-Versuch wie im vorherigen Abschnitt durch, so ergibt sich ein völlig anderes Verhalten (Bild 3.31). Bei Lastumkehr plastifiziert die Probe schon bei $\sigma_{\mathrm{F2}} = \sigma_{\mathrm{F1}} - 2R_{\mathrm{p}}$, da die Größe der

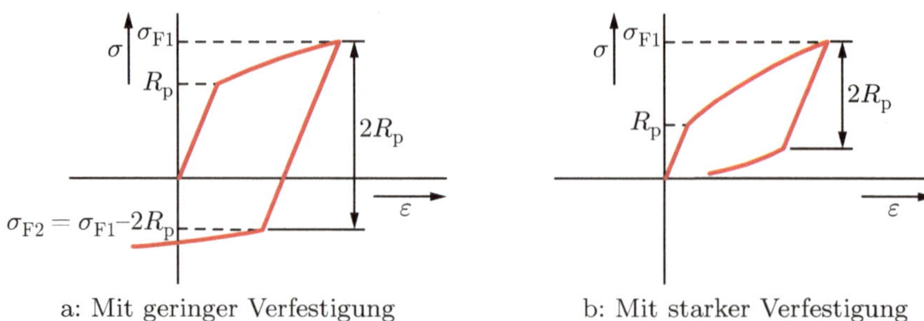

a: Mit geringer Verfestigung   b: Mit starker Verfestigung

Bild 3.31: Spannungs-Dehnungs-Diagramm mit Lastumkehr für einen kinematisch verfestigenden Werkstoff

Fließfläche unverändert bleibt. Im Extremfall kann das dazu führen, dass noch unter
Zugbelastung wieder entgegengesetzte plastische Deformation einsetzt (Bild 3.31 b).

Ein Spezialfall der rein kinematischen Verfestigung ist das sogenannte *Masing-Ver-
halten*. Wird ein Spannungs-Dehnungs-Diagramm für einen entsprechend verfestigenden
Werkstoff aufgenommen und die Belastungsrichtung umgekehrt, kann das Werkstoffverhalten nach Lastumkehr dadurch beschrieben werden, dass das ursprüngliche Spannungs-
Dehnungs-Diagramm um 180° gedreht wird, beide Achsen auf die doppelte Länge skaliert
werden und dann der Ursprung des so gedrehten und skalierten Diagramms an den End-
punkt der ursprünglichen Spannungs-Dehnungs-Kurve gelegt wird. Eine Voraussetzung
für diese Konstruktion ist, dass die Steigung der Spannungs-Dehnungs-Kurve nach der
Plastifizierung für beide Belastungsrichtungen gleich ist.

Wenn sich die Dehngrenze nach einer Lastumkehr verringert, wie es beispielsweise bei
der kinematischen Verfestigung der Fall ist, wird dies als *Bauschinger-Effekt* bezeichnet.

∗3.3.6 Anwendung von Fließbedingung, Fließgesetz und Verfestigungsgesetz

In diesem Abschnitt werden elastische Verformungen, eine Fließbedingung, ein Fließgesetz sowie Werkstoffverfestigung anhand eines einfachen Beispiels in Zusammenhang
gebracht.

Betrachtet wird ein Zugstab aus einem isotropen Metall mit den elastischen Konstan-
ten $E = 210\,000\,\mathrm{MPa}$ und $\nu = 0{,}3$, das die Dehngrenze $\sigma_\mathrm{F} = 210\,\mathrm{MPa}$ besitzt. Das
Metall verfestige sich linear und isotrop nach Gleichung (3.50) mit $H = 10\,000\,\mathrm{MPa}$.
Der Zugstab wird aus dem unbelasteten Ausgangszustand mit der konstanten Dehnge-
schwindigkeit $\dot\varepsilon_{11} = 0{,}001\,\mathrm{s}^{-1}$ auseinandergezogen. Es sollen die zeitlichen Verläufe der
Dehnungen und der Spannungen berechnet werden.

Zunächst werden alle notwendigen Gleichungen zusammengestellt. Anschließend werden mögliche Vereinfachungen eingeführt und die gesuchten Größen berechnet.

Da das Metall nicht starr ist, hat jede Verformung einen elastischen Anteil. Dieser
gehorcht dem hookeschen Gesetz (2.33):

$$\underline{\underline{\varepsilon}}^{(\mathrm{el})} = \underset{4}{S} \cdot\cdot\, \underline{\underline{\sigma}}\,. \tag{3.54}$$

Für plastische Verformungen ist es zweckmäßig, eine Formulierung für die Dehngeschwindigkeiten zu wählen (vgl. Abschnitt 3.3.4). Es gilt Gleichung (3.40),

$$\underline{\dot{\varepsilon}}^{(\mathrm{pl})} = \dot{\lambda} \cdot \underline{\sigma}' \,, \tag{3.55}$$

sofern die Fließbedingung erfüllt ist.

Jedes Dehnungsinkrement setzt sich aus einem elastischen und einem plastischen Anteil zusammen:

$$\mathrm{d}\underline{\varepsilon} = \mathrm{d}\underline{\varepsilon}^{(\mathrm{el})} + \mathrm{d}\underline{\varepsilon}^{(\mathrm{pl})} \,.$$

Dies gilt entsprechend auch für die auf die Zeit bezogene Darstellung:

$$\underline{\dot{\varepsilon}} = \underline{\dot{\varepsilon}}^{(\mathrm{el})} + \underline{\dot{\varepsilon}}^{(\mathrm{pl})} \,. \tag{3.56}$$

Da der Nachgiebigkeitstensor $\underset{4}{\underline{S}}$ über die Zeit konstant bleibt, folgt aus Gleichung (3.54) durch Ableiten nach der Zeit die Beziehung

$$\underline{\dot{\varepsilon}}^{(\mathrm{el})} = \underset{4}{\underline{S}} \cdot\cdot \, \underline{\dot{\sigma}} \,, \tag{3.57}$$

die mit Gleichung (3.56) verwendet werden kann.

Es fehlt noch ein Kriterium, das entscheidet, ob sich der Werkstoff nur elastisch oder elastisch und plastisch verformt. Dazu wird die von-misessche Fließbedingung

$$\begin{aligned}
\sigma_\mathrm{V} &< \sigma_\mathrm{F} \Rightarrow \text{kein Fließen,} \\
\sigma_\mathrm{V} &= \sigma_\mathrm{F} \Rightarrow \text{Fließen}
\end{aligned} \tag{3.58}$$

mit der Vergleichsspannung

$$\sigma_\mathrm{V} = \sqrt{\frac{1}{2}\Big[(\sigma_1 - \sigma_2)^2 + (\sigma_1 - \sigma_3)^2 + (\sigma_2 - \sigma_3)^2\Big]} \tag{3.59}$$

verwendet. Die Verfestigung wird durch Gleichung (3.50) berücksichtigt.

Jetzt liegen alle zur Berechnung der Verformung notwendigen Gleichungen vor. Zusammengefasst ergibt sich das folgende gekoppelte Differentialgleichungssystem (mit den zuvor verwendeten Gleichungsnummern):

$$\underline{\dot{\varepsilon}} = \underline{\dot{\varepsilon}}^{(\mathrm{el})} + \underline{\dot{\varepsilon}}^{(\mathrm{pl})} \,, \tag{3.56}$$

$$\underline{\dot{\varepsilon}}^{(\mathrm{el})} = \underset{4}{\underline{S}} \cdot\cdot \, \underline{\dot{\sigma}} \,, \tag{3.57}$$

$$\sigma_\mathrm{V} = \sqrt{\frac{1}{2}\Big[(\sigma_1 - \sigma_2)^2 + (\sigma_1 - \sigma_3)^2 + (\sigma_2 - \sigma_3)^2\Big]} \,, \tag{3.59}$$

$$\underline{\dot{\varepsilon}}^{(\mathrm{pl})} = \begin{cases} 0 & \text{für } \sigma_\mathrm{V} < \sigma_\mathrm{F} \\ \dot{\lambda} \cdot \underline{\sigma}' & \text{für } \sigma_\mathrm{V} = \sigma_\mathrm{F} \end{cases} \,, \tag{3.55, 3.58}$$

$$\dot\varepsilon_{\mathrm V}^{(\mathrm{pl})} = \sqrt{\frac{2}{9}\left[\left(\dot\varepsilon_1^{(\mathrm{pl})}-\dot\varepsilon_2^{(\mathrm{pl})}\right)^2 + \left(\dot\varepsilon_1^{(\mathrm{pl})}-\dot\varepsilon_3^{(\mathrm{pl})}\right)^2 + \left(\dot\varepsilon_2^{(\mathrm{pl})}-\dot\varepsilon_3^{(\mathrm{pl})}\right)^2\right]}\,. \tag{3.44}$$

$$\dot\sigma_{\mathrm F} = H \cdot \dot\varepsilon_{\mathrm V}^{(\mathrm{pl})} \tag{3.50}$$

Während der Verformung ändern sich folgende Größen: $\underline\varepsilon$, $\underline\sigma$ (somit auch $\underline\sigma'$, $\sigma_{\mathrm V}$), $\underline\varepsilon^{(\mathrm{el})}$, $\underline\varepsilon^{(\mathrm{pl})}$, $\dot\lambda$ und $\sigma_{\mathrm F}$. Konstant bleiben $\underset{4}{S}$ und H.

Bei einem Zugversuch an einem isotropen Material kann angenommen werden, dass ein einachsiger Spannungszustand herrscht. Für den Spannungstensor gilt somit

$$\underline\sigma = \begin{pmatrix} \sigma_{11} & 0 & 0 \\ 0 & 0 & 0 \\ 0 & 0 & 0 \end{pmatrix}.$$

Die Vergleichsspannung vereinfacht sich damit – wie zu erwarten – auf

$$\sigma_{\mathrm V} = \sigma_{11}\,,$$

das hookesche Gesetz in Ratenformulierung erhält folgende Form:

$$\underline{\dot\varepsilon}^{(\mathrm{el})} = \begin{pmatrix} 1/E & 0 & 0 \\ 0 & -\nu/E & 0 \\ 0 & 0 & -\nu/E \end{pmatrix}\dot\sigma_{11}\,. \tag{3.60}$$

Die plastische Dehnrate ergibt sich mit dem Spannungsdeviator $\underline\sigma' = \underline\sigma - \underline{1}\sigma_{\mathrm m}$ zu

$$\underline{\dot\varepsilon}^{(\mathrm{pl})} = \begin{pmatrix} 2/3 & 0 & 0 \\ 0 & -1/3 & 0 \\ 0 & 0 & -1/3 \end{pmatrix} \cdot \begin{cases} 0 & \text{für } \sigma_{11} < \sigma_{\mathrm F} \\ \sigma_{11}\dot\lambda & \text{für } \sigma_{11} = \sigma_{\mathrm F} \end{cases}. \tag{3.61}$$

Für die plastische Vergleichsdehnrate ergibt sich hieraus für $\sigma_{11} = \sigma_{\mathrm F}$

$$\dot\varepsilon_{\mathrm V}^{(\mathrm{pl})} = \sqrt{\frac{4}{9}\sigma_{11}^2\dot\lambda^2} = \frac{2}{3}\left|\sigma_{11}\dot\lambda\right|\,.$$

Für die Entwicklung der Fließspannung folgt somit unter Berücksichtigung der Tatsache, dass keine Lastrichtungsumkehr betrachtet wird,

$$\dot\sigma_{\mathrm F} = H \cdot \begin{cases} 0 & \text{für } \sigma_{11} < \sigma_{\mathrm F} \\ \frac{2}{3}\sigma_{11}\dot\lambda & \text{für } \sigma_{11} = \sigma_{\mathrm F} \end{cases}.$$

Sowohl die elastischen als auch die plastischen Dehnungsanteile enthalten keine gemischten Glieder mehr. Die 22- und 33-Komponenten lassen sich aus den 11-Komponenten leicht mit Hilfe der Gleichungen (3.60) und (3.61) bestimmen. Sie werden im Weiteren nicht betrachtet. Es ergeben sich folgende Gleichungen:

$$\dot\varepsilon_{11} = \dot\varepsilon_{11}^{(\mathrm{el})} + \dot\varepsilon_{11}^{(\mathrm{pl})}\,, \tag{3.62}$$

$$\dot{\varepsilon}_{11}^{(\mathrm{el})} = \frac{1}{E}\dot{\sigma}_{11}\,, \tag{3.63}$$

$$\dot{\varepsilon}_{11}^{(\mathrm{pl})} = \begin{cases} 0 & \text{für } \sigma_{11} < \sigma_{\mathrm{F}}, \\ \frac{2}{3}\sigma_{11}\dot{\lambda} & \text{für } \sigma_{11} = \sigma_{\mathrm{F}}, \end{cases} \tag{3.64}$$

$$\dot{\sigma}_{\mathrm{F}} = H \cdot \begin{cases} 0 & \text{für } \sigma_{11} < \sigma_{\mathrm{F}}, \\ \frac{2}{3}\sigma_{11}\dot{\lambda} & \text{für } \sigma_{11} = \sigma_{\mathrm{F}}. \end{cases} \tag{3.65}$$

Gleichungen (3.62) bis (3.65) sind alle zur Lösung der Aufgabe notwendigen Gleichungen.

* Elastischer Bereich

Zu Beginn der Verformung gilt $\sigma_{11} = 0$ sowie $\varepsilon_{11}^{(\mathrm{pl})} = 0$. Während der Verformung wird die gesamte Dehngeschwindigkeit $\dot{\varepsilon}_{11} = 0{,}001\,\mathrm{s}^{-1}$ vorgegeben. Da für kleine Spannungen die Fließbedingung noch nicht erfüllt ist, gilt $\dot{\varepsilon}_{11} = \dot{\varepsilon}_{11}^{(\mathrm{el})} = 0{,}001\,\mathrm{s}^{-1}$. Mit Hilfe von Gleichung (3.63) kann die Spannungsgeschwindigkeit zu $\dot{\sigma}_{11} = E\dot{\varepsilon}_{11} = 210\,\mathrm{MPa/s}$ bestimmt werden. Die zum Zeitpunkt t wirkende Spannung ergibt sich daraus zu

$$\sigma_{11} = \int_{0}^{t} \dot{\sigma}_{11}\mathrm{d}\tilde{t} = \dot{\sigma}_{11}\,t = 210\,\mathrm{MPa/s}\cdot t\,. \tag{3.66}$$

* Elastisch-plastischer Bereich

Der Zeitpunkt t_{p}, zu dem plastische Verformung auftritt, ist durch die Fließbedingung

$$\sigma_{11}(t_{\mathrm{p}}) = \sigma_{\mathrm{F}}(\varepsilon_{\mathrm{V}}^{(\mathrm{pl})} = 0) = R_{\mathrm{p}}\,,$$
$$210\,\mathrm{MPa/s}\cdot t_{\mathrm{p}} = 210\,\mathrm{MPa} \tag{3.67}$$

gegeben. Es ergibt sich $t_{\mathrm{p}} = 1\,\mathrm{s}$. Ab diesem Zeitpunkt müssen die plastischen Anteile in den Gleichungen berücksichtigt werden. Da ab jetzt die Fließbedingung erfüllt wird, kann σ_{11} durch σ_{F} ersetzt werden.

Setzt man nun den elastischen, Gleichung (3.63), und den plastischen Anteil, Gleichung (3.64), in die Gesamtdehnrate, Gleichung (3.62), ein, so ergibt sich

$$\dot{\varepsilon}_{11} = \frac{1}{E}\dot{\sigma}_{\mathrm{F}} + \frac{2}{3}\sigma_{\mathrm{F}}\dot{\lambda}\,.$$

Ersetzt man $\dot{\lambda}$ durch Gleichung (3.65), so folgt

$$\dot{\sigma}_{\mathrm{F}} = \frac{EH}{E+H}\dot{\varepsilon}_{11}\,.$$

Mit den gegebenen Zahlenwerten ergibt sich für $t \geq 1\,\mathrm{s}$ eine Fließspannungszunahme von $\dot{\sigma}_{\mathrm{F}} = 9{,}546\,\mathrm{MPa/s}$. Daraus ergibt sich mit dem Anfangswert $\sigma_{\mathrm{F}}(t = 1\,\mathrm{s}) = 210\,\mathrm{MPa}$ die

Fließspannung zu

$$\sigma_{\mathrm{F}} = 210\,\mathrm{MPa} + 9{,}546\,\mathrm{MPa/s} \cdot (t - 1\,\mathrm{s})\,. \tag{3.68}$$

Hieraus folgen direkt die elastischen Dehnungen zu

$$\varepsilon_{11}^{(\mathrm{el})} = \frac{\sigma_{\mathrm{F}}}{E} = 0{,}001 + 4{,}546 \cdot 10^{-5}\,\mathrm{s}^{-1} \cdot (t - 1\,\mathrm{s})\,. \tag{3.69}$$

Die plastische Längsdehnung entspricht der Differenz aus Gesamtdehnung und elastischer Dehnung:

$$\varepsilon_{11}^{(\mathrm{pl})} = 9{,}546 \cdot 10^{-4}\,\mathrm{s}^{-1} \cdot (t - 1\,\mathrm{s})\,. \tag{3.70}$$

Fasst man die Ergebnisse für den gesamten Versuch zusammen, so ergeben sich folgende Spannungen und Dehnungen:

$$\sigma_{11} = \begin{cases} 210\,\mathrm{MPa/s} \cdot t & \text{für } t < 1\,\mathrm{s}\,, \\ 210\,\mathrm{MPa} + 9{,}546\,\mathrm{MPa/s} \cdot (t - 1\,\mathrm{s}) & \text{für } t \geq 1\,\mathrm{s}\,, \end{cases}$$

$$\varepsilon_{11} = 0{,}001\,\mathrm{s}^{-1} \cdot t\,,$$

$$\varepsilon_{11}^{(\mathrm{el})} = \begin{cases} 0{,}001\,\mathrm{s}^{-1} \cdot t & \text{für } t < 1\,\mathrm{s}\,, \\ 0{,}001 + 4{,}546 \cdot 10^{-5}\,\mathrm{s}^{-1} \cdot (t - 1\,\mathrm{s}) & \text{für } t \geq 1\,\mathrm{s}\,, \end{cases}$$

$$\varepsilon_{11}^{(\mathrm{pl})} = \begin{cases} 0 & \text{für } t < 1\,\mathrm{s}\,, \\ 9{,}546 \cdot 10^{-4}\,\mathrm{s}^{-1} \cdot (t - 1\,\mathrm{s}) & \text{für } t \geq 1\,\mathrm{s}\,, \end{cases}$$

In Bild 3.32 sind diese Ergebnisse skizziert.

Im Bild ist zu erkennen, dass nach Beginn der Plastifizierung die plastische Dehnung $\varepsilon^{(\mathrm{pl})}$ deutlich stärker steigt als die elastische Dehnung $\varepsilon^{(\mathrm{el})}$. Die Steigung der Spannungs-Dehnungs-Kurve beträgt 9546 MPa. Sie ist geringfügig geringer als der Verfestigungsparameter H. Die Abweichung ist auf die elastische Dehnung zurückzuführen, die ebenfalls mit der Spannung steigt.

∗3.4   Härte

Als *Härte* wird der Widerstand bezeichnet, den ein Material dem Eindringen eines anderen entgegensetzt.[32] Da dieser Widerstand sehr stark von der Form der betrachteten Körper und den anliegenden Kräften abhängt, gibt es eine große Zahl unterschiedlicher Prüfmethoden. Die verschiedenen Verfahren der Härteprüfung können in drei Gruppen eingeteilt werden, nämlich die *Ritzverfahren*, die *Eindringverfahren* und die *Rücksprungverfahren*. Härtemessungen, die mit verschiedenen Verfahren durchgeführt wurden, lassen

---

32 In verschiedenen Ingenieursdisziplinen wird der Begriff »Härte« leicht unterschiedlich verwendet. Beispielsweise bedeutet er in der Tribologie meist den Widerstand gegen Verschleiß, in der Zerspanungstechnik wird er als Maß für die Zerspanbarkeit verwendet. Die hier benutzte Definition ist die im Bereich der mechanischen Prüfung Gebräuchliche.

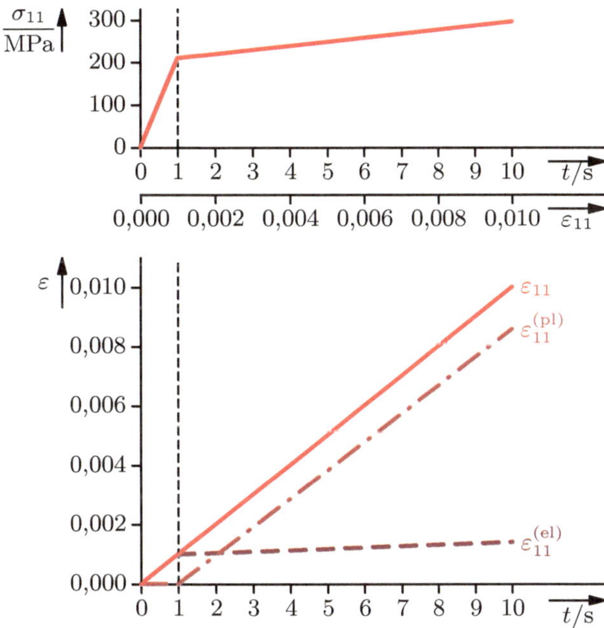

Bild 3.32: Darstellung unterschiedlicher Spannungs- und Dehnungswerte während eines Zugversuchs

sich im Allgemeinen nicht direkt vergleichen – für einzelne Materialien gibt es allerdings Umrechnungstabellen.

Obwohl die Härte also keine leicht zugängliche Materialeigenschaft ist, kommt der Härteprüfung in der Praxis dennoch eine große Bedeutung zu, da die Prüfverfahren einfach sind und sich zum Teil auch problemlos an fertigen Bauteilen durchführen lassen. Ein weiterer Vorteil besteht darin, dass auch sehr kleine Probenvolumina, beispielsweise einzelne Gefügebestandteile, untersucht werden können (Mikrohärteprüfung).

∗ 3.4.1 Ritzverfahren

Historisch sind die Ritzverfahren von Bedeutung, da die erste Härteprüfmethode auf einem solchen Verfahren beruht. Bei den Ritzverfahren wird untersucht, ob ein Material durch eine aus einem anderen Material geformte Nadel angeritzt werden kann. Es gibt zum einen relative Skalen, bei denen verschiedene Materialien nach ihrer Anritzbarkeit sortiert werden, zum anderen auch Skalen, bei denen die Größe des Kratzers ausgemessen wird. Obwohl diese Verfahren quantitativ sind, ist ihre präzise Durchführung relativ schwierig.

∗ 3.4.2 Eindruckverfahren

Die Eindruckverfahren sind die in der Praxis am häufigsten eingesetzten Härteprüfverfahren, da sie relativ unaufwändig sind. Bei ihnen wird ein harter Prüfkörper mit vorgegebener Geometrie in das zu prüfende Material eingedrückt. Es wird entweder die Fläche des Eindrucks oder die Eindringtiefe ausgemessen und mit der zum Eindrücken verwendeten Kraft in Beziehung gesetzt.

Als Beispiel betrachten wir die Härteprüfung nach *Brinell*. Dabei wird eine gehärtete Stahlkugel mit dem Durchmesser D stoßfrei mit einer vorgegebenen Prüfkraft in die zu prüfende Oberfläche eingedrückt.[33] Nach der Entlastung wird der verbleibende Durchmesser d des Eindrucks ausgemessen. Die Brinell-Härte ist definiert als die Prüfkraft in kp geteilt durch die gesamte Fläche des Eindrucks in mm^2:

$$HB = \frac{F/\mathrm{kp}}{A/\mathrm{mm}^2} = \frac{0{,}102F/\mathrm{N}}{A/\mathrm{mm}^2} \, . \tag{3.71}$$

Die Oberfläche A wird aus dem gemessenen Durchmesser gemäß

$$A = \frac{\pi}{2}D(D - \sqrt{D^2 - d^2}) \tag{3.72}$$

berechnet.

Formal hat die Härte nach dieser Definition die Einheit eines Druckes. Da jedoch die gesamte Oberfläche des Eindrucks in der Definition der Härte verwendet wurde, entspricht die Härte nicht dem mittleren Druck zwischen Prüfkörper und Material. Dies lässt sich dadurch korrigieren, dass statt der gesamten Fläche die projizierte Fläche des Eindrucks verwendet wird. Verwendet man eine solche Definition, so ist für ein Material, das nicht verfestigt, der Härtewert nahezu unabhängig von der Prüfkraft, sofern diese groß genug ist, um das Material hinreichend plastisch zu verformen. Für ein Material mit Verfestigung nimmt die so definierte Härte mit der Prüflast erwartungsgemäß zu, während bei der brinellschen Definition bei großen Lasten eine Abnahme zu verzeichnen ist.

Nachteilig für die theoretische Analyse dieser Methode ist die Tatsache, dass sich die Geometrie des Eindrucks während des Versuchs ändert. Verwendet man stattdessen einen pyramidenförmigen Prüfkörper, so bleibt die Form des Eindrucks immer dieselbe, lediglich seine Größe ändert sich. Ein solcher Körper wird bei der Härteprüfung nach *Vickers* verwendet. Auch hier wird die Härte als Quotient aus Prüfkraft und Gesamtfläche des Eindrucks definiert. In beiden Verfahren bildet sich unter dem eindringenden Prüfkörper ein dreiachsiger Spannungszustand aus, bei dem das Material unter einem starken hydrostatischen Druck steht. Dies ist vorteilhaft, weil so die Gefahr der Rissbildung in spröden Materialien verringert wird. Bild 3.33 a veranschaulicht den Vorgang für eine eindringende Kugel. Zum mechanischen Verständnis wird häufig ein einfaches Modell verwendet, bei dem der Werkstoff als starr-idealplastisch angenommen wird. In diesem Fall lässt sich eine Beziehung zwischen der Größe des Eindrucks und der Fließgrenze des Materials herleiten. Das vom Prüfkörper verdrängte Material fließt dabei an diesem vorbei und führt zu einer Aufwölbung, deren Volumen wegen der Volumenkonstanz der plastischen Verformung dem des Eindrucks entspricht. In der Realität entspricht die Aufwölbung um den Eindruck herum meist nicht der Größe des Eindrucks, so dass die Modellvorstellung

---

33 Es gibt unterschiedliche, genormte Durchmesser und Prüfkräfte. Häufig werden $D = 10\,\mathrm{mm}$ und eine Prüfkraft von $29{,}43\,\mathrm{kN} = 3000\,\mathrm{kp}$ verwendet. Die Wahl der Parameter ist vom geprüften Material und der Dicke der Probe abhängig. Für große Prüfkräfte werden auch Hartmetallkugeln verwendet.

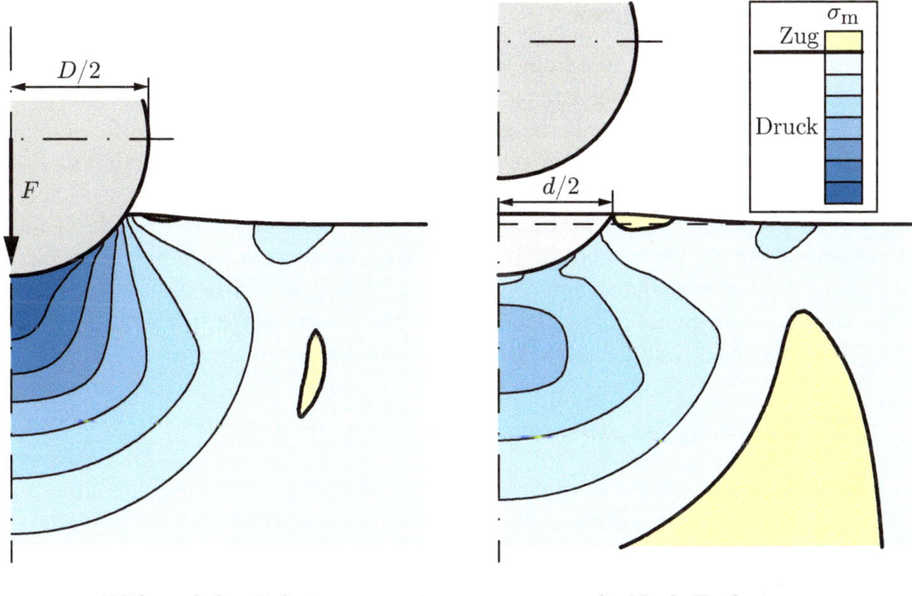

a: Während der Belastung   b: Nach Entlastung

Bild 3.33: Finite-Elemente-Simulation der hydrostatischen Spannung in einer Brinell-Härte-messung mit einem elastisch-plastischen Werkstoffmodell. Die Kugel ist starr ange-nommen. Für sie sind keine Spannungswerte berechnet worden. Zwischen Kugel und geprüftem Material wurde ein Reibkoeffizient von $\mu = 0{,}3$ verwendet. Im gezeigten Beispiel ist das Volumen des Eindrucks um 8 % größer als das aufgeworfene Materi-al.

eines starren Materials nicht korrekt sein kann. Bild 3.33 b zeigt dies anhand einer Finite-Elemente-Simulation eines Härteeindrucks mit einer starren Kugel. Dabei ist zu erkennen, dass das Volumen des Eindrucks größer als das der Aufwölbung ist. Detaillierte Unter-suchungen zeigen, dass sich unterhalb des Prüfkörpers eine plastische Zone ausbildet, die das darunter liegende Material elastisch komprimiert, so dass sich Eigenspannungen ausbilden.

Diese Überlegung macht bereits deutlich, dass die Härte eine komplexe Materialeigen-schaft ist, da sowohl plastische als auch elastische Verformung eine Rolle spielen. Bei Materialien, die nicht linear-elastisch sind und große elastische Verformungen zulassen, gibt es keinen einfachen Zusammenhang zwischen Fließgrenze und Härte mehr. Ein ex-tremes Beispiel hierfür ist Gummi, in dem sich kein bleibender Eindruck erzeugen lässt, so dass seine Härte in diesen Verfahren zu unendlich bestimmt wird.

Den beschriebenen Eindringverfahren ähnlich sind Schlaghammer-Verfahren (beispiels-weise das *Poldihammer-Verfahren*), bei denen der Eindruck ausgemessen wird, der durch den Schlag eines Prüfhammers im Material verursacht wird. Im Unterschied zu den an-deren Eindringverfahren findet dabei eine kurzzeitige Belastung des Materials statt, die zu einer höheren Umformgeschwindigkeit führt.

Eine detaillierte, praxisorientierte Beschreibung der einzelnen Verfahren findet sich in *Domke* [44].

*3.4.3   Rücksprungverfahren

Bei den Rücksprungverfahren wird ein Prüfkörper auf ein Material fallen gelassen und die Höhe ausgemessen, zu der dieser Körper wieder zurückspringt. Bei einem rein elastischen Stoß würde während des Aufpralls die gesamte kinetische Energie in Verformungsenergie umgewandelt werden und dann bei der elastischen Rückfederung wieder in kinetische Energie übergehen, so dass der Prüfkörper wieder seine Ausgangshöhe erreichen würde. Findet jedoch plastische Verformung statt, so wird dabei Energie dissipiert. Die Rücksprunghöhe ist dann entsprechend um diesen Betrag verringert. Vorteile dieses Verfahrens sind die meist sehr geringe Größe des gebildeten Eindrucks sowie die kurze Versuchszeit. Auch für diese Verfahren gilt, dass die so ermittelten Härtewerte sich nicht ohne Weiteres in mit anderen Verfahren gemessene Werte umrechnen lassen.

3.5   Werkstoffversagen

Beginnt ein Bauteil, sich im Einsatz plastisch zu verformen, so wird dies häufig als Versagenskriterium angesehen. Zum einen liegt dies daran, dass die auftretenden großen Verformungen meist nicht toleriert werden können, zum anderen liegt die Fließgrenze im Allgemeinen nicht so weit unter der Zugfestigkeit, dass das Bauteil im plastischen Bereich noch ausreichende Sicherheitsreserven besitzt. Statt durch plastische Verformung kann ein Bauteil jedoch auch durch einen Bruch versagen. Für das Auftreten eines Bruchs gibt es vielfältige Möglichkeiten, die in diesem Buch nur zum Teil beschrieben werden. Eine vollständige Übersicht findet sich beispielsweise in *Lange* [92]. Für Polymere wird auf die Bruchbildung in Kapitel 8 eingegangen, für Metalle und Keramiken folgt hier eine kurze Einführung.

Insgesamt können Brüche und Risse in drei Klassen eingeteilt werden, nämlich *mechanisch bedingte, thermisch bedingte* sowie *korrosionsbedingte Risse und Brüche.*

Bei den mechanischen Brüchen gibt es *Gewaltbrüche,* die in diesem Abschnitt behandelt werden, sowie *Schwing-* oder *Ermüdungsbrüche,* die Gegenstand von Kapitel 10 sind. Bei den thermisch bedingten Brüchen sind sogenannte *Kriechbrüche* besonders wichtig. Sie werden in Kapitel 11 besprochen. Ein Beispiel für korrosiv bedingte Risse wird in Abschnitt 3.5.3 angesprochen (siehe auch Abschnitt 5.2.6).

Von einem *Gewaltbruch* spricht man dann, wenn die Belastung, die diesen Bruch ausgelöst hat, vorwiegend monoton sowie mäßig schnell bis schlagartig bis zum Bruch gesteigert wurde [92]. Diese Bedingungen grenzen die Gewaltbrüche von Schwingbrüchen durch zyklische Belastungen und Kriechbrüchen durch lange Belastungen bei hoher Temperatur ab.

Der Bruch kann als *Gleitbruch,* als *Spaltbruch* oder als Mischform der beiden Brucharten auftreten. Die beiden charakteristischen Formen werden im Folgenden näher erläutert.

3.5.1   Gleitbruch

Ein *Gleitbruch* bildet sich unter plastischer Verformung durch Abgleiten in Richtung der Ebenen maximaler Schubspannung (vgl. Abschnitte 3.3.2 und 6.2.5). Er tritt deshalb nur bei duktilem Werkstoffverhalten auf. Mikroskopisch ist ein Gleitbruch immer duktil.

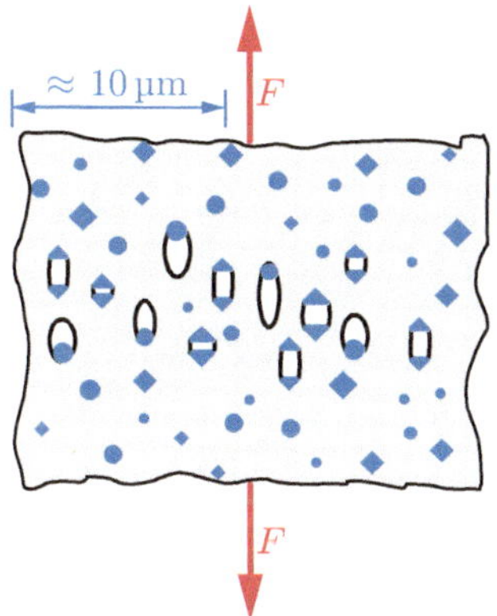

Bild 3.34: Aufreißende Poren an Partikeln bei großer plastischer Verformung [92]. Die Partikel (z. B. Ausscheidungen) lösen sich von der Matrix (rund dargestellt) bzw. reißen (eckig dargestellt).

Meist ist mit einem Gleitbruch auch eine große makroskopische Deformation verbunden, wie z. B. beim Zugversuch. Wenn dies aber beispielsweise durch die Geometrie verhindert wird, kann ein Bauteil auch makroskopisch spröd durch Gleitbruch versagen (Dies kann unter anderem beim Vorhandensein von Kerben oder Anrissen der Fall sein. Siehe dazu Kapitel 4 und 5).

Bei sehr reinen Metallen sind sehr große Deformationen möglich. Dies führt beispielsweise im Zugversuch dazu, dass sich die Probe zu einer Spitze auszieht. In den meisten technischen Metallen sind aber Partikel (z. B. Ausscheidungen, vgl. Abschnitt 6.4.3) vorhanden. Bei großen plastischen Deformationen und hohen Spannungen kommt es, je nach Festigkeit der Partikel und Anbindung an das Matrixmaterial, zum Bruch der Partikel selbst oder zum Herauslösen von Partikeln aus der Matrix (Bild 3.34). Der Partikelbruch tritt bevorzugt bei spröden Partikeln sowie bei hohen Zugspannungen (beispielsweise durch dreiachsige Zugspannungszustände) auf. Das Lösen von Partikeln erfolgt hauptsächlich durch sehr große Deformationen der Matrix.

Durch das Versagen der Partikel entstehen im Material kleine Anrisse. Diese ziehen sich bei der weiteren Verformung zu ellipsoiden Hohlräumen aus. Zwischen den Partikeln liegt die Matrix einphasig vor und besitzt deshalb eine höhere Duktilität. Die Hohlräume wachsen durch ein Abgleiten des Materials (vgl. Abschnitte 6.2.3, 6.2.5) auf Ebenen mit maximaler Schubspannung (z. B. bei einachsiger Belastung unter 45° zur Zugrichtung) zusammen, wobei sich das Material zwischen den Hohlräumen zu Spitzen bzw. Schneiden auszieht.[34] Dabei entstehen sogenannte *Waben*[35] (engl. *dimples,* Bild 3.35). Die Größe der Waben beträgt häufig einige Mikrometer.

Meist verlaufen Gleitbrüche durch die Körner hindurch (*transkristallin*), abhängig vom Werkstoffzustand sind aber auch Gleitbrüche entlang der Korngrenzen (*interkristallin*) möglich.

---

34 Dieses Ausziehen zu Schneiden ist mit dem Ausziehen einer Reinmetallzugprobe zu einer Spitze vergleichbar.
35 Daher werden Gleitbrüche häufig auch als *Wabenbrüche* bezeichnet.

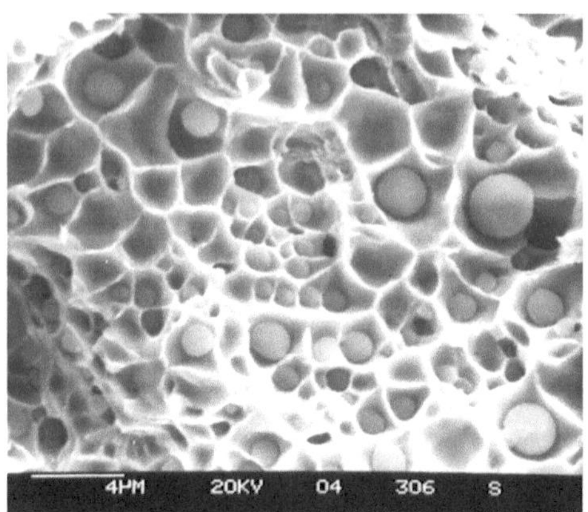

Bild 3.35: Waben eines duktilen Gewaltbruchs eines ferritischen Stahls [92]. In einigen Waben
sind Einschlüsse erkennbar. Allerdings sind nicht auf allen Bruchflächen die Einschlüsse so gut zu erkennen wie bei dieser rasterelektronenmikroskopischen Aufnahme. Teilweise fallen diese aus den Waben heraus oder sind im Bild nicht zu sehen,
obwohl sie noch in der Wabe enthalten sind.

In Abschnitt 3.2.2 wurde das Versagen von Zugproben durch Trichter-Kegel- und Scher-
brüche bereits angesprochen. Dies soll an dieser Stelle vertieft werden. Da das Spannungsniveau und die plastische Deformation in der Probenmitte unter der Einschnürung
am größten sind (siehe Bilder 3.12 und 3.13), beginnt die Schädigung durch Bildung
und Vereinigung von Hohlräumen zunächst dort. Entsprechend sind auch hier die ersten Anrisse zu finden. Sie wachsen entlang Ebenen maximaler Schubspannung, die bei
Zugproben unter 45° zur Zugrichtung liegen, weil sich die Abgleitung und damit Schädigung entlang dieser Ebenen konzentriert. Dabei wächst ein Riss allerdings ein Stück
weit aus dem engsten, d. h. am höchsten belasteten Querschnitt heraus. Wie sich der
Riss dann weiter ausbreitet, hängt von verschiedenen Parametern ab, beispielsweise vom
Verfestigungsverhalten des Materials sowie von der Belastungsgeschwindigkeit.

Durch die Tatsache, dass die Radialspannung σ_r und die Umfangsspannung σ_u (Bild 3.12)
gleich groß sind, ist die Spannung in allen Richtungen quer zur Zugrichtung gleich und entspricht diesen beiden. Dadurch wirkt auf allen Ebenen, die unter 45° zur Zugrichtung liegen,
die gleiche maximale Schubspannung, so dass die Abgleitung auf allen Ebenen unter 45° zur
Zugrichtung stattfinden kann. Im Probeninneren existiert also keine Vorzugsrichtung der Abscherung, so dass häufig lokal viele unterschiedliche Abgleitebenen vorhanden sind.

Entfestigt der Werkstoff beispielsweise bei sehr großen plastischen Deformationen, die
parallel zum Riss vorliegen, so kann es günstiger sein, die eingeschlagene Ausbreitungs-
richtung in den weniger belasteten Bereich weiter zu verfolgen. Der Riss wächst dann über
die gesamte Probe unter 45° zur Zugrichtung und bildet einen Scherbruch (Bild 3.14 b).
Wann entsprechende Voraussetzungen für einen Scherbruch gegeben sind, ist z. B. bei
Lange [92] ausführlicher beschrieben.

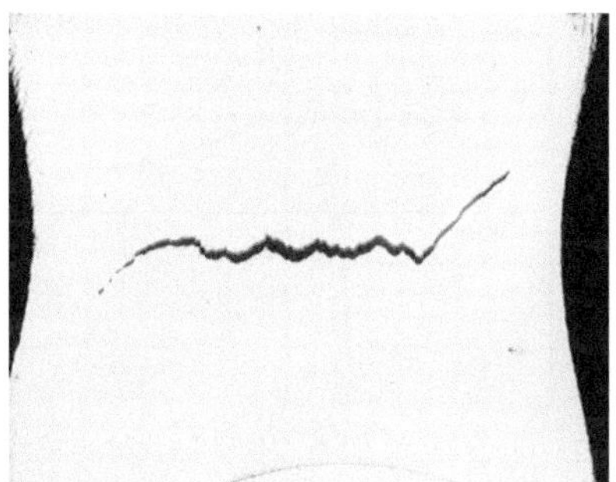

Bild 3.36: Rissbildung in einer Zugprobe. Der Riss bildet sich in der Probenmitte und schreitet in Richtung der Oberflächen fort. Im Probeninneren läuft der Riss nur kurze Strecken unter 45° und wechselt dann die Richtung, um im am stärksten belasteten Querschnitt zu bleiben.

In den meisten Fällen ist es für den Riss günstiger, nicht zu weit aus dem engsten Querschnitt herauszuwachsen. Das liegt zum einen daran, dass dort die Spannungen abnehmen. Zum anderen ist dort die Vorschädigung geringer, da dort weniger Einschlüsse versagt haben (aufgrund der geringeren Spannungen und kleineren plastischen Verformung). Der Riss ändert die Richtung und wandert unter 45° zur Zugrichtung wieder in den engsten Querschnitt mit den höheren Spannungen und der stärkeren Vorschädigung hinein. Es bildet sich ein Riss, der im Probeninneren im Zickzack über den Querschnitt wächst. Dieser Rissverlauf ist im mittleren Bereich von Bild 3.36 zu erkennen.

Sobald der Riss in den Randbereich der Probe fortschreitet, herrscht nur noch ein zweiachsiger Zugspannungszustand.[36] Dadurch liegen die größte Hauptspannung in Zugrichtung und die kleinste Hauptspannung in Radialrichtung, so dass die größte Schubspannung nur noch radial unter 45° zur Zugrichtung auf Kegelflächen liegt. Die Abgleitungen und das Risswachstum finden dann bevorzugt auf diesen statt. Da nur noch relativ wenig Materialquerschnitt außerhalb des Risses vorhanden ist, sind Abgleitvorgänge über größere Strecken als vorher möglich, ohne eine geometrische Inkompatibilität zu bewirken. Außerdem ist im Randbereich aufgrund der geringeren plastischen Verformung weniger Vorschädigung als im Probeninneren vorhanden, so dass die Richtung des Rissfortschritts nicht mehr so stark durch vorhandene Anrisse an Einschlüssen beeinflusst wird. Der Riss wächst aufgrund dieser Tatsachen bevorzugt unter 45° auf Kegelflächen, ohne erneut die Rissfortschrittsrichtung zu ändern. Es bilden sich die charakteristischen Trichter- und Kegelwände auf den beiden Probenhälften.

Da die Abgleitungen und somit das Versagen auf dem vollen Umfang gleichzeitig passiert und beide möglichen Kegelflächen gleichberechtigt sind, treten meist lokal beide Richtungen an einer Probe auf, so dass keine vollständigen Kegel bzw. Trichter auf den Probenhälften entstehen, sondern jeweils nur Anteile.

---

36 Die Probe besteht dann im Bereich des Risses nur noch aus einem Materialring. An der äußeren und an der inneren Oberfläche können keine Radialspannungen vorliegen, so dass sich auf dem dünnen Querschnitt keine nennenswerte Radialspannung ausbildet.

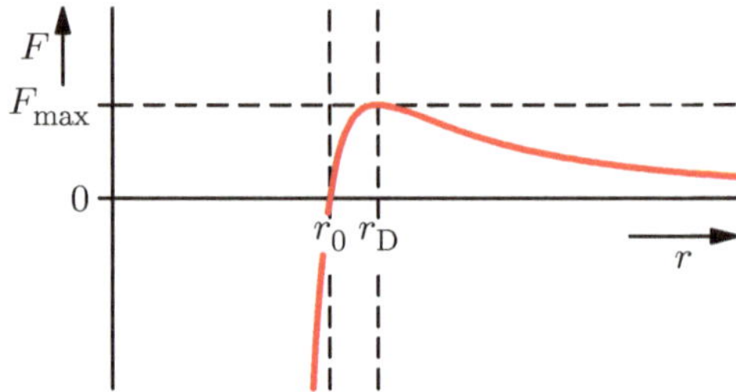

Bild 3.37: Abhängigkeit des Atomabstands r von der außen angelegten Kraft F

3.5.2   Spaltbruch

Ein *Spaltbruch* (*Trennbruch*) erfolgt mikroskopisch (nahezu) verformungslos senkrecht zur größten Zugspannung. Dabei werden die Bindungen zwischen Atomen gelöst. Kubisch flächenzentrierte Metalle besitzen eine so hohe Duktilität, dass ein Spaltbruch nur in Ausnahmefällen auftritt. Bei kubisch raumzentrierten Metallen kann Spaltbruch bei niedrigen Temperaturen oder hohen Belastungsgeschwindigkeiten auftreten (s. u.), bei Keramiken ist er der Normalfall.

Als einfaches Modell für das Lösen der Atombindungen können die in Bild 2.6 auf Seite 40 gezeigten Bindungskräfte herangezogen werden. Trägt man hier nun statt der inneren die äußere Kraft auf, die zu einem bestimmten Atomabstand r führt, so ergibt sich Bild 3.37. Überschreitet die äußere Zugkraft F die maximale Bindungskraft F_{max}, so entfernen sich die Atome instabil voneinander und lösen ihre Bindung. Das Lösen der Bindung erfolgt durch eine Zugkraft. Entsprechend wird das Lösen von Atombindungen im Werkstoff durch die größte Zugspannung verursacht, die immer gleichzeitig die größte Hauptspannung σ_{I} ist.

Ein Bauteil- oder Probenquerschnitt bricht aber nicht auf der gesamten Bruchfläche gleichzeitig. Vielmehr bildet sich zunächst lokal ein Anriss durch das Lösen von Atombindungen. Dies ist einerseits darin begründet, dass im Bauteil die Spannung nicht überall gleich hoch ist. Beispielsweise durch die Bauteilgeometrie, aufgrund des Gefüges oder durch vorhergehende plastische Verformungen liegen lokale Spannungskonzentrationen vor, die dort einen Anriss verursachen können. Dies wird z. B. in *Lange* [92] ausführlich besprochen. Andererseits bestehen im Werkstoff mikrostrukturelle Schwachstellen, die eine Anrissbildung begünstigen. Dies kann beispielsweise ein Korn sein, dessen Spaltebene (siehe unten) senkrecht zur größten Hauptspannung orientiert ist. Da die Mikrostruktur (z. B. Kornorientierung) oder die Belastung sich in der Nachbarschaft von der der Anrissposition unterscheiden, kann der Riss nicht ohne Weiteres weiterwachsen. So bleibt er zunächst bei konstanter Belastung stationär [92] und breitet sich erst bei Lasterhöhung weiter (stabil) aus. Bei einer kritischen Risslänge oder Belastungshöhe wächst der Riss instabil über den restlichen Querschnitt. Bei welchen Lasten bzw. Risslängen dies geschieht (sowohl duktil als auch spröde), ist Gegenstand der *Bruchmechanik*, die ausführlich in Kapitel 5 behandelt wird.

Wie Gleitbrüche treten Spaltbrüche meist trans-, gelegentlich aber auch interkristallin auf. Wie bereits erwähnt, verläuft ein transkristalliner Spaltbruch entlang bestimmter kristallographischer Ebenen, den *Spaltebenen* (beispielsweise bei kubisch raumzentrierten Metallen {100}-Ebenen). Spaltbruchflächen sind mikroskopisch glatt, allerdings enthalten

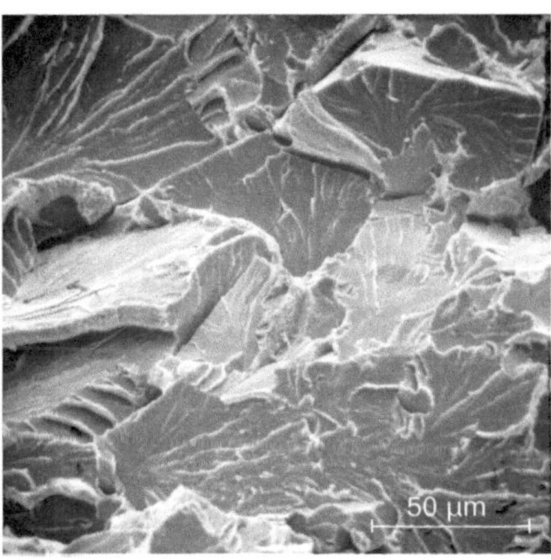

Bild 3.38: Rasterelektronenmikroskopische Aufnahme einer Spaltbruchfläche an einem Wellen-
zapfen aus 42 CrMo 4

sie normalerweise Stufen, die zum Beispiel beim Übergang des Risses über Korngrenzen
mit geringer Orientierungsdifferenz oder durch das Schneiden von Schraubenversetzungen (linienförmige Gitterbaufehler im Kristall, vgl. Abschnitte 6.2 und 6.3.5) entstehen.
Spaltbrüche können vielfältiges Aussehen haben [92], ein Beispiel zeigt Bild 3.38.

Wenn Korngrenzen versprödet sind (z. B. durch Ausscheidungen, vgl. Abschnitt 6.4.3),
tritt interkristalliner Spaltbruch auf. In diesem Fall ist die Kornstruktur in rasterelektronenmikroskopischen Aufnahmen gut zu erkennen (vgl. Bild 1.10 b).

Wie schon erläutert, ist die größte Hauptspannung σ_I maßgeblich für das Auftreten
eines Spaltbruchs. Erreicht sie die *Spaltfestigkeit* σ_T, so versagt der vorher rissfreie Werkstoff durch Spaltbruch. Die Spannung σ_T ist also groß genug, um in einem vorher defektfreien Material einen Riss zu erzeugen und durch das Bauteil auszubreiten. Bild 3.39
illustriert die Spaltbruchgrenze im mohrschen Spannungskreis. Sie ist eine vertikale Linie
bei $\sigma = \sigma_\mathrm{T}$.

3.5.3 Bruchkriterien

Je nachdem, ob ein Spannungszustand zuerst die Fließgrenze oder die Spaltbruchgrenze
erreicht, fließt der Werkstoff oder versagt durch Spaltbruch, wie in Bild 3.39 skizziert.
Ein Spaltbruch tritt auf, wenn zuerst die Spaltbruchgrenze erreicht wird, wenn also gilt:

$$\sigma_\mathrm{V}(\sigma_\mathrm{I}, \sigma_\mathrm{II}, \sigma_\mathrm{III}) < R_\mathrm{p}\,, \tag{3.73a}$$

$$\sigma_\mathrm{I} = \sigma_\mathrm{T}\,, \tag{3.73b}$$

wobei σ_V eine Vergleichsspannung beispielsweise nach Tresca oder von Mises ist. Verwendet man die Fließbedingung nach Tresca, so ergibt sich Gleichung (3.73a) zu $\tau_\mathrm{max} < \tau_\mathrm{F}$
(Bild 3.39 a).

Da die Fließspannung durch die Verfestigung bei plastischer Verformung steigt, ist auch nach
plastischer Verformung ein Versagen durch Spaltbruch möglich. In diesem Fall handelt es
sich um einen duktilen Spaltbruch, der selten und nur bei dreiachsigen Spannungszuständen
auftritt [92].

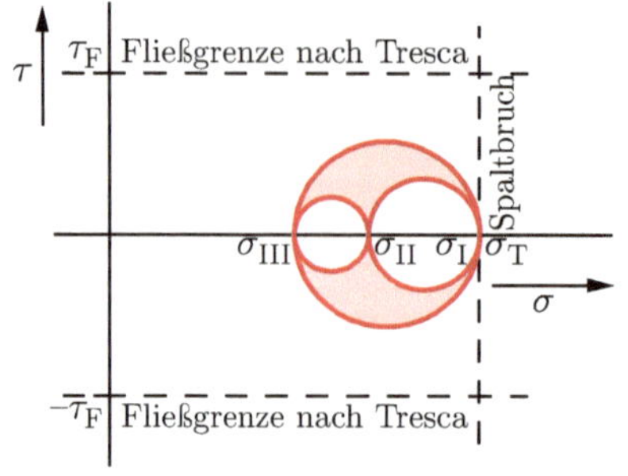

a: Spaltbruch. Die Spaltbruchgrenze wird vor der Fließgrenze erreicht.

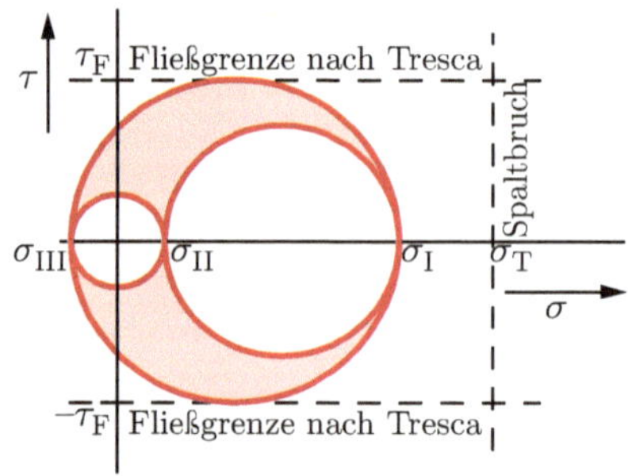

b: Fließen. Die Fließgrenze wird vor der Spaltbruchgrenze erreicht.

Bild 3.39: Gemeinsame Darstellung der Fließgrenze nach der Schubspannungshypothese und der Spaltbruchgrenze im mohrschen Spannungskreis

Zum Auftreten eines Spaltbruchs können z. B. folgende Einflussgrößen beitragen:

- Belasten des Werkstoffs mit einem dreiachsigen Zugspannungszustand, der den mohrschen Spannungskreis klein hält und nach rechts in Richtung der Spaltbruchgrenze verschiebt. Ein solcher Belastungszustand ist beispielsweise im Kerbschlagbiegeversuch gegeben [44]. In Bauteilen wird er durch Querschnittsänderungen und Kerben verursacht (vgl. Kapitel 4).

- Belasten des Werkstoffs mit großer Dehngeschwindigkeit, wie z. B. im Kerbschlagbiegeversuch, bzw. bei niedriger Temperatur. Dabei spielt eine Rolle, dass die Fließgrenze immer auch eine Funktion dieser beiden Parameter ist (vgl. Abschnitt 6.3.2), wogegen die Spaltfestigkeit nahezu konstant ist. Das gilt in besonderem Maße für Polymere und kubisch raumzentrierte Metalle. Polymere zeigen eine starke Zunahme der Fließgrenze mit abnehmender Temperatur im Bereich der Glasübergangstemperatur (vgl. Kapitel 8), bei kubisch raumzentrierten Metallen tritt dies in der Nähe der sogenannten *Duktil-Spröd-Übergangstemperatur* auf (vgl. Abschnitt 6.3.3). Durch eine erhöhte Fließgrenze steigt die Gefahr, die Spaltbruchgrenze vor der Fließgrenze zu erreichen.

- Erhöhung der Fließgrenze von Metallen z. B. durch Legieren, Wärmebehandeln (z. B. Härten) oder Kaltverformung (vgl. Abschnitt 6.4). Dies bedeutet insbesondere, dass hochfeste Werkstoffe eher durch Spaltbruch versagen als niederfeste.

- Herabsetzen der Spaltfestigkeit σ_T durch Schwächen der atomaren Bindungen. Dieses Phänomen tritt beispielsweise auf, wenn Wasserstoff oder Schwefel in Stahl gelöst sind (s. u.).

Duktiles Werkstoffverhalten stellt sich ein, wenn zuerst die Fließgrenze erreicht wird (Bild 3.39 b), wenn also gilt:

$$\sigma_\mathrm{V}(\sigma_\mathrm{I}, \sigma_\mathrm{II}, \sigma_\mathrm{III}) = R_\mathrm{p}\,, \tag{3.74a}$$

$$\sigma_\mathrm{I} < \sigma_\mathrm{T}\,. \tag{3.74b}$$

Duktiles Verhalten kann unter anderem erreicht werden, indem mindestens eine Spannungskomponente im Druckbereich gehalten wird, wodurch der mohrsche Spannungskreis im Diagramm nach links verschoben wird. Dies wird bei Umformprozessen, wie z. B. beim Schmieden oder Walzen, ausgenutzt.

Die Spaltfestigkeit σ_T ist experimentell häufig nicht zugänglich. Beispielsweise versagen kubisch raumzentrierte Metalle selbst unterhalb der Duktil-Spröd-Übergangstemperatur, wenn sie für Spaltbruch anfällig sind, nur dann durch Spaltbruch, wenn ein dreiachsiger Zugspannungszustand vorliegt. Deshalb kann σ_T nicht im Zugversuch gemessen werden. Keramiken brechen meist dadurch, dass sich Anrisse, die schon im Material vorhanden sind, ausbreiten und so zu einem Versagen bei einer Last unterhalb von σ_T führen (siehe Abschnitt 7.3). Die bei Keramiken gemessene *Zugfestigkeit* R_m stimmt deshalb nicht mit der Spaltfestigkeit überein.

* Wasserstoffversprödung

Eine wichtige Ursache für die Versprödung hochfester metallischer Werkstoffe, insbesondere ferritischer Stähle, ist im Material gelöster Wasserstoff. Durch den Wasserstoff, der sich im Kristallgitter in den Lücken zwischen den Metallatomen befindet (*interstitiell*, vgl. Bild 6.36 auf Seite 205), werden die Atombindungen geschwächt, wodurch die Spaltfestigkeit herabgesetzt wird. Wasserstoff kann beispielsweise bei elektrochemischen Reaktionen in wässrigen Lösungen wie Korrosionsprozessen oder Galvanisieren (z. B. Verzinken von Blechen) in den Werkstoff gelangen.

> Voraussetzung für die Anreicherung von Wasserstoff im Material ist, dass dieser in atomarer Form angeboten wird, da er nur so in das Kristallgitter eindiffundieren kann. Bei den oben angesprochenen elektrochemischen Reaktionen in wässrigen Lösungen entsteht er folgendermaßen:
>
> $$\text{H}_3\text{O}^+ + \text{e}^- \longrightarrow \text{H}_2\text{O} + \text{H}\,.$$

Schweißen in feuchter Atmosphäre kann, aufgrund der damit verbundenen Zersetzung von Wassermolekülen, ebenfalls zur Eindiffusion von Wasserstoff führen. Die beim Schweißen entstehenden Zugeigenspannungen führen zu einer Aufweitung des Kristallgitters, so dass der Wasserstoff in diese Bereiche diffundiert und die Spaltfestigkeit herabsetzt. Dies kann zur Rissbildung durch die Eigenspannungen führen, ohne dass eine äußere Spannung angelegt werden muss. Da Zeit erforderlich ist, bis sich der Wasserstoff an Stellen höchster Zugbeanspruchung angereichert hat, tritt der Bruch häufig erst Stunden oder Tage nach dem Schweißvorgang auf [92]. Daher wird er auch als *verzögerter Bruch* bezeichnet. Dieser Effekt ist besonders bei hochfesten Materialien, beispielsweise Stählen, relevant, da dort die vom Material ohne plastische Verformung ertragbaren Eigenspannungen groß sind.

Gelöster Wasserstoff kann auch zu sogenannter Spannungsrisskorrosion führen. Diese wird in Abschnitt 5.2.6 diskutiert.

4 Kerben

Als *Kerben* wirken alle plötzlichen Querschnittsänderungen in Bauteilen. Häufig sind diese konstruktiv notwendig, z. B. als Lagersitz, in Form von Passfedernuten, als Sprengringaufnahmen, Bohrungen oder Gewinde für Anschlüsse. Kerben können aber auch durch die Fertigung oder den Betrieb entstehen, beispielsweise als Gusslunker, Drehriefen oder Macken. Sie führen zu Spannungskonzentrationen und können deshalb vorzeitiges Versagen verursachen, sofern sie bei der Bauteilauslegung nicht berücksichtigt werden. Die Aufgabe der in diesem Kapitel behandelten Theorien ist es, die Auswirkungen der Kerben auf die Beanspruchung des Werkstoffs abzuschätzen und so ein Werkzeug zur Auslegung von Bauteilen mit Kerben zur Verfügung zu stellen.

4.1 Kerbformzahl

Die Verteilung von Spannungen in Bauteilen kann mit Hilfe sogenannter *Kraftflusslinien* veranschaulicht werden. Die Richtung dieser Linien gibt jeweils die Richtung der größten Hauptspannung an diesem Punkt an. Ihr Abstand ist proportional zum Kehrwert der Spannung, so dass die *Kraftliniendichte* die lokal wirkende Spannung anzeigt. Jeder plötzliche Querschnittsübergang stört den Kraftfluss. An diesen Stellen müssen die Kraftflusslinien umgelenkt werden, was zu ihrer Konzentration und somit zu lokalen Spannungsüberhöhungen führt.

> Der Name *Kraftfluss* ergibt sich aus der Tatsache, dass die Spannungsverteilung innerhalb eines Bauteils analog zur Geschwindigkeitsverteilung einer laminar und reibungsfrei fließenden Flüssigkeit betrachtet werden kann. Die Spannungskonzentration an Querschnittsänderungen entspricht dabei dem gestörten Flüssigkeitsfluss an vergleichbaren Geometrien. Einen Übergang zu turbulentem Verhalten wie bei Flüssigkeiten gibt es bei Kraftflüssen nicht.

In Bild 4.1 sind die Kraftflüsse in der Nähe von verschiedenen Kerben skizziert. Betrachtet man die Kraftlinien entlang eines Querschnitts durch den Kerbgrund, so erkennt man, dass sie nicht gleichmäßig verlaufen, sondern im Kerbgrund enger aneinander stehen. Es ergibt sich also eine lokale Spannungskonzentration mit einer Maximalspannung $\sigma_{\max}$ im Kerbgrund, wie in Bild 4.2 skizziert. Die Stärke der Spannungsüberhöhung im Kerbgrund hängt von Form und Größe der Kerbe ab. Die *Kerbformzahl* α_k beschreibt diese und ist unter der Voraussetzung linear-elastischen Werkstoffverhaltens als

$$\alpha_k = \frac{\sigma_{\max}}{\sigma_{nk}} \tag{4.1}$$

definiert, wobei $\sigma_{\max}$ die maximale Spannung im Kerbgrund und σ_{nk} die *nominelle Spannung* im Kerbquerschnitt sind.[1] Diese ist größer als die nominelle Spannung außerhalb

---

1 In englischsprachigen Quellen wird die Kerbformzahl meist mit K_t bezeichnet.

© Springer Fachmedien Wiesbaden GmbH, ein Teil von Springer Nature 2019

J. Rösler et al., *Mechanisches Verhalten der Werkstoffe*, https://doi.org/10.1007/978-3-658-26802-2_4

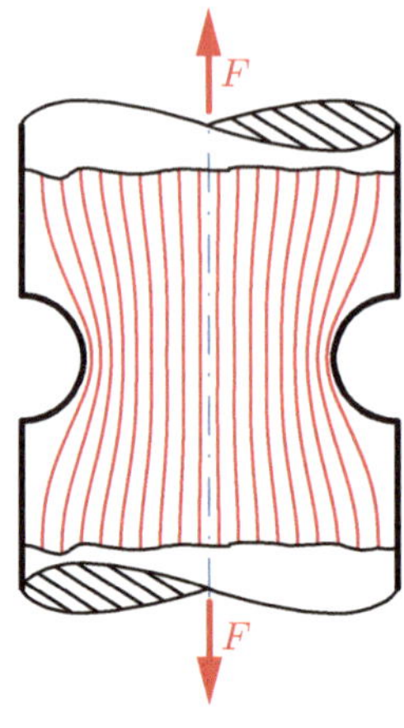

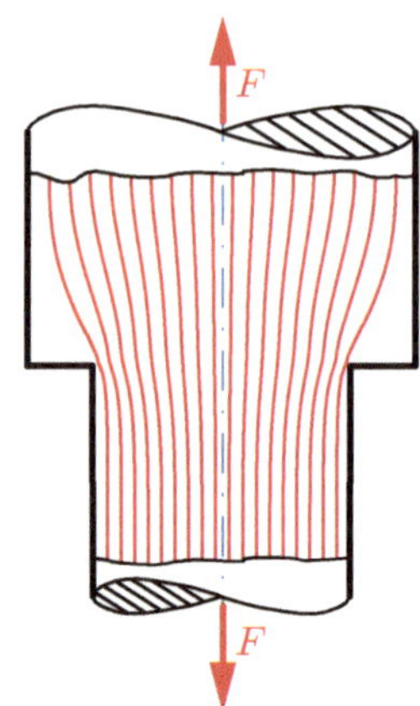

a: Umlaufender Kerb   b: Wellenabsatz

Bild 4.1: Kraftfluss in gekerbten Bauteilen. Die Flusslinien folgen der Hauptspannungsrichtung, ihre Dichte ist ein Maß für die Höhe der Spannung. Im Kerbgrund ergibt sich bei beiden Kerbformen eine Spannungskonzentration.

des gekerbten Querschnitts σ_n, da der tragende Querschnitt unter dem Kerb kleiner als im restlichen Bauteil ist.

In der Probenmitte ist die Spannung kleiner als die im Kerbquerschnitt vorliegende nominelle Spannung σ_{nk}. Das ist darin begründet, dass sich die Gesamtkraft, die im Querschnitt übertragen werden muss, nicht ändert und im Kerbgrund Spannungen vorliegen, die größer als σ_{nk} sind.

Im Zusammenhang mit Kerben wird als nominelle Spannung immer die Spannung σ_{nk} verwendet, die ohne Kerb in einem Querschnitt vorhanden wäre, der dem Kerbquerschnitt entspricht.[2] Möchte man die Spannungsüberhöhung im Kerbgrund gegenüber der nominellen Spannung außerhalb des Kerbs (σ_n oder zur Verdeutlichung $\sigma_{n\infty}$, also »unendlich weit weg« vom Kerb) betrachten, so multiplizieren sich die Erhöhung der Spannung durch den geringeren Querschnitt und die Spannungskonzentration im Kerbgrund.

Die Kenntnis der Kerbformzahl α_k ist für die Auslegung kerbbehafteter Bauteile notwendig, weshalb für verschiedene Geometrien und Belastungsfälle empirische Formeln zur Berechnung von α_k ermittelt wurden. Sie stehen in entsprechenden Tabellenwerken zur Verfügung (bspw. »Peterson's Stress Concentration Factors« [119] oder dem »Dubbel« [60]). Für eine Welle mit Umdrehungskerb unter Zugbelastung ergibt sich beispielhaft das Diagramm aus Bild 4.3. Bei den verwendeten Maßen handelt es sich um den Außendurchmesser D, den Durchmesser im gekerbten Querschnitt d, die Kerbtiefe t und den Kerbradius ϱ. Es gilt der Zusammenhang $2t = D - d$.

Als Beispiel sei eine Welle mit $D = 100\,\text{mm}$ und einem Kerb mit dem Kerbradius $\varrho = 5\,\text{mm}$ und der Tiefe $t = 5\,\text{mm}$ (halbkreisförmiger Kerb) gegeben. Der Durchmesser

---

2 In der Verwendung der nominellen Spannung im Kerbquerschnitt σ_{nk} besteht ein wichtiger Unterschied zur Bruchmechanik (Kapitel 5), bei der die nominelle Spannung immer auf den gesamten Querschnitt bezogen wird (σ_n).

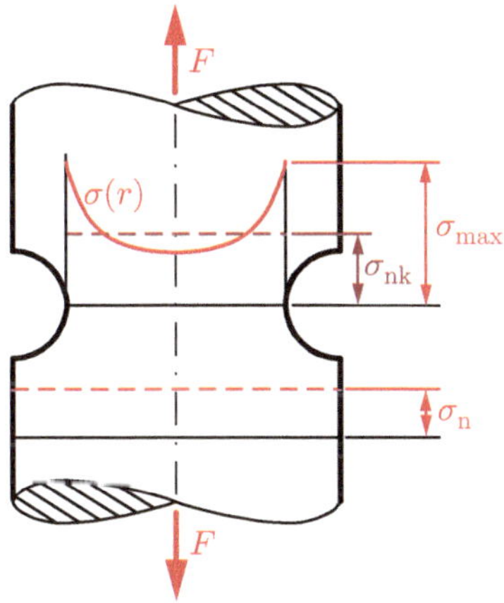

Bild 4.2: Verteilung der Längsspannung im gekerbten Querschnitt bei Zugbelastung

im Kerbgrund ergibt sich zu $d = D - 2t = 90\,\mathrm{mm}$. Mit $d/D = 0{,}9$ und $\varrho/t = 1{,}0$ kann die Kerbformzahl aus dem Diagramm zu $\alpha_\mathrm{k} \approx 2{,}7$ abgelesen werden, wie in Bild 4.3 eingezeichnet. Der genaue, rechnerische Wert ist $\alpha_\mathrm{k} = 2{,}734$.

Wir stellen uns vor, dass die Welle mit einer Zuglast von $1200\,\mathrm{kN}$ belastet wird. Die Spannung in der Welle in einiger Entfernung vom Kerb beträgt damit $152{,}8\,\mathrm{MPa}$. Wegen des kleineren Querschnitts im Kerb beträgt die nominelle Spannung hier $\sigma_\mathrm{nk} = 188{,}6\,\mathrm{MPa}$. Verhält sich das Material, wie in diesem Abschnitt bisher angenommen, linear-elastisch, so ergibt sich mit $\alpha_\mathrm{k} \approx 2{,}7$ die maximale Spannung im Kerbgrund zu $\sigma_\mathrm{max} = \alpha_\mathrm{k}\,\sigma_\mathrm{nk} = 516\,\mathrm{MPa}$.

Wenn als Werkstoffe eine Aluminiumoxid-Keramik mit $R_\mathrm{m} = 400\,\mathrm{MPa}$ und die Aluminiumlegierung AlSi 1 MgMn mit $R_\mathrm{p0,2} = 202\,\mathrm{MPa}$ und $R_\mathrm{m} = 237\,\mathrm{MPa}$ zur Verfügung stehen, so erwarten wir im Fall der Keramik Versagen, da die Spannung im Kerbgrund die Zugfestigkeit deutlich übersteigt. Auch bei der Aluminiumlegierung liegt die so berechnete Spannung über der Zugfestigkeit, so dass man auch hier Versagen erwarten könnte. Für ein duktiles Metall ist die Rechnung allerdings nicht zulässig, da Gleichung (4.1) nur für linear-elastisches Werkstoffverhalten Gültigkeit besitzt, der Werkstoff AlSi 1 MgMn aber oberhalb $R_\mathrm{p0,2} = 202\,\mathrm{MPa}$ plastifiziert, wodurch die Dehnungen im Kerbgrund lokal zunehmen und sich die Spannungsüberhöhung im Kerbgrund verringert. Welche Beanspruchung im Kerbgrund tatsächlich vorliegt und ob sie vom Werkstoff ertragen werden kann, lässt sich mit den bisherigen Überlegungen nicht klären. Die im Folgenden besprochene Neuber-Regel ermöglicht hierzu eine einfache Abschätzung.

4.2   Neuber-Regel

Die Kerbformzahl α_k wurde im vorherigen Abschnitt in Gleichung (4.1) für linear-elastische Werkstoffe eingeführt. Wie das obige Beispiel zeigt, kann sie im Fall duktiler Werkstoffe nicht ohne Weiteres eingesetzt werden, da die Plastifizierung die Spannung im Kerbgrund abbauen kann. In diesem Abschnitt wird erläutert, wie der Einfluss eines

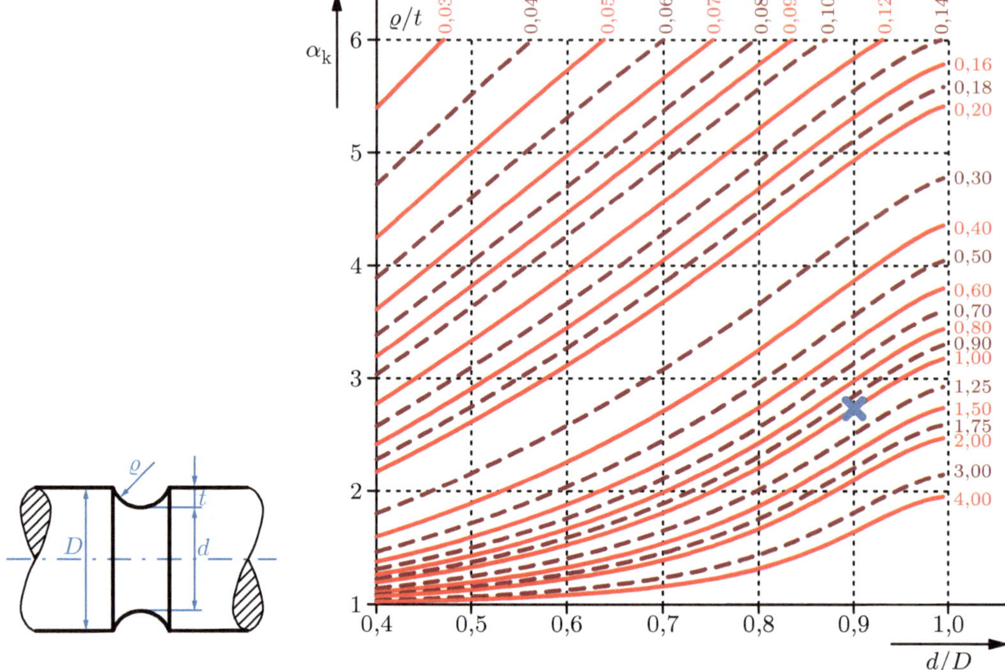

Bild 4.3: Diagramm zur Bestimmung der Kerbformzahl α_k einer Welle mit Umdrehungskerb bei Zugbelastung (nach [60]). Aus den Linien im Diagramm wird diejenige mit dem richtigen ϱ/t-Verhältnis herausgesucht. Anschließend wird der Schnittpunkt mit der Senkrechten zum Verhältnis d/D bestimmt. An der linken Seite kann dann α_k abgelesen werden. Das blaue Kreuz kennzeichnet einen im Text diskutierten Beispielpunkt.

Kerbs auch für einen duktilen Werkstoff berechnet werden kann.

Da die Kerbformzahl mit Hilfe von Spannungen berechnet wird, wird sie jetzt als $\alpha_{\mathrm{k},\sigma}$ bezeichnet, so dass sich

$$\alpha_{\mathrm{k},\sigma} = \frac{\sigma_{\max}}{\sigma_{\mathrm{nk}}} \tag{4.2}$$

ergibt. Diese Formel lässt sich auf Dehnungen übertragen:

$$\alpha_{\mathrm{k},\varepsilon} = \frac{\varepsilon_{\max}}{\varepsilon_{\mathrm{nk}}}\,, \tag{4.3}$$

wobei $\varepsilon_{\mathrm{nk}}$ die Dehnung ist, die bei einer Belastung mit σ_{nk} vorliegen würde. $\varepsilon_{\max}$ ist die maximale Dehnung im gekerbten Querschnitt. Für linear-elastische Werkstoffe gilt $\alpha_{\mathrm{k},\sigma} = \alpha_{\mathrm{k},\varepsilon}$. Übersteigt $\sigma_{\max}$ die Dehngrenze des Materials,[3] plastifiziert der Werkstoff im Kerbgrund, und das hookesche Gesetz gilt dort nicht mehr. Wie in Bild 4.4 veranschaulicht, führt dies dazu, dass $\varepsilon_{\max}$ größer ausfällt als im rein elastischen Fall. Die

---

3 Dabei ist angenommen, dass σ_{nk} die Dehngrenze des Materials nicht erreicht.

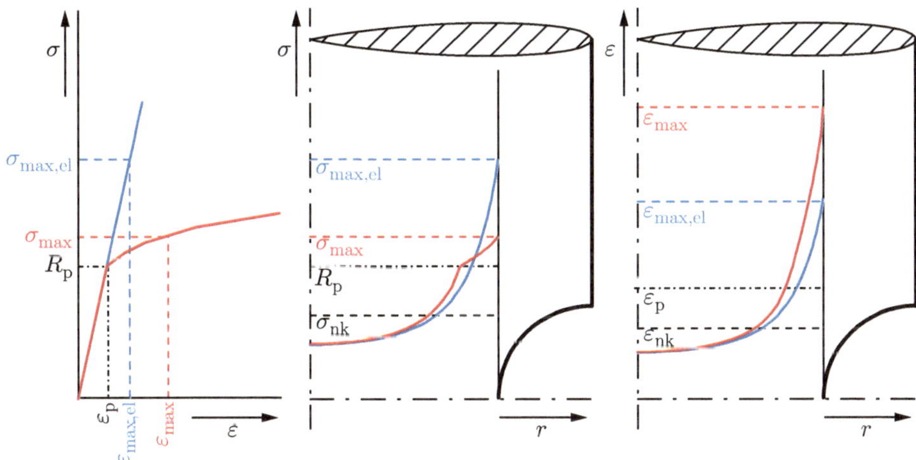

Bild 4.4: Darstellung der Längsspannung und Längsdehnung im Kerbquerschnitt einer gekerbten Probe für zwei Materialgesetze: Linear-elastisch (blau dargestellte Kurven) und elastisch-plastisch (rote Linien). Angegeben sind Nennspannung und -dehnung (σ_{nk}, $\varepsilon_{\mathrm{nk}}$) sowie die maximalen Kennwerte im linear-elastischen ($\sigma_{\mathrm{max,el}}$, $\varepsilon_{\mathrm{max,el}}$) bzw. elastisch-plastischen Fall (σ_{max}, $\varepsilon_{\mathrm{max}}$).

maximale Spannung σ_{max} ist dagegen aufgrund der damit verbundenen lokalen Entlastung geringer. Es gilt somit $\alpha_{\mathrm{k},\sigma} < \alpha_{\mathrm{k},\varepsilon}$. Zunächst bleiben aber die Zahlenwerte für $\alpha_{\mathrm{k},\sigma}$ und $\alpha_{\mathrm{k},\varepsilon}$ unbekannt.

Streng genommen müssten aufgrund der Mehrachsigkeit des Spannungsfelds Vergleichswerte (z. B. nach von Mises) zur Berechnung der Spannungen und Dehnungen verwendet werden. Auch gilt $\alpha_{\mathrm{k},\sigma} = \alpha_{\mathrm{k},\varepsilon}$ aufgrund der Querkontraktion durch die Radial- und die Umfangsspannung nur näherungsweise. Für ingenieurmäßige Genauigkeiten ist aber – gerade unter Berücksichtigung der Streuung der Werkstoffkennwerte – eine einachsige Betrachtung ausreichend. Auf die Mehrachsigkeit der Spannung im Kerbquerschnitt wird in Abschnitt 4.3 näher eingegangen.

Ein von Neuber begründeter Ansatz ist, dass sich auch bei Plastifizierung das geometrische Mittel von $\alpha_{\mathrm{k},\varepsilon}$ und $\alpha_{\mathrm{k},\sigma}$ nicht ändert, so dass

$$\alpha_{\mathrm{k},\varepsilon} \cdot \alpha_{\mathrm{k},\sigma} = \alpha_{\mathrm{k}}^2 \tag{4.4}$$

gilt [114]. Bild 4.5 zeigt qualitativ den Verlauf von $\alpha_{\mathrm{k},\varepsilon}$ und $\alpha_{\mathrm{k},\sigma}$ bei zunehmender Beanspruchung. Bis zum Erreichen der Dehngrenze sind beide gleich, danach nimmt $\alpha_{\mathrm{k},\varepsilon}$ durch die Plastifizierung zu und $\alpha_{\mathrm{k},\sigma}$ ab. Setzt man die Gleichungen (4.2) und (4.3) in Gleichung (4.4) ein, so ergibt sich

$$\frac{\varepsilon_{\mathrm{max}}}{\varepsilon_{\mathrm{nk}}} \cdot \frac{\sigma_{\mathrm{max}}}{\sigma_{\mathrm{nk}}} = \alpha_{\mathrm{k}}^2 \, .$$

Setzt man voraus, dass die Nennspannung σ_{nk} im elastischen Bereich liegt, so folgt daraus

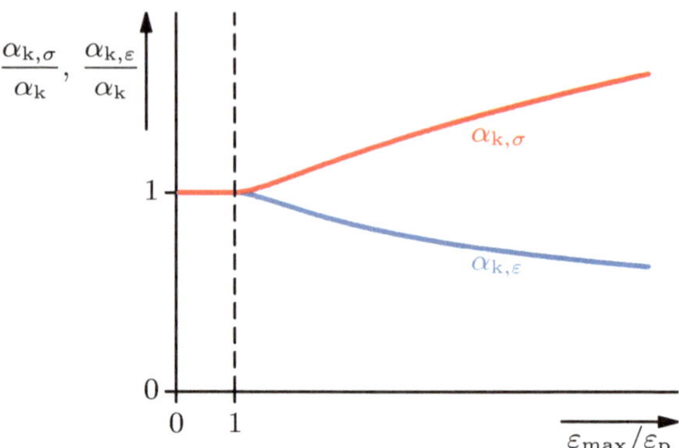

Bild 4.5: Qualitativer Verlauf der Kerbformzahlen in Abhängigkeit von der Belastung. ε_p ist die Dehnung bei Erreichen der Dehngrenze R_p im Kerbgrund.

mit Hilfe des hookeschen Gesetzes $\varepsilon_\mathrm{nk} = \sigma_\mathrm{nk}/E$ die *Neuber-Regel*

$$\varepsilon_\mathrm{max} \cdot \sigma_\mathrm{max} = \frac{\sigma_\mathrm{nk}^2}{E}\alpha_\mathrm{k}^2 \,. \tag{4.5}$$

Für eine bestimmte äußere Last und Geometrie muss nach Neuber im Kerbgrund diese Gleichung gelten.

Die Neuber-Regel kann als Näherungsformel hergeleitet werden. Für den Fall einer parabelförmigen Kerbe ergibt sich bei Annahme einer einfachen Beziehung für die plastische Spannungs-Dehnungs-Kurve eine Formel, die im Grenzfall eines sehr scharfen Kerbs auf die Neuber-Regel führt. Für größere Kerbradien ergibt in diesem Fall die Neuber-Regel eine konservative Abschätzung der Spannungen und Dehnungen, d. h., diese werden überschätzt [114]. Generell gilt, dass in den meisten Fällen, auch bei anderen Kerbgeometrien, die Neuber-Regel die auftretenden Spannungen und Dehnungen überschätzt [61].

Fasst man den Spannungszustand im Kerbgrund als näherungsweise einachsig[4] auf, so muss das Material dort dem im Zugversuch ermittelten Spannungs-Dehnungs-Diagramm gehorchen. Damit ist ein weiterer Zusammenhang zwischen σ_max und ε_max gegeben, so dass beide Größen eindeutig bestimmbar sind. Graphisch ergibt Gleichung (4.5) eine Hyperbel im σ-ε-Raum des Spannungs-Dehnungs-Diagramms, da für einen gegebenen Belastungsfall ihre rechte Seite konstant ist. Die im Kerbgrund vorhandene Spannung und die Dehnung ergeben sich aus dem Schnittpunkt der Hyperbel mit der Spannungs-Dehnungs-Kurve, wie in Bild 4.6 skizziert.

Hier wird das Beispiel von Seite 122 noch einmal aufgegriffen, wobei die Spannungs-Dehnungs-Kurve von AlSi 1 MgMn in Bild 4.6 dargestellt ist. Mit $\sigma_\mathrm{nk} = 188{,}6\,\mathrm{MPa}$ und

---

4 In Wirklichkeit ist der Spannungszustand im Kerbgrund zweiachsig (die Radialspannung ist an der Oberfläche null), so dass sich mit der Fließbedingung nach Tresca kein Unterschied zum einachsigen Fall ergibt. Mit der Fließbedingung nach von Mises besteht ein geringer Unterschied, der hier vernachlässigt wird.

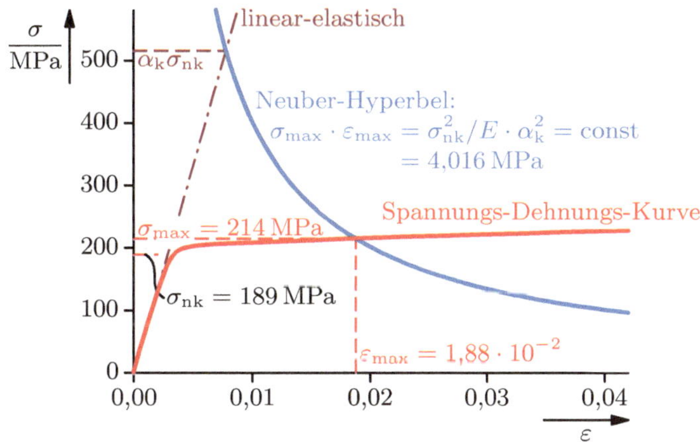

Bild 4.6: Bestimmung von σ_{max} und ε_{max} mit Hilfe der Neuber-Regel. Die eingezeichneten Zahlenwerte gelten für die Beispielrechnung (AlSi 1 MgMn).

einem Elastizitätsmodul $E = 66\,200\,\text{MPa}$ ergibt sich aus Gleichung (4.5),

$$\sigma_{\text{max}} \cdot \varepsilon_{\text{max}} = \frac{(188{,}6\,\text{MPa})^2}{66\,200\,\text{MPa}} \cdot 2{,}734^2 \approx 4{,}016\,\text{MPa} \,,$$

die im Bild eingetragene Neuber-Hyperbel. Durch Ablesen des Schnittpunkts im Diagramm erhält man $\sigma_{\text{max}} = 214\,\text{MPa}$ und $\varepsilon_{\text{max}} = 1{,}88 \cdot 10^{-2}$. Da σ_{max} deutlich kleiner als die Zugfestigkeit $R_{\text{m}} = 237\,\text{MPa}$ ist und die plastische Dehnung von ca. $1{,}88 \cdot 10^{-2}$ im Vergleich zur Bruchdehnung $(A = 0{,}17)$ gering ist, hält das Material im Kerbgrund der Beanspruchung stand. Damit erträgt das im ungekerbten Fall schwächere Metall mit Kerb eine höhere Belastung als die Keramik.

Die eben durchgeführten Überlegungen haben gezeigt, dass das Bauteil trotz der Plastifizierung im Kerbgrund nicht bricht. Wohl ist aber eine lokale plastische Verformung vorhanden. Da sie nur in einem sehr kleinen Bereich stattgefunden hat, ist die aus ihr folgende globale Verformung dennoch sehr gering, so dass eine begrenzte Plastifizierung im Kerbgrund zugelassen werden kann.

Zusammenfassend lässt sich sagen, dass bei gekerbten Bauteilen der festere Werkstoff nicht immer die beste Wahl ist, da weichere Materialien oft größere plastische Reserven besitzen. Diese Tatsache spielt bei zyklischer Belastung, die in Kapitel 10 behandelt wird, eine noch größere Rolle als im statischen Fall.

*4.3   Kerbeinfluss im Zugversuch

In diesem Abschnitt wird diskutiert, welchen Einfluss ein Kerb auf das Verhalten eines Zugstabs besitzt. Dazu werden Messdaten an einem glatten und einem gekerbten Zugstab entsprechend Bild 4.7 aus der Aluminiumlegierung AlSi 1 MgMn untersucht. Folgende Maße werden verwendet: Der Durchmesser $d = 8\,\text{mm}$ der ungekerbten Probe entspricht

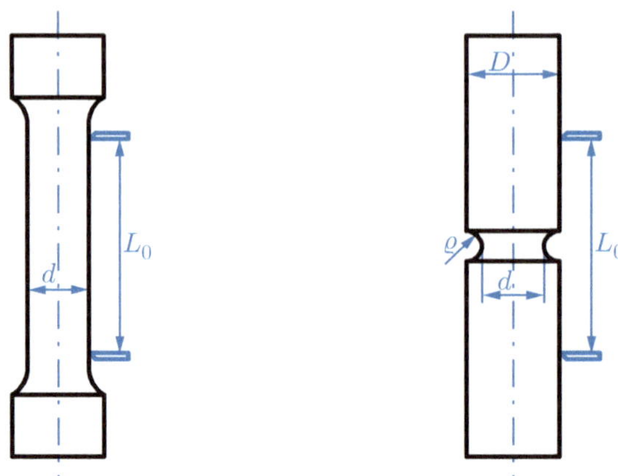

Bild 4.7: Ungekerbter und gekerbter Zugstab

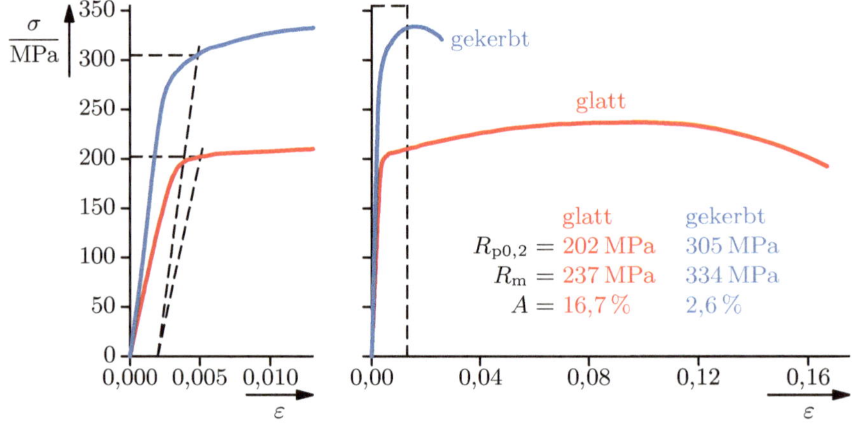

Bild 4.8: Spannungs-Dehnungs-Kurven für einen glatten und einen gekerbten Zugstab. Links
    eine Ausschnittsvergrößerung.

dem der gekerbten Probe im Kerb d. Weiter gilt für den Außendurchmesser des gekerbten
Stabes $D = 1{,}5d = 12\,\mathrm{mm}$ sowie für den Kerbradius $\varrho = 0{,}25d = 2\,\mathrm{mm}$. Die Kerbtiefe
ist somit $t = \varrho$. Aus Diagramm 4.3 ergibt sich daraus die Kerbformzahl $\alpha_\mathrm{k} = 1{,}70$. Die
Messlänge wird auf $L_0 = 5d = 40\,\mathrm{mm}$ festgelegt.

Bild 4.8 zeigt die gemessenen Spannungs-Dehnungs-Diagramme. Dabei wurden die
technische Dehnung $\varepsilon = \Delta L/L_0$ entsprechend Bild 4.7 sowie die technische Spannung
$\sigma = F/(\pi d^2/4)$ verwendet. Es ist zu beachten, dass für die Berechnung der *nominellen
Spannung* bei beiden Probengeometrien der Querschnitt an der engsten Stelle verwendet
wird. Aus diesem Grund beschreiben die angegebenen Zahlenwerte die im gekerbten
Zugstab wirklich auftretenden Spannungen und Dehnungen nicht. Als Vergleichswerte
für eine bezogene Steifigkeit und eine bezogene Festigkeit können sie aber verwendet
werden.

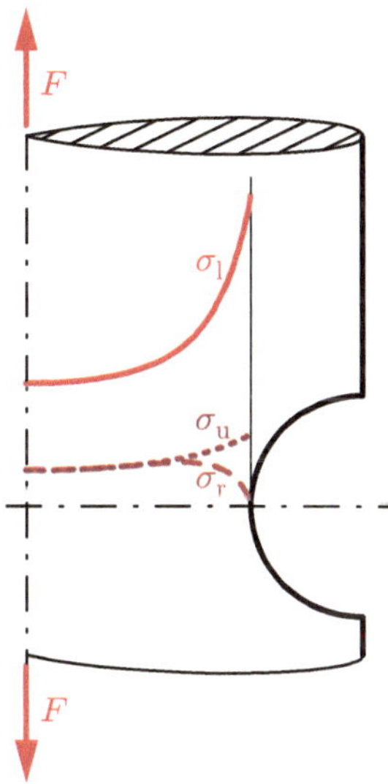

Bild 4.9: Spannungsverteilung für einen rein elastischen Spannungszustand

Im Folgenden werden die Unterschiede der beiden Spannungs-Dehnungs-Kurven im Einzelnen untersucht:

Zunächst fällt auf, dass die elastische Steifigkeit der gekerbten Probe höher als die der ungekerbten Probe ist. Das ist darin begründet, dass die ungekerbte Probe über die gesamte Messlänge den konstanten Querschnitt $S_\mathrm{glatt} = \pi d^2/4$ besitzt. Die gekerbte Probe hat hingegen im überwiegenden Teil der Messlänge eine größere Querschnittsfläche von $S_\mathrm{Kerb} = \pi D^2/4 = 2{,}25 S_\mathrm{glatt}$, die folglich eine höhere Probensteifigkeit nach sich zieht.

Nennenswertes plastisches Fließen tritt bei der gekerbten Probe bei einer höheren nominellen Spannung ein als bei der ungekerbten Probe. Um dieses Phänomen zu erklären, müssen die Spannungsverhältnisse genauer untersucht werden. In der ungekerbten Probe herrscht ein einachsiger Zugspannungszustand, so dass die Probe zu plastifizieren beginnt, wenn für die Längsspannung $\sigma_\mathrm{l} = R_\mathrm{p}$ gilt. Beim gekerbten Stab bildet sich im Kerbquerschnitt ein komplizierterer Spannungszustand aus. Die Längsspannung σ_l besitzt zunächst eine Verteilung entsprechend Bild 4.2. Zusätzlich bilden sich jedoch auch Spannungen in radialer und in Umfangsrichtung (σ_r bzw. σ_u). Bild 4.9 zeigt die drei Spannungen für ein rein elastisches Spannungsfeld, bei dem auch im Kerbgrund noch keine Plastifizierung stattgefunden hat. Im Kerbgrund ist die Längsspannung σ_l maximal. Die Radialspannung σ_r muss aber auf Null abfallen, da keine Spannungen über die Probenoberfläche übertragen werden können. Somit ergibt sich ein zweiachsiger Zugspannungszustand. Bei diesem ist die Plastifizierung nur wenig behindert, so dass Fließen bei $\sigma_\mathrm{l} \approx R_\mathrm{p}$ stattfindet.[5] Durch die Überhöhung der Längsspannung im Kerbgrund findet

---

5 Verwendet man die Fließbedingung nach Tresca, so gilt als Fließbedingung $\sigma_\mathrm{l} = R_\mathrm{p}$. Bei der Verwendung der Fließbedingung nach von Mises ergibt sich $\sqrt{1/2 \cdot \left[(\sigma_\mathrm{l} - \sigma_\mathrm{u})^2 + \sigma_\mathrm{l}^2 + \sigma_\mathrm{u}^2\right]} = R_\mathrm{p}$. Je nach dem Wert der Umfangsspannung ergeben sich hier Längsspannungen, bei denen Fließen eintritt, die bis maximal 15,5 % über denen der trescaschen Fließbedingung liegen (siehe Abschnitt 3.3.1).

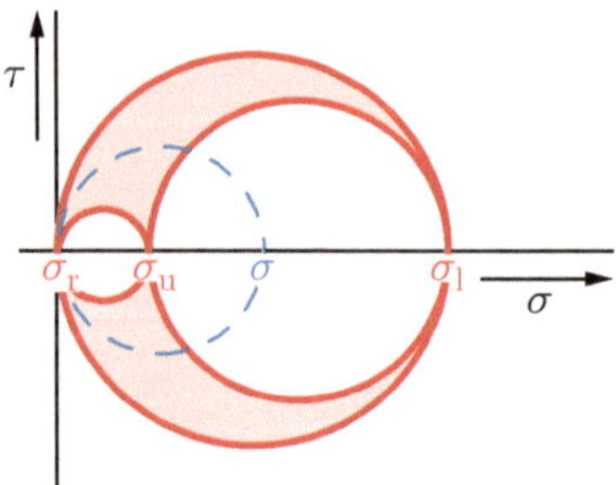

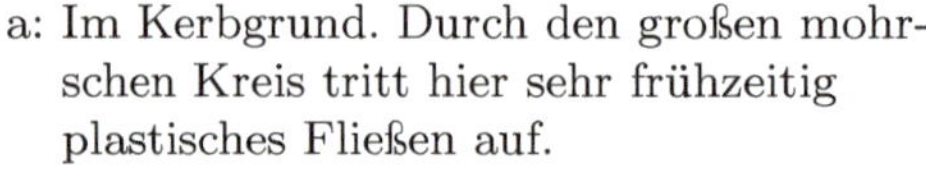

a: Im Kerbgrund. Durch den großen mohrschen Kreis tritt hier sehr frühzeitig
plastisches Fließen auf.

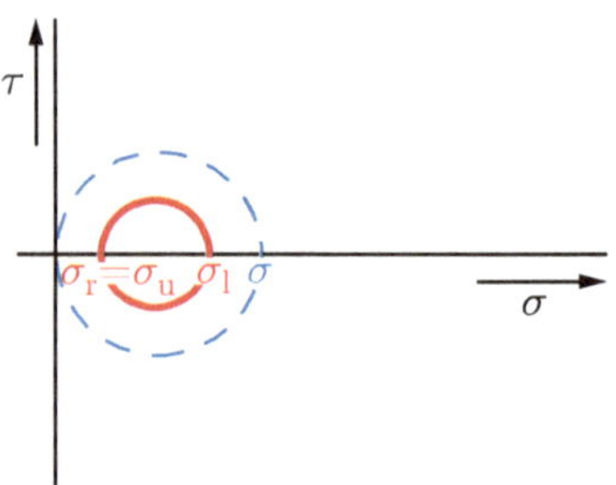

b: Im Probeninneren. Der mohrsche Kreis
ist aufgrund der Dreiachsigkeit des
Spannungsfelds sehr klein. Folglich ist
plastisches Fließen stark behindert.

Bild 4.10: Mohrsche Spannungskreise des gekerbten (rote Linien) und des ungekerbten Zugstabs (blaue Linien) für rein elastisches Werkstoffverhalten bei gleicher äußerer
Kraft

dort lokal sehr frühzeitig plastisches Fließen statt, wie schon in Abschnitt 4.2 erläutert
und in Bild 4.10 a skizziert. Im Probeninneren herrscht hingegen ein dreiachsiger Zugspannungszustand, bei dem eine deutlich höhere äußere Kraft angelegt werden muss, um
eine Plastifizierung zu erreichen (vgl. Bild 4.10 b).

Die maximale äußere Kraft während der Zugversuche ist im gekerbten Fall höher als
im ungekerbten Fall. Der Grund hierfür liegt wiederum im dreiachsigen Zugspannungszustand in der gekerbten Probe und lässt sich analog zum Fließbeginn erklären. Dabei ist
zu beachten, dass der Durchmesser des ungekerbten Zugstabs dem Durchmesser im Kerbgrund des gekerbten Zugstabs entspricht. Es darf also keinesfalls vermutet werden, dass
die maximal zulässige Zugkraft eines Stabes durch das Einbringen eines Kerbs erhöht
werden kann.

Die bis zum Bruch auftretenden, technischen Dehnungen sind bei der ungekerbten
Probe deutlich größer als bei der gekerbten. Das ist in der großen Messlänge der Dehnung
begründet. Bei der ungekerbten Probe findet die plastische Verformung zunächst (bis
zum Beginn der Einschnürung) auf der gesamten Messlänge statt, so dass die gemessene
Dehnung der wirklich auftretenden Dehnung im Material entspricht. Bei der gekerbten
Probe findet die Plastifizierung lokal innerhalb des gekerbten Querschnitts statt. Dort
treten große plastische Dehnungen auf, während der Rest der Probe elastisch bleibt und
somit nur wenig gedehnt wird. Würde, wie schon in Abschnitt 3.2.2 erläutert, die Dehnung
lokal gemessen werden, wäre der Unterschied der Dehnungen geringer.

5 Bruchmechanik

5.1 Einführung in die Bruchmechanik

Bauteile können aus verschiedenen Gründen Anrisse bzw. rissartige Defekte aufweisen. Mögliche Ursachen sind Bearbeitungsfehler, Anrissbildung durch zyklische (siehe Kapitel 10) oder korrosive Beanspruchung sowie herstellungsbedingte Fehler, wie z. B. Gusslunker in Metallen oder Sinterporen in Keramiken (Beispiele in Bild 5.1).[1] Auch von Partikeln, wie z. B. Ausscheidungen, können Risse ausgehen. Sie haben zum einen häufig eine ungünstige Geometrie (z. B. plattenförmig, scharfkantig). Zum anderen kommt es bei Ihnen häufig zu frühzeitigem Versagen, indem sie aus der Matrix herausgelöst werden oder im Inneren brechen. In allen diesen Fällen ist es nicht mehr ausreichend, Bauteile gegen die Dehngrenze auszulegen, da Versagen durch Rissfortschritt bereits bei deutlich geringerer Beanspruchung auftreten kann. Die *Bruchmechanik* behandelt diese Problematik. Dabei sollen insbesondere Aussagen darüber gewonnen werden, wie und bei welcher Belastung Rissausbreitung stattfindet, um so eine sichere Bauteilauslegung zu ermöglichen. Risse können dabei als besonders (bzw. unendlich) scharfe Kerben angesehen werden. Da dadurch das theoretische Spannungsfeld an der Rissspitze singulär wird, sind die für Kerben angewandten Methoden bei Rissen nicht zweckmäßig. Die Methoden der Bruchmechanik sind in der Lage, die auftretenden Unendlichkeiten mathematisch zu behandeln.

In den folgenden Abschnitten wird eine monoton steigende oder statische Belastung vorausgesetzt. Die Anwendung der Bruchmechanik bei zyklischer Beanspruchung ist Gegenstand von Abschnitt 10.6.1.

5.1.1 Begriffsdefinitionen

Wie bereits gesagt, beschäftigt sich die Bruchmechanik mit dem *Fortschreiten von Rissen*, der *Rissausbreitung*. Ein Riss, der nicht fortschreitet, heißt *stationär* und führt nicht zu einem Bauteilversagen.

Die Bruchmechanik verwendet kontinuumsmechanische Methoden und ist deshalb nur gültig, wenn alle Längendimensionen groß gegenüber der mikrostrukturellen Längenskala, wie z. B. der Korngröße, sind.

In der Bruchmechanik werden drei charakteristische Belastungsfälle unterschieden, die sich durch die Lage des Spannungsfelds zum Riss auszeichnen. Sie werden mit *Modus I* bis *III* bezeichnet. Beim Modus I ist die größte Normalspannung σ_{I} senkrecht zu den Rissflächen ausgerichtet, wie in Bild 5.2 a skizziert. Zugspannungen öffnen den Riss, so dass sich die Rissflanken nicht mehr berühren. Druckspannungen schließen den Riss, so dass die Kräfte weitgehend ungestört übertragen werden können, als wäre kein Riss

---

1 Insbesondere letztgenannte Defekte sind keine Risse im strengen Sinne. Zum Teil weisen sie aber sehr scharfe Rundungsradien auf, so dass man sie trotzdem häufig wie Risse behandelt.

© Springer Fachmedien Wiesbaden GmbH, ein Teil von Springer Nature 2019
J. Rösler et al., *Mechanisches Verhalten der Werkstoffe*, https://doi.org/10.1007/978-3-658-26802-2_5

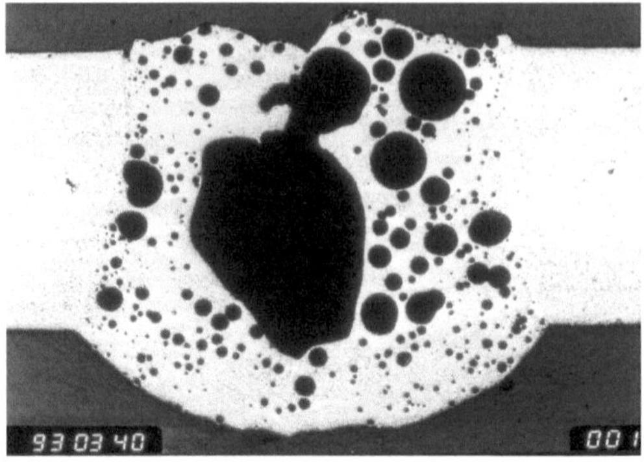

a: Schweißnaht in Aluminiumdruckguss.
Institut für Füge- und Schweißtechnik,
TU Braunschweig

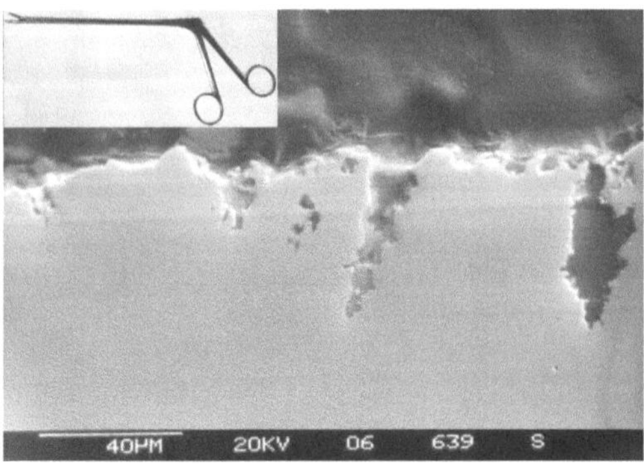

b: Korrosionsangriff an einer Hohlmeißelzan-
ge aus einem nichtrostenden martensitischen Chromstahl

c: Schlackeeinschluss in einem Schmiedege-
häuse

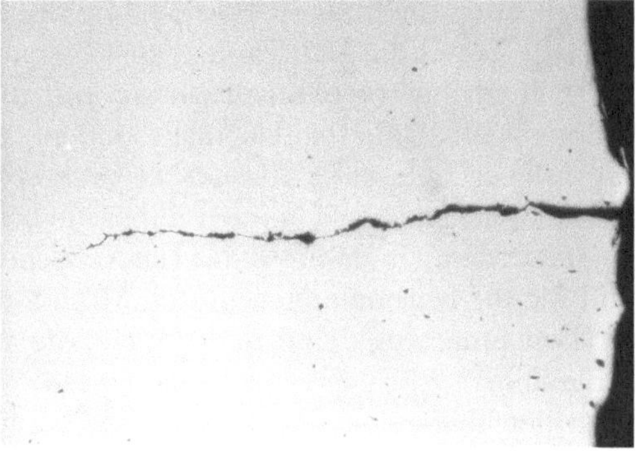

d: Riss in einer Pleuelstange

Bild 5.1: Beispiele für Anrisse und andere Schädigungen, von denen Anrisse ausgehen können

vorhanden. Die Modi II und III stellen unterschiedlich orientierte Schubbelastungen der
Rissflanken dar (Bilder 5.2 b und 5.2 c). Sie öffnen den Riss nicht. Beim Aufbringen einer
Last reiben die Rissflanken übereinander, so dass die äußere Arbeit teilweise in Reibarbeit
umgesetzt wird. Es können auch Mischformen der unterschiedlichen Modi auftreten. Wie
später gezeigt wird, spielen Energiebilanzen beim Rissfortschritt eine große Rolle. Da
die in Reibung umgesetzte Arbeit nicht mehr für den Rissfortschritt zur Verfügung steht,
wächst der Riss im Modus I bei geringeren Lasten als in den Modi II und III. Unabhängig
von der Anfangsorientierung richtet sich ein Riss im Laufe seines Fortschritts deshalb
senkrecht zur größten Hauptspannung (d. h. in Modus I) aus, sofern Spannungsfeld und
Werkstoff homogen sind. Der Riss »sucht« sich sozusagen den Modus I. Aus diesem Grund
ist diese Beanspruchungsart, auf die wir uns im Folgenden beschränken, von besonderem
technischen Interesse. Bestimmend für das Werkstoffverhalten bei Rissausbreitung ist
somit immer die größte Hauptspannung σ_I.

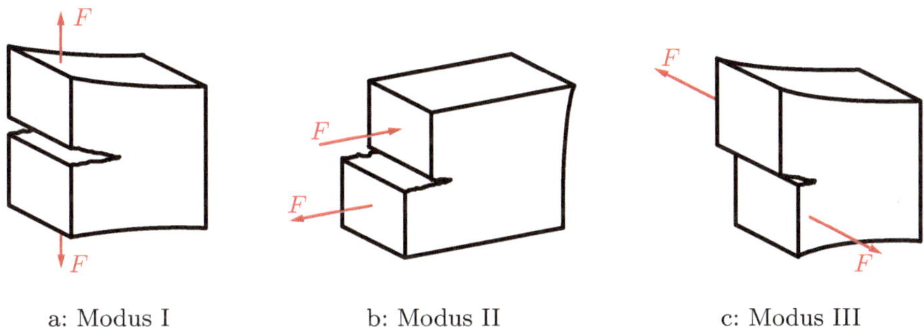

Bild 5.2: Beanspruchungsarten der Bruchmechanik

Wenn ein Riss fortschreitet, kann dies durch Gleitbruch, Spaltbruch oder Mischformen aus beiden erfolgen. Entsprechend ergeben sich mikroskopische Bruchbilder, wie in Abschnitt 3.5 beschrieben. Ein Bauteilbruch, der durch Rissfortschritt vor Erreichen der Dehngrenze stattgefunden hat, ist makroskopisch meist verformungsarm, da sich eventuell auftretende plastische Verformungen auf den Bereich der Rissfront konzentrieren.

5.2 Linear-elastische Bruchmechanik

Wie der Name schon sagt, ist linear-elastisches Werkstoffverhalten die Voraussetzung für die Anwendbarkeit der in diesem Abschnitt vorgestellten Theorie der *linear-elastischen Bruchmechanik* (LEBM). Streng genommen ist diese Bedingung nur bei spröden Werkstoffen, wie z. B. Keramiken, erfüllt. Näherungsweise gilt sie allerdings auch bei duktilen Materialien, wenn die plastische Zone auf ein kleines Gebiet um die Rissspitze konzentriert ist. Das ist der Grund, warum die linear-elastische Bruchmechanik auch bei der Behandlung von Rissen in Metallen breite Anwendung findet.

Zunächst werden das Spannungsfeld an der Rissspitze sowie die Energien bei Rissfortschritt betrachtet. Anschließend wird auf die Auslegung von Bauteilen gegen Rissfortschritt und die experimentelle Bestimmung relevanter Werkstoffkenngrößen eingegangen.

5.2.1 Spannungsfeld an der Rissspitze

Ein Riss kann als unendlich scharfer Kerb angesehen werden. Lässt man zur Abschätzung der Maximalspannung den Kerbradius ϱ gegen Null gehen, so geht die Kerbformzahl α_k und somit auch die theoretische maximale Spannung an der Rissspitze gegen Unendlich.[2] Das Spannungsfeld wird also an der Rissfront bzw. Rissspitze singulär.[3] Da das Spannungsfeld an der Rissspitze für alle Bauteilgeometrien immer ähnlich ist, wird zunächst

---

2 Für sehr kleine Kerbradien ist die Berechnung der Kerbformzahl α_k problematisch. Dort werden die Methoden der Bruchmechanik genauer. Die prinzipielle Tatsache der Singularität wird aber auch von α_k richtig erfasst.

3 Dies bedeutet jedoch nicht, dass die Kraft auf die Atombindungen der Atome an der Rissspitze unendlich groß wird (siehe Aufgabe 14).

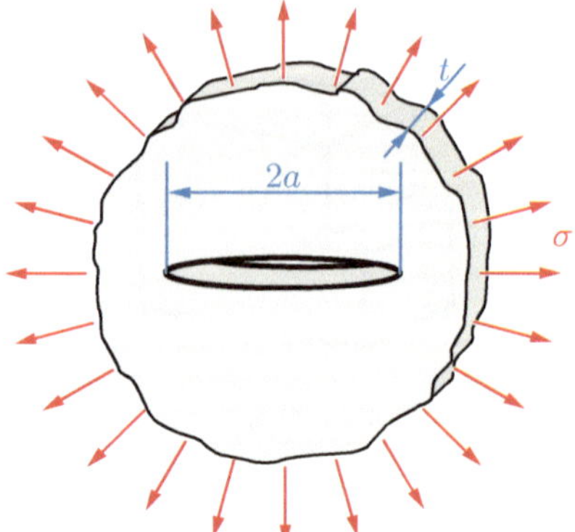

Bild 5.3: Unendlich ausgedehnte Scheibe mit Innenriss, der durch die Belastung geöffnet ist

eine Geometrie betrachtet, von der die Spannungsverteilungen für andere Geometrien abgeleitet werden können. Es wird eine unendlich ausgedehnte Scheibe der Dicke t betrachtet, die im Inneren einen Riss der Länge $2a$ besitzt und allseitig mit der Spannung σ belastet ist (Bild 5.3). Es gelte der ebene Spannungszustand[4], und das Material sei linear-elastisch, homogen und isotrop. Diese Konfiguration wird als *Griffith-Riss* bezeichnet und ist im Modus I belastet, da keine Schubspannungen in der Ebene des Risses auftreten. Der Spannungszustand in der gesamten Scheibe kann analytisch berechnet werden. Vernachlässigt man Glieder, die in der Nähe der Rissspitzen klein sind, so kann man daraus für das Nahfeld an den Rissspitzen folgende Näherungsgleichungen entwickeln [77, 158]:

$$\tilde{\sigma}_{11}(r,\varphi) = \frac{K_{\mathrm{I}}}{\sqrt{2\pi r}} \cos\frac{\varphi}{2} \left[1 - \sin\frac{\varphi}{2}\sin\frac{3\varphi}{2} \right],$$

$$\tilde{\sigma}_{22}(r,\varphi) = \frac{K_{\mathrm{I}}}{\sqrt{2\pi r}} \cos\frac{\varphi}{2} \left[1 + \sin\frac{\varphi}{2}\sin\frac{3\varphi}{2} \right], \tag{5.1}$$

$$\tilde{\tau}_{12}(r,\varphi) = \frac{K_{\mathrm{I}}}{\sqrt{2\pi r}} \cos\frac{\varphi}{2} \sin\frac{\varphi}{2} \cos\frac{3\varphi}{2}.$$

Die Größen r und φ sind die Koordinaten des polaren Koordinatensystems mit dem Ursprung an der Rissspitze (Bild 5.4), wobei die Tilde auf den Spannungen angibt, dass es sich um Näherungen handelt. Der *Spannungsintensitätsfaktor* K_{I} ergibt sich mit der äußeren Spannung σ zu

$$K_{\mathrm{I}} = \sigma\sqrt{\pi a}\, Y. \tag{5.2}$$

Der Index I steht für den Modus I. Y ist der *Geometriefaktor*, der den Einfluss unterschiedlicher Rissgeometrien berücksichtigt und für den betrachteten Fall 1 ist. Auf ihn wird ab Seite 142 näher eingegangen. Alle weiteren Terme der Gleichungen stellen die räumliche Verteilung der Spannungen dar, so dass allein der Spannungsintensitätsfaktor das Spannungsniveau vor der Rissspitze bestimmt. Die Spannungsfunktionen weisen da-

---

4 Der ebene Spannungszustand kann angenommen werden, wenn die Dicke viel kleiner als alle anderen relevanten Abmessungen ist. In diesem Fall muss also $t \ll a$ gelten.

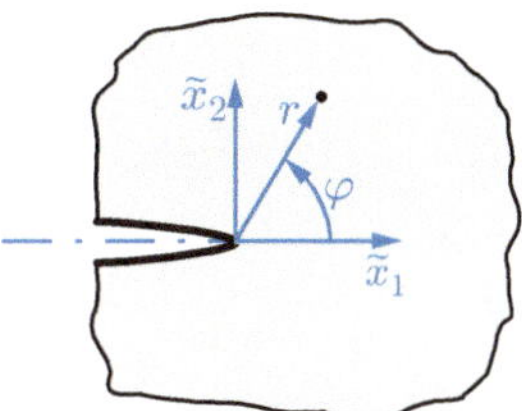

Bild 5.4: Koordinatensystem an der Rissspitze

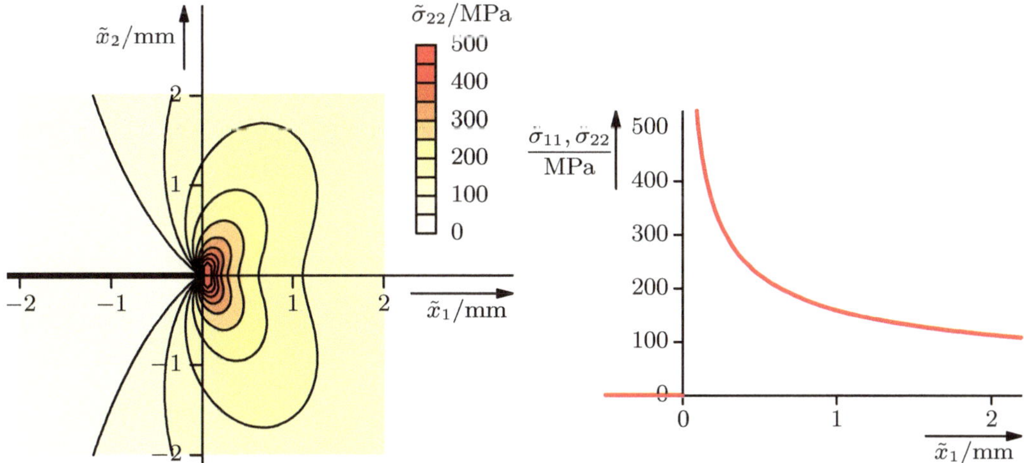

a: Spannungsverteilung

b: Verlauf entlang der $\tilde{x}_1$-Achse ($\varphi = 0$). Auf der $\tilde{x}_1$-Achse ist die $\tilde{\sigma}_{11}$-Komponente identisch mit der $\tilde{\sigma}_{22}$-Komponente.

Bild 5.5: σ_{22}-Spannungsverlauf im Nahfeld vor der Rissspitze. Der Riss der Länge $2a = 10\,\text{mm}$ verläuft entlang der negativen $\tilde{x}_1$-Achse und endet im Ursprung des Koordinatensystems entsprechend Bild 5.4. Das Material ist mit einer Spannung von $\sigma = 100\,\text{MPa}$ belastet.

durch, dass der Abstand von der Rissspitze r im Nenner auftritt, an der Rissspitze die bereits erwähnte Singularität auf. In den Bildern 5.5 a und 5.5 b werden beispielhafte Spannungsverläufe gezeigt. Die Einheit des Spannungsintensitätsfaktors K ist $\text{MPa}\sqrt{\text{m}}$ und ergibt sich aus Gleichung (5.1), da die Spannung in der Nähe der Rissspitze proportional zum Quotienten des Spannungsintensitätsfaktors K und der Wurzel aus dem Abstand von der Rissspitze $\sqrt{r}$ ist: $\sigma \sim K/\sqrt{r}$.

Das Spannungsfeld am Riss führt entsprechend dem hookeschen Gesetz zu einer ellipsenförmigen Rissöffnung (Bild 5.6). Mit dem in Bild 5.6 eingezeichneten Koordinatensystem, dessen Ursprung in der Rissmitte liegt, ergibt sich für die Verschiebung der Rissflanken

$$v_0(x_1) = \frac{2\sigma}{E} \sqrt{a^2 - x_1^2}\,. \tag{5.3}$$

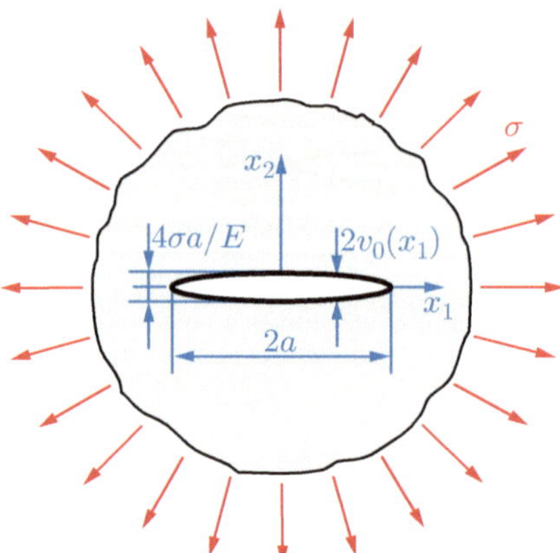

Bild 5.6: Ellipsenförmige Öffnung eines Risses

Der elliptisch geöffnete Riss hat die Halbachsen a und $2\sigma a/E$.

Da zur Entwicklung der Gleichungen (5.1) kleine Glieder vernachlässigt wurden, gelten sie nur im Nahfeld der Rissspitze. Dies ist auch daran zu erkennen, dass die Werte der Spannungen in Gleichung (5.1) für große r gegen null gehen und somit die Fernfeldspannung nicht korrekt wiedergegeben wird. Aber auch direkt an der Rissspitze gelten die Beziehungen nicht mehr, denn die Gleichungen basieren auf kontinuumsmechanischen Theorien, die aber auf der atomaren Längenskala nicht anwendbar sind. In Aufgabe 14 wird dies näher untersucht.

Steigert man die äußere Last und somit den Spannungsintensitätsfaktor K_{I}, so wird der Riss bei einer bestimmten Spannungsintensität, der *Riss-* oder *Bruchzähigkeit* K_{Ic} (I steht für »Modus I«, c für engl. *critical*), fortschreiten. Die Bruchzähigkeit ist ein Werkstoffkennwert. Das Versagenskriterium für eine Modus-I-Belastung lautet entsprechend

$$K_{\mathrm{Ic}} = \sigma_{\mathrm{c}}\sqrt{\pi a}\, Y \,, \tag{5.4}$$

wobei σ_{c} die kritische Spannung ist, bei der bei einem vorhandenen Riss der Länge $2a$ Rissfortschritt einsetzt.

5.2.2 Energiebetrachtung bei Rissfortschritt

Die Ausbreitung eines Risses kann mit Hilfe einer Energiebetrachtung untersucht werden. Da sich der Spannungszustand im Material bei der Rissausbreitung ändert, ändert sich auch die elastisch gespeicherte Energie. Außerdem wird Energie benötigt, um die Bindungen zwischen den Atomen zu trennen. Schließlich kann äußere Arbeit geleistet werden, wenn sich beispielsweise der Lastangriffspunkt einer äußeren Last durch die Rissausbreitung verschiebt. Ein Riss schreitet nur dann fort, wenn die sich aus diesen Beiträgen ergebende Energiebilanz insgesamt positiv ist, wenn also beim Rissfortschritt Energie freigesetzt wird. Um Kriterien für die Rissausbreitung festzulegen, müssen deshalb die beim Rissfortschritt relevanten Energiebeiträge untersucht werden.

Es wird wieder eine unendlich ausgedehnte Scheibe der Dicke t betrachtet, die einen inneren Riss der Länge $2a$ besitzt und mit der Spannung σ belastet wird (vgl. Bild 5.3). Im Weiteren wird jeweils nur der halbe Riss betrachtet ($x_1 \geq 0$, siehe Bild 5.6). Die andere Risshälfte muss nicht berücksichtigt werden, da sie sich durch die Symmetrie identisch verhält. Die beteiligten Energiebeiträge sind entsprechend für den gesamten Riss der Länge $2a$ immer doppelt so groß wie hier angegeben.

Je nach Belastungsart verschieben sich bei einer Rissverlängerung die Lastangriffspunkte einer Last F um den Betrag δ, so dass während des Rissfortschritts die äußere Arbeit

$$W = \frac{1}{2} \int_0^\delta F \mathrm{d}\delta \tag{5.5}$$

geleistet wird.[5] Der Faktor $1/2$ rührt daher, dass wir nur eine Probenhälfte betrachten. Als Sonderfall kann der Fall gesehen werden, bei dem sich die Lastangriffspunkte nicht verschieben. Das kann zum einen darauf zurückzuführen sein, dass es sich bei den Kräften um Zwangskräfte handelt, die zur Erfüllung einer Verschiebungsrandbedingung führen. Diese Kräfte heißen *Totlasten*. Zum anderen ist es möglich, dass der Riss gegenüber dem Bauteil sehr klein ist, z. B. wenn das Bauteil – wie im betrachteten Beispiel – unendlich groß angenommen wird.[6] In beiden Fällen beträgt die äußere Arbeit $W = 0$.

Im Material ist die elastische Energie

$$U^{(\mathrm{el})} = \iiint_V w^{(\mathrm{el})} \, \mathrm{d}V \tag{5.6}$$

mit der *elastischen Energiedichte* (siehe Abschnitt 2.4)

$$w^{(\mathrm{el})} = \int \sigma_{ij} \, \mathrm{d}\varepsilon_{ij} \tag{5.7}$$

gespeichert. Beim Fortschreiten des Risses ändern sich aufgrund der verändernden Spannungs- und Dehnungsfelder die elastische Energiedichte und somit auch die elastisch gespeicherte Energie.

Bei einem Rissfortschritt um einen Betrag $\mathrm{d}a$ bildet sich an der betrachteten Rissspitze auf jeder Rissflanke neue Oberfläche der Größe $t \, \mathrm{d}a$.[7] Zur Erzeugung einer neuen Oberflä-

---

5 Da hier ein unendlich ausgedehntes Bauteil betrachtet wird, ist die anliegende Kraft F streng genommen ebenfalls unendlich. Für eine mathematisch exakte Beschreibung müssen die Energie und die Kraft auf eine Längeneinheit in x_1-Richtung normiert werden. Da im Folgenden aber ohnehin nur noch Spannungen und Energiedichten betrachtet werden, ist dies hier unerheblich.

6 Diese Tatsache kann man sich durch eine andere Betrachtungsweise verdeutlichen: Nimmt man die Lasten im Unendlichen als Totlasten an, so ändert sich bei Rissfortschritt die zum Halten der Lastangriffspunkte notwendige Spannung nur unendlich wenig. Wenn also festgehaltene Lastangriffspunkte nicht zu einer Veränderung der Spannung führen, bringt im Umkehrschluss eine konstant gehaltene Spannung keine Verschiebung der Lastangriffspunkte mit sich.

7 Rissfortschritt um $\mathrm{d}a$ bedeutet, dass beide Rissspitzen um den Betrag $\mathrm{d}a$ weiterlaufen und der Riss sich insgesamt um $2\mathrm{d}a$ verlängert.

che in einem Material wird Energie benötigt, da Bindungen aufgebrochen werden müssen. Ein Maß für diesen Energiebeitrag ist die *spezifische Oberflächenenergie* γ_0. Schreitet der Riss um $\mathrm{d}a$ fort, so erhöht sich die gesamte Oberflächenenergie Γ_0 durch diesen Beitrag um

$$\mathrm{d}\Gamma_0 = 2\gamma_0\, t\, \mathrm{d}a\,. \tag{5.8}$$

Der Faktor 2 kommt dadurch zustande, dass der Riss zwei Rissflanken besitzt. In vielen Fällen muss zur Schaffung der neuen Oberfläche durch Rissfortschritt weitere Energie aufgebracht werden, beispielsweise in einem Metall zur plastischen Verformung des Materials in der Nähe der Rissspitze. Diese Energie muss dann ebenfalls berücksichtigt werden, wie weiter unten erläutert wird.

Damit der Riss fortschreitet, muss die geleistete äußere Arbeit $\mathrm{d}W$ der Änderung der elastischen Energie und der Oberflächenenergie entsprechen.[8] Es ergibt sich somit folgende Bedingung für Rissfortschritt:

$$\mathrm{d}W = \mathrm{d}U^{(\mathrm{el})} + \mathrm{d}\Gamma_0\,.$$

Bezieht man diese differentielle Gleichung auf den Rissfortschritt $\mathrm{d}a$ und die Bauteildicke t, so ergibt sich

$$\frac{1}{t}\left(\frac{\mathrm{d}W}{\mathrm{d}a} - \frac{\mathrm{d}U^{(\mathrm{el})}}{\mathrm{d}a}\right) = \frac{1}{t}\frac{\mathrm{d}\Gamma_0}{\mathrm{d}a} = 2\gamma_0\,. \tag{5.9}$$

Der zur Schaffung neuer Oberfläche verfügbare Energiebetrag

$$\mathcal{G}_\mathrm{I} = \frac{1}{t}\left(\frac{\mathrm{d}W}{\mathrm{d}a} - \frac{\mathrm{d}U^{(\mathrm{el})}}{\mathrm{d}a}\right) \tag{5.10}$$

wird als *Energiefreisetzungsrate* bzw. *Rissantriebskraft* bezeichnet. Beide Bezeichnungen sind anschaulich, da $\mathcal{G}_\mathrm{I}$ die freigesetzte Energie pro neu geschaffener Rissfläche angibt (Einheit $\mathrm{J/m^2}$) beziehungsweise als eine auf den Riss wirkende Kraft aufgefasst werden kann, die auf die Einheitslänge normiert ist (Einheit $\mathrm{N/m}$).

Wie gesagt, findet Rissfortschritt dann statt, wenn Gleichung (5.9) erfüllt ist, d. h., wenn die Energiefreisetzungsrate einen kritischen Wert

$$\mathcal{G}_\mathrm{Ic} = 2\gamma_0 \tag{5.11}$$

erreicht. Entsprechend bezeichnet man $\mathcal{G}_\mathrm{Ic}$ als *kritische Energiefreisetzungsrate* bei Belastung im Modus I. Sie ist ein Werkstoffkennwert, da sie nur von γ_0, nicht aber von Belastungs- oder Geometriegrößen abhängt.

Als nächstes soll die Änderung $\mathrm{d}U^{(\mathrm{el})}$ der *elastisch gespeicherten Energie* während des Rissfortschritts abgeschätzt werden. Dies geschieht in zwei Schritten: Zuerst wird die elastisch gespeicherte Energie des Bauteils mit Riss mit der eines identisch belasteten Bauteils

---

8 Die äußere Arbeit ist für die betrachtete Geometrie zwar Null, aber die hier durchgeführte Energiebetrachtung ist allgemeingültig, wenn $\mathrm{d}W$ zunächst nicht eliminiert wird.

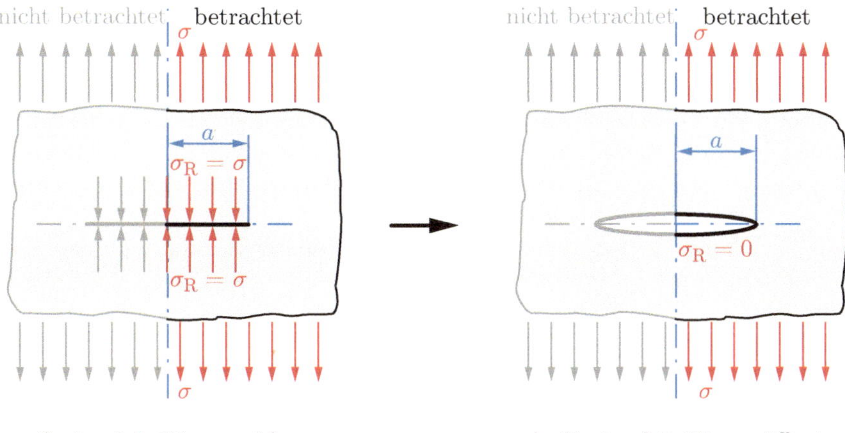

a: Zustand 1: Riss geschlossen   b: Zustand 2: Riss geöffnet

Bild 5.7: Öffnen eines Risses durch Verringern einer Spannung σ_{R} auf den Rissflanken von σ auf 0

ohne Riss verglichen. Es ergibt sich eine Funktion $\Delta U^{(\mathrm{el})}(a)$. Durch Ableiten dieser Funktion nach a kann dann die Energiefreisetzung bei einem infinitesimalen Rissfortschritt $\mathrm{d}a$ berechnet werden. Dabei wird wie bisher der Fall betrachtet, dass beim Rissfortschritt keine äußere Arbeit geleistet wird. Es werden eine äußere, konstante Spannung σ und ein ebener Spannungszustand[9] angenommen.

Um die Differenz der gespeicherten Energie mit und ohne Riss zu berechnen, kann man sich vorstellen, dass der Riss geschlossen wird, indem eine Spannung σ_{R} auf die Rissflanken aufgebracht wird. Bei $\sigma_{\mathrm{R}} = \sigma$ (Zustand 1, siehe Bild 5.7) ist der Riss ganz geschlossen, weil die Spannung auf der Rissoberfläche dem Betrag nach genau derjenigen Spannung entspricht, die ansonsten vom rissfreien Material getragen würde. Ist σ_{R} gleich Null (Zustand 2, siehe Bild 5.7), dann ist der Riss geöffnet und die Kontur der Rissflanken ist durch Gleichung (5.3) gegeben.

Geht man von Zustand 1 zum Zustand 2 über, indem man die Spannung immer weiter verringert, wird Arbeit geleistet, weil sich die Angriffspunkte der Spannung (also die Rissflanken) verschieben. Um die Arbeit ΔW, die dabei geleistet wird, zu berechnen, wird zunächst ein infinitesimales Stück des Risses der Länge $\mathrm{d}x_1$ betrachtet, das vom Zustand 1 mit Rissöffnung $v = 0$ bis zum Zustand 2 mit Rissöffnung $v = v_0(\sigma, x_1)$ bewegt wird. Zu jedem Zeitpunkt wirkt auf dieses Risselement mit der Fläche $t\,\mathrm{d}x_1$ die Kraft $\sigma_{\mathrm{R}}\,t\,\mathrm{d}x_1$. Die für das Risselement geleistete Arbeit beim Reduzieren der Spannung σ_{R} von σ auf 0 ist

$$\mathrm{d}(\Delta W) = \int_0^{v_0(\sigma, x_1)} (\sigma_{\mathrm{R}}(v)\,t\,\mathrm{d}x_1)\,\mathrm{d}v = t\,\mathrm{d}x_1 \int_0^{v_0(\sigma, x_1)} \sigma_{\mathrm{R}}(v)\,\mathrm{d}v\,.$$

---

9 Dies ist dann möglich, wenn die betrachtete Scheibe dünn ist. Aufgrund der Spannungskonzentration an der Rissspitze bildet sich bei dicken Geometrien ein ebener Dehnungszustand aus (vgl. Abschnitt 5.2.7).

σ_R ist dabei diejenige Spannung auf den Rissflanken, die notwendig ist, um die momentane Rissöffnung v zu erreichen, so dass σ_R eine Funktion von v ist.

Während des Übergangs von Zustand 1 zu Zustand 2 herrscht auf den Rissflanken eine Spannung σ_R. Gleichzeitig liegt die äußere Spannung σ an. Es ist deshalb plausibel anzunehmen, dass die Rissöffnung v in etwa derjenigen entspricht, die bei einer äußeren Spannung von $\sigma - \sigma_R$ ohne Spannung auf den Rissflanken auftritt.[10] In diesem Fall kann in Gleichung (5.3) σ durch $\sigma - \sigma_R$ ersetzt werden.

Da laut Gleichung (5.3) zwischen σ_R und v ein linearer Zusammenhang besteht, kann das Integral $\int \sigma_R \, dv$ in $\int v \, d\sigma_R$ umgeschrieben werden, wobei auch die Grenzen ersetzt werden müssen:

$$\mathrm{d}(\Delta W) = t \, \mathrm{d}x_1 \int\limits_{\sigma}^{0} v_0(\sigma - \sigma_R, x_1) \, \mathrm{d}\sigma_R \, .$$

Um die Arbeit für die halbe Risslänge, d. h. von $0 \leq x_1 \leq a$, zu berechnen, muss über diese Strecke integriert werden:

$$\Delta W = 2t \int\limits_{0}^{a} \int\limits_{\sigma}^{0} v_0(\sigma - \sigma_R, x_1) \, \mathrm{d}\sigma_R \, \mathrm{d}x_1 \, , \tag{5.12}$$

Der Faktor 2 ist notwendig, da die Arbeit auf zwei Rissflanken geleistet wird. Bei diesem Vorgang entsteht keine zusätzliche Oberfläche, so dass ΔW der Änderung der elastisch gespeicherten Energie $\Delta U^{(\mathrm{el})}$ entspricht. Durch Einsetzen von Gleichung (5.3) ergibt sich

$$\Delta U^{(\mathrm{el})} = 2t \int\limits_{0}^{a} \int\limits_{\sigma}^{0} \frac{2(\sigma - \sigma_R)}{E} \sqrt{a^2 - x_1^2} \, \mathrm{d}\sigma_R \, \mathrm{d}x_1 = -2t \frac{\sigma^2}{E} \int\limits_{0}^{a} \sqrt{a^2 - x_1^2} \, \mathrm{d}x_1$$

$$= -t \frac{\sigma^2}{E} \left[x_1 \sqrt{a^2 - x_1^2} + a^2 \arcsin \frac{x_1}{a} \right]_0^a = -\frac{t}{2} \frac{\pi a^2 \sigma^2}{E} \, . \tag{5.13}$$

Verlängert sich der Riss beim Anlegen einer Spannung σ_c, der *kritischen Spannung*, um die Länge $\mathrm{d}a$, so ändert sich die elastisch gespeicherte Energie um den Betrag

$$\mathrm{d}U^{(\mathrm{el})} = \frac{\partial \Delta U^{(\mathrm{el})}}{\partial a} \, \mathrm{d}a = -t \frac{\pi a \sigma_c^2}{E} \, \mathrm{d}a \, . \tag{5.14}$$

Setzt man dieses Ergebnis in Gleichung (5.9) ein und berücksichtigt die Bedingung $\mathrm{d}W/\mathrm{d}a = 0$, so ergibt sich

$$2\gamma_0 = \frac{\sigma_c^2 \pi a}{E} \, ,$$

$$\sqrt{2\gamma_0 E} = \sigma_c \sqrt{\pi a} \, ,$$

$$\sqrt{\mathcal{G}_{\mathrm{Ic}} E} = \sigma_c \sqrt{\pi a} \, . \tag{5.15}$$

---

10 Dass diese Annahme zumindest für $\sigma_R = 0$ und $\sigma_R = \sigma$ gilt, ist durch Einsetzen in Gleichung (5.3) leicht zu überprüfen.

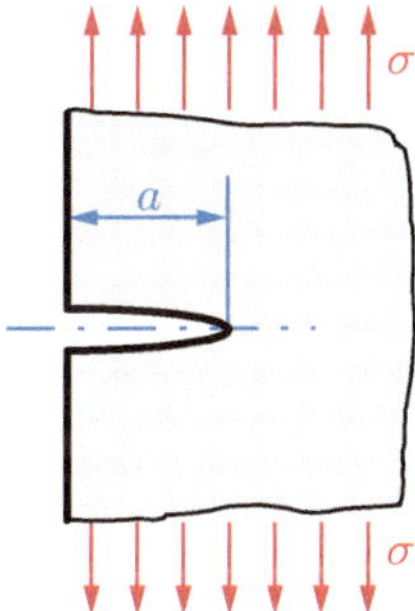

Bild 5.8: Scheibe der Dicke t mit einem Oberflächenriss

Die linke Seite ist wieder ein Werkstoffkennwert. Für ein gegebenes a legt er fest, bei welcher Beanspruchung Bauteilversagen durch Rissfortschritt erfolgt. Die rechte Seite entspricht (für den Fall $Y = 1$) derjenigen von Gleichung (5.4). Bruchzähigkeit und kritische Energiefreisetzungsrate stehen also in folgendem Zusammenhang:

$$K_{\mathrm{Ic}}^2 = \mathcal{G}_{\mathrm{Ic}} E \,. \tag{5.16}$$

Entsprechend gilt für beliebige Spannungen bei ebenem Spannungszustand

$$K_{\mathrm{I}}^2 = \mathcal{G}_{\mathrm{I}} E \,. \tag{5.17}$$

Die bisherigen Überlegungen galten für den Fall des ebenen Spannungszustands. Liegt ein ebener Dehnungszustand vor, der z. B. bei dicken Proben aufgrund der Behinderung der Querkontraktion angenommen werden kann, folgt – ohne Herleitung – der veränderte Zusammenhang zwischen K_{I} und $\mathcal{G}_{\mathrm{I}}$:

$$K_{\mathrm{I}}^2 = \mathcal{G}_{\mathrm{I}} \frac{E}{1 - \nu^2} \,. \tag{5.18}$$

Der Zusammenhang (5.11) zwischen der kritischen Energiefreisetzungsrate und der spezifischen Oberflächenenergie ($\mathcal{G}_{\mathrm{Ic}} = 2\gamma_0$) gilt nur, wenn das Material vollkommen elastisch ist. In Metallen kommt es aufgrund der hohen Spannungen an der Rissspitze dort immer zu plastischer Deformation, bei der Energie dissipiert wird. In diesem Fall kann Rissfortschritt nur stattfinden, wenn die Energie zur Schaffung neuer Oberfläche und zur plastischen Deformation ausreicht. Die beim Rissfortschritt dissipierte plastische Energie wird dann der kritischen Energiefreisetzungsrate $\mathcal{G}_{\mathrm{Ic}}$ hinzugezählt, so dass diese und auch die Bruchzähigkeit K_{Ic} bei Metallen höher sind, als aufgrund der spezifischen Oberflächenenergie zu erwarten wäre. Ein ähnlicher Effekt tritt auch bei Polymeren auf, bei denen auch plastische Verformung stattfinden kann. In Keramiken kann beispielsweise die Bildung von Sekundärrissen ebenfalls zu einer Vergrößerung von $\mathcal{G}_{\mathrm{Ic}}$ führen.

Es wird nun eine weitere Geometrie betrachtet, bei der eine halbunendliche Scheibe mit einem Oberflächenriss der Länge a vorliegt (Bild 5.8). Man könnte vermuten, dass diese Geometrieänderung keinen Einfluss auf die Energiebilanz hat, da es sich ja einfach um die

Tabelle 5.1: Geometriefaktoren für verschiedene Geometrien [59]

Geometrie	Geometriefaktor
	$Y = 1$
	$Y = 1{,}1215$
	$Y = \sqrt{\dfrac{2b}{\pi a} \tan \dfrac{\pi a}{2b}}$
	$Y = \dfrac{1 - 0{,}025(a/b)^2 + 0{,}06(a/b)^4}{\sqrt{\cos(\pi a/2b)}}$
(tellerförmiger Riss)	$Y = \dfrac{2}{\pi}$

halbe bisher betrachtete Geometrie handelt. Dies ist aber nicht so. Der Unterschied zwischen beiden Systemen besteht darin, dass der linke Rand der halbunendlichen Scheibe normalkräftefrei sein muss, so dass er sich horizontal verschieben kann. Im betrachteten Fall des ebenen Spannungszustands herrscht dann am linken Rand eine einachsige Spannung. Dies gilt für die Symmetrielinie im Fall der unendlich ausgedehnten Scheibe nicht. Aufgrund der Dehnungsbehinderung liegt dort ein mehrachsiger Spannungszustand vor. Entsprechend wird ein Teil der elastisch gespeicherten Energie freigesetzt, wenn man die unendliche Scheibe in zwei Halbscheiben trennt. Da sich die elastische Energiedichte einer halbunendlichen Scheibe ohne Riss nicht von der einer »ganzen« unendlichen Scheibe unterscheidet, wird somit bei der halbunendlichen Scheibe mehr elastische Energie bei Rissfortschritt abgebaut. Dementsprechend nimmt die Energiefreisetzungsrate $\mathcal{G}_\mathrm{I}$ zu, so dass Rissfortschritt bereits bei geringeren Spannungen erfolgt. Dieser Geometrieeinfluss wird durch den Geometriefaktor Y in Gleichung (5.2) berücksichtigt. Im betrachteten Fall beträgt $Y = 1{,}1215$.

Es mag auf den ersten Blick widersprüchlich erscheinen, dass das Spannungsfeld an der Rissspitze wie oben erläutert von der Geometrie unabhängig ist, es aber trotzdem einen Geometriefaktor gibt. Beide Aussagen sind aber richtig: Die mathematische Form des Spannungsfelds in unmittelbarer Nähe der Rissspitze[11] hängt nicht von der Geometrie ab, die Größe der Spannung dagegen schon. Der Geometriefaktor ist ein Maß dafür, wie stark eine bestimmte Spannung σ in großer Entfernung der Rissspitze die unmittelbare Umgebung der Rissspitze belastet. Es ergibt sich beispielsweise exakt dasselbe Spannungsfeld in der Nähe einer Rissspitze in einer halbunendlichen Scheibe, die mit einer Spannung von 1 MPa belastet wird, und in einer unendlichen Scheibe, die mit 1,1215 MPa belastet wird.

Wenn die Risslänge a nicht sehr viel kleiner als die Bauteilabmessungen ist, ist der Geometriefaktor Y nicht mehr konstant, sondern wird von der Risslänge abhängig: $Y = Y(a)$. Tabelle 5.1 gibt einen Überblick über Geometriefaktoren für häufig auftretende Risskonfigurationen. Dabei muss auf folgende Konvention geachtet werden: Die Länge von Oberflächenrissen wird mit a, die von Innenrissen dagegen mit $2a$ angegeben.

Bei der Anwendung der Gleichung (5.2) ist zu beachten, dass als Spannung σ immer die nominelle Spannung verwendet wird, die auf den gesamten Querschnitt ohne Berücksichtigung der Querschnittsabnahme durch den Riss bezogen ist. Die Querschnittsabnahme wird durch die Risslängenabhängigkeit des Geometriefaktors Y berücksichtigt.[12] Dies ist ein wichtiger Unterschied zu den Kerben, bei denen immer der Kerbquerschnitt zur Berechnung der nominellen Spannung verwendet wird (vgl. Kapitel 4).

Bei den bisherigen Überlegungen wurde ein Fall betrachtet, bei dem keine äußere Arbeit geleistet wurde. Es wurde darauf hingewiesen, dass das ohne Einschränkung der Allgemeingültigkeit für $\mathcal{G}_{\mathrm{Ic}}$ möglich ist. Dies soll im Weiteren durch den Vergleich zweier Beispiele überprüft werden.

∗ Belastung durch Zwängung (Totlasten)

Eine Scheibe der Breite b, Länge l und Dicke t mit einem Oberflächenriss werde um die Verschiebung $\delta = \delta_1$ verlängert und dann bei einer äußeren Zugkraft $F(a)$ fest zwischen zwei Wänden eingespannt, so dass sich δ nicht mehr ändert (Bild 5.9 a). Die Länge a des Oberflächenrisses verändere sich dabei nicht.

Sei λ die *Nachgiebigkeit* (engl. *compliance*), die dem Kehrwert der Probensteifigkeit entspricht,

$$\lambda = \frac{\delta}{F} \,, \tag{5.19}$$

so wurde durch die Verschiebung um δ_1 folgende elastische Energie gespeichert:

$$U^{(\mathrm{el})} = \int_0^{\delta_1} F \mathrm{d}\delta = \frac{1}{2} \frac{\delta_1^2}{\lambda} \,. \tag{5.20}$$

---

11 Also in einem Abstand von der Rissspitze, der hinreichend klein gegen jede andere Bauteilabmessung ist.

12 Bei den bisher betrachteten, unendlich großen Geometrien ist der Geometriefaktor konstant, da die endliche Risslänge keine Erhöhung der nominellen Spannung im Querschnitt, der den Riss enthält, bewirkt.

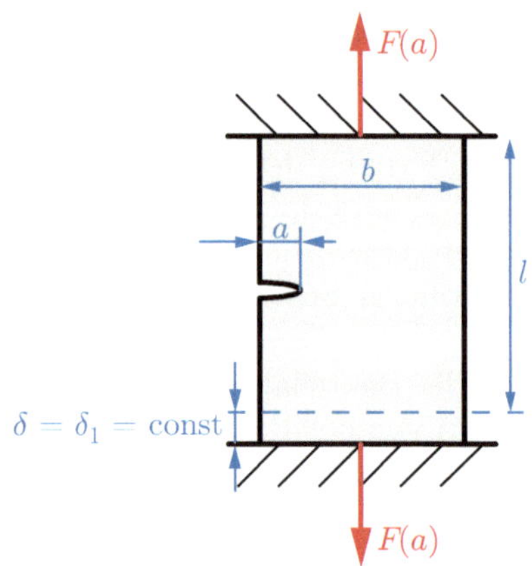

a: Scheibe mit Zwängungskräften

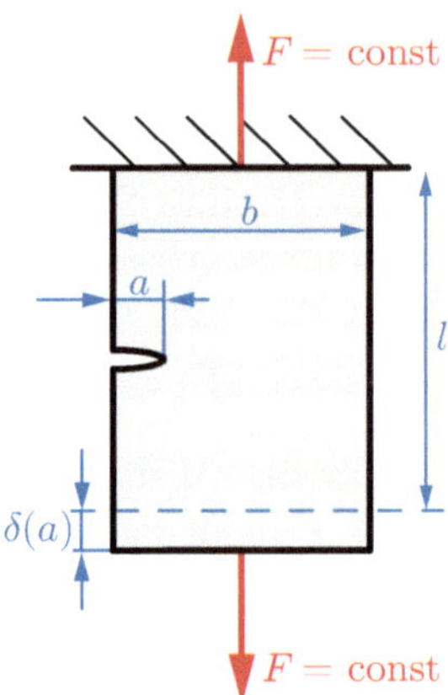

b: Scheibe mit freien Kräften

Bild 5.9: Scheibe mit Oberflächenanriss mit unterschiedlichen Randbedingungen

Verlängert man nun den Riss bei konstanter Verschiebung δ_1 um $\mathrm{d}a$, so gilt

$$\frac{\mathrm{d}U^{(\mathrm{el})}}{\mathrm{d}a} = -\frac{1}{2}\frac{\delta_1^2}{\lambda^2}\frac{\mathrm{d}\lambda}{\mathrm{d}a}\,. \tag{5.21}$$

Da die Probennachgiebigkeit bei Rissfortschritt zunimmt, nimmt die elastisch gespeicherte Energie ab.

Da keine äußere Arbeit geleistet wird (die Kraftangriffspunkte bewegen sich nicht), steht für Rissfortschritt nach Gleichung (5.10) die Energiefreisetzungsrate

$$\mathcal{G}_{\mathrm{I}} = -\frac{1}{t}\frac{\mathrm{d}U^{(\mathrm{el})}}{\mathrm{d}a}$$

zur Verfügung. Mit Gleichung (5.21) folgt entsprechend

$$\mathcal{G}_{\mathrm{I}} = \frac{1}{2t}\frac{\delta^2}{\lambda^2}\frac{\mathrm{d}\lambda}{\mathrm{d}a} = \frac{F^2}{2t}\frac{\mathrm{d}\lambda}{\mathrm{d}a}\,. \tag{5.22}$$

∗ Belastung durch freie Kräfte

Nun werde eine identische Scheibe bis zum Erreichen der Kraft F belastet und diese dann konstant gehalten (Bild 5.9 b). Die Länge des Oberflächenrisses betrage wiederum a. Für die bei Belastung gespeicherte elastische Energie gilt entsprechend Gleichung (5.20)

$$U^{(\mathrm{el})} = \frac{1}{2}F^2\lambda\,. \tag{5.23}$$

Bei Rissverlängerung um $\mathrm{d}a$ ergibt sich somit

$$\frac{\mathrm{d}U^{(\mathrm{el})}}{\mathrm{d}a} = \frac{1}{2}F^2\frac{\mathrm{d}\lambda}{\mathrm{d}a}\,. \tag{5.24}$$

Wegen $\mathrm{d}\lambda/\mathrm{d}a > 0$ nimmt bei dieser Belastungsart die elastisch gespeicherte Energie mit wachsendem Riss zu. Zusätzlich wird beim Rissfortschritt um $\mathrm{d}a$ die äußere Arbeit $\mathrm{d}W = F\mathrm{d}\delta = F^2\mathrm{d}\lambda$ geleistet. Mit Gleichung (5.10) folgt für die Energiefreisetzungsrate

$$\mathcal{G}_\mathrm{I} = \frac{1}{t}\left(\frac{\mathrm{d}W}{\mathrm{d}a} - \frac{\mathrm{d}U^{(\mathrm{el})}}{\mathrm{d}a}\right) = \frac{1}{t}\left(F^2\frac{\mathrm{d}\lambda}{\mathrm{d}a} - \frac{1}{2}F^2\frac{\mathrm{d}\lambda}{\mathrm{d}a}\right) = \frac{F^2}{2t}\frac{\mathrm{d}\lambda}{\mathrm{d}a}\,, \tag{5.25}$$

womit gezeigt ist, dass beide Randbedingungen das gleiche Ergebnis hinsichtlich der Energiefreisetzungsrate liefern. Die Größe der Energiefreisetzungsrate ist also unabhängig von der Art der Belastung, sofern die resultierenden Spannungsfelder gleich sind. Die Annahme in Abschnitt 5.2.2 ist also plausibel.

5.2.3 Statische Auslegung rissbehafteter Bauteile

In den Abschnitten 3.3.1 bis 3.3.3 sowie 3.5.2 wurden Versagenskriterien für plastische Verformung und Spaltbruch eingeführt. Ist ein Bauteil rissbehaftet, so muss es zusätzlich auch gegen Rissausbreitung ausgelegt werden. Ein Bauteil mit einer vorgegebenen Belastung $\underline{\underline{\sigma}}$ und einer bekannten Risslänge a hält der Beanspruchung also nur stand, wenn

- die Fließgrenze (ohne Berücksichtigung der Spannungsüberhöhung durch den Riss) nicht erreicht wird: $\sigma_\mathrm{V} < R_\mathrm{p}$ mit einer Vergleichsspannung σ_V, z. B. nach Tresca oder von Mises,
- die Spaltfestigkeit (ohne Berücksichtigung der Spannungsüberhöhung durch den Riss) nicht erreicht wird: $\sigma_\mathrm{I} < \sigma_\mathrm{T}$, sowie
- der Spannungsintensitätsfaktor für einen gegebenen Anriss die Bruchzähigkeit nicht erreicht: $K_\mathrm{I} < K_\mathrm{Ic}$. Mit Gleichung (5.2) folgt die Überlebensbedingung

$$\sigma_\mathrm{I} < \frac{K_\mathrm{Ic}}{\sqrt{\pi a}\,Y}\,. \tag{5.26}$$

Dabei wurde aus den in Abschnitt 5.1.1 diskutierten Gründen angenommen, dass die größte Hauptspannung σ_I senkrecht zum längsten Riss orientiert ist und diesen somit im Modus I belastet.

Wird das Bauteil zyklischen Belastungen unterzogen oder hohen Temperaturen ausgesetzt, kommen weitere Versagenskriterien hinzu, die in den Kapiteln 10 und 11 besprochen werden.

Ein duktiles, rissbehaftetes Material wird je nach vorhandener Risslänge durch Fließen oder durch Rissfortschritt versagen. Ab welcher Risslänge ein Material eher durch Rissfortschritt als durch Fließen versagt, hängt von der Dehngrenze R_p und der Bruchzähigkeit K_Ic ab. Der Übergang zwischen beiden Versagensarten kann abgeschätzt werden, indem man die kritische Risslänge a_c berechnet, bei der beide Versagenskriterien gleichzeitig erfüllt werden. Dies ist der Fall, wenn genau beim Erreichen der Dehngrenze R_p auch die Bruchzähigkeit K_Ic erreicht wird:

$$K_\mathrm{Ic} = R_\mathrm{p}\sqrt{\pi a_\mathrm{c}}\,Y\,. \tag{5.27}$$

Dabei ist a_c die *kritische Risslänge,* ab der dem Material eine starke Neigung zum Versagen durch Rissfortschritt zugeordnet wird. Für diese gilt somit

$$a_c = \frac{K_{Ic}^2}{\pi R_p^2 Y^2} \, . \tag{5.28}$$

Für spröde Materialien kann für die Grenzspannung (im Folgenden mit σ_{Grenz} bezeichnet) statt R_p die Spaltfestigkeit σ_T verwendet werden, die ungefähr der Druckfestigkeit σ_{dB} (die Druckfestigkeit ist die maximale technische Versagensspannung unter Druck, engl. *compression,* analog zur Zugfestigkeit R_m) entspricht.

> Die kritische Risslänge ist zwar ein Anhaltspunkt für die Rissempfindlichkeit eines Werkstoffs, ein Werkstoffkennwert ist sie jedoch nicht. Dies ist auch aus Gleichung (5.28) ersichtlich, da die Größe Y, die von der Bauteil- oder Probengeometrie abhängt, enthalten ist. Dadurch ist die analytische Berechnung von a_c häufig nicht möglich.
>
> Auch wenn ein Werkstoff zunächst zu fließen beginnt, ohne dass der Riss fortschreitet, ist nicht gewährleistet, dass nicht doch noch Rissfortschritt einsetzt. Dies ist in der Verfestigung des fließenden Werkstoffs begründet, die eine Erhöhung der Spannung sowie des Spannungsintensitätsfaktors bewirkt. Daher wird häufig für duktile Materialien statt R_p eine andere Grenzspannung σ_{Grenz}, beispielsweise $(R_p + R_m)/2$, zur Berechnung von a_c verwendet.

Ist die Risslänge deutlich kleiner als der kritische Wert, so versagt der Werkstoff durch *plastischen Kollaps.* Dabei treten hohe plastische Verformungen an der Rissspitze auf, so dass der Riss abgerundet wird, aber nicht nennenswert voranschreitet. Die Probe verhält sich dann wie eine gekerbte Probe ohne Riss. Veranschaulichen kann man das mit Knetgummi, das man zu einer »Zugprobe« formt und in das man mit der Schere einen »Riss« einbringt. Zieht man das Knetgummi langsam auseinander, so verschwindet der Riss langsam und die Probe verhält sich wie eine gekerbte ohne Riss.

Ist dagegen $a \geq a_c$, versagt das Material durch Rissfortschritt. Diesen Fall kann man leicht nachspielen, indem man ein Blatt Papier mit einer Schere einschneidet und auseinanderzieht.

Der Übergang zwischen Versagen durch plastischen Kollaps und durch Rissfortschritt ist in der Realität jedoch nicht plötzlich, sondern fließend. Trägt man die beiden Versagensgrenzen in ein Diagramm ein, dessen Achsen die Spannung σ und den Spannungsintensitätsfaktor K_I aufspannen, so ergibt sich ein *Failure-Assessment-Diagramm* (FAD, *Zwei-Kriterien-Diagramm,* Bild 5.10). Die blauen Linien zeigen das idealisierte Verhalten mit einem plötzlichen Übergang von Rissfortschritt zu plastischem Kollaps. Die rote Linie skizziert ein realistisches Verhalten.

> Zu beachten ist, dass bereits deutlich unterhalb $\sigma/\sigma_{\mathrm{Grenz}} = 1$ starke plastische Deformationen in der Umgebung der Rissspitze auftreten und deshalb die linear-elastische Bruchmechanik nicht mehr gültig ist. Insofern ist es auch nicht verwunderlich, dass Versagen durch Rissfortschritt nur bei kleinen bezogenen Spannungen $\sigma/\sigma_{\mathrm{Grenz}}$ exakt bei Erreichen der Bruchzähigkeit K_{Ic} erfolgt.

Sicherheitskritische Bauteile werden häufig im gesamten Volumen mittels Ultraschall oder Röntgen geprüft. Werden keine Anzeichen für Risse im Bauteil gefunden (nur dann erfolgt eine Freigabe), nimmt man das Detektionslimit der zerstörungsfreien Prüfmethode als hypothetische Rissgröße an. Die Auslegung der Bauteile erfolgt so, dass auch beim

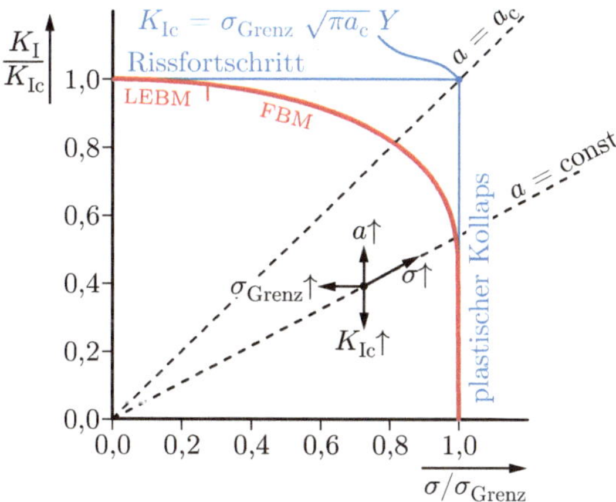

Bild 5.10: Failure-Assessment-Diagramm (nach [22]) in genormter Darstellung für $Y = $ const. Die Pfeile zeigen an, in welche Richtung sich der betrachtete Zustand ändert, wenn man den entsprechenden Parameter erhöht. So führt eine Erhöhung der Grenzspannung σ_{Grenz} oder der anfänglichen Risslänge a zu einer verstärkten Neigung, durch Rissfortschritt zu versagen. Eine Erhöhung der Bruchzähigkeit K_{Ic} vermindert dagegen die Gefahr. Im mit FBM gekennzeichneten Bereich ist die sogenannte *Fließbruchmechanik* gültig, bei der die plastische Zone vor der Rissspitze nicht vernachlässigt werden kann. Diese wird in Abschnitt 5.3 diskutiert.

Vorhandensein eines Risses in der angenommenen Größe ein ausreichender Sicherheitsabstand von der in Bild 5.10 eingezeichneten Versagensgrenze durch Rissfortschritt bzw. plastischen Kollaps besteht.

5.2.4 Materialkennwerte verschiedener Werkstoffe

Tabelle 5.2 stellt die Bruchzähigkeit und die kritische Risslänge für einige Materialien exemplarisch gegenüber. Zur Berechnung der kritischen Risslänge nach Gleichung (5.28) wurde dabei für Polymere und Metalle die Dehngrenze R_{p} verwendet, für Keramiken die Druckfestigkeit σ_{dB}. Als Geometriefaktor wurde $Y = 1$ angenommen. Es fällt auf, dass Metalle um eine bis zwei Größenordnungen größere K_{Ic}-Werte als Keramiken besitzen. Entsprechend ist auch die kritische Risslänge in Metallen deutlich größer als in Keramiken. Das ist darauf zurückzuführen, dass Metalle, deren Dehngrenze mit der Zugfestigkeit der Keramiken vergleichbar ist, im Gegensatz zu Keramiken eine plastische Zone vor der Rissspitze ausbilden, auch wenn sich das Material makroskopisch häufig linear-elastisch verhält. Entsprechend muss nicht nur Energie aufgewendet werden, um neue Oberfläche zu erzeugen, sondern auch, um das Material vor der Rissspitze plastisch zu verformen. Bei duktilen Werkstoffen überwiegt dieser Beitrag bei Weitem.

Die niedrigen Bruchzähigkeiten der Kunststoffe bedeuten nicht, dass sie besonders rissempfindlich sind. Da sie wegen ihrer geringeren Festigkeit auch mit deutlich geringeren Spannungen als Metalle und Keramiken belastet werden, ist ihre Rissempfindlichkeit vergleichbar mit der der Metalle, wie an den berechneten kritischen Risslängen zu erkennen ist.

Tabelle 5.2: Bruchzähigkeiten und Rissempfindlichkeit einiger Materialien, dargestellt durch die kritische Risslänge a_c für $Y = 1$ [8, 11, 22, 28]. Dabei wird für Metalle und Polymere R_p und für Keramiken σ_{dB} verwendet. Aus den Literaturwerten wurde jeweils ein typischer Wert entnommen, um eine kritische Risslänge zu berechnen.

Material	$K_{Ic}/\mathrm{MPa}\sqrt{\mathrm{m}}$	$R_p, \sigma_{dB}/\mathrm{MPa}$	a_c/mm
40 CrMo 4	60	480	5,0
40 NiCrMo 6	60	1 550	0,5
30 CrMoV 21-14	124	1 080	4,2
Chrom-Nickel-Stahl	50	1 640	0,3
	90	1 420	1,3
Ti Al6 V4	55	900	1,2
	100	860	4,3
AlCu-Legierung	25	455	1,0
	35	325	3,7
Al_2O_3	4,0	3 000	$5,7 \cdot 10^{-4}$
Si_3N_4	5,0	1 200	$5,5 \cdot 10^{-3}$
ZrO_2	10,0	2 000	$8,0 \cdot 10^{-3}$
Porzellan	1,0	350	$2,6 \cdot 10^{-3}$
Polymethylmethacrylat (PMMA)	1,6	64	0,2
Polycarbonat (PC)	3,3	56	1,1
Polyethylen (HDPE)	3,5	30	4,3

In Abschnitt 5.2.2 wurde erläutert, dass Rissfortschritt auftritt, wenn die Energiefreisetzungsrate $\mathcal{G}_I$ die kritische Freisetzungsrate $\mathcal{G}_{Ic}$ erreicht. Innerhalb einer Werkstoffklasse (z. B. niedriglegierten Stählen) nimmt die Bruchzähigkeit im Allgemeinen mit zunehmender Festigkeit ab. Dies ist verständlich, da bei gleicher Belastungshöhe die Größe der plastischen Zone mit zunehmender Dehngrenze R_p abnimmt, wodurch weniger Energie durch plastische Verformung umgesetzt wird, während die spezifische Oberflächenenergie γ_0 im Wesentlichen gleich bleibt.

Bild 5.11 zeigt anhand eines *Bruchzähigkeits-Festigkeits-Diagramms* den diskutierten Sachverhalt noch einmal graphisch. Im Diagramm ist auf der Ordinate die entscheidende Größe für Versagen durch Rissfortschritt, die Bruchzähigkeit K_{Ic}, aufgetragen. Auf der Abszisse ist je nach betrachtetem Material eine Versagensgröße für Versagen durch plastische Verformung bzw. Spaltbruch aufgetragen. Werkstoffe, die im Diagramm links oben einsortiert sind, besitzen große kritische Risslängen und neigen daher zum Versagen durch plastischen Kollaps. Rechts unten platzierte Werkstoffe besitzen kleine kritische Risslängen, so dass sie zum Versagen durch Rissfortschritt neigen.

5.2.5 Werkstoffverhalten bei Rissfortschritt

Belastet man eine rissbehaftete Probe mit der kritischen Spannung σ_c, für die Gleichung (5.4),

$$K_{Ic} = \sigma_c\sqrt{\pi a}\,Y\,,$$

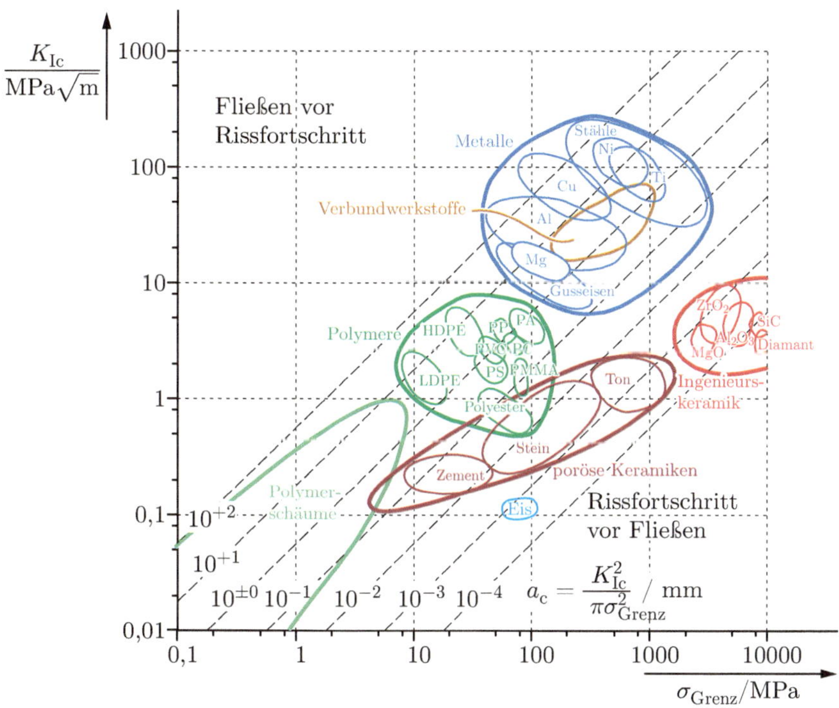

Bild 5.11: Bruchzähigkeits-Festigkeits-Diagramm nach *Ashby* [7]. Die Versagensspannung σ_{Grenz} wird für Metalle und Polymere durch die Dehngrenze R_{p}, für Keramiken durch die Druckfestigkeit σ_{dB}, die etwa der Spaltfestigkeit σ_{T} entspricht, und für Verbundwerkstoffe durch die Zugfestigkeit R_{m} festgelegt. Der Begriff »Fließen« im Diagramm bedeutet Versagen durch den eben genannten Mechanismus im Gegensatz zum Rissfortschritt. Die Diagonalen stellen Paare aus K_{Ic} und σ_{Grenz} mit konstanter kritischer Risslänge a_{c} in mm dar.

gilt, so ist zu erwarten, dass ein einmal fortschreitender Riss nicht mehr stoppt, da σ_{c} gemäß Gleichung (5.4) mit zunehmender Risslänge abnimmt. Man kann dies graphisch illustrieren, indem man den herrschenden Spannungsintensitätsfaktor K_{I} über der Risslänge a aufträgt und mit der Bruchzähigkeit K_{Ic} vergleicht (Bild 5.12 a). Sei a_1 die anfänglich vorhandene Risslänge, so setzt Rissfortschritt erst bei Erreichen der Spannung σ_{c} ein. Von da an gilt rechnerisch für alle Risslängen $K_{\mathrm{I}} > K_{\mathrm{Ic}}$. Entsprechend kommt es zu schneller Rissausbreitung und plötzlichem Bauteilversagen. In Wirklichkeit kann der Spannungsintensitätsfaktor K_{I} die Bruchzähigkeit K_{Ic} nicht überschreiten. Entsprechendes hatten wir auch bei den anderen Versagenskriterien (Fließbedingung, Spaltbruch) festgestellt. Deshalb ist es nicht möglich, die eingestellte Spannung während des stattfindenden Rissfortschritts zu halten. Sie fällt, wie in Bild 5.12 a gezeigt, ab. Unter Spannungsabfall stattfindenden Rissfortschritt bezeichnen wir als *instabil*.[13]

---

13 Die Begriffe *stabiles* und *instabiles* Risswachstum werden in der Literatur unterschiedlich definiert. Mögliche Festlegungen sind die Betrachtung der äußeren Last [59], die hier gewählt wurde, oder die Frage, ob Risswachstum Energie freisetzt oder verbraucht [22].

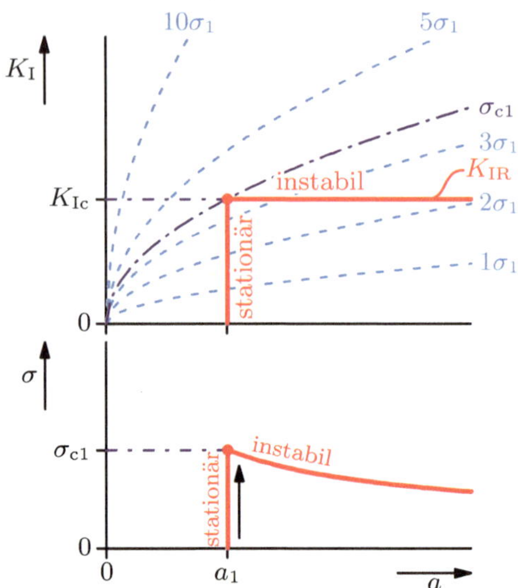

a: Bei Rissfortschritt nimmt die Spannung ab, so
dass ab σ_c sofort instabiler Rissfortschritt eintritt.

Bild 5.12: Darstellung von Rissausbreitungswiderstand K_IR und Spannung σ über der Risslänge a für den Fall, dass der Rissausbreitungswiderstand K_IR bei Rissausbreitung
konstant bleibt. (1/2)

Bei dieser Überlegung haben wir angenommen, dass die Bruchzähigkeit konstant ist
und sich bei Rissfortschritt nicht ändert. Dies ist aber nicht immer so. Vielmehr nimmt
bei vielen Werkstoffen der Widerstand gegen Rissausbreitung bei Rissfortschritt zunächst
zu. Dies kann dann geschehen, wenn sich im Laufe des Rissfortschritts eine sogenannte
Prozesszone vor der Rissspitze bildet, in der Prozesse stattfinden, die zu einer Erhöhung
des Energieverbrauchs bei Rissfortschritt führen. Bei duktilen metallischen Werkstoffen
wird dies mit der Verfestigung in der plastischen Zone an der Rissspitze während des Rissfortschritts in Verbindung gebracht. Bei unverstärkten Keramiken kann beispielsweise die
Bildung von Sekundärrissen eine entsprechende Rolle spielen [22]. Auf die entsprechenden
Mechanismen bei Keramiken wird in Abschnitt 7.2 genauer eingegangen. Die Erhöhung
des Risswiderstands durch energiedissipierende Prozesse ist auch ein wesentliches Ziel der
Teilchen- oder Faserverstärkung und wird in den Kapiteln 7 und 9 diskutiert.

Da sich also der Risswiderstand während des Risswachstums ändern kann, benötigt
man zusätzlich zu K_Ic, das den Beginn des Risswachstums kennzeichnet, eine weitere
Kenngröße, die den aktuellen Widerstand gegen Rissausbreitung kennzeichnet. Diese
wird als *Rissausbreitungswiderstand* oder kurz *Risswiderstand* K_IR (engl. *crack-exten-
sion resistance*) bezeichnet.[14] Der Risswiderstand nimmt also bei Werkstoffen, die eine

---

14 Die Situation ist analog zur plastischen Verformung: Auch dort gibt es eine Größe, die Dehngrenze R_p, die den Beginn der Plastifizierung beschreibt, und eine andere, die Fließspannung σ_F, die
die bei weiterer Verformung wirkende Spannung ist.

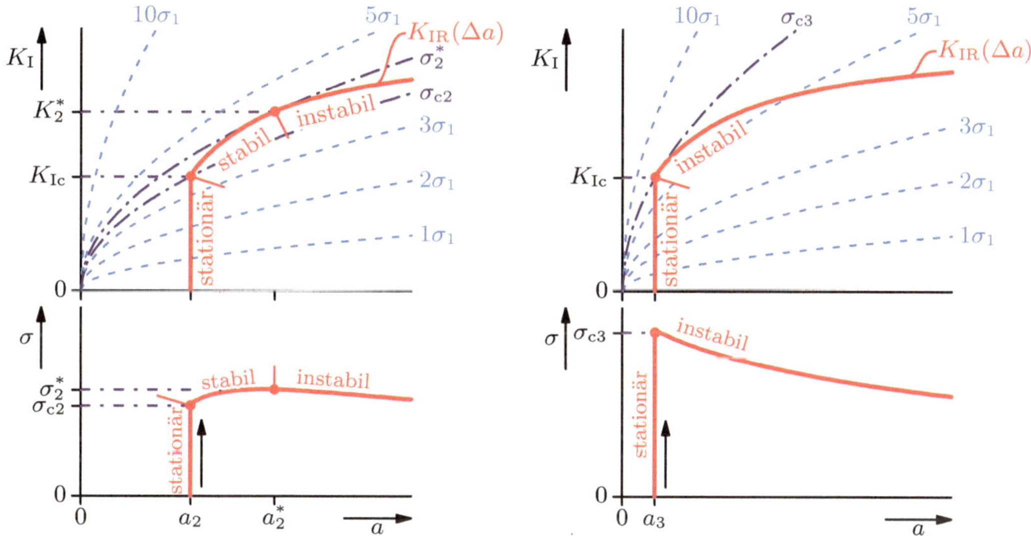

b: Bei einem langen Riss der Länge a_2 tritt ab σ_c stabiler, bei einer Lasterhöhung bis σ^* instabiler Rissfortschritt ein.

c: Bei einem kurzen Riss der Länge a_3 tritt ab σ_c sofort instabiler Rissfortschritt ein.

Bild 5.12: Darstellung von Rissausbreitungswiderstand K_{IR} und Spannung σ über der Risslänge a für den Fall, dass der Rissausbreitungswiderstand K_{IR} bei Rissausbreitung mit zunehmender Risslänge a ansteigt. In beiden Bildern ist dieselbe Risswiderstandskurve $K_{\mathrm{IR}}(\Delta a)$ dargestellt (nach [112]). (2/2)

Prozesszone bilden, zunächst zu (Bild 5.12 b), was häufig auch als *R*-Kurvenverhalten bezeichnet wird. Dies wird in einer *Risswiderstandskurve (R-Kurve,)* deutlich, in der K_{IR} über der Risslänge a oder Rissverlängerung Δa aufgetragen wird.

Auf welche Weise der einsetzende Rissfortschritt stattfindet, hängt neben der Form der Risswiderstandskurve auch von der Anrisslänge ab. Bild 5.12 b zeigt ein Beispiel, in dem der Werkstoff eine ansteigende Risswiderstandskurve besitzt und in dem der Anriss a_2 relativ lang ist. Rissfortschritt setzt hier bei Erreichen von $\sigma_{\mathrm{c}2}$ ein, kann aber zunächst nur unter Spannungsanstieg aufrecht erhalten werden. Man bezeichnet diesen Fall als *stabiles Risswachstum. Instabil* wird der Riss erst dann, wenn bei einer Rissverlängerung die Spannung nicht mehr zunimmt, also bei $\sigma = \sigma_2^*$.[15] Den zugehörigen Risswiderstandswert bezeichnen wir mit K_2^*.

Dagegen ist in Bild 5.12 c eine Konfiguration gezeigt, in der die Form der Risswiderstandskurve identisch zu der in Bild 5.12 b ist, die Anrisslänge a_3 jedoch kleiner als a_2 ist. In diesem Fall sinkt trotz des ansteigenden Risswiderstands die zum Rissfortschritt notwendige Spannung von Beginn an ab. Es tritt also sofort bei Erreichen von K_{Ic} instabiles Risswachstum ein. Die kritische Spannung $\sigma_{\mathrm{c}3}$ liegt aber dennoch höher als diejenige für einen langen Anriss (σ_2^*).

---

15 Es gibt auch Darstellungen, in denen der Übergang von stabilem zu instabilem Rissfortschritt bei K^* als K_{Ic} bezeichnet wird, z. B. in der Norm ASTM E 561. In diesem Buch wird mit K_{Ic} immer der Spannungsintensitätsfaktor bezeichnet, bei dem überhaupt Rissfortschritt einsetzt.

Wie die Bilder 5.12 b und 5.12 c zeigen, garantiert ein ansteigender Rissausbreitungswiderstand K_{IR} keinen stabilen Rissfortschritt, weil trotzdem die Spannung sinken kann.

Wenn die Belastung, die zum Rissfortschritt führt, weggeregelt ist, führt ein Abfallen der Last bei instabilem Rissfortschritt nicht zu einem sofortigen Versagen des Bauteils. Da mit wachsender Risslänge die Nachgiebigkeit des Bauteils zunimmt, kann die Spannung im Bauteil unter Umständen so weit abnehmen, dass sich der Riss wieder stabilisiert. Dies wird als *Rissauffang* bezeichnet.

Im Folgenden wird abgeschätzt, bei welchem Spannungsintensitätsfaktor K_{I} das Risswachstum instabil wird. Dies ist dann der Fall, wenn die äußere Belastung, hier vereinfacht als σ bezeichnet, bei Rissfortschritt da nicht weiter ansteigt oder abfällt. Während des Rissfortschritts muss der wirkende Spannungsintensitätsfaktor K_{I}, der von der Belastung σ und der Risslänge a abhängt, dem werkstoffabhängigen Rissausbreitungswiderstand K_{IR} entsprechen:

$$K_{\text{I}}(\sigma, a) = K_{\text{IR}}(a)\,.$$

Um diese Bedingung zu jedem Zeitpunkt zu erfüllen, muss ebenfalls

$$\frac{\mathrm{d}K_{\text{I}}(\sigma, a)}{\mathrm{d}a} = \frac{\mathrm{d}K_{\text{IR}}(a)}{\mathrm{d}a}$$

gelten. Teilt man den linken Term in seine Anteile auf, ergibt sich

$$\frac{\partial K_{\text{I}}(\sigma, a)}{\partial \sigma}\frac{\partial \sigma}{\partial a} + \frac{\partial K_{\text{I}}(\sigma, a)}{\partial a} = \frac{\mathrm{d}K_{\text{IR}}(a)}{\mathrm{d}a}\,.$$

Solange die Belastung bei Rissfortschritt steigt, also $\partial\sigma/\partial a > 0$ gilt, ist die Rissausbreitung stabil. Wenn die äußere Last bei Rissfortschritt nicht mehr steigt, ist $\partial\sigma/\partial a \leq 0$. Der Übergang von stabilem zu instabilem Risswachstum findet also bei $\partial\sigma/\partial a = 0$ statt. K_{I}^* ist somit durch die Gleichung

$$\left.\frac{\partial K_{\text{I}}(\sigma, a)}{\partial a}\right|_{K_{\text{I}}=K_{\text{I}}^*} \geq \left.\frac{\mathrm{d}K_{\text{IR}}(a)}{\mathrm{d}a}\right|_{K_{\text{I}}=K_{\text{I}}^*} \tag{5.29}$$

gegeben. Ist also die Risswiderstandskurve $K_{\text{IR}}(a)$ bekannt, so kann mit diesem Kriterium der Beginn des instabilen Rissfortschritts berechnet werden, wobei gleichzeitig $K_{\text{I}}(\sigma, a) = K_{\text{IR}}(a)$ erfüllt sein muss.

∗ 5.2.6   Unterkritisches Risswachstum

Bei den bisherigen Überlegungen waren wir stets davon ausgegangen, dass ein Riss bei einer Belastung unterhalb der Bruchzähigkeit K_{Ic} dauerhaft stationär bleibt. Dies ist jedoch nicht immer der Fall. Dringt beispielsweise ein korrosives Medium entlang des Risses in das Material ein, so kann das Material an der Rissspitze im Laufe der Zeit durch den Korrosionsprozess geschwächt werden. Dadurch sinkt lokal die Bruchzähigkeit, und der Riss kann sich fortpflanzen, allerdings nur solange, bis er wieder auf ungeschädigtes Material trifft. In diesem Fall kann somit auch bei Lasten unterhalb der kritischen Last bereits ein langsames Risswachstum auftreten, das als *unterkritisches Risswachstum* bezeichnet wird. Dabei wächst der Riss solange unterkritisch, bis der Spannungsintensitätsfaktor K_I die Bruchzähigkeit K_Ic erreicht und der Rissfortschritt instabil wird.[16] Da das unterkritische Risswachstum zeitabhängig ist, kann es durch die Angabe einer Rissfortschrittsgeschwindigkeit $\mathrm{d}a/\mathrm{d}t$ beschrieben werden, die angibt, um welches Inkrement $\mathrm{d}a$ der Riss in einem infinitesimalen Zeitintervall $\mathrm{d}t$ fortschreitet.

Generell tritt unterkritisches Risswachstum dann auf, wenn das Material an der Rissspitze aufgrund zeitabhängiger Prozesse geschwächt wird. Hierfür können unterschiedliche Vorgänge verantwortlich sein:

Bei vielen Metallen beobachtet man in korrosiven Umgebungsmedien, wie Elektrolyten, *Spannungsrisskorrosion*. Man unterscheidet zwei Arten der Spannungsrisskorrosion, die sich im zugrunde liegenden Mechanismus unterscheiden.

Bei der anodischen Spannungsrisskorrosion tritt bei Belastung an der Rissspitze stark konzentrierte Korrosion auf, die den Riss vorantreibt. Zu einer solchen lokalisierten Korrosion kommt es, wenn die Oberfläche des Metalls durch eine passivierende Schicht geschützt ist, die Rissspitze aber, beispielsweise aufgrund lokaler plastischer Deformation, nicht geschützt (»aktiviert«) ist. Bildet sich bei Rissfortschritt auf den neuen Rissflanken sofort wieder eine Passivierungsschicht, so kann die Korrosion nur selektiv in Verlängerung des Risses stattfinden, und die Rissspitze bleibt scharf. Ob anodische Spannungsrisskorrosion auftritt, hängt von der Kombination des Umgebungsmediums und dem Werkstoff, dem Werkstoffzustand, der Temperatur und der mechanischen Zugspannung ab. Bei einer ungünstigen Kombination kann die benötigte Zugspannung so klein sein, dass schon Eigenspannungen im Werkstoff zum Versagen durch verzögerten Bruch (siehe Abschnitt 3.5.3) führen können. Anodische Spannungsrisskorrosion kann zum Beispiel bei Anwesenheit von Chlor-Ionen (etwa aus salzhaltiger Atmosphärenluft) bei Aluminiumlegierungen und austenitischen Chrom-Nickel-Stählen auftreten.[17]

Ein anderer Fall ist die wasserstoffinduzierte Spannungsrisskorrosion. Sie tritt bei Materialien auf, die unter Einfluss von Wasserstoff verspröden (siehe Abschnitt 3.5.3, Seite 119). Die Spannungskonzentration an der Rissspitze führt zu einer Aufweitung des Kristallgitters. Dadurch lagert sich der bei der Korrosion entstehende Wasserstoff bevorzugt im Bereich der Rissspitze an, so dass im sowieso am höchsten belasteten Bereich die Spaltfestigkeit stark reduziert wird. Der Riss schreitet über den geschwächten Bereich voran, woraufhin Wasserstoff zu der neuen Rissspitze diffundiert. Wasserstoffinduzierte Spannungsrisskorrosion wird vor allem bei hochfesten Stählen beobachtet, da bei diesen hohe elastische Dehnungen an der Rissspitze auftreten können, und es zu einer entsprechend starken Wasserstoffanreicherung kommt.

Polymere zeigen einen ähnlichen Effekt, wenn sie Lösungsmitteln ausgesetzt sind. Die Lösungsmittel können bevorzugt an der Rissspitze in das Material eindringen, da dort die Molekülabstände aufgrund der hohen Zugspannungen größer sind. Biegt man z. B.

---

16 In Abschnitt 5.2.5 wurde angesprochen, dass ein Riss auch oberhalb von K_Ic noch stabil sein kann, wenn der Risswiderstand bei Rissfortschritt ansteigt. Tritt unterkritisches Risswachstum auf, so führt ein ansteigender Risswiderstand höchstens zu einer geringfügigen Verzögerung des instabilen Bruchs, da der Riss nahe K_Ic sehr schnell wächst. Daher wird im Weiteren K_Ic als Grenze zum instabilen Risswachstum verwendet.

17 Dieser letztere Fall ist deshalb besonders problematisch, da austenitische Chrom-Nickel-Stähle häufig als »nichtrostende Stähle« bezeichnet werden. Unter salzhaltiger Atmosphäre ist ihre Korrosionsbeständigkeit jedoch deutlich herabgesetzt, und Spannungsrisskorrosion kann auftreten.

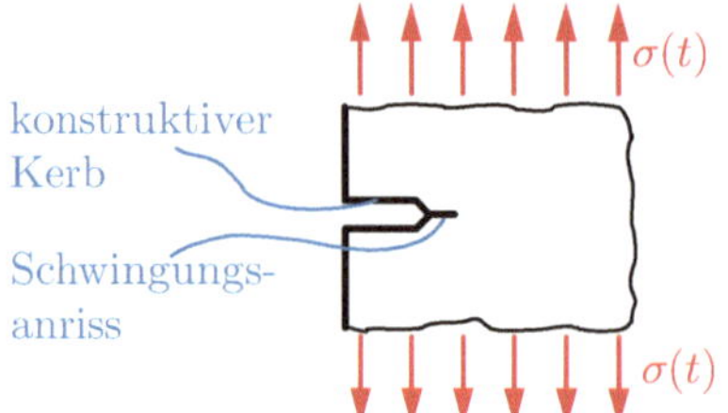

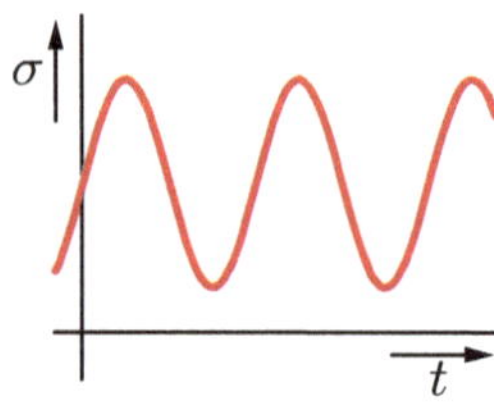

Bild 5.13: Erzeugung eines Anrisses durch schwingende Belastung

einen Stab aus Polymethylmethacrylat (Plexiglas) und benetzt die unter Zugspannung stehende Seite mit Aceton oder Äthanol, kann es nach kurzer Einwirkdauer zum Sprödbruch kommen. In diesem Fall wird die Spaltfestigkeit herabgesetzt, weil Dipolbindungen zwischen Polymermolekülen durch solche mit dem Lösungsmittel ersetzt werden (vgl. Abschnitt 8.8).

Auch Keramiken können aufgrund von lokalisierten chemischen Reaktionen bei Anliegen einer Spannung unterkritisches Risswachstum zeigen. Ein Beispiel hierfür ist Glas, bei dem Wasser in vorhandene Oberflächendefekte eindringen kann. Sind die Bindungen zwischen den Silizium- und den Sauerstoffatomen an der Rissspitze durch die äußere Spannung gedehnt, so können sie durch die Wassermoleküle angegriffen und aufgespalten werden [9]: $Si{-}O{-}Si + H_2O \rightarrow Si{-}O{-}H + H{-}O{-}Si$. Diese Reaktion kann zum scheinbar plötzlichen Versagen von Gläsern führen. Unterkritisches Risswachstum tritt auch bei kristallinen Keramiken auf, vor allem, wenn sie eine Bindephase auf den Korngrenzen (z. B. aus Sinteradditiven entstandene Glasphasen) aufweisen. Besonders betroffen sind sogenannte Silikatkeramiken wie Porzellan oder Mullit, die meist einen hohen Anteil von mehr als 20 % Glasphase enthalten [19, 153]. Aber auch Ingenieurskeramiken können unterkritisches Risswachstum zeigen. So tritt es bei Aluminiumoxid (Al_2O_3) in feuchter Atmosphäre oder Salzlösung auf [112].

Bei hohen Temperaturen treten bei Metallen und Keramiken zeitabhängige plastische Verformungen, sogenanntes Kriechen, auf, das in Kapitel 11 eingehend diskutiert wird. Ist in einem Werkstoff, der bei hohen Temperaturen mit einer Zugspannung belastet wird, ein Anriss vorhanden, kann dieser wachsen. Bei Metallen und Keramiken sind dafür häufig Poren verantwortlich, die sich (oft auf den Korngrenzen) im hochbelasteten Bereich vor der Rissspitze bilden (vgl. Abschnitt 11.3) und zusammenwachsen [130]. Der Riss wächst folglich häufig interkristallin. Man bezeichnet diesen Vorgang als *Kriechrisswachstum*. Polymere zeigen bereits bei Raumtemperatur zeitabhängige Verformung (siehe Kapitel 8) und sind deshalb ebenfalls für Kriechrisswachstum anfällig.

Das unterkritische Risswachstum wird maßgeblich von der Temperatur, dem Werkstoff und bei den Tieftemperaturmechanismen vom Umgebungsmedium beeinflusst. Bei einem festgelegten System ist die Rissfortschrittsgeschwindigkeit allerdings häufig nur vom Spannungsintensitätsfaktor K_I abhängig. Unterhalb einer temperaturabhängigen Grenze K_{I0} findet kein oder praktisch kein Rissfortschritt statt [112]. Wird K_{I0} überschritten, so steigt die Rissfortschrittsgeschwindigkeit mit zunehmendem Spannungsintensitätsfaktor meist rasch an. In vielen Fällen (beispielsweise bei der Spannungsrisskorrosion) schließt sich ein Plateau an, d. h., die Rissfortschrittsgeschwindigkeit bleibt für einen bestimmten Wertebereich des Spannungsintensitätsfaktors praktisch konstant. Erreicht der Spannungsinten-

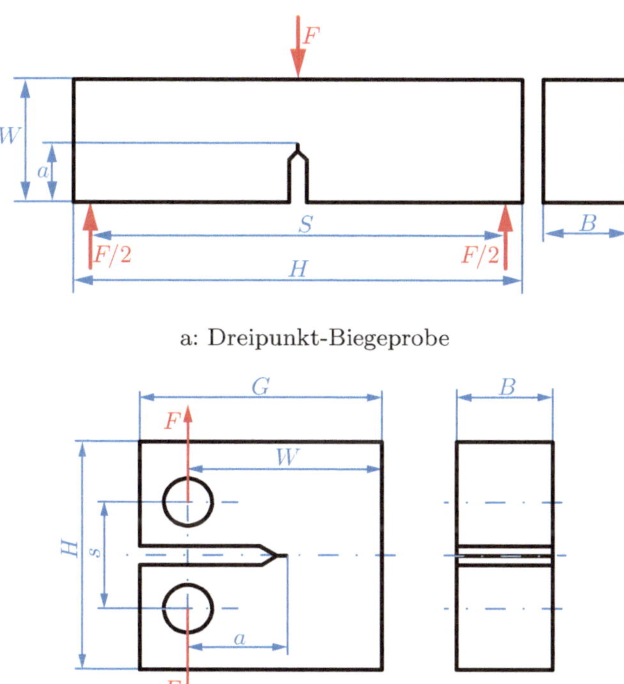

a: Dreipunkt-Biegeprobe

b: CT-Probe

Bild 5.14: Genormte Probengeometrien für Bruchmechanik-Experimente

sitätsfaktor schließlich Werte knapp unterhalb von K_{Ic}, beschleunigt das Risswachstum stark. Beispiele für Rissfortschrittsgeschwindigkeitskurven und für einen mathematischen Ansatz zur Beschreibung der Rissfortschrittsgeschwindigkeit werden in Abschnitt 7.2.6 diskutiert.

∗5.2.7 Experimentelle Bestimmung bruchmechanischer Kennwerte

In den vorherigen Abschnitten wurden die Bruchzähigkeit K_{Ic}, die kritische Energiefreisetzungsrate $\mathcal{G}_{\mathrm{Ic}}$ sowie die Risswiderstandskurve als wichtige Materialkennwerte eingeführt. Auf ihre experimentelle Ermittlung wird in diesem Abschnitt näher eingegangen.

Allen Versuchen ist gemein, dass die eingesetzten Proben einen konstruktiven Kerb enthalten, von dem aus vor dem Versuch durch schwingende Belastung (vgl. Kapitel 10) ein Anriss erzeugt wird (Bild 5.13). Der Schwingungsanriss ist notwendig, da ein konstruktiver Kerb fast nie ausreichend scharf hergestellt werden kann, um bruchmechanische Kennwerte daran zu ermitteln. Durch die schwingende Belastung ist es möglich, den Anriss bei einer Spannung gezielt in die Proben einzubringen, die niedriger ist, als für statische Versuche erforderlich wäre (vgl. Kapitel 10).

Es sind verschiedene Probengeometrien genormt und die zugehörigen Geometriefaktoren tabelliert bzw. in Näherungspolynomen angegeben [22, 143, 148]. Zwei häufig verwendete Probentypen sind die *Dreipunkt-Biegeprobe* (Bild 5.14 a) und die sogenannte *Kompaktzugprobe* oder CT-*Probe* (engl. *compact tension specimen*, Bild 5.14 b).

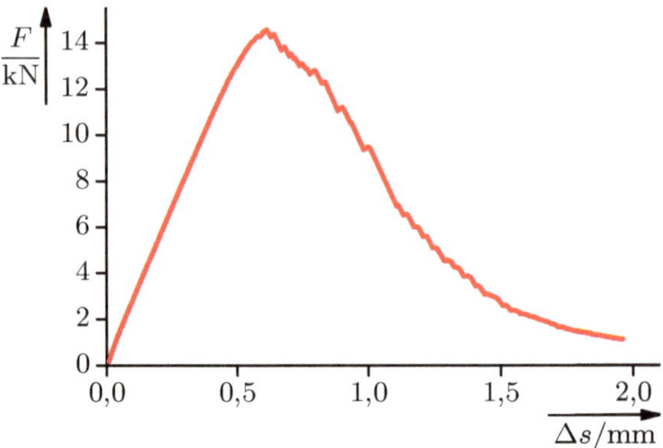

Bild 5.15: Kraft-Verschiebungs-Diagramm für eine CT-Probe (Normalprobe) aus AlCuMg 2

Für die Kompaktzugprobe wird der Spannungsintensitätsfaktor aus der angelegten Kraft F

$$K_{\mathrm{I}} = \frac{F}{B\sqrt{W}}\, f(a/w) \tag{5.30}$$

berechnet, wobei

$$f(a/w) = \frac{2 + \frac{a}{W}}{\left(1 - \frac{a}{W}\right)^{3/2}} \cdot \left[0{,}886 + 4{,}64\frac{a}{W} - 13{,}32\left(\frac{a}{W}\right)^2 + 14{,}72\left(\frac{a}{W}\right)^3 - 5{,}6\left(\frac{a}{W}\right)^4\right] \tag{5.31}$$

die Abhängigkeit des Spannungsintensitätsfaktors von der Risslänge für die spezielle Geometrie beschreibt und so auch den Geometriefaktor enthält. Zu beachten ist hier, dass die Risslänge a von der Position der Krafteinleitung aus gemessen wird und nicht vom Beginn des eingebrachten Anfangsrisses. Das ist verständlich, da es für den Spannungszustand an der Rissspitze unerheblich ist, wie »breit« der Riss in einigem Abstand von der Rissspitze ist. Wesentlich ist lediglich, dass es sich um einen scharfen Anriss mit geringem Rundungsradius handelt. Dies wird durch Einbringen des Schwingungsrisses sichergestellt. Für die Maße G, H, B, W und s analog Bild 5.14 b gibt es laut den Normen ASTM E 399 und ISO 12 135 festgelegte Zusammenhänge: So gilt für eine sogenannte *Normalprobe* $B = W/2$, $s = 0{,}55W$, $H = 1{,}2W$ und $G = 1{,}25W$. Die Risslänge am Versuchsbeginn soll auf $0{,}45W \leq a \leq 0{,}55W$ eingestellt werden.

∗ Ermittlung der Bruchzähigkeit

Die Vorgehensweise zur Ermittlung von K_{Ic} bzw. $\mathcal{G}_{\mathrm{Ic}}$ ist von der gewählten Probengeometrie unabhängig. Die Lastangriffspunkte werden mit konstanter Geschwindigkeit verschoben und die dafür notwendige Kraft gemessen. Trägt man die gemessene Kraft über der Verschiebung der Lastangriffspunkte bzw. der Kerbaufweitung auf, erhält man Kurvenverläufe, wie in Bild 5.15 dargestellt. Beginnender instabiler Rissfortschritt wird daran

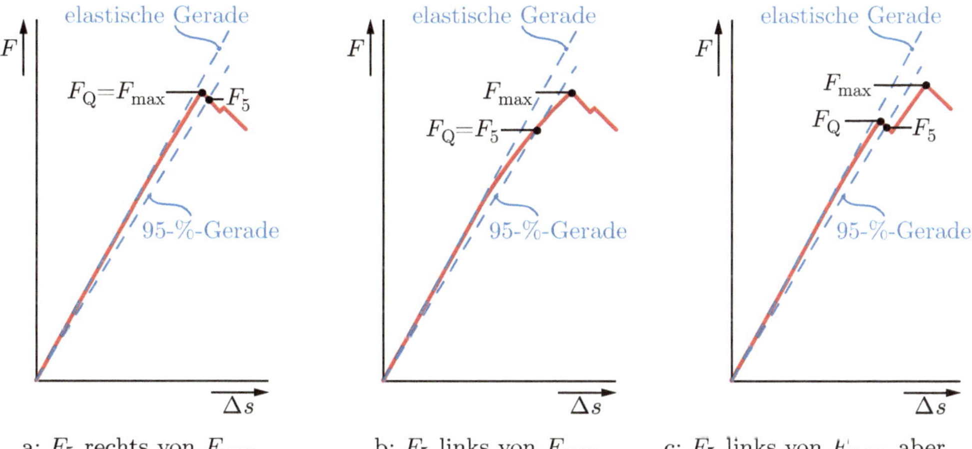

Bild 5.16: Ermittlung der kritischen Kraft F_Q. Die 95-%-Geraden sind hier mit nur 90 % Steigung dargestellt.

erkannt, dass die Kraft bei einem weggeregelten Versuch nach Erreichen eines Maximalwerts plötzlich abfällt und die Nachgiebigkeit der Probe entsprechend zunimmt. Da der Versuch weggeregelt durchgeführt wird, stabilisiert sich der Riss im Allgemeinen durch die damit verbundene Entlastung wieder und schreitet erst mit weiterer Verschiebung der Lastangriffspunkte fort. Ist die Größe der plastischen Zone vor der Rissspitze klein im Vergleich zum gesamten Probenvolumen, so setzt Rissfortschritt ein, ohne dass es vorher zu einer merklichen Abweichung des Kurvenverlaufs von der elastischen Geraden kommt. Diese Situation ist in Bild 5.16 a dargestellt.

Dagegen weist das in Bild 5.16 b dargestellte Materialverhalten auf nennenswerte plastische Verformung und unter Umständen stabilen Rissfortschritt hin, bevor der Riss bei Erreichen von F_max instabil wird. Derartige Kurvenverläufe sind charakteristisch für duktile Materialien. In diesem Fall muss geklärt werden, ob die Anwendung der linear-elastischen Bruchmechanik dennoch zulässig ist. Außerdem kann anhand der Kraft-Verschiebungs-Kurve nicht eindeutig geklärt werden, bei welcher Kraft Rissfortschritt eingetreten ist, da eine Plastifizierung nicht von stabilem Rissfortschritt unterschieden werden kann. Zur Bestimmung der Bruchzähigkeit K_Ic wird dann ein ähnlicher pragmatischer Ansatz wie zur Bestimmung der Dehngrenze $R_\mathrm{p0,2}$ gewählt, der weiter unten beschrieben wird.

Einen Spezialfall zeigt Bild 5.16 c. Hier wächst der Riss bei Erreichen der mit F_Q bezeichneten Kraft ein Stück weit instabil (sogenannter *pop-in*), bevor er sich wieder stabilisiert und erst bei einer höheren Kraft weiterwächst.

Zur Bestimmung der Bruchzähigkeit K_Ic hat man sich auf die im Folgenden näher beschriebene Vorgehensweise verständigt (siehe z. B. die Normen ASTM E 399 und ISO 12 135):

Zunächst wird in das Diagramm eine Gerade, die 95 % der Steigung der elastischen Gerade aus dem Versuch besitzt, eingezeichnet (Bild 5.16). Der Schnittpunkt dieser Geraden

Bild 5.17: Ausmessen der Risslänge zu Versuchsbeginn

mit der Messkurve bestimmt die als F_5 bezeichnete Kraft.[18] Nun gibt es zwei Fälle:

- Liegt F_5 rechts von der Kraft, bei der es zum ersten Kraftabfall aufgrund Rissfortschritts kommt, so ist F_Q durch dieses Maximum bestimmt ($F_Q = F_{max}$ in Bild 5.16 a, F_Q in Bild 5.16 c).

- Liegt dagegen F_5 links von diesem Maximum, verwendet man $F_Q = F_5$ als kritischen Wert (Bild 5.16 b). Zusätzlich muss überprüft werden, ob die plastische Verformung gering genug war, d. h., die Annahmen der linear-elastischen Bruchmechanik hinreichend gut erfüllt wurden. Als notwendige Bedingung muss deshalb

$$\frac{F_{max}}{F_Q} \leq 1{,}1 \tag{5.32}$$

eingehalten werden. Ist sie nicht erfüllt, muss der Versuch nach den Methoden der Fließbruchmechanik, die in Abschnitt 5.3 behandelt wird, ausgewertet werden.

Für eine CT-Probe wird aus der kritischen Kraft F_Q der kritische Spannungsintensitätsfaktor K_Q nach Gleichung (5.30),

$$K_Q = \frac{F_Q}{B\sqrt{W}} f(a/W) \,,$$

berechnet. Dazu muss die Risslänge zu Versuchsbeginn bekannt sein. Sie kann nach dem Aufreißen der Probe optisch ausgemessen werden, da sich das Bruchbild des zyklisch erzeugten Anrisses deutlich von dem der statischen Belastung unterscheidet (Bild 5.17).

Der für K_Q ermittelte Zahlenwert ist allerdings nicht nur vom untersuchten Material abhängig. Vielmehr kann ebenfalls der in der Nähe der Rissspitze wirkende Spannungszustand, der unter anderem von der Probendicke abhängt, eine Rolle spielen. Dies lässt sich besonders gut verdeutlichen, wenn man die plastische Zone vor der Rissspitze betrachtet (Bild 5.18).

An den Probenoberflächen herrscht ein ebener Spannungszustand (ESZ), da über die Oberflächen keine Normalkräfte übertragen werden können. Die kleinste Hauptspannung

---

18 Der Index 5 steht für die um 5 % reduzierte Steigung gegenüber der elastischen Geraden.

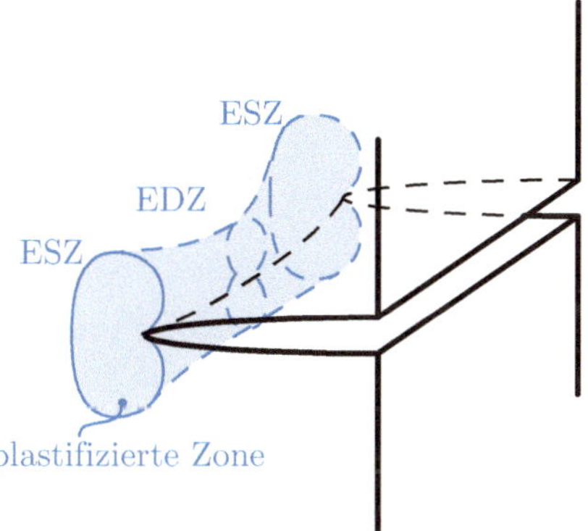

Bild 5.18: Größe und Form der plastischen Zone an der Rissspitze (engl. *dog bone*, nach [59])

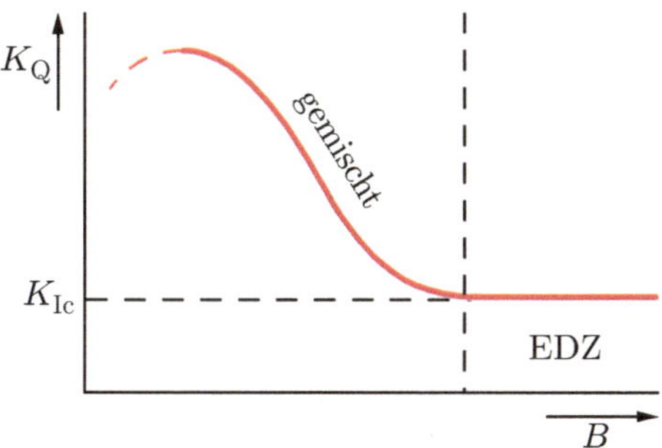

Bild 5.19: Abhängigkeit der gemessenen K_Q-Werte von der Probendicke B. Bei sehr dünnen Proben überwiegt der ebene Spannungszustand, bei sehr dicken Proben wird das Verhalten fast ausschließlich vom ebenen Dehnungszustand im Probeninneren bestimmt. Im als »gemischt« bezeichneten Dickenbereich sind nennenswerte Einflüsse beider Belastungszustände vorhanden.

ist dort also Null. Im Probeninneren herrscht hingegen ein nahezu ebener Dehnungszustand (EDZ), da die Querkontraktion im Bereich der Rissspitze durch das umgebende Material behindert wird. Daraus resultiert ein dreiachsiger Zugspannungszustand. Entsprechend sind die Vergleichsspannungen und die plastische Zone am Probenrand größer als im Probeninneren (Bild 5.18). Da plastische Verformung mit Energiedissipation verbunden ist, nimmt also der Widerstand gegen Rissfortschritt mit abnehmender Probendicke und dadurch wachsendem Einfluss der plastischen Zone zu (siehe Bild 5.19). Für ausreichend dicke Proben kann der Einfluss der Oberflächenzone mit einem ebenen Spannungszustand vernachlässigt werden, und der Widerstand gegen Rissfortschritt K_Q geht gegen einen konstanten Wert, der als Bruchzähigkeit K_{Ic} bezeichnet wird.

Um Geometrieunabhängigkeit sicherzustellen und die Bruchzähigkeit K_{Ic} als unteren, d. h. sicheren, Grenzwert für den Widerstand gegen Rissfortschritt eines Bauteils zu erhalten, fordert man deshalb den ebenen Dehnungszustand. Nur wenn diese Bedingung ebenfalls erfüllt ist, bezeichnet man den gemessenen K_Q-Wert als Bruchzähigkeit K_{Ic}. Laut der Normen ASTM E 399 und ISO 12 135 setzt dies voraus, dass

$$\left\{ \begin{array}{c} B \\ a \\ W - a \end{array} \right\} \geq 2{,}5 \left(\frac{K_Q}{R_p} \right)^2 \tag{5.33}$$

gilt. Man kann sich von dem Sinn dieser Forderung mit Hilfe von Gleichung (5.1) überzeugen. Fordert man zur Berechnung des Abstands von der Rissspitze, bis zu dem das Material plastifiziert, $\tilde{\sigma}_{22}(\tilde{x}_2 = 0) = R_p$ und setzt $K_I = K_Q$ ein, so erhält man folgende Abschätzung für die Ausdehnung r der plastischen Zone:

$$r \approx \frac{1}{2\pi} \left(\frac{K_Q}{R_p} \right)^2 . \tag{5.34}$$

Durch Gleichung (5.33) wird also sichergestellt, dass die plastische Zone klein gegenüber maßgeblichen Probenabmessungen ist.

* Ermittlung der Risswiderstandskurve

Wie in Abschnitt 5.2.5 erläutert, stellt die Risswiderstandskurve die Auftragung des Spannungsintensitätsfaktors über der Risslänge a dar. Die Versuche werden meist weggeregelt durchgeführt, damit auch nach dem Überschreiten der Maximalkraft Messwerte aufgenommen werden können.

Zur Bestimmung der Risswiderstandskurve nach ASTM E 561 wird die Belastung stufenweise aufgebracht und für jede Laststufe die Risslänge gemessen, bei der sich der Riss stabilisiert hat. Für eine vollständige Risswiderstandskurve sind 10 bis 15 Messpunkte notwendig. Um nicht mehrere Proben verwenden zu müssen, wird die Risslänge bei jeder Laststufe an der eingebauten Probe gemessen. Dazu sind verschiedene Verfahren möglich [22].

Bei der *optischen Messung* wird an der polierten Probenoberfläche mit einem Mikroskop die Lage der Rissspitze ermittelt. Dieses Verfahren ist apparativ einfach, besitzt aber den Nachteil, dass nur der oberflächliche Rissfortschritt gemessen werden kann und das Verhalten im Inneren der Probe unerkannt bleibt.

Bei der sogenannten *Compliance-Methode* wird die Nachgiebigkeit der Probe gemessen, indem diese während des Versuchs kurz entlastet wird. Durch den Vergleich mit einer Eichkurve, die an einer Probe mit bekannter Risslänge ermittelt wurde, kann aus der gemessenen Nachgiebigkeit die Risslänge bestimmt werden.

Bei der *Elektropotentialmethode* wird die Probe von einem konstanten elektrischen Strom durchflossen. Zwischen definierten Messpunkten wird die elektrische Spannung gemessen und durch Vergleich mit einer Eichkurve in eine Risslänge umgerechnet. Die Probe muss dabei gegenüber der Prüfmaschine und dem Wegaufnehmer elektrisch isoliert werden.

Damit die Methoden der linear-elastischen Bruchmechanik verwendet werden dürfen, muss die Verformung vor der Rissspitze weitgehend elastisch bleiben. Dies wird nach

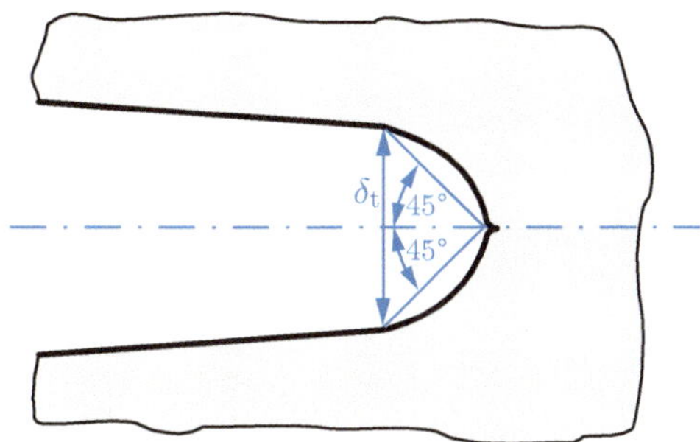

Bild 5.20: Eine mögliche Definition der Rissspitzenöffnung δ_t

ASTM E 561 durch die Erfüllung der folgenden Bedingung gewährleistet:

$$W - a \geq \frac{4}{\pi} \left(\frac{K_\mathrm{max}}{R_\mathrm{p}} \right)^2 .$$

Aus den gemessenen Wertepaaren (Kraft F_i und Rissverlängerung Δa_i) wird mit Hilfe von Gleichung (5.30) die Risswiderstandskurve berechnet.

*5.3 Fließbruchmechanik

Die Methoden der *Fließbruchmechanik* (FBM) werden dann eingesetzt, wenn die plastische Zone vor der Rissspitze im Vergleich zu den Proben- oder Rissabmessungen nicht ausreichend klein ist, um die linear-elastische Bruchmechanik verwenden zu können. Beliebig groß darf die plastische Zone jedoch auch für die Anwendung der Fließbruchmechanik nicht sein. Vielmehr muss plastisches Verhalten weiterhin auf den Bereich um die Rissspitze beschränkt sein und maßgeblich durch das umgebende, elastische Spannungsfeld bestimmt sein. Es haben sich zwei alternative Methoden zur Beschreibung des Zustands an der Rissspitze durchgesetzt: Die Betrachtung der Rissspitzenöffnung und das *J*-Integral. Beide Methoden können ineinander überführt werden und sind somit äquivalent.

*5.3.1 Rissspitzenöffnung (CTOD)

Bei der Methode der *Rissspitzenöffnung* oder CTOD-*Methode* (*crack tip opening displacement*) wird angenommen, dass das Werkstoffverhalten nicht durch den Spannungsintensitätsfaktor bestimmt wird, sondern durch die plastische Verformung an der Rissspitze, die sich in der Öffnung der Rissspitze δ_t niederschlägt (Index t für engl. *crack tip*). Erreicht diese den kritischen Wert δ_c, schreitet der Riss fort.

Es existieren verschiedene Möglichkeiten, die Rissspitzenöffnung zu definieren. Allen gemein ist die Annahme, dass die Rissspitze durch die plastische Verformung relativ stumpf ist und die Rissflanken nahezu parallel verlaufen, wie in Bild 5.20 skizziert. Eine Möglichkeit besteht darin, in die Rissspitze zwei Geraden unter einem Winkel von 45°

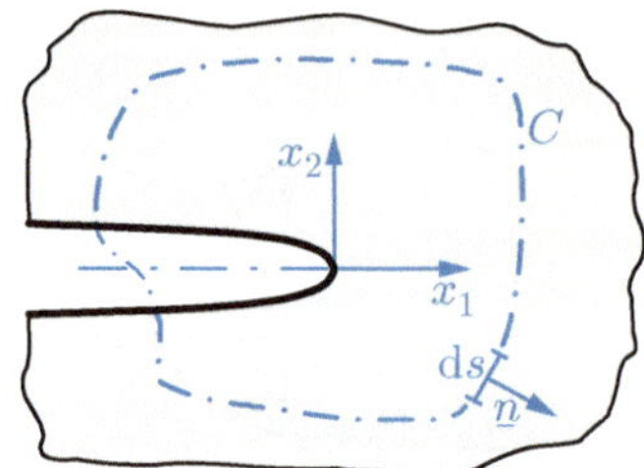

Bild 5.21: Koordinatensystem und Integrationspfad für das J-Integral

zur Rissachse zu legen. Der Abstand ihrer Schnittpunkte mit den Rissflanken wird als Rissspitzenöffnung δ_{t} bezeichnet.

*5.3.2 J-Integral

In Abschnitt 5.2.2 wurde der Energieumsatz bei Rissfortschritt eines ebenen Risses betrachtet und Risswachstum für den Fall vorhergesagt, dass die Energiefreisetzungsrate $\mathcal{G}_{\mathrm{I}}$ einen kritischen Wert $\mathcal{G}_{\mathrm{Ic}}$ erreicht. Die Definition von $\mathcal{G}_{\mathrm{I}}$ gemäß Gleichung (5.10) erfolgte dabei unabhängig von den Materialeigenschaften. Die Linearität des elastischen Verhaltens wurde erst gefordert, als es darum ging, die Energieterme in Gleichung (5.12) zu quantifizieren. Das sogenannte J-*Integral* misst die Energiefreisetzungsrate losgelöst von dieser Forderung. Mit der in Bild 5.21 skizzierten Rissgeometrie ist J als

$$J = \int_C \left[w \, \mathrm{d}x_2 - \left(\underline{\underline{\sigma}} \cdot \frac{\partial \underline{u}}{\partial x_1} \right) \cdot \underline{n} \, \mathrm{d}s \right] \tag{5.35}$$

definiert. Dabei ist C eine geschlossene Kurve um die Rissspitze, $w = \int \sigma_{ij} \, \mathrm{d}\varepsilon_{ij}$ die Energiedichte, $\underline{u}$ der Verschiebungsvektor und $\underline{n}$ der nach außen zeigende Normalenvektor auf der Kurve C, wie in Bild 5.21 eingezeichnet. Die Herleitung des J-Integrals sowie nähere Erläuterungen können in Anhang 17 nachgelesen werden. Ist kein Riss vorhanden, so ergibt Gleichung (5.35) $J = 0$. Streng genommen gilt Gleichung (5.35) nur für elastisches (auch nichtlineares) Werkstoffverhalten. Für einsinnige Belastungen, bei denen auch plastische Verformungen auftreten, aber keine Entlastungen, ist sie jedoch auch anwendbar.[19]

Die Wahl des Pfades C ist bis auf die Bedingung, dass er die Rissspitze umschließen muss, gleichgültig. In der Praxis – beispielsweise bei Finite-Elemente-Simulationen – hat sich gezeigt, dass es sinnvoll sein kann, ihn nicht zu nah um die Rissspitze zu ziehen, so dass der Integrationspfad nur elastisch verformte Bereiche durchläuft.

Die Gleichungen (5.10) und (5.35) sind äquivalent, so dass für linear-elastisches Werkstoffverhalten und ebenen Spannungszustand

$$\mathcal{G}_{\mathrm{I}} = J = \frac{K_{\mathrm{I}}^2}{E} \tag{5.36}$$

---

10 Aus diesem Grund wird in Gleichung (5.35) die Energiedichte mit w statt $w^{(\mathrm{el})}$ bezeichnet.

gilt. Ebenso wie für $\mathcal{G}$ gibt es einen kritischen Wert J_c, bei dem Rissfortschritt einsetzt. Darauf wird in Abschnitt 5.3.3 näher eingegangen.

Mit der hier kurz durchgeführten Energiebetrachtung wird die Äquivalenz des J-Integrals mit der Energiefreisetzungsrate entsprechend Gleichung (5.10) gezeigt. In Anhang 17.6 wird eine ausführlichere Betrachtung durchgeführt.

Betrachtet man zunächst nur den zweiten Term von Gleichung (5.10), $\mathrm{d}U^{(\mathrm{el})}/\mathrm{d}a$, so ergibt sich mit der elastischen Energiedichte $w^{(\mathrm{el})}$

$$\frac{\mathrm{d}U^{(\mathrm{el})}}{\mathrm{d}a} = \iiint\limits_{V} \frac{\mathrm{d}w^{(\mathrm{el})}}{\mathrm{d}a}\,\mathrm{d}V$$

oder, für eine ebene Geometrie mit der Probendicke t und dem Gebiet A, das die Rissspitze enthält,

$$\frac{\mathrm{d}U^{(\mathrm{el})}}{\mathrm{d}a} = t \iint\limits_{A} \frac{\mathrm{d}w^{(\mathrm{el})}}{\mathrm{d}a}\,\mathrm{d}r_1\mathrm{d}r_2 \tag{5.37}$$

Für eine unendlich große Scheibe kann ein Rissfortschritt $\mathrm{d}a$ in positive x_1-Richtung auch als Verschiebung $\mathrm{d}x_1 = -\mathrm{d}a$ des Integralgebiets A in negative x_1-Richtung angesehen werden, wodurch sich

$$\frac{\mathrm{d}U^{(\mathrm{el})}}{\mathrm{d}a} = -t \iint\limits_{A} \frac{\mathrm{d}w^{(\mathrm{el})}}{\mathrm{d}x_1}\,\mathrm{d}x_1\mathrm{d}x_2$$

ergibt. Mit der *Integralformel von Gauß* [26] kann ein Flächenintegral über eine Fläche A in ein Linienintegral entlang der zugehörigen Umrandung C überführt werden.[20] Beim betrachteten Integral gilt damit

$$-\frac{1}{t}\frac{\mathrm{d}U^{(\mathrm{el})}}{\mathrm{d}a} = \int\limits_{C} w^{(\mathrm{el})}\mathrm{d}x_2\,,$$

was dem ersten Term von Gleichung (5.35) entspricht.

Nun wird der erste Term von Gleichung (5.10), $\mathrm{d}W/\mathrm{d}a$, betrachtet. Um die beim Rissfortschritt geleistete äußere Arbeit $\mathrm{d}W$ zu berechnen, kann eine geschlossene Fläche S um die Rissspitze gelegt werden. Die bei einem infinitesimalen Rissfortschritt $\mathrm{d}a$ an einem Flächenelement $\mathrm{d}S$ geleistete Arbeit $\mathrm{d}(\mathrm{d}W)$ entspricht dem Produkt aus der auf das Flächenelement wirkenden Kraft $\mathrm{d}\underline{F}$ und der bei Rissfortschritt auftretenden Verschiebungsänderung $\mathrm{d}\underline{u}$:

$$\mathrm{d}(\mathrm{d}W) = \mathrm{d}\underline{F} \cdot \mathrm{d}\underline{u}\,. \tag{5.38}$$

Die Schnittkraft $\mathrm{d}\underline{F}$ auf ein Flächenelement $\mathrm{d}S$ ergibt sich aus dem Produkt von $\mathrm{d}S$ mit der Schnittspannung $\underline{\sigma}\,\underline{n}$, wobei $\underline{n}$ der Flächennormalenvektor ist:

$$\mathrm{d}\underline{F} = \left(\underline{\underline{\sigma}}\,\underline{n}\right) \cdot \mathrm{d}S\,.$$

Für einen infinitesimalen Rissfortschritt $\mathrm{d}a$ gilt für die Verschiebung des Materials

$$\mathrm{d}\underline{u} = \frac{\partial \underline{u}}{\partial a}\,\mathrm{d}a\,.$$

Setzt man diese beiden Beziehungen in Gleichung (5.38) ein und bezieht sie auf $\mathrm{d}a$, so ergibt

---

[20] Bei der Integralformel von Gauß handelt es sich um die Vereinfachung des gaußschen Integralsatzes auf den zweidimensionalen Raum (vgl. Anhang 17.1).

sich

$$\frac{\mathrm{d}(\mathrm{d}W)}{\mathrm{d}a} = \left(\underline{\underline{\sigma}}\,\underline{n}\right) \cdot \frac{\partial \underline{u}}{\partial a}\,\mathrm{d}S\,.$$

Durch Integration über die Fläche S folgt

$$\frac{\mathrm{d}W}{\mathrm{d}a} = \iint\limits_{S} \left(\underline{\underline{\sigma}}\,\underline{n}\right) \cdot \frac{\partial \underline{u}}{\partial a}\,\mathrm{d}S$$

oder, für ein ebenes Problem mit der Probendicke t,

$$\frac{\mathrm{d}W}{\mathrm{d}a} = t \int\limits_{C} \left(\underline{\underline{\sigma}}\,\underline{n}\right) \cdot \frac{\partial \underline{u}}{\partial a}\,\mathrm{d}s\,.$$

Da $\underline{\underline{\sigma}}$ symmetrisch ist, können die Vektoren $\underline{n}$ und $\partial\underline{u}/\partial a$ vertauscht werden. Verwendet man wieder $\mathrm{d}x_1 = -\mathrm{d}a$, so folgt

$$\frac{1}{t}\frac{\mathrm{d}W}{\mathrm{d}a} = - \int\limits_{C} \left(\underline{\underline{\sigma}}\,\frac{\partial \underline{u}}{\partial x_1}\right) \cdot \underline{n}\,\mathrm{d}s\,. \tag{5.39}$$

Dies entspricht dem zweiten Term aus Gleichung (5.35). Daraus folgt die Äquivalenz der Gleichungen (5.10) und (5.35), dargestellt in Gleichung (5.36).

*5.3.3   Werkstoffverhalten bei Rissfortschritt

Ebenso, wie der Rissausbreitungswiderstand K_{IR} der linear-elastischen Bruchmechanik von der Rissverlängerung Δa abhängt (vgl. Abschnitt 5.2.5), ändert sich auch der Wert des J-Integrals bei Rissfortschritt. Der bei Rissfortschritt auftretende J-Integralwert wird – analog zum Rissausbreitungswiderstand K_{IR} – als J_{R}-*Rissausbreitungswiderstand* bezeichnet [22]. Ebenso wie für K_{IR} kann für J_{R} eine Risswiderstandskurve erstellt werden, indem J_{R} über der Rissverlängerung Δa aufgetragen wird (Bild 5.22).

Der Rissfortschritt in einem duktilen Material unterscheidet sich von dem spröder Materialien. Bei einer zunehmenden Beanspruchung kommt es zunächst zu konzentrierten plastischen Deformationen an der Rissspitze, wodurch sich diese ausrundet (Teilbild ② in Bild 5.22). Dieser ausgerundete Bereich wird als *Stretch-Zone* bezeichnet [22].

Anschließend bilden sich aufgrund der hohen Spannung und großen plastischen Deformation vor der Rissspitze Hohlräume (vgl. Abschnitt 3.5.1), dargestellt in den Teilbildern ③ und ④. Während der Ausbildung der Stretch-Zone und der Hohlraumbildung (Teilbilder ① bis ④) ist der Zusammenhang zwischen der Rissverlängerung Δa und J_{R} nahezu linear.

Mit zunehmender Belastung wachsen die Hohlräume untereinander und mit dem Riss zusammen und führen so zu einer »richtigen« Verlängerung des Risses (Teilbild ⑤). Dies wird als *Rissinitiierung* oder *Risseinleitung* bezeichnet und tritt bei einem kritischen J-Integralwert von J_{c} auf [59].[21] Nun nimmt die Steigung der Risswiderstandskurve ab

---

21 In manchen Quellen wird dieser J-Integralwert auch als J_{i} (Index i für »Initiierung«) bezeichnet [22]. Dann wird der hier mit J^* bezeichnete Übergang zu instabilem Verhalten mit J_{c} bezeichnet.

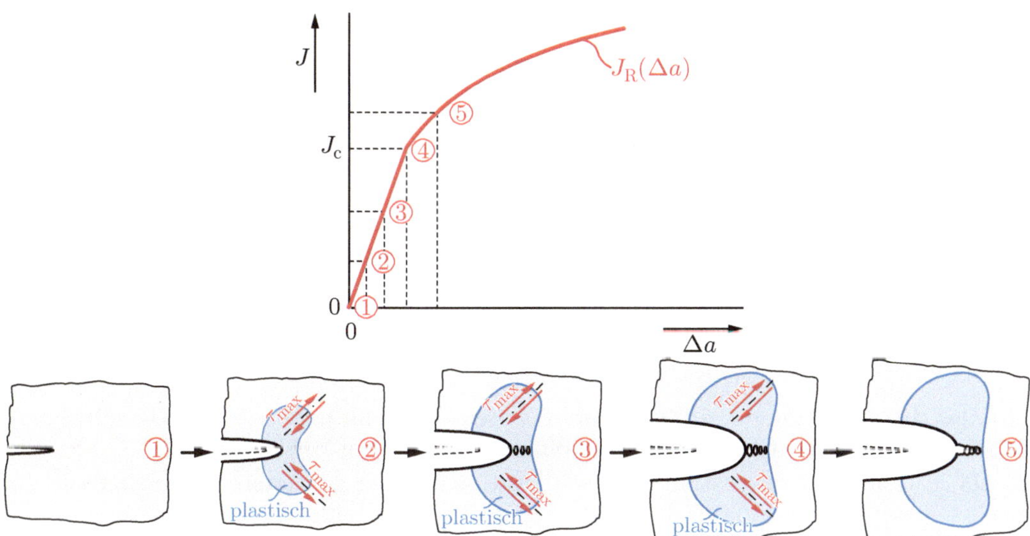

Bild 5.22: J_R-Risswiderstandskurve für ein duktiles Material bis zur Rissinitiierung (nach [22]). Die einzelnen Stadien der Rissausbreitung sind im Text beschrieben.

(vgl. Bild 5.22). Die beim Rissfortschritt auftretende Bildung und das Zusammenwachsen von Hohlräumen ist der für Gleitbrüche (Abschnitt 3.5.1) charakteristische Mechanismus, so dass die Bruchfläche die typische Wabenform erhält. Zustand ⑤ unterscheidet sich von der Ausgangskonfiguration ① dadurch, dass zum einen in der Umgebung der Rissspitze plastisch verformtes, verfestigtes Material vorliegt und zum anderen die Rissflanken aus Waben bestehen, so dass die Rissspitze nicht vollständig scharf ist.

Im Gegensatz zu spröden Materialien führen bei duktilen Materialien auch kleine Belastungen zu einem (sehr geringen) Rissfortschritt. Wird die Belastung allerdings nicht weiter gesteigert, ist dieser unproblematisch. Bei zyklischen, also sich wiederholenden, Belastungen kann dieser sehr geringe, dafür aber in jedem Zyklus auftretende, Rissfortschritt zu einem so großen Riss führen, dass das Bauteil versagt. Dieses sogenannte Ermüdungsrisswachstum wird in Kapitel 10 ausführlich behandelt.

Je kleiner der plastische Bereich an der Rissspitze ist, desto steiler ist die Gerade für die Bildung der Stretch-Zone. Im Grenzfall linear-elastischen Verhaltens ist sie senkrecht, und es ergibt sich ein ähnlicher Verlauf wie Bild 5.12. Je weniger die Rissspitze durch plastische Verformung entlastet wird, desto höher sind die Spannungen vor der Rissspitze. Durch die Dreiachsigkeit des Spannungszustands wächst somit die Gefahr, dass sich der Riss durch Spaltbruch verlängert (vgl. Abschnitt 3.5.2). Der Übergang vom Wabenbruch bei duktilen Materialien zu Spaltbruch bei spröden Materialien ist fließend, es treten also auch Mischformen beider Brucharten auf.

Die Abschätzung, bei welchem J-Integralwert J^* das Risswachstum instabil wird, wird analog zum Spannungsintensitätsfaktor K_I in Abschnitt 5.2.5 durchgeführt. Der kritische J-Integralwert J^* entspricht *nicht* dem Rissinitiierungswert J_c. Bei J_c findet

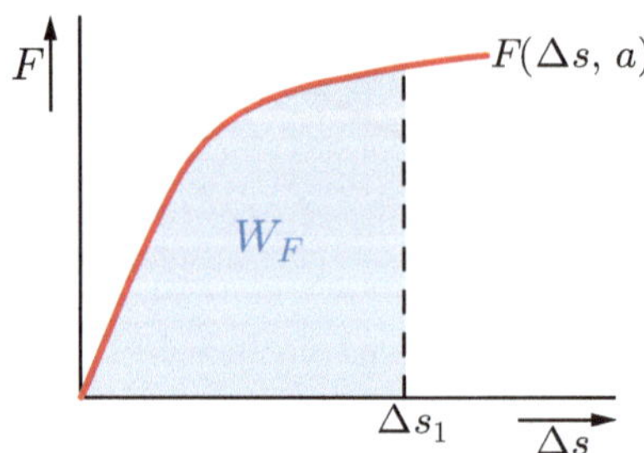

Bild 5.23: Last-Verschiebungs-Kurve zur Bestimmung des J_R-Risswiderstands

stabiles Risswachstum durch Zusammenwachsen der Hohlräume vor der Rissspitze statt. J^* kennzeichnet den Übergang von stabilem zu instabilem Risswachstum.

Da instabiles Risswachstum mit einer Entlastung des Materials verbunden ist, darf nach seinem Auftreten das J-Integral nicht mehr angewendet werden, da Entlastungen nach Abschnitt 5.3.2 ausgeschlossen wurden. Dies gilt auch, wenn das Bauteilverhalten durch eine weggeregelte Versuchsführung stabilisiert wurde.

*5.3.4   Experimentelle Bestimmung fließbruchmechanischer Kennwerte

Wie bei der linear-elastischen Bruchmechanik sind die Probengeometrien auch für die Fließbruchmechanik genormt. Entsprechend wird auch hier durch zyklische Belastung ein Anriss in die Probe eingebracht. Die J-Integralwerte zum Rissfortschritt, J_c und J^*, werden in der Fließbruchmechanik aus der J_R-Risswiderstandskurve abgelesen, so dass für sie keine gesonderten Experimente definiert sind.

Am Beispiel einer CT-Probe (Bild 5.14 b) wird die Vorangehensweise im Folgenden vorgestellt. Die Probe wird weggeregelt belastet und eine entsprechende Last-Verschiebungs-Kurve aufgezeichnet. Es ergibt sich ein Graph, wie in Bild 5.23 skizziert. Die Fläche unter der Kurve entspricht der geleisteten Arbeit

$$W_F = \int\limits_0^{\Delta s_1} F(\Delta s, a)\, \mathrm{d}(\Delta s) \tag{5.40}$$

mit der Verschiebung der Lastangriffspunkte Δs. Das J-Integral ergibt sich daraus für eine CT-Probe [22] zu

$$J = \frac{W_F}{B(W - a)} \cdot \eta \tag{5.41}$$

mit

$$\eta = 2 + 0{,}522 \left(1 - \frac{a}{W}\right).$$

Wie aufgrund der Definition des J-Integrals als Energiefreisetzungsrate zu erwarten ist, hängt der J-Integralwert direkt mit der in die Probe eingebrachten Arbeit W_F zusammen. Für eine Herleitung von Gleichung (5.41) sei z. B. auf *Gross / Seelig* [59] verwiesen.

Um die J_R-Risswiderstandskurve in einem Versuch aufzunehmen, muss eine direkte oder indirekte Messung der Rissverlängerung während des Versuchs durchgeführt werden. Dies geschieht entsprechend den Messungen der Risslänge in der linear-elastischen Bruchmechanik in Abschnitt 5.2.7. Es ist nicht möglich, die Rissverlängerung nach Beendigung des Versuchs an einer zerstörten Probe auszumessen.

6 Mechanisches Verhalten der Metalle

Metalle zeichnen sich, wie bereits in Abschnitt 1.2 erwähnt, durch ihre gute plastische Verformbarkeit aus, die eine große technische Bedeutung besitzt. Sie ermöglicht zum einen die Herstellung komplexer metallischer Bauteile durch Umformprozesse, zum anderen führt sie dazu, dass ein Bauteil bei Überschreiten der Fließgrenze meist nicht sofort durch Bruch versagt, sondern sich zunächst nur plastisch verformt. Dadurch wird Sicherheit gewonnen, da die Überlastung meist vor einem katastrophalen Bruch erkannt werden kann.

In diesem Kapitel werden die Mechanismen erläutert, die der plastischen Verformung zugrunde liegen. Anschließend werden Möglichkeiten diskutiert, wie die zur plastischen Verformung notwendige Spannung, und somit die Festigkeit eines metallischen Werkstoffs, erhöht werden kann.

6.1 Theoretische Festigkeit

Plastische Verformungen sind irreversibel. Dies bedeutet, dass sich bei einer plastischen Verformung die Anordnung der Atome zueinander ändern muss, da diese sonst bei Entlastung wieder in ihre Ursprungslage zurückkehren würden. Betrachtet man als Beispiel die Scherbelastung eines Einkristalls, so kann dieser plastisch verformt werden, indem ganze Atomebenen gegeneinander abgleiten, wie in Bild 6.1 dargestellt.[1] Um diese Abgleitung zu ermöglichen, müssen die Bindungen zwischen den Atomen elastisch gestreckt werden, bis ein Umklappen der Bindungen erfolgen kann. Eine Abschätzung der hierfür notwendigen Spannung (siehe Aufgabe 17) ergibt einen Wert von etwa einem Fünftel des Schubmoduls G des Kristalls und sagt somit eine Fließgrenze in der Größenordnung von 1 GPa bis 25 GPa für metallische Einkristalle voraus.

Untersucht man die Festigkeit von Einkristallen reiner Metalle, so stellt man fest, dass diese um mehrere Größenordnungen unterhalb des theoretischen Werts und auch unterhalb derer technischer Legierungen liegt. Typische Werte für die Fließgrenze liegen im Bereich einiger Megapascal. Da auch Einkristalle immer Gitterbaufehler enthalten, liegt es nahe anzunehmen, dass diese für die herabgesetzte Festigkeit verantwortlich sind. Reduziert man die Zahl der Gitterbaufehler, beispielsweise durch eine Wärmebehandlung, so sinkt die Fließgrenze jedoch noch weiter. Lediglich ein vollkommen perfekter Einkristall ohne jeden Gitterbaufehler besäße eine Fließgrenze, die der theoretischen Vorhersage entspräche. Nur bei den sogenannten Whiskern (siehe Abschnitt 6.2.8), die ein extrem kleines Materialvolumen aufweisen, kommt man dieser Situation nahe.

---

1 Bei den in diesem Kapitel gezeigten Prinzipskizzen zum Kristallaufbau und zur Versetzungsbewegung wird im Allgemeinen von einer einfach kubischen Kristallstruktur ausgegangen. Diese tritt zwar bei technisch relevanten Metallen nicht auf, eignet sich aber aufgrund ihrer Einfachheit am besten zur Verdeutlichung der Prinzipien.

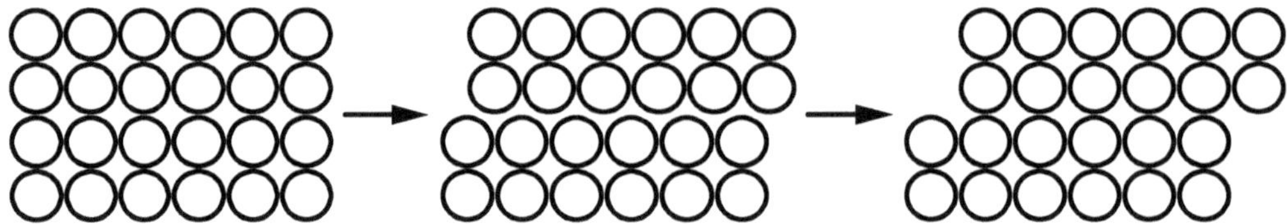

Bild 6.1: Abgleiten von Atomebenen in einem perfekten Kristall

Die Erklärung für diesen scheinbaren Widerspruch liegt darin, dass plastische Verformung nicht durch das simultane Abscheren ganzer Atomlagen gegeneinander erfolgt. Sie findet vielmehr durch einen Mechanismus statt, der von einer speziellen Art von Gitterbaufehlern, den sogenannten *Versetzungen,* getragen wird. Um das plastische Verhalten von Metallen zu verstehen, ist es also notwendig, sich näher mit Versetzungen zu beschäftigen.

6.2   Versetzungen

6.2.1   Versetzungstypen

Versetzungen sind eindimensionale – also linienförmige – Gitterbaufehler. Bild 6.2 a zeigt die *Stufenversetzung,* einen der beiden Grundtypen. Ihre räumliche Struktur kann man sich so vorstellen, als wäre sie dadurch entstanden, dass eine Halbebene von Atomen zusätzlich in den Kristall eingebracht wurde. In der Umgebung der Linie, an der diese Halbebene endet, ist die Anordnung des Kristalls gestört, in einer größeren Entfernung von dieser Linie ist der Kristall weiterhin perfekt.

Die Stufenversetzung kann durch zwei Vektoren gekennzeichnet werden, nämlich zum einen durch den *Linienvektor $\underline{t}$,* der in Richtung der *Versetzungslinie* zeigt, zum anderen durch den sogenannten *Burgersvektor $\underline{b}$.* Um diesen zu ermitteln, wird als sogenannter *Burgersumlauf* ein Linienzug um die Versetzungslinie gelegt, der in jeder kristallographischen Richtung gleich viele Schritte (in Atomabständen) enthält, wie in Bild 6.2 skizziert. In einem idealen Kristall wäre dieser Linienzug geschlossen, doch durch den Gitterbaufehler der Versetzung endet er nicht am Startpunkt. Vielmehr muss man einen zusätzlichen Schritt machen, um dorthin zu gelangen. Der Vektor, der diesen zusätzlichen Schritt beschreibt, ist der Burgersvektor $\underline{b}$. Er ist von der genauen Größe und Form des Umlaufs unabhängig, so lange er die Versetzungslinie umschließt. Wie Bild 6.2 a zeigt, sind bei einer Stufenversetzung Burgersvektor und Linienvektor senkrecht zueinander.

Die Drehrichtung des *Burgersumlaufs* ist bei dieser Definition nicht festgelegt, muss aber immer gleich gewählt werden. Es bietet sich an, sie nach der »Rechten-Hand-Regel« passend zum Linienvektor $\underline{t}$ zu wählen, wie in Bild 6.3 skizziert. Auch die Wahl der Orientierung des Linienvektors ist beliebig. Kehrt man sie um, so dreht sich entsprechend auch die Orientierung des Burgersvektors um.

Den zweiten Grundtyp von Versetzungen, die *Schraubenversetzung,* zeigt Bild 6.2 b. Deren Entstehen kann man sich so vorstellen, als wäre der Kristall auf einer Seite der Versetzungslinie um einen Atomabstand parallel zur Versetzungslinie abgeschert worden. Auch die Schraubenversetzung kann durch ihren Linien- und ihren Burgersvektor cha-

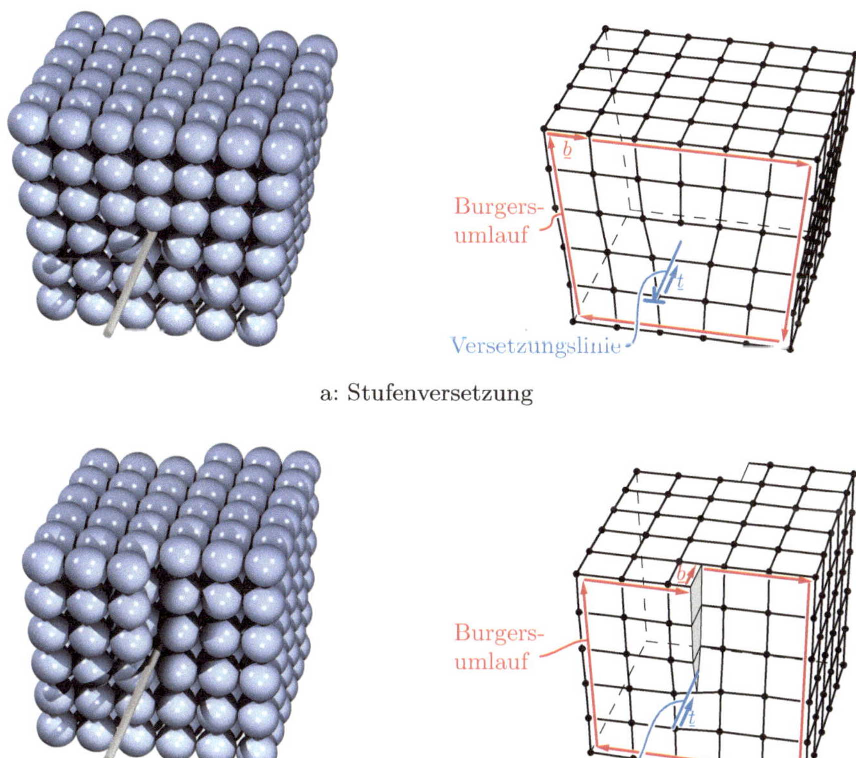

Bild 6.2: Versetzungstypen. In den Gittermodellen ist jeweils ein möglicher Burgersumlauf eingezeichnet.

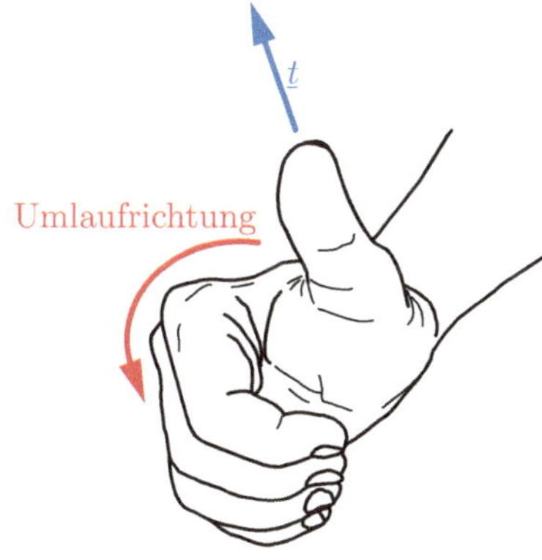

Bild 6.3: Rechte-Hand-Regel zum Ermitteln des Drehsinns für einen Burgersumlauf

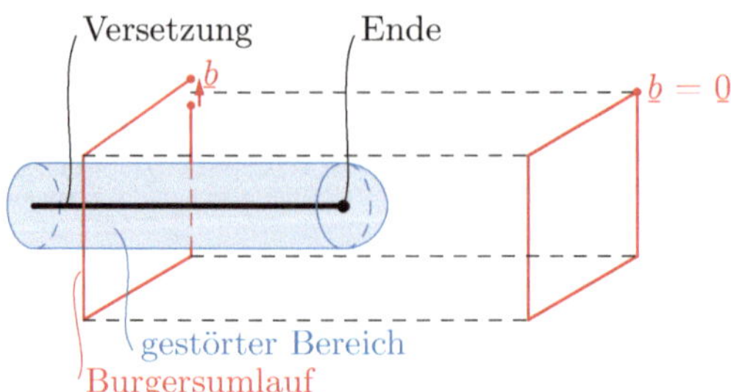

Bild 6.4: Eine innerhalb des Kristalls endende Versetzungslinie ist unmöglich, da die zwei eingezeichneten Umläufe stetig ineinander überführt werden können, aber nur einer von ihnen einen von Null verschiedenen Burgersvektor besitzt.

rakterisiert werden. Wie die Abbildung zeigt, sind beide parallel zueinander orientiert. Bewegt man sich entlang einer Kristallebene um die Versetzungslinie herum, so entsteht ein schraubenförmig gewundener Pfad, der diesem Versetzungstyp seinen Namen gibt.

Versetzungslinien sind immer geschlossen oder enden an der Oberfläche des Kristalls. Innerhalb des Kristalls können sie jedoch nicht enden. Das Argument hierfür ist in Bild 6.4 skizziert. Man stellt sich vor, dass eine Versetzung innerhalb des Kristalls an einem Punkt endet. Der Kristall ist dann in der Umgebung dieser Versetzung verzerrt, in genügend großer Entfernung von der Versetzung ist er aber ein perfekter Kristall. Läuft man auf dem eingezeichneten Burgersumlauf um die Versetzung, so ergibt sich ein endlicher Burgersvektor. Läuft man einen identischen, parallelverschobenen Weg in genügend großer Entfernung von der Versetzungslinie, so ist der Burgersvektor auf diesem Weg Null. Da beide Wege aber innerhalb des ungestörten Einkristalls liegen, müsste man den einen durch Parallelverschiebung aus dem anderen erzeugen können. Dies ist jedoch nicht möglich, es sei denn, man schneidet bei dieser Verschiebung die Versetzungslinie.

Eine Versetzungslinie ist im Allgemeinen nicht gerade, sondern läuft auf einem komplizierten, vielfach gekrümmten Pfad durch den Kristall, so dass sich die Richtung des Linienvektors ortsabhängig ändert. Der Burgersvektor einer Versetzung bleibt dagegen in der gesamten Versetzung konstant. Deshalb kann eine Versetzung Bereiche mit Stufencharakter, mit Schraubencharakter sowie mit gemischtem Charakter besitzen. Der Winkel zwischen Burgersvektor und Linienvektor kann dabei zwischen 0° und 90° variieren. Dieser Sachverhalt ist in Bild 6.5 skizziert.

6.2.2 Spannungsfeld um eine Versetzung

Da Versetzungen das Kristallgitter verzerren, bildet sich ein elastisches Spannungsfeld um die Versetzungslinie. Am Beispiel einer Stufenversetzung, deren Versetzungslinie der x_3-Achse entspricht, wird die Verteilung der Spannungen gezeigt. Durch die eingeschobene Halbebene müssen auf ihrer Seite Druck- und auf der gegenüberliegenden Seite Zugspannungen herrschen. Für die Spannungskomponenten gelten die folgenden, hier nicht hergeleiteten Gleichungen [41]:

$$\sigma_{11} = -\frac{Gb}{2\pi(1-\nu)} \cdot \frac{x_2(3x_1^2 + x_2^2)}{(x_1^2 + x_2^2)^2},$$

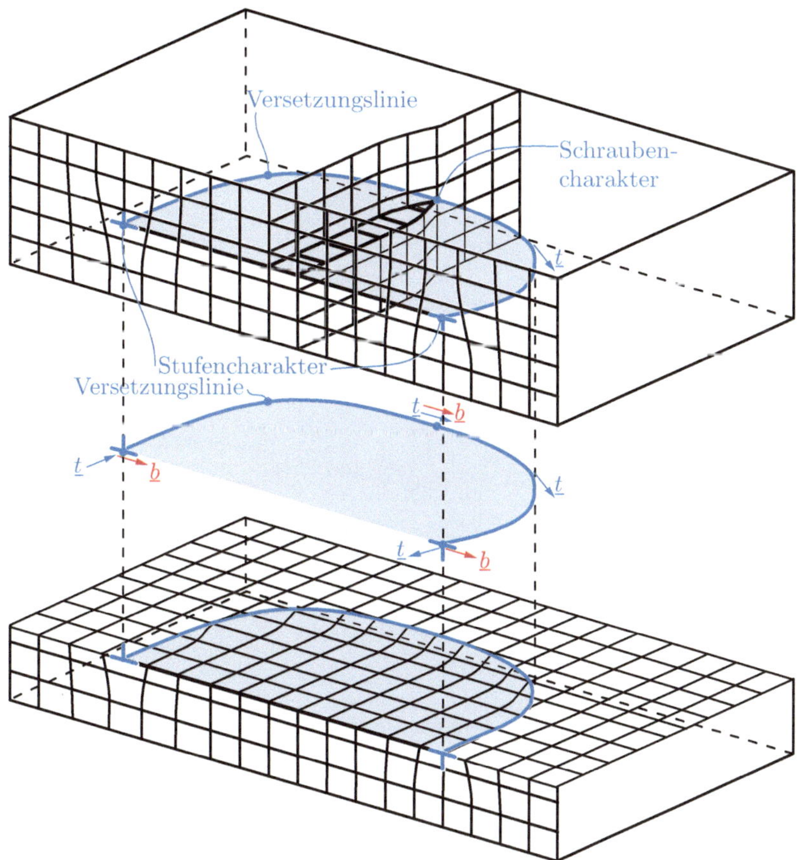

Bild 6.5: Versetzungszug in einem Kristall. Die Versetzung besitzt über die gesamte Länge den gleichen Burgersvektor $\underline{b}$. Die beiden Positionen mit Stufencharakter unterscheiden sich durch die entgegengesetzte Orientierung des Linienvektors $\underline{t}$. Dadurch kann bei gleichem $\underline{b}$ die Halbebene einmal von unten und einmal von oben eingeschoben sein.

$$\sigma_{22} = \frac{Gb}{2\pi(1-\nu)} \cdot \frac{x_2(x_1^2 - x_2^2)}{(x_1^2 + x_2^2)^2} ,$$

$$\tau_{12} = \frac{Gb}{2\pi(1-\nu)} \cdot \frac{x_1(3x_1^2 - x_2^2)}{(x_1^2 + x_2^2)^2} . \tag{6.1}$$

Da sich die lokal am Versetzungskern wirkende Dehnung in Richtung der Versetzungslinie, $\varepsilon_{33}(x_1 = x_2 = 0)$, nicht von der des restlichen Materials unterscheiden kann, herrscht ein *ebener Dehnungszustand* mit $\varepsilon_{33} = 0$. Es gilt daher unter Verwendung des hookeschen Gesetzes

$$\sigma_{33} = \nu\left(\sigma_{11} + \sigma_{22}\right) .$$

Die obigen Formeln sind mit Hilfe kontinuumsmechanischer Theorien erstellt worden. Da

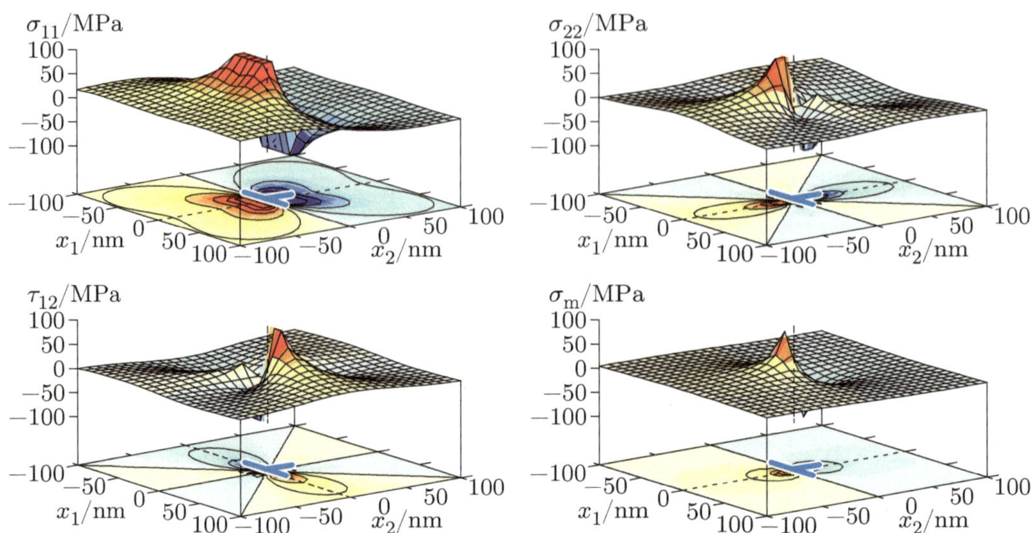

Bild 6.6: Spannungsverteilung um eine in x_3-Richtung verlaufende Stufenversetzung in Aluminium. Die Werte wurden bei $\pm 100\,\mathrm{MPa}$ abgeschnitten. Zugspannungsbereiche sind gelb, Druckspannungsbereiche türkis eingefärbt.

im atomaren Bereich sehr nahe am Versetzungskern die dafür notwendige Vereinfachung nicht möglich ist, gelten die Gleichungen nur in genügendem Abstand vom Versetzungskern.

Bild 6.6 zeigt die Verteilung der einzelnen Spannungskomponenten und der hydrostatischen Spannung

$$\sigma_\mathrm{m} = \frac{1}{3}\left(\sigma_{11} + \sigma_{22} + \sigma_{33}\right) \tag{6.2}$$

um den Versetzungskern. Gerade im Graphen für σ_m in Bild 6.6 ist gut zu erkennen, dass auf der Seite der eingeschobenen Halbebene Druck- und auf der gegenüberliegenden Seite Zugspannungen herrschen. In Bild 6.7 wird die Spannungsverteilung aus Bild 6.6 qualitativ wiedergegeben.

Da die Versetzung den Kristall um sich herum elastisch verzerrt, ist im Volumen um die Versetzung elastische Energie gespeichert. Je mehr Versetzungen ein Kristall enthält, desto höher ist dementsprechend seine gespeicherte elastische Energie. Versucht man, eine Versetzungslinie beispielsweise durch Krümmen zu verlängern, so muss hierfür Energie aufgewandt werden. Die Spannung um die Versetzungslinie ist nach Gleichung (6.1) proportional zum Produkt aus dem Schubmodul G und dem Burgersvektor b, während die Verschiebung proportional zum Burgersvektor ist, so dass sich für die Energie T pro Längeneinheit einer Versetzung näherungsweise

$$T \approx \frac{Gb^2}{2} \tag{6.3}$$

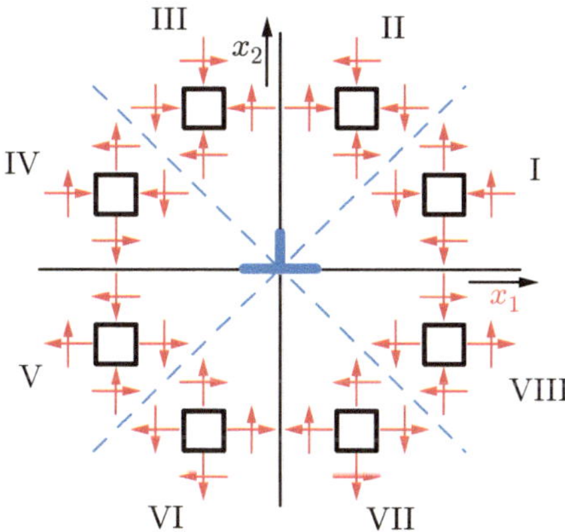

Bild 6.7: Qualitative Darstellung der Spannungsverteilung um eine Stufenversetzung an infinitesimalen Stoffelementen

ergibt.[2] Die Energie pro Längeneinheit T hat dabei die Einheit einer Kraft. In Analogie zu einer gespannten Stahlsaite kann man sich T als Kraft vorstellen, mit der die Versetzungslinie »gespannt« ist. Deswegen bezeichnet man T auch als *Linienspannung* der Versetzung. Der Wert der Linienspannung liegt häufig in der Größenordnung von 10^{-9} N.

6.2.3 Bewegung von Versetzungen

Wirkt eine hinreichend große Schubspannung auf eine Versetzung, so bewegt diese sich durch den Kristall. Bild 6.8 zeigt den zugrunde liegenden Mechanismus am Beispiel einer Stufenversetzung: In der Umgebung der Versetzungslinie sind die Atome aus ihrer Gleichgewichtslage ausgelenkt, d. h., die Bindungen zwischen den Atomen des Kristalls sind teilweise gestreckt und teilweise gestaucht. Wird eine äußere Schubspannung angelegt, die die obere Kristallebene gegenüber der unteren zu verschieben versucht, so wird eine Bindung des Atoms in der Versetzungslinie gestreckt, die nächste Bindung wird jedoch verkürzt, so dass das Atom den Bindungspartner wechselt. Man kann von einem *Umklappen* der Bindung sprechen. Dieser Prozess wiederholt sich, bis die Versetzung an die Oberfläche des Kristalls gewandert ist und die obere Kristallebene gegenüber der untere verschoben wurde. Die Abgleitung erfolgt bei einer Stufenversetzung in Richtung der Versetzungsbewegung. Die Versetzung erleichtert die plastische Verformung zum einen dadurch, dass die Bindungen bereits gestreckt bzw. gestaucht sind, zum anderen aber auch dadurch, dass nicht alle Atome der oberen Kristallhälfte simultan gegenüber denen der unteren Hälfte bewegt werden müssen. Die Verformung ist dabei irreversibel, also plastisch, weil die Versetzung bei einer Entlastung nicht in ihre Ausgangsposition zurückkehrt. Das Volumen des Kristalls ändert sich während des Abgleitens nicht. Dies erklärt

---

2 Der genaue Wert von T hängt vom Versetzungstyp, d. h. der Orientierung von $\underline{b}$ zu $\underline{t}$, von der Krümmung der Versetzungslinie und vom Abstand der Versetzung zu anderen Versetzungen, Korngrenzen oder der Kristalloberfläche ab [35]. Für die folgenden Betrachtungen ist die hier gegebene Abschätzung aber hinreichend genau.

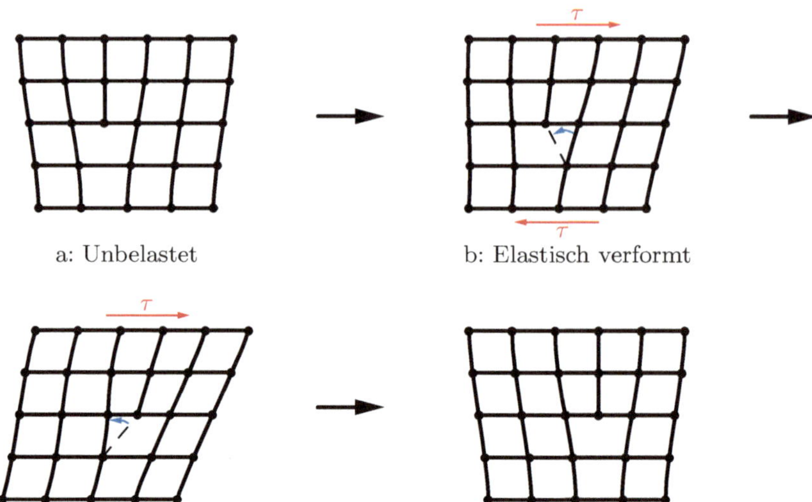

a: Unbelastet

b: Elastisch verformt

c: Plastisch verformt, die Bindung ist »umgeklappt«.

d: Unbelastet, aber plastisch verformt

Bild 6.8: Schematische Darstellung der Bewegung einer Stufenversetzung. Durch die angelegte Schubspannung werden die Bindungen in der Umgebung der Versetzung gedehnt bzw. gestaucht, wodurch eine Bindung an der Versetzungslinie umklappt. Dabei bewegt sich die Versetzung um einen Gitterplatz weiter. Die dargestellten elastischen Verzerrungen sind stark überzeichnet.

die Aussage aus Kapitel 3, dass die plastische Verformung volumenerhaltend und somit unabhängig vom hydrostatischen Spannungszustand ist.

Bild 6.9 zeigt den Abgleitvorgang für eine Schraubenversetzung. Auch hier kommt es zum Umklappen von Bindungen. Die Abgleitung erfolgt in einer Ebene, in der auch die Versetzungslinie und der Burgersvektor liegen. Die Abgleitebene ist also, anders als bei der Stufenversetzung, nicht eindeutig festgelegt, wie in Bild 6.9 dargestellt ist. Im Gegensatz zur Stufenversetzung wandert die Versetzungslinie quer zur angelegten Schubspannung und damit auch quer zur Abgleitung.

Die Abgleitung einer gemischten Versetzung ergibt sich aus den beiden Grenzfällen der Stufen- und Schraubenversetzung. Betrachtet man beispielsweise einen Versetzungsring (Bild 6.10), so vergrößert (oder verkleinert) dieser unter einer angelegten Schubspannung seinen Durchmesser, weil sich die Stufenversetzung in Richtung der Spannung bewegt und die Schraubenversetzung quer dazu. Ein Versetzungsring ändert seine Gestalt also gleichförmig, sofern beide Versetzungstypen gleich beweglich sind.

Ist dagegen ein Versetzungstyp schwerer beweglich als der andere, so wird die Versetzungsbewegung zunächst durch den leichter beweglichen Versetzungstyp dominiert, wie in Bild 6.11 skizziert. Dabei verlängert sich der Anteil des schwerer beweglichen Versetzungstyps. Letztendlich führt dies dazu, dass dieser Typ die plastische Verformung und die dazu notwendigen Spannungen stark beeinflusst.

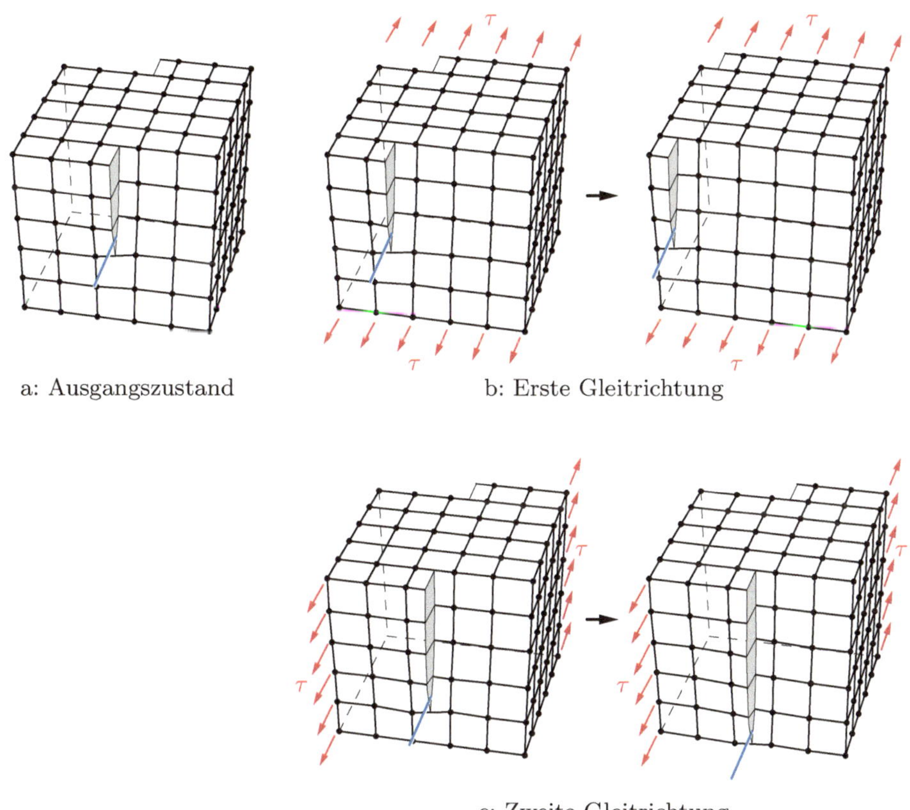

a: Ausgangszustand   b: Erste Gleitrichtung

c: Zweite Gleitrichtung

Bild 6.9: Abgleitvorgang einer Schraubenversetzung. Die Verformung kann durch Abgleiten in die beiden dargestellten Richtungen stattfinden (vgl. Abschnitt 6.2.4)

Bild 6.10: Bewegung eines Versetzungsrings

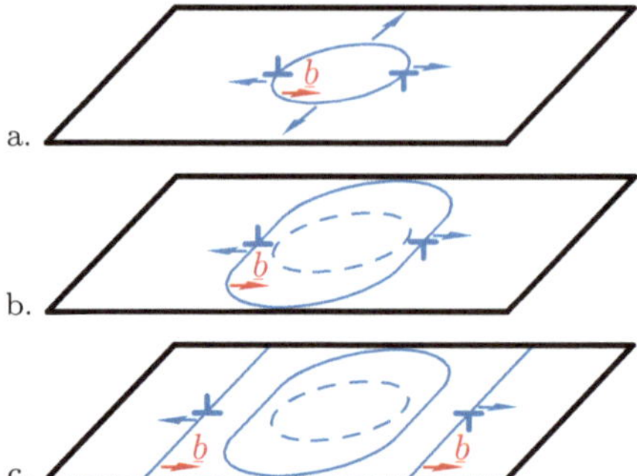

Bild 6.11: Ungleichmäßige Bewegung eines Versetzungsrings

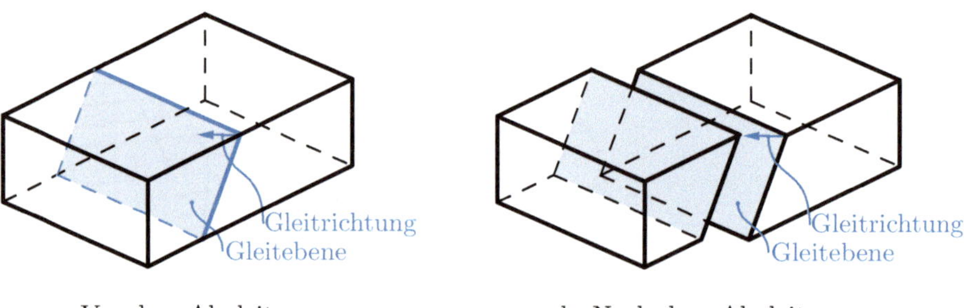

a: Vor dem Abgleitvorgang   b: Nach dem Abgleitvorgang

Bild 6.12: Gleitebene und -richtung in einem Kristall

6.2.4   Gleitsysteme

Bei der oben beschriebenen Versetzungsbewegung kommt es zu einer Relativverschiebung zweier Kristallteile gegeneinander. Die *Gleitrichtung,* d. h. die Richtung, in der der Kristall abgleitet, ist ebenso wie der Betrag der Abgleitung durch den Burgersvektor $\underline{b}$ bestimmt. Bei einer Stufenversetzung ist die Gleitrichtung identisch mit der Bewegungsrichtung der Versetzung, bei einer Schraubenversetzung steht sie senkrecht auf der Bewegungsrichtung. Die Ebene, die beide gegeneinander verschobenen Kristallteile trennt, wird als *Gleitebene* bezeichnet. Die Kombination einer Gleitrichtung und der dazugehörigen Gleitebene wird als *Gleitsystem* bezeichnet.

In Bild 6.12 wird das Abgleiten eines Kristalls mit zugehöriger Gleitebene und Gleitrichtung gezeigt. Da die Abgleitung durch Bewegung von Versetzungen entlang der Gleitebene erfolgt, müssen die Versetzungslinie $\underline{t}$ und die Bewegungsrichtung $\underline{v}$ der Versetzung in der Gleitebene liegen. Dasselbe gilt für den Burgersvektor, da er die Gleitrichtung angibt. Der Normalenvektor $\underline{n}$ der Gleitebene muss also folgende Bedingungen erfüllen:

$$\underline{n} \perp \underline{b} \quad \wedge \quad \underline{n} \perp \underline{t} \quad \wedge \quad \underline{n} \perp \underline{v} . \tag{6.4}$$

Für eine Stufenversetzung oder eine Versetzung mit gemischtem Charakter sind $\underline{b}$ und $\underline{t}$

a: Dichtest gepackte Ebene bzw. Richtung. Die obere Kugelreihe muss nur wenig angehoben werden, ein Abgleiten ist relativ leicht.

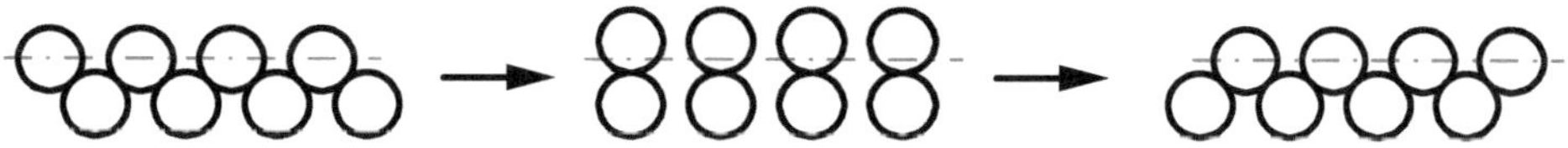

b: Nicht dichtest gepackte Ebene bzw. Richtung. Die obere Kugelreihe muss stark angehoben werden, wodurch ein Abgleiten erschwert wird.

Bild 6.13: Veranschaulichung der Abgleitung anhand von Kugeln

nicht parallel. Die Gleitebene ist also bereits durch die Versetzung eindeutig bestimmt:

$$\underline{n} = \frac{\underline{b} \times \underline{t}}{|\underline{b} \times \underline{t}|} \; .$$

Bei einer Schraubenversetzung ist dies anders, da $\underline{b}$ und $\underline{t}$ parallel sind. Ihre Bewegungsrichtung ist deshalb nicht eindeutig festgelegt. Die Versetzung kann also auf verschiedenen Ebenen gleiten und somit durch sogenanntes *Quergleiten* Hindernisse umgehen (vgl. Bild 6.9). Dabei weicht sie von der Gleitebene, auf der die höchste Schubspannung wirkt, zeitweise auf eine andere Gleitebene mit geringerer resultierender Schubspannung aus (siehe Abschnitt 6.2.5). Eine vergleichbare Möglichkeit besitzen Stufenversetzungen erst bei erhöhten Temperaturen durch sogenanntes *Klettern* (siehe Abschnitte 6.3.4 und 11.2.2).

Ein Abgleiten der Versetzung ist umso leichter möglich, je dichter gepackt zum einen die Gleitebene und zum anderen die Gleitrichtung sind. Es bilden sich also bevorzugt Gleitebenen und Gleitrichtungen dichtester Packung aus. Wenn man sich die Atome als Kugeln vorstellt und als Vereinfachung annimmt, dass die gesamte Atomebene auf einmal abgleitet, so kann man sich diese Tatsache veranschaulichen, wie es in Bild 6.13 getan wird. Um eine Atomebene über eine andere abgleiten zu lassen, muss im Fall der dichtesten Packung die obere Ebene nur geringfügig angehoben werden (Bild 6.13 a). Sind die Atome weniger dicht gepackt, muss die obere Ebene stärker angehoben werden (Bild 6.13 b), was das Abgleiten erschwert. Bei jedem Kristalltyp werden nur definierte Burgersvektoren gebildet, wodurch der Kristall nur innerhalb definierter Ebenen in definierte Richtungen abgleiten kann. Im Folgenden sollen die Gleitsysteme der wichtigsten Kristalltypen diskutiert werden.

Kubisch flächenzentrierter Kristall

Der kubisch flächenzentrierte Kristall besitzt die dichtest mögliche Kugelpackung (vgl. Abschnitt 1.2.2). Weil Ebenen vom Typ $\{111\}$ und Richtungen vom Typ $\langle 1\bar{1}0 \rangle$ dichtest gepackt sind, bilden sie die Gleitsysteme (Bild 6.14). Betrachtet man Ebenen, die sich lediglich in der Orientierung, nicht aber in der Richtung des Normalenvektors unterscheiden, als identisch, so existieren vier unabhängige Gleitebenen, wie in Bild 6.14 c

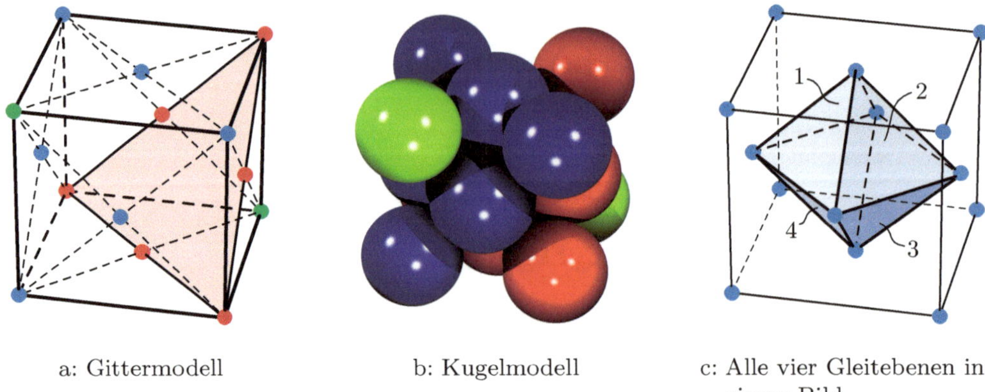

a: Gittermodell   b: Kugelmodell   c: Alle vier Gleitebenen in
                                                      einem Bild

Bild 6.14: Die Gleitsysteme in kubisch flächenzentrierten Metallen. Die Gleitebenen entsprechen den Raumdiagonalen, die Gleitrichtungen liegen auf den Flächendiagonalen
bzw. in Bild c auf den Oktaederkanten.

Tabelle 6.1: Die Gleitsysteme in kubisch flächenzentrierten Metallen

Gleitebene		Gleitrichtung	Anzahl Ebenen	Richtungen pro Ebene	Anzahl (gesamt)
$\{111\}$		$\langle 1\bar{1}0\rangle$	4	3	12

veranschaulicht. Jede dieser Gleitebenen besitzt drei unabhängige Gleitrichtungen. Damit
ergeben sich $4 \cdot 3 = 12$ unabhängige Gleitsysteme in dieser Kristallstruktur. Tabelle 6.1
fasst die Beschreibung der Gleitsysteme zusammen.

Kubisch raumzentrierter Kristall

Der kubisch raumzentrierte Kristall besitzt keine dichteste Kugelpackung. Die Gleitsysteme mit den dichtest gepackten Richtungen und Ebenen sind vom Typ $\{110\}\langle\bar{1}11\rangle$
(Bild 6.15). Mit zwei Gleitrichtungen je Gleitebene und 6 unterschiedlichen Gleitebenen
ergeben sich wiederum 12 Gleitsysteme. Wie Tabelle 6.2 zusammenfasst, ist Abgleitung
zudem auf weiteren kristallographischen Ebenen möglich, die nur geringfügig schwerer
aktivierbar sind [56].

Hexagonaler dichtest gepackter Kristall

Der hexagonale dichtest gepackte Kristall[3] besitzt wie der kubisch flächenzentrierte Kristall die dichteste Kugelpackung, allerdings in einer anderen Stapelfolge (vgl. Bild 1.9).

---

3 Da die einfach hexagonale Kristallstruktur bei Metallen nicht relevant ist, wird im Folgenden häufig die Bezeichnung »hexagonal« als Kurzform für »hexagonal dichtest gepackt« verwendet.

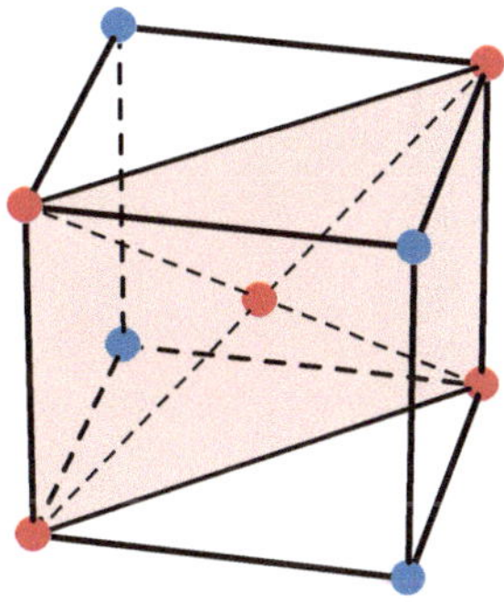

a: Darstellung einer Gleitebene in der Elementarzelle. Die beiden Gleitrichtungen sind gestrichelt eingezeichnet.

b: Kugelmodell. Die Schichtung des in a dargestellten Gleitebenentyps ist farblich gekennzeichnet.

Bild 6.15: Die $\{110\}\langle\bar{1}11\rangle$-Gleitsysteme in kubisch raumzentrierten Metallen

Tabelle 6.2: Die Gleitsysteme in kubisch raumzentrierten Metallen

Gleitebene		Gleitrichtung	Anzahl Ebenen	Richtungen pro Ebene	Anzahl (gesamt)
$\{110\}$		$\langle\bar{1}11\rangle$	6	2	12
$\{112\}$		$\langle11\bar{1}\rangle$	12	1	12
$\{123\}$		$\langle11\bar{1}\rangle$	24	1	24

Nur die $\{0001\}$-Basisebenen sind dichtest gepackt. Sie enthalten drei $\langle11\bar{2}0\rangle$-Richtungen dichtester Packung, so dass sich drei unabhängige Gleitsysteme ergeben (Bild 6.16).

Drei unabhängige Gleitsysteme reichen nicht für beliebige Verformungen aus. Im Falle des hexagonalen Kristalls ist dies leicht einsehbar, denn Scherverformungen, die aus der gemeinsamen Gleitebene der drei Gleitsysteme herausgehen, sind nicht möglich. Also müssen weitere, schwerer zu aktivierende Gleitsysteme betätigt werden. Da reale Metalle keine ideal hexagonal dichtest gepackte Struktur besitzen, sondern eine gestreckte oder gestauchte Elementarzelle (variierendes c/a-Verhältnis), hängt es vom Element ab, welche weiteren Gleitsysteme aktiviert werden. Tabelle 6.3 gibt eine Übersicht über die wichtigsten weiteren Gleitsysteme. Die Gleitsysteme mit der horizontalen Gleitebene heißen Basisgleitsysteme. Wenn die Gleitebenen auf den Mantelflächen der Elementarzelle liegen, spricht man von Prismengleitsystemen. Die restlichen Gleitsysteme heißen Pyramidengleitsysteme.

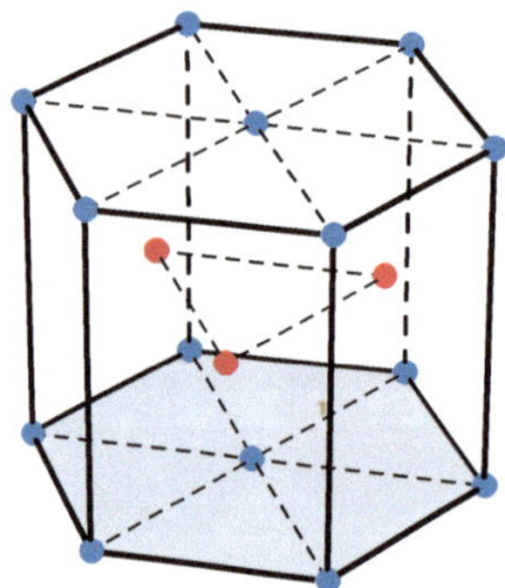

a: Darstellung einer Gleitebene in der Elementarzelle. Die drei Gleitrichtungen sind die gestrichelten Diagonalen.

b: Darstellung als Kugelmodell. Die Schichtung dichtest gepackter Gleitebenen ist farblich gekennzeichnet.

Bild 6.16: Basis-Gleitsysteme in hexagonalen Metallen

6.2.5   Schmidsches Schubspannungsgesetz

In Abschnitt 6.2.3 wurde gesagt, dass eine Versetzung zu laufen beginnt, wenn auf das Gleitsystem eine hinreichend große Schubspannung, im Weiteren *kritische Schubspannung* τ_{krit} genannt, wirkt. Sie entspricht nicht der Schubfließgrenze τ_{F} für isotrope Materialien, weil bei deren Verformung verschiedene Gleitsysteme aktiviert werden müssen und diese im Allgemeinen nicht parallel zu einer äußeren Schubspannung orientiert sind. Für einen Einkristall lautet die *Fließbedingung* (vgl. Abschnitt 3.3.1)

$$\tau^{(\mathrm{GS})} = \tau_{\mathrm{krit}} \, , \tag{6.5}$$

wobei $\tau^{(\mathrm{GS})}$ die im Gleitsystem wirkende Schubspannung ist.

Nur selten ist eine außen angelegte Schubspannung exakt parallel zu einem Gleitsystem ausgerichtet. Meistens muss also aus dem außen angelegten Spannungszustand der Anteil berechnet werden, der im betrachteten Gleitsystem als Schubspannung wirkt. Beschränkt man sich auf eine einachsige Belastung, wie z. B. in einem Zugversuch, so ist dazu ein einfacher Ansatz möglich.[4] Es wird ein bestimmtes Gleitsystem in einem einachsig belasteten Zugstab betrachtet, wie in Bild 6.17 skizziert. Die Gleitebene habe den Normalenvektor $\underline{n}$, die Gleitrichtung sei $\underline{m}$, und die Querschnittsfläche der Probe betrage A_0. Die Fläche der schräg in der Probe liegenden Gleitebene sei A. Berechnet man die Kraftkomponente der Gleitrichtung, so muss man die äußere Kraft F auf die Richtung $\underline{m}$ projizieren, was auf

$$F_{\underline{m}} = F \cos \lambda$$

führt. Bezieht man nun die beiden Kräfte jeweils auf die Flächen, in denen sie wirken, so

---

4 Der für einen allgemeinen Spannungszustand gültige tensorielle Ansatz wird am Ende dieses Abschnitts vorgestellt.

Tabelle 6.3: Übersicht über Gleitsysteme in hexagonalen Metallen

Gleitebene Anzahl	Gleitrichtung Zahl/Ebene	Zahl (ges.)	Beispiele
Burgersvektor in der Basisebene			
$\{0001\}$ 1	$\langle 11\bar{2}0\rangle$ 3	3	Cd, Zn, Mg, Ti, Zr
$\{01\bar{1}0\}$ 3	$\langle\bar{2}110\rangle$ 1	3	Ti, Zr
$\{01\bar{1}1\}$ 6	$\langle\bar{2}110\rangle$ 1	6	Ti, Mg, Zr
$\{01\bar{1}2\}$ 6	$\langle\bar{2}110\rangle$ 1	6	Zn
$\{11\bar{2}2\}$ 6	$\langle1\bar{1}00\rangle$ 1	6	Ti
Burgersvektor nicht in der Basisebene			
$\{01\bar{1}0\}$ 3	$\langle\bar{2}113\rangle$ 2	6	Zn
$\{01\bar{1}1\}$ 6	$\langle\bar{2}113\rangle$ 2	12	Zr
$\{11\bar{2}1\}$ 6	$\langle\bar{2}113\rangle$ 2	12	Zn, Zr
$\{11\bar{2}2\}$ 6	$\langle\bar{2}113\rangle$ 2	12	Zn

ergibt sich mit $\tau^{(\mathrm{GS})} = F_{\underline{m}}/A$ und $\sigma = F/A_0$ die Beziehung

$$\tau^{(\mathrm{GS})} A = \sigma A_0 \cos\lambda\,. \tag{6.6}$$

Die Fläche des Gleitsystems innerhalb des Zugstabs ergibt sich zu

$$A = \frac{A_0}{\cos\theta}\,.$$

Setzt man dies in Gleichung (6.6) ein, so folgt das *schmidsche Schubspannungsgesetz*

$$\tau^{(\mathrm{GS})} = \sigma \cos\lambda \cos\theta\,. \tag{6.7}$$

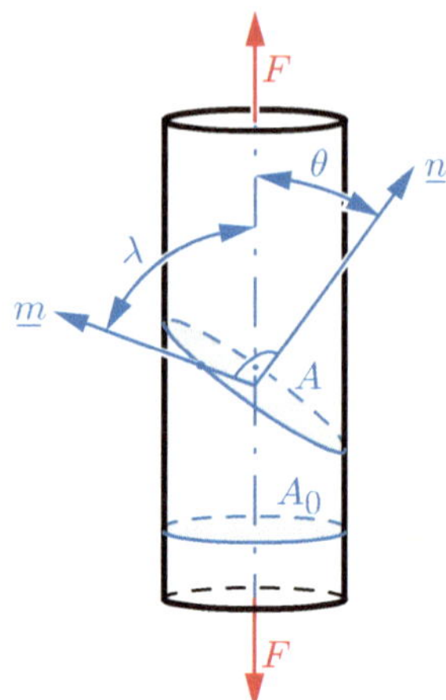

Bild 6.17: Lage eines Gleitsystems innerhalb eines Zugstabs

Diese Gleichung bestimmt aus der außen angelegten Spannung und der Lage des betrachteten Gleitsystems die in ihm wirkende Schubspannung. Der Term $\cos\lambda\cos\theta$ heißt *Schmidfaktor*. Erreicht $\tau^{(\mathrm{GS})}$ den kritischen Wert τ_{krit}, so beginnt das einkristalline Material zu fließen. Es folgt die Fließbedingung

$$\sigma\cos\lambda\cos\theta = \tau_{\mathrm{krit}} \, . \tag{6.8}$$

Da $\underline{n}$ und $\underline{m}$ stets senkrecht aufeinander stehen, kann der Schmidfaktor maximal den Wert 0,5 annehmen, wenn $\lambda = \theta = 45°$ gilt. In diesem Fall ist also die im Zugversuch ermittelte Fließspannung des Einkristalls doppelt so groß wie die zur Aktivierung des Gleitsystems notwendige Schubspannung. Ist die Orientierung des Gleitsystems nicht optimal, so ist die Fließspannung entsprechend größer. Diese Betrachtung ist rein kontinuumsmechanisch. Die Versetzungstheorie geht in sie nur insofern ein, als aus ihr die Tatsache folgt, dass *Schubspannungen* die plastische Verformung bestimmen und Abgleitvorgänge nur auf bestimmten Gleitsystemen stattfinden.

Die Tatsache, dass die größte Schubspannung in einem einachsig belasteten Bauteil der Hälfte der Normalspannung entspricht, lässt sich auch am *mohrschen Spannungskreis* [59] (siehe Abschnitt 2.2.1) verdeutlichen. Als Hauptspannungen erhält man $\sigma_{\mathrm{I}} = \sigma$ und $\sigma_{\mathrm{II}} = \sigma_{\mathrm{III}} = 0$, so dass sich ein mohrscher Spannungskreis mit dem Radius $\sigma/2$ ergibt, der auf die maximale Schubspannung $\tau_{\mathrm{max}} = 0,5\,\sigma$ führt.

Die Schmidspannung lässt sich nicht nur für einachsige Belastungen berechnen. Bei allgemeinen Spannungszuständen $\underline{\underline{\sigma}}$ entspricht die Schmidspannung der Schubspannung, die in der Gleitebene in der Gleitrichtung wirkt. Um sie zu berechnen, wird zunächst aus dem Spannungstensor $\underline{\underline{\sigma}}$ der Spannungsvektor $\underline{t}$ berechnet, der in der Gleitebene mit dem Normalenvektor $\underline{n}$ herrscht:

$$\underline{t} = \underline{\underline{\sigma}} \cdot \underline{n} \, .$$

Aus diesem folgt die Schubspannung in Richtung der Gleitrichtung $\underline{m}$ durch Projektion von $\underline{t}$ auf $\underline{m}$:

$$\tau^{(\mathrm{GS})} = \underline{t} \cdot \underline{m} \, .$$

Setzt man die beiden Gleichungen ineinander ein, so folgt die schmidsche Schubspannung direkt aus dem Spannungstensor:

$$\tau^{(\mathrm{GS})} = (\underline{\underline{\sigma}} \cdot \underline{n}) \cdot \underline{m}\,.$$

(6.9)

Daraus ergibt sich als Fließbedingung

$$(\underline{\underline{\sigma}} \cdot \underline{n}) \cdot \underline{m} = \tau_{\mathrm{krit}}\,.$$

(6.10)

Um die allgemeine Formel (6.9) mit dem anschaulichen Ansatz vergleichen zu können, wird die x_1-Achse parallel zu einer einachsigen äußeren Last gelegt. Dann hat der Spannungszustand folgende Gestalt:

$$\underline{\underline{\sigma}} = \begin{pmatrix} \sigma_{11} & 0 & 0 \\ 0 & 0 & 0 \\ 0 & 0 & 0 \end{pmatrix}\,.$$

Für die beiden Einheitsvektoren $\underline{n}$ und $\underline{m}$ sind nur die x_1-Komponenten wichtig. Sie lauten $n_1 = \cos\theta$ und $m_1 = \cos\lambda$. Setzt man die Werte in Gleichung (6.9) ein, so ergibt sich

$$\tau^{(\mathrm{GS})} = \sigma_{11} \cos\theta \cos\lambda\,.$$

Dieses Ergebnis entspricht genau Gleichung (6.7) aus dem anschaulichen Ansatz.

Da, wie im Abschnitt 6.2.4 erklärt, Kristalle mehrere unterschiedliche Gleitsysteme besitzen, müssen zur Klärung, ob sich eine Probe plastisch verformt, die Schmidspannungen aller Gleitsysteme berechnet werden. Es wird das Gleitsystem zuerst aktiviert, das den größten Schmidfaktor besitzt, das also am günstigsten zur äußeren Kraft orientiert ist.

6.2.6   Taylorfaktor

Im vorherigen Abschnitt wurde erläutert, wie sich die zur Aktivierung eines Gleitsystems in einem einkristallinen Material notwendige Spannung aus einer äußeren Spannung berechnet. Bezeichnet man mit τ_{krit} die Schubspannung, die zur Aktivierung eines Gleitsystems innerhalb eines Korns benötigt wird, so ist die im Zugversuch ermittelte Fließspannung eines Einkristalls über den Schmidfaktor $\cos\lambda \cos\theta$ mit τ_{krit} verknüpft.

Technische Materialien sind meist polykristallin. Bei der Berechnung der Fließspannung aus der kritischen Schubspannung muss in einem isotropen, polykristallinen Material berücksichtigt werden, dass die Kristallorientierung der Körner im Allgemeinen regellos ist, d. h., es muss in einem isotropen Material über alle Kristallorientierungen gemittelt werden.

Zusätzlich muss berücksichtigt werden, dass die Verformung benachbarter Körner miteinander kompatibel sein muss. Es ist beispielsweise nicht möglich, ein einziges Korn mit besonders günstiger Orientierung zu verformen, ohne auch seine Nachbarkörner mitzuverformen. Ansonsten käme es zu Überlappungen und Lücken zwischen den Körnern. Es ist deshalb sinnvoll, anzunehmen, dass sich die einzelnen Körner gleichartig verformen. Um dies zu ermöglichen, müssen in jedem Korn fünf Gleitsysteme aktiviert sein.

Dass gerade fünf Gleitsysteme notwendig sind, um die Verformung zu ermöglichen, kann man folgendermaßen erklären: Eine beliebige Verformung kann durch sechs Komponenten des Dehnungstensors beschrieben werden (siehe Abschnitt 2.5.2). Da die plastische Verformung volumenerhaltend ist, gibt es eine Beziehung zwischen diesen sechs Komponenten, so dass fünf unabhängige Komponenten des Dehnungstensors übrig bleiben. Entsprechend sind fünf unabhängige Gleitsysteme erforderlich, um eine beliebige Verformung des Polykristalls zu ermöglichen.

Die Beziehung zwischen den Komponenten des Dehnungstensors bei Volumenkonstanz lässt sich anhand der Verformung eines Quaders mit den Kantenlängen l_1, l_2, l_3, der auf die neuen Maße $l_1 + \Delta l_1$, $l_2 + \Delta l_2$, $l_3 + \Delta l_3$ gedehnt wird, entwickeln. Wenn das Volumen des Quaders konstant bleibt, gilt folgende Beziehung:

$$(l_1 + \Delta l_1)(l_2 + \Delta l_2)(l_3 + \Delta l_3) = l_1 l_2 l_3 \,,$$

woraus

$$(1 + \varepsilon_{11})(1 + \varepsilon_{22})(1 + \varepsilon_{33}) = 1$$

folgt. Für kleine Dehnungen können Produkte von Dehnungen vernachlässigt werden, so dass sich aus dieser Gleichung

$$\varepsilon_{11} + \varepsilon_{22} + \varepsilon_{33} = 0 \tag{6.11}$$

ergibt. Gleichung (6.11) stellt eine Beziehung zwischen den drei Dehnungen ε_{11}, ε_{22} und ε_{33} auf, so dass nur noch zwei von ihnen unabhängig sind. Mit den gemischten Dehnungen ε_{23}, ε_{13} und ε_{12}, die das Volumen nicht beeinflussen, besitzt der Dehnungstensor insgesamt fünf unabhängige Komponenten.

Da aber bei plastischen Verformungen große Dehnungen erreicht werden können, wird die Gleichung (6.11) mit größer werdender Verformung immer ungenauer. Dieses Problem kann umgangen werden, indem man inkrementell vorgeht und sich nur Dehnungsänderungen ansieht. So folgt

$$\mathrm{d}\varepsilon_{11} + \mathrm{d}\varepsilon_{22} + \mathrm{d}\varepsilon_{33} = 0$$

oder, auf die Zeit bezogen,

$$\dot{\varepsilon}_{11} + \dot{\varepsilon}_{22} + \dot{\varepsilon}_{33} = 0$$

für jeden Zeitpunkt.

Berücksichtigt man die oben beschriebenen Effekte, so tritt an die Stelle des Schmidfaktors im polykristallinen Material der *Taylorfaktor M*, der für ein kubisch flächenzentriertes Material den Wert 3,1 hat [35], für ein kubisch raumzentriertes den Wert 2,9 [87]. Dies bedeutet, dass zwischen der kritischen Schubspannung τ_{krit} und der im Zugversuch ermittelten Fließspannung σ_{F} die Beziehung

$$\sigma_{\mathrm{F}} = M \, \tau_{\mathrm{krit}} \tag{6.12}$$

besteht. Der angegebene Wert des Taylorfaktors konnte auch experimentell bestätigt werden. In Abschnitt 6.4 wird der Taylorfaktor häufig verwendet werden, um den Einfluss verschiedener Verfestigungsmechanismen, die die kritische Schubspannung beeinflussen, auf die im Zugversuch ermittelte Fließspannung zu berechnen.

Die Herleitung des Taylorfaktors ist relativ aufwändig. Es sollen hier kurz die wesentlichen Ideen am Beispiel eines kubisch flächenzentrierten Kristalls skizziert werden. Eine ausführliche Darstellung findet sich beispielsweise bei *Cottrell* [35].

Die notwendige Mittelung über alle Kristallorientierungen durchzuführen, ist nicht besonders schwierig. Hierzu muss die Häufigkeit berechnet werden, mit der ein Korn in einer zufälligen Anordnung einen bestimmten Wert des Schmidfaktors $\cos\lambda\cos\theta$ besitzt. Über die entstehende Wahrscheinlichkeitsverteilung muss dann gemittelt werden. Tut man dies, so ergibt sich ein inkorrekter Wert von 2,2 für den Taylorfaktor.

Für eine korrekte Betrachtung muss berücksichtigt werden, dass, wie oben erläutert, fünf Gleitsysteme in jedem Korn aktiviert werden müssen, um eine beliebige Verformung zu ermöglichen. Von diesen sind einige ungünstiger orientiert, so dass der Wert des Taylorfaktors größer sein muss, als nach der einfachen Mittelung zu erwarten. Um den Wert genau zu bestimmen, muss deshalb für jede mögliche Kristallorientierung berechnet werden, welche der zwölf Gleitsysteme eines kubisch flächenzentrierten Metalls am günstigsten orientiert sind und wie groß die jeweiligen Schmidfaktoren sind. Da es $\binom{12}{5} = 792$ Möglichkeiten gibt, aus zwölf Gleitsystemen fünf auszuwählen, ist diese Rechnung sehr aufwändig. Zusätzlich muss berücksichtigt werden, dass die Normalspannungen auf den Korngrenzen stetig sein müssen. Schließlich wird über alle möglichen Kristallorientierungen gemittelt, um den Wert des Taylorfaktors zu erhalten.

Bei dieser Berechnung der Fließspannung wird, wie erläutert, über alle möglichen Kristallorientierungen gemittelt. Man kann deshalb erwarten, dass in besonders günstig orientierten Körnern bereits bei einer kleineren anliegenden Spannung plastisches Fließen eintritt. Dies ist auch tatsächlich der Fall. Allerdings können sich derartige, günstig orientierte Körner nur geringfügig verformen, da sich ansonsten die angrenzenden Körner mitverformen müssten. Eine nennenswerte plastische Verformung kann deshalb erst eintreten, wenn in hinreichend vielen Körnern Versetzungsbewegungen möglich sind. Diese Überlegung zeigt, dass der Übergang zwischen elastischem und plastischem Verhalten in einem polykristallinen Metall nicht scharf definiert ist. Dies spiegelt sich auch in der typischen Fließkurve von Metallen wieder und ist der Grund, warum die Fließgrenze messtechnisch mit Hilfe von $R_{p0,2}$ (siehe Abschnitt 3.2) definiert wird.

6.2.7   Wechselwirkung von Versetzungen

Das von einer Versetzung aufgebaute Spannungsfeld (vgl. Bilder 6.6 und 6.7) kann mit dem einer anderen Versetzung wechselwirken. Liegen beispielsweise zwei gleichartige Stufenversetzungen mit Burgersvektor $\underline{b}$ auf derselben Gleitebene, so überlagern sich die Zug- und die Druckspannungen, was zu einer Erhöhung der gespeicherten elastischen Energie führt. Dies lässt sich durch ein Gedankenexperiment leicht belegen: Würde man beide Versetzungen zu einer Versetzung mit Burgersvektor $2\underline{b}$ vereinen, so wäre die gespeicherte Linienenergie $T = G(2b)^2/2 = 2Gb^2$. Sind die beiden Versetzungen dagegen sehr weit voneinander entfernt, so ergibt sich für die Summe der Linienenergien mit $T = 2Gb^2/2 = Gb^2$ ein kleinerer Wert. Die gespeicherte Energie verringert sich also, wenn sich beide Versetzungen auseinanderbewegen.

Liegen zwei gleichgerichtete Stufenversetzungen parallel nahezu übereinander, so trifft das Druckspannungsfeld der einen Versetzung auf das Zugspannungsfeld der anderen. Dies ist energetisch günstig, so dass die Versetzungen sich anziehen und im Idealfall genau übereinander zum Stehen kommen. Eine Anordnung vieler solcher Versetzungen führt dazu, dass die Kristallteile links und rechts von den Versetzungslinien gegeneinander verkippen (Bild 6.18). Dies wird auch als *Kleinwinkelkorngrenze* bezeichnet.

Bild 6.7 zeigt, dass die dargestellte Stufenversetzung eine zweite, gleich orientierte Versetzung dann abstoßen wird, wenn diese sich in den Gebieten I, IV, V oder VIII befindet. In den anderen Gebieten ziehen sich die Versetzungen an. In beiden Fällen kann es, je

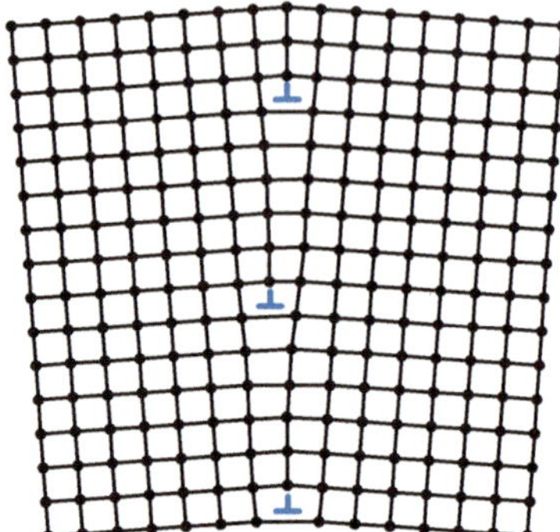

Bild 6.18: Bildung einer Kleinwinkelkorngrenze durch eine energetisch günstige Anordnung
von Versetzungen

nach Bewegungsrichtung der Versetzungen, zu einer Behinderung der Versetzungsbewegung kommen. Dies ist darin begründet, dass im Falle der Abstoßung Energie notwendig
ist, um die Barriere zu überwinden. Im Falle der Anziehung geht die bei der Annäherung
freiwerdende Energie in Wärme über. Um die Versetzungen aus der energetisch günstigen
Lage wieder voneinander zu entfernen, ist wiederum Energie nötig.

Für entgegengesetzt orientierte Versetzungen gilt das Gegenteil. Sie ziehen sich dann
an, wenn gleich orientierte Versetzungen sich abstoßen würden, und umgekehrt.

Ähnliche Überlegungen gelten auch für Schraubenversetzungen.

6.2.8 Entstehung, Multiplikation und Vernichtung von Versetzungen

Versetzungen haben eine relativ hohe Linienenergie. Der Energieaufwand, um eine Versetzung durch thermische Aktivierung (siehe Anhang 16.1) »aus dem Nichts« entstehen
zu lassen, ist deshalb relativ hoch. Im thermodynamischen Gleichgewicht ist die Versetzungsdichte deshalb extrem gering (vgl. Aufgabe 19). Reale Metalle haben jedoch
Versetzungsdichten[5] von $10^{12}\,\mathrm{m}^{-2}$ bis $10^{16}\,\mathrm{m}^{-2}$. Selbst hochwertige Einkristalle, z.B.
aus 99,999 999 9 % Germanium, haben Versetzungsdichten von etwa $10^{7}\,\mathrm{m}^{-2}$ [105]. Diese Diskrepanz zwischen realer Versetzungsdichte und derjenigen im thermodynamischen
Gleichgewicht entsteht zunächst dadurch, dass Versetzungen bereits bei der Bildung des
Kristalls aus der Schmelze entstehen.

Berechnet man die Geschwindigkeit eines Kristallisationsvorgangs für einen perfekten
Kristall theoretisch, so ergibt sich ein Wert, der wesentlich kleiner ist als der experimentell
an realen Kristallen bestimmte. So ist der Energiegewinn bei der Bindung eines Atoms
an eine glatte Kristallfläche sehr klein, weil dieses Atom dort nur wenige Bindungen ausbildet. Deshalb ist die Wahrscheinlichkeit einer solchen Anlagerung relativ gering, da das
angelagerte Atom durch thermische Fluktuationen leicht wieder gelöst werden könnte.
Kristalle wachsen deshalb bevorzugt an Fehlstellen wie beispielsweise einer Schraubenversetzung. Endet eine solche Schraube an der Oberfläche eines Kristalls, so können sich
Atome dort leichter anlagern, weil sie dort mehr Bindungen ausbilden können als an einer

---

5 Da Versetzungen eindimensionale Gebilde sind, kann man sich die Versetzungsdichte als Linienlänge pro Volumen oder als Zahl der Durchstoßpunkte durch eine Fläche innerhalb des Kristalls
vorstellen. Ihre Einheit ist also 1/Länge².

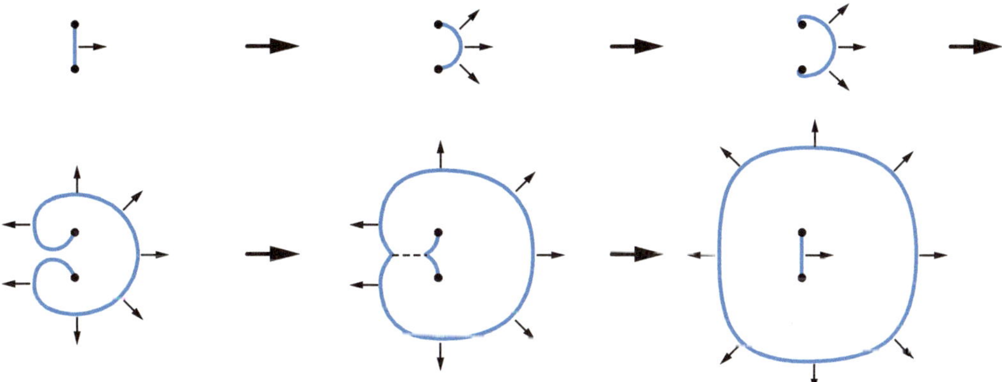

Bild 6.19: Versetzungsbildung durch eine Frank-Read-Quelle

glatten Fläche. Aus diesem Grund ist es fast unmöglich, einen perfekten Kristall ohne Versetzungen zu bilden. Das Kristallwachstum um eine Schraubenversetzung macht man sich bei der Herstellung von *Whiskern* zunutze: Whisker sind lange, dünne Fasern, die um eine einzige Schraubenversetzung gewachsen sind. Sie enthalten im Idealfall nur diese eine Versetzung und können deshalb Festigkeiten erreichen, die mit der von perfekten Einkristallen vergleichbar sind. Whisker werden als Fasermaterial in Faserverbundwerkstoffen (siehe Kapitel 9) eingesetzt.

Darüber hinaus kommt es bei der plastischen Verformung von Metallen zur Bildung zusätzlicher Versetzungen. Dies ist ein weiterer Grund für ihre relativ hohe Versetzungsdichte. Da Versetzungslinien nicht im Inneren eines Kristalls beginnen oder enden können, ist die Neubildung von Versetzungen allerdings nur an (inneren) Oberflächen, d. h. insbesondere an Korngrenzen, oder an speziellen Versetzungskonfigurationen möglich. Eine solche Konfiguration ist die *Frank-Read-Quelle* (Bild 6.19). Sie besteht aus einer Versetzung, die an zwei Verankerungspunkten innerhalb des Kristalls fixiert ist und an diesen Punkten aus der Gleitebene herausläuft. Bei zunehmender Spannung biegt sich das verankerte Segment immer weiter durch, bis es bei Erreichen einer halbkreisförmigen Geometrie instabil wird (siehe auch Abschnitt 6.3.1). Mit weiterer Ausbauchung, für die nun keine weitere Erhöhung der Spannung mehr nötig ist, nähern sich zwei Versetzungsarme, die entgegengesetzte Linienvektoren aufweisen. Wie in Abschnitt 6.2.7 erläutert wurde, ziehen sich solche Segmente an. Sie können sich dann gegenseitig auslöschen, wie im Folgenden diskutiert werden wird. Es entsteht ein Versetzungsring, der die ursprüngliche Versetzung umschließt, die somit erneut Versetzungen erzeugen kann.

Eine weitere Möglichkeit zur Erhöhung der Versetzungsdichte bietet beispielsweise eine an einem Ende verankerte spiralförmige Versetzung. Ähnlich wie ein Versetzungsring dehnt sich eine solche Spirale unter anliegender Schubspannung aus. Da sie jedoch an ihrem Zentrumspunkt verankert ist, vergrößert sich dabei die Länge der Spirale (Bild 6.20). Dieser Vorgang erhöht zwar nicht die Anzahl der Versetzungen, aber die Versetzungsdichte.

Wie bereits in Zusammenhang mit der Frank-Read-Quelle erwähnt wurde, können Versetzungen auch vernichtet (*annihiliert*) werden. Ein einfaches Beispiel hierfür sind zwei entgegengesetzte Stufenversetzungen, die sich auf derselben Gleitebene bewegen. Wie in

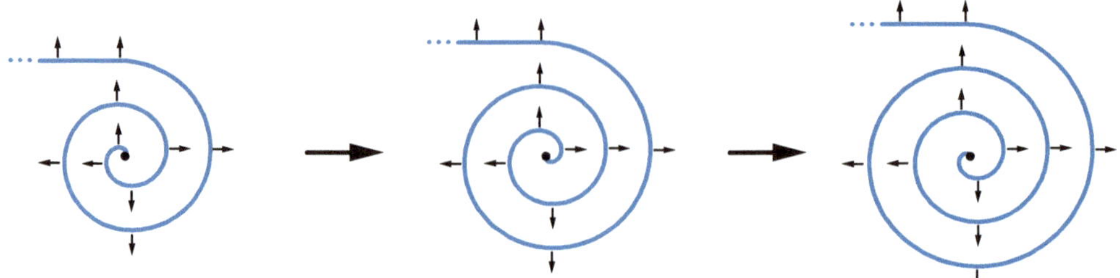

Bild 6.20: Spiralförmige Ausbreitung einer Versetzung

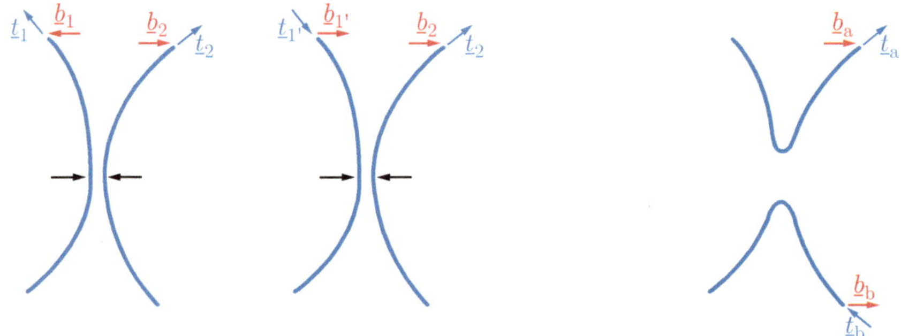

a: Vor der Annihilierung. Im Bild links sind die beiden Burgersvektoren unterschiedlich orientiert, im rechten Bild die Linienvektoren. Beide Festlegungen der Vektoren $(\underline{b}_1, \underline{t}_1)$ und $(\underline{b}_{1'}, \underline{t}_{1'})$ sind äquivalent. Die nahe beieinander liegenden Versetzungssegmente ziehen sich an und annihilieren sich.

b: Nach der Annihilierung

Bild 6.21: Annihilierung von Versetzungssegmenten

Abschnitt 6.2.7 näher erläutert wurde, führt die Überlagerung ihrer Spannungsfelder zu einer Anziehungskraft. Nähern sich die Versetzungen an, so können sich die eingeschobene obere und untere Halbebene zu einer vollständigen Kristallebene vereinen, so dass die Versetzungen verschwinden.

Allgemein ist ein Auslöschen zweier Versetzungen nur dann möglich, wenn sie dieselbe Gleitebene besitzen, also genau aufeinander treffen. Zusätzlich müssen sie so orientiert sein, dass die neu entstehenden Versetzungssegmente denselben Burgersvektor und einen stetigen Linienvektor besitzen. Dies bedeutet, dass die Versetzungen vor der Annihilation entweder den gleichen Linienvektor, aber entgegengesetzte Burgersvektoren ($\underline{t}_1 = \underline{t}_2, \underline{b}_1 = -\underline{b}_2$) oder entgegengesetzte Linienvektoren und den gleichen Burgersvektor ($\underline{t}_1 = -\underline{t}_2, \underline{b}_1 = \underline{b}_2$) haben müssen. In Bild 6.21 ist die Annihilierung eines Versetzungssegments skizziert.

Das Zusammentreffen all dieser Bedingungen scheint sehr unwahrscheinlich. Zu Beginn einer plastischen Verformung trifft dies auch zu, so dass viel mehr Versetzungen entstehen

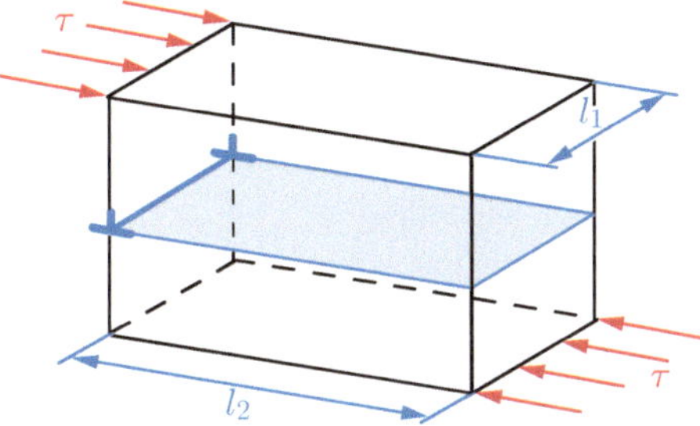

Bild 6.22: Gerade Versetzungslinie unter Schubspannung

als annihiliert werden. Bei großen Umformgraden und damit verbundenen großen Versetzungsdichten nimmt die Zahl der Annihilierungen zu, so dass die Versetzungsdichte gegen einen stationären Wert strebt.

Erhöht man die Temperatur in einem Metall, so können die Versetzungen durch einen Kletterprozess (siehe Abschnitt 6.3.4) ihre Gleitebene ändern, so dass sich die Wahrscheinlichkeit der Versetzungsannihilierung erhöht und die Versetzungsdichte abnimmt. Gleichzeitig ordnen sich die verbleibenden Versetzungen energetisch günstiger an. Dieser Vorgang wird als *Erholung* bezeichnet.

6.2.9 Kräfte auf Versetzungen

Kraft durch eine äußere Schubspannung

Zunächst soll die Frage geklärt werden, wie groß die Kraft ist, die eine äußere Spannung auf eine Versetzung ausübt. Betrachtet wird eine gerade Versetzungslinie der Länge l_1, die von einer äußeren Schubspannung τ um eine Strecke l_2 bewegt wird (Bild 6.22). Der Einfachheit halber nehmen wir an, dass die Schubspannung senkrecht zur Versetzungslinie orientiert ist und parallel zur Gleitebene wirkt. Bewegt sich die Versetzung über die Strecke l_2, so wird dabei die obere Kristallhälfte um einen Burgersvektor b abgeschert. Die äußere Spannung τ erzeugt eine abscherende Kraft F_a auf dieser Ebene. Ist τ konstant, dann ist $F_\mathrm{a} = \tau l_1 l_2$. Wird die Ebene um einen Burgersvektor abgeschert, dann leistet die äußere Kraft deshalb eine Arbeit von

$$E = F_\mathrm{a} \cdot b = \tau l_1\, l_2 b\,. \tag{6.13}$$

Bei diesem Prozess wird die Versetzung um die Strecke l_2 verschoben. Die hierbei geleistete Arbeit kann also auch aus der Beziehung $E = F_\mathrm{v} l_2$ bestimmt werden, wenn F_v die auf die Versetzung wirkende Kraft bezeichnet. Da beide Energien gleich sein müssen, ergibt sich durch Gleichsetzen die Kraft auf die Versetzung zu

$$F_\mathrm{v} = \tau l_1 b\,. \tag{6.14}$$

Dabei wurde von der Tatsache Gebrauch gemacht, dass in diesem Beispiel die Kraft senkrecht auf der Versetzungslinie steht. Für eine beliebige Orientierung von Spannungstensor $\underline{\underline{\sigma}}$, Versetzungslinie $\underline{l}_1$ und Burgersvektor $\underline{b}$ gilt die *Peach-Koehler-Gleichung*

$$\underline{F}_{\mathrm{v}} = (\underline{\underline{\sigma}} \cdot \underline{b}) \times \underline{l}_1 \,. \tag{6.15}$$

Gleichung (6.15) kann ähnlich wie Gleichung (6.14) über eine Energiebetrachtung hergeleitet werden. Wird die Versetzungslinie um den Vektor $\underline{l}_2$ verschoben, so wird der Kristall oberhalb der überstrichenen Fläche abgeschert. Der Normalenvektor auf dieser Fläche ist durch das Kreuzprodukt $\underline{l}_1 \times \underline{l}_2 / |\underline{l}_1 \times \underline{l}_2|$ gegeben. Die in dieser Fläche wirkende Spannung ist dann $\underline{\underline{\sigma}} \cdot (\underline{l}_1 \times \underline{l}_2)/|\underline{l}_1 \times \underline{l}_2|$, so dass für die Kraft $\underline{\underline{\sigma}} \cdot (\underline{l}_1 \times \underline{l}_2)$ folgt. Da der Kristall um einen Burgersvektor abgeschert wird, ergibt sich für die Arbeit

$$E = \left(\underline{\underline{\sigma}} \cdot (\underline{l}_1 \times \underline{l}_2)\right) \cdot \underline{b} \,.$$

Diese Gleichung kann nach den Regeln über Skalar- und Vektorprodukte umgeformt werden, da der Spannungstensor symmetrisch ist:

$$E = (\underline{\underline{\sigma}} \cdot \underline{b}) \cdot (\underline{l}_1 \times \underline{l}_2)$$
$$= \left((\underline{\underline{\sigma}} \cdot \underline{b}) \times \underline{l}_1\right) \cdot \underline{l}_2 \,.$$

Diese Energie ist gleich der auf die Versetzung wirkenden Kraft, multipliziert mit $\underline{l}_2$:

$$E = \underline{F}_{\mathrm{v}} \cdot \underline{l}_2 \,.$$

Da die beiden Energiebeziehungen für beliebige Vektoren $\underline{l}_2$ gleich sein müssen, folgt die Peach-Koehler-Gleichung

$$\underline{F}_{\mathrm{v}} = (\underline{\underline{\sigma}} \cdot \underline{b}) \times \underline{l}_1 \,.$$

Peierls-Kraft

Wie bereits in Abschnitt 6.2.3 erläutert wurde, müssen bei der Versetzungsbewegung atomare Bindungen umklappen. Dabei werden Bindungen gedehnt, was einen gewissen Energieaufwand erfordert. Die daraus resultierende Kraft hält die Versetzung an ihrer momentanen Position fest. Sie muss überwunden werden, um die Versetzung überhaupt bewegen zu können. Dies bedeutet, dass bei einer angelegten Spannung, die zu gering ist, keine Versetzungsbewegung erfolgen kann, so dass sich der Kristall nicht plastisch verformt. Bild 6.13 veranschaulicht diesen Sachverhalt anhand eines Kugelmodells. Die rückhaltende Kraft wird *Peierls-Kraft* (oder *Peierls-Nabarro-Kraft*) genannt. Sie ist die Ursache für die Existenz einer Fließgrenze in Einkristallen, sofern deren Fremdatomgehalt vernachlässigbar und die Versetzungsdichte sehr klein ist. In kubisch flächenzentrierten und hexagonal dichtest gepackten Metallen liegt die Peierls-Spannung in der Größenordnung $10^{-5}G$ (wobei G der Schubmodul ist), so dass die Festigkeit technischer Werkstoffe nicht durch sie erklärt werden kann. Vielmehr kommen hier weitere Hindernisse für die Versetzungsbewegung ins Spiel, wie in Abschnitt 6.3 diskutiert wird. In kubisch raumzentrierten Metallen ist die Peierls-Kraft dagegen größer als in den dichtest gepackten Kristallstrukturen und bestimmt, insbesondere bei niedrigen Temperaturen, die Fließspannung maßgeblich. Dies wird in Abschnitt 6.3.2 näher erläutert.

Ist die Versetzung um einen halben Burgersvektor weitergewandert, so wirkt die Peierls-Kraft vortreibend und bewegt die Versetzung in die Position des nächsten Energieminimums weiter. Die gespeicherte Energie wird dabei im Allgemeinen als Wärme (d. h. als ungerichtete Kristallschwingung) an den Kristall abgegeben. Es wird also bei jeder Bewegung der Versetzung Energie dissipiert. Die Peierls-Kraft wirkt als eine Art Reibkraft und verringert die *effektiv verfügbare Spannung* innerhalb des Kristalls, so dass für die Überwindung anderer Hindernisse nicht der gesamte Betrag der äußeren Spannung zur Verfügung steht.

Auch andere innere Spannungen, wie sie beispielsweise durch Hindernisse verursacht werden (siehe Abschnitt 6.3), können, ähnlich wie die Peierls-Kraft, der äußeren Spannung τ entgegenwirken und als innere Reibkräfte bzw. -spannungen τ_i aufgefasst werden. Die für die Versetzungsbewegung *effektiv zur Verfügung stehende Spannung* τ^* ergibt sich dann zu $\tau^* = \tau - \tau_\mathrm{i}$. Untersucht man die Hinderniswirkung einer bestimmten Hindernisart, so ist es oft zweckmäßig, die Reibspannungsbeiträge aller anderen Hindernisarten in τ_i zusammenzufassen und mit der effektiven Spannung τ^* zu rechnen.

6.3 Überwindung von Hindernissen

Versetzungen können durch verschiedene Arten von Hindernissen an der Bewegung gehindert werden. Einen Hindernistyp, nämlich die Peierls-Kraft, haben wir bereits kennen gelernt. Weitere Arten, wie z. B. Ausscheidungen einer zweiten Phase, Korngrenzen oder Fremdatome, werden in Abschnitt 6.4 besprochen. Hier wird zunächst diskutiert, welche prinzipiellen Möglichkeiten bestehen, ein Hindernis zu überwinden. Dabei ist es wesentlich, ob die Versetzungsbewegung durch die Temperatur unterstützt wird oder nicht. Im erstgenannten Fall spricht man von einem thermisch aktivierten, im letztgenannten Fall von einem athermischen Vorgang.

6.3.1 Athermische Vorgänge

In einem Material seien mehrere Hindernisse vorhanden, die sich jeweils in einem Abstand 2λ voneinander befinden (Bild 6.23). Eine Versetzung sei an diesen Hindernissen verankert. Unter der einwirkenden Schubspannung τ versucht die Versetzung, sich weiterzubewegen, und baucht sich aus. Sie nimmt die Form eines Kreissegments an, da dabei eine größtmögliche Fläche mit geringst möglichem Energieaufwand zur Schaffung neuer Linienlänge überstrichen werden kann.

Die in Bewegungsrichtung zeigende Kraftkomponente ergibt sich nach Gleichung (6.14) zu $F = 2\lambda b\tau$. Entsprechend übt jedes Hindernis eine rückhaltende Kraft F_R mit entgegengesetzter Orientierung, aber identischem Betrag aus, da jedes Hindernis von jeweils zwei Versetzungssegmenten die halbe Kraft F übernimmt. Ist T die Linienspannung der Versetzung (siehe Gleichung (6.3)), so ergibt sich diese Kraft zu

$$F_\mathrm{R} = 2T\sin\theta = 2T\frac{\lambda}{R} = Gb^2\frac{\lambda}{R}\,,$$

wobei G der Schubmodul, b der Burgersvektor und R der Radius des Versetzungssegments

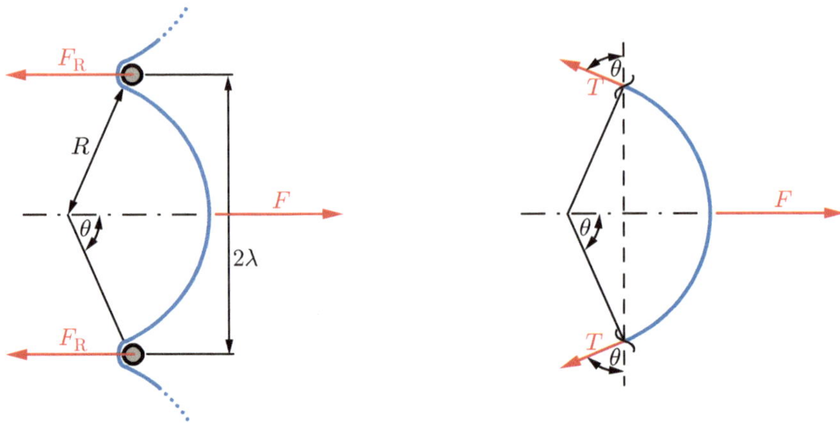

a: Gesamtbild   b: Kräftegleichgewicht an der Versetzungslinie

Bild 6.23: Durchbiegung einer an Hindernissen verankerten Versetzungslinie (Ausschnitt zwischen zwei Hindernissen)

a: Vor der Annihilierung. Die entgegengesetzt orientierten Versetzungssegmente ziehen sich an.

b: Nach der Annihilierung. Da die beiden Versetzungssegmente auf derselben Gleitebene liegen, können sie sich annihilieren. Es entstehen ein Versetzungsring und eine freie Versetzung.

Bild 6.24: Annihilierung von Versetzungssegmenten beim Orowan-Mechanismus

sind. Setzt man $F = F_\mathrm{R}$, so ergibt sich

$$\tau = \frac{Gb}{2\lambda} \sin\theta\,. \tag{6.16}$$

Dabei ist entscheidend, dass ein Hindernis nicht beliebig hohe Kräfte aufnehmen kann. Sei F_max die maximal ertragbare Kraft, so kann sich die Versetzung vom Hindernis lösen, wenn $F_\mathrm{R} \geq F_\mathrm{max}$ gilt, also ein kritischer Winkel $\sin\theta = F_\mathrm{max}/Gb^2$ erreicht wird. Entsprechend kann man $\sin\theta$ als dimensionslose Hindernisstärke auffassen. Dabei erscheint zunächst widersprüchlich, dass $\sin\theta$ nur einen begrenzten Wertebereich annehmen kann, während dies für F_max nicht gilt. Dieses Problem löst sich auf, wenn man bedenkt, dass sich die Versetzung bei $\sin\theta = 1$ zu einem Halbkreis ausbaucht. Hat sich die Versetzung so weit durchgebogen, so können sich benachbarte Versetzungssegmente annihilieren (Bild 6.24). Die Versetzung kann unabhängig von der tatsächlichen Hindernisstärke weiterwandern. Dabei bleiben kleine Versetzungsringe um die Hindernisse zurück. Das von ihnen eingeschlossene Gebiet wurde also nicht um den Burgersvektor abgeschert. Man

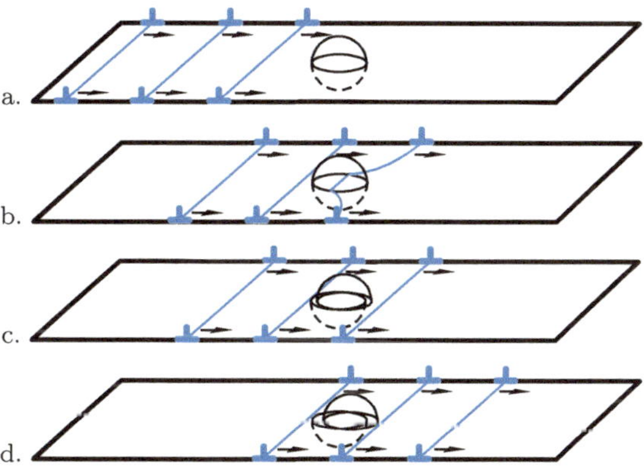

Bild 6.25. Überwindung eines Hindernisses durch Schneiden von Versetzungen (nach [76])

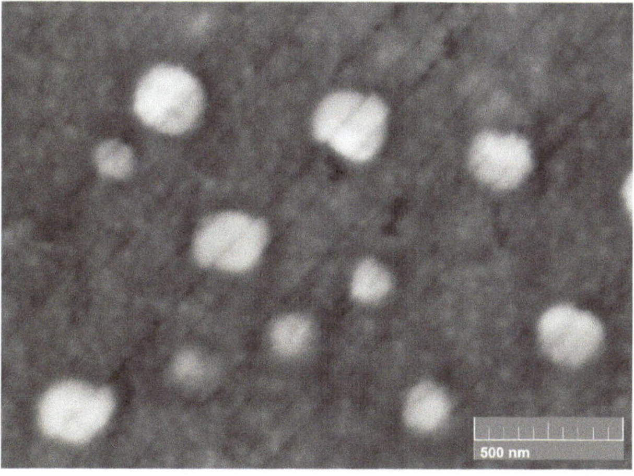

Bild 6.26: Von Versetzungen geschnittene Ausscheidungen in der Legierung Waspaloy [88]

bezeichnet diesen Umgehungsvorgang als *Orowan-Mechanismus,* wobei die *erforderliche Orowan-Spannung* durch

$$\tau = \frac{Gb}{2\lambda} \tag{6.17}$$

gegeben ist.

Ist $F_{\max}/Gb^2 < 1$, so reicht die Hindernisstärke nicht aus, um die Versetzung festzuhalten, bevor der Orowan-Mechanismus einsetzen kann. In diesem Fall läuft die Versetzung durch das Hindernis hindurch, was als *Schneiden* bezeichnet wird. Das vom Hindernis ausgefüllte Gebiet wird in diesem Fall ebenfalls abgeschert, wie in den Bildern 6.25 und 6.26 skizziert. Damit dies möglich ist, muss das Hindernis im gleichen Gleitsystem wie das umgebende Material abscheren können. Dies ist immer der Fall, wenn das Hindernis eine

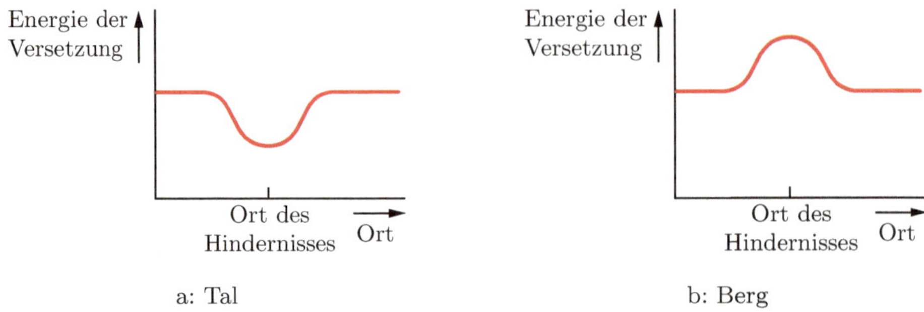

Bild 6.27: Unterschiedliche Energiebarrieren

andere Versetzung ist. Ist das Hindernis ein Teilchen (z. B. eine Ausscheidung), so kann es dann im gleichen Gleitsystem abscheren, wenn es kohärent ist (vgl. Abschnitt 1.2.3). Ist es teilkohärent, so ist ein Abscheren im gleichen Gleitsystem möglich, allerdings muss die Versetzung unter Umständen zuvor auf eine benachbarte Gleitebene durch Klettern oder Quergleiten wechseln, da die Matrix und da das Partikel nicht alle Gleitsysteme gemeinsam haben. Durch inkohärente Teilchen kann eine Versetzung nicht hindurchlaufen.

Zusammenfassend kann festgehalten werden, dass die erforderliche Spannung zur Überwindung von Hindernissen durch Schneiden oder Orowan-Umgehung wesentlich von folgenden Parametern abhängt: der Hindernisstärke, dem Abstand zwischen Hindernissen und der elastischen Steifigkeit des Materials. Setzt man beispielsweise Werte für Aluminium ein ($G = 25{,}4\,\text{GPa}$, $b = 2{,}86 \cdot 10^{-10}\,\text{m}$), wird sofort einsichtig, dass die Hinderniswirkung nur dann signifikant ist, wenn der Abstand deutlich kleiner als ein Mikrometer ist (siehe Aufgabe 22). Hindernisse müssen also sehr fein verteilt sein, um eine nennenswerte Wirkung zu entfalten. Ebenso wird deutlich, warum Materialien mit vergleichsweise niedrigem Schubmodul, wie Magnesium oder Aluminium, nicht das Festigkeitsniveau von Werkstoffen mit hohem Modul erreichen können. Zum Beispiel besitzen ausscheidungsverfestigte[6] Aluminiumlegierungen ($G = 26\,500\,\text{MPa}$) eine Dehngrenze R_p von maximal 600 MPa. Setzt man denselben Verfestigungsmechanismus bei Nickelbasis-Legierungen ein ($G = 74\,500\,\text{MPa}$), erreicht man Dehngrenzen von bis zu 1400 MPa. Dies entspricht relativ gut dem Verhältnis der Schubmoduln.

Für die Hinderniswirkung spielt es keine Rolle, ob die Versetzung im Inneren des Hindernisses eine höhere oder eine niedrigere Energie hat (siehe Bild 6.27). Im ersten Fall wird äußere Energie benötigt, damit die Versetzung in das Hindernis eindringen kann, d. h., die Versetzung wird vor dem Hindernis aufgehalten. Im zweiten Fall dringt die Versetzung zwar in das Hindernis ein – wobei frei werdende Energie in Wärme übergeht –, es muss aber zusätzlich Energie aufgewandt werden, damit die Versetzung das Hindernis verlassen kann.

Schraubenversetzungen steht mit dem in Abschnitt 6.2.4 erläuterten *Quergleiten* ein Mechanismus zur Umgehung von Hindernissen zur Verfügung. Da ihre Gleitebene nicht festgelegt ist, können sie auf eine Ebene ausweichen, die nicht durch das Hindernis blo-

---

6 Bei der Ausscheidungshärtung werden durch eine spezielle Wärmebehandlung feine Teilchen einer zweiten Phase erzeugt. Darauf wird in Abschnitt 6.4.3 näher eingegangen.

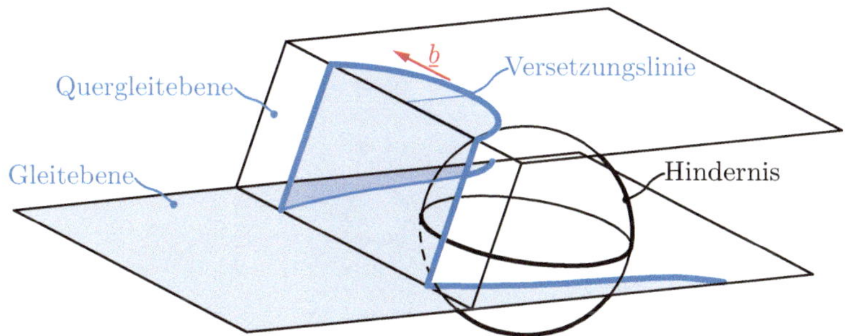

Bild 6.28: Hindernisüberwindung durch Quergleiten einer Schraubenversetzung. Die Stufensegmente im querabgeglittenen Bereich können nicht mit der Versetzung weiterlaufen, da sie dafür ungeeignet orientiert sind.

ckiert ist (Bild 6.28). Zwar herrscht auf dieser sogenannten sekundären Gleitebene oder Quergleitebene eine geringere äußere Schubspannung als auf der primären, doch kann die Bewegung entlang dieses Pfades günstiger sein, als das Hindernis durch Schneiden oder Orowan-Umgehung zu überwinden. Dies ist dann der Fall, wenn die effektiv zur Verfügung stehende Schubspannung τ^* (siehe Abschnitt 6.2.9) auf der sekundären Gleitebene wegen der fehlenden Hinderniswirkung größer als auf der primären ist. Weil den Schraubenversetzungen also ein zusätzlicher Mechanismus zur Verfügung steht, können sie Hindernisse oft leichter überwinden als Stufenversetzungen.

Generell ist zu beachten, dass der leichter bewegliche Versetzungstyp die plastische Verformung nicht allein bestimmt: Betrachtet man beispielsweise einen Versetzungsring mit unterschiedlicher Beweglichkeit der Versetzungssegmente, so erkennt man, dass der schneller bewegliche Versetzungstyp zunächst größere Wege zurücklegt, wobei jedoch relativ wenig der gesamten Abgleitung vollzogen wird. Bei der Versetzungsbewegung orientiert sich die Versetzungslinie so um, dass der Anteil des langsamer beweglichen Versetzungstyps zunimmt. Dadurch verliert der schnellere Versetzungstyp bei der Bewegung an Bedeutung (vgl. Abschnitt 6.2.3 und Bild 6.11). Da der Großteil der gesamten Abgleitung nun durch den langsamer beweglichen Versetzungstyp vollzogen werden muss, bestimmt dieser den Widerstand gegen plastische Verformung entscheidend mit.

6.3.2 Thermisch aktivierte Hindernis-Überwindung

Mit Hilfe thermischer Energie können Versetzungen auch dann Hindernisse überwinden, wenn die äußere Spannung nicht ausreicht, um auf die Versetzung eine Kraft auszuüben, die größer als die Hindernisstärke ist. Man spricht dann von einem thermisch aktivierten Vorgang (siehe Anhang 16.1 für eine allgemeine Einführung).

Betrachtet wird eine Versetzung, die sich durch eine Hindernisanordnung hindurchbewegen soll, wie in Bild 6.29 dargestellt. Dabei wird der Fall betrachtet, dass die Energie der Versetzung im Hindernis größer als außerhalb des Hindernisses ist.[7] In der Grafik ist die Spannung dargestellt, die aufgebracht werden muss, um die Versetzung durch das

---

7 Wie oben erläutert, ergibt sich auch im Fall niedrigerer Energie im Hindernis eine Hinderniswirkung, da die Versetzung dann Energie benötigt, um den Bereich des Hindernisses zu verlassen.

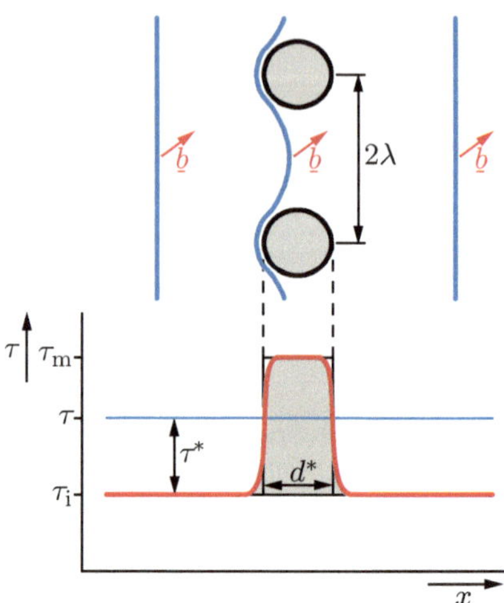

Bild 6.29: Erforderliche Schubspannung bei der Hindernisüberwindung durch eine Versetzung. Weitere Erläuterungen im Text.

Hindernis zu bewegen. Die Position der Versetzung wird dabei durch eine einzige Koordinate x beschrieben, da die Versetzung sich von links nach rechts durch den Kristall bewegt.

Zur Bewegung der Versetzung in großer Entfernung vom Hindernis ist eine Reibspannung τ_{i} erforderlich (siehe Abschnitt 6.2.9). Diese Spannung erhöht sich im Bereich des Hindernisses und fällt dann wieder auf den Wert τ_{i} ab. Nimmt man an, dass die Wirkung des Hindernisses räumlich auf seine unmittelbare Umgebung begrenzt ist, so steigt die zur Versetzungsbewegung notwendige Schubspannung steil an. Zur Vereinfachung der folgenden Betrachtung kann dann die Spannungskurve durch ein Rechteck angenähert werden, dessen Höhe und Fläche denen der tatsächlichen Spannungskurve entsprechen. Die Breite des Rechtecks ergibt sich dann zu einem Wert d^*, der ein Maß für die Größe des Hindernisses ist.

Um die Versetzung mit Hilfe einer äußeren Kraft durch das Hindernis zu bewegen, muss eine Spannung τ_{m} aufgebracht werden. Die durch diese Spannung geleistete Arbeit Q ergibt sich unter Verwendung von Gleichung (6.14) für die Kraft auf eine Versetzung zu

$$Q = (\tau_{\mathrm{m}} - \tau_{\mathrm{i}}) \cdot 2b\lambda d^* \, . \tag{6.18}$$

Dabei wurde die Reibspannung τ_{i} von der Spannung abgezogen, da diese nicht das Verhalten des Hindernisses, sondern des Materials ohne Hindernis beschreibt. Q wird als *Hindernisenergie* bezeichnet. Diese Hindernisenergie stellt also für die Versetzung eine Energiebarriere dar, die diese zur Bewegung überwinden muss.

Ist die durch die äußere Kraft zur Verfügung stehende effektive Schubspannung τ^* größer als $\tau_{\mathrm{m}} - \tau_{\mathrm{i}}$, so kann die Versetzung das Hindernis überwinden. Ist sie jedoch kleiner, so fehlt zur Überwindung des Hindernisses ein Energiebetrag $\Delta E = Q - 2\lambda b d^* \tau^*$. Dieser kann durch thermische Aktivierung aufgebracht werden. Die Wahrscheinlichkeit P dafür

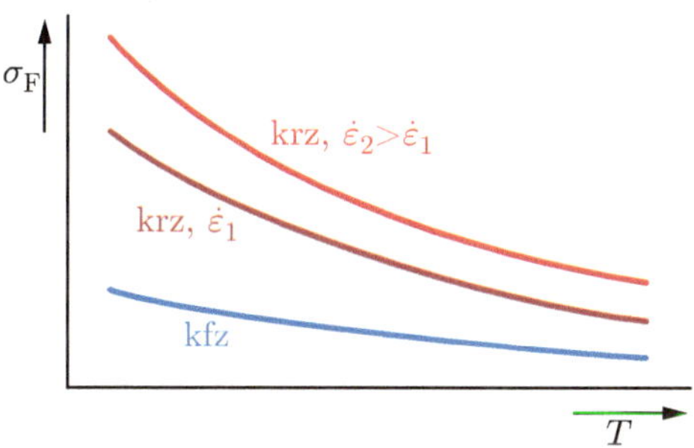

Bild 6.30: Schematische Darstellung der Temperaturabhängigkeit der Fließspannung von kubisch flächenzentrierten und kubisch raumzentrierten Metallen

ist nach Anhang 16.1 durch

$$P \sim \exp\left(-\frac{\Delta E}{kT}\right) = \exp\left(-\frac{Q - 2\lambda b d^* \tau^*}{kT}\right) \tag{6.19}$$

gegeben. Dabei sind k die *Boltzmann-Konstante* und T die absolute Temperatur. Die Größe $b \cdot 2\lambda d^*$ hat die Einheit eines Volumens und wird deshalb häufig auch als *Aktivierungsvolumen* V^* bezeichnet.

Gleichung (6.19) sagt aus, dass Hindernisse umso leichter durch thermische Aktivierung überwunden werden können, je höher die Temperatur und je niedriger die Energiebarriere ist. Sie gilt dabei für jede Art von Hindernis. Ist die thermische Energie kT größer als die Hindernisenergie Q, so ist die Hinderniswirkung nahezu vollständig unterdrückt.

Betrachtet man die Peierls-Barriere aus Abschnitt 6.2.9 als Hindernis, so kann auch diese durch thermische Aktivierung überwunden werden. Dies ist vor allem dann von Bedeutung, wenn die Peierls-Kraft relativ hoch ist, d. h., wenn die Abgleitung entlang von Ebenen erfolgt, die keine dichteste Kugelpackung besitzen, wie etwa bei den kubisch raumzentrierten Metallen. Die Fließspannung kubisch raumzentrierter Metalle hat deswegen eine wesentlich stärkere Abhängigkeit von der Temperatur als die kubisch flächenzentrierter Metalle (Bild 6.30). Dabei kann die Peierls-Spannung Werte in der Größenordnung von einigen Hundert Megapascal erreichen.

Es mag widersprüchlich erscheinen, dass die Peierls-Kraft die Fließgrenze eines Metalls entscheidend bestimmen und trotzdem bereits bei Raumtemperatur durch thermische Aktivierung überwunden werden kann. Der Grund hierfür ist die geringe Größe des Aktivierungsvolumens der Peierls-Barriere. Die zur athermischen Überwindung der Barriere notwendige Spannung τ_{m} ist zwar groß, doch wegen der geringen Größe des Aktivierungsvolumens ist die Hindernisenergie Q trotzdem klein genug, um bereits bei Raumtemperatur durch thermische Aktivierung aufgebracht werden zu können.

Auch die stärkere Abhängigkeit der Fließspannung kubisch raumzentrierter Metalle von der Dehnrate kann mit Gleichung (6.19) erklärt werden. Dazu muss die Bedeutung dieser Gleichung noch etwas genauer untersucht werden. Bisher wurde nur von der Wahrscheinlichkeit gesprochen, dass die Versetzung das Hindernis überwinden kann. Es wurde

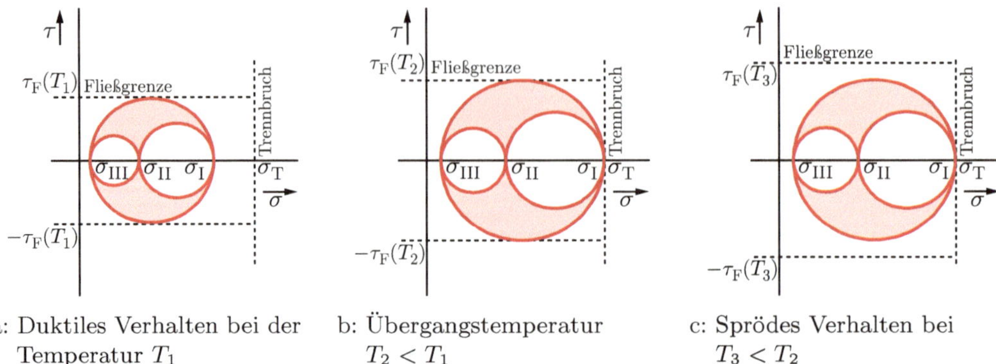

a: Duktiles Verhalten bei der   b: Übergangstemperatur   c: Sprödes Verhalten bei
   Temperatur T_1 $T_2 < T_1$ $T_3 < T_2$

Bild 6.31: Darstellung des Duktil-Spröd-Übergangs im mohrschen Spannungskreis

jedoch nichts darüber ausgesagt, in welcher Zeitspanne die Hindernisüberwindung stattfinden kann. Es ist anschaulich klar, dass die Wahrscheinlichkeit mit der zur Verfügung stehenden Zeit wachsen muss, aber es ist nicht klar, wie dies aus Gleichung (6.19) hervorgeht. Die Gleichung muss so interpretiert werden, dass sie die Wahrscheinlichkeit angibt, das Hindernis in einem »Versuch« zu überwinden. Thermische Fluktuationen führen zu einer Schwingung der Versetzung mit einer charakteristischen Frequenz. Jede Schwingung der Versetzung kann dabei näherungsweise als ein Versuch angesehen werden, das Hindernis zu überwinden. Damit wird auch klar, dass bei einer höheren Verformungsgeschwindigkeit $\dot{\varepsilon}$ weniger Versuche zur Hindernisüberwindung zur Verfügung stehen. Die Fließspannung sollte also von $\dot{\varepsilon}$ abhängen, und zwar bei kubisch flächenzentrierten Metallen weniger als bei kubisch raumzentrierten. Dies wird in Experimenten auch beobachtet (vgl. Bild 6.30).

6.3.3 Duktil-Spröd-Übergang

Die zur Überwindung der Peierls-Spannung notwendige thermische Aktivierung führt bei kubisch raumzentrierten Metallen nicht nur zu einer ausgeprägten Festigkeitssteigerung mit abnehmender Temperatur, sondern auch zu einem Übergang von duktilem zu sprödem Materialverhalten in einem relativ schmalen Temperaturintervall. Bild 6.31 zeigt den Übergang zwischen duktilem und sprödem Bruch anhand des mohrschen Spannungskreises. Bei hoher Temperatur kommt es zum plastischen Fließen, bevor die maximale Zugspannung den Wert der Spaltfestigkeit erreicht. Bei niedrigerer Temperatur ist die Fließspannung erhöht. Die Spaltfestigkeit ändert sich jedoch praktisch nicht, so dass der Spaltbruch erfolgt, bevor plastisches Fließen einsetzt. Es gibt einen klar erkennbaren Übergangsbereich zwischen diesen beiden Bereichen, den sogenannten *Duktil-Spröd-Übergang,* der jedoch keine Werkstoffkonstante ist, sondern vom jeweiligen Spannungszustand und der Belastungsgeschwindigkeit abhängt. Da die für das Einsetzen des plastischen Fließens maßgebliche Vergleichsspannung (siehe Abschnitt 3.3.1) vom hydrostatischen Spannungszustand unabhängig ist, während das Eintreten des Bruchs von der maximalen Zugspannung abhängt, kommt es besonders leicht zum Bruch, wenn ein dreiachsiger Zugspannungszustand vorliegt.

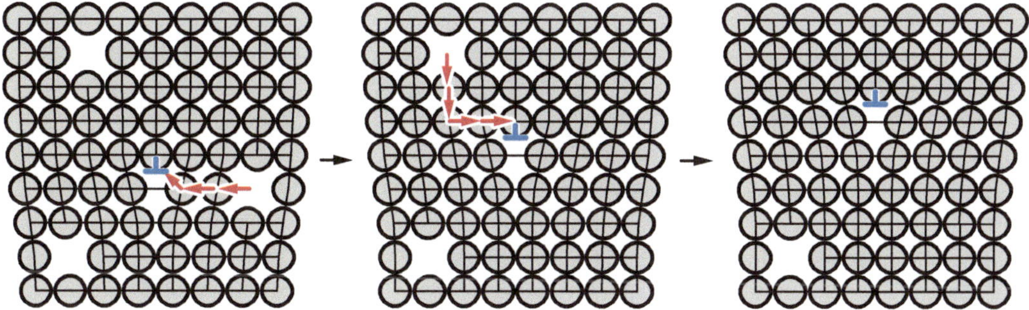

Bild 6.32: Klettern einer Stufenversetzung. Durch Anlagern oder Aussonden von Leerstellen kann die Versetzungslinie ihre Gleitebene verlassen.

6.3.4 Klettern

Bei der obigen Diskussion wurde angenommen, dass das betrachtete Versetzungssegment in der Gleitebene verbleibt. Dies ist nicht immer der Fall, wie wir beim Quergleiten von Schraubenversetzungen gesehen haben. Dabei wurde auch deutlich, dass Stufenversetzungen diese Möglichkeit zur Umgehung von Hindernissen nicht haben. Sie können ihre Gleitebene aber durch einen anderen, thermisch aktivierten Mechanismus verlassen. Bei diesem als *Klettern* bezeichneten Vorgang lagert die Versetzungslinie durch Diffusion transportierte Leerstellen an oder sendet sie aus (Bild 6.32). Sie bewegt sich dadurch senkrecht zur Gleitebene. Damit dieser Vorgang stattfinden kann, müssen die Leerstellendichte im Kristall und die Beweglichkeit der Leerstellen hoch sein. Wie in Anhang 16.1 erläutert, steigt die Leerstellendichte und -beweglichkeit exponentiell mit der Temperatur, so dass der Prozess des Kletterns nur bei relativ hohen Temperaturen (etwa oberhalb von 40 % der Schmelztemperatur) stattfinden kann. Auf diesen Prozess wird in Abschnitt 11.2.2 näher eingegangen.

6.3.5 Schneiden von Versetzungen

Ein besonders wichtiger Hindernistyp für die Bewegung von Versetzungen sind andere Versetzungen.

Parallel liegende Versetzungen üben entsprechend Abschnitt 6.2.7 Kräfte aufeinander aus. Abstoßende Kräfte erschweren dabei eine Annäherung der beiden Versetzungen, anziehende Kräfte eine Entfernung voneinander. Beides kann die Versetzungsbewegung behindern.

Liegen die Versetzungslinien nicht parallel zueinander, so kommt es ebenfalls zu einer Behinderung der Versetzungsbewegung. Passiert eine Versetzung eine andere, so beeinflussen sich die Versetzungen gegenseitig, indem sie, je nach Lage der Burgersvektoren zueinander, in der jeweils anderen *Kinken* oder *Sprünge* (im Englischen *kinks* bzw. *jogs*) hinterlassen [41, 64]. Beides sind Knicks in der Versetzungslinie. Eine Kinke liegt innerhalb der Gleitebene, während ein Sprung die Gleitebene verlässt. In Bild 6.33 ist die Auswirkung einer senkrecht eingezeichneten Versetzung auf eine durchlaufende (waagerecht eingezeichnete) Versetzung für unterschiedliche Konfigurationen skizziert. Es ist

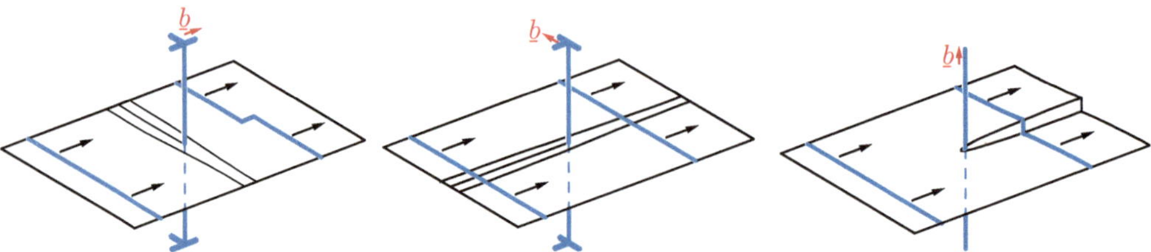

a: Schneiden einer Stufenversetzung. Je nach Lage der Stufenversetzung entsteht eine Kinke in der schneidenden Versetzung.

b: Schneiden einer Schraubenversetzung. Es entsteht ein Sprung in der schneidenden Versetzung.

Bild 6.33: Schneiden unterschiedlicher Versetzungstypen und Ausrichtungen (nach [41]). Der Typ und die Orientierung der durchlaufenden Versetzung ist hier nicht festgelegt. Je nachdem, welchen Typ und welche Ausrichtung die durchlaufende Versetzung hat, erzeugt auch sie in der still stehenden einen Versetzungssprung oder eine -stufe.

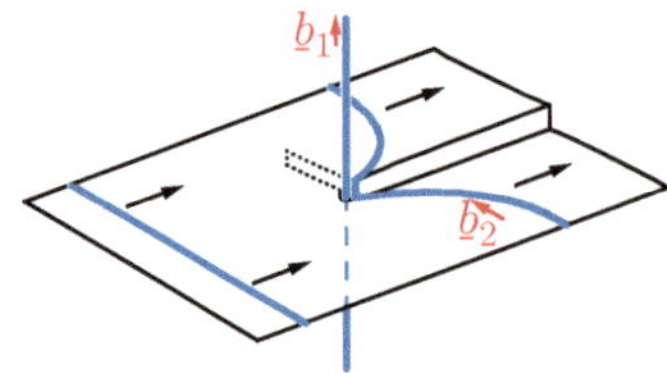

Bild 6.34: Schraubenversetzung mit einem Stufensegment. Das Stufensegment kann sich nur unter Anlagern oder Aussenden von Leerstellen in der ursprünglichen Gleitrichtung bewegen.

zu beachten, dass die durchlaufende Versetzung auch eine Kinke oder einen Sprung in der senkrechten Versetzung hinterlässt, die im Bild nicht eingezeichnet sind. Durch die Kinken oder Sprünge bilden sich häufig Stufensegmente in Schraubenversetzungen und umgekehrt. Die Länge der Versetzungen erhöht sich beim Passieren in vielen Konfigurationen um die Länge des Burgersvektors der jeweils anderen Versetzung. Wegen der in einer Versetzung gespeicherten Energie muss hierzu entsprechend Energie von der passierenden Versetzung aufgebracht werden; die Versetzung stellt also eine Energiebarriere dar. Zusätzlich ist noch Energie aufzuwenden, um die Spannungsfelder der Versetzungen zu überlagern. Derartige Versetzungshindernisse, bei denen die Versetzungslinien nicht parallel zur laufenden Versetzung verlaufen, bezeichnet man anschaulich auch als *Waldversetzungen*.

Die entstehenden Stufenversetzungssegmente in einer Schraubenversetzung haben eine zusätzliche Konsequenz: Ein Sprung in einer Schraubenversetzung (Bild 6.34) kann nur unter Aussenden oder Anlagern von Leerstellen in der ursprünglichen Gleitebene weiter gleiten, so dass ihre Beweglichkeit verringert ist. Dadurch bewegen sich Schraubenversetzungen bei niedrigen Temperaturen langsamer als Stufenversetzungen [41].

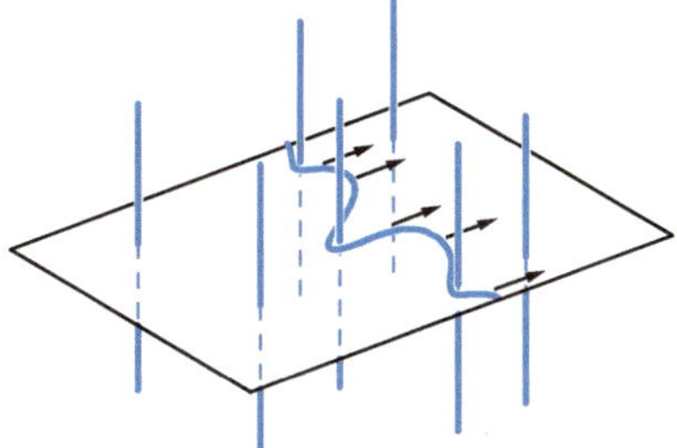

Bild 6.35: Eine Versetzungslinie durchquert eine Hindernisanordnung aus anderen Versetzungen.

6.4 Verfestigungsmechanismen

Die plastische Verformung von Metallen ist wesentlich durch die Beweglichkeit der Versetzungen bestimmt. Um Konstruktionswerkstoffe mit hoher Festigkeit zu entwickeln,
muss die Bewegung der Versetzungen deshalb durch Hindernisse verringert werden. Im
Folgenden werden die verschiedenen Hindernisarten untersucht und diskutiert, wie sie
von Versetzungen überwunden werden können und welche Verfestigung mit ihnen jeweils
erzielt werden kann.

6.4.1 Verformungsverfestigung

Wie bereits erläutert, stellen Versetzungen Hindernisse füreinander dar. Je mehr Versetzungen ein Metall enthält, desto größer ist also seine Fließgrenze. Die oben beschriebenen Versetzungsquellen, beispielsweise die Frank-Read-Quelle, führen dazu, dass bei der
plastischen Verformung von Metallen neue Versetzungen entstehen und sich die Versetzungsdichte erhöht. Dabei verfestigt sich das Material. Dieser Vorgang wird als *Verformungsverfestigung* oder *Kaltverfestigung* bezeichnet. Die Versetzungsdichte kann dabei
auf Werte von bis zu $10^{16}\,\mathrm{m}^{-2}$ steigen.

Diese Kaltverfestigung ist der Grund dafür, dass die Fließkurve eines Metalls im plastischen Bereich ansteigt (siehe Kapitel 3). Entlastet man das Material nach der plastischen
Verformung, so folgt die Spannungs-Dehnungs-Kurve einer zur elastischen Geraden parallelen Linie. Bei einer erneuten Belastung ist die Fließgrenze entsprechend heraufgesetzt,
die Spannungs-Dehungs-Kurve läuft auf der selben Gerade wie bei der Entlastung. Die
Dehnung bis zur Einschnürung bzw. bis zum Bruch ist entsprechend verringert, d. h., das
Material hat an Duktilität verloren.

Der Einfluss der Versetzungsdichte auf die Festigkeit des Materials kann wie folgt
abgeschätzt werden: Man betrachte eine Versetzungslinie, die sich durch eine Anordnung
von Versetzungen senkrecht zu dieser Linie bewegen soll (Bild 6.35). Der Abstand der
Versetzungshindernisse sei 2λ. Wären die Versetzungen unpassierbare Hindernisse, so
müssten sie mit dem Orowan-Mechanismus umgangen werden. Da sie jedoch geschnitten
werden können, ist die zum Schneiden notwendige Spannung kleiner als die Orowan-
Spannung. Es ergibt sich $\tau_\mathrm{s} = k_\mathrm{V}\,Gb/2\lambda$ mit $k_\mathrm{V} \approx 0{,}1\ldots0{,}2$.

Tabelle 6.4: Wirkung der Kaltverfestigung (Umformgrad φ) auf die Dehngrenze $R_{\mathrm{p}0,2}$ und die Bruchdehnung $A_{11,3}$ [3]

Legierung	$\varphi/\%$	$R_{\mathrm{p}0,2}/\mathrm{MPa}$	$A_{11,3}/\%$
Al 99,5	0	20…55	35
	30	90	4
	50	130	3
AlMg 3	0	80	17
	20	190	4
	65	250	2

Der Abstand der Versetzungslinien voneinander ist von der Versetzungsdichte ϱ bestimmt. Nimmt man vereinfachend an, dass die Versetzungshindernisse alle parallel zueinander liegen und regelmäßig angeordnet sind, so nimmt jeder Durchstoßpunkt einer Versetzung in einer Ebene senkrecht zur Versetzungslinie eine Fläche von $2\lambda \cdot 2\lambda$ ein. Die Versetzungsdichte ist die Zahl der Durchstoßpunkte pro Flächeneinheit, also gilt $\sqrt{\varrho} = 1/2\lambda$. Setzt man dies in die oben angeführte Beziehung ein, so ergibt sich

$$\Delta\sigma_{\mathrm{V}} = k_{\mathrm{V}} M G b \sqrt{\varrho} \tag{6.20}$$

für die Erhöhung der Fließgrenze durch die Versetzungshindernisse. Dabei wurde der in Abschnitt 6.2.6 eingeführte Taylorfaktor M verwendet, um von der Schubspannung auf die Zugspannung bei einachsiger Belastung umzurechnen.

Der Beitrag der Verformungsverfestigung nach Gleichung (6.20) liegt in der Größenordnung einiger Hundert Megapascal. Vergleicht man zwei Werkstoffe (beispielsweise einen nieder- und einen hochfesten Stahl), die sich in ihrer Fließgrenze stark unterscheiden, so ist der absolute Beitrag der Verformungsverfestigung in beiden ähnlich. Bezogen auf die Fließgrenze bedeutet dies, dass der höherfeste Werkstoff eine geringere relative Verfestigung besitzt als der niederfeste. In Abschnitt 3.2.3 wurde erläutert, dass dies zu einer niedrigeren Gleichmaßdehnung führt.

Die Festigkeit eines Werkstoffs kann also durch einfache Vorverformung erhöht werden. Hiervon wird beispielsweise beim Walzen oder beim Drahtziehen Gebrauch gemacht. Tabelle 6.4 zeigt die Zunahme der Festigkeit und die Abnahme der Duktilität für verschiedene Verformungszustände von Aluminium und einer Aluminiumlegierung.

Ein Vorteil der Verformungsverfestigung ist, dass sie leicht realisiert werden kann und häufig ein Nebenprodukt des Herstellungsprozesses ist, beispielsweise beim Tiefziehen von Stahlblechen für Karosserieteile. Die Erhöhung der Versetzungsdichte hat allerdings auch eine starke Verringerung der Duktilität zur Folge, so dass Verformungsverfestigung sich nur für Werkstoffe mit hoher Duktilität eignet. Ein weiterer Nachteil ist, dass die Verfestigung bei Temperaturerhöhung (etwa durch Schweißen) durch Erholungsprozesse (vgl. Abschnitt 6.2.8) wieder verloren geht.

6.4.2   Mischkristallhärtung

Eine weitere wichtige Möglichkeit, die Festigkeit eines Metalls zu erhöhen, ist das Zulegieren von Elementen, die sich im Kristallgitter lösen und so einen Mischkristall bilden.

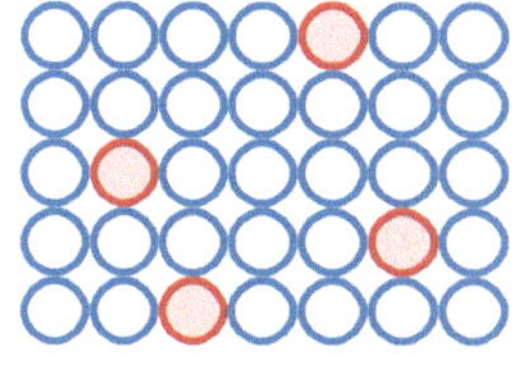

a: Substitutionsmischkristall

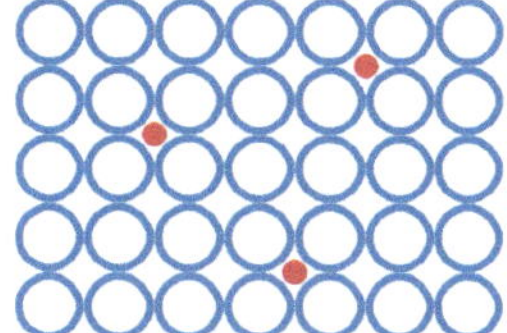

b: Interstitieller Mischkristall

Bild 6.36: Unterschiedliche Typen von Mischkristallen

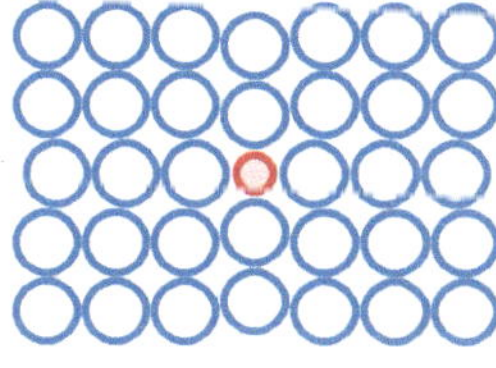

a: Kleineres Atom

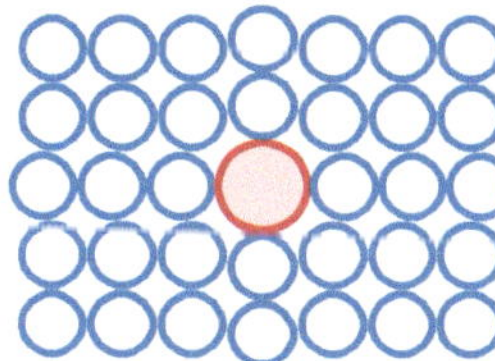

b: Größeres Atom

Bild 6.37: Unterschiedliche Größen gelöster Atome in Substitutionsmischkristallen

Diese Atome rufen unter anderem eine elastische Verzerrung des Kristallgitters hervor, die mit dem Verzerrungsfeld einer Versetzung wechselwirkt und so deren Bewegung behindert.

Die gelösten Atome können zwei verschiedene Arten von Gitterplätzen besetzen: Sie können entweder dieselben Positionen im Kristallgitter einnehmen wie die ursprünglichen Atome, so dass ein Atom durch ein andersartiges ersetzt wird (*Substitutionsmischkristall*), oder sie können sich auf *Zwischengitterplätzen* befinden (*interstitieller Mischkristall*). In Bild 6.36 sind beide Fälle skizziert. Ein interstitieller Mischkristall bildet sich nur dann, wenn die Atomradien der gelösten Atome wesentlich kleiner als die der Wirtsatome sind, wie es beispielsweise beim Kohlenstoff im Eisen der Fall ist.

Die Hinderniswirkung *substituierter* Atome beruht auf verschiedenen Ursachen. Wichtigster Aspekt ist die elastische Verzerrung (Bild 6.37) des Kristallgitters, die mit der durch die Versetzung hervorgerufenen Verzerrung wechselwirkt. Sind beispielsweise die gelösten Atome größer als die Wirtsatome, so erzeugen sie eine Druckspannung in ihrer Umgebung. Eine Stufenversetzung, die mit ihrem Druckspannungsbereich in diese Druckspannungszone einzudringen versucht, benötigt hierzu zusätzliche Energie. Dringt die Stufenversetzung mit ihrem Zugspannungsbereich in den Druckspannungsbereich des gelösten Atoms ein, so ist dies energetisch günstig. Dies führt dazu, dass es schwierig ist, die Versetzung wieder von dem gelösten Atom zu entfernen, so dass diese verankert wird. Kleinere Substitutionsatome wirken auf genau die gleiche Weise mit jeweils umgekehrtem Vorzeichen.

Eine weitere Wechselwirkung zwischen Versetzung und gelöstem Atom kommt dadurch zustande, dass sich die Bindungsstärke zwischen dem gelösten Atom und seinen Nachbarn von der des reinen Kristalls unterscheidet, so dass sich auch der Elastizitäts- und der Schubmodul in der Nähe des gelösten Atoms ändern. Die Linienenergie der Versetzung kann sich deshalb entweder erhöhen oder verringern, wenn sie sich dem Atom

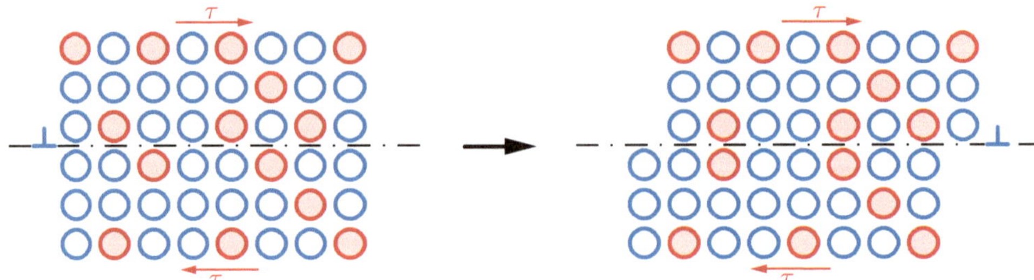

Bild 6.38: Nahordnungsphänomen bei der Abgleitung. Falls es energetisch ungünstig ist, wenn rot eingefärbte Atome direkt nebeneinander liegen, wird die gezeigte Abgleitung dadurch erschwert, dass durch sie an zwei Stellen je zwei rote Atome direkte Nachbarn werden.

annähert, woraus sich wieder eine Hinderniswirkung ergibt. Dieses Phänomen wird als *Modulwechselwirkung* bezeichnet.

Es können auch Nahordnungsphänomene auftreten. Ist beispielsweise die Bindungsenergie zwischen Wirtsatom A und gelöstem Atom B größer als diejenige zwischen B-Atomen, so ist es energetisch günstig, wenn sich B-Atome mit A-Atomen umgeben. Wird diese Nahordnung durch Abgleitung gestört, so dass z. B. zwei B-Atome direkt nebeneinander liegen bleiben, so muss hierfür zusätzliche Energie aufgebracht werden (vgl. Bild 6.38). Entsprechend wird die Versetzungsbewegung erschwert.

Experimentell findet man folgende Abhängigkeit zwischen dem Verfestigungsbeitrag $\Delta\sigma_{\mathrm{MK}}$ durch Mischkristallhärtung und der Konzentration c der Fremdatome:

$$\Delta\sigma_{\mathrm{MK}} \sim c^n \,. \tag{6.21}$$

Dabei nimmt der Exponent n typischerweise Werte von etwa 0,5 an. Dies ist verständlich, da auch der Hindernisabstand näherungsweise mit $\sqrt{c}$ abnimmt, wie in Abschnitt 6.4.3 (Gleichung (6.23)) gezeigt werden wird.[8]

Aus dem bisher Gesagten könnte geschlossen werden, dass es für die Mischkristallhärtung günstig ist, Atome mit möglichst unterschiedlichen Atomradien als Substitutionsatome zu verwenden. Dies ist jedoch nur bedingt richtig, da die Löslichkeit der Atome mit zunehmender Differenz der Atomradien abnimmt. So lassen sich in Kupfer beispielsweise 100 % Nickel lösen, da der Radienunterschied nur 2,7 % beträgt, aber nur 10 % Aluminium bei einem Radienunterschied von 12 %. Generell gilt, dass eine Atomradiendifferenz von weniger als etwa 15 % die Voraussetzung für gute Löslichkeit ist. Die Löslichkeit wird auch begünstigt, wenn die beteiligten Atomsorten chemisch ähnlich sind und dieselbe Kristallstruktur aufweisen.

Ein anderer Fall liegt bei der *interstitiellen Mischkristallhärtung* vor, wie sie etwa bei der Lösung von Kohlenstoff oder Stickstoff in Stählen auftritt. Hier ist die große Radiendifferenz zwischen den Atomen notwendig, da erst sie es ermöglicht, die gelösten Atome auf Zwischengitterplätzen zu positionieren.

---

8 Dort wird der Volumenanteil f_{V} von Ausscheidungen verwendet, der im Fall des Mischkristalls der Konzentration c entspricht.

Tabelle 6.5: Wirkung der Mischkristallverfestigung auf die Dehngrenze $R_{\mathrm{p}0,2}$ und die Bruchdehnung $A_{11,3}$ im weichgeglühten Zustand [60]. Die Zahlen im Werkstoffnamen geben den ungefähren Gehalt des jeweiligen Legierungsbestandteils in Prozent an.

Legierung	$R_{\mathrm{p}0,2}$/MPa	$A_{11,3}$/%
Al 99,5	20…55	35
AlMg 1,5	45	20
AlMg 2,5	60	17
AlMg 3	80	17

Die Mischkristallhärtung (mit *Substitutionsatomen*) hat den Vorteil, dass sie relativ temperaturbeständig ist. Bei einer Temperaturerhöhung, wie z. B. beim Schweißen, nimmt die Löslichkeit der Atome im Allgemeinen nicht ab, sondern sogar zu, so dass dadurch keine Beeinträchtigung der Verfestigungswirkung bei Raumtemperatur zu erwarten ist. Sofern die Mischkristallatome auch bei hohen Temperaturen nur langsam diffundieren und sich deshalb nicht leicht mit den Versetzungen mitbewegen können, ist $\Delta\sigma_{\mathrm{MK}}$ auch bei Hochtemperatureinsatz noch signifikant. Mit Wolfram, Molybdän und Rhenium verfestigte Nickelbasis-Superlegierungen sind ein Beispiel hierfür.

Ein weiterer Vorteil mischkristallverfestigter, also einphasiger, Legierungen besteht in ihrer guten Korrosionsbeständigkeit. Sie ist auf die Abwesenheit von *Lokalelementen* zurückzuführen. Bei einem Lokalelement handelt es sich im einfachsten Fall um zwei Phasen aus verschiedenen Metallen, die eine unterschiedliche Position in der elektrochemischen Spannungsreihe besitzen, von denen also das eine unedler ist als das andere. Bei Angriff eines korrosiven Mediums kann dann das unedlere Metall in Lösung gehen.

> Bezüglich der Korrosionsbeständigkeit ist allerdings zu beachten, dass einige mischkristallverfestigte Legierungen bei Raumtemperatur als übersättigte Lösungen vorliegen. Dies gilt z. B. für den Werkstoff AlMg 4,5 Mn. Zu langsames Abkühlen von erhöhter Temperatur kann dann zu Ausscheidungsreaktionen (siehe Abschnitt 6.4.3) führen. Sind die ausgeschiedenen Teilchen wie in obigem Fall teil- oder inkohärent und besitzen damit eine hohe Keimbildungsbarriere, kommt es bevorzugt zu heterogener Keimbildung an Korngrenzen. Damit einher geht häufig eine deutliche Versprödung sowie eine erhöhte Anfälligkeit gegen interkristalline Korrosion.

Tabelle 6.5 zeigt die Wirkung der Mischkristallverfestigung an Aluminium. Wenn man diese mit Tabelle 6.4 vergleicht, erkennt man auch eine gegenüber der Verformungsverfestigung günstigere Eigenschaftskombination aus Festigkeit und Duktilität.

In der Medizintechnik wird wegen seiner guten Biokompatibilität häufig Titan technischer Reinheit (sogenanntes CP-Titan; mit »CP« für engl. *commercially pure*) als Werkstoff zur Knochenheilung eingesetzt. Dieses enthält neben Titan und geringen Anteilen an Begleitelementen Sauerstoff (interstitiell gelöst) und Eisen (als Substitutionselement) als festigkeitssteigernde Elemente. Tabelle 6.6 zeigt die erreichten Festigkeitswerte. Reines Titan kommt wegen der niedrigen Festigkeit selten zum Einsatz, CP-Titan Grad 2 und Grad 4 werden jedoch für Marknägel oder Schrauben verwendet.

Die Mischkristallhärtung hat generell den Nachteil, dass gerade die Atomsorten, die aufgrund ihrer hohen Radiendifferenz einen großen Effekt verursachen, nur eine geringe

Tabelle 6.6: Wirkung der Mischkristallverfestigung auf die Dehngrenze $R_{\mathrm{p}0,2}$ von Titanlegierungen [24, 95]

Werkstoff	Sauerstoffgehalt (Gew.-%)	Eisengehalt (Gew.-%)	$R_{\mathrm{p}0,2}$ (MPa)
Reintitan (99,98 %)	< 0,08	< 0,08	140
CP-Titan Grad 1	0,18	< 0,2	170
CP-Titan Grad 2	0,25	< 0,2	280
CP-Titan Grad 4	0,4	< 0,5	480

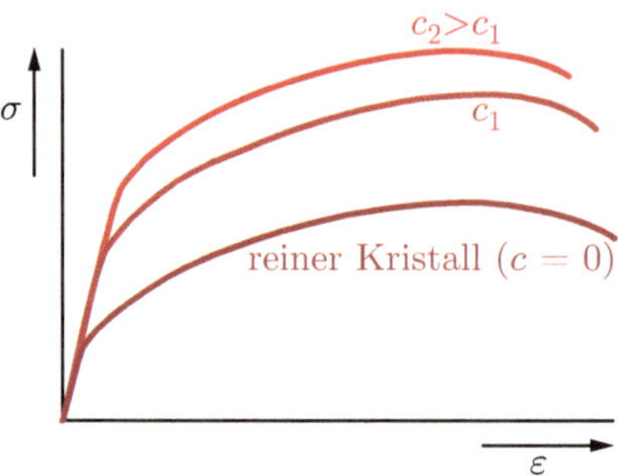

Bild 6.39: Einfluss von Mischkristallatomen auf Spannungs-Dehnungs-Kurven

Löslichkeit besitzen (s. o.). Deshalb lassen sich auf diese Weise im Allgemeinen nur mäßige Festigkeitssteigerungen erzielen. Dies ist meist auch dann der Fall, wenn es sich nicht um einen Substitutions-, sondern um einen interstitiellen Mischkristall handelt, da relativ große interstitiell gelöste Atome ebenfalls nur eine geringe Löslichkeit besitzen. Eine wichtige Ausnahme ist Kohlenstoff in ferritischen Stählen. Weil die kubisch flächenzentrierte γ-Phase mehrere Prozent Kohlenstoff bei erhöhter Temperatur lösen kann, ist es möglich, sehr hohe Gehalte bei der Umwandlung in die kubisch raumzentrierte α-Phase »einzufrieren«, obwohl die Gitterverzerrung groß ist (*Härten*, siehe auch Abschnitt 6.4.5).

Streckgrenzenphänomen und Reckalterung

Wie oben erläutert wurde, kann die Wechselwirkung zwischen gelösten Atomen und einer Versetzung zu einer Verankerung der Versetzung führen. Da die gelösten Atome sich diffusiv durch den Kristall bewegen können, können sie Versetzungen auch dann verankern, wenn diese sich selbst nicht bewegen. Dies ist vor allem bei interstitiell gelösten Atomen der Fall, da diese meist eine hohe Diffusivität besitzen. Dieser Vorgang ist verantwortlich für die ausgeprägte Streckgrenze einiger Metalle sowie für den sogenannten *Portevin-Le-Châtelier-Effekt* (PLC), wie im Folgenden näher erläutert wird.

Ist die Diffusivität der gelösten Atome vernachlässigbar, wie im vorherigen Abschnitt angenommen, dann behindern sie die Versetzungsbewegung wie oben erläutert. In diesem Fall bewirkt die Anwesenheit der Mischkristallatome eine Verfestigung (Bild 6.39).

Erhöht man die Diffusivität (beispielsweise durch Temperaturerhöhung) kommt es zum *Streckgrenzenphänomen,* d. h. zur Bildung einer ausgeprägten Streckgrenze (siehe Abschnitt 3.2). Die Mischkristallatome diffundieren in die verzerrten Gitterbereiche in der Umgebung der Versetzungslinien, solange noch keine Spannung am Material anliegt, so dass diese verankert werden. Wird eine Spannung angelegt, so muss diese zunächst die Versetzungen von den Verankerungen losreißen. Die dazu notwendige Spannung definiert die *obere Streckgrenze* R_{eH} des Materials. Nachdem die Versetzung von den Mischkristall-atomen entfernt wurde, ist sie leichter beweglich als vorher, so dass die Fließspannung absinkt (*untere Streckgrenze* R_{eL}). Es kommt zu einer lokalen Verformung in diesem Bereich, an der nur wenige Körner beteiligt sind. Dabei stauen sich die Versetzungen an den Korngrenzen auf, so dass die Spannung im Nachbarkorn erhöht wird und sich dort Versetzungen losreißen können. Es bilden sich deshalb schmale Verformungsbänder, die sogenannten *Lüdersbänder,* innerhalb der Probe aus, in denen die Verformung jeweils konzentriert ist. Der Wechsel zwischen lokaler Verfestigung durch Versetzungsaufstau und Abbau dieses Verformungshindernisses durch Losreißen der Versetzungen im Nachbarkorn verursacht eine stark gezackte Form der Fließkurve. Sieht man von diesen Schwankungen ab, kommt es allerdings zu keiner Verfestigung. Erst wenn sich die Lüdersbänder durch das gesamte Probenvolumen ausgebreitet haben und alle Versetzungen von ihren Verankerungsatomen entfernt wurden, steigt die Fließspannung durch Verformungsverfestigung über das Niveau der unteren Streckgrenze an.

Wird die Belastung zurückgenommen und das Material für einige Zeit gelagert, so wandern die Mischkristallatome wieder zu den Versetzungslinien und verankern diese erneut. Es kommt dann bei einer erneuten Verformung wieder zur Bildung einer ausgeprägten Streckgrenze. Man spricht in diesem Fall von *Reckalterung.* Die zur Alterung notwendige Temperatur und Zeit hängen von der Diffusivität der gelösten Atome und damit von der Legierung ab. Bei vielen Stählen findet eine Alterung bereits bei Raumtemperatur statt.

Die ausgeprägte Streckgrenze von Materialien (insbesondere Stählen) ist oft ein unerwünschtes Phänomen, weil sie zu einer ungleichmäßigen plastischen Verformung führt. Bei tiefgezogenen Automobilblechen macht sich dies beispielsweise durch eine raue Oberfläche, die sogenannte Orangenhaut, bemerkbar. Es ist deshalb oft wünschenswert, Gegenmaßnahmen zu ergreifen. Bei Stahlblechen geschieht dies durch das sogenannte Dressierwalzen unmittelbar vor dem Tiefziehvorgang, um so die Versetzungen durch geringfügige plastische Vorverformung von ihren Hindernissen zu lösen.

Für den Fall des Stahls soll die Größe typischer Diffusionswege abgeschätzt werden. Der *mittlere Diffusionsweg* x ist durch $x \approx \sqrt{Dt}$ gegeben, wenn t die zur Diffusion zur Verfügung stehende Zeit und D der *Diffusionskoeffizient* sind. Der Diffusionskoeffizient berechnet sich nach dem *Arrhenius-Gesetz* zu

$$D = D_0 \exp\left(-\frac{Q}{RT}\right) = 0{,}2\,\mathrm{m^2/s} \cdot \exp\left(-\frac{103\,\mathrm{kJ/mol}}{RT}\right)\,,$$

wobei Q die *Aktivierungsenergie* des Diffusionsprozesses und D_0 die *Diffusionskonstante* sind. Bei Raumtemperatur ergibt sich ein Diffusionskoeffizient von $D \approx 2 \cdot 10^{-19}\,\mathrm{m^2/s}$. Der innerhalb von 24 Stunden zurückgelegte Diffusionsweg beträgt damit 130 nm. Bei einer typischen Versetzungsdichte von $10^{12}\,\mathrm{m^{-2}}$ bis $10^{14}\,\mathrm{m^{-2}}$ ergibt sich nach Abschnitt 6.4.1 ein mittlerer Versetzungsabstand von 100 nm bis 1000 nm, so dass die Atome bei Raumtemperatur innerhalb von etwa 24 Stunden den Weg zur nächsten Versetzung zurücklegen können.

Bei einer weiteren Erhöhung der Diffusivität (durch weitere Temperaturerhöhung) wird die Diffusionsgeschwindigkeit der Atome schließlich so groß, dass eine Versetzung während ihrer Haltezeit auch bei einer makroskopisch kontinuierlichen Verformung wieder

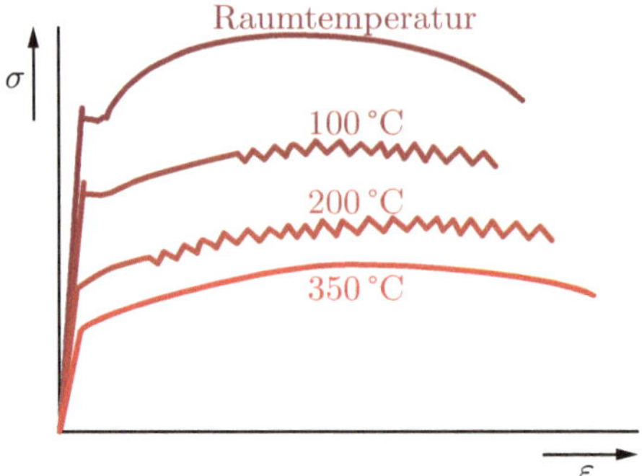

Bild 6.40: Schematische Darstellung der Abhängigkeit der Spannungs-Dehnungs-Kurve eines
Stahls von der Temperatur

von gelösten Atomen umgeben wird [161].[9] Es kommt zu einem Wechselspiel zwischen
Losreißen und Wiederverankern von Versetzungen, das zu einer gezackten Fließkurve
führt (Bild 6.40), dem *Portevin-Le-Châtelier-Effekt*. Eine weitere Konsequenz dieses Effektes ist, dass bei einer Erhöhung der *Umformgeschwindigkeit* die Atome nicht mehr
schnell genug diffundieren, um eine Versetzung verankern zu können. Dies bedeutet, dass
die Fließspannung des Materials – anders als im Normalfall (siehe Abschnitt 6.3.2) – mit
Erhöhung der Umformrate absinken kann, wobei dann kein »gezacktes Fließen« mehr
auftritt.

Erhöht sich die Diffusivität (bzw. die Temperatur) noch weiter, ist die Geschwindigkeit
der Mischkristallatome schließlich so hoch, dass sich diese mit den Versetzungen bewegen.
In diesem Fall gibt es weder eine ausgeprägte Streckgrenze noch ein »gezacktes Fließen«.

6.4.3   Teilchenhärtung

Viele Legierungen bestehen nicht aus einer, sondern aus mehreren Phasen. Dazu gehören die ausscheidungs- und die dispersionsgehärteten Werkstoffe. Sie enthalten extrem
feine Teilchen einer zweiten Phase, deren Abmessungen wesentlich unterhalb eines Mikrometers liegen. Aufgrund der daraus resultierenden Hinderniswirkung auf Versetzungen
(siehe Abschnitt 6.3.1) besitzen sie hohe Festigkeitswerte. Davon abzugrenzen sind die
Metalle mit grob-zweiphasigem Gefüge, bei denen die Abstände zwischen den Teilchen
der zweiten Phase wesentlich größer sind und die Orowan-Spannung deshalb gering ist.
Dennoch kann es auch bei ihnen zu einer deutlichen Festigkeitssteigerung kommen. Beide Werkstoffgruppen werden im Folgenden erläutert. Metalle können auch durch Fasern
verstärkt werden. Dies ist Gegenstand von Kapitel 9.

Grob-zweiphasiges Gefüge

Grobkörnige Teilchen einer zweiten Phase beeinflussen zunächst all die Eigenschaften
eines Werkstoffs, die direkt durch die Mengenanteile bestimmt werden. Ist beispielswei-

---

9 Dabei ist zu beachten, dass eine Versetzung normalerweise eine gewisse Strecke sehr schnell zurücklegt und dann eine gewisse Zeit verweilt.

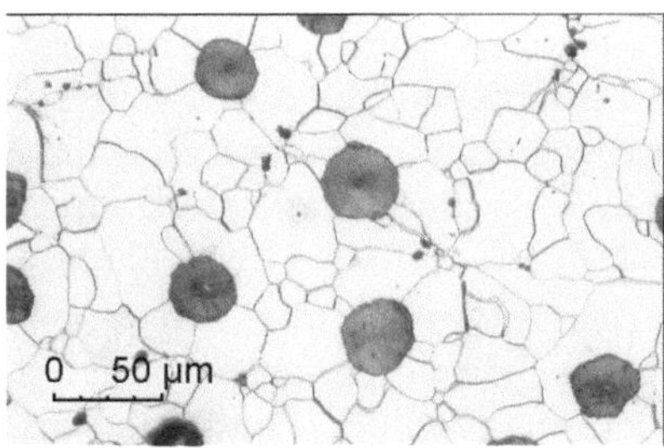

Bild 6.41: Zweiphasiges Gefüge von Grauguss. In die helle ferritische Phase sind Graphitkörner eingelagert.

se der Elastizitätsmodul der zweiten Phase größer als der der ersten, so kommt es bei elastischer Beanspruchung zu einer Lastübertragung, so dass die Steifigkeit zunimmt. Im Zusammenhang mit faser- bzw. plattenförmigen Teilchen wird dies in Kapitel 9 näher erläutert. Die Stärke der Lastübertragung hängt dabei wesentlich von der Form der Teilchen der zweiten Phase und ihrer Ausrichtung zur anliegenden Spannung ab.

Andere physikalische Eigenschaften verhalten sich ähnlich wie der Elastizitätsmodul. Möchte man beispielsweise Kupfer einsetzen, um Wärme aus keramischen Bauelementen abzuführen, so sollten sich die Wärmeausdehnungskoeffizienten des Kupfers und der Keramik nicht zu stark unterscheiden, um Wärmespannungen in der Grenzfläche zu reduzieren. Durch Wolframeinlagerungen kann der Wärmeausdehnungskoeffizient von Kupfer reduziert und so dem der Keramik angenähert werden.

Auch die Verschleißbeständigkeit eines Werkstoffs kann durch harte Teilchen einer zweiten Phase verbessert werden. Während des Verschleißprozesses wird dabei zunächst die weichere Matrix abgetragen, so dass die harten Teilchen ein wenig aus der Oberfläche des Werkstoffs herausragen und damit die Verschleißeigenschaften bestimmen. Anwendung findet dieses Prinzip beispielsweise in Aluminiumzylinderlaufbuchsen in Verbrennungsmotoren, die durch harte Siliziumausscheidungen verschleißbeständiger gemacht werden, oder bei Gusseisenwerkstoffen (Bild 6.41).

Auch auf die plastischen Eigenschaften eines Werkstoffs haben Ausscheidungen einer zweiten Phase einen Einfluss. Ist der Elastizitätsmodul der Teilchen der zweiten Phase größer als der der ersten, so führt die Lastübertragung dazu, dass die Spannungen in der ersten Phase reduziert werden, so dass die Fließgrenze erhöht wird. Dies setzt allerdings voraus, dass auch die Festigkeit der eingelagerten Teilchen höher ist als die der Matrix. In diesem Fall treten weitere festigkeitssteigernde Effekte auf, die im Folgenden beschrieben werden.

Um die auftretenden Effekte im Einzelnen zu erläutern, betrachten wir als einfaches Beispiel einen auf Zug belasteten Matrixwerkstoff, in dem kugelförmige Teilchen der zweiten Phase regelmäßig (beispielsweise in einem kubischen Gitter) angeordnet sind. In diesem Fall lässt sich bei nicht allzu hohen Volumenanteilen ein Verformungspfad unter 45° zur anliegenden Last finden, der keines der Teilchen der zweiten Phase durchquert. Wäre der Matrixwerkstoff idealplastisch, so könnte er sich entlang dieses Pfades verformen, und es käme zu keiner Erhöhung der Festigkeit. Verfestigt der Matrixwerkstoff jedoch, so ergibt sich gegenüber dem unverstärkten Material eine stärkere Verfestigung, da die plastische Verformung im Matrixwerkstoff nicht im ganzen Werkstoffvolumen stattfindet, sondern nur auf den Verformungspfaden, die die Teilchen der zweiten Phase nicht durchqueren, so dass die plastische Dehnung in diesen Bereichen höher ist. Durch diesen Effekt steigt also nicht die Dehngrenze, sondern die Verfestigung.

Sind die Teilchen der zweiten Phase langgestreckt, beispielsweise in Form von Fasern oder Platten, so kann dadurch die Ausbildung eines annähernd unter 45° verlaufenden Verformungspfades, der kein Teilchen durchquert, schon bei vergleichsweise geringem Volumenanteil verhindert werden. In diesem Fall muss sich ein komplizierteres Verformungsmuster ausbilden. Diese von den Teilchen ausgeübte Verformungsbehinderung führt zu einer starken Festigkeitszunahme, wobei Last auf die Teilchen übertragen wird. Entsprechend sind langgestreckte Teilchen besonders wirkungsvoll, sofern sie hohe Festigkeitswerte aufweisen. Dies wird in Kapitel 9 ausführlich diskutiert.

Grobkörnige Ausscheidungen einer zweiten Phase, die in eine Matrix der ersten Phase eingebettet sind, können auch durch ihre Wechselwirkung mit Versetzungen zu einer Verfestigung beitragen. Sie können zwar von Versetzungen mittels des Orowan-Mechanismus relativ leicht umgangen werden, bei der Verformung bilden sich aber Versetzungsringe um diese Teilchen, so dass die Versetzungsdichte im Material stärker zunimmt als ohne Teilchen der zweiten Phase. Es kommt also zu einer stärkeren Verformungsverfestigung. Dieser Effekt wird bei der Herstellung tiefgezogener Karosseriebleche aus Dualphasenstählen gezielt genutzt, bei denen in eine ferritische Matrix Martensitinseln eingelagert sind (siehe auch Abschnitt 6.4.5). Aufgrund geringer Anfangsfestigkeit, aber starker Verfestigung weisen diese Werkstoffe eine sehr gute Verformbarkeit bei vergleichsweise hoher Festigkeit nach Beendigung des Umformvorgangs auf.

Obwohl grob-zweiphasige Gefüge nicht das Festigkeitsniveau ausscheidungsgehärteter Metalle erreichen, bieten sie also vielfältige Möglichkeiten zur gezielten Eigenschaftsbeeinflussung.

Härtung durch kleine Teilchen

Kleine Teilchen einer zweiten Phase, die im Korninneren der ersten Phase gleichmäßig verteilt sind, üben eine starke Hinderniswirkung auf Versetzungen aus. Dies wurde bereits in Abschnitt 6.3 diskutiert. Dort wurde gezeigt, dass es im Allgemeinen zwei Möglichkeiten gibt, derartige Hindernisse zu überwinden, nämlich den Orowan-Mechanismus und das Schneiden von Teilchen. Es hängt dabei von der Hindernisstärke und dem Abstand der Hindernisse ab, welcher der beiden Mechanismen auftritt. Diesen Verfestigungsmechanismus bezeichnet man als *Ausscheidungshärtung,* da die Teilchen oft durch den weiter unten beschriebenen Ausscheidungsprozess erzeugt werden.

Der Gesamteinfluss der zweiten Phase hängt nicht nur vom Teilchenradius r, sondern auch von der Anzahl der Teilchen der zweiten Phase, d. h. ihrem Volumenanteil f_V, und vom mittleren Abstand 2λ der Teilchen auf einer beliebigen Gleitebene ab. Zwischen diesen drei Größen lässt sich eine Beziehung herstellen, da sich bei konstantem Volumenanteil der Teilchenabstand vergrößern muss, wenn sich der Teilchenradius erhöht. Dazu betrachtet man einen Würfel der Kantenlänge $2a$, wie in Bild 6.42 dargestellt. In diesen Würfel werden zufällig N Teilchen mit Radius r eingebracht, und es wird der mittlere

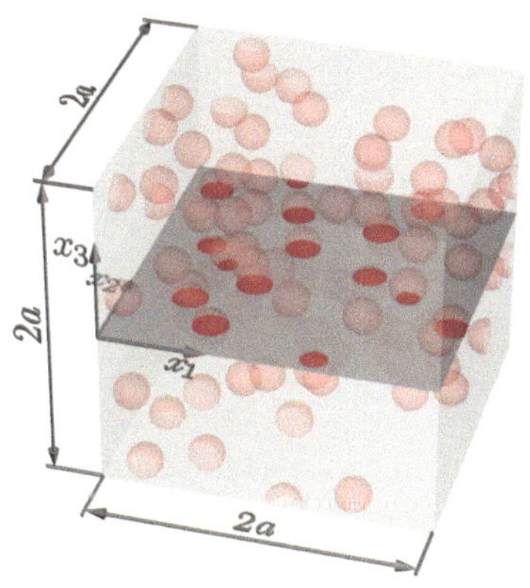 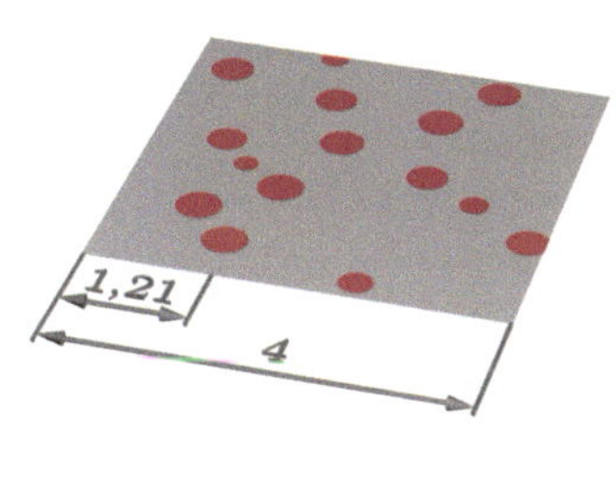

Bild 6.42: Berechnung des mittleren Hindernisabstands zufällig verteilter Teilchen auf einer beliebigen Ebene. Im gezeigten Beispiel wurden $N = 100$ Teilchen mit einem Radius von $r = 0{,}22\,\mu m$ in einem Würfel der Kantenlänge $2a = 4\,\mu m$ verteilt ($f_V = 0{,}07$). Mit Gleichung (6.22) ergibt sich ein mittlerer Teilchenabstand von $2\lambda = 1{,}21\,\mu m$.

Abstand 2λ der Teilchen gesucht, die die x_1-x_2-Ebene schneiden. Jede Kugel, deren Mittelpunkt eine x_3-Koordinate zwischen $-r$ und r hat, schneidet die Ebene, so dass die Wahrscheinlichkeit, dass eine beliebig im Würfel platzierte Kugel die Ebene schneidet, durch $2r/2a$ gegeben ist. Insgesamt liegen also im Mittel $N \cdot 2r/2a$ Kugeln in der Ebene. Die Zahl N der Kugeln lässt sich aus ihrem Volumenanteil ermitteln, denn es ist

$$f_V = N \frac{4\pi r^3}{3(2a)^3}\,.$$

Die mittlere Fläche $(2\lambda)^2$ pro Kugel ist durch die Fläche $(2a)^2$ der Ebene gegeben, geteilt durch die Anzahl $N \cdot 2r/2a$ der Kugeln in der Ebene, also

$$(2\lambda)^2 = \frac{(2a)^2}{N \cdot 2r/2a} = \frac{1}{f_V} \frac{(2a)^3 4\pi r^3/3}{2r(2a)^3} = \frac{2\pi r^2/3}{f_V} \approx \frac{2r^2}{f_V}\,. \tag{6.22}$$

Für den mittleren Teilchenabstand 2λ ergibt sich also

$$2\lambda \approx \sqrt{\frac{2}{f_V}}\, r\,. \tag{6.23}$$

Die Hinderniswirkung der Teilchen ist ähnlich wie die gelöster Mischkristallatome (Abschnitt 6.4.2). Auch sie kommt zunächst durch die elastische Wechselwirkung des in der Umgebung des Teilchens verzerrten Kristalls mit dem Spannungsfeld der Versetzung zustande. Darüber hinaus gibt es eine Modulwechselwirkung, da der Elastizitätsmodul des Teilchens sich im Allgemeinen von dem der Matrix unterscheidet, so dass sich die Linienenergie der Versetzung innerhalb des Teilchens ändert. Beim Durchqueren der Versetzung wird außerdem ein Teil des Teilchens gegen den anderen abgeschert. Dadurch

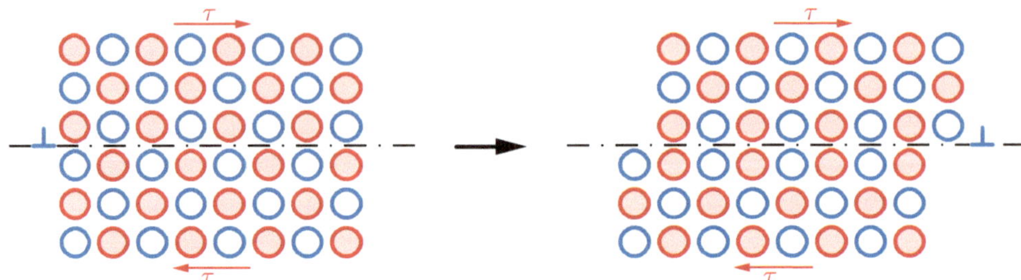

Bild 6.43: Bildung einer Antiphasengrenze beim Bewegen einer Versetzung durch eine geordnete Kristallstruktur

erhöht sich die Teilchenoberfläche (vgl. Bild 6.25 auf Seite 195). Die zusätzliche Oberflächenenergie muss dabei von der von außen geleisteten Arbeit aufgebracht werden und bewirkt eine Erhöhung der Kraft auf die Versetzung. Weisen die Teilchen zudem eine geordnete Kristallstruktur aus mehr als einem Element auf, so wird diese beim Durchqueren der Versetzung gestört (Bild 6.43), und es bildet sich eine sogenannte *Antiphasengrenze*. Die neue Atomanordnung ist dabei energetisch ungünstiger als die alte.

Es ist schwierig, die Auswirkungen dieser Effekte genau abzuschätzen. Vereinfacht kann man annehmen, dass die von den Hindernissen ausgeübte Kraft F mit dem Teilchenradius wächst und $F \sim r^{3/2}$ ist.

Da die Kraft auf eine Versetzung nach Gleichung (6.14) durch $F = 2\lambda b\tau$ gegeben ist, ergibt sich für den Verfestigungsbeitrag durch Teilchenhärtung

$$\Delta\tau_{\mathrm{TH}} = \frac{F}{b}\frac{1}{2\lambda} = \frac{F}{b}\frac{1}{r}\sqrt{\frac{f_{\mathrm{V}}}{2}} = k_{\mathrm{TH}}\sqrt{f_{\mathrm{V}}r}\,, \tag{6.24}$$

wobei von der Beziehung $F \sim r^{3/2}$ Gebrauch gemacht und eine Konstante k_{TH} eingeführt wurde. Es ergibt sich also, dass der Beitrag der Teilchenhärtung mit zunehmendem Teilchenradius und zunehmendem Volumenanteil steigt.

Diese Beziehung gilt allerdings nur, wenn die Teilchen von den Versetzungen durch Schneiden überwunden werden. Steigt der Teilchenradius, so wird die zum Schneiden notwendige Kraft erhöht. Gleichzeitig wird der Abstand zwischen den Teilchen bei festem Volumenanteil f_{V} immer größer, bis schließlich der Orowan-Mechanismus zur Hindernisüberwindung günstiger wird, da dort die notwendige Kraft mit dem Teilchenabstand abnimmt. Nach Gleichung (6.17) ergibt sich für diesen Anteil

$$\Delta\tau_{\mathrm{TH}'} = \frac{Gb}{2\lambda} = k_{\mathrm{TH}'}\frac{\sqrt{f_{\mathrm{V}}}}{r}\,. \tag{6.25}$$

Für Teilchen, die mit dem Orowan-Mechanismus umgangen werden, sind also große Radien wegen der damit verbundenen Abstandserhöhung ungünstig.

Der gesamte Beitrag zur Verfestigung durch kleine kohärente oder teilkohärente Teilchen ergibt sich als das Minimum der beiden einzelnen Beiträge, da jeweils der einfachere Überwindungsmechanismus aktiviert wird. Lässt man den Volumenanteil der Teil-

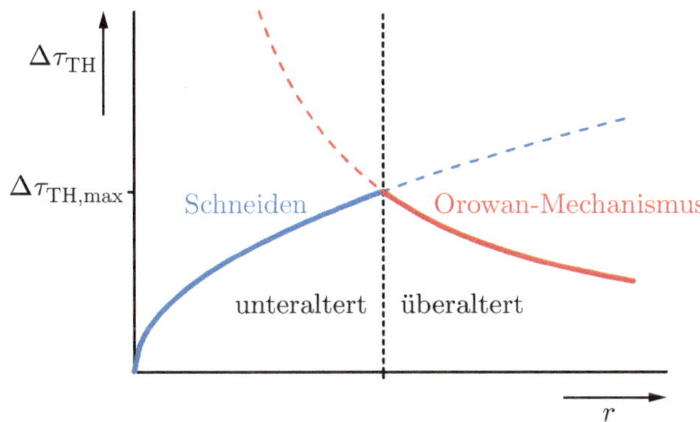

Bild 6.44: Abhängigkeit der Stärke der Ausscheidungshärtung vom Radius der ausgeschiedenen Teilchen

chen konstant, so ergibt sich also eine Kurve, die zunächst proportional zur Wurzel des Teilchenradius ansteigt, dann ein Maximum erreicht, bei dem die Kurve abknickt und wieder abfällt (Bild 6.44). Am Schnittpunkt beider Kurven ist der Teilchenradius optimal, d. h., der Beitrag zur Verfestigung ist maximal. Dieser optimale Teilchenradius liegt im Allgemeinen zwischen 10 nm und 100 nm, d. h., die Teilchen müssen klein sein, um eine optimale Verfestigung bewirken zu können. Da man die Teilchengröße durch den unten beschriebenen Prozess der *Alterung* erhöht, bezeichnet man Zustände mit Radien, die kleiner als der optimale Radius sind, als *unteraltert,* solche mit größeren Radien als *überaltert.*

In der Praxis ist es meist günstiger, Zustände einzustellen, bei denen die Teilchenradien leicht oberhalb des optimalen Werts liegen. Sind nämlich die Teilchengrößen direkt am oder unterhalb des Maximums, so werden Teilchen durch Schneiden überwunden. Durch fortlaufende Schneidprozesse können die Teilchen zerstört werden. Dabei bilden sich lokal entfestigte Bereiche, in denen sich die plastische Deformation konzentriert. Dies führt vor allem unter Ermüdungsbeanspruchung zu einer starken Lebensdauereinbuße (siehe Kapitel 10).

Tabelle 6.7 fasst die Festigkeit einiger ausscheidungsgehärteter Aluminiumlegierungen zusammen.

Ausscheidungshärtung

Durch kleine Teilchen gehärtete Werkstoffe werden oft durch den Prozess der *Ausscheidungshärtung* hergestellt. Dieser Prozess soll nun am Beispiel des Legierungssystems Aluminium-Kupfer näher erläutert werden.

Bild 6.45 a zeigt einen Ausschnitt aus dem Phasendiagramm des Systems Al-Cu. Voraussetzung für die Ausscheidungshärtung ist zunächst, dass es überhaupt möglich ist, Teilchen einer zweiten Phase auszuscheiden. Dazu muss das Material bei der gewählten Konzentration des zweiten Elements im Phasendiagramm ein Zweiphasengebiet (sogenannte *Mischungslücke*) aufweisen, d. h., es müssen bei Raumtemperatur zwei Phasen im

Tabelle 6.7: Wirkung der Teilchenhärtung auf die Dehngrenze $R_{p0,2}$ und die Bruchdehnung A von Aluminiumlegierungen nach DIN EN 485. Die angegebenen Werte sind die nach der Norm vorgeschriebenen Mindestwerte für Bleche mit einer Dicke von mehr als 12,5 mm. Die Zustandsangaben beschreiben die jeweilige Wärmebehandlung.

Legierung	Zustand	$R_{p0,2}/\mathrm{MPa}$	$A/\%$
Al 99,5	O, weichgeglüht	$20\ldots55$	35
AlSi 1 MgMn	O, weichgeglüht	≤ 85	16
	T4, kaltausgelagert	110	13
	T61, warmausgelagert	200	12
	T6, warmausgelagert	240	8
AlCu 4 MgSi	O, weichgeglüht	≤ 145	12
	T4, kaltausgelagert	250	12
AlCu 4 Mg 1	O, weichgeglüht	≤ 140	11
	T3, kaltausgelagert	290	11
AlCu 4 SiMn	O, weichgeglüht	≤ 140	10
	T4, kaltausgelagert	250	10
	T6, kaltausgelagert	400	6

Gleichgewicht sein, in diesem Beispiel also der Aluminiummischkristall und eine kupferreiche Phase.

Um den oben diskutierten optimalen Teilchenradius einzustellen, ist es aber zusätzlich noch erforderlich, dass die ausgeschiedenen Teilchen der zweiten Phase klein und fein verteilt sind. Eine solche Verteilung kann nur erreicht werden, wenn die Teilchen der zweiten Phase über eine Festkörperreaktion ausgeschieden werden, da in diesem Fall die Diffusionswege klein sind. Dies lässt sich erreichen, wenn die Löslichkeit des Materials der zweiten Phase (hier also der kupferreichen Phase) mit abnehmender Temperatur abnimmt. Erwärmt man beispielsweise eine Legierung mit einem Kupferanteil von 3,5 Masse-% auf eine Temperatur von etwa 550 °C (Punkt ①) und hält diese Temperatur hinreichend lange aufrecht, so gehen die Kupferatome in Lösung, da in diesem Bereich ein einphasiges Gefüge im thermodynamischen Gleichgewicht ist. Diesen Schritt bezeichnet man deshalb auch als *Lösungsglühen*. Schreckt man das System nun schnell genug ab (Punkt ②), so steht nicht genügend Zeit zur Verfügung, um die zweite, kupferreiche Phase auszuscheiden. Das System ist immer noch einphasig. Es ist aber an Kupfer übersättigt. Eine geringfügige Erwärmung der Legierung (in einem Temperaturbereich von etwa 150 °C, Punkt ③), das sogenannte *Warmauslagern* oder *Altern*, erhöht die Beweglichkeit der Kupferatome hinreichend, so dass sich nun in relativ kurzer Zeit (typischerweise in einigen Stunden) eine zweite Phase bilden kann. Bild 6.45 b zeigt einen entsprechenden Wärmebehandlungsverlauf.

Dieser Schritt kann bei einigen Legierungen (z. B. Al-Cu-Mg-Legierungen) auch entfallen, wenn die Diffusivität bei Raumtemperatur hinreichend groß ist. Die Teilchengröße bleibt in diesem Fall allerdings oft unter dem optimalen Wert und lässt sich nicht genau einstellen. Ein Vorteil dieser sogenannten *Kaltauslagerung* besteht darin, dass ein Wärmebehandlungsschritt entfällt.

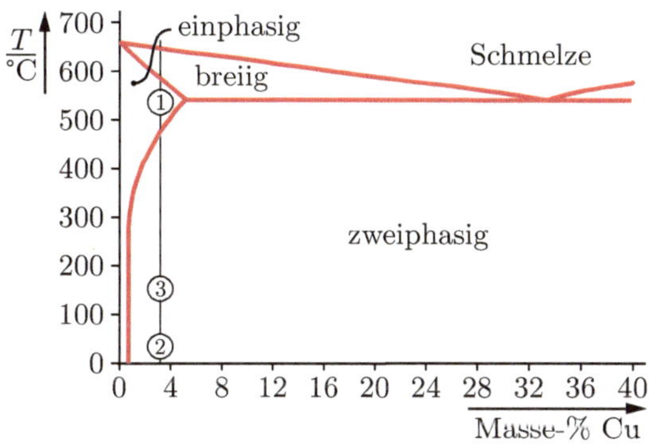

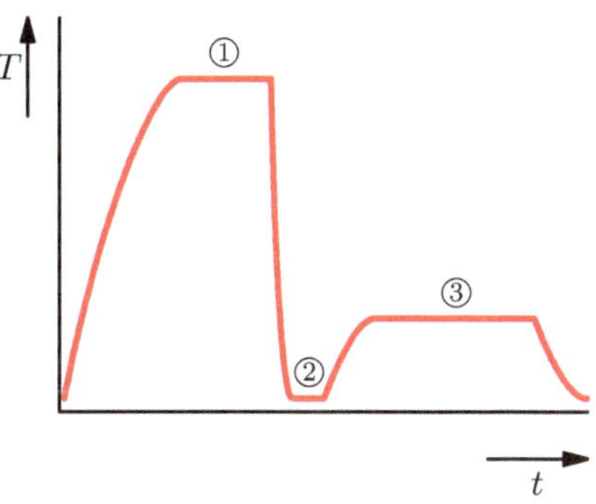

a: Phasendiagramm für das Legierungssystem Al-Cu

b: Temperatur-Zeit-Verlauf zur Ausscheidungshärtung

Bild 6.45: Ausscheidungshärten einer Aluminium-Kupfer-Legierung

Da für die Teilchenhärtung eine feine Verteilung der zweiten Phase erforderlich ist, ist es günstig, wenn sich möglichst viele Ausscheidungen bilden können. Es müssen also möglichst viele Kristallisationskeime für die Ausscheidung der zweiten Phase entstehen. Ein durch Fluktuationen entstandener Kondensationskeim ist genau dann stabil, wenn sein weiteres Wachstum eine Verringerung der Energie[10] bewirkt. Hierbei spielen zwei Effekte eine Rolle: Die Ausscheidung der Teilchen verursacht auf der einen Seite eine Verringerung der Energie, da sich das System bei der Abschreckung im Bereich der Mischungslücke (vgl. Abschnitt 16.3) befindet und übersättigt ist. Dieser Energiegewinn ist proportional zum Volumen des Teilchens. Auf der anderen Seite muss für die Keimbildung aber Energie aufgewandt werden, um die energetisch ungünstige Grenzfläche zwischen dem Teilchen und der Matrix zu bilden. Die gesamte Änderung ΔQ der Energie ergibt sich damit zu

$$\Delta Q = \frac{4}{3}\pi r^3 Q_\mathrm{V} + 4\pi r^2 \gamma\,, \tag{6.26}$$

wobei Q_V die freiwerdende Energie beim Zerfall der übersättigten Phase in die beiden neu gebildeten Phasen ist, und γ die spezifische Grenzflächenenergie bezeichnet. Für eine übersättigte Phase ist dabei $Q_\mathrm{V} < 0$. Bild 6.46 zeigt die Abhängigkeit von ΔQ vom Teilchenradius r. ΔQ besitzt ein Maximum bei einem kritischen Radius r^*. Bildet sich durch Fluktuationen ein Teilchen mit einem Radius r', so wird dieses Teilchen genau dann weiterwachsen, wenn ein weiteres Wachstum eine Verringerung der Energie bewirkt, wenn also $r' > r^*$ ist. Durch Differenzieren und Nullsetzen von Gleichung (6.26) kann der kritische Radius zu $r^* = -2\gamma/Q_\mathrm{V}$ berechnet werden. Je größer r^* ist, desto unwahrscheinlicher ist deshalb die Bildung eines Keims, und desto weniger Keime werden sich innerhalb des Materials ausbilden.

Die Ausscheidungshärtung ist also dann besonders effizient, wenn die sogenannte *Keimbildungsbarriere* klein ist. Dabei spielt die Energie zur Bildung der inneren Grenzfläche

---

10 Eigentlich handelt es sich hierbei um die freie Enthalpie (siehe Anhang 16.2).

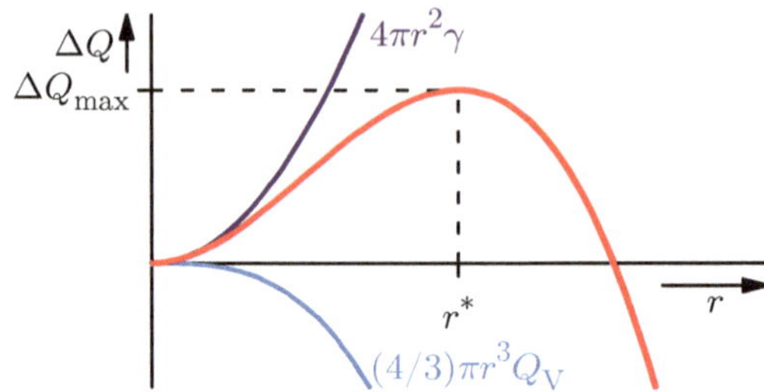

Bild 6.46: Abhängigkeit der Energieänderung ΔQ vom Teilchenradius r

eine Rolle. Ist diese und damit die Keimbildungsbarriere groß, so ist die Keimbildungsrate gering. Es entstehen also vergleichsweise wenige Teilchen pro Zeiteinheit, so dass viel Zeit zum Teilchenwachstum verbleibt, bevor die Übersättigung abgebaut ist. Entsprechend sind die sich ausscheidenden Teilchen groß. Deswegen sind Legierungen, die inkohärente Teilchen mit einem großen Wert der Oberflächenenergie γ bilden, für die Ausscheidungshärtung ungeeignet. Dies trifft beispielsweise auf Al-Mg-Legierungen zu. Dagegen entstehen bei Legierungen auf der Basis von Al-Cu, Al-Mg-Si und Al-Zn-Mg kohärente Ausscheidungen mit niedriger Grenzflächenenergie. Sie sind also ausscheidungshärtbar.

Die Energiedifferenz Q_{V}, die betragsmäßig mit zunehmender Übersättigung des Mischkristalls wächst, ist ebenfalls von Bedeutung. Ist sie betragsmäßig klein, weil die Temperatur nur knapp unterhalb der des einphasigen Bereichs liegt, so ist die Keimbildungsbarriere ebenfalls groß. Es resultieren aus den oben genannten Gründen also wiederum große Teilchen. So gesehen könnte man meinen, dass die Auslagerung bei möglichst tiefen Temperaturen erfolgen sollte. Wie bereits angesprochen, ist die Beweglichkeit der Atome dann aber sehr gering, so dass eine vollständige Ausscheidung bzw. der für die Härtung optimale Teilchenradius gar nicht mehr erreicht werden. Dies erklärt, warum kaltausgelagerte Aluminiumlegierungen nicht dieselbe Festigkeit erlangen wie warmausgelagerte (siehe Tabelle 6.7 auf Seite 216).

Oft ist auch bei ausscheidungsgehärteten Materialien die Löslichkeit der zweiten Atomsorte in der Hauptphase nicht vernachlässigbar. Dies bedeutet, dass einige dieser Atome in der Matrix gelöst sind und dort einen Mischkristall bilden. Damit sorgen sie für einen zusätzlichen Beitrag zur Verfestigung durch Mischkristallhärtung.

Als Verfestigungsmechanismus hat die Ausscheidungshärtung den Vorteil, dass sie sehr hohe Festigkeiten ermöglicht. Ein Nachteil des Ausscheidungshärtens ist, dass der notwendige Wärmebehandlungsprozess relativ aufwändig ist und genau kontrolliert werden muss, damit die optimale Teilchengröße eingestellt werden kann. Ausscheidungsgehärtete Werkstoffe sind darüber hinaus temperaturempfindlich. Werden sie beispielsweise beim Schweißen lokal überhitzt, können sich die ausgeschiedenen Teilchen stark vergröbern oder wieder auflösen. Darüber hinaus kann es durch Auflösen und Wiederausscheiden zu einer hohen Festigkeit in der Nähe der Schweißnaht kommen. Dadurch können die beim Abkühlen entstehenden Eigenspannungen große Werte annehmen, die zur Rissbildung führen können. Ausscheidungsgehärtete Legierungen sind deshalb wesentlich schlechter schweißbar als mischkristallgehärtete Varianten.

Ein weiteres Problem ausscheidungsgehärteter Werkstoffe tritt im Zusammenhang mit

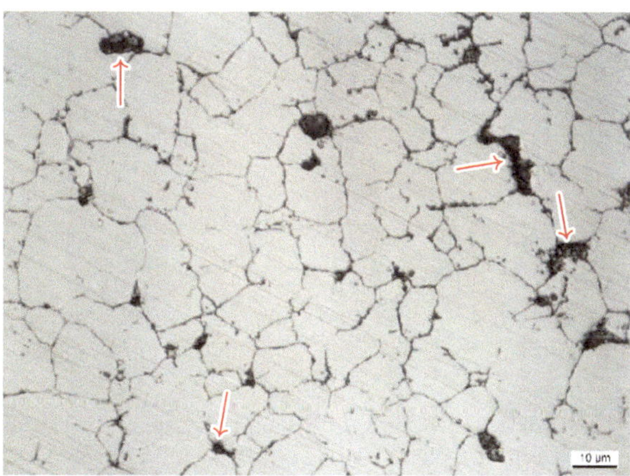

Bild 6.47: Interkristalline Korrosion an X 39 CrMo 17-1. Einige der korrodierten Positionen sind mit Pfeilen gekennzeichnet. Siemens AG, Mülheim an der Ruhr

der Korrosion auf. Sind relativ viele Teilchen auf den Korngrenzen ausgeschieden worden, so kann es zu interkristalliner Korrosion unter Bildung von Lokalelementen (siehe Seite 207) kommen. Falls die ausgeschiedenen Teilchen unedler als das Matrixmaterial sind, werden sie selbst angegriffen. Dies ist bei filmartiger Belegung der Korngrenzen besonders gefährlich. Sind die ausgeschiedenen Teilchen edler als die Matrix, so führen sie zu einer beschleunigten Oxidation oder Korrosion des Matrixwerkstoffs in ihrer Umgebung und bewirken so ebenfalls eine Materialauflösung entlang der Korngrenzen.

Ein ähnlicher Effekt tritt beispielsweise bei nichtrostenden Chrom-Stählen auf. Stahl wird ab ca. 13 % Chrom korrosionsbeständig gegen schwach korrosive Medien, da sich an der Oberfläche des Stahls eine Schicht aus Chromoxid Cr_2O_3 bildet, die die Reaktionspartner trennt. Legiert man einen Stahl mit einem Chromanteil, der nur wenig darüber liegt, so kann die Ausscheidung von Chromkarbiden dazu führen, dass in ihrer Umgebung der Chromanteil unter diese Grenze fällt und die Matrix dort korrosionsanfällig wird. Solange sich diese chromverarmten Gebiete um die einzelnen Ausscheidungen nicht berühren, ist dies noch unkritisch, da sich die Korrosion nicht durch das gesamte Bauteil fortsetzen kann. An den Korngrenzen besteht jedoch eine erhöhte Gefahr, dass sich die chromverarmten Gebiete berühren. Zum einen bilden sich Chromkarbide bevorzugt an den Korngrenzen, da dort die Keimbildungsbarriere niedriger als im Inneren des Korns ist. Zum anderen findet die Diffusion der Chromatome an Korngrenzen schneller als im Korninneren statt, so dass die chromverarmten Gebiete an den Korngrenzen größer als im Korninneren sind. Beide Effekte führen dazu, dass die Korngrenzen besonders korrosionsgefährdet sind und es deshalb zu interkristalliner Korrosion kommen kann. Ein Stahl, dessen Korngrenzen aufgrund dieses Mechanismus korrosionsanfällig sind, wird als *sensibilisiert* bezeichnet. Bild 6.47 zeigt einen metallographischen Schliff eines angegriffenen Werkstoffs, Bild 6.48 zeigt eine entsprechende Bruchfläche.

Dispersionshärtung

Ausscheidungsgehärtete Werkstoffe können zwar hohe Festigkeitssteigerungen erzielen, sie haben jedoch den Nachteil, dass ihre Einsatztemperatur limitiert ist. Beispielsweise

Bild 6.48: Durch interkristalline Korrosion entstandene Bruchfläche eines austenitischen Chrom-Nickel-Stahls X 5 CrNi 18-10 (DIN-Nummer 1.4301)

Bild 6.49: Gefügebild eines mit Al_2O_3-Partikeln verstärkten Aluminiums [134]

ist eine langzeitige Anwendung ausscheidungsgehärteter Aluminiumlegierungen oberhalb von 200 °C wegen starker Teilchenvergröberung nicht möglich. Um hochfeste Werkstoffe auch bei hohen Temperaturen einsetzen zu können, kann man deshalb einen anderen Weg wählen und zur Verfestigung inkohärente Teilchen in die Matrix einbringen. Dies ist die sogenannte *Dispersionshärtung,* bei der sich die Teilchen ähnlich wie in einer Dispersion in der Matrix befinden. Als Dispersoidteilchen wählt man dabei solche, die auch bei hohen Temperaturen thermodynamisch stabil sind und die zumindest ein Element enthalten, das in der Matrix nur schlecht löslich ist, so dass die Teilchen auch bei hoher Temperatur nicht vergröbern. So können beispielsweise Al_2O_3-Teilchen pulvermetallurgisch in Aluminium eingebracht werden (Bild 6.49).

Ein Vorteil einer solchen Dispersionshärtung ist die hohe Temperaturbeständigkeit. Darüber hinaus können Versetzungen die Teilchen auch nicht durch Schneiden überwinden, denn Schneidprozesse sind nur bei kohärenten oder teilkohärenten Teilchen möglich. Dadurch können theoretisch bei sehr kleinen Partikelgrößen sehr hohe Festigkeiten erzielt werden. Allerdings gelingt es in der Praxis kaum, eine ähnlich gleichmäßige Verteilung einzustellen wie dies die Natur bei der Ausscheidungshärtung erreicht. Nachteilig an der

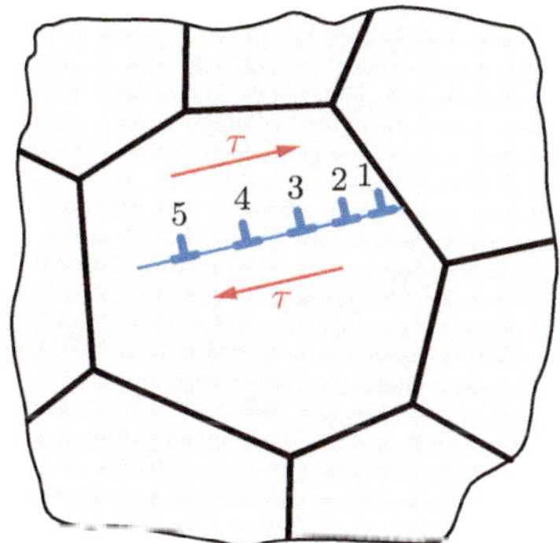

Bild 6.50: Aufstau von Versetzungen an einer Korngrenze

Dispersionshärtung ist ebenso der hohe prozesstechnische Aufwand, der notwendig ist, um die nicht löslichen Teilchen in die Matrix einzubringen.

6.4.4 Feinkornhärtung

Korngrenzen wirken als Barrieren für die Bewegung von Versetzungen. Da die Kristallorientierung im benachbarten Korn eine andere ist, kann die Versetzung nicht in dieses eintreten. Das Spannungsfeld der Versetzung kann im Nachbarkorn zwar Versetzungsbewegungen initiieren, doch wenn die Gleitsysteme dort ungünstiger orientiert sind, wird dort eine höhere Spannung benötigt als für die Versetzungsbewegung im ersten Korn.

Ist in einem Kristall ein Gleitsystem aktiviert, so bewegen sich mehrere Versetzungen auf einer Gleitebene in dieselbe Richtung und können sich an einer Korngrenze aufstauen. Es ist deshalb, wie im Folgenden weiter diskutiert werden soll, plausibel, dass die Festigkeit von Metallen mit abnehmender Korngröße ansteigt. Diese Festigkeitssteigerung wird als *Feinkornhärtung* bezeichnet.

Die Größe der Feinkornhärtung kann mit einigen vereinfachenden Annahmen abgeschätzt werden. Man betrachte ein System aus m Versetzungen, die sich an einer Korngrenze aufstauen und die, beginnend bei der Korngrenze, durchnummeriert sind (vgl. Bild 6.50). Die Entstehung eines solchen Systems kann man sich dadurch vorstellen, dass im Inneren des Kristalls eine Versetzungsquelle liegt, die mehrere Versetzungen auf derselben Gleitebene erzeugt. Auf jede dieser Versetzungen wirkt die äußere Spannung τ vortreibend, allerdings vermindert um die im Gitter vorliegenden Reibspannungen τ_i (vgl. Abschnitt 6.2.9), so dass insgesamt eine effektive Spannung τ^* wirkt. Zusätzlich wirkt auf eine Versetzung eine vortreibende Spannung, die durch die Wechselwirkung mit allen Versetzungen hinter ihr hervorgerufen wird, und eine rücktreibende Spannung von allen Versetzungen vor der betrachteten Versetzung. Es ergibt sich also für die vortreibende Spannung τ_v auf die j-te Versetzung

$$\tau_\mathrm{v}^{(j)} = \tau^* + \sum_{k=j+1}^{m} \tau^{(jk)}, \tag{6.27}$$

wobei $\tau^{(jk)}$ die Spannung ist, die Versetzung k auf Versetzung j ausübt. Entsprechend gilt für die rücktreibende Spannung τ_r auf die Versetzung

$$\tau_\mathrm{r}^{(j)} = \sum_{k=1}^{j-1} \tau^{(jk)} \,. \tag{6.28}$$

Zwei Versetzungen üben immer die gleiche, aber entgegengesetzte Spannung aufeinander aus: $\tau^{(jk)} = -\tau^{(kj)}$. Auf die erste Versetzung direkt an der Korngrenze wirkt zusätzlich die Hindernisspannung $-\tau'$, die von der Korngrenze verursacht wird und die den Versetzungsaufstau hervorruft, indem sie die Versetzungen zurückhält. Im Gleichgewicht müssen sich vortreibende und rückhaltende Spannungen für jede Versetzung ausgleichen, also $\tau_\mathrm{v}^{(j)} + \tau_\mathrm{r}^{(j)} = 0$ gelten. Summiert man über alle Versetzungen, so ergibt sich

$$\sum_{j=1}^{m} \tau_\mathrm{v}^{(j)} = -\sum_{j=1}^{m} \tau_\mathrm{r}^{(j)} \,,$$

$$\sum_{j=1}^{m} \left(\tau^* + \sum_{k=j+1}^{m} \tau^{(jk)} \right) = \tau' - \sum_{j=1}^{m}\sum_{k=1}^{j-1} \tau^{(jk)}$$

$$= \tau' - \sum_{j=1}^{m}\sum_{k=j+1}^{m} \tau^{(kj)} \,.$$

Mit der Bedingung $\tau^{(jk)} = -\tau^{(kj)}$ heben sich die beiden doppelten Summenterme heraus, so dass

$$m\tau^* = \tau' \tag{6.29}$$

gilt. Die Zahl m der sich aufstauenden Versetzungen in einem Korn ist zum einen proportional zum Korndurchmesser d, zum anderen ist sie auch proportional zur Spannung τ^*. Denn je größer die Spannung ist, desto kleiner ist der Gleichgewichtsabstand zwischen den Versetzungen.[11] Führt man eine Proportionalitätskonstante k ein, so ergibt sich damit aus Gleichung (6.29)

$$\tau' = k(\tau^*)^2 d \,.$$

Die den Aufstau zurückhaltende Spannung τ' kann einen kritischen Wert τ_c nicht überschreiten. Wird die angelegte Schubspannung größer, so wird ein Gleitsystem im Nachbarkorn aktiviert, welches zu fließen beginnt. Ist $\tau' = \tau_\mathrm{c}$, so hat die äußere Spannung τ den Wert

$$\tau = \tau_\mathrm{i} + \frac{\sqrt{\tau_\mathrm{c}}}{\sqrt{kd}} \,. \tag{6.30}$$

Dabei wurde der Beitrag der Reibspannung wieder separiert. Die Feinkornhärtung liefert also einen zusätzlichen Verfestigungsbeitrag, der umgekehrt proportional zur Wurzel aus

---

11 Aus diesem Argument wird deutlich, dass m mit τ^* steigt. Die Tatsache, dass die Abhängigkeit tatsächlich eine Proportionalität darstellt, ist jedoch schwieriger nachzuweisen.

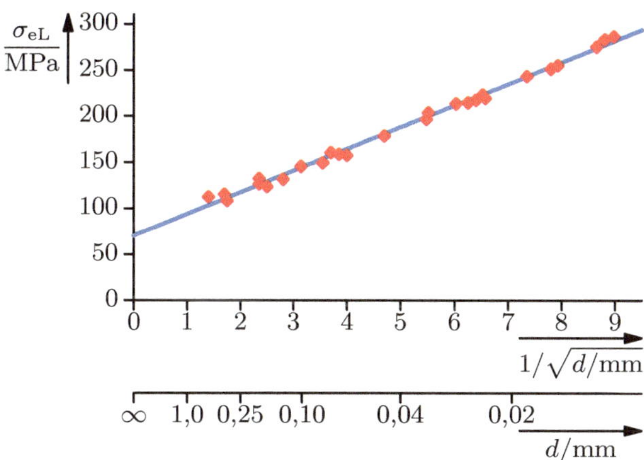

Bild 6.51: Abhängigkeit der unteren Streckgrenze eines niedriglegierten Stahls von der Korngröße bei Raumtemperatur (nach [70])

der Korngröße ist. Geht man noch von der Schubspannung entlang einer Gleitebene zur Zugspannung über, indem man den Taylorfaktor verwendet (siehe Abschnitt 6.2.6), und führt eine neue Proportionalitätskonstante k_{HP} ein, so ergibt sich für die Festigkeitssteigerung

$$\Delta\sigma_{\text{FK}} = \frac{k_{\text{HP}}}{\sqrt{d}}\,. \tag{6.31}$$

Dies ist die sogenannte *Hall-Petch-Beziehung* mit der *Hall-Petch-Konstanten* k_{HP}. Der Wert der Hall-Petch-Konstante ist $3{,}5\,\text{N/mm}^{3/2}$ für Kupfer, $12{,}6\,\text{N/mm}^{3/2}$ für Titan und $22\,\text{N/mm}^{3/2}$ für einen niedriglegierten Stahl [56]. Bild 6.51 zeigt die Abhängigkeit der Dehngrenze eines niedriglegierten Stahls von der Korngröße.

Die Festigkeitssteigerung durch Feinkornhärtung hat noch eine weitere Ursache, die bereits in Abschnitt 6.2.6 diskutiert wurde: Bei der plastischen Verformung eines Polykristalls müssen sich benachbarte Körner so verformen, dass weder Überlappungen der Kristalle noch Löcher zwischen diesen entstehen. Deshalb müssen in der Nähe der Korngrenze mehr Gleitsysteme aktiviert werden, damit die Verformung benachbarter Körner kompatibel ist. Im Allgemeinen sind einige dieser Gleitsysteme ungünstig zu aktivieren, was eine höhere Spannung erforderlich macht. Dieser Effekt ist in den gemessenen Werten für die Hall-Petch-Beziehung bereits mit berücksichtigt.

Die Feinkornhärtung hat den Vorteil, dass die Duktilität mit abnehmender Korngröße und somit steigender Festigkeit keine Einbußen erleidet. Nachteilig ist allerdings, dass die Korngrenzen bei höheren Temperaturen erweichen und dann einen Schwachpunkt im Material darstellen. Dieser Sachverhalt wird in Kapitel 11 näher untersucht. Feinkorngehärtete Werkstoffe sind also nur im Tieftemperaturbereich von Vorteil.

In einem aus der Schmelze abgekühlten Metall ist die Korngröße vor allem durch die Abkühlgeschwindigkeit bestimmt. Um dabei ein feines Korn zu erzielen, ist es notwendig, die Schmelze mit hoher Geschwindigkeit abzukühlen, was technisch nicht leicht zu realisieren ist. Die Herstellung eines feinkörnigen Metalls erfolgt deshalb meist auf einem anderen Weg, nämlich durch sogenannte *Rekristallisation*.

Dabei wird das Metall zunächst stark verformt, so dass sich die Versetzungsdichte im Material deutlich auf Werte in der Größenordnung von $10^{15}\,\mathrm{m}^{-2}$ erhöht (siehe Abschnitt 6.4.1). Die mit den Versetzungen verbundene elastische Verzerrung des Materials führt zu einer hohen gespeicherten Energie. Erhöht man nun die Temperatur, so kommt es zunächst zu Erholungsvorgängen (siehe Abschnitt 6.2.8), bei denen sich Versetzungen günstiger anordnen und annihilieren, so dass die Versetzungsdichte und die gespeicherte Energie leicht abnehmen.

Wegen der hohen gespeicherten Energie ist der verformte Zustand des Metalls thermodynamisch nicht stabil. Durch den Prozess der *Rekristallisation* kann sich ein neues Gefüge mit einer noch geringeren Versetzungsdichte und damit einer niedrigeren gespeicherten Energie ausbilden, als dies allein durch Erholung möglich ist. Die Rekristallisation geht von günstig orientierten Bereichen (sogenannten Keimen) innerhalb des Gefüges aus, die sich vergrößern, indem sie ihre Korngrenzen in das verformte Material hineinbewegen. Wachstumsfähig sind dabei vor allem solche Keime, deren Gitterorientierung sich stark von der der Nachbarkörner unterscheidet, denn in diesem Fall ist die Korngrenze ungeordnet, und Atome können leichter vom verformten Korn in den wachsenden Keim diffundieren. Liegt dagegen eine Kleinwinkelkorngrenze (siehe Bild 6.18) vor, so benötigt die Diffusion von Atomen in den Keim eine höhere Energie, so dass diese Keime nicht wachsen können.

Für die Entstehung der Rekristallisationskeime gibt es verschiedene Möglichkeiten [42]. Bei der Vorverformung können sich beispielsweise innerhalb der Körner Teilbereiche (sogenannte Subkörner) bilden, die durch Kleinwinkelkorngrenzen voneinander getrennt sind. Wachsen durch Versetzungsbewegung während der Erholung mehrere dieser Subkörner zusammen, so kann schließlich ein Bereich mit einer Gitterorientierung bilden, die sich so stark von der des umliegenden Materials unterscheidet, dass eine wachstumsfähige Korngrenze entsteht.[12] Die Bildung wachstumsfähiger Keime benötigt deshalb eine gewisse Zeit, so dass die Rekristallisation zunächst langsam beginnt, dann beschleunigt, und sich schließlich wieder verlangsamt, wenn ein Großteil des Gefüges bereits umgewandelt ist, so dass nur noch wenige Bereiche mit hoher Verformungsenergie vorhanden sind. Je höher die anfängliche Versetzungsdichte ist, desto mehr Erholungsvorgänge finden statt, so dass sich mehr Rekristallisationskeime bilden können. Eine große Vorverformung führt damit zu einer feinkörnigen Struktur.

Zur Herstellung feinkörniger Metalle werden diese zunächst stark verformt (beispielsweise durch Walzen) und dann einer Wärmebehandlung unterzogen, bei der es zu einer Rekristallisation kommt. Durch Kontrolle des Verformungsgrades und der Wärmebehandlungstemperatur kann dabei die resultierende Korngröße relativ genau eingestellt werden.

6.4.5   Härten von Stahl

Stähle werden durch einen besonderen Mechanismus verfestigt, das sogenannte *Härten*. Dies soll in diesem Abschnitt diskutiert werden.

---

12 Damit unterscheidet sich dieser Prozess von dem in Abschnitt 6.4.3 beschriebenen Prozess der Ausscheidungshärtung. Dort bilden sich neue Keime durch thermodynamische Fluktuationen aus einer übersättigten Lösung. Bei der Rekristallisation können die Keime nicht durch thermische Fluktuationen entstehen, weil die Energie der Grenzfläche relativ hoch ist und deshalb nur große Keime (von der Größenordnung Mikrometer) wachstumsfähig sind.

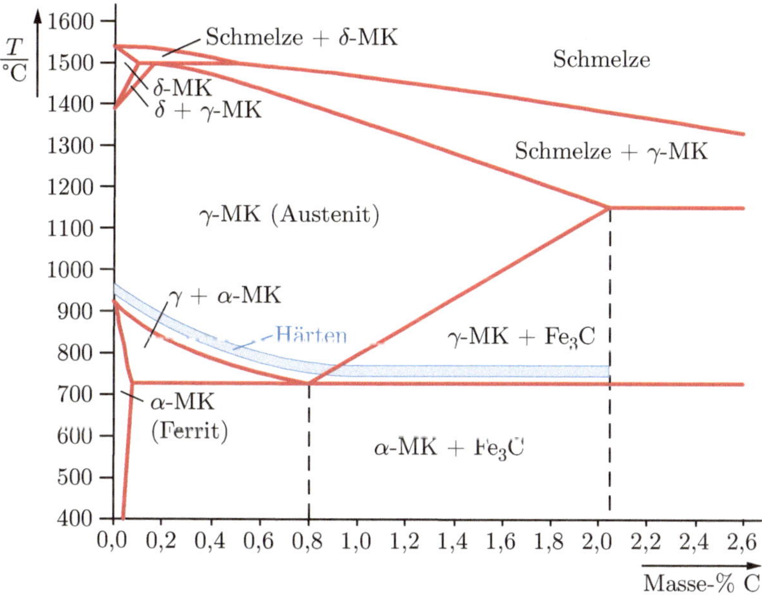

Bild 6.52: Ausschnitt aus dem Phasendiagramm Eisen-Kohlenstoff

Eisen kann in drei Phasen vorliegen: Der kubisch raumzentrierten α-Phase (*ferritische* Phase), der kubisch flächenzentrierten γ-Phase (*austenitische* Phase) sowie der wieder kubisch raumzentrierten δ-Phase (vgl. Bild 6.52), die jedoch im hier diskutierten Zusammenhang keine Relevanz besitzt.

Reineisen hat einen Phasenübergang zwischen der α- und der γ-Phase bei 912 °C. Kühlt man Eisen hinreichend langsam von einer Temperatur oberhalb von 912 °C ab, so geht die kubisch flächenzentrierte in die kubisch raumzentrierte Phase über. Der Phasenübergang ist dabei diffusiv, d. h., es bilden sich durch atomare Platzwechselvorgänge Keime der α-Phase, an die sich weitere Eisenatome aus der γ-Phase anlagern.

Zwei gegenläufige Effekte sind an diesem Vorgang beteiligt. Auf der einen Seite wird die treibende Kraft für die Umwandlung um so größer, je niedriger die Temperatur ist. Diese treibende Kraft ist die Energiedifferenz[13] zwischen den beiden Phasen, denn die α-Phase ist bei Temperaturen unterhalb der Übergangstemperatur energetisch günstiger als die γ-Phase (siehe auch Seite 217). Unterkühlt man also die γ-Phase, so steigt die Tendenz, den Phasenübergang durchzuführen.

Auf der anderen Seite nimmt die Beweglichkeit der Atome, also ihre Diffusivität, exponentiell mit fallender Temperatur ab. Je stärker die Unterkühlung ist, um so schlechter können somit die Atome in die neuen Positionen diffundieren. Die *Umwandlungsgeschwindigkeit* wird von diesen beiden Prozessen bestimmt. Sie hat ein Maximum bei etwa 700 °C (Bild 6.53) und fällt zu niedrigeren Temperaturen hin stark ab. Würde man einen Eisen-Kristall schlagartig (mit einer Abkühlgeschwindigkeit von etwa 10^5 K/s) von der γ-Phase auf Raumtemperatur abkühlen, so wäre demnach die γ-Phase *metastabil,* da keine Diffusion mehr stattfinden kann, obwohl eine extrem große Energiedifferenz vorliegt.

---

13 Eigentlich die freie Enthalpiedifferenz, siehe Anhang 16.2.

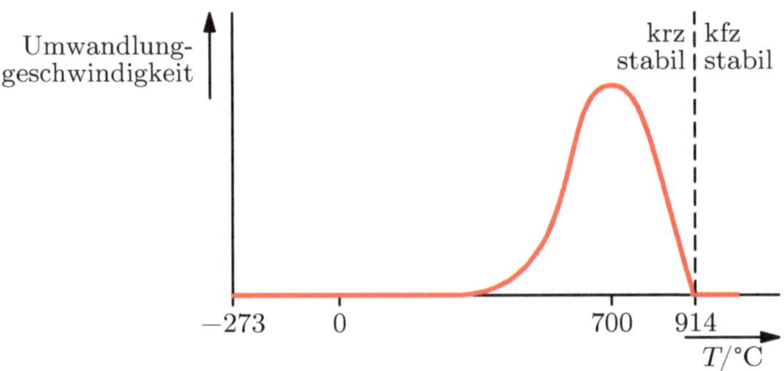

Bild 6.53: Abhängigkeit der Umwandlungsgeschwindigkeit von der kubisch flächenzentrierten in die kubisch raumzentrierte Gitterstruktur für Eisen von der Temperatur
(nach [9])

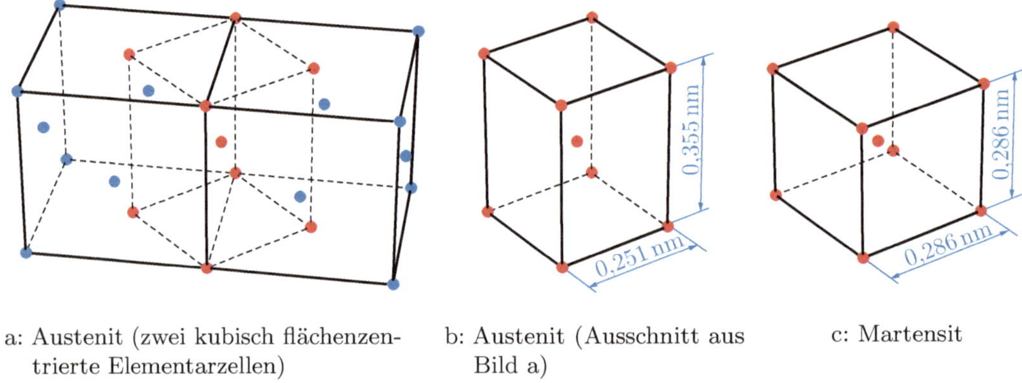

a: Austenit (zwei kubisch flächenzentrierte Elementarzellen)

b: Austenit (Ausschnitt aus
Bild a)

c: Martensit

Bild 6.54: Bei der martensitischen Umwandlung wird der kubisch flächenzentrierte Kristall in
einer Richtung gestaucht und ansonsten gedehnt.

Tatsächlich ist es jedoch nicht möglich, einen Eisenkristall so stark zu unterkühlen.
An Stelle der diffusiven Phasenumwandlung tritt eine Phasenumwandlung ohne Diffusion,
d. h. ohne Platzwechselvorgänge, die sogenannte *martensitische Umwandlung*. Die Atome
innerhalb des Kristalls orientieren sich geringfügig um, so dass (beim reinen Eisen) aus
der kubisch flächenzentrierten eine kubisch raumzentrierte Struktur entsteht.

Diesen sogenannten *Umklappprozess* kann man sich am besten veranschaulichen, wenn
man die in Bild 6.54 skizzierten Elementarzellen des kubisch flächenzentrierten γ-Eisens
und des kubisch raumzentrierten α-Eisens miteinander vergleicht. Betrachtet man zwei
benachbarte Elementarzellen der kubisch flächenzentrierten Struktur, so wird deutlich,
dass sich zwischen zwei Elementarzellen eine verzerrte, kubisch raumzentrierte Elementarzelle befindet, die entlang zweier Achsen gestaucht und entlang der dritten Achse gedehnt
ist. Eine leichte Verschiebung der Atome in einer solchen verzerrten Zelle kann den Kristall in einen kubisch raumzentrierten umwandeln, ohne dass atomare Platzwechsel statt-

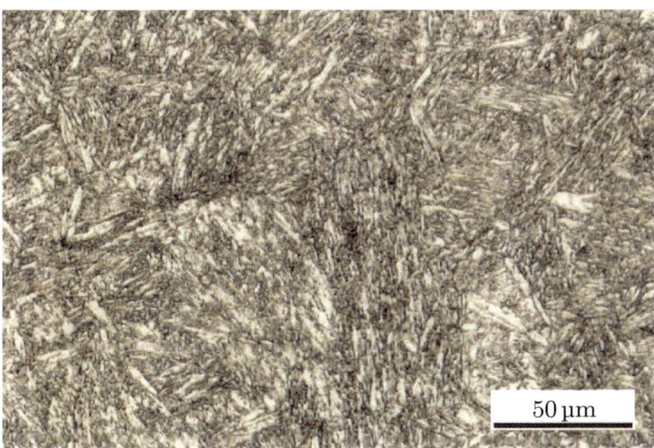

Bild 6.55: Schliffbild eines gehärteten Stahls der Legierung X 22 CrMoV 12-1. Es sind die Martensit-Nadeln (hell) zu erkennen.

finden müssen. Die Umwandlung erfolgt also diffusionslos. Die notwendige Energie für den Umklappprozess wird durch die Umwandlung in die thermodynamisch stabilere α-Phase zur Verfügung gestellt. Da sich die Kristallite bei der Umwandlung in unterschiedlichen Raumrichtungen verschieden verformen, entstehen bei diesem Prozess zum Teil erhebliche Eigenspannungen innerhalb des Materials, die zu einer Verzerrung des Bauteils führen können.

> Diese Veranschaulichung des diffusionslosen Umklappprozesses nach Bain entspricht nicht den tatsächlichen Gegebenheiten. Röntgenographische Untersuchungen des Umklappprozesses zeigen, dass in Wahrheit die (111)-Ebenen des flächenzentrierten zu den (011)-Ebenen des raumzentrierten Kristalls werden. Eine detailliertere Erklärung dieses Prozesses findet sich bei *Fujita* [53]. Für das prinzipielle Verständnis der martensitischen Umwandlung ist dies jedoch unerheblich.

Der Umwandlungsprozess beginnt an zahlreichen Stellen innerhalb eines Kristalls und breitet sich von dort nahezu mit Schallgeschwindigkeit aus. Die Bewegung der Atome ist dabei koordiniert, da sich immer die Atome um den bereits umgeklappten Bereich neu anordnen. Auch ist die Orientierung des neuen Kristallgitters nicht beliebig, sondern hängt von der des alten Kristallgitters ab. Die α-Kristallstruktur wächst dabei im Wesentlichen zweidimensional in etwa linsenähnlicher Form. Fertigt man von einer solchen Struktur einen metallographischen Schliff an, so sieht man die sogenannten *Martensit-Nadeln* (Bild 6.55). Da sich typischerweise mehrere solche Prozesse gleichzeitig innerhalb eines Korns abspielen, entsteht hierbei eine sehr feine Struktur. Die bei der martensitischen Umwandlung entstehende feine Struktur hat bereits einen starken Einfluss auf die Festigkeit des Materials, da sie zu einer Feinkornhärtung (siehe Abschnitt 6.4.4) führt. Zusätzlich nimmt die Versetzungsdichte aufgrund der mechanischen Verzerrung stark zu, so dass Verformungsverfestigung auftritt (siehe Abschnitt 6.4.1).

Technisch ist es jedoch nahezu unmöglich, Reineisen auf diese Weise zu verfestigen, da die notwendige Abkühlgeschwindigkeit praktisch nicht realisierbar ist. Fügt man jedoch

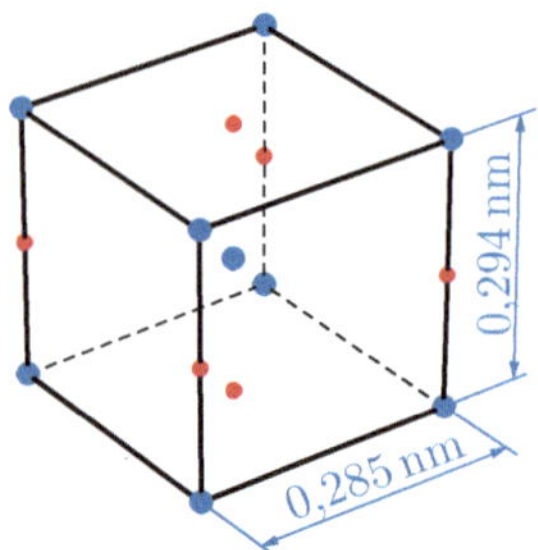

Bild 6.56: Verzerrte martensitische Elementarzelle. An den markierten Stellen kann der interstitiell gelöste Kohlenstoff positioniert sein.

Kohlenstoff hinzu, so wird die notwendige Abkühlgeschwindigkeit zur Martensitbildung stark herabgesetzt, so dass die Herstellung eines martensitischen Gefüges möglich wird.

Darüber hinaus bewirkt der Kohlenstoff eine starke zusätzliche Verfestigung der Legierung. Die Löslichkeit von Kohlenstoff ist nämlich im kubisch raumzentrierten Gitter wesentlich geringer als im kubisch flächenzentrierten, weil die kubisch raumzentrierte Struktur kleinere Lücken zwischen den Atomen aufweist. Wird also γ-Eisen mit einer hinreichend großen Menge Kohlenstoff ($> 0{,}008$ Masse-%) abgeschreckt, so bleibt dieser im kubisch raumzentrierten Kristall zwangsgelöst. Die Kohlenstoffatome bewirken dann eine tetragonale Verzerrung der kubisch raumzentrierten Elementarzelle (Bild 6.56). Diese verzerrte Kristallstruktur besitzt bei starker Übersättigung eine extreme Festigkeit, weil das Spannungsfeld von Versetzungen kaum zu durchdringen ist. Als Faustregel gilt, dass mindestens $0{,}2$ % Kohlenstoff erforderlich sind, um eine massive Verfestigung durch Martensitbildung zu erzielen. Die Martensitstruktur ist deswegen allerdings auch extrem spröde.

Zur Verringerung der Sprödigkeit des Martensits kann anschließend eine als *Anlassen* bezeichnete Wärmebehandlung durchgeführt werden. Dabei wird ein Teil der Gitterverzerrung durch Ausscheiden fein verteilter Karbidteilchen (Fe_3C) abgebaut, ähnlich wie bei einer Ausscheidungshärtung. Die Festigkeit des Stahls nimmt dabei leicht ab, seine Duktilität steigt jedoch erheblich. Da sich durch diese Wärmebehandlung eine wesentlich günstigere Eigenschaftskombination des Werkstoffs einstellen lässt, nennt man den aus Härten und Anlassen bestehenden Vorgang auch *Vergüten*.

Die Möglichkeit, durch martensitische Umwandlung einen extrem übersättigten Mischkristall zu erzeugen, verleiht den Kohlenstoffstählen ihre große praktische Bedeutung. Darüber hinaus ermöglicht das Zulegieren anderer Elemente ebenfalls, die austenitische Phase bei Raumtemperatur zu stabilisieren, so dass sich zahlreiche verschiedene Legierungen mit unterschiedlichsten Eigenschaften herstellen lassen (siehe dazu beispielsweise *Honeycombe* [70]).

Eine martensitische Umwandlung tritt auch in anderen Legierungen auf. Von besonderer Bedeutung sind dabei die *Formgedächtnislegierungen,* die meist aus Nickel und Titan bestehen. Bei diesen Legierungen kann es zu einer reversiblen Phasenumwandlung kommen, die im Folgenden kurz beschrieben werden soll.

Eine typische Formgedächtnislegierung liegt zunächst in einer austenitischen Phase vor. Dehnt man den Werkstoff, so wandelt sich diese austenitische Phase in eine martensitische

Phase um, die so orientiert ist, dass sich eine Längenänderung in Belastungsrichtung ergibt. Bei einer Entlastung bildet sich wieder die austenitische Phase, da diese thermodynamisch stabil ist. Damit ist es möglich, reversible Formänderungen durchzuführen, bei denen sogenannte pseudoelastische Dehnungen (oft auch als »superelastische Dehnungen bezeichnet«) von mehreren Prozent auftreten können, während echte elastische Dehnungen in Metallen deutlich geringer sind. Ein besonderer Vorteil der Formgedächtnislegierungen ist, dass die Spannung im Bereich der Pseudoelastizität nahezu unabhängig von der Dehnung ist.

Ein Anwendungsbeispiel hierfür sind moderne Zahnspangen, in denen eine drahtförmige Feder durch auf den Zähnen befestigte Klammern geführt wird und so eine Kraft auf die zu positionierenden Zähne ausübt. Durch die dehnungsunabhängige Spannung muss die Feder nicht nachjustiert werden, wenn sich die Zähne verschieben. Auch Röhren zur Stabilisierung von Adern (sogenannte »Stents«) können auf diese Weise konstruiert werden. Dabei wird eine superelastische Röhre geformt und zusammengedrückt in ein Katheter eingeführt. In der zusammengedrückten Form lässt sich das Material leicht durch die Adern an die gewünschte Stelle bewegen. Anschließend wird das Katheter zurückgezogen, so dass sich der Stent ausdehnt und einen Kollaps der Ader verhindert.

Da die Stabilität der Phasen von der Temperatur abhängt, kann eine Formgedächtnislegierung auch auf eine Temperaturänderung mit einer Verformung reagieren. Dazu wird die Legierung zunächst auf eine Temperatur erwärmt, in der sie in der austenitischen Phase vorliegt (normalerweise einige Hundert Grad Celsius). Dort wird sie in eine bestimmte Form gebracht. Schreckt man sie dann auf eine niedrigere Temperatur ab, so bildet sich eine martensitische Phase. Verformt man das Material nun bei niedriger Temperatur, so erfolgt die Verformung im Wesentlichen durch Umorientierungen (Zwillingsbildung, siehe Abschnitt 6.5) in der Martensitphase. Bei einer Erwärmung auf die Austenit-Temperatur bildet sich wieder die ursprüngliche Struktur aus, und das Material nimmt wieder seine anfängliche Form an. Auch dies wird in der Medizintechnik eingesetzt, um beispielsweise Katheter oder Endoskope mit Hilfe von Formgedächtnisdrähten gezielt durch den menschlichen Körper bewegen zu können. Auch Stents können auf diese Weise konstruiert werden, wobei sie dann bei niedriger Temperatur plastisch zusammengedrückt werden und bei Erreichen der Körpertemperatur ihre ausgedehnte Form annehmen [25].

*6.5   Mechanische Zwillingsbildung

Neben der Versetzungsbewegung gibt es noch weitere Mechanismen, die zur plastischen Verformung beitragen. Dies sind die bereits diskutierte martensitische Umwandlung, das bei hohen Temperaturen stattfindende Diffusionskriechen (siehe Kapitel 11) und schließlich die sogenannte *Zwillingsbildung*. Die *mechanische Zwillingsbildung* trägt meist nur einen kleinen Teil zur plastischen Verformung bei und ist im Allgemeinen schwieriger zu aktivieren als die Versetzungsbewegung. Daher wird an dieser Stelle nur kurz auf sie eingegangen.

Die mechanische Zwillingsbildung tritt hauptsächlich bei tiefen Temperaturen und bei Metallen mit wenigen Gleitsystemen, also bei erschwertem Gleiten, auf. Besonders Metalle mit hexagonaler Gitterstruktur neigen dazu, Zwillinge zu bilden. Bei der mechanischen Zwillingsbildung handelt es sich um eine Scherverformung, bei der sich die Atome parallel zur *Zwillingsebene* verschieben, wie in Bild 6.57 a dargestellt. Die Lage der Zwillingsebene ist dabei durch den Kristalltyp festgelegt. Dabei können die Atome, anders als bei der

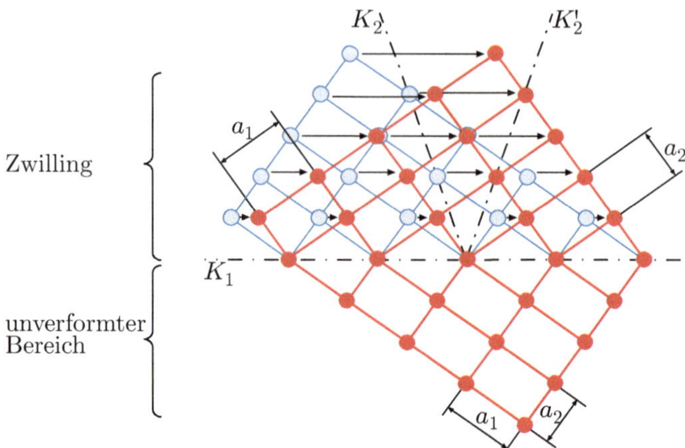

a: Bildung eines Zwillings. Die Atome oberhalb der Zwillingsebene K_1 scheren bei dem verwendeten Verhältnis $a_1 : a_2$ um den Winkel $\angle(K_2, K_2') = 37°$ ab. Die Orientierung des Gitters rotiert dabei um einen deutlich größeren Wert von $\alpha = 71°$. Scherwinkel in realen Kristallen sind meist deutlich kleiner.

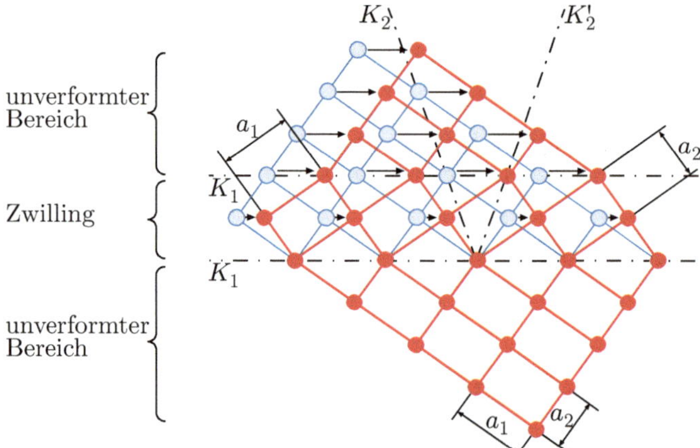

b: Bildung eines Zwillingsbands. Es bilden sich gleichzeitig zwei parallele, gegenläufige Zwillingsebenen, so dass der obere Teil des Kristalls ohne Rotation um einen zur Breite des Zwillingsbands proportionalen Betrag parallel verschoben wird.

Bild 6.57: Veranschaulichung der mechanischen Zwillingsbildung

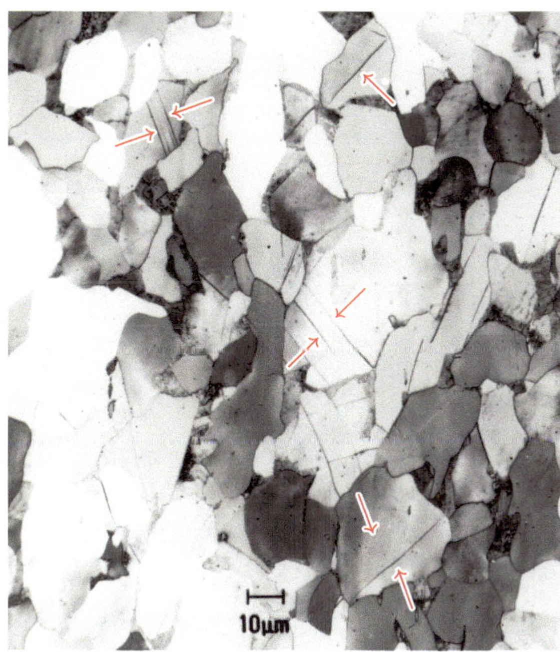

Bild 6.58: Verformungszwillinge in ferritischem Stahl. Die Zwillingsgrenzen sind als Linien
innerhalb der Körner zu erkennen. Einige der Zwillingsgrenzen sind mit Pfeilen gekennzeichnet.

Versetzungsbewegung, nennenswerte Wege zurücklegen. Je weiter ein Atom von der Zwillingsebene entfernt ist, desto weiter verschiebt es sich. In einem polykristallinen Material
sind sehr große Verschiebungen weiter entfernter Atome nicht möglich, so dass sich normalerweise zwei Zwillinge gleichzeitig bilden und so ein schmales Zwillingsband entsteht
(Bild 6.57 b). Die Atome werden dabei meist um einen relativ kleinen Winkel abgeschert,
wobei sich die Orientierung der Elementarzelle um einen deutlich größeren Wert ändern
kann. Beispielsweise sind in hexagonalen Kristallen Änderungen der Orientierung von
ca. 87° bei einer Scherung von 7° möglich. Der Scherwinkel und der kristallographische
Rotationswinkel sind dabei durch die Kristallstruktur fest vorgegeben. Bild 6.58 zeigt
Verformungszwillinge in ferritischem Stahl (S 235 JR).

Bei hexagonalen Metallen, die vorzugsweise nur in der Basisebene gleiten (vgl. Abschnitt 6.2.4), kann die mit der Zwillingsbildung verbundene Gitterrotation zu einer
günstigeren Orientierung des Kristalls führen und somit die Verformbarkeit durch an-
schließende Versetzungsbewegung erhöhen.

7 Mechanisches Verhalten der Keramiken

Keramiken zeichnen sich durch große elastische Steifigkeit, hohe Festigkeit, insbesondere unter Druckbelastung, gute chemische Beständigkeit sowie hohe Temperaturbeständigkeit aus. Der letzte Punkt gilt allerdings nur für kristalline Keramiken, deren Hochtemperaturverhalten in Kapitel 11 untersucht wird. Amorphe Keramiken (Gläser) besitzen im Gegensatz zu den kristallinen Keramiken keinen Schmelzpunkt, sondern erweichen bei einer Zunahme der Temperatur und verhalten sich dann wie viskose Flüssigkeiten, wobei die Viskosität mit zunehmender Temperatur abnimmt. Die Erweichungstemperatur liegt dabei deutlich niedriger als typische Schmelztemperaturen kristalliner Keramiken. Fensterglas beispielsweise kann bei Temperaturen von einigen Hundert Grad Celsius verformt werden. Da dieses Verhalten der amorphen Keramiken dem der amorphen Thermoplaste ähnlich ist, die in Kapitel 8 ausführlich behandelt werden, wird es in diesem Kapitel nicht gesondert betrachtet.

Neben den oben aufgeführten positiven Eigenschaften haben Keramiken allerdings auch einen entscheidenden Nachteil: Sie sind spröde, was nicht nur im Einsatz sondern auch bei der Herstellung von Bauteilen problematisch sein kann. Dieses spröde Verhalten von Keramiken wird – wie schon in Abschnitt 1.3 erwähnt – durch den Bindungstyp verursacht. Keramiken versagen demnach meist durch Sprödbruch, so dass ihre Festigkeit durch im Material vorhandene Anrisse bestimmt wird. Deshalb wird in diesem Kapitel zunächst kurz auf die Herstellung von Keramiken eingegangen, da diese die Anrissgröße festlegt. Anschließend wird diskutiert, welche Mechanismen die Rissausbreitung in Keramiken beeinflussen und so die Festigkeit bestimmen. Da die im Material vorhandenen Anrisse in ihrer Größe stochastisch verteilt sind, müssen zur Analyse der Festigkeit statistische Methoden verwendet werden. Dies wird in Abschnitt 7.3 erläutert. Zur sicheren Bauteilauslegung kann die Größe des längsten Anrisses dadurch eingeschränkt werden, dass das Bauteil einmalig mit einer großen Last beaufschlagt wird. Dieser *Überlastversuch* ist Gegenstand von Abschnitt 7.4. Anschließend wird erläutert, mit welchen Methoden die Festigkeit von Keramiken erhöht werden kann.

7.1 Herstellung von Keramiken

Keramische Ingenieurwerkstoffe werden fast ausschließlich aus Pulvern hergestellt, da sie aufgrund ihres hohen Schmelzpunkts im Allgemeinen nicht im flüssigen Zustand vergossen werden können.[1] Das Pulver wird dann endkonturnah zum sogenannten *Grünkörper* geformt. Dies kann im trockenen Zustand beispielsweise durch *Kaltpressen* erfolgen. Ebenso ist es möglich, Keramikpulver zur Formgebung mit einem Verflüssigungs- oder Plastifizierungsmittel zu vermengen. Ein Beispiel hierfür ist der *Schlickerguss*, bei dem Keramikpulver in einer Flüssigkeit (z. B. Wasser oder Alkohol) aufgeschlemmt und in eine

---

[1] Eine Ausnahme stellen die keramischen Gläser dar, die aufgrund ihrer relativ frühzeitigen Erweichung auch im viskosen Zustand verarbeitet werden können.

© Springer Fachmedien Wiesbaden GmbH, ein Teil von Springer Nature 2019

J. Rösler et al., *Mechanisches Verhalten der Werkstoffe*, https://doi.org/10.1007/978-3-658-26802-2_7

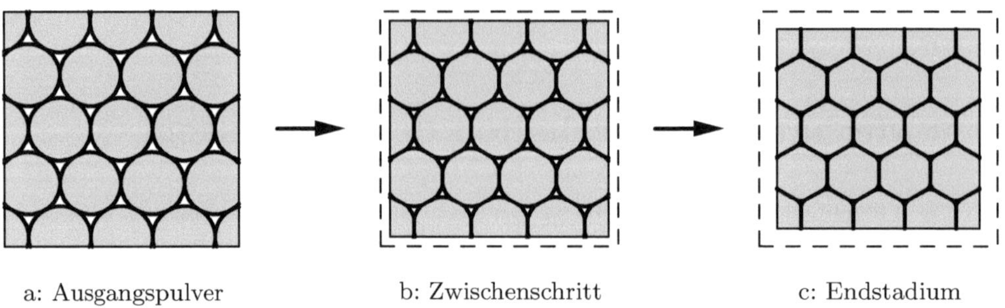

a: Ausgangspulver   b: Zwischenschritt   c: Endstadium

Bild 7.1: Sintervorgang (nach [9])

poröse Keramikform gegossen wird. Durch Kapillarwirkung entzieht die Form der Keramikmasse die Flüssigkeit. Nach dem Trocknen besitzt die Keramikmasse ausreichende Festigkeit, um der Form entnommen zu werden. Beim *Spritzgießen* wird das Keramikpulver dagegen mit einem Polymerbinder versehen und analog zum Spritzgießen von Polymeren verarbeitet. Dabei muss allerdings der erhöhten Abrasivität der Keramikpulver Rechnung getragen werden.

Anschließend werden die Grünkörper bei hoher Temperatur verdichtet, wobei sich die zuvor nur relativ leicht durch Hilfsstoffe bzw. mechanische Verklammerung verbundenen Pulverpartikel chemisch verbinden. Gängige Verfahren sind *Sintern, Heißpressen* und *heißisostatisches Pressen* (HIP) [150]. Während das Sintern ohne externe Krafteinwirkung erfolgt, wird bei den anderen beiden Verfahren einachsiger bzw. hydrostatischer Druck aufgebracht.

Bild 7.1 illustriert einen Sintervorgang. Während des Verdichtens diffundiert Material zu den Berührstellen der Partikel, angetrieben durch das Bestreben, die freie Oberfläche zu reduzieren. Die Berührstellen runden aus und werden zunehmend größer. Als Folge dieses Vorgangs schwindet das Bauteil beim Sintern stark, häufig um 30 % bis 40 %.[2]

Da Keramiken aufgrund ihres hohen Schmelzpunkts sinterträge sind, reicht eine hohe Sintertemperatur alleine oftmals nicht aus, um dichte Strukturen ohne nennenswerte Restporosität zwischen den früheren Pulverteilchen herstellen zu können. Deshalb setzt man häufig Sinteradditive, wie z. B. MgO für Si_3N_4, ein. Sie führen zur Bildung einer flüssigen Phase bei Sintertemperatur, die den Verdichtungsprozess erheblich unterstützt. Ein Nachteil ist, dass diese Phase, die sogenannte *Glasphase*, amorph erstarrt und die Festigkeit bei erhöhten Einsatztemperaturen (Kriechfestigkeit, vgl. Kapitel 11) stark reduziert.

7.2 Mechanismen der Rissausbreitung

Da Versetzungen bei Keramiken durch die gerichteten Bindungen bzw. die komplexen Kristallstrukturen (vgl. Abschnitt 1.3) bei Raumtemperatur unbeweglich sind, sind Keramiken im Allgemeinen nicht plastisch verformbar. Ein Versagen kann also normalerweise nur durch Spaltbruch (vgl. Abschnitt 3.5.2), beispielsweise durch Wachsen vorhandener

---

2 Dies entspricht einer Verringerung der Bauteilmaße um ca. 10 % bis 15 % in jeder Richtung.

Anrisse (vgl. Kapitel 5), auftreten. Die beim Heißverdichten verbliebenen Hohlräume stellen Defekte im Material dar, die als Anrisse wirken und so ein späteres Versagen durch Rissfortschritt verursachen können. Die fehlende plastische Verformbarkeit führt dazu, dass zum einen im Material vorhandene Risse nicht durch diese entlastet werden können und zum anderen bei Rissfortschritt wenig Energie dissipiert wird. Somit besitzen Keramiken vergleichsweise geringe Bruchzähigkeiten. Das spiegelt sich auch im Bruchzähigkeits-Festigkeits-Diagramm 5.11 auf Seite 149 wider. Durch die Rissempfindlichkeit der Keramiken wirken bereits kleine Defekte festigkeitsbestimmend, so dass die herstellungsbedingten Defekte maßgeblich das mechanische Verhalten bestimmen. Die theoretische Festigkeit einer defektfreien Keramik ist für das reale Verhalten unerheblich.

Normalerweise sind in Keramiken immer Risse unterschiedlicher Länge in unterschiedlichen Orientierungen vorhanden. Für die Festigkeit der Keramiken sind diejenigen Risse mit der kleinsten Versagensspannung bestimmend. Unter Zugbelastung können Risse, je nach ihrer Orientierung, in den Modi I, II und III (vgl. Abschnitt 5.1.1) belastet werden, unter Druckbelastung nur in den Modi II und III, da die senkrecht auf den Rissen stehende Spannungskomponente die Risse schließt. Da die Bruchzähigkeit für den Modus I weit unterhalb derer für Modus II und III liegt, versagt eine Keramik unter Zugbelastung im Allgemeinen unter Modus I, und Keramiken reagieren auf Zugbelastungen deutlich empfindlicher als auf Druckbelastungen. Deshalb ist die Druckfestigkeit σ_{dB} 10 bis 15 mal höher als die Zugfestigkeit R_m.[3] Liegt ein mehrachsiger Spannungszustand vor, ist deshalb im Allgemeinen die größte Hauptnormalspannung für das Versagen der Keramik entscheidend.

Die Bruchzähigkeit einer Keramik wird zunächst durch die Stärke der chemischen Bindungen innerhalb der Keramik bestimmt, da diese die Energie zur Schaffung freier Oberfläche festlegt. Darüber hinaus können in Keramiken aber auch Effekte auftreten, die den Rissfortschritt erschweren, weil sie bei Rissfortschritt zu einem zusätzlichen Energieverbrauch führen und somit die Bruchzähigkeit erhöhen. Die zugrunde liegenden Mechanismen werden in diesem Abschnitt erläutert. In Abschnitt 7.5 wird diskutiert, wie sie zur Festigkeitssteigerung von Keramiken ausgenutzt werden können.

7.2.1 Verlängerung des Risspfades

Wenn es gelingt, die Rissfront im Material beim Rissfortschritt umzuleiten, so wird die Oberfläche des Risses bezogen auf einen bestimmten Rissfortschritt größer, wozu zusätzliche Energie aufgebracht werden muss. Diese Verlängerung des Risspfades erhöht die Bruchzähigkeit. Sie kann auf verschiedene Weise, häufig durch Einbringen von Teilchen, erreicht werden.

Ein möglicher Mechanismus ist die *Modulwechselwirkung,* die für Metalle in einem anderen Zusammenhang schon in Abschnitt 6.4.2 besprochen wurde. Haben die eingebrachten Partikel einen höheren Elastizitätsmodul als die Matrix, wird die Matrix in unmittelbarer Umgebung des Teilchens entlastet, so dass die für den Rissfortschritt zur Verfügung stehende Spannung verringert wird. Der Riss wird also von den Partikeln abgestoßen (siehe Bild 7.2). Ist der Elastizitätsmodul der Partikel niedriger als der der Matrix, so ist die Spannung im Matrixmaterial in der Umgebung des Partikels erhöht,

---

3 Diese Tatsache wird zum Beispiel bei Stahlbeton ausgenutzt (siehe Abschnitt 9.1.1).

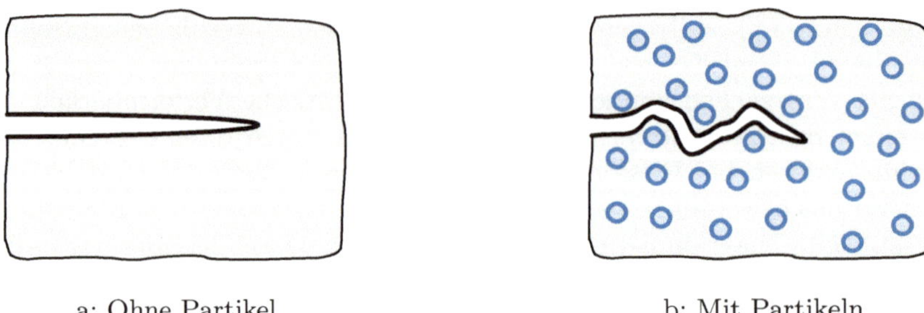

a: Ohne Partikel   b: Mit Partikeln

Bild 7.2: Umleitung eines Risses durch geeignete Partikel in der Keramik

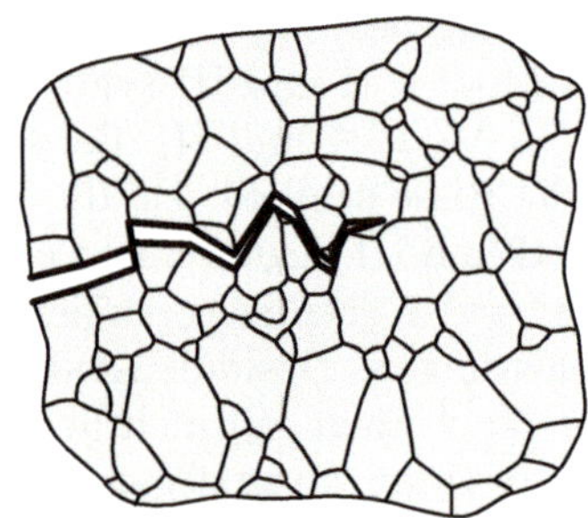

Bild 7.3: Beispiel für ein grobkörniges Gefüge, bei dem die Rissflanken bei Rissfortschritt aneinander abgleiten und durch Reibung Energie dissipieren

und der Riss wird in Richtung des Partikels gelenkt. Kann der Riss in ein Partikel nicht eindringen, muss er entlang der Partikeloberfläche fortschreiten. In allen Fällen wird der vom Riss zurückgelegte Weg verlängert.

Einen anderen Mechanismus stellen *Eigenspannungen* dar, die durch Partikel eingebracht werden. Druckeigenspannungen verringern die rissöffnende Kraft und stoßen den Riss deshalb ab. Solche Eigenspannungen können z. B. durch einen anderen Wärmeausdehnungskoeffizienten der Partikel oder durch Phasenumwandlungen beim Abkühlen von der Sintertemperatur erreicht werden.

7.2.2 Rissbrückeneffekte

Wenn die Rissflanken bei Rissfortschritt in Interaktion treten, kann dies zu erhöhter Energiedissipation oder zu einer Entlastung der Rissspitze führen. Solche Interaktionen treten beispielsweise in grobkörnigen Gefügen auf, in denen die Risse interkristallin wachsen. In diesem Fall berühren sich die Rissflanken und reiben beim Öffnen des Risses aneinander (vgl. Bild 7.3) oder sind im Extremfall sogar geometrisch verklemmt, so dass der Riss nicht ohne Weiteres geöffnet werden kann. Einen anderen Rissbrückenmechanismus bilden Teilchen oder Fasern, die den Riss überbrücken. Auf Fasern wird in Kapitel 9 eingegangen.

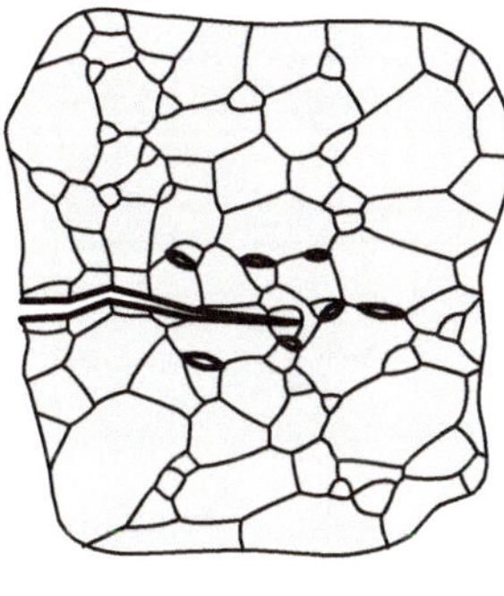 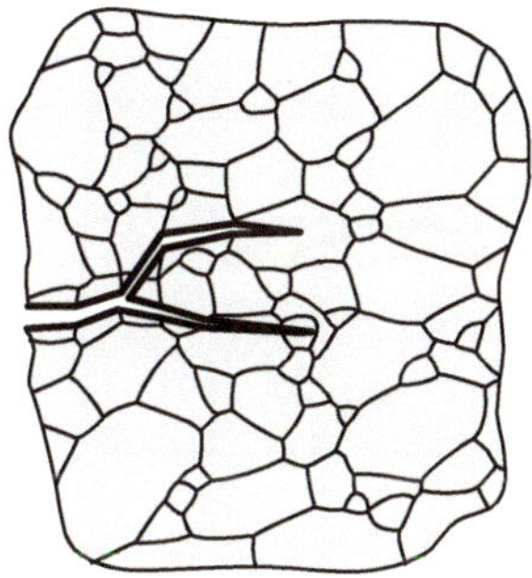

a: Mikrorisse   b: Rissverzweigung

Bild 7.4: Beispiele für Mikrorisse und Rissverzweigungen

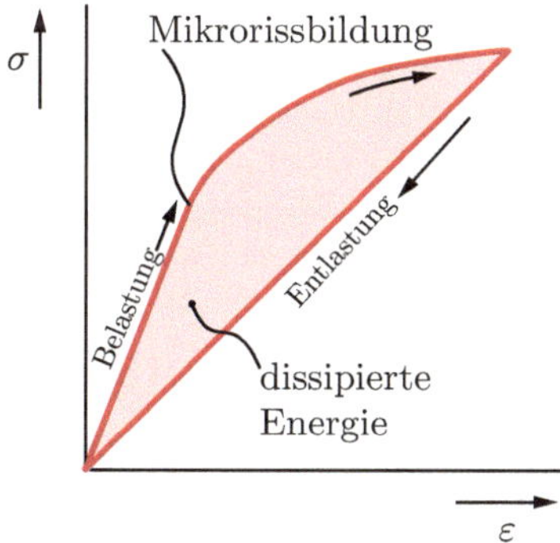

Bild 7.5: Spannungs-Dehnungs-Diagramm für ein Volumenelement bei Mikrorissbildung. Bei
der Be- und Entlastung wird Energie dissipert, die die Bruchzähigkeit erhöht.

7.2.3 Mikrorissbildung und Rissverzweigung

Aufgrund der Spannungskonzentration an der Rissspitze können Mikrorisse an Schwachstellen innerhalb der Keramik entstehen. Als Schwachstellen wirken beispielsweise ungünstig orientierte Korngrenzen (senkrecht zur größten Hauptspannung, wie in Bild 7.4 a
dargestellt), Körner, deren Spaltebene senkrecht zur größten Hauptspannung orientiert
ist, oder Eigenspannungen.

Mikrorissbildung erhöht den Risswiderstand, da sie für eine erhöhte Energiedissipation
sorgt. Dies lässt sich anhand eines Spannungs-Dehnungs-Diagramms eines Volumenelements veranschaulichen, an dem sich die Rissspitze vorbeibewegt (siehe Bild 7.5): Nähert
sich das Volumenelement der Rissspitze, wird es zunehmend belastet, so dass sich Mikrorisse bilden. Diese verringern die Steifigkeit des Elements, wodurch die Spannungs-
Dehnungs-Kurve abknickt und bei Entlastung (wenn das Volumenelement sich von der
Rissspitze entfernt) nicht der Kurve bei Belastung folgt. Die rot schattierte Fläche innerhalb des Diagramms entspricht der dissipierten Energie innerhalb des Materials. Diese
Energie muss beim Rissfortschritt also zusätzlich aufgebracht werden.

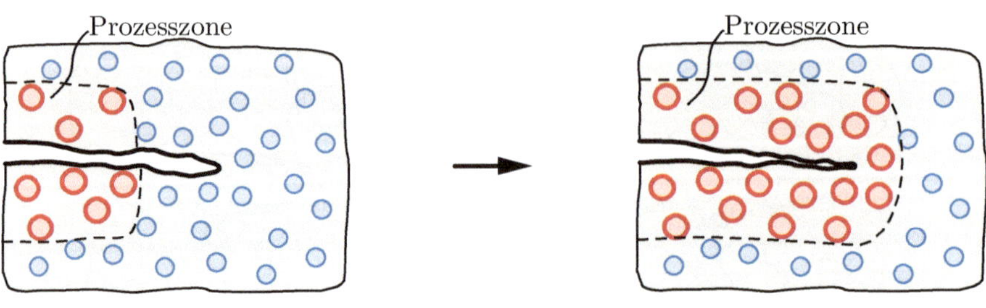

Bild 7.6: Entlastung eines Risses durch Phasenumwandlung von Partikeln. In der Prozesszone werden der äußeren Zugspannung innere Druckspannungen überlagert.

Haben sich in der Umgebung der Rissspitze Mikrorisse gebildet, so ist der weitere Rissfortschritt zusätzlich dadurch behindert, dass um die Rissspitze herum der Elastizitätsmodul lokal herabgesetzt ist. Dies reduziert die hier wirkende Spannung und damit auch die treibende Kraft für den Rissfortschritt.[4]

Auch Rissverzweigungen (Bild 7.4 b) führen zu einer Erhöhung der Rissoberfläche und zu einer Verringerung des lokalen Elastizitätsmoduls, so dass auch sie die Rissausbreitung behindern.

7.2.4 Spannungsinduzierte Phasentransformationen

Durch sogenannte *spannungsinduzierte Phasenumwandlungen* kann es vorkommen, dass während des Rissfortschritts zusätzliche Druckeigenspannungen im Material erzeugt werden, wodurch sich der Risswiderstand K_{IR} erhöht. Dies ist dann der Fall, wenn die Matrix Partikel enthält, die eine Phasenumwandlung durchführen können, bei der ihr Volumen zunimmt. Die Partikel müssen dazu zunächst in einer metastabilen Phase vorliegen, die zwar energetisch ungünstiger ist, die jedoch nicht in die thermodynamisch stabilere Phase umwandeln kann, weil hierfür eine Keimbildungsbarriere überwunden werden muss, ähnlich wie bei der Ausscheidungshärtung (siehe Abschnitt 6.4.3).

Wird eine ausreichend große Zugspannung, beispielsweise vor einer Rissspitze, angelegt, so kann es energetisch günstiger sein, wenn die Teilchen sich in die Phase mit der größeren Ausdehnung umwandeln, statt sich elastisch zu verformen (Bild 7.6). Auch für diesen Fall kann man das Spannungs-Dehnungs-Diagramm eines Volumenelements betrachten, an dem sich die Rissspitze vorbeibewegt (Bild 7.7). Die Phasenumwandlung setzt ein, wenn die elastische Verformungsenergie ausreichend groß ist. Da das Teilchen vor der Phasenumwandlung metastabil war, setzt sich die Phasenumwandlung weiter fort, auch wenn die Spannung wegen der lokalen Volumenzunahme abnimmt. Dabei werden der äußeren Spannung Zugspannungen in Umfangsrichtung um die Partikel und Druckspannungen in radialer Richtung überlagert. Nach der Entlastung bleibt ein Teil der Vo-

---

4 Dieser Effekt tritt allerdings nur ein, wenn die Mikrorisszone auf die Umgebung der Rissspitze beschränkt ist. Enthält das gesamte Material Mikrorisse, so ist der Elastizitätsmodul global herabgesetzt, und die Bruchzähigkeit sinkt, siehe auch Abschnitt 7.5.3.

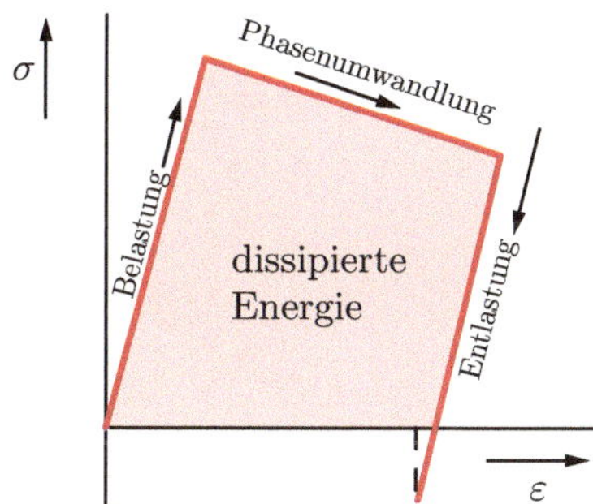

Bild 7.7: Spannungs-Dehnungs-Diagramm für ein Volumenelement, das spannungsinduzierte Phasenumwandlung zeigt (nach [48]). Ähnlich wie bei der Mikrorissbildung (Bild 7.5) wird auch hier bei der Be- und Entlastung Energie dissipert, die die Bruchzähigkeit erhöht.

lumenzunahme erhalten, und es entstehen Druckeigenspannungen, die die auf den Riss wirkende Zugspannung reduzieren und somit die Rissöffnung verringern oder den Riss sogar schließen können.

Aufgrund der Zugspannungen in Umfangsrichtung um die Partikel können sich dort Mikrorisse bilden, die – wie im vorherigen Abschnitt beschrieben – eine zusätzliche Energiedissipation bewirken (siehe auch Abschnitt 7.5.3).

Genauer betrachtet beruht die spannungsinduzierte Umwandlung auf einer Verringerung der freien Enthalpie nach Gleichung (16.4). Die Phase mit dem größeren Volumen ist dabei die thermodynamisch stabile Phase. Zur Umwandlung muss jedoch, wie oben erläutert, eine Keimbildungsbarriere überwunden werden. Wird ein hydrostatischer Zug überlagert, so reduziert sich nach Gleichung (16.4) die freie Enthalpie der Phase mit dem größeren Volumen stärker, so dass eine zusätzliche Triebkraft für die Umwandlung entsteht, die es ermöglicht, die Keimbildungsbarriere zu überwinden.

Aus dem Bereich der Metalle ist ein analoges Verhalten bekannt. Der hochlegierte, nichtrostende Stahl X 5 CrNi 18-10, der bei Raumtemperatur austenitisch, also kubisch flächenzentriert, vorliegt, ist nur metastabil. Das bedeutet, dass die ferritische Struktur die thermodynamisch stabile ist, die Umwandlung wegen der zu geringen Triebkraft aber nicht stattfindet. Bei mechanischer Belastung, wie z. B. umformender Fertigung, kann in Teilen des Gefüges eine martensitische Umwandlung in Ferrit stattfinden, was sich unter anderem darin äußert, dass das Bauteil lokal ferromagnetisch wird. Eine ähnliche spannungsinduzierte Phasenumwandlung tritt auch bei Formgedächtnislegierungen (siehe Seite 228) auf.

7.2.5   Stabiles Risswachstum

Die in den Abschnitten 7.2.2 bis 7.2.4 diskutierten Mechanismen zur Erhöhung des Risswiderstands (Rissbrückeneffekt, Mikrorissbildung, spannungsinduzierte Phasentransformation) zeichnen sich dadurch aus, dass der Risswiderstand bei Rissfortschritt zunächst wächst, weil sich eine Rissprozesszone bildet. Sie sind deshalb ein Beispiel für den in

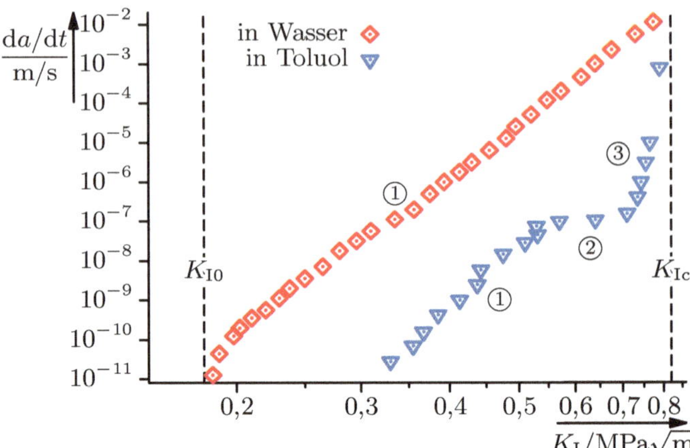

Bild 7.8: Abhängigkeit der Rissfortschrittsgeschwindigkeit vom Spannungsintensitätsfaktor für Kalknatronglas in Wasser und Toluol (Phenylmethan), jeweils bei 25 °C [112]

Abschnitt 5.2.5 diskutierten Mechanismus. Dadurch kann unter Umständen in einem bestimmten Spannungsbereich stabiles Risswachstum auftreten.

Der Risswiderstand bei Rissfortschritt steigt solange an, wie sich die wirkende Prozesszone vergrößert. Betrachten wir als Beispiel die Reibung der Rissflanken wie in Bild 7.3, so wird deutlich, dass der Risswiderstand zunächst zunimmt, weil sich die reibende Fläche anfänglich mit dem Rissfortschritt vergrößert. Bei weiterem Rissfortschritt wird sich aber schließlich ein stationärer Zustand einstellen, da weit hinter der Rissspitze liegende Bereiche der Rissflanken nicht mehr aufeinander reiben, wenn der Riss hier zu weit geöffnet ist. Sobald dieser Fall eintritt, bleibt der Risswiderstand mit zunehmender Risslänge konstant, denn für jeden neu gebildeten Reibungsbereich in der Nähe der Rissspitze geht in größerer Entfernung ein gleich großer Bereich verloren. Auch wenn innerhalb des Werkstoffs Energie dissipiert wird, wie bei der Mikrorissbildung und der spannungsinduzierten Phasenumwandlung, wächst die Prozesszone zunächst, da sich bei Beginn des Risswachstums in der Umgebung der Rissflanken noch keine Mikrorisse oder umgewandelten Teilchen befinden. Erst wenn ein stabiles Gleichgewicht ereicht wird, bleibt der Risswiderstand konstant.

∗ 7.2.6 Unterkritisches Risswachstum

In Abschnitt 5.2.6 wurde erläutert, dass Keramiken unter bestimmten Bedingungen unterkritisches Risswachstum zeigen können, wobei die Größe des unterkritischen Risswachstums durch die Rissfortschrittsgeschwindigkeit $\mathrm{d}a/\mathrm{d}t$ beschrieben werden kann. Bild 7.8 zeigt Rissfortschrittskurven für ein Glas in verschiedenen Umgebungsmedien. Die Rissfortschrittskurve ist in doppelt-logarithmischer Auftragung oft eine Gerade (Bereich ①). In einigen Fällen schließt sich an die Gerade ein Plateau an (Bereich ②), woraufhin die Rissfortschrittsgeschwindigkeit kurz vor Erreichen der Bruchzähigkeit K_{Ic} stark ansteigt (Bereich ③).

Ein häufig verwendeter Ansatz zur Beschreibung der Rissfortschrittsgeschwindigkeit

Tabelle 7.1: Beispiele für die Parameter für unterkritisches Risswachstum [112]. Für die betrachtete Probengeometrie gilt $Y = 1$, der Parameter B^* enthält also nur Werkstoffkennwerte.

Keramik	Medium	$T/°C$	n	$\lg\!\big(B^*/(\text{MPa}^n\text{h})\big)$
Al_2O_3	Wasser	20	$52,2\ldots67,6$	$121,1\ldots162,7$
Al_2O_3	konz. Salzlösung	70	20	45,5
$Si_3N_4 + 5,5\,\%\,Y_2O_3$		1 100	37	106,5
		1 200	30	84,2
$Si_3N_4 + 2,5\,\%\,MgO$		1 000	26	69,8
		1 100	22,6	61,8

im Bereich ① ist das Potenzgesetz

$$\frac{\mathrm{d}a}{\mathrm{d}t} = AK_\mathrm{I}^n = A^* \left(\frac{K_\mathrm{I}}{K_\mathrm{Ic}}\right)^n \tag{7.1}$$

mit den temperaturabhängigen Werkstoffkonstanten n und A bzw. A^* [111].[5] Die Einheit des Vorfaktors A hängt hierbei von dem Exponenten n ab und kann somit auch nicht ganzzahlige Exponenten enthalten. Einfacher ist die Verwendung von A^*, das immer die Einheit einer Geschwindigkeit hat, da der Term $K_\mathrm{I}/K_\mathrm{Ic}$ einheitenlos ist. Wie bereits in Abschnitt 5.2.6 angesprochen, ist die Abhängigkeit der Rissfortschrittsgeschwindigkeit vom Spannungsintensitätsfaktor häufig sehr hoch, was sich in einem großen Exponenten n in Gleichung (7.1) niederschlägt.

Die Lebensdauer bei Anliegen einer zeitabhängigen Spannung $\sigma(t)$ kann durch Integration von Gleichung (7.1) berechnet werden. Bei statischer Belastung ergibt sie sich zu

$$t_\mathrm{f} = B^* \sigma^{-n} = B\sigma_\mathrm{c}^{n-2}\sigma^{-n}\,, \tag{7.2}$$

wobei die Parameter B^* und B vom Werkstoff und über den Geometriefaktor Y auch von der Geometrie abhängen. σ_c ist die sogenannte Inertfestigkeit, die Last, bei der dieselbe Probe versagen würde, wenn sie in einer chemisch inerten Umgebung belastet würde, in der sie nicht durch unterkritisches Risswachstum, sondern durch instabiles Risswachstum bei Erreichen von K_Ic versagen würde. Da der Spannungsexponent n sehr groß ist, ergibt sich eine starke Abhängigkeit der Versagenszeit von der angelegten Spannung. In Tabelle 7.1 sind einige Beispiele für den Spannungsexponenten n und den Vorfaktor zusammengefasst.

Auf den Einfluss zeitabhängiger Belastungen auf das unterkritische Risswachstum wird im Zusammenhang mit der Werkstoffermüdung in Abschnitt 10.3 eingegangen. In Aufgabe 25 wird ein Beispiel für die Auslegung keramischer Bauteile bei unterkritischem Risswachstum betrachtet.

---

5 Der Verlauf der Rissfortschrittsgeschwindigkeit $\mathrm{d}a/\mathrm{d}t$ hat große Ähnlichkeit mit der Rissfortschrittsgeschwindigkeit $\mathrm{d}a/\mathrm{d}N$ bei zyklischen Belastungen von Metallen, die in Abschnitt 10.6.1 beschrieben wird.

7.3   Statistische Bruchmechanik

Wegen der oben beschriebenen fehlenden Möglichkeit der Keramiken, innere Defekte durch plastische Verformung auszugleichen, führt eine statistische Streuung der Defektgrößen direkt zu einer im Vergleich zu Metallen und Kunststoffen großen Streuung der mechanischen Eigenschaften. Daher reicht die einfache Angabe einer Versagenslast im Allgemeinen bei Keramiken nicht aus. Da es mit vertretbarem Aufwand nicht möglich ist, die Größe und Position jedes einzelnen Defektes in einem Bauteil zu bestimmen und seine Festigkeit damit genau (deterministisch) vorherzusagen, wird die Statistik der Defektverteilung betrachtet und daraus im Rahmen der statistischen Bruchmechanik eine Versagens- bzw. Überlebenswahrscheinlichkeit abgeleitet.

Das Ziel der nun folgenden Betrachtungen besteht darin, die Wahrscheinlichkeit, dass ein keramisches Bauteil versagt, analytisch mit Hilfe der *statistischen Bruchmechanik* zu beschreiben. Vereinfachend wird dabei angenommen, dass Defekte mit einer bestimmten Defektgrößenverteilung homogen im Material verteilt sind und dass schon ein Rissfortschritt an nur einem Defekt zum Totalversagen des Bauteils führt. Zunächst wird auch eine über das Volumen homogene Spannungsverteilung mit der Spannung σ angenommen.

Die *Versagenswahrscheinlichkeit* $P_\mathrm{f}(\sigma)$ (Index f für engl. *failure*) gibt an, wie groß die Wahrscheinlichkeit ist, dass das Bauteil versagt, wenn eine Spannung σ angelegt wird. Ist beispielsweise für einen Satz von identischen Proben $P_\mathrm{f}(200\,\mathrm{MPa}) = 0{,}3$, so bedeutet dies, dass 30 % der Proben brechen, wenn man versucht, eine Spannung von 200 MPa anzulegen. Der Wert ist also nicht so zu verstehen, dass 30 % der Proben genau bei Erreichen dieser Spannung versagen.

Gäbe es keine stochastische Verteilung der Defektgrößen, so wäre das Verhalten des Materials deterministisch: Versagen würde bei einer kritischen Spannung σ_0 eintreten, d. h., die Versagenswahrscheinlichkeit würde sprunghaft vom Wert 0 auf den Wert 1 steigen. Tatsächlich besteht aber sowohl eine Wahrscheinlichkeit, dass das Material eine größere Spannung erträgt, als auch, dass es bei kleineren Spannungen versagt. Die scharfe »Kante« bei Erreichen der Spannung σ_0 ist also in der Realität abgerundet.

7.3.1   Weibullstatistik

Da Keramiken im Allgemeinen versagen, sobald ein Anriss wächst, ist für die Festigkeit einer Keramik entscheidend, bei welcher Spannung der erste und damit kritische Anriss zu wachsen beginnt. Unter Zugbelastung sind, wie oben erläutert, diejenigen Anrisse festigkeitsbestimmend, die zumindest teilweise im Modus I belastet werden. Die Versagenswahrscheinlichkeit ist dann durch die Wahrscheinlichkeit gegeben, dass der kritische Anriss eine bestimmte Versagensspannung besitzt.

Um die Versagenswahrscheinlichkeit einer Keramik zu beschreiben, ist also ein statistischer Ansatz nötig, denn sowohl Dichte als auch Größe der Defekte sind statistisch verteilt [112].

Betrachtet man zunächst ein Bauteil mit homogener Spannungsverteilung, in dem die Defektzahl bekannt ist, so kann über die Defektgrößenverteilung berechnet werden, wie groß die Versagenswahrscheinlichkeit ist. Sie entspricht der Wahrscheinlichkeit, dass mindestens ein

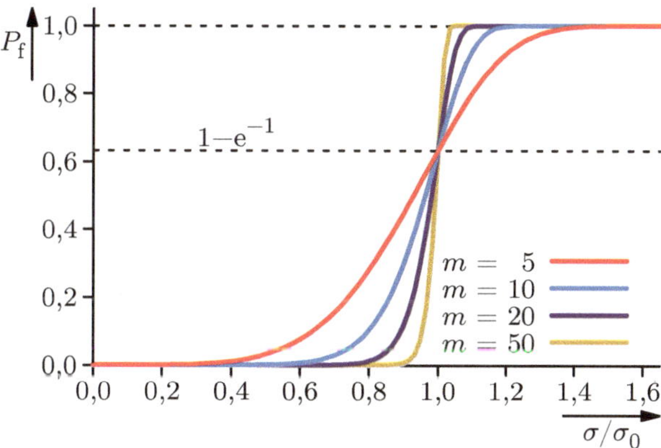

Bild 7.9: Abhängigkeit der Versagenswahrscheinlichkeit von der Spannung für einige Weibullmoduln

Anriss die kritische Risslänge erreicht. Da das Versagen durch den kritischen Anriss bestimmt wird, sind nur die größten Defekte relevant. Die Wahrscheinlichkeit, einen besonders großen Defekt im Bauteil vorzufinden, wird aber mit zunehmender Größe immer kleiner, so dass unterschiedliche Defektgrößenverteilungen im relevaten Bereich eine ähnliche Form haben, weshalb die genauen Details der Defektgrößenverteilung irrelevant sind.

Da sich die Anzahl der Anrisse von Bauteil zu Bauteil unterscheidet, muss zusätzlich die Defektdichteverteilung berücksichtigt werden, indem die Versagenswahrscheinlichkeiten für alle möglichen Defektzahlen mit Hilfe der Defektdichteverteilung akkumuliert werden.

Aus dieser statistischen Überlegung folgt die Versagensspannung σ des kritischen Anrisses der sogenannten *Weibullverteilung*, aus der die Versagenswahrscheinlichkeit

$$P_{\mathrm{f}}(\sigma) = 1 - \exp\left[-\left(\frac{\sigma}{\sigma_0}\right)^m\right] \tag{7.3}$$

folgt.[6] Der Parameter m, der als *Weibullmodul* bezeichnet wird, ist ein Maß für die Streuung der Festigkeit und gibt somit an, wie stark die Kante in der Darstellung der Versagenswahrscheinlichkeit über der Spannung abgerundet ist, wie in Bild 7.9 für einige Beispielfälle zu sehen ist. Es ist zu erkennen, dass sich ein größerer Weibullmodul ergibt, wenn sich die Streuung der Versagensspannungen verringert. Für $m \to \infty$ streuen die Messergebnisse nicht mehr, so dass σ_0 der Bruchspannung entspricht. Der Weibullmodul m ist eine Werkstoffkonstante, die Bezugsspannung σ_0 hängt vom Werkstoff und dem betrachteten Probenvolumen ab. Auf den Volumeneinfluss wird ab Seite 244 näher eingegangen. Gleichung (7.3) gilt nur, solange ein konstantes, homogen belastetes Probenvolumen betrachtet wird. Dies wird weiter unten ausführlich diskutiert. Tabelle 7.2 fasst Richtwerte für den Weibullmodul für einige Materialien zusammen.

---

6 Für eine korrekte Beschreibung der Versagenswahrscheinlichkeit muss berücksichtigt werden, dass diese auch vom betrachteten Materialvolumen abhängt, siehe Gleichung (7.6).

Tabelle 7.2: Weibullmoduln m und Bezugsspannungen σ_0 verschiedener Keramiken (nach [59, 66, 112]). V_0 ist das Bezugsvolumen aus Gleichung (7.6). Zum Vergleich sind die Weibullmoduln von Eisenwerkstoffen angegeben.

Material	m	σ_0/MPa	V_0/mm^3
SiC	$8\ldots27$	$250\ldots600$	1
Al_2O_3	$8\ldots20$	$100\ldots600$	1
Si_3N_4	$8\ldots9$	$750\ldots1\,350$	1
ZrO_2	$10\ldots15$	$200\ldots500$	1
Gusseisen	≈ 40		
Stahl	≈ 100		

Häufig wird eine linearisierte Darstellung der Versagenswahrscheinlichkeit verwendet. Dazu wird Gleichung (7.3) folgendermaßen umgestellt:

$$1 - P_\text{f} = \exp\left[-\left(\frac{\sigma}{\sigma_0}\right)^m\right]\,,$$

$$\frac{1}{1 - P_\text{f}} = \exp\left[\left(\frac{\sigma}{\sigma_0}\right)^m\right]\,,$$

$$\ln\frac{1}{1 - P_\text{f}} = \left(\frac{\sigma}{\sigma_0}\right)^m\,,$$

$$\ln\left(\ln\frac{1}{1 - P_\text{f}}\right) = m\ln\frac{\sigma}{\sigma_0}\,. \tag{7.4}$$

Trägt man nun $\ln\big(\ln[1/(1 - P_\text{f})]\big)$ als Maß für die Versagenswahrscheinlichkeit über $\ln(\sigma/\sigma_0)$ als Maß für die angelegte Spannung auf, so ergibt sich eine Geradengleichung mit der Steigung m durch den Ursprung, wie in Bild 7.10 skizziert.

Die Versagenswahrscheinlichkeit aus Gleichung (7.3) hängt vom betrachteten Materialvolumen ab. Das ist plausibel, wenn man annimmt, dass das Vorhandensein eines einzelnen Defekts mit der kritischen Größe zum Bruch des Bauteils führt, da mit steigendem Bauteilvolumen und somit steigender Defektzahl im Bauteil die Wahrscheinlichkeit zunimmt, dass ein kritischer Defekt vorhanden ist. Dies soll zunächst an einem Beispiel veranschaulicht werden. Dabei ist es zweckmäßig, anstelle der Versagenswahrscheinlichkeit die *Überlebenswahrscheinlichkeit* P_s (Index s für engl. *survival*) zu verwenden, die als

$$P_\text{s} = 1 - P_\text{f}$$

definiert ist. Betrachtet werden zwei Proben mit den Überlebenswahrscheinlichkeiten $P_{\text{s},1}(V_0) = P_{\text{s},2}(V_0) = 0{,}5$ und den Volumina V_0. Fügt man sie zu einer großen Probe des Volumens $V = 2V_0$ zusammen und betrachtet die möglichen Kombinationen aus Versagen und Überleben der Probenhälften, so ergibt sich eine Überlebenswahrscheinlichkeit von $P_\text{s}(V = 2V_0) = 0{,}25$, wie Bild 7.11 veranschaulicht.

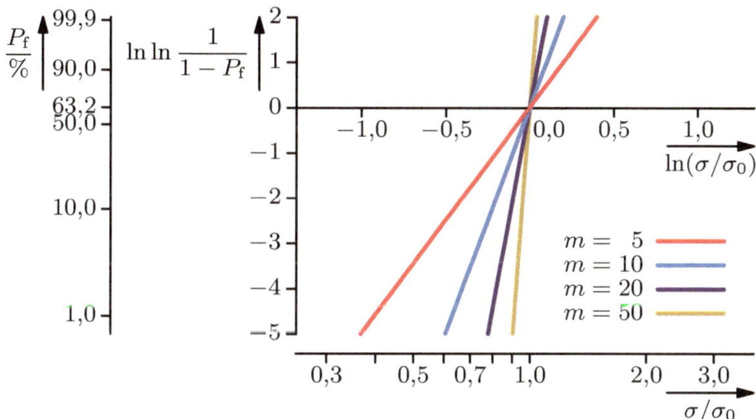

Bild 7.10: Darstellung der Weibullgleichung in der linearisierten Form

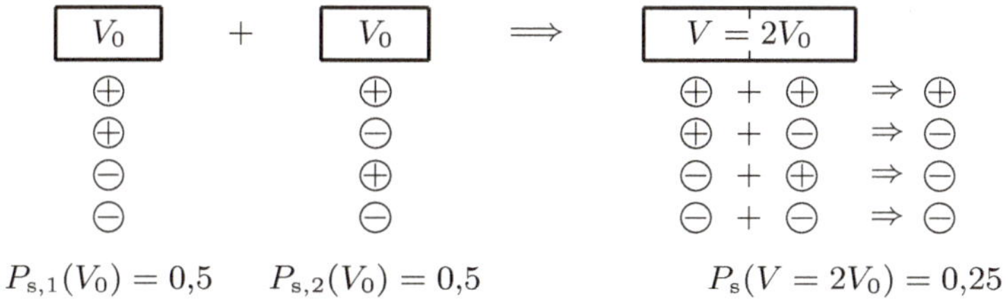

$$P_{\mathrm{s},1}(V_0) = 0{,}5 \qquad P_{\mathrm{s},2}(V_0) = 0{,}5 \qquad P_{\mathrm{s}}(V = 2V_0) = 0{,}25$$

Bild 7.11: Veranschaulichung der Volumenabhängigkeit der Überlebenswahrscheinlichkeit. Die umkreisten Symbole kennzeichnen die Überlebens- bzw. Versagensmöglichkeiten des Bauteils (⊕: Überleben, ⊖: Versagen).

Für eine allgemeinere Analyse wird ein Bauteil mit dem Volumen V betrachtet, das überall mit der Spannung σ belastet ist. Stellt man es sich aus n Teilvolumina V_0 zusammengesetzt vor, die jeweils eine Überlebenswahrscheinlichkeit von $P_{\mathrm{s},i}(V_0)$ besitzen, dann überlebt das Bauteil, wenn alle Teilvolumina überleben. Nach den Regeln der Wahrscheinlichkeitsrechnung gilt somit für das Gesamtvolumen

$$P_{\mathrm{s}}(V) = \prod_{i=1}^{n} P_{\mathrm{s},i}(V_0) = \left[P_{\mathrm{s},i}(V_0) \right]^{n}.$$

Nun ist aber $n = V/V_0$. Es folgt

$$P_{\mathrm{s}}(V) = \left[P_{\mathrm{s},i}(V_0) \right]^{V/V_0}. \tag{7.5}$$

Für das Beispiel aus Bild 7.11 ergibt sich mit dieser Gleichung wie oben $P_{\mathrm{s}}(V = 2V_0) = 0{,}5^2 = 0{,}25$.

Mit

$$P_{\mathrm{s},i}(V_0) = \exp\left[-\left(\frac{\sigma}{\sigma_0}\right)^m\right], \quad i = 1 \ldots n,$$

sowie $(\mathrm{e}^x)^y = \mathrm{e}^{xy}$ ergibt sich aus Gleichung (7.5)

$$P_{\mathrm{s}}(V) = \exp\left[-\frac{V}{V_0}\left(\frac{\sigma}{\sigma_0}\right)^m\right],$$

$$P_{\mathrm{f}}(V) = 1 - \exp\left[-\frac{V}{V_0}\left(\frac{\sigma}{\sigma_0}\right)^m\right]. \tag{7.6}$$

V_0 wird als *Bezugsvolumen* bezeichnet. Diese allgemeinere Gleichung muss an Stelle von Gleichung (7.3) verwendet werden, wenn die Volumenabhängigkeit korrekt berücksichtigt werden soll. Sie wird als *Weibullgleichung* bezeichnet.

Alle bisherigen Überlegungen galten nur, wenn das gesamte Bauteil mit der gleichen Spannung σ belastet wurde. Das ist aber in der Anwendung praktisch nie der Fall. Als Beispiel seien Biegebelastungen und Spannungskonzentrationen an konstruktiven Kerben genannt. Betrachtet man ein Bauteil mit unterschiedlichen Spannungen σ_i in den Teilvolumina V_i, so ergibt sich

$$P_{\mathrm{s}}(V) = \prod_{i=1}^{n} P_{\mathrm{s},i}(V_i, \sigma_i) = \prod_{i=1}^{n} \exp\left[-\frac{V_i}{V_0}\left(\frac{\sigma_i}{\sigma_0}\right)^m\right] = \exp\left[-\sum_{i=1}^{n}\frac{V_i}{V_0}\left(\frac{\sigma_i}{\sigma_0}\right)^m\right]$$

und nach einer Grenzwertbildung auf unendlich kleine Teilvolumina

$$P_{\mathrm{s}}(V) = \exp\left[-\frac{1}{V_0}\int\left(\frac{\sigma(\underline{x})}{\sigma_0}\right)^m \mathrm{d}V\right]. \tag{7.7}$$

Hierbei handelt es sich um die allgemeine Form der Weibullgleichung für beliebig belastete Bauteile.

Wenn das Versagen einer Keramik nicht von Volumenfehlern ausgeht, sondern von Oberflächenfehlern, so ergibt sich statt einer Volumenabhängigkeit eine Oberflächenabhängigkeit der Versagenswahrscheinlichkeit. Statt über Teilvolumina muss dann über Oberflächenelemente summiert bzw. integriert werden, um die Versagenswahrscheinlichkeit zu erhalten [111].

Gelegentlich wird ein weiterer Werkstoffparameter σ_{u} in Gleichung (7.6) eingeführt:

$$P_{\mathrm{f}}(\sigma, V) = \begin{cases} 1 - \exp\left[-\frac{V}{V_0}\left(\frac{\sigma - \sigma_{\mathrm{u}}}{\sigma_0}\right)^m\right] & \text{für } \sigma \geq \sigma_{\mathrm{u}}, \\ 0 & \text{für } \sigma < \sigma_{\mathrm{u}}. \end{cases} \tag{7.8}$$

Dieser Parameter soll berücksichtigen, dass unterhalb einer Spannung σ_{u} die Versagenswahrscheinlichkeit auf den Wert Null abfällt. Die zugrundeliegende Verteilung wird auch als *Drei-Parameter-Weibullverteilung* bezeichnet. Er wird im Folgenden aber meist als $\sigma_{\mathrm{u}} = 0$ angenommen werden.

Sind der Weibullmodul m und die Bezugsspannung σ_0 bekannt, so können Bauteile mit Hilfe der Weibullgleichung (7.6) bzw. (7.8) ausgelegt werden. Der Konstrukteur wählt

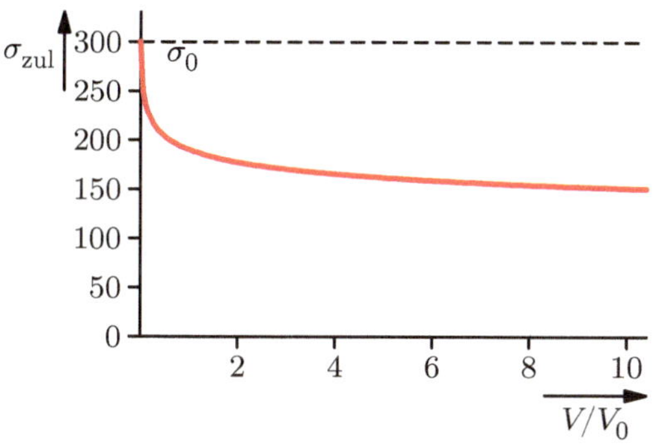

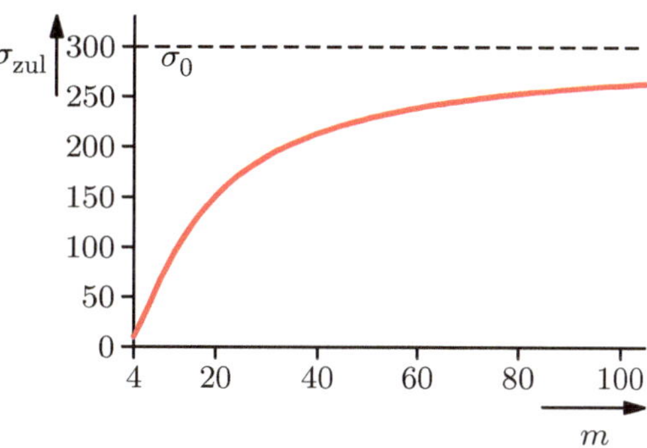

a: Schneidwerkzeug. $P_\mathrm{f} = 10^{-2}$, $\sigma_0 = 300\,\mathrm{MPa}$, $\sigma_\mathrm{u} = 0\,\mathrm{MPa}$ und $m = 10$

b: Auslassventil. $P_\mathrm{f} = 10^{-6}$, $\sigma_0 = 300\,\mathrm{MPa}$, $\sigma_\mathrm{u} = 0\,\mathrm{MPa}$ und $V = V_0$

Bild 7.12: Zulässige Spannung für die Beispiele

eine Überlebens- bzw. eine Versagenswahrscheinlichkeit, die das Produkt erfüllen muss (z. B. $P_\mathrm{f} \leq 10^{-5}$: jedes 100 000. Bauteil darf ausfallen). Setzt man diese beispielsweise in Gleichung (7.8) ein und löst sie nach σ auf, so ergibt sich die maximal zulässige Spannung

$$\sigma_\mathrm{zul} = \sigma_\mathrm{u} + \sigma_0 \sqrt[m]{-\frac{V_0}{V}\ln(1 - P_\mathrm{f})}\,. \tag{7.9}$$

Beispiele

Es wird ein keramisches Schneidwerkzeug aus einem Material mit den Werkstoffkonstanten $\sigma_0 = 300\,\mathrm{MPa}$, $\sigma_\mathrm{u} = 0\,\mathrm{MPa}$ und $m = 10$ betrachtet. Die Versagenswahrscheinlichkeit soll $P_\mathrm{f} = 10^{-2}$ betragen. Es soll untersucht werden, wie groß die maximale Spannung bei verschiedenen Bauteilgrößen sein darf. Nach Gleichung (7.9) ergibt sich

$$\sigma_\mathrm{zul} = 300\,\mathrm{MPa} \cdot \sqrt[10]{-\frac{V_0}{V} \cdot \ln 0{,}99} = 189{,}4\,\mathrm{MPa} \cdot \sqrt[10]{\frac{V_0}{V}}\,.$$

Bild 7.12 a zeigt die Abhängigkeit der zulässigen Spannung vom Bauteilvolumen.

In einem weiteren Beispiel wird die Abhängigkeit der zulässigen Spannung vom Weibullmodul für ein keramisches Auslassventil mit den Vorgaben $P_\mathrm{f} = 10^{-6}$, $\sigma_0 = 300\,\mathrm{MPa}$, $\sigma_\mathrm{u} = 0\,\mathrm{MPa}$ und $V = V_0$ untersucht. Es ergibt sich nach Gleichung (7.9)

$$\sigma_\mathrm{zul} = 300\,\mathrm{MPa} \cdot \sqrt[m]{-\ln(1 - 10^{-6})} = 300\,\mathrm{MPa} \cdot \sqrt[m]{10^{-6}}\,.$$

In Bild 7.12 b ist die Abhängigkeit der zulässigen Spannung vom Weibullmodul skizziert. Der Graph zeigt, dass σ_zul aufgrund der geforderten Bauteilzuverlässigkeit weit unterhalb σ_0 liegt[7] und dass eine geringere Werkstoffstreuung (größerer Weibullmodul m) die zulässige Spannung deutlich erhöht.

---

7 Beispielsweise liegt die zulässige Spannung für einen Weibullmodul von $m = 10$ bei nur 75 MPa.

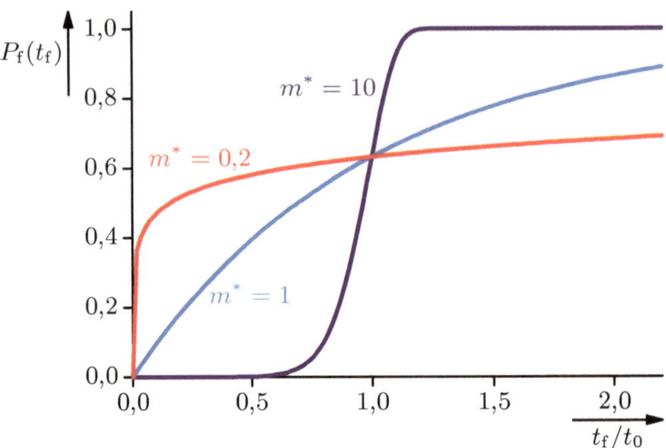

Bild 7.13: Versagenswahrscheinlichkeit abhängig von der Belastungszeit. Je nach Weibullmodul m^* ergeben sich unterschiedliche charakteristische Verteilungen.

∗7.3.2 Weibullstatistik bei unterkritischem Risswachstum

Wenn eine Keramik unterkritisches Risswachstum zeigt, so kann ihre Lebensdauer mit Gleichung (7.2) berechnet werden, wenn sie mit einer bestimmten Spannung belastet wird. In Abschnitt 7.2.6 wurde dabei allerdings deterministisch vorgegangen. Inzwischen wurde jedoch diskutiert, dass die Versagensspannung streut und einer Weibullverteilung gehorcht, so dass sich eine Versagenswahrscheinlichkeit $P_\mathrm{f}(\sigma)$ ergibt. Dementsprechend wird die Versagenszeit, die direkt von der Versagensspannung abhängt, ebenfalls streuen.

Die Versagenswahrscheinlichkeit nach einer bestimmten Zeit t_f ergibt sich, wenn man Gleichung (7.2) nach σ auflöst und in Gleichung (7.6) einsetzt:

$$P_\mathrm{f}(t_\mathrm{f}) = 1 - \exp\left[-\frac{V}{V_0}\left(\frac{t_\mathrm{f}}{t_0(\sigma)}\right)^{m^*}\right] . \tag{7.10}$$

Dabei ist $m^* = m/(n-2)$ der Weibullmodul für die Lebensdauer und $t_0(\sigma) = B^*\sigma^{-n}$ die Bezugszeit. Diese Gleichung entspricht genau Gleichung (7.6), enthält jedoch einen anderen Weibullmodul und ist auf eine Zeit anstatt auf eine Spannung bezogen.

Anhand des Weibullmoduls m^* kann die Versagensform der Keramik kategorisiert werden [1]. Ist $m^* < 1$, so tritt Versagen sehr häufig zu Beginn der Belastung auf (sogenanntes *infant failure*, siehe Bild 7.13). Bei $m^* = 1$ ist der Wahrscheinlichkeit des Versagens bei jeder Probe zu jedem Zeitpunkt gleich hoch. Ist $m > 1$, so gibt es einen Zeitpunkt t_0, zu dem das Versagen am wahrscheinlichsten ist.

∗7.3.3 Ermittlung der Werkstoffkennwerte σ_0 und m

Um die Versagenswahrscheinlichkeit experimentell zu ermitteln, wird eine große Zahl von Versuchen an gleichen Proben durchgeführt und die jeweilige Bruchspannung σ_i bzw.

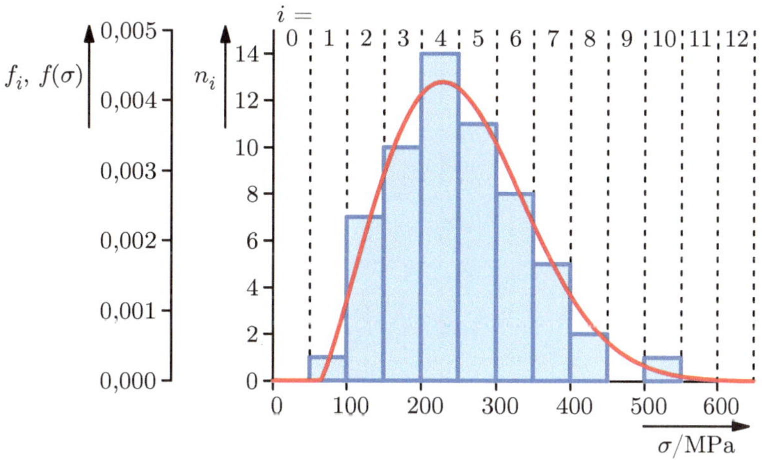

Bild 7.14: Auftragung der Probenzahl n_i, die innerhalb des jeweiligen Spannungsintervalls i der Breite $\Delta\sigma$ gebrochen ist, für eine Gesamtprobenzahl von $N = 60$. Die »diskrete Wahrscheinlichkeitsdichte« f_i ergibt sich aus Gleichung (7.11). Als Näherung wurde eine Weibullverteilung nach Gleichung (7.13) mit den Parametern $V/V_0 = 1$, $m = 2{,}2$, $\sigma_\mathrm{u} = 65\,\mathrm{MPa}$ und $\sigma_0 = 215\,\mathrm{MPa}$ verwendet.

Bruchzeit t_i aufgenommen. In beiden Fällen läuft die Ermittlung der Weibullparameter (σ_0 und m bzw. t_0 und m^*) vergleichbar ab. Sie wird hier am Beispiel der Bruchspannung diskutiert.

Ein Ansatz, die Verteilung der Bruchspannungen zu ermitteln, besteht darin, den Spannungsbereich, in dem Bruchspannungen aufgetreten sind, in Intervalle der Breite $\Delta\sigma$ aufzuteilen, wie in Bild 7.14 skizziert. Für jedes Spannungsintervall i wird die Anzahl der Proben n_i bestimmt, die innerhalb dieses Intervalls gebrochen sind. Die Wahrscheinlichkeit, dass eine weitere Probe innerhalb dieses Intervalls bricht, wird dann durch n_i/N gegeben, wobei N die Gesamtzahl der Proben ist. Bezieht man diese auf die Intervallbreite $\Delta\sigma$, so ergibt sich die »diskrete Wahrscheinlichkeitsdichte« f_i:

$$f_i = \frac{n_i}{N\Delta\sigma}\,.\tag{7.11}$$

f_i ist in Bild 7.14 in Form von Säulen dargestellt.

Die »diskrete Wahrscheinlichkeitsdichte« f_i kann durch eine Näherungsfunktion $f(\sigma)$ beschrieben werden. $f(\sigma)$ kann aus der Versagenswahrscheinlichkeit P_f bestimmt werden. Die Versagenswahrscheinlichkeit gibt an, wie groß die Wahrscheinlichkeit ist, dass eine Probe bei einer Spannung σ versagt. Erhöht man die Spannung σ um $\Delta\sigma$, so versagt in diesem Spannungsintervall ein Anteil $P_\mathrm{f}(\sigma + \Delta\sigma) - P_\mathrm{f}(\sigma)$ aller Proben. Normiert man diese Anzahl wie in Gleichung (7.11) auf das Spannungsintervall $\Delta\sigma$ und führt den Grenzübergang $\Delta\sigma \to 0$ durch, so ergibt sich

$$f(\sigma) = \lim_{\Delta\sigma\to 0} \frac{P_\mathrm{f}(\sigma + \Delta\sigma) - P_\mathrm{f}(\sigma)}{\Delta\sigma} = \frac{\mathrm{d}P_\mathrm{f}}{\mathrm{d}\sigma}\,.\tag{7.12}$$

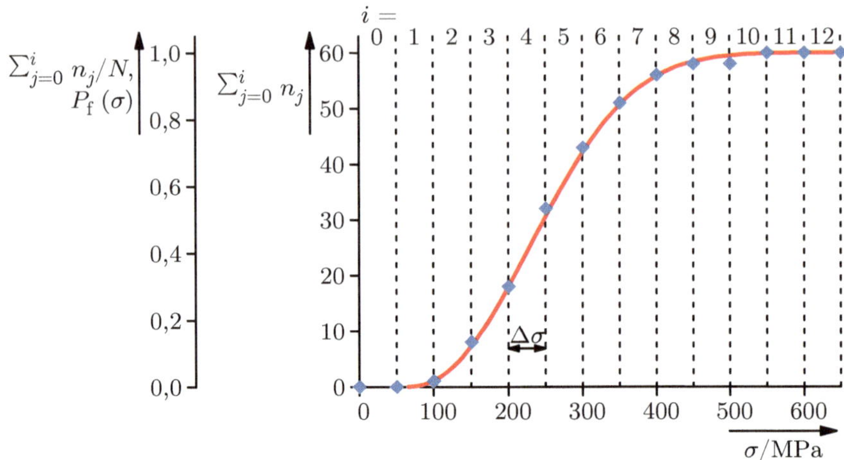

Bild 7.15: Auftragung der Probenzahl $\sum_{j=0}^{i} n_j$, die bis zum Ende des aktuellen Spannungsintervalls schon gebrochen ist. Die normierte Zahl ergibt sich aus Division durch die Gesamtprobenzahl N, so dass der normierte Wert gegen eins strebt. Die aus der Weibullverteilung folgende Versagenswahrscheinlichkeit P_f ist für die Parameter $V/V_0 = 1$, $m = 2{,}2$, $\sigma_\mathrm{u} = 65\,\mathrm{MPa}$ und $\sigma_0 = 215\,\mathrm{MPa}$ entsprechend Bild 7.14 eingezeichnet.

Die Wahrscheinlichkeitsdichte $f(\sigma)$ ist also die Ableitung der Versagenswahrscheinlichkeit nach der Spannung. Mit dem Ansatz (7.8) für die Versagenswahrscheinlichkeit ergibt sich damit die sogenannte *Weibullverteilung* [59, 157]

$$
f(\sigma) = \begin{cases} \dfrac{V}{V_0}\dfrac{m}{\sigma_0}\left(\dfrac{\sigma - \sigma_\mathrm{u}}{\sigma_0}\right)^{m-1} \exp\left[-\dfrac{V}{V_0}\left(\dfrac{\sigma - \sigma_\mathrm{u}}{\sigma_0}\right)^{m}\right] & \text{für } \sigma \geq \sigma_\mathrm{u}, \\[2ex] 0 & \text{für } \sigma < \sigma_\mathrm{u}, \end{cases}
$$
(7.13)

die in Bild 7.14 als rote Linie eingezeichnet ist. V ist wieder das Volumen des Körpers, für den die *Versagenswahrscheinlichkeit* berechnet wird, V_0 das Volumen des Probenkörpers, für den die Parameter σ_0, σ_u und m bestimmt wurden.

Mit den Messdaten aus Bild 7.14 kann auch die Versagenswahrscheinlichkeit ermittelt werden, wenn am Ende jeden Intervalls alle Proben vermerkt werden, die bis zur entsprechenden Spannung schon gebrochen sind. Dies ist in Bild 7.15 skizziert.

Eine andere Möglichkeit zur Ermittlung des Weibullmoduls m und der Bezugsspannung σ_0 ist in DIN EN 843-5 beschrieben. Sie besteht darin, nicht Spannungsintervalle zu definieren, sondern jedes Messergebnis einzeln zu betrachten. Jeder gemessenen Bruchspannung wird dazu eine Schätzung für eine Versagenswahrscheinlichkeit zugeordnet. Der niedrigsten gemessenen Versagensspannung σ_1 wird ein Wert nahe Null zugeordnet, da bei ihr nur eine der Proben gebrochen ist. Der größten Spannung σ_N wird ein Wert nahe Eins zugeordnet, da keine der Proben mehr intakt ist. Formelmäßig ergeben sich für die

Tabelle 7.3: Geschätzte Bruchwahrscheinlichkeiten $\tilde{P}_{\mathrm{f},i}$ für 12 Messwerte an Al_2O_3

i	$\sigma_i/$MPa	$\tilde{P}_{\mathrm{f},i}$
1	234,0	0,042
2	257,4	0,125
3	273,0	0,208
4	273,8	0,292
5	275,3	0,375
6	276,9	0,458
7	280,8	0,542
8	288,6	0,625
9	290,2	0,708
10	296,4	0,792
11	312,0	0,875
12	335,4	0,958

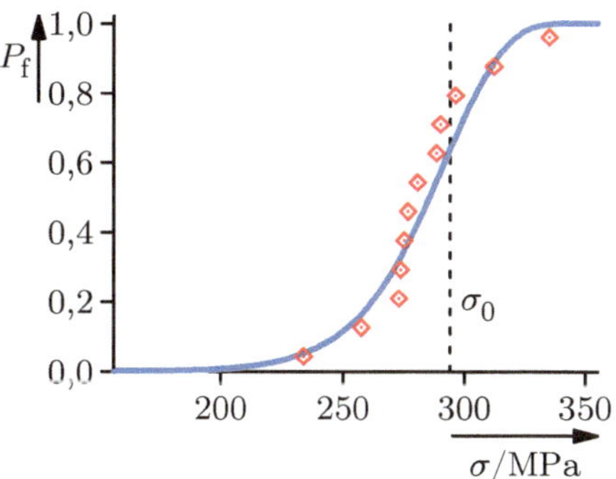

Bild 7.16: Auftragung der Versagenswahrscheinlichkeiten für die Messdaten aus Tabelle 7.3. Zusätzlich ist der Kurvenverlauf der Gleichung (7.3) mit an die Messdaten angepassten Parametern eingezeichnet.

Versagenswahrscheinlichkeiten folgende Schätzwerte:

$$\tilde{P}_{\mathrm{f},i} = \frac{i - 0,5}{N}\,, \tag{7.14}$$

wobei N die Anzahl der Messwerte und i der laufende Index der aufsteigend sortierten Bruchspannungen sind. Tabelle 7.3 zeigt entsprechende Werte für Al_2O_3. Das entspricht in etwa der normierten Auftragung der Anzahl an Proben, die bis zur aktuellen Spannung gebrochen sind, jedoch so korrigiert, dass die Wahrscheinlichkeit der ersten Probe gleich weit von Null wie die Wahrscheinlichkeit der letzten Proben von Eins entfernt ist. Bild 7.16 zeigt eine entsprechende Auftragung für die Messwerte aus Tabelle 7.3.

Das Ziel ist es, Gleichung (7.3) durch Anpassen der Parameter m und σ_0 an die Messdaten anzunähern.[8] Mit Hilfe ihrer linearisierten Form (7.4) ist es möglich, die Näherungen für die Kennwerte m und σ_0 analytisch zu berechnen. Dazu wird die Gleichung etwas weiter umgeformt:

$$\ln\left(\ln\frac{1}{1 - P_\mathrm{f}}\right) = m\ln\frac{\sigma}{\mathrm{MPa}} - m\ln\frac{\sigma_0}{\mathrm{MPa}}\,. \tag{7.15}$$

Trägt man nun für alle Messwerte $\ln\big(\ln[1/(1 - \tilde{P}_{\mathrm{f},i})]\big)$ über $\ln(\sigma_i/$MPa$)$ auf, so kann Gleichung (7.15) durch eine einfache lineare Regression oder graphisch an die Messwerte angepasst werden. Bild 7.17 zeigt ein entsprechendes Diagramm. In Bild 7.16 ist die Rücktransformation in ein σ-P_f-Koordinatensystem durchgeführt worden. In Aufgabe 23 wird eine solche Bestimmung der Parameter durchgeführt.

---

8 Es ist hier nicht notwendig, die volumenabhängige Form, Gleichung (7.6) zu verwenden, da m und σ_0 für das Probenvolumen $V = V_0$ bestimmt werden sollen.

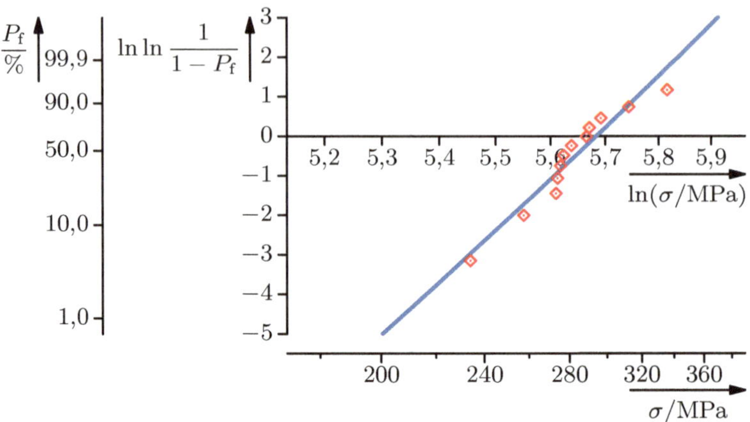

Bild 7.17: Bestimmung der Parameter $m = 13{,}1$ und $\sigma_0 = 294\,\mathrm{MPa}$ aus Messdaten

$*$ 7.4   Überlastversuch

Die große Streuung der mechanischen Eigenschaften von Keramiken bereiten Konstrukteuren bei der Auslegung von Bauteilen Probleme, da auch bei sehr niedrigen Lasten mit Versagen gerechnet werden muss. Ohne Maßnahmen, die solch ein Versagen verhindern, müssen die Bauteile so konservativ ausgelegt werden, dass die Vorzüge der Keramiken kaum ausgenutzt werden können.

Dieses Problem kann mit Hilfe des Überlastversuchs (engl. *proof test*) behoben werden. Beim Überlastversuch wird das Bauteil kurzzeitig mit einer Prüfspannung σ_p belastet, die größer als die maximal im Betrieb auftretende Spannung ist. Dabei versagen alle Bauteile, deren Festigkeit σ kleiner als die Prüfspannung ist: $\sigma \leq \sigma_\mathrm{p}$.

Solange die Keramik kein unterkritisches Risswachstum (Abschnitt 5.2.6) oder Ermüdungserscheinungen (Abschnitt 10.3) zeigt, wird kein Versagen im Betrieb auftreten, solange σ_p nicht überschritten wird. Aber selbst wenn die Betriebslast σ die Prüflast σ_p überschreitet, senkt der Überlastversuch die Ausfallwahrscheinlichkeit bei gleicher Lasthöhe. Wie sich die Versagenswahrscheinlichkeit ändert, wird im Folgenden hergeleitet.

Vor dem Überlastversuch gehorcht die Ausfallwahrscheinlichkeit P_f Gleichung (7.3).[9] Nach dem Überlastversuch sind nur noch Bauteile mit einer Versagensspannung $\sigma > \sigma_\mathrm{p}$ vorhanden. Für sie gilt die Wahrscheinlichkeitsdichte $g(\sigma)$, die durch Abschneiden der ursprünglichen Wahrscheinlichkeitsdichte $f(\sigma)$ bei σ_p gebildet wird (siehe Bild 7.18). Allerdings muss $g(\sigma)$ gegenüber $f(\sigma)$ skaliert werden, damit die Ausfallwahrscheinlichkeit

$$G_\mathrm{f}(\sigma) = \int_{\sigma_\mathrm{p}}^{\sigma} g(\sigma)\mathrm{d}\sigma$$

---

9 Es reicht die einfache Formulierung für die Ausfallwahrscheinlichkeit ohne Volumeneffekte aus, da das geprüfte Bauteil identisch mit dem Bauteil im Betrieb ist.

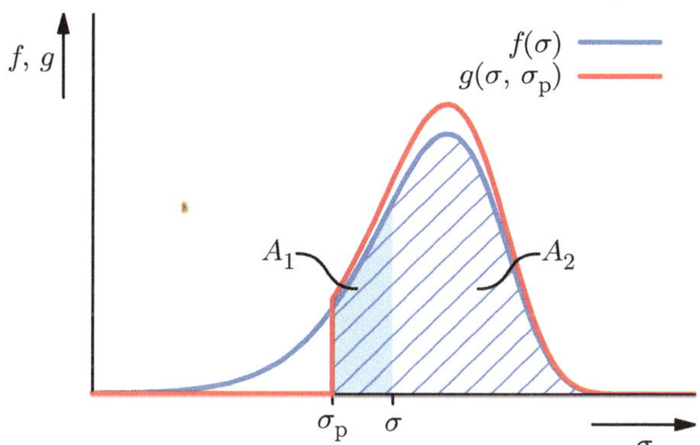

Bild 7.18. Wahrscheinlichkeitsdichte vor (f) und nach (g) dem Überlastversuch mit σ_p [112]. Die eingezeichneten Flächen A_1 und A_2 dienen zur Berechnung der Verteilungsfunktion G_f nach dem Überlastversuch.

für sehr große Spannungen $\sigma \to \infty$ Eins wird. Dies wird dadurch erreicht, dass G_f aus dem Quotienten der in Bild 7.18 eingezeichneten Flächen berechnet wird. A_1 ist die Fläche unterhalb von $f(\sigma)$ zwischen der Prüfspannung σ_p und der aktuellen Spannung σ, während A_2 die gesamte Fläche unter der Kurve $f(\sigma)$ für Werte oberhalb σ_p ist. Es ergibt sich

$$G_\mathrm{f}(\sigma) = \frac{A_1(\sigma)}{A_2} = \frac{\int_{\sigma_\mathrm{p}}^{\sigma} f(\sigma)\mathrm{d}\sigma}{\int_{\sigma_\mathrm{p}}^{\infty} f(\sigma)\mathrm{d}\sigma} \ .$$

Da $P_\mathrm{f}(\sigma)$ nach Gleichung (7.3) die Stammfunktion von $f(\sigma)$ ist, folgt daraus

$$G_\mathrm{f}(\sigma) = \frac{\left\{1 - \exp\left[-\left(\dfrac{\sigma}{\sigma_0}\right)^m\right]\right\} - \left\{1 - \exp\left[-\left(\dfrac{\sigma_\mathrm{p}}{\sigma_0}\right)^m\right]\right\}}{1 - \left\{1 - \exp\left[-\left(\dfrac{\sigma_\mathrm{p}}{\sigma_0}\right)^m\right]\right\}}$$

$$= 1 - \exp\left[-\left(\frac{\sigma}{\sigma_0}\right)^m + \left(\frac{\sigma_\mathrm{p}}{\sigma_0}\right)^m\right] \ . \tag{7.16}$$

Diese Gleichung stellt die Versagenswahrscheinlichkeit von Bauteilen dar, die mit einer Prüfkraft σ_p getestet wurden. Sie gilt nur für $\sigma > \sigma_\mathrm{p}$, andernfalls ist die Versagenswahrscheinlichkeit Null. Bild 7.19 zeigt die Versagenswahrscheinlichkeit vor ($P_\mathrm{f}(\sigma)$) und nach ($G_\mathrm{f}(\sigma)$) dem Überlastversuch in linearem Maßstab und linearisierter Form. Es ist zu erkennen, dass unterhalb von σ_p die Versagenswahrscheinlichkeit nach dem Überlastversuch Null ist. Aber auch oberhalb ist sie geringer als vor dem Überlastversuch, da sich durch das Aussortieren der versagten Proben die Normierung der Wahrscheinlichkeit geändert hat.

Führt man für das Beispiel aus Abschnitt 7.3.3 ($\sigma_0 = 294\,\mathrm{MPa}$, $m = 13{,}1$) einen Überlastversuch mit $\sigma_\mathrm{p} = 220\,\mathrm{MPa}$ durch, so versagen beim Prüfen 2,2 % der Bauteile.

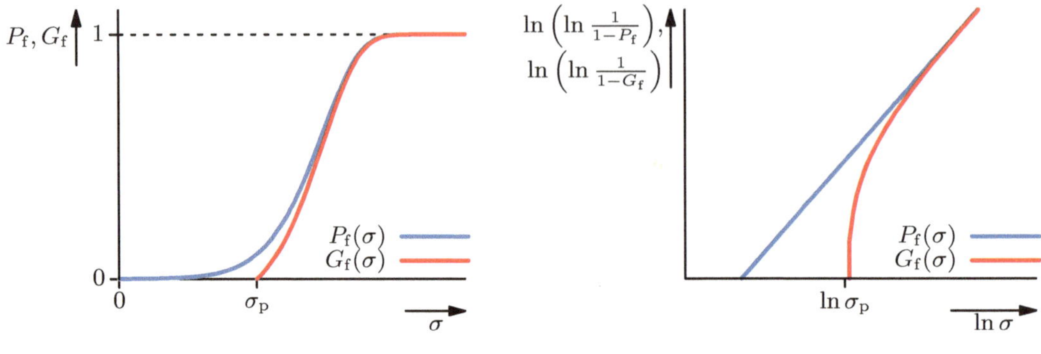

a: Linearer Maßstab

b: Linearisierte Darstellung entsprechend Bild 7.10 [112]

Bild 7.19: Versagenswahrscheinlichkeiten vor (P_f) und nach (G_f) dem Überlastversuch mit σ_p

Für die restlichen Bauteile gilt die neue Versagenswahrscheinlichkeit

$$G_\mathrm{f}(\sigma) = 1 - \exp\left[-\left(\frac{\sigma}{294\,\mathrm{MPa}}\right)^{13,1} + 0{,}022\right].$$

Unterhalb 220 MPa ist die Versagenswahrscheinlichkeit Null. Sollte die Proof-Last überschritten werden, so bleibt die Ausfallwahrscheinlichkeit dennoch niedriger als ohne Überlastversuch. Beispielsweise liegt die Versagenswahrscheinlichkeit bei $\sigma = 230$ MPa nun bei 1,8 % statt 3,9 % ohne Überlastversuch.

Entscheidend für die Anwendung des Überlastversuchs ist, dass die im Betrieb im Bauteil auftretende Spannungsverteilung möglichst gut nachgebildet wird. Dies ist nicht immer möglich, insbesondere dann, wenn es sich um thermische Spannungen handelt, die durch mechanische simuliert werden. Um dennoch Auslegungssicherheit zu erreichen, kann die Prüflast entsprechend hoch genug gewählt werden. Dies hat aber den Nachteil, dass hierdurch unnötige Ausschussteile produziert werden.

7.5   Maßnahmen zur Festigkeitssteigerung

Auch bei Keramiken stellt sich – wie bei den Metallen – die Frage, wie man ihre Festigkeit erhöhen kann. Die Methoden, die bei Metallen angewandt werden (Abschnitt 6.4), sind für Keramiken nicht brauchbar, da sie alle auf der Behinderung der Versetzungsbewegung basieren. Diese spielt aber beim Versagen von Keramiken keine Rolle. In diesem Abschnitt werden einige Methoden vorgestellt, mit denen die Festigkeit von Keramiken erhöht werden kann.

Es gibt zwei Herangehensweisen: Bei der einen versucht man, die Größe der zum Einsatzbeginn vorhandenen Defekte bzw. Anrisse im Material zu reduzieren, so dass bei unveränderter Bruchzähigkeit K_Ic entsprechend Gleichung (5.4) die kritische Spannung erhöht wird. Der andere Ansatz besteht darin, die Energieabsorption bei Rissfortschritt und somit die Bruchzähigkeit zu erhöhen. Die zugrunde liegenden Mechanismen hierfür

Tabelle 7.4: Mechanische Kennwerte einiger Keramiken [153]. σ_B ist die Biegefestigkeit aus Vier-Punkt-Biegeversuchen.

Keramik	E/GPa	K_Ic/MPa$\sqrt{\mathrm{m}}$	σ_B/MPa	m
SSN (Si$_3$N$_4$, gesintert)	290...330	5...8,5	700...1 000	10...15
RBSN (Si$_3$N$_4$, reaktionsgebunden)	80...180	1,8...4	200...330	14...16
ATI (Al$_2$O$_3$ · TiO$_2$)	10...50	3...5	15...100	10...12
PSZ (ZrO$_2$)	200...210	5,8...10,5	500...1 000	20...25
Aluminiumoxid (Al$_2$O$_3$)	220...380	4...5,5	230...580	10...15
ZTA (Al$_2$O$_3$ + ZrO$_2$-Partikel)	380	4,4...5	400...480	10...15

wurden bereits in Abschnitt 7.2 erläutert. Häufig werden hierzu Partikel oder Fasern in die Keramik eingebracht. Keramiken, die durch eingebrachte Partikel verstärkt werden, werden als *Dispersionskeramiken* bezeichnet und in diesem Kapitel erläutert. Faserverstärkte Keramiken werden in Kapitel 9 diskutiert. Tabelle 7.4 gibt einen Überblick über die mechanischen Eigenschaften einiger wichtiger Keramiken.

7.5.1 Reduzierung der Defektgröße

Wie bereits in Abschnitt 7.1 erwähnt, hängt die Defektgrößenverteilung der heißverdichteten Keramik wesentlich vom Herstellungsprozess ab. Verfahren, die den Verdichtungsvorgang unterstützen, z. B. indem eine Druckspannung aufgebracht wird oder Sinteradditive verwendet werden, lassen also höhere Festigkeitswerte erwarten. Leider ist dies auch immer mit Nachteilen verbunden. So ist z. B. das heißisostatische Pressen aufgrund des hohen apparativen Aufwands wesentlich teurer als das Sintern, während Sinteradditive durch die Bildung eines amorphen Saumes entlang der Korngrenzen das mechanische Hochtemperaturverhalten ungünstig beeinflussen.

Ein weiterer wichtiger Parameter ist die eingesetzte Größe der Keramikpulver. Diese sollte aus zweierlei Gründen möglichst klein gewählt werden. Erstens erhöht sich dadurch die spezifische Oberfläche des Grünkörpers und dadurch die Sinterfreudigkeit. Zweitens skaliert die Abmessung der Hohlräume zwischen den Pulverteilchen direkt mit deren Größe. Beides führt zu kleineren Poren nach erfolgter Heißverdichtung. Tabelle 7.5 illustriert dies am Beispiel von Al$_2$O$_3$. Deutlich zu erkennen ist, dass die eingesetzte Pulvergröße zwar keinen nennenswerten Einfluss auf die Dichte hat, die Festigkeit aber ganz wesentlich von ihr abhängt.

7.5.2 Umlenken der Rissfront

In Abschnitt 7.2.1 wurde erläutert, dass eine Verlängerung des Risspfades dadurch erreicht werden kann, dass die Keramik Teilchen enthält, in die der Riss nicht eindringen kann, so dass er sich um die Teilchen herum ausbreiten muss. Ein Beispiel für eine auf diese Weise verstärkte Keramik ist gesintertes Siliziumnitrid (SSN, Si$_3$N$_4$), das stäbchenförmige Kristallite mit deutlich größerer Länge als Dicke enthält. Diese Kristallite sind

Tabelle 7.5: Gegenüberstellung der Eigenschaften zweier Keramiken aus Al_2O_3 der Reinheit 99,9 % mit unterschiedlichen Ausgangspulvergrößen [109]

		fein	grob
Pulvergröße	µm	1 … 6	15 … 45
Dichte	g/cm³	3,96	3,99
Elastizitätsmodul	MPa	366 000	393 000
Zugfestigkeit	MPa	310	206
Biegefestigkeit	MPa	551	282
Druckfestigkeit	MPa	3 790	2 549

durch den Sinterprozess von einem sehr dünnen Saum von nur etwa 5 nm Dicke umgeben, der entweder glasartig oder kristallin sein kann. Bei Risswachstum gelingt es dem Riss nicht, in die Si_3N_4-Kristalle einzudringen. Vielmehr verläuft er entlang der dünnen Randschicht und muss sich um die stäbchenförmigen Körner winden [63]. Dadurch besitzt SSN für eine unverstärkte Keramik eine sehr große Bruchzähigkeit (siehe Tabelle 7.4). Siliziumnitrid-Keramiken werden wegen ihres guten Verschleißwiderstands, ihrer hohen Korrosionsbeständigkeit und ihrer Festigkeit beispielsweise zur Herstellung von Lagern, Ventilen, Schneidplatten und im Apparatebau eingesetzt [111].

Siliziumnitrid kann in zwei unterschiedlichen Kristallstrukturen vorliegen, die als α- und β-Phase bezeichnet werden. Beide Phasen sind hexagonal, wobei die Elementarzelle in c-Richtung bei der β-Phase etwa doppelt so groß wie bei der α-Phase ist [27]. Die Herstellung beginnt mit Pulvern, die aus α-Si_3N_4-Körnern bestehen, die sich während des Sinterns in längliche Teilchen der thermodynamisch stabileren β-Phase umwandeln, da diese in einer Vorzugsrichtung wachsen. Um eine vollständige Verdichtung zu erreichen, enthält Siliziumnitrid Sinteradditive, die für die Bildung der Grenzschicht auf den Korngrenzen verantwortlich sind.

Alternativ kann Si_3N_4 auch als reaktionsgebundenes Siliziumnitrid (RBSN) hergestellt werden. Dazu beginnt man mit einem Siliziumpulver, das in einer Stickstoff-Atmosphäre zur chemischen Reaktion gebracht wird. Dabei entsteht eine meist etwas poröse Keramik, die Teilchen aus α- und β-Phase enthält. Die Festigkeit dieses Materials ist wegen der anderen Kornstruktur und der durch die Porosität höheren Defektgröße deutlich geringer als die von gesintertem Siliziumnitrid (siehe Tabelle 7.4).

Auch in faserverstärkten Keramiken spielt die Rissumlenkung eine wichtige Rolle bei der Erhöhung des Risswiderstands. Dies wird in Kapitel 9 erläutert. Ein Beispiel für ein natürlich vorkommendes Material, dessen Bruchzähigkeit in ähnlicher Weise wie beim Siliziumnitrid erhöht ist, ist Perlmutt (siehe Abschnitt 9.4.4).

Eigenspannungen um eingelagerte Teilchen können, wie in Abschnitt 7.2.1 erklärt, ebenfalls zu einer Umlenkung der Rissfront führen. Ein Beispiel hierfür ist Siliziumnitrid, das mit Titannitrid verstärkt wurde [21]. Durch den unterschiedlichen thermischen Ausdehnungskoeffizienten gerät die Matrix in der Umgebung der Teilchen unter Druckspannung, so dass die Rissausbreitung behindert wird. Die Bruchzähigkeit K_{Ic} von Siliziumnitrid kann durch 30 Masse-% Titannitrid um 11 % gesteigert werden. Zusätzlich führen die Titannitrid-Teilchen zu einer deutlich höheren Abriebbeständigkeit.

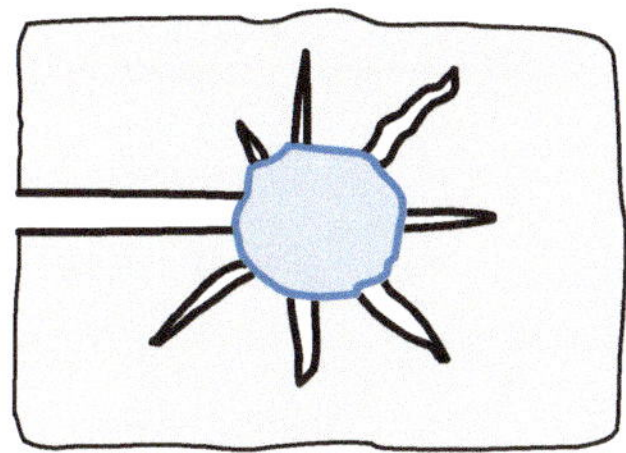

Bild 7.20: Mikrorisse um ein Partikel (nach [147])

7.5.3 Wirkung von Mikrorissen

Wie bereits in Abschnitt 7.2.3 erläutert wurde, kann die Bildung von Mikrorissen bei der Rissausbreitung die Bruchzähigkeit einer Keramik durch Energiedissipation erhöhen. Oft sind Mikrorisse bereits herstellungsbedingt im Material vorhanden. Abhängig von ihrer Verteilung können sie dann die Bruchzähigkeit erhöhen oder verringern. Beides kann, je nach Anwendungsfall, technisch wünschenswert sein.

Ein Fall, in dem die Bruchzähigkeit gesteigert werden kann, ist in Bild 7.20 skizziert. Dabei haben sich Mikrorisse um ein Partikel bereits bei der Herstellung gebildet. Dies kann durch unterschiedliche thermische Ausdehnungskoeffizienten von Matrix und Partikel oder durch eine Phasentransformation des Partikels verursacht werden. Entscheidend ist hier, dass die vorhandenen Mikrorisse den Elastizitätsmodul *lokal* verringern [19, 147], so dass ein ankommender Riss vom Partikel angezogen wird. Erreicht der Riss die Umgebung des Partikels, so wird die Rissfront dadurch entlastet, dass die Mikrorisse in der Umgebung ebenfalls geöffnet werden. Die lokal konzentrierten Mikrorisse führen also sowohl zur Rissumlenkung und somit zur Erhöhung der Rissoberfläche als auch zur Rissaufspaltung an den Partikeln. Ein Beispiel für eine solche Keramik ist Aluminiumoxid, das mit Zirkonoxid-Partikeln verstärkt ist, die bei der Herstellung eine Phasenumwandlung durchführen können. Wie weiter unten erläutert wird, müssen die Partikel dazu hinreichend groß sein, damit die Umwandlung stattfinden kann. Sie dürfen aber auch nicht zu groß werden, da sich sonst zu große Mikrorisse bilden, die dann selbst festigkeitsmindernd wirken. Dies zeigt eine grundsätzliche Problematik bei der Verstärkung durch Mikrorisse auf. Es ist oftmals so, dass durch diese Verstärkungsart zwar die Bruchzähigkeit, nicht aber die Festigkeit zunimmt.

Sind die Mikrorisse nicht, wie bei den bisher diskutierten Beispielen, lokal nur am Ort der Rissspitze oder des Partikels vorhanden, sondern homogen über das gesamte Volumen verteilt, so reduzieren sie den Elastizitätsmodul der Keramik global. Dadurch nimmt die elastisch gespeicherte Energie entsprechend Abschnitt 2.4 bei einer Belastung durch eine vorgegebene Spannung zu, so dass auch die freigesetzte Energie bei Rissfortschritt größer wird. Dies erhöht die Rissantriebskraft $\mathcal{G}_\mathrm{I}$ nach Gleichung (5.10), Rissfortschritt findet also schon bei geringeren Spannungen statt. Die Bruchzähigkeit K_Ic sinkt entsprechend Gleichung (5.16) mit abnehmendem Elastizitätsmodul. Für dehnungskontrollierte Anwendungen ist ein geringerer Elastizitätsmodul, z. B. aufgrund von Mikrorissen, hingegen günstig, da die Abnahme der Spannung aufgrund des geringeren Elastizitätsmoduls größer als die Abnahme der Bruchzähigkeit K_Ic ist. Entsprechend Gleichungen (5.15)

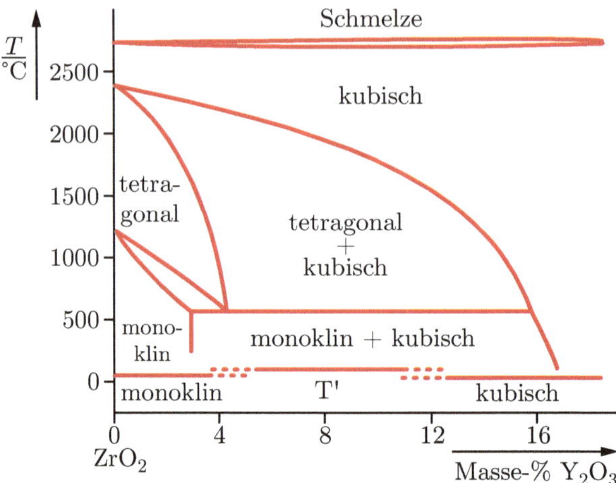

Bild 7.21: Phasendiagramm des Systems ZrO$_2$-Y$_2$O$_3$ (nach [98])

und (5.16) ergibt sich durch Einsetzen von $\sigma_\mathrm{c} = E\varepsilon_\mathrm{c}$

$$\varepsilon_\mathrm{c} = \sqrt{\frac{\mathcal{G}_\mathrm{Ic}}{E\pi a}}\,. \tag{7.17}$$

Die kritische Dehnung ε_c ist also durch den geringeren Elastizitätsmodul größer.

Ein Beispiel für eine Keramik mit gleichmäßig verteilten Mikrorissen ist Aluminiumtitanat (ATI, Al$_2$O$_3$ $\cdot$ TiO$_2$). Es besitzt aufgrund einer rhomboedrischen Kristallstruktur ein stark anisotropes Wärmeausdehnungsverhalten. In zwei Richtungen liegen positive Wärmeausdehnungskoeffizienten, in einer Richtung ein negativer (also »Wärmekontraktion«) vor. Dies führt beim Abkühlen von der Sintertemperatur zu starken Eigenspannungen, die Mikrorisse im Gefüge zur Folge haben. Dadurch ergeben sich der in Tabelle 7.4 aufgeführte niedrige Elastizitätsmodul und die geringe Bruchzähigkeit und Festigkeit. Makroskopisch besitzt ATI einen sehr geringen Wärmeausdehnungskoeffizienten, der in Verbindung mit dem niedrigen Elastizitätsmodul zu einer hervorragenden Thermoschockbeständigkeit führt [153].

7.5.4 Umwandlungsverstärkung

Die Erhöhung des Risswiderstandes durch *Umwandlungsverstärkung* beruht darauf, dass während des Rissfortschritts Druckeigenspannungen im Material erzeugt werden. Dies geschieht durch die spannungsinduzierte Phasenumwandlung, die in Abschnitt 7.2.4 beschrieben wurde. Um diese zu erreichen, werden in die Matrix Partikel eingebracht, die eine Phasenumwandlung durchführen, bei der ihr Volumen zunimmt, sobald eine ausreichende Zugspannung vorliegt.

Für eine Umwandlungsverstärkung durch spannungsinduzierte Phasenumwandlungen ist Zirkonoxid (ZrO$_2$) besonders geeignet. Reines Zirkonoxid erstarrt bei einer Temperatur von 2680 °C in einer kubischen Kristallstruktur, die bis 2370 °C Bestand hat (vgl. Bild 7.21). Dort wandelt sich ZrO$_2$ in eine tetragonale Form um. Kühlt man weiter ab, wird unterhalb 1170 °C die monokline Form stabil. Sie entsteht im Allgemeinen durch martensitische, also diffusionslose, Umwandlung (vgl. Abschnitt 6.4.5), die mit einer Volumenzunahme von 3 % bis 5 % und einer Scherung von 1 % bis 7 % verbunden ist. Dieser Vorgang lässt sich bei der Herstellung von reinem ZrO_2 praktisch nicht unterdrücken, und die daraus resultierenden Eigenspannungen sind so groß, dass der Werkstoff durch Rissbildung stark geschädigt wird. Entsprechend hat reines ZrO_2 für lasttragende Anwendungen keine Bedeutung.

Zur Verstärkung durch Phasenumwandlungen kommt es dagegen, wenn bei Raumtemperatur noch metastabiles, tetragonales ZrO_2 vorliegt. Dies lässt sich erreichen, indem die tetragonale Phase durch Zugabe einer weiteren oxidischen Komponente gegenüber der monoklinen Phase stabilisiert wird. Beispielsweise kann die Umwandlungstemperatur durch Zulegieren von Yttriumoxid (Y_2O_3) bis auf minimal etwa 550 °C reduziert werden (siehe Bild 7.21).[10] Zur Umwandlung von der tetragonalen in die monokline Phase muss eine Energiebarriere überwunden werden, da zunächst hinreichend große Keime der monoklinen Phase gebildet werden müssen, analog zur Keimbildungsbarriere bei der Ausscheidungshärtung (siehe Abschnitt 6.4.3). Diese Keimbildungsbarriere ist im stabilisierten Zirkonoxid so hoch, dass sie ohne zusätzliche Triebkraft nicht überwunden werden kann.

Die zur Umwandlung nötige zusätzliche Triebkraft kann durch Spannungen zur Verfügung gestellt werden. Wird eine hydrostatische Zugspannung überlagert, so müsste Energie zur elastischen Verformung der tetragonalen Phase aufgebracht werden. Dadurch erhöht sich die Energie der tetragonalen Phase gegenüber der weniger dichten monoklinen Phase, so dass sich die Keimbildungsbarriere entsprechend verringert. Äußere Spannungen, beispielsweise vor einer Rissspitze, können deshalb die Umwandlung bewirken. Auch Eigenspannungen, die beim Abkühlen innerhalb des Materials entstehen, können die Keimbildungsbarriere durch diesen Mechanismus verringern. Die Größe dieser Eigenspannungen nimmt mit der Korngröße zu, so dass die Korngröße hinreichend klein gewählt werden muss, damit die Umwandlung nicht bereits beim Abkühlen stattfinden kann.

Der Einfluss der Korngröße auf den Umwandlungsprozess lässt sich mit einer einfachen Modellvorstellung begründen [48]: Dazu betrachten wir eine Ecke innerhalb eines Korns aus tetragonalem Zirkonoxid, das in eine Matrix eingebettet ist, die einen anderen thermischen Ausdehnungskoeffizient besitzt. In dieser Ecke wird sich aufgrund der thermischen Spannungen eine Spannungssingularität ausbilden, die Spannung also in der Umgebung der Ecke sehr große Werte annehmen. Die Spannung reicht dann in einem bestimmten Bereich in der Umgebung der Ecke aus, um die Phasenumwandlung zu initiieren. Damit dieser umgewandelte Bereich sich ausbreiten kann, muss er größer sein als die kritische Keimgröße. Die Größe des Bereichs, in dem die notwendige Spannung überschritten wird, ist aber proportional zur Korngröße. In großen Körnern kann deshalb die Umwandlung beim Abkühlen auch ohne äußere Spannung stattfinden, in kleinen nicht.

Im Fall des teilstabilisiertem Zirkonoxids (PSZ, engl. *partially stabilized zirconia*) ist der Gehalt des zulegierten Oxids so hoch, dass man sich bei der Sintertemperatur von etwa 1800 °C üblicherweise im Einphasenfeld der kubischen Phase befindet. Durch schnelles Abkühlen wird dieser Zustand zunächst »eingefroren«, um dann durch Wärmebehandlung

---

10 Zusätzlich können während des Abkühlens noch Druckspannungen überlagert werden, um die tetragonale Phase gegenüber der monoklinen energetisch zu begünstigen.

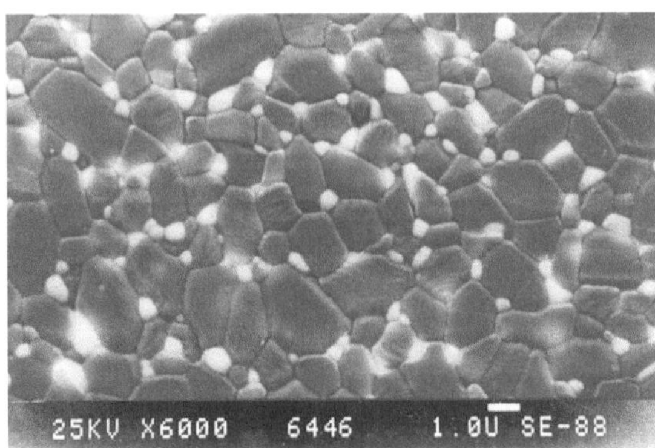

Bild 7.22: Kornstruktur von Zirkonoxid (hell) in Aluminiumoxid (dunkel). Der horizontale
Balken hat eine Länge von 1 µm. CeramTec AG, Plochingen

bei Temperaturen um 1400 °C tetragonale Ausscheidungen in der kubischen Matrix zu bilden. Diese der Ausscheidungshärtung von Metallen (siehe Abschnitt 6.4.3) artverwandte Vorgehensweise hat den Vorteil, dass die Größe der tetragonalen Teilchen genau eingestellt werden kann. Maximale Festigkeit wird für die Wärmebehandlungsdauer erreicht, bei der die Teilchengröße knapp unterhalb des oben beschriebenen kritischen Werts liegt.

Da die verfestigende Wirkung linear mit dem Anteil an tetragonaler Phase zunimmt, führt ein Anteil von 100 % an tetragonalem Zirkonoxid zu einer maximalen Festigkeitssteigerung. Zirkonoxid mit nahezu 100 % tetragonaler Phase wird als vollstabilisiertes Zirkonoxid (TZP, engl. *tetragonal zirconia polycrystals*) bezeichnet. In diesem Fall muss man den Gehalt der zulegierten oxidischen Komponente so begrenzen, dass man sich bei Sintertemperatur noch im Phasenfeld der tetragonalen Phase befindet.[11] Dieser Gehalt darf aber auch nicht zu gering sein, weil man sonst die Umwandlung der tetragonalen Körner nicht sicher unterbinden könnte. Eine solche vollständige Stabilisierung des Zirkonoxids lässt sich beispielsweise durch Zugabe von 4 Masse-% Y_2O_3 erreichen. Durch Verwendung von extrem feinem Ausgangspulver und Anwendung niedriger Sintertemperaturen (typisch sind Werte um 1400 °C) wird zudem eine sehr kleine Korngröße (ca. 1 µm) eingestellt, um eine Umwandlung in die monokline Phase zu vermeiden.

TZP zählt zu den Keramiken mit den größten Festigkeiten und Bruchzähigkeiten. Es wird z. B. in Keramikhammern oder Keramikschneiden von Messern verwendet. TZP wird allerdings nicht nur als Vollmaterial eingesetzt, sondern auch, um andere Keramiken zu verstärken. Bild 7.22 zeigt als Beispiel Aluminiumoxid (Al_2O_3) mit eingelagerten Zirkonoxidpartikeln, das als *zirconia-toughened alumina* (ZTA) [112, 147] bezeichnet wird. Liegt die Größe der Zirkonoxidpartikel oberhalb der kritischen Größe oder reichen die Druckspannungen bei der Abkühlung nicht aus, so findet die Phasenumwandlung bereits während der Abkühlung statt. Dadurch kommt es zwar nicht zur Umwandlungsverstärkung, es treten aber die anderen oben diskutierten Mechanismen (Rissumlenkung, Mikrorissbildung) zur Erhöhung des Risswiderstands auf. ZTA wird beispielsweise als Schneidwerkzeug für die spanende Bearbeitung von Metallen eingesetzt.

---

11 Meist gelingt das nicht ganz, und man findet deswegen häufig auch einen geringen Anteil der kubischen Phase.

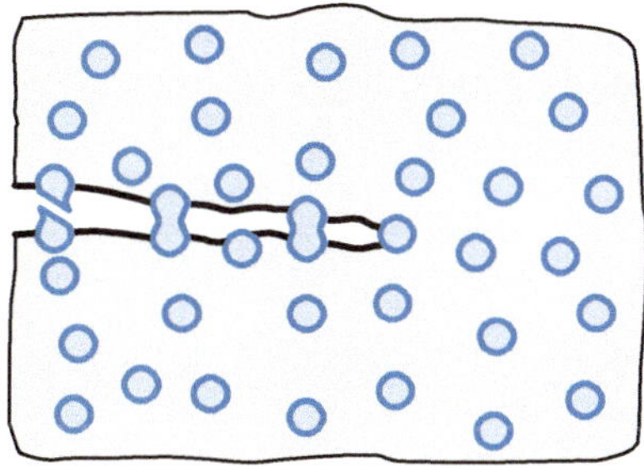

Bild 7.23. Behinderung des Rissfortschritts durch duktile Partikel (nach [160])

7.5.5 Einbringen duktiler Phasen

Duktile Partikel (beispielsweise Metalle) bewirken einen Rissbrückeneffekt, indem sie dazu führen, dass ein Riss, der durch sie hindurchläuft, beim Aufreißen dieser Partikel zusätzliche Energie für deren plastische Verformung benötigt, wie in Bild 7.23 skizziert. Sinnvollerweise sollten die Partikel eine anziehende Wirkung auf den Riss ausüben, z. B. durch einen gegenüber der Matrix geringeren Elastizitätsmodul. Dieser Verstärkungsmechanismus hat allerdings den entscheidenden Nachteil, dass ein Einsatz der so verstärkten Keramik bei hohen Temperaturen nicht möglich ist, da die metallische Phase dann nur noch eine niedrige Festigkeit aufweist und beim Überbrücken des Risses zusätzlich oxidativem Angriff ausgesetzt ist. Technische Bedeutung hat diese Vorgehensweise deshalb bisher nicht erlangt. Eine mögliche Anwendung ist die Medizintechnik, in der häufig Hydroxyapatit (siehe Abschnitt 9.4.4) als Implantatwerkstoff eingesetzt wird. Die Bruchzähigkeit von Hydroxyapatit lässt sich durch Hinzufügen von duktilen Platinteilchen deutlich steigern [31].

8   Mechanisches Verhalten der Polymere

Polymere existieren in großer Vielfalt und mit stark unterschiedlichen Eigenschaften, die sie für so unterschiedliche Anwendungen wie Gummireifen, Motorradhelme, Lebensmittelverpackungen oder Plastiktüten geeignet machen. Diese große Vielfalt kommt dadurch zustande, dass sie aus organischen Kettenmolekülen zusammengesetzt sind, deren Aufbau sich in weiten Grenzen beeinflussen lässt (siehe auch Kapitel 1).

Wie bereits in Abschnitt 1.4 erläutert, unterscheidet man bei den Polymeren amorphe und teilkristalline Thermoplaste, Elastomere und Duromere. Die Erläuterungen der physikalischen Eigenschaften und des mechanischen Verhaltens der Polymere in diesem Kapitel beziehen sich, wenn nicht anders angegeben, auf amorphe Thermoplaste. Die besonderen Eigenschaften der anderen Polymergruppen werden jeweils gesondert diskutiert.

Die mechanischen Eigenschaften amorpher Thermoplaste werden im Wesentlichen nicht durch die kovalenten Bindungen innerhalb der Kettenmoleküle bestimmt, sondern durch die Bindungen zwischen den Ketten. Dabei handelt es sich, je nach chemischer Zusammensetzung des Polymers, um van-der-Waals-, Dipol- oder Wasserstoffbrückenbindungen (siehe Kapitel 1). Die unterschiedliche Stärke dieser Bindungen führt zu einer entsprechenden Bandbreite in den mechanischen Eigenschaften. Zusätzlich spielt, insbesondere für die plastische Verformung, auch die Geometrie der Moleküle eine Rolle, da diese bei einer Verformung aneinander vorbeibewegt werden müssen.

Die Bindungen zwischen den Ketten sind schwächer als kovalente oder metallische Bindungen und können deshalb bei niedrigeren Temperaturen, häufig schon bei Raumtemperatur, durch thermische Fluktuationen überwunden werden, so dass sich Polymere bereits bei Raumtemperatur im Hochtemperaturbereich befinden, worauf in Abschnitt 8.1 eingegangen wird. Dies führt zu einer Zeitabhängigkeit der Verformung und dazu, dass es nicht immer einfach möglich ist, elastische und plastische Verformung voneinander zu trennen. Die mechanischen Eigenschaften von Polymeren sind Gegenstand der Abschnitte 8.2 bis 8.4. Anschließend werden Maßnahmen zur Verbesserung der mechanischen Eigenschaften der Polymere diskutiert, und schließlich wird kurz auf ihre Empfindlichkeit gegen Umwelteinflüsse eingegangen.

8.1   Physikalische Eigenschaften der Polymere

8.1.1   Relaxationsprozesse

Amorphe Thermoplaste bestehen aus kovalent gebundenen Kettenmolekülen, die durch intermolekulare Wechselwirkungen aneinander gebunden sind. Bei sehr niedrigen Temperaturen (im Bereich einiger Kelvin) sind die Molekülketten in ihrer Position fixiert, so dass bei mechanischer Beanspruchung die intermolekularen Bindungen gedehnt werden.

© Springer Fachmedien Wiesbaden GmbH, ein Teil von Springer Nature 2019
J. Rösler et al., *Mechanisches Verhalten der Werkstoffe*, https://doi.org/10.1007/978-3-658-26802-2_8

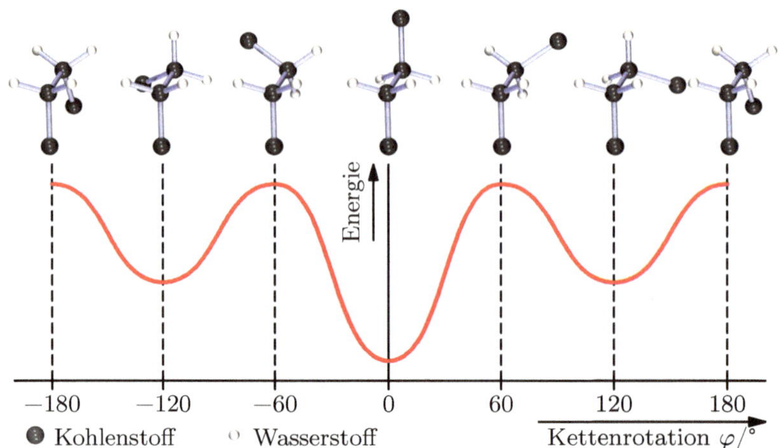

Bild 8.1: Schematische Darstellung der potentiellen Energie der Bindung zwischen zwei Kohlenstoffatomen in einer Molekülkette (nach [80]). Es sind nur die Wasserstoffatome der zwei mittleren Kohlenstoffatome eingezeichnet.

Bei höheren Temperaturen ist das Verhalten der Polymere jedoch wesentlich komplizierter, da es zwischen und innerhalb der Ketten zu Umlagerungen und Bewegungen kommen kann, die thermisch aktiviert sind und häufig reversibel ablaufen. Diese Prozesse sind zum Großteil verantwortlich für die physikalischen Eigenschaften und das mechanische Verhalten der Polymere. Sie werden als *Relaxationsprozesse* bezeichnet. In diesem Abschnitt werden diese Relaxationsprozesse erläutert. Sie tragen ihren Namen, weil sie, wie später gezeigt wird, zu einer Relaxation, d. h. einem Abbau anliegender Spannungen, führen können.

In einem amorphen Polymer gibt es eine Vielzahl solcher Relaxationsmechanismen, die durch die chemische Struktur des Polymers bestimmt sind und die bei verschiedenen Temperaturen auftreten können. Im Folgenden sollen einige Beispiele für Relaxationsmechanismen kurz erläutert werden.

Ein einfaches Beispiel für einen Relaxationsprozess ist die Rotation entlang der Kette eines Polymermoleküls, beispielsweise von Polyethylen. Zwar ist eine einzelne C-C-Bindung frei rotierbar, doch für die Bindung entlang der Kette eines Polymers gilt dies nicht mehr, da die angelagerten Wasserstoffatome und die Polymerkette selbst eine Rotation behindern. Bild 8.1 zeigt schematisch die Energie der Bindung für verschiedene Rotationswinkel einer Molekülkette. Es ist zu erkennen, dass die Energie am kleinsten ist, wenn die Wasserstoffatome benachbarter Kohlenstoffatome entgegengesetzte Positionen einnehmen. Darüber hinaus gibt es zwei Nebenminima bei Rotationswinkeln von ±120°, die energetisch etwas ungünstiger sind. Eine Rotation aus der Lage eines der lokalen Minima in ein anderes ist also mit einer Energiebarriere verbunden, die durch thermische Aktivierung überwunden werden kann.

Ein einfache Rotation entlang einer Bindung, wie hier dargestellt, kann in einem Polymer nicht stattfinden, da hierbei ein großer Kettenabschnitt als Ganzes bewegt werden müsste. Dies ist wegen der Behinderung durch benachbarte Moleküle nicht möglich. Es

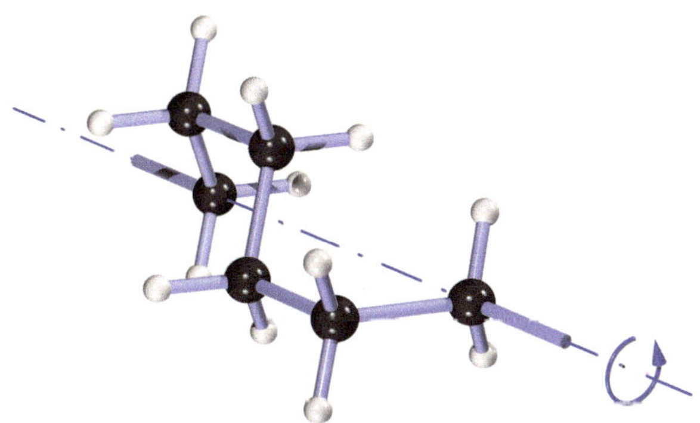

Bild 8.2: Rotation von Kohlenstoffatomen entlang einer Molekülkette (*Crankshaft-Relaxation*, nach [80])

können jedoch mehrere Atome entlang der Kette gemeinsam bewegt werden, wie Bild 8.2 am Beispiel eines Polyethylen-Moleküls zeigt. Diese Bewegung wird wegen ihrer Form als *Crankshaft-Relaxation* (Kurbelwellen-Relaxation) bezeichnet. In diesem Fall findet eine Rotation von vier Atomen entlang der Molekülkette statt. Die mit einer solchen Rotation verbundene Energiebarriere hat eine Größe von etwa 60 kJ/mol [80]. Ist die thermische Energie also groß genug, können derartige Rotationen stattfinden. In Polyethylen ist dies bei Temperaturen oberhalb von etwa −100 °C der Fall.

Wird ein Bauteil aus Polyethylen mechanisch belastet, so können sich die Moleküle durch den beschriebenen Mechanismus umordnen und so eine zusätzliche Verformung ermöglichen. Wegen der hierzu notwendigen thermischen Aktivierung erfordert dieser Vorgang eine gewisse Zeitspanne. Es kommt deshalb zu einer zeitabhängigen Verformung, die in Abschnitt 8.2 näher erläutert wird.

Seitengruppen entlang der Molekülkette können ebenfalls zu Relaxationsprozessen führen. Als Beispiel betrachten wir Polymethylmethacrylat (PMMA, siehe Bild 1.23, Seite 29). Das Monomer des PMMA enthält eine Methylgruppe CH_3, die direkt an die Kette gebunden ist, sowie eine $COOCH_3$-Gruppe, die aus einer Carboxylgruppe (COO) und einer weiteren Methylgruppe besteht. Die an die Carboxylgruppe gebundene Methylgruppe ist relativ frei beweglich und kann bereits bei Temperaturen oberhalb von 6 K durch thermische Aktivierung rotieren. Die an die Hauptkette gebundene Methylgruppe dagegen besitzt wegen der Behinderung durch benachbarte Gruppen eine höhere Aktivierungsenergie, so dass sie erst bei Temperaturen von etwa −170 °C beweglich wird. Die Carboxylgruppe ist noch größer und wird in ihrer Bewegung zusätzlich durch die an sie gebundene Methylgruppe behindert. Darüber hinaus ist diese Gruppe auch polar, so dass sie durch elektrostatische Wechselwirkungskräfte zusätzlich in ihrer Position festgehalten wird. Eine Relaxation einer durch Dipol- oder Wasserstoffbrückenbindungen zusätzlich gebundenen Seitengruppe kann nur auftreten, wenn die Temperatur hoch genug ist, um die Bindungskräfte so weit zu überwinden, dass sich die Seitengruppe in eine andere Position bewegen kann. Bei der Carboxylgruppe des PMMA führt dies dazu, dass sie erst bei einer Temperatur von 20 °C relaxieren kann.

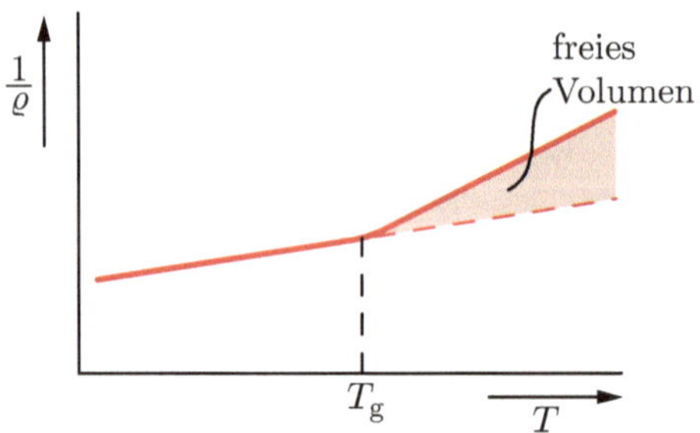

Bild 8.3: Spezifisches Volumen $1/\varrho$ als Funktion der Temperatur für ein amorphes Polymer [9]

Die einzelnen Relaxationsprozesse eines Polymers werden häufig mit griechischen Buchstaben bezeichnet. Dabei ist eine α-Relaxation diejenige, die bei der höchsten Temperatur stattfindet, die nächst-niedrigere ist die β-Relaxation und so weiter. Diese Nomenklatur ist insofern unglücklich, als physikalisch identische Relaxationsprozesse zweier verschiedener Polymerarten in ihren Bezeichnungen nicht immer miteinander übereinstimmen.

Auch größere Kettenabschnitte von etwa 50 Einheiten können beweglich werden, wenn die Temperatur hoch genug ist. Die thermische Energie führt dann dazu, dass sich die Abstände zwischen den Molekülen aufgrund von Stößen zwischen ihnen soweit erhöhen, dass auch größere Kettenabschnitte aneinander abgleiten können. Diese erhöhte Beweglichkeit führt zum sogenannten *Glasübergang,* der im nächsten Abschnitt diskutiert wird.

In kristallinen Bereichen kommt es ebenfalls zu Relaxationsvorgängen. Viele der oben genannten Mechanismen, beispielsweise die Crankshaft-Relaxation, können aber in kristallinen Bereichen nicht auftreten, da die Moleküle dort dichter gepackt sind. Stattdessen kann es beispielsweise zu Bewegungen freier Kettenenden oder zu Umlagerungen an Fehlstellen des Gitters kommen.

8.1.2 Glasübergangstemperatur

Die physikalischen Eigenschaften eines Polymers sind in den amorphen und den kristallinen Bereichen unterschiedlich und sollen deshalb getrennt behandelt werden. Die in diesem Abschnitt erläuterte *Glasübergangstemperatur* hat nur für die amorphen Bereiche eine Bedeutung.

Um die Glastemperatur zu erläutern, wird zunächst das *spezifische Volumen* eingeführt, das als Kehrwert der Dichte definiert ist. Bild 8.3 zeigt die Abhängigkeit des spezifischen Volumens von der Temperatur für ein amorphes Polymer. Bei niedrigen Temperaturen steigt das spezifische Volumen mit der Temperatur an, da sich das Material thermisch ausdehnt, wie in Abschnitt 2.7 für Metalle und Keramiken beschrieben. Eine Temperaturerhöhung geht mit einer entsprechenden Erhöhung der Energie der Moleküle einher, die zu einem Aufweiten der Bindung führt. Bei einer bestimmten Temperatur, der *Glasübergangstemperatur* oder kurz *Glastemperatur* T_g, zeigt die Kurve des spezifischen Volumens einen Knick, und das spezifische Volumen steigt deutlich stärker mit der Temperatur an als zuvor. Dieses zusätzliche Volumen wird als *freies Volumen* bezeichnet.

Mikroskopisch bedeutet dieser stärkere Anstieg, dass auch der Abstand zwischen den

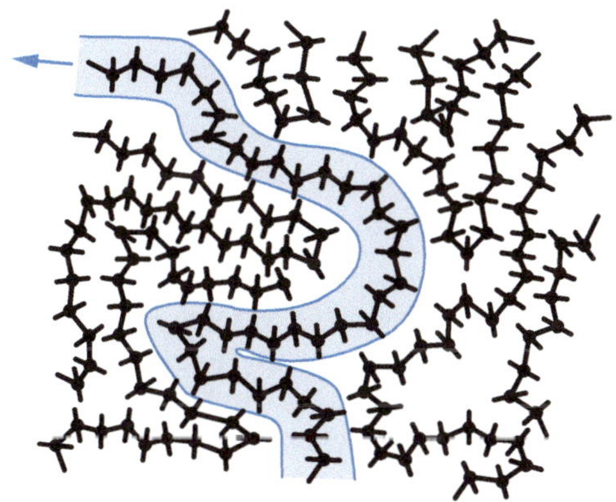

Bild 8.4: Bewegung eines Kettenmoleküls im Molekülverbund (nach [9])

Molekülketten stärker wächst als bei niedrigeren Temperaturen. Dies wird dadurch verursacht, dass die thermische Energie jetzt hoch genug ist, um die intermolekularen Bindungen soweit zu überwinden, dass die Moleküle beweglicher werden. Häufig wird in diesem Zusammenhang von einem »Aufschmelzen« der Bindungen bei Erreichen der Glastemperatur gesprochen. Dies ist jedoch nicht so zu verstehen, dass die Bindungen zwischen den Molekülketten oberhalb der Glastemperatur aufgelöst sind. Die thermische Energie ist aber so hoch, dass Umlagerungen der Moleküle ohne Anliegen einer äußeren Spannung möglich sind, bei denen Bindungen gelöst und wieder neu geknüpft werden, d. h., die Aktivierungsenergie für einen solchen Umlagerungsprozess kann allein durch die thermische Energie zur Verfügung gestellt werden. Die Situation ist ähnlich dem Schmelzen eines kristallinen Festkörpers. Auch hier gibt es oberhalb der Schmelztemperatur noch starke Bindungen zwischen den Atomen, da das Material ansonsten nicht flüssig, sondern gasförmig wäre. Die zur Verfügung stehende thermische Energie erlaubt aber, die Bindungen kurzfristig soweit zu lösen, dass die Atome aneinander vorbeibewegt werden können. Die thermische Bewegung der Kettenmoleküle wird deshalb oberhalb der Glastemperatur weniger stark durch die intermolekularen Bindungen eingeschränkt, so dass sich bei einer Erhöhung der Temperatur und damit der kinetischen Energie der Abstand zwischen den Molekülen stark vergrößert.

Die Beweglichkeit der Kettenmoleküle ist somit wesentlich größer als unterhalb der Glastemperatur, so dass die Moleküle entlang größerer Molekülabschnitte relaxieren können, wie im vorherigen Abschnitt bereits kurz erläutert wurde. Die Viskosität ist direkt oberhalb der Glastemperatur aber wesentlich höher als beispielsweise in einem geschmolzenen Metall, da die Molekülketten stark miteinander verknäult sind und so ein Abgleiten ganzer Ketten aneinander geometrisch behindert ist. Damit sich das Polymer wie eine Flüssigkeit verhalten kann, muss es möglich sein, dass anfänglich benachbarte Moleküle sich bei der Verformung stark voneinander entfernen, d. h., ein Molekül muss aus dem verknäulten Verbund herausgezogen werden können. Man kann sich dies so vorstellen, dass eine Kette sich in einem »Tunnel« bewegt, der zwischen den umgebenden Molekülen liegt (Bild 8.4). Wegen der komplexen Form des Tunnels muss das Molekül dabei entlang der kovalenten Bindungen der Kette rotieren können, da sonst die Abgleitung geometrisch behindert ist. Der Durchmesser des Tunnels steigt wegen des zunehmenden freien Volumens mit der Temperatur an, so dass die Beweglichkeit der Molekülketten ebenfalls zunimmt und die Viskosität sinkt.

8.1.3   Schmelztemperatur

Die Eigenschaften der kristallinen Bereiche unterscheiden sich deutlich von denen der amorphen. In kristallinen Bereichen haben die Molekülketten eine stärkere Bindung untereinander. Dies liegt zum einen daran, dass die Dichte an intermolekularen Bindungen deutlich höher als in den amorphen Bereichen ist. Zum anderen sind die Bindungsabstände geringer, weil sich die Kettenmoleküle regelmäßiger anordnen als in einer amorphen Anordnung. Die dichtere Packung erschwert auch die meisten der in Abschnitt 8.1.1 erläuterten Relaxationsvorgänge. Daher verhalten sich die kristallinen Bereiche bis zu einer höheren Temperatur als die amorphen Bereiche entsprechend dem einfachen Federmodell der atomaren Bindung aus Abschnitt 2.3.

Erreicht die thermische Energie bei einer Temperaturerhöhung die Größenordnung der Bindungsenergie, so schmelzen die intermolekularen Bindungen wie oben beschrieben auf, und die kristallinen Bereiche werden flüssig. Die Schmelztemperatur und die Glastemperatur sind beide dadurch gekennzeichnet, dass die thermische Energie groß genug ist, um Umlagerungen von Molekülketten zu ermöglichen, die durch intermolekulare Bindungen zusammengehalten werden. Wird die Temperatur verringert, kommt es beim Unterschreiten der Schmelztemperatur zu einer echten Umordnung der Moleküle, da diese von einer regellosen in eine kristalline Struktur übergehen, während eine solche Umordnung bei Unterschreiten der Glastemperatur nicht stattfindet. Diese Umordnung führt dazu, dass Wärme frei wird, so dass mit der Schmelztemperatur auch eine Schmelzwärme verbunden ist. Ob ein Polymer beim Abkühlen eine teilkristalline oder eine amorphe Struktur einnimmt, wird wesentlich durch seinen chemischen Aufbau bestimmt. Dies wird in Abschnitt 8.5.2 näher diskutiert.

Da langkettige Polymere nie vollständig kristallin sein können (vgl. Abschnitt 1.4.2), überlagern sich bei teilkristallinen Polymeren die Eigenschaften der amorphen und kristallinen Bereiche für das Material. In einem teilkristallinen Polymer wird beim Erwärmen also zuerst die Glastemperatur und dann die Schmelztemperatur erreicht. Die Glastemperatur liegt oft bei etwa 60 % der Schmelztemperatur (gemessen in Kelvin), da die Bindungen zwischen den Ketten in den kristallinen Bereichen wegen der günstigeren geometrischen Anordnung deutlich stärker sind.

Die Werte der Schmelztemperatur und der Glastemperatur sind auch von der Kettenlänge der Moleküle (dem Polymerisationsgrad) abhängig. Anschaulich kann man sich dies dadurch erklären, dass die freien Enden der Molekülketten schwächer gebunden sind und deshalb eine besonders hohe Beweglichkeit besitzen, so dass kurzkettige Polymere mit relativ vielen freien Enden zu einer stärkeren Erhöhung des spezifischen Volumens führen und eine Umordnung der Moleküle erleichtern. Bild 8.5 zeigt die Abhängigkeit der Schmelz- und Glastemperatur vom Polymerisationsgrad. Da in einem technischen Polymer niemals alle Moleküle dieselbe Länge besitzen, ist seine Schmelztemperatur nicht so scharf bestimmt wie etwa bei einem reinen Metall.

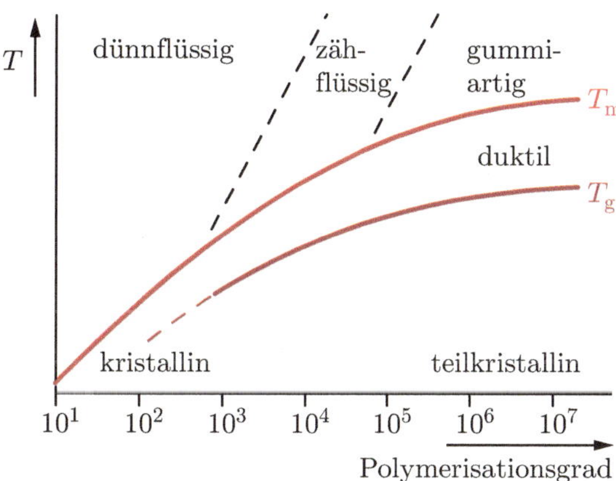

Bild 8.5: Abhängigkeit der Glas- und Schmelztemperatur sowie des mechanischen Verhaltens eines kristallinen bzw. teilkristallinen Polymers vom Polymerisationsgrad (nach [28]). Bei sehr kleinen Polymerisationsgraden ist volle Kristallinität möglich.

Der Polymerisationsgrad beeinflusst auch die mechanischen Eigenschaften – mit zunehmender Kettenlänge werden amorphe Thermoplaste auch oberhalb ihrer Glastemperatur immer zähflüssiger. Dies liegt daran, dass die einzelnen Kettenmoleküle, wie in Abschnitt 1.4.2 diskutiert, stark aufgefaltet und miteinander verknäult vorliegen, so dass eine Bewegung der Moleküle um so schwieriger wird, je länger sie sind. Dass diese Verknäulung sogar zu einem gummiartigen Verhalten führen kann, wird in Abschnitt 8.3.1 näher erläutert. Oberhalb ihrer Glas-, aber unterhalb der Schmelztemperatur, zeigen teilkristalline Thermoplaste ein duktiles Verhalten, wie in Abschnitt 8.4.2 diskutiert wird.

Auch Duromere und Elastomere besitzen eine Glastemperatur, bei der die nicht kovalenten intermolekularen Bindungen aufgeschmolzen und lokale Abgleitungen der Ketten erleichtert werden. Wegen der kovalenten Bindungen zwischen den Molekülen können aber keine Moleküle aus dem Verband herausgezogen werden, so dass sie sich auch bei hohen Temperaturen nicht wie eine viskose Flüssigkeit verhalten. Temperaturen, die so hoch sind, dass die intermolekularen kovalenten Bindungen aufgeschmolzen werden, können nicht erreicht werden, da vorher chemische Zersetzung eintritt.

8.2 Zeitabhängige Verformung der Polymere

Der Elastizitätsmodul von Polymeren ist etwa um zwei Größenordnungen niedriger als der von Metallen oder Keramiken (siehe Tabelle 2.1). Nennenswerte plastische Verformung dagegen setzt bei Spannungen ein, die typischerweise nur eine Größenordnung niedriger als bei Metallen sind. Dies bedeutet, dass Polymere deutlich größere elastische Dehnungen ertragen können, ohne sich plastisch zu verformen. Bei einer Auslegung eines Polymerbauteils müssen diese Dehnungen deshalb unbedingt berücksichtigt werden.

Das mechanische Verhalten der Polymere ist bereits bei Raumtemperatur zeitabhängig. Dies gilt sowohl für ihr elastisches als auch für ihr plastisches Verhalten, Polymere sind also viskoelastisch und viskoplastisch. In diesem Abschnitt wird das zeitabhängige

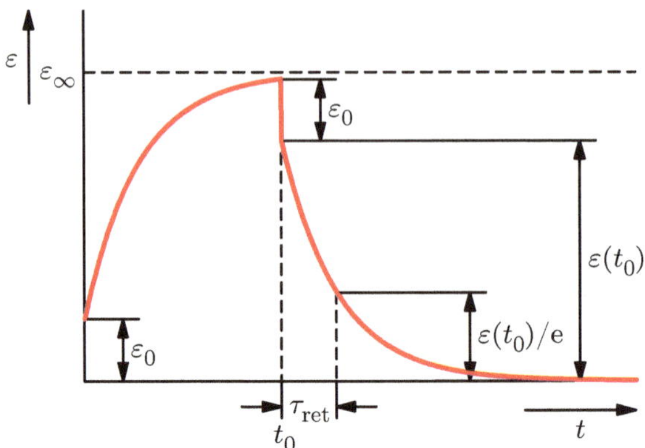

Bild 8.6: Zeitlicher Verlauf der Dehnung in einem Retardationsexperiment bei konstanter Spannung für ein viskoelastisches Material

Verformungsverhalten zunächst phänomenologisch beschrieben und anschließend erläutert, wie die thermische Aktivierung von Relaxationsprozessen zu einer Zeitabhängigkeit der Verformung führt.

8.2.1 Phänomenologische Beschreibung der Zeitabhängigkeit

Wird die Spannung in einem Polymer sprunghaft von Null auf einen Wert σ gesteigert, der deutlich unterhalb der Fließspannung liegt, und dann konstant gehalten, so reagiert es auf diese Spannung mit einer zeitabhängigen Dehnung $\varepsilon(t)$. Die Dehnung steigt dabei zunächst sprunghaft um einen Betrag ε_0 an (siehe Bild 8.6), wie man es für den Fall nicht zeitabhängigen elastischen Verhaltens ebenfalls erwarten würde, und nimmt dann im Laufe der Zeit weiter zu. Den *zeitabhängigen Elastizitätsmodul bei konstanter Spannung* $E_{\mathrm{c}}(t)$ definiert man entsprechend durch

$$E_{\mathrm{c}}(t) = \frac{\sigma}{\varepsilon(t)} \; . \tag{8.1}$$

Der zeitabhängige Elastizitätsmodul wird oft auch als *Retardationsmodul* oder *Kriechmodul*[1] bezeichnet. Die Verformung, und damit auch $E_{\mathrm{c}}(t)$, strebt dabei für sehr große Zeiten gegen einen konstanten Wert. Entfernt man nach einer Zeit t_0 die Last, so nimmt die Dehnung zunächst wieder sprunghaft um den nicht zeitabhängigen Betrag ε_0 ab und geht dann im Laufe der Zeit wieder auf Null zurück. Man definiert die *Retardationszeit* τ_{ret} als diejenige Zeit, bei der der zeitabhängige Anteil der Dehnung auf das 1/e-fache des ursprünglichen Werts zurückgegangen ist (Bild 8.6).

Bei kleinen Dehnungen sind Polymere *linear-viskoelastisch:* Bei einer Verdopplung der Spannung verdoppelt sich also auch die Dehnung zu jeder Zeit. Bei größeren Dehnungen ist dies nicht mehr der Fall.

Gibt man umgekehrt bei einem Bauteil die Verformung vor, so reduziert sich die Spannung im Bauteil im Laufe der Zeit (*Spannungsrelaxation*). Ähnlich wie bei der Re-

---

1 Der Index c steht dabei für engl. *creep.*

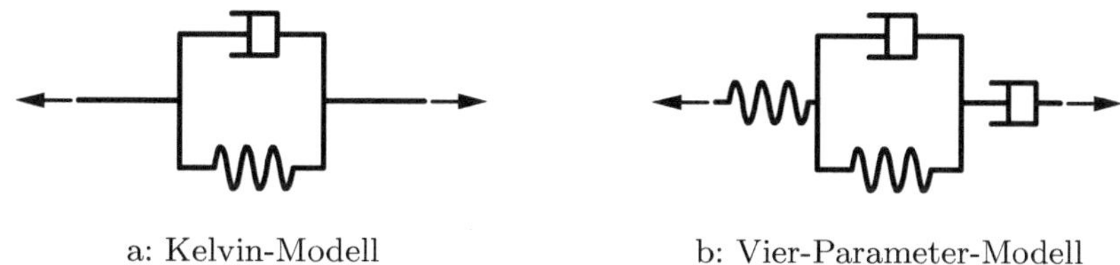

a: Kelvin-Modell   b: Vier-Parameter-Modell

Bild 8.7: Mechanische Ersatzmodelle viskoelastischer und viskoplastischer Medien. Das Verhalten der Medien entspricht dem mechanischer Systeme aus Feder- und Dämpfungselementen.

tardation steigt die Spannung zunächst sprunghaft an, nimmt dann im Laufe der Zeit aber ab und strebt gegen einen konstanten Wert. Entsprechend dem Retardationsmodul definiert man einen zeitabhängigen *Relaxationsmodul*

$$E_\mathrm{r}(t) = \frac{\sigma(t)}{\varepsilon} \tag{8.2}$$

und eine *Relaxationszeit* τ_rel. Der Relaxationsmodul ist stets kleiner oder gleich dem Retardationsmodul, und auch die Relaxationszeit ist kleiner oder gleich der Retardationszeit. Dies wird in Aufgabe 26 näher untersucht.

Phänomenologisch kann man linear-viskoelastisches Verhalten mit einem einfachen mechanischen Ersatzmodell beschreiben, dem *Kelvin-Modell,* das gelegentlich auch als *Voigt-Modell* bezeichnet wird. In diesem Modell beschreibt man das Verhalten des Materials durch eine Parallelschaltung aus einem Federelement und einem Dämpfungselement (siehe Bild 8.7 a). Bei einer konstanten Belastung des Systems wird die Feder gedehnt; die Reibung im Inneren des Dämpfungselements setzt einer schnellen Anfangsdehnung einen großen Widerstand entgegen, so dass die Dehnung im Laufe der Zeit zunimmt. Dieses Modell beschreibt das Verhalten eines rein viskoelastischen Materials.

Wie bereits erläutert, ist das Verhalten in einem realen Polymer jedoch nie rein viskoelastisch. Vielmehr gibt es immer auch rein elastische Anteile der Verformung (die also keine Zeitabhängigkeit besitzen) sowie bei hohen Temperaturen auch plastische Anteile, die also nicht reversibel sind. Ähnlich wie die elastischen Eigenschaften ist also auch das plastische Verhalten eines Polymers stark zeitabhängig, Polymere sind also viskoplastisch, d. h., sie *kriechen.*[2]

Dieses Materialverhalten kann mit dem sogenannten *Vier-Parameter-Modell* veranschaulicht werden, bei dem eine Feder und ein Dämpfungselement mit dem Kelvin-Modell in Reihe geschaltet werden (siehe Bild 8.7 b). Die Federsteifigkeit und die Dämpfungsparameter der beteiligten Elemente sind dabei temperaturabhängig. Bei sehr niedrigen Temperaturen (deutlich unterhalb der Glastemperatur) dominiert dabei das elastische Federelement das Verhalten, so dass sich das Material im Wesentlichen linear-elastisch und in den meisten Fällen spröde verhält. Erhöht man die Temperatur, liegt viskoelastisches Verhalten vor, bei noch höheren Temperaturen (deutlich oberhalb der Glastemperatur)

---

2 In diesem Buch wird zeitabhängige *plastische* Verformung als Kriechen bezeichnet. Im Zusammenhang mit Polymeren ist es oft üblich, die zeitabhängige *elastische* Verformung (Retardation und Relaxation, siehe Abschnitt 8.2.1) als Kriechen zu bezeichnen; dies wird in diesem Buch aber nicht getan. Kriechvorgänge können bei hohen Temperaturen auch in Metallen und Keramiken auftreten und sind Gegenstand von Kapitel 11.

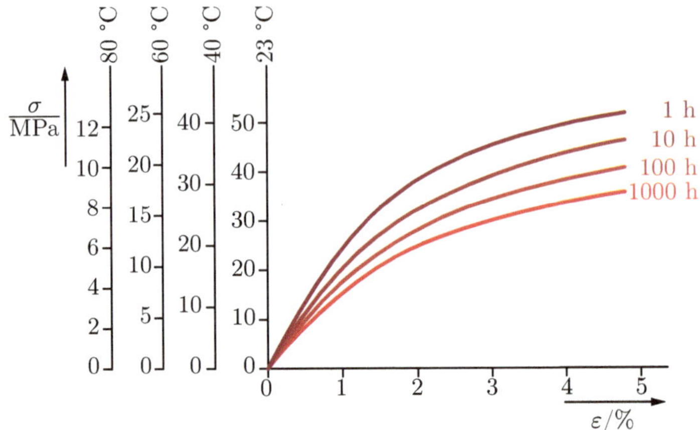

Bild 8.8: Isochrone Spannungs-Dehnungs-Kurven für amorphes Polymethylmethacrylat mit einer Glastemperatur von etwa 100 °C (nach [43])

verhält sich das Material dann im Wesentlichen wie eine viskose Flüssigkeit, wie bereits in Abschnitt 8.1.2 diskutiert, so dass das Dämpfungselement das Verhalten dominiert.

Dieses einfache Modell beschreibt das Verhalten eines Polymers zwar qualitativ, aber nicht quantitativ. Es berücksichtigt auch nicht die Spannungsabhängigkeit der Verformung: Bei genügend hoher Spannung verformt sich ein Polymer auch unterhalb der Glastemperatur bereits plastisch, so dass es, ähnlich wie bei einem Metall, eine Fließgrenze gibt.

Auch für technische Anwendungen ist die Zeitabhängigkeit von Bedeutung. Bild 8.8 zeigt *isochrone Spannungs-Dehnungs-Kurven* für Polymethylmethacrylat (PMMA) mit einer Glastemperatur von etwa 100 °C. Diese Kurven werden in *Retardationsversuchen* aufgenommen, bei denen die Dehnung nach einer festgelegten Belastungszeit in einer Probe gemessen wird, die unter konstanter Spannung gehalten wird. Anders als bei »gewöhnlichen« Spannungs-Dehnungs-Kurven gehört also zu jedem Wert der Spannung ein eigener Versuch. Je größer die Versuchsdauer ist, desto größer wird die Verformung.

Betrachtet man das Diagramm, so ist zunächst, bei kleinen Dehnungen, ein linearviskoelastischer Bereich zu erkennen, in dem Spannung und Dehnung proportional sind, die Steigung der Kurve jedoch von der Versuchszeit abhängt. Die Steigung in diesem Bereich entspricht dem oben eingeführten Retardationsmodul, der mit zunehmender Versuchszeit abnimmt. Bei Dehnungen im Bereich oberhalb von etwa 0,5 % kommt es zu einer Abweichung vom linearen Verhalten. Das Material ist hier zunächst nichtlinearviskoelastisch und wird dann bei größeren Spannungen viskoplastisch, beginnt also zu fließen. Bei noch größeren Spannungen dominiert dann das plastische Verhalten, und die Kurven flachen stark ab. Eine Verlängerung der Versuchsdauer hat in diesem Bereich eine proportionale Erhöhung der Dehnung zur Folge, d. h., die Dehnrate ist als Funktion der Spannung in diesem Bereich praktisch konstant. Viskoelastische Effekte treten dabei bereits bei Temperaturen auf, die deutlich (in diesem Fall bis etwa 80 °C) unterhalb der

Glastemperatur liegen und müssen deshalb bei der Anwendung der meisten Polymere berücksichtigt werden.

Ähnliche Kurven wie in Bild 8.8 ergeben sich, wenn statt der Spannung die Dehnung festgehalten wird. In diesem Fall verringern sich die Spannungen im Laufe der Zeit wie oben erläutert (Relaxation). Für technische Anwendungen sind die oben dargestellten Retardationskurven wichtiger, da meist die Belastung des Bauteils vorgegeben ist und überprüft werden muss, ob eine zulässige Maximaldehnung überschritten wurde.

Die Zeitabhängigkeit der Verformung führt dazu, dass Kennwerte, die aus einfachen Zugversuchen ermittelt werden (siehe Abschnitt 3.2), für Polymere nicht dieselbe Bedeutung haben wie etwa für Metalle. Mit ihnen kann zwar das Verhalten bei kurzzeitiger Belastung beschrieben werden, für die Dimensionierung von Bauteilen aus Polymeren ist aber die Verwendung zeitabhängiger Werkstoffkennwerte, beispielsweise aus isochronen Spannungs-Dehnungs-Kurven, unerlässlich. Lediglich bei kurzzeitiger Belastung und kleinen Dehnungen können viskoelastische und viskoplastische Effekte vernachlässigt werden.

8.2.2 Zeitabhängigkeit und thermische Aktivierung

Bei der Verformung von Polymeren spielen die in Abschnitt 8.1.1 erläuterten Relaxationsprozesse eine große Rolle. Da diese bei hinreichend hohen Temperaturen thermisch aktiviert stattfinden, steigt die Wahrscheinlichkeit für einen Relaxationsprozess nach Gleichung (16.2) exponentiell mit der Temperatur, aber auch mit der Zeit, die zur Durchführung des Prozesses zur Verfügung steht.

Um dies im Einzelnen zu sehen, stellt man sich vor, dass ein Polymersegment die Energiebarriere Q eines Relaxationsprozesses (siehe Abschnitt 8.1.1) überwinden muss, um sich an einem Nachbarsegment vorbeibewegen zu können und so die Verformung zu ermöglichen. Die Wahrscheinlichkeit P, dass diese Energiebarriere durch thermische Aktivierung überwunden wird, ergibt sich nach Anhang 16.1 zu $P \sim \exp(-Q/kT)$, wenn T die Temperatur und k die Boltzmann-Konstante sind.

Analog zu Abschnitt 6.3.2 erleichtert eine äußere Spannung σ die Überwindung des Hindernisses. Wirkt die Spannung auf ein Molekülsegment der Querschnittsfläche A, und ist die Breite des Hindernisses d^*, so leistet die äußere Spannung beim Überwinden des Hindernisses die Arbeit $W = \sigma A d^*$. Die Wahrscheinlichkeit, das Hindernis zu überwinden, ist also

$$P^+ \sim \exp\left(-\frac{Q - \sigma A d^*}{kT}\right).$$

Ist das Hindernis überwunden worden, so kann auch die Rückreaktion eintreten, die allerdings unwahrscheinlicher ist, da hierbei Arbeit gegen die anliegende Spannung geleistet werden muss. Die Wahrscheinlichkeit hierfür ist

$$P^- \sim \exp\left(-\frac{Q + \sigma A d^*}{kT}\right).$$

Die Gesamtwahrscheinlichkeit P zur Überwindung des Hindernisses ergibt sich als Differenz aus beiden Beiträgen zu

$$P = P^+ - P^- \sim \exp\left(-\frac{Q}{kT}\right)\left[\exp\left(\frac{\sigma A d^*}{kT}\right) - \exp\left(-\frac{\sigma A d^*}{kT}\right)\right].$$

Damit ergibt sich für die Dehnrate (mit $\sinh x = (\mathrm{e}^x - \mathrm{e}^{-x})/2$)

$$\dot\varepsilon = \dot\varepsilon_0 \exp\left(-\frac{Q}{kT}\right) 2\sinh\left(\frac{\sigma A d^*}{kT}\right), \tag{8.3}$$

wobei $\dot\varepsilon_0$ eine Konstante ist.

Mit Hilfe dieser Gleichung soll im Folgenden die Zeitabhängigkeit des elastischen und plastischen Verhaltens näher untersucht werden.

Zeitabhängigkeit der elastischen Verformung

Für kleine Spannungen kann in Gleichung (8.3) die Näherungsformel $\sinh x \approx x$ verwendet werden, so dass die Dehnrate proportional zur anliegenden Spannung ist. Das Verhalten ist in diesem Fall linear und viskos. Da die Spannungen klein sind, ist die Verformung jedoch nicht plastisch, sondern elastisch, d. h., es gibt eine rücktreibende Kraft, die dem Federelement aus Bild 8.7 a entspricht, während Gleichung (8.3) das Dämpferelement des Kelvin-Modells beschreibt. Insgesamt ergibt sich also linear viskoelastisches Verhalten. Bei größeren Spannungen gibt es dann Abweichungen vom linearen Verhalten, obwohl die Verformung immer noch viskoelastisch bleibt.

Nach den bisherigen Überlegungen ist es plausibel anzunehmen, dass sich ein Polymer bei niedrigen Temperaturen und sehr langen Versuchszeiten ähnlich verhält wie bei höheren Temperaturen und kürzeren Versuchszeiten. Tatsächlich ist es möglich, Umrechnungsfaktoren anzugeben, die es erlauben, bei einer Temperatur gemessene Retardations- oder Relaxationsmoduln auf eine andere Temperatur zu extrapolieren, sofern sich der Relaxationsmechanismus nicht ändert. Dies ist auch der Grund, warum in Bild 8.8 dieselben Kurven für unterschiedliche Temperaturen verwendet werden konnten, indem nur die Spannungswerte angepasst wurden. Dies wird in ähnlicher Weise auch in Abschnitt 11.1 für das Kriechen von Metallen diskutiert.

Um diese Umrechnung im einzelnen zu diskutieren, betrachten wir den Retardationsmodul, also den zeitabhängigen Elastizitätsmodul bei konstanter Spannung. Wir nehmen an, dass dieser bei einer Temperatur T_1 mit einer Versuchszeit t_1 gemessen wurde. Nach der oben beschriebenen anschaulichen Vorstellung müsste der Elastizitätsmodul bei einer Temperatur T_2 denselben Wert besitzen, wenn man die Versuchszeit entsprechend auf den Wert t_2 ändert.

Für den Fall, dass das viskoelastische Verhalten des Polymers durch einen Relaxationsprozess mit einer Aktivierungsenergie Q dominiert ist, kann der Wert von t_2 leicht berechnet werden: Bei konstanter Spannung kann die Dehnrate $\dot\varepsilon$ nach Gleichung (8.3) geschrieben werden als

$$\dot\varepsilon = A\exp\left(-\frac{Q}{kT}\right). \tag{8.4}$$

Um bei einer geänderten Temperatur dieselbe Dehnung zu erhalten, muss das Produkt aus Versuchszeit und Dehnrate identisch sein, also

$$t_1\dot\varepsilon_1 = t_2\dot\varepsilon_2 \quad\Rightarrow\quad \frac{t_1}{t_2} = \frac{\exp\left(-\frac{Q}{kT_2}\right)}{\exp\left(-\frac{Q}{kT_1}\right)} = \exp\left[-\frac{Q}{k}\left(\frac{1}{T_2}-\frac{1}{T_1}\right)\right].\tag{8.5}$$

Ist die Aktivierungsenergie Q bekannt, so kann mit dieser Gleichung direkt die Zeit t_2 bestimmt werden. Ansonsten muss ein Versuch bei der Temperatur T_2 (oder einer anderen Temperatur) durchgeführt werden, um die Aktivierungsenergie zu bestimmen.

Bei der Herleitung wurde angenommen, dass das viskoelastische Verhalten durch eine einzige Aktivierungsenergie bestimmt ist. In realen Polymeren ist dies zwar nicht der Fall, doch gilt die Gleichung dennoch näherungsweise, so lange dieselben Relaxationsprozesse bei den betrachteten Temperaturen relevant sind. Eine Extrapolation in einen Bereich niedriger Temperaturen, in dem einige Relaxationsprozesse nicht mehr stattfinden können, oder hoher Temperaturen, in dem zusätzliche Relaxationsprozesse eine Rolle spielen, ist dagegen nicht möglich.

Im Bereich der Glastemperatur und bei höheren Temperaturen gilt die angegebene Umrechnung zwischen Temperaturen und Zeiten nicht, da nicht mehr Relaxationsvorgänge, sondern die Abgleitung der Molekülketten aneinander das elastische Verhalten bestimmen. Obwohl dies ebenfalls ein thermisch aktivierter Vorgang ist, sind die Abhängigkeiten komplizierter, weil eine Erhöhung der Temperatur auch eine Erhöhung des freien Volumens bewirkt und so die Abgleitung der Molekülketten aneinander zusätzlich beeinflusst. Entsprechend ergibt sich ein anderer Umrechnungsfaktor, nämlich

$$\frac{t_1}{t_2} = \exp\frac{\ln 10 \cdot C_1(T_2-T_1)}{C_2+(T_2-T_1)},\tag{8.6}$$

wobei C_1 und C_2 Konstanten sind, die für alle amorphen Polymere ungefähr dieselben Werte besitzen. Wählt man $T_1 = T_\mathrm{g}$, so betragen die Werte $C_1 = 17{,}5$ und $C_2 = 52\,\mathrm{K}$. Diese Gleichung wird als *Williams-Landel-Ferry-Gleichung* oder kurz wlf-*Gleichung* bezeichnet. Trägt man den Retardationsmodul bei Temperatur T_1 über der Zeit in doppelt-logarithmischer Darstellung auf, so muss bei einer Änderung der Temperatur die ganze Kurve um den Betrag $a_\mathrm{T} = \log(t_1/t_2) = \log(t_1/\mathrm{h}) - \log(t_2/\mathrm{h})$ horizontal verschoben werden, um die Kurve bei Temperatur T_2 zu erhalten. Die Größe a_T wird deshalb häufig als *Verschiebungsfaktor* bezeichnet.

Zeitabhängigkeit der plastischen Verformung

Polymere verformen sich in allen technisch relevanten Temperaturbereichen durch Kriechen. Das Kriechen von Polymeren kann man beispielsweise im Alltag bei schwer beladenen Kunststofftüten beobachten, die sich mit der Zeit immer stärker irreversibel dehnen. Um die Zeitabhängigkeit der plastischen Verformung zu beschreiben, wird wieder Gleichung (8.3) verwendet. Anders als bei der viskoelastischen Verformung gibt es bei der plastischen Verformung keine rücktreibende Kraft. Gleichung (8.3) wird also verwendet, um das in Reihe geschaltete Dämpfungselement im Vier-Parameter-Modell aus Bild 8.7 b zu beschreiben.

Für große Spannungen kann in Gleichung (8.3) die Näherung $2\sinh x \approx \exp x$ verwen-

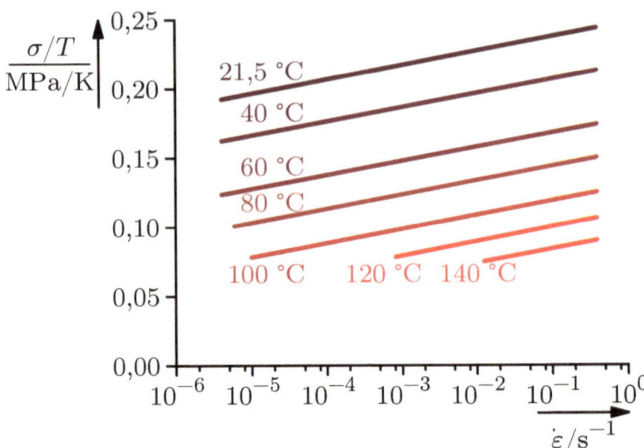

Bild 8.9: Eyring-Plot für Polycarbonat (nach [103])

det werden. Damit ergibt sich

$$\dot{\varepsilon} = \dot{\varepsilon}_0 \exp\left(-\frac{Q}{kT}\right) \exp\left(\frac{\sigma A d^*}{kT}\right) . \tag{8.7}$$

Eine einfache Darstellung ergibt sich, wenn man diese Gleichung nach σ/T auflöst:

$$\frac{\sigma}{T} = \frac{k}{Ad^*}\left(\frac{Q}{kT} + \ln\frac{\dot{\varepsilon}}{\dot{\varepsilon}_0}\right) . \tag{8.8}$$

Zeichnet man den Quotienten aus der Spannung σ in einem Polymer und der Temperatur gegen den Logarithmus der Dehnrate auf, so sollten die Punkte bei konstanter Temperatur jeweils auf Geraden liegen. Bild 8.9 zeigt eine solche Darstellung für Polycarbonat, die die durchgeführten Überlegungen bestätigt. Diese Darstellung wird als *Eyring-Plot* bezeichnet. Falls es mehr als einen Hindernistyp gibt, der überwunden werden muss, so ist die Steigung der Kurve im Allgemeinen nicht konstant. Ist beispielsweise bis zu einer Temperatur ein Hindernistyp dominant, oberhalb dieser aber ein anderer, so weist der Eyring-Plot einen Knick auf, da sich die beiden Hindernistypen in ihrem Aktivierungsvolumen Ad^* unterscheiden.

8.3   Elastische Eigenschaften der Polymere

8.3.1   Elastische Eigenschaften der Thermoplaste

Das elastische Verhalten von amorphen Thermoplasten wird im Wesentlichen nicht durch die kovalenten Bindungen innerhalb der Molekülketten, sondern durch die intermolekularen Bindungen zwischen ihnen bestimmt. Bei Elastomeren und Duromeren kommen noch die kovalenten Bindungen hinzu, die die Ketten miteinander vernetzen. Im Folgenden werden zunächst die elastischen Eigenschaften der Thermoplaste diskutiert, bevor auf den Einfluss der Kettenvernetzung näher eingegangen wird.

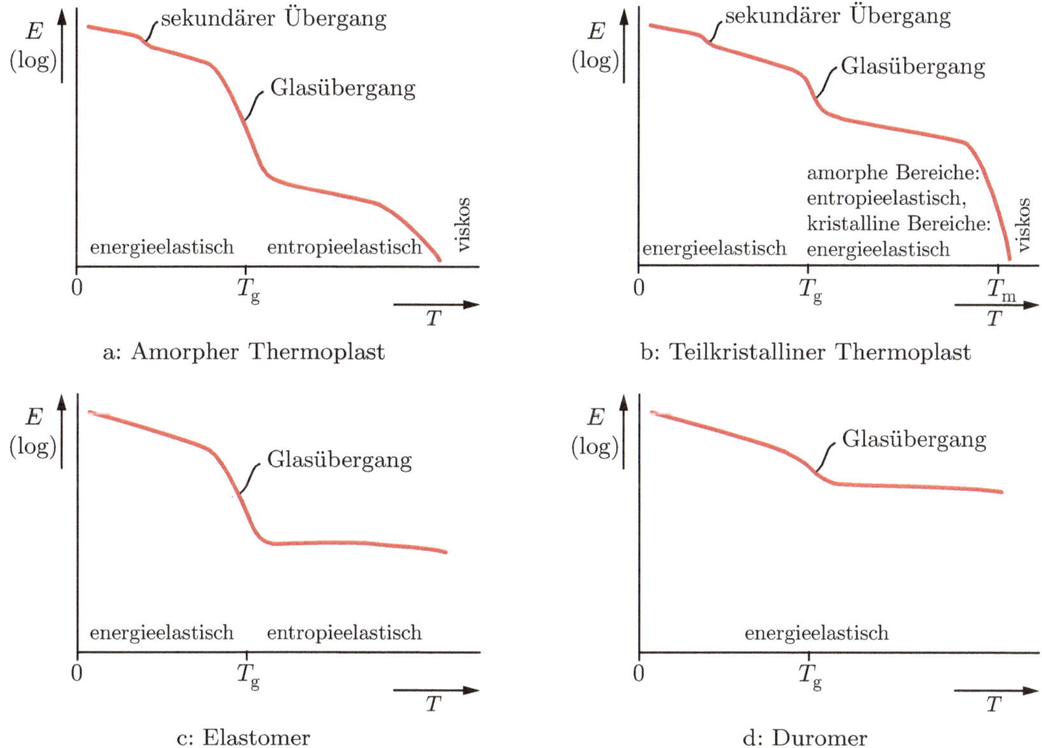

Bild 8.10: Temperaturabhängigkeit des Elastizitätsmoduls unterschiedlicher Polymere (nach [19]). Durch die logarithmische Skala erscheint der Abfall des Elastizitätsmoduls schwächer, als er tatsächlich ist. Nähere Erläuterung im Text

Bild 8.10 a zeigt die Temperaturabhängigkeit des Elastizitätsmoduls eines amorphen Thermoplasten, wobei der Elastizitätsmodul für eine typische konstante Versuchszeit (beispielsweise eine Sekunde) gemessen wurde. Eine Erhöhung der Versuchszeit würde zu einer entsprechenden Verringerung des Elastizitätsmoduls führen. Es ist deutlich zu sehen, dass der Elastizitätsmodul im Bereich der Glastemperatur stark abnimmt. Das elastische Verhalten soll deshalb in den beiden Temperaturbereichen unter- und oberhalb der Glastemperatur getrennt diskutiert werden.

Energieelastizität

Die Elastizität von Thermoplasten unterhalb der Glastemperatur kommt im Wesentlichen dadurch zustande, dass die Atome in benachbarten Molekülen bei einer Belastung aus ihrer Gleichgewichtslage ausgelenkt werden, wozu Energie aufgebracht werden muss. Bei einer Entlastung kehren die Molekülketten wieder in ihre Ausgangslage zurück, da diese energetisch am günstigsten ist. Man bezeichnet dieses elastische Verhalten deshalb als *Energieelastizität*. Es sind hierbei hauptsächlich die schwachen, zwischenmolekularen van-der-Waals-, Dipol- oder Wasserstoffbrückenbindungen, die gedehnt werden. Die kovalenten Bindungen haben kaum einen Anteil an den elastischen Eigenschaften. Sie sind so stark, dass sie praktisch keine elastische Dehnung zulassen und können deshalb so lange als nahezu vollständig starr angesehen werden, wie die anderen Bindungen einen Beitrag zur Verformung leisten können. Nur wenn die Polymerketten sehr stark parallel ausgerichtet sind, wie beispielsweise in Polymerfasern wie Aramid (Kevlar), bestimmen die kovalenten Bindungen das mechanische Verhalten. In diesem Fall ist der Elastizitätsmodul sehr hoch und kann Werte bis zu 450 GPa erreichen.

Bereits in Abschnitt 2.7 wurde erläutert, dass der Elastizitätsmodul ungefähr proportional zur Schmelztemperatur und damit zur Stärke der Bindungsenergie ist. Die Schmelztemperatur ist für amorphe Polymere durch die Glasübergangstemperatur zu ersetzen, da bei dieser die Bindungen aufschmelzen. Die relativ niedrigen Werte der Glasübergangstemperaturen (siehe Tabelle 1.3) erklären deshalb, warum der Elastizitätsmodul von Polymeren niedriger ist als der anderer Werkstoffgruppen.

Die in Bild 8.10 a gezeigte starke Abnahme des Elastizitätsmoduls bei Erreichen der Glasübergangstemperatur wird im nächsten Abschnitt näher untersucht. Interessant ist jedoch, dass es bei vielen Polymeren auch unterhalb der Glastemperatur Temperaturwerte gibt, bei denen der Elastizitätsmodul – etwa um einen Faktor 2 – abfällt. Diese sogenannten *sekundären Übergänge* haben ihren Ursprung in Relaxationsprozessen, die eine eingeschränkte Beweglichkeit der Kettenmoleküle ermöglichen und so Spannungsrelaxationen durch Umlagerungen von Molekülabschnitten erlauben. Da bei solchen Umlagerungsprozessen eine Aktivierungsenergie überwunden werden muss, werden sie mit längerer Versuchszeit immer wahrscheinlicher. Sie sind verantwortlich für das viskoelastische Verhalten der Polymere.

Da jeder Relaxationsprozess eine andere Aktivierungsenergie besitzt, ist auch die typische Zeit, die für den Prozess benötigt wird, die *Relaxationszeit*, für jeden Prozess eine andere. Deshalb ist das einfache Feder-Dämpfer-Modell aus Abschnitt 8.2.1 nicht geeignet, um quantitative Vorhersagen zu treffen. Hierzu wäre es nötig, eine größere Anzahl solcher Elemente zu kombinieren [103], bei denen die Relaxationszeiten entsprechend den verschiedenen Prozessen gewählt werden.

Wie bereits in Abschnitt 8.1.1 erläutert, besitzen einige Relaxationsprozesse eine sehr niedrige Aktivierungsenergie, die bereits bei Temperaturen von einigen Kelvin durch thermische Fluktuation aufgebracht werden kann. Sie haben deshalb bei Raumtemperatur sehr kurze Relaxationszeiten (mit Größenordnungen von etwa 10^{-8} s), so dass die Relaxation praktisch sofort stattfindet und einen Beitrag zur anfänglichen Verformung eines Polymers bei Aufbringen einer Last leistet.

Hat sich ein Polymer bei angelegter Spannung durch Relaxationsvorgänge viskoelastisch verformt und wird die Last wieder entfernt, so ist die so entstandene Konfiguration der Kettenmoleküle energetisch ungünstiger als die Ursprungsposition, so dass die Moleküle in diese zurückkehren. Da auch hierfür thermische Aktivierung notwendig ist, ist auch dieser Prozess zeitabhängig.

Entropieelastizität

Erreicht die Temperatur die Glastemperatur, so fällt der Elastizitätsmodul stark ab. Nach dem bisher Gesagten könnte man annehmen, dass sich ein Polymer oberhalb der Glastemperatur wie eine zähe Flüssigkeit verformen sollte, d. h., es sollte eine Viskosität, aber keine Elastizität besitzen. Dies ist jedoch nicht der Fall.

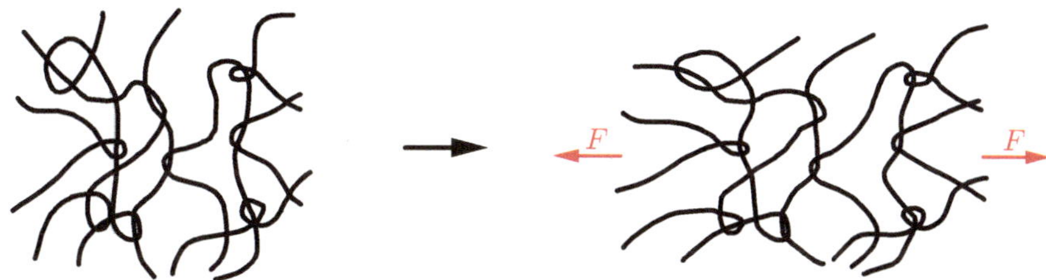

Bild 8.11: Elastische Verformung eines Polymers oberhalb der Glastemperatur. Die Molekülketten werden zwischen ihren Verankerungspunkten gestreckt.

Die Ursache hierfür ist die starke Verknäulung der Kettenmoleküle. Wie in Abschnitt
1.4.2 diskutiert, liegen die einzelnen Kettenmoleküle stark aufgefaltet vor. Verschiedene
Kettenmoleküle sind deswegen an vielen Stellen miteinander »verknotet«. Bei einer Belastung werden die Moleküle gestreckt. Sie können aber direkt oberhalb der Glastemperatur
nicht vollständig aneinander abgleiten, da ihre Bewegung durch die umgebenden Moleküle stark behindert ist (siehe Bild 8.11). Es erfolgt also eine Streckung der Moleküle
zwischen den Verankerungspunkten. Bei der Abgleitung der Molekülketten müssen Energiebarrieren überwunden werden, da die Kettenmoleküle gestreckt werden, rotieren und
eventuell Seitengruppen bewegt werden müssen. Dies geschieht durch thermische Aktivierung. Die höhere Temperatur und der oberhalb der Glastemperatur größere Abstand
der Kettenmoleküle machen diesen Vorgang jetzt wesentlich leichter als unterhalb der
Glastemperatur. Die Verformung des Materials ist wegen der thermischen Aktivierung
auch in diesem Temperaturbereich zeitabhängig.

Wird die Last wieder entfernt, wirkt auf die gestreckten Moleküle keine Kraft, so
dass es keinen Grund zu geben scheint, dass diese wieder in ihre ursprüngliche Form
zurückkehren. Die stochastische thermische Bewegung der Moleküle im Polymer macht
es jedoch wahrscheinlich, dass ein gestrecktes Molekül wieder in eine weniger gestreckte
Lage zurückkehrt, weil es wesentlich mehr Möglichkeiten gibt, ein Molekül zu verknäulen,
als es gestreckt anzuordnen. Man kann sich dies so vorstellen, dass die zufälligen Stöße
der umgebenden Moleküle meist dahingehend wirken, das Molekül wieder zu verknäulen.
Auf das Molekül wirkt deshalb eine thermodynamische Triebkraft, da es im verknäulten Zustand eine höhere Entropie besitzt als im gestreckten Zustand. Man bezeichnet
dieses Verhalten deshalb auch als *Entropieelastizität.* Die Verankerungspunkte zwischen
den Molekülketten, die ihre Position auf den Molekülen bei der elastischen Verformung
beibehalten, sorgen dabei dafür, dass das Polymer wieder in seine ursprüngliche Form zurückkehrt. Anders als unterhalb der Glastemperatur ist die Triebkraft für die Rückkehr in
den Ausgangszustand also nicht die niedrigere Energie der ursprünglichen Konfiguration,
sondern die höhere Entropie. Auch hierbei ist die Molekülbewegung wieder zeitabhängig.[3]

Die Viskoelastizität amorpher Polymere ist im Bereich der Glastemperatur, also im
Übergangsbereich zwischen energie- und entropieelastischem Verhalten, am stärksten ausgeprägt. Bei Temperaturen unterhalb der Glastemperatur können nur kleine Teilbereiche

---

3 Oberhalb der Glastemperatur findet immer auch plastische Verformung statt. Bei genügend kurzer
  Belastungszeit ist die plastische Dehnrate bei niedrigen Spannungen so klein, dass sie vernachlässigt werden kann, bei länger anhaltender Belastung muss sie jedoch berücksichtigt werden (siehe
  auch Abschnitt 8.4.1).

der Moleküle aneinander abgleiten, wie bereits oben erläutert. Im Bereich der Glastemperatur werden immer mehr Abgleitvorgänge ermöglicht. Da mit steigender Temperatur die zur Molekülbewegung notwendigen Abgleitvorgänge immer leichter durch thermische Aktivierung ermöglicht werden können, sinkt auch die Relaxationszeit. Deutlich oberhalb der Glastemperatur sind die Relaxationszeiten so klein, dass die Rückkehr in den Ausgangszustand sehr schnell erfolgt und die viskoelastischen Effekte auf sehr kurze Zeiten beschränkt sind.

Die bisherigen Überlegungen gelten für amorphe Thermoplaste. Teilkristalline Thermoplaste verhalten sich etwas anders, wie in Bild 8.10 b gezeigt. Wegen der stärkeren intermolekularen Bindungen in den kristallinen Bereichen ist ihre elastische Steifigkeit meist höher als die amorpher Thermoplaste. Auch der Abfall des Elastizitätsmoduls bei Erreichen der Glastemperatur ist weniger ausgeprägt, weil nur die amorphen Bereiche entropieelastisch werden, während die kristallinen Anteile aufgrund ihrer energetisch günstigeren Anordnung weiterhin energieelastisch bleiben. Der Zusammenhalt zwischen den kristallinen und den amorphen Bereichen wird dabei dadurch gewährleistet, dass sich eine Polymerkette typischerweise über mehrere amorphe und kristalline Bereiche erstreckt.

8.3.2 Elastische Eigenschaften von Elastomeren und Duromeren

Elastomere und Duromere zeichnen sich gegenüber Thermoplasten durch eine zusätzliche Vernetzung der Molekülketten mit kovalenten Bindungen aus. Im Bereich der Energieelastizität haben diese zusätzlichen Bindungen nur schwache Auswirkungen. Gegenüber einem unvernetzten Polymer erhöhen sie den Elastizitätsmodul lediglich geringfügig.

Oberhalb der Glastemperatur haben die zusätzlichen Bindungen jedoch einen starken Effekt. Elastomere sind oberhalb der Glastemperatur entropieelastisch. Die kovalenten Bindungen zwischen den Molekülen sorgen für eine stärkere Vernetzung der Moleküle als bei den Thermoplasten, die nicht durch Abgleiten von Molekülen gelöst werden kann, und verstärken deshalb den Einfluss der Entropieelastizität. Zusätzlich werden bei steigender Vernetzungsdichte auch die kovalenten Bindungen bei der elastischen Verformung immer stärker belastet. Je höher die Vernetzungsdichte ist, desto größer ist deshalb der Elastizitätsmodul, wie in Bild 8.10 c am Fall der Elastomere zu sehen ist. Da die rücktreibende Kraft bei der entropieelastischen Verformung durch die Entropie verursacht wird, deren Einfluss mit zunehmender Temperatur steigt (vgl. Gleichung (16.3)), steigt oberhalb der Glastemperatur der Elastizitätsmodul der Elastomere häufig mit der Temperatur wieder an.

Im Gegensatz zu den Metallen und Keramiken können die elastischen Dehnungen bei Elastomeren sehr groß werden und Werte von mehreren Hundert Prozent erreichen. Dies ist dadurch zu erklären, dass die Kettenmoleküle zwischen den Vernetzungsstellen stark gestreckt werden, die Vernetzung aber ein Abgleiten der Moleküle verhindert, so dass es nicht zu einer plastischen Verformung kommt. Bei Entlastung sorgt dann die Entropieelastizität wieder für eine vollständige Wiederherstellung der ursprünglichen Molekülanordnung. Die Spannung ist dabei über einen größeren Dehnungsbereich nahezu konstant, so dass die Spannungs-Dehnungs-Kurve ein Plateau aufweist. Dieses Verhalten bezeichnet man auch als *Hyperelastizität*.

Tabelle 8.1: Vernetzungsdichte und Elastizitätsmodul verschiedener Polymerarten (vgl. Abschnitt 1.4.2)

Materialtyp	Vernetzungsdichte	E/GPa	
Thermoplast	0	$0{,}1\ldots 5$	(für $T < T_\mathrm{g}$)
Elastomer	$10^{-4}\ldots 10^{-3}$	$0{,}001\ldots 0{,}1$	(für $T > T_\mathrm{g}$)
Duromer	$10^{-2}\ldots 10^{-1}$	$1\ldots 10$	
Diamant	1	$1\,000$	

Bei der Verformung hyperelastischer Materialien treten sehr große Dehnungen von 100 % und mehr auf. Das Verhalten des Materials ist dabei stark nichtlinear. Zur mathematischen Beschreibung eines hyperelastischen Materials muss deshalb die Theorie großer Deformationen verwendet werden, die in Abschnitt 3.1 bereits erwähnt wurde.

Um das Materialverhalten zu beschreiben, verwendet man im Allgemeinen eine Energieformulierung: Da die auftretende Verformung elastisch, also reversibel, ist, wird Energie im Material gespeichert, die bei Entlastung wieder zurückgewonnen werden kann. Man beschreibt deshalb hyperelastische Materialien dadurch, dass man angibt, wie groß die Energiedichte im Material als Funktion der Dehnung ist. Die Spannung im Material lässt sich dann durch Ableiten der Energiedichte nach der Dehnung berechnen. Diese Beschreibung hat zwei Vorteile: Zum einen kann die Energiedichte im Material aus thermodynamischen Überlegungen abgeleitet werden, zum anderen lässt sich mit dieser Form der Beschreibung sicherstellen, dass die gespeicherte Energie in einem hyperelastischen Material nicht von der Verformungsgeschichte, sondern nur vom momentanen Verformungszustand abhängt. Dies ist notwendig, da hyperelastische Prozesse keine Energie dissipieren, ließe sich aber in einer Beschreibung mit einem spannungsabhängigen Elastizitätsmodul nur schwer realisieren.

Erhöht man die Vernetzungsdichte eines Polymers schließlich noch weiter, so verschwindet die Entropieelastizität nahezu vollständig, weil die große Anzahl der Querverbindungen zwischen den Molekülen diese daran hindert, von einer äußeren Last gestreckt zu werden. Deshalb zeigen Duromere nur einen geringen Abfall des Elastizitätsmoduls mit der Temperatur (siehe Bild 8.10 d), der durch Relaxationsprozesse hervorgerufen wird. Sie bleiben also auch oberhalb der Glastemperatur energieelastisch.

Tabelle 8.1 zeigt die Größenordnungen des Elastizitätsmoduls für die verschiedenen Gruppen von Polymeren, abhängig von ihrer Vernetzungsdichte. Die Vernetzungsdichte ist dabei so normiert, dass eine vollständige Vernetzung wie beim Diamant, bei der alle Bindungen eines Atoms zur Vernetzung beitragen, den Wert 1 erhält.

8.4 Plastisches Verhalten

Die Elastizität der Polymere wird, wie im vorherigen Abschnitt erläutert, durch die reversible Verformung der Kettenmoleküle bestimmt. Polymere können sich aber auch plastisch verformen, wobei einzelne Kettenmoleküle über größere Strecken aneinander abgleiten, wie in Bild 8.4 auf Seite 267 dargestellt. Auch das plastische Verhalten der Polymere ist stark temperaturabhängig, da Hindernisse thermisch aktiviert überwunden werden müssen und da die Größe der Hohlräume, in denen sich die Moleküle bewegen können, durch das spezifische Volumen (Abschnitt 8.1.2) bestimmt wird.

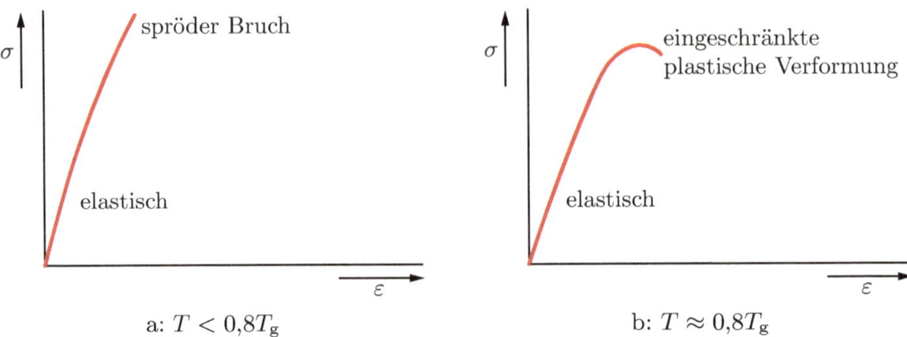

Bild 8.12: Spannungs-Dehnungs-Diagramme eines amorphen Thermoplasten [9]

Wie im vorherigen Abschnitt wird hier zunächst auf amorphe Thermoplaste einge-gangen und anschließend diskutiert, wie sich die Eigenschaften bei Teilkristallinität ver-ändern. Elastomere und Duromere verformen sich plastisch nur sehr gering, weil die kovalenten Bindungen zwischen den Molekülen ein Abgleiten verhindern. Bei Elastome-ren, die oberhalb ihrer Glastemperatur eingesetzt werden, sind stattdessen wie erläutert große elastische Dehnungen möglich. Duromere dagegen zeigen sprödes Verhalten, wobei beim Sprödbruch die kovalenten Bindungen zwischen den Molekülketten aufgebrochen werden.

8.4.1 Amorphe Thermoplaste

Im Folgenden wird zunächst das plastische Verhalten amorpher Thermoplaste diskutiert. Die dabei angegebenen Temperaturbereiche gelten wegen der Zeitabhängigkeit der plas-tischen Verformung nur bei relativ hohen Dehnraten (Versuchszeiten im Bereich einiger Sekunden). Eine Verlängerung der Versuchszeit, d. h. eine kleinere Dehnrate, wirkt sich wie eine Erhöhung der Temperatur aus (siehe Abschnitt 8.2).

Weit unterhalb der Glastemperatur

Bei Temperaturen, die kleiner als etwa 80 % der Glastemperatur T_g sind, sind die Bin-dungen zwischen den Kettenmolekülen so stark, und das spezifische Volumen ist so klein, dass die Ketten nicht gegeneinander abgleiten können. Bei mechanischer Belastung wer-den die Bindungen zunächst viskoelastisch gestreckt. Wird die Belastung weiter erhöht, wie in Bild 8.12 a skizziert, so kommt es zum Sprödbruch. Dabei werden hauptsächlich die intermolekularen Bindungen zerstört.

Wenig unterhalb der Glastemperatur

Erreicht die Temperatur etwa 80 % der Glastemperatur, so zeigen amorphe Thermoplaste eine begrenzte Plastizität (siehe Bild 8.12 b). Die Temperaturerhöhung bewirkt eine Zu-nahme des mittleren Abstands zwischen den Kettenmolekülen und erlaubt eine teilweise Überwindung der Bindungskräfte, so dass die Moleküle eine eingeschränkte Beweglichkeit besitzen.

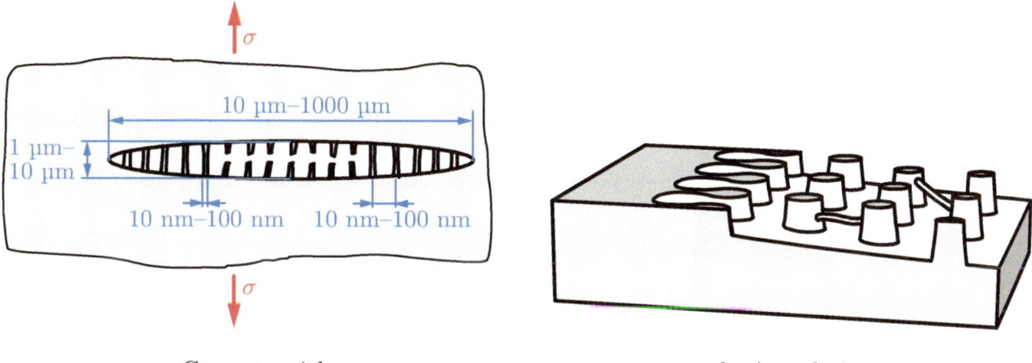

a: Gesamtansicht

b: Ausschnitt

Bild 8.13. Mikrostruktur eines Crazes. Im linken Teilbild ist ein Querschnitt dargestellt, in dem der linsenförmige Hohlraum sowie die Fibrillen zu erkennen sind. Im rechten Teilbild ist ein Ausschnitt des Randbereichs vergrößert dargestellt (nach [83, 138]).

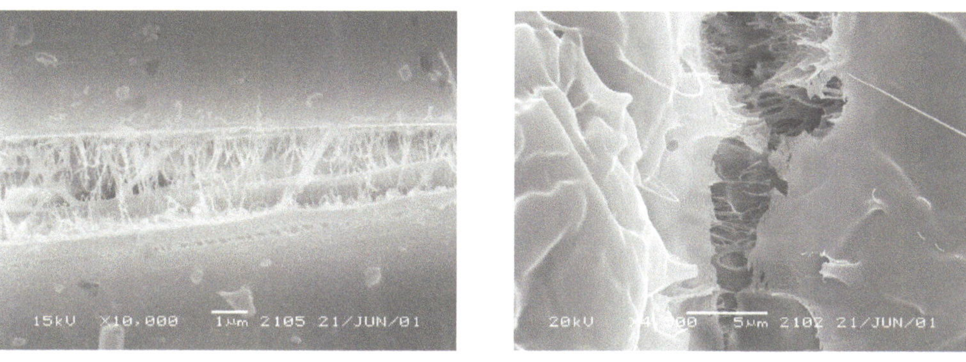

a: Craze an der Oberfläche

b: Craze im Inneren

Bild 8.14: Elektronenmikroskopische Bilder zweier Crazes in Polypropylen. Das linke Bild zeigt einen Craze an der Oberfläche, das rechte Bild einen inneren Craze [97].

Anders als Metalle verfestigen Polymere bei kleinen plastischen Dehnungen nicht, da beim Abgleiten der Moleküle aneinander keine neuen Hindernisse entstehen. Die bei der Umformung entstehende Wärme führt zu einer lokalen Temperaturerhöhung, die die plastische Verformung weiter erleichtert. Es kommt deshalb zu einer lokalen Entfestigung des Werkstoffs, ähnlich wie bei Metallen mit ausgeprägter Streckgrenze (siehe Abschnitt 6.4.2). Erst bei größeren plastischen Dehnungen kommt es zu einer Verfestigung, da sich dann die Kettenmoleküle in Spannungsrichtung zu orientieren beginnen.

Die typische Mikrostruktur eines wenig unterhalb der Glastemperatur auf Zug belasteten amorphen Thermoplasten ist in Bild 8.13 a dargestellt. Sie zeigt mikroskopisch kleine scheibenförmige Hohlräume mit einer Dicke von etwa 1 µm bis 10 µm und einem Durchmesser von etwa 10 µm bis 1000 µm, die durch Fibrillen überbrückt sind und als *Crazes* bezeichnet werden. Bild 8.14 zeigt elektronenmikroskopische Bilder solcher Cra-

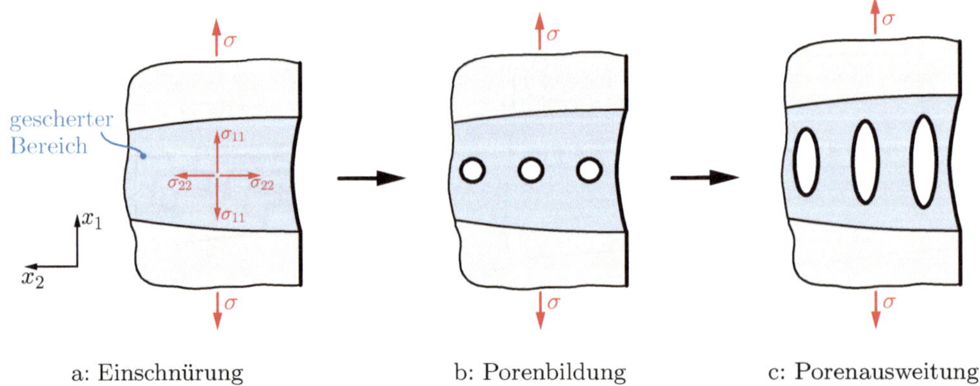

Bild 8.15: Entstehung eines Crazes durch Hohlraumbildung (nach [83])

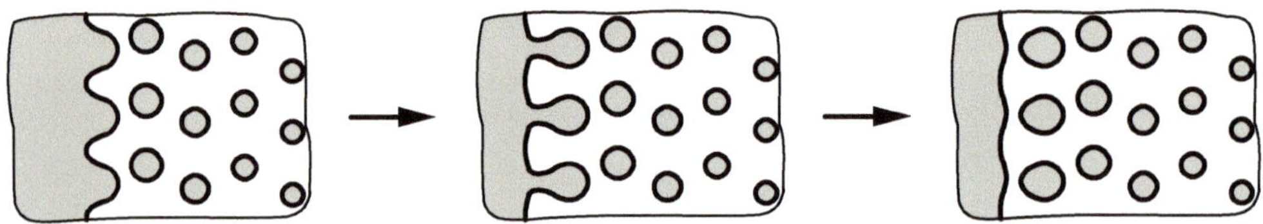

Bild 8.16: Wachstum eines Crazes durch Abschnüren von Fibrillen (nach [83])

zes. Die Fibrillen bestehen aus mehreren Kettenmolekülen und haben Durchmesser von
etwa 10 nm bis 100 nm. Ihr Volumenanteil innerhalb des Crazes liegt dabei zwischen 10 %
und 50 %. Obwohl die Crazes ein rissartiges Erscheinungsbild besitzen, ist die Festigkeit
des Materials in ihnen nur wenig gegenüber der des unverformten Materials reduziert, da
die Kettenmoleküle in den Fibrillen gestreckt sind und so eine höhere Last tragen können.
Die Dicke eines Crazes hängt im Wesentlichen nicht von der anliegenden Spannung ab,
nimmt aber mit steigender Temperatur zu. Ist die anliegende Spannung hoch, bildet sich
eine große Anzahl von Crazes mit relativ kleiner Ausdehnung, bei niedriger Spannung
bilden sich weniger Crazes.

Crazes entstehen meist an Oberflächendefekten, beispielsweise Riefen oder Verunreinigungen. Die geringfügige Spannungsüberhöhung an solchen Defekten führt dazu, dass
die plastische Verformung in diesem Bereich beginnt. Wegen der oben erläuterten Entfestigung des Werkstoffs konzentriert sich die plastische Verformung in diesem Bereich, so
dass es lokal zu einer geringfügigen Einschnürung kommt. Diese Einschnürung verursacht
einen dreiachsigen Spannungszustand und eine stärkere hydrostatische Zugspannung, die
zur Bildung von Hohlräumen mit Durchmessern im Bereich einiger Nanometer führt
(Bild 8.15). Durch die Spannungsüberhöhung wird das Material zwischen benachbarten
Hohlräumen stark belastet und plastisch so weit verformt, dass die Moleküle in diesem
Bereich gestreckt werden. Es bilden sich Fibrillen zwischen den Hohlräumen und somit
ein Craze.

Trotz der Spannungsübertragung der Fibrillen über den Hohlraum liegt am Rand des
Crazes eine Spannungskonzentration vor, die eine weitere Ausdehnung des Crazes quer

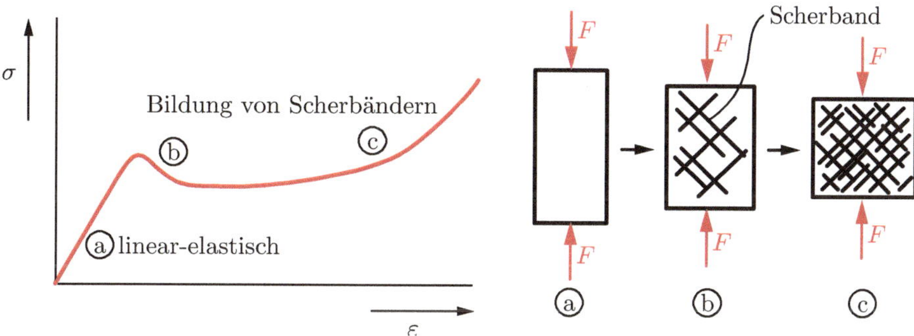

Bild 8.17: Verformung eines amorphen Thermoplasten unter Druckbelastung durch Ausbildung von Scherbändern (nach [9])

zur anliegenden Spannung erleichtert. Dieses Wachstum erfolgt durch einen sogenannten *Meniskus-Effekt*, bei dem sich in der Randzone des Materials fingerförmige Ausläufer bilden und sich dann bei weiterer Verformung neue Fibrillen abschnüren (Bild 8.16). Die Fibrillen im Inneren des Crazes längen sich dabei zunächst, indem sie weitere Kettenmoleküle aus dem Verband herausziehen. Dabei können sich Querverbindungen zwischen den Fibrillen bilden, wenn entgegengesetzte Enden von Molekülketten in benachbarte Fibrillen hineingezogen werden (siehe Bild 8.13 b). Schließlich kommt es in der Mitte des Crazes zum Bruch der Fibrillen. Der Craze wächst dann bei konstanter Belastung kontinuierlich weiter, so dass die plastische Verformung zeitabhängig ist. Dieses Wachstum des Crazes kann schließlich zum Bruch führen.

Ein Polymer kann sich nicht nur durch Crazes, sondern auch durch die Bildung von *Scherbändern* verformen, die sich unter einem Winkel von etwa 45° bis 60° [46, 83, 142] zur Belastungsrichtung ausbilden (Bild 8.17). Dies geschieht insbesondere bei Druckbelastung. Innerhalb der Scherbänder treten lokalisiert große plastische Verformungen von 100 % und mehr auf, außerhalb der Scherbänder ist die Verformung dagegen sehr klein. Die Verformung lokalisiert sich dabei wegen der Entfestigung innerhalb der Scherbänder. Die Scherbandbildung ist experimentell weniger intensiv untersucht worden als die Bildung von Crazes. Ein einfaches mikroskopisches Modell beruht auf dem Abscheren von Molekülketten (Bild 8.18). Dabei reagieren Molekülketten je nach ihrer Orientierung durch Streckung oder die Bildung zweier Knicks auf eine Scherspannung, so dass ein Bereich geordneter Molekülketten entsteht. Falls mehrere Scherbänder zusammenlaufen, kann es dabei zur Rissinitiierung kommen, wenn ein Scherband einen bereits gescherten Bereich gestreckter Moleküle durchquert. Da die so entstehenden Risse unter Schubbeanspruchung stehen und nach Abschnitt 5.1.1 $K_{\text{IIc}} \gg K_{\text{Ic}}$ ist, treten wesentlich höhere Bruchdehnungen als unter Zugspannung auf.

Ob ein Polymer sich durch Scherbandbildung oder durch Crazing verformt, hängt von verschiedenen Faktoren ab. Entscheidend ist dabei vor allem, dass Crazes, die durch Hohlraumbildung initiiert werden, nur unter hydrostatischem Zug entstehen können.[4] Je größer also die hydrostatische Zugspannung ist, desto stärker ist die Neigung zur Crazebil-

---

4 Auch in einem einachsigen Zugversuch liegt entsprechend Gleichung (3.25) hydrostatischer Zug vor: $\sigma_{\text{m}} = \sigma/3$.

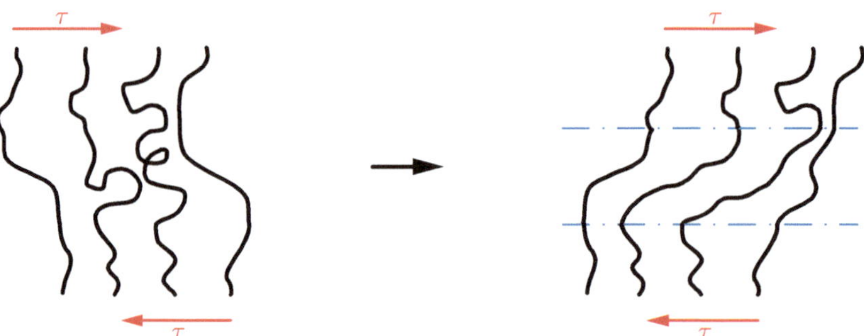

Bild 8.18: Entstehung eines Scherbands durch lokale Streckung und Scherung von Molekülketten (nach [36, 142])

dung. Bild 8.19 zeigt die Fließfläche eines Polymers in einem ebenen Spannungszustand, die dies verdeutlicht.

Die Fließgrenze von Polymeren hängt generell vom hydrostatischen Spannungszustand ab, da ein hydrostatischer Druck wegen der mit ihm verbundenen Verringerung des Volumens Abgleitvorgänge erschwert. Diese Abhängigkeit der Dehngrenze wurde phänomenologisch bereits in Abschnitt 3.3.3 diskutiert. Die dort vorgestellten Kriterien berücksichtigen allerdings nicht die plastische Verformung durch Crazing.

Neben der Mehrachsigkeit des Spannungszustands spielen auch die Temperatur und die Belastungszeit eine Rolle für den Verformungsmechanismus. Hohe Dehnraten (und niedrige Temperaturen) erschweren die Bildung von Scherbändern, so dass die Crazebildung begünstigt wird.

In der Nähe der Glastemperatur

Je dichter die Temperatur an der Glastemperatur liegt, um so beweglicher werden die Kettenmoleküle, so dass sie sich bei Belastung umordnen können. Bild 8.20 zeigt die Spannungs-Dehnungs-Kurve für diesen Fall. Nach Erreichen der Dehngrenze beginnt sich die Probe in einem Bereich einzuschnüren, da es zunächst zu einer lokalen Entfestigung kommt, wie im vorherigen Abschnitt diskutiert. Bei einer weiteren Verformung werden die Molekülketten dann gestreckt und richten sich parallel zueinander aus. Je stärker die Streckung der Molekülketten ist, um so mehr werden die kovalenten Bindungen in diesen Molekülen belastet, so dass es lokal zu einer starken Verfestigung kommt, die schließlich die Abnahme der Querschnittsfläche überkompensiert und eine weitere Einschnürung des Bereichs verhindert. Stattdessen vergrößert sich der Einschnürungsbereich entlang der Probe, bis schließlich die gesamte Probe aus gestreckten Kettenmolekülen besteht. Dabei können Dehnungen von bis zu 300 % erreicht werden.

Durch Strecken eines Thermoplasten ist es also möglich, eine Struktur zu erzeugen, bei der die Kettenmoleküle im Wesentlichen parallel ausgerichtet sind. Bild 8.21 zeigt schematisch den Aufbau eines solchen gestreckten Polymers: Die einzelnen Kettenmoleküle sind in Bündeln angeordnet, innerhalb derer sie parallel zueinander liegen. Das Material

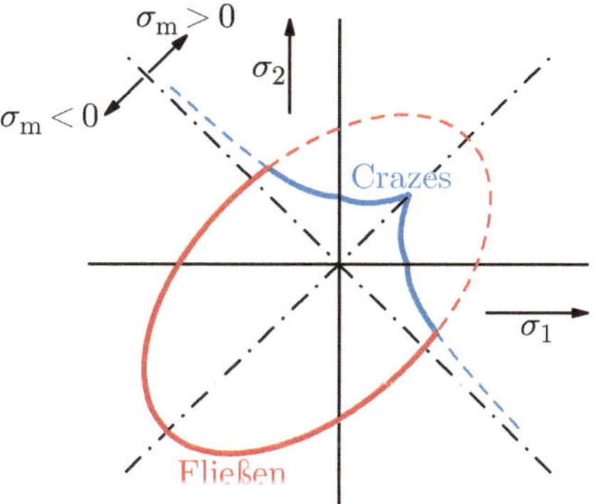

Bild 8.19: Fließfläche eines amorphen Thermoplasten, der sowohl durch Crazing als auch durch Scherbandbildung versagen kann. Im Bereich nennenswerter hydrostatischer Zugspannung tritt Crazebildung vor Scherbandbildung ein (nach [94, 142])

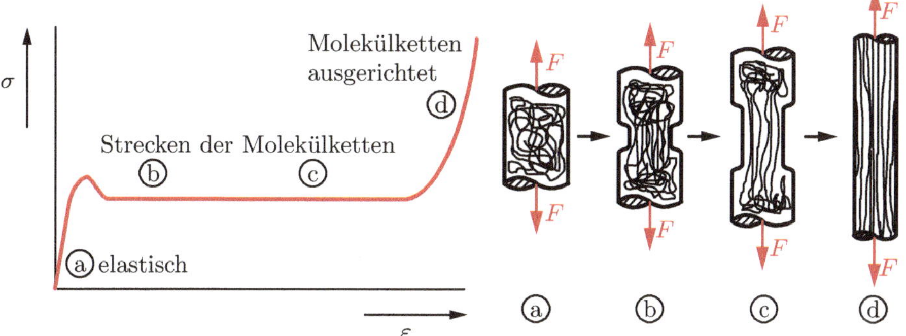

Bild 8.20: Spannungs-Dehnungs-Kurve eines amorphen Thermoplasten knapp unterhalb der Glastemperatur (nach [9])

verformt sich dann durch Abgleiten der Faserbündel aneinander. Da die Faserbündel sehr lang sind, reichen bereits kleine übertragbare Schubspannungen zwischen ihnen aus, um die Festigkeit der kovalenten Bindungen auszunutzen.[5] Die Kraft auf ein Faserbündel kann dabei so groß werden, dass die kovalenten Bindungen aufgebrochen werden. Die Bruchfläche spleißt in diesem Fall faserig auf. Auf diese Weise hergestellte Fasern besitzen eine im Vergleich zu amorphen Thermoplasten sehr hohe elastische Steifigkeit und Festigkeit.

Hochfeste Polymerfasern mit gestreckten Ketten werden häufig durch Spinnverfahren hergestellt. So haben beispielsweise *Aramidfasern* einen Elastizitätsmodul in Faserrichtung von bis zu 450 GPa und eine axiale Zugfestigkeit von 4700 MPa. Solche Fasern werden häufig in Faserverbundwerkstoffen eingesetzt (siehe Kapitel 9).

---

5 Dies wird in Abschnitt 9.3.2 im Zusammenhang mit Faserverbundwerkstoffen näher erläutert.

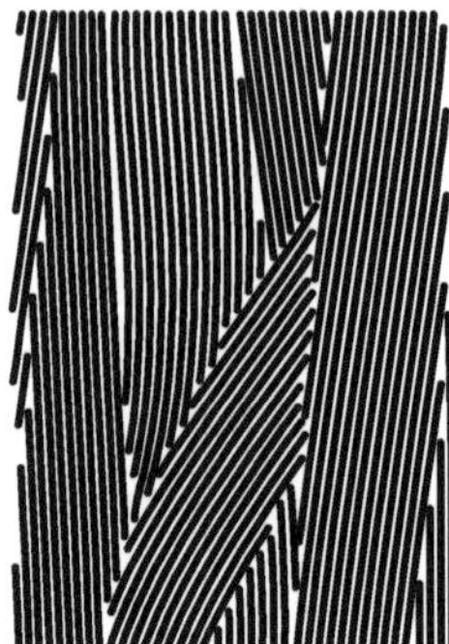

Bild 8.21: Aufbau eines gestreckten Thermoplasten aus Faserbündeln (nach [36])

Oberhalb der Glastemperatur

Überschreitet die Temperatur die Glastemperatur deutlich, so können die Kettenmoleküle leicht gegeneinander abgleiten, weil die starke Zunahme des spezifischen Volumens (siehe Abschnitt 8.1.2) und das Aufschmelzen der intermolekularen Bindungen die Beweglichkeit der Moleküle stark erhöht. Bei plastischer Verformung verhalten sich Thermoplaste deshalb ähnlich wie sehr viskose Flüssigkeiten. Ihre Festigkeit ist in diesem Bereich dementsprechend gering.

8.4.2   Teilkristalline Thermoplaste

Die Bindungsstärke zwischen den Kettenmolekülen ist in den kristallinen Bereichen eines teilkristallinen Thermoplasten wegen ihres geringeren Abstands stärker als in den amorphen Bereichen. Dies führt oft zu einem im Vergleich zu amorphen Thermoplasten größeren Elastizitätsmodul und zu einer höheren Festigkeit auch oberhalb der Glastemperatur.

Die plastische Verformung erfolgt dabei zunächst durch Strecken der amorphen Bereiche (siehe Bild 8.22 b). Bei größeren Dehnungen ordnen sich dann die kristallinen Bereiche so um, dass die Molekülketten in Belastungsrichtung orientiert werden (Bild 8.22 c). Bei weiterer Belastung lösen sich dann die kristallinen Bereiche in Blöcke auf (Bilder 8.22 d und e). In kristallinen Bereichen, in denen die Moleküle quer zur Belastungsrichtung orientiert sind, ordnen sich die aufgefalteten Schichten ebenfalls in Belastungsrichtung um, wobei sie nicht als Block rotieren, sondern neue Ebenen in der senkrechten Richtung ausbilden.

Ein Problem bei teilkristallinen Thermoplasten ist, dass in den amorphen Bereichen Verunreinigungen und kurze Kettenmoleküle konzentriert sind, da diese bei der Erstarrung aus den kristallinen Bereichen verdrängt werden. Die Grenzfläche zwischen den amorphen und kristallinen Bereichen ist deshalb eine Schwachstelle, an der Risse initiiert werden können.

Auch in der Natur werden häufig Polymere als lasttragende Materialien eingesetzt (siehe auch Abschnitt 9.4.4). Ein besonderes Beispiel für ein solches Polymer ist die Seide von Spinnen

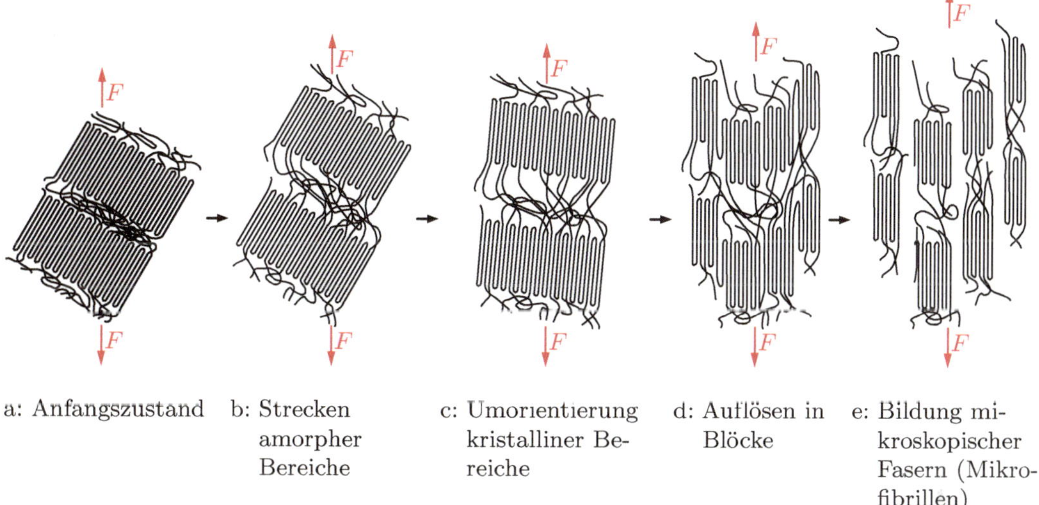

a: Anfangszustand   b: Strecken amorpher Bereiche   c: Umorientierung kristalliner Bereiche   d: Auflösen in Blöcke   e: Bildung mikroskopischer Fasern (Mikrofibrillen)

Bild 8.22: Stadien der plastischen Verformung eines teilkristallinen Thermoplasten (nach [46, 83])

oder einigen Insekten, beispielsweise der Raupen des Seidenspinners *Bombyx mori* [154]. Seiden bestehen aus Proteinfasern, die zu Strängen mit Durchmessern zwischen etwa 2 µm und 10 µm bei Spinnenseiden und zwischen etwa 10 µm und 50 µm beim Seidenspinner versponnen werden.

Proteine sind Polymere, die aus Aminosäuren gebildet werden (siehe auch Abschnitt 9.4.4). Sie ähneln in ihrer Struktur dem Polyamid (siehe Bild 1.23), wobei der im Bild eingezeichnete Rest »R« aus einem Kohlenstoffatom mit einer Seitengruppe besteht. Da es in der Natur 20 verschiedene Aminosäuren gibt, ergibt sich eine große Vielzahl möglicher Proteinstrukturen. Anders als bei technischen Polymeren ist die Struktur eines Proteins, d. h. die Reihenfolge der das Protein aufbauenden Aminosäuren, exakt festgelegt. Diese Reihenfolge legt ihrerseits fest, wie sich das Protein zu einer dreidimensionalen Struktur auffaltet.

Die meisten Seiden sind teilkristalline Polymere. Wegen der genau festgelegten dreidimensionalen Struktur der Proteine können sich diese in den kristallinen Bereichen exakt anordnen, wobei verschiedene Seitengruppen ineinander greifen können. Beispielsweise besteht die Seide des Seidenspinners in weiten Bereichen abwechselnd aus einer Aminosäure mit einer sehr kleinen Seitengruppe (Glycin) und einer mit einer etwas größeren Seitengruppe (Alanin oder Serin). Diese Seitengruppen benachbarter Ketten greifen ineinander und sorgen so für kristalline Bereiche mit hoher Festigkeit, wie in Bild 8.23 dargestellt.

Die Eigenschaften der Seiden variieren stark, abhängig von ihrem Aufbau. Eine einzelne Spinne verfügt über bis zu sieben verschiedene Sorten von Seide, die als Haltefäden, zum Netzbau, zum Einspinnen des Eikokons oder zum Einwickeln der gefangenen Beute verwendet werden. Jede Seidensorte wird dabei von spezialisierten Spinndrüsen produziert.

Besonders gut untersucht sind die mechanischen Eigenschaften von Haltefäden, meist am Beispiel der Kreuzspinne *Araneus diadematus* oder der großen Radnetzspinne *Nephila clavipes*. Diese Fäden zieht die Spinne stets hinter sich her und verwendet sie als Sicherheitsleine für den Fall, dass sie beim Klettern abstürzt. Damit der Faden dabei nicht reißt, muss er eine sehr hohe Bruchfestigkeit besitzen. Haltefäden besitzen eine Zugfestigkeit von bis zu 1,1 GPa,

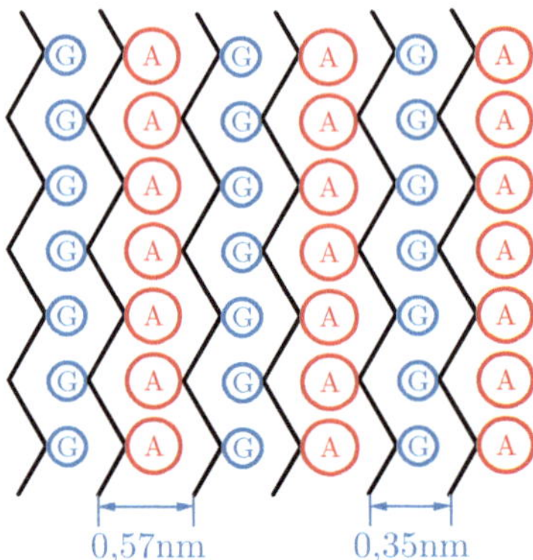

Bild 8.23: Auffaltung der Proteine zu einer kristallinen Struktur in der Seide des Seidenspin-
ners. Seitengruppen benachbarter Ketten greifen in genau definierter Weise inein-
ander und sorgen so für eine hohe Festigkeit. Auf jedem Protein wechseln sich die
Aminosäuren Glycin und Alanin ab, die unterschiedlich große Seitenketten besitzen.
In den – im Bild nicht dargestellten – amorphen Bereichen befinden sich andere
Aminosäuren im Protein, so dass eine geordnete Auffaltung nicht möglich ist.

was etwa einem Drittel der Festigkeit von Aramidfasern entspricht. Ihre Bruchdehnung ist
jedoch mit etwa 30 % wesentlich höher als die von Aramid (Bruchdehnung etwa 2,7 %). Sie
besitzen deshalb die Fähigkeit, große Energiemengen zu absorbieren, bevor sie reißen. Da
an derart mikroskopischen Proben keine Risswachstumsuntersuchungen durchgeführt werden
können, misst man zur Quantifizierung der Bruchzähigkeit die Energieaufnahme einer Faser
bis zum Bruch und normiert diese auf das Volumen. Es ergeben sich damit Energieaufnah-
men von $1,5 \cdot 10^8 \, \text{J/m}^3$ und mehr, was mehr als das Vierfache der Energieaufnahme von
Aramidfasern ist.

Ähnliche Fäden werden auch beim Netzbau eingesetzt, und zwar in den radial vom Zentrum des Netzes nach Außen laufenden Fäden. Die umlaufenden Fäden der Fangspirale bestehen aus einem gänzlich anderen Fadentyp. Ihre Aufgabe ist es zum einen, hohe Energiemengen absorbieren zu können, damit ein in das Netz fliegendes Beutetier nicht vom Netz
zurückprallt, und zum anderen, die Beute anschließend festzuhalten. Sie haben deshalb sehr
hohe Bruchdehnungen mit Nenndehnungen von bis zu 800 % bei einer Zugfestigkeit von etwa
500 MPa. Ihre Energieaufnahme kann bis zu $10^9 \, \text{J/m}^3$ betragen und ist damit höher als die
aller anderen bekannten Materialien.

Spinnenseiden werden in Drüsen hergestellt, in denen die die Seide bildenden Proteine zunächst in Wasser gelöst vorliegen [86]. Beim Herausziehen des Fadens richten sich die Proteine
durch die anliegende Zugspannung mit einer Vorzugsorientierung aus, obwohl das Material
immer noch flüssig vorliegt. Kurz vor dem Verlassen der Spinndrüse orientieren sich die kristallinen Bereiche wie oben erläutert, während gleichzeitig Wasser entzogen wird. Obwohl bei
diesem Prozess keine chemische Reaktion stattfindet, ist die Seide nach Verlassen der Spinndrüse nicht mehr wasserlöslich. Wie die Spinne diese Änderung der Löslichkeit bewerkstelligt,
ist nicht geklärt. Entscheidend für die Bildung der Seide ist dabei das Herausziehen des Fadens aus der Drüse, da dadurch die Orientierung der Moleküle stattfindet. Seiden können
also nicht aus einer Drüse herausgedrückt oder -gespritzt werden.

Die Seide des Seidenspinners wird bereits seit Jahrtausenden technisch eingesetzt. Wegen ihrer hervorragenden mechanischen Eigenschaften und auch wegen ihrer Biokompatibi-

lität sind Spinnenseiden für technische Anwendungen besonders attraktiv, beispielsweise als Wundauflagen, als Nähte oder in der Mikrotechnik. Anders als Seidenspinnerraupen lassen sich Spinnen wegen ihres ausgeprägten Territorialverhaltens und ihrer Neigung zum Kannibalismus allerdings nicht in großer Zahl auf engem Raum halten. Man versucht deshalb, Spinnenseide biotechnologisch herzustellen, indem die Seidenproteine von Bakterien hergestellt werden.

8.5 Maßnahmen zur Erhöhung der Temperaturbeständigkeit

Polymere besitzen eine deutlich geringere Temperaturbeständigkeit als Metalle und Keramiken. Im Bereich der Glastemperatur sinken die Steifigkeit und die Festigkeit von amorphen Thermoplasten deutlich. Oberhalb der Glastemperatur dominiert viskoses Fließen die Verformung amorpher Thermoplaste. Aus diesem Grund kann ein amorpher Thermoplast für lasttragende Anwendungen nur bei Einsatztemperaturen verwendet werden, die deutlich unterhalb der Glastemperatur liegen, denn bereits vor der eigentlichen Glastemperatur sinkt der Elastizitätsmodul deutlich, wie Bild 8.10 a zeigt. Teilkristalline Thermoplaste können dagegen auch oberhalb ihrer Glastemperatur eingesetzt werden. Sie besitzen dort zwar ebenfalls eine geringere Festigkeit als unterhalb von T_g, dafür ist ihre Duktilität aber erhöht. Elastomere werden immer oberhalb der Glastemperatur eingesetzt, da sie nur dort die gewünschten gummiartigen Eigenschaften besitzen.[6] Duromere können, je nach Anwendungszweck unterhalb und oberhalb der Glastemperatur eingesetzt werden; auch bei ihnen ist zwar die Steifigkeit oberhalb der Glastemperatur deutlich geringer, aufgrund der Kettenvernetzung kommt es aber nicht zu einem viskosen Fließen in diesem Bereich.

Wegen der beschriebenen Temperaturabhängigkeiten sind Maßnahmen, die zur Erhöhung der Temperaturbeständigkeit dienen, von besonderem Interesse, denn sie sorgen gleichzeitig meist auch für eine Erhöhung der Festigkeit und Steifigkeit. Hierbei kann entweder die Glastemperatur, bzw. bei einem teilkristallinen Polymer die Schmelztemperatur, oder der Anteil der kristallinen Bereiche erhöht werden. Dies soll im Folgenden näher erläutert werden.

8.5.1 Erhöhung der Glastemperatur und der Schmelztemperatur

In Abschnitt 8.1.2 wurde erläutert, dass die Glastemperatur dadurch gekennzeichnet ist, dass bei ihr die Beweglichkeit der Kettenmoleküle so groß wird, dass die Moleküle gegeneinander abgleiten können. Bild 8.4 auf Seite 267 veranschaulicht die Bewegung eines Kettenmoleküls. Die Abbildung zeigt, dass das Kettenmolekül sich zum Abgleiten durch einen kompliziert geformten Tunnel, der aus den anderen Molekülen gebildet wird, hindurchbewegen muss. Jede Maßnahme, die die Beweglichkeit des Moleküls behindert, erhöht deswegen auch die Glastemperatur.

---

6 Die Explosion der Raumfähre »Challenger« am 28. Januar 1986 wird darauf zurückgeführt, dass an diesem Tag die Außentemperaturen in Florida ungewöhnlich niedrig waren. Bei diesen Temperaturen verloren die Gummi-Dichtungsringe in den Feststoffraketen ihre Nachgiebigkeit, so dass die Flamme nicht durch die Düse, sondern an der Seite der Feststoffrakete austrat und dann den Wasserstofftank zur Explosion brachte.

Wegen der komplexen Form des Tunnels ist ein Abgleiten des Kettenmoleküls nur möglich, wenn dieses rotieren kann. Eine Möglichkeit, die Molekülbeweglichkeit herabzusetzen, besteht deshalb darin, die Rotation der Kettenmoleküle zu behindern. Prinzipiell ist die kovalente Kohlenstoff-Kohlenstoff-Bindung drehbar (siehe auch Abschnitt 8.1.1), so dass eine innere Verwindung des Kettenmoleküls möglich ist. Diese erleichtert das Abgleiten durch den Molekülverbund. Behindert man diese innere Rotation, so wird auch das Abgleiten erschwert.[7] Hierzu gibt es mehrere Möglichkeiten. Ersetzt man beispielsweise die einfache Kohlenstoffkette durch eine kompliziertere Struktur mit weniger drehbaren Bindungen, so erhöht sich die Glastemperatur beträchtlich. Zu den Polymeren mit der höchsten Glastemperatur gehören deshalb Polyimide (siehe Tabelle 1.3), bei denen die Molekülkette nicht aus einer einfachen Kohlenstoffkette, sondern aus der Verknüpfung eines Benzolrings mit zwei Amidgruppen und einer Kohlenstoffkette besteht. Da die ringförmigen Verbindungen starr sind, kann die Kette an diesen Stellen nicht rotieren und besitzt so eine deutlich geringere Beweglichkeit. Die beweglicheren Kohlenstoffketten zwischen den starren Ringen dienen dabei dazu, die Sprödigkeit herabzusetzen und die Verarbeitbarkeit des Polyimids zu verbessern.

Fügt man dem Kettenmolekül große Seitengruppen hinzu, so erschwert dies ebenfalls die Rotation. Dies liegt zum einen daran, dass sich einander annähernde Seitengruppen benachbarter Kettenmoleküle nicht durchdringen können, so dass die Bewegung eines Kettenmoleküls durch den aus den Nachbarmolekülen geformten Tunnel erschwert wird. Zum anderen steigt mit zunehmender Größe der Seitengruppe auch die Energie, die zu einer Rotation der Kohlenstoffbindung notwendig ist (siehe Bild 8.1), da die Seitengruppen eines Kettenmoleküls sich in ihrer Rotation räumlich und durch elektrostatische Abstoßung ihrer Elektronenwolken behindern.[8] Aus diesem Grund steigt die Glastemperatur mit der Größe der Seitengruppe. Vergleicht man beispielsweise die Glastemperaturen von Polyethylen ($-110\,°C\ldots-20\,°C$) ohne Seitengruppe, Polypropylen ($-20\,°C\ldots0\,°C$) mit einer einfachen Methyl-Seitengruppe und Polystyrol ($100\,°C$), so wird deutlich, dass die Größe der Seitengruppe die Glastemperatur direkt beeinflusst.

> Sind die Seitenketten lang und flexibel, so können sie allerdings auch eine Verringerung der Glastemperatur bewirken, zum einen, da sich in diesem Fall die Zahl der frei beweglichen Enden erhöht und zu einem ähnlichen Effekt führt wie eine Verringerung der Kettenlänge (siehe Abschnitt 8.1.3), zum anderen, weil die Seitengruppen den Abstand zwischen den Molekülketten erhöhen und somit die Anziehungskräfte zwischen ihnen verringern. Bei sehr langen Seitenketten kann die Glastemperatur dann wieder ansteigen, da sich dann die Seitenketten in regelmäßiger Weise, ähnlich wie bei einem teilkristallinen Polymer, anordnen können [13].

Eine Behinderung der Rotation tritt beispielsweise auch beim Teflon (Polytetrafluorethylen, PTFE) mit einer Glastemperatur von $126\,°C$ auf. Die hohe Elektronegativität des Fluor führt dazu, dass die Fluoratome negativ geladen sind und sich elektrostatisch abstoßen. Das Molekül verdreht sich deshalb, um die Abstände zwischen den Fluor-Atomen

---

7 Dies führt auch dazu, dass die Bildung von Crazes reduziert wird, da hierzu Moleküle aus dem Verband in die Fibrillen hineingezogen werden müssen [84].
8 Dies wurde in Abschnitt 8.1.1 bereits für die Seitengruppenrotation in PMMA diskutiert.

Bild 8.24: Räumliche Struktur eines PTFE-Kettenmoleküls. Durch die starke Abstoßung zwischen den Fluoratomen ist die Kette verdrillt und starr.

zu maximieren (Bild 8.24). Eine Rotation der Kette bewegt die negativ geladenen Atome aufeinander zu und erfordert deshalb zusätzliche Energie, was eine Erhöhung der Glastemperatur bedeutet.

Die Glastemperatur wird darüber hinaus direkt durch die Bindungsstärke zwischen den Molekülketten beeinflusst. Eine weitere Möglichkeit, die Glastemperatur zu erhöhen, besteht deshalb darin, diese Bindung zu verstärken. Dies kann beispielsweise durch das Hinzufügen polarer Seitengruppen geschehen, die zu einer verstärkten Dipolbindung zwischen den Molekülen führen. Aus diesem Grund ist beispielsweise die Glastemperatur von Polyvinylchlorid höher als die von Polyethylen. Das Ersetzen eines einzigen Wasserstoffatoms im Polyethylen durch ein Chloratom bewirkt bereits eine Erhöhung der Glastemperatur von etwa $-110\,°C$ bis $-20\,°C$ auf etwa $+80\,°C$. Dies liegt daran, dass die Dipol-Wechselwirkung, wie in Kapitel 1 diskutiert, wesentlich stärker als die van-der-Waals-Wechselwirkung ist.

Da Fluor eine höhere Elektronegativität als Chlor besitzt und da im PTFE jedes Monomer vier Fluoratome besitzt, könnte man erwarten, dass die Glastemperatur von PTFE wesentlich höher als die von PVC ist. Dies ist jedoch nicht der Fall, da die Dipolbindungen im PVC eine stärkere Wirkung haben als im PTFE. Zum einen liegt dies daran, dass sich die Dipolmomente der Fluor-Kohlenstoff-Bindungen benachbarter Kohlenstoffatome wegen der räumlichen Struktur des Moleküls (Bild 8.24) zum größten Teil wieder aufheben, zum anderen besitzt Fluor einen deutlich kleineren Atomradius als Chlor, so dass die Bindungslänge zwischen Kohlenstoff und Fluor sehr klein ist. Die Stärke eines Dipols ist aber direkt proportional zu seiner Länge, so dass die Kohlenstoffbindung mit dem größeren Chloratom ein stärkeres Dipolmoment besitzt. Insgesamt verhält sich PTFE deshalb unpolar und eignet sich beispielsweise für Beschichtungen mit niedriger Haftung.

Wasserstoffbrückenbindungen können ebenfalls zu einer starken Bindung zwischen den Molekülen beitragen. Ein Beispiel hierfür ist Polyamid (siehe Tabelle 1.3), bei dem sich Wasserstoffbrücken innerhalb der Amidgruppen benachbarter Moleküle ausbilden.

Alle diskutierten Maßnahmen dienen in teilkristallinen Polymeren auch zur Erhöhung der Schmelztemperatur. Allerdings ist es für einen hohen Kristallisationsgrad notwendig, dass die Kettenmoleküle eine genügend hohe Beweglichkeit haben, um sich in geordneter Form aneinander anlagern zu können. Eine Versteifung der Molekülketten verringert deswegen tendenziell den erreichbaren Kristallisationsgrad. Ein weiteres Problem besteht darin, dass eine zu starke Versteifung der Ketten die Viskosität des Werkstoffs bei hohen Temperaturen erhöht, so dass Herstellungsverfahren wie Spritzgießen problematisch werden können.

8.5.2   Erhöhung des kristallinen Anteils

Teilkristalline Polymere besitzen eine gegenüber amorphen Polymeren erhöhte Festigkeit. Gelingt es also, den kristallinen Anteil in einem Polymer zu erhöhen, so verbessern sich die mechanischen Eigenschaften entsprechend.

Die Kristallinität eines Polymers kann durch den Herstellungsprozess und durch die Struktur der Kettenmoleküle beeinflusst werden. Beim Abkühlen aus der Schmelze können sich kristalline Bereiche nur dann bilden, wenn den Molekülen genügend Zeit zur Verfügung steht, um die energetisch günstigere, dichter gepackte Kristallstruktur zu formen. Die Kristallinität ist deshalb eine Funktion der Abkühlgeschwindigkeit. Ist diese zu hoch, bildet sich ein rein amorphes Polymer. Dies ist analog zur Herstellung von Gläsern oder zu den Ausscheidungs- und Umwandlungsvorgängen aus Abschnitt 6.4.3.

Der Kristallisationsgrad lässt sich auch dadurch erhöhen, dass die Kettenmoleküle durch mechanische Beeinflussung günstig orientiert werden. Dies wurde bereits in Abschnitt 8.4.1 anhand der plastischen Verformung eines amorphen Thermoplasten in der Nähe der Glastemperatur erläutert. Durch Aufbringen einer Zugspannung werden die Fasern orientiert und gestreckt, so dass sie kristalline Faserbündel bilden.

Die Größe der Seitengruppen und damit die Beweglichkeit der Kettenmoleküle hat ebenfalls einen Einfluss auf den Kristallisationsgrad. Je unbeweglicher die Kettenmoleküle sind, desto schwieriger ist es, sie dicht gepackt und regelmäßig anzuordnen.

Deshalb ist Polyethylen gut geeignet zur Herstellung hochfester Fasern, weil die Polymerkette aufgrund des einfachen Aufbaus besonders beweglich ist und sich somit besonders leicht in Faserrichtung strecken lässt. Je nach dem Grad der Streckung der Kettenmoleküle können Elastizitätsmoduln bis $200\,\mathrm{GPa}$ erreicht werden [117]. Für technische Fasern sind Werte von $62\,\mathrm{GPa}$ bis $175\,\mathrm{GPa}$ charakteristisch (siehe auch Tabelle 9.1). Insbesondere in Anbetracht der geringen Dichte von knapp unter $1\,\mathrm{g/cm^3}$ sind dies hohe Werte, die wiederum auf die starke kovalente Bindung der Kohlenstoffatome entlang der Hauptkette zurückzuführen sind.

Polymere mit sehr steifen Molekülketten liegen meist eher amorph vor als solche mit beweglichen Ketten. Ausnahmen von dieser Regel sind allerdings möglich: Beispielsweise kann PTFE aufgrund seiner sehr steifen und geraden Molekülketten Kristallinitäten von bis zu $90\,\%$ erreichen, wozu allerdings sehr niedrige Abkühlgeschwindigkeiten notwendig sind; bei technischen Anwendungen ist der Kristallisationsgrad deshalb im Allgemeinen niedriger.

Auch bei der Abkühlung eines Polymers aus der Schmelze kann eine Orientierung der Moleküle vorgenommen werden, indem die Schmelze mit hoher Geschwindigkeit geschert wird, da sich auch dann die Moleküle ausrichten. Bei der Herstellung von Bauteilen aus Polymeren im Spritzgussverfahren muss dies beachtet werden, damit im fertigen Bauteil nicht einige Bereiche einen wesentlich höheren oder niedrigeren Kristallisationsgrad aufweisen als andere.

Aramid ist ein Beispiel für ein Polymer, das auf diese Weise mit hoher Kristallinität hergestellt werden kann, was vor allem für die Herstellung von Aramidfasern genutzt wird. Aufgrund der aromatischen Gruppen entlang der Hauptkette (siehe Bild 1.23) ist das Molekül extrem steif. Es verknäult sich deshalb nicht, sondern liegt (ähnlich wie PTFE) stäbchenförmig vor. Deutlich oberhalb der Schmelztemperatur T_m sind diese Stäbchen re-

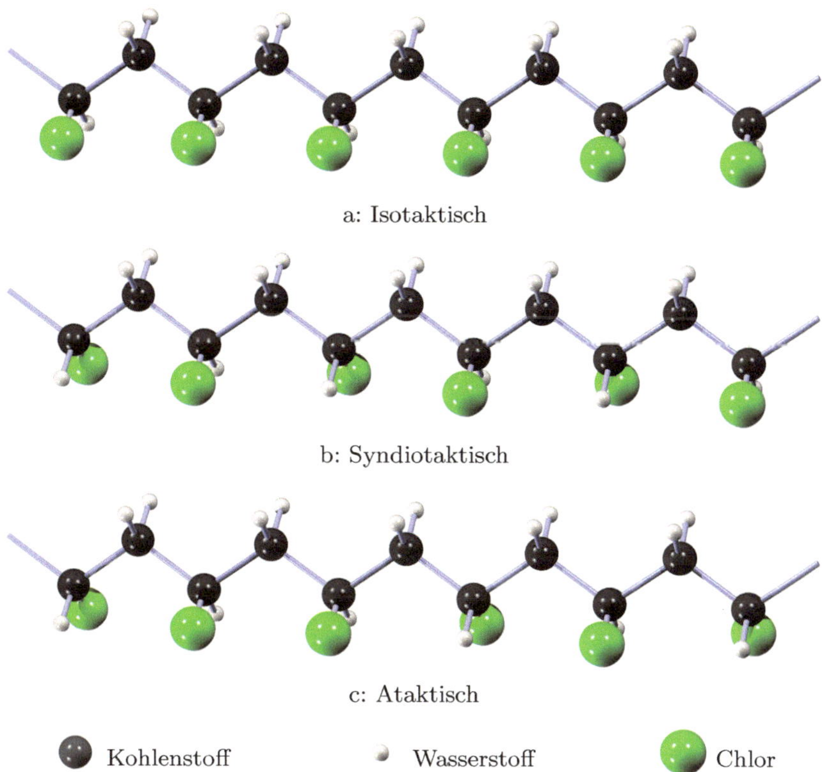

Bild 8.25: Geometrische Anordnung von Seitengruppen am Beispiel des Polyvinylchlorids (PVC). Bild a zeigt die isotaktische Anordnung, bei der die Seitengruppen regelmäßig auf derselben Seite angeordnet sind, Bild b die syndiotaktische Anordnung mit alternierenden Seitengruppen und Bild c die ungeordnete, ataktische Anordnung.

gellos in der Schmelze verteilt. Unterschreitet man aber eine bestimmte Temperatur, die Ordnungstemperatur, die oberhalb von T_m liegt, richten sich die Moleküle gebietsweise parallel aus, da dies energetisch günstiger ist. Die Moleküle besitzen dann eine Vorzugsorientierung, sind aber ansonsten regellos angeordnet.[9] Zieht man Fasern aus der Schmelze heraus, so richten sich die Moleküle in den Fasern mit der Stabachse der Moleküle in Ziehrichtung aus.[10]

Von besonderem Einfluss auf die Kristallinität ist die *Taktizität,* d. h. die Art, in der die Seitengruppen der einzelnen Monomere sich in der Kette anordnen. Man unterscheidet hier zwischen der *isotaktischen* Anordnung (Bild 8.25 a), bei der alle Seitengruppen auf derselben Seite der Molekülkette regelmäßig angeordnet sind, der *syndiotaktischen* Anordnung mit alternierenden Seitenketten (Bild 8.25 b) und der *ataktischen* Anordnung,

---

9 In diesem Stadium bilden die Moleküle damit einen Flüssigkristall. Flüssigkristalle sind dadurch gekennzeichnet, dass in ihnen die Moleküle zwar eine bevorzugte Orientierung besitzen, aber in ihren Positionen ungeordnet wie eine Flüssigkeit sind.

10 Dies ähnelt der Herstellung von Seide, siehe Seite 288.

a: Unverzweigt   b: Verzweigt

Bild 8.26: Unverzweigte und verzweigte Polymerketten. Durch die Anwesenheit von Seitenketten wird die Ausbildung einer kristallinen Struktur behindert.

bei der die Position der Seitenketten zufällig ist (Bild 8.25 c). Je regelmäßiger die Anordnung der Seitenketten ist, desto besser lassen sich die Kettenmoleküle zu einer kristallinen Struktur anordnen. Bei ansonsten vergleichbarer Struktur besitzen isotaktische Polymere deshalb den höchsten, ataktische den geringsten Kristallisationsgrad. Die isotaktische Struktur ist der syndiotaktischen überlegen, da bei der syndiotaktischen Struktur eine geordnete kristalline Anordnung nur möglich ist, wenn sich die Seitengruppen exakt miteinander verzahnen.

Obwohl Thermoplaste aus unvernetzten Kettenmolekülen bestehen, können sie dennoch mit einer verzweigten Struktur vorliegen. Anders als bei den Elastomeren und Duromeren führen diese Verzweigungen zwar nicht zu einer Vernetzung der Kettenmoleküle untereinander, sie können aber die geometrisch dichte Packung behindern, die zur Ausbildung kristalliner Bereiche notwendig ist, wie in Bild 8.26 dargestellt.

8.6 Maßnahmen zur Erhöhung von Festigkeit und Elastizitätsmodul

Die wichtigsten Maßnahmen zur Erhöhung von Festigkeit und Elastizitätsmodul ergeben sich bereits aus den Überlegungen des vorherigen Abschnitts. Hierzu zählen vor allem:

- eine Erhöhung der Bindungsstärke, beispielsweise durch Hinzufügen polarer Seitengruppen (Abschnitt 8.5.1),
- die Behinderung der Kettenabgleitung, beispielsweise durch Hinzufügen großer Seitengruppen oder durch Versteifung der Molekülkette (Abschnitt 8.5.1),
- eine Erhöhung des kristallinen Anteils, z. B. beim Herstellungsprozess oder durch Verwendung isotaktischer Strukturen (Abschnitt 8.5.2),
- Ausrichten der Molekülketten in Belastungsrichtung (Abschnitt 8.4.1).

Tabelle 8.2 fasst die mechanischen Eigenschaften verschiedener Polymere zusammen. Die beschriebenen Mechanismen zur Festigkeitssteigerung und zur Erhöhung der Steifigkeit sind in ihrer Wirkung deutlich zu erkennen. So hat Polyethylen geringer Dichte (Low-Density-Polyethylen, LDPE), das aufgrund verzweigter Polymerketten eine vergleichsweise geringe Kristallinität von etwa 45 % besitzt, erwartungsgemäß den niedrigsten Elastizitätsmodul und die geringste Zugfestigkeit, da es nur aus einfachen und beweglichen Molekülketten mit schwachen Bindungen besteht. Eine Erhöhung der Kristallinität auf etwa 75 % und damit der Dichte (zum Polyethylen hoher Dichte, High-Density-PE oder HDPE), bewirkt deutlich verbesserte Eigenschaften, da die erhöhte Kristallinität die Stärke und Zahl der intermolekularen Bindungen erhöht. Fügt man Seitengruppen hinzu, wie

Tabelle 8.2: Typische Eigenschaften verschiedener Polymere (nach [105, 46]). Wegen der Abhängigkeit von Polymerisationsgrad und chemischen Zusätzen sind die Werte nur als Richtwerte zu verstehen.

Material	$R_\mathrm{m}/\mathrm{MPa}$	E/GPa	$\varrho/(\mathrm{g/cm^3})$
Polyethylen geringer Dichte	15	0,3	0,92
Polyethylen hoher Dichte	35	1,0	0,96
Polypropylen	35	1,5	0,91
Polyvinylchlorid	55	3,0	1,4
Polyethyleneterephtalat	65	3,0	1,3
Polymethylmethacrylat	70	3,3	1,2
Polycarbonat	75	2,3	1,2
Polyamid	80	3,5	1,2

etwa beim Polypropylen oder beim Polyvinylchlorid, so verbessern sich die mechanischen Eigenschaften entsprechend.

Eine für Polymere zentrale Methode zur Erhöhung von Festigkeit oder Steifigkeit ist die Kombination mit anderen Materialien in einem Verbundwerkstoff. Diese wird in Kapitel 9 ausführlich erläutert.

8.7   Maßnahmen zur Erhöhung der Duktilität

Wie bereits in Abschnitt 8.4.2 erwähnt, besitzen teilkristalline Thermoplaste eine erhöhte Duktilität, wenn sie oberhalb ihrer Glastemperatur eingesetzt werden, da die amorphen Bereiche gut verformbar sind, während die kristallinen Bereiche für eine höhere Festigkeit sorgen. Teilkristalline Polymere eignen sich also besonders gut für Anwendungen, in denen eine hohe Duktilität erforderlich ist.

Eine Möglichkeit, die Duktilität von Polymeren zu erhöhen, ist die Zugabe von Weichmachern. Als *Weichmacher* werden Moleküle bezeichnet, die einem Polymer hinzugefügt werden, um die Glastemperatur herabzusetzen und so die Verformbarkeit zu erhöhen. Beispielsweise eignet sich PVC für die Herstellung von Bodenbelägen oder Plastiktüten nur wegen seines hohen Gehalts an Weichmachern. Die Funktionsweise von Weichmachern wird in Abschnitt 8.8 erläutert.

Die sogenannte *Copolymerisation* ist ein weiteres wichtiges Mittel zur Verbesserung der mechanischen Eigenschaften von Polymeren, insbesondere ihrer Duktilität. Bei der Copolymerisation werden verschiedene Monomere zum Aufbau der Kettenmoleküle verwendet. Dies kann, wie Bild 8.27 zeigt, in unterschiedlicher Weise geschehen. Bei der *alternierenden Copolymerisation* werden die verwendeten Monomere abwechselnd eingebaut, bei der *regellosen Polymerisation* in zufälliger Weise. *Blockcopolymere* sind solche, bei denen längere Kettensegmente aus den beiden Monomersorten einander abwechseln. Die letzte Variante sind die *Graft-Copolymere,* bei denen die Grundkette aus einem Monomertyp gebildet wird, an die Seitenketten aus dem zweiten Typ angehängt werden.

Die Copolymerisation wird häufig zur Erniedrigung der Glastemperatur verwendet, wobei das Ziel in einer Erhöhung der Duktilität besteht. Man nennt diesen Prozess deshalb oft auch *innere Weichmachung.*

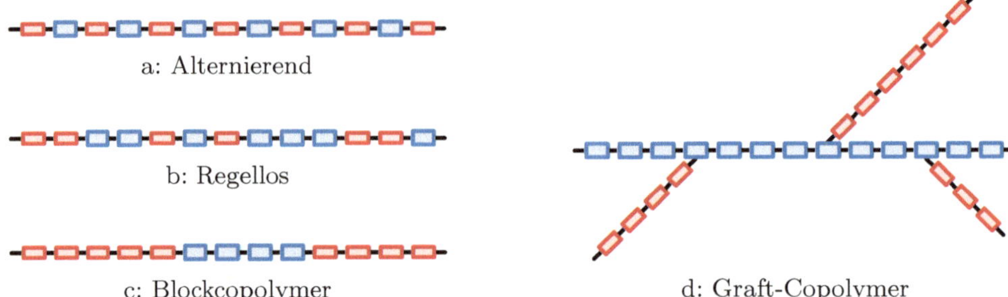

Bild 8.27: Verschiedene Formen von Copolymeren (nach [19, 32])

Bild 8.28 zeigt die Temperaturabhängigkeit des Elastizitätsmoduls für zwei Polymere und unterschiedliche aus ihren Monomeren erzeugte Copolymere. Ein Beispiel für mögliche Copolymere ist Polybutadienstyrol, das sich aus den Monomeren für Polybutadien und Polystyrol zusammensetzt. Führt man die Copolymerisation alternierend oder regellos durch, so liegt die Glastemperatur des Copolymers zwischen denen der beiden Ausgangspolymere. Dies ist dadurch verständlich, dass die größeren Seitengruppen des Polystyrols, wie oben erläutert, für eine Erhöhung der Glastemperatur gegenüber Polybutadien sorgen, wobei der Wert der Erhöhung mit der Anzahl der Styrol-Seitengruppen wächst.

Bei einer Graft- oder Block-Copolymerisation zeigt sich hingegen ein anderer Effekt: Das Polymer besitzt polybutadienreiche und polystyrolreiche Zonen, die sich ähnlich wie die Grundsubstanzen verhalten. Bei Erreichen der Glastemperatur von Polybutadien schmelzen die entsprechenden Bereiche bereits auf, während die polystyrolreichen Bereiche sich noch unterhalb ihrer Glastemperatur befinden. Das Verhalten solcher Copolymere ist deshalb ähnlich wie das teilkristalliner Polymere, da es auch im Block- oder Graft-Copolymer in den verschiedenen Bereichen verschiedene Temperaturen gibt, bei denen die Bindungen aufschmelzen. Die Copolymerisation bewirkt somit einerseits eine Festigkeitsabnahme, aber andererseits eine deutliche Zunahme der Duktilität.

Blockcopolymere können die Duktilität auch dadurch erhöhen, dass sie die Bildung von Crazes beeinflussen. Wie in Abschnitt 8.4.1 erläutert, wachsen Crazes in amorphen Polymeren meist beginnend von Oberflächendefekten, weil dort die Bildung von Hohlräumen erleichtert ist. Die Crazes führen dann zu einer lokalen Spannungsüberhöhung und schließlich häufig zum Bruch. Durch geeignete Blockcopolymerisation kann erreicht werden, dass die Hohlraumbildung an sehr vielen Stellen innerhalb des Polymers erleichtert wird. Dadurch bildet sich eine große Anzahl an Crazes, die eine nennenswerte plastische Verformung tragen können, bevor es zum Bruch kommt. Ein ähnlicher Effekt lässt sich auch durch eine Mischung verschiedener Polymere erreichen.

Diese Beeinflussung der Craze-Bildung ist insbesondere bei schlagzähmodifiziertem Polystyrol (auch als Styrolbutadien, sb, oder im Englischen hips für *high-impact polystyrene* bezeichnet) von Bedeutung. Dabei wird Polystyrol mit Butadien so copolymerisiert, dass sich innerhalb des Polystyrols etwa kugelförmige Kautschukpartikel (Polybutadienpartikel) ausbilden. Diese Kautschukpartikel erzeugen Eigenspannungen im Material, die die Bildung von Crazes erleichtern. Sind die Partikel klein, so entstehen entsprechend viele kleine Crazes,

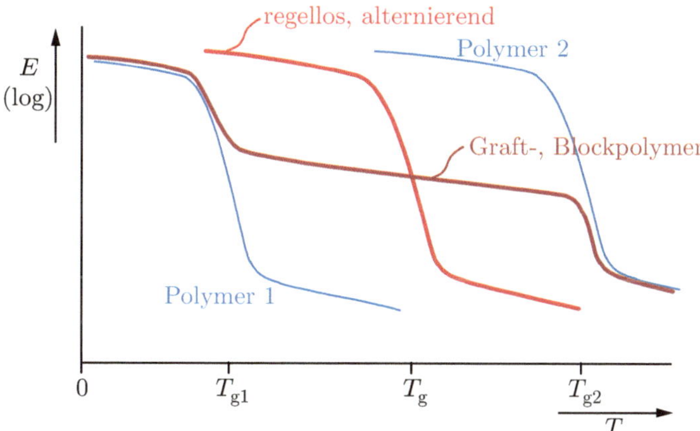

Bild 8.28: Temperaturabhängigkeit des Elastizitätsmoduls für einen Copolymer. Eine alternierende oder regellose Anordnung der Monomere führt zu einer Mittelung der Glasübergangstemperatur, während Graft- oder Blockpolymere sich wie teilkristalline Thermoplaste verhalten und zwei Übergangstemperaturen erhalten [103].

die sich nur über kurze Strecken ausbreiten können. Dadurch besitzt das Material eine hohe Fließspannung, aber nur eine geringe Bruchdehnung. Sind die Partikel größer, entstehen weniger Crazes, die sich weiter ausbreiten können, so dass die Fließspannung sich verringert, die Bruchdehnung aber erhöht [46]. Copolymerisiert man das Material zusätzlich noch mit Acrylnitril ($CH_2-CH-CN$), so erhält man Acrylnitril-Butadien-Styrol (ABS), das über eine weiter erhöhte Festigkeit und Zähigkeit sowie eine höhere Resistenz gegen Lösungsmittel verfügt.

*8.8   Umwelteinflüsse

Polymere reagieren empfindlich auf verschiedene Umwelteinflüsse. Die Anwesenheit polarer oder unpolarer Lösungsmittel oder die Einstrahlung von ultraviolettem Licht kann die Festigkeit eines Polymers deutlich herabsetzen.

Polymere können mit verschiedenen organischen oder anorganischen Lösungsmitteln reagieren. Generell gilt, dass polare Lösungsmittel in polare Polymere und unpolare Lösungsmittel in unpolare Polymere eindringen können. Beispielsweise besitzt Plexiglas (PMMA) eine gewisse Löslichkeit für Alkohol und Polyamid (PA, Nylon) für Wasser.

Dringt ein Lösungsmittel in ein Polymer ein, so lagert es sich zwischen den Kettenmolekülen an. Es führt damit zu einer Vergrößerung des Abstands zwischen den Kettenmolekülen. Dies macht sich in einer Volumenzunahme, dem sogenannten *Schwellen*, bemerkbar. Dadurch erhöht sich auch der zwischenmolekulare Bindungsabstand, d. h., die Bindungen werden geschwächt, und die Glastemperatur sinkt, so dass die Festigkeit und die elastische Steifigkeit reduziert werden. Dies ist insbesondere bei Polyamiden ein Problem, da diese mehrere Gewichtsprozent Wasser aufnehmen können und deshalb ihre mechanischen Eigenschaften in feuchter Umgebung stark beeinträchtigt werden können.

Umgekehrt kann dieser Vorgang ausgenutzt werden, um bei Raumtemperatur spröde Polymere durch Zugabe von Weichmachern duktil zu machen (siehe auch Abschnitt 8.7).

> Dringen Lösungsmittel in ein Polymer ein und schwächen so die Bindungen zwischen den Kettenmolekülen, so erleichtert dies auch die Bildung von Crazes. Zum einen reduziert die Anwesenheit des Lösungsmittels die Oberflächenenergie, so dass die Bildung neuer Oberfläche, die zur Initiierung und zum Wachstum der Crazes notwendig ist, erleichtert wird. Zum anderen erleichtert die Herabsetzung der Bindungskräfte das Herausziehen von Kettenmolekülen aus dem Verbund in die Fibrillen. Die so entstandenen Crazes können, wie in Abschnitt 8.4.1 erläutert, rissinitiierend wirken. Deshalb kommt es dann zur Herabsetzung der Fließspannung und gleichzeitig zur Versprödung des Polymers.

Zusätzlich kann auch die Volumenzunahme selbst die Festigkeit eines Bauteils beeinträchtigen. Ein ungleichmäßiges Eindringen des Lösungsmittels in das Bauteil führt zu verschieden starker Volumenzunahme und kann somit innere Spannungen induzieren. Diffundiert das Lösungsmittel beispielsweise aus dem oberflächennahen Bereich heraus, so steht dieser unter Zugspannung und ist deshalb empfindlicher gegen Zugbeanspruchung.

Eine Möglichkeit zum Schutz vor Lösungsmitteln ist die Copolymerisation. Beispielsweise kann Polystyrol durch das unpolare Lösungsmittel Benzol angegriffen werden. Eine Copolymerisation mit einer polaren Gruppe (beispielsweise Acrylnitril) hindert das unpolare Lösungsmittel am Eindringen.

Auch ultraviolette Strahlung kann Polymere beeinträchtigen, da sie die chemischen Bindungen innerhalb der Kettenmoleküle spalten kann. Dies kann zu einer Verringerung der Kettenlänge mit entsprechender Reduzierung der Glastemperatur, aber auch zum Entstehen neuer kovalenter Bindungen zwischen benachbarten Kettenmolekülen führen, so dass das Material versprödet. Dies lässt sich durch das Hinzufügen lichtabsorbierender oder -reflektierender Teilchen, wie z. B. Ruß oder Titanoxid, verhindern. Polyvinylchlorid (PVC) spaltet unter UV-Bestrahlung Chlorradikale ab, die zu Salzsäure (HCl) reagieren können. Stabilisatoren, die Chlorradikale binden können, verhindern dies.

Elastomere wie beispielsweise Polybutadien können auch durch Oxidation angegriffen werden: Dabei bilden sich zusätzliche Verbindungen zwischen den Kettenmolekülen, die zu einer Versprödung des Materials führen.

9 Mechanisches Verhalten der Faserverbundwerkstoffe

Verbundwerkstoffe sind Kombinationen verschiedener Materialien mit dem Ziel, günstige Eigenschaften der beteiligten Werkstoffe zu vereinen. Dass derartige Kombinationen vorteilhaft sein können, wurde bereits in den Abschnitten 6.4.3 für die Teilchenhärtung von Metallen und 7.5 für Dispersionskeramiken gezeigt.

Eine genaue Definition des Begriffs »Verbundwerkstoff« ist schwierig. Im weitesten Sinne kann man alle Werkstoffe, die aus zwei physikalisch unterscheidbaren Phasen bestehen, als Verbundwerkstoffe ansehen.[1] In diesem Fall wäre aber nahezu jeder technisch eingesetzte Werkstoff ein Verbundwerkstoff, beispielsweise auch nahezu alle Stähle und ausscheidungsgehärteten Legierungen, so dass eine solche Definition keinen praktischen Nutzen hat. Heutzutage eingesetzte Verbundwerkstoffe zeichnen sich im Allgemeinen durch folgende Eigenschaften aus:

- Eine verstärkende zweite Phase ist in eine kontinuierliche *Matrix* eingebettet.
- Die verstärkende Phase und die Matrix liegen zunächst als getrennte Materialien vor und werden bei der Herstellung zu einem Werkstoff »verbunden«, die verstärkende zweite Phase entsteht also nicht durch innere Prozesse, beispielsweise Ausscheidungsreaktionen.
- Die verstärkende zweite Phase besitzt Größenordnungen im Mikrometerbereich oder darüber.
- Die verstärkende zweite Phase wirkt zumindest teilweise durch Lastübertragung.
- Der Volumenanteil der verstärkenden zweiten Phase beträgt mehr als etwa 10 %.

Diese Eigenschaften als Definition zu verwenden, ist jedoch in Grenzfällen problematisch und auch nicht zukunftssicher, da Weiterentwicklungen, zum Beispiel in der Nanotechnologie, neue Verbundwerkstoffe erzeugen werden, die nicht alle der aufgeführten Eigenschaften besitzen.

In diesem Kapitel konzentrieren wir uns auf Faserverbundwerkstoffe, in denen ein Werkstoff in Form länglicher *Fasern* vorliegt, die von einer Matrix des anderen Werkstoffs umgeben sind. Ein Beispiel hierfür ist *glasfaserverstärkter Kunststoff* (GfK), in dem eine Polymermatrix durch das Einbringen von Glasfasern verstärkt wird. Wie zu Beginn dieses Kapitels bereits gesagt, ist das Ziel eines solchen Verbundes die Kombination günstiger Materialeigenschaften. Im glasfaserverstärkten Kunststoff sorgen die Glasfasern für eine höhere Steifigkeit und Festigkeit, während die umgebende Matrix dem Werkstoff eine gewisse Duktilität verleiht und die Glasfasern vor punktuellen Lasten schützt.

Dass häufig Fasern als verstärkendes Element eingesetzt werden, liegt daran, dass die Lastübertragung von der Matrix besonders effizient ist, wenn der verstärkende Werkstoff

---

1 Dabei ist zu beachten, dass es auch keramische Verbundwerkstoffe gibt, in denen beide Phasen chemisch identisch sind, siehe Abschnitt 9.1.2.

© Springer Fachmedien Wiesbaden GmbH, ein Teil von Springer Nature 2019

J. Rösler et al., *Mechanisches Verhalten der Werkstoffe*, https://doi.org/10.1007/978-3-658-26802-2_9

in Lastrichtung eine möglichst große Ausdehnung besitzt. Dies wird weiter unten ausführlich erläutert werden. Darüber hinaus können Fasern auch günstig sein, weil sie mit einem typischen Durchmesser zwischen 1 µm und 25 µm sehr dünn sind und die in ihnen enthaltenen Defekte deshalb nur eine geringe Größe besitzen.

9.1   Arten der Verstärkung

Da Verbundwerkstoffe aus Kombinationen mehrerer Materialien bestehen, gibt es entsprechend eine Vielzahl möglicher Werkstoffpaarungen. Metallische, keramische oder Polymermatrixwerkstoffe können jeweils mit unterschiedlichen Fasern oder Teilchen verstärkt werden. Die Klassifikation von Verbundwerkstoffen kann entweder nach der Art der verstärkenden Teilchen (Fasern, Fasergewebe etc.) oder nach dem verwendeten Matrixwerkstoff (Polymer, Metall, Keramik) erfolgen.

9.1.1   Charakterisierung nach Verstärkungsgeometrien

Charakterisiert man Verbundwerkstoffe nach der Geometrie der eingebrachten Teilchen, so kann man zunächst zwischen Fasern und Teilchen unterscheiden. Bei Fasern ist eine Dimension um mehr als eine Größenordnung höher als die anderen, sie haben also das Aussehen eines langen, schlanken Zylinders. Bei Teilchen sind dagegen die Ausdehnungen in allen Richtungen etwa gleich. Auch andere Verbundstrukturen sind möglich, beispielsweise können die verschiedenen Phasen in einer Sandwich-Struktur angeordnet werden, in der sich Lagen unterschiedlicher Materialien abwechseln.

Fasern können ihrerseits, basierend auf ihrer Geometrie, unterteilt werden. Betrachtet man die Eigenschaften des Verbundwerkstoffs, so kann man von *Langfasern* sprechen, wenn sich die Eigenschaften bei einer weiteren Verlängerung der Fasern nicht mehr ändern, während die Länge bei *Kurzfasern* einen Einfluss auf die Verbundeigenschaften hat.[2] Langfasern, deren Ausdehnung der Größe des Bauteils vergleichbar ist, werden oft auch als *kontinuierliche* oder *Endlosfasern* bezeichnet. Beispielsweise klassifiziert man Glasfasern (deren Durchmesser typischerweise einige zehn Mikrometer betragen) als Kurzfasern, wenn ihre Länge weniger als einen Millimeter beträgt, als Langfasern bei Längen zwischen einem und fünfzig Millimetern und als Endlosfasern, wenn ihre Länge noch größer ist.

Die Länge der Fasern hat nicht nur einen Einfluss auf die mechanischen Eigenschaften, sondern auch auf den Herstellungsprozess, da Langfasern anders als Kurzfasern verarbeitet werden müssen. Dies soll im Folgenden diskutiert werden.

Langfasern und Gewebe

Wie weiter unten ausführlich diskutiert werden wird, ist die Verstärkung eines Werkstoffs mit langen Fasern, die in Richtung einer anliegenden Zugspannung bzw. der größten Hauptspannung (*uniaxial*) ausgerichtet sind, mechanisch besonders vorteilhaft. Die unterschiedlichen Steifigkeiten von Faser und Matrix verursachen nämlich Spannungskonzentrationen an den Enden der Faser, da Spannung von der Matrix auf die Faser

---

2 In Abschnitt 9.3.2 wird dies näher untersucht.

Bild 9.1: Rovings aus Glas- und aus Kohlefasern. Institut für Flugzeugbau und Leichtbau, TU Braunschweig

übertragen werden muss. Diese Lastübertragung ist um so effizienter, je länger die Fasern sind und je kleiner damit der Einfluss der Spannungskonzentration ist. Deshalb sind lange Fasern kurzen mechanisch überlegen.

Da die verwendeten Fasern meist sehr dünn sind, werden sie zu Faserbündeln (sogenannten *Rovings*) zusammengefasst, die typischerweise aus mehreren Tausend Einzelfasern bestehen und somit Durchmesser im Millimeterbereich besitzen. Bild 9.1 zeigt Rovings aus Glas- und aus Kohlefasern. Alternativ können die Fasern auch miteinander zu Garnen versponnen oder verdreht werden.

Ein Nachteil der uniaxialen Faseranordnung besteht darin, dass der Werkstoff quer zur Faserrichtung deutlich schlechtere Steifigkeits- und Festigkeitseigenschaften besitzt (siehe Abschnitte 9.2.2 und 9.3.6). Deshalb werden häufig verschiedene Faseranordnungen miteinander kombiniert. In einem *Gelege* werden Rovings in einzelnen parallelen Lagen übereinander gelegt und anschließend vernäht, um eine stabile Matte zu bilden. Alternativ können Rovings auch miteinander zu einem *Gewebe* verwoben werden. Bild 9.2 zeigt einige Beispiele. Diese Faserhalbzeuge können dann in einem *Laminat* übereinander geschichtet angeordnet werden. Die Anordnung der einzelnen Fasern kann dabei jeweils orthogonal zueinander gewählt werden, oder es werden komplexere Anordnungen (beispielsweise mit relativen Orientierungen von 45° zueinander) gewählt. Die Eigenschaften eines solchen Materials können in der Ebene der Fasern isotrop sein, senkrecht dazu ist es jedoch schwächer, da in senkrechter Richtung typischer Weise keine Fasern vorliegen. Um einen vollständig isotropen Werkstoff zu erhalten, ist es notwendig, Fasern in allen drei Raumrichtungen anzuordnen, dies ist mit kontinuierlichen Fasern jedoch mit großem Aufwand verbunden, da die Fasern in drei Richtungen senkrecht zueinander verwoben werden müssen.

Langfasern oder Gewebe müssen zunächst gerichtet in das herzustellende Bauteil eingebracht werden. Dies lässt sich besonders leicht erreichen, wenn der Schmelzpunkt des Matrixwerkstoffs deutlich unterhalb dessen des Faserwerkstoffs liegt, wie es bei Polymermatrix-Verbunden der Fall ist. Verwendet man Duromere als Matrix, so können die Fasern zunächst von dem noch nicht ausgehärteten Harzsystem umgeben und anschließend ausgehärtet werden.

a: Glasfasergewebe   b: Glasfasergelege

c: Vernähte Matte aus Kohlefasern   d: Gewebte Matte aus Kohlefasern

Bild 9.2: Unterschiedliche Fasergelege und -gewebe aus Glas- und Kohlefasern. Institut für Flugzeugbau und Leichtbau, TU Braunschweig

Kurzfasern

Auch Kurzfasern können im Werkstoff gerichtet oder zumindest mit einer Vorzugsorientierung versehen vorliegen, häufig sind sie jedoch regellos verteilt, so dass sich der Verbundwerkstoff isotrop verhält. Der wesentliche Vorteil der Verwendung von Kurzfasern liegt in der kostengünstigeren Herstellung und der einfacheren Verarbeitung des Materials.

Kurzfaserverstärkte Bauteile können ähnlich wie langfaserverstärkte Werkstoffe mit Hilfe von Laminaten oder Matten hergestellt werden, die die Fasern enthalten. Wegen der geringen Faserabmessungen erschließen sich grundsätzlich aber auch alle anderen Formgebungsverfahren, die auf den unverstärkten Matrixwerkstoff angewendet werden. Bei Polymeren ist es beispielsweise möglich, dem Werkstoff durch Spritzgießen seine endgültige Form zu geben, bei Metallmatrix-Verbunden können Umformverfahren wie das Walzen eingesetzt werden.

Diese Verformungsprozesse haben nicht nur einen Einfluss auf die Matrix (wie etwa die Ausbildung einer Textur beim Walzen), sondern auch auf die Ausrichtung der Fasern in der Matrix. Wird beispielsweise ein Polymer in flüssigem Zustand in eine zylindrische Form gepresst, so fließt das Polymer in der Zylindermitte mit deutlich höherer Geschwindigkeit als am Rand des Zylinders. Diese unterschiedlichen Strömungsgeschwindigkeiten führen nicht nur zu einer Orientierung der Polymermoleküle, sondern auch der Kurzfasern. Diese ordnen sich wegen des Geschwindigkeitsgradienten in der Mitte des Zylinders quer zur Strömungsrichtung und im Randbereich in Strömungsrichtung an [103]. Diese Ausrichtung der Fasern muss bei der Bauteilauslegung berücksichtigt werden, da sie auch in einem kurzfaserverstärkten Material zu einer Anisotropie führt. Besonders problematisch sind Nähte, die entstehen, wenn zwei Teilströme aufeinander treffen, da sich diese wegen der meist hohen Viskosität des Materials nicht mit einander vermischen, so dass die Naht nicht durch Fasern überbrückt wird. Um diese Probleme zu umgehen, versucht man, die Befüllung der Gussform durch strömungsmechanische Berechnungen so zu optimieren, dass hochbelastete Gebiete Fasern mit günstiger Orientierung enthalten.

Teilchen

Die Verwendung von Teilchen zur Änderung von Werkstoffeigenschaften wurde bereits in unterschiedlichen Zusammenhängen diskutiert. Ausscheidungen in Metallen wurden in Abschnitt 6.4.3 behandelt, teilchenverstärkte Keramiken in Abschnitt 7.5 und Copolymere in Abschnitt 8.7.

Zu den teilchenverstärkten Werkstoffen zählen auch die sogenannten *Cermets* (englisches Kunstwort, gebildet aus *ceramic* und *metal*), die aus einer metallischen Matrix mit keramischen Teilchen bestehen. Als Teilchen werden meist besonders harte Karbide wie Wolframkarbid oder Titankarbid eingesetzt, die beispielsweise in einer Kobaltmatrix eingebettet sind. Derartige Cermets sind als Schneidwerkzeuge weit verbreitet. Die Keramikteilchen erhöhen dabei die Verschleißbeständigkeit, ähnlich wie in Abschnitt 6.4.3 für grobe Ausscheidungen in Metallen diskutiert.

Ein weiterer wichtiger teilchenverstärkter Werkstoff ist Beton. Beton besteht aus einer Zementmatrix (einer Keramik), in die Sand oder Stein (die sogenannte *Gesteinskörnung*) als verstärkende Teilchen eingelagert sind. Diese Gesteinskörnung sorgt dabei nicht nur für eine moderate Erhöhung des Elastizitätsmoduls und der Bruchzähigkeit, sondern hat vor allem den Vorteil, kostengünstiger zu sein als der Zement. Wegen der niedrigen Bruchzähigkeit ist die Zugfestigkeit von Beton mit etwa 4 MPa sehr gering, die Druckfestigkeit liegt dagegen bei etwa 30 MPa.[3] Deshalb wird Beton immer so eingesetzt, dass er möglichst nur auf Druck belastet wird. Hierzu kann er mit Stahldrähten oder -stangen (sogenannten Bewehrungen oder Armierungen) verstärkt werden (*Stahlbeton*), die mit dem flüssigen Beton umgossen werden. Werden diese Stahlarmierungen zusätzlich noch auf Zug vorgespannt, so überlagern sie nach dem Aushärten des Betons eine Druckspannung in das Material, was zu einer weiteren Verstärkung führt (*Spannbeton*).

Sandwich-Strukturen

In Sandwich-Strukturen werden die unterschiedlichen Phasen in Schichten angeordnet. Dies kann zum Beispiel bei biegebelasteten Platten- oder Schalenstrukturen sinnvoll sein, in denen das steifere Material schalenförmig als Decklagen an den Außenseiten des Sandwichs in großer Entfernung von der neutralen Faser angeordnet wird, während ein weniger steifes Material als Kernmaterial zwischen diesen Schalen angeordnet ist. Das Kernmaterial hat dabei die Aufgabe, die Verformung der Decklagen zu behindern und sicherzustellen, dass diese ihren Abstand beibehalten. Als Kernmaterial werden häufig Werkstoffe niedriger Dichte (beispielsweise Polymere oder Schäume) eingesetzt, so dass Sandwich-Strukturen sich vor allem für den Leichtbau eignen. Zusätzlich erzielen sie oft eine gute Wärmedämmung. Sandwich-Strukturen werden vor allem in der Luft- und Raumfahrt, im Automobilbau und im Bootsbau (vor allem für leichte Sportboote) eingesetzt.

9.1.2   Charakterisierung nach Matrixsystemen

Als Matrixwerkstoffe in einem Verbundwerkstoff kommen alle Werkstoffklassen in Frage. In diesem Abschnitt werden die verschiedenen Matrixsysteme kurz vorgestellt. Eine detailliertere Erläuterung erfolgt, nachdem das mechanische Verhalten von Verbundwerkstoffen diskutiert wurde, in Abschnitt 9.4.

Polymermatrix-Verbundwerkstoffe

Polymermatrix-Verbunde (PMC, *polymer-matrix composites*) haben das Ziel, die eher geringe Festigkeit oder Steifigkeit von Polymeren durch Einbringen festerer oder steiferer Fasern zu erhöhen. Verwendet man Thermoplaste als Matrixwerkstoff, so können Kurzfasern einem Granulat beigemischt werden, das dann durch Erwärmen erweicht und anschließend, beispielsweise durch Spritzgießen, in seine Endform gebracht wird. Im Fall von Duromer-Harzen können die Fasern vom zunächst flüssigen Harz umflossen werden, bevor dieses aushärtet.

Es gibt eine Vielzahl möglicher Fasermaterialien, die in verstärkten Kunststoffen Anwendung finden. Die wichtigsten sind Glas, Kohlenstoff, Aramid und Polyethylen.

---

3 Dabei muss allerdings die Volumenabhängigkeit der Versagensspannung (Gleichung (7.9)) berücksichtigt werden.

Metallmatrix-Verbundwerkstoffe

Der wesentliche Vorteil von Metallmatrix-Faserverbunden (MMC, *metal-matrix composites*) ist die erhöhte Steifigkeit oder Festigkeit gegenüber dem unverstärkten Werkstoff. Sowohl Lang- als auch Kurzfasern können zur Festigkeitssteigerung verwendet werden. Mögliche Fasermaterialien sind Kohlenstoff, Siliziumkarbid, Aluminiumoxid, Bor und Refraktärmetalle wie Wolfram. Als Matrixmaterialien kommen vor allem Leichtmetalle (Aluminium, Magnesium, Titan) zum Einsatz. Gegenüber den Polymermatrix-Verbunden haben Metallmatrix-Verbunde den Vorteil höherer Einsatztemperaturen.

Ein Nachteil besteht darin, dass zur Herstellung von Metallmatrix-Verbunden deutlich höhere Verarbeitungstemperaturen erforderlich sind. Dies stellt nicht nur höhere Anforderungen an die Werkzeuge, die zur Herstellung verwendet werden, sondern vor allem auch an die Fasern, da sie diesen hohen Temperaturen standhalten müssen. Metallmatrix-Verbunde können schmelzmetallurgisch hergestellt werden, indem die Fasern in die Metallschmelze eingebracht werden. Eine Alternative hierzu sind pulvermetallurgische Verfahren, bei denen ein Metallpulver bei hohen Temperaturen knapp unterhalb der Schmelztemperatur um die Fasern herum verdichtet wird. Das Fasermaterial kann auch in Lagen zwischen Schichten aus dem Matrixmetall eingebettet werden, worauf das Material unter hohem Druck und bei erhöhter Temperatur komprimiert wird, um das Metall durch plastische Umformung zwischen die Fasern zu pressen.

Keramikmatrix-Verbundwerkstoffe

In Keramikmatrix-Verbunden (CMC, *ceramic-matrix composites*) soll durch die eingebrachten Fasern hauptsächlich die Bruchzähigkeit des Werkstoffs erhöht werden. Da eine zentrale Eigenschaft der Fasern ihre geringere Defektgröße ist, kann als Fasermaterial derselbe Werkstoff verwendet werden wie als Matrixmaterial. Dies hat den Vorteil, dass die elastischen Eigenschaften von Faser und Matrix identisch sind, so dass sich keine Spannungskonzentrationen im Material ausbilden, und dass die thermischen Ausdehnungskoeffizienten gleich sind, so dass keine Eigenspannungen durch Abkühlen entstehen. Auch chemische Reaktionen finden in diesem Fall nicht statt. Im Wesentlichen kommen als Fasermaterial ebenfalls Keramiken in Frage.

Wie bei den anderen Verbundwerkstoffen auch können Keramikmatrix-Verbundwerkstoffe mit langen oder mit kurzen Fasern hergestellt werden. Zur Herstellung langfaserverstärkter Keramiken gibt es verschiedene Möglichkeiten: Ist der Matrixwerkstoff ein Glas, so kann dieses oberhalb der Glastemperatur (bei etwa 1000 °C) als viskose Flüssigkeit um die Fasern herumfließen. Anschließendes Heißpressen führt zu einer weiteren Verdichtung und zum Entfernen von Poren. Damit können gerichtete Fasern mit Volumenanteilen von bis zu 60 % in die Matrix eingebracht werden. Alternativ können Abscheideverfahren aus der Gasphase oder aus einer flüssigen Phase verwendet werden, um die Matrix um ein vorgeformtes Fasernetzwerk herum aufzubauen [29]. Auf diese Weise lassen sich auch Faserbündel beschichten, die dann mit einer Wickeltechnik zu Formkörpern weiterverarbeitet werden.

Kurzfaserverstärkte Keramikmatrix-Verbunde können – ähnlich wie gewöhnliche Keramiken – über Pressverfahren bei hohen Temperaturen hergestellt werden (siehe Ab-

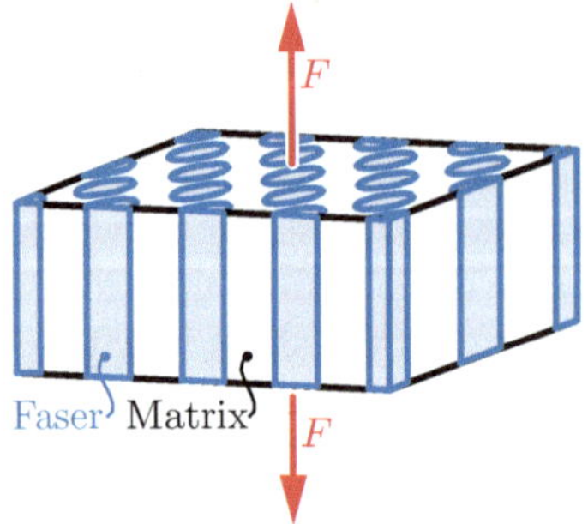
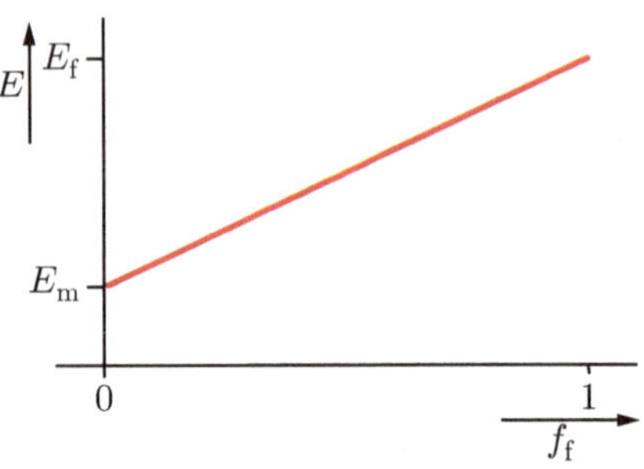

a: Anordnung von Faser und Matrix

b: Abhängigkeit des Elastizitätsmoduls vom Faseranteil

Bild 9.3: Parallelschaltung von Fasern und Matrix

schnitt 7.1). Die Fasern werden dazu dem Ausgangspulver beigemischt, und der Verbund wird bei hoher Temperatur verdichtet. Auf diese Weise lassen sich Faservolumenanteile von etwa 35 % erreichen.

9.2   Elastizität von Faserverbundwerkstoffen

Der Elastizitätsmodul eines Faserverbundes ergibt sich aus den elastischen Eigenschaften der beteiligten Materialien und hängt dabei auch von der Belastungsrichtung ab. Da die Fasern im Allgemeinen steifer als die Matrix sind, ist der Elastizitätsmodul des Verbundes in Faserrichtung deutlich höher als quer dazu.

In diesem Abschnitt betrachten wir zunächst den einfachen Fall von kontinuierlichen uniaxial ausgerichteten Fasern, die exakt in oder quer zur Faserrichtung belastet werden. Anschließend wird der allgemeine Fall einer beliebigen Lastrichtung diskutiert.

9.2.1   Belastung in Faserrichtung

Sind die Fasern parallel zur Belastungsrichtung orientiert, so wird dies auch – analog zu Federn – als *Parallelschaltung* bezeichnet (Bild 9.3 a). Ähnlich wie bei parallel geschalteten Federn gilt, dass die Verformung in Matrix (Index m) und Fasern (Index f) gleich sein muss, die Spannung jedoch nicht:

$$\varepsilon_\mathrm{f} = \varepsilon_\mathrm{m}\,, \quad \sigma_\mathrm{f} \neq \sigma_\mathrm{m}\,. \tag{9.1}$$

Aus geometrischen Betrachtungen folgt mit Hilfe der Volumenanteile f_f und f_m, für die immer $f_\mathrm{f} + f_\mathrm{m} = 1$ gilt, die *Mischungsregel*

$$\sigma = \sigma_\mathrm{f} f_\mathrm{f} + \sigma_\mathrm{m}(1 - f_\mathrm{f})\,. \tag{9.2}$$

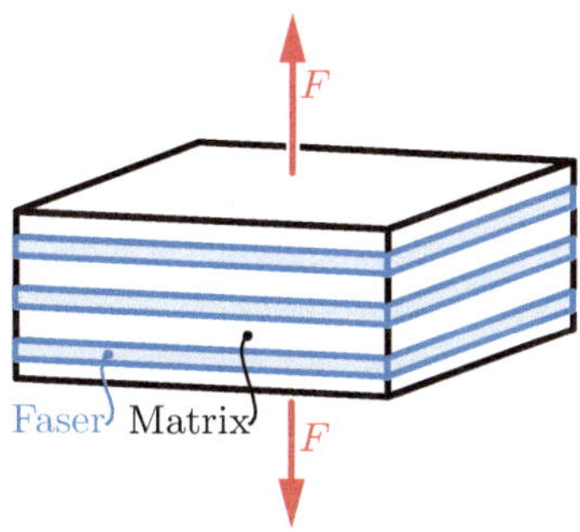

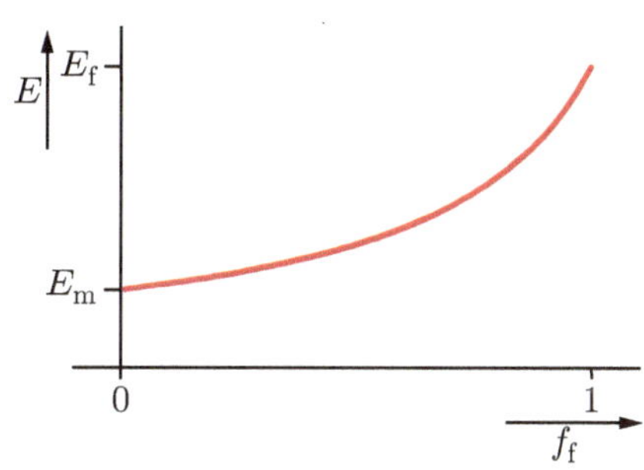

a: Anordnung von Faser und Matrix

b: Abhängigkeit des Elastizitätsmoduls vom Faseranteil

Bild 9.4: Reihenschaltung von Fasern und Matrix

Daraus ergibt sich zusammen mit Gleichung (9.1) der Elastizitätsmodul für den Verbundwerkstoff zu

$$E_\parallel = E_\mathrm{m} f_\mathrm{m} + E_\mathrm{f} f_\mathrm{f} = E_\mathrm{m} \left[1 + f_\mathrm{f} \left(\frac{E_\mathrm{f}}{E_\mathrm{m}} - 1 \right) \right]. \tag{9.3}$$

Bild 9.3 b zeigt die Abhängigkeit des Elastizitätsmoduls vom Volumenanteil der Fasern. Die Herleitung der Gleichungen (9.2) und (9.3) wird in Aufgabe 29 durchgeführt.

9.2.2 Belastung quer zur Faserrichtung

Werden die Fasern quer zu ihrer Ausrichtung belastet, wird dies in Analogie zu in Reihe geschalteten Federn als *Reihenschaltung* bezeichnet. Vereinfachend werden die Fasern als quer zur Belastungsrichtung liegende Platten angenommen, die sich jeweils über den gesamten Probenquerschnitt erstrecken (Bild 9.4 a).

Bei der Reihenschaltung von Fasern und Matrix muss das Kräftegleichgewicht an jedem Übergang Faser-Matrix gelten, so dass

$$\sigma_\mathrm{f} = \sigma_\mathrm{m} \tag{9.4}$$

gilt. Die beiden Werkstoffteile können sich – wiederum analog zu Federn – unterschiedlich verformen, so dass

$$\varepsilon_\mathrm{f} \neq \varepsilon_\mathrm{m}$$

ist. Für die Reihenschaltung gilt folgende Mischungsregel:

$$\varepsilon = \varepsilon_\mathrm{f} f_\mathrm{f} + \varepsilon_\mathrm{m} (1 - f_\mathrm{f}). \tag{9.5}$$

Wendet man darauf das hookesche Gesetz unter Verwendung der Bedingung (9.4) an, so ergibt sich nach leichter Umformung der Elastizitätsmodul:

$$E_\perp = \frac{E_\mathrm{m}}{1 + f_\mathrm{f}\left(\frac{E_\mathrm{m}}{E_\mathrm{f}} - 1\right)} \, . \tag{9.6}$$

Bild 9.4 b zeigt die Abhängigkeit des Elastizitätsmoduls vom Volumenanteil der Fasern bzw. Platten. Im Vergleich mit Bild 9.3 b wird deutlich, dass der Elastizitätsmodul des Verbundes senkrecht zur Faserrichtung immer kleiner ist als parallel. Auch für die Reihenschaltung wird die Herleitung der Mischungsregel und des Elastizitätsmoduls in Aufgabe 29 durchgeführt.

∗ 9.2.3   Allgemeine Betrachtung der Anisotropie

Die Betrachtung der vorherigen Abschnitte beschränkte sich auf die Extremfälle der Belastung: Bei Belastung in Faserrichtung ist die elastische Verstärkungswirkung der Fasern maximal, bei Belastung quer zur Faserrichtung minimal. Bei beliebiger Belastung des Materials ist es notwendig, die Komponenten des Elastizitätstensors (siehe Abschnitt 2.5.2) zu berechnen. Hier sind je nach Anordnung der Fasern Kopplungen zwischen Normal- und Scherdehnungen vorhanden. So ist es beispielsweise möglich, Flugzeugtragflächen so zu konstruieren, dass sie sich bei einer Biegebelastung verdrehen, dass also Normalspannungen eine Scherverformung verursachen.

Sind die Fasern uniaxial angeordnet, so besitzt das Material immer noch eine gewisse Symmetrie, so dass nicht – wie bei einem triklinen Kristallgitter – 21 Konstanten zur Beschreibung der Elastizität benötigt werden, sondern weniger. Sind die Fasern zwar ausgerichtet, ihre Positionen im Raum aber ungeordnet oder auf einem hexagonalen Gitter angeordnet, so ist der Werkstoff *transversal-isotrop*, d. h., seine Eigenschaften sind in allen Richtungen senkrecht zur Faserorientierung gleich. Ein solches Material hat 5 unabhängige elastische Konstanten (siehe Abschnitt 2.5.6). Sind die Fasern uniaxial und zusätzlich regelmäßig auf einem rechteckigen Gitter angeordnet, so ist der Werkstoff *orthotrop* und besitzt neun unabhängige elastische Konstanten (siehe Abschnitt 2.5.5).

Zur Bestimmung der elastischen Konstanten bedient man sich häufig empirischer Gleichungen, die eine gute Näherung der elastischen Konstanten ergeben und die auch im Fall nicht kontinuierlicher Fasern meist befriedigende Resultate ergeben. Häufig werden hierfür die sogenannten *Halpin-Tsai-Gleichungen* verwendet [30].

9.3   Plastizität und Bruch von Verbundwerkstoffen

Es wurde bereits erläutert, dass ein wesentlicher Vorteil der Verwendung von Verbundwerkstoffen darin besteht, dass das verstärkende Material keine Defekte besitzen kann, die größer als seine Ausdehnung sind. Bei den hier im Vordergrund stehenden Faserverbunden ist die entscheidende Ausdehnung der Faserdurchmesser. Ist der Faserdurchmesser kleiner als die kritische Risslänge des Verbundwerkstoffs, so kann sich ein einzelner Faserriss nicht im Verbund ausbreiten (siehe auch Abschnitt 9.3.4). Beispielsweise werden

Kohlenstofffasern mit Durchmessern von weniger als 5 µm eingesetzt, wenn eine maximale Festigkeitssteigerung erreicht werden soll.

Wie oben erläutert wurde, lassen sich die elastischen Eigenschaften eines Verbundwerkstoffs mit Hilfe von einfachen Mischungsregeln gut beschreiben. Für das plastische und das Versagensverhalten von Verbundwerkstoffen gilt dies jedoch oftmals nicht.

In diesem Abschnitt wird zunächst das Verhalten von Faserverbunden unter Zugbelastung diskutiert, wobei als erstes der einfachste Fall unendlich langer Fasern erläutert wird. Anschließend wird die Kraftübertragung zwischen Matrix und endlich langen Fasern untersucht und gezeigt, wie diese das Versagensverhalten und die Bruchzähigkeit des Werkstoffs beeinflusst. Dabei ist auch zu beachten, dass die Fasereigenschaften statistisch verteilt sind. Abschließend wird das Verhalten unter Druckbelastung sowie unter Belastung quer zur Faserrichtung und bei beliebiger Lastorientierung untersucht.

9.3.1 Zugbelastung bei unendlich langen Fasern

Um die Diskussion zu vereinfachen, betrachten wir zunächst den idealisierten Fall aus Bild 9.3 a, in dem sich die verstärkenden Fasern parallel zur anliegenden Last durch das gesamte Bauteil erstrecken. Effekte an den Enden der Fasern müssen also nicht berücksichtigt werden, und darüber hinaus werden die Fasern direkt durch die von außen angelegt Kraft belastet, so dass die Kraftübertragung zwischen Faser und Matrix keine Rolle spielt. Weiterhin nehmen wir an, dass alle Fasern exakt identisch sind, also keine Schwankungen in ihrer Festigkeit oder ihrem Durchmesser aufweisen.

Werkstoffversagen beginnt, wenn die Spannung in Matrix oder Faser die Fließ- oder Bruchspannung erreicht. In diesem Fall können wir wie für den elastischen Lastfall die Mischungsregel (Gleichung (9.2)) für die Spannung innerhalb des Verbundes verwenden:

$$\sigma = \sigma_\mathrm{f} f_\mathrm{f} + \sigma_\mathrm{m}(1 - f_\mathrm{f})\,, \tag{9.7}$$

wobei σ_f und σ_m die Spannungen in Faser und Matrix und f_f der Volumenanteil der Fasern sind. Anders als in Gleichung (9.2) interessieren wir uns nun für die Versagensspannung des Verbundwerkstoffs. Zumindest eine der Spannungen in Gleichung (9.7) ist also eine Fließ- oder Bruchspannung.

Diese Mischungsregel ist selbst mit den hier getroffenen vereinfachenden Annahmen nur eine Näherung, da die Fließspannung in der Matrix durch die Anwesenheit der Faser in verschiedener Weise beeinflusst werden kann: Das Einbringen einer Faser in eine Matrix kann thermische Spannungen während des Abkühlprozesses oder andere Eigenspannungen hervorrufen, für einen dreiachsigen Spannungszustand sorgen, wenn sich die Querkontraktionszahlen von Faser und Matrix unterscheiden, oder die Mikrostruktur einer metallischen Matrix verändern. Der Elastizitätsmodul ist gegen solche Effekte unempfindlicher als die Fließ- oder Versagensspannung, so dass die Mischungsregel im elastischen Fall eine bessere Näherung darstellt.

Für die weitere Betrachtung von Gleichung (9.7) muss unterschieden werden, ob Versagen zuerst in der Faser oder der Matrix eintritt. Da wegen der Parallelschaltung die Dehnungen in beiden Materialien gleich sind, wird also der Werkstoff mit der geringeren Bruchdehnung zuerst versagen (siehe auch Aufgabe 30).

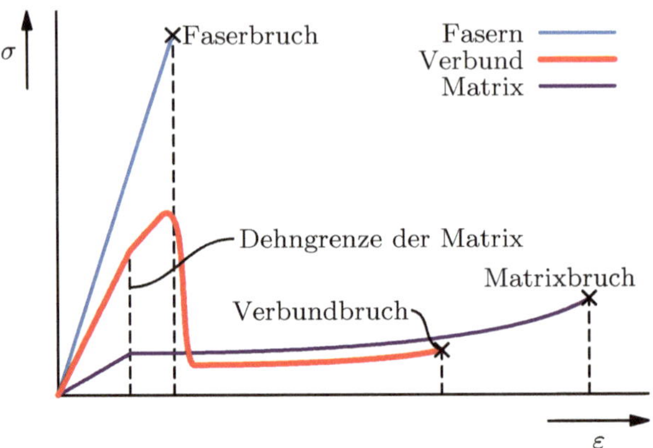

Bild 9.5: Schematisches Spannungs-Dehnungs-Diagramm eines faserverstärkten Kunststoffs (nach [9])

Bruchdehnung der Matrix größer als die der Faser

Ist die Bruchdehnung der Matrix größer als die der Faser, so brechen die Fasern, bevor die Matrix versagt. Dieser Fall tritt typischerweise bei Verbundwerkstoffen mit metallischer oder mit Polymermatrix auf. Bild 9.5 zeigt die resultierende Spannungs-Dehnungs-Kurve. Dabei ist angenommen, dass die Matrix plastisch fließt, bevor die Fasern brechen. In diesem Fall verformt sich der Werkstoff zunächst elastisch, bis die plastische Dehnung in der Matrix einsetzt. Bei weiterer Erhöhung der Dehnung brechen die verstärkenden Fasern und die Spannungs-Dehnung-Kurve fällt auf einen niedrigen Wert ab, der wegen des verringerten Volumens der Matrix unterhalb der Kurve für das reine Matrixmaterial liegt. Schließlich kommt es zum Versagen durch Matrixbruch. Die Bruchdehnung ist dabei geringer als im unverstärkten Matrixwerkstoff. Dies liegt an der frühzeitig einsetzenden Schädigung durch Faserbruch und dem in Verbundwerkstoffen auftretenden dreiachsigen Spannungszustand.

Für Bauteilauslegungen muss meist die maximal vom Werkstoff ertragbare Spannung berücksichtigt werden. Ist der Faseranteil so groß, dass die Matrix nach Versagen der Fasern die angelegte Spannung nicht mehr ertragen kann (so wie in Bild 9.5), so ist die Versagensspannung durch die Mischungsregel Gleichung (9.7) gegeben. Dabei sind für σ_f die Versagensspannung der Fasern und für σ_m die Spannung in der Matrix bei der Versagensdehnung der Fasern einzusetzen. Ist der Volumenanteil der Fasern hingegen klein, so kann die Matrix nach Versagen der Fasern die angelegte Last noch ertragen, und die Versagensspannung des Verbundes ergibt sich entsprechend zu $(1 - f_\mathrm{f})\sigma_\mathrm{m}$, wobei σ_m hier die Versagensspannung der Matrix ist. In diesem Fall wird die maximal ertragbare Spannung gegenüber dem reinen Matrixwerkstoff herabgesetzt.[4]

Auch im Fall langer, aber nicht kontinuierlicher Fasern sieht das Spannungs-Dehnungs-Diagramm in vielen Fällen so aus wie in Bild 9.5. Dies wird in Abschnitt 9.3.4 weiter diskutiert werden.

---

4 Wie bereits oben erläutert, ist die Versagensspannung der Matrix häufig nicht diejenige des Matrixwerkstoffs ohne Anwesenheit der Faser, sondern kleiner als diese. In diesem Fall ist die Versagensspannung der Verbundwerkstoffs bei kleinen Faseranteilen noch weiter gegenüber dem reinen Matrixwerkstoff reduziert. Die elastische Steifigkeit ist von diesem Effekt allerdings nicht betroffen.

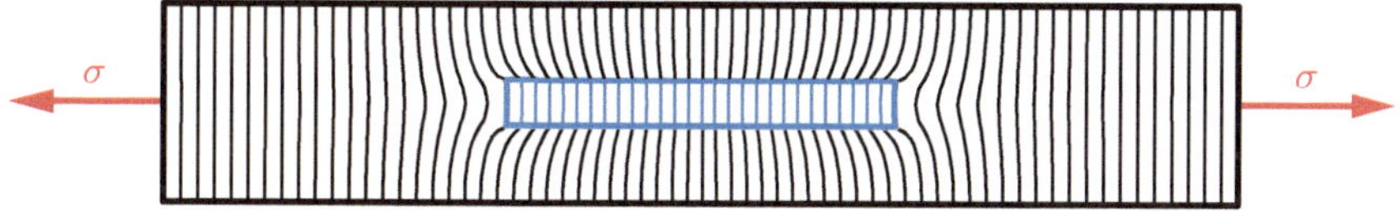

Bild 9.6: Elastische Verformung einer Matrix (schwarz) um eine Faser (blau) bei Zugbelastung. Der Elastizitätsmodul der Faser wurde als das Einhundertfache dessen der Matrix angenommen, die Haftung zwischen Faser und Matrix ist perfekt. Die Querkontraktionszahl ist in Faser und Matrix identisch.

Bruchdehnung der Faser größer als die der Matrix

Die Bruchdehnung der Faser kann in einigen Fällen auch größer als die der Matrix sein, beispielsweise in einem kohlenstofffaserverstärkten Duromer oder in Keramikmatrix-Verbundwerkstoffen. Wird die Bruchdehnung in der Matrix erreicht, so muss die gesamte anliegende Last von den Fasern getragen werden. Ähnlich wie für den Fall der größeren Bruchdehnung der Matrix hängt die maximal vom Werkstoff ertragbare Spannung davon ab, wie groß der Volumenanteil der Fasern ist. Ist der Volumenanteil der Fasern hinreichend groß, so brechen sie nach Versagen der Matrix nicht, sondern können eine maximale Spannung von $f_\mathrm{f}\sigma_\mathrm{f}$ ertragen.[5] Ist der Volumenanteil der Fasern zu klein, dann ergibt sich die maximale Spannung wieder nach der Mischungsregel Gleichung (9.7), wobei jetzt σ_m die Versagensspannung der Matrix und σ_f die Spannung in den Fasern bei der Versagensdehnung der Matrix ist. In Keramikmatrix-Verbundwerkstoffen kommt es häufig nicht zum totalen Versagen der Matrix, sondern zunächst zur Bildung von vielen kurzen Rissen, die von den Fasern überbrückt werden. Die resultierende Spannungs-Dehnungs-Kurve wird in Abschnitt 9.3.3 näher erläutert.

9.3.2 Kraftübertragung zwischen Matrix und Faser

Wie bereits erläutert, war die Betrachtung des vorherigen Abschnittes stark vereinfacht. Insbesondere die Annahme, dass die Fasern sich durch das ganze Bauteil erstrecken und direkt durch die äußere Last beansprucht werden, ist selten zutreffend. Sind die Fasern komplett vom Matrixmaterial umschlossen, so ist die Kraftübertragung zwischen Matrix und Faser entscheidend für die verstärkende Wirkung der Fasern. In diesem Abschnitt wird deshalb die Kraftübertragung an der Grenzfläche zwischen Matrix und Faser untersucht.

Wird ein faserverstärkter Werkstoff unter Zug belastet, so ist die Verformung innerhalb des Werkstoffs nicht gleichmäßig. Bild 9.6 zeigt die elastische Verformung einer Matrix um eine Faser mit hundertfach größerem Elastizitätsmodul. Da die Faser der Dehnung einen größeren Widerstand entgegensetzt als die Matrix, wird die Matrix entsprechend stärker gedehnt. Dies hat zwei Auswirkungen: Zum einen ist die Dehnung in der Matrix im Bereich vor und hinter der Faser (links und rechts im Bild) größer als in den Bereichen neben der Faser. Bei fest vorgegebener Gesamtverformung dehnt sich deshalb die Matrix in diesem Bereich entsprechend stärker als der Werkstoff im Mittel. Zum anderen kommt es im Bereich der Faserenden an der Grenzfläche zwischen Faser und Matrix

---

5 Dies setzt voraus, dass ein in der Matrix voranschreitender Riss nicht auch die Fasern durchtrennt, sondern diese umgeht. Unter welchen Umständen dies der Fall ist, wird in Abschnitt 9.3.3 näher erläutert.

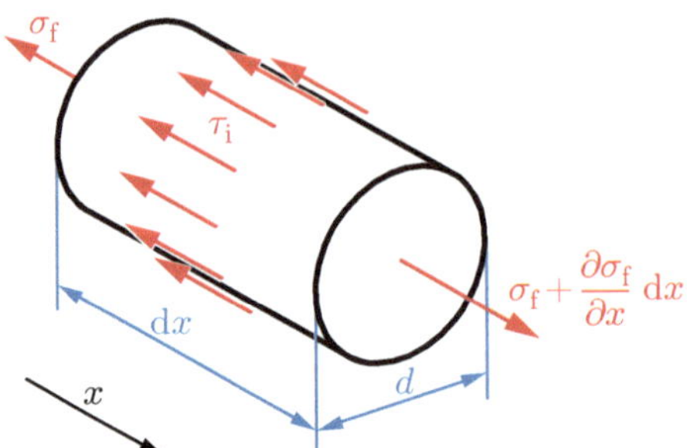

Bild 9.7: Kräfte an einem infinitesimalen Faserstück

zu einer Schubspannung in der Matrix, die die Dehnung in diesem Bereich erhöht. Die Dehnung in der Matrix eines Verbundwerkstoffs ist also größer als diejenige in der Faser, und sie übersteigt auch die Dehnung, die in einem homogenen Werkstoff bei gleicher Gesamtverformung vorliegen würde. In Polymermatrix-Verbundwerkstoffen kann als grobe Faustregel angenommen werden, dass die maximale Dehnung in der Matrix etwa doppelt so hoch wie die globale Dehnung ist (siehe auch Abschnitt 9.4.1 und Aufgabe 30).

Die Kraftübertragung zwischen Faser und Matrix findet dabei fast ausschließlich über Reibung bzw. Haftung zwischen Faser und Matrix an der seitlichen Oberfläche der Faser statt. Obwohl die Dehnungen in der Matrix an den Stirnseiten der Fasern groß sein können, werden dort höchstens kleine Kräfte übertragen, die im Weiteren vernachlässigt werden können. Dies liegt daran, dass die Fläche der Stirnseite wesentlich kleiner ist als die Mantelfläche der Faser und dass hier wegen der begrenzten Haftung keine großen Zugspannungen übertragen werden können. Entscheidend für die Eigenschaften des Verbundes ist also die maximal übertragbare Schubspannung τ_{i} (Index i für engl. *interface*) zwischen Faser und Matrix.

Wodurch die maximal übertragbare Schubspannung bestimmt wird, hängt vom Werkstoffsystem ab. Ist die Matrix ein Polymer oder eine Keramik, so ist die Bindungsstärke zwischen Faser und Matrix entscheidend für die Größe der übertragbaren Schubspannung, da diese im Allgemeinen kleiner als die Fließgrenze des Polymers bzw. die Festigkeit der Keramik ist. Dabei ist es auch möglich, dass nicht eine chemische Bindung zwischen Faser und Matrix die übertragbare Schubspannung bestimmt, sondern dass Reibungskräfte bei der Bewegung der Faser gegenüber Matrix entscheidend sind. Handelt es sich um eine metallische Matrix, so ist die übertragbare Schubspannung meist durch die Fließspannung der Matrix gegeben, da diese im Allgemeinen niedriger als die Bindungsstärke ist. Da die übertragbare Schubspannung eine der bestimmenden Größen für die Festigkeit und Zähigkeit des Verbundsystems ist, wie im Folgenden gezeigt wird, werden häufig große Anstrengungen unternommen, um diese – je nach Anwendungsfall – gezielt zu erhöhen oder zu verringern (ein Beispiel hierfür wird in Abschnitt 9.4.3 erläutert).

Zur Abschätzung der Spannung σ_{f} innerhalb der Faser wird ein infinitesimales Faserstück betrachtet, auf dessen Oberfläche die konstante Schubspannung $-\tau_{\mathrm{i}}$ wirkt (Bild 9.7). Die Kräfte, die innerhalb der Faser wirken, sind $-\sigma_{\mathrm{f}} \cdot \pi d^2/4$ an der Stelle x und $(\sigma_{\mathrm{f}} + \partial \sigma_{\mathrm{f}}/\partial x \cdot \mathrm{d}x) \cdot \pi d^2/4$ an der Stelle $x + \mathrm{d}x$, wobei d der Durchmesser der Faser ist. Das

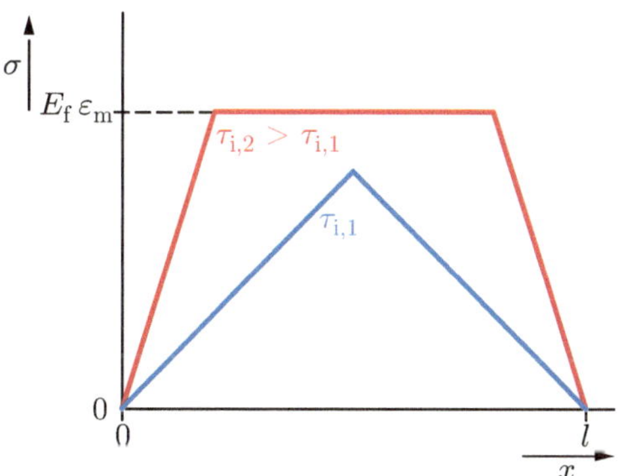

Bild 9.8: Spannungsverteilungen in einer Faser für zwei verschiedene Werte der übertragbaren Schubspannung

Kräftegleichgewicht lautet entsprechend

$$-\pi\,d\,\mathrm{d}x\,\tau_i - \sigma_f\pi\frac{d^2}{4} + \left(\sigma_f + \frac{\partial\sigma_f}{\partial x}\mathrm{d}x\right)\pi\frac{d^2}{4} = 0\,.$$

Daraus folgt

$$\frac{\partial\sigma_f}{\partial x} = \frac{4}{d}\tau_i\,.$$

Die Spannung ändert sich mit der Position bei konstantem τ_i also linear.[6]

Die maximale Spannung in der Faser ist allerdings dadurch begrenzt, dass die Dehnung der Faser (Index f) niemals die der Matrix (Index m) übersteigt. Die maximale Spannung der Faser ist somit

$$\sigma_{f,\max} = E_f\,\varepsilon_m\,.$$

Für die Spannungsverteilung in der Faser ergibt sich somit das in Bild 9.8 dargestellte Diagramm, wenn die Schubspannung zwischen Faser und Matrix konstant den Wert τ_i annimmt. Dabei ist zu beachten, dass bei einer hinreichend langen Faser in der Mitte der Faser keine Schubspannung an der Grenzfläche vorliegt.

Nimmt man an, dass die Grenze $E_f\,\varepsilon_m$ nicht erreicht wird, so ergibt sich für die maximale Spannung in der Faser

$$\sigma_{f,\max} = \int_0^{l/2} \frac{4}{d}\tau_i\mathrm{d}x = 2\frac{l}{d}\tau_i\,. \tag{9.8}$$

Wird eine maximale Festigkeitssteigerung durch die Fasern angestrebt, so müssen die

---

6 Die Annahme einer konstanten Schubspannung auf der Faseroberfläche ist eine relativ gute Näherung. Eine genauere Betrachtung findet sich beispielsweise in *Chawla* [29].

Fasern hinreichend lang sein, um bis zu ihrer Bruchfestigkeit $\sigma_{f,B}$ belastet werden zu können. Man definiert deshalb nach Gleichung (9.8) die *kritische Faserlänge* als

$$l_c = \frac{d\sigma_{f,B}}{2\tau_i} \,,$$

Wie die Gleichung zeigt, ist die kritische Faserlänge proportional zum Faserdurchmesser. Die absolute Größe der Faser spielt also keine Rolle, sondern lediglich das Verhältnis zwischen Länge und Durchmesser (häufig als *Aspektverhältnis* bezeichnet).[7] Um die Faserfestigkeit maximal ausnutzen zu können, sollte die Faserlänge also größer als die kritische Länge sein. Hohe übertragbare Schubspannungen, wie sie z. B. bei einer chemischen Bindung zwischen Faser und Matrix vorliegen, sowie dünne Fasern begünstigen dieses Verhalten.

Zur Abschätzung der Festigkeit des Verbundes kann wieder die Mischungsregel nach Gleichung (9.7) verwendet werden. Da sich die Fasern nicht durch das ganze Bauteil erstrecken, ist für σ_f die mittlere Spannung in den Fasern einzusetzen. Haben die Fasern genau die kritische Länge, so ist die maximale Spannung in der Faser $\sigma_{f,B}$, und die mittlere Faserspannung ist $\sigma_{f,B}/2$.[8] Sind die Fasern dagegen kleiner als die kritische Länge, so erreicht die Faserspannung maximal den Wert

$$\sigma_{f,max} = \frac{2\tau_i l}{d} = \frac{l}{l_c}\sigma_{f,B} \,, \tag{9.9}$$

und die mittlere Faserspannung beträgt $\sigma_{f,max}/2$. Sind die Fasern größer als die kritische Länge, so werden sie bei zunehmender Belastung zunächst an einigen Stellen brechen, bis die Bruchstücke etwa von der Größe der kritischen Länge sind. Diese können dann jeweils Lasten von maximal $\sigma_{f,B}$ tragen. Es ist also durchaus sinnvoll, Fasern zu verwenden, die länger als die kritische Länge sind, da sie auch nach dem Faserbruch noch Last übernehmen können.

9.3.3 Rissausbreitung in Faserverbunden

Bei Verbundwerkstoffen mit spröder Matrix, also vor allem bei Keramikmatrix-Verbundwerkstoffen, ist das Ziel der Verstärkung nicht die Erhöhung der Festigkeit, sondern der Bruchzähigkeit. Die Bruchdehnung der Matrix ist in diesen Werkstoffen typischerweise kleiner als die der Faser, so dass es bei zunehmender Belastung also zum Risswachstum in der Matrix kommt.

Diese Risse breiten sich in der Matrix aus, bis sie auf eine Faser treffen (siehe Bild 9.9). Um eine Erhöhung der Bruchzähigkeit gegenüber dem reinen Matrixmaterial erreichen zu können, darf die Faser nicht spröde brechen, wenn der Riss sie erreicht. Dies kann erreicht werden, wenn nicht die Faser, sondern die Grenzfläche zwischen Faser und Matrix versagt und es zu einer Ablösung zwischen Faser und Matrix kommt, wie in Bild 9.9 dargestellt. Die Grenzfläche ist senkrecht zum Riss und damit parallel zur anliegenden Zugspannung orientiert. Betrachtet man den Spannungszustand vor der Rissspitze (siehe Bild 5.5), so erkennt man, dass vor der Rissspitze auch eine Zugspannungskomponente

---

7 Dies ist bei Kriechverformung anders, da dort Diffusion eine Rolle spielt, siehe Abschnitt 11.2.3.

8 Dabei ist angenommen, dass die Bruchdehnung der Matrix größer ist als die der Faser.

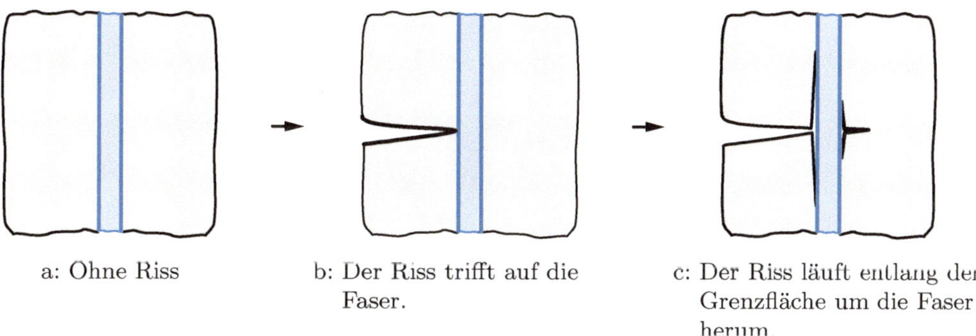

a: Ohne Riss

b: Der Riss trifft auf die Faser.

c: Der Riss läuft entlang der Grenzfläche um die Faser herum

Bild 9.9: Rissausbreitung quer zu einer Faser (nach [30]). Ist die Bruchzähigkeit der Grenzfläche hinreichend klein, breitet sich der Riss in der Grenzfläche aus und führt zu einer Ablösung der Faser von der Matrix. Der Riss kann so um die Faser herumlaufen und sich weiter ausbreiten.

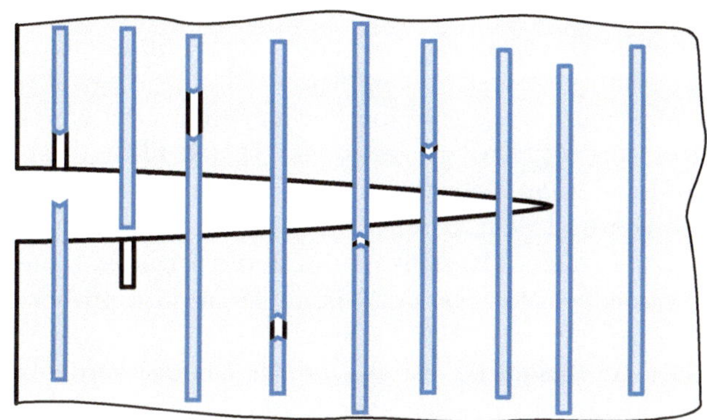

Bild 9.10: Riss in einem Faserverbundwerkstoff, der von Fasern überbrückt wird

vorliegt, die die Grenzfläche zu öffnen versucht. Ist die Bruchzähigkeit der Grenzfläche klein genug, so führt diese Zugspannung zum Versagen der Grenzfläche und somit zu einer lokalen Ablösung zwischen Faser und Matrix. Der Riss kann dann entlang der abgelösten Grenzfläche um die Faser herumlaufen und sich weiter ausbreiten, ohne dass es zum Faserbruch kommt. Diese Verlängerung des Risspfades führt zu einer Erhöhung des Risswiderstands (siehe auch Abschnitt 7.2.1).

Entscheidend für die Erhöhung des Risswiderstands ist, dass die Fasern den Riss überbrücken, nachdem die Rissspitze um die Fasern herumgelaufen ist (siehe Bild 9.10). Die Fasern können also weiterhin Last übertragen und erschweren so das weitere Öffnen des Risses.

Die Lastüberbrückung zwischen den beiden Rissflanken führt dabei zu einem Maximum der Spannung in der Faser innerhalb des Risses. Diese Spannung muss auf beiden Seiten in die Matrix übertragen werden. Dies geschieht über einen Bereich, dessen Grö-

Bild 9.11: Computertomographische Aufnahme der Bruchfläche in einem glasfaserverstärkten
Kunststoff

ße der kritischen Faserlänge entspricht.[9] Übersteigt die Spannung der Faser in diesem
Bereich die Bruchspannung, so tritt Faserbruch ein. Die Faser bricht dabei an einer
Schwachstelle, an der beispielsweise ein Oberflächendefekt oder eine leichte Verringerung
des Faserquerschnitts vorliegt. Deshalb muss der Bruch nicht direkt an der Rissflanke
liegen, sondern befindet sich an einer zufälligen Position zwischen dem Spannungsmaxi-
mum an den Rissflanken und dem Bereich, in dem die Spannung in der Faser deutlich
abgesunken ist. Die Größe dieses Bereichs ist durch die kritische Länge gegeben, die mittlere Entfernung der Bruchposition von der Rissflanke ist also proportional zur kritischen
Länge.

Nachdem die Faser gebrochen ist, ist das in der Matrix verbleibende Teilstück, das
den Riss überbrückt, kleiner als die kritische Länge, so dass die Spannung in der Faser
abnimmt. Die Faser bricht deshalb nicht erneut, sondern wird aus der Matrix herausgezogen (sogenanntes *Pull-Out*), wobei Arbeit gegen die rückhaltende Schubspannung τ_i
geleistet wird. Bisher wurde angenommen, dass die Faserlänge größer ist als die kritische
Länge. Ist dies nicht der Fall, so kommt es nicht zum Faserbruch, sondern sofort zum
Pull-Out. Pull-Out findet also in jedem Fall, unabhängig von der Faserlänge, statt.

Bild 9.11 zeigt eine computertomographische Aufnahme der Bruchfläche eines glasfaserverstärkten Kunststoffs. Man erkennt, dass einzelne Glasfasern herausstehen, die
aus der Matrix auf der anderen Rissflanke herausgezogen wurden. Im Vordergrund sind
Hohlräume zu sehen, die von herausgezogenen Glasfasern stammen.

Die beim Pull-Out geleistete Arbeit führt zu einer weiteren Erhöhung des Risswiderstands, da sie den Rissfortschritt erschwert. Kurze Anrisse profitieren von diesem
Mechanismus allerdings nicht, da der Riss erst um ein Mehrfaches des Faserabstands
wachsen muss, bevor sich die Prozesszone mit rissüberbrückenden Fasern ausbilden kann.
Bei hinreichend großem Rissfortschritt wird ein stationärer Wert erreicht, weil dann im

---

9 In der Herleitung der kritischen Faserlänge im vorherigen Abschnitt wurde die Übertragung der
Spannung von der Matrix in die Faser betrachtet, hier die Übertragung von der Faser in die Matrix. Beide Fälle sind äquivalent.

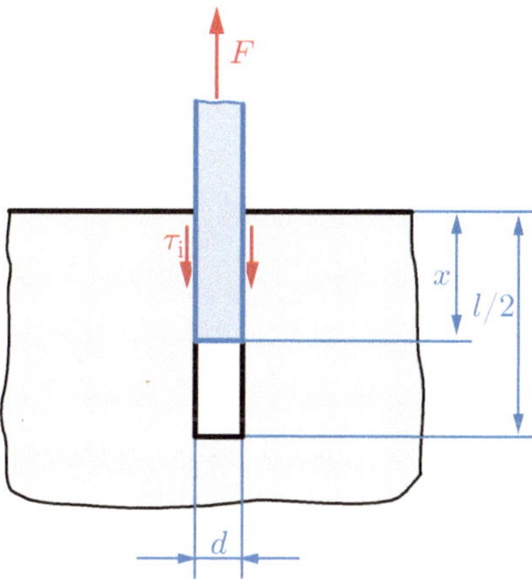

Bild 9.12: Pull-Out einer Faser aus der Matrix

Mittel für jede neu hinzukommende Faser in der Prozesszone eine verloren geht. Dieser Mechanismus ist ein Beispiel für die Erhöhung des Rissausbreitungswiderstands bei Rissverlängerung, die in den Abschnitten 5.2.5 und 7.2.5 diskutiert wurde.

Der Risswiderstand wird um so höher, je größer die kritische Faserlänge ist. In einem Keramikmatrix-Faserverbund ist es also sinnvoll, eine geringe übertragbare Schubspannung einzustellen. Sind die Fasern kürzer als die kritische Länge, so kommt es nicht zum Bruch der Fasern, und die Fasern werden auf einer Seite der Rissfläche vollständig aus der Matrix herausgezogen, sind die Fasern länger als die kritische Länge, so brechen sie zuerst und werden anschließend herausgezogen.

Die beim Pull-Out dissipierte Energie kann wie folgt abgeschätzt werden: Die zum Herausziehen der Faser erforderliche Kraft ist

$$F(x) = \tau_i x \pi d \,,$$

wenn der noch in der Matrix verbliebene Teil der Faser die Länge x hat (Bild 9.12). Daraus berechnet sich die Energie, die zum Herausziehen der Faser aus der Matrix um eine Strecke l' auf einer Seite des Risses benötigt wird, zu

$$W_{\mathrm{f},l'} = \int\limits_0^{l'} F \mathrm{d}x = \int\limits_0^{l'} \tau_i x \pi d \, \mathrm{d}x = \frac{1}{2} \pi d \tau_i l'^2 \,.$$

Als einfache Näherung kann angenommen werden, dass die Länge, über die eine Faser herausgezogen wird, zwischen 0 und der halben kritischen Länge l_{c} variiert. Im Mittel ergibt sich also eine Energiedissipation pro Faser von

$$W_{\mathrm{f}} = \frac{1}{l_{\mathrm{c}}/2} \int\limits_0^{l_{\mathrm{c}}/2} \frac{1}{2} \pi d \tau_i l'^2 \, \mathrm{d}l' = \frac{1}{24} \pi d \tau_i l_{\mathrm{c}}^2 \,.$$

Für die Bruchzähigkeit eines Faserverbundes ist nicht die Energiedissipation einer einzigen Faser entscheidend, sondern die gesamte Energiedissipation. Dazu muss berücksichtigt werden, wie viele Fasern jeweils den Riss überbrücken und durch Pull-Out Energie dissipieren

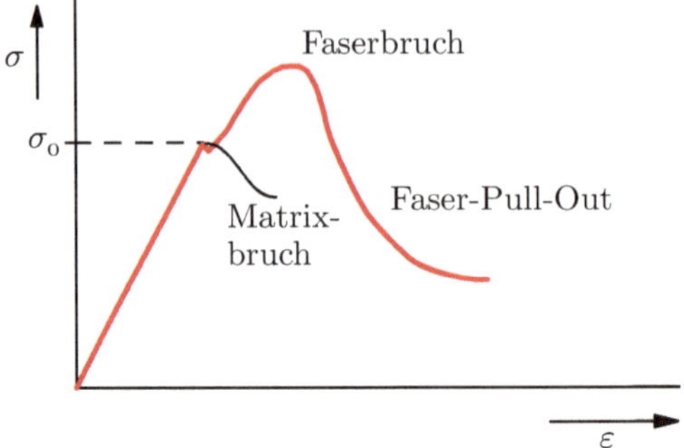

Bild 9.13: Schematisches Spannungs-Dehnungs-Diagramm einer faserverstärkten Keramik (nach [30])

können. Diese Anzahl ist, wenn der Volumenanteil der Fasern konstant ist, umgekehrt proportional zum Quadrat des Faserdurchmessers. Berücksichtigt man dies, so ist die gesamte Energiedissipation im Verbund proportional zu $\tau_\mathrm{i} l_\mathrm{c}^2/d$.

Bild 9.13 zeigt ein schematisches Spannungs-Dehnungs-Diagramm für einen Keramikmatrix-Verbundwerkstoff. Bei einer Spannung σ_0 treten die ersten Risse in der Matrix auf. Die Last kann jedoch noch weiter gesteigert werden, weil die die Risse überbrückenden Fasern eine größere Last übernehmen können, bis es schließlich zum Bruch der Fasern kommt.

9.3.4   Statistische Betrachtung des Versagens

Bisher wurde lediglich eine einzelne Faser innerhalb des Verbundwerkstoffs betrachtet, die als repräsentativ für alle Fasern angesehen wurde. Dies würde jedoch bedeuten, dass alle Fasern innerhalb des Verbundes exakt identische Eigenschaften hätten.

Tatsächlich sind die Eigenschaften der Fasern statistisch verteilt. Dies gilt zunächst für ihre Geometrie (Faserlänge und -durchmesser), aber zumindest bei keramischen Verstärkungsfasern auch für ihre mechanischen Eigenschaften, da diese nach der Weibullverteilung variieren (siehe Abschnitt 7.3). Auch nichtkeramische Fasern sind häufig in ihren Eigenschaften nicht identisch, da sie beispielsweise Oberflächendefekte aufweisen können. Diese statistische Verteilung der Eigenschaften führt dazu, dass auch in einem gleichmäßig belasteten Verbundwerkstoff nicht alle Fasern gleichzeitig versagen, sondern die schwächste von ihnen als erste. Dabei ist zu beachten, dass sehr lange Fasern aufgrund des in Abschnitt 7.3.1 diskutierten Volumeneffektes eine höhere Versagenswahrscheinlichkeit besitzen als kurze Fasern.

Im Folgenden betrachten wir den Fall sehr langer Fasern, deren Länge um ein Vielfaches oberhalb der kritischen Länge nach Gleichung (9.9) liegt. In diesem Fall ist die Faser über den Großteil ihrer Länge nur auf Zug belastet, da es nur an den Enden der Faser eine Schubspannungsübertragung gibt (siehe Bild 9.8). Das Versagen der Faser erfolgt also durch Bruch.

Bei zunehmender Belastung des Verbundwerkstoffs wird die schwächste Faser brechen, so dass sie an der Bruchstelle keine Zugspannung mehr übertragen kann. Durch den Bruch wird allerdings nicht die ganze Faser entlastet. Ist die Faser wesentlich länger als die kritische Faserlänge, wird die Last von der Matrix durch Schubspannungen auf die beiden Teilfasern übertragen. Außerhalb dieses Bereiches tragen beide Faserbruchstücke dieselbe Last wie vorher, innerhalb des Bereichs um die Faserbruchstelle ist das Material aber geschwächt, so dass die Last auf das umliegende Material verteilt wird.

Abhängig von den Eigenschaften der Fasern und der Matrix können sich verschiedene Versagensszenarien einstellen. Ist die Bruchzähigkeit der Matrix groß, so wird sich von der Stelle des Faserbruchs ausgehend kein Riss in der Matrix bilden oder ausbreiten. Die Spannungsüberhöhung in der Nähe der versagten Faser kann, wenn die stochastische Schwankung der Fasereigenschaften klein ist, dazu führen, dass weitere Fasern in der Nähe des ersten Faserbruchs versagen. Ausgehend von diesem anfänglichen Faserbruch versagen dann mehr und mehr Fasern, bis schließlich auch die Bruchzähigkeit der Matrix erreicht ist. In den meisten Fällen sind die Fasern in der Nähe der ersten versagenden Faser aber aus statistischen Gründen stark genug, um die zusätzliche Last aufzunehmen. Wird die äußere Last weiter gesteigert, dann versagt eine andere, besonders schwache Faser an einem anderen Ort im Verbund. Es werden also zufällig innerhalb des Materials einzelne Fasern reißen und die Last auf den übrigen Werkstoff gleichmäßig erhöhen, wobei sich die Steifigkeit aufgrund der geschädigten Bereiche verringert. In diesem Fall versagt der Werkstoff bei zunehmender Last durch eine immer größere Anzahl an Faserbrüchen, die schließlich zu einem Totalversagen führt. Typischerweise ergibt sich für Materialien mit einer Matrix mit hinreichend hoher Bruchzähigkeit eine Spannungs-Dehnungs-Kurve ähnlich wie in Bild 9.5, wobei die Kurve allerdings keinen scharfen Knick aufweist, da nicht alle Fasern gleichzeitig versagen.

Ist dagegen die Bruchzähigkeit der Matrix gering, so kann die Spannungserhöhung um die erste versagende Faser herum bereits zu einem lokalen Versagen der Matrix führen, so dass sich ein Riss von der Faserbruchstelle ausbreitet. Dieser Riss trifft dann auf weitere Fasern. Ist nun die Bruchzähigkeit der Grenzfläche groß, so kann die Spannungsüberhöhung an der Rissspitze auf diese Fasern übertragen werden. Versagen diese Fasern aufgrund der Spannungsüberhöhung ebenfalls, so kommt es zum Versagen des Verbunds durch Rissausbreitung. Wegen der statistischen Eigenschaften der Fasern ist es aber auch möglich, dass der Riss die nächste, festere Faser nicht durchqueren kann. Auch in diesem Fall kommt es zu einem Versagen durch Faserbrüche an verschiedenen Stellen das Verbundes.

Sind schließlich die Bruchzähigkeit der Matrix und die der Grenzfläche klein, so kommt es zum Grenzflächenversagen, wenn der Riss die nächste Faser erreicht. Der Riss umläuft die Faser und schreitet dann fort. Da die Faser nun aber den Riss überbrückt (siehe Bild 9.10), erhöht sich der Rissausbreitungswiderstand, so dass der Riss schließlich gestoppt werden kann. Auch in diesem Fall versagt der Werkstoff durch zunehmende Schädigung an verschiedenen Stellen.

Da Faserverbundwerkstoffe häufig auf diese statistische Weise durch Anhäufung lokaler Versagensbereiche versagen, ist die Anwendung der Bruchmechanik nicht immer sinnvoll. Wenn sich aber ein hinreichend langer Riss in einem Faserverbund bildet, kann dieser sich häufig auch fortpflanzen. In diesem Fall ist bei Verbunden mit duktiler Matrix die Bruchzähigkeit K_{Ic} häufig niedriger als beim reinen Matrixwerkstoff, weil die Fasern einen dreiachsigen Spannungszustand im Material erzeugen (siehe Abschnitt 3.5.3). Dies gilt für einige Polymermatrix-Verbundwerkstoffe, vor allem aber für Metallmatrix-Verbundwerkstoffe, in denen die Bruchzähigkeit gegenüber dem Matrixmaterial häufig auf die Hälfte reduziert sein kann [65].

9.3.5   Versagen unter Druck

Wird ein Faserverbundwerkstoff in Faserrichtung auf Druck belastet, so unterscheidet sich der Verformungsmechanismus vollkommen von dem oben diskutierten Versagensverhalten. In vielen Faserverbundwerkstoffen ist diese Druckfestigkeit geringer als die Zugfestigkeit, was bei der Konstruktion mit diesen Materialien berücksichtigt werden muss. Da die Fasern lang gegenüber ihrem Durchmesser sind, sind sie stark knickgefährdet. Die Knickspannung für einen auf Druck belasteten Zylinder mit Elastizitätsmodul E ist – unter Annahme des eulerschen Knickfalls 2 [60] – gegeben durch

$$\sigma_{\mathrm{b}} = \frac{\pi^2 E}{16} \left(\frac{d}{l}\right)^2 , \tag{9.10}$$

wobei d und l wie üblich den Durchmesser und die Länge bezeichnen [30]. Selbst in kurzfaserverstärkten Werkstoffen mit typischen Faserlängen im Millimeterbereich ist meist $l/d > 100$. Betrachten wir als Beispiel eine Glasfaser mit einem Elastizitätsmodul von $80\,\mathrm{GPa}$ und $l/d = 100$, so ergibt sich im Idealfall einer perfekt geraden Faser eine Knickspannung von nur $5\,\mathrm{MPa}$. Ohne Anwesenheit des Matrixwerkstoffs wäre die Druckfestigkeit des Materials also vernachlässigbar gering.

Das Ausknicken der Fasern wird aber durch die Anwesenheit des Matrixwerkstoffs behindert, da dieser sich entsprechend mitverformen muss. Eine einzelne Faser knickt deshalb nicht über ihre ganze Länge, sondern in einem sinusförmigen Wellenmuster, da so die Verformung der Matrix geringer ist. In einem Faserverbundwerkstoff liegen die Fasern typischerweise so dicht beieinander, dass benachbarte Fasern sich nicht unabhängig voneinander verformen können. Es ergeben sich zwei Verformungsmuster, die in Bild 9.14 dargestellt sind: Benachbarte Fasern können sich entweder gleichphasig oder gegenphasig verformen.

Die Spannung, die zum Erzeugen dieser Verformungsmuster notwendig ist, kann über eine Energiebetrachtung berechnet werden: Es wird die Energie zur Kompression des Werkstoffs ohne Ausknicken der Fasern mit der Energie zur Verformung mit Ausknicken der Fasern verglichen. Für kleine Spannungen ist eine gleichmäßige Kompression energetisch günstiger, aber ab einer bestimmten kritischen Spannung ist es günstiger, die Fasern auszuknicken, statt den Werkstoff weiter gleichmäßig zu komprimieren. Diese kritische Spannung gibt dann die Druckfestigkeit des Werkstoffs an. Sie ist für beide Verformungsmuster unterschiedlich.

Bei der gegenphasigen Verformung wird die Matrix auf Zug und Druck belastet, bei der gleichphasigen Verformung dagegen auf Scherung. Entsprechend werden die beiden Verformungsmuster auch als Dehnmode beziehungsweise Schermode bezeichnet. Außer bei sehr kleinen Volumenanteilen der Fasern ist die Festigkeit des Verbundes bei gleich-

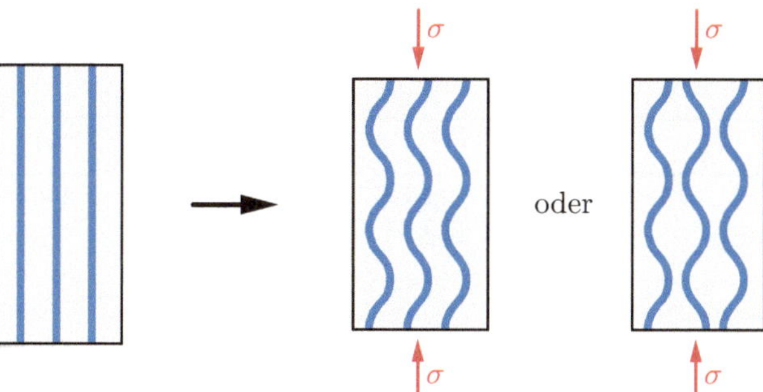

Bild 9.14: Verformung eines Faserverbundwerkstoffes unter Druck. Die Fasern knicken entweder gleichphasig oder gegenphasig.

phasiger Verformung geringer, so dass meist diese Art der Verformung beobachtet wird. Bei rein elastischer Verformung der Matrix ergeben sich sehr hohe Festigkeitswerte, die jedoch real nicht beobachtet werden. In Metall- und Polymermatrix-Verbundwerkstoffen verformt sich die Matrix bei der gleichphasigen Verformung meist plastisch. Nimmt man der Einfachheit halber eine ideal-plastische Matrix mit Fließspannung $\sigma_{\mathrm{m,F}}$ an, so ist die Druckfestigkeit gegeben durch [133]

$$\sigma_{\mathrm{d,gleichphasig}} = \sqrt{\frac{f_{\mathrm{f}}\sigma_{\mathrm{m,F}}E_{\mathrm{f}}}{3(1-f_{\mathrm{f}})}}\,. \tag{9.11}$$

Diese Gleichung ist nur innerhalb gewisser Grenzen korrekt. Geht der Volumenanteil der Fasern gegen Eins, geht die berechnete Festigkeit gegen Unendlich. Dies ist natürlich nicht realistisch. Wenn die Verformung der Matrix nicht durch plastische Verformung dominiert wird, so spielt auch der Elastizitätsmodul der Matrix eine Rolle. Weitere Effekte, die in der Gleichung nicht berücksichtigt wurden und die die Druckfestigkeit herabsetzen können, sind neben der Faserausrichtung die begrenzte Haftung zwischen Faser und Matrix sowie die Möglichkeit, dass die Fasern mit einem scharfen Winkel statt eines Bogens knicken und dabei versagen. Die nach dieser Theorie berechnete Druckfestigkeit ist unabhängig vom Durchmesser der Fasern und der Faserlänge. In der Praxis sind allerdings längere und dickere Fasern vorteilhaft, weil diese sich bei der Herstellung des Werkstoffs besser ausrichten lassen.

9.3.6 Matrixdominiertes Versagen und beliebige Lastfälle

Wird eine Zug- oder Drucklast quer zur Faserrichtung eines uniaxialen Faserverbundes angelegt oder wird der Werkstoff in Faserrichtung auf Scherung belastet, wobei die Scherebene parallel zu den Fasern liegt, so kann er versagen, ohne dass die Fasern brechen oder knicken. Man spricht deshalb von *matrixdominiertem Versagen.*

Unter Zugbelastung quer zu den Fasern ist die verstärkende Wirkung der Fasern durch Lastübertragung gering. Ist die elastische Steifigkeit der Fasern höher als die der Matrix, so behindern die Fasern die Querkontraktion der Matrix und bewirken einen dreiachsigen Spannungszustand. Dies kann den Beginn des plastischen Fließens, beispielsweise in

Tabelle 9.1: Wertebereiche für Dichte und mechanische Kennwerte (Elastizitätsmodul, Zugfestigkeit, Bruchdehnung) wichtiger Fasermaterialien [30, 43, 108, 128, 141, 152]

Werkstoff	$\varrho/(\mathrm{g/cm^3})$	E/GPa	$R_\mathrm{m}/\mathrm{MPa}$	$\varepsilon_\mathrm{B}/\%$
Glasfasern	2,5…2,6	69…85	1 500…4 800	1,8…5,3
Aramidfasern	1,4…1,5	65…147	2 400…3 600	1,5…4,0
Polyethylenfasern	0,97	62…175	2 200…3 500	2,7…4,4
Kohlenstofffasern	1,75…2,2	140…935	1 400…7 000	0,2…2,4
Siliziumkarbidfasern	2,4…3,5	180…430	2 000…3 700	1,0…1,5
Aluminiumoxidfasern	3,3…3,95	300…380	1 400…2 000	0,4…1,5

einem Metallmatrix-Verbundwerkstoff, zu größeren Lasten hin verschieben. Ist die Matrix spröde, kann es jedoch die Rissbildung erleichtern. Ist der Volumenanteil der Fasern hoch, so muss außerdem die Matrix zwischen den Fasern entsprechend stärker verformt werden. Dabei spielt auch die genaue Anordnung der Fasern eine wesentliche Rolle, da sie die geometrisch notwendige Verformung in der Matrix bestimmt.

Unter Druckbelastung quer zur Faserrichtung kann das Matrixmaterial auf Scherebenen abscheren, die parallel zu den Fasern liegen. In diesem Fall spielen die Fasern für die Druckfestigkeit keine Rolle. Eine Abscherung auf Ebenen, die senkrecht zu den Fasern liegen, ist dagegen durch die Fasern behindert. Bei einer Abscherung in Faserrichtung kann entweder die Matrix selbst zwischen den Fasern abscheren, oder es kommt zu einer Abscherung an der Grenzfläche. Die verstärkende Wirkung der Fasern ist auch in diesem Fall gering. Ist die Grenzfläche schwach, so kann die Festigkeit gegenüber dem unverstärkten Material auch verringert sein [133].

Zur Auslegung von faserverstärkten Bauteilen, beispielsweise mit der Methode der Finiten Elemente [14], ist es wünschenswert, über Fließ- bzw. Versagenskriterien für das Verbundmaterial als Ganzes zu verfügen, das für beliebige Spannungszustände ausgewertet werden kann. Verschiedene derartige Kriterien sind vorgeschlagen worden, die jedoch alle nur bedingt zur Beschreibung des Materialverhaltens geeignet sind [30, 74, 133].

9.4 Beispiele für Verbundsysteme

9.4.1 Polymermatrix-Verbundwerkstoffe

Polymere sind, wie bereits erläutert, als Matrixwerkstoffe eines Verbundes besonders geeignet, da sie eine geringe Dichte besitzen und sich bei niedrigen Temperaturen verarbeiten lassen. Entsprechend haben Verbundwerkstoffe mit Polymermatrix eine besondere technische Bedeutung erlangt. Sie sind aus dem modernen Flugzeugbau und vielen anderen Bereichen, wie zum Beispiel der Sportartikelindustrie, nicht mehr wegzudenken. Polymermatrix-Verbundwerkstoffe können mit kurzen oder langen Fasern eingesetzt werden. In diesem Abschnitt werden zunächst die lang- und dann die kurzfaserverstärkten Polymermatrix-Verbunde diskutiert.

Langfaserverstärkte Polymermatrix-Verbundwerkstoffe

Da die Festigkeit und elastische Steifigkeit der in Polymermatrix-Verbundwerkstoffen eingesetzten Fasern häufig um das Hundertfache über derjenigen der Polymermatrix liegt,

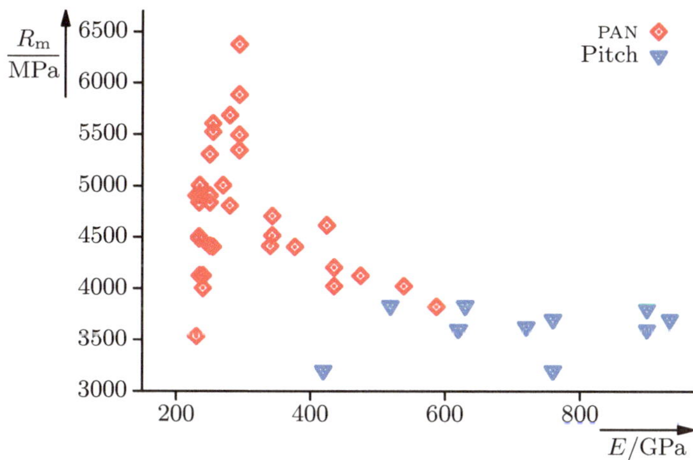

Bild 9.15: Kennwerte für technisch eingesetzte Kohlenstofffasern verschiedener Hersteller [102, 108, 115, 144, 152]. Die beiden angegebenen Fasertypen unterscheiden sich in ihrem Herstellungsprozess.

sind die mechanischen Kennwerte in langfaserverstärkten Polymermatrix-Verbundwerkstoffen maßgeblich durch die Fasereigenschaften bestimmt. Man versucht deshalb, möglichst hohe Faservolumenanteile einzustellen, die bei Luftfahrtanwendungen um 60 % liegen. Dennoch ist das mechanische Verhalten der Matrix ebenfalls von großer Bedeutung, denn sie ist für die Krafteinleitung in die Fasern verantwortlich und darf nicht vorzeitig versagen, wenn man das Festigkeitspotential der Fasern ausnutzen will. Entsprechend wird in diesem Abschnitt zunächst das mechanische Verhalten der Fasern diskutiert, um daraus die Anforderungen an die Polymermatrix ableiten und dann die Eigenschaften des Verbundes diskutieren zu können.

Die Fasern. In Tabelle 9.1 sind wichtige mechanische Kennwerte heute üblicher Fasern zusammengestellt. Da Glasfasern hohe Festigkeitswerte bis ca. 4800 MPa erzielen und sich zudem besonders kostengünstig herstellen lassen, wird die große Verbreitung glasfaserverstärkter Polymere verständlich. Ihr Elastizitätsmodul ist vergleichsweise gering und liegt lediglich auf dem Niveau von Aluminium. Zwar lässt er sich durch Beeinflussung der Glaszusammensetzung in gewissen Grenzen beeinflussen, da aber die Si-O-Bindung nicht die Stärke einer C-C-Bindung erreicht und die Bindungsdichte des amorphen Zustands hinter derjenigen einer kristallinen Struktur zurückbleibt, kann die Steifigkeit von Glasfasern nicht die von Kohlenstofffasern erreichen. Entsprechend sind Glasfasern eine gute Wahl, wenn die Festigkeit des Verbundes im Vordergrund steht, nicht aber, wenn hohe spezifische Steifigkeiten gefordert werden.

Kohlenstofffasern zeichnen sich dagegen durch eine hohe Festigkeit und Steifigkeit aus. Allerdings lassen sich beide Kenngrößen nicht gleichzeitig maximieren. Bild 9.15 zeigt die Zugfestigkeit und den Elastizitätsmodul verschiedener Kohlenstofffasern. Bei höchstfesten Fasern übersteigt der Elastizitätsmodul 400 GPa nicht, hochmodulige Fasern weisen dagegen eine geringere Bruchfestigkeit auf.

Die Ursache für diese unterschiedlichen mechanischen Eigenschaften liegt in der Mi-

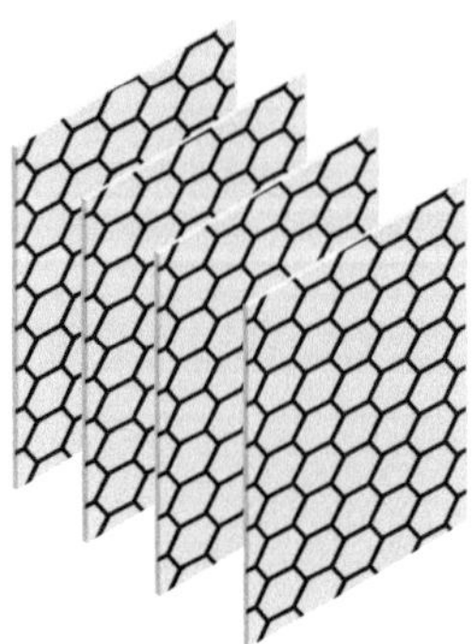
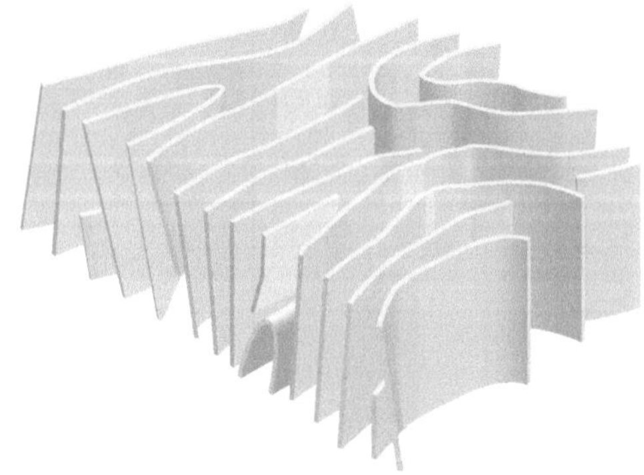

a: Basalebenen im Graphit   b: Anordnung der Basalebenen in hochfesten
                                      Kohlenstofffasern

Bild 9.16: Die Basalebenen des Graphits sind in Kohlenstofffasern parallel zur Faserachse
angeordnet. In Fasern mit hoher Festigkeit sind die einzelnen Bereiche miteinander verbunden, so dass eine Abscherung der Ebenen aneinander erschwert wird
(nach [30, 103]).

krostruktur der Fasern. Kohlenstoff existiert in zwei verschiedenen Modifikationen: Die
in Bild 1.13 gezeigte Diamantstruktur bildet sich nur unter hohen Drücken und Temperaturen und ist bei Normalbedingungen metastabil. Die stabile Form des Kohlenstoffs ist
das *Graphit*. Im Graphit ordnen sich die Kohlenstoffatome in einem hexagonalen Gitter
an. Dabei sind die Bindungen innerhalb einer Sechseck-Ebene stark, die zwischen den
Ebenen jedoch deutlich schwächer (siehe Bild 9.16 a). Die Gitterebenen (*Basalebenen*)
können deshalb leicht gegeneinander abgleiten, was auch der Grund dafür ist, warum
man mit Kohlestiften zeichnen kann.

Die Mikrostruktur der hochmoduligen Kohlenstofffasern kann man sich ähnlich wie
in Bild 9.16 a vorstellen, wobei die Basalebenen nahezu perfekt in Faserrichtung ausgerichtet sind. Da die kovalenten C-C-Bindungen in der Basalebene enorm stark sind, wird
ein entsprechend hoher Elastizitätsmodul in Faserrichtung erreicht. Schlüssel für hohe
elastische Steifigkeitswerte ist also eine ausgeprägte Fasertextur.

Problematisch bei dieser Struktur ist allerdings, dass die Basalebenen nur schwach zusammengehalten werden, weil die Bindungskräfte zwischen den Basalebenen der Graphitstruktur gering sind. Entsprechend gering ist die Steifigkeit quer zur Faserrichtung (ca.
6 GPa). Außerdem ist dies der Faserfestigkeit sowie der Haftfestigkeit zwischen Faser und
Matrix abträglich. Für maximale Festigkeit stellt man deshalb eine Mikrostruktur ein, bei
der die Faserstränge miteinander verwoben sind, wobei die Querverbindungen zwischen
den Fasernsträngen die Abscherung erschweren (siehe Bild 9.16 b). Da die Basalebenen
durch diese Anordnung gegen die Faserachse verkippt werden, nimmt der Elastizitätsmodul ab (siehe Bild 9.15). Kohlenstofffasern können also entweder auf ihre Steifigkeit oder
auf ihre Festigkeit hin optimiert werden.

Die beschriebenen Mikrostrukturen werden durch zwei grundsätzlich unterschiedliche Prozessrouten hergestellt. Die eine geht von Polymerfasern, zumeist bestehend aus Polyacrylnitril
(PAN), aus. Bei der anderen verwendet man Teerprodukte (engl. *pitch*), die bei der Raffi-

nierung von Mineralöl entstehen. Entsprechend spricht man von PAN-Fasern, die sich durch besonders hohe Festigkeiten auszeichnen, und pitch-Fasern, die hohe elastische Steifigkeiten aufweisen (Bild 9.15). Obwohl schon Kohlenstofffasern für unter 25 €/kg erhältlich sind, kosten Hochleistungsfasern aufgrund der aufwändigen Herstellung bis zu mehreren Hundert Euro pro Kilogramm.

Wegen ihrer hohen Festigkeit besitzen hochfeste Fasern eine sehr hohe Energieaufnahme bis zum Bruch. Beispielsweise müsste man ein Metall bei einer Fließspannung von 700 MPa um 10 % plastisch verformen, um die Energieaufnahme eines Fasermaterials mit $R_\mathrm{m} = 7000$ MPa und einer Bruchdehnung von 2 % zu erreichen.[10]

Die Festigkeit der Fasern wird auch durch den Faserdurchmesser bestimmt, da eine dünnere Faser kleinere Defekte enthält. Für eine Faserfestigkeit von etwa 2000 MPa ist beispielsweise ein Durchmesser von 10 μm erforderlich, während dieser auf 5 μm verringert werden muss, wenn die Festigkeit $R_\mathrm{m} = 6000$ MPa betragen soll.

Die Reduzierung des Faserdurchmessers, wie sie für eine maximale Zugfestigkeit erforderlich ist, hat aber auch Nachteile. Sie führt zu leichterem Ausknicken der Fasern und hat zur Konsequenz, dass die Festigkeit des Faserverbundwerkstoffes bei Schub- und Druckbeanspruchung nicht in dem Ausmaß wie die Zugfestigkeit ansteigt, oder sogar gegenüber weniger zugfesten Fasern abfällt. Dies setzt dem Einsatz solch hochfester Fasern Grenzen.

Ein weiterer wichtiger Aspekt ist, dass hochfeste Kohlenstofffasern Bruchdehnungen von mehr als 2 % erreichen, obwohl sie sich lediglich elastisch verformen. Bedenkt man, dass die Dehnungen in der Polymermatrix diejenigen in der Faser örtlich übersteigen (siehe Bild 9.6), ergeben sich entsprechend hohe Anforderungen an die Bruchdehnung des Matrixwerkstoffs. Um vorzeitige Rissbildung in der Matrix sicher vermeiden zu können, fordert man, dass deren Bruchdehnung etwa das Zweifache der Faser, d. h. 4 % bis 5 %, beträgt. Heute verfügbare Duromere erfüllen diese Forderungen nicht, so dass die zulässige Dehnung geringer ist und die Festigkeit der Fasern oft nicht vollständig ausgenutzt werden kann (siehe auch Aufgabe 30).

Polymere können auch durch Polymerfasern verstärkt werden. Wie bereits in Kapitel 8.4 erläutert, erzielt man in Polymeren hohe Festigkeits- und Steifigkeitswerte durch Ausrichtung der Kettenmoleküle in Faserrichtung (siehe Bild 8.21). Gängig sind Aramidfasern und Polyethylenfasern. Ihre Herstellung wurde in Abschnitt 8.5.2 diskutiert. Da die Dichte an Kohlenstoffbindungen aufgrund der Seitengruppen bei den Polymerfasern aber nicht so hoch sein kann wie bei Kohlenstofffasern, ist es verständlich, dass die Spitzenwerte der Kohlenstofffasern von Polyethylen nicht erreicht werden.

Beim Einsatz von Polymerfasern ist zu bedenken, dass sich diese bereits bei Raumtemperatur viskoelastisch verhalten. Festigkeit und Steifigkeit sind also zeit- und temperaturabhängig, was bei der Bauteilauslegung zu berücksichtigen ist. Dies ist bei Glasfasern erst ab ca. 200 °C, also deutlich oberhalb der Einsatztemperatur von Polymermatrix-Verbundwerkstoffen, der Fall. Kohlenstofffasern sind demgegenüber nochmals deutlich stabiler. Zeitabhängiges Verhalten führt bei zeitlich wechselnder Beanspruchung zu einer Hysterese zwischen beaufschlagter Spannung und Dehnungsantwort des Materials (siehe Aufgabe 27), was sich vor allem auf die Beständigkeit gegenüber zyklischer Belastung auswirkt (siehe Abschnitt 10.4).

---

10 Dabei ist zu beachten, dass in einem ideal-plastischen Material bei gleicher Dehnung und Spannung eine doppelt so hohe Arbeit zur Verformung benötigt wird wie in einem linear-elastischen Material.

Die Matrix. Obwohl ein Großteil der mechanischen Last von den Fasern getragen wird, bestehen dennoch zahlreiche Anforderungen an das mechanische Verhalten der Polymermatrix. Sie sollte eine möglichst große Bruchdehnung aufweisen, um vorzeitige Schädigung des Verbundes durch Rissbildung in der Matrix zu vermeiden. Die elastische Steifigkeit sollte so hoch wie möglich sein, um eine ausreichende Stützwirkung bei Druckbeanspruchung sicherzustellen und so vorzeitiges Ausknicken der Fasern zu unterbinden. Schließlich sollte sich das mechanische Verhalten durch Umgebungseinflüsse (Feuchtigkeit, Temperatur, Sonnenstrahlung) möglichst wenig verändern. Leider sind diese Ansprüche zum Teil gegenläufig. So lässt sich die Bruchdehnung einer Duromermatrix beispielsweise durch einen geringeren Vernetzungsgrad erhöhen. Dadurch sinkt aber gleichzeitig die elastische Steifigkeit. Hohe Bruchdehnungen werden auch durch thermoplastische Matrixmaterialien erreicht, und deren Einsatz wird aus diesem Grund auch für Luftfahrtanwendungen erwogen. Sie sind allerdings weniger temperaturbeständig als Duromere, oder aufgrund schwieriger Verarbeitbarkeit sehr teuer, da sie nicht durch Aushärten eines Harz-Systems hergestellt werden können und deshalb bei höheren Temperaturen verarbeitet werden müssen.

Je nach Anwendungsfall kommen eine Reihe unterschiedlicher Matrixwerkstoffe zum Einsatz. Bei den Duromeren sind dies insbesondere die Polyester- und Epoxidharze. Bei den Thermoplasten finden neben den Massenpolymeren, wie Polyethylen (PE) und Polypropylen (PP), zunehmend auch Werkstoffe Verwendung, die durch Einbau aromatischer Ringe entlang ihrer Hauptkette eine erhöhte Temperaturbeständigkeit aufweisen (siehe Abschnitt 8.5.1). Hierzu gehört beispielsweise das Polyetheretherketon (PEEK), das sich durch eine hohe Zähigkeit gepaart mit einer Glasübergangstemperatur von ca. 150 °C auszeichnet.

Die Verbundeigenschaften. Es wurde bereits deutlich, dass die Eigenschaften von Verstärkungsfaser und Matrix eng aufeinander abgestimmt werden müssen, um optimales Bauteilverhalten unter mechanischer Beanspruchung zu erzielen. Unter Zugbeanspruchung kommt es darauf an, dass die Bruchdehnung der Matrix für den gewählten Fasertyp ausreichend ist. Zwar setzen Anrisse in der Matrix die Festigkeit des Verbundes nicht nennenswert herab, sie können aber Folgeschäden durch eindringendes Wasser oder andere Medien nach sich ziehen. Bei risikobehafteten Anwendungen, wie z. B. im Flugzeugbau, begrenzt man deshalb die zulässige Gesamtdehnung auf Werte deutlich unterhalb der Bruchdehnung. Da sich Duromermatrix-Verbundwerkstoffe viskoelastisch verhalten und keinen plastischen Bereich aufweisen, reduziert sich damit das zulässige Spannungsniveau entsprechend. Würde man beispielsweise die zulässige Dehnung auf die Hälfte der Bruchdehnung begrenzen, ließe sich auch nur noch 50 % der Bruchfestigkeit ausnutzen. Diese Einschränkung ist ein entscheidender Grund für das starke Interesse an Matrixwerkstoffen mit hoher Bruchdehnung und Temperaturbeständigkeit.

Einen bedeutenden Einfluss auf das mechanische Verhalten des Verbundes hat auch die Umgebungsfeuchtigkeit. Unter Feuchtigkeitseinfluss ändern sich die mechanischen Eigenschaften der Polymermatrix, wie bereits in Abschnitt 8.8 diskutiert wurde. Die Festigkeit der Polymermatrix sinkt, während ihre Bruchdehnung mit zunehmendem Feuchtigkeitsgehalt ansteigt. Eine gewisse Restfeuchtigkeit bei Verbunden mit Duromermatrix ist deshalb durchaus erwünscht. Glas- und Kohlenstofffasern nehmen dagegen keine Feuch-

Tabelle 9.2: Steigerung des Elastizitätsmoduls und der Zugfestigkeit einer Duromermatrix (Polyesterharz) durch Hinzufügen von Glasfasern mit einem Volumenanteil von 65 % bis 70 % [79]

Faserart	E/GPa	R_m/MPa
ohne	3,5	90
Kurzfasern, unorientiert	20	190
Kurzfasern, Orientierung $\pm 7°$	35	520
Endlosfasern, uniaxial	38	1 300

tigkeit auf. Schwillt die Polymermatrix durch Aufnahme von Feuchtigkeit an, so können deshalb hohe Eigenspannungen auftreten. Auch bei Polymerfasern kann dieser Effekt auftreten. Aramidfasern nehmen zwar ebenfalls Feuchtigkeit auf, aufgrund ihrer anisotropen Mikrostruktur quellen sie aber praktisch ausschließlich in radialer Richtung, so dass ebenfalls hohe Eigenspannungen entstehen.

Kurzfaserverstärkte Polymermatrix-Verbundwerkstoffe

Die erreichbaren Festigkeiten und Steifigkeiten von kurzfaserverstärkten Polymermatrix-Verbunden liegen deutlich unter denen der langfaserverstärkten Werkstoffe. Je nach Herstellungsverfahren können die Fasern in Lastrichtung angeordnet oder auch ungerichtet sein (siehe Abschnitt 9.1.1).

Den Einfluss der Ausrichtung der Fasern auf die mechanischen Eigenschaften zeigt Tabelle 9.2 am Beispiel einer glasfaserverstärkten Duromermatrix. Der Elastizitätsmodul erhöht sich bereits durch das Hinzufügen unorientierter Fasern um ein Vielfaches. Eine Ausrichtung der Fasern bewirkt erwartungsgemäß eine weitere Erhöhung. Die Verwendung von Endlosfasern an Stelle gerichteter Kurzfasern hat keinen deutlichen Effekt auf die Steifigkeit.

Bei der Zugfestigkeit sind die Verhältnisse anders: Obwohl bereits unorientierte Kurzfasern eine deutliche Erhöhung der Zugfestigkeit bewirken, bleibt ihr Effekt weit hinter dem zurück, der sich bei einer Ausrichtung der Fasern erreichen lässt. Die Festigkeit bei Verstärkung mit Endlosfasern übertrifft in diesem Fall die von ausgerichteten Kurzfasern um mehr als das Doppelte, da die Länge der Kurzfasern unterhalb der kritischen Länge liegt.[11] Selbst wenn die Fasern die kritische Länge überschreiten, beobachtet man experimentell, dass die Zugfestigkeit mit zunehmender Faserlänge weiter steigt [133], da für die Zugfestigkeit lokale Schwachstellen, die durch die Faseranordnung zustande kommen, bestimmend sind.

Mechanisch ist es also immer am günstigsten, möglichst lange Fasern zu verwenden. Dem stehen allerdings prozesstechnische Aspekte entgegen. Beispielsweise können zu lange Fasern beim Spritzgießen brechen oder die Spritzdüsen verstopfen. Auch typische Volumenanteile von Kurzfasern liegen aus Gründen der Verarbeitbarkeit meist niedriger als bei der Langfaserverstärkung.

---

11 Die übertragbare Schubspannung ist in Polymermatrix-Verbunden durch die Haftung zwischen Faser und Matrix und nicht durch die Fließspannung der Matrix bestimmt.

Als Werkstoffsysteme stehen die gleichen Materialien zur Verfügung wie für langfaserverstärkte Polymermatrix-Verbundwerkstoffe. Sie können in zahlreichen Anwendungen eingesetzt werden, in denen die mechanischen Eigenschaften unverstärkter Polymere nicht ausreichend sind. Die Auslegung insbesondere von spritzgegossenen Bauteilen aus kurzfaserverstärkten Polymeren ist jedoch dadurch erschwert, dass, wie bereits in Abschnitt 9.1.1 erläutert, die Orientierung der Fasern durch die Flüssigkeitsströmung beeinflusst wird und innerhalb des Bauteils stark ungleichmäßig sein kann.

9.4.2   Metallmatrix-Verbunde

Metalle sind als Matrixwerkstoff in einem Verbund aus verschiedenen Gründen besonders attraktiv. Da die Bruchdehnung der Matrix wesentlich größer als die typischer Faserwerkstoffe ist, kann die Faserfestigkeit voll genutzt werden. Die Dehnungsüberhöhung in der Nähe der Grenzfläche (siehe Abschnitt 9.3.2) spielt daher für die Festigkeit des Verbundes keine Rolle. Da die Haftung zwischen Faser und Matrix bei Metallmatrix-Verbunden oft sehr stark ist, bestimmt meist die Fließgrenze der Matrix die übertragbare Spannung. Dies führt zu hohen übertragbaren Spannungen und damit zu einer geringen kritischen Faserlänge, so dass schon kurze Fasern eine hohe Verstärkungswirkung besitzen. Der hohe Elastizitätsmodul und die relativ hohe Fließgrenze der Matrix führen auch dazu, dass ein Metallmatrix-Faserverbundwerkstoff auch einer Druckbelastung standhalten kann, da sie ein Knicken der verstärkenden Fasern behindern (siehe Abschnitt 9.3.5). Metallmatrix-Verbundwerkstoffe können bei höheren Temperaturen als Polymermatrix-Verbunde eingesetzt werden, da die Temperaturbeständigkeit des Matrixwerkstoffes entsprechend hoch ist.

Die Fasern bestimmen die mechanischen Eigenschaften des Verbunds nicht nur durch Lastübernahme, sondern auch durch zusätzliche Effekte: Verstärkende Teilchen oder Fasern können während des Herstellungsprozesses entstehende Korngrenzen verankern und so die Korngröße reduzieren. Dadurch ergibt sich ein zusätzlicher Beitrag zur Festigkeit (siehe Abschnitt 6.4.4) bei niedrigen Temperaturen. Auch die Versetzungsdichte kann sich durch das Einbringen von Fasern erhöhen: Wird der Verbund von den hohen Temperaturen, die zur Herstellung nötig sind, auf Raumtemperatur abgekühlt, so können unterschiedliche thermische Ausdehnungskoeffizienten zu einer plastischen Verformung in der Umgebung der Faser führen, die für eine Verfestigung sorgt, allerdings auch zu Eigenspannungen führt, die die Festigkeit herabsetzen können. Eine weitere Erhöhung der Versetzungsdichte ergibt sich während einer plastischen Verformung, da die Verformung vor allem innerhalb der Matrix stattfindet und sich um die Fasern herum Versetzungsringe bilden können (siehe auch Abschnitt 6.4.3). Eine Behinderung der Versetzungsbewegung durch den zugrunde liegenden Orowan-Mechanismus (siehe Abschnitt 6.3.1 sowie Bild 6.44) tritt dagegen nicht auf, da die Faserdurchmesser und -abstände hierzu wesentlich zu groß sind.

Als Fasermaterialien kommen in Metallmatrix-Verbundwerkstoffen nur Materialien mit einem entsprechend hohen Schmelzpunkt in Frage, die durch die Herstellung des Verbundes nicht geschädigt werden. Dies können Kohlenstoff- und Keramikfasern (beispielsweise aus Aluminiumoxid oder Siliziumkarbid), aber auch hochschmelzende Metalle, etwa Bor oder Wolfram, sein. Als Matrixmaterialien eignen sich vor allem die Leichtmetalle Aluminium, Titan und Magnesium.

Aluminium ist der am häufigsten eingesetzte Matrixwerkstoff, da es zum einen eine relativ geringe Schmelztemperatur (je nach Legierung etwa 600 °C bis 660 °C) besitzt und deshalb gut verarbeitet werden kann, zum anderen aber auch wegen seiner hohen Duktilität. Beim Einsatz von Aluminiummatrix-Verbunden ist nicht nur die erzielbare Festigkeitssteigerung, sondern auch die Erhöhung der Steifigkeit attraktiv, da der Elastizitätsmodul von Aluminium mit ca. 70 GPa relativ niedrig ist. Durch Verwendung von Al_2O_3-Langfasern mit einem Volumenanteil von 50 % lässt sich der Elastizitätsmodul auf 200 GPa erhöhen [132], bei Verwendung von Kohlenstofffasern können sogar Werte über 400 GPa erreicht werden [55].

Langfaserverstärkte Werkstoffe besitzen erwartungsgemäß die höchsten mechanischen Kennwerte, sind allerdings auch sehr teuer in der Herstellung. Die Festigkeit kann dabei sehr hohe Werte erreichen. So besitzt beispielsweise ein mit kontinuierlichen Siliziumkarbidfasern verstärkter Aluminiummatrix-Verbund bei Raumtemperatur eine Zugfestigkeit von mehr als 1400 MPa, die auch bei einer Temperatur von 425 °C nur auf etwa 1050 MPa absinkt [51]. Verwendet man Titan statt Aluminium als Matrixwerkstoff, so ist die Festigkeit nicht wesentlich größer, da sie durch den Faserwerkstoff dominiert wird. Allerdings kann der Werkstoff wegen des höheren Schmelzpunkts des Titans bei wesentlich höheren Temperaturen eingesetzt werden und erreicht bei 600 °C noch Zugfestigkeiten von mehr als 1000 MPa [51].

Langfaserverstärkte Aluminiummatrix-Verbundwerkstoffe werden aufgrund ihrer hohen spezifischen Steifigkeit und Festigkeit vor allem in der Luft- und Raumfahrt eingesetzt. Beispielsweise wurden die Halterungen der Antennen des Hubble-Space-Teleskops aus einem kohlenstofffaserverstärkten Aluminiummatrix-Verbund gefertigt [125]. Aluminiumoxidfaserverstärkte Aluminiummatrix-Verbunde eignen sich auch zur Fertigung von Ventilstößeln für Motorräder oder für elektrisch leitende und mechanisch hoch belastete Verbindungen an Strommasten.

Kurzfaserverstärkte Metallmatrix-Verbundwerkstoffe sind deutlich preisgünstiger als langfaserverstärkte, so dass sie auch im Automobilbau oder in der Sportartikelindustrie Verwendung finden. Beispielsweise können kurzfaserverstärkte Aluminium-Siliziumkarbid-Verbunde wegen ihrer erhöhten Festigkeit auch bei höheren Temperaturen als Kolben in Dieselmotoren eingesetzt werden [51]. Auch Golfschläger und Fahrradkomponenten können aus kurzfaserverstärkten Aluminiummatrix-Werkstoffen hergestellt werden. In kurzfaserverstärkten Werkstoffen werden häufig Whisker (siehe Abschnitt 6.2.8) eingesetzt, da diese über hohe Festigkeiten und ein hohes Aspektverhältnis verfügen.

Die Steifigkeit und Festigkeit von Metallen lässt sich nicht nur durch die Verwendung von Fasern, sondern auch durch das Hinzufügen von Teilchen steigern. Die Lastübertragung erfolgt, anders als bei Fasern, nicht nur durch Schubspannungen, sondern auch direkt an den Stirnflächen der Teilchen. In einem solchen Aluminium-Siliziumkarbid-Verbund lassen sich so beispielsweise Zugfestigkeiten von mehr als 700 MPa erzielen.

Neben der Verbesserung der mechanischen Eigenschaften können Metallmatrix-Verbundwerkstoffe auch aus anderen Gründen interessant sein. Der thermische Ausdehnungskoeffizient lässt sich durch das Hinzufügen von Kohlenstofffasern stark reduzieren und kann sogar negative Werte annehmen.[12] Dies ist relevant, wenn sich das Bauteil bei thermischer Belastung nicht verziehen darf oder wenn der Werkstoff mit einer Keramik verbunden werden soll, da Keramiken im Allgemeinen deutlich niedrigere Ausdehungskoeffizienten als Metalle besitzen (siehe Abschnitt 2.7). Die thermischen Eigenschaften sind auch in Kupfer-Kohlenstoff-Verbunden interessant, da Kupfer zwar eine hohe Wärmeleitfähigkeit, aber relativ niedrige mechanische Kennwerte besitzt. Kohlenstoff eignet sich in diesem Fall als Fasermaterial nicht nur wegen seiner hohen Steifigkeit und Festigkeit, sondern auch wegen seiner hohen thermischen Leitfähigkeit, die sogar die von Kupfer übertreffen kann.[13]

9.4.3 Keramikmatrix-Verbunde

Keramiken haben, wie in Kapitel 7 erläutert, den Vorteil hoher Temperaturbeständigkeit, hoher Festigkeit und Steifigkeit, niedriger Dichte sowie einer guten Beständigkeit gegen viele aggressive Medien. Ihr größter Nachteil ist die niedrige Bruchzähigkeit und die damit verbundene Empfindlichkeit gegenüber kleinen Defekten. Das Hauptziel des Einsatzes von Keramikmatrix-Verbundwerkstoffen ist deshalb die Erhöhung der Bruchzähigkeit. Sie kann Werte bis zu $30\,\mathrm{MPa}\sqrt{\mathrm{m}}$ erreichen [27, 160], was etwa um das Zehnfache über dem Wert für unverstärkte Keramiken liegt. Gleichzeitig kann die Verwendung eines Faserverbundes auch den Weibullmodul auf Werte von bis zu 30 erhöhen, so dass die Schwankung der Festigkeit reduziert und so die Auslegung von Bauteilen erleichtert wird.

Als Fasermaterial kommen in Keramikmatrix-Verbunden Keramiken wie Siliziumkarbid (SiC), Aluminiumoxid (Al_2O_3), Kohlenstoff, aber auch andere hochschmelzende Werkstoffe wie Wolfram und Bor in Frage (siehe Tabelle 9.1). In kurzfaserverstärkten Keramiken werden dabei häufig Whisker eingesetzt, da längere ungeordnete Kurzfasern zwar die Bruchzähigkeit heraufsetzen, die Zugfestigkeit aber reduzieren können [27]. Als Matrixmaterialien werden oft ebenfalls Aluminiumoxid und Siliziumkarbid oder auch Siliziumnitrid verwendet.

Da bei der Entwicklung von Keramikmatrix-Verbundwerkstoffen die Erhöhung der Bruchzähigkeit im Vordergrund steht, muss, wie in Abschnitt 9.3.3 erläutert, ein Pull-Out der Fasern gegenüber dem Bruch der Fasern begünstigt sein. Die Grenzfläche zwischen Faser und Matrix darf deshalb keine zu hohe Festigkeit besitzen, da ansonsten Faserbruch eintritt. Dennoch muss sie natürlich stark genug sein, um eine Lastübertragung auf die Faser zu ermöglichen und eine ausreichend große Energiedissipation beim Pull-Out der Fasern sicherzustellen. Eine chemische Bindung zwischen Faser und Matrix ist deshalb oft unerwünscht, da sie zu einer hohen Festigkeit der Grenzfläche führen würde. Faser- und Matrixmaterial müssen deshalb so aufeinander abgestimmt werden, dass auch bei den hohen Temperaturen während der Herstellung keine chemischen Reaktionen auftreten.

---

12 Dies gelingt deshalb, da Kohlenstofffasern in Faserrichtung einen negativen thermischen Ausdehnungskoeffizienten besitzen. In Querrichtung ist der Ausdehnungskoeffizient allerdings positiv.

13 Dies liegt daran, dass die Elektronen in den Basalebenen des Graphits relativ frei beweglich sind, ähnlich wie bei einer metallischen Bindung. Mit speziellen Techniken lassen sich solche einzelnen Basalebenen isolieren. Das entstehende Material wird als Graphen bezeichnet. Es verhält sich ähnlich wie ein zweidimensionales Metall und hat dadurch sehr spezielle Eigenschaften, deren Erforschung mit dem Nobelpreis 2010 ausgezeichnet wurde [57].

Um die Grenzflächeneigenschaften festlegen zu können, können die Fasern vor der Herstellung des Verbundes auch mit dünnen Zwischenschichten mit einer Dicke zwischen 0,1 µm und 1 µm beschichtet werden. Beispielsweise kann eine 1 µm dicke Graphitschicht auf einer Faser auf Siliziumkarbidbasis (Handelsname Nicalon) die übertragbare Schubspannung an der Grenzfläche von etwa 400 MPa auf 100 MPa verringern [29].

Zusätzlich muss bei der Herstellung darauf geachtet werden, dass die Faseroberfläche hinreichend glatt ist. Selbst wenn keine chemische Bindung zwischen Faser und Matrix vorliegt, kann eine raue Faseroberfläche ein Herausziehen der Faser verhindern, da diese sich dann in der Matrix verklemmt [29].

Die thermischen Ausdehnungskoeffizienten von Faser und Matrix dürfen sich ebenfalls nicht zu stark voneinander unterscheiden, damit beim Abkühlen von der Herstellungstemperatur keine zu großen Thermospannungen auftreten. Problematisch ist es vor allem, wenn der Ausdehnungskoeffizient der Matrix größer ist als der der Faser, denn in diesem Fall schrumpft die Matrix auf die Faser auf und verankert diese mechanisch, so dass ein Pull-Out erschwert wird. Ist umgekehrt der thermische Ausdehnungskoeffizient der Faser größer als der der Matrix, so gerät die Matrix in Axialrichtung der Fasern unter Druckspannung. Dies kann vorteilhaft sein, weil es die Rissausbreitung in der Matrix erschwert, so lange die Spannungen in der Faser nicht zu groß werden. Auch zur Vermeidung von stark lokalisierten thermischen Spannungen kann eine Zwischenschicht zwischen Faser und Matrix hilfreich sein.

Typischerweise ist in Keramikmatrix-Verbunden die Bruchdehnung der Matrix kleiner als die der Faser, so dass zuerst Matrixbruch eintritt. Das Spannungs-Dehnungs-Diagramm (Bild 9.13) ähnelt eher dem eines Metalls mit ausgeprägter Streckgrenze (Bild 3.5 b) als dem einer typischen Keramik. Für die Auslegung des Verbundes kann deshalb die Bruchspannung der Matrix verwendet werden, um die zulässige Maximalspannung zu bestimmen, da es bei einer Überschreiten dieser Last nicht sofort zum katastrophalen Versagen kommt. Der Verbundwerkstoff verhält sich also schadenstoleranter als eine einfache Keramik.

Wegen der hervorragenden Hochtemperatureigenschaften der Keramiken finden Keramikmatrix-Verbunde vor allem Anwendungen in der Luft- und Raumfahrt oder der Energietechnik. Beispielsweise können Komponenten für Gasturbinen oder Raketenmotoren, aber auch Hitzeschilde (etwa beim Space Shuttle) aus Keramikmatrix-Verbundwerkstoffen gefertigt werden. Auch Bremsscheiben in Flugzeugen oder in Autos der höheren Preisklasse können aus Keramikmatrix-Verbunden hergestellt werden. Die Bremsscheiben der Boeing 767 sind beispielsweise aus einem Kohlenstoffmatrix-Kohlenstofffaserverbund gefertigt. Gegenüber einer konventionellen Bremsscheibenanordnung können mit diesem Material fast 40 % des Gewichts eingespart werden [29].

Die vom Marktvolumen her bedeutendste Anwendung von Keramikmatrix-Verbundwerkstoffen sind Schneidwerkzeuge aus SiC-whiskerverstärktem Aluminiumoxid für die Zerspanung von schwer bearbeitbaren Metallen, vor allem von Nickelbasis-Superlegierungen und gehärteten Stählen [27]. Gegenüber wolframkarbidverstärkten Hartmetallen besitzen sie den Vorteil größerer Abrieb- und Temperaturbeständigkeit. Bei der Zerspanung von Stählen ist dabei darauf zu achten, dass bei zu hohen Temperaturen Kohlenstoff aus dem Siliziumkarbid in den Stahl diffundieren kann, was schließlich zum Versagen der Schneide führt.

*9.4.4   Biologische Verbundwerkstoffe

Auch in der Natur werden häufig Verbundwerkstoffe eingesetzt, um den mechanischen Anforderungen der Umwelt an die Organismen genügen zu können. In diesem Abschnitt werden beispielhaft drei natürlich vorkommende Verbundwerkstoffe diskutiert.

Biologische Werkstoffe sind, anders als die meisten von Menschen verwendeten Konstruktionswerkstoffe, entscheidend durch ihren Wassergehalt gekennzeichnet. Die mechanischen Eigenschaften von Holz oder Knochen unterscheiden sich im natürlichen, d. h. feuchten, Zustand deshalb deutlich von denen im trockenen Zustand. Dies erfordert einen entsprechenden Aufwand, wenn biologische Werkstoffe in ihrem natürlichen Zustand getestet werden sollen, da es schwierig ist, im Laborversuch den natürlichen Wassergehalt der Proben einzustellen.

*Holz

Holz besteht aus länglichen Pflanzenzellen, die in Richtung der Achse des Baumes (bzw. Astes) ausgerichtet sind. Die mechanischen Eigenschaften des Holzes werden durch die Zellwände bestimmt, die ein Verbund aus einer natürlichen Polymermatrix mit Zellulosefasern sind [9, 154]. *Zellulose* ist ein Polysaccharid, also ein Kettenmolekül, dessen Monomere Zuckermoleküle sind.[14] Die Zellulosemoleküle besitzen einen Polymerisationsgrad von etwa 10^4 und sind zu Mikrofibrillen mit einem Durchmesser von 10 nm bis 20 nm angeordnet, die einen hohen kristallinen Anteil besitzen. Die Bindung zwischen den Zellulosemolekülen erfolgt durch Wasserstoffbrücken und ist wegen der geordneten Struktur in den kristallinen Bereichen stark. Der Elastizitätsmodul der kristallinen Bereiche kann bisher nur theoretisch abgeschätzt werden und liegt bei etwa 250 GPa, der der amorphen Bereiche bei etwa 50 GPa. Die umgebende Matrix besteht aus einem amorphen Phenylpropanol-Duromer namens *Lignin,* Hemizellulose (einer kurzkettigen Zelluloseart), Wasser, Ölen und Salzen. Der Zelluloseanteil im Holz liegt bei etwa 45 %, Lignin und Hemizellulose machen je etwa 20 % des Materials aus.

Die Zellulosefasern befinden sich im Holz in den Zellwänden langer, röhrenförmiger Zellen, die in Längsrichtung angeordnet sind. Sie sind innerhalb der Zellwände in verschiedenen Lagen angeordnet (siehe Bild 9.17). Die äußere primäre Zellwand enthält die Fasern in unregelmäßiger Anordnung, die nachfolgende sekundäre Zellwand besteht aus drei Schichten. Die Zellulosefasern der äußeren und inneren Schicht sind quer zur Zellrichtung (und damit zur Haupt-Lastrichtung) angeordnet, in der mittleren Schicht der sekundären Zellwand sind die Fasern schraubenwendelförmig (also in einer Helix) mit einer leichten Neigung gegenüber der Längsrichtung ausgerichtet. Diese helixförmige Anordnung der Fasern in der Mitte der sekundären Zellwand erhöht die Festigkeit, denn unter Zugbelastung richten sich die Fasern in Lastrichtung aus und müssen dabei aneinander abgleiten. Der Effekt ist ähnlich wie bei den oben diskutierten Kohlenstofffasern, bei denen eine nicht exakte Ausrichtung der Basalebenen ebenfalls die Festigkeit erhöht (siehe Abschnitt 9.4.1, Seite 326). Trotzdem ist es wesentlich einfacher, Holz parallel

---

14 Ein weiteres Polysaccharid, das in der Natur als Kontruktionswerkstoff verwendet wird, ist das Chitin. Die meisten biologischen Polymere sind dagegen Proteine.

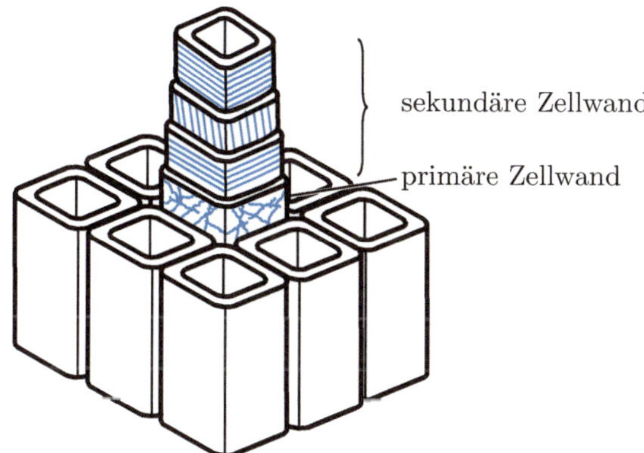

Bild 9.17: Anordnung der Zellulosefasern in der Zellwand von Holzzellen. Die Zellen haben einen Durchmesser von etwa 20 µm bis 40 µm und eine Länge von 2 mm bis 4 mm. Vereinfachte Darstellung nach [9, 154].

zur Faser zu spalten als quer dazu, da die Spaltung in diesem Fall zwischen den Zellen erfolgen kann.

Wie alle Fasern lassen sich auch Zellulosefasern besser auf Zug als auf Druck belasten, da sie bei Druckbelastung leicht knicken können. Die Anordnung der Zellulosefasern in der äußeren und inneren Schicht der sekundären Zellwand sorgt dafür, dass diese bei Druckbelastung auf Zug belastet werden und so die Druckfestigkeit heraufsetzen. Dennoch ist die Druckfestigkeit von Holz mit etwa 30 MPa in Längsrichtung nur ein Drittel so hoch wie die Zugfestigkeit.

Die elastische Steifigkeit von Holz ist deutlich geringer als die theoretisch berechnete Steifigkeit einzelner Zellulosefasern. Dies liegt zum einen an der Orientierung der Fasern, die von der Hauptlastrichtung wie erläutert abweicht, zum anderen auch daran, dass die Zellwände nur etwa 25 % des Gesamtvolumens des Holzes ausmachen. Insgesamt ergibt sich deshalb ein Elastizitätsmodul (in Längsrichtung) von etwa 10 GPa. Obwohl dieser Wert relativ gering ist, ist Holz dennoch als Werkstoff attraktiv, da es sich wegen seiner geringen Dichte (etwa zwischen $0{,}2\,\mathrm{g/cm^3}$ und $1{,}4\,\mathrm{g/cm^3}$) zum Leichtbau eignet. Die Anisotropie des Holzes lässt sich umgehen, indem es zu Sperrholz oder Spanplatten verarbeitet wird.

Bäume sind in der Lage, auf äußere Lasten zu reagieren, indem sie ihr Wachstum an diese anpassen. Wird ein Baum, etwa durch Wachstum auf einer schrägen Ebene oder durch Windlast, asymmetrisch belastet, so bildet er sogenanntes Reaktionsholz aus. Bei Nadelbäumen bildet sich dies auf der druckbelasteten Seite, bei Laubbäumen auf der zugbelasteten Seite. Dieses Reaktionsholz sorgt dann durch Ausbildung von Eigenspannungen für eine entsprechende Zug- oder Druckspannung innerhalb des Baumstammes, die dazu tendiert, den Baum aufzurichten [101].

Auch bei einem gerade gewachsenen Baum ist das Holz innerhalb des Baumes vorgespannt: Im Inneren des Baumes liegen Druckeigenspannungen, in der Nähe der Rinde Zugeigenspannungen vor. Dies hat den Vorteil, dass die Eigenspannungen bei einer Biegebelastung des Baumes (etwa durch starke Winde) den Biegespannungen überlagert werden. Dadurch wer-

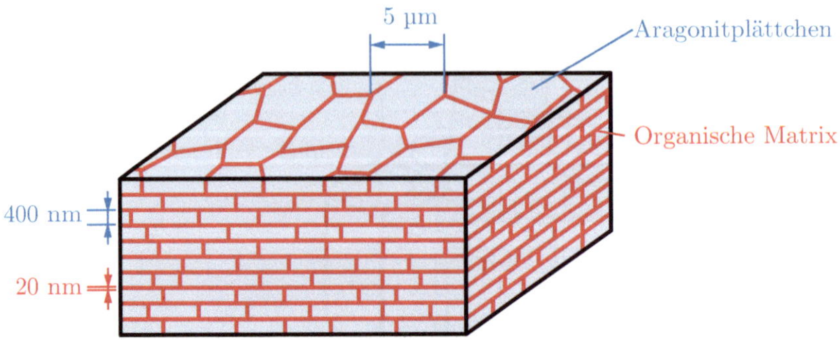

Bild 9.18: Struktur von Perlmutt. Flache Aragonit-Plättchen sind versetzt übereinander angeordnet. Zwischen ihnen befindet sich die organische Matrix (nach [155]).

den die Zugspannungen erhöht, die Druckspannungen aber verringert. Da die Druckfestigkeit von Holz deutlich geringer als die Zugfestigkeit ist, ergibt sich insgesamt eine höhere Belastbarkeit durch diese Art der Vorspannung.

∗ Perlmutt

Muscheln, Schnecken und Kopffüßer, die biologisch zur Gruppe der Mollusken zusammengefasst werden, sind häufig durch harte Schalen geschützt. Bei diesen Schalen handelt es sich um einen Verbundwerkstoff aus einer organischen Matrix mit eingelagerten keramischen Teilchen, wobei der Volumenanteil der Keramik 95 % und mehr betragen kann [154].

Wegen dieses hohen Keramik-Anteils werden die mechanischen Eigenschaften der Schalen sehr stark durch die der Keramik bestimmt. Bei der Keramik handelt es sich um *Aragonit*, eine rhombischen Kristallform des Kalziumkarbonats $CaCO_3$, die prismatische Kristalle ausbildet. Aragonit besitzt einen Elastizitätsmodul von etwa 100 GPa und eine, verglichen mit Ingenieurskeramiken, relativ niedrige Bruchzähigkeit von weniger als $0{,}5\,\mathrm{MPa}\sqrt{\mathrm{m}}$.

Die Mikrostruktur der Schalen ist bei verschiedenen Arten unterschiedlich. In diesem Abschnitt soll nur die sogenannte Perlmuttstruktur diskutiert werden, die sich beispielsweise bei der Perlmuschel findet. In der Perlmuttstruktur liegt die Keramik in Form von Aragonitplättchen vor, die eine mehreckige Form mit Durchmessern von etwa 5 µm besitzen (siehe Bild 9.18). Die Dicke der Plättchen ist mit etwa 400 nm deutlich geringer. Die Matrix zwischen den Aragonitplättchen ist organisch und besteht hauptsächlich aus Proteinen. Sie ist mit einer Dicke von nur 20 nm sehr dünn.

Die mechanischen Eigenschaften von Perlmutt sind wegen der Schichtstruktur stark anisotrop. Wird der Elastizitätsmodul einer Schale in der Plättchen-Ebene mit Hilfe eines Drei-Punkt-Biegeversuchs gemessen, so erhält man Werte von etwa 50 GPa. Wesentlich interessanter ist die Bruchzähigkeit, die mit etwa $10\,\mathrm{MPa}\sqrt{\mathrm{m}}$ um das Zwanzigfache größer als die des verwendeten Keramikwerkstoffs ist, wenn das Risswachstum senkrecht zu den Plättchen (im Bild in senkrechter Richtung) erfolgt.

Die hohe Bruchzähigkeit hat verschiedene Ursachen: Zum einen sind die einzelnen

Aragonitplättchen dünner als die kritische Risslänge in Aragonit. Diese liegt bei einer Spannung von 150 MPa, was etwa der Zugfestigkeit entspricht, nach Gleichung (5.2) bei etwa 3,5 µm. Sie können also keine kritischen Anrisse enthalten. Die niedrige Bruchzähigkeit der organischen Matrix sorgt dafür, dass ein Riss beim Auftreffen auf die Plättchen umgelenkt wird.[15] Zum anderen kann es auch zu einem Pull-Out der Plättchen kommen. Dabei sorgen Nano-Rauigkeiten auf den Plättchen für zusätzliche Dissipation beim Abgleiten. Die Arbeit zum Schaffen freier Oberfläche liegt in Perlmutt bei $1600\,\mathrm{J/m^2}$ bei Rissausbreitung quer zu den Plättchen, bei Ausbreitung zwischen den Plättchen allerdings nur bei $100\,\mathrm{J/m^2}$ (in Aragonit beträgt sie nach Gleichung (5.17) etwa $2\,\mathrm{J/m^2}$).

Vergleicht man die durch die Perlmuttstruktur erzielte Steigerung der Bruchzähigkeit mit denen, die sich in Ingenieurskeramiken durch Verstärkung erzielen lassen (siehe Tabelle 7.4), so erkennt man, dass eine Übertragung des zugrunde liegenden Mechanismus auf technische Werkstoffe überaus attraktiv wäre. Dies ist der Grund, warum die Mikrostruktur und das Verformungsverhalten von Perlmutt intensiv untersucht werden. Ziel der Untersuchungen ist es, künstliche Werkstoffe mit ähnlichen Eigenschaften zu schaffen. Derartige künstliche Werkstoffe, die biologischen Materialien nachempfunden sind, bezeichnet man auch als *biomimetische Werkstoffe*.

∗ Knochen

Knochen sind als biologisches Material von besonderer Bedeutung. Sie sind das kennzeichnende Merkmal der Wirbeltiere, die die ökologischen Nischen für große Tiere nahezu vollständig allein besetzen. Es ist deshalb von biologischem Interesse zu verstehen, warum der Besitz von Knochen Tieren einen großen evolutionären Vorteil verschafft. Noch wichtiger ist die Tatsache, dass ein Verständnis der Knochenstruktur es ermöglicht, Knochenkrankheiten und -verletzungen besser zu behandeln oder zu heilen. Aus diesen Gründen sind die Struktur und das mechanische Verhalten der Knochen intensiv untersucht worden [37].

Knochen besitzen einen komplexen hierarchischen Aufbau auf verschiedenen Längenskalen (siehe Bild 9.19). Die Hauptbestandteile des Knochens sind eine Keramik, nämlich (modifiziertes) Hydroxyapatit, und ein Polymer, nämlich das Protein Kollagen. Darüber hinaus enthalten Knochen auch noch andere Proteine, Protein-Zucker-Verbindungen und, wie alle biologischen Materialien, Wasser.

Kollagen ist ein Protein, das aus etwa 1100 Aminosäuren besteht. Diese Aminosäuren liegen in einer festen Abfolge vor, die durch den genetischen Code innerhalb der DNA bestimmt wird. Bedenkt man, dass 20 verschiedene Aminosäuren am Aufbau eines Proteins beteiligt sind, so wird zum einen deutlich, wie viele mögliche Proteine sich aus ihnen zusammensetzen lassen und zum anderen, wie wichtig die exakte Kontrolle der Abfolge der Aminosäuren ist, damit das aus ihnen gebildete Makromolekül die erforderliche Struktur besitzt. Kollagenmoleküle bilden eine Helix-Struktur, d. h. eine lange, nahezu gerade Helix. Jeweils drei dieser Helices bilden einen größeren Verbund, das Tropokollagen-Molekül, das eine Länge von 296 nm besitzt.

Die Tropokollagen-Moleküle wiederum ordnen sich in Knochen und Sehnen parallel zu einander an, wobei sie in mehreren aufeinander folgenden Lagen jeweils um 67 nm

---

15 Dies ähnelt der Rissausbreitung in gesintertem Siliziumnitrid, siehe Seite 255.

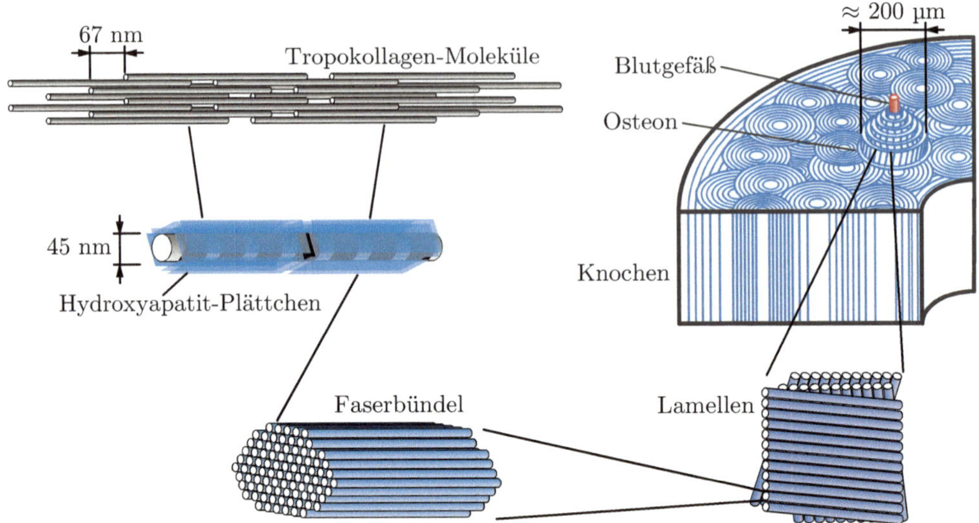

Bild 9.19: Hierarchischer Aufbau eines erwachsenen menschlichen Knochens. Tropokollagen-Moleküle sind gestaffelt angeordnet, zwischen ihnen befinden sich Plättchen aus Hydroxyapatit. Die so gebildeten Fasern sind zu Faserbündeln zusammengeschlossen, die sich ihrerseits zu Lamellen verbinden. Der Großteil des Knochens besteht aus Osteonen, die sich aus den ringförmig angeordneten Lamellen zusammensetzen. Im Außenbereich des Knochens sind die Lamellen parallel zur Oberfläche angeordnet. Die Anordnung der Faserbündel in den Lamellen ist von der Belastung des Knochens abhängig, in zugbelasteten Bereichen sind sie bevorzugt in Längsrichtung orientiert, in druckbelastetem Knochen ist ein größerer Anteil der Fasern quer angeordnet.

gegeneinander verschoben sind. Innerhalb einer Lage existieren Lücken zwischen den Molekülen, die der Ausgangspunkt für die Kristallisation der keramischen Hydroxyapatit-Kristalle sind

Hydroxyapatit hat die chemische Zusammensetzung $Ca_{10}(PO_4)_6(OH)_2$. Innerhalb des Körpers liegt es in einer modifizierten Form (häufig auch als Dahllit bezeichnet) vor, bei der einige Kalzium-Ionen durch andere Ionen ersetzt sind und bei der häufig Fluor-Ionen anstelle von $(OH)^-$-Ionen treten.[16] Wegen ihrer geringen Größe ist es sehr schwierig, die genaue Form der im Knochen vorliegenden Hydroxyapatit-Kristalle zu bestimmen, die zudem in verschiedenen Knochen unterschiedlich sein kann. Typischerweise handelt es sich um Plättchen mit einer Dicke von etwa 5 nm und einer Kantenlänge zwischen 20 nm und 200 nm, die mit dem Tropokollagen zusammen Fasern mit einem Durchmesser von etwa 45 nm bilden [104].

Diese Fasern schließen sich ihrerseits zu Faserbündeln zusammen. Diese Faserbündel sind die Bausteine für die nächsthöhere Hierarchie-Ebene. Je nach Knochentyp kann die

---

16 Diese Fluor-Ionen verringern die Löslichkeit des Hydroxyapatits in sauren Medien. Um die Zähne, deren Aufbau dem der Knochen sehr ähnlich ist, zu schützen, beinhaltet Zahnpasta deshalb Fluoride, die die Säurebeständigkeit des Zahnschmelzes erhöhen.

Anordnung der Faserbündel ungerichtet, uniaxial oder lamellar sein, wobei in erwachsenen Menschen der lamellare Knochen dominiert. Innerhalb des lamellaren Knochens sind die Faserbündel in Ebenen angeordnet, in denen sie parallel zueinander liegen. Die Faserbündel benachbarter Ebenen sind relativ zueinander verdreht, ähnlich wie die Faserlagen in einem Laminat (Abschnitt 9.1.1).

In erwachsenen Menschen sind diese Lamellen in ringförmigen Strukturen angeordnet, die als Osteonen oder harverssche Systeme bezeichnet werden. Ein solches Osteon hat einen Durchmesser von etwa 200 µm und eine Länge von einigen Millimetern oder Zentimetern. In langen Knochen wie denen der Extremitäten verlaufen sie parallel zur Knochenachse. In der Mitte des Osteons befindet sich ein Blutgefäß, das die Zellen innerhalb des Knochens mit Nährstoffen versorgt.

Die Anordnung der Fasern in den Lamellen der Osteonen richtet sich nach der mechanischen Belastung des Knochens. Lange Knochen werden hauptsächlich auf Biegung belastet.[17] Auf der Knochenseite, die unter Zugspannung steht, sind die Fasern in den Osteonen in Längsrichtung angeordnet, auf der Druckspannungsseite entweder in Umfangsrichtung oder alternierend in Längs- und Umfangsrichtung. Die Anordnung der Lamellen ist also wie die der Osteonen mechanisch möglichst günstig.

Der Elastizitätsmodul des Knochens hängt vom Volumenanteil des Hydroxyapatits und von der Struktur der Osteonen ab. Er liegt in der mechanisch günstigsten Richtung typischerweise zwischen 12 GPa und 25 GPa. Bei Dehnungen oberhalb von etwa 0,5 % beginnt Knochen, sich durch Mikrorissbildung zu verformen. Die Bruchdehnung beträgt in normalem Knochen etwa 2 %, kann aber in speziellen, besonders stoßbelasteten Knochen (beispielsweise dem Geweih von Hirschen) bis zu 10 % betragen. Die Bruchspannung für normalen Knochen beträgt unter Zugspannung etwa 150 MPa, unter Druckspannung etwa 250 MPa. Die Spitzenlasten, die sich bei normaler Belastung des Knochens (Gehen, Laufen, Treppen steigen) ergeben, liegen etwa um den Faktor 2 bis 4 unter diesen Werten.

Um eine günstige Anordnung der Fasern sicherzustellen, wird Knochen permanent erneuert und den herrschenden Lasten angepasst. Spezielle Zellen innerhalb des Knochens (Osteocyten) messen die Knochenbelastung und veranlassen den Knochenumbau. Dazu wird der vorhandene Knochen durch säurebildende Zellen (Osteoklasten) abgebaut und anschließend (durch Osteoblasten) wieder aufgebaut, wobei sich neue Osteonen bilden. Dieser Knochenumbau ermöglicht nicht nur die Anpassung der Knochenstruktur an die aktuell herrschenden Lasten, sondern sorgt auch dafür, dass eventuell vorhandene Mikrorisse geheilt werden. Solange lebender Knochen nicht überlastet wird, ist er deshalb vollkommen ermüdungsbeständig.

Wird die Last auf einen Knochen gegenüber den bisher herrschenden Lasten deutlich verändert, so wird Knochensubstanz auf- oder abgebaut. Zum Aufbau kommt es also beispielsweise, wenn sportliches Training aufgenommen wird, zum Abbau durch Entlastung wie bei längerer Krankheit oder durch den Einbau von Implantaten in den Körper. Da der Elastizitätsmodul des Knochens deutlich unter dem aller gängigen Implantatwerkstoffe liegt, übernimmt das Implantat einen Großteil der Last und entlastet so den umliegenden

---

17 Dies ist auch der Grund, warum lange Knochen hohl sind und entweder mit Knochenmark – bei Säugetieren – oder mit Luftsäcken – bei Vögeln – gefüllt sind, da dadurch Gewicht gespart werden kann.

Knochen. Dadurch kann es zu einem Abbau von Knochensubstanz kommen, der zur Lockerung des Implantates führt. Es werden deshalb große Anstrengungen unternommen, um Implantatwerkstoffe mit möglichst niedrigem Elastizitätsmodul zu entwickeln. Hierbei haben sich Titanlegierungen als besonders vielversprechend erwiesen, weil Titan nicht nur einen niedrigen Elastizitätsmodul besitzt, sondern auch eine hohe Biokompatibilität, im Körper also nicht zu negativen Reaktionen führt.

10   Werkstoffermüdung

Bisher wurden nur statische sowie monoton veränderliche Belastungen besprochen. Im realen Betrieb treten jedoch häufig *zyklische Belastungen* auf, bei denen sich die Last zeitlich ändert und sich Lastfälle gleich oder ähnlich wiederholen. Zu diesen gehören beispielsweise umlaufende Biegebelastungen an rotierenden Wellen, (Resonanz-)Schwingungen in Maschinen, aber auch Anfahr- und Abschaltvorgänge, z. B. von Turbinen.

Die ständige Wiederholung gleicher oder ähnlicher Belastungen führt dazu, dass der Werkstoff deutlich geringere Lasten als im statischen Fall erträgt. Zusätzlich kündigt sich ein Versagen auch bei duktilen Materialien nicht durch große plastische Deformationen an, so dass eine Bauteilschädigung schwieriger zu erkennen ist als bei statischer Beanspruchung und die Gefahr katastrophalen Versagens deshalb besonders groß ist. Ein Beispiel hierfür ist die in Bild 10.1 gezeigte Turbinenwelle, die bis zum Bersten keinerlei Anzeichen für die im Inneren stattfindende Schädigung durch Rissfortschritt unter zyklischer Belastung gezeigt hatte. Aus diesen Gründen ist eine gründliche Betrachtung des *Ermüdungsverhaltens* von Werkstoffen, d. h. des Verhaltens unter zyklischer Beanspruchung, sehr wichtig.

10.1   Belastungsarten

Zyklische Lasten können auf unterschiedliche Weise auftreten. Zum einen kann die Belastung durch Kräfte, wie z. B. Zentrifugalkräfte, oder durch Verschiebungen bzw. Dehnungen, z. B. durch thermische Dehnungen, bestimmt sein. Zum anderen kann der zeitliche Ablauf der Belastung, also beispielsweise Frequenz und Belastungshöhe, variieren.

Wichtig für die Auslegung eines Bauteils ist die Anzahl der Belastungszyklen bis zum Versagen bzw. die Anzahl der Zyklen, die ein Bauteil im Einsatz ertragen können muss.

Betrachtet man als Beispiel einen Automobilmotor, so ist offensichtlich, dass alle rotierenden Teile, wie z. B. die Kurbelwelle oder das Pleuel, ermüdungsbelastet sind und im Laufe des Bauteillebens hohe Zyklenzahlen erreichen. Würde man z. B. auf der Autobahn bei 100 km/h und einer Drehzahl von 3000 min^{-1} eine Strecke von 150 000 km zurücklegen, ergäben sich $2{,}7 \cdot 10^8$ Zyklen. Möchte man sicher stellen, dass der Motor nicht vorzeitig versagt, wird man ihn auf *Dauerschwingfestigkeit* (oder kurz *Dauerfestigkeit*) auslegen, also so, dass er im Idealfall beliebig viele Zyklen aushält.

Zudem tritt eine weitere Ermüdungsbeanspruchung auf, wenn man den Motor startet, weil die Bauteilwandungen im Bereich des Brennraums (z. B. Zylinderblock, Kolben) zunächst nur oberflächlich erwärmt werden, so dass es zu unterschiedlichen thermischen Dehnungen zwischen dem kalten Inneren und der warmen Oberfläche kommt, die durch mechanische (elastische und plastische) Dehnungen ausgeglichen werden. Dies führt zu thermischen Differenzspannungen. Dasselbe passiert mit umgekehrtem Vorzeichen beim Abschalten. Diese Effekte können beträchtlich sein. Nimmt man eine mittlere Fahrstrecke von 50 km an, so ergibt sich in diesem Beispiel eine vergleichsweise geringe Zyklen-

© Springer Fachmedien Wiesbaden GmbH, ein Teil von Springer Nature 2019

J. Rösler et al., *Mechanisches Verhalten der Werkstoffe*, https://doi.org/10.1007/978-3-658-26802-2_10

Bild 10.1: Durch Werkstoffermüdung versagte Dampfturbinenwelle aus 28 NiCrMoV 8-5. Das gezeigte Bruchstück hat eine Masse von ca. 24 t. Der Riss ist von einem Werkstofffehler im Inneren der Welle ausgegangen [2].

zahl von 3000, wobei jeder Zyklus einem Startvorgang entspricht. Es wäre unsinnig, den Motor so auszulegen, dass er beliebig viele Startvorgänge übersteht, da während der Lebensdauer nur eine begrenzte Zahl auftritt und eine Auslegung auf Dauerfestigkeit eine Überdimensionierung bedeuten würde. Für diese Belastung wird der Motor also nur auf *Zeitschwingfestigkeit* (oder kurz *Zeitfestigkeit*) ausgelegt.[1]

Den Begriff *Ermüdungsfestigkeit* verwenden wir, wenn wir allgemein vom Widerstand eines Werkstoffs gegen Ermüdungsversagen sprechen, ohne dass festgelegt ist, ob es sich um Dauerfestigkeit oder Zeitfestigkeit handelt.

Die im Betrieb auftretenden Belastungen haben, wie bereits erwähnt, häufig komplexe Zeitverläufe. Ein Beispiel für komplexe Belastungs-Zeit-Kurven ist die Belastung der Fahrwerkteile von Kraftfahrzeugen, die über Schlechtwegstrecken fahren (Bild 10.2). Es wäre deswegen ein extrem aufwändiges Unterfangen, wollte man all diese Belastungsfälle im Laborversuch nachfahren. Deshalb beschränkt man sich häufig auf die Untersuchung repräsentativer Belastungsfälle, wie z. B. der in Bild 10.3 skizzierten Sinus- und Dreiecksverläufe. Wichtige Kennwerte der Verläufe sind die *Unterspannung* σ_u, die *Oberspannung* σ_o, die *Mittelspannung*

$$\sigma_\mathrm{m} = \frac{\sigma_\mathrm{o} + \sigma_\mathrm{u}}{2}\,, \tag{10.1}$$

die *Spannungsamplitude*

$$\sigma_\mathrm{a} = \frac{\sigma_\mathrm{o} - \sigma_\mathrm{u}}{2}\,,$$

die *Schwingbreite* $\Delta\sigma = \sigma_\mathrm{o} - \sigma_\mathrm{u}$ sowie die *Schwingperiode* T. Innerhalb einer Periode wird ein *Lastspiel* durchlaufen. Die Anzahl der durchlaufenen Lastspiele in der Zeit $t = NT$ heißt *Schwing-* oder *Lastspielzahl* N.

---

1 Ein ähnlicher Fall liegt beispielsweise beim ersten Gang eines Getriebes vor. Da dieser Gang vergleichsweise wenig verwendet wird, wird auch er nur auf Zeitfestigkeit ausgelegt.

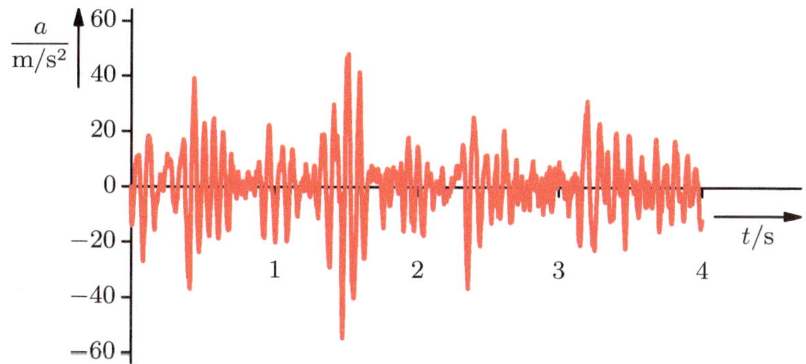

Bild 10.2: Gemessene Beschleunigung eines Radträgers an einem Kraftfahrzeug auf einer Schlechtwegstrecke. Aus der gemessenen Beschleunigung folgt direkt die Belastung des Bauteils.

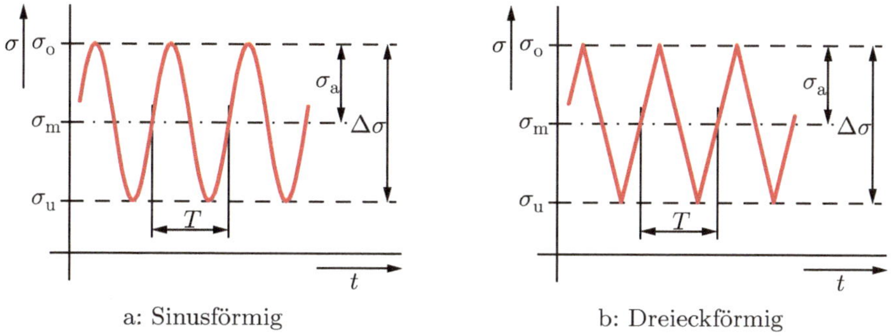

a: Sinusförmig　　　　　　　　　　　b: Dreieckförmig

Bild 10.3: Typische Belastungs-Zeit-Kurven

Belastungen, die sowohl den Druck- als auch den Zugbereich durchlaufen und somit während eines Lastspiels das Vorzeichen der Spannung wechseln, werden als *wechselnd* bezeichnet. Bleibt die Belastung während des gesamten Lastspiels entweder im Zug- oder im Druckbereich, so wird die Belastung als *schwellend* bezeichnet. Um den verwendeten Lastbereich eindeutig benennen zu können, wurde das *Spannungsverhältnis R*, das häufig als *R-Wert* bezeichnet wird, eingeführt. Es ist als

$$R = \frac{\sigma_{\mathrm{u}}}{\sigma_{\mathrm{o}}} \tag{10.2}$$

definiert.[2] Gelegentlich wird auch das sogenannte *A-Verhältnis* $A = \sigma_{\mathrm{a}}/\sigma_{\mathrm{m}}$ benutzt, dass beispielsweise für $R = -1$ in $A = \infty$ resultiert.

Wird die Belastung statt durch Spannungen durch andere Belastungsgrößen, z. B. Dehnungen, eingebracht, so werden alle Spannungsgrößen durch die entsprechenden Größen

---

2 Manchmal wird für den Druckbereich auch $R = \sigma_{\mathrm{o}}/\sigma_{\mathrm{u}}$ [124] bzw., gerade in englischsprachigen Quellen, $R = |\sigma|_{\mathrm{min}}/|\sigma|_{\mathrm{max}}$ verwendet, so dass dann zug- und druckschwellende Belastungen nicht anhand des R-Werts unterschieden werden können.

Tabelle 10.1: Wichtige R-Werte

druckschwellend	$\sigma > 0$ / $\sigma < 0$	$\sigma_\mathrm{o} < 0$	$R > 1$
rein druckschwellend	$\sigma > 0$ / $\sigma < 0$	$\sigma_\mathrm{o} = 0$	$R = -\infty$
wechselnd	$\sigma > 0$ / $\sigma < 0$	$\sigma_\mathrm{m} < 0$	$-\infty < R < -1$
rein wechselnd	$\sigma > 0$ / $\sigma < 0$	$\sigma_\mathrm{m} = 0$	$R = -1$
wechselnd	$\sigma > 0$ / $\sigma < 0$	$\sigma_\mathrm{m} > 0$	$-1 < R < 0$
rein zugschwellend	$\sigma > 0$ / $\sigma < 0$	$\sigma_\mathrm{u} = 0$	$R = 0$
zugschwellend	$\sigma > 0$ / $\sigma < 0$	$\sigma_\mathrm{u} > 0$	$0 < R < 1$
statisch	$\sigma > 0$ / $\sigma < 0$	$\sigma_\mathrm{u} = \sigma_\mathrm{o}$	$R = 1$

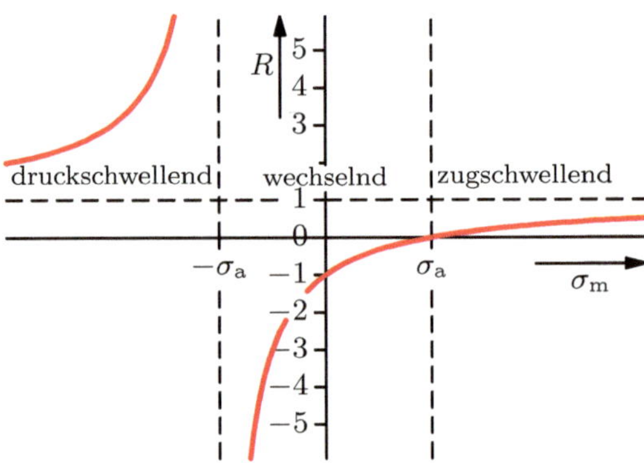

Bild 10.4: Abhängigkeit des R-Werts von der Mittelspannung σ_m

ersetzt, und es wird die Art der Belastung als Index an den R-Wert angehängt, z. B. $R_\varepsilon = \varepsilon_\mathrm{u}/\varepsilon_\mathrm{o}$.

Wechselnde Beanspruchungen haben nach Gleichung (10.2) negative R-Werte, schwellende Beanspruchungen positive[3]. Tabelle 10.1 fasst die wichtigsten R-Werte zusammen. Besonders wichtig sind die *rein wechselnden* (mit $\sigma_\mathrm{m} = 0$ bzw. $R = -1$) oder *rein schwellenden* (mit $\sigma_\mathrm{u} = 0$ bzw. $R = 0$ oder $\sigma_\mathrm{o} = 0$ bzw. $R = -\infty$) Belastungen. Daher werden sie häufig für Vergleichswerte für Tabellenwerke verwendet.

Betrachtet man die Abhängigkeit des R-Werts von der Mittelspannung σ_m bei konstanter Spannungsamplitude σ_a, so ergibt sich Bild 10.4. Im Allgemeinen steigt der R-Wert mit steigender Mittelspannung, mit der Ausnahme des Übergangs von wechselnden zu druckschwellenden Belastungen. Dies ist bei allen weiteren Betrachtungen des R-Werts zu beachten.

> Im industrieellen Einsatz variiert häufig nicht nur die Spannung über die Zeit, sondern gleichzeitig auch die Temperatur. Dies ist insbesondere bei Ein- und Ausschaltvorgängen von Verbrennungskraftmaschinen der Fall. Beispielsweise ist die Temperatur einer belasteten Kraftwerksrohrleitung während des Betriebs (also unter mechanischer Belastung) deutlich höher als im Stillstand. Solche kombinierten mechanischen und thermischen Belastungen bezeichnet man als *thermo-mechanische Ermüdung* (engl. *thermomechanical fatigue*, TMF). Auf sie wird beispielsweise in *Bürgel* [98] näher eingegangen.

10.2 Ermüdungsversagen von Metallen

In diesem Abschnitt werden die Mechanismen diskutiert, die in Metallen zu Ermüdungsschädigung und -versagen führen.

Wenn Metalle durch Ermüdungsbelastungen versagen, entsteht normalerweise eine Bruchfläche, die einige charakteristische Merkmale aufweist. Bild 10.5 zeigt zwei Beispiele für solche Bruchflächen. Derartige Brüche werden die auch als *Schwing-* oder *Ermüdungsbrüche* bezeichnet. Fast immer lässt sich ein glatter, makroskopisch verformungsarmer Bruchbereich von einem raueren Bereich abgrenzen. Dies ist darauf zurückzuführen, dass Bauteilversagen unter zyklischer Beanspruchung in mehreren Phasen stattfindet [92]:

- Anrissbildung und Mikrorisswachstum,
- Risswachstum unter zyklischer Beanspruchung (Schwingungsrissbildung),
- Bildung eines Restbruchs (Gewaltbruch).

In den folgenden Abschnitten werden die einzelnen Phasen näher betrachtet.

10.2.1 Anrissbildung und Mikrorisswachstum

Meistens geht ein Schwingbruch von einer besonders beanspruchten Stelle im Bauteil aus. Eine solche Beanspruchung kann beispielsweise durch eine einmalige Überlast verursacht werden, wobei das Bauteil eine geringe Vorschädigung erfährt, die unter Umständen nur schwer nachweisbar ist, aber im weiteren Betrieb zum Versagen führt.

Häufig werden lokale Spannungskonzentrationen durch Kerben (Kapitel 4) hervorgerufen. Diese können konstruktiv bedingte Kerben sein (z. B. an Lagersitzen oder als

---

3 Bis auf die Ausnahme einer druckschwellenden Belastung mit $\sigma_\mathrm{o} = 0$, für die $R = -\infty$ gilt.

 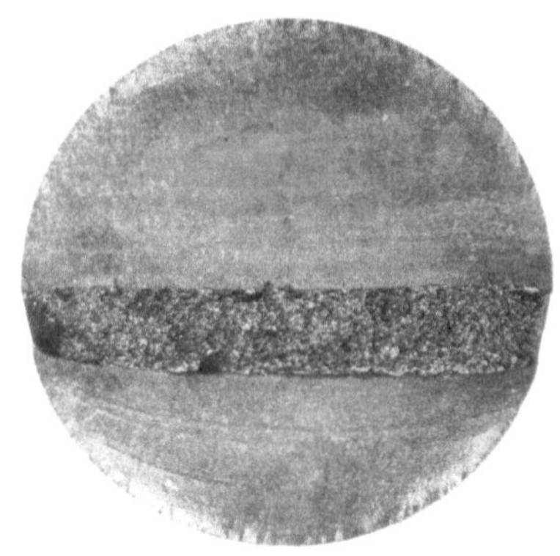

a: Schwingbruch eines Waggonbolzens durch einseitige Biegung

b: Schwingbruch durch doppelseitige Biegung (Zapfendurchmesser 70 mm) [92]

Bild 10.5: Schwingbrüche. Die glatten Bereiche sind jeweils die Schwingbruchflächen, in denen Rastlinien erkennbar sind. Bei den rauen Bereichen handelt es sich um die Restbrüche. Die einzelnen Bereiche werden in den folgenden Abschnitten erläutert.

Freistiche), bei der Fertigung eingebracht werden (z. B. als Drehriefen, bei der Montage erzeugte Macken) oder im Werkstoff als Imperfektionen vorliegen (z. B. Lunker, spröde Ausscheidungen).

In Abschnitt 5.2.3 wurde erläutert, dass mikroskopische Defekte und Anrisse bei statischer Beanspruchung duktiler Werkstoffe im Allgemeinen unerheblich sind, weil sie kleiner als die in Gleichung (5.27) definierte kritische Risslänge sind. Im Fall zyklischer Beanspruchung können bereits sehr viel kleinere Defekte, wie z. B. Erstarrungslunker oder Einschlüsse, Ausgangspunkte für Ermüdungsanrisse sein. Deshalb ist die Ermüdungsfestigkeit sehr viel stärker vom Herstellungsprozess und den dabei eingebrachten Defekten abhängig, als dies für die statische Festigkeit der Fall ist.

Um Defekte im Werkstoff weitgehend auszuschließen, werden viele metallische Werkstoffe vor oder während der Verarbeitung umgeformt (z. B. gewalzt oder geschmiedet). Dabei werden zum einen Gussporen geschlossen, zum anderen wird die inhomogene Gussstruktur aufgebrochen und eine feinere Kornstruktur mittels Rekristallisation (siehe Abschnitt 6.4.4) erreicht. Diese Effekte zusammengenommen führen dazu, dass umgeformte Bauteile im Allgemeinen eine bessere Ermüdungsfestigkeit als gegossene Produkte besitzen.

Ein Umformen, z. B. durch Schmieden, ist allerdings nicht bei allen Bauteilen möglich. Zum einen können die Komplexität der Bauteilgeometrie sowie Kostenerwägungen die direkte Herstellung der Endkontur durch Gießen erforderlich machen. Zum anderen kann der Werkstoff aufgrund seiner hohen Festigkeit nicht für das Umformen geeignet sein. So werden beispielsweise Endstufenschaufeln stationärer Gasturbinen häufig im Feingussverfahren hergestellt, um besonders warmfeste (aber nicht mehr schmiedbare) Werkstoffe einsetzen zu können. Aufgrund fluktuierender Gaskräfte sind sie im Betrieb einer starken Schwingungsbeanspruchung ausgesetzt, die wegen der schlanken Bauform der Schaufeln zu hohen Spannungen führt. Um Gussporen eliminieren zu können, werden sie häufig

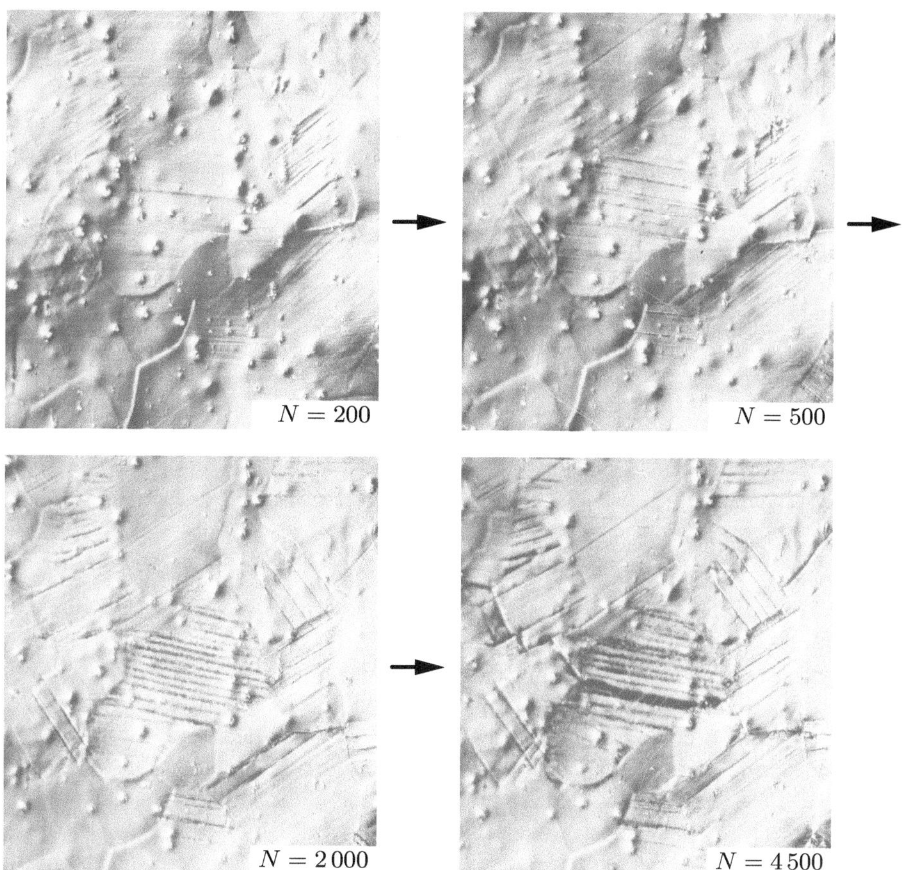

Bild 10.6: Entwicklung von Ermüdungsgleitbändern in AlMg 3 bei einem dehnungsgeregelten Ermüdungsversuch ($R_\varepsilon = -1$, $\varepsilon_\mathrm{a} = 0{,}5\,\%$, Korngröße 50 µm). Lichtmikroskopische Aufnahmen (nach [159])

nach dem Gießen durch heißisostatisches Pressen (HIP) bei Temperaturen von ca. 1200 °C und Drücken von 100 MPa bis 200 MPa verdichtet.

Selbst wenn keine Defekte im Bauteil vorhanden sind, ist nicht gewährleistet, dass kein Anriss entsteht. Eine Anrissbildung geschieht dadurch, dass sich die Bauteiloberfläche im Laufe der zyklischen Beanspruchung von selbst aufraut (siehe Bild 10.6). Das ist möglich, da auch unterhalb der Dehngrenze $R_{\mathrm{p}0,2}$ Versetzungsbewegungen stattfinden, die bei statischer Belastung vernachlässigbar sind.[4] Im Spannungs-Dehnungs-Diagramm äußert sich diese Versetzungsbewegung in einer Hysterese (Bild 10.7). Die von der Hysterese eingeschlossene Fläche entspricht der auf das Volumen bezogenen dissipierten Energie pro Zyklus (vgl. Abschnitt 3.2). Beginnt man, ein Bauteil zyklisch zu verformen, ändern sich dabei die Dichte und Anordnung der Versetzungen im Material und entsprechend

---

4 Die Dehngrenze $R_{\mathrm{p}0,2}$ ist entsprechend Abschnitt 3.2 so definiert, dass bei ihrem Erreichen schon 0,2 % bleibende Dehnung aufgetreten ist. Dafür sind natürlich Versetzungsbewegungen notwendig.

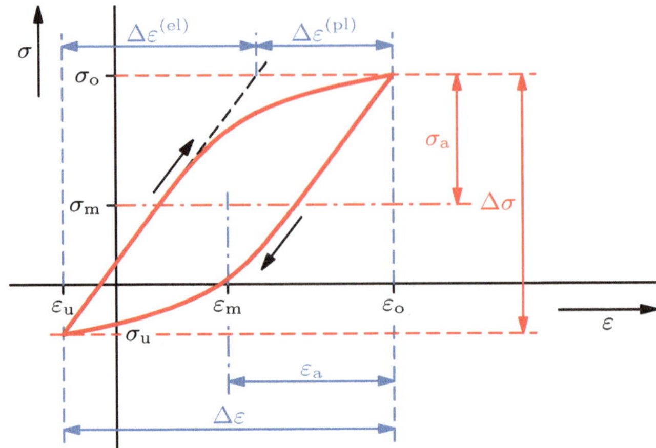

Bild 10.7: Schematische Darstellung einer Hysterese des Spannungs-Dehnungs-Verlaufs bei zyklischer Beanspruchung

auch die Festigkeit. Dies wird als *zyklische Ver-* bzw. *Entfestigung* bezeichnet und genauer in Abschnitt 10.6.5 untersucht.

Bei zyklischer Verformung können sich diese geringen plastischen Verformungen so akkumulieren, dass ein Anriss entstehen kann. Bild 10.8 zeigt, wie es durch Versetzungsbewegungen entlang Gleitbändern zur Aufrauung der Oberfläche unter Bildung sogenannter *Extrusionen* und *Intrusionen* kommen kann. Dabei werden einmal gebildete Stufen auf der Oberfläche (Bild 10.8 b) bei Lastumkehr nicht mehr vollständig abgebaut, denn eine Versetzung, die in eine Richtung gelaufen ist, läuft bei Belastungsumkehr nicht notwendigerweise zurück. Stattdessen kann die Verformung von einer anderen Versetzung auf einer benachbarten Gleitebene getragen werden, so dass sich eine anfänglich glatte Oberfläche zunehmend aufraut. Darüber hinaus bildet eine neu geschaffene Oberfläche an Luft sofort eine wenige Atomlagen dicke Oxidschicht aus, die auch bei reversibler Verformung nicht mehr mit der gegenüber liegenden Oberfläche verschweißen würde, so dass ein atomar scharfer Anriss entsteht.

Insgesamt ergeben sich also zahlreiche oberflächliche Kerben, von denen ausgehend Oberflächenanrisse entlang kristallographischer Gleitebenen in das Material hineinwachsen. Dieser Vorgang läuft bevorzugt innerhalb von Körnern ab, die ein günstig orientiertes Gleitsystem mit einen Winkel von ca. 45° zur größten Hauptspannung besitzen. Bild 10.6 zeigt die Bildung von Ermüdungsgleitbändern am Beispiel der Aluminiumlegierung AlMg 3, die bei dehnungsgeregelter Wechselbeanspruchung ermüdet wurde. Die Gestalt von Extrusionen und Intrusionen, von denen die Oberflächenrisse in den Werkstoff eindringen, ist in Bild 10.9 am Beispiel eines ferritischen Stahls gezeigt.

Entsprechend der in Abschnitt 5.1.1 festgelegten Nomenklatur verlaufen die *An-* oder *Mikrorisse* also zunächst nicht im Belastungsmodus I, sondern im Modus II bzw. III. Diese Phase des Ermüdungsrissfortschritts bezeichnet man als *Ausbreitungsstadium I*. Sie ist mit einem langsamen Rissfortschritt verbunden [19, 92]. Beim Erreichen einer Korngrenze muss ein Riss in das nächste Korn übergehen, in dem die Gleitsysteme häufig

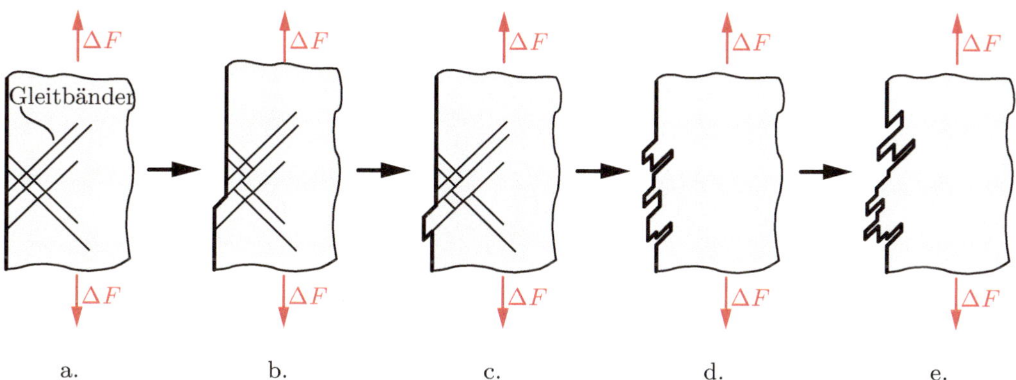

Bild 10.8. Bildung von Intrusionen und Extrusionen infolge zyklischer Beanspruchung. Bei den Lastspielen werden geringe irreversible plastische Verformungen auf parallelen Gleitbändern erzeugt, die zunehmende Ex- und Intrusionen an der Oberfläche bilden. Die Zahl der durchlaufenen Zyklen nimmt von links nach rechts zu.

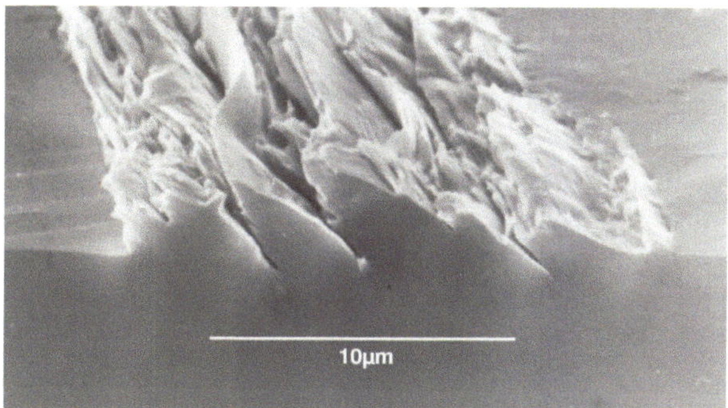

Bild 10.9: Rasterelektronenmikroskopische Aufnahme von Extrusionen in einem ferritischen Stahl [75]

ungünstiger orientiert sind. Dabei kann sich der Rissfortschritt verlangsamen oder ohne Lasterhöhung sogar ganz zum Erliegen kommen. Dadurch wird der Rissfortschritt vieler Anrisse gestoppt, so dass meist nur wenige Anrisse, die zufällig günstige Verhältnisse antreffen, weiterwachsen.

Mit weiterer Rissausbreitung wird die Spannung vor der Rissspitze so groß, dass auch ungünstiger orientierte Gleitsysteme betätigt werden können. Dadurch wird es erst möglich, dass sich der Riss in den Belastungsmodus I, d. h. senkrecht zur größten Normalspannung, umorientiert und wie ein Makroriss verhält. Man bezeichnet dies als *Ausbreitungsstadium II,* das im folgenden Abschnitt näher untersucht wird. Der Übergang von Stadium I in Stadium II erfolgt bei einer Risslänge von ca. 0,05 mm bis 2 mm [140]. Dabei ist die Übergangsrisslänge bei höherfesten Werkstoffen im Allgemeinen kleiner als bei niederfesten. Da der längste Riss die größte Spannungsüberhöhung aufweist und dadurch am schnellsten wächst, setzt sich normalerweise ein Riss durch, der das Geschehen

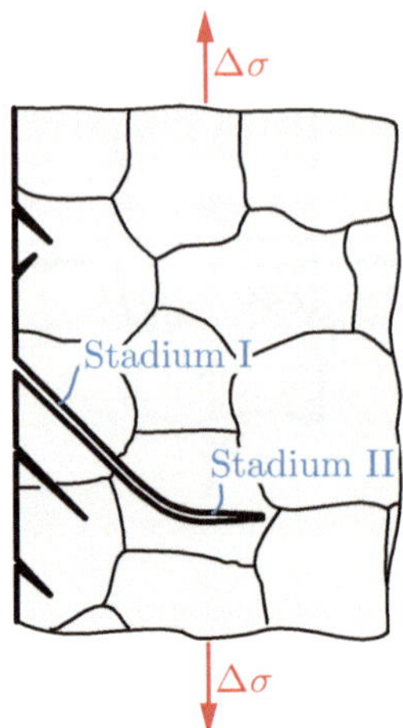

Bild 10.10: Stadien I und II der Rissausbreitung (nach [8, 19, 124])

bestimmt und schließlich zum Bauteilversagen führt. Bild 10.10 skizziert den Übergang eines Risses von Stadium I in das Stadium II.

Es ist leicht einzusehen, dass die Phase der Anrissbildung bei glatten Proben besonders langwierig ist, wenn die Belastung deutlich unterhalb der Dehngrenze verbleibt und somit das Ausmaß der Versetzungsbewegung gering ist. In diesem Fall wird also ein Großteil der Gesamtlebensdauer für die Anrissbildung verbraucht. Verfestigt man die Oberfläche, wie z. B. durch Kugelstrahlen (Kaltverfestigung) oder Nitrieren von Stählen, wird Versetzungsbewegung in Oberflächennähe weiter erschwert. Die Ermüdungslebensdauer steigt entsprechend stark an. Dies setzt natürlich voraus, dass das Versagen von der Oberfläche und nicht von inneren Defekten ausgeht. Wird dagegen die Phase der Anrissbildung durch die Anwesenheit von Defekten, wie etwa Oberflächenriefen oder Poren, verkürzt, hat dies im Umkehrschluss nachteilige Auswirkungen auf die Gesamtlebensdauer.

Der Einfluss mikroskopischer Materialfehler auf die Gesamtlebensdauer ist weniger schwerwiegend, wenn die Spannungsamplitude ohnehin relativ hoch und damit die Zyklenzahl bis zum Versagen relativ gering ist (typischerweise $< 10^4$ Lastwechsel). In diesem Fall entstehen Anrisse aufgrund ausgeprägter Versetzungsbewegung vergleichsweise schnell. Es zeigt sich, dass die Fortschrittsgeschwindigkeit makroskopischer Risse nicht im selben Maße zunimmt, wie sich die Rissbildung beschleunigt. Entsprechend wird ein größerer Anteil an der Gesamtlebensdauer im Ausbreitungsstadium II verbraucht. Diese Phase der Rissausbreitung wird im folgenden Abschnitt besprochen.

10.2.2 Risswachstum (Ausbreitungsstadium II)

Wie im vorherigen Abschnitt erläutert, orientiert sich ein Ermüdungsriss während des Risswachstums senkrecht zur größten Normalspannung, sobald er eine gewisse Größe überschritten hat. Der Riss wird nun im Modus I belastet (siehe Bild 10.11 a). Wegen der Spannungsüberhöhung bildet sich in der unmittelbaren Umgebung der Rissspitze eine plastische Zone (Bild 10.11 b und c), die zu einer sehr kleinen Rissaufweitung und

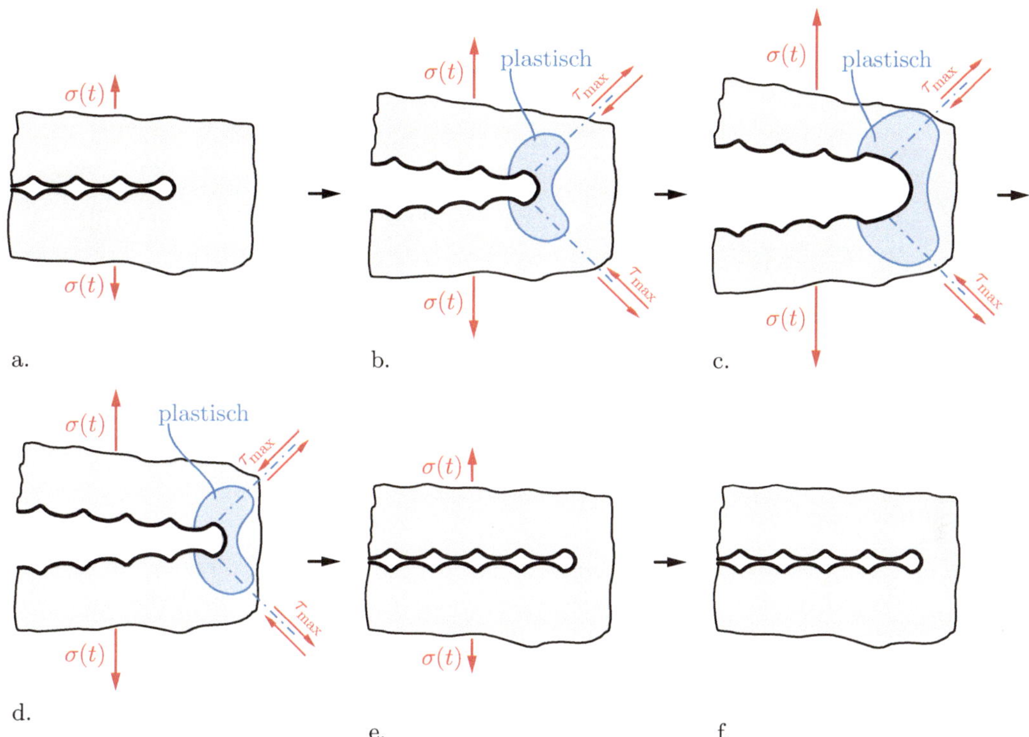

Bild 10.11: Modell für den Rissfortschritt bei zyklischer Belastung (nach [36, 78]). Bei der Belastung (b und c) plastifiziert der Rissspitzenbereich. Der Riss verlängert sich stabil, wobei die Rissspitze abstumpft. Bei der Entlastung (d) wird der verlängerte Riss zusammengepresst. Durch die Verformung treffen die Rissflanken bereits wieder aufeinander, bevor die äußere Last vollständig zurückgegangen ist (e), so dass der Riss schließlich bei vollständiger Entlastung durch Druckeigenspannungen zusammengepresst wird (f).

zu geringfügigem Rissfortschritt führt.[5] Bei Entlastung des Materials wird die elastische Dehnung im gesamten Materialvolumen abgebaut, so dass sich auch der Riss schließt. Allerdings ist der Riss an der Rissspitze durch die stark lokalisierte plastische Verformung aufgespreizt, so dass sich dort beim Entlasten starke Druckeigenspannungen bilden, die zu einer entgegengesetzten plastischen Verformung führen und den Riss auch an der Rissspitze wieder schließen (Bild 10.11 d). Bei der Entlastung des Risses treffen die Rissflanken bereits aufeinander, bevor die äußere Last vollständig auf Null zurückgegangen ist (Bild 10.11 e). Dies liegt an der plastischen Verformung, die durch den schrittweisen Rissfortschritt zu einer Aufrauung der Rissflanken führt. Außerdem kommt es häufig vor, dass der Riss kristallographischen Ebenen einzelner Körner folgt, wodurch sich eine der Korngröße proportionale Rauigkeit ergibt. Bei totaler Entlastung herrschen zwischen

---

5 Dies wurde in Abschnitt 5.3.3 bereits im Zusammenhang mit der Fließbruchmechanik diskutiert, siehe Bild 5.22 ②.

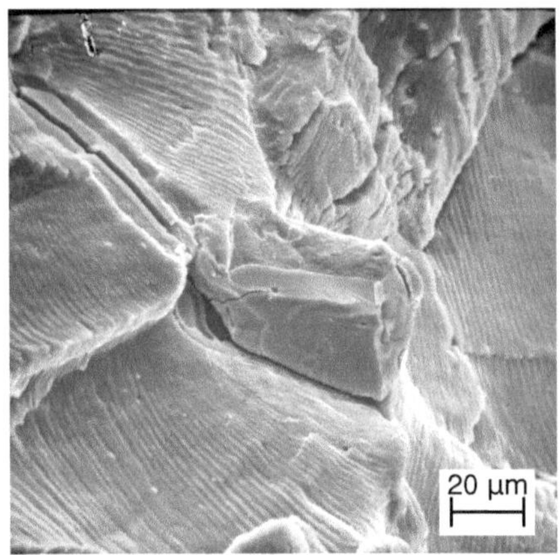

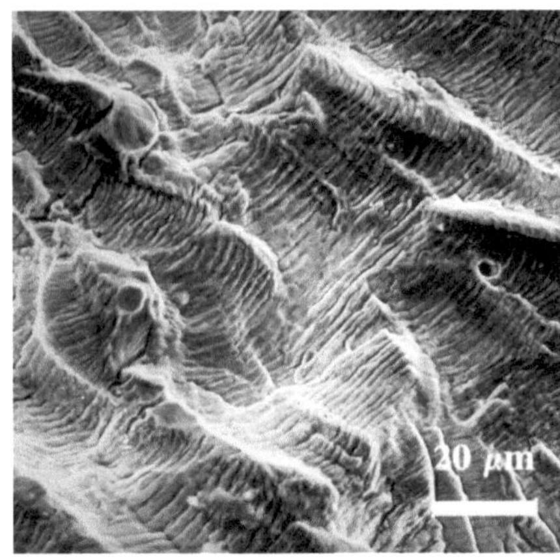

a: Schwingungsstreifen in AlCu 5. An dem Al$_2$Cu-Einschluss werden die Schwingungsstreifen abgelenkt [92].

b: Schwingbruchfläche in Kupfer

Bild 10.12: Rasterelektronenmikroskopische Aufnahmen von Schwingungsstreifen auf verschiedenen Schwingbruchflächen

den Rissflanken deshalb Druckspannungen, die kein Problem darstellen, da sie übertragen werden können (Bild 10.11 f). Insgesamt ergibt sich bei einem Belastungszyklus also ein Rissfortschritt dadurch, dass der Riss bei Entlastung nicht mehr auf seine Ausgangsposition zurückläuft.

Bei erneuter Zugbeanspruchung im nächsten Belastungszyklus wird der Riss wieder geöffnet. Hierzu ist wegen der Druckeigenspannungen im entlasteten Bereich eine Mindestspannung erforderlich. Alle äußeren Lasten, die die Druckeigenspannung nicht überschreiten und deshalb den Riss nicht wieder öffnen, können keinen Beitrag zum Rissfortschritt leisten. Wird diese Spannung jedoch überschritten, schreitet der Riss wieder um ein bestimmtes Inkrement voran, so dass die Risslänge mit jedem Zyklus zunimmt und dadurch nennenswerter Rissfortschritt stattfindet. Weil der Riss bei fortdauernder statischer Belastung aber nicht weiter wächst, handelt es sich hierbei um *stabiles* Risswachstum.

Häufig ist der Rissfortschritt auf der Schwingungsrissfläche in Form von sogenannten *Schwingungsstreifen* (engl. *fatigue striations*) zu erkennen (Bild 10.12), die je nach Belastungshöhe typischerweise einen Abstand von 0,1 µm bis 1 µm haben [92]. Dieser Abstand ist ein ungefähres Maß für den Rissfortschritt pro Zyklus.[6] Makroskopisch sind die Schwingungsstreifen dagegen nicht zu sehen, so dass die Bruchfläche relativ glatt erscheint. Für die Bildung der Schwingungsstreifen ist, wie in Bild 10.11 skizziert, die irreversible plastische Verformung an der Rissspitze verantwortlich.

Mit bloßem Auge sind dagegen häufig die sogenannten *Rastlinien* sichtbar (siehe Bild 10.5 auf Seite 346). Sie entstehen durch Laständerungen im Betrieb des Bauteils, wie z. B. eine Drehzahländerung, eine kurzzeitige Überbeanspruchung oder einen Ma-

---

6 Jeder Schwingungsstreifen ist in genau einem Zyklus entstanden, wogegen nicht jeder Zyklus auch einen Schwingungsstreifen erzeugen muss.

schinenstillstand am Wochenende. Dadurch ergeben sich lokale Rauigkeitsunterschiede oder auch Unterschiede in der Oxidbelegung, die als Rastlinien erkennbar sind. Durch die Anordnung der Rastlinien lässt sich häufig der Ort des Anrisses und die Rissausbreitungsrichtung gut erkennen.

Der Rissfortschritt in einer Probe hängt auch von der Korngröße ab. Je größer die Körner sind, desto rauer werden die Rissflanken, so dass diese sich beim Schließen des Risses früher berühren. Entsprechend ist eine größere Last erforderlich, um den Riss wieder zu öffnen. Die Rissfortschrittsrate ist deshalb in grobkörnigen Materialien geringer als in feinkörnigen. Anders ist es, wenn in der Probe noch keine Anrisse vorhanden sind. In diesem Fall ist die Ermüdungsbeständigkeit der feinkörnigen Probe größer, da sie durch Feinkornhärtung eine höhere Festigkeit besitzt, so dass die Rissentstehung an der Oberfläche erschwert wird.

10.2.3 Restbruch

Der Restbruch erfolgt, wenn der Riss soweit gewachsen ist, dass der maximale Spannungsintensitätsfaktor (siehe Gleichung (5.2)) die Bruchzähigkeit K_{Ic} erreicht. Der Bruch breitet sich dann als *Gewaltbruch* instabil über den restlichen Querschnitt aus. Dieser Bereich hat ein anderes Erscheinungsbild als der Schwingbruch. Makroskopisch ist die Oberfläche zerklüftet, mikroskopisch ergibt sich, je nach Duktilität des Materials, ein duktiler Wabenbruch oder ein spröder Spaltbruch bzw. Mischformen aus beiden (vgl. Abschnitt 3.5).

Selbst wenn das Material im Restbruch duktil versagt, ist makroskopisch normalerweise keine nennenswerte plastische Verformung zu erkennen, da die plastische Verformung durch die Spannungskonzentration an der Rissspitze stark lokalisiert stattfindet [92].

10.3 Ermüdungsversagen von Keramiken

Im Gegensatz zu den Metallen können Keramiken nicht plastisch fließen, so dass kein Ermüdungsrisswachstum durch lokale plastische Deformationen an der Rissspitze stattfinden kann. Ebenso ist es nicht möglich, dass sich an einer glatten Probe aufgrund von Versetzungsbewegungen Risse an der Oberfläche bilden. Viele Keramiken zeigen daher anders als die Metalle keine zyklischen Effekte, also kein unterschiedliches Verhalten bei statischen und zyklischen Lasten. Alle Lasten, die sie einmal ertragen, ertragen sie beliebig oft. Dies trifft vor allem auf feinkörnige Keramiken mit nur einer Phase zu, also insbesondere auf reine Ingenieurskeramiken.

Zeigt eine Keramik unterkritisches Risswachstum (siehe Abschnitt 5.2.6), so tritt in jedem Zyklus unterkritischer Rissfortschritt auf. Dadurch kann es zu scheinbarem Ermüdungsversagen kommen, wobei jedoch nicht die Anzahl der Zyklen, sondern die akkumulierte Belastungszeit entscheidend ist. Diese Verhalten wird oftmals irreführenderweise als »statische Ermüdung« bezeichnet.

Um das Verhalten einer »statisch ermüdenden« Keramik unter zyklischer Last mit dem bei einer statischen Last zu vergleichen, kann die akkumulierte Belastungszeit der zyklischen Belastung in eine sogenannte *effektive Belastungszeit* t_{eff} umgerechnet werden, die bei statischer Last zur gleichen Schädigung führt. Dies wird ausführlich in *Munz / Fett* [112] beschrieben.

Dennoch kann auch bei Keramiken ein Versagen durch zyklischen Rissfortschritt auftreten. Bei der zyklischen Belastung werden im Material vorhandene Anrisse geöffnet und geschlossen. Wenn dabei Energie dissipiert wird, so kann diese Energie für den Rissfortschritt zur Verfügung stehen. Betrachtet man das Spannungs-Dehnungs-Diagramm für die zyklische Belastung, so kann es also nur zu Ermüdung kommen, wenn es eine Hysterese gibt. Wie in Abschnitt 7.2.5 erläutert wurde, führen Mechanismen, die den Risswiderstand einer Keramik erhöhen, häufig zu einer solchen Spannungs-Dehnungs-Hysterese (siehe Bilder 7.5 und 7.7). Die dadurch erreichte Erhöhung der Bruchzähigkeit bei statischer Beanspruchung führt deshalb dazu, dass die Materialien ermüden können und die maximale dauerhaft ertragbare Spannung bei Ermüdungsbelastung unter die Bruchfestigkeit sinkt.

Ein Beispiel hierfür sind Keramiken, in denen Rissbrückeneffekte auftreten (siehe Abschnitt 7.2.2). Die Rissflanken reiben aneinander und dissipieren beim Öffnen und Schließen des Risses Energie. Durch das wiederholte Öffnen und Schließen unter Ermüdungsbelastung kann es dazu kommen, dass die Rissflanken abnutzen und so die Reibung mit zunehmender Zyklenzahl nachlässt, wodurch die stützende Wirkung für die Rissspitze nachlässt. Dadurch kann es zu zyklischem Rissfortschritt kommen. Auch eine Rissumlenkung an einer Korngrenze kann zu solchen Rissbrückeneffekten führen [71].

Bei Keramiken, die unter Zugbelastung Phasentransformationen im Bereich der Rissspitze aufweisen, wie beispielsweise bei teilstabilisiertem Zirkonoxid (vgl. die Abschnitte 7.2.4 und 7.5.4), wird ebenfalls Ermüdung beobachtet. Diese wird mit der Bildung von Mikrorissen in der Umgebung der Rissspitze in Zusammenhang gebracht [68].

10.4   Ermüdungsversagen von Polymeren

Ähnlich wie Metalle können sich auch Polymere plastisch verformen und zeigen deshalb auch ein in vieler Hinsicht ähnliches Ermüdungsverhalten. Allerdings unterscheiden sich die mikroskopischen Mechanismen bei der Ermüdung von Polymeren von denen der Metalle.

> Belastet man ein Polymer zyklisch mit einer von Null verschiedenen Mittelspannung, so führt die viskoelastische und viskoplastische Verformung zu einer zunehmenden Dehnung. Dadurch kann die Probe bei zyklischer Belastung versagen. Dieses Versagen ist jedoch keine echte Ermüdung, da nicht die Zyklenzahl, sondern lediglich die Belastungsdauer für das Versagen verantwortlich ist.

10.4.1   Thermische Ermüdung

Polymere verformen sich viskoelastisch. Bei zyklischer Beanspruchung bedeutet dies, dass die Spannungs-Dehnungs-Kurve bei Entlastung nicht dieselbe wie bei Belastung ist. Es kommt zu einer Hysterese zwischen Spannung und Dehnung, die dazu führt, dass bei der Verformung Energie dissipiert und in Wärme umgewandelt wird. Dies wird in Aufgabe 27 ausführlich diskutiert.

Die im Bauteil bei zyklischer Belastung erzeugte Wärme kann in einem Polymer oft nur schlecht abgeleitet werden, da Polymere eine vergleichsweise niedrige Wärmeleitfähigkeit besitzen. Übertrifft die Wärmeproduktion die Wärmeabfuhr, so nimmt die Temperatur mit jedem Zyklus zu, bis bei einer bestimmten Zyklenzahl die temperaturabhängige Festigkeit erreicht wird und das Material versagt. Wird die Spannung reduziert, reduziert sich auch die Wärmeproduktion, so dass die Zahl der Zyklen bis zum Versagen zunimmt. Man spricht deshalb von *thermischer Ermüdung*. Bei weiterer Verringerung der Spannung wird schließlich eine Situation erreicht, bei der sich ein Gleichgewicht zwischen Wärmeproduktion und Wärmeableitung einstellt, ohne dass die Festigkeit überschritten wird.

Ein Thermoplast versagt bei thermischer Ermüdung durch plastisches Fließen, da die Fließgrenze mit zunehmender Temperatur sinkt. Auch in einem Elastomer oder Duromer kann es zu thermischer Ermüdung kommen, da der Elastizitätsmodul mit zunehmender Temperatur abnimmt, so dass es schließlich zu immer größerer Verformung kommt.

Thermische Ermüdung tritt vor allem bei spannungskontrollierter Belastung auf, da in diesem Fall durch den mit zunehmender Temperatur abnehmenden Elastizitätsmodul die Dehnungsamplitude immer weiter zunimmt, was zu einer weiteren Erhöhung der Wärmeproduktion führt. Bei dehnungskontrollierter Belastung ist thermische Ermüdung dagegen weniger problematisch, da die Spannung in diesem Fall abnimmt.

Tritt thermische Ermüdung auf, so hat die Frequenz der Belastung einen Einfluss auf die Lebensdauer. Zum einen liegt dies daran, dass bei langsamerer Belastung mehr Zeit zum Ableiten der Wärme vorhanden ist, zum anderen kommt hinzu, dass der Elastizitätsmodul und die Größe der Hystereseschleife selbst von der Belastungsgeschwindigkeit abhängen. Diese Frequenzabhängigkeit wird in Abschnitt 10.6.2 weiter diskutiert werden. Findet zwischen den einzelnen Lastzyklen eine hinreichend lange Entlastung statt, so kann die Wärme abgeleitet werden und thermische Ermüdung tritt nicht auf. Auch die Geometrie des Bauteils hat einen Einfluss auf die Lebensdauer, da sie die Wärmeableitung entscheidend mitbestimmt.

10.4.2 Mechanische Ermüdung

Ist die Temperaturerhöhung bei der zyklischen Belastung gering genug, dass es nicht zu thermischer Ermüdung kommt, versagt das Polymer durch echte mechanische Ermüdung. Wie bei den Metallen kann man in diesem Fall die Rissinitiierung und die Rissausbreitung als unterschiedliche Stadien der Ermüdung betrachten.

Anrisse können sich in einem Polymer auf verschiedene Weise bilden, abhängig von den dominierenden Verformungsmechanismen [140]. Mikroskopisch kann es zu einem Bruch einzelner Ketten oder zu einem Abgleiten von Kettensegmenten kommen, die das Material lokal schwächen und als Ausgangspunkt für einen Anriss dienen. In vielen Polymeren (beispielsweise Polystyrol, Polycarbonat, PMMA) spielt, wie auch bei der plastischen Verformung, die Crazebildung (siehe Abschnitt 8.4.1) eine entscheidende Rolle. Unter zyklischer Belastung können sich Crazes schon bei niedrigen Lasten bilden und sich schrittweise vergrößern, bis sie schließlich als Mikrorisse wirken. Breitet sich der Anriss weiter aus, so werden vor der Rissspitze durch die Spannungsüberhöhung neue Crazes initiiert (ähnlich wie in Bild 8.15), die dann mit dem Riss zusammenwachsen. Da die Crazebildung vom hydrostatischen Spannungszustand abhängt, spielt in diesem Fall die Mittelspannung eine besonders große Rolle. Alternativ können sich auch Scherbänder bilden und bei zyklischer Belastung als Ausgangspunkte für Mikrorisse dienen. Ähnlich wie in Metallen können durch die plastische Verformung in jedem Zyklus (siehe Bild 10.11) auch in Polymeren Schwingungsstreifen entstehen [19]. Besitzt das Polymer Phasengrenzen, beispielsweise zwischen kristallinen und amorphen Bereichen oder durch Copolymerisation, so wirken diese wegen der dort herrschenden Spannungskonzentration als bevorzugte Bereiche für die Bildung von Anrissen. Dennoch ist die Ermüdungsbeständigkeit von teilkristallinen Thermoplasten meist wesentlich größer als die von amorphen [19].

Ob ein Polymer durch mechanische oder durch thermische Ermüdung versagt, hängt von vielen Faktoren ab, beispielsweise der Lastfrequenz, der Belastungshöhe, der Temperatur und der Bauteilgeometrie. Generell gilt, dass Polymere, bei denen die Viskoelastizität wenig ausgeprägt ist, so dass nur wenig Wärme während eines Zyklus produziert wird, durch mechanische Ermüdung versagen. Zu dieser Gruppe gehören beispielsweise Polystyrol und viele Duromere. Thermische Ermüdung spielt dagegen in Materialien mit einer großen Hysterese in der Spannungs-Dehnungs-Kurve, beispielsweise Polyethylen, Polypropylen und Polyamid, eine größere Rolle. Schließlich können sich beide Effekte überlagern, weil durch die Temperaturerhöhung nicht nur die statischen, sondern auch die dynamischen Materialeigenschaften beeinflusst werden, so dass es zunächst zu einer Erwärmung kommt, die dann zu einem Rissfortschritt führt. Dies wird in PMMA, PET und Polycarbonat beobachtet.

10.5   Ermüdungsversagen von Faserverbundwerkstoffen

In Faserverbunden kann die Ermüdungsbeständigkeit im Vergleich zum Matrixmaterial in verschiedener Weise beeinflusst sein. Zum einen können sich globale Effekte durch die Lastübertragung und die damit verbundene Änderung der Spannungen und Dehnungen ergeben, zum anderen können lokale Effekte, vor allem an der Grenzfläche zwischen Matrix und Faser, auftreten.

In den meisten Fällen ist die Ermüdungsbeständigkeit von Faserverbunden größer als die des jeweiligen reinen Matrixwerkstoffs. Ist der Elastizitätsmodul der Faser größer als der der Matrix, so dass diese entlastet wird, und ist die Beanspruchung spannungskontrolliert, dann kann die reduzierte Spannung innerhalb des Matrixwerkstoffs zu einer entsprechenden Verlängerung der Lebensdauer führen. Bei dehnungskontrollierter Belastung ist dies jedoch nicht der Fall; hier führt die erhöhte Steifigkeit des Materials zu einer höheren Spannung, so dass sich die Ermüdungsbeständigkeit verringern kann.[7] Auch bei Belastung quer zur Faserrichtung kann sich die Lebensdauer des Faserverbunds gegenüber dem reinen Matrixwerkstoff verringern, da die Matrix in diesem Fall höhere Dehnungen ertragen muss und sich meist ein dreiachsiger Spannungszustand ausbildet.

Die an der Grenzfläche zwischen Faser und Matrix auftretenden Schubspannungen erhöhen die Dehnung der Matrix lokal (siehe Abschnitt 9.3.2). Diese stärkere Belastung der Matrix kann zu einem lokalen Versagen führen und als Ausgangspunkt für die Bildung von Anrissen dienen. Dies ist vor allem bei kurzen Fasern relevant, da bei langen Fasern eine Schubspannung nur am Faserende auftritt.

---

7 Im idealisierten Fall kontinuierlicher Fasern, die direkt belastet werden, wie in Bild 9.3 a, wäre dies nicht der Fall. In realen Faserverbunden erfolgt die Lastaufbringung dagegen auch auf kontinuierliche Fasern immer über die Matrix.

In Polymermatrix-Faserverbundwerkstoffen ist die Ermüdungsbeständigkeit im Allgemeinen höher als die des jeweiligen Matrixwerkstoffs, solange die Fasern in Belastungsrichtung orientiert oder ungerichtet sind. Da die Steifigkeit höher ist als im unverstärkten Werkstoff, ist (zumindest bei spannungskontrollierter Belastung) die Dehnung entsprechend reduziert, was bei einer Polymermatrix zusätzlich auch die Wärmeproduktion verringert und sich somit ebenfalls günstig auf die Lebensdauer auswirkt [117]. Kohlenstofffasern, die eine hohe Wärmeleitfähigkeit besitzen, wirken sich ebenfalls günstig auf die thermische Ermüdung aus, da sie lokale Temperaturspitzen abbauen können. Auch in Metallmatrix-Faserverbunden ist die Lebensdauer bei Ermüdungsbelastung in Faserrichtung meist deutlich gegenüber der der Matrix erhöht (siehe auch Seite 375).

Die Schädigungsentwicklung in Polymer- oder Metallmatrix-Faserverbunden beginnt typischerweise mit einer Ablösung zwischen Faser und Matrix an besonders schwachen Stellen, beispielsweise durch den Bruch sehr dünner Fasern [133]. Dies tritt oft schon nach wenigen Zyklen auf. Anschließend bilden sich, ausgehend von diesen geschwächten Bereichen, Mikrorisse innerhalb des Matrixmaterials durch lokale Ermüdungsprozesse. Das Material wird also zunehmend geschwächt, was sich auch in einer Verringerung der Steifigkeit bemerkbar macht. Das Bauteil versagt schließlich durch Bruch, wenn die Zahl der Mikrorisse so groß geworden ist, dass diese sich verbinden können. Das Versagensverhalten ähnelt dem statistischen Versagen, das in Abschnitt 9.3.4 diskutiert wurde. Dieses Versagensverhalten tritt bei Metallmatrix-Verbundwerkstoffen vor allem in Verbunden mit ungerichteten Fasern oder in Laminaten auf.

Besitzt die zyklische Belastung Zug- und Druckanteile ($R < 0$), so ist die Lebensdauer gegenüber Zugschwellbelastung oft deutlich verringert. Dies liegt daran, dass die Fasern, bei denen die Grenzfläche zur Matrix lokal versagt hat, in diesen Bereichen anfällig für Versagen durch Ausknicken sind [141].

In Keramikmatrix-Faserverbunden kann es ebenfalls zu Ermüdung kommen. Schreitet ein Riss unter Zugbelastung voran, so wird er von den Fasern überbrückt und entlastet (siehe Abschnitt 9.3.3). Bei statischer Beanspruchung kann dies zu stabilem Risswachstum führen, so dass der Riss ohne weitere Spannungserhöhung nicht mehr weiterwächst (siehe Abschnitt 5.2.5). Bei zyklischer Beanspruchung kommt es aufgrund der schwachen Bindung zwischen Faser und Matrix allerdings zu wiederholter Bewegung der Faser gegenüber der Matrix. Diese Reibung zwischen Faser und Matrix kann zu Schädigung führen, so dass die entlastende Wirkung der Fasern abnimmt und der Riss weiter voranschreiten kann [30]. Das Versagen findet auch in Keramikmatrix-Faserverbunden meist nicht durch Ausbreitung eines einzelnen Risses, sondern durch zunehmende Schadensakkumulation statt [29].

10.6 Phänomenologische Beschreibung der Ermüdungsfestigkeit

In den vorherigen Abschnitten wurden die Versagensmechanismen der verschiedenen Werkstoffgruppen diskutiert. Am Beispiel der Metalle wurde dabei ausführlich erläutert, wie ein Riss sich zunächst im Bauteil bilden und dann durch Rissfortschritt wachsen kann, bis es zum Restbruch kommt. Um Bauteile sicher auslegen zu können, ist es notwendig, über Werkzeuge zur Beschreibung und Berechnung der Lebensdauer zu verfügen. Hierzu gibt es zwei verschiedene Ansätze:

Häufig sind im Bauteil makroskopische Anrisse vorhanden oder es muss von der Existenz solcher Risse ausgegangen werden. Letzteres ist z. B. bei der Auslegung von Turbinenwellen in Gasturbinen, die für die Stromerzeugung eingesetzt werden, der Fall. Nach zerstörungsfreier Prüfung mittels Ultraschall geht man von Rissen aus, die gerade nicht mehr nachweisbar sind (häufig bewegt sich das Detektionslimit im Bereich einiger Millimeter). In diesem Fall können die Methoden der Bruchmechanik (siehe Kapitel 5) angewandt werden, um das Risswachstum zu beschreiben. Das Bauteil wird dann so ausgelegt, dass diese (hypothetischen) Risse zu keinem unzulässigen Rissfortschritt führen.

Selbst wenn keine Anrisse im Bauteil vorhanden sind, ist damit jedoch noch keine sichere Auslegung gegen die zyklische Beanspruchung gewährleistet. Beispielsweise könnte es sein, dass zwar anfänglich keine makroskopischen Anrisse vorliegen, sich aber an der Oberfläche bilden und letztlich zum Versagen führen, wie in Abschnitt 10.2 für Metalle erläutert. Es ist also notwendig, auch über Methoden zur Lebensdauerberechnung für anrissfreie Proben zu verfügen.

10.6.1 Rissfortschrittskurven

Enthält ein Werkstoff einen makroskopischen Anriss, der bei zyklischer Belastung wachsen kann, so ist die Lebensdauer durch die Wachstumsgeschwindigkeit dieses Risses bestimmt. Ein solcher Riss ist lang genug, um kontinuumsmechanisch mit den Methoden der Bruchmechanik aus Kapitel 5 beschrieben werden zu können. Da Ermüdungsrisswachstum bei wesentlich geringeren Spannungen erfolgt als Rissfortschritt unter einmaliger Beanspruchung, ist die plastische Zone vergleichsweise klein. Deswegen sind die Voraussetzungen für die Anwendung der linear-elastischen Bruchmechanik auch bei duktilen Materialien und geringen Probenabmessungen fast immer erfüllt. Entsprechend reicht der Spannungsintensitätsfaktor K zur Charakterisierung der Belastung aus.

> Damit ein Riss als Makroriss (häufig auch »langer Riss« genannt) angesehen werden kann, muss seine Ausdehnung im Vergleich zur mikrostrukturellen Längenskala, insbesondere der Korngröße, groß sein, so dass sich lokale Unterschiede im Risswiderstand, z. B. aufgrund unterschiedlicher Kornorientierung, ausmitteln. Außerdem muss gegebenenfalls die plastische Zone auf die unmittelbare Umgebung der Rissspitze begrenzt sein (vgl. Abschnitte 5.2 und 5.3). Dies ist bei Mikrorissen (häufig auch »kurze Risse« genannt) nicht der Fall, weil sie vollständig in ein plastisches Feld eingebettet sind [124]. Dieser Unterschied zeigt sich auch daran, dass Makrorisse senkrecht zur größten Normalspannung (Modus I) wachsen, dies bei Mikrorissen aber nicht der Fall sein muss (vgl. Abschnitt 10.2.1).

Gemäß Gleichung (5.2) hängt der Spannungsintensitätsfaktor K_I von der äußeren Spannung σ und der Risslänge a ab. Übertragen auf zyklische Belastungen mit der Schwingbreite $\Delta\sigma$ ergibt sich der *zyklische Spannungsintensitätsfaktor*

$$\Delta K = \Delta\sigma\sqrt{\pi a}\,Y \tag{10.3}$$

mit $\Delta K = K_\mathrm{o} - K_\mathrm{u}$, wobei K_o und K_u der größte bzw. kleinste im Zyklus auftretende Spannungsintensitätsfaktor sind. Für den Spannungsintensitätsfaktor wird der R-Wert

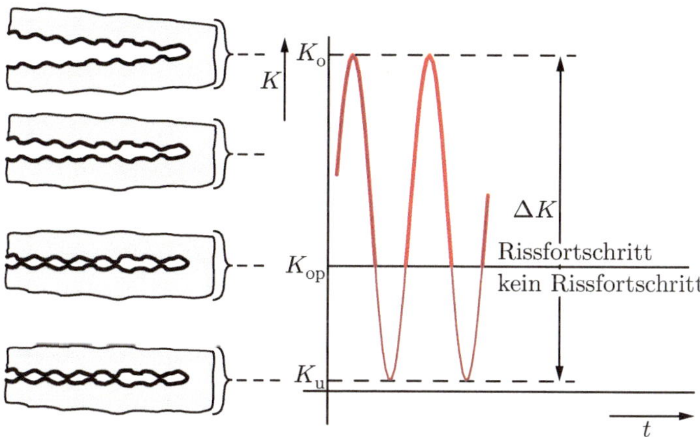

Bild 10.13: Bei Lasten unterhalb K_op öffnet sich der Riss nicht. Oberhalb dieser Grenze öffnet sich der Riss.

aus

$$R = \frac{K_\mathrm{u}}{K_\mathrm{o}}$$

berechnet.[8]

Das Risswachstum wird mit Hilfe der *Rissfortschrittsgeschwindigkeit* da/dN beschrieben, die als Rissverlängerung da pro Zyklus gemessen wird.[9]

Zyklischer Schwellspannungsintensitätsfaktor

Wie in Abschnitt 10.2.2 erläutert, ist eine Mindestspannung erforderlich, damit der Riss bei zyklischer Belastung überhaupt geöffnet werden kann, da an der Rissspitze aufgrund der Verformung eine Druckspannung vorliegt, die zur Rissöffnung überwunden werden muss. Demnach gibt es eine Untergrenze des Spannungsintensitätsfaktors, unterhalb derer kein Rissfortschritt stattfindet (siehe Bild 10.13). Bezeichnet man diesen Wert des Spannungsintensitätsfaktors mit K_op (Index op für engl. *opening*), so kann Risswachstum also nur stattfinden, wenn $K_\mathrm{o} \geq K_\mathrm{op}$ ist. Der für die Rissöffnung notwendige Spannungsintensitätsfaktor K_op ist keine Werkstoffkonstante, sondern auch von der zyklischen Belastung abhängig. Da er durch die Verformung an der Rissspitze bei Rissöffnung und Rissschließen bestimmt wird, hängt er im Allgemeinen von der Größe der Oberspannung und vom R-Wert ab.

In der Praxis wird eine zyklische Last meist nicht mit Hilfe von K_u und K_o beschrieben,

---

8 Eigentlich müsste der R-Wert für K mit R_K bezeichnet werden. Da $R_K = K_\mathrm{u}/K_\mathrm{o} = \sigma_\mathrm{u}/\sigma_\mathrm{o} = R$ gilt, wird im Folgenden immer R geschrieben.

9 Da der Rissfortschritt nicht stetig über die Zyklen verteilt auftritt, ergibt sich die Rissfortschrittsgeschwindigkeit aus $da/dN = \lim_{\Delta N \to 1} \Delta a/\Delta N$ [124]. Es handelt sich also eigentlich nicht um ein Differential. Dennoch ist diese Schreibweise üblich.

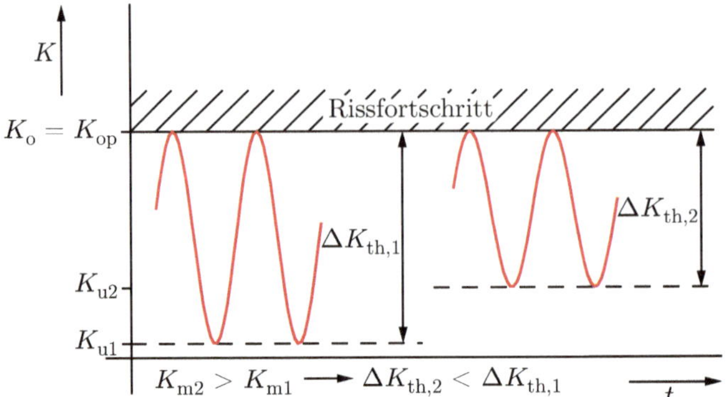

Bild 10.14: Veranschaulichung der Abnahme des Schwellwerts ΔK_{th} mit steigendem Mittelspannungsintensitätsfaktor K_m

sondern durch die Angabe des zyklischen Spannungsintensitätsfaktors ΔK und des R-Werts. Risswachstum findet statt, wenn der zyklische Spannungsintensitätsfaktor einen bestimmten Wert, den *zyklischen Schwellspannungsintensitätsfaktor* ΔK_{th} (Index th für engl. *threshold*), überschreitet. Schreibt man das Kriterium $K_\mathrm{o} = K_\mathrm{op}$, das angibt, wann der Rissfortschritt einsetzen kann, auf den zyklischen Spannungsintensitätsfaktor um, so ergibt sich für den zyklischen Schwellspannungsintensitätsfaktor

$$\Delta K_{\mathrm{th}} = K_\mathrm{op} - K_\mathrm{u} = 2(K_\mathrm{op} - K_\mathrm{m}) = (1 - R)K_\mathrm{op}\,, \tag{10.4}$$

wobei K_m der Mittelspannungsintensitätsfaktor analog zu Gleichung (10.1) ist. Rissfortschritt setzt demnach ein, wenn $\Delta K = \Delta K_{\mathrm{th}}$ ist. Nach dieser Gleichung wird ΔK_{th} mit zunehmendem Mittelspannungsintensitätsfaktor immer kleiner, so dass Rissfortschritt bei immer kleineren Belastungsamplituden einsetzt. Wie Bild 10.14 zeigt, liegt dies jedoch lediglich an der Beschreibung des Rissfortschritts über ΔK, das Kriterium $K_\mathrm{o} = K_\mathrm{op}$ ändert sich nicht.

Laut Gleichung (10.4) scheint ΔK_{th} linear vom R-Wert abzuhängen. Dabei muss jedoch beachtet werden, dass K_op selbst ebenfalls eine R-Abhängigkeit besitzt. Für die Praxis wäre es wünschenswert, die genaue R-Abhängigkeit zu kennen, da dann Messungen von ΔK_{th} nur bei einem R-Wert durchgeführt werden müssten und zu anderen Werten hin extrapoliert werden könnten. In der Literatur sind verschiedene, sich zum Teil widersprechende, Ansätze für die R-Abhängigkeit zu finden, beispielsweise bei *Schott* [140]

$$\Delta K_{\mathrm{th}}(R) = \begin{cases} (1 - R)^\gamma \Delta K_{\mathrm{th}}|_{R=0} & \text{für } R < R_\mathrm{t}, \\ \text{const} & \text{für } R \geq R_\mathrm{t}. \end{cases} \tag{10.5}$$

mit $R_\mathrm{t} = 0{,}5\ldots 0{,}7$. Für ferritische Stähle nicht zu hoher Festigkeit ist dabei $\gamma \approx 1$, für hochfeste martensitische Stähle $\gamma \to 0$.

Da der zur Rissöffnung notwendige Spannungsintensitätsfaktor K_op durch die Verformung an der Rissspitze bestimmt ist, hängt er auch vom Elastizitätsmodul ab, denn die Rissöffnung ist bei linear-elastischem Materialverhalten gemäß Gleichung (5.3) um so größer, je kleiner der Elastizitätsmodul ist. Entsprechend ist in *Schwalbe* [143] folgende grobe Näherungsformel für den Schwellwert von Metallen zu finden:

$$\Delta K_{\text{th}}(R) = E \cdot (2{,}75 \pm 0{,}75) \cdot 10^{-5} \cdot (1 - R)^{0{,}31} \cdot \sqrt{\text{m}} \quad \text{für } R < 1 \,. \tag{10.6}$$

Gleichung (10.6) zeigt auch die Abhängigkeit des zyklischen Schwellspannungsintensitätsfaktors vom R-Wert, die allerdings mit der oben gegebenen Gleichung (10.5) nicht übereinstimmt. Diese Beziehung soll nicht darüber hinwegtäuschen, dass K_{op} und damit ΔK_{th} auch von zahlreichen anderen Werkstoffkenngrößen, wie z. B. der Korngröße, abhängen und deshalb auch innerhalb einer Materialklasse deutliche Unterschiede gefunden werden.

Verwendet man Gleichung (10.6), um die Größenordnung von ΔK_{th} abzuschätzen, so erkennt man die große Bedeutung des zyklischen Schwellspannungsintensitätsfaktors: Sctzt man z. B. den Elastizitätsmodul von Stahl (210 000 MPa) ein, erhält man $\Delta K_{\text{th}} = 5{,}8\,\text{MPa}\sqrt{\text{m}}$ für $R = 0$. Dieser Wert liegt um mehr als eine Größenordnung unterhalb der Bruchzähigkeit K_{Ic} duktiler Stähle bei statischer Beanspruchung. Dies zeigt deutlich, warum kleine Anrisse bei zyklischer Beanspruchung besonders gefährlich sein können.

Rissfortschritt

Überschreitet der zyklische Spannungsintensitätsfaktor ΔK den zyklischen Schwellspannungsintensitätsfaktor ΔK_{th} (ist also $K_{\text{o}} > K_{\text{op}}$), so findet in jedem Zyklus Rissfortschritt statt. Die Rissfortschrittsgeschwindigkeit $\mathrm{d}a/\mathrm{d}N$ ist dabei nur durch den Anteil von ΔK bestimmt, der oberhalb von K_{op} liegt, also (für $K_{\text{u}} < K_{\text{op}}$) durch den effektiv wirkenden zyklischen Spannungsintensitätsfaktor $\Delta K_{\text{eff}} = K_{\text{o}} - K_{\text{op}}$. Da K_{op} im Allgemeinen nicht bekannt ist, kann die Rissfortschrittsgeschwindigkeit nicht gegen ΔK_{eff} aufgetragen werden. Stattdessen wird sie in Abhängigkeit von ΔK und R beschrieben. Wie Bild 10.15 veranschaulicht, nimmt ΔK_{eff} sowohl mit ΔK als auch mit dem Mittelspannungsintensitätsfaktor K_{m} bzw. dem R-Wert zu.

Da durch den Rissfortschritt mit der Risslänge auch der zyklische Spannungsintensitätsfaktor ΔK steigt, wächst die Rissfortschrittsgeschwindigkeit $\mathrm{d}a/\mathrm{d}N$ im Laufe der zyklischen Belastung auch bei gleichbleibender äußerer Belastung. Nähert sich der Oberspannungsintensitätsfaktor K_{o} schließlich der Bruchzähigkeit K_{Ic}, so beschleunigt der Riss stark und wird innerhalb weniger Zyklen instabil.[10] Es kommt dann zum *Restbruch* des Bauteils. Wie der zyklische Schwellspannungsintensitätsfaktor ist auch die Grenze zum instabilen Risswachstum durch den Oberspannungsintensitätsfaktor K_{o} bestimmt ($K_{\text{o}} = K_{\text{Ic}}$). Entsprechend Gleichung (10.4) lässt sich aus ihr die kritische Schwingbreite ΔK_{Ic} berechnen:

$$\Delta K_{\text{Ic}} = 2(K_{\text{Ic}} - K_{\text{m}}) = (1 - R)K_{\text{Ic}} \,. \tag{10.7}$$

---

10 Aufgrund des vorangegangenen zyklischen Rissfortschritts kann es vorkommen, dass der Riss nicht genau bei der Bruchzähigkeit K_{Ic} instabil wird (vgl. beispielsweise Abschnitt 5.2.5). Für Ermüdungsbelastungen ist dies aber unerheblich, da dieser Effekt das Leben des Bauteils nur um wenige Zyklen verändern kann. Daher wird im Weiteren der Einfachheit halber K_{Ic} als Grenze zur Instabilität verwendet.

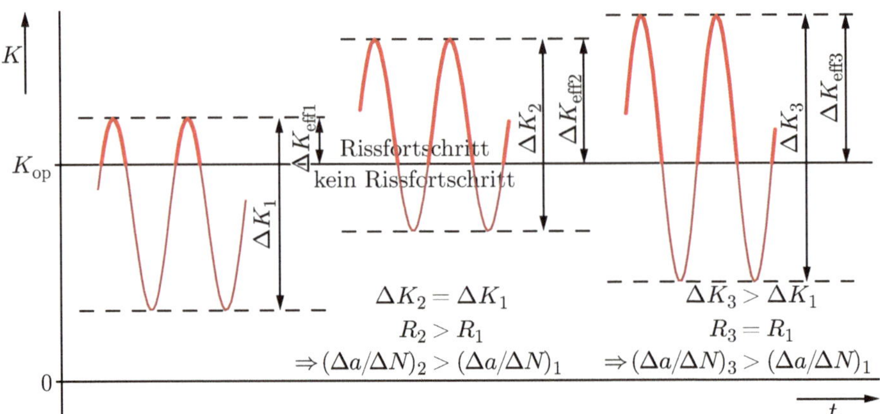

Bild 10.15: Veranschaulichung der Tatsache, dass mit steigendem R-Wert (entspricht steigendem Mittelwert K_{m}) oder steigender Schwingbreite ΔK der Rissfortschritt pro Lastspiel d$a/\Delta N$ zunimmt, da dabei der Anteil am Zyklus, bei dem der Riss geöffnet ist, zunimmt.

Auch hier führt eine Erhöhung von K_{m} bzw. des R-Werts zu einer Verringerung der ertragbaren Schwingbreite ΔK_{Ic}.

Erstellt man ein Diagramm, in dem die Rissfortschrittsgeschwindigkeit d$a/$dN über dem zyklischen Spannungsintensitätsfaktor ΔK für einen konstanten R-Wert doppeltlogarithmisch aufgetragen ist, so erhält man eine *Rissfortschrittskurve* (Bild 10.16). Zu erkennen ist eine deutliche Beschleunigung des Risswachstums im Bereich III, wenn der Oberspannungsintensitätsfaktor K_{o} sich K_{Ic} annähert ($\Delta K \rightarrow \Delta K_{\mathrm{Ic}}$), sowie eine starke Verlangsamung im Bereich I, wenn sich K_{o} von rechts an K_{op} annähert ($\Delta K \rightarrow \Delta K_{\mathrm{th}}$). Dazwischen befindet sich ein mit »II« gekennzeichnetes Gebiet, in dem eine nahezu lineare Abhängigkeit zwischen $\log(\mathrm{d}a/\mathrm{d}N)$ und $\log(\Delta K)$ besteht. Entsprechend gehorcht dieser sogenannte *Paris-Bereich* einem Potenzgesetz der Form

$$\frac{\mathrm{d}a}{\mathrm{d}N} = C\Delta K^n = C^* \left(\frac{\Delta K}{K_{\mathrm{Ic}}}\right)^n , \tag{10.8}$$

wobei C eine vom R-Wert und dem Material abhängige Konstante ist. Wie schon beim unterkritischen Rissfortschritt von Keramiken in Gleichung (7.1) hat der Vorfaktor C eine Einheit, die vom Exponenten n abhängig ist, C^* hat die Einheit einer Länge. Der Exponent n liegt bei Metallen üblicherweise im Bereich $2 \leq n \leq 7$ [36], kann bei spröden Werkstoffen aber Werte bis etwa 50 annehmen [131]. Für ferritisch-perlitische Stähle gibt *Landgraf* [90] beispielsweise folgende obere Grenze für die Rissfortschrittskurve bei $R = 0$ an:

$$\frac{\mathrm{d}a}{\mathrm{d}N} = 6{,}9 \cdot 10^{-9} \, \frac{\mathrm{mm}}{\mathrm{Zyklus}} \cdot \left(\frac{\Delta K}{\mathrm{MPa}\sqrt{\mathrm{m}}}\right)^3 .$$

Belastet man einen Riss mit einer konstanten Spannungsschwingbreite $\Delta \sigma$, deren ΔK oberhalb von ΔK_{th} liegt, so verlängert sich dieser Riss. Nach Gleichung (10.3) wächst

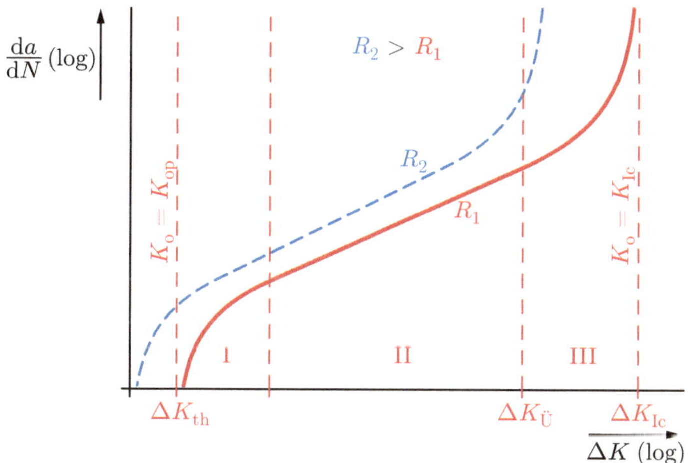

Bild 10.16: Doppelt-logarithmische Auftragung der Rissfortschrittsgeschwindigkeit da/dN über dem zyklischen Spannungsintensitätsfaktor ΔK (Rissfortschrittskurve). Es ergeben sich drei charakteristische Kurvenabschnitte, wie für den Kurvenverlauf mit dem R-Wert R_1 skizziert. Für andere Spannungsverhältnisse, wie z. B. R_2, gilt eine andere Rissfortschrittskurve mit verschobenen charakteristischen Kurvenabschnitten.

damit auch ΔK, so dass die Beanspruchung auf der Kurve in Bild 10.16 nach rechts »wandert«. Die Rissfortschrittsgeschwindigkeit nimmt mit jedem Zyklus zu, bis ΔK_Ic erreicht wird und der Restbruch das Bauteil zerstört.

Betrachtet man ein gegebenes Material und erhöht nun den Mittelspannungsintensitätsfaktor K_m (wobei normalerweise auch der R-Wert steigt, vgl. Abschnitt 10.1), so steigt der Wert von K_o. Deshalb sinkt der ertragbare zyklische Spannungsintensitätsfaktor ΔK, und die Kurve wandert nach links, wie in Bild 10.16 gestrichelt eingetragen. Dies ergibt sich direkt aus den obigen Überlegungen zur Mittelspannungsabhängigkeit von ΔK_th, ΔK_Ic und da/dN. In Gleichung (10.8) äußert sich diese Verschiebung dadurch, dass der Vorfaktor C vom R-Wert abhängig ist. In der Literatur existiert eine Vielzahl unterschiedlicher und teilweise widersprüchlicher Ansätze, um die Abhängigkeit von C vom R-Wert als auch die Rissfortschrittskurve in allen drei Bereichen formelmäßig darzustellen (siehe dazu beispielsweise *Radaj* [124] und *Schott* [140]).

Bild 10.17 zeigt Rissfortschrittskurven für verschiedene Materialien. Dabei wurde nur im Fall des Stahls über einen so großen Bereich des zyklischen Spannungsintensitätsfaktors gemessen, dass alle drei Bereiche der Rissfortschrittskurve sichtbar werden. Die Steigung der Rissfortschrittskurve ist im Fall der Keramiken wesentlich größer als im Paris-Bereich der metallischen Legierungen, so dass der zyklische Spannungsintensitätsfaktor für verschwindendes und sehr schnelles Risswachstum nahezu gleich ist. Dies liegt daran, dass die Festigkeit von Keramiken durch zyklische Belastung im Allgemeinen nicht oder nur geringfügig herabgesetzt wird. Der zyklische Schwellspannungsintensitätsfaktor ΔK_th liegt bei Keramiken und Metallen auf ähnlichem Niveau. Dennoch besitzen Metalle Vorteile bei Ermüdungsbelastung, denn ihre Belastbarkeit ist bei einer Auslegung gegen geringe Zyklenzahlen wesentlich höher, da der Paris-Bereich zur Bauteilauslegung genutzt

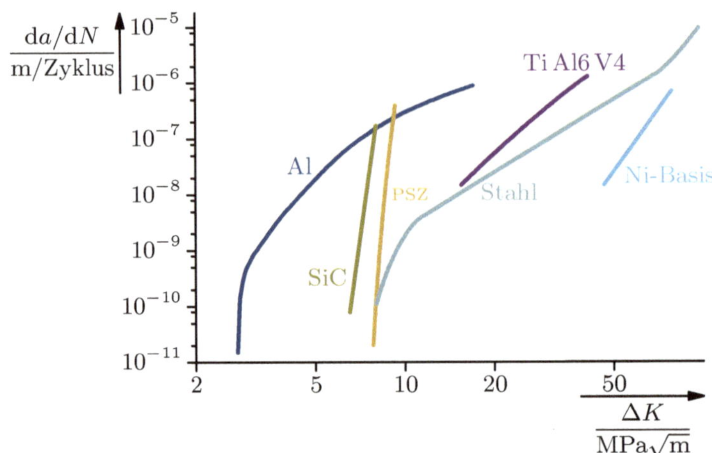

Bild 10.17: Rissfortschrittskurven für verschiedene Materialien: eine Aluminiumlegierung (AlZn 6 CuMgZr), einen Stahl (20 MnMoNi 4-5), eine Nickelbasis-Legierung (Waspaloy), eine Titanlegierung (Ti Al6 V4), Siliziumkarbid und eine PSZ-Keramik [5, 39, 54, 58, 90]

werden kann. Da wegen des ausgedehnten Paris-Bereichs katastrophales Versagen erhebliches Risswachstum erfordert, kann ein wachsender Riss in einigen Anwendungen durch regelmäßige Bauteilüberwachung detektiert werden, bevor es zum Versagen kommt.

Bei Polymeren beobachtet man ähnliche Rissfortschrittskurven wie bei Metallen. Auch hier findet unterhalb eines Schwellwerts ΔK_{th} kein Rissfortschritt statt, anschließend lassen sich drei Bereiche unterscheiden, von denen der mittlere Bereich durch ein Paris-Gesetz beschrieben werden kann. Der Exponent n liegt bei vielen Polymeren etwa bei 4 [103].

In Verbundwerkstoffen ist eine Beschreibung des Ermüdungsverhaltens durch Rissfortschrittskurven oft nicht ohne Weiteres möglich, da häufig der Werkstoff durch Akkumulation lokaler Schädigungen und nicht durch Wachsen eines einzelnen Risses versagt. Es ist deshalb mit hohem experimentellen Aufwand verbunden, Rissfortschrittskurven aufzunehmen [30]. Wenn ein einzelner Riss das Versagensverhalten bestimmt, ergeben sich Rissfortschrittskurven, die über eine Paris-Gleichung beschrieben werden können. Verglichen mit dem reinen Matrixwerkstoff ist bei Polymer- und Metallmatrix-Verbunden K_{Ic} häufig verringert (siehe Abschnitt 9.3.4), ΔK_{th} jedoch erhöht. Die Lebensdauer eines Verbundes unter Ermüdung kann deshalb trotz verringerter Bruchzähigkeit höher als die des Matrixwerkstoffs sein.

Lebensdauerberechnung

Aus Gleichung (10.3) kann eine *kritische Risslänge* a_{f} berechnet werden, bei der instabiles Risswachstum auftritt beziehungsweise beschleunigtes Risswachstum stattfindet (Übergang von Bereich II zu Bereich III in Bild 10.16). Fordert man, dass diese Risslänge nicht überschritten werden darf, so kann für einen vorhandenen Anriss der Länge $a_0 < a_{\text{f}}$ die Zyklenzahl bis zum Versagen berechnet werden.

Dazu wird $\Delta K = \Delta K_{\text{Ic}}$ bzw. $\Delta K = \Delta K_{\ddot{\text{U}}}$ für den Übergang von Bereich II in III entsprechend Bild 10.16 eingesetzt. Die Zahl der Zyklen bis zum Erreichen der kritischen Risslänge kann bei einer Anfangsrisslänge a_0 folgendermaßen abgeschätzt werden [8, 41]:

$$N_{\text{f}}(a_0) = \int\limits_{0}^{N_{\text{f}}} \mathrm{d}N = \int\limits_{a_0}^{a_{\text{f}}} \frac{1}{C} \left(\frac{1}{\Delta K} \right)^n \mathrm{d}a \,. \tag{10.9}$$

Dabei wird davon ausgegangen, dass sich die Beanspruchung bei der Risslänge a_0 im Bereich II befindet. Mit ΔK aus Gleichung (10.3) folgt bei konstanter Schwingbreite der Spannung $\Delta\sigma$

$$N_{\text{f}}(a_0) = \frac{1}{C} \left(\frac{1}{\Delta\sigma\sqrt{\pi}} \right)^n \int\limits_{a_0}^{a_{\text{f}}} \frac{1}{(Y\sqrt{a})^n} \,\mathrm{d}a \,. \tag{10.10}$$

Sofern der Geometriefaktor Y als von der Risslänge unabhängig angenommen wird, was er in der Realität meistens leider nicht ist, kann Y vor das Integral geschrieben werden, und das Integral kann ausgeführt werden.[11] Andernfalls muss Gleichung (10.10) in den meisten Fällen numerisch integriert werden.

Es ergibt sich (solange $n \neq 2$ und Y von der Risslänge unabhängig ist)

$$N_{\text{f}}(a_0) = \frac{1}{C} \left(\frac{1}{\Delta\sigma\sqrt{\pi}\,Y} \right)^n \cdot \frac{2}{2-n} \left(a_{\text{f}}^{\frac{2-n}{2}} - a_0^{\frac{2-n}{2}} \right) \,. \tag{10.11}$$

Diese Gleichung kann verwendet werden, um bei bekannter Länge des größten Anrisses die Zyklenzahl bis zum Versagen abzuschätzen (siehe Aufgabe 32).

Wachstum kurzer Risse

Wie zu Beginn des Abschnitts 10.6.1 erläutert, hängt die Rissfortschrittsgeschwindigkeit $\mathrm{d}a/\mathrm{d}N$ makroskopischer Risse vom zyklischen Spannungsintensitätsfaktor $\Delta K = \Delta\sigma\sqrt{\pi a}\,Y$ sowie dem R-Wert ab. Demnach verursachen ein kurzer Riss bei einer großen Spannungsamplitude sowie ein langer Riss bei einer kleinen Spannungsamplitude, die zum gleichen zyklischen Spannungsintensitätsfaktor ΔK führen, die gleiche Rissfortschrittsgeschwindigkeit. Dies ist in weiten Teilen der Rissausbreitung auch korrekt.

Diese Vorgehensweise darf jedoch nur für Makrorisse angewendet werden, da die Voraussetzungen für die Gültigkeit der linear elastischen Bruchmechanik bei kurzen Rissen in zweifacher Weise verletzt sein können: Erstens kann die Risslänge klein sein im Vergleich zur mikrostrukturellen Längenskala, d. h. insbesondere der Korngröße, so dass eine kontinuumsmechanische Betrachtung nicht mehr zulässig ist. Zweitens ist die plastische Zone oftmals nicht mehr klein gegenüber der Risslänge, so dass die linear-elastische Bruchmechanik nicht mehr gültig ist. Verwendet man dennoch ΔK_{th} als Beanspruchungsparameter, so stellt man fest, dass kurze Risse schneller als erwartet wachsen und auch unterhalb von ΔK_{th} wachstumsfähig sind. Anschaulich lässt sich das dadurch erklären, dass der Widerstand des Werkstoffs gegen Rissfortschritt auf der mikroskopischen Längenskala stark variiert: Zum Beispiel kann ein Anriss, der zufällig von einigen günstig orientierten Körnern umgeben ist, relativ schnell wachsen, während ein anderer an einer

---

11 Für $n = 2$ wird über $1/a$ integriert, was auf $\ln a$ führt. Siehe dazu auch Aufgabe 32.

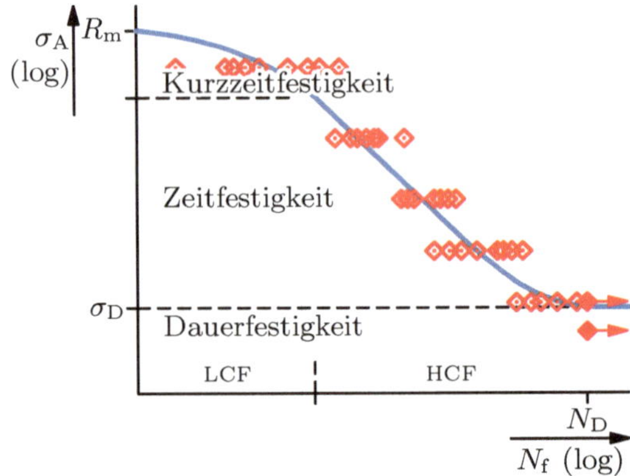

Bild 10.18: Beispiel für ein typisches Wöhlerdiagramm mit eingezeichneten Messpunkten

Korngrenze festgehalten wird, weil die Gleitebenen des Nachbarkorns ungünstig ausgerichtet sind. Zudem können kurze Risse auch unter Druckbelastung geöffnet bleiben, weil sie in ein plastisches Feld eingebettet sind [124]. Dies erklärt, warum Rissfortschritt auch unterhalb ΔK_{th} möglich ist. Das Verhalten kurzer Anrisse wird in Abschnitt 10.6.6 weiter diskutiert.

Sind in einem Bauteil nur Mikrorisse vorhanden oder enthält es gar keine Risse, können Rissfortschrittskurven deshalb nicht zur Lebensdauerberechnung eingesetzt werden. In diesem Fall sind andere Methoden erforderlich, die im nächsten Abschnitt erläutert werden.

10.6.2 Wöhlerdiagramme

Zu Beginn dieses Kapitels wurde schon angesprochen, dass die komplexen Belastungs-Zeit-Verläufe aus dem Bauteileinsatz in Laborversuchen durch einfache Verläufe, wie z. B. Sinusverläufe, ersetzt werden. Häufig werden dabei Proben verwendet, die den Zugproben aus Abschnitt 3.2 ähneln. Ihre Oberflächen sind im Allgemeinen poliert, um einen gut definierten Ausgangszustand sicherzustellen. Zu beachten ist allerdings, dass Bauteiloberflächen eine größere Rauigkeit aufweisen können und die dadurch verursachte lokale Kerbwirkung die Lebensdauer deutlich verkürzen kann (siehe auch Seite 350). Liegen keine für die Bauteiloberfläche repräsentativen Daten vor, kann dieser lebensdauermindernde Einfluss durch Abminderungsfaktoren berücksichtigt werden [124]. Die Proben werden mit einer zyklischen Last mit konstanter Periodenzeit belastet, wobei die Spannungsamplitude σ_{a} bzw. die Dehnungsamplitude ε_{a} und der R-Wert (R bzw. R_ε) vorgegeben werden. Auf die Vor- und Nachteile der unterschiedlichen Versuchsregelungen wird am Ende des Abschnittes näher eingegangen, im Weiteren werden zunächst nur spannungsgeregelte Versuche betrachtet.

Für jeden Ermüdungsversuch wird gemessen, nach wie vielen Zyklen ein Versagenskriterium erreicht wird. Führt man nun mehrere solcher Ermüdungsversuche durch und trägt alle Versagenszyklenzahlen N_{f} (Index f für engl. »failure« oder »fracture«) und die

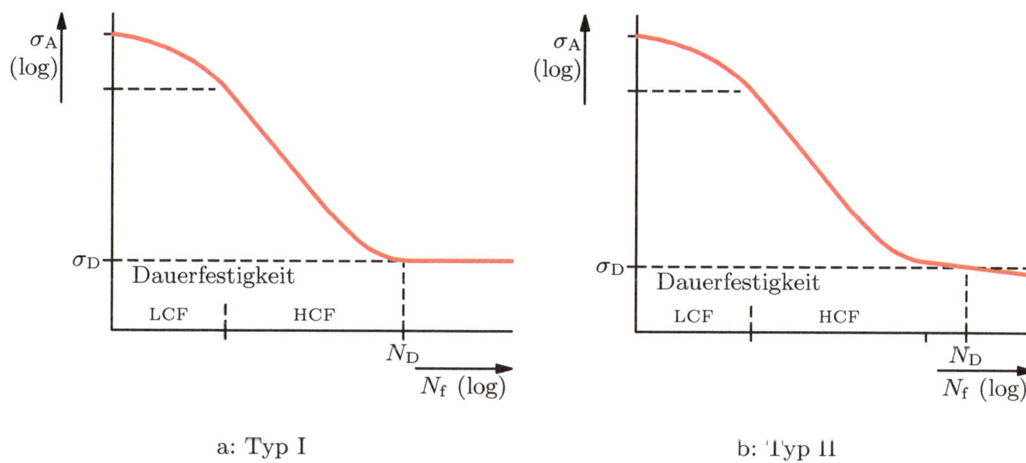

Bild 10.19: Die beiden charakteristischen Typen für Wöhlerdiagramme

zugehörigen Spannungsamplituden σ_A oder Schwingbreiten $\Delta\sigma$ in ein Diagramm ein, so erhält man ein *Wöhlerdiagramm* (engl. *S-N diagram*, Bild 10.18).[12]

Für die Spannungswerte des Wöhlerdiagramms, also z. B. eine Amplitude σ_A, die zu Versagen nach N_f Zyklen führt, werden großbuchstabige Indizes verwendet, also z. B. σ_A statt σ_a. Um die Angabe zu präzisieren, kann im Index zusätzlich die Versagenszyklenzahl angegeben werden: $\sigma_{A(N_f)}$, also z. B. $\sigma_{A(1,5 \cdot 10^4)} = 130\,\mathrm{MPa}$. Die Versagensschwingspielzahl N_f wird in Wöhlerdiagrammen immer logarithmisch aufgetragen. Für die Spannung sind sowohl die logarithmische als auch die lineare Auftragung üblich.

Bei einigen Werkstoffen existiert eine sogenannte *Grenzlastspielzahl* N_D, oberhalb derer die Wöhlerkurve praktisch horizontal verläuft. Das zugehörige Wöhlerdiagramm hat dann den *Typ I* (Bild 10.19 a), und eine Probe, die N_D Lastwechsel überlebt hat, versagt gar nicht mehr. Sie ist *dauerfest*. Der Versuch kann abgebrochen und die Probe als *Durchläufer* mit einem Pfeil im Wöhlerdiagramm gekennzeichnet werden (vgl. Bild 10.18). N_D liegt je nach Werkstoff häufig im Bereich $2 \cdot 10^6$ bis 10^7 Zyklen. Die Belastungsgrenze, unterhalb derer die Proben dauerfest sind, wird als *Dauerschwingfestigkeit* (oder kurz *Dauerfestigkeit*) σ_D bezeichnet.[13] Häufig werden Wöhlerdiagramme für rein wechselnde Belastungen ($R = -1$) ermittelt. Die entsprechende Dauerfestigkeitsgrenze wird dann bei Zug-Druck-Belastung als *Wechselfestigkeit*[14] σ_W und bei Biegewechselbelastung als *Biege-Wechselfestigkeit* σ_{bW} bezeichnet. Bei rein zugschwellender Belastung ($R = 0$) heißt die Dauerfestigkeitsgrenze *Schwellfestigkeit* σ_{Sch}.

Bei vielen Werkstoffen zeigt das Wöhlerdiagramm keinen horizontalen Ast (Typ II, Bild 10.19 b). Zwar zeigt die Wöhlerkurve auch bei ihnen eine geringe Steigung oberhalb

---

12 Typische Versagenskriterien sind das Auftreten eines Risses (»Rissinitiierung«) oder Probenbruch. Im Falle des Versagenskriteriums Rissinitiierung ist es üblich, die sogenannte Rissinitiierungsschwingspielzahl N_i statt N_f zu verwenden. Zur Vereinfachung bleiben wir in diesem Buch bei N_f.

13 Bezeichnungen entsprechend DIN 50 100

14 Manchmal auch *Zug-Druck-Wechselfestigkeit*

einer bestimmten Lastspielzahl, doch kann auch nach ihrem Überschreiten Versagen stattfinden, so dass keine echte Dauerfestigkeit existiert. Um dennoch eine »Dauerfestigkeit« angeben zu können, die eine große Ausfallsicherheit gewährleistet, verwendet man häufig eine zehn mal größere Grenzlastspielzahl von 10^8 Zyklen. Möchte man bei der Angabe der Dauerfestigkeit deutlich machen, dass es sich in Wirklichkeit nur um die Spannungsamplitude handelt, die zu einer bestimmten Zyklenzahl geführt hat, kann man die erreichte Zyklenzahl zusätzlich angeben, z. B. $\sigma_{\mathrm{D}(10^8)}$.

Bisher wurde vor allem der Bereich großer Zyklenzahlen im Wöhlerdiagramm diskutiert. Diese Art der Beanspruchung mit vielen Zyklen bezeichnet man als *hochzyklische Ermüdung*[15] oder englisch *high-cycle fatigue* (HCF).

Wie bereits das Einleitungsbeispiel des Automotors in Abschnitt 10.1 zeigte, gibt es jedoch auch Belastungen, bei denen die Zyklenzahl, gegen die ausgelegt werden muss, vergleichsweise niedrig ist. Liegt die Zyklenzahl bei weniger als etwa 10^4, so spricht man von *niederzyklischer Ermüdung* oder englisch *low cycle fatigue* (LCF), eine exakte Grenze der Zyklenzahl für den Übergang zwischen LCF- und HCF-Belastungen ist allerdings nicht definiert [140]. Die Spannungsamplituden, die zu einem Versagen führen (also oberhalb der Dauerfestigkeit sind), werden als *Zeitschwingfestigkeit* (kurz *Zeitfestigkeit*) bezeichnet. Tritt Versagen schon bei Zyklenzahlen im LCF-Bereich auf, wird die Belastung häufig *Kurzzeitfestigkeit* genannt.

Wie Bild 10.18 zeigt, verläuft die Wöhlerkurve im LCF-Bereich häufig flacher als im HCF-Bereich, eine kleine Änderung der anliegenden Spannung bewirkt also eine starke Änderung der Zyklenzahl bis zum Versagen. Dieses Phänomen tritt bei Metallen und Polymeren auf und wird für Metalle im nächsten Abschnitt diskutiert.

Erreicht die Oberspannung σ_{o} im ersten Zyklus bereits die Festigkeit aus dem entsprechenden monotonen Versuch, also bei axialer Belastung die Zugfestigkeit R_{m}, so bricht die Probe innerhalb des ersten Zyklus. Als Versagenszyklenzahl wird dann häufig $N_{\mathrm{f}} = 0{,}5$ angegeben. Das linke Ende des Wöhlerdiagramms wird also durch $\sigma_{\mathrm{A}(0,5)} = 0{,}5(1-R)R_{\mathrm{m}}$ bestimmt.

Unabhängig vom geprüften Material ist die Streuung der Versagensschwingspielzahl in der Regel sehr groß. Dies liegt daran, dass bereits sehr kleine Material- oder Oberflächenfehler einen erheblichen Einfluss auf die Lebensdauer haben können und eine vollständige Vergleichbarkeit verschiedener Proben deshalb nicht gegeben ist. Deswegen müssen für jede Laststufe mehrere Versuche durchgeführt werden (üblich sind 6 bis 10), um das Streuband hinreichend genau angeben zu können. Mit Hilfe statistischer Auswerteverfahren lassen sich Grenzkurven konstruieren, die eine bestimmte Überlebenswahrscheinlichkeit (z. B. 95 %) repräsentieren. Dies wird ausführlich beispielsweise bei *Radaj* [124] oder *Schott* [140] diskutiert.

Das Einleitungsbeispiel des Motors in Abschnitt 10.1 zeigt, dass reale Ermüdungsbeanspruchungen sowohl spannungs- als auch dehnungskontrolliert sein können. Spannungskontrollierte Belastung liegt vor, wenn die Last durch äußere Kräfte bestimmt wird, dehnungskontrollierte Belastung beispielsweise bei Temperaturänderungen, die zu thermischen Dehnungen führen. Häufig sind LCF-Belastungen dehnungskontrolliert und HCF-Belastungen spannungskontrolliert. Allerdings ist dies keine Regel und nicht in allen

---

15 Häufig spricht man auch von hochfrequenter Ermüdung. Dieser Begriff ist jedoch irreführend, da
   die Frequenz der Belastung mit der Anzahl der Zyklen nichts zu tun hat.

Fällen erfüllt. Beispielsweise ist die Belastung einer rotierenden Scheibe durch Fliehkräfte bestimmt, also spannungskontrolliert. Da diese im Idealfall während des Rotierens konstant sind, entspricht ein Zyklus einem Ein- und Ausschalten. Es handelt sich also normalerweise um eine spannungskontrollierte LCF-Belastung.

Für die Durchführung von Ermüdungsversuchen gilt, dass spannungs- oder kraftgeregelte Versuche mit geringerem Aufwand durchgeführt werden können als dehnungsgeregelte und deshalb oft bevorzugt werden. Dies gilt besonders für Versuche im HCF-Bereich.

Betrachtet man eine Wöhlerkurve wie in Bild 10.18, so ist die Abhängigkeit der maximal ertragbaren Zyklenzahl von der Spannung im LCF-Bereich sehr stark. In diesem Bereich würden kleine Streuungen des Spannungs-Dehnungs-Verhaltens der unterschiedlichen Proben (beispielsweise durch Schwankungen in den Werkstoffeigenschaften) zu großen Änderungen in der gemessenen Zyklenzahl, also zu einer großen Streuung der Messwerte führen. Deshalb ist in diesem Bereich eine dehnungsgeregelte Versuchsführung besonders sinnvoll, da bei vorgegebener Dehnungsamplitude nur kleine Streuungen in der zugehörigen Spannungsamplitude auftreten. Eine kraftgeregelte Versuchsführung würde auch durch die mit dem Rissfortschritt verbundene Lasterhöhung im Rissquerschnitt zu schnellerem Probenbruch führen [124].

Um auch den Einfluss von Kerben und inhomogenen Spannungsverteilungen auf die Ermüdungslebensdauer experimentell erfassen zu können, werden außer für glatte Proben auch Ermüdungsversuche an gekerbten Proben oder Bauteilen durchgeführt und daraus Kerb- bzw. Bauteilwöhlerdiagramme erstellt. Auf den Einfluss von Kerben auf das Ermüdungsverhalten von Werkstoffen wird in Abschnitt 10.7 näher eingegangen.

Wöhlerdiagramme für Metalle

Im doppelt-logarithmischen Maßstab ergibt das Wöhlerdiagramm für viele Metalle über einen großen Zyklenzahlenbereich eine Gerade (siehe Bild 10.18). Diese kann durch die *Basquin-Gleichung*

$$\sigma_A = \sigma_f'(2N_f)^b \qquad (10.12)$$

beschrieben werden [16]. Der *Schwingfestigkeitskoeffizient* σ_f' hängt dabei mit der Zugfestigkeit zusammen. Für unlegierte und niedriglegierte Stähle gilt als grober Richtwert $\sigma_f' = 1{,}5R_m$, für Aluminium- und Titanlegierungen etwa $\sigma_f' = 1{,}67R_m$ [124]. Der *Schwingfestigkeitsexponent* b hängt vom Werkstoff und der Probengeometrie ab und hat für die meisten Werkstoffe (und für glatte Proben) normalerweise Werte zwischen $-0{,}05$ und $-0{,}12$ [8, 124].

Unlegierte Stähle und Titanlegierungen mit kubisch raumzentrierten Gitter besitzen eine echte Dauerfestigkeit, also oberhalb der Grenzlastspielzahl von $2 \cdot 10^6$ bis 10^7 Zyklen einen horizontalen Ast im Wöhlerdiagramm [140] (Typ I, Bild 10.19 a). Dies gilt allerdings nicht für gekerbte Proben (und deshalb auch für Bauteile normalerweise nicht) und bei korrosivem oder oxidativem Einfluss während des Versuchs.

Kubisch flächenzentrierte Metalle, aber auch gehärtete Stähle, zeigen keine echte Dauerfestigkeit (Wöhlerdiagramme des Typs II, Bild 10.19 b). Dennoch ist bei ihnen der Verlauf der Wöhlerkurve oberhalb etwa 10^7 Zyklen sehr flach, so dass eine Grenzlastspielzahl von $N_D = 10^7$ bis 10^8 empfohlen wird [140], um gegen Dauerfestigkeit zu dimensionieren.

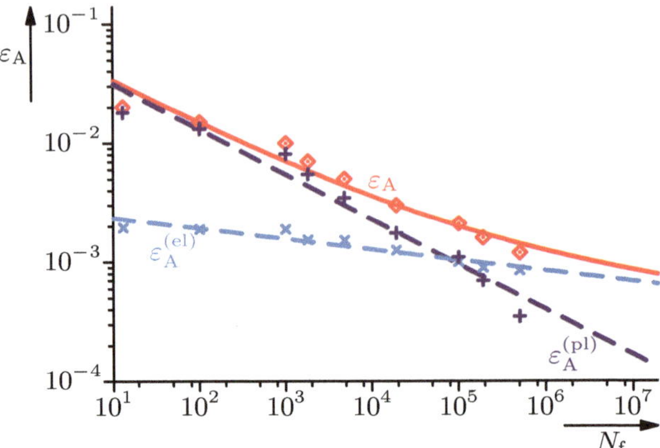

Bild 10.20: Dehnungsamplituden-Schwingspielzahl-Diagramm (Dehnungswöhlerdiagramm) für einen Baustahl nach ASTM A-36 mit $\sigma_{\mathrm{f}}' = 590\,\mathrm{MPa}$, $E = 206\,000\,\mathrm{MPa}$, $b = -0{,}088$, $\varepsilon_{\mathrm{f}}' = 0{,}074$ und $c = -0{,}378$. Die Symbole kennzeichnen einzelne Versuche. (Daten nach [124, 23])

Neuere Untersuchungen haben gezeigt, dass das Erreichen der Dauerfestigkeit (10^7 Zyklen) auch bei kubisch raumzentrierten Metallen nicht gewährleistet, dass die Probe dauerhaft hält. Bei sehr hohen Zyklenzahlen (bis mehr als 10^{10} Zyklen) ist wieder ein Abfall der Wöhlerkurve zu verzeichnen [96, 145]. Dies wird als *ultra-high-cycle fatigue* (UHCF) oder *very-high-cycle fatigue* bezeichnet.

Im Gegensatz zu Brüchen im Zeitfestigkeitsbereich, die normalerweise von der Oberfläche ausgehen, wird hier das Bauteilversagen darauf zurückgeführt, dass sich Anrisse an winzigen Einschlüssen knapp unter der Probenoberfläche bilden, die zunächst als sogenannte *Fischaugen* (engl. *fish eyes*) an der Oberfläche sichtbar werden [145, 149].

Wöhlerkurven für Metalle verlaufen nicht nur bei $N_{\mathrm{f}} > N_{\mathrm{D}}$, sondern auch im Bereich kleiner Versagensschwingspielzahlen ($N_{\mathrm{f}} \lesssim 10^3$), sehr flach. Dies liegt daran, dass die Dehngrenze überschritten wird und deshalb die Dehnungsamplitude besonders rasch mit der Spannungsamplitude ansteigt. Eine geringfügige Zunahme der Spannung führt also zu sehr viel höheren plastischen Deformationen und entsprechend zu deutlich geringeren Lebensdauern.

Trägt man die Dehnungsamplitude $\varepsilon_{\mathrm{A}}(N_{\mathrm{f}})$ über N_{f} doppelt-logarithmisch auf, so erhält man ein *Dehnungswöhlerdiagramm,* wie in Bild 10.20 skizziert. Es sind zwei lineare Bereiche zu erkennen, die fließend ineinander übergehen. Wie im Folgenden gezeigt wird, können diese linearen Bereiche dem elastischen und dem plastischen Anteil an der Gesamtdehnung zugeordnet werden. Die Dehnung setzt sich folgendermaßen aus den beiden Anteilen zusammen:

$$\varepsilon_{\mathrm{A}} = \varepsilon_{\mathrm{A}}^{(\mathrm{el})} + \varepsilon_{\mathrm{A}}^{(\mathrm{pl})} \,. \tag{10.13}$$

Große Bruchzyklenzahlen (HCF) können nur mit kleinen Spannungsamplituden erreicht werden, bei denen nur wenig plastische Deformation auftritt. In diesem Bereich entspricht die Gesamtdehnung also ungefähr dem elastischen Anteil. Die Gerade lässt sich durch die Basquin-Gleichung (10.12) beschreiben, indem man sie mit Hilfe des hookeschen Gesetzes in Dehnungen umschreibt:

$$\varepsilon_\mathrm{A}^\mathrm{(el)} = \frac{\sigma_\mathrm{f}'}{E}(2N_\mathrm{f})^b\,. \tag{10.14}$$

Bei geringen Bruchzyklenzahlen (LCF) und hohen Spannungen treten relativ große plastische Deformation auf, so dass die Gesamtdehnung maßgeblich durch die plastische Dehnung bestimmt wird. Für den LCF-Bereich kann als Näherung die *Coffin-Manson-Gleichung*

$$\varepsilon_\mathrm{A}^\mathrm{(pl)} = \varepsilon_\mathrm{f}' \cdot (2N_\mathrm{f})^c \tag{10.15}$$

angegeben werden [33, 99, 100]. Für den *Ermüdungsduktilitätskoeffizienten* ε_f' kann als Richtwert die wahre Bruchdehnung im Zugversuch verwendet werden. Der *Ermüdungsduktilitätsexponent* c hängt vom Verfestigungsverhalten des Werkstoffs ab. Typischerweise nimmt c Werte zwischen $-0{,}4$ und $-0{,}73$ an [124, 140].

Die Überlagerung aus beiden Dehnungsanteilen nach Gleichung (10.13),

$$\varepsilon_\mathrm{A} = \frac{\sigma_\mathrm{f}'}{E}(2N_\mathrm{f})^b + \varepsilon_\mathrm{f}' \cdot (2N_\mathrm{f})^c\,, \tag{10.16}$$

ergibt schließlich das Dehnungswöhlerdiagramm, Bild 10.20. Diese Gleichung wird häufig als *Coffin-Manson-Basquin-Gleichung* oder *Vier-Parameter-Gleichung* bezeichnet.

Wie bereits in Abschnitt 10.2.1 erläutert, wird die Anrissbildung und damit die Dauerfestigkeit duktiler Werkstoffe an glatten Proben durch akkumulierte plastische Verformung, meist an der Oberfläche, bestimmt. Aus diesem Grund hängt die Dauerwechselfestigkeit σ_W mit der Festigkeit bei statischer Beanspruchung zusammen. Allerdings ist die geeignetste Bezugsgröße nicht, wie man erwarten könnte, die Dehngrenze R_p, sondern die Zugfestigkeit R_m oder eine Kombination aus beiden, wie sie schon beim Failure-Assessment-Diagramm in Abschnitt 5.2.3 verwendet wurde [124].

Bei niedrigfesten Werkstoffen verhält sich die Dauerfestigkeit normalerweise proportional zur statischen Festigkeit. Bei Metallen mit einer hohen Festigkeit innerhalb einer Werkstoffklasse nimmt die Dauerfestigkeit nur noch wenig zu (Bild 10.21). Dies ist darin begründet, dass die Kerbempfindlichkeit der hochfesten Werkstoffe sehr groß ist und die Dauerfestigkeit dann durch innere Defekte oder Oberflächenfehler bestimmt wird (siehe auch Abschnitte 10.6.6 und 10.7). In der Literatur [92, 124, 140, 158] existiert eine Vielzahl unterschiedlicher Ansätze, um die Dauerwechselfestigkeit abzuschätzen. Tabelle 10.2 fasst einige von *Radaj* [124] angegebene Abschätzungen zusammen.

Wöhlerdiagramme für Keramiken

In Abschnitt 10.3 wurde bereits erläutert, dass viele Keramiken keine zyklischen Effekte zeigen und somit jede Last unterhalb der statischen Festigkeit (z. B. Zug- oder Biegefestigkeit) dauerhaft ertragen können. Bei einer solchen Keramik verläuft die Wöhlerkurve

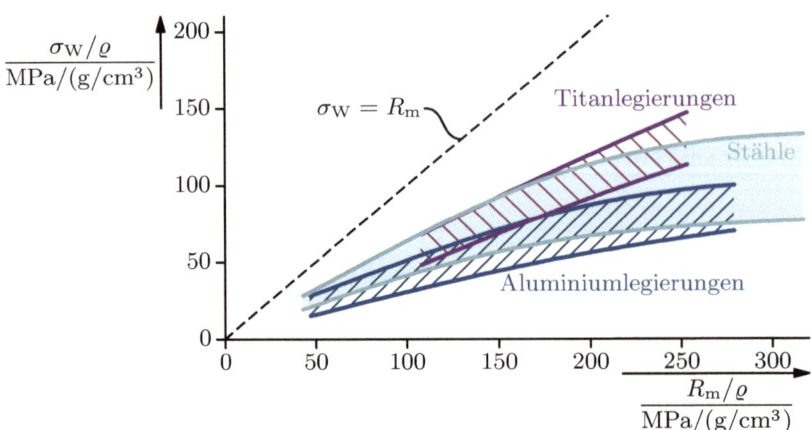

Bild 10.21: Abhängigkeit der Dauerwechselfestigkeit von der Zugfestigkeit für unterschiedliche Werkstoffklassen [124]

Tabelle 10.2: Abschätzungen für die Dauerwechselfestigkeit einiger Metalle [124]

Werkstoffklasse	Dauerwechselfestigkeit σ_{W}	
Stähle	$= (0{,}35 \ldots 0{,}65) \cdot R_{\mathrm{m}}$	für $R_{\mathrm{m}} < 1\,400\,\mathrm{MPa}$
	$\approx 700\,\mathrm{MPa}$	für $R_{\mathrm{m}} \geq 1\,400\,\mathrm{MPa}$
Gusseisenwerkstoffe	$= (0{,}3 \ldots 0{,}4) \cdot R_{\mathrm{m}}$	für $R_{\mathrm{m}} < 500\,\mathrm{MPa}$
Aluminiumlegierungen	$= (0{,}3 \ldots 0{,}5) \cdot R_{\mathrm{m}}$	für $R_{\mathrm{m}} < 325\,\mathrm{MPa}$
	$\approx 130\,\mathrm{MPa}$	für $R_{\mathrm{m}} \geq 325\,\mathrm{MPa}$
Titanlegierungen	$= (0{,}45 \ldots 0{,}65) \cdot R_{\mathrm{m}}$	für $R_{\mathrm{m}} < 1\,100\,\mathrm{MPa}$
	$\approx 620\,\mathrm{MPa}$	für $R_{\mathrm{m}} \geq 1\,100\,\mathrm{MPa}$

horizontal bei $\sigma_{\mathrm{O}} = R_{\mathrm{m}}$ bzw. $\sigma_{\mathrm{A}} = 0{,}5(1 - R)R_{\mathrm{m}}$ (für das Beispiel einer einachsigen Belastung). Für eine reine Wechselbelastung ergibt sich daraus

$$\sigma_{\mathrm{W}} \approx R_{\mathrm{m}} \,. \tag{10.17}$$

Dieser Sachverhalt kann bei der Freigabe von Bauteilen durch einen Überlastversuch (Abschnitt 7.4) ausgenutzt werden, bei dem das Bauteil einer einmaligen Last ausgesetzt wird, die oberhalb der Betriebslasten liegt. Versagt es dabei nicht, kann davon ausgegangen werden, dass es im Betrieb dauerfest ist.

Zeigt eine Keramik mechanische Ermüdung, so gilt Gleichung (10.17) nicht mehr, und die Auftragung in einem Wöhlerdiagramm ist sinnvoll. Bild 10.22 zeigt ein Wöhlerdiagramm für Siliziumnitrid bei drei unterschiedlichen Temperaturen. Wie allgemein bei Keramiken verläuft die Wöhlerkurve sehr flach. Eine geringfügige Reduzierung der Spannung kann also schon zu sehr großen Lebensdauerverlängerungen führen. Die Dau-

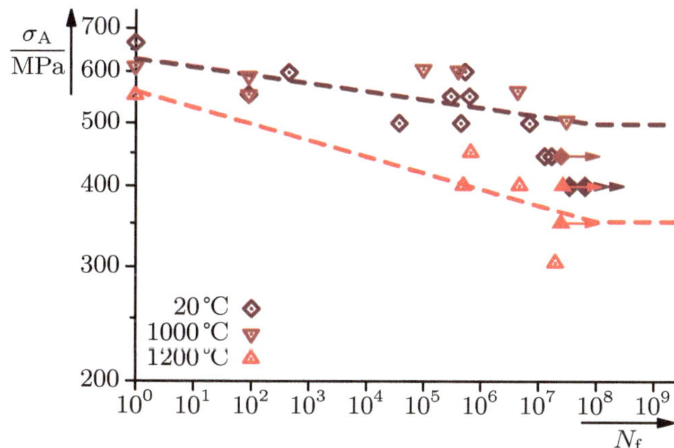

Bild 10.22: Wöhlerdiagramm für Si_3N_4 bei unterschiedlichen Temperaturen (Biegewechselversuche mit $R = -1$) [124]. Die dunkelrote Linie stellt eine gemeinsame Basquin-Gerade für 20 °C und 1000 °C dar, während die hellrote Linie für 1200 °C gilt.

erfestigkeit liegt normalerweise nur geringfügig unterhalb der statischen Festigkeit. Dass überhaupt Ermüdungsverhalten auftritt, liegt daran, dass der Bruch wegen der Glasphase auf den Korngrenzen (siehe Abschnitt 7.5.2) interkristallin verläuft, und es deshalb zu Rissbrückeneffekten kommen kann, wie in Abschnitt 10.3 erläutert. Dieser Effekt ist jedoch sehr gering.

Die Versagenszyklenzahlen für 20 °C und 1000 °C zeigen fast die identische Abhängigkeit von der Belastungsamplitude, so dass für sie eine gemeinsame Ausgleichsgerade eingezeichnet ist. Erst eine Temperaturerhöhung auf 1200 °C zeigt einen merklichen Einfluss auf die Zeit- und Dauerfestigkeit der Keramik, da in diesem Fall Kriechprozesse (siehe Kapitel 11) auftreten. Auch die geringe Temperaturabhängigkeit über weite Bereiche ist typisch für Keramiken.

Wöhlerdiagramme für Polymere

Wie in Abschnitt 10.4 erläutert, ist das Ermüdungsverhalten von Polymeren wegen ihres viskoelastischen Verhaltens stark von der Belastungsdauer, also der Prüffrequenz gekennzeichnet. Ist die Prüffrequenz hoch genug, so kann das Polymer bei zyklischer Beanspruchung aufgrund der Wärmeentwicklung versagen. Bild 10.23 zeigt dies am Beispiel eines Thermoplasten. Bei niedriger Prüffrequenz versagt dieser durch Rissbildung und Rissfortschritt, ähnlich wie ein Metall, bei höheren Frequenzen kommt es zu thermischer Ermüdung (Abschnitt 10.4.1), so dass die Dauerfestigkeit stark abnimmt. Typischerweise verwendet man bei Polymeren deshalb Testfrequenzen von maximal 10 Hz.

Bild 10.24 zeigt Wöhlerkurven verschiedener Polymere. Es ist zu erkennen, dass viele Polymere (z. B. PVC, PP, PA) einen horizontalen Kurvenverlauf bei hohen Lastspielzahlen aufweisen, was eine Dauerfestigkeit entsprechend dem Wöhlerkurventyp I (siehe Bild 10.19 a) nahelegt. Wie Bild 10.23 zeigt, kann ein solcher Verlauf allerdings auch auf

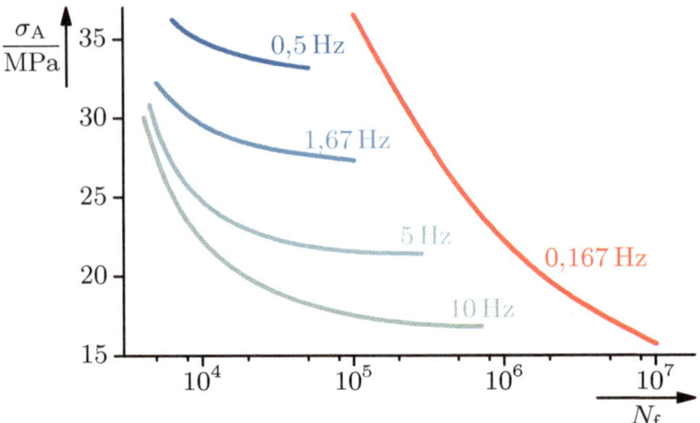

Bild 10.23: Wöhlerdiagramm für Polyoxymethylen (Polyacetal) bei verschiedenen Belastungsfrequenzen (nach [110]). Die rote Linie entspricht echtem Ermüdungsversagen, bei höheren Frequenzen (blaue Linien) versagt das Polymer durch thermische Ermüdung. Bei Verringerung der Last gehen die Kurven für thermische Ermüdung in die Kurve für echtes Ermüdungsversagen über.

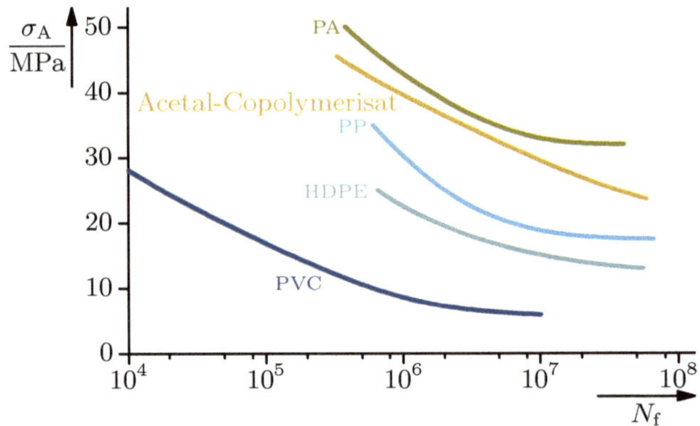

Bild 10.24: Wöhlerkurven für die Biegewechselfestigkeit einiger Polymere bei einer Temperatur von 20 °C und einer Prüffrequenz von 10 Hz (Polyamid: 15 Hz, nach [43]).

thermische Ermüdung zurückzuführen sein, so dass sich der horizontale Kurvenverlauf nicht beliebig fortsetzt, sondern in die Kurve für echtes Ermüdungsverhalten einmündet.

Bei der Verwendung von Wöhlerkurven für Polymere ist auch deshalb Vorsicht geboten, da sie sich nur sehr bedingt zur Bauteilauslegung eignen. Wie bereits erläutert, ist die Ermüdungsbeständigkeit wesentlich stärker von der Prüffrequenz und von der Bauteilgeometrie abhängig als etwa bei Metallen, da das Gleichgewicht zwischen Wärmeerzeugung und Wärmeableitung eine entscheidende Rolle spielt. Zur Bauteilauslegung sind deshalb Versuche unter möglichst betriebsnahen Bedingungen unerlässlich.

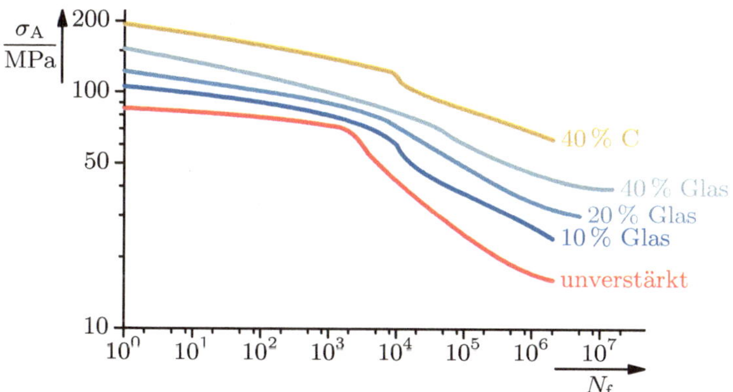

Bild 10.25: Vergleich der Wöhlerkurven von unverstärktem und glas- bzw. kohlenstofffaserverstärktem Polysulfon (vereinfachte Darstellung nach [30])

Wöhlerdiagramme für Faserverbundwerkstoffe

Wie in Abschnitt 10.5 erläutert, ist die Ermüdungsbeständigkeit von Faserverbunden meist gegenüber dem Matrixmaterial deutlich erhöht. Bild 10.25 zeigt dies am Beispiel der Wöhlerkurven von unverstärktem und mit ungerichteten kurzen Fasern verstärktem Polysulfon. Die erhöhte Ermüdungsbeständigkeit ist deutlich zu erkennen. Generell sind vor allem lange Kohlenstofffasern nicht nur wegen ihrer hohen Steifigkeit, sondern auch wegen ihrer guten Wärmeleitfähigkeit besonders effektiv zur Erhöhung der Ermüdungsbeständigkeit von Polymermatrix-Verbundwerkstoffen. Auch bei Metallmatrix-Faserverbunden ergibt sich ein ähnliches Bild. Beispielsweise führt bei einem mit 20 % Siliziumkarbidfasern verstärkten Aluminiumwerkstoff erst eine doppelt so hohe Spannung zur gleichen Versagenszyklenzahl wie beim unverstärkten Werkstoff [151].

Da Faserverbundwerkstoffe auch bei zyklischer Belastung häufig nicht durch Bildung und Wachstum eines einzigen Risses versagen, sondern durch zunehmende Mikrorissbildung, beobachtet man bei ihnen eine Abnahme der Steifigkeit mit zunehmender Zyklenzahl. Eine solche Abnahme existiert prinzipiell auch bei unverstärkten Werkstoffen, da ein sich ausbreitender Riss die Steifigkeit natürlich ebenfalls verringert. Dort ist es aber so, dass eine nennenswerte Abnahme der Steifigkeit erst wenige Zyklen vor dem endgültigen Versagen der Probe auftritt. Bei Verbundwerkstoffen dagegen kann die geschädigte Probe trotz herabgesetzter Steifigkeit noch eine große Restlebensdauer aufweisen.

10.6.3 Mittelspannungseinfluss

Im Wöhlerdiagramm (Abschnitt 10.6.2) trägt man Messwerte bei konstantem R-Wert auf. Will man den Mittelspannungseinfluss bzw. den Einfluss des R-Werts über den gesamten Zyklenzahlbereich von der niederzyklischen Ermüdung bis hin zur Dauerfestigkeit erfassen, muss man entsprechend umfangreiche Messreihen durchführen. Wie zu erwarten zeigt sich dann, dass die Kurven mit zunehmender Mittelspannung zu geringeren ertragbaren Spannungsamplituden verschoben werden. Häufig interessiert man sich aber

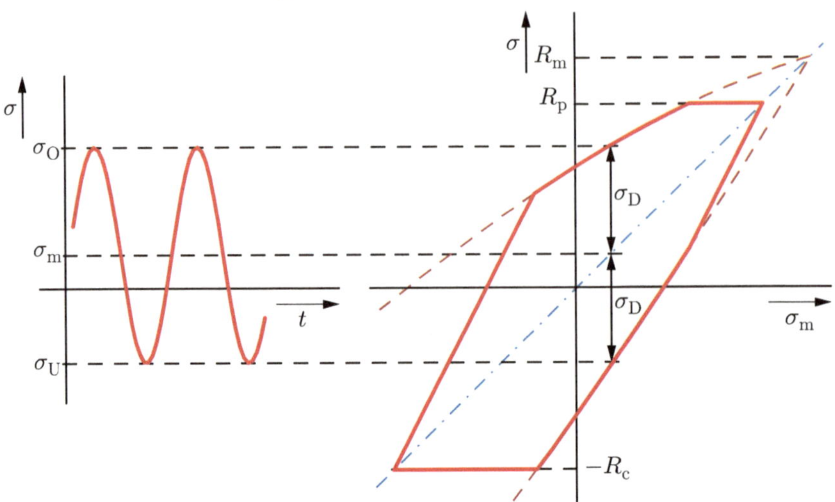

Bild 10.26: Spannungs-Zeit-Diagramm und Dauerfestigkeitsschaubild nach Smith. Wie skizziert können die Punkte im Dauerfestigkeitsschaubild direkt aus unterschiedlichen Spannungs-Zeit-Diagrammen übernommen werden. Die Druckfließgrenze σ_d entspricht bei Metallen meist der Dehngrenze R_p.

nur für die Abhängigkeit der Dauerfestigkeit σ_D (oder der Spannungsamplitude $\sigma_{A(N)}$ zum Erreichen einer vorgegebenen Zyklenzahl N) von der Mittelspannung. Dann bieten sich die im Folgenden beschriebenen Dauerfestigkeitsschaubilder nach Smith und Haigh an, die am Beispiel der Dauerfestigkeit σ_D besprochen werden.

Dauerfestigkeitsschaubild nach Smith

Zur Erstellung eines *Dauerfestigkeitsschaubilds nach Smith* wird die dauerhaft ertragbare Spannungsamplitude σ_D zu verschiedenen Mittelspannungen σ_m gemessen.[16] Die entsprechenden Unterspannungen σ_U und Oberspannungen σ_O werden in einem Diagramm aufgetragen, wie in Bild 10.26 dargestellt. Dieses Dauerfestigkeitsschaubild zeigt die folgende Gestalt: Mit steigender Mittelspannung fällt die ertragbare Schwingungsamplitude σ_D ab. Da ein plastisches Fließen des Materials nicht erwünscht ist, wird der zulässige Bereich horizontal bei der Fließgrenze R_p bzw. R_e im Zugbereich und bei der Druckfließgrenze σ_d, die für duktile Metalle der Dehngrenze R_p entspricht, abgeschnitten.

Dauerfestigkeitsschaubild nach Haigh

Das *Dauerfestigkeitsschaubild nach Haigh* entspricht einem Smith-Diagramm, bei dem über der Mittelspannung σ_m statt der Spannung σ die Spannungsamplitude σ_D aufgetragen wird. Der Abstand eines Datenpunkts von der Abszisse im Haigh-Diagramm

---

16 Kleinbuchstabige Indizes werden für vorgegebene Größen verwendet, beispielsweise die Mittelspannung σ_m, während großbuchstabige Indizes für die sich daraus ergebenden Größen für die Dauerfestigkeit verwendet werden, beispielsweise die Dauerfestigkeit σ_D. Wir suchen also für eine gegebene Mittelspannung σ_m die Dauerfestigkeit σ_D.

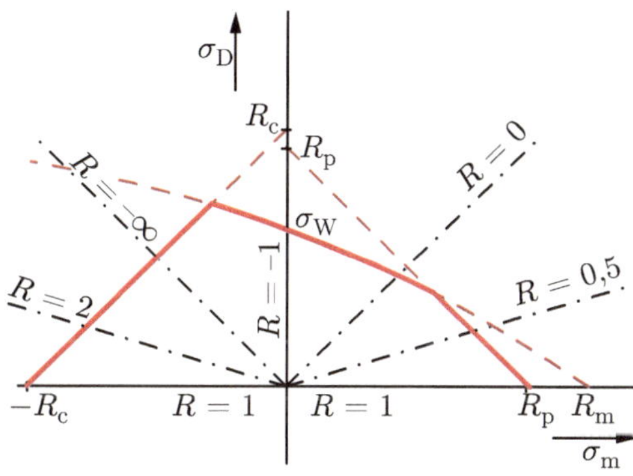

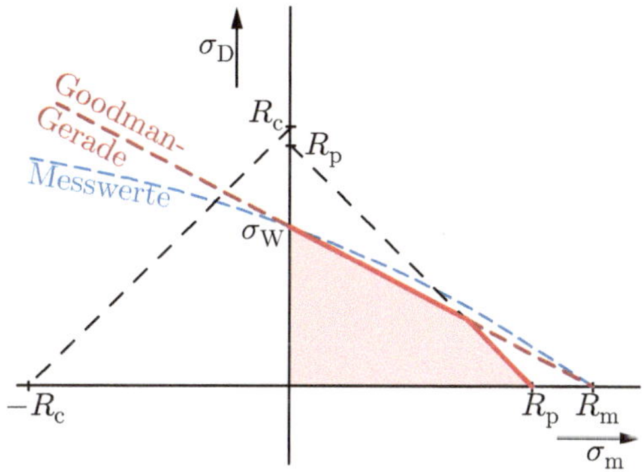

a: Exaktes Dauerfestigkeitsschaubild. Die eingezeichneten Ursprungsgeraden entsprechen konstanten R-Werten.

b: Näherung der Dauerfestigkeit mit Hilfe der Goodman-Gerade. Der konservative Gültigkeitsbereich ist rot hinterlegt.

Bild 10.27: Dauerfestigkeitsschaubild nach Haigh

entspricht somit dem senkrechten Abstand des Punkts von der Diagonalen im Smith-Diagramm. Da die Spannungsamplitude ober- und unterhalb der Mittelspannung gleich ist, wird nur die obere Hälfte dargestellt (Bild 10.27 a). Um das Spannungsverhältnis $R = \sigma_{\mathrm{u}}/\sigma_{\mathrm{o}} = (\sigma_{\mathrm{m}} - \sigma_{\mathrm{a}})/(\sigma_{\mathrm{m}} + \sigma_{\mathrm{a}})$ einzutragen, wird diese Gleichung auf folgende Form gebracht:

$$\sigma_{\mathrm{a}} = \frac{1 - R}{1 + R}\, \sigma_{\mathrm{m}}\,. \tag{10.18}$$

Demnach lässt sich der Zusammenhang zwischen σ_{a} und σ_{m} für verschiedene R-Werte als Ursprungsgeraden mit unterschiedlichen Steigungen darstellen. In Bild 10.27 a ist dies für einige R-Werte dargestellt.

Die schon beim Smith-Diagramm verwendete Begrenzung bei $+R_{\mathrm{p}}$ und $-\sigma_{\mathrm{d}}$ ist hier nicht ganz so leicht einzuzeichnen. Aus $\sigma_{\mathrm{O}} = \sigma_{\mathrm{m}} + \sigma_{\mathrm{D}} = R_{\mathrm{p}}$ folgt $\sigma_{\mathrm{D}} = R_{\mathrm{p}} - \sigma_{\mathrm{m}}$, aus $\sigma_{\mathrm{U}} = \sigma_{\mathrm{m}} - \sigma_{\mathrm{d}}$ ergibt sich $\sigma_{\mathrm{D}} = \sigma_{\mathrm{d}} + \sigma_{\mathrm{m}}$. Beide Grenzlinien sind folglich Geraden mit $\pm 45°$ Neigung und den Achsenabschnitten R_{p} bzw. σ_{d}. Sie sind bereits in Bild 10.27 a eingezeichnet.

Für den Verlauf des Dauerfestigkeitsschaubilds zwischen diesen beiden Grenzen existieren unterschiedliche Näherungsansätze [140]. Für positive Mittelspannungen, bei denen $-1 \leq R \leq 1$ gilt, ist die *Goodman-Gerade* gebräuchlich. Sie bildet ausgehend von der Wechselfestigkeit σ_{W} (für $R = -1$) und der Zugfestigkeit R_{m} (für $R = 1$) eine Gerade zwischen diesen beiden Stützpunkten (Bild 10.27 b). Formelmäßig lässt sie sich durch

$$\sigma_{\mathrm{D}}(\sigma_{\mathrm{m}}) = \left(1 - \frac{\sigma_{\mathrm{m}}}{R_{\mathrm{m}}}\right) \sigma_{\mathrm{W}} \tag{10.19}$$

beschreiben [8, 78]. Zusätzlich wird $\sigma_{\mathrm{O}} \leq R_{\mathrm{p}}$ gefordert, um plastisches Fließen zu vermeiden. Der so konstruierte Kurvenverlauf nähert das Verhalten duktiler Werkstoffe gut an und führt zu einer konservativen Abschätzung im genannten Gültigkeitsbereich.

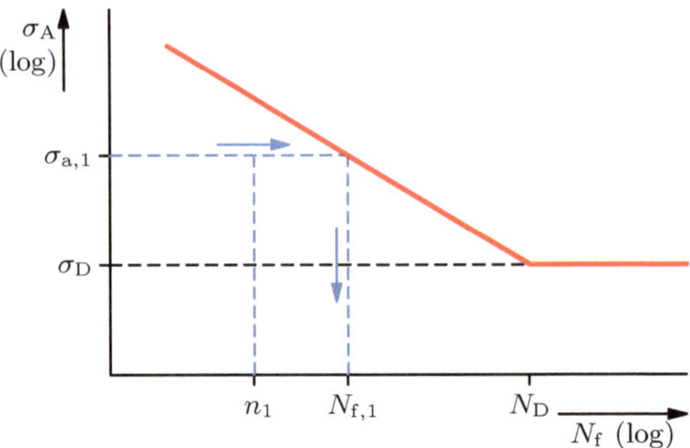

Bild 10.28: Bestimmung der Versagenszyklenzahl $N_{\mathrm{f},1}$ für eine Laststufe der Höhe $\sigma_{\mathrm{a},1}$ aus einem Wöhlerdiagramm

∗ 10.6.4   Schadensakkumulationsregeln

Das Wöhlerdiagramm gibt an, wie viele Zyklen ein Werkstoff einer zyklischen Belastung bei konstanter Spannungsamplitude und konstantem R-Wert standhält. Welche Versagensschwingspielzahl sich aber bei wechselnden Belastungshöhen einstellt, ist nicht unmittelbar ablesbar. Eine Möglichkeit, hierüber Aufschluss zu erhalten, ist das möglichst realitätsnahe Nachfahren des tatsächlich auftretenden Lastkollektivs in servohydraulischen Prüfmaschinen. Diese Methodik ist aber sehr aufwändig. Es wäre deshalb wünschenswert, eine Aussage anhand bestehender Wöhlerkurven ableiten zu können. Dies leisten *Schadensakkumulationsregeln*, wie die *lineare Miner-Regel* (häufig auch als *Palmgren-Miner-Regel* bezeichnet) [106]. Die lineare Miner-Regel wird wegen ihrer Einfachheit häufig angewendet, obwohl sie einige Unzulänglichkeiten besitzt. Diese werden am Ende des Abschnitts diskutiert.

Bei Anwendung der linearen Miner-Regel wird für jede Belastungsstufe eine Teilschädigung des Bauteils berechnet. Das Bauteil sei mit k unterschiedlichen Lasthöhen $\sigma_{\mathrm{a},j}$, $j = 1,\ldots,k$, belastet und die Anzahl der Lastspiele für jede Laststufe durch n_j gegeben. Aus dem Wöhlerdiagramm kann dann für jede Laststufe eine zugehörige Versagensschwingspielzahl $N_{\mathrm{f},j}(\sigma_{\mathrm{a},j})$ abgelesen werden (Bild 10.28). Damit kann für jede Laststufe der anteilige Lebensdauerverbrauch angegeben werden. Dieser ergibt sich zu $\Delta D_j = n_j/N_{\mathrm{f},j}$ (Symbol D für engl. *damage*). Die Miner-Regel legt nun fest, dass die Probe dann versagt, wenn die Gesamtschädigung D den Wert Eins ergibt:

$$D = \sum_{j=1}^{k} \Delta D_j = \sum_{j=1}^{k} \frac{n_j}{N_{\mathrm{f},j}} = 1\,. \tag{10.20}$$

Anschaulich stellt man sich also vor, dass in jeder Laststufe j der entsprechende Teil ΔD_j der Lebensdauer aufgebraucht wird.

Gleichung (10.20) berücksichtigt aber nicht die Reihenfolge, in der die Laststufen aufgebracht werden. Eine einfache Überlegung zeigt, dass diese Annahme nicht immer zulässig ist. Die Probe werde mit zwei Lasthöhen belastet: $\sigma_{\mathrm{a},1}$ liege unterhalb der Dauerfestigkeit σ_D, $\sigma_{\mathrm{a},2}$ oberhalb. Bringt man jetzt zunächst eine ausreichende Anzahl Lastspiele der höheren Last $\sigma_{\mathrm{a},2}$ auf, so bilden sich Anrisse entsprechend Abschnitt 10.2.1. Danach reicht dann die niedrigere Last $\sigma_{\mathrm{a},1}$ aus, um einen Riss über den gesamten Probenquerschnitt fortschreiten zu lassen. Da durch die Miner-Regel der niedrigeren Last $\sigma_{\mathrm{a},1}$ Dauerfestigkeit zugeordnet wird, was $N_{\mathrm{f},1} = \infty$ bzw. $\Delta D_1 = 0$ entspricht, wird die rechnerische Schädigung von $D = 1$ nicht erreicht. Versagen tritt also ein, bevor D den Wert Eins erreicht hat.

Belastet man eine andere Probe in umgekehrter Reihenfolge, so ruft die erste Laststufe $\sigma_{\mathrm{a},1}$ keine messbare Schädigung hervor ($\Delta D_1 = 0$ für ein beliebiges n_1). Die gesamte Werkstoffschädigung tritt während der zweiten Laststufe $\sigma_{\mathrm{a},2}$ auf, so dass der Werkstoff rechnerisch bei $n_2 = N_{\mathrm{f},2}$ und somit $D = \Delta D_2 = 1$ versagt. Dieses Beispiel zeigt, dass die Belastungsreihenfolge einen großen Einfluss auf das Ermüdungsverhalten hat, der aber von der Miner-Regel nicht berücksichtigt wird.

> Häufig kommt es sogar vor, dass es in der ersten Laststufe zu einer Werkstoffverfestigung kommt (vgl. Abschnitt 10.6.5), so dass anschließend die Probe weniger stark plastifiziert wird. Dieser sogenannte *Trainingseffekt* ist dann besonders ausgeprägt, wenn man die Spannungsamplitude in vielen kleinen Schritten auf ein höheres Lastniveau steigert. Durch den Trainingseffekt ist es möglich, dass ein Versagen erst bei $D > 1$ auftritt.

Zusammenfassend kann festgehalten werden, dass die Miner-Regel zwar für eine grobe Abschätzung nützlich ist; sie muss aber mit Vorsicht angewendet werden, da sie häufig nicht zu konservativen Ergebnissen führt.

$*$ 10.6.5 Zyklisches Spannungs-Dehnungs-Verhalten

Wie bereits in Abschnitt 10.2.1 erwähnt wurde, kann sich das Spannungs-Dehnungs-Verhalten von Metallen im Laufe einer zyklischen Belastung ändern. Dies wird bei dehnungsgeregelten Versuchen in sogenannten *Wechselverformungskurven* dargestellt, in denen die Ober- und Unterspannung in jedem Zyklus über der Zyklenzahl aufgetragen werden (siehe die gestrichelten Linien in den σ-t-Diagrammen in Bild 10.29). Je nach Ausgangszustand und Belastung können während der zyklischen Belastung unterschiedliche Effekte auftreten, die in den folgenden Abschnitten diskutiert werden.

$*$ Zyklische Ver- und Entfestigung

Führt man beispielsweise einen dehnungsgeregelten Ermüdungsversuch mit konstanter Dehnungsamplitude ε_a durch, so ändert sich die Spannungsamplitude σ_a im Versuchsverlauf. Bild 10.29 zeigt typische Spannungsentwicklungen. Nimmt die Spannungsamplitude während der Belastung zu, wird dies als *zyklische Verfestigung* bezeichnet (Bild 10.29 a). Nimmt sie ab, spricht man von *zyklischer Entfestigung* (Bild 10.29 b). Häufig ändert sich die Spannungsamplitude nur zu Beginn der Belastung und nähert sich dann einem stationären Wert an.

Führt man für unterschiedliche Dehnungsamplituden zyklische Versuche durch und trägt für diese die stationären Spannungsamplituden auf, so erhält man das in Bild 10.30

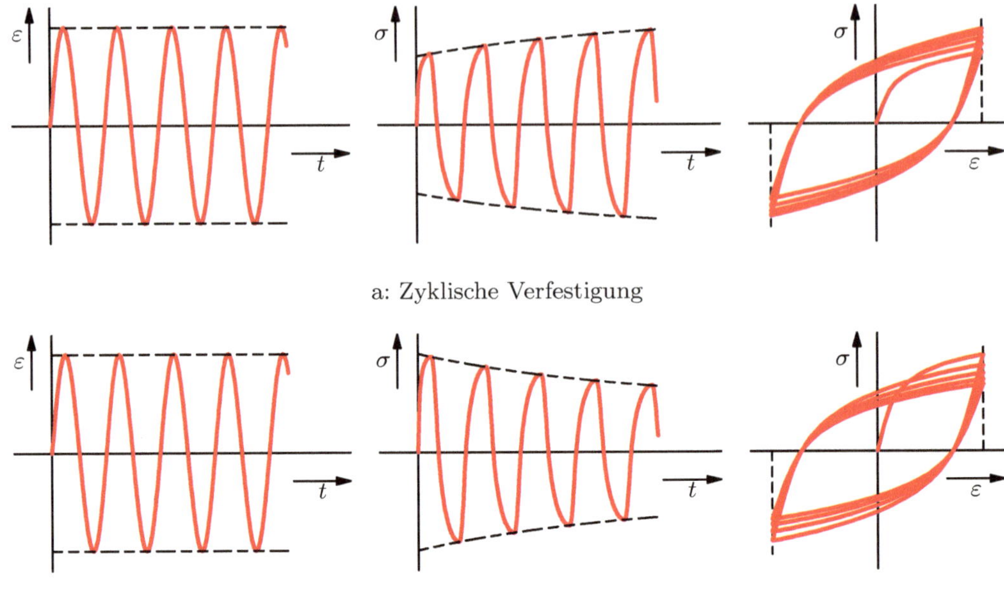

a: Zyklische Verfestigung

b: Zyklische Entfestigung

Bild 10.29: Zyklisches Spannungs-Dehnungs-Verhalten zu Beginn dehnungsgeregelter Ermüdungsversuche (nach [140]). Jeweils links steht die Regelgröße und in der Mitte die
Materialantwort. Die gestrichelte Linie im jeweils mittleren Graphen ist dabei die
Wechselverformungskurve).

skizzierte *zyklische Spannungs-Dehnungs-Diagramm*. Es fällt im Allgemeinen nicht mit
dem Ergebnis des monotonen Zug- oder Druckversuchs zusammen. Bei zyklischer Verfestigung liegt das zyklische Spannungs-Dehnungs-Diagramm oberhalb der monotonen
Kurve, bei zyklischer Entfestigung darunter.

Die zyklische Spannungs-Dehnungs-Kurve wird häufig durch das Ramberg-Osgood-Gesetz,
Gleichung (3.15), approximiert, allerdings mit den veränderten Parametern K' und n':

$$\varepsilon_{\mathrm{a}} = \frac{\sigma_{\mathrm{a}}}{E} + \left(\frac{\sigma_{\mathrm{a}}}{K'}\right)^{1/n'} .$$

Dieses Phänomen ist in der akkumulierten Versetzungsbewegung bei zyklischer Beanspruchung begründet. Durch diese Versetzungsbewegung kommt es laufend zur Bildung neuer
Versetzungen, zur Umgruppierung der Versetzungen in energetisch günstige Anordnungen und zu Versetzungsannihilationen. Bei einer anfänglich niedrigen Versetzungsdichte
führt Versetzungsmultiplikation häufig zu einer zyklischen Verfestigung. Bei sehr hohen
Versetzungsdichten, z. B. aufgrund einer vorgeschalteten Kaltverformung, entfestigt der
Werkstoff aufgrund von Versetzungsumgruppierungen und -annihilationen.

Ebenso kann es zu anderen mikrostrukturellen Veränderungen kommen. Im Fall ausscheidungsgehärteter Legierungen mit unteralterten Teilchen (vgl. Abschnitte 6.3.1 und

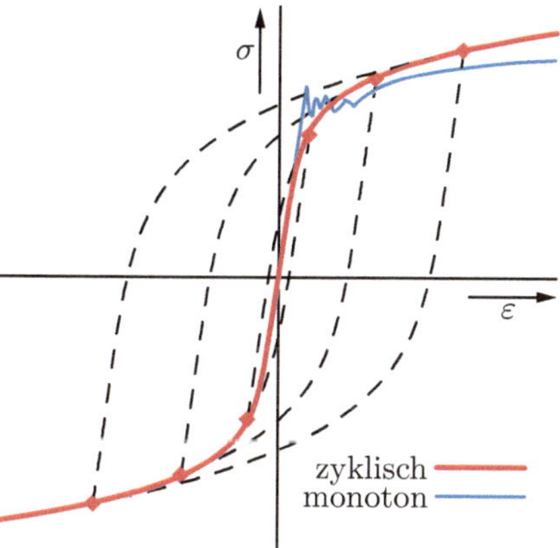

Bild 10.30: Zyklisches Spannungs-Dehnungs-Diagramm. Eine statische Spannungs-Dehnungs-Kurve ist als Vergleich eingezeichnet (blau).

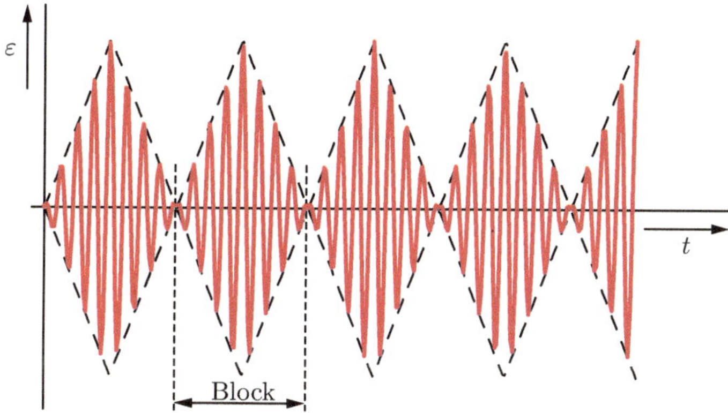

Bild 10.31: Dehnungsverlauf zur Ermittlung der zyklischen Spannungs-Dehnungs-Kurve im Incremental-Step-Test

6.4.3) können diese durch fortgesetzte Schneidprozesse regelrecht zerrieben werden, wodurch die Festigkeit abnimmt. Im Fall ferritischer Stähle können sich die Versetzungen im Laufe der zyklischen Beanspruchung von den Kohlenstoffwolken um den Versetzungskern befreien, so dass keine ausgeprägte obere Streckgrenze existiert und die zyklische Kurve in diesem Dehnungsbereich unterhalb der statischen liegt (vgl. Abschnitt 6.4.2). Es resultiert dort eine zyklische Entfestigung.

Um den Messaufwand bei der Erstellung zyklischer Spannungs-Dehnungs-Diagramme überschaubar zu halten, ist das Verfahren des *Incremental-Step-Tests* gebräuchlich. Dabei wird die Dehnungsamplitude in Blöcken zeitlich von Null auf einen Maximalwert und wieder auf Null variiert, wie in Bild 10.31 skizziert. Nachdem der Block mehrmals durchlaufen ist, verändert sich das Materialverhalten nicht mehr, es bildet sich ein stationärer Zustand. Nimmt man jeweils an den Dehnungsmaxima die Spannung auf, so erhält man das zyklische Span-

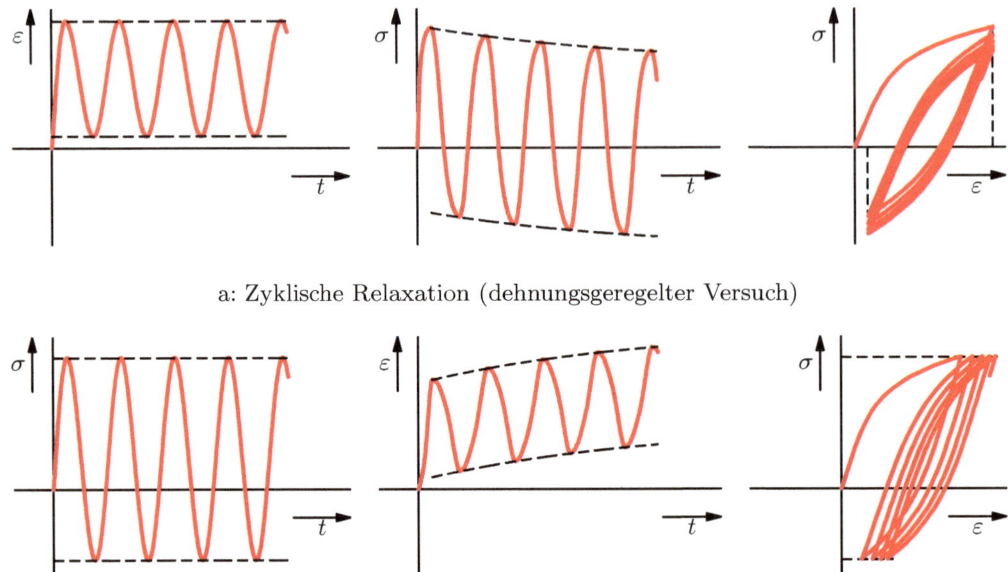

a: Zyklische Relaxation (dehnungsgeregelter Versuch)

b: Zyklisches Kriechen (spannungsgeregelter Versuch)

Bild 10.32: Zyklisches Spannungs-Dehnungs-Verhalten zu Beginn von Ermüdungsversuchen mit von Null verschiedenen Mitteldehnungen bzw. -spannungen (nach [140]). Jeweils links steht die Regelgröße und in der Mitte die Materialantwort.

nungs-Dehnungs-Diagramm. Entsprechend lässt sich die gesamte Information an einer Probe bestimmen.

Die zyklische Spannungs-Dehnungs-Kurve kann beispielsweise verwendet werden, um Finite-Elemente-Simulationen zyklischer Belastungen durchzuführen. Würde man versuchen, den Versuch im Rechner wirklich nachzufahren, müsste man für den verwendeten Werkstoff Informationen über das Verfestigungsverhalten (isotrope und kinematische Verfestigung) gewinnen und ein Werkstoffmodell erzeugen, das dies korrekt wiedergibt. Außerdem müssten alle Zyklen einzeln nachgerechnet werden. Dies wäre mit einem enormen Rechen- und Zeitaufwand verbunden. Stattdessen kann für die Fließkurve, die das Finite-Elemente-Programm als einsinnig annimmt, die zyklische Spannungs-Dehnungs-Kurve verwendet werden. Hiermit wird eine einzelne, monotone Belastung des Bauteils simuliert. Die damit berechneten Spannungen und Dehnungen entsprechen recht gut den Verhältnissen im Bauteil, das einer zyklischen Belastung unterworfen ist.

* Zyklische Relaxation und zyklisches Kriechen

Wird ein dehnungsgeregelter Ermüdungsversuch mit einer von Null verschiedenen Mitteldehnung durchgeführt, so kommt es häufig neben der zyklischen Ver- oder Entfestigung zu zyklischer Relaxation, bei der der Betrag der Mittelspannung während der Belastung abnimmt (Bild 10.32 a). Wird ein Ermüdungsversuch dagegen spannungsgeregelt mit einer von Null verschiedenen Mittelspannung durchgeführt, so verschiebt sich die Hystereseschleife häufig entlang der Dehnungsachse, wie in Bild 10.32 b gezeigt. Dies wird als *zyklisches Kriechen* oder *Ratchetting* (von engl. *ratchet*, Ratsche) bezeichnet.

Für diese Phänomene ist wiederum die Versetzungsbewegung während der zyklischen Belastung verantwortlich. In einem einfachen Modell kann man sich (für den Fall $\sigma_\mathrm{m} > 0$) vorstellen, dass es im Material Hindernisse für die Versetzungsbewegung gibt (beispielsweise Ausscheidungsteilchen), deren Höhe so groß ist, dass sie bei der maximalen Schubspannung, die sich bei Erreichen der Oberspannung σ_o einstellt, nicht überwunden werden können. Bei zyklischer Belastung bewegen sich die Versetzungen zwischen diesen Hindernissen hin und her. Da die Verformung bei Lastumkehr zunächst elastisch erfolgt, bevor die Versetzungen sich bewegen, ergibt sich für die Spannungs-Dehnungs-Kurve eine Hysterese (siehe auch Bild 3.29 b und Bild 10.7). Gelegentlich kann eine Versetzung, die vor einem Hindernis steht, durch äußere Einflüsse, beispielsweise thermische Aktivierung, dieses Hindernis überwinden (siehe Abschnitt 6.3.2). Ein andere Möglichkeit zur Hindernisüberwindung ist ein Versetzungsaufstau, der zu einer lokalen Spannungsüberhöhung führt. Dadurch kann es von Zeit zu Zeit passieren, dass ein Hindernis dennoch von einer Versetzung überwunden wird und es zu einem zusätzlichen plastischen Dehnungsinkrement kommt. Weil σ_o betragsmäßig größer als σ_u ist, ist bei σ_o auch die Schubspannung größer und die Wahrscheinlichkeit, dass ein Hindernis überwunden wird, ist deshalb dort größer. Damit ergibt sich die in Bild 10.32 b dargestellte Verschiebung der Hystereseschleife. Ist $\sigma_\mathrm{m} < 0$, so gilt das Argument entsprechend, die maximale Schubspannung wird in diesem Fall allerdings bei σ_u erreicht. Insgesamt bleibt also in jedem Zyklus eine geringfügige plastische Dehnung übrig, die zum zyklischen Kriechen führt. Anders als beim »echten« Kriechen (siehe Kapitel 11) können beim zyklischen Kriechen schon bei Raumtemperatur nennenswerte Verformungen auftreten.

∗ 10.6.6 Kitagawa-Diagramm

In den Abschnitten 10.6.1 und 10.6.2 wurden zwei unterschiedliche Auslegungskonzepte ermüdungsbeanspruchter Werkstoffe diskutiert. Bei der bruchmechanischen Betrachtung in Abschnitt 10.6.1 wurde festgestellt, dass ein Riss nicht mehr wächst, wenn der zyklische Spannungsintensitätsfaktor ΔK kleiner als ein material- und belastungsabhängiger Grenzwert ΔK_th ist. Wie dort bereits beschrieben, ist diese Aussage ist aber nur zutreffend, wenn die linear-elastische Bruchmechanik angewandt werden kann. Dies ist dann der Fall, wenn es sich um Makrorisse handelt, deren Länge hinreichend groß im Vergleich zur mikrostrukturellen Längenskala (insbesondere Korngröße) ist, und wenn die plastische Zone an der Rissspitze klein im Vergleich zu den Rissabmessungen ist (siehe auch die Abschnitte 5.2 und 5.3). Wie bereits in Abschnitt 10.2.1 näher erläutert wurde, ist es deswegen verständlich, dass glatte Proben durch Bildung und Wachstum von Mikrorissen von der Oberfläche aus versagen können, obwohl der Schwellwert ΔK_th zunächst gar nicht erreicht wird.

Dieser Sachverhalt kommt für Metalle im sogenannten *Kitagawa-Diagramm* zum Ausdruck, in dem man die Schwingbreite $\Delta\sigma = \sigma_\mathrm{o} - \sigma_\mathrm{u}$ gegen die Risslänge a im doppeltlogarithmischem Maßstab aufträgt (Bild 10.33) und den Bereich, in dem das Material

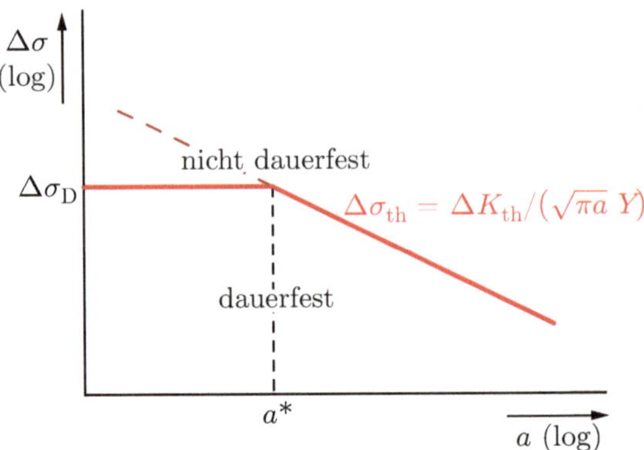

Bild 10.33: Kitagawa-Diagramm zur Ermittlung des Einflusses von Defekten auf die Dauerfestigkeit. Aufgetragen ist das Spannungsintervall $\Delta\sigma = 2\sigma_\mathrm{A}$ über der Risslänge a in doppelt-logarithmischer Darstellung. Hier wurde $Y = 1 = \mathrm{const}$ angenommen.

dauerfest ist, gegen den nicht dauerfesten Bereich abgrenzt. Ist die Risslänge größer als ein kritischer Wert a^*, ist die maximal zulässige Belastung durch die linear-elastische Bruchmechanik bestimmt. Es gilt

$$\Delta\sigma_\mathrm{th} = \frac{\Delta K_\mathrm{th}}{\sqrt{\pi a}\, Y}\,. \tag{10.21}$$

Hängt Y nicht von der Risslänge ab, ergibt sich im doppelt-logarithmischen Diagramm also eine Gerade mit Steigung $-0{,}5$ entsprechend Bild 10.33. Diese Gerade setzt sich aber nicht zu beliebig kleinen Risslängen fort, sondern wird durch die an glatten Proben bestimmte Dauerfestigkeit $\Delta\sigma_\mathrm{D} = 2\sigma_\mathrm{D}$ nach oben begrenzt. Wie gesagt, rührt diese Grenze daher, dass nun das Spannungsniveau ausreicht, um Anrisse erzeugen und wachsen lassen zu können. Zu dem Zeitpunkt, an dem sich diese Risse wie lange Risse verhalten, ist der zyklische Spannungsintensitätsfaktor ΔK bereits größer als ΔK_th. Deswegen kommt es nicht mehr zum Stoppen der einmal gebildeten Risse, und die Probe versagt nach einer endlichen Zyklenzahl.

Die sogenannte *kritische Risslänge* a^* ist durch die Bedingung

$$a^* = \frac{1}{\pi}\left(\frac{\Delta K_\mathrm{th}}{\Delta\sigma_\mathrm{D} Y}\right)^2 \tag{10.22}$$

gegeben. Sie liegt für Metalle häufig bei einigen Hundertstel bis Zehntel Millimetern [124]. Ist $a < a^*$, so gilt die linear-elastische Bruchmechanik nicht mehr. Eine Berechnung mit Hilfe des Spannungsintensitätsfaktors ist deshalb unzulässig. Wie Bild 10.33 zeigt, hängt in diesem Fall die maximal ertragbare Schwingbreite nicht mehr von der Risslänge ab.

Für risslängenabhängige Geometriefaktoren weicht der rechte Ast des Kitagawa-Diagramms von der Geraden ab. Da die kritische Risslänge a^* normalerweise sehr klein ist, hat diese Längenabhängigkeit bei a^* meist einen geringen Einfluss.

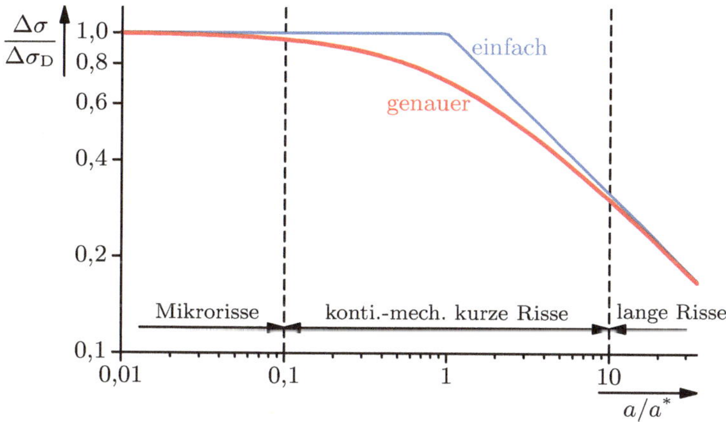

Bild 10.34: Genauere Näherung für ein Kitagawa-Diagramm (nach [124])

Der Übergang von der Ermüdungsgrenze für glatte Proben zum bruchmechanisch gesteuerten Kurvenast ist in der Realität nicht ganz so abrupt wie in Bild 10.33 skizziert. Der wirkliche Verlauf entspricht etwa dem in Bild 10.34 dargestellten. Deutlich wird dabei auch, dass bereits sehr kleine Defekte, deren Größe noch unterhalb des schon sehr kleinen Werts a^* liegt, zu einem erheblichen Abfall der Ermüdungsbeständigkeit führen können. Beispielsweise sinkt im Diagramm die dauerhaft ertragbare Spannungsschwingbreite $\Delta\sigma$ schon für $a/a^* = 0{,}5$ auf 82 % der Dauerfestigkeit $\Delta\sigma_\mathrm{D}$. Dies illustriert nochmals, dass die Bauteilfestigkeit unter Ermüdungsbelastung sehr viel empfindlicher von der Materialqualität (Oberflächenrauigkeit, Porosität etc.) abhängt, als dies bei statischer Beanspruchung der Fall ist.

$*$10.7   Einfluss von Kerben

Wie in Kapitel 4 erläutert, führen Kerben zu Spannungsüberhöhungen im Bauteil. Daher ist zu erwarten, dass Kerben auch einen Einfluss auf das Dauerfestigkeitsverhalten von Bauteilen besitzen. Die Überhöhung der Spannung im Kerbgrund wird analog Gleichung (4.1) mit der Kerbformzahl α_k angegeben:

$$\sigma_\mathrm{a,max} = \alpha_\mathrm{k}\sigma_\mathrm{a,nk}\,.$$

Nimmt man an, dass die maximale Spannungsamplitude im Bauteil die Dauerfestigkeit einer glatten Probe σ_D nicht überschreiten darf, so würde man erwarten, dass die maximal erlaubte Nennspannungsamplitude für eine gekerbte Probe

$$\sigma_\mathrm{D,k,erwartet} = \frac{\sigma_\mathrm{D}}{\alpha_\mathrm{k}} \tag{10.23}$$

beträgt, wobei die Spannungsamplitude $\sigma_\mathrm{D,k}$ auf den gekerbten Querschnitt bezogen ist. In Experimenten erträgt eine gekerbte Probe aber meist höhere Spannungen, als

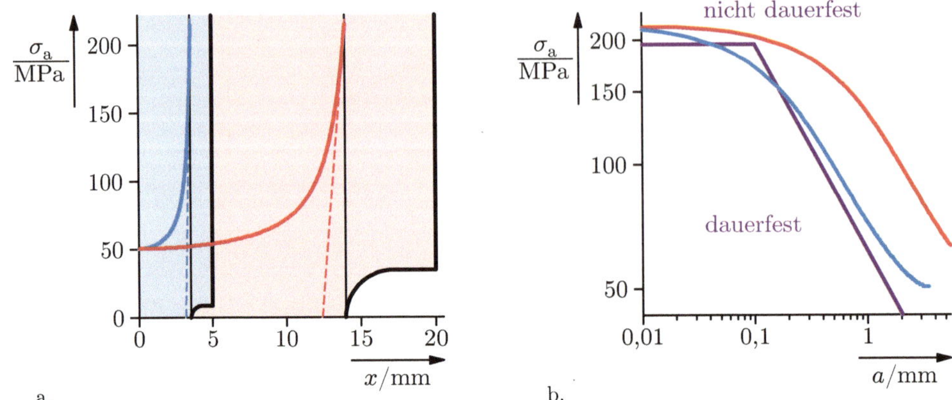

a.

b.

Bild 10.35: Veranschaulichung der Stützwirkung anhand eines Kitagawa-Diagramms. In Teilbild a sind zwei Geometrien mit der Kerbformzahl $\alpha_k = 3$ skizziert, deren Spannungsfelder sich hauptsächlich durch den unterschiedlichen Gradienten im Kerbgrund unterscheiden. Bildet sich im Kerbgrund ein Riss, so befindet er sich zunächst im nicht dauerfesten Bereich des Kitagawa-Diagramms (Teilbild b). Ist der
Gradient hoch (blaue Kurve), so wird der Riss entsprechend entlastet, so dass er
zum Stillstand kommt, ist der Gradient niedrig (rote Kurve), so wächst der Riss
weiter. Für das Bild wurde $Y = \text{const}$ angenommen.

Gleichung (10.23) erwarten lässt. Daher wird die *Kerbwirkungszahl* β_k eingeführt,[17] die
als Quotient der Dauerfestigkeiten der glatten Probe σ_D und der gekerbten Probe $\sigma_{D,k}$
definiert ist:

$$\beta_k = \frac{\sigma_D}{\sigma_{D,k}} \,. \tag{10.24}$$

Für die Kerbwirkungszahl β_k gilt $1 \leq \beta_k \leq \alpha_k$. Wie stark sich β_k und α_k unterscheiden, hängt vom Werkstoff, der Kerbgeometrie und dem Belastungsfall ab. Da die Dau-
erfestigkeit der gekerbten Probe höher ist, als man nach der Spannungsüberhöhung im
Kerbgrund erwarten würde, spricht man häufig von der *Stützwirkung* eines Kerbs. Dieser
Begriff ist insofern irreführend, als das Bauteil mit Kerb niemals eine höhere Dauerfestigkeit besitzt als ohne Kerb.

Für die unerwartet hohe Dauerfestigkeit einer gekerbten Probe ist in duktilen Werkstoffen die Rissausbreitung im Stadium I entscheidend. In diesem Stadium ist, wie in Abschnitt 10.6.6 gezeigt wurde, nicht der Spannungsintensitätsfaktor, sondern direkt die am
Ort des Risses wirkende Spannung relevant. Da Ermüdungsrisse normalerweise von der
Oberfläche im Kerbgrund aus in das Bauteil wachsen und die Spannungen im Kerbgrund
schnell abfallen, läuft ein wachsender Riss in einen Bereich mit geringerer Spannung hinein und kann so entlastet werden.[18] Bild 10.35 zeigt das Kitagawa-Diagramm für einen

---

17 In englischsprachiger Literatur wird die Kerbwirkungszahl meist mit K_f bezeichnet.

18 Wie weiter unten gezeigt wird, gilt dies nicht mehr, sobald die linear-elastische Bruchmechanik anwendbar ist. Der Spannungsintensitätsfaktor nimmt bei einem wachsenden Riss aufgrund
der zunehmenden Risslänge schneller zu, als die Spannung im Kerbgrund abnehmen kann, siehe
Bild 10.39.

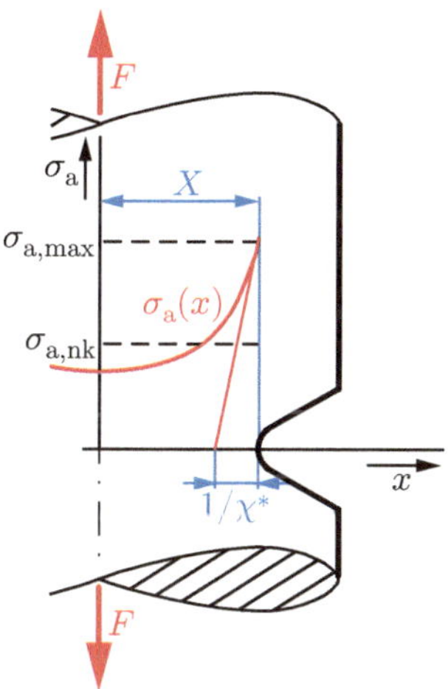

Bild 10.36: Geometrische Deutung des bezogenen Spannungsgradienten χ^*

solchen Fall. Mit zunehmender Risslänge nimmt die auf den Riss wirkende Spannung ab, und der Riss kann in den dauerfesten Bereich innerhalb des Diagramms laufen und zum Stillstand kommen.

Ob ein wachsender Riss auf diese Weise gestoppt werden kann, hängt davon ab, wie schnell die Spannung im Kerbgrund abfällt. Um diesen Abfall zu quantifizieren, definiert man den *bezogenen Spannungsgradienten* im Kerbgrund

$$\chi^* = \frac{1}{\sigma_{a,max}} \left.\frac{d\sigma_a}{dx}\right|_{x=X} \tag{10.25}$$

mit den Maßen x und X entsprechend Bild 10.36 und mit der Maximalspannungamplitude im Kerbgrund $\sigma_{a,max}$. Der bezogene Spannungsgradient hat die Einheit mm^{-1} und entspricht dem Kehrwert des Abstands zwischen dem Kerbgrund und dem Schnittpunkt der Tangente an $\sigma_a(x)|_{x=X}$ mit der Koordinatenachse analog zu den Bildern 10.35 und 10.36. Er ist nur von der Geometrie abhängig und für wichtige Fälle tabelliert [45, 78]. Tabelle 10.3 enthält einige Werte.

An dieser Stelle sei der Unterschied zwischen dem bezogenen Spannungsgradienten χ^* und der Kerbformzahl α_k betont, die beide nur von der Geometrie abhängen. Die Kerbformzahl gibt die maximale Spannungsüberhöhung im Kerbgrund an. Der bezogene Spannungsgradient gibt an, wie schnell die Spannung von diesem Maximalwert abfällt. Wie in Bild 10.35 skizziert, kann der bezogene Gradient bei gleicher Kerbformzahl α_k je nach Geometrie unterschiedlich sein. Insbesondere spielt die Bauteilgröße eine Rolle: Skaliert man eine Geometrie proportional, ändert sich die Kerbformzahl nicht, der bezogene Spannungsgradient fällt jedoch mit steigender Größe der Geometrie ab, da er einer inversen Länge entspricht. Trotz gleicher Kerbformzahl ist das größere Bauteil also bei Ermüdungsbelastung kerbempfindlicher als das kleinere.

Ist der bezogene Spannungsgradient klein, so nimmt die Spannung langsamer mit der Entfernung vom Kerbgrund ab. Damit ein Riss trotzdem in das dauerfeste Gebiet des Ki-

Tabelle 10.3: Bezogener Spannungsgradient für einige Geometrien [78]

Geometrie	χ^*/mm^{-1}	
	Zug-Druck	Biegung
	$\dfrac{2}{\varrho}$	$\dfrac{2}{b} + \dfrac{2}{\varrho}$
	$\dfrac{2}{\varrho}$	$\dfrac{2}{d} + \dfrac{2}{\varrho}$
	$\dfrac{2}{\varrho}$	$\dfrac{4}{D+d} + \dfrac{2}{\varrho}$

tagawa-Diagramms einlaufen kann, muss die Maximalspannung im Kerbgrund niedriger sein. Deshalb sinkt die Dauerfestigkeit $\sigma_{\mathrm{D,k}}$ mit abnehmendem bezogenen Spannungsgradienten. Dies wird durch Bild 10.37 belegt, in dem die als

$$n_\chi = \frac{\alpha_\mathrm{k}}{\beta_\mathrm{k}} = \frac{\sigma_{\mathrm{D,k}}}{\sigma_\mathrm{D}/\alpha_\mathrm{k}} = \frac{\alpha_\mathrm{k}\sigma_{\mathrm{D,k}}}{\sigma_\mathrm{D}} \tag{10.26}$$

definierte *dynamische Stützziffer* über dem bezogenen Spannungsgradienten aufgetragen ist. Die dynamische Stützziffer n_χ ist kein Vergleich der Festigkeit bei statischer und zyklischer Belastung, sondern sie vergleicht die tatsächliche Dauerfestigkeit $\sigma_{\mathrm{D,k}}$ der Probe mit derjenigen, die man erwarten würde, wenn die Dauerfestigkeit vollständig durch die elastische Spannungsüberhöhung im Kerbgrund bestimmt werden würde ($\sigma_\mathrm{D}/\alpha_\mathrm{k}$). Sie ist kein reiner Werkstoffkennwert, sondern hängt außerdem über χ^* von der Bauteilgeometrie ab. Es gilt $1 \leq n_\chi \leq \alpha_\mathrm{k}$. Bei $n_\chi = 1$ macht sich der Kerbeinfluss voll bemerkbar, so dass die Dauerfestigkeit entsprechend der Spannungsüberhöhung im Kerbgrund sinkt. Dies ist bei großen Bauteilen und vergleichbarer Kerbformzahl α_k, d. h. kleinen Werten von χ^*, der Fall. Bei $n_\chi = \alpha_\mathrm{k}$ gilt $\beta_\mathrm{k} = 1$ oder gleichbedeutend $\sigma_{\mathrm{D,k}} = \sigma_\mathrm{D}$. Der Werkstoff erfährt also durch den Kerb keine Schwächung. Wenn sich aus Diagramm 10.37 ein n_χ-Wert ergibt, der größer als die Kerbformzahl α_k ist, bedeutet dies ebenfalls, dass der Kerb keinen Einfluss hat, so dass $n_\chi = \alpha_\mathrm{k}$ gesetzt werden kann.

Die Tatsache, dass ein Spannungsgradient an der Oberfläche die ertragbare Spannung erhöht, tritt auch beispielsweise bei Biegebeanspruchungen zu Tage. Dort nimmt die Spannung linear mit dem Abstand von der Oberfläche ab. Mit fallender Probendicke steigt der Gradient. Daher ertragen Bauteile zum einen bei Biegebelastungen höhere Maximalspannungen an der Oberfläche als bei Zugbeanspruchungen und haben zum anderen dünne Bauteile bei Biegung eine höhere Dauerfestigkeit als dicke [78].

Bild 10.37 zeigt auch eine starke Abhängigkeit zwischen n_χ und der Werkstofffestigkeit. Betrachtet man eine Werkstoffklasse, so nimmt die Stützziffer normalerweise mit steigen-

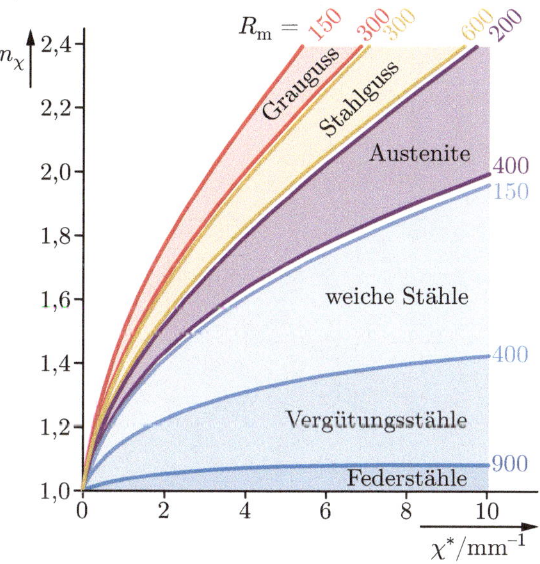

Bild 10.37: Abhängigkeit der Stützziffer von dem bezogenen Spannungsgradienten für unterschiedliche Eisenwerkstoffe (nach [158])

der Zugfestigkeit R_m ab. Beispielsweise ist die Stützziffer eines ferritischen Federstahls geringer als die eines ferritischen Baustahls (vgl. Bild 10.37). Das lässt sich wie folgt verstehen: Weniger feste (aber duktilere) Werkstoffe haben eine geringere Dauerfestigkeit σ_D bei vergleichbarem Schwellwert ΔK_th für Rissfortschritt. Dadurch steigt entsprechend Gleichung (10.22) die kritische Risslänge a^*, so dass Risse auch in Kerben mit einem geringeren bezogenen Spannungsgradienten in das dauerfeste Gebiet des Kitagawa-Diagramms einlaufen und somit gestoppt werden. Dies gelingt beim hochfesteren Werkstoff aufgrund der geringeren kritischen Risslänge a^* unter Umständen nicht, so dass die Stützziffer kleiner ausfällt. Bild 10.38 zeigt diesen Sachverhalt anhand einer Gegenüberstellung der Dehngrenze R_p (statischer Versuch), der Wechselfestigkeit σ_W (zyklischer Versuch an glatten Proben) und der Kerbwechselfestigkeit $\sigma_\mathrm{W,k}$ (zyklischer Versuch an gekerbten Proben). Die Kerbwechselfestigkeit hängt außer vom Werkstoff auch von der Kerbgeometrie ab. Im gezeigten Beispiel bleibt die Kerbwechselfestigkeit mit steigender Dehngrenze fast konstant, doch kann sie, je nach Kerbgeometrie, mit steigender Dehngrenze auch abnehmen. Da höherfeste Werkstoffe meist auch stärker belastet werden, steigt auch bei einer konstanten Kerbwechselfestigkeit mit steigender Festigkeit die Kerbempfindlichkeit.

Es erscheint zunächst verwunderlich, dass spröde Werkstoffe wie Gusseisen gemäß Bild 10.37 eine besonders hohe Stützziffer aufweisen. Dies liegt daran, dass sich in Grauguss Anrisse an den Graphiteinschlüsse bilden, die als innere Defekte wirken und eine statistische Größenverteilung aufweisen. Es ist aber sehr unwahrscheinlich, dass sich der für das Versagen entscheidende (d. h. größte) Anriss genau in einem Volumenelement im Kerbgrund befindet, wo die Spannungsüberhöhung durch die Kerbwirkung eine Rolle spielt. Dies verhält sich analog zur Abnahme der Versagenswahrscheinlichkeit mit einer

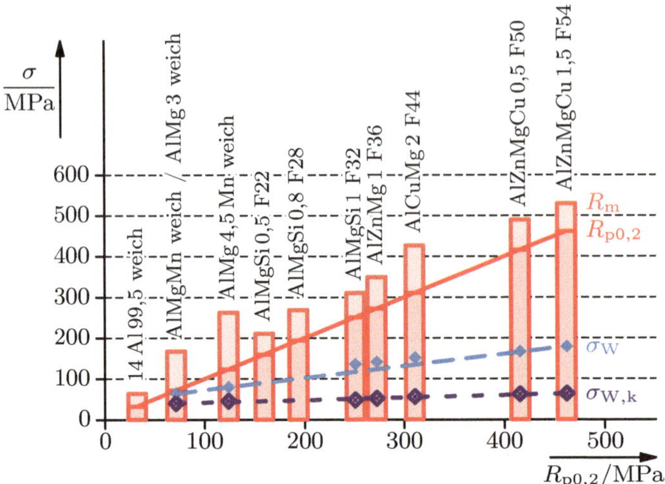

Bild 10.38: Auftragung der Wechselfestigkeit einiger Aluminiumlegierungen über der Dehngrenze (nach [4])

Verringerung des Probenvolumens bei der Bestimmung des Weibullmoduls (siehe Abschnitt 7.3). Die Stützwirkung eines Kerbs bei spröden Werkstoffen tritt nicht nur unter dynamischer, sondern auch unter statischer Belastung auf.

* Kerbwirkung bei vorhandenen Anrissen

Bei der bisherigen Betrachtung der Kerbwirkung sind wir davon ausgegangen, dass der Kerbgrund zunächst rissfrei ist und eine Auslegung auf Dauerfestigkeit durchgeführt wird. Entsprechend wurden die Ermüdungseigenschaften mit Kennwerten verglichen, die an glatten (d. h. rissfreien) Proben ermittelt wurden. Im Zeitfestigkeitsbereich können sich Risse im Kerbgrund bilden und in das Rissausbreitungsstadium II gelangen, so dass sie mit Hilfe des Spannungsintensitätsfaktors beschrieben werden können. In einem solchen Fall stellt sich die Frage nach der verbleibenden Lebensdauer, die mit den obigen Überlegungen nicht mehr sicher beantwortet werden kann. Dazu betrachtet man zwei Grenzfälle, bei denen die Risslänge a klein bzw. groß ist.

Bei einer kleinen Risslänge »spürt« der Riss die Spannungsüberhöhung im Kerbgrund praktisch ungeschmälert. Deshalb kann man so tun, als ob es sich um einen Riss einer glatten Probe handelt, die mit der im Kerbgrund herrschenden Spannung $\alpha_{\mathrm{k}}\Delta\sigma_{\mathrm{k}}$ beansprucht ist, wobei die Abnahme der Spannung mit dem Abstand vom Kerbgrund vernachlässigt wird, um eine konservative Auslegung zu gewährleisten. Mit anderen Worten würde sich bei einer gekerbten Probe mit Kerbformzahl α_{k} und externer Beanspruchung $\Delta\sigma_{\mathrm{k}}$

$$\Delta K = \alpha_{\mathrm{k}}\Delta\sigma_{\mathrm{k}}\sqrt{\pi a} \cdot Y_{\mathrm{kurz}} \tag{10.27}$$

ergeben. Y_{kurz} ist der Geometriefaktor für einen Oberflächenriss in einer halbunendlichen Geometrie (z. B. $Y = 1{,}1215$ für einen Anriss in einer ebenen Geometrie, vgl. Tabelle 5.1).

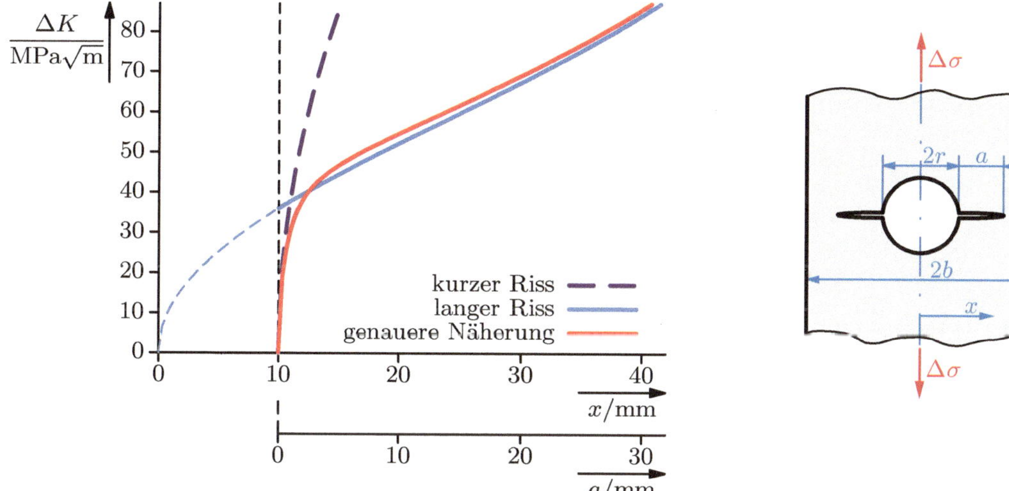

Bild 10.39: Abhängigkeit des Spannungsintensitätsfaktors von der Risslänge a für eine Flach-zugprobe der Breite $2b = 160\,\text{mm}$ mit einer zentralen Bohrung mit dem Durchmes-ser $2r = 20\,\text{mm}$ bei einer Belastung mit der nominellen Spannungsschwingbreite von $200\,\text{MPa}$. Es wird angenommen, dass der Riss symmetrisch auf beiden Seiten der Bohrung wächst.

Er wird hier verwendet, da der Riss von der Oberfläche des Kerbs ausgeht und klein gegenüber den Bauteildimensionen ist.

Ist der Riss lang, so ist er schon soweit aus dem Kerbspannungsfeld herausgelaufen, dass er nur noch die Fernfeldspannung $\Delta\sigma$ »spürt«.[19] Der Kerb befindet sich nun im durch den Riss entlasteten Bereich, so dass die Tatsache, dass der Kerb eine breitere Öffnung als ein Riss hat, für das mechanische Verhalten unerheblich ist. Folglich muss die Kerbtiefe in diesem Fall zur Risslänge hinzugerechnet werden, so dass sich

$$\Delta K = \Delta\sigma\sqrt{\pi(a+t)}\,Y_{\text{lang}} \tag{10.28}$$

ergibt. Bei den in Abschnitt 5.2.7 vorgestellten CT-Proben wurde von dieser Tatsache Gebrauch gemacht, indem die Risslänge a von der Einspannung aus und nicht vom Anfang des eingebrachten Risses gemessen wurde (vgl. Bild 5.14 b).

Auch für Risslängen, die zwischen den beiden Grenzfällen liegen, sind Abschätzungen möglich. Darauf wird beispielsweise in *Radaj* [124] und *Dankert* [38] näher eingegangen. Bild 10.39 zeigt die Näherungen für kurze und lange Risse und eine verbesserte Näherung nach *Dankert* für beliebige Risslängen anhand eines Beispiels. Es zeigt sich, dass für kurze Risse bis et-wa $a_{\text{kurz}} = 0{,}5\,\text{mm}$ Gleichung (10.27) eine gute Approximation bildet. Bei längeren Rissen ab ca. $a_{\text{lang}} = 3\,\text{mm}$ liegt die genauere Näherung oberhalb der Näherung für lange Risse,

---

19 Die Spannungen $\Delta\sigma_{\text{k}}$ aus Gleichung (10.27) und $\Delta\sigma$ aus Gleichung (10.28) unterscheiden sich, da im ersten Fall der Querschnitt im Kerb und im zweiten Fall der gesamte Querschnitt verwendet wird.

Gleichung (10.28), und nähert sich dieser für sehr lange Risse langsam an. Dies ist darin begründet, dass die Konfiguration durch die Bohrung in der Mitte des Risses etwas nachgiebiger wird, ähnlich wie eine Probe mit Oberflächenriss nachgiebiger als eine mit Innenriss ist (vgl. Abschnitt 5.2.2). Bei sehr langen Rissen ist der Einfluss der Bohrung auf den Riss allerdings vernachlässigbar.

Wie Bild 10.39 zeigt, nimmt der Spannungsintensitätsfaktor mit zunehmender Risslänge trotz des Spannungsgradienten im Kerbgrund immer zu. Ein Riss im Ausbreitungsstadium II, der also unter Modus I belastet wird, kann deshalb durch die Abnahme der Spannung im Kerbgrund nicht gestoppt werden. Dies ist nur bei sehr kurzen Rissen im Stadium I möglich, die nicht bruchmechanisch beschrieben werden können.

Mit Hilfe der Gleichungen (10.27) und (10.28) kann der zyklische Spannungsintensitätsfaktor abgeschätzt werden und so entsprechend Abschnitt 10.6.1 überprüft werden, ob Rissfortschritt auftritt ($\Delta K \geq \Delta K_{\mathrm{th}}$) bzw. wie groß die Rissfortschrittsgeschwindigkeit $\mathrm{d}a/\mathrm{d}N$ ist.

11 Kriechen

Als *Kriechen* bezeichnet man die zeitabhängige, plastische Verformung eines Werkstoffs unter Last.[1] Nach der Definition aus Abschnitt 2.1 sind Kriechvorgänge also *viskoplastische* Vorgänge. Die zeitabhängige plastische Verformung von Polymeren, wie sie beispielsweise im Alltag bei schwer beladenen Kunststofftüten zu beobachten ist, wurde bereits in Kapitel 8 behandelt. In diesem Kapitel soll das Kriechverhalten von Metallen und Keramiken diskutiert werden. Kriechvorgänge treten in diesen Materialien bei erhöhter Temperatur auf, beispielsweise in Turbinen, in denen die Schaufeln im Laufe der Belastung durch die anliegenden Zentrifugallasten ihre Länge erhöhen, oder in Rohrleitungen für Dampf in Kraftwerken, die sich unter hohem Druck langsam ausdehnen oder durch ihr Eigengewicht durchbiegen. In diesem Kapitel wird untersucht, welche Mechanismen die Festigkeit von Werkstoffen unter Kriechbelastung (*Kriechfestigkeit* oder *Kriechbeständigkeit*) bestimmen und wie sich die Kriechfestigkeit erhöhen lässt.

11.1 Phänomenologie

Belastet man ein metallisches oder keramisches Bauteil bei erhöhter Temperatur, d. h. bei einer *homologen Temperatur* T/T_m (T_m: absolute Schmelztemperatur) von mindestens 0,3 bis 0,4, so nimmt die Dehnung des Bauteils bei konstanter Spannung mit der Zeit zu. Dies ist schematisch im *Zeitdehnschaubild* (häufig auch als *Kriechkurve* bezeichnet) in Bild 11.1 a gezeigt. Zusätzlich ist in Bild 11.1 die *Dehngeschwindigkeit* $\dot\varepsilon$ über der Zeit bzw. der Dehnung aufgetragen. Zu Beginn der Belastung reagiert das Bauteil mit einer sofortigen, zeitunabhängigen Dehnung ε_0, die sich ihrerseits aus einem elastischen und einem plastischen Anteil zusammensetzt. Die Dehnung nimmt dann im Lauf der Zeit weiter zu, wobei sich die Dehngeschwindigkeit zunächst stark verändert und meist stetig abnimmt. Diesen Bereich der Kriechkurve bezeichnet man entsprechend als *Übergangskriechen* oder *primäres Kriechen* (Bereich I). Daran schließt sich der Bereich des *stationären* oder *sekundären Kriechens* an (Bereich II), in dem die Dehngeschwindigkeit näherungsweise konstant ist.

Die dargestellte Kriechkurve besitzt in dieser Form nur Gültigkeit, wenn sich die Gefügestruktur des Werkstoffs während des Kriechens nicht ändert. Dies ist zwar bei einfachen Legierungen der Fall, bei vielen technischen Legierungen jedoch nicht (siehe dazu Abschnitt 11.2.1). Eine konstante Kriechgeschwindigkeit kann sich auch nur einstellen, wenn die Spannung im Bauteil konstant gehalten wird (siehe Bild 11.2). Da der Querschnitt des Bauteils bei Zugbelastung während der Verformung abnimmt, bedeutet dies, dass die wirkende Kraft mit der Zeit kleiner werden muss. In technischen Anwendungen ist dies meist nicht der Fall, so dass sich kein Bereich konstanter Kriechgeschwindigkeit

---

1 Im Zusammenhang mit Polymeren ist es oft üblich, die zeitabhängige *elastische* Verformung (Retardation und Relaxation, siehe Abschnitt 8.2.1) als Kriechen zu bezeichnen; dies wird in diesem Buch aber nicht getan.

© Springer Fachmedien Wiesbaden GmbH, ein Teil von Springer Nature 2019

J. Rösler et al., *Mechanisches Verhalten der Werkstoffe*, https://doi.org/10.1007/978-3-658-26802-2_11

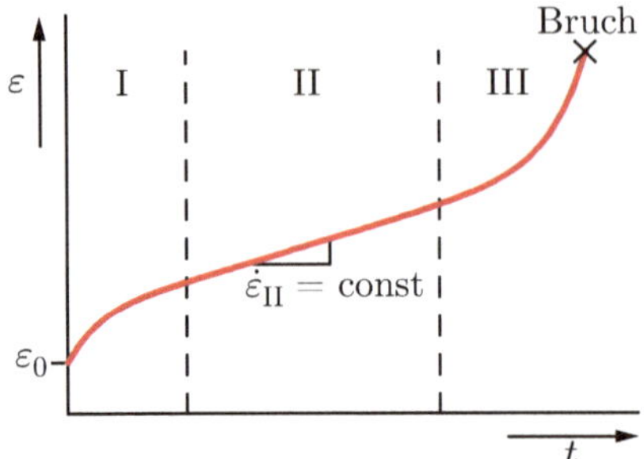

a: Darstellung der Dehnung über der Zeit (Zeitdehnschaubild)

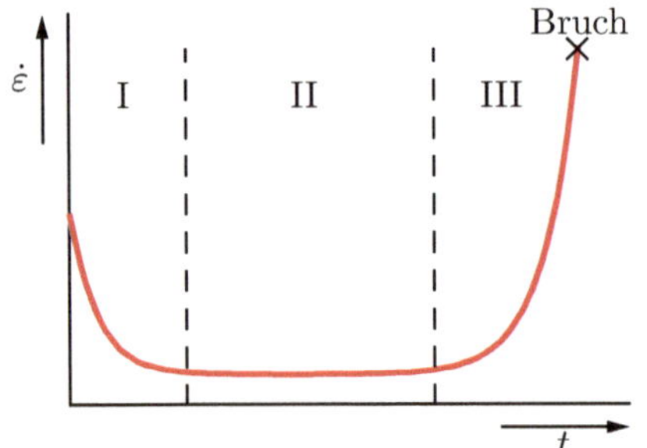

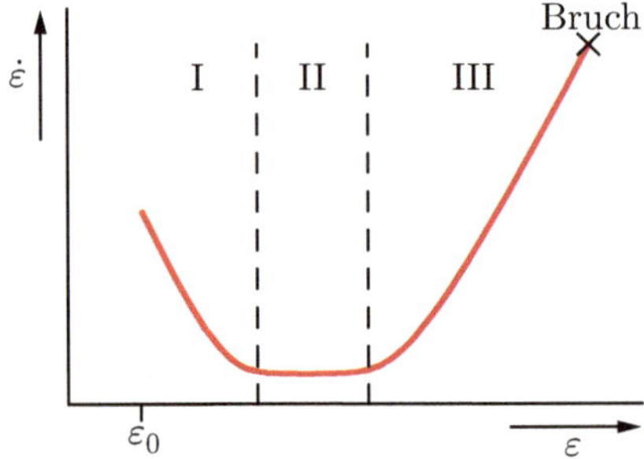

b: Darstellung der Dehnrate über der Zeit   c: Auftragung der Dehnrate über der Dehnung

Bild 11.1: Idealisierte Darstellung der Stadien des Kriechens bei konstanter Spannung

einstellt. In beiden Fällen wird anstelle der konstanten Kriechgeschwindigkeit während des Sekundärkriechens normalerweise die minimale Kriechgeschwindigkeit angegeben.

Wenn ein Großteil der Lebensdauer vergangen ist, nimmt die Kriechgeschwindigkeit schließlich stark zu, bis es zum Bruch des Bauteils kommt. In diesem sogenannten *tertiären Kriechbereich* (Bereich III) tritt massive innere Schädigung auf, wie in Abschnitt 11.3 näher erläutert wird. Dadurch vermindert sich der tragende Querschnitt stark, so dass die beobachtete Zunahme von $\dot{\varepsilon}$ verständlich ist.

Der primäre und sekundäre Bereich der Kriechkurve werden häufig mit Hilfe empirischer Beziehungen, wie z. B. der *Garofalo-Gleichung* [41], beschrieben:

$$\varepsilon = \varepsilon_0 + \varepsilon_{\mathrm{t}} \left(1 - \mathrm{e}^{-rt}\right) + \dot{\varepsilon}_{\mathrm{II}} t \,. \tag{11.1}$$

Dabei charakterisiert ε_{t} die zusätzliche Dehnung im Übergangsbereich, $1/r$ ist ein Maß für die Übergangszeit zwischen den Bereichen I und II, und $\dot{\varepsilon}_{\mathrm{II}}$ beschreibt die konstante Kriechgeschwindigkeit im Sekundärbereich. Bild 11.3 veranschaulicht die Zusammensetzung der Gesamtdehnung aus den Anteilen.

Experimentell wird beobachtet, dass beim sekundären Kriechen die Kriechrate $\dot{\varepsilon}_{\mathrm{II}}$ meist über ein Potenzgesetz von der Spannung σ und exponentiell von der Temperatur

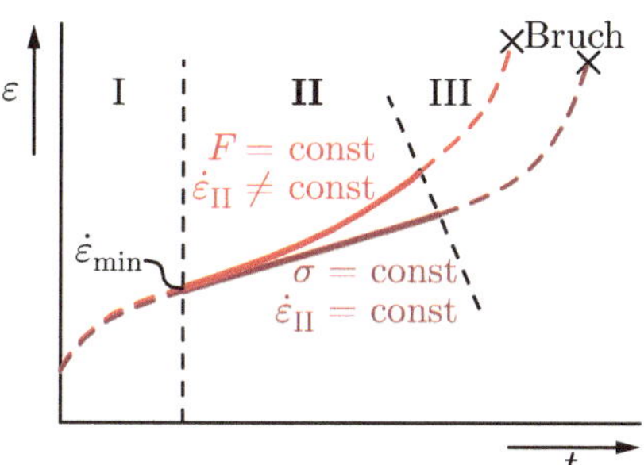

Bild 11.2: Vergleich der Zeitdehnschaubilder bei konstanter Spannung und konstanter Kraft. Wird eine konstante Kraft aufgeprägt, wird die Kriechrate im sekundären Kriechbereich stetig zunehmen.

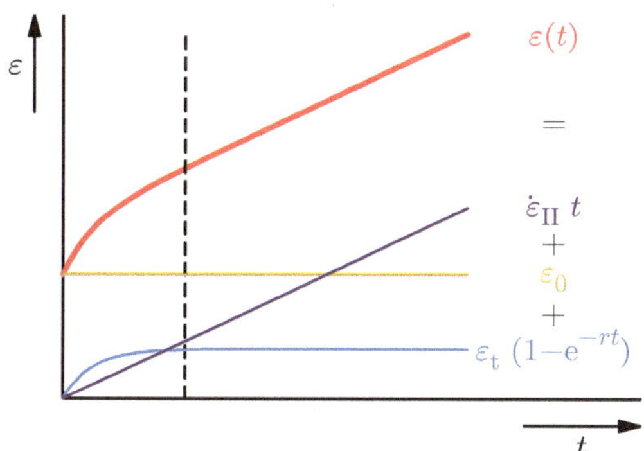

Bild 11.3: Zusammensetzung der Gesamtdehnung aus den einzelnen Anteilen nach Gleichung (11.1) (nach [41])

T abhängt, d. h.

$$\dot{\varepsilon}_{\mathrm{II}} = B\sigma^n \exp\left(-\frac{Q}{RT}\right)\,, \tag{11.2}$$

wobei B eine Konstante[2], n der *Kriech-* oder *Spannungsexponent* und Q eine den Kriechprozess charakterisierende Aktivierungsenergie sind. Dieses Kriechgesetz wird als *Potenzgesetz-Kriechen* (engl. *power-law creep*) oder *Norton-Kriechen* bezeichnet. Kriechen ist demnach ein thermisch aktivierter Vorgang. In kristallinen Materialien stellt sich weiterhin heraus, dass die Aktivierungsenergie Q ungefähr gleich der Aktivierungsenergie für Selbstdiffusion[3] des Matrixwerkstoffs ist. Dies deutet darauf hin, dass Diffusion bei der Kriechverformung eine wichtige Rolle spielt. Dieser Befund erklärt auch, warum das

---

2 Die Einheit von B hängt vom Exponenten ab und ist $\mathrm{s^{-1}MPa^{-n}}$. Alternativ kann man die Spannung normieren, beispielsweise auf den Elastizitätsmodul, so dass B in $\mathrm{s^{-1}}$ angegeben wird.

3 Selbstdiffusion ist das Diffundieren von Atomen in einer aus ihnen gebildeten Matrix.

Tabelle 11.1: Ungefähre maximale Einsatztemperaturen $T_{\max}$ verschiedener Konstruktionswerkstoffe bei mechanisch stark beanspruchten Anwendungen im Vergleich zur Schmelztemperatur T_{m} und zur ungefähren Temperatur, ab der mit Kriechen gerechnet werden muss ($0{,}35T_{\mathrm{m}}$). Die Angaben für T_{m} beziehen sich auf den reinen Werkstoff und nicht auf die eingesetzten Legierungen, die z. T. erheblich unterhalb T_{m} erste Anschmelzungen aufweisen.

Material	T_{m} in K (°C)		$0{,}35T_{\mathrm{m}}$ in K (°C)		$T_{\max}$ in K (°C)		$T_{\max}/T_{\mathrm{m}}$
Aluminiumlegierungen	933	(660)	327	(53)	450	(177)	0,48
Magnesiumlegierungen	923	(650)	323	(50)	450	(177)	0,49
Ferritische Stähle	1 811	(1 538)	634	(361)	875	(602)	0,48
Titanlegierungen	1 943	(1 670)	680	(407)	875	(602)	0,45
Nickelbasis-Legierungen	1 728	(1 455)	605	(332)	1 300	(1 027)	0,75
Al_2O_3	2 323	(2 050)	813	(540)	1 200	(927)	0,52
SiC	3 110	(2 837)	1 089	(815)	1 650	(1 377)	0,53

Einsetzen der Kriechverformung von der homologen Temperatur T/T_{m} abhängt: Hochschmelzende Materialien weisen eine hohe Bindungsenergie auf. Zur Bildung und Bewegung von Leerstellen ist deshalb ein großer Energieaufwand erforderlich. Entsprechend groß ist die Aktivierungsenergie für Selbstdiffusion, so dass der Exponentialterm in Gleichung (11.2) erst bei wesentlich höheren Temperaturen vergleichbare Größenordnungen erreicht wie in einem Material mit geringer Schmelztemperatur. Wie Tabelle 11.1 zeigt, kann man sich als Faustregel merken, dass die Einsatzgrenze kristalliner Metalle und Keramiken für mechanisch hochbeanspruchte Anwendungen bei etwa $T/T_{\mathrm{m}} = 0{,}5$ liegt[4] – also deutlich oberhalb der Temperatur, ab der mit nennenswerter Kriechverformung gerechnet werden muss. Wichtige Ausnahme sind die sogenannten Nickelbasis-Superlegierungen. Obwohl deren Schmelztemperatur deutlich unterhalb der von Stahl liegt, sind die zulässigen Einsatztemperaturen ungleich höher. Dieser Werkstoffgruppe kommt deshalb bei Hochtemperaturanwendungen eine besondere Bedeutung zu. Ohne sie wären z. B. moderne Flugtriebwerke undenkbar. Die Ursachen für dieses besondere Verhalten werden in Abschnitt 11.4 näher besprochen.

Die Kriechbeständigkeit der Werkstoffe wird häufig in sogenannten *Zeitstandschaubildern* festgehalten. Dabei wird die Spannung bis zum Bruch oder zum Erreichen einer bestimmten plastischen Dehnung für eine vorgegebene Temperatur über der Zeit aufgetragen, wie in Bild 11.4 dargestellt. Jeder Punkt in einem Zeitstandschaubild entspricht dabei einem Versuch. Die Spannung, bei der eine Probe nach einer Belastungszeit t_{u} (der *Bruchzeit* in Stunden) bei der konstanten Temperatur ϑ (in Grad Celsius) versagt, wird laut DIN EN ISO 204 als *Zeitstandfestigkeit* $R_{\mathrm{ut_u}/\vartheta}$ bezeichnet.[5] Beispielsweise gibt $R_{\mathrm{u100\,000/550}}$ die Versagensspannung nach 10^5 h bei 550 °C an. Die Spannung, die

---

4 Die maximal zulässige Einsatztemperatur hängt natürlich auch von der Anwendung ab. Bauteile in Raketentriebwerken, deren Funktion nur für wenige Minuten gewährleistet werden muss, können entsprechend höheren Temperaturen ausgesetzt werden als Bauteile in Kraftwerksanlagen mit Betriebsdauern von oftmals mehr als zehn Jahren.

5 In der Norm wird für die Temperatur T statt ϑ verwendet. Wir bezeichnen dagegen im Zusammenhang mit Kriechen Celsius-Temperaturen mit ϑ, um sie von absoluten Temperaturen unterscheiden zu können.

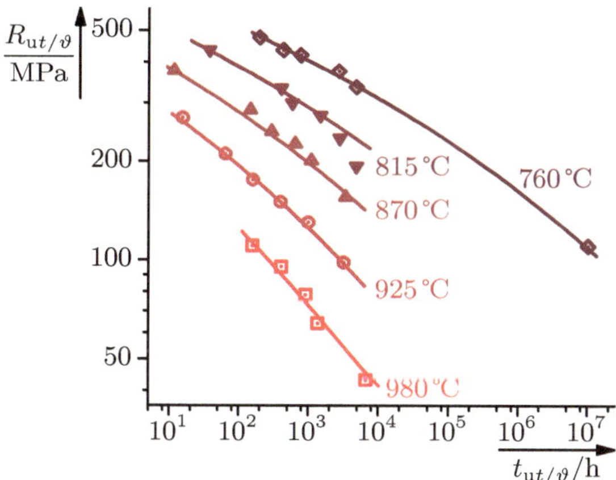

Bild 11.4: Zeitstandschaubild für Astroloy (Daten nach [41]). Es wird für verschiedene Temperaturen die Spannung aufgetragen, die nach einer bestimmten Zeit zum Bruch des Materials führt. Jeder Punkt auf der Kurve entspricht dabei einem Kriechversuch.

nach einer Zeit $t_{\mathrm{p}\varepsilon}$ (der sogenannten *Dehngrenzzeit*, angegeben in Stunden) zu einer bestimmten Dehnung ε (in Prozent) führt, wird als *Zeitdehngrenze* $R_{\mathrm{p}\varepsilon/t_{\mathrm{p}\varepsilon}/\vartheta}$, beispielsweise $R_{\mathrm{p}0,2/100\,000/550}$, bezeichnet. Um Auslegungsrechnungen durchführen zu können, ist es oft nützlich, eine mathematische Darstellung für diese Abhängigkeit zu verwenden,

$$R_{\mathrm{ut_u}/\vartheta} = f(t_{\mathrm{u}}, \vartheta)\,, \tag{11.3}$$

damit Werte inter- und extrapoliert werden können (siehe die eingezeichneten Kurven in Bild 11.4).

Anders als beispielsweise bei der Ermüdung ist die Lebensdauer bei Hochtemperaturbeanspruchung grundsätzlich endlich, es führen also auch sehr kleine Spannungen nach entsprechend langen Zeiten zum Versagen, denn Kriechdehnungen (und Kriechschädigungen) treten auch bei sehr kleinen Spannungen auf und akkumulieren mit fortgesetzter Zeit immer weiter.

Will man ein Bauteil aus einem neuen, temperaturbeständigeren Werkstoff herstellen, ergibt sich häufig ein besonderes Problem. Dazu stelle man sich vor, dass die Turbinenwelle einer neu zu errichtenden Dampfturbine aus einem neu entwickelten ferritischen Stahl gefertigt werden soll, der höhere Dampftemperaturen und damit einen besseren Wirkungsgrad der Anlage ermöglicht. Bei einer erforderlichen Lebensdauer der Turbinenwelle von 200 000 h ist es nicht praktikabel, auf Kriechdaten mit ähnlichen Versuchszeiten zu warten. Dies würde in diesem Beispiel etwa 20 Jahre in Anspruch nehmen. Deswegen stützt man sich häufig zunächst auf Daten mit kürzeren Laufzeiten, die z. T. oberhalb der Einsatztemperatur oder bei höheren Spannungen ermittelt werden, und versucht zu längeren Betriebszeiten zu extrapolieren. Man versucht also beispielsweise, von einer Zeitstandfestigkeit $R_{\mathrm{ut_u}/\vartheta}$ mit niedriger Versagenszeit t_{u} und hoher Temperatur ϑ auf dieselbe Zeitstandfestigkeit bei höherer Versagenszeit t_{u} und niedrigerer Temperatur ϑ zu schließen. Dies geschieht häufig mit Hilfe des sogenannten *Larson-Miller-Parameters,* der wie folgt motiviert werden kann: Die exponentielle Abhängigkeit der Kriechrate von der Temperatur zeigt, dass thermische Aktivierungsvorgänge eine Rolle spielen (siehe Anhang 16.1). Wir nehmen an, dass zum Erreichen einer bestimmten Dehnung oder Schädigung des Werkstoffs eine bestimmte Anzahl mikroskopischer Vorgänge stattfinden muss. Dabei machen wir uns zunächst keine Gedanken darüber, welcher Art diese Vorgänge sind. Die Wahrscheinlichkeit, dass ein solcher Vorgang tatsächlich stattfindet, hängt über den *Boltzmann-Faktor* $\exp(-Q/kT)$ von der Temperatur ab. Ist t_f die Zeit, die bis zum Eintreten einer vorgegebenen Gesamtdehnung oder -schädigung vergeht, so ist nach dieser Annahme die Größe

$$\theta = t_\mathrm{f} \exp\left(-\frac{Q}{kT}\right) \tag{11.4}$$

eine Konstante. Die Energie Q ist dabei spannungsabhängig, da die anliegende Spannung den mikroskopischen Vorgang beeinflussen kann, indem sie zusätzliche Energie zur Verfügung stellt, ähnlich wie bei der thermisch aktivierten Überwindung von Hindernissen durch Versetzungen (Abschnitt 6.3.2) oder durch Relaxationsprozesse in Polymeren (Abschnitt 8.2.2). Die mikroskopische Erklärung hierfür wird in Abschnitt 11.2.2 gegeben.

Bildet man den Logarithmus von Gleichung (11.4), so ergibt sich

$$\frac{Q}{k} = T \ln \frac{t_\mathrm{f}}{\theta} \, . \tag{11.5}$$

Die linke Seite der Gleichung ist dabei eine unbekannte Funktion der Spannung, die als *Larson-Miller-Parameter* P bezeichnet wird. Die Größen t_f und θ werden jeweils durch ihre Einheit h geteilt, damit sie einheitenlos sind. Es ergibt sich

$$P = T \left(\ln \frac{t_\mathrm{f}}{\mathrm{h}} + C\right) \, . \tag{11.6}$$

Die Größe $C = -\ln\theta$ ist die *Larson-Miller-Konstante*, die im Bereich 35 bis 60 liegt. In der Praxis wird häufig ein Wert von $C = 46$ verwendet [41], wobei die Zeit in Stunden und die Temperatur in Kelvin gemessen werden. Genaue Werte der Konstante sind materialabhängig und müssen experimentell ermittelt werden.

Häufig wird statt des natürlichen der dekadische Logarithmus für die Zeit t_f verwendet. Der Vorfaktor $\ln 10$ wird dann aus der Klammer herausgezogen:

$$P = T \left(\ln 10 \lg \frac{t_\mathrm{f}}{\mathrm{h}} + C\right) = T \ln 10 \left(\lg \frac{t_\mathrm{f}}{\mathrm{h}} + \frac{C}{\ln 10}\right) \, .$$

Normalerweise wird der Faktor $\ln 10$ in den (dann modifizierten) Larson-Miller-Parameter integriert, so dass sich folgende Gleichung ergibt:

$$P' = T \left(\lg \frac{t_\mathrm{f}}{\mathrm{h}} + C'\right) \, . \tag{11.7}$$

Da der Larson-Miller-Parameter nur qualitativ verwendet wird, spielt diese Skalierung keine Rolle. Die modifizierte Larson-Miller-Konstante besitzt für $C = 46$ einen Wert von $C' = 20$. Trägt man nun die Zeitstandfestigkeit über P auf und wählt den Parameter C entsprechend, lassen sich bei verschiedenen Temperaturen ermittelte Daten meist befriedigend auf eine einzige Kurve abbilden, wie in Bild 11.5 für die gleichen Daten wie in Bild 11.4 gezeigt.[6] Die Abhängigkeit der Zeitstandfestigkeit von der Belastung, Gleichung (11.3), vereinfacht sich dadurch zu $R_{\mathrm{ut_u}/\vartheta} = f(P)$ beziehungsweise $R_{\mathrm{ut_u}/\vartheta} = f(P')$. Für f werden häufig Polynomansätze verwendet.

---

6 Es handelt sich um einen ähnlich Ansatz wie die Umrechnung zwischen Spannung und Temperatur bei der viskoelastischen und viskoplastischen Verformung von Polymeren, siehe Abschnitt 8.2.2.

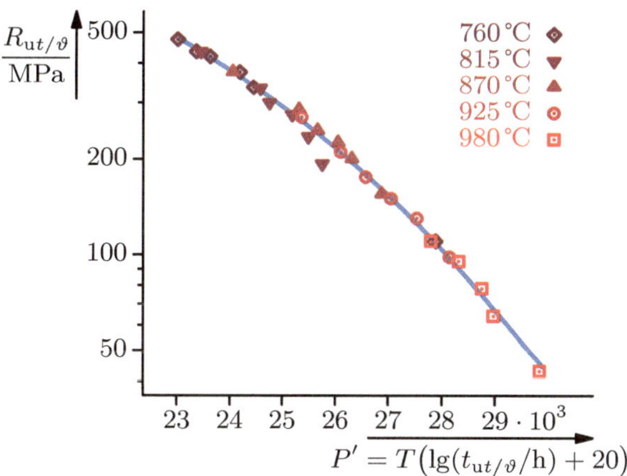

Bild 11.5: Larson-Miller-Diagramm für die Zeitstandfestigkeiten von Astroloy aus Bild 11.4 (nach [41])

Ist beispielsweise $C' = 20$ und die Betriebstemperatur der Dampfturbinenwelle 600 °C, so reichen Versuchzeiten von ca. 10 000 h bei 650 °C bereits aus, um erste Anhaltspunkte für die Betriebsfestigkeit bei 600 °C und 200 000 h zu gewinnen. Natürlich wird die Vorhersage um so ungenauer, je größer das Extrapolationsverhältnis ist. Fehlerquellen können z. B. dadurch entstehen, dass bestimmte Phasen bei höherer Temperatur nicht mehr stabil sind. Handelt es sich dabei um versprödende Phasen, kann die Extrapolation zu längeren Zeiten bei tieferen Temperaturen zu einer beträchtlichen Überschätzung der tatsächlichen Lebensdauer führen. Deswegen wird man einen neuen Werkstoff nur dann einsetzen, wenn eine hinreichende Datenbasis bis zu Zeiten von einigen Zehntausend Stunden vorliegt. Begleitend dazu wird man Kriechversuche mit erwarteten Bruchzeiten von 100 000 h und mehr beginnen, um bei unerwartetem Materialverhalten eine ausreichende Vorlaufzeit gegenüber dem Bauteil zu haben.

Die Tatsache, dass Zeitstandfestigkeiten bei unterschiedlichen Temperaturen und Belastungszeiten mit Hilfe des Larson-Miller-Parameters auf eine einzige Kurve abgebildet werden können, kann umgekehrt auch dazu genutzt werden, um die Anzahl der Versuche zu reduzieren, die zur Bestimmung der Zeitstandfestigkeit durchgeführt werden müssen. Dabei muss allerdings darauf geachtet werden, dass nicht zu Temperaturen oder Spannungen extrapoliert wird, bei denen andere Kriechmechanismen auftreten.[7]

Ein weiteres Beispiel zum Larson-Miller-Parameter wird in Aufgabe 34 behandelt.

Verändert sich die Belastung (also die Spannung oder die Temperatur) über die Zeit, stellt sich die Frage, nach welcher Zeit ein Bauteil versagt. Analog zur Miner-Regel bei Ermüdungsbelastungen (siehe Abschnitt 10.6.4) wird beim Kriechen die Schadensakkumulation mit Hilfe der sogenannten *Robinson-Regel* abgeschätzt. Versagen wird angenommen, wenn die Gesamtschädigung $D_{\mathrm{t}} = \sum_{j=1}^{m} t_j / t_{\mathrm{u},j} = 1$ erreicht wird. Für die jeweilige Belastung kennzeichnen t_j die Haltedauer und $t_{\mathrm{u},j}$ die Versagenszeit bei dieser Belastungskombination aus Spannung und Temperatur.

---

7 Um eine sichere Extrapolation zu gewährleisten, wird beispielsweise in DIN EN ISO 204 empfohlen, Kriechdaten nicht mehr als einen Faktor von drei in der Zeit zu extrapolieren.

11.2   Kriechmechanismen

Abhängig von der Temperatur und der Belastung können beim Kriechen verschiedene mikroskopische Prozesse eine Rolle spielen, die in diesem Abschnitt vorgestellt werden sollen. Dabei wird sich zeigen, dass die einzelnen Prozesse in unterschiedlichen Spannungs- und Temperaturbereichen relevant sind. Dies lässt sich anhand sogenannter Verformungs-mechanismen-Diagramme veranschaulichen (siehe Abschnitt 11.2.5).

11.2.1   Kriechstadien

Bevor detailliert auf die verschiedenen mikroskopischen Kriechmechanismen eingegangen wird, soll in diesem Abschnitt kurz der Unterschied zwischen den Kriechstadien erläutert werden.

Wie für die zeitunabhängige plastische Verformung spielen auch für das Kriechen die Versetzungen eine wichtige Rolle. Zu Beginn der Kriechverformung (während des primären Kriechens) erhöht sich im Allgemeinen zunächst die Zahl der Versetzungen im Material, so dass es zu einer Verfestigung kommt, die sich experimentell als Abnahme der Kriechgeschwindigkeit bei konstanter Spannung äußert. Die Versetzungsdichte kann bei hohen Temperaturen aber nicht beliebig zunehmen, weil es gleichzeitig zu Erholungs-vorgängen kommt (siehe Abschnitt 6.2.8), bei denen sich die Versetzungen durch Klettern gegenseitig annihilieren. Dies ist um so leichter möglich, je geringer der Abstand zwischen Versetzungen ist. Entsprechend muss sich nach einer gewissen Übergangzeit ein Gleichge-wicht zwischen der Erzeugung zusätzlicher Versetzungssegmente durch Plastizität und der Abnahme der Versetzungsdichte durch Erholung einstellen. Dieses Gleichgewicht führt dann zu der konstanten Verformungsrate des sekundären Kriechens.

Im tertiären Kriechbereich bildet sich zusätzlich zu den in diesem Abschnitt bespro-chenen Kriechmechanismen eine Schädigung aus, die im Abschnitt 11.3 diskutiert wird.

In einigen Werkstoffen kommt es bei hohen Temperaturen in allen Kriechbereichen zu-sätzlich zu mikrostrukturellen Veränderungen. Beispielsweise vergröbern sich die Teilchen in ausscheidungsgehärteten Werkstoffen im Laufe der Zeit. Ein stationärer Bereich mit konstantem Verformungswiderstand des Werkstoffs im sekundären Kriechbereich (vgl. Abschnitt 11.1) kann sich dann nicht einstellen. Vielmehr nimmt die Dehngeschwindig-keit nach Erreichen eines Minimums stetig zu. Dies ist beispielhaft in Bild 11.6 für eine Nickelbasis-Superlegierung gezeigt, die einen hohen Volumenanteil würfelförmiger Aus-scheidungen besitzt.

11.2.2   Versetzungskriechen

Analog zur Verformung von Metallen bei tiefen Temperaturen kann auch die Kriechver-formung durch Versetzungsbewegung getragen werden. Dies gilt auch für Keramiken, die bei tiefen Temperaturen nicht durch Versetzungsbewegung verformt werden können. Al-lerdings gibt es dabei einen wichtigen Unterschied: Erreicht eine Stufenversetzung ein Hindernis, wie z. B. ein Ausscheidungsteilchen, muss bei tiefen Temperaturen eine be-stimmte zusätzliche Spannung aufgebracht werden, damit sich die Versetzung weiterbe-wegen kann. Bei hohen Temperaturen kann die Versetzung dem Hindernis ausweichen,

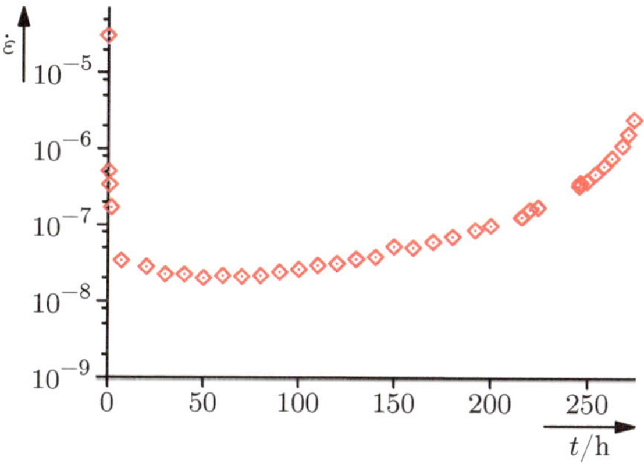

a: Experimentelle Ergebnisse für die Dehngeschwindigkeit abhängig von der Belastungszeit

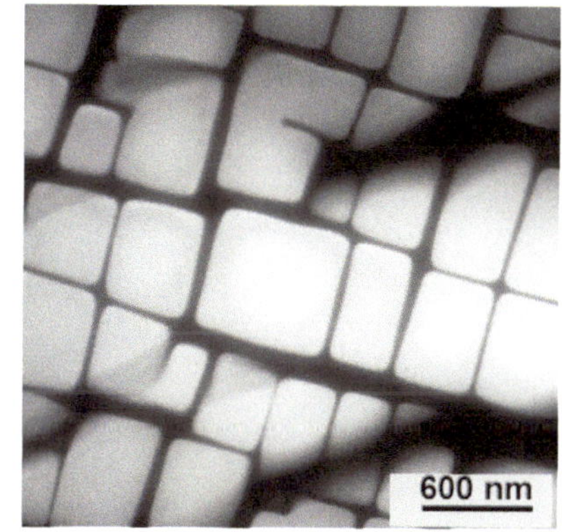

b: Gefügebild. Die γ'-Ausscheidungen (siehe auch Seite 417) sind hell dargestellt.

Bild 11.6: Nickelbasis-Superlegierung, die ihre Mikrostruktur während der Belastung ändert. Es ergibt sich keine stationäre Kriechgeschwindigkeit analog Bild 11.1 a.

indem sie Leerstellen anlagert oder aussendet (siehe Bild 6.32 auf Seite 201). Dieser Vorgang des *Kletterns,* bei dem sich die Versetzung aus der ursprünglichen Gleitebene herausbewegt, wurde bereits in Abschnitt 6.3.4 diskutiert.

Die Verformungsrate wird in diesem Fall durch die Geschwindigkeit bestimmt, mit der die Versetzung Leerstellen anlagern oder aussenden kann. Bild 11.7 zeigt beispielhaft zwei an einem Hindernis aufgestaute Stufenversetzungen. Versetzung 1 muss Leerstellen anlagern, um klettern zu können, Versetzung 2 muss Leerstellen aussenden. Es kann somit zu einem Leerstellentransport von einer Versetzung zur anderen kommen, wobei eine Versetzung als *Leerstellenquelle* und die andere als *Leerstellensenke* dient. Die Größe der *Leerstellenstromdichte j* zwischen den Versetzungen ist der bestimmende Faktor für die Geschwindigkeit der Verformung. Diese Größe kann in einer Rechnung abgeschätzt werden.

Liegt keine äußere Spannung an, so ist die Leerstellendichte n gegeben durch die *Leerstellenbildungsenthalpie* Q_B, also durch die Energie, die aufgebracht werden muss, um eine Leerstelle zu erzeugen. Die Leerstellendichte (Anzahl der Leerstellen pro Atom) ist dann (siehe Anhang 16.1)

$$n = \exp\left(-\frac{Q_B}{kT}\right).$$
(11.8)

Um den Effekt einer angelegten Spannung zu untersuchen, kann folgende Überlegung angestellt werden: Liegt eine äußere Spannung an, so bewegt sich Versetzung 2 ein Stück am Hindernis vorbei, wenn sie eine Leerstelle aussendet. Dabei leistet die äußere Spannung τ Arbeit, die nach Abschnitt 6.3.2 durch τV^* gegeben ist, wobei V^* das sogenannte *Aktivierungsvolumen* ist. Der gesamte Energieaufwand zum Bilden einer Leerstelle ist um diese geleistete Arbeit verringert. Nimmt man an, dass die Gleichgewichtsbedingung für die Leerstellendichte

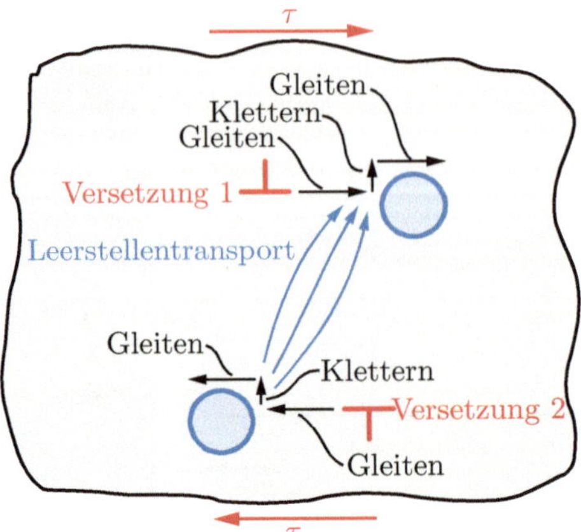

Bild 11.7: Aufstau von Versetzungen vor Hindernissen und Diffusion von Leerstellen. Versetzung 1 ist eine Leerstellensenke, Versetzung 2 eine Leerstellenquelle.

immer noch erfüllt ist, so ist die Leerstellendichte am Ort der Versetzung 2 durch

$$n_2 = \exp\left(-\frac{Q_\mathrm{B} - \tau V^*}{kT}\right) \tag{11.9}$$

gegeben. Sie ist also höher als ohne von außen anliegende Spannung.[8]

In der Umgebung von Versetzung 1 ist es entsprechend energieaufwändiger, eine Leerstelle zu erzeugen. Die Leerstellendichte ist hier verringert, weil die Versetzung dazu tendiert, Leerstellen zu absorbieren. Für die Dichte ergibt sich damit

$$n_1 = \exp\left(-\frac{Q_\mathrm{B} + \tau V^*}{kT}\right) .$$

Zwischen Versetzung 1 und Versetzung 2 bildet sich somit ein Leerstellengradient heraus, der durch die Differenz zwischen n_1 und n_2 sowie den Abstand l zwischen den Versetzungen, die Leerstellen austauschen, gegeben ist. In einer Anordnung mit Hindernissen ist l proportional zum mittleren Hindernisabstand. Dieser Gradient führt zu einer Diffusion von Leerstellen von Versetzung 2 zu Versetzung 1. Dabei wurde angenommen, dass die Leerstellenkonzentration bei den beiden Versetzungen trotz des auftretenden Leerstellenstromes durch die Gleichgewichtskonzentration am jeweiligen Ort beschrieben werden kann. Diese Annahme ist gerechtfertigt, solange die Energie τV^* klein gegenüber der Bildungsenthalpie Q_B der Leerstelle ist.

Die *Leerstellenstromdichte* ist nach dem *fickschen Gesetz* proportional zum Gradienten der Konzentration:

$$j = -D_0 \exp\left(-\frac{Q_\mathrm{w}}{kT}\right) \frac{\partial n}{\partial x} , \tag{11.10}$$

wobei D_0 die Diffusionskonstante für die Leerstellendiffusion und Q_w die Aktivierungsenergie für den Platzwechsel einer Leerstelle mit einem Nachbaratom sind.

---

8 Bei der Diskussion des Larson-Miller-Parameters in Abschnitt 11.1 wurde eine spannungsabhängige Energie innerhalb des Boltzmann-Faktors verwendet, die nun durch Gleichung (11.9) verständlich ist.

Der Konzentrationsgradient $\partial n/\partial x$ kann im hier angenommenen Fall relativ kleiner Konzentrationsschwankungen als konstant angesehen werden:

$$\frac{\partial n}{\partial x} = \frac{n_1 - n_2}{l}\,.$$

(11.11)

Da τV^* in den meisten Fällen klein gegen die Bildungsenthalpie Q_B ist, kann der Gradient wie folgt genähert werden:

$$\frac{\partial n}{\partial x} = \frac{n_1 - n_2}{l} = -\frac{1}{l}\exp\left(-\frac{Q_\mathrm{B}}{kT}\right)\left(\exp\left(\frac{\tau V^*}{kT}\right) - \exp\left(\frac{-\tau V^*}{kT}\right)\right)$$

$$\approx -\exp\left(-\frac{Q_\mathrm{B}}{kT}\right)\frac{2\tau V^*}{lkT}\,.$$

(11.12)

Dabei wurde von der Näherungsformel $\exp x \approx 1 + x$ für $x \ll 1$ Gebrauch gemacht.

Damit ergibt sich für die Stromdichte

$$j = -D_0\exp\left(-\frac{Q_\mathrm{w}}{kT}\right)\frac{n_1 - n_2}{l}$$

$$= D_0\exp\left(-\frac{Q_\mathrm{w}}{kT}\right)\frac{2\tau V^*}{lkT}\exp\left(-\frac{Q_\mathrm{B}}{kT}\right)\,.$$

Die Leerstellenstromdichte ergibt sich daraus zu

$$j = \frac{2\tau V^*}{lkT}D_0\exp\left(-\frac{Q_\mathrm{B} + Q_\mathrm{W}}{kT}\right),$$

(11.13)

wobei das Produkt aus Diffusionskonstante D_0 und Exponentialterm dem Diffusionskoeffizienten für Volumendiffusion D_V entspricht. Q_B und Q_W sind dabei die Aktivierungsenergien für Leerstellenbildung und den Platzwechsel einer Leerstelle mit einem Nachbaratom, τ ist die anliegende Schubspannung, l der Abstand zwischen den Hindernissen und V^* das Aktivierungsvolumen (siehe Abschnitt 6.3.2). Die Dehngeschwindigkeit $\dot\varepsilon$ ist einerseits proportional zur Leerstellenstromdichte j, andererseits ist sie um so größer, je höher die Versetzungsdichte ϱ im Material ist. Es gilt also $\dot\varepsilon \sim j\varrho$. Im stationären Zustand ist die Versetzungsdichte ϱ im Allgemeinen proportional zum Quadrat der Spannung σ [52].[9] Setzt man die Gleichung für die Stromdichte ein (und berücksichtigt $\tau \sim \sigma$), so ergibt sich schließlich

$$\dot\varepsilon = \frac{A\sigma^3}{kT}D_0\exp\left(-\frac{Q_\mathrm{B} + Q_\mathrm{W}}{kT}\right)$$

$$= \frac{A\sigma^3}{kT}D_\mathrm{V}(T)\,.$$

(11.14)

A ist eine Materialkonstante, die experimentell ermittelt werden muss. Die Kriechgeschwindigkeit hängt also exponentiell von der Temperatur und mit einer Potenz von der angelegten Spannung ab. Gleichung (11.14) kann nur zur Beschreibung des stationären

---

9 Ein entsprechender Zusammenhang wurde auch bei der Verformungsverfestigung mit Gleichung (6.20) festgestellt.

Kriechens herangezogen werden, da sie die Evolution der Versetzungsstruktur während des primären Kriechens und die Schädigung im tertiären Bereich nicht berücksichtigt.

Die exponentielle Abhängigkeit zwischen stationärer Kriechrate und Temperatur bestätigt sich im Experiment. Die Abhängigkeit der Kriechgeschwindigkeit von der Spannung folgt auch in der Realität einem Potenzgesetz, wie bereits in Abschnitt 11.1 erläutert, wobei die auftretenden Spannungsexponenten typischerweise Werte zwischen 3 und 8 annehmen. Wegen der starken Variation der Spannungsexponenten nimmt die Materialkonstante A in der Praxis Werte an, die sich um mehrere Zehnerpotenzen unterscheiden können. Die Aktivierungsenergien in Gleichung (11.14) werden häufig auf ein Mol bezogen und in kJ/mol angegeben. In diesem Fall muss die Boltzmann-Konstante k in der Gleichung durch die *allgemeine Gaskonstante* R ersetzt werden, wie in Anhang 16.1 erläutert.

Bei der Herleitung von Gleichung (11.14) wurde angenommen, dass die Diffusion der Leerstellen von einer Versetzung zur anderen durch den ungestörten Kristall stattfindet (*Volumendiffusion*). Stattdessen ist es auch möglich, dass der Leerstellentransport im Wesentlichen entlang Kristallbaufehlern, wie z. B. Versetzungslinien, erfolgt (*Versetzungskerndiffusion*). Dabei ist die Aktivierungsenergie für Platzwechselvorgänge aufgrund des gestörten Gitters geringer. Aufgrund dieses Unterschiedes dominiert Leerstellentransport entlang von Versetzungen bei niedrigeren Temperaturen, wohingegen Volumendiffusion bei höheren Temperaturen der schnellere Transportmechanismus ist. Auch hohe Spannungen begünstigen die Diffusionspfade entlang von Versetzungen, da die Versetzungsdichte durch die Entstehung neuer Versetzungen (Verfestigung) steigt. Bei der Herleitung von Gleichung (11.14) wurde außerdem gefordert, dass das Produkt aus Spannung und Aktivierungsvolumen klein gegenüber der thermischen Energie kT ist. Bei hohen Dehngeschwindigkeiten und Spannungen gilt dies nicht mehr. Es kommt dann zu einer exponentiellen Abhängigkeit zwischen Dehngeschwindigkeit und Spannung. Entsprechend verliert das Potenzgesetz seine Gültigkeit. Dies wird als *Power-Law-Breakdown* bezeichnet [52].

11.2.3 Diffusionskriechen

Bei hohen Temperaturen ist das Versetzungskriechen – d. h. die durch Leerstellentransport unterstützte Versetzungsbewegung – nicht mehr der einzige Mechanismus, der zur Verformung beitragen kann. Vielmehr kann Leerstellentransport allein bereits zu einer Verformung führen, ohne dass hierzu Versetzungsbewegung nötig wäre. Bei diesem sogenannten *Diffusionskriechen* treten die Korngrenzen anstelle der Versetzungen als Quellen und Senken für Leerstellen auf. Dieser Kriechmechanismus bestimmt maßgeblich das Kriechverhalten von Keramiken. Wie Bild 11.8 veranschaulicht, bilden sich dabei Leerstellen an Korngrenzen, die in Richtung der Korngrenzennormalen unter Zugspannung stehen. Diese Leerstellen diffundieren zu den Korngrenzen, bei denen Druckspannung bzw. eine geringere Zugspannung in Normalenrichtung herrscht. Der Materialfluss findet dabei entsprechend in umgekehrter Richtung von den unter Druckspannung zu den unter Zugspannungen stehenden Bereichen statt.

Die Herleitung der Verformungsgeschwindigkeit beim Diffusionskriechen erfolgt analog zu den Überlegungen zum Versetzungskriechen. Es wird wieder die Stromdichte der Leerstellen abgeschätzt und dann mit der Verformungsgeschwindigkeit in Beziehung gesetzt.

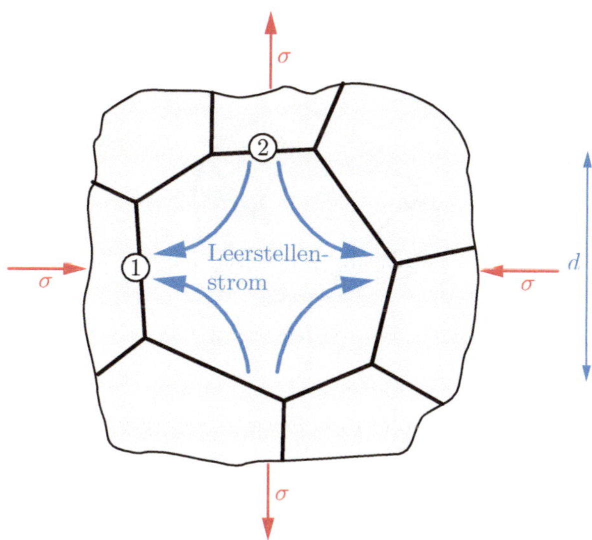

Bild 11.8: Wanderung von Leerstellen beim Diffusionskriechen

Wie in Abschnitt 11.2.2 wird zunächst die Leerstellenkonzentration berechnet. Im Gleichgewicht und ohne äußere Spannung ist die Leerstellendichte $n = \exp(-Q_\mathrm{B}/kT)$, wenn Q_B wieder die Leerstellenbildungsenergie bezeichnet. Betrachtet man nun eine Korngrenze, die in Normalenrichtung unter Zugspannung steht (Bild 11.8), so kann sich der Werkstoff in Belastungsrichtung verlängern, wenn ein Atom aus dem Kristallgitter in die Korngrenze eingebaut und somit eine zusätzliche Leerstelle im Kristall erzeugt wird. Dabei leistet die anliegende Kraft Arbeit, denn das Material längt sich (im Mittel) um den Quotienten aus dem Volumen Ω der Leerstelle und der Querschnittsfläche der betrachteten Korngrenze. Die wirkende Kraft ist dabei gleich der Spannung multipliziert mit der Querschnittsfläche der Korngrenze. Damit ergibt sich für die geleistete Arbeit also $\sigma\Omega$ unabhängig von der Größe der Korngrenze. Umgekehrt muss eine Arbeit $\sigma\Omega$ geleistet werden, um eine Leerstelle in einem Gebiet zu erzeugen, das unter Druckspannung steht.

Die Leerstellenkonzentration in den Bereichen ① und ② aus Bild 11.8 ist demnach durch

$$n_1 = \exp\left(-\frac{Q_\mathrm{B} + \sigma\Omega}{kT}\right)\,,$$

$$n_2 = \exp\left(-\frac{Q_\mathrm{B} - \sigma\Omega}{kT}\right)$$

gegeben Der Leerstellenkonzentrationsgradient kann damit entsprechend Gleichung (11.11) zu $(n_1 - n_2)/d$ abgeschätzt werden, wobei hier die Korngröße d an die Stelle des Versetzungsabstands tritt. Es ergibt sich also ein Leerstellenstrom

$$
\begin{aligned}
j &= -D_0 \exp\left(-\frac{Q_\mathrm{w}}{kT}\right)\frac{n_1 - n_2}{d}\\
&= \frac{2\sigma\Omega}{dkT}D_0 \exp\left(-\frac{Q_\mathrm{B} + Q_\mathrm{W}}{kT}\right)\,,
\end{aligned}
\tag{11.15}
$$

wobei d den mittleren Diffusionsweg bezeichnet, der in etwa der Korngröße entspricht.

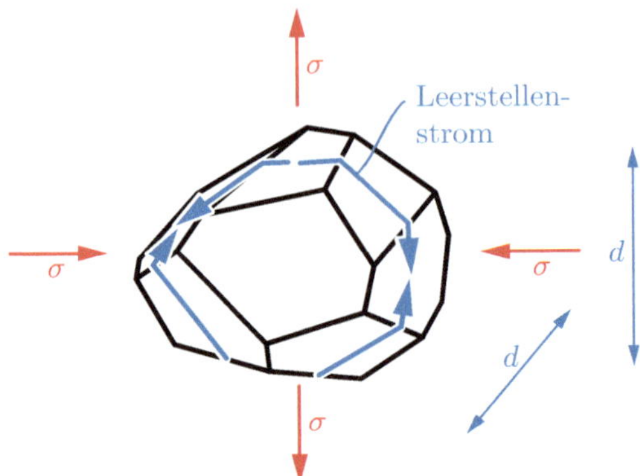

Bild 11.9: Wanderung von Leerstellen beim Diffusionskriechen entlang von Korngrenzen

Die Kriechgeschwindigkeit $\dot{\varepsilon}$ ist proportional zur Leerstellenstromdichte. Um aus der Stromdichte die Dehnrate zu erhalten, muss die Stromdichte noch einmal durch die Kornlänge geteilt werden. Damit ergibt sich

$$\dot{\varepsilon} = A_{\text{NH}} \frac{\sigma \Omega}{kT} \frac{D_0}{d^2} \exp\left(-\frac{Q_{\text{B}} + Q_{\text{W}}}{kT}\right)$$
$$= A_{\text{NH}} \frac{\sigma \Omega}{kT} \frac{D_{\text{V}}(T)}{d^2}.$$

(11.16)

Hier sind A_{NH} eine Materialkonstante, σ die anliegende Spannung, Ω das Volumen einer Leerstelle, d die Korngröße und D_{V} der Diffusionskoeffizient für Selbstdiffusion durch das Materialvolumen. Man bezeichnet diesen Kriechvorgang als *Nabarro-Herring-Kriechen*. Da die Abhängigkeit von der Spannung linear ist, tritt Nabarro-Herring-Kriechen vor allem bei niedrigen Spannungen auf, während bei höheren Spannungen Versetzungskriechen bestimmend ist.

Da die Kriechrate umgekehrt proportional zum Quadrat der Korngröße ist, begünstigen kleine Körner den Kriechvorgang. Im Gegensatz zur gewöhnlichen plastischen Verformung, bei der kleine Korngrößen vorteilhaft sind (Feinkornhärtung, Abschnitt 6.4.4), sind für kriechbeanspruchte Werkstoffe also große Körner zu bevorzugen.

Die Diffusion der Leerstellen muss beim Diffusionskriechen nicht unbedingt durch das Materialvolumen erfolgen. Leerstellen können sich auch direkt entlang der Korngrenzen bewegen (siehe Bild 11.9). Die Aktivierungsenergie für die Leerstellendiffusion entlang von Korngrenzen ist wegen der dort gestörten Kristallordnung kleiner als die im Inneren des Materials.

Die Leerstellenstromdichte j ist wie vorher umgekehrt proportional zur Korngröße. Die oben durchgeführte Herleitung für die Stromdichte im Korninneren kann also exakt übernommen werden, wobei lediglich die geringere Aktivierungsenergie für die Korngrenzendiffusion zu berücksichtigen ist. Die Anzahl der Leerstellen, die pro Zeiteinheit durch das Korn strömen, ist proportional zur Leerstellenstromdichte multipliziert mit der Querschnittsfläche, durch die die Leerstellen hindurchtreten. Diese ist gleich $d\delta$, wobei δ die Dicke der Korngrenze ist.

Insgesamt ist die Rate der Leerstellendiffusion in einem Korn also gegeben durch $jd\delta$. Die Aufbaugeschwindigkeit ist gleich dieser Rate, bezogen auf die Querschnittsfläche des Korns, also $jd\delta/d^2 = j\delta/d$. Um die Dehnrate zu erhalten, muss wieder durch die Kornlänge geteilt werden, so dass sich insgesamt $\dot{\varepsilon} \sim j\delta/d^2 \sim 1/d^3$ ergibt.

Die Dehnrate für die Korngrenzendiffusion ergibt sich damit zu

$$\dot{\varepsilon} = A_{\mathrm{C}} \frac{\sigma\Omega}{kT} \frac{\delta D_{\mathrm{KG}}(T)}{d^3}\,. \tag{11.17}$$

δ ist die Dicke der Korngrenze, D_{KG} ist der Diffusionskoeffizient für Selbstdiffusion entlang der Korngrenze, und A_{C} ist eine weitere Materialkonstante. Diesen Prozess bezeichnet man auch als *Coble-Kriechen*. Coble-Kriechen ist wegen der starken Abhängigkeit von d vor allem bei kleinen Korngrößen relevant. Da die Aktivierungsenergie für Selbstdiffusion entlang der Korngrenzen niedriger ist als im Volumen, ist Coble-Kriechen auch bei niedrigen Temperaturen gegenüber dem Nabarro-Herring-Kriechen dominant.

Da sich beim Diffusionskriechen die Form der Körner ändert, müssen sich benachbarte Körner in miteinander kompatibler Weise verformen, ähnlich wie bei der Feinkornhärtung in Abschnitt 6.4.4 beschrieben. Dies ist eine der Ursachen für das *Korngrenzengleiten*, das im nächsten Abschnitt beschrieben wird.

Diffusionskriechen spielt auch in Faserverbundwerkstoffen eine Rolle. In Abschnitt 9.3.2 wurde gezeigt, dass es für die Kraftübertragung auf eine Faser nur auf das Verhältnis zwischen Länge und Durchmesser ankommt. Dass in realen Faserverbunden meist die kritische Länge im Vordergrund steht, liegt daran, dass sich der Faserdurchmesser nicht beliebig einstellen lässt, die Faserlänge hingegen schon. Bei hohen Temperaturen kann die Faser allerdings durch Diffusionsprozesse entlastet werden. Dabei können Atome der Matrix an der Grenzfläche der Faser entlangdiffundieren und die Spannung zwischen Faser und Matrix abbauen. Ähnlich wie in Gleichung (11.17) spielt dann die absolute Größe der Faser eine Rolle, und nur hinreichend lange Fasern können eine Verstärkungswirkung erzielen.

11.2.4 Korngrenzengleiten

Bei hohen Temperaturen können sich die Körner in Metallen und Keramiken gegeneinander bewegen. Diesen Vorgang bezeichnet man als *Korngrenzengleiten*.

Für das Korngrenzengleiten lässt sich keine ähnlich einfache Abschätzung durchführen wie für die bisher diskutierten Verformungsvorgänge. Die Verformungsrate ist durch

$$\dot{\varepsilon} = A_{\mathrm{KGG}} \frac{\delta\sigma^n D_{\mathrm{KG}}(T)}{d} \tag{11.18}$$

gegeben [98]. Wie üblich bezeichnen A_{KGG} eine Konstante, δ die Dicke der Korngrenze, σ die anliegende Spannung, D_{KG} den Diffusionskoeffizienten für Korngrenzendiffusion und d den Korndurchmesser. Der Spannungsexponent n für Korngrenzengleiten liegt typischerweise zwischen 2 und 3.

Bei Metallen trägt das Korngrenzengleiten meist nur wenig zur Kriechverformung bei, ist aber aus zweierlei Gründen trotzdem wichtig: Erstens stellt das Korngrenzengleiten

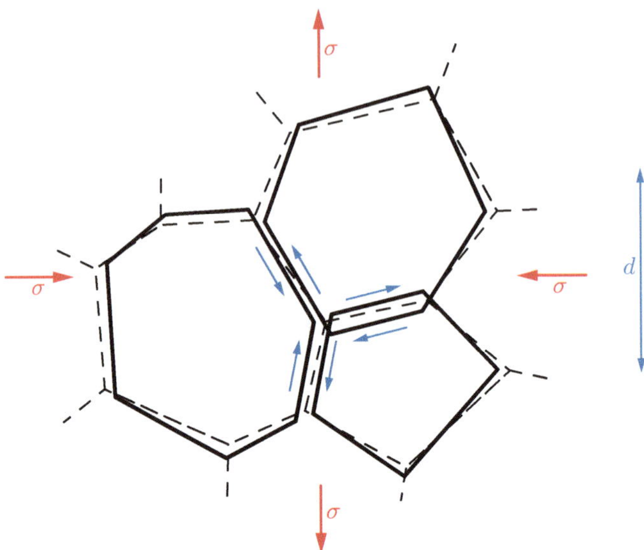

Bild 11.10: Korngrenzengleiten hält die Kompatibilität zwischen Körnern aufrecht, die durch Diffusionskriechen allein verletzt würde.

beim Diffusionskriechen die Kompatibilität zwischen den Körnern sicher, wie Bild 11.10 veranschaulicht (siehe auch Abschnitt 6.4.4 und das Ende des vorherigen Abschnitts). Zweitens kann die Verschiebung der Korngrenzen durch Gleiten an Punkten, in denen sich drei Korngrenzen treffen (Korngrenzentripelpunkten), darüber hinaus eine starke Spannungsüberhöhung verursachen und so zu Schädigung durch Aufreißen der Korngrenzen führen (siehe auch Abschnitt 11.3). Gelingt es also, die Korngrenzen »resistenter« gegen Abgleiten zu machen, hat dies zwei Vorteile: es behindert die Verformung durch Diffusionskriechen und begrenzt die Gefahr frühzeitiger Materialschädigung. Dies wird in Abschnitt 11.4 näher diskutiert.

In Keramiken wird die Temperaturfestigkeit maßgeblich durch Korngrenzengleiten begrenzt. Ursache hierfür ist das Auftreten von Glasphase entlang Korngrenzen (siehe auch Abschnitt 7.1). Diese amorphen Bereiche haben eine wesentlich geringere Erweichungstemperatur als die kristallinen Körner selbst. Durch diesen »Schmierfilm« können die Körner aneinander abgleiten, ohne dass Versetzungsbewegung im Korninneren nötig wäre.

11.2.5 Verformungsmechanismen-Diagramme

Die diskutierten Kriechverformungsmechanismen zeigen zum einen unterschiedliche Abhängigkeiten von der Temperatur, da die Aktivierungsenergie der Kriechmechanismen verschieden ist. Zum anderen besitzen sie unterschiedliche Abhängigkeiten von der Spannung. Die Spannungsexponenten liegen zwischen 1 für Diffusionskriechen und 3 für Versetzungskriechen, wobei real auch größere Spannungsexponenten auftreten. Dies führt dazu, dass je nach äußeren Bedingungen andere Kriechmechanismen dominieren.

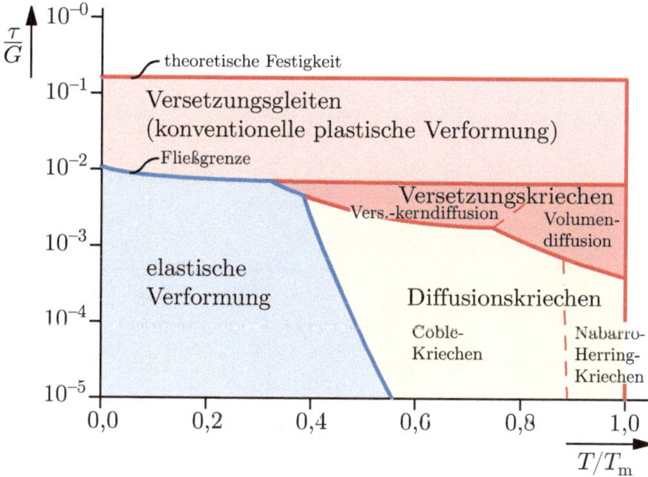

Bild 11.11: Idealisiertes Verformungsmechanismen-Diagramm (nach [98])

An sogenannten *Verformungsmechanismen-Diagrammen* kann für verschiedene Materialien abgelesen werden, unter welchen Bedingungen welche Mechanismen vorherrschen. Bild 11.11 zeigt ein idealisiertes Verformungsmechanismen-Diagramm. In ihm sind die Temperatur und die anliegende Spannung, normiert auf die relevanten Werkstoffparameter Schmelztemperatur und Schubmodul, aufgetragen. Je nach Temperaturbereich kann der überwiegende Verformungsmechanismus abgelesen werden. Bei niedrigen anliegenden Spannungen und niedrigen Temperaturen verformt sich der Werkstoff rein elastisch, bei höheren Temperaturen beginnt das Diffusionkriechen, das aufgrund seines niedrigen Spannungsexponenten bei niedrigen Spannungen stärker als das Versetzungskriechen ist. Wegen der niedrigeren Aktivierungsenergie für die Korngrenzendiffusion findet diese bei niedrigeren Temperaturen statt als die Volumendiffusion. Da die Spannungsexponenten für diese beiden Mechanismen gleich sind, sind die entsprechenden Felder durch eine senkrechte Linie voneinander getrennt.

Geht man zu höheren Spannungen über, so nimmt das Versetzungskriechen mit seinem höheren Spannungsexponenten an Bedeutung zu. Die Leerstellendiffusion entlang von Versetzungslinien findet wegen ihrer geringeren Aktivierungsenergie eher bei niedrigeren Temperaturen statt als die Volumendiffusion. Da der Spannungsexponent der Versetzungsliniendiffusion höher als der der Volumendiffusion ist, ist die Grenzlinie zwischen beiden Bereichen keine senkrechte Linie.

Bei noch höheren Spannungen beginnt schließlich die eigentliche plastische Verformung. Erreicht die Spannung schließlich etwa ein Zehntel des Schubmoduls, so ist die theoretische Festigkeit des Materials erreicht.

Derartige Diagramme können für verschiedene Werkstoffe oder Werkstoffzustände aufgestellt werden. Bild 11.12 zeigt die Verformungsmechanismen-Diagramme für Aluminium, Wolfram und Magnesiumoxid, jeweils mit einer Korngröße von 32 μm. Es sind deutliche Unterschiede in der Form und Größe der verschiedenen Bereiche zu erkennen, obwohl alle drei Diagramme prinzipiell denselben Aufbau wie Bild 11.11 besitzen.

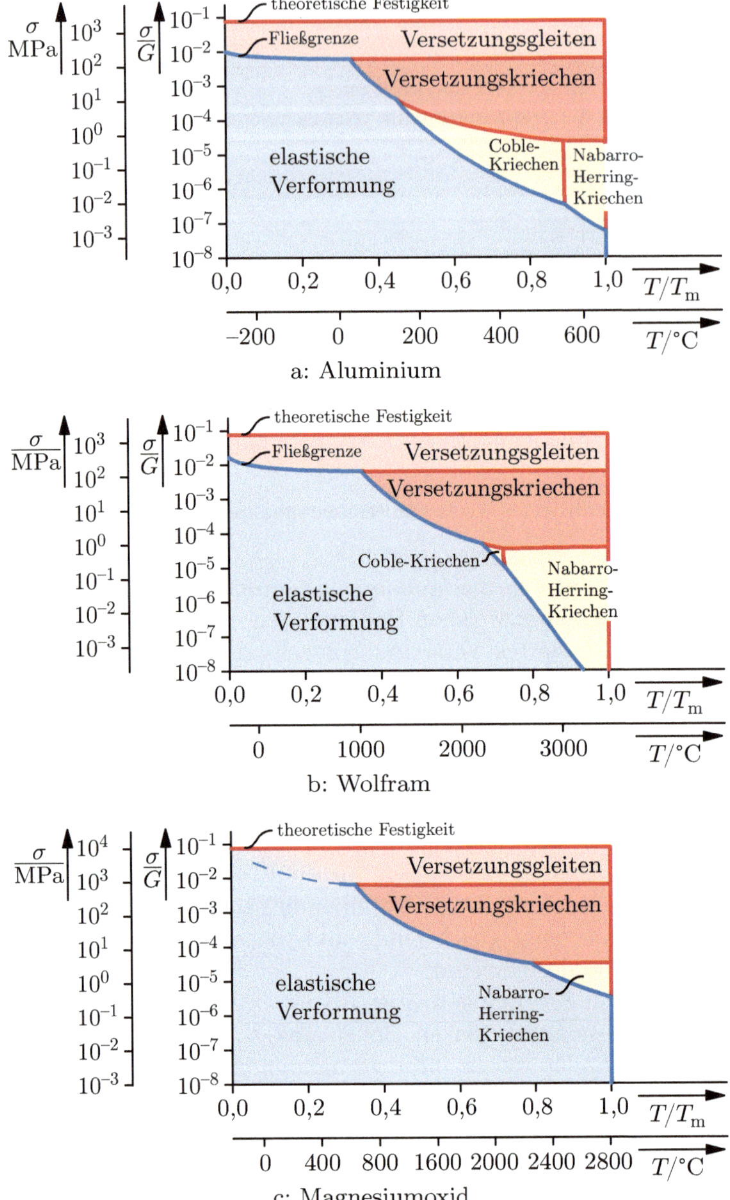

Bild 11.12: Verformungsmechanismen-Diagramme (nach [36]). Die Korngröße beträgt in allen Fällen 32 µm.

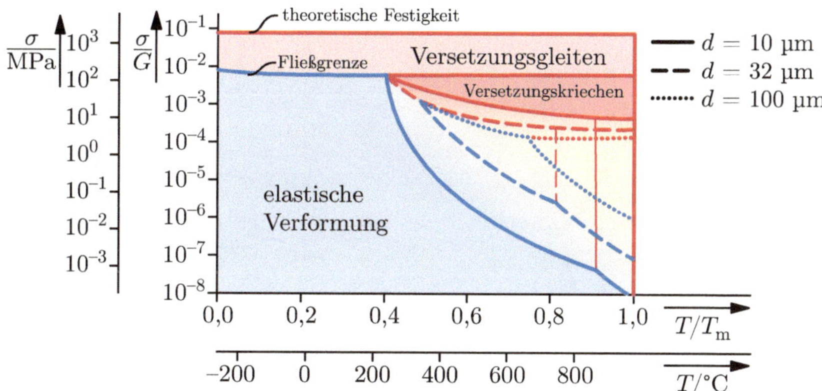

Bild 11.13: Verformungsmechanismen-Diagramm für Silber als Funktion der Korngröße (nach [36])

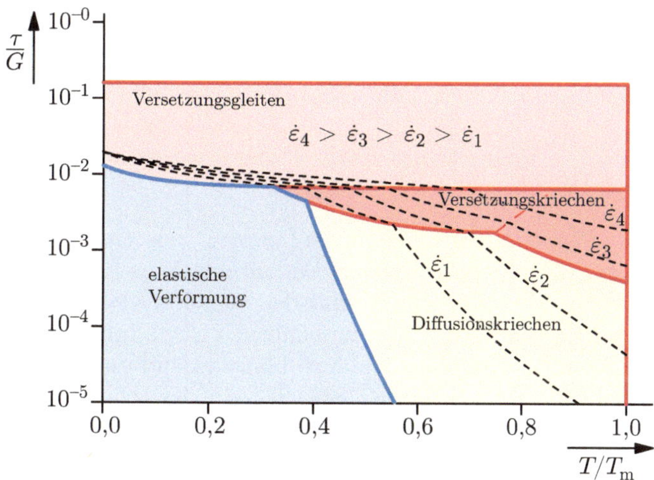

Bild 11.14: Idealisiertes Verformungsmechanismen-Diagramm für verschiedene Dehngeschwindigkeiten (nach [98])

In Bild 11.13 ist der Einfluss der Korngröße auf die Verformungsmechanismen am Beispiel von Silber dargestellt. Es sind die verschiedenen Bereiche für drei verschiedene Korngrößen eingezeichnet, so dass deutlich zu erkennen ist, dass bei kleiner Korngröße Kriechvorgänge deutlich stärker sind und bei tieferen Temperaturen einsetzen als bei großen Körnern. Dies ist auf die Korngrößenabhängigkeit des Diffusionkriechens zurückzuführen.

Da Kriechvorgänge zeitabhängig sind, treten bei unterschiedlichen Verformungsgeschwindigkeiten auch unterschiedliche Mechanismen auf. Auch dies kann in den Diagrammen berücksichtigt werden, wie Bild 11.14 zeigt. Es ist zu sehen, dass bei hohen Dehngeschwindigkeiten, also hohen Spannungen, Diffusionskriechen gegenüber dem Versetzungskriechen an Bedeutung verliert.

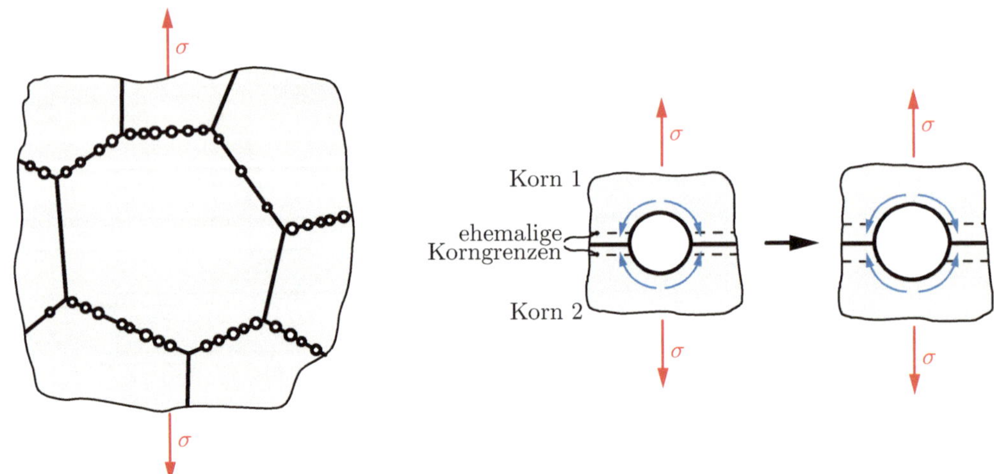

a: Aufreihung der Poren an den Korngrenzen

b: Bildungsmechanismus

Bild 11.15: Schematische Darstellung von Kavernenporen

11.3 Kriechbruch

Kriechbeanspruchte Werkstoffe versagen nach längerer Belastungszeit durch *Kriechbruch*. Die Verformungsrate, die im Bereich des Sekundärkriechens ihr Minimum hatte, nimmt nach längerer Belastungszeit wieder zu, und das *tertiäre Kriechen* setzt ein, an dessen Ende der Bruch des Materials steht. Der Kriechbruch ist dadurch ausgezeichnet, dass das Material meist nicht im Korninneren, sondern überwiegend an den Korngrenzen versagt. Anders als beim duktilen Bruch handelt es sich beim Kriechbruch also meist um einen interkristallinen Bruch. Transkristalliner Bruch tritt lediglich bei höheren Spannungen auf [41].

Das interkristalline Bruchbild deutet darauf hin, dass beim Kriechen eine Schädigung der Korngrenzen auftritt. Diese wird durch die Bildung von Poren und Mikrorissen verursacht. Mikroskopisch unterscheidet man zwei verschiedene Typen von Schädigungen im kriechbelasteten Material. Zum einen treten an den unter Zugspannung stehenden Korngrenzen runde Poren, die *Kavernenporen* auf, zum anderen gibt es an Punkten, an denen sich drei Korngrenzen treffen, sogenannte *Keilporen*.

Kavernenporen bilden sich an unter Zugspannung stehenden Korngrenzen durch Diffusionsprozesse, bei denen das Material seine Länge in Richtung der anliegenden Spannung dadurch vergrößert, dass Material aus dem Bereich der sich bildenden Pore in die Nachbarbereiche verlagert wird (Bilder 11.15 und 11.16). In völliger Analogie zur Ausscheidung von Teilchen (siehe Abschnitt 6.4.3) muss bei der Porenbildung zunächst eine Keimbildungsbarriere überwunden werden. Dies liegt daran, dass der Energieaufwand zur Bildung innerer Oberfläche proportional zum Quadrat des Porendurchmessers ist, während

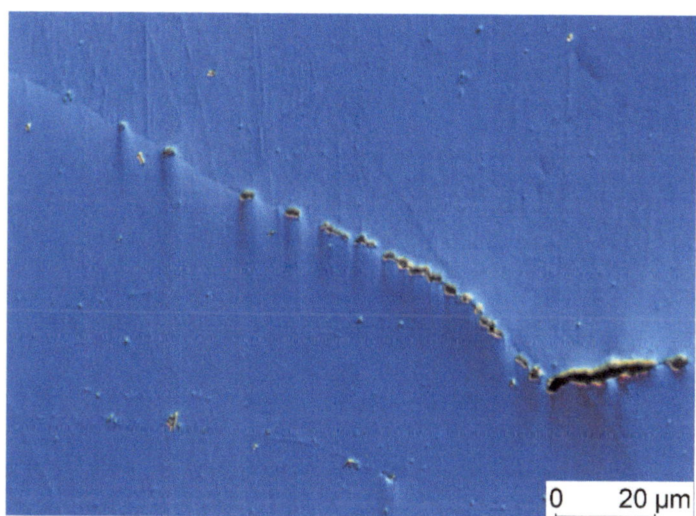

Bild 11.16: Kavernenporen in einer Nickelbasis-Legierung. Die Poren sind entlang der Korngrenzen aufgereiht. Rechts im Bild sind bereits mehrere Poren zu einem Riss zu-
sammengewachsen [62].

der Energiegewinn durch das verlagerte Materialvolumen eine kubische Abhängigkeit aufweist. Entsprechend überwiegt bei kleinen Porengrößen der Energieaufwand. Poren treten
deshalb nicht schon zum Beginn des Kriechversuchs, sondern erst nach langer Zeit auf.
Ihre Bildung wird durch hohe Temperaturen und lange Versuchszeiten begünstigt, weil
dann die Wahrscheinlichkeit zur Überwindung der Keimbildungsbarriere zunimmt. Lokale Spannungskonzentrationen, beispielsweise durch Ausscheidungen auf den Korngrenzen
oder durch Versetzungsaufstau, erhöhen den Energiegewinn und begünstigen deshalb die
Porenbildung.

Keilporen bilden sich durch Korngrenzengleiten in Bereichen, in denen sich drei Korngrenzen treffen (siehe Bilder 11.17 und 11.18). Dort kommt es zu einer starken Spannungsüberhöhung (siehe Abschnitt 11.2.4), die bei Überschreiten der Spaltfestigkeit zum
Aufreißen der Korngrenzen führt. Entsprechend ist diese Art der Schädigung typisch für
Kriechversuche bei relativ hoher Spannung.

Beide Schädigungsmechanismen führen zu einer Verringerung des tragenden Proben-
querschnittes und zu Spannungsüberhöhungen durch Kerbeffekte. Dies führt zu einer
starken Beschleunigung der Kriechgeschwindigkeit, wie sie im Bereich des tertiären Kriechens beobachtet wird.

Ähnlich wie die Verformungsmechanismen hängen auch die Bruchmechanismen von der
angelegten Spannung und der Temperatur ab. Ein analog zu einem Verformungsmechanismen-Diagramm erstelltes Bruchmechanismen-Diagramm ist in Bild 11.19 gezeigt.

Bei niedrigen anliegenden Spannungen und niedrigen Temperaturen verformt sich der
Werkstoff rein elastisch, so dass auch nach langen Zeiten kein Bruch auftritt.

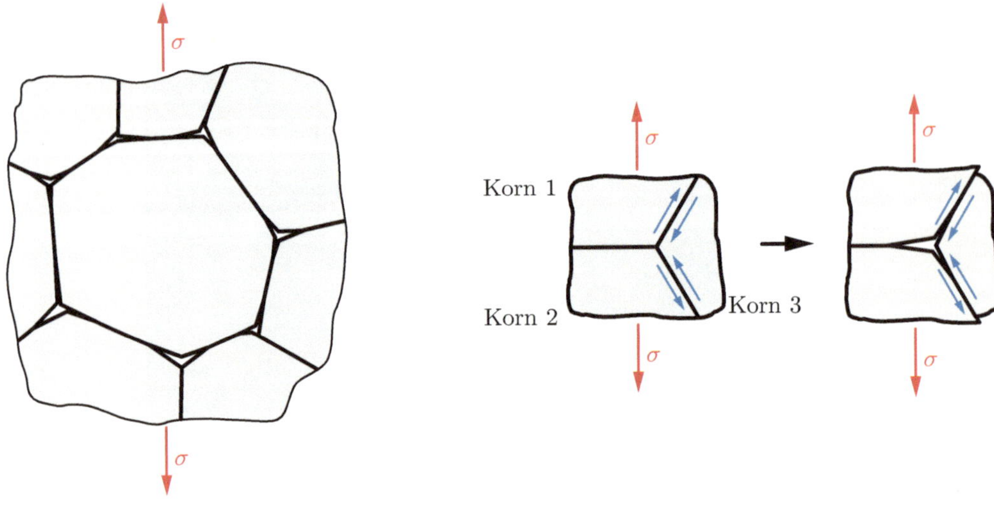

a: Keilporen an den Tripelpunkten
   des Gefüges

b: Bildungsmechanismus

Bild 11.17: Schematische Darstellung von Keilporen

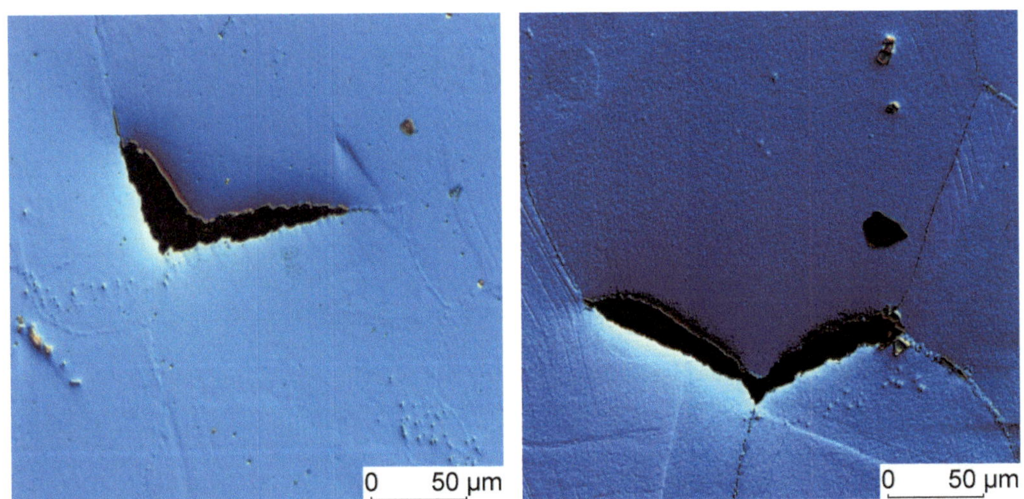

Bild 11.18: Mikroskopische Aufnahmen durch Korngrenzengleiten verursachter Keilporen in
einer Nickelbasis-Legierung [62]

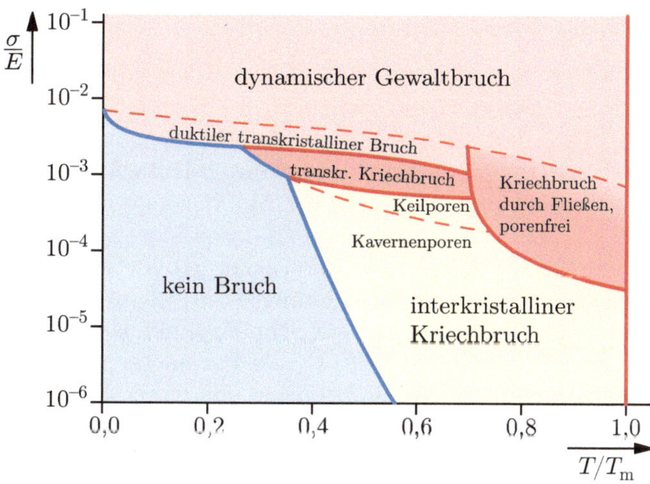

Bild 11.19: Idealisiertes Bruchmechanismen-Diagramm (nach [98, 92])

Erhöht man bei niedrigen Temperaturen die Spannung, tritt »normale« plastische Deformation gefolgt von einem duktilen, transkristallinen Gewaltbruch auf. In einem Zugversuch bildet sich beispielsweise normalerweise ein Trichter-Kegel-Bruch aus (vergleiche auch Bild 3.14 b).

Ein dynamischer Gewaltbruch tritt bei explosionsartigen Belastungen auf, die mit sehr hohen Spannungen verbunden sind, wie zum Beispiel Kerbschlagbiegeversuchen. Bei ihm versagt der Werkstoff auch bei hohen Temperaturen nicht durch Kriechen, da der Gewaltbruch so schnell auftritt, dass die langsameren Kriechvorgänge keine Schädigung akkumulieren können.

Wie bereits beschrieben erfolgt das Versagen bei hohen homologen Temperaturen oberhalb 0,3 bis 0,4 durch Kriechbruch. Bei den meisten Spannungen ist der Kriechbruch dabei interkristallin (je nach Spannungshöhe durch Kavernenporen oder Keilporen begleitet). Bei Spannungen knapp unterhalb der Fließgrenze kann der Bruch auch transkristallin ausgebildet sein.

Bei sehr hohen Temperaturen und Spannungen versagt der Werkstoff durch Fließen, wobei keine Kriechporen gebildet werden. Im Zugversuch äußert sich dies durch Ausziehen zu einer Spitze (vgl. Bild 3.14 a).

11.4 Erhöhung der Kriechbeständigkeit von Werkstoffen

Kriechverformung findet, abhängig von Temperatur, Belastung und Material, durch Versetzungskriechen, Diffusionskriechen oder Korngrenzengleiten statt (siehe Abschnitt 11.2). Um die Kriechbeständigkeit eines Werkstoffs zu erhöhen, müssen die jeweils maßgeblichen Verformungsmechanismen behindert werden. Im Folgenden wird erläutert, welche Mechanismen sich hierzu eignen. Dabei werden auch die Gemeinsamkeiten und Unterschiede zu den Mechanismen bei tiefen Temperaturen (entsprechend Abschnitt 6.4) angesprochen.

11.4.1 Behinderung der Diffusion

Bei den in Abschnitt 11.2 genannten Kriechmechanismen spielt die Leerstellendiffusion eine maßgebliche Rolle. Beispielsweise ermöglicht sie das Klettern von Versetzungen, um Hindernisse zu umgehen, und verursacht den Materietransport beim Diffusionskriechen. Deshalb ist es wichtig, den Leerstellentransport durch Diffusion zu behindern.

Die Leerstellendiffusion hängt direkt von der Aktivierungsenergie für die Diffusion von Leerstellen ab. Die Leerstellendiffusion ist um so schwächer, je schwieriger die Bildung einer Leerstelle ist und je stärker die Diffusion einer gebildeten Leerstelle behindert ist. Eine hohe Leerstellenbildungsenergie liegt immer dann vor, wenn die Bindungskräfte im Material stark sind, was wiederum mit dem Schmelzpunkt korreliert. Hierdurch erklärt sich, warum die homologe Temperatur T/T_m als Parameter zur Charakterisierung der Kriecheigenschaften geeignet ist. Um die Diffusion und damit das Kriechen zu behindern, ist es deshalb sinnvoll, möglichst hochschmelzende Werkstoffe auszuwählen.

Die Diffusion von Leerstellen findet dadurch statt, dass ein benachbartes Atom seinen Platz mit der Leerstelle wechselt. Dabei muss dieses Atom eine Energiebarriere überwinden, die von den umgebenden Atomen gebildet wird. Diese ist umso höher, je dichter gepackt die Atome sind, so dass eine dicht gepackte Kristallanordnung die Kriechfestigkeit erhöht. Beispielsweise sind die Diffusionskoeffizienten für Selbstdiffusion von Eisen in α-Eisen (kubisch raumzentriert) durch

$$D_\alpha = 2{,}0 \cdot 10^{-4} \cdot \exp\left(\frac{-251\,\mathrm{kJ/mol}}{RT}\right)$$

und γ-Eisen (kubisch flächenzentriert) durch

$$D_\gamma = 1{,}8 \cdot 10^{-5} \cdot \exp\left(\frac{-270\,\mathrm{kJ/mol}}{RT}\right)$$

gegeben [52]. Bei 600 °C ergibt sich also in α-Eisen eine ca. 150-fach höhere Diffusionsgeschwindigkeit als in γ-Eisen. Dies ist ein Grund, warum man mit austenitischen Stählen (γ-Eisen) höhere Kriechfestigkeiten erreichen kann als mit ferritischen Stählen (siehe dazu auch Tabelle 11.2 auf Seite 422).

Bei Werkstoffen, die in Phasen mit unterschiedlicher Gitterstruktur vorliegen, ist es deshalb vorteilhaft, für eine hohe Kriechbeständigkeit die Mikrostruktur so einzustellen, dass die Phase mit der langsameren Diffusion dominiert. Für besonders kriechbeanspruchte Bauteile aus Titanwerkstoffen setzt man deshalb Legierungen ein, die überwiegend aus der hexagonal dichtest gepackten α-Phase bestehen und nur geringe Gehalte der kubisch raumzentrierten β-Phase enthalten (sogenannte near-α-Legierungen).

11.4.2 Mischkristallhärtung

Fremdatome behindern die Versetzungsbewegung und erschweren somit das Versetzungskriechen, sofern es sich um langsam diffundierende Fremdatome mit hoher Aktivierungsenergie für Diffusion handelt. Fremdatome von Elementen mit hohem Schmelzpunkt leisten dadurch häufig einen nennenswerten Beitrag zur Kriechfestigkeit metallischer Hochtemperaturwerkstoffe, denn sie gehen auch im Wirtsgitter starke Bindungen ein, so

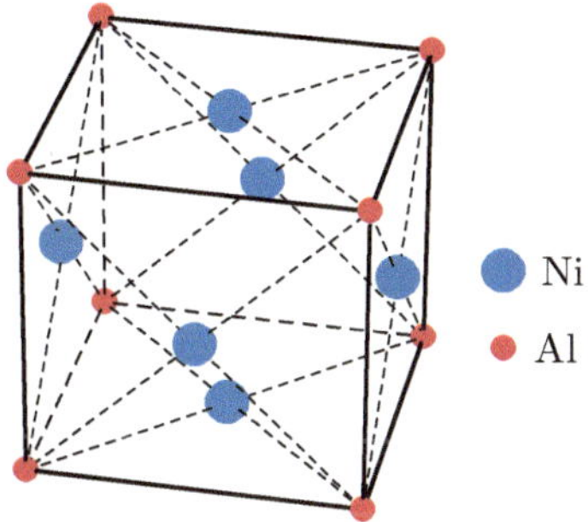

Bild 11.20: Elementarzelle der γ'-Phase Ni$_3$Al

dass ihre Beweglichkeit eingeschränkt ist und es deshalb für die Versetzungen schwierig ist, diese Atome mit zu ziehen. Beispielsweise werden Molybdän, Wolfram und Rhenium mit Gehalten von bis zu 10 Masse-% zur Mischkristallhärtung von Nickelbasis-Legierungen eingesetzt.

Dagegen ist von gelöstem Kohlenstoff in Stahl keine nennenswerte Mischkristallverfestigung bei hohen Temperaturen zu erwarten, da sich die interstitiell gelösten Fremdatome praktisch ungehindert mit den Versetzungen mitbewegen können (siehe dazu auch Bild 6.40).[10]

11.4.3 Ausscheidungshärtung

Ausscheidungen behindern auch bei hohen Temperaturen die Versetzungsbewegung und tragen somit zur Erhöhung der Kriechbeständigkeit von Metallen bei. Dabei tritt aber häufig folgendes Problem auf: Eine gleichmäßige Verteilung von hinreichend kleinen Ausscheidungsteilchen mit einem geringen Teilchenabstand, die zu einem hohen Verfestigungsbeitrag führt, lässt sich in den meisten Fällen nur durch kohärente Ausscheidungen erreichen. Diese sind zumeist aber metastabil, d. h., sie wandeln sich bei hohen Temperaturen allmählich in eine inkohärente Gleichgewichtsphase um. Dabei nimmt die Grenzflächenenergie stark zu, so dass es zu beschleunigtem Teilchenwachstum und einem Verlust der Verfestigung kommt (vgl. Bild 6.44). Dies ist der entscheidende Grund, warum eine langzeitige Anwendung ausscheidungsgehärteter Aluminiumlegierungen oberhalb $0{,}5\,T/T_\mathrm{m}$ nicht sinnvoll ist.

Demgegenüber kommt den Nickelbasis-Superlegierungen eine Sonderrolle zu, da hier eine kohärente Gleichgewichtsphase für die Ausscheidungshärtung existiert, die sich nur sehr langsam vergröbert (vgl. Bild 11.6 b). Dies ist die sogenannte γ'-Phase mit der Stöchiometrie Ni$_3$Al. Ihre Elementarzelle unterscheidet sich nur insofern von der des kubisch flächenzentrierten Wirtsgitters, als sich im binären System Ni$_3$Al die Nickelatome praktisch ausschließlich auf den flächenzentrierten Positionen befinden, während die Aluminiumatome die Würfelecken besetzen (Bild 11.20).[11] Während die Gitterkonstanten von

---

10 Trotzdem ist Kohlenstoff ein wichtiges Legierungselement in kriechbeständigen ferritischen Stählen, weil es zur Teilchenhärtung durch Bildung fein verteilter Karbide führt.

11 In vielkomponentigen Legierungen werden auf dem Untergitter des Aluminium insbesondere auch Titan und Tantal eingebaut. Deswegen schreibt man häufig auch Ni$_3$(Al, Ti, Ta).

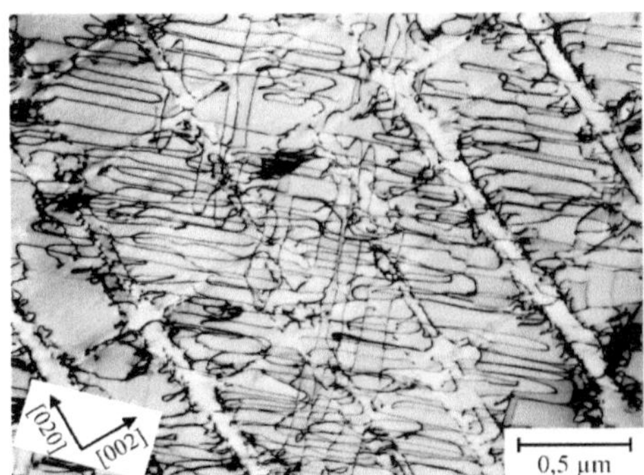

Bild 11.21: Zu Schlingen ausgezogene Versetzungen in einer Nickelbasis-Superlegierung (transmissionselektronenmikroskopische Aufnahme) [137]

Ausscheidung und Matrix im binären System Ni-Al um mehr als ein Prozent voneinander abweichen, gelingt es durch Zulegieren anderer Elemente, diese Fehlpassung auf 0,1 % bis 0,2 % zu reduzieren. Damit wird die Verzerrungsenergie auf ein Minimum reduziert und der oberhalb einer bestimmten Teilchengröße unvermeidliche Kohärenzverlust verzögert. Wegen der besonderen Eigenschaften der γ'-Phase können diese Werkstoffe noch bei 75 % ihrer Schmelztemperatur eingesetzt werden und verdienen die Bezeichnung »Superlegierungen« zurecht.

Moderne Superlegierungen besitzen einen Volumenanteil der Ausscheidungsphase von bis zu 70 %. Bei derart hohen Gehalten müssen sich die Versetzungen durch die engen Kanäle zwischen den würfelförmigen Ausscheidungen bewegen, wobei sie zu lang gestreckten Schlingen ausgezogen werden (Bild 11.21). Diese Behinderung der Versetzungsbewegung sorgt für die besondere Festigkeit dieser Legierungen. Erst bei relativ hohen Spannungen gelingt es den Versetzungen, in die Teilchen einzudringen und diese zu schneiden. Dadurch sind Belastungen von mehr als 100 MPa auch bei Temperaturen von 1000 °C und Betriebszeiten von mehreren tausend Stunden realisierbar.

* 11.4.4 Dispersionshärtung

Dispersionsgehärtete Metalle (siehe Abschnitt 6.4.3) besitzen ebenfalls eine hohe Kriechbeständigkeit. Verwendet man ein Potenzgesetz gemäß Gleichung (11.2) zur Beschreibung des Zusammenhangs zwischen Kriechrate und Spannung, so ergeben sich extrem hohe, für Metall sonst unübliche Spannungsexponenten mit Werten zwischen 20 und 200. Dies führt dazu, dass die Kriechrate mit abnehmender Spannung rasch auf kleine Werte sinkt, so dass eine hohe Kriechbeständigkeit resultiert.

Der Grund für diese ungewöhnlichen Kriecheigenschaften liegt in der Versetzungswechselwirkung mit den Dispersionsteilchen. Die Dispersionsteilchen sind so klein, dass sie bei genügend hoher Temperatur in sehr kurzer Zeit durch Klettern überwunden werden können. Sie behindern die Versetzungsbewegung dennoch stark, weil die Linienenergie der Versetzung an der Grenzfläche zum Dispersionsteilchen verringert ist und deshalb eine Anziehungskraft zwischen Versetzung und Teilchen besteht [6, 146]. Um sich vom Teilchen abzulösen, wird eine sehr große Spannung benötigt. Reicht die äußere Spannung hierzu nicht aus, muss die entsprechende Energie durch thermische Aktivierung zur Verfügung gestellt werden [135]. Da dieser Energiebetrag von der äußeren Spannung abhängt, die somit im Exponenten des Boltzmann-Gesetzes für die thermische Aktivierung eingeht, ergibt sich eine entsprechend starke Abhängigkeit von der Spannung, die näherungsweise durch ein Potenzgesetz mit einem großen Spannungsexponenten beschrieben werden kann.

Damit dieser Mechanismus wirken kann, ist es lediglich notwendig, dass die Linienenergie der Versetzung an der Grenzfläche zum Teilchen hinreichend verringert ist, um eine anziehende Wirkung zu erreichen.[12] Dies ist auch dann der Fall, wenn an Stelle des Hindernisses ein Hohlraum vorliegt. Beispielsweise lassen sich Wolframlegierungen durch Kaliumteilchen verfestigen, die bei sehr hohen Temperaturen verdampfen, so dass sich ein gasgefüllter Hohlraum bildet.

11.4.5 Härtung durch grobe Körner

Vor allem das Diffusionskriechen wird stark durch die Korngröße des Materials beeinflusst. Je gröber das Korn ist, desto länger sind die Diffusionswege für die Leerstellen, so dass die Verformungsgeschwindigkeit herabgesetzt wird.

Die Korngröße spielt auch eine wichtige Rolle bei der Kriechschädigung, da sich Poren an den unter Zugspannung stehenden Korngrenzen bilden. Bei großen Körnern können sich aufgrund der kleineren Korngrenzenfläche auch weniger Poren bilden.

Ebenfalls vorteilhaft sind Körner, die in Belastungsrichtung gestreckt sind. Die sich beim Diffusionskriechen aufbauenden Schubspannungen entlang Korngrenzen sind dann kleiner, weil sie von einer größeren Fläche getragen werden.

Solche Kornstrukturen erreicht man z. B. beim Ziehen von Drähten. Sie sind ein wichtiger Grund für die hohe Lebensdauer von Wolframdrähten in Glühlampen. Auch Gasturbinenschaufeln mit in Belastungsrichtung stark gestreckten Körnern sind deswegen besonders kriechbeständig. Bei ihnen kommt hinzu, dass sich ein Riss selbst bei Versagen einzelner Korngrenzen nicht ohne Weiteres ausbreiten kann, da die benachbarten senkrecht zur Spannung orientierten Korngrenzen weit entfernt sind (siehe Bild 11.22). Die Körner können sich dabei in Längsrichtung durch das ganze Bauteil erstrecken, so dass es keine senkrecht zur Last orientierten Korngrenzen gibt (siehe Bild 2.12). Besonders geeignet sind natürlich einkristalline Legierungen, die gar keine Korngrenzen enthalten.

11.4.6 Behinderung des Korngrenzengleitens

Wie in Abschnitt 11.2.4 bereits beschrieben, stellt das Korngrenzengleiten beim Diffusionskriechen die Kompatibilität zwischen den Körnern sicher, wobei die Verschiebung der Korngrenzen durch Gleiten an den Korngrenzentripelpunkten zu Schädigung durch Aufreißen der Korngrenzen führen kann. Kann man also das Korngrenzengleiten behindern, behindert dies die Kriechverformung und macht den Werkstoff resistenter gegen die Bildung von Keilporen und anschließenden Kriechbruch.

---

12 Anders als bei den in Abschnitt 6.3 diskutierten Hindernissen ist bei der Hochtemperaturverformung nicht mehr irrelevant, ob das Hindernis anziehend oder abstoßend ist, da ein abstoßendes Hindernis leicht durch Klettern umgangen werden kann.

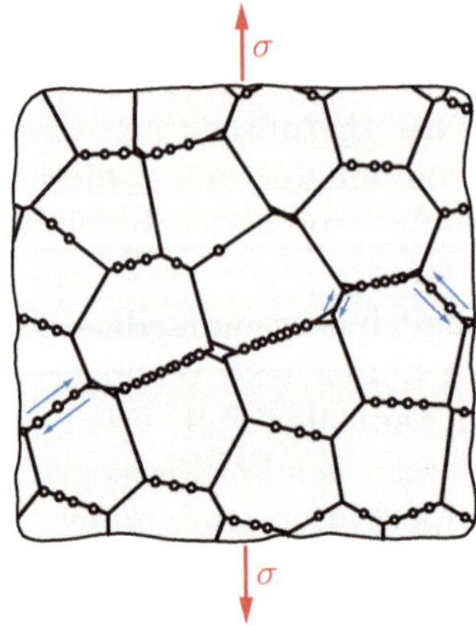

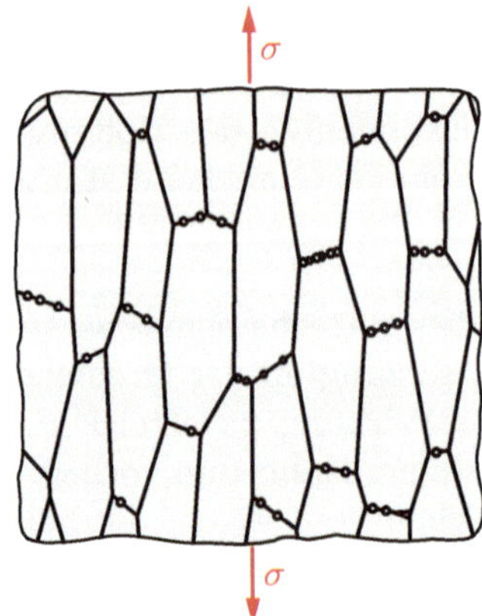

a: Ungerichtete Kornstruktur

b: Gerichtete Kornstruktur

Bild 11.22: Kriechschädigung eines ungerichtet und eines gerichtet erstarrten Werkstoffs (nach [98]). Die Ausbreitung von Rissen ist im gerichtet erstarrten Werkstoff stark behindert. In technisch eingesetzten gerichtet erstarrten Legierungen sind die Körner wesentlich stärker gestreckt, siehe Bild 2.12.

Korngrenzengleiten kann durch eine ganze Reihe an Maßnahmen erschwert werden. Zunächst erhöht eine Verlängerung der Korngrenzen durch grobe oder gerichtete Körner den Widerstand einer Korngrenze gegen das Abgleiten. Dies ist ein weiterer Beitrag zur Härtung durch grobe Körner, die bereits in Abschnitt 11.4.5 beschrieben wurde. Außerdem führen wellige oder gezackte Korngrenzen (die teilweise durch Wärmebehandlung erreichbar sind) dazu, dass die Körner schwieriger aufeinander abgleiten können.

Bei metallischen Werkstoffen kann Korngrenzengleiten zudem dadurch behindert werden, dass die Korngrenzen mit diskreten Partikeln (z. B. Karbiden) belegt werden (siehe Bild 11.23). Damit die Korngrenzen aneinander abgleiten können, muss Material in der Matrix aus dem Bereich vor der unter Druckspannung stehenden Flanke des Teilchens in den unter Zug stehenden Bereich hinter dem Teilchen diffundieren (siehe auch Bild 11.24). Entsprechend langsamer läuft der Vorgang ab.

Bei gegossenen Magnesiumlegierungen, die im Automobilbau zunehmende Bedeutung erlangen, ist der Einfluss des Korngrenzengleitens relativ stark, was unter anderem an der feinkörnigen Struktur dieser Legierungen liegt. Zur Erhöhung der Kriechfestigkeit kann beispielsweise Silizium hinzulegiert werden, da die sich bildende Mg_2Si-Phase entlang der Korngrenzen das Abgleiten erschwert. Ein ähnlicher Effekt wird mit Seltenen Erden erzielt, die zusätzlich zu einer Verfestigung durch Ausscheidungshärtung führen [121].

Wie in Abschnitt 11.2.4 beschrieben, wird das Korngrenzengleiten in Keramiken maßgeblich durch die Glasphase entlang der Korngrenzen verursacht. Durch eine Minimierung der Glasphase kann das Korngrenzengleiten erschwert werden und die Kriechfestigkeit einer Keramik erhöht werden. Es ist deshalb ein wichtiges prozesstechnisches Ziel bei der Herstellung keramischer Hochtemperaturwerkstoffe, den Gehalt an Glasphase auf ein Minimum zu reduzieren.

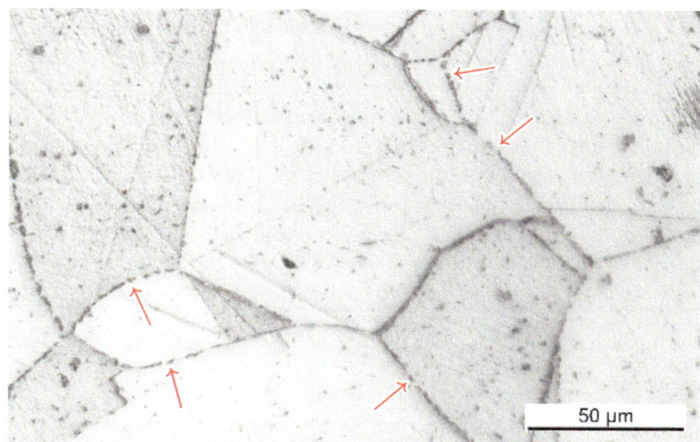

Bild 11.23: Belegung der Korngrenzen mit Ausscheidungen in der Nickelbasis-Legierung Nimonic 90 zur Behinderung des Korngenzengleitens. Einige der Ausscheidungen sind zur Verdeutlichung mit Pfeilen gekennzeichnet. Siemens AG, Mülheim an der Ruhr

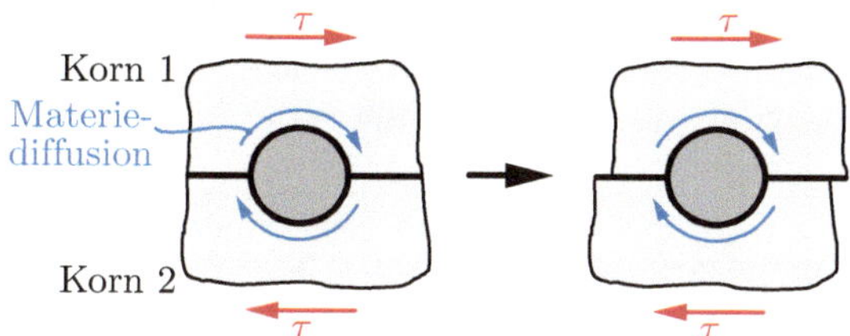

Bild 11.24: Veranschaulichung der Diffusion von Material um ein auf der Korngrenze sitzendes, diskretes Teilchen beim Korngrenzengleiten

11.4.7 Ungeeignete Verfestigungsmechanismen

Von den in Kapitel 6 diskutierten Verfestigungsmechanismen scheidet die Feinkornhärtung für die Anwendung bei hohen Temperaturen aus, da hier ja gerade ein grobes Korn vorteilhaft ist (vgl. auch Abschnitt 11.4.5).

Dasselbe gilt für die Verformungsverfestigung. Bei einem kalt vorverformten Werkstoff ist die Kriechrate zwar im primären Kriechbereich aufgrund der höheren Versetzungsdichte meist niedriger.[13] Die Versetzungsdichte nimmt aber schnell durch Erholungsmechanismen auf einen durch Temperatur und Belastung bestimmten, im sekundären Kriechbereich stabilen Wert ab. Die Kriechraten im sekundären und tertiären Kriechen sind also von der Vorverformung unabhängig. Daher ist eine Vorverformung als Verfestigungs-

---

13 Mit zunehmender Versetzungsdichte verringert sich die Geschwindigkeit jeder einzelnen Versetzung, die für eine bestimmte Kriechrate notwendig ist, so dass mehr Zeit zur Verfügung steht, um bei hohen Temperaturen Hindernisse thermisch aktiviert zu überwinden (siehe Abschnitt 6.3.2). Dadurch kann eine höhere Dichte beweglicher Versetzungen auch zu einer zunehmenden Kriechrate führen.

Tabelle 11.2: Kriechfestigkeit einiger Legierungen (nach [40, 136, 139]). Aufgetragen ist die Zeitstandfestigkeit $R_{\mathrm{u100\,000}/\vartheta}$, d. h. die Spannung, die benötigt wird, damit die Probe in einer Zeit von 10^5 Stunden bei konstanter Temperatur ϑ versagt. Die Kriechbeständigkeit der vanadium- und chromreichen ferritischen Stähle ist deutlich höher als die einfacherer Stähle, da Chrom- und Vanadiumkarbide eine erhöhte Temperaturbeständigkeit besitzen. Austenitische Stähle besitzen wegen ihrer kubisch flächenzentrierten, dichtest gepackten Struktur eine höhere Kriechfestigkeit. Die Angaben für die Nickelbasis-Legierungen IN 738 (polykristallin) und SC 16 (einkristallin) wurden aus Larson-Miller-Daten abgeschätzt.

| | $R_{\mathrm{u100\,000}/\vartheta}$/MPa | | | | | | | |
Temperatur in °C	420	450	500	550	600	700	800	900
ferritische Stähle								
C 35	108	69	34					
19 Mn 5	136	85	41					
24 CrMo 5	308	226	118	36				
10 CrMo 9-10		221	135	68				
13 CrMo 4-4		285	137	49				
21 CrMoV 5-11	410	349	212	92				
austenitische Stähle								
X 5 CrNi 18-10				127	74	30		
X 10 CrNiNb 18-9			300	205	131	55	18	
X 5 CrNiMo 17-12-2					145	52	23	
Nickelbasis-Superlegierungen								
IN 738						360	155	
SC 16							240	110

mechanismus gegen Kriechen ungeeignet. Die Vorverformung kann sich sogar negativ auswirken, da sie zu einer Rekristallisation (siehe Abschnitt 6.4.4) führen kann, wodurch ein feinkörniges Gefüge entstehen kann, das – wie oben beschrieben – bei Kriechbelastungen ungeeignet ist.

11.4.8 Beispiele

Ein Beispiel, wie verschiedene Härtungsmechanismen ineinander greifen, zeigt Tabelle 11.2. Hier ist unter anderem die Zeitstandfestigkeit $R_{\mathrm{u100\,000}/\vartheta}$ bei einer Beanspruchungsdauer von 100 000 h für verschiedene Stähle aufgetragen.

Während der unlegierte Stahl C 35 bereits oberhalb von 450 °C keine nennenswerte Festigkeit mehr aufweist, führen bereits 1 % Chrom und 0,4 % Molybdän im Stahl 13 CrMo 4-4 zu erheblich höheren Kriechfestigkeiten. Durch weitere Steigerung des Chrom- und Molybdän-Gehalts sowie die Zugabe von Vanadium setzt sich dieser Trend innerhalb der ferritischen Stähle fort. Dabei kommt einerseits die Teilchenverstärkung durch Karbide zum Tragen, wobei deren Stabilität von Fe_3C über $Cr_{23}C_6$ zu VC_X zunimmt.[14] An-

---

14 Vanadiumkarbide scheiden sich nicht in einer eindeutigen stöchiometrischen Zusammensetzung aus und werden deshalb als VC_X bezeichnet.

dererseits kommt es durch Molybdän und nicht in den Karbiden abgebundenes Chrom zu einer merklichen Mischkristallverfestigung.

Nochmals höhere Betriebstemperaturen ermöglicht der Einsatz austenitischer Stähle, wie z. B. des Werkstoffs X 5 CrNi 18-10. Dabei ist nicht nur der höhere Gehalt an Legierungselementen ausschlaggebend. Ebenso spielt hier die geringere Diffusivität im kubisch flächenzentrierten Kristallgitter gegenüber dem weniger dicht gepackten kubisch raumzentrierten Gitter eine Rolle.

Die Nickelbasis-Legierungen IN 738 und SC 16 weisen noch deutlich höhere Kriechfestigkeiten auf als alle Stähle. Dies liegt vornehmlich an der Ausscheidungshärtung (siehe Abschnitt 11.4.3). Dazu kommt in beiden Fällen die Härtung durch grobe Körner: IN 738 hat eine für Nickelbasis-Feingusslegierungen typische grobe Kornstruktur, SC 16 hat als Einkristalllegierung idealerweise gar keine Korngrenzen.

12 Aufgaben

In diesem Kapitel werden Aufgaben zum Verständnis und weiterführende Fragen zu den im Buch vorgestellten Themen gestellt. Auf einfache Wiederholungsaufgaben, die durch Nachschlagen im Buch beantwortet werden können, wird weitgehend verzichtet. Die zugehörigen Lösungen können in Kapitel 13 nachgelesen werden.

Aufgabe 1   Packungsdichten von Kristallen

Häufig werden Kristallstrukturen dargestellt, indem die Atome als Kugeln angenommen werden, die sich berühren. Berechnen Sie unter dieser Annahme die Packungsdichten für

a) kubisch flächenzentrierte,
b) kubisch raumzentrierte und
c) hexagonal dichtest gepackte Kristalle!

Aufgabe 2   Makromoleküle

Ein Polyethylenmolekül habe einen Polymerisationsgrad von 10^4.

a) Berechnen Sie die Molekularmasse des Moleküls! Die Molmasse von Kohlenstoff beträgt 12,01 g/mol, die von Wasserstoff 1,01 g/mol.
b) Berechnen Sie die Kettenlänge unter der Annahme, dass das Molekül gestreckt vorliegt! Die Bindungslänge zwischen zwei Kohlenstoffatomen beträgt 0,154 nm, der Bindungswinkel ist 109°.

Aufgabe 3   Wechselwirkung zwischen zwei Atomen

Für Kochsalz (NaCl) werden näherungsweise folgende Funktionen für Wechselwirkungspotentiale zwischen zwei Atomen angenommen:

$$U_A = -\frac{1,436}{r}\,\mathrm{eV\,nm}\,, \qquad U_R = \frac{5,86 \cdot 10^{-6}}{r^9}\,\mathrm{eV\,nm}^9\,.$$

a) Welcher stabile Atomabstand ergibt sich?
b) Wie groß ist die Bindungsenergie, die sich aus diesem Gesetz ergibt?
c) Vergleichen Sie den berechneten Atomabstand mit dem Abstand, der sich für einen NaCl-Kristall der Dichte $\varrho = 2{,}165\,\mathrm{g/cm^3}$ ergibt! Die Atommasse von Na beträgt 23 g/mol, die von Chlor 35,4 g/mol. Die Avogadro-Konstante (Zahl der Moleküle in einem Mol) ist $N_A = 6{,}022 \cdot 10^{23}\,\mathrm{mol^{-1}}$.

© Springer Fachmedien Wiesbaden GmbH, ein Teil von Springer Nature 2019
J. Rösler et al., *Mechanisches Verhalten der Werkstoffe*, https://doi.org/10.1007/978-3-658-26802-2_12

Tabelle 12.1: Werkstoffauswahl für Aufgabe 4

Material	Dichte ($\mathrm{g/cm^3}$)	Elastizitätsmodul (GPa)
Stahl	7,9	210
Aluminium	2,7	71
Titan	4,5	110
Aluminiumoxid	4,0	390
Polypropylen	0,91	1,5
Holz	1,0	10
Kohlefaserverstärkter Kunststoff	1,5	150

d) Schätzen Sie den Elastizitätsmodul von NaCl in $\langle 100 \rangle$-Richtung ab! Vernachlässigen Sie dabei Bindungen zwischen übernächsten oder noch weiter entfernten Nachbarn! *Hinweis:* $1\,\mathrm{eV} = 1{,}602 \cdot 10^{-19}\,\mathrm{J}$.

e) Die elastischen Konstanten von NaCl sind $C_{11} = 48{,}7\,\mathrm{GPa}$, $C_{12} = 12{,}6\,\mathrm{GPa}$ und $C_{44} = 12{,}75\,\mathrm{GPa}$. Berechnen Sie daraus $E_{\langle 100 \rangle}$ und vergleichen Sie mit dem abgeschätzten Wert!

Aufgabe 4   Bauteilauslegung

Ein an einem Ende fest eingespannter und am anderen Ende mit einer Querkraft F belasteter Träger der Länge l soll mit möglichst geringem Gewicht konstruiert werden. Die maximale Auslenkung des Trägers

$$e = \frac{Fl^3}{3EI_y} \tag{12.1}$$

soll dabei einen gegebenen Maximalwert nicht überschreiten. Dabei sind E der Elastizitätsmodul und I_y das axiale Flächenträgheitsmoment. Welches Material muss für eine gewichtsoptimierte Auslegung gewählt werden, wenn der Träger

a) mit einem kreisförmigen Profil mit Flächenträgheitsmoment $I_y = \pi d^4/64$ mit variablem Durchmesser d,

b) als dünnwandiges Rohr mit Flächenträgheitsmoment $I_y = \pi d^3 t/8$ mit festen Durchmesser d und variabler Wandstärke t

konstruiert werden soll? Betrachten Sie die in Tabelle 12.1 aufgeführten Materialien.

c) Warum werden trotz des Ergebnisses aus den Teilaufgaben a) und b) meist nicht die beiden rechnerisch am besten geeigneten Werkstoffe für solche Anwendungen verwendet?

Aufgabe 5   Kompressionsmodul

Der Kompressionsmodul K gibt an, welcher Druck p notwendig ist, um eine Volumenänderung $\Delta V/V_0$ zu bewirken (siehe Gleichung (2.22)).

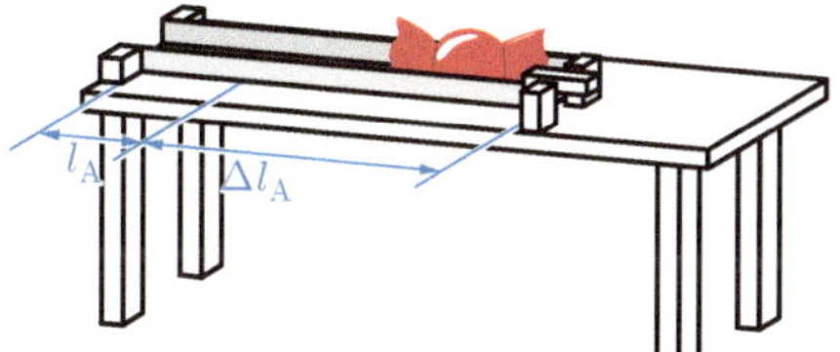

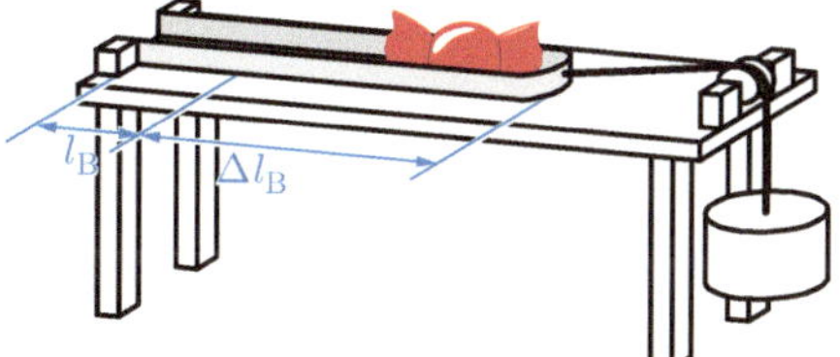

a: Stand A. Das Gummiband wird immer um den gleichen Weg Δl_A verlängert.

b: Stand B. Das Gummiband wird immer mit der gleichen Kraft F_B gespannt.

Bild 12.1: Bonbonwurfmaschinen, jeweils im gespannten Zustand

a) Stellen Sie für ein isotropes, elastisches Material den Zusammenhang zwischen K und den elastischen Konstanten E, G und ν her! Gehen Sie von kleinen Deformationen aus!

b) Wie groß ist der Kompressionsmodul eines Materials bei den Querkontraktionszahlen $\nu_1 = 0$, $\nu_2 = 1/3$ und $\nu_3 = 0{,}5$? Wie ändert sich das Volumen eines Zugstabs in Abhängigkeit von der einachsigen Spannung σ für die drei Fälle?

c) Es gibt seltene Materialien mit einer negativen Querkontraktionszahl. Welche Querdehnung bewirkt dann eine positive Normaldehnung?

Aufgabe 6   Zusammenhang zwischen den elastischen Konstanten

In Abschnitt 2.5.3 wurde für den Zusammenhang zwischen den Komponenten C_{11}, C_{12} und C_{44} der Elastizitätsmatrix $(C_{\alpha\beta})$ für ein isotropes Material Gleichung (2.25), $C_{44} = (C_{11} - C_{12})/2$, eingeführt. Überprüfen Sie diese Gleichung! Geben Sie dazu den aufgeprägten Dehnungstensor

$$(\varepsilon_{ij}) = \begin{pmatrix} -\varepsilon & 0 & 0 \\ 0 & \varepsilon & 0 \\ 0 & 0 & 0 \end{pmatrix}$$

vor, und berechnen Sie den dafür notwendigen Spannungszustand im nicht gedrehten x_i-Koordinatensystem und in einem um 45° gedrehten $x_{i'}$-Koordinatensystem, indem Sie das hookesche Gesetz zweimal auf den Dehnungstensor anwenden, nämlich jeweils im x_i- und im $x_{i'}$-Koordinatensystem!

Aufgabe 7   Bonbonwurfmaschine

Auf einem Kinderfest sind an zwei Ständen fast baugleiche Bonbonwurfmaschinen aufgestellt. Bei beiden werden Bonbons auf einer horizontalen Rampe mittels gespannter Gummibänder beschleunigt. Am Stand A wird das Gummi für jeden Wurf zum Spannen von der Ausgangslänge $l_\mathrm{A} = l_\mathrm{B}$ um $\Delta l_\mathrm{A} = \mathrm{const}$ verlängert (Bild 12.1 a), während

Stand B das Gummi über ein Seil, eine Umlenkrolle und ein Gewicht mit der Kraft $F_B = $ const belastet.

Die belastete Querschnittsfläche an beiden Gummibändern ist gleich (A). Nehmen Sie an, dass sich die Gummibänder linear-elastisch verhalten. Das Gummiband des Stands B hat einen doppelt so großen Elastizitätsmodul wie das von Stand A: $E_B = 2E_A$.

An beiden Ständen ist die Abwurfgeschwindigkeit der Bonbons kleiner als erwartet. Es soll eine Maßnahme – ohne zusätzliches Material oder konstruktive Änderungen – erarbeitet werden, die die Abwurfgeschwindigkeit an beiden Ständen vergrößert.

a) Stellen Sie zunächst für beide Stände Gleichungen für die elastisch gespeicherte Energie W_{el} im gespannten Zustand auf!

b) Wie ändert sich jeweils die gespeicherte Energie bei einer Erhöhung bzw. Verringerung des Elastizitätsmoduls?

c) Stellen Sie eine Gleichung für die Abwurfgeschwindigkeit der Bonbons (Masse m) der beiden Stände auf! Die Masse der Gummibänder sei vernachlässigbar. Es trete keine Reibung auf.

d) Schlagen Sie eine *einfache* Maßnahme zur Erhöhung der Abwurfgeschwindigkeit vor! Um welchen Faktor erhöht sich dann die Abwurfgeschwindigkeit der Bonbons?

Aufgabe 8   Wahre Dehnung

Um die Begriffe *technische Dehnung* und *wahre Dehnung* vergleichen zu können, werden zwei verschiedene Umformvorgänge untersucht. Dazu sollen zwei Stäbe gelängt werden: Der erste soll in zwei Stufen Δl_1 und Δl_2 verformt werden, der zweite in einem einzigen Schritt $\Delta l_{1+2} = \Delta l_1 + \Delta l_2$.

a) Zeigen Sie, dass für die zugehörigen Dehnungen die Ungleichung $\varepsilon_1 + \varepsilon_2 \neq \varepsilon_{1+2}$ gilt!

b) Schätzen Sie ein, inwieweit sich die Dehnungsmaße unterscheiden, wenn die jeweiligen Längenänderungen Δl_i klein bzw. groß sind! Skizzieren Sie dazu ein Diagramm, in dem Sie die Abweichung $\Delta \varepsilon$ über $\varepsilon_1/\varepsilon_{1+2}$ auftragen!

c) Zeigen Sie, dass für die wahren Dehnungen $\varphi_1 + \varphi_2 = \varphi_{1+2}$ gilt!

Aufgabe 9   Zinsrechnung

Ähnlich wie bei der wahren und der technischen Dehnung ist es auch bei der Zinsrechnung wichtig, auf welchen Ausgangswert die Berechnung bezogen wird. Dies soll die vorliegende Aufgabe zeigen.

Ein Bankkunde lege ein Anfangsguthaben von $G_0 = 10\,000\,€$ bei einer Bank an. Er möchte sein Guthaben innerhalb von 10 Jahren auf G_{10} verdoppeln.

a) Berechnen Sie, wie hoch der Zinssatz z_0 sein muss, wenn die Zinsen jedes Jahr für das Anfangsguthaben G_0 berechnet werden!

b) Wie hoch muss der Zinssatz z sein, wenn jedes Jahr das aktuell vorliegende Guthaben G_i verzinst wird?

Aufgabe 10   Große Deformationen

Wie in der Lösung zu Aufgabe 5 a) wird wieder die Deformation eines Quaders mit den Kantenlängen l_i betrachtet, die auf $l_i + \Delta l_i$ gestreckt werden, allerdings jetzt ohne die Beschränkung auf kleine Deformationen.

   a) Stellen Sie den greenschen Verzerrungstensor $\underline{G}$ für diese Deformation auf!
   b) Vergleichen Sie den greenschen Verzerrungstensor $\underline{G}$ mit dem Dehnungstensor $\underline{\underline{\varepsilon}}$ für große und kleine Deformationen!

Aufgabe 11   Fließkriterien

Ein Bauteil aus einer polykristallinen Aluminiumlegierung mit der Dehngrenze $R_{\mathrm{p0,2}} = 200\,\mathrm{MPa}$ wird mit einem ebenen Spannungszustand belastet. Es treten die Spannungen $\sigma_{11} = 155\,\mathrm{MPa}$, $\sigma_{22} = 155\,\mathrm{MPa}$ und $\tau_{12} = 55\,\mathrm{MPa}$ auf.

   a) Berechnen Sie die Hauptspannungen!
   b) Entscheiden Sie mit Hilfe der Fließbedingung von Tresca, ob sich der Werkstoff plastisch verformt!
   c) Zu welcher Aussage bezüglich der Plastifizierung führt die Fließbedingung nach von Mises?
   d) Können Sie sagen, welche der beiden Aussagen richtig ist? Begründen Sie Ihre Meinung!
   e) Bei Versuchen an Einkristallen wurde die Fließspannung der Gleitsysteme zu $\tau_{\mathrm{krit}} = 60\,\mathrm{MPa}$ bestimmt. Überprüfen Sie mit Hilfe der Gestaltänderungsenergiehypothese, ob bei dem hier vorliegenden Spannungszustand eine nennenswerte Anzahl Gleitsysteme des Polykristalls aktiviert werden! Der Taylorfaktor betrage $M = 3{,}1$.
   f) Berechnen Sie für den angegebenen Lastfall den Spannungsdeviator $\underline{\underline{\sigma}}'$!

Aufgabe 12   Fließkriterien für Polymere

Für einen Thermoplasten wurde im Zugversuch eine Dehngrenze von $R_{\mathrm{p}} = 40\,\mathrm{MPa}$ gemessen, während im Druckversuch $\sigma_{\mathrm{d}} = 50\,\mathrm{MPa}$ ermittelt wurde. Die konische und die parabolische Gestaltänderungsenergiehypothese sollen anhand einiger Lastfälle verglichen werden.

   a) Bei welcher rein hydrostatischen Spannung sagen die Fließkriterien Fließen voraus?
   b) Ein Bauteil aus diesem Polymer wird mit $\sigma_{11} = \sigma_{22} = -\sigma_{33} = 0{,}56\,R_{\mathrm{p}}$, $\sigma_{23} = \sigma_{13} = \sigma_{12} = 0$ belastet. Fließt das Material nach Aussage der Fließkriterien?
   c) Fließt das Material bei der Belastung $\sigma_{11} = -\sigma_{22} = -\sigma_{33} = 0{,}56\,R_{\mathrm{p}}$, $\sigma_{23} = \sigma_{13} = \sigma_{12} = 0$?

Aufgabe 13   Auslegung einer gekerbten Welle

Für eine auf Zug belastete Welle mit einem umlaufenden Rundkerb entsprechend Bild 4.3 ($D = 20\,\mathrm{mm}$, $d = 16\,\mathrm{mm}$, $\varrho = 4\,\mathrm{mm}$) soll überprüft werden, ob sie zur Verwendung bis

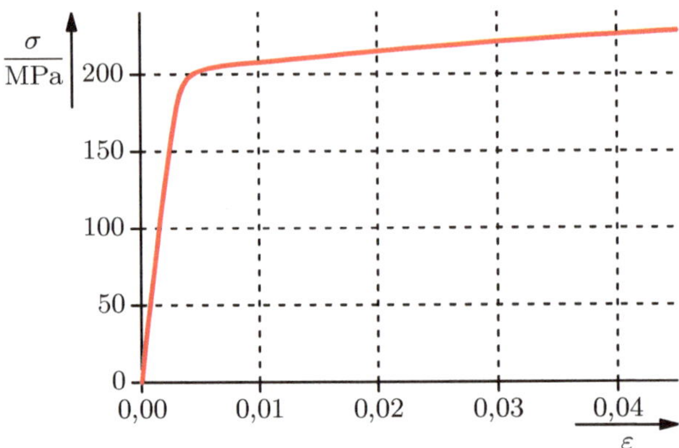

Bild 12.2: Spannungs-Dehnungs-Kurve einer Aluminiumlegierung

zu einer Zugkraft von $F = 40\,\mathrm{kN}$ freigegeben werden kann. Die Welle besteht aus einer Aluminiumlegierung mit dem Elastizitätsmodul $E = 68\,000\,\mathrm{MPa}$ und der in Bild 12.2 angegebenen Spannungs-Dehnungs-Kurve ($R_\mathrm{p} = 202\,\mathrm{MPa}$, $R_\mathrm{m} = 280\,\mathrm{MPa}$).

a) Bestimmen Sie aus Diagramm 4.3 die Kerbformzahl α_k für die Welle!
b) Wie große wäre die maximale Spannung im Kerbgrund σ_max bei rein elastischem Materialverhalten? Könnte das Bauteil dann freigegeben werden?
c) Bestimmen Sie für die gegebene Welle und den gegebenen Lastfall die Neuber-Hyperbel! Zeichnen Sie sie in das Spannungs-Dehnungs-Diagramm ein!
d) Bestimmen Sie aus dem erstellten Diagramm die maximal auftretende Spannung und Dehnung im Kerbgrund!
e) Kann die Welle freigegeben werden? Begründen Sie Ihre Meinung!

Aufgabe 14   Abschätzung der Bruchzähigkeit K_Ic auf atomarer Ebene

Die Spannung vor einer Rissspitze besitzt eine Singularität. In dieser Aufgabe soll untersucht werden, warum ein Werkstoff trotz rechnerisch unendlich hoher Spannung nicht sofort zerreißt.

Dazu wird ein Natriumchlorid-Kristall wie in Aufgabe 3 betrachtet. In diesen Kristall wird ein Riss der Länge a eingebracht. Es wird angenommen, dass auch auf atomarer Längenskala das Spannungsfeld vor der Rissspitze durch Gleichung (5.1) beschrieben werden kann. Der Riss soll in [100]-Richtung durch den Kristall laufen.

a) Berechnen Sie die Kraft auf eine Atombindung, die direkt vor der Rissspitze liegt, als Funktion von K_Ic. Die Gitterkonstante von NaCl beträgt $a_\mathrm{NaCl} = 0{,}282 \cdot 10^{-9}\,\mathrm{m}$.
b) Nach Aufgabe 3 beträgt die Federsteifigkeit der Bindung zwischen den Atomen im NaCl-Kristall etwa $k = 85\,\mathrm{N/m}$. Nehmen Sie willkürlich an, dass die Bindung reißt, wenn sie um ein Zehntel einer Gitterkonstante gedehnt wird, und dass sie sich

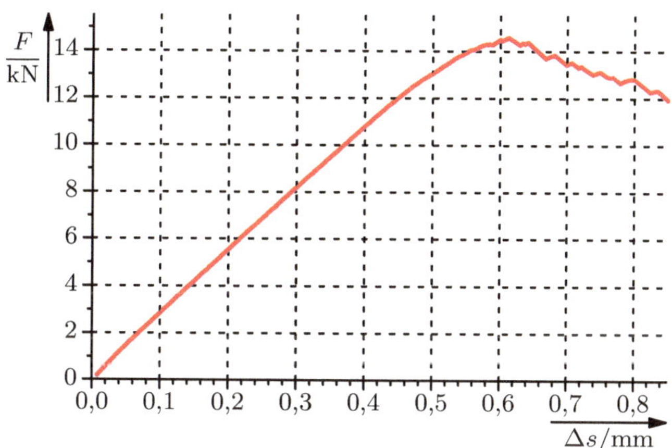

Bild 12.3: Kraft F aufgetragen über der Aufweitung Δs zur Bestimmung der Bruchzähigkeit

bis zu dieser Dehnung wie eine Feder mit der angegebenen Federsteifigkeit verhält. Berechnen Sie unter dieser Annahme K_{Ic}.

c) Überprüfen Sie die für die Rechnung getroffenen Annahmen! Halten Sie diese für korrekt?

Aufgabe 15   Bestimmung der Bruchzähigkeit K_{Ic}

Mit Hilfe eines Versuchs an einer CT-Probe entsprechend Abschnitt 5.2.7 soll die Bruchzähigkeit von AlCuMg 2 bestimmt werden. Die Maße der Probe nach ASTM E 399 entsprechend Bild 5.14 b sind $G = 62{,}5\,\mathrm{mm}$, $W = 50\,\mathrm{mm}$, $H = 60\,\mathrm{mm}$, $B = 25\,\mathrm{mm}$. AlCuMg 2 hat folgende mechanischen Kennwerte: $R_{\mathrm{p0,2}} = 510\,\mathrm{MPa}$, $R_{\mathrm{m}} = 590\,\mathrm{MPa}$. Der durch schwingende Belastung erzeugte Anriss wurde nach dem Versuch ausgemessen. Er beträgt $a = 25\,\mathrm{mm}$. Der Spannungsintensitätsfaktor wird mit Hilfe von Gleichung (5.30) berechnet, wobei der Geometriefaktor durch Gleichung (5.31) bestimmt wird. Bild 12.3 zeigt die gemessene Kraft über der Aufweitung aufgetragen. Bestimmen Sie mit der Methode aus Abschnitt 5.2.7 und mit Hilfe von Bild 12.3 die Bruchzähigkeit K_{Ic}!

Aufgabe 16   Statische Auslegung eines Rohres

Für ein Kraftwerk soll ein Rohr aus einer neuentwickelten austenitischen Stahllegierung entwickelt werden. Das Material hat einen Elastizitätsmodul $E = 200\,000\,\mathrm{MPa}$, eine Dehngrenze $R_{\mathrm{p0,2}} = 1420\,\mathrm{MPa}$, eine Spaltfestigkeit $\sigma_{\mathrm{T}} = 2200\,\mathrm{MPa}$ und eine Bruchzähigkeit $K_{\mathrm{Ic}} = 90\,\mathrm{MPa}\sqrt{\mathrm{m}}$. Im momentanen Entwicklungsstand ist ein Rohrdurchmesser $D = 1000\,\mathrm{mm}$ bei einer Wandstärke $t = 5\,\mathrm{mm}$ geplant. Der maximal im Inneren des Rohres auftretende Druck ist $p = 12\,\mathrm{MPa}$. Durch Ultraschallmessungen kann nachgewiesen werden, dass keine Anrisse im Rohr enthalten sind, die $2a = 3\,\mathrm{mm}$ überschreiten.

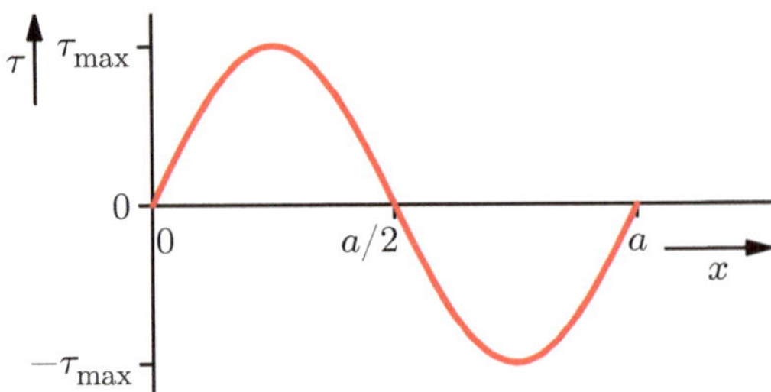

Bild 12.4: Abhängigkeit der Schubspannung von der relativen Verschiebung x einer Atomlage
gegenüber der benachbarten

Hinweise: Für ein dünnwandiges Rohr ergeben sich folgende Spannungen: Längsspannung $\sigma_l = 0$, Umfangsspannung $\sigma_u = pD/(2t)$, Radialspannung $\sigma_r = 0$ [60]. Als Geometriefaktor kann $Y = 1$ angenommen werden.

a) Kann das Rohr mit dem geplanten Werkstoff und den geplanten Abmessungen eingesetzt werden? Legen Sie das Rohr gegen Fließen, Spaltbruch sowie Rissfortschritt aus!

b) Hängt Ihre Aussage davon ab, ob sie das Fließkriterium nach von Mises oder Tresca anwenden? Begründen Sie Ihre Meinung!

c) Wenn der Innendruck von Null so lange erhöht wird, bis eines der Versagenskriterien erreicht wird, welches Kriterium wird dann als erstes erfüllt? Bei welchem Innendruck?

d) Bei welcher Risslänge werden die Fließgrenze und die Bruchzähigkeit gleichzeitig erreicht?

e) Stellen Sie die Versagenskriterien »Fließen« und »Rissfortschritt« in einem Failure-Assessment-Diagramm dar! Skizzieren Sie außer einer idealisierten auch eine realistische Kurve!

f) Berechnen Sie die Rissöffnung eines Risses der Länge $2a = 3\,\text{mm}$, wenn er bei der angegebenen Last in Modus I belastet ist!

Aufgabe 17   Theoretische Festigkeit

Es soll abgeschätzt werden, welche Schubspannung notwendig wäre, um in einem Metall eine ganze Atomlage auf einmal gegenüber einer anderen abzuscheren, wie in Bild 6.1 dargestellt. Dazu wird ein kubisch primitiver Kristall mit dem Atomabstand a betrachtet. Es wird vereinfachend angenommen, dass die Schubspannung, die notwendig ist, um eine Atomlage gegenüber einer anderen abzuscheren, durch eine Sinusfunktion entsprechend Bild 12.4 dargestellt werden kann.

a) Schätzen Sie die Spannung τ_F ab, die notwendig ist, um eine Atomlage um einen Atomabstand gegenüber der nächsten abzuscheren, wenn für kleine Scherungen das hookesche Gesetz $\tau = G\gamma$ gilt!

b) Erklären Sie, warum bei der Verschiebung um $x = a/2$, bei der $\tau = 0$ gilt, keine stabile Atomlage ist!

Aufgabe 18   Abschätzung der Versetzungsdichte

Ein Metallwürfel der Kantenlänge $a = 10\,\text{mm}$ soll plastisch so geschert werden, dass die Oberseite um $s = 0{,}1\,\text{mm}$ gegenüber der Unterseite verschoben ist. Der Burgersvektor betrage $0{,}286\,\text{nm}$.

a) Schätzen Sie die Anzahl der Versetzungen innerhalb des Würfels ab, die mindestens notwendig ist, um diese Verformung zu ermöglichen! Nehmen Sie dazu an, dass es sich bei dem Würfel um einen kubisch primitiven Einkristall handelt, der parallel zu den Würfelkanten orientiert ist!

b) Berechnen Sie die sich daraus ergebende Versetzungsdichte!

c) Wie ändern sich die Ergebnisse, wenn Sie annehmen, dass das Material eine Korngröße von $d = 100\,\mu\text{m}$ hat?

d) Welche Strecke würde sich ergeben, wenn alle Versetzungen innerhalb des Würfels aneinander gereiht würden?

Aufgabe 19   Thermisch aktivierte Entstehung von Versetzungen

Berechnen Sie die Wahrscheinlichkeit, dass ein Versetzungsring in Aluminium durch thermische Aktivierung entsteht! Nehmen Sie für den Versetzungsring eine Länge von sechs Burgersvektoren an, damit der kleinste mögliche Versetzungsring mindestens ein Atom umschließt! Betrachten Sie die Wahrscheinlichkeit bei Temperaturen von $300\,\text{K}$ und $900\,\text{K}$! Der Schubmodul G von Aluminium beträgt $26\,\text{GPa}$, der Burgersvektor ist $b = 2{,}86 \cdot 10^{-10}\,\text{m}$.

Aufgabe 20   Verformungsverfestigung

Ein Aluminiumblech wird von einer Ausgangsdicke $10\,\text{mm}$ auf eine Enddicke von $5\,\text{mm}$ gewalzt. Bei Untersuchungen am Transmissionselektronenmikroskop wurde eine Zunahme der Versetzungsdichte von $\varrho_0 = 10^{12}\,\text{m}^{-2}$ auf $\varrho_1 = 10^{16}\,\text{m}^{-2}$ festgestellt. Der Vorfaktor in Gleichung (6.20) zur Berechnung der Verfestigung ist $k_\text{V} = 0{,}1$. Die Länge des Burgersvektors in einem kubisch flächenzentrierten Gitter ist $b = \sqrt{2}/2 \cdot a$. Die Gitterkonstante von Reinaluminium beträgt $a = 4{,}049 \cdot 10^{-7}\,\text{mm}$, der Schubmodul ist $G = 26\,200\,\text{MPa}$, der Taylorfaktor $M = 3{,}1$. Berechnen Sie den Festigkeitszuwachs durch diese Verformung!

Aufgabe 21   Feinkornhärtung

Sie möchten die Streckgrenze von Reinaluminium durch Feinkornhärtung erhöhen. Momentan haben Sie Reinaluminium mit einer Korngröße von $d_\text{grob} = 100\,\mu\text{m}$ vorliegen (Hall-Petch-Konstante $k = 3{,}5\,\text{N/mm}^{3/2}$). An einem Probestab messen Sie eine Dehngrenze von $R_\text{p0,2} = 20\,\text{MPa}$. Diese möchten Sie auf $100\,\text{MPa}$ erhöhen. Welche Korngröße müssen Sie im Reinaluminium einstellen, um das Ziel zu erreichen?

Tabelle 12.2: Gemessene Versagensspannungen einer Keramik

Versuch	1	2	3	4
Bruchspannung σ/MPa	244,69	54,60	665,15	90,02

Aufgabe 22   Ausscheidungshärtung

Die Fließgrenze einer Aluminium-Kupfer-Legierung soll durch Ausscheidungshärtung um $\Delta R_{\mathrm{p0,2}} = 600\,\mathrm{MPa}$ gesteigert werden.

a) Berechnen Sie den hierzu notwendigen Teilchenabstand für inkohärente Teilchen!
b) Berechnen Sie den Teilchenradius, wenn der Kupfer-Anteil 4 Vol.-% beträgt! Nehmen Sie zur Vereinfachung an, dass die Löslichkeit von Kupfer in Aluminium vernachlässigbar ist!

Aufgabe 23   Weibullstatistik

Für ein keramischen Werkstoff sollen der Weibullmodul m und die Spannung σ_0 bestimmt werden. Dazu wurde an vier gleichen Proben die Versagensspannung gemessen (Tabelle 12.2). Bestimmen Sie für den verwendeten Werkstoff die Größen σ_0 und m nach der Anleitung in Abschnitt 7.3.3 zeichnerisch!

Aufgabe 24   Auslegung eines Flüssigkeitsbehälters

Für einen Konzern der chemischen Verfahrenstechnik sollen Sie die Bodenplatte eines Behälters zur Aufbewahrung ätzender Flüssigkeiten auslegen. Der Behälter soll ein Fassungsvermögen von 200 L und die Ausmaße $L \times B \times H = 1000\,\mathrm{mm} \times 400\,\mathrm{mm} \times 510\,\mathrm{mm}$ haben. Die Bodenplatte muss eine Gesamtlast von 250 kg tragen können.

Die Platte soll aus einer Keramik hergestellt und in einem metallischen Rahmen an den Kanten befestigt werden (siehe Bild 12.5). Laut Lieferantenangaben hat der verwendete Keramikwerkstoff die in Tabelle 12.3 zusammengefassten Materialeigenschaften. Um sich vor Regressansprüchen zu schützen, soll die Wahrscheinlichkeit, dass die Keramikplatte unter der aufgebrachten Last bricht, $P_{\mathrm{f}} = 10^{-4}$ betragen.

Die maximale Biegespannung einer, an allen Kanten gelagerten, mit einem gleichmäßigen Druck p belasteten rechteckigen Platte beträgt näherungsweise $\sigma = 2pL^2/d^2$, wobei L die Länge der längeren Kante und d die Dicke der Platte sind.

a) Berechnen Sie die auftretende Drucklast p! Rechnen Sie dabei mit $g = 9{,}81\,\mathrm{m/s^2}$!
b) Berechnen Sie mit Hilfe der Formel für die volumenunabhängige Weibullstatistik, Gleichung (7.6) mit $V = V_0$, die Dicke der Keramikplatte, die notwendig ist, um die angegebene statische Last zu tragen!
c) Eine Nachfrage beim Keramiklieferanten ergibt, dass die Messung der Versagensspannung unter Biegung an Proben mit einem Volumen von $V_{\mathrm{P}} = 5 \cdot 10^5\,\mathrm{mm^3}$ erfolgt ist. Korrigieren Sie Ihre Auslegung entsprechend!

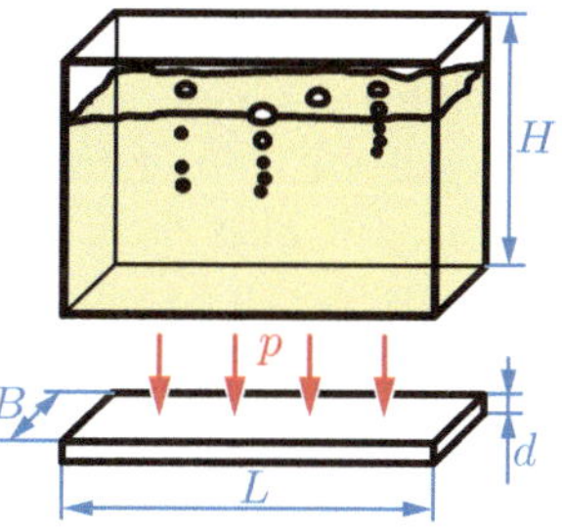

Bild 12.5: Gefäß für die chemische Verfahrenstechnik

Tabelle 12.3: Werkstoffkennwerte

Elastizitätsmodul	70 GPa
Biege-Versagensspannung σ_B	100 MPa
Weibull-Modul m	15

d) Nachdem der Behälter bereits in die Serienfertigung gegangen ist, erfahren Sie, dass die Angaben des Materiallieferanten für die Versagensspannung nicht im Biegeversuch, sondern im Zugversuch ermittelt wurden. Müssen Sie die Fertigung stoppen lassen? Begründen Sie Ihre Antwort!

e) Wie dick müsste eine Bodenplatte aus einem Metall mit einer Fließgrenze von $R_p = 100\,\text{MPa}$ sein?

Aufgabe 25 Unterkritisches Risswachstum eines Keramikbauteils

In einem Werk zur Speisesalzherstellung soll ein Verbindungsbolzen eingesetzt werden, der dauerhaft einer Betriebstemperatur von 70 °C in konzentrierter Salzlösung ausgesetzt werden wird. Die Belastung wird konstant bei $\sigma_{\text{Betrieb}} = 100\,\text{MPa}$ liegen. Das Bauteil muss eine Betriebszeit von 25 000 Stunden mit einer Ausfallwahrscheinlichkeit von höchstens 0,5 % garantieren. Wegen des aggressiven Mediums kommt ein Metall nicht in Frage. Stattdessen soll heißisostatisch gepresstes Aluminiumoxid (Al_2O_3) eingesetzt werden. Von diesem sind folgende Kennwerte bekannt:

$$K_{\text{Ic}} = 3{,}2\,\text{MPa}\sqrt{\text{m}}\,,$$
$$m = 22\,,$$
$$\sigma_0 = 375\,\text{MPa}\,.$$

Der Verbindungsbolzen hat einen Geometriefaktor von $Y = 1{,}3$. Bei Risswiderstandsmessungen wurde ein maximaler Risswiderstand von

$$K_{\text{IR}} = 3{,}5\,\text{MPa}\sqrt{\text{m}}$$

gemessen.

a) Versuche unter Umgebungsbedingungen führten bei 140 MPa zu einer Versagenszeit von 375,2 h und bei 150 MPa zu 94,4 h. Die Abhängigkeit der Rissfortschrittsgeschwindigkeit von der Belastung in einem Bolzen soll durch Gleichung (7.2) genähert werden. Bestimmen Sie die Parameter dieser Gleichung aus den Messergebnissen! Die Inertfestigkeit wurde an einer identischen Probe zu 355 MPa gemessen. Nehmen Sie zur Lösung dieser Teilaufgabe an, dass keine Streuung der Eigenschaften zwischen den unterschiedlichen Proben vorliegt, die Weibullstatistik also nicht angewendet werden muss.

b) Berücksichtigen Sie nun wieder die Werkstoffstreuung, die sich in der Weibullverteilung der Versagensspannungen niederschlägt. Kann die Keramik in der jetzigen Form freigegeben werden, um die geforderte Betriebszeit mit der zulässigen Ausfallwahrscheinlichkeit zu garantieren? Begründen Sie Ihre Antwort!

c) Welche Maßnahme schlagen Sie vor, um eine Freigabe doch noch zu erreichen? Eine Umstellung auf ein anderen Werkstoff oder eine Änderung der Konstruktion kommt nicht in Frage, da der Zeit- und Kostendruck zu hoch ist.

d) Es soll berechnet werden, welche minimale Prüfspannung in einem Überlastversuch verwendet werden muss, um die geforderte Ausfallwahrscheinlichkeit im Betrieb genau zu erreichen. Stellen Sie dazu eine Beziehung analog zu Gleichung (7.16), auf, wobei sie die Versagenswahrscheinlichkeit $P_f(\sigma)$ durch die Wahrscheinlichkeit $P_f(t_f)$ nach Gleichung (7.10) ersetzen! Lösen Sie diese Gleichung nach der Prüfspannung auf!

e) Welcher Anteil an Bauteilen wird im Überlastversuch bei dieser Prüfspannung aussortiert werden müssen?

Aufgabe 26   Mechanische Modelle für viskoelastische Polymere

In Abschnitt 8.2 wurde erläutert, dass das zeitabhängige Verformungsverhalten von Polymeren durch Feder-Dämpfer-Modelle beschrieben werden kann. Ein Federelement verhält sich dabei nach der Beziehung $\sigma = E\varepsilon$, wobei σ die Spannung, ε die Dehnung und E der Elastizitätsmodul sind. Für ein Dämpferelement gilt $\dot{\varepsilon} = \sigma/\eta$, mit der Dehnrate $\dot{\varepsilon}$ und der Viskosität η.

a) Betrachten Sie zunächst das Kelvin-Modell aus Bild 8.7 a! Berechnen Sie die Dehnung als Funktion der Zeit für einen Retardationsversuch mit vorgegebener Spannung σ!

b) Welches Ergebnis erhalten Sie für einen Relaxationsversuch?

c) Reale Polymere besitzen immer auch rein elastische Anteile der Verformung. Verwenden Sie ein Drei-Parameter-Modell nach Bild 8.7 b, wobei Sie die Viskosität des in Reihe geschalteten Dämpferelements als unendlich annehmen, um das Verhalten in einem Retardationsversuch und einem Relaxationsversuch zu beschreiben!

d) Berechnen Sie den Relaxationsmodul und den Retardationsmodul als Funktion der Zeit sowie die Retardations- und Relaxationszeit!

Aufgabe 27   Elastische Dämpfung

Die Zeitabhängigkeit der elastischen Verformung führt zum Phänomen der *elastischen Dämpfung*, das in dieser Aufgabe näher untersucht werden soll.

Hierzu wird angenommen, dass ein Bauteil aus einem viskoelastischen Material, beispielsweise ein Zugstab, zyklisch mit einer Kreisfrequenz ω belastet wird. Nach anfänglichen Einschwingvorgängen oszilliert dann auch die Dehnung mit derselben Kreisfrequenz ω. Durch die Zeitabhängigkeit der elastischen Verformung sind Spannung und Dehnung nicht in Phase, da die Dehnung der momentan anliegenden Spannung nur mit einer Zeitverzögerung folgen kann. Für die Spannung und Dehnung werden deshalb folgende Zeitabhängigkeiten angenommen:

$$\sigma(t) = \sigma_0 \sin(\omega t + \delta)\,,$$
$$\varepsilon(t) = \varepsilon_0 \sin \omega t\,. \tag{12.2}$$

a) Skizzieren Sie den zeitlichen Verlauf von Spannung und Dehnung und erläutern Sie die anschauliche Bedeutung des Parameters δ!

b) Drücken Sie die Spannung als Funktion der Dehnung aus! Verwenden Sie dabei ein Additionstheorem, um die Spannung in zwei Komponenten aufzuspalten, von denen eine mit der Dehnung in Phase ist, während die andere um 90° phasenverschoben ist!

c) Zeichnen Sie ein Spannungs-Dehnungs-Diagramm für einen vollständigen Zyklus!

d) Da Spannung und Dehnung nicht in Phase sind, wird während jedes Zyklus elastische Energie dissipiert. Berechnen Sie die in einem Zyklus dissipierte, spezifische elastische Energie! *Hinweis:* Es gilt

$$\int \cos(\arcsin x)\,\mathrm{d}x = \frac{1}{2}\Big(x\sqrt{1 - x^2} + \arcsin x \Big)\,.$$

Aufgabe 28 Eyring-Plot

Schätzen Sie aus Bild 8.9 die Aktivierungsenergie für den für die Verformung von Polycarbonat relevanten Relaxationsprozess ab!

Aufgabe 29 Elastizität von Faserverbundwerkstoffen

Berechnet werden soll der Elastizitätsmodul eines Faserverbundwerkstoffs bei Belastung in und quer zur Faserrichtung (siehe Abschnitte 9.2.1 und 9.2.2). Betrachtet wird zunächst ein faserverstärktes Polymer mit »unendlich« langen, uniaxial angeordneten Fasern, die perfekt ausgerichtet sind.

a) Wie stehen Spannungen und Dehnungen in Faser und Matrix für die Fälle
- mechanische Belastung parallel zu den Fasern,
- mechanische Belastung senkrecht zu den Fasern

zueinander in Beziehung? Nehmen Sie im Fall der Belastung senkrecht zu den Fasern vereinfachend an, dass es sich bei den Fasern um Platten handelt, die sich über die gesamte Probe erstrecken (vgl. die Skizzen in Bild 9.3 a sowie Bild 9.4 a)! Vernachlässigen Sie Querdehnungen!

b) Benutzen Sie die in a) von Ihnen angegebenen Zusammenhänge zwischen Spannungen und Dehnungen in Faser und Matrix, um je eine Gleichung für die Berechnung des resultierenden Elastizitätsmoduls für beide Anordnungen des Verbundes herzuleiten!

Ein Verbundwerkstoff bestehe aus einer Polyestermatrix ($E_\mathrm{m} = 1500\,\mathrm{MPa}$) und Kohlefasern ($E_\mathrm{f} = 390\,000\,\mathrm{MPa}$).

c) Skizzieren Sie für die beiden Belastungsfälle den Elastizitätsmodul des Verbundes in Abhängigkeit des Faservolumenanteils (Faseranteil $0\,\%$ bis $100\,\%$)!

Aufgabe 30   Eigenschaften eines Polymermatrix-Verbundes

Ein Polymermatrix-Verbundwerkstoff wird aus einer Duromermatrix hergestellt, die mit in Belastungsrichtung ausgerichteten Endlosfasern aus Kohlenstoff verstärkt wird. Der Elastizitätsmodul beträgt $3\,\mathrm{GPa}$ für den Matrixwerkstoff und $350\,\mathrm{GPa}$ für die Kohlenstofffasern, die Zugfestigkeit beträgt $60\,\mathrm{MPa}$ bzw. $4900\,\mathrm{MPa}$. Der Volumenanteil der Kohlenstofffasern beträgt $55\,\%$.

a) Schätzen Sie den Elastizitätsmodul des Verbundes in Faserrichtung ab!
b) Schätzen Sie die Zugfestigkeit des Verbundes bei Belastung in Faserrichtung ab! Überlegen Sie dazu zunächst, welcher Werkstoff bei zunehmender Zugbelastung als erstes versagt!
c) Schätzen Sie die Druckfestigkeit unter der Annahme ab, dass die Fließgrenze der Matrix durch die Zugfestigkeit gegeben ist!
d) Wie ändert sich Ihre Betrachtung der Zugfestigkeit, wenn die verstärkenden Fasern eine Länge von nur $5\,\mathrm{mm}$ haben und damit deutlich kleiner als das Bauteil sind? Nehmen Sie an, dass auch die kurzen Fasern perfekt ausgerichtet sind! Die Haftfestigkeit zwischen Faser und Matrix beträgt $30\,\mathrm{MPa}$, der Faserdurchmesser beträgt $8\,\mathrm{\mu m}$.

Aufgabe 31   Coffin-Manson-Basquin-Gesetz

Das Coffin-Manson-Basquin-Gesetz, Gleichung (10.16), beschreibt den Zusammenhang zwischen der Dehnungsamplitude ε_A und der Versagenszyklenzahl N_f für Ermüdungsbelastungen.

a) Für HCF-Belastungen wird normalerweise das Wöhlerdiagramm verwendet, in dem die Spannungsamplitude σ_A über der Versagenszyklenzahl N_f aufgetragen wird. Kann Gleichung (10.16) für den HCF-Bereich verwendet werden? Wenn ja, wie?
b) Welchen Bereich des Wöhlerdiagramms stellt das Basquin-Gesetz, Gleichung (10.12), dar?
c) In Abschnitt 10.6.2 wurde als Faustregel gesagt, dass σ_f' etwa der Zugfestigkeit R_m entspricht. Überprüfen Sie anhand des Wöhlerdiagramms aus Bild 12.6 mit $N_\mathrm{D} = 10^7$, $\sigma_\mathrm{D} = 300\,\mathrm{MPa}$, $R_\mathrm{p} = 600\,\mathrm{MPa}$ sowie $R_\mathrm{m} = 730\,\mathrm{MPa}$, ob diese Faustregel korrekt ist! *Hinweis:* $\sigma_\mathrm{a}(N_\mathrm{f} = 10^3) = 540\,\mathrm{MPa}$.

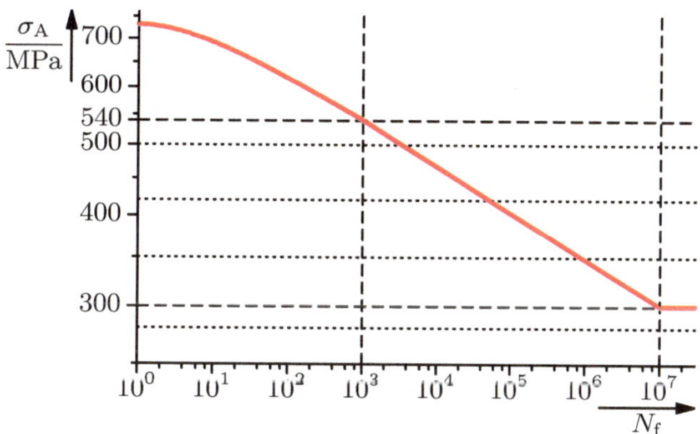

Bild 12.6: Wöhlerdiagramm für Aufgaben 31 und 33

Aufgabe 32   Abschätzung der Versagensschwingspielzahl

In der Zuführung einer Hochleistungssäge wurde bei einer Routinekontrolle, wie sie alle 5000 Zyklen durchgeführt wird, ein Anriss der Länge $a_0 = 1\,\mathrm{mm}$ festgestellt. Folgende Betriebsparameter sind bekannt: Bei der vorliegenden Belastung mit der Schwingbreite $\Delta\sigma = 100\,\mathrm{MPa}$ und dem R-Wert $R = -1$ gelten für das Paris-Gesetz des verwendeten Aluminiumwerkstoffs die Parameter $C = 2 \cdot 10^{-12}\,\mathrm{MPa}^{-2}\,\mathrm{Zyklus}^{-1}$ sowie $n = 2$. Der Geometriefaktor besitzt folgende Abhängigkeit: $Y(a) = 1 + 0{,}1\,\mathrm{mm}^{-1} \cdot a$. Die kritische Risslänge beträgt $a_\mathrm{f} = 10\,\mathrm{mm}$.

a) Berechnen Sie zunächst aus der gegebenen kritischen Risslänge die Bruchzähigkeit K_Ic!

b) Prüfen Sie, ob instabiles Risswachstum befürchtet werden muss!

c) Prüfen Sie nun, ob überhaupt Risswachstum befürchtet werden muss, indem Sie Gleichung (10.6) mit dem Vorfaktor $2{,}75 \cdot 10^{-5}$ verwenden ($E = 70\,000\,\mathrm{MPa}$)!

d) Schätzen Sie ab, ob das Bauteil freigegeben werden könnte, wenn der Rissfortschritt pro Zyklus $\mathrm{d}a/\mathrm{d}N$ bei weiterem Rissfortschritt konstant bliebe!

e) Klären Sie anhand von Gleichung (10.10), ob die Säge bis zur nächsten Kontrolle freigegeben werden kann! *Hinweis:* Es gilt

$$\int \frac{\mathrm{d}x}{(A + Bx)^2 x} = -\frac{1}{A^2}\left(\ln\frac{A + Bx}{x} + \frac{Bx}{A + Bx}\right).$$

Aufgabe 33   Miner-Regel

Für die Befestigungsschraube eines Industrieroboters soll berechnet werden, welche Lebensdauer sie bei der im Einsatz auftretenden Lastfolge haben wird. In einer Woche wird sie, jeweils mit einem R-Wert von 0,3, 10 000 mal mit $\sigma_\mathrm{a} = 280\,\mathrm{MPa}$, 5000 mal mit 350 MPa, 2000 mal mit 420 MPa und 200 mal mit 500 MPa belastet. Die Auslegung soll mit Hilfe der Miner-Regel durchgeführt werden. Die Wöhlerkurve des eingesetzten Werkstoffs ist in Bild 12.6 skizziert.

Wie viele Wochen wird die Schraube halten? Wie viele Zyklen werden dabei erreicht? Gehen Sie dabei davon aus, dass alle Belastungshöhen gleichmäßig über die Woche verteilt sind!

Aufgabe 34   Larson-Miller-Parameter

Die Kriecheigenschaften eines neu entwickelten Hochtemperaturwerkstoffs sollen untersucht werden. Hierzu werden verschiedene Kriechexperimente durchgeführt.

a) Bei einer Spannung $\sigma_1 = 750\,\text{MPa}$ versagt der Werkstoff bei einer Prüftemperatur von $T_1 = 940\,°\text{C}$ nach $t_{\text{u}1} = 23$ Stunden, bei einer Temperatur von $T_2 = 850\,°\text{C}$ nach $t_{\text{u}2} = 1017$ Stunden. Berechnen Sie den Larson-Miller-Parameter C nach Gleichung (11.6)!

b) Ein Bauteil aus diesem Werkstoff soll im Betrieb bei einer anderen Spannung σ_2 für 100 000 Stunden betriebsfest sein. Ein Kriechexperiment bei dieser Spannung und einer Temperatur von $T_3 = 940\,°\text{C}$ ergab eine Zeit bis zum Versagen von $t_{\text{u}3} = 173$ Stunden. Wie hoch darf die Betriebstemperatur maximal sein?

c) In weiteren Versuchen konnte folgender Zusammenhang zwischen Larson-Miller-Parameter P und der Zeitstandfestigkeit $R_{\text{u}/P}$ ermittelt werden:

$$R_{\text{u}/P} = \left[1{,}3 \cdot 10^{-6} \cdot \left(\frac{P}{\text{K}} \right)^2 - 0{,}185 \cdot \frac{P}{\text{K}} + 6635 \right] \text{MPa}\,.$$

Bei welcher Spannung σ_3 muss der Werkstoff geprüft werden, damit die Probe bei einer Prüftemperatur von $T_3 = 700\,°\text{C}$ nach $t_{\text{u}3} = 1000$ Stunden versagt, damit also die Zeitstandfestigkeit $R_{\text{u}1000/700}$ erreicht wird?

Aufgabe 35   Kriechverformung

In Abschnitt 8.2.1 wurde das zeitabhängige Verhalten von Polymeren mit Hilfe von Feder-Dämpfer-Modellen beschrieben.

a) Wie muss ein Feder-Dämpfer-Modell aussehen, dass sich zur Beschreibung einer Kriechverformung eignet?

b) Ein Werkstoff mit Elastizitätsmodul E gehorche dem Kriechgesetz $\dot{\varepsilon} = A\sigma^n$. Berechnen Sie den zeitlichen Verlauf der Dehnung in einem Retardationsexperiment!

c) Aufgrund seiner niedrigen Schmelztemperatur kriecht Blei bereits bei Raumtemperatur. Ein an beiden Enden verankertes dünnwandiges Bleirohr biegt sich deshalb unter seinem Eigengewicht im Laufe der Zeit durch. Schätzen Sie ab, wie stark das sich die Mitte des Bleirohres pro Jahr absenkt!

Die Spannung σ im Bleirohr hat einen Maximalwert von

$$\sigma = \frac{\varrho g l^2}{8d}\,,$$

wobei $\varrho = 11{,}4\,\mathrm{g/cm^3}$ die Dichte von Blei, $l = 0{,}8\,\mathrm{m}$ die Länge des Rohres und $d = 0{,}03\,\mathrm{m}$ der Durchmesser des Rohres sind. Die Durchbiegung h hängt mit der Dehnung ε in der Rohrmitte über die Gleichung

$$h = \frac{\varepsilon l^2}{4d}$$

zusammen. Das Kriechgesetz wird mit $\dot{\varepsilon} = A\sigma$ angenommen, da Diffusionskriechen der dominierende Prozess ist. Die Kriechkonstante A hat den Wert $4{,}11 \cdot 10^{-18}\,\mathrm{Pa^{-1}s^{-1}}$.

Aufgabe 36   Abbau thermischer Spannungen durch Kriechen

Eine Stange aus einer Nickelbasis-Legierung wird bei niedriger Spannung zwischen zwei Platten eingeklemmt und dann von einer Temperatur von $T_1 = 23\,°\mathrm{C}$ auf $T_1 = 1000\,°\mathrm{C}$ sehr schnell aufgeheizt und bei dieser Temperatur für $t = 100\,\mathrm{s}$ gehalten.

Der Elastizitätsmodul beträgt $130\,000\,\mathrm{MPa}$, der thermische Ausdehnungskoeffizient $\alpha = 17{,}5 \cdot 10^{-6}\,\mathrm{K^{-1}}$ (beide Größen werden vereinfachend als temperaturunabhängig angenommen). Das Material folgt einem Kriechgesetz $\dot{\varepsilon} = A\sigma^n$, wobei $n = 3$ und $A = 3 \cdot 10^{-12}\,\mathrm{MPa^{-3}s^{-1}}$ sind.

a) Berechnen Sie die Spannung in der Stange am Ende der Haltezeit!
b) Anschließend wird die Stange wieder schnell abgekühlt. Bei welcher Temperatur fällt sie aus der Einspannung?

13 Lösungen

Lösung 1:

a) Eine kubisch flächenzentrierte Elementarzelle (Bild 1.5 a) hat die Kantenlänge a und besteht aus 4 Atomen (8 Eckatome zu je $1/8$ und 6 Atome auf den Flächen jeweils zur Hälfte). Über die Flächendiagonale der Länge $\sqrt{2}\,a$ sind 4 Atomradien verteilt. Für den Atomradius r gilt somit $4r = \sqrt{2}\,a$. Die 4 Atome haben zusammen ein Volumen von

$$V_{\text{Atome}} = 4 \cdot \frac{4}{3}\pi r^3 = \frac{\sqrt{2}}{6}\pi a^3 \,.$$

Mit dem Volumen $V_0 = a^3$ der Elementarzelle ergibt sich die Packungsdichte

$$f_{\text{V}} = \frac{V_{\text{Atome}}}{V_0} = 0{,}7405 \approx 74\,\%\,.$$

b) Die kubisch raumzentrierte Elementarzelle (Bild 1.5 b) enthält 2 Atome (8 Eckatome zu je $1/8$ und 1 Mittenatom). Die Raumdiagonale der Länge $\sqrt{3}\,a$ enthält 4 Atomradien: $4r = \sqrt{3}\,a$. Bei einer Rechnung wie oben ergibt sich $f_{\text{V}} = 0{,}6802 \approx 68\,\%$.

c) Die hexagonal dichtest gepackte Elementarzelle analog Bild 1.6 besteht aus 6 Atomen (12 Atome zu je $1/6$, 2 Atome auf den Basisebenen zur Hälfte und 3 Atome im Inneren). Der Atomradius beträgt $r = a/2$. Das Volumen der Atome ist also $V_{\text{Atome}} = \pi a^3$.

   Zur Bestimmung des Elementarzellenvolumens ist etwas Aufwand nötig. Zunächst wird die Basisebene betrachtet: Trägt man ein Maß b wie in Bild 13.1 a ein, so folgt für diese Länge $b = a\sin 60°$ bzw. $b = \sqrt{3}\,a/2$. Die Basisebene besteht aus 6 gleichseitigen Dreiecken der Fläche $ab/2 = \sqrt{3}\,a^2/4$. Die mittlere Atomlage liegt über der unteren, wie in Bild 13.1 b eingezeichnet, gegenüber dem unteren Atom jeweils um $2b/3$ verschoben. Die Höhe folgt aus Bild 13.1 c zu $a^2 = (c/2)^2 + (2b/3)^2$ bzw. $c = \sqrt{8/3}\,a$. Das Volumen der Elementarzelle ist somit $V_0 = 6 \cdot \left(\sqrt{3}\,a/2\right) \cdot \left(\sqrt{8/3}\,a\right) = 3\sqrt{8}\,a^3/2$. Daraus folgt die Packungsdichte zu

$$f_{\text{V}} = \frac{V_{\text{Atome}}}{V_0} = \frac{\pi a^3}{3\sqrt{8}\,a^3/2} = \frac{2\pi}{3\sqrt{8}} = 0{,}7405 \approx 74\,\%\,.$$

   Einfacher wäre die Lösung mit folgender Überlegung gewesen: Sowohl der kubisch flächenzentrierte als auch der hexagonale Kristall sind dichteste Kugelpackungen, bei denen jedes Atom 12 nächste Nachbarn hat. Folglich ist die Packungsdichte des hexagonalen Kristalls mit der des kubisch flächenzentrierten identisch.

Lösung 2:

a) Ein Monomer hat die chemische Formel C_2H_4, also eine Molekülmasse von

$$m_{\text{mono}} = 2 \cdot 12{,}01\,\text{g/mol} + 4 \cdot 1{,}01\,\text{g/mol} = 28{,}06\,\text{g/mol}\,.$$

   Die Molekularmasse des ganzen Moleküls beträgt demnach $2{,}8 \cdot 10^5\,\text{g/mol}$.

b) Der horizontale Abstand zwischen zwei Kohlenstoffatomen auf einer Kette wie in Bild 1.22 beträgt $d = 0{,}154\,\text{nm} \cdot \cos(90° - 109°/2) = 0{,}125\,\text{nm}$. Insgesamt hat das Molekül also eine Länge von $L = 2 \cdot 10^4 \cdot 0{,}125\,\text{nm} = 2{,}507\,\mu\text{m}$.

© Springer Fachmedien Wiesbaden GmbH, ein Teil von Springer Nature 2019
J. Rösler et al., *Mechanisches Verhalten der Werkstoffe*, https://doi.org/10.1007/978-3-658-26802-2_13

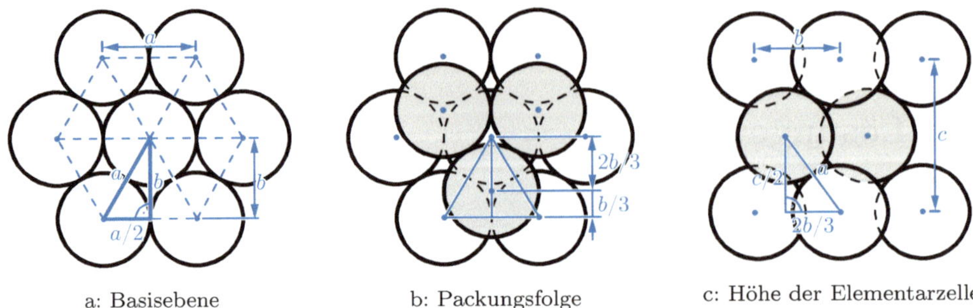

Bild 13.1: Maße im hexagonal dichtest gepackten Kristall

Lösung 3:

a) Die Wechselwirkungskraft (2.10) muss Null ergeben:

$$-\left.\frac{\mathrm{d}U_{\mathrm{A}}(r)}{\mathrm{d}r}\right|_{r_0} - \left.\frac{\mathrm{d}U_{\mathrm{R}}(r)}{\mathrm{d}r}\right|_{r_0} = -\frac{1{,}436}{r_0^2}\,\mathrm{eV\,nm} + 9\cdot\frac{5{,}86\cdot10^{-6}}{r_0^{10}}\,\mathrm{eV\,nm^9} = 0\,.$$

$$r_0 = \sqrt[8]{\frac{5{,}274\cdot10^{-5}}{1{,}436}}\,\mathrm{nm^8} = 0{,}279\,\mathrm{nm}\,.$$

b) Die Bindungsenergie ist die Energie im Minimum, also $U(r_0)$. Es ergibt sich

$$U(r_0) = -\frac{1{,}436}{0{,}279\,\mathrm{nm}}\,\mathrm{eV\,nm} + \frac{5{,}86\cdot10^{-6}}{(0{,}279\,\mathrm{nm})^9}\,\mathrm{eV\,nm^9} = -4{,}57\,\mathrm{eV}\,.$$

c) Die Molmasse eines NaCl-Moleküls beträgt $m_{\mathrm{mol}} = 58{,}4\,\mathrm{g/mol}$. Die Moleküldichte (Anzahl der Moleküle pro Kubikmeter) ist also

$$n_{\mathrm{NaCl}} = \frac{\varrho}{m_{\mathrm{mol}}} = \frac{2165\,\mathrm{kg/m^3}}{0{,}0584\,\mathrm{kg/mol}} = 37\,071{,}9\,\mathrm{mol/m^3}\,.$$

Die Zahl der Atome ist doppelt so hoch, die Gitterkonstante ist also (da das Gitter einfach kubisch ist)

$$a = \frac{1}{\sqrt[3]{2n_{\mathrm{NaCl}}}} = \frac{1}{\sqrt[3]{74\,143{,}83\,\mathrm{mol/m^3}\cdot N_{\mathrm{A}}}} = 0{,}282\,\mathrm{nm}\,.$$

Dieses Ergebnis stimmt gut mit dem aus Teilaufgabe a) überein.

d) Zunächst wird die Federsteifigkeit k der Bindung zwischen zwei Atomen nach Abschnitt 2.3 berechnet:

$$k = \left.\frac{\mathrm{d}^2U}{\mathrm{d}r^2}\right|_{r_0} = -2\cdot\frac{1{,}436}{r_0^3}\,\mathrm{eV\,nm} + 90\cdot\frac{5{,}86\cdot10^{-6}}{r_0^{11}}\,\mathrm{eV\,nm^9} = 529{,}20\,\mathrm{eV/nm^2} = 84{,}778\,\mathrm{J/m^2}\,.$$

Wird eine Kraft F in $\langle100\rangle$-Richtung über einer Fläche A an den Kristall angelegt, so wird jede Bindung mit einer Kraft $F_{\mathrm{b}} = Fa^2/A$ belastet. Die resultierende Auslenkung Δl pro Bindung ist $\Delta l = F_{\mathrm{b}}/k$. Die Dehnung ist

$$\varepsilon = \frac{\Delta l}{a} = \frac{Fa^2}{akA}\,.$$

Mit der Spannung $\sigma = F/A$ ergibt sich der Elastizitätsmodul E zu

$$E = \frac{\sigma}{\varepsilon} = \frac{F/A}{Fa^2/akA} = \frac{k}{a} = \frac{84{,}778\,\mathrm{J/m^2}}{2{,}79\cdot10^{-10}\,\mathrm{m}} = 304\,\mathrm{GPa}\,.$$

Tabelle 13.1: Bewertung der Werkstoffe für Lösung 4

Material	Dichte (g/cm^3)	E-Modul (GPa)	a) $\sqrt{E}/\varrho$ ($\sqrt{\text{GPa}}/(\text{g/cm}^3)$)	b) E/ϱ (GPa/(g/cm^3))
Stahl	7,9	210	1,8 (6.)	26,6 (3.)
Aluminium	2,7	71	3,1 (4.)	26,3 (4.)
Titan	4,5	110	2,3 (5.)	24,4 (5.)
Aluminiumoxid	4,0	390	4,9 (2.)	97,5 (2.)
Polypropylen	0,91	1,5	1,3 (7.)	1,6 (7.)
Holz	1,0	10	3,2 (3.)	10,0 (6.)
Kohlefaserverstärkter Kunststoff	1,5	150	8,2 (1.)	100 (1.)

Die Bezugsfläche A und der Wert der angelegten Kraft heben sich dabei erwartungsgemäß heraus.

e) Nach Gleichung (2.37) und (2.41) ist

$$E_{\langle 100 \rangle} = \frac{1}{S_{11}} = \frac{(C_{11} - C_{12})(C_{11} + 2C_{12})}{C_{11} + C_{12}} = 43{,}5\,\text{GPa}\,,$$

Die einfache Abschätzung ergibt also zwar die richtige Größenordnung des Werts, aber einen deutlich zu hohen Wert. Dies liegt hauptsächlich daran, dass die Abstoßung zwischen gleichartigen Ionen, die auf diagonal benachbarten Gitterplätzen liegen, die Dehnung erleichtert und hier nicht berücksichtigt wurde.

Lösung 4:

Es ist jeweils die Masse des Bauteils als Funktion der variablen Größe zu minimieren.

a) Die Masse bei einem kreisförmigen Profil beträgt $M = \varrho \pi l d^2/4$, wenn ϱ die Dichte bezeichnet. Der Durchmesser d und somit die Masse M werden über die maximal erlaubte Durchbiegung bestimmt:

$$e = \frac{64Fl^3}{3E\pi d^4} \qquad \Rightarrow d^2 = \sqrt{\frac{64Fl^3}{3E\pi e}} \qquad \Rightarrow M = \frac{\varrho}{\sqrt{E}} \cdot \sqrt{\frac{4\pi Fl^5}{3e}}\,.$$

Um die Masse zu minimieren, muss also die werkstoffabhängige Größe $\sqrt{E}/\varrho$ maximiert werden.

b) Die Masse des dünnwandigen Rohres beträgt $M = \varrho \pi l d t$. Die Wandstärke t und die Masse M werden analog zur vorherigen Teilaufgabe bestimmt:

$$e = \frac{8Fl^3}{3E\pi d^3 t} \qquad \Rightarrow t = \frac{8Fl^3}{3E\pi e} \qquad \Rightarrow M = \frac{\varrho}{E} \cdot \frac{8Fl^4 d}{3e}\,.$$

Entsprechend muss in diesem Fall die Größe E/ϱ maximiert werden.

Tabelle 13.1 zeigt die jeweiligen Werte, wobei die Rangfolge der Eignung jeweils in Klammern angegeben ist.

Man erkennt, dass in beiden Anwendungsfällen der kohlefaserverstärkte Kunststoff das größte Leichtbaupotential bietet, an zweiter Stelle folgt Aluminiumoxid. Die Tabelle zeigt auch, dass das Leichtbaupotential eines Werkstoffs vom Lastfall abhängt: Im Fall des kreisförmigen Profils ist Aluminium deutlich geeigneter als Stahl, im Fall des dünnwandigen Rohres dagegen nicht.

c) Neben der Masse bei gegebener Durchbiegung spielen normalerweise auch andere Eigenschaften eine Rolle, beispielsweise Kosten, Herstellbarkeit, Festigkeit, Schadenstoleranz bzw. Energieaufnahme vor katastrophalem Versagen oder die Möglichkeit der Einleitung äußerer Kräfte. Die Auswahl des richtigen Werkstoffs ist also ein komplexes Optimierungsproblem mit vielen Parametern, von dem hier nur ein Teilaspekt betrachtet wurde.

Kohlefaserverstärkter Kunststoff hat neben der hohen spezifischen Steifigkeit (also E-zu-ϱ-Verhältnis) eine hohe Festigkeit. Dagegen ist seine Duktilität im Allgemeinen gering, der Werkstoff ist teuer, und die Einleitung von äußeren Kräften in den Faserverbund ist schwierig. Da die Eigenschaften gerichtet sind, ist es auch schwierig, neben der Optimierung der Biegeeigenschaften andere auftretende Belastungen entsprechend abzufangen.

Aluminiumoxid ist spröde, rissempfindlich und hat eine relativ große Streuung der Werkstoffeigenschaften, insbesondere der Festigkeit. Zudem ist die Festigkeit bei Zugbelastungen häufig relativ gering.

Lösung 5:

a) Es wird ein Quader der Maße $l_1 \times l_2 \times l_3$ betrachtet, der auf die Größe $(l_1+\Delta l_1)\times(l_2+\Delta l_2)\times(l_3+\Delta l_3)$ vergrößert wird. Das Verhältnis der beiden Volumina ist dann

$$\frac{V_1}{V_0} = 1 + \frac{\Delta V}{V_0} = \frac{(l_1 + \Delta l_1)(l_2 + \Delta l_2)(l_3 + \Delta l_3)}{l_1 l_2 l_3} = (1 + \varepsilon_{11})(1 + \varepsilon_{22})(1 + \varepsilon_{33})$$

$$= 1 + \varepsilon_{11} + \varepsilon_{22} + \varepsilon_{33} + \underbrace{\varepsilon_{11}\varepsilon_{22}}_{\ll 1} + \underbrace{\varepsilon_{11}\varepsilon_{33}}_{\ll 1} + \underbrace{\varepsilon_{22}\varepsilon_{33}}_{\ll 1} + \underbrace{\varepsilon_{11}\varepsilon_{22}\varepsilon_{33}}_{\ll 1},$$

$$\frac{\Delta V}{V_0} = \varepsilon_{11} + \varepsilon_{22} + \varepsilon_{33} . \tag{13.1}$$

Die Dehnungen folgen aus Gleichung (2.35a). Ihre Summe ergibt

$$\varepsilon_{11} + \varepsilon_{22} + \varepsilon_{33} = \frac{1 - 2\nu}{E} \left(\sigma_{11} + \sigma_{22} + \sigma_{33} \right) . \tag{13.2}$$

Die Summe der Normalspannungen entspricht nach Gleichung (3.25) dem dreifachen hydrostatischen Spannungszustand bzw. dem negativem dreifachen Druck: $-3p = 3\sigma_{\mathrm{m}} = \sigma_{11} + \sigma_{22} + \sigma_{33}$. Setzt man dies und Gleichung (13.1) in (13.2) ein, so folgt

$$p = -\frac{E}{3(1 - 2\nu)} \cdot \frac{\Delta V}{V_0} .$$

Ein Koeffizientenvergleich mit Gleichung (2.22) ergibt den *Kompressionsmodul*

$$K = \frac{E}{3(1 - 2\nu)} . \tag{13.3}$$

b) Für einachsigen Zug gilt $p = -\sigma/3$. Damit folgt:
$\nu_1 = 0 \ : K_1 = E/3, \ \Delta V_1/V_0 = \sigma/E = \varepsilon$.
$\nu_2 = 1/3: K_2 = E \ , \ \Delta V_2/V_0 = \sigma/(3E) = \varepsilon/3.$
$\nu_3 = 0{,}5: K_3 = \infty \ , \ \Delta V_3/V_0 = 0$.
c) Eine positive Normaldehnung bewirkt eine positive Querdehnung, also Querschnittszunahme.

Lösung 6:

Im x_i-Koordinatensystem ist der in Bild 2.8 a eingezeichnete ebene Dehnungszustand gegeben. Es gilt der Dehnungstensor

$$(\varepsilon_{ij}) = \begin{pmatrix} -\varepsilon & 0 & 0 \\ 0 & \varepsilon & 0 \\ 0 & 0 & 0 \end{pmatrix} . \tag{13.4}$$

Der Dehnungstensor im um 45° gedrehten $x_{i'}$-Koordinatensystem ergibt sich mit Hilfe der Transformationsmatrix

$$(g_{i'i}) = \frac{\sqrt{2}}{2} \begin{pmatrix} 1 & 1 & 0 \\ -1 & 1 & 0 \\ 0 & 0 & \sqrt{2} \end{pmatrix} \tag{13.5}$$

und der Transformationsvorschrift $\varepsilon_{i'j'} = g_{i'i}\,\varepsilon_{ij}\,g_{jj'}$ bzw. $(\varepsilon_{i'j'}) = (g_{i'i})\,(\varepsilon_{ij})\,(g_{j'j})^{\mathrm{T}}$ zu

$$
(\varepsilon_{i'j'}) = \frac{\sqrt{2}}{2}
\begin{pmatrix} 1 & 1 & 0 \\ -1 & 1 & 0 \\ 0 & 0 & \sqrt{2} \end{pmatrix}
\cdot
\begin{pmatrix} -\varepsilon & 0 & 0 \\ 0 & \varepsilon & 0 \\ 0 & 0 & 0 \end{pmatrix}
\cdot
\frac{\sqrt{2}}{2}
\begin{pmatrix} 1 & -1 & 0 \\ 1 & 1 & 0 \\ 0 & 0 & \sqrt{2} \end{pmatrix}
$$

$$
= \begin{pmatrix} 0 & \varepsilon & 0 \\ \varepsilon & 0 & 0 \\ 0 & 0 & 0 \end{pmatrix} .
\tag{13.6}
$$

Mit Hilfe des hookeschen Gesetzes in voigtscher Schreibweise kann für jedes Bezugssystem der Spannungszustand ausgerechnet werden. Dabei wird zunächst davon ausgegangen, dass sich die Materialkonstanten mit dem Bezugssystem ändern könnten. Es gilt somit für das ungestrichene System $\sigma_\alpha = C_{\alpha\beta}\,\varepsilon_\beta$ und für das gestrichene System $\sigma_{\alpha'} = C_{\alpha'\beta'}\,\varepsilon_{\beta'}$. Eingesetzt folgt.

$$
(\sigma_\alpha) =
\begin{pmatrix} \sigma_{11} \\ \sigma_{22} \\ \sigma_{33} \\ \sigma_{23} \\ \sigma_{13} \\ \sigma_{12} \end{pmatrix}
=
\begin{pmatrix}
C_{11} & C_{12} & C_{12} & & & \\
C_{12} & C_{11} & C_{12} & & & \\
C_{12} & C_{12} & C_{11} & & & \\
& & & C_{44} & & \\
& & & & C_{44} & \\
& & & & & C_{44}
\end{pmatrix}
\begin{pmatrix} -\varepsilon \\ \varepsilon \\ 0 \\ 0 \\ 0 \\ 0 \end{pmatrix}
= \varepsilon
\begin{pmatrix} -(C_{11} - C_{12}) \\ C_{11} - C_{12} \\ 0 \\ 0 \\ 0 \\ 0 \end{pmatrix} ,
$$

$$
(\sigma_{ij}) = \varepsilon
\begin{pmatrix} -(C_{11} - C_{12}) & 0 & 0 \\ 0 & C_{11} - C_{12} & 0 \\ 0 & 0 & 0 \end{pmatrix} ,
\tag{13.7}
$$

$$
(\sigma_{\alpha'}) =
\begin{pmatrix} \sigma_{1'1'} \\ \sigma_{2'2'} \\ \sigma_{3'3'} \\ \sigma_{2'3'} \\ \sigma_{1'3'} \\ \sigma_{1'2'} \end{pmatrix}
=
\begin{pmatrix}
C_{1'1'} & C_{1'2'} & C_{1'2'} & & & \\
C_{1'2'} & C_{1'1'} & C_{1'2'} & & & \\
C_{1'2'} & C_{1'2'} & C_{1'1'} & & & \\
& & & C_{4'4'} & & \\
& & & & C_{4'4'} & \\
& & & & & C_{4'4'}
\end{pmatrix}
\begin{pmatrix} 0 \\ 0 \\ 0 \\ \varepsilon \\ 0 \\ 0 \end{pmatrix}
= \varepsilon
\begin{pmatrix} 0 \\ 0 \\ 0 \\ 0 \\ 0 \\ C_{4'4'} \end{pmatrix} ,
$$

$$
(\sigma_{i'j'}) = 2\varepsilon
\begin{pmatrix} 0 & C_{4'4'} & 0 \\ C_{4'4'} & 0 & 0 \\ 0 & 0 & 0 \end{pmatrix} .
\tag{13.8}
$$

Die Koeffizientenmatrizen (σ_{ij}) und $(\sigma_{i'j'})$ müssen aber, da ja das selbe System nur unterschiedlich betrachtet wird, den gleichen Spannungszustand und somit auch den selben Tensor $\underline{\underline{\sigma}}$ repräsentieren. Sie müssen durch eine Koordinatentransformation ineinander überführt werden können. Mit der Transformationsvorschrift $\sigma_{i'j'} = g_{i'i}\,\sigma_{ij}\,g_{jj'}$ bzw. $(\sigma_{i'j'}) = (g_{i'i})\,(\sigma_{ij})\,(g_{j'j})^{\mathrm{T}}$ folgt aus (σ_{ij}) nach Gleichung (13.7)

$$
(\sigma_{i'j'}) = \varepsilon
\begin{pmatrix} 0 & (C_{11} - C_{12}) & 0 \\ (C_{11} - C_{12}) & 0 & 0 \\ 0 & 0 & 0 \end{pmatrix} .
$$

Durch Koeffizientenvergleich mit Gleichung (13.8) ergibt sich die Bedingung

$$
2C_{4'4'} = C_{11} - C_{12} .
\tag{13.9}
$$

Ist das Material nun isotrop, so dürfen sich die Materialeigenschaften durch eine Änderung des Bezugssystems nicht ändern, und es gilt $C_{1'1'} = C_{11}$, $C_{1'2'} = C_{12}$ und $C_{4'4'} = C_{44}$. Es folgt

$$
C_{44} = \frac{C_{11} - C_{12}}{2} ,
\tag{13.10}
$$

was der zu beweisenden Behauptung entspricht.

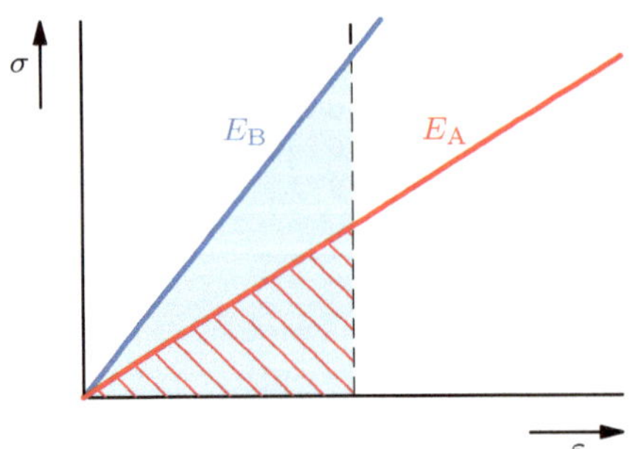
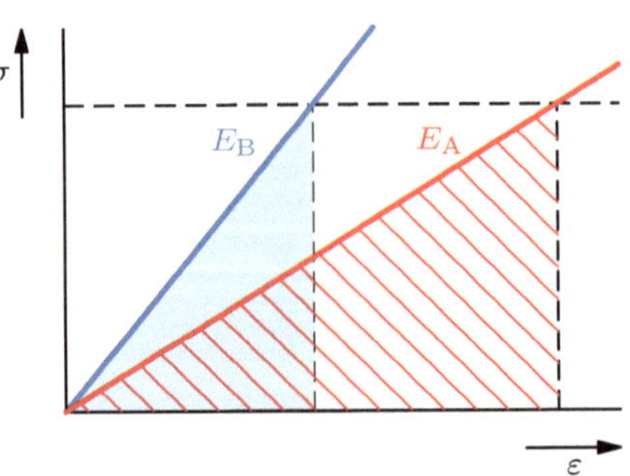

a: Dehnungskontrolliert. Der steifere
Werkstoff speichert mehr Energie.

b: Spannungskontrolliert. Der steifere
Werkstoff speichert weniger Energie.

Bild 13.2: In den Gummibändern gespeicherte elastische Energie bei spannungskontrollierter und dehnungskontrollierter Belastung.

Lösung 7:

a) Die gespeicherte elastische Energie $W^{(\mathrm{el})}$ entspricht der bei der Verformung geleisteten äußeren Arbeit $\int F(\Delta l)\,\mathrm{d}(\Delta l)$. Für beide Geometrien ist die belastete Querschnittsfläche A.
Für **Stand A** gilt mit $\sigma = E_\mathrm{A} \cdot \varepsilon$:

$$F(\Delta l) = A E_\mathrm{A}\,\frac{\Delta l}{l_\mathrm{A}}\,,$$

$$W_\mathrm{A}^{(\mathrm{el})} = \int\limits_0^{\Delta l_\mathrm{A}} F(\Delta l)\,\mathrm{d}(\Delta l) = \frac{A E_\mathrm{A}}{l_\mathrm{A}} \int\limits_0^{\Delta l_\mathrm{A}} \Delta l\,\mathrm{d}(\Delta l) = \frac{A E_\mathrm{A}\,(\Delta l_\mathrm{A})^2}{2 l_\mathrm{A}}\,.$$

Stand B: Da linear-elastisches Verhalten angenommen wird, kann statt über $\mathrm{d}l$ auch über $\mathrm{d}F$ integriert werden: $\int \Delta l(F)\,\mathrm{d}F$. Es gilt mit $\varepsilon = \sigma/E_\mathrm{B}$:

$$\Delta l(F) = l_\mathrm{B}\,\frac{F}{A E_\mathrm{B}}\,,$$

$$W_\mathrm{B}^{(\mathrm{el})} = \int\limits_0^{F_\mathrm{B}} \Delta l(F)\,\mathrm{d}F = \frac{l_\mathrm{B}}{A E_\mathrm{B}} \int\limits_0^{F_\mathrm{B}} F\,\mathrm{d}F = \frac{l_\mathrm{B}\,(F_\mathrm{B})^2}{2 A E_\mathrm{B}}\,.$$

b) **Stand A:** $W_\mathrm{A}^{(\mathrm{el})} \sim E_\mathrm{A}$. Eine Erhöhung von E_A erhöht $W_\mathrm{A}^{(\mathrm{el})}$ und umgekehrt.
Stand B: $W_\mathrm{B}^{(\mathrm{el})} \sim 1/E_\mathrm{B}$. Eine Erhöhung von E_B erniedrigt $W_\mathrm{B}^{(\mathrm{el})}$ und umgekehrt.
   Bild 13.2 zeigt die gespeicherte elastische Energie als Fläche im Spannungs-Dehnungs-Diagramm. Bei dehnungskontrollierter Belastung speichert das Gummiband mit dem höheren Elastizitätsmodul mehr Energie, bei spannungskontrollierter Belastung weniger.

c) Die Abwurfgeschwindigkeit v wird in dem Moment erreicht, in dem die gesamte elastische Energie in kinetische Energie umgewandelt wurde: $W^{(\mathrm{kin})} = W^{(\mathrm{el})}$. Für die kinetische Energie gilt $W^{(\mathrm{kin})} = mv^2/2$. Die Geschwindigkeit folgt daraus zu $v = \sqrt{2W^{(\mathrm{kin})}/m}$.
Stand A:

$$v_\mathrm{A} = \sqrt{\frac{2W_\mathrm{A}^{(\mathrm{kin})}}{m}} = \sqrt{\frac{2W_\mathrm{A}^{(\mathrm{el})}}{m}} = \sqrt{\frac{A E_\mathrm{A}}{m l_\mathrm{A}}}\,\Delta l_\mathrm{A}\,. \tag{13.11}$$

Stand B:

$$v_\mathrm{B} = \sqrt{\frac{2W_\mathrm{B}^{(\mathrm{kin})}}{m}} = \sqrt{\frac{2W_\mathrm{B}^{(\mathrm{el})}}{m}} = \sqrt{\frac{l_\mathrm{B}}{m A E_\mathrm{B}}}\,F_\mathrm{B}\,. \tag{13.12}$$

d) Folgende Größen sind unveränderlich: A, m, l_A, Δl_A, l_B, F_B. Die Elastizitätsmoduln E_A und E_B können in den Gleichungen (13.11) und (13.12) durch Vertauschen der Gummibänder verändert werden.

Stand A:

$$v_\mathrm{A}^{(\mathrm{neu})} = \sqrt{\frac{AE_\mathrm{B}}{ml_\mathrm{A}}}\,\Delta l_\mathrm{A} = \sqrt{\frac{A \cdot 2E_\mathrm{A}}{ml_\mathrm{A}}}\,\Delta l_\mathrm{A} = \sqrt{2} \cdot v_\mathrm{A}\,.$$

Stand B:

$$v_\mathrm{B}^{(\mathrm{neu})} = \sqrt{\frac{l_\mathrm{B}}{mAE_\mathrm{A}}}\,F_\mathrm{B} = \sqrt{\frac{l_\mathrm{B}}{mAE_\mathrm{B}/2}}\,F_\mathrm{B} = \sqrt{2} \cdot v_\mathrm{B}\,.$$

Fazit: Bei einer Wegrandbedingung (Stand A) führt eine Erhöhung der Steifigkeit zu einer Steigerung der elastisch gespeicherten Energie, währen bei einer Kraftrandbedingung (Stand B) eine Verringerung der Steifigkeit eine Erhöhung der elastisch gespeicherten Energie bewirkt (siehe Bild 13.2).

Lösung 8:

a) Die Ausgangslänge für die erste Verlängerung Δl_1 beträgt l. Es folgt die Dehnung

$$\varepsilon_1 = \frac{\Delta l_1}{l}\,.$$

Bei der zweiten Verlängerung um Δl_2 muss von der nun vorliegenden Länge $l + \Delta l_1$ ausgegangen werden:

$$\varepsilon_2 = \frac{\Delta l_2}{l + \Delta l_1}\,.$$

Die technische Gesamtdehnung folgt aus der Summe der Einzeldehnungen:

$$\varepsilon_1 + \varepsilon_2 = \frac{\Delta l_1}{l} + \frac{\Delta l_2}{l + \Delta l_1} = \frac{\Delta l_1(l + \Delta l_1) + \Delta l_2 l}{l(l + \Delta l_1)} = \frac{\Delta l_1 l + \Delta l_1^2 + \Delta l_2 l}{l(l + \Delta l_1)}\,. \tag{13.13}$$

Wird der Stab in einem Schritt um $\Delta l_1 + \Delta l_2$ verlängert, geschieht dies von der Länge l aus:

$$\varepsilon_{1+2} = \frac{\Delta l_1 + \Delta l_2}{l}\,.$$

Die Differenz zwischen den beiden Gesamtdehnungen $\Delta\varepsilon$ ist

$$\Delta\varepsilon = \varepsilon_{1+2} - (\varepsilon_1 + \varepsilon_2) = \frac{(\Delta l_1 + \Delta l_2)(l + \Delta l_1)}{l(l + \Delta l_1)} - \frac{\Delta l_1 l + \Delta l_1^2 + \Delta l_2 l}{l(l + \Delta l_1)} = \frac{\Delta l_1 \Delta l_2}{l(l + \Delta l_1)} = \varepsilon_1\,\varepsilon_2\,.$$

b) Bild 13.3 zeigt für einen Stab der Länge $l = 100\,\mathrm{mm}$ die Abhängigkeit der Dehnungsdifferenz von der Aufteilung der Gesamtlängenänderung Δl in Teilschritte Δl_1 und Δl_2. Die Achsenauftragung $\varepsilon_1/\varepsilon_{1+2}$ ist gleichbedeutend mit $\Delta l_1/(\Delta l_1 + \Delta l_2)$. Bei $\varepsilon_1/\varepsilon_{1+2} = 0$ und $\varepsilon_1/\varepsilon_{1+2} = 1$ ist die Abweichung null, da dort die gesamte Verformung in allen Fällen in einem Schritt durchgeführt wird. Die maximale Abweichung tritt auf, wenn ungefähr 40 % der Verformung im ersten Schritt durchgeführt werden. Weiterhin ist zu erkennen, dass die Abweichung mit der Größe der Gesamtdehnung ε_{1+2} quadratisch ansteigt.

c) Für den ersten Schritt gilt mit der Definition der wahren Dehnung, Gleichung (3.3),

$$\varphi_1 = \ln\frac{l + \Delta l_1}{l}\,,$$

für den zweiten Schritt

$$\varphi_2 = \ln\frac{l + \Delta l_1 + \Delta l_2}{l + \Delta l_1}\,.$$

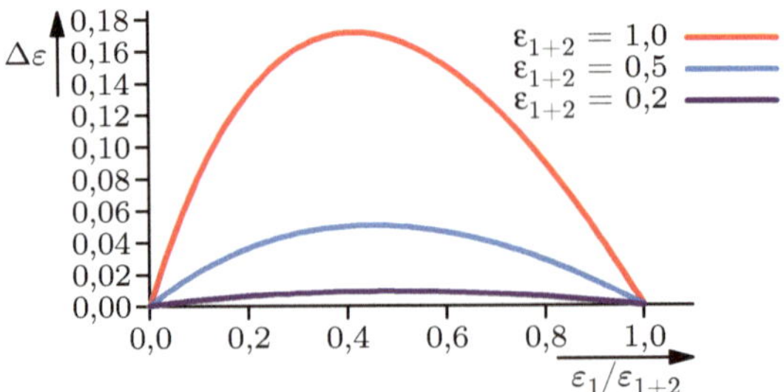

Bild 13.3: Abweichung der technischen Dehnungen in zwei und in einem Schritt abhängig von der Aufteilung der Schrittweiten

Die Summe der Einzelschritte ergibt

$$\varphi_1 + \varphi_2 = \ln \frac{l + \Delta l_1}{l} + \ln \frac{l + \Delta l_1 + \Delta l_2}{l + \Delta l_1} = \ln \frac{l + \Delta l_1 + \Delta l_2}{l} \,. \tag{13.14}$$

Bei einer Verschiebung in einem Schritt folgt für die Dehnung

$$\varphi_{1+2} = \ln \frac{l + \Delta l_1 + \Delta l_2}{l} \,. \tag{13.15}$$

Der Vergleich der Gleichungen (13.14) und (13.15) zeigt, dass $\varphi_{1+2} = \varphi_1 + \varphi_2$ gilt.

Lösung 9:

a) Es gilt $G_{10} = G_0 \cdot (1 + 10\,\mathrm{a} \cdot z_0)$. Damit ergibt sich $z_0 = 0{,}1\,\mathrm{a}^{-1} = 10\,\%/\mathrm{a}$.

b) Es gilt $G_1 = (1 + z)G_0$, $G_2 = (1 + z)G_1 = (1 + z)^2 G_0$, ..., $G_n = (1 + z)^n G_0$. Daraus folgt $z = \sqrt[n]{G_n/G_0} - 1$ bzw. $z = \sqrt[10]{G_{10}/G_0} - 1 = 7{,}2\,\%/\mathrm{a}$.

Fazit: Wird jedes Jahr das aktuelle Guthaben verzinst, ist der Zinssatz, der auf den gleichen Endbetrag führt, kleiner als bei der Verzinsung des Anfangsguthabens. Entsprechend ist die wahre Dehnung φ auch kleiner als die technische Dehnung ε bei der gleichen Längenänderung.

Lösung 10:

a) Der Zusammenhang zwischen $\underline{\xi}$ und $\underline{x}$ ist leicht aufzustellen:

$$x_{\underline{i}} = \xi_{\underline{i}} \cdot \frac{l_{\underline{i}} + \Delta l_{\underline{i}}}{l_{\underline{i}}} = \xi_{\underline{i}} \cdot \left(1 + \frac{\Delta l_{\underline{i}}}{l_{\underline{i}}}\right) \,.$$

Mit Gleichung (3.4) ergibt sich daraus der Deformationsgradient

$$F_{ij} = \frac{\partial x_i(\underline{\xi})}{\partial \xi_j} = \begin{cases} \left(1 + \frac{\Delta l_i}{l_{\underline{i}}}\right) & \text{für } i = j, \\ 0 & \text{für } i \neq j. \end{cases}$$

F_{ij} ist somit nur auf der Hauptdiagonalen besetzt. Der greensche Verzerrungstensor kann mit Gleichung (3.7) berechnet werden:

$$G_{ij} = \frac{1}{2} \cdot \left\{ \begin{array}{ll} \left(1 + \frac{\Delta l_i}{l_{\underline{i}}}\right)^2 - 1 & \text{für } i = j, \\ 0 & \text{für } i \neq j \end{array} \right\} = \left\{ \begin{array}{ll} \frac{\Delta l_i}{l_{\underline{i}}} + \frac{1}{2}\left(\frac{\Delta l_i}{l_{\underline{i}}}\right)^2 & \text{für } i = j, \\ 0 & \text{für } i \neq j. \end{array} \right. \tag{13.16}$$

b) Setzt man in Gleichung (13.16) die Normaldehnungen entsprechend $\varepsilon_{\underline{ii}} = \Delta l_{\underline{i}}/l_{\underline{i}}$, ein, so ergibt sich

$$\underline{\underline{G}} = \begin{pmatrix} \varepsilon_{11} + \varepsilon_{11}^2/2 & 0 & 0 \\ 0 & \varepsilon_{22} + \varepsilon_{22}^2/2 & 0 \\ 0 & 0 & \varepsilon_{33} + \varepsilon_{33}^2/2 \end{pmatrix}$$

Für kleine Deformationen werden die $\varepsilon_{\underline{ii}}$ klein, so dass $\varepsilon_{\underline{ii}}^2$ vernachlässigt werden kann. Dann strebt der Verzerrungstensor $\underline{\underline{G}}$ gegen den Dehnungstensor $\underline{\underline{\varepsilon}}$. Für zunehmende Deformationen wächst die Abweichung des Dehnungstensors.

Lösung 11:

a) Hauptspannungen sind die Eigenwerte des Spannungstensors (Rechnung ohne Einheiten):

$$\det \begin{pmatrix} 155 - \lambda & 55 & 0 \\ 55 & 155 - \lambda & 0 \\ 0 & 0 & -\lambda \end{pmatrix} = -\lambda \left[(155 - \lambda)^2 - 55^2 \right] = 0 \,,$$

$$\Rightarrow \lambda_1 = 0, \ \lambda_2 = 210, \ \lambda_3 = 100 \,.$$

Es folgt: $\sigma_{\mathrm{I}} = 210\,\mathrm{MPa}$, $\sigma_{\mathrm{II}} = 100\,\mathrm{MPa}$, $\sigma_{\mathrm{III}} = 0\,\mathrm{MPa}$.

b) $\sigma_{\mathrm{V,SH}} = \sigma_{\mathrm{I}} - \sigma_{\mathrm{III}} = 210\,\mathrm{MPa} > R_{\mathrm{p0,2}}$. Das Material fließt.

c) $\sigma_{\mathrm{V,GEH}} = \sqrt{\frac{1}{2}\left[(\sigma_{\mathrm{I}} - \sigma_{\mathrm{II}})^2 + (\sigma_{\mathrm{II}} - \sigma_{\mathrm{III}})^2 + (\sigma_{\mathrm{III}} - \sigma_{\mathrm{I}})^2 \right]} = 181{,}93\,\mathrm{MPa} < R_{\mathrm{p0,2}}$. Das Material fließt nicht.

d) Es ist keine Aussage möglich. Beide Fließbedingungen sind nur näherungsweise richtig.

e) $\tau = \sigma_{\mathrm{V,GEH}}/M = 58{,}7\,\mathrm{MPa} < \tau_{\mathrm{F}}$. Keine nennenswerte Versetzungsaktivierung

f) Der Deviator folgt aus $\underline{\underline{\sigma}}' = \underline{\underline{\sigma}} - \underline{\underline{1}}\,\sigma_{\mathrm{m}}$ mit $\sigma_{\mathrm{m}} = \mathrm{tr}\,\underline{\underline{\sigma}}/3 = (155 + 155 + 0)/3\,\mathrm{MPa} = 103{,}\overline{3}\,\mathrm{MPa}$. Es ergibt sich

$$\underline{\underline{\sigma}}' = \begin{pmatrix} 51{,}\overline{6} & 55 & 0 \\ 55 & 51{,}\overline{6} & 0 \\ 0 & 0 & -103{,}\overline{3} \end{pmatrix} \mathrm{MPa} \,.$$

Lösung 12:

Der Parameter m nach Gleichung (3.36) ist $m = 50\,\mathrm{MPa}/40\,\mathrm{MPa} = 1{,}25$.

a) Für den hydrostatischen Spannungszustand gilt $\sigma_{11} = \sigma_{22} = \sigma_{33} = \sigma_{\mathrm{m}}$ sowie $\sigma_{23} = \sigma_{13} = \sigma_{12} = 0$.
Parabolisch: Nach Gleichung (3.37) gilt bei Erfüllung des Fließkriteriums

$$R_{\mathrm{p}} = \frac{m-1}{2m} \cdot 3\,\sigma_{\mathrm{m,pF}} + \sqrt{\left[\frac{m-1}{2m}\,3\,\sigma_{\mathrm{m,pF}} \right]^2 + 0} = \frac{m-1}{m} \cdot 3\,\sigma_{\mathrm{m,pF}} = \frac{3}{5}\,\sigma_{\mathrm{m,pF}} \,.$$

Daraus folgt die »hydrostatische Fließspannung« $\sigma_{\mathrm{m,pF}} = 5/3 \cdot R_{\mathrm{p}} = 66{,}7\,\mathrm{MPa}$.
Konisch: Nach Gleichung (3.39) gilt bei Erfüllung des Fließkriteriums

$$R_{\mathrm{p}} = \frac{1}{2m} \cdot \left[(m - 1) \cdot 3\,\sigma_{\mathrm{m,kF}} + 0 \right] = \frac{3}{10}\,\sigma_{\mathrm{m,kF}} \,.$$

Daraus folgt die »hydrostatische Fließspannung« $\sigma_{\mathrm{m,kF}} = 10/3 \cdot R_{\mathrm{p}} = 133{,}3\,\mathrm{MPa}$.

b) **Parabolisch:**

$$\sigma_{\mathrm{V,pGEH}} = \frac{0{,}25}{2{,}5}\,\sigma_{11} + \sqrt{\left[\frac{0{,}25}{2{,}5}\,\sigma_{11} \right]^2 + \frac{8}{2{,}5}\,\sigma_{11}^2} = \frac{1}{10}\,\sigma_{11} + \sqrt{\frac{321}{100}\,\sigma_{11}^2} = 1{,}89\,\sigma_{11} = 1{,}058\,R_{\mathrm{p}} \,.$$

Das Material fließt.

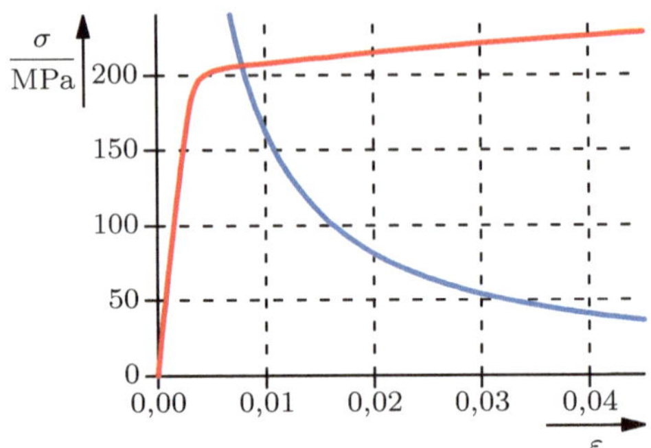

Bild 13.4: Neuber-Hyperbel

Konisch:

$$\sigma_{\mathrm{V,kGEH}} = \frac{1}{2{,}5} \left[0{,}25\,\sigma_{11} + 2{,}25\,\sqrt{4\sigma_{11}^2} \right] = 1{,}9\,\sigma_{11} = 1{,}064\,R_{\mathrm{p}} \,.$$

Das Material fließt.

c) **Parabolisch:**

$$\sigma_{\mathrm{V,pGEH}} = \frac{0{,}25}{2{,}5}\,(-\sigma_{11}) + \sqrt{\left[\frac{0{,}25}{2{,}5}\,\sigma_{11} \right]^2 + \frac{8}{2{,}5}\,\sigma_{11}^2} = 1{,}69\,\sigma_{11} = 0{,}947\,R_{\mathrm{p}} \,.$$

Das Material fließt nicht.

Konisch:

$$\sigma_{\mathrm{V,kGEH}} = \frac{1}{2{,}5} \left[0{,}25\,(-\sigma_{11}) + 2{,}25 \cdot \sqrt{4\sigma_{11}^2} \right] = 1{,}7\,\sigma_{11} = 0{,}952\,R_{\mathrm{p}} \,.$$

Das Material fließt nicht.

Lösung 13:

a) In Diagramm 4.3 abgelesen: $\alpha_{\mathrm{k}} = 1{,}67$.

b) Die Nennspannung im Kerbgrund ist

$$\sigma_{\mathrm{nk}} = \frac{F}{\pi(d/2)^2} = 198{,}94\,\mathrm{MPa} \,.$$

Nach Gleichung (4.1) ergibt sich $\sigma_{\max} = \alpha_{\mathrm{k}}\,\sigma_{\mathrm{nk}} = 332\,\mathrm{MPa}$. $\sigma_{\max}$ liegt sowohl oberhalb von R_{p} als auch von R_{m}. Eine Freigabe wäre demnach nicht möglich.

c) Mit Gleichung (4.5) folgt:

$$\sigma_{\max}\,\varepsilon_{\max} = \frac{\sigma_{\mathrm{nk}}^2}{E}\,\alpha_{\mathrm{k}}^2 = 1{,}623\,\mathrm{MPa} \,.$$

Die entsprechende Neuber-Hyperbel ist in Bild 13.4 skizziert.

d) Die Werte werden aus dem Diagramm abgelesen: $\sigma_{\max} = 210\,\mathrm{MPa}$, $\varepsilon_{\max} = 0{,}008 = 0{,}8\,\%$.

e) Eine Freigabe ist möglich, da die maximale Dehnung weit unterhalb der Einschnürdehnung liegt.

Lösung 14:

a) Da die Spannung als Kraft pro Fläche definiert ist, muss die Spannung über eine Breite einer Gitterkonstante betrachtet werden und das Spannungsfeld in x_1-Richtung über eine Gitterkonstante

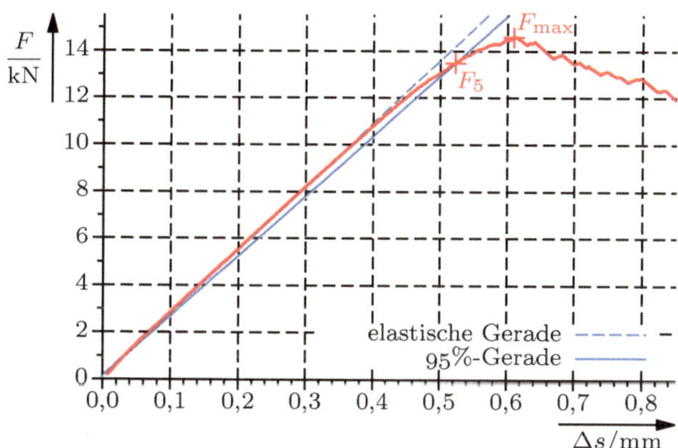

Bild 13.5: Bestimmung der Kräfte F_5 und F_{max} im Kraft-Weg-Diagramm

integriert werden, um die Kraft zu erhalten:

$$F = a_{\mathrm{NaCl}} \int_0^{a_{\mathrm{NaCl}}} \frac{K_{\mathrm{Ic}}}{\sqrt{2\pi}}\,\frac{1}{\sqrt{r}} = a_{\mathrm{NaCl}}\frac{K_{\mathrm{Ic}}}{\sqrt{2\pi}}\,[2\sqrt{r}]_0^{a_{\mathrm{NaCl}}} = \frac{K_{\mathrm{Ic}}}{\sqrt{2\pi}}\cdot 2a_{\mathrm{NaCl}}^{3/2}\,.$$

b) Die Kraft ist gegeben durch $F = kx$, wenn die Bindung um eine Strecke x gedehnt wird. Die Kraft bei einer Dehnung von $a_{\mathrm{NaCl}}/10$ kann mit der in Teil a) der Aufgabe berechneten Kraft gleichgesetzt werden, um K_{Ic} zu erhalten. Es ergibt sich

$$\frac{k\,a_{\mathrm{NaCl}}}{10} = \frac{K_{\mathrm{Ic}}}{\sqrt{2\pi}}\cdot 2a_{\mathrm{NaCl}}^{3/2}\,,$$

$$\frac{k}{10} = \frac{K_{\mathrm{Ic}}}{\sqrt{2\pi}}\cdot 2a_{\mathrm{NaCl}}^{1/2}\,,$$

$$K_{\mathrm{Ic}} = \frac{k}{10}\frac{\sqrt{2\pi}}{2}\frac{1}{a_{\mathrm{NaCl}}^{1/2}} = 0{,}634\,\mathrm{MPa}\sqrt{\mathrm{m}}\,.$$

Für einen keramischen Kristall ist dieser Wert etwa in der richtigen Größenordnung.

c) Da das kontinuumsmechanisch berechnete Spannungsfeld einfach auf die Atomposition übertragen wird, ist die Rechnung so nicht korrekt, denn zwischen den Atompositionen kann keine Spannung herrschen. Man könnte die Rechnung verbessern, indem das elastische Spannungsfeld in einiger Entfernung von der Rissspitze verwendet wird und die Verschiebung aller Atome innerhalb dieses Bereiches über das Kraftgesetz berechnet wird. Zusätzlich müsste man näher untersuchen, bei welcher Dehnung der Bindung Bruch eintritt. Dabei ist die Annahme eines einfachen Federgesetzes ebenfalls eine starke Vereinfachung, da bei nennenswerter Auslenkung die Potentialkurve nicht mehr parabelförmig ist (siehe beispielsweise Bild 2.6). Derartige Berechnungen geben realistische Werte für die Bruchzähigkeit eines Materials. Als sehr grobe Abschätzung kann die Rechnung auch in der hier präsentierten Form akzeptiert werden. Sie macht zumindest deutlich, warum die Singularität in der Spannung nicht zu einer Singularität in der Kraft auf eine Atombindung führt.

Lösung 15:

Zunächst werden die elastische und die 95-%-Gerade in das Diagramm eingezeichnet (Bild 13.5). Ablesen der Kräfte führt auf $F_5 = 13{,}5\,\mathrm{kN}$, $F_{\mathrm{max}} = 14{,}5\,\mathrm{kN}$. F_5 liegt links von F_{max}, also der Fall aus Bild 5.16 b, es gilt $F_{\mathrm{Q}} = F_5$. Die Bedingung (5.32) muss erfüllt werden: $F_{\mathrm{max}}/F_{\mathrm{Q}} = 1{,}07 \leq 1{,}1$ (erfüllt).

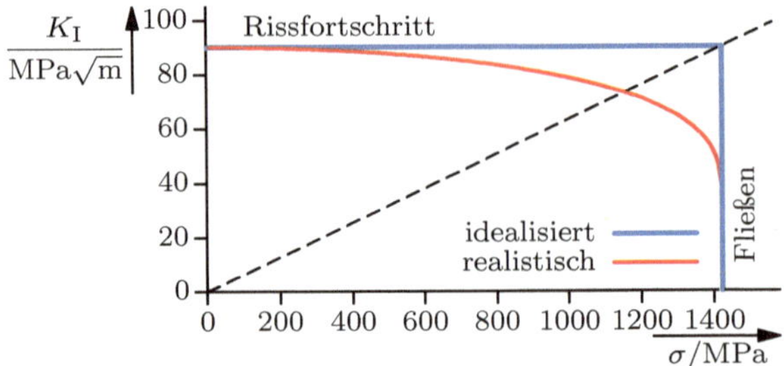

Bild 13.6: Failure-Assessment-Diagramm zu Aufgabe 16

Für die Anfangsrisslänge ergibt sich folgender Geometriefaktor: $f = 9{,}66$. Mit Gleichung (5.30) folgt $K_Q = 23{,}3\,\mathrm{MPa}\sqrt{\mathrm{m}}$.

Nun muss noch Ungleichung (5.33) überprüft werden. Die rechte Seite lautet $2{,}5(K_Q/R_p)^2 = 5{,}2\,\mathrm{mm}$. Alle geforderten Größen (B, a, $W - a$) erfüllten die Ungleichung.

Die Bruchzähigkeit beträgt also $K_{\mathrm{Ic}} = 23{,}3\,\mathrm{MPa}\sqrt{\mathrm{m}}$.

Lösung 16:

Die Lösung orientiert sich in weiten Teilen an Abschnitt 5.2.3.

a) Zunächst Auslegung auf Fließen: Es liegt ein einachsiger Spannungszustand mit $\sigma = pD/(2t)$ vor. Es genügt also, die Bedingung $\sigma = pD/(2t) < R_{p0,2}$ zu erfüllen: $\sigma = 1200\,\mathrm{MPa} < 1420\,\mathrm{MPa}$. Die Fließgrenze wird nicht erreicht.

   Auslegung auf Spaltbruch: $\sigma_{\mathrm{I}} < \sigma_{\mathrm{T}}$: $1200\,\mathrm{MPa} < 2200\,\mathrm{MPa}$. Auch Spaltbruch muss nicht befürchtet werden.

   Auslegung auf Rissfortschritt: $\sigma_{\mathrm{I}} < K_{\mathrm{Ic}}/\sqrt{\pi a}$ mit der maximal zu erwartenden, halben Risslänge $a = 1{,}5\,\mathrm{mm}$: $1200\,\mathrm{MPa} < 1311\,\mathrm{MPa}$. Rissfortschritt kann ausgeschlossen werden.

   Das Rohr kann eingesetzt werden.

b) Da R_p für eine einachsige Belastung angegeben wurde, ist das Ergebnis für die vorliegende, ebenso einachsige Belastung, von der Fließbedingung unabhängig.[1]

c) Fließen tritt bei folgendem Druck auf: $p = 2tR_{p0,2}/D = 14{,}2\,\mathrm{MPa}$.

   Der Druck, bei dem Spaltbruch auftritt, ist folgender: $p = 2t\sigma_{\mathrm{T}}/D = 22\,\mathrm{MPa}$.

   Aus der Bruchzähigkeit wird über $\sigma = K_{\mathrm{Ic}}/\sqrt{\pi a}$ die Spannung berechnet und weiter der Druck: $p = 2tK_{\mathrm{Ic}}/(\sqrt{\pi a}\,D) = 13{,}1\,\mathrm{MPa}$.

   Das Rohr würde bei $p = 13{,}1\,\mathrm{MPa}$ durch Rissfortschritt versagen, wenn ein Anriss der halben Länge $a = 1{,}5\,\mathrm{mm}$ vorhanden ist.

d) Die Fließgrenze und die Bruchzähigkeit werden für a_c aus Gleichung (5.28) gleichzeitig erreicht: $a_c = (90\,\mathrm{MPa}\sqrt{\mathrm{m}}/1420\,\mathrm{MPa})^2/\pi = 1{,}28\,\mathrm{mm}$.

e) Siehe Bild 13.6.

f) Die Rissöffnung folgt nach Gleichung (5.3) zu

$$v_0 = 2\,\frac{2\sigma a}{E} = 0{,}036\,\mathrm{mm} = 36\,\mathrm{\mu m}\,,$$

wobei der zusätzliche Faktor 2 notwendig ist, weil Gleichung (5.3) die Rissflankenverschiebung, also die halbe Rissöffnung angibt.

---

1 Wären die Fließbedingungen für die Schubfließgrenze gleich angenommen worden, bestünde bei einachsigem Zug ein Unterschied.

Lösung 17:

a) Für kleine Verschiebungen $a \ll x$ gilt das hookesche Gesetz, das mit $\gamma = x/a$ aus Gleichung (2.5) folgendermaßen lautet:

$$\tau(x) = G\frac{x}{a}\,. \tag{13.17}$$

Über die gesamte Strecke $0 \leq x \leq a$ gilt für die Schubspannung nach Bild 12.4

$$\tau(x) = \tau_{\mathrm{max}} \sin\left(2\pi\frac{x}{a}\right)\,.$$

Für kleine Argumente $\alpha \ll 1$ kann der Sinus durch $\sin(\alpha) \approx \alpha$ approximiert werden. Es folgt

$$\tau(x) \approx \tau_{\mathrm{max}} \cdot 2\pi\frac{x}{a}\,.$$

Setzt man dies mit Gleichung (13.17) gleich, so ergibt sich

$$\tau_{\mathrm{max}} = \frac{G}{2\pi}\,, \tag{13.18}$$

wobei τ_{max} der theoretischen Schubspannung $\tilde{\tau}_{\mathrm{F}}$ entspricht. Für Aluminium mit einem Schubmodul von ca. $G = 26\,500\,\mathrm{MPa}$ ergibt sich damit eine Schätzung $\tilde{\tau}_{\mathrm{F}} = 4218\,\mathrm{MPa}$. Reinaluminium hat in Wirklichkeit aber eine Dehngrenze von $R_{\mathrm{p}0,2} \approx 50\,\mathrm{MPa}$, was einer maximalen Schubspannung von $\tau_{\mathrm{F}} = 25\,\mathrm{MPa}$ entspricht. Die einfache Schätzung liegt um etwas zwei Größenordnung über dem realen Wert. Daraus wird gefolgert, dass ein Abgleiten nicht durch die relative Verschiebung ganzer Atomlagen gleichzeitig stattfindet.

b) Die Gleichgewichtslage bei $x = a/2$ ist instabil, da sich die Atome der einen Lage genau zwischen denen der anderen befinden und die Bindungen maximal gestreckt sind. Eine infinitesimale Auslenkung aus dieser Lage führt dazu, dass die Atom weiter zu $x = 0$ oder $x = a$ laufen. Dies ist darin begründet, dass die Steifigkeit $C = \mathrm{d}\tau/\mathrm{d}x$ an dieser Stelle negativ ist:

$$C = \left.\frac{\mathrm{d}\tau}{\mathrm{d}x}\right|_{x=a/2} = 2\pi\tau_{\mathrm{max}} \cos\left(2\pi\frac{a/2}{a}\right) = 2\pi\tau_{\mathrm{max}} \cos\pi = -2\pi\tau_{\mathrm{max}}\,.$$

Lösung 18:

a) Eine Versetzung, die von einer Seite zur anderen durch den Kristall bewegt, bewirkt eine Abscherung um einen Burgersvektor b. Um insgesamt eine Strecke s abscheren zu können, müssen also $N = s/b = 3{,}5 \cdot 10^5$ Versetzungen durch den Kristall laufen. Da nicht alle Versetzungen anfänglich auf einer Seite des Kristalls konzentriert sind, können sie im Mittel nur etwa die Hälfte des Kristallvolumens durchqueren, so dass sich etwa der doppelte Wert ergibt, also $N = 7 \cdot 10^5$.

b) Die Versetzungsdichte ist gegeben als Versetzungslänge pro Volumen. Eine Versetzung muss sich, um den Kristall vollständig abscheren zu können, durch den ganzen Kristall erstrecken, also eine Länge von $10\,\mathrm{mm}$ haben. Es ergibt sich also eine Versetzungsdichte von

$$\varrho = \frac{aN}{a^3} = \frac{N}{a^2} = 7 \cdot 10^9\,\mathrm{m}^{-2}\,.$$

Allerdings wird die Verformung nicht durch alle Versetzungen getragen, da ihre Orientierungen unterschiedlich sind. Nimmt man an, dass die Scherverformung in x-Richtung erfolgt, dann können alle Schraubenversetzungen mit einem Linienvektor in y-Richtung zur Verformung beitragen (ein Drittel aller Schraubenversetzungen). Von den Stufenversetzungen können sich diejenigen an der Verformung beteiligen, die ihren Linienvektor in y-Richtung haben und deren eingeschobene Halbebene in z-Richtung orientiert ist (ein Sechstel aller Stufenversetzungen). Da wir nur eine Abschätzung vornehmen wollen, können wir annehmen, dass ein Fünftel der Versetzungen zur Verformung beitragen. Insgesamt ergibt sich also eine minimale Versetzungsdichte von etwa $3{,}5 \cdot 10^{10}\,\mathrm{m}^{-2}$.

Tabelle 13.2: Ermittlung des Weibullmoduls

i	$\tilde{P}_{\mathrm{f},i}$	$\ln\ln\big(1/(1-\tilde{P}_{\mathrm{f},i})\big)$	σ_i/MPa	$\ln(\sigma_i/\mathrm{MPa})$
1	0,125	$-2{,}013$	54,60	4,0
2	0,375	$-0{,}755$	90,02	4,5
3	0,625	$-0{,}019\,4$	244,69	5,5
4	0,875	$0{,}732$	665,15	6,5

c) Bei einer Korngröße d laufen die Versetzungen nicht mehr durch den ganzen Kristall, sondern nur noch durch ein Korn, da angesichts der geringen plastischen Verformung die Spannungen zu klein sind, um eine Versetzung über eine Korngrenze hinwegzubewegen. Die Anzahl der Versetzungen erhöht sich deshalb um einen Faktor $s/d = 100$, so dass die Versetzungsdichte $\varrho = 3{,}5 \cdot 10^{12}\,\mathrm{m}^{-2}$ beträgt.

d) Die Gesamtlänge der Versetzungen ist $L = \varrho a^3 = 3{,}5 \cdot 10^6\,\mathrm{m} = 3500\,\mathrm{km}$.

Lösung 19:

Die Energie pro Länge einer Versetzung beträgt nach Gleichung (6.3) $T \approx Gb^2/2$. Streng genommen gilt diese Formel nur für ein gerades Segment, die Energie eines gekrümmten Segments ist größer. Es wird sich jedoch zeigen, dass dies für das Ergebnis irrelevant ist. Die Energie E eines Versetzungsrings mit einer Länge von $6b$ ist $E = 6Gb^3/2 = 1{,}8 \cdot 10^{-18}\,\mathrm{J}$. Die Wahrscheinlichkeit zur Bildung eines solchen Versetzungsrings ist $P = \exp\big(-E/(kT)\big)$, so dass sich $P_{300} \approx 1{,}5\cdot10^{-189}$ bei 300 K und $P_{900} \approx 1{,}1\cdot10^{-63}$ bei 900 K ergibt. Die thermisch aktivierte Entstehung eines Versetzungsrings ist also praktisch unmöglich.

Lösung 20:

Für die Festigkeitszunahme wird Gleichung (6.20) verwendet, wobei die Festigkeitszunahme der Differenz der verfestigenden Wirkungen in beiden Zuständen ist:

$$\Delta\sigma = k_{\mathrm{V}} M Gb\left(\sqrt{\varrho_1} - \sqrt{\varrho_0}\right) = 230\,\mathrm{MPa}\,.$$

Lösung 21:

Mit der Hall-Petch-Beziehung (6.31) ist der Verfestigungsbeitrag des Grobkorns $\Delta\sigma_{\mathrm{grob}} = k/\sqrt{d_{\mathrm{grob}}}$, der des Feinkorns $\Delta\sigma_{\mathrm{fein}} = k/\sqrt{d_{\mathrm{fein}}}$. Eine Kornverfeinerung erhöht die Festigkeit um die Differenz:

$$\Delta\sigma = \frac{k}{\sqrt{d_{\mathrm{fein}}}} - \frac{k}{\sqrt{d_{\mathrm{grob}}}}\,.$$

Nach der neuen Korngröße aufgelöst ergibt sich mit $\Delta\sigma = 80\,\mathrm{MPa}$

$$d_{\mathrm{fein}} = \left(\frac{\Delta\sigma}{k} + \frac{1}{\sqrt{d_{\mathrm{grob}}}}\right)^{-2} = 1{,}48\,\mu\mathrm{m}\,.$$

Lösung 22:

a) Nach Gleichung (6.17) ist die Orowan-Spannung durch $\tau = Gb/2\lambda$ gegeben. Die Normalspannung σ und die Schubspannung τ sind über den Taylorfaktor miteinander verknüpft, der für kubisch flä-

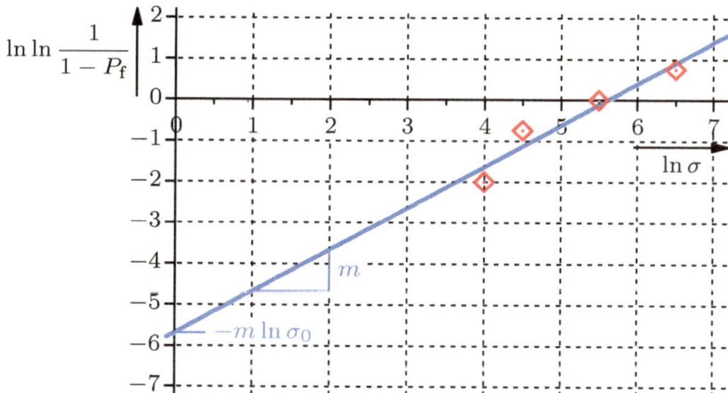

Bild 13.7: Graphische Ermittlung von m und σ_0 im Diagramm entsprechend Bild 7.17

chenzentrierte Metalle den Wert $M = 3{,}1$ hat. Es ergibt sich also

$$2\lambda = \frac{GbM}{\Delta R_{\mathrm{p0,2}}} = 39\,\mathrm{nm}\,.$$

b) Nach Gleichung (6.23) gilt

$$r = 2\lambda\sqrt{\frac{f_{\mathrm{V}}}{2}} = 5{,}5\,\mathrm{nm}\,.$$

Lösung 23:

Zunächst werden die Messwerte aufsteigend sortiert und jedem eine geschätzte Versagenswahrscheinlichkeit nach Gleichung (7.14) zugeordnet (siehe Tabelle 13.2). In die Tabelle werden zusätzlich die Größen $\ln\ln\big(1/(1 - \tilde{P}_{\mathrm{f},i})\big)$ und $\ln(\sigma_i/\mathrm{MPa})$ eingetragen, um das daraus gebildete Diagramm, Bild 13.7, erstellen zu können. Aus dem Diagramm wird zunächst der Weibullmodul $m = 1$ abgelesen, der der Steigung entspricht. Der Achsenabschnitt ist $-m\ln(\sigma_0/\mathrm{MPa}) = -5{,}6$, also $\sigma_0 = 270\,\mathrm{MPa}$.

Lösung 24:

a) Für den Druck gilt $p = F/A = mg/(LB) = 6{,}131\,25 \cdot 10^{-3}\,\mathrm{N/mm^2}$.

b) Aus Gleichung (7.6) folgt

$$1 - P_{\mathrm{f}} = \exp\left[-\frac{V}{V_0}\left(\frac{\sigma_{\mathrm{zul}}}{\sigma_0}\right)^m\right]\,,$$

$$\ln(1 - P_{\mathrm{f}}) = -\frac{V}{V_0}\left(\frac{\sigma_{\mathrm{zul}}}{\sigma_0}\right)^m\,,$$

$$\frac{\sigma_{\mathrm{zul}}}{\sigma_0} = \sqrt[m]{-\frac{V_0}{V}\ln(1 - P_{\mathrm{f}})}\,. \tag{13.19}$$

Mit $V/V_0 = 1$ ergibt sich daraus $\sigma_{\mathrm{zul}} = 0{,}541\,\sigma_0$. Mit $\sigma_{\mathrm{zul}} = 2pL^2/d_{\mathrm{min}}^2$ folgt für die Dicke

$$d_{\mathrm{min}} = \sqrt{\frac{2pL^2}{0{,}541\,\sigma_0}} = 15{,}1\,\mathrm{mm}\,. \tag{13.20}$$

c) Aus Gleichung (13.19) folgt mit $V_1/V_0 = LBd_{\mathrm{min}}/V_{\mathrm{P}} = 12{,}08$ die neue zulässige Spannung $\sigma_{\mathrm{zul,1}} = 0{,}458\,\sigma_0$ und mit Gleichung (13.20) eine Dicke von $d_{\mathrm{min,1}} = 16{,}35\,\mathrm{mm}$.

Dadurch ändert sich das Probenvolumen V, so dass sich auch die zulässige Spannung σ_{zul} nach Gleichung (13.19) ändert. Mit der aktuellen Dicke $d_{\mathrm{min},1} = 16{,}35\,\mathrm{mm}$ ergibt sich die zulässige Spannung zu $\sigma_{\mathrm{zul},2} = 0{,}456\,\sigma_0$. Mit Gleichung (13.20) ergibt sich die Dicke $d_{\mathrm{min},2} = 16{,}40\,\mathrm{mm}$.

Die Änderung von $d_{\mathrm{min},1}$ zu $d_{\mathrm{min},2}$ ist so klein, so dass eine weitere Iteration entfallen kann.

d) Die Fertigung muss nicht gestoppt werden, weil im Zugversuch die gesamte Probe unter Maximalbeanspruchung steht, im Biegeversuch aber nur ein kleiner Bereich. Deshalb ist die Festigkeit im Zugversuch niedriger als im Biegeversuch. Die Produktion des Flüssigkeitsbehälters gewinnt dadurch sogar an Sicherheit.

e) $d = \sqrt{2pL^2/R_{\mathrm{p}}} = 11{,}07\,\mathrm{mm}$.

Lösung 25:

a) Gesucht werden die Parameter B^* und n in Gleichung (7.2). Um ein lineares Gleichungssystem für die Parameter zu erhalten, wird die Gleichung umgestellt:

$$t_{\mathrm{f}} = B^* \sigma^{-n} \Rightarrow \ln(t_{\mathrm{f}}) = \ln B^* - n \ln \sigma \,.$$

Mit $\sigma_1 = 140\,\mathrm{MPa}$, $t_{\mathrm{f}1} = 375{,}2\,\mathrm{h}$, $\sigma_2 = 150\,\mathrm{MPa}$ und $t_{\mathrm{f}2} = 94{,}4\,\mathrm{h}$ kann man das Gleichungssystem aufstellen:

$$\ln(t_{\mathrm{f}1}) = \ln B^* - n \ln \sigma_1 \quad \text{und} \quad \ln(t_{\mathrm{f}2}) = \ln B^* - n \ln \sigma_2\,,$$

$$\ln \frac{t_{\mathrm{f}1}}{t_{\mathrm{f}2}} = n \ln \frac{\sigma_2}{\sigma_1}\,.$$

Daraus folgt $n = 20{,}0$ sowie $B^* = 3{,}1529 \cdot 10^{45}\,\mathrm{MPa^{20}h}$. Mit der gegebenen Inertfestigkeit ergibt sich $B = B^*/\sigma_{\mathrm{c}}^{n-2} = 0{,}3912\,\mathrm{MPa^2 h}$.

Hinweis: Wegen der großen in der Rechnung auftretenden Exponenten können Ihre Berechnungsergebnisse durch Rundungsfehler um einige Prozent von den angegebenen Werten abweichen. Die angegebenen Zahlenwerte ergeben sich bei einer Rechnung mit exakten Zahlenwerten.

b) Die Versagenswahrscheinlichkeit kann aus Gleichung (7.10) mit $V/V_0 = 1$, $m^* = m/(n-2) = 1{,}2222$ und $t_0(\sigma) = B^* \sigma^{-n} = 3{,}1529 \cdot 10^{45}\,\mathrm{MPa^{20}h} \cdot (100\,\mathrm{MPa})^{-20} = 314\,016\,\mathrm{h}$ berechnet werden:

$$P_{\mathrm{f}}(25\,000\,\mathrm{h}) = 1 - \exp\left[-\left(\frac{t_{\mathrm{f}}}{t_0(\sigma)}\right)^{m^*}\right] = 1 - \exp\left[-\left(\frac{25\,000\,\mathrm{h}}{314\,016\,\mathrm{h}}\right)^{1{,}2222}\right] = 4{,}4\,\%\,.$$

Die Ausfallwahrscheinlichkeit liegt über der Grenze von $0{,}5\,\%$. Eine Freigabe ist nicht möglich.

c) Mit Hilfe einer Überlastprüfung kann die Ausfallwahrscheinlichkeit reduziert werden.

d) Die Rechnung erfolgt analog zur Herleitung von Gleichung (7.16):

$$G_{\mathrm{f}}(t_{\mathrm{f}}, \sigma) = \frac{\left\{1 - \exp\left[-\left(\frac{t_{\mathrm{f}}}{t_0(\sigma)}\right)^{m^*}\right]\right\} - \left\{1 - \exp\left[-\left(\frac{\sigma_{\mathrm{p}}}{\sigma_0}\right)^{m}\right]\right\}}{1 - \left\{1 - \exp\left[-\left(\frac{\sigma_{\mathrm{p}}}{\sigma_0}\right)^{m}\right]\right\}}$$

$$= 1 - \exp\left[-\left(\frac{t_{\mathrm{f}}}{t_0(\sigma)}\right)^{m^*} + \left(\frac{\sigma_{\mathrm{p}}}{\sigma_0}\right)^{m}\right]\,. \tag{13.21}$$

Die notwendige Prüflast kann durch Umstellen von Gleichung (13.21) berechnet werden:

$$\sigma_{\mathrm{p}} = \sigma_0 \left[\ln(1 - G_{\mathrm{f}}) + \left(\frac{t_{\mathrm{f}}}{t_0(\sigma)}\right)^{m^*}\right]^{1/m} = 375\,\mathrm{MPa} \left[\ln(1 - 0{,}005) + \left(\frac{25\,000\,\mathrm{h}}{314\,016\,\mathrm{h}}\right)^{1{,}2222}\right]^{1/22}\,.$$

Es ergibt sich $\sigma_{\mathrm{p}} = 324{,}1\,\mathrm{MPa}$.

e) Der Anteil der Ausschussteile wird nach Gleichung (7.3) zu

$$P_{\mathrm{f}}(324{,}1\,\mathrm{MPa}) = 1 - \exp\left[-\left(\frac{324{,}1\,\mathrm{MPa}}{375\,\mathrm{MPa}}\right)^{22}\right] = 4{,}0\,\%$$

berechnet.

Lösung 26:

a) Wegen der Parallelschaltung der Elemente ist die Dehnung ε in beiden Elementen gleich. Für die Spannung $\sigma_{\mathrm{F}}(t)$ im Federelement und $\sigma_{\mathrm{D}}(t)$ im Dämpferelement gilt $\sigma = \sigma_{\mathrm{F}}(t) + \sigma_{\mathrm{D}}(t)$. Es ergibt sich also für die Dehnrate im Dämpferelement

$$\frac{\mathrm{d}\varepsilon}{\mathrm{d}t} = \frac{\sigma_{\mathrm{D}}}{\eta} = \frac{\sigma - E\varepsilon}{\eta}\,.$$

Diese Differentialgleichung 1. Ordnung kann durch Separation der Variablen gelöst werden:

$$\frac{\mathrm{d}\varepsilon}{\sigma - E\varepsilon} = \frac{\mathrm{d}t}{\eta}\,,$$

$$\int \frac{\mathrm{d}\varepsilon}{\sigma - E\varepsilon} = \int \frac{\mathrm{d}t}{\eta}\,,$$

$$-\frac{1}{E}\ln\left(\sigma - E\varepsilon\right) = \frac{t}{\eta} + C\,,$$

wobei C eine Integrationskonstante ist. Auflösen nach ε ergibt

$$\varepsilon = \frac{1}{E}\left[\sigma - \exp\left(-\frac{E}{\eta}t\right)C'\right]\,.$$

Die Integrationskonstante C' kann dadurch bestimmt werden, dass zur Zeit $t = 0$ die Dehnung ε gleich Null sein muss, da das Dämpferelement nicht sofort auf die Spannung reagieren kann. Damit ergibt sich $C' = \sigma$ und somit

$$\varepsilon = \frac{\sigma}{E}\left[1 - \exp\left(-\frac{E}{\eta}t\right)\right]\,.$$

Die Dehnung nimmt also im Laufe der Zeit zu und strebt gegen den Wert σ/E, da nach sehr langer Zeit das Dämpferelement vollständig nachgegeben hat und die gesamte Spannung durch das Federelement getragen wird.

b) In einem Relaxationsversuch soll die Dehnung sprunghaft um einen endlichen Wert erhöht werden. Dies führt in diesem Modell zu einer anfänglich unendlich großen Spannung im Dämpferelement. Ein Relaxationsversuch kann mit diesem Modell also nicht beschrieben werden.

c) Wir bezeichnen die drei Elemente im Drei-Parameter-Modell mit 1 für das in Serie geschaltete Federelement, 2 für das Federelement parallel zum Dämpfer und 3 für das Dämpferelement. Damit ergeben sich für die Spannungen und Dehnung folgende Beziehungen:

$$\varepsilon = \varepsilon_1 + \varepsilon_2\,,\qquad \varepsilon_2 = \varepsilon_3\,,\qquad \sigma = \sigma_1 = \sigma_2 + \sigma_3\,,$$

$$\varepsilon_1 = \frac{\sigma_1}{E_1}\,,\qquad \varepsilon_2 = \frac{\sigma_2}{E_2}\,,\qquad \dot{\varepsilon}_3 = \frac{\sigma_3}{\eta}\,.$$

Allgemein ergibt sich für die Dehnrate des Dämpferelements

$$\frac{\mathrm{d}\varepsilon_3}{\mathrm{d}t} = \frac{\sigma_1 - \sigma_2}{\eta} = \frac{\sigma_1 - E_2\varepsilon_2}{\eta}\,.$$

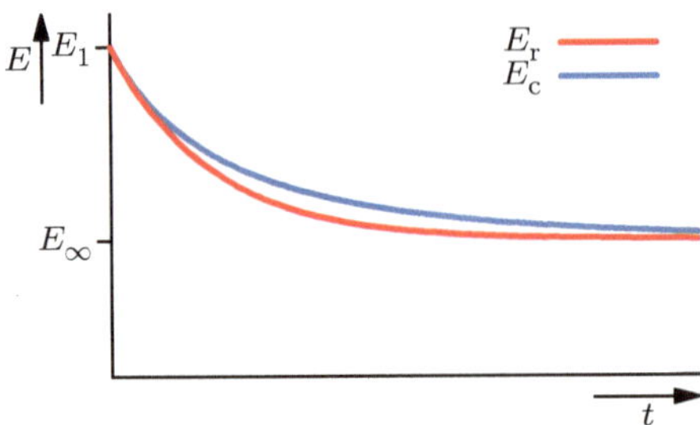

Bild 13.8: Abhängigkeit des Relaxationsmoduls E_r und des Retardationsmoduls E_c von der Zeit

Für den Retardationsversuch ist σ konstant vorgegeben. Es ergibt sich

$$\frac{\mathrm{d}\varepsilon_3}{\mathrm{d}t} = \frac{\sigma - E_2\varepsilon_2}{\eta}\,,$$

identisch mit Teilaufgabe a). Die Gesamtdehnung ist damit

$$\varepsilon = \varepsilon_1 + \varepsilon_2 = \frac{\sigma}{E_1} + \frac{\sigma}{E_2}\left[1 - \exp\left(-\frac{E}{\eta}t\right)\right].$$

Für die Retardation spielt also das Hinzufügen des Federelements keine Rolle.

Ist ε konstant vorgegeben, so ergibt sich mit $\sigma_1 = E_1\varepsilon_1 = E_1(\varepsilon - \varepsilon_3)$

$$\frac{\mathrm{d}\varepsilon_3}{\mathrm{d}t} = \frac{E_1(\varepsilon - \varepsilon_3) - E_2\varepsilon_3}{\eta} = \frac{E_1\varepsilon - (E_1 + E_2)\varepsilon_3}{\eta}\,.$$

Die Lösung erfolgt wieder durch Separation der Variablen:

$$\frac{\mathrm{d}\varepsilon_3}{E_1\varepsilon - (E_1 + E_2)\varepsilon_3} = \frac{\mathrm{d}t}{\eta}\,,$$

$$E_1\varepsilon - (E_1 + E_2)\varepsilon_3 = \exp\left(-\frac{E_1 + E_2}{\eta}t\right)C'\,.$$

Die Integrationskonstante C' kann wieder aus der Forderung $\varepsilon_3(t = 0) = 0$ bestimmt werden: $C' = E_1\varepsilon$. Es ergibt sich

$$\varepsilon_3 = \frac{E_1}{E_1 + E_2}\varepsilon\left[1 - \exp\left(-\frac{E_1 + E_2}{\eta}t\right)\right].$$

Die Dehnung im Dämpferelement strebt also bei großen Zeiten gegen den Wert $E_1/(E_1 + E_2) \cdot \varepsilon$.

d) Aus den Ergebnissen der vorherigen Teilaufgabe können der Retardationsmodul E_c und der Relaxationsmodul E_r abgelesen werden:

$$E_\mathrm{c} = \frac{E_1 E_2}{E_2 + E_1\left[1 - \exp\left(-\frac{E_2}{\eta}t\right)\right]}\,,$$

$$E_\mathrm{r} = E_1 - \frac{E_1^2}{E_1 + E_2}\left[1 - \exp\left(-\frac{E_1 + E_2}{\eta}t\right)\right].$$

In beiden Fällen ist also der Modul zur Zeit $t = 0$ gleich E_1 und zur Zeit $t = \infty$ gleich $E_1 E_2/(E_1 + E_2)$. Bild 13.8 zeigt den zeitlichen Verlauf beider Größen. Es ist zu erkennen, dass der Retardationsmodul immer größer als der Relaxationsmodul ist.

Die Retardations- und Relaxationszeit entspricht jeweils dem inversen Vorfaktor der Variable t innerhalb der Exponentialfunktion. Sie ergibt sich somit zu $t_\mathrm{c} = \eta/E_2$ und $t_\mathrm{r} = \eta/(E_1 + E_2)$. Die Relaxationszeit ist also immer kleiner als die Retardationszeit.

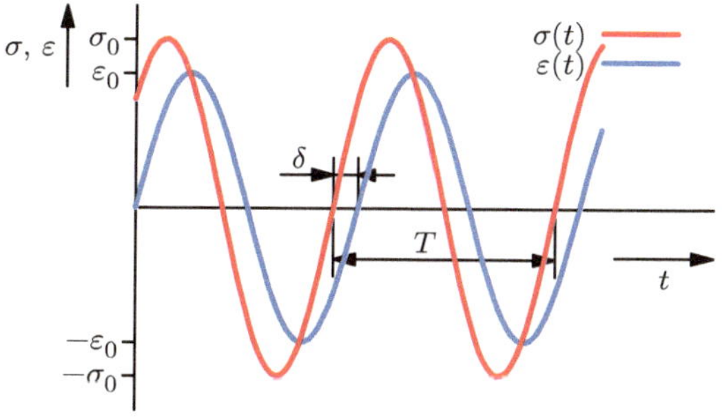
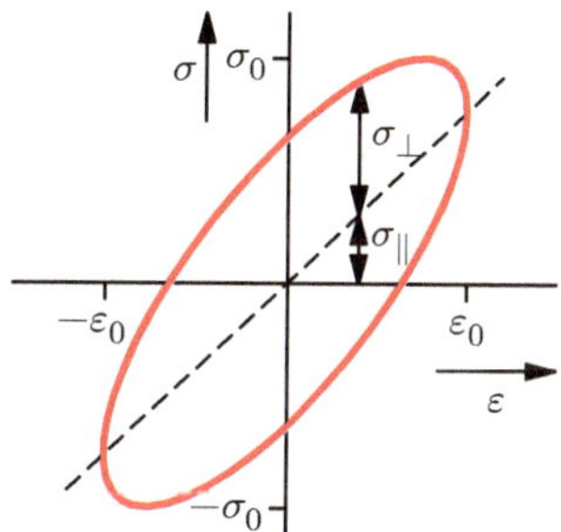

Bild 13.9: Spannung und Dehnung in einem viskoelastischen Material bei anliegender oszillierender Kraft

Lösung 27:

a) Den zeitlichen Verlauf zeigt Bild 13.9 a.

Der Parameter δ beschreibt den zeitlichen Abstand zwischen Dehnung und Spannung. Ist $\delta = 0$, so sind Spannung und Dehnung in Phase, und das Material ist nicht viskoelastisch, ist $\delta = 90°$, so hat die Dehnung ihr Maximum oder Minimum, wenn die Spannung auf Null abgefallen ist. In realen Materialien hängt der Wert von δ von der Frequenz ω ab. In Polymeren kann δ Werte im Bereich einiger Grad erreichen.

b) Mit dem Additionstheorem $\sin(a - b) = \sin a \cos b + \cos a \sin b$ und $\omega t = \arcsin(\varepsilon/\varepsilon_0)$ (wobei später zu beachten ist, dass der Arcussinus nur Werte im Bereich $[-\pi/2, \pi/2]$ ergibt) folgt

$$\sigma = \sigma_0 \cos \delta \sin \omega t + \sigma_0 \sin \delta \cos \omega t = \sigma_0 \cos \delta \cdot \sin\left(\arcsin \frac{\varepsilon}{\varepsilon_0}\right) + \sigma_0 \sin \delta \cdot \cos\left(\arcsin \frac{\varepsilon}{\varepsilon_0}\right)$$

$$= \underbrace{\sigma_0 \cos \delta \cdot \frac{\varepsilon}{\varepsilon_0}}_{\sigma_\parallel} + \underbrace{\sigma_0 \sin \delta \cdot \cos\left(\arcsin \frac{\varepsilon}{\varepsilon_0}\right)}_{\sigma_\perp} . \tag{13.22}$$

Der erste Term ist dabei in Phase mit der Dehnung, der zweite Term ist um $90°$ phasenverschoben.

c) Bild 13.9 b zeigt das Spannungs-Dehnungs-Diagramm. Dabei ist zu beachten, dass die Beziehung zwischen Spannung und Dehnung nicht eindeutig ist, da es zu jedem Wert der Dehnung zwei mögliche Spannungswerte gibt. Dies ist darin begründet, dass der Kosinus aus Gleichung (13.22) für Argumente im Bereich $[-\pi/2 : \pi/2]$ immer positive Ergebnisse hat. Für einen Vollkreis von ωt ergeben sich auch negative Werte des Kosinus. Das vollständige Spannungs-Dehnungs-Diagramm ergibt sich dann, wenn man in Gleichung (13.22) das $+$ durch ein $\pm$ ersetzt.

Das gleiche Ergebnis lässt sich auch erreichen, wenn man die beiden Anteile aus Gleichung (12.2) als parametrische Funktion ansieht und für $0 \leq t \leq 2\pi$ in ein Diagramm einträgt.

d) Die in einem Zyklus dissipierte Energie ergibt sich als Fläche, die von der Spannungs-Dehnungs-Kurve umschlossen wird. Um diese zu bestimmen, kann Gleichung (13.22) verwendet werden. Der erste Term in dieser Gleichung beschreibt den Anteil, der in Phase mit der Dehnung ist und somit zu keiner Dissipation führt. Für die Berechnung der Energie ist also nur der zweite Term relevant. Die umschlossene Fläche und damit die geleistete spezifische Energie entspricht der doppelten Fläche oberhalb der gestrichelten Diagonale in Bild 13.9 b. Sie kann damit berechnet werden als

$$w = 2 \int_{-\varepsilon_0}^{\varepsilon_0} \sigma_\perp \, d\varepsilon = 2 \int_{-\varepsilon_0}^{\varepsilon_0} \sigma_0 \sin \delta \cdot \cos\left(\arcsin \frac{\varepsilon}{\varepsilon_0}\right) d\varepsilon$$

$$= \sigma_0 \sin\delta \cdot \varepsilon_0 \left[\frac{\varepsilon}{\varepsilon_0} \sqrt{1 - \left(\frac{\varepsilon}{\varepsilon_0}\right)^2} + \arcsin\frac{\varepsilon}{\varepsilon_0} \right]_{-\varepsilon_0}^{\varepsilon_0}$$

$$= \sigma_0 \sin\delta \cdot \varepsilon_0 \cdot \pi .$$

Dies entspricht der Fläche einer Ellipse mit den Halbachsen ε_0 und $\sigma_0 \sin\delta$. Schert man nämlich die berechnete Fläche senkrecht, so dass Punkte auf der Diagonalen auf der ε-Achse zu liegen kommen, so ergibt sich diese Ellipse.

Lösung 28:

Die Aktivierungsenergie kann mit Hilfe von Gleichung (8.7) bestimmt werden. Vergleicht man die Dehnraten $\dot{\varepsilon}$ für verschiedene Temperaturen T_1 und T_2 und Spannungen σ_1 und σ_2 mit gleichem Wert von σ/T, so ergibt sich durch Division der Dehnraten

$$\frac{\dot{\varepsilon}_1}{\dot{\varepsilon}_2} = \frac{\exp\left(-\frac{Q}{kT_1}\right)}{\exp\left(-\frac{Q}{kT_2}\right)} .$$

Die unbekannten Werte des Aktivierungsvolumens heben sich dabei heraus. Sie könnten im Prinzip in ähnlicher Weise bestimmt werden wie Q. Auflösen nach Q ergibt

$$Q = -\frac{k \ln\frac{\dot{\varepsilon}_1}{\dot{\varepsilon}_2}}{\frac{1}{T_1} - \frac{1}{T_2}} .$$

Aus dem Diagramm kann man für $\sigma/T = 0{,}2$ eine Dehnrate von etwa $2 \cdot 10^{-5}\,\mathrm{s}^{-1}$ für $T = 21{,}5\,°\mathrm{C}$ und $2 \cdot 10^{-2}\,\mathrm{s}^{-1}$ für $T = 40\,°\mathrm{C}$ ablesen. Einsetzen in die Formel ergibt $Q \approx 290\,\mathrm{kJ/mol}$.

Lösung 29:

a) **Parallelschaltung:**

$$\varepsilon_m = \varepsilon_f , \quad \sigma_m \neq \sigma_f .$$

Reihenschaltung:

$$\varepsilon_m \neq \varepsilon_f , \sigma_m = \sigma_f .$$

b) **Parallelschaltung:** Die insgesamt angelegte Kraft F teilt sich in einen Faseranteil F_f und einen Matrixanteil F_m auf: $F = F_f + F_m$. Nimmt man an, dass der Gesamtquerschnitt A, der Faserquerschnitt A_f und der Matrixquerschnitt A_m betragen, so ergibt sich für die Spannungen:

$$\sigma A = \sigma_f A_f + \sigma_m A_m ,$$

$$\sigma = \sigma_f \frac{A_f}{A} + \sigma_m \frac{A_m}{A} .$$

Die Spannung σ ist über Matrix und Fasern gemittelt und tritt in Wirklichkeit an keiner Stelle des Bauteils auf. A_f/A und A_m/A sind die Faser- und Matrixflächenanteile und gleichzeitig auch die Volumenanteile f_f und f_m, da sich die Fasern über die gesamte Bauteillänge erstrecken. Setzt man f_f und $f_m = 1 - f_f$ in die Gleichung ein, so ergibt sich die Mischungsregel, Gleichung (9.2):

$$\sigma = \sigma_f f_f + \sigma_m (1 - f_f) .$$

Teilt man diese Gleichung unter Berücksichtigung von Gleichung (9.1) durch die Dehnung $\varepsilon = \varepsilon_f = \varepsilon_m$, so erhält man Elastizitätsmodul (Gleichung (9.3)):

$$E_\parallel = \frac{\sigma}{\varepsilon} = \frac{\sigma_f}{\varepsilon_f} f_f + \frac{\sigma_m}{\varepsilon_m}(1 - f_f) = E_f f_f + E_m(1 - f_f) = E_m\left[1 + f_f\left(\frac{E_f}{E_m} - 1\right)\right] . \qquad (13.23)$$

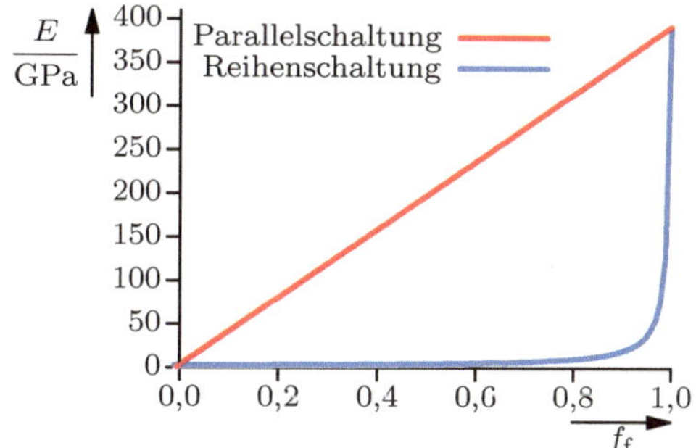

Bild 13.10: Elastizitätsmoduln in einem Faserverbundwerkstoff für unterschiedliche Faseranordnungen

Reihenschaltung: Die Gesamtlänge des Bauteils ergibt sich aus der Summe der Längen von Faser und Matrix: $l = l_\mathrm{f} + l_\mathrm{m}$. Da diese Bedingung auch nach einer Verformung gelten muss, gilt ebenso $\Delta l = \Delta l_\mathrm{f} + \Delta l_\mathrm{m}$. Wendet man die Definition der Dehnung $\varepsilon = \Delta l/l$ bzw. $\Delta l = \varepsilon l$ einzeln auf die drei Längenänderungen an, so ergibt sich

$$\varepsilon l = \varepsilon_\mathrm{f} l_\mathrm{f} + \varepsilon_\mathrm{m} l_\mathrm{m}\,,$$

$$\varepsilon = \varepsilon_\mathrm{f} \frac{l_\mathrm{f}}{l} + \varepsilon_\mathrm{m} \frac{l_\mathrm{m}}{l}\,.$$

Da die Fasern als Platten angenommen wurden, gilt für die Volumenanteile $f_\mathrm{f} = l_\mathrm{f}/l$ und $f_\mathrm{m} = 1 - f_\mathrm{f} = l_\mathrm{m}/l$, und es folgt die Mischungsregel, Gleichung (9.5):

$$\varepsilon = \varepsilon_\mathrm{f} f_\mathrm{f} + \varepsilon_\mathrm{m}(1 - f_\mathrm{f})\,.$$

Wendet man darauf das hookesche Gesetz unter Verwendung der Bedingung (9.4) an, so ergibt sich

$$\varepsilon = \frac{\sigma}{E_\mathrm{f}} f_\mathrm{f} + \frac{\sigma}{E_\mathrm{m}}(1 - f_\mathrm{f}) = \sigma \cdot \frac{E_\mathrm{m} f_\mathrm{f} + E_\mathrm{f}(1 - f_\mathrm{f})}{E_\mathrm{f} E_\mathrm{m}}\,.$$

Löst man diese Gleichung nach $E = \sigma/\varepsilon$ auf, so erhält man nach einfacher Umformung den Elastizitätsmodul (Gleichung (9.6)):

$$E_\perp = \frac{E_\mathrm{m}}{1 + f_\mathrm{f}\left(\frac{E_\mathrm{m}}{E_\mathrm{f}} - 1\right)}\,.$$

c) Die Verläufe sind in Bild 13.10 skizziert.

Lösung 30:

a) Für den Elastizitätsmodul gilt die Mischungsregel für parallel zur Last ausgerichtete Fasern, Gleichung (9.3), also

$$E_\parallel = E_\mathrm{m}(1 - f_\mathrm{f}) + E_\mathrm{f} f_\mathrm{f} = 0{,}45 \cdot 3\,\mathrm{GPa} + 0{,}55 \cdot 350\,\mathrm{GPa} = 194\,\mathrm{GPa}\,.$$

b) Da es sich um sehr lange Fasern handelt, gelten die Überlegungen aus Abschnitt 9.3.1. Zunächst muss also überprüft werden, ob zuerst die Faser oder zuerst die Matrix versagt. Nimmt man näherungsweise an, dass sich beide Materialien bis zum Bruch linear-elastisch verhalten, so ist die Bruchdehnung jeweils gegeben durch

$$\varepsilon_\mathrm{m} = \frac{\sigma_\mathrm{m}}{E_\mathrm{m}} = 0{,}02\,, \qquad \varepsilon_\mathrm{f} = \frac{\sigma_\mathrm{f}}{E_\mathrm{f}} = 0{,}014\,.$$

Es wird also zuerst die Bruchdehnung in der Faser erreicht. Die Versagensspannung wird nach Gleichung (9.7),

$$\sigma = \sigma_f f_f + \sigma_m (1 - f_f)\,,$$

abgeschätzt, wobei die Spannungen verwendet werden, die bei einer Dehnung von 0,014 auftreten. In den Fasern beträgt die Spannung $\sigma_f = 4900\,\mathrm{MPa}$, während sie in der Matrix bei der Dehnung 0,014 lediglich 42 MPa beträgt. Insgesamt ergibt sich also eine Zugfestigkeit von

$$4900\,\mathrm{MPa} \cdot 0{,}55 + 42\,\mathrm{MPa} \cdot 0{,}45 = 2714\,\mathrm{MPa}\,.$$

c) Die Druckfestigkeit ist nach Gleichung (9.11)

$$\sigma_{\mathrm{d,gleichphasig}} = \sqrt{\frac{f_f \sigma_{m,F} E_f}{3(1 - f_f)}} = \sqrt{\frac{0{,}55 \cdot 60\,\mathrm{MPa} \cdot 350\,000\,\mathrm{MPa}}{3(1 - 0{,}55)}} = 2925\,\mathrm{MPa}\,. \tag{13.24}$$

d) Zunächst ist zu prüfen, ob die Fasern jetzt länger als die kritische Länge sind. Es gilt $l_c = d\sigma_f/2\tau_i = 0{,}65\,\mathrm{mm}$. Die Fasern sind also wesentlich länger, so dass die Spannungsübertragung auf die Fasern effektiv ist. Allerdings erhöht sich die lokale Dehnung in der Umgebung der Faser etwa um den Faktor Zwei gegenüber der globalen Dehnung (siehe Abschnitt 9.3.2). Die Matrix kann entsprechend b) maximal eine Dehnung von 2 % ertragen, d. h., die maximale Dehnung des Bauteils sollte etwa 1 % nicht übersteigen. Bei dieser Dehnung ergibt sich eine Matrixspannung von 30 MPa und eine Faserspannung von 3500 MPa. Unter Verwendung der Mischungsregel ergibt sich eine Zugfestigkeit von 1939 MPa.

Lösung 31:

a) Für HCF-Belastungen sind die plastischen Deformationen vernachlässigbar, so dass $\varepsilon_a = \varepsilon_a^{(\mathrm{el})}$ und $\sigma_a = E\varepsilon_a^{(\mathrm{el})}$ gilt. Damit folgt aus Gleichung (10.16)

$$\sigma_A = \sigma_f'(2N_f)^{-b}\,, \tag{13.25}$$

also das Basquin-Gesetz, Gleichung (10.12). Das Coffin-Manson-Basquin-Gesetz ist also für den HCF-Bereich anwendbar.

b) In dieser Form ergibt das Basquin-Gesetz den linearen Ast des doppelt-logarithmischen Wöhlerdiagramms, etwa zwischen 10^3 und 10^7 Lastspielen.

c) Es sind zwei Punkte für das Basquin-Gesetz bekannt, so dass sowohl a als auch σ_f' bestimmt werden können: $\sigma_A(N_f = 10^3) = 540\,\mathrm{MPa}$, $\sigma_A(N_f = 10^7) = 300\,\mathrm{MPa}$. Daraus folgt

$$540\,\mathrm{MPa} = \sigma_f' \cdot (2 \cdot 10^3)^{-b}\,,$$
$$300\,\mathrm{MPa} = \sigma_f' \cdot (2 \cdot 10^7)^{-b}\,.$$

Teilen der beiden Gleichungen führt auf

$$\frac{9}{5} = (10^{-4})^{-b} = 10^{4b}\,,$$
$$b = \frac{1}{4}\lg\frac{9}{5} = 0{,}0638\,.$$

Außerdem ergibt sich mit b

$$300\,\mathrm{MPa} = \sigma_f' \cdot (2 \cdot 10^7)^{-\frac{1}{4}\lg\frac{9}{5}}\,,$$
$$\sigma_f' = 300\,\mathrm{MPa} \cdot (2 \cdot 10^7)^{\frac{1}{4}\lg\frac{9}{5}} = 877\,\mathrm{MPa}\,.$$

σ_f' liegt 20 % über R_m. Die Faustregel ist also näherungsweise anwendbar.

Lösung 32:

a) Die Oberspannung entspricht für $R = -1$ der halben Schwingbreite: $\sigma_\mathrm{o} = \Delta\sigma/2$. Damit folgt aus Gleichung (5.2)

$$K_\mathrm{Ic} = \sigma_\mathrm{o}\,\sqrt{\pi a_\mathrm{f}}\,Y(a_\mathrm{f}) = 17{,}72\,\mathrm{MPa}\sqrt{\mathrm{m}}\,.$$

b) Entsprechend ergibt sich für die aktuelle Risslänge $K_\mathrm{o} = 3{,}08\,\mathrm{MPa}\sqrt{\mathrm{m}}$. Der maximal auftretende Spannungsintensitätsfaktor K_o liegt deutlich unterhalb von K_Ic. Das Bauteil hält der statischen Beanspruchung stand.

c) Mit $R = -1$ folgt aus Gleichung (10.6)

$$\Delta K_\mathrm{th} = E \cdot 2{,}75 \cdot 10^{-5} \cdot 2^{0{,}31}\,\sqrt{\mathrm{m}} = 2{,}39\,\mathrm{MPa}\sqrt{\mathrm{m}}\,.$$

Da die aktuelle Schwingbreite des Spannungsintensitätsfaktors nach Teilaufgabe b) $\Delta K = 2K_\mathrm{o} = 6{,}16\,\mathrm{MPa}\sqrt{\mathrm{m}}$ ist, tritt stabiler Rissfortschritt auf.

d) Der Rissfortschritt pro Zyklus für die aktuelle Risslänge folgt aus Gleichung (10.8):

$$\mathrm{d}a/\mathrm{d}N = C\Delta K^n = 2 \cdot 10^{-12}\,\mathrm{MPa}^{-2}\,\mathrm{Zyklus}^{-1} \cdot (6{,}16\,\mathrm{MPa}\sqrt{\mathrm{m}})^2$$

$$= 7{,}6 \cdot 10^{-11}\,\mathrm{m/Zyklus} = 7{,}6 \cdot 10^{-8}\,\mathrm{mm/Zyklus}\,.$$

Würde diese Rissfortschrittsrate konstant bleiben, so würde die kritische Risslänge nach

$$\tilde{N}_\mathrm{f} = \frac{a_\mathrm{f} - a_0}{\mathrm{d}a/\mathrm{d}N} = 1{,}2 \cdot 10^8$$

Zyklen erreicht werden. Unter diesen Umständen könnte das Bauteil freigegeben werden.

e) Gleichung (10.10) lautet

$$N_\mathrm{f} = \frac{1}{C}\left(\frac{1}{\Delta\sigma\sqrt{\pi}}\right)^n \int_{a_0}^{a_\mathrm{f}} \frac{1}{(Y\sqrt{a})^n}\,\mathrm{d}a\,.$$

Einsetzen von $n = 2$ und $Y(a) = 1 + ba$ mit $b = 0{,}1\,\mathrm{mm}^{-1}$ liefert

$$N_\mathrm{f} = \frac{1}{C\Delta\sigma^2\pi} \int_{a_0}^{a_\mathrm{f}} \frac{1}{(1 + ba)^2\,a}\,\mathrm{d}a\,.$$

Mit dem gegebenen Integral sowie $A = 1$ und $B = b$ folgt

$$N_\mathrm{f} = -\frac{1}{C\Delta\sigma^2\pi}\left[\ln\frac{1 + ba}{a} + \frac{ba}{1 + ba}\right]_{a_0}^{a_\mathrm{f}} = -\frac{1}{C\Delta\sigma^2\pi}\left[\ln\frac{a_0(1 + ba_\mathrm{f})}{a_\mathrm{f}(1 + ba_0)} + \frac{ba_\mathrm{f}}{1 + ba_\mathrm{f}} - \frac{ba_0}{1 + ba_0}\right]\,.$$

Einsetzen der Zahlenwerte liefert

$$N_\mathrm{f} = -\frac{1}{2 \cdot 10^{-5} \cdot \pi}\left[\ln\frac{2}{11} + \frac{1}{2} - \frac{0{,}1}{1{,}1}\right] = 20\,621\,.$$

Das Bauteil kann bis zur nächsten Kontrolle freigegeben werden, da deutlich mehr Zyklen ertragen werden, als bis dahin auftreten werden.

Lösung 33:

a) Zunächst werden die Versagensschwingspielzahlen aus dem Wöhlerdiagramm abgelesen:

$$\sigma_{\mathrm{a},1} = 280\,\mathrm{MPa} \qquad \Rightarrow \qquad N_{\mathrm{f},1} = \infty\,,$$

$$\sigma_{\mathrm{a},2} = 350\,\mathrm{MPa} \qquad \Rightarrow \qquad N_{\mathrm{f},2} = 893\,300\,,$$
$$\sigma_{\mathrm{a},3} = 420\,\mathrm{MPa} \qquad \Rightarrow \qquad N_{\mathrm{f},3} = 51\,300\,,$$
$$\sigma_{\mathrm{a},4} = 500\,\mathrm{MPa} \qquad \Rightarrow \qquad N_{\mathrm{f},4} = 3300\,.$$

Daraus können die Teilschädigungen ausgerechnet werden:

$$D_1 = \frac{n_1}{N_{\mathrm{f},1}} = \frac{10\,000}{\infty} = 0\,,$$

$$D_2 = \frac{n_2}{N_{\mathrm{f},2}} = \frac{5000}{893\,300} = 5{,}60 \cdot 10^{-3}\,,$$

$$D_3 = \frac{n_3}{N_{\mathrm{f},3}} = \frac{2000}{51\,300} = 3{,}90 \cdot 10^{-2}\,,$$

$$D_4 = \frac{n_4}{N_{\mathrm{f},4}} = \frac{200}{3300} = 5{,}99 \cdot 10^{-2}\,.$$

Die Gesamtschädigung für eine Woche ist somit $D_{\mathrm{Wo}} = \sum_{i=1}^{4} D_i = 1{,}04 \cdot 10^{-1}$. Bauteilbruch wird nach n Wochen bei $D = n \cdot D_{\mathrm{Wo}} = 1$ erwartet:

$$n = D_{\mathrm{Wo}}^{-1} = 9{,}57\,.$$

In einer Woche werden 17 200 Zyklen durchfahren. 9,57 Wochen entsprechen somit ca. 165 000 Zyklen.

Lösung 34:

a) Es wird Gleichung (11.6) verwendet und für die beiden Wertepaare T_1, $t_{\mathrm{u}1}$ sowie T_2, $t_{\mathrm{u}2}$ nach den Unbekannten P und C aufgelöst, wobei die absoluten Temperaturen verwendet werden:

$$P = \frac{\ln(t_{\mathrm{u}1}/\mathrm{h}) - \ln(t_{\mathrm{u}2}/\mathrm{h})}{1/T_1 - 1/T_2} = 57{,}4 \cdot 10^3\,\mathrm{K}\,,$$

$$C = \frac{P}{T_1} - \ln\frac{t_{\mathrm{u}1}}{\mathrm{h}} = 44{,}2\,.$$

In der modifizierten Schreibweise, Gleichung (11.7), ergeben sich folgende Werte: $P' = P/\ln 10 = 24{,}9 \cdot 10^3\,\mathrm{K}$, $C' = C/\ln 10 = 19{,}2$.

b) Aus den Werten beim Kriechexperiment ($T_3 = 940\,°\mathrm{C}$ und $t_{\mathrm{u}3} = 173\,\mathrm{h}$) kann der Wert des Larson-Miller-Parameters P_2 zu

$$P_2 = T_3 \left(\ln\frac{t_{\mathrm{u}3}}{\mathrm{h}} + C \right) = 59{,}7 \cdot 10^3\,\mathrm{K}$$

ermittelt werden. Der Wert der Spannung σ_2 geht dabei nicht in die Berechnung von P_2 ein. Da im Betrieb dieselbe Spannung σ_2 auftritt, muss derselbe Wert des Larson-Miller-Parameters erreicht werden. Er ergibt sich bei einer Betriebsdauer von $t_{\mathrm{u}4} = 100\,000$ Stunden für eine Temperatur T_3 von

$$T = \frac{P_2}{\ln(t_{\mathrm{u}4}/\mathrm{h}) + C} = 1075\,\mathrm{K}\,.$$

c) Der Larson-Miller-Parameter für die Prüftemperatur und die angestrebte Versagenszeit ergibt sich zu

$$P_3 = (700 + 273{,}15) \cdot (\ln 1000 + 44{,}2)\ \mathrm{K} = 49{,}7 \cdot 10^3\,\mathrm{K}\,.$$

Daraus folgt die Prüfspannung:

$$\sigma_3 = \left(1{,}3 \cdot 10^{-6} \cdot \left(\frac{P_3}{\mathrm{K}}\right)^2 - 0{,}185 \cdot \frac{P_3}{\mathrm{K}} + 6635\right) \mathrm{MPa} = 652{,}3\,\mathrm{MPa}\,.$$

Lösung 35:

a) Da die Verformung viskoplastisch, aber nicht viskoelastisch erfolgt, müssen ein Feder-Element und ein Dämpfer-Element hintereinander geschaltet werden.

b) Die Kriechdehnung ist bei konstanter Spannung $\varepsilon_\mathrm{c} = \dot{\varepsilon}t$, wenn t die Zeit bezeichnet. Die Gesamtdehnung ist damit

$$\varepsilon = A\sigma^n t + E\sigma\,.$$

c) Da es sich um eine Abschätzung handelt, werden die Werte der Spannung und Dehnung in der Rohrmitte zur Lösung verwendet. Der elastische Anteil der Durchbiegung ist vernachlässigbar klein. Es ist also $\varepsilon = \dot{\varepsilon}t$, da die Dehnrate wegen der konstanten Spannung konstant bleibt. Es ist also

$$h = \frac{\varepsilon l^2}{4d} = \frac{\dot{\varepsilon} l^2 t}{4d} = \frac{A\sigma l^2 t}{4d} = \frac{A\varrho g l^4 t}{32 d^2} = 2 \cdot 10^{-4}\,\mathrm{m}\,.$$

Pro Jahr senkt sich der Mittelpunkt des Rohres also um $0{,}2\,\mathrm{mm}$.

Lösung 36:

a) Durch das Aufheizen entstehen in der Stange thermische Dehnungen ε_th, die jedoch wegen der festen Einspannung durch elastische Dehnungen $\varepsilon^{(\mathrm{el})}$ kompensiert werden. Im Laufe der Zeit wird die durch die elastischen Dehnungen entstandene Spannung durch die Kriechdehnung ε_c abgebaut (Relaxation). Es gilt

$$\varepsilon = \varepsilon_\mathrm{th} + \varepsilon^{(\mathrm{el})} + \varepsilon_\mathrm{c} = 0\,.$$

Die thermische Dehnung ist $\varepsilon_\mathrm{th} = \alpha\Delta T$. Es wird zunächst die Spannung im Bauteil berechnet:

$$\sigma = E\varepsilon^{(\mathrm{el})} = E(-\alpha\Delta T - \varepsilon_\mathrm{c})\,.$$

Ihre zeitliche Änderung ergibt sich durch Differenzieren, wobei der erste Summand konstant ist:

$$\dot{\sigma} = -E\dot{\varepsilon}_\mathrm{c} = -EA\sigma^n\,.$$

Diese Differentialgleichung kann z. B. durch Separation der Variablen gelöst werden (vgl. Aufgabe 26):

$$\frac{\mathrm{d}\sigma}{-AE\sigma^n} = \mathrm{d}t\,,$$

$$\frac{1}{-n+1}\sigma^{-n+1} = -AEt + C\,,$$

$$\sigma^{n-1} = \frac{1}{1-n} \cdot \frac{1}{-AEt + C}\,,$$

wobei C die noch zu bestimmende Integrationskonstante ist.

Für den hier betrachteten Fall $n = 3$ ergibt sich

$$\sigma^2 = \frac{1}{1-3} \cdot \frac{1}{-AEt + C} = \frac{1}{2(AEt - C)}\,. \tag{13.26}$$

Da die Spannung negativ ist (es liegt Kompression vor), muss zu ihrer Berechnung die negative Wurzel der rechten Seite verwendet werden:

$$\sigma = -\frac{1}{\sqrt{2(AEt - C)}} \, .$$

Die Integrationskonstante ergibt sich durch Einsetzen der Bedingung $\sigma_0 = -E\alpha\Delta T = -2223\,\mathrm{MPa}$ zur Zeit $t = 0$ in Gleichung (13.26):

$$C = -\frac{1}{2\sigma_0^2} = -\frac{1}{2E^2\alpha^2\Delta T^2} = -1{,}01 \cdot 10^{-7}\,\mathrm{MPa}^{-2} \, .$$

Nach $100\,\mathrm{s}$ beträgt die Spannung nur noch $\sigma_e = -113\,\mathrm{MPa}$.

b) Die elastische Dehnung am Ende der Haltezeit beträgt nur noch $\varepsilon_e = \sigma_e/E = -8{,}70 \cdot 10^{-4}$. Diese Dehnung geht bei der Abkühlung bei einer Temperaturdifferenz von $\Delta T = \varepsilon_e/\alpha = -49{,}7\,\mathrm{K}$ auf Null zurück. Die Stange wird also bei einer Temperatur von etwa $950\,^\circ\mathrm{C}$ aus der Halterung fallen.

Anhang

14 Tensorrechnung

In diesem Kapitel werden kurz die Grundzüge der Tensorrechnung eingeführt. Für ein eingehenderes Studium sei auf die Fachliteratur verwiesen, beispielsweise *Gross / Seelig* [59] oder *Holzapfel* [69].

14.1 Einführung

Allgemein stellt ein Tensor eine physikalische Größe dar, die koordinatenbehaftet ist. Selbst wenn sich seine Beschreibung durch Zahlen durch ein anderes Bezugs- oder Koordinatensystem ändern sollte, verändert sich der Tensor selbst nicht. Als Beispiel sei ein Vektor $\underline{a}$ genannt (Bild 14.1). Um den Wert dieses Vektors anzugeben, genügt die Angabe einer einzigen Zahl nicht aus. Vielmehr müssen seine *Komponenten* in einem Koordinatensystem angegeben werden, was normalerweise dadurch geschieht, dass die Werte der Koordinaten in einen Spaltenvektor eingetragen werden. Im eingezeichneten x_1-x_2-Koordinatensystem kann der Vektor als

$$(a_i) = \begin{pmatrix} 1 \\ 2 \end{pmatrix}$$

geschrieben werden. Verwendet man stattdessen das um 45° gedrehte $x_{1'}$-$x_{2'}$-System, so ergeben sich die Koordinaten

$$(a_{i'}) = \begin{pmatrix} 3\sqrt{2}/2 \\ \sqrt{2}/2 \end{pmatrix}.$$

Die Komponenten unterscheiden sich also zwischen beiden Koordinatensystemen. Der Vektor $\underline{a}$ bleibt aber derselbe, wie leicht in Bild 14.1 zu erkennen ist.

14.2 Tensorstufen

Tensoren können allgemein nach ihrer sogenannten *Stufe* klassifiziert werden. Als erstes Beispiel wird wieder ein *Vektor* betrachtet. Seine Komponenten werden, wie bereits erläutert, normalerweise untereinander geschrieben, so dass seine *Komponentenmatrix* im dreidimensionalen Raum eine (3×1)-Matrix ist. Sie ist somit eindimensional, und es handelt sich um einen *Tensor 1. Stufe.* Die einzelnen Komponenten der Matrix können dabei durch einen einzigen Index charakterisiert werden.

Bei einem *Skalar,* der koordinatenunabhängig ist, besteht die Komponentenmatrix aus einer einzelnen Zahl. Da ein Skalar somit »nulldimensional« ist, handelt es sich um einen *Tensor 0. Stufe.* Die Verwendung eines Index ist deshalb nicht nötig.

Geht man auf eine Größe über, die in Komponentenschreibweise als (3×3)-Matrix geschrieben wird, so erhält man einen *Tensor 2. Stufe.* In diesem Fall sind also zwei

© Springer Fachmedien Wiesbaden GmbH, ein Teil von Springer Nature 2019
J. Rösler et al., *Mechanisches Verhalten der Werkstoffe*, https://doi.org/10.1007/978-3-658-26802-2

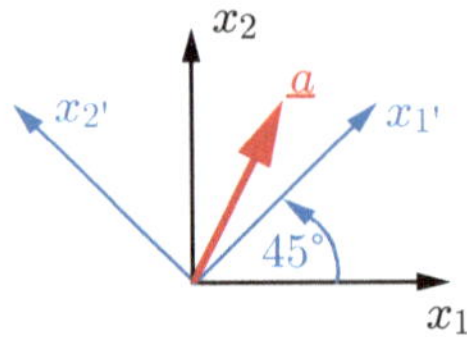

Bild 14.1: Vektor $\underline{a}$ in zwei unterschiedlichen Koordinatensystemen

Indizes nötig, um eine Komponente des Tensors zu charakterisieren. Ein Beispiel für einen Tensor 2. Stufe ist der Spannungstensor $\underline{\sigma}$.

Tensoren 2. Stufe können also in einem bestimmten Koordinatensystem durch eine Matrix dargestellt werden. Im Allgemeinen ist eine Matrix ein reines Zahlenschema, in das beliebige Zahlen eingetragen werden können. Die Eigenschaft eines Tensors, dass eine Koordinatentransformation zwar die Komponenten verändert, den Tensor selbst aber nicht, besitzen beliebige Matrizen nicht. Viele Größen, die weithin als »Matrix« bezeichnet werden, sollten deshalb besser Tensoren 2. Stufe genannt werden.

Ein *Tensor 3. Stufe* hat einen »Komponentenwürfel« mit $3 \times 3 \times 3 = 27$ Komponenten. Entsprechend verfährt man mit Tensoren höherer Ordnung. Ein *Tensor 4. Stufe* mit $3^4 = 81$ Komponenten ist geometrisch nicht mehr vorstellbar. Er besitzt aber in der Materialwissenschaft große Bedeutung (vgl. Abschnitt 2.5.2).

Zusammenfassend lässt sich sagen, dass die Stufe eines Tensors immer die Dimension des »Hyperwürfels« angibt, in der seine Komponenten mit der Kantenlänge drei geschrieben werden können. Ein Tensor m. Stufe besitzt für den dreidimensionalen Raum immer 3^m Komponenten.

14.3 Schreibweisen

Für Tensoren und deren Komponenten existieren unterschiedliche Schreibweisen, die für verschiedene Situationen zweckmäßig sind. Bezieht man sich auf den Tensor selbst, der ja unabhängig vom Koordinatensystem ist, verwendet man die *Symbolschreibweise*. Für sie existieren unterschiedliche Stile. In diesem Buch wird ein Tensor 1. Stufe einmal unterstrichen ($\underline{a}$, $\underline{b}$, ...), ein Tensor 2. Stufe zweimal (und meist mit einem Großbuchstaben benannt, $\underline{\underline{A}}$, $\underline{\underline{B}}$, ...). Tensoren höherer Stufe werden mit einer Tilde und der Stufe bezeichnet ($\underset{3}{\tilde{A}}$, $\underset{4}{\tilde{B}}$, ...). Häufig anzutreffende andere Schreibweisen sind der Fettdruck ($\underline{a} \,\hat{=}\, \mathbf{a}$, $\underline{\underline{A}} \,\hat{=}\, \mathbf{A}$) oder Pfeile ($\underline{a} \,\hat{=}\, \vec{a}$, $\underline{\underline{A}} \,\hat{=}\, \overset{\leftrightarrow}{A}$).

Möchte man eine Komponente eines Tensors für ein bestimmtes Koordinatensystem nennen, so benutzt man die *Indexschreibweise*. Dabei ist für jede Stufe des Tensors ein Indexsymbol nötig. Meist verwendet man für die Indizes kleine Buchstaben beginnend bei i (a_i, A_{ij}, C_{ijkl}). Rechenvorschriften werden häufig in der Indexschreibweise formuliert. Die Koordinatenabhängigkeit der Komponenten selbst schränkt die Allgemeingültigkeit der Formeln nicht ein.

Bei allen bisherigen und weiteren Überlegungen wird ein rechtssinniges kartesisches Koordinatensystem mit aufeinander senkrecht stehenden Koordinatenachsen und Einheitsvektoren der Länge 1 vorausgesetzt. Macht man dies nicht, verkomplizieren sich die Schreibweisen und Rechenvorschriften erheblich. Möchte man z. B. große plastische Deformationen tensoriell beschreiben, muss man diesen Schritt tun (vgl. Abschnitt 3.1).

Werden mehrere Koordinatensysteme verwendet, unterscheidet man sie durch das Anfügen von Apostrophen an die Indizes. So ergibt sich für eine Darstellung im x_1-x_2-x_3-Koordinatensystem beispielsweise a_i, A_{ij} und C_{ijkl}, im $x_{1'}$-$x_{2'}$-$x_{3'}$-Koordinatensystem dagegen $a_{i'}$, $A_{i'j'}$ und $C_{i'j'k'l'}$. Es ist wichtig, dass die Striche an den einzelnen Indizes angefügt werden, weil durchaus ein Tensor in verschiedenen Indizes auf unterschiedlichen Koordinatensystemen definiert sein kann, z. B. $A_{ij'}$ oder $A_{i'j}$.

Sollen alle Komponenten eines Tensors beschrieben werden, so geschieht dies dadurch, dass man eine Klammer um den mit einem Index versehenen Tensor setzt, also beispielsweise (a_i), (A_{ij}), (C_{ijkl}) schreibt. Dabei wird implizit festgelegt, dass jeder Index von 1 bis 3 läuft. Für Tensoren 2. Stufe gibt der 1. Index die Zeile und der 2. Index die Spalte der entsprechenden Komponente in der Matrixschreibweise an. Zum Beispiel lauten die Komponenten des Tensors

$$(A_{ij}) = \begin{pmatrix} 1 & 2 & 3 \\ 4 & 5 & 6 \\ 7 & 8 & 9 \end{pmatrix}$$

$A_{11} = 1$, $A_{12} = 2$, $A_{13} = 3$, $A_{21} = 4$, $A_{22} = 5$, $A_{23} = 6$, $A_{31} = 7$, $A_{32} = 8$, $A_{33} = 9$. Mit der geklammerten Indexschreibweise kann eine Verbindung zur Symbolschreibweise hergestellt werden: $\underline{a} \mathrel{\widehat{=}} (a_i)$, $\underline{\underline{A}} \mathrel{\widehat{=}} (A_{ij})$.

14.4 Rechenoperationen und einsteinsche Summenkonvention

Eine der wichtigsten Rechenoperationen für Tensoren ist ihr Produkt. Schreibt man beispielsweise ein (einfaches[1]) Skalarprodukt zweier Tensoren (auch als »inneres Produkt« oder »Kontraktion« bezeichnet)

$$\underline{\underline{C}} = \underline{\underline{A}} \cdot \underline{\underline{B}} = \underline{\underline{A}}\,\underline{\underline{B}}$$

für die Komponente C_{ij} in der Komponentenschreibweise, so ergibt sich (mit der Regel »Zeilenvektor mal Spaltenvektor«)

$$C_{ij} = \sum_{k=1}^{3} A_{ik}\, B_{kj} \, . \tag{14.1}$$

Diese Gleichung gilt für alle 9 Komponenten des Tensors C_{ij}. Es wird darauf verzichtet, jedes Mal die Angabe $i = 1 \ldots 3$, $j = 1 \ldots 3$ mit anzugeben. Um sich weitere Schreibarbeit zu sparen, wird meist auch das Summenzeichen weggelassen, so dass Gleichung (14.1) in der Form

$$C_{ij} = A_{ik}\, B_{kj} \tag{14.2}$$

---

1 Weiter unten wird erklärt, warum es ein *einfaches* Skalarprodukt gibt.

geschrieben wird. Die zugrunde liegende *einsteinsche Summenkonvention* legt fest, dass immer, wenn in einem Ausdruck ein Index doppelt auftaucht, über ihn von 1 bis 3 summiert wird. Dieser Index heißt dann *stummer Index*. Alle anderen Indizes heißen *freie Indizes*. Es gilt also

$$c = a_i\, b_i = \sum_{i=1}^{3} a_i\, b_i \,,$$

$$C_{ik} = A_{ij}\, B_{jk} = \sum_{j=1}^{3} A_{ij}\, B_{jk} \,.$$

Die Summenkonvention gilt sogar dann, wenn der Index doppelt in einem einzigen Tensor auftritt:

$$A_{ii} = \sum_{i=1}^{3} A_{ii} = A_{11} + A_{22} + A_{33} \,.$$

Soll einmal nicht über einen Index summiert werden (was selten der Fall ist), wird das dadurch gekennzeichnet, dass die Indizes unterstrichen werden: $A_{\underline{ii}}$. Dann ist damit wirklich nur eine Komponente gemeint, also A_{11}, A_{22} oder A_{33}.

Da ein Tensorprodukt in der Indexschreibweise eine skalare Größe ist, gilt das Kommutativgesetz, und es gilt

$$C_{ij} = A_{ik}\, B_{kj} = B_{kj}\, A_{ik} \,.$$

Möchte man dies zum Berechnen der Komponenten von $\underline{C}$ in die Matrixschreibweise umsetzen, müssen jeweils gleiche Indizes nebeneinander stehen, wie es in der linken Schreibweise der Fall ist. Nur dann darf die Regel »Zeile mal Spalte« angewandt werden. Aus diesem Grund gilt

$$\underline{\underline{C}} = \underline{\underline{A}}\,\underline{\underline{B}} \neq \underline{\underline{B}}\,\underline{\underline{A}} \,.$$

Sind mehrere Indizes in einem Produkt doppelt vorhanden, so handelt es sich um ein *mehrfaches Produkt*. Es wird dann über alle stummen Indizes summiert, beispielsweise:

$$c = A_{ij}\, B_{ji} = \sum_{i=1}^{3}\sum_{j=1}^{3} A_{ij}\, B_{ji} \,.$$

Ein mehrfaches Produkt wird in der Symbolschreibweise durch so viele Mal-Punkte gekennzeichnet, wie stumme Indizes vorhanden sind:

$$c = A_{ij}\, B_{ji} = \underline{\underline{A}} \cdot\cdot\, \underline{\underline{B}} \,. \tag{14.3}$$

In der Elastizitätstheorie (Abschnitt 2.5.2) kommt beim hookeschen Gesetz (2.20) ein doppeltes Produkt zwischen dem Elastizitätstensor 4. Stufe und dem Dehnungstensor 2. Stufe vor:

$$\underline{\underline{\sigma}} = \underset{4}{\underline{C}} \cdot\cdot \, \underline{\underline{\varepsilon}}$$

oder gleichbedeutend in der Indexschreibweise

$$\sigma_{ij} = C_{ijkl}\, \varepsilon_{kl}\,.$$

Die Tatsache, dass die beiden Indizes des Dehnungstensors für das doppelte Produkt in der falschen Reihenfolge stehen, ist in diesem speziellen Fall egal, weil $\underline{\underline{\varepsilon}}$ symmetrisch ist, weshalb $\varepsilon_{kl} = \varepsilon_{lk}$ gilt.

Das Ergebnis eines Skalarprodukts von Tensoren beliebiger Stufe erhält immer so viele Indizes, wie im Produkt *freie Indizes* vorhanden sind. Dazu ein paar Beispiele, deren Symbolschreibweisen zum Teil erst später erklärt werden:

$$a_i = A_{ij}\, b_j\,, \qquad\qquad \underline{a} = \underline{\underline{A}} \cdot \underline{b}\,,$$
$$a_i = b_j\, A_{ji}\,, \qquad\qquad \underline{a} = \underline{b}^{\mathrm{T}} \cdot \underline{\underline{A}}\,,$$
$$c = a_i\, b_i\,, \qquad\qquad c = \underline{a}^{\mathrm{T}} \cdot \underline{b} = \underline{a} \cdot \underline{b}\,,$$
$$a = A_{ij}\, B_{jk}\, C_{ki}\,, \qquad\qquad a = \mathrm{tr}\!\left(\underline{\underline{A}}\,\underline{\underline{B}}\,\underline{\underline{C}}\right),$$
$$A_{ijk} = B_{ijkl}\, c_l\,, \qquad\qquad \underset{3}{\underline{A}} = \underset{4}{\underline{B}} \cdot \underline{c}\,,$$
$$A_{ijkl} = B_{ijkm}\, C_{ml}\,, \qquad\qquad \underset{4}{\underline{A}} = \underset{4}{\underline{B}} \cdot \underline{\underline{C}}\,,$$
$$A_{ij} = B_{ijkl}\, C_{lk}\,, \qquad\qquad \underline{\underline{A}} = \underset{4}{\underline{B}} \cdot\cdot \, \underline{\underline{C}}\,.$$

Alle in diesem Abschnitt vorgestellten Rechenregeln erfüllen die Bedingung, dass das Ergebnis der Verknüpfung der beteiligten Tensoren selbst wieder ein Tensor (wenn auch eventuell einer anderen Stufe) ist. Dies muss so sein, da das Ergebnis einer Rechnung nicht vom Koordinatensystem abhängen darf, in dem die Rechnung durchgeführt wurde. Deshalb muss das Ergebnis, um physikalisch sinnvoll zu sein, selbst ebenfalls die Transformationseigenschaften eines Tensors haben. So ist beispielsweise eine Produktdefinition nach der Formel $c_i = a_i b_i$, bei der also direkt die Komponenten multipliziert werden, nicht sinnvoll, da der Wert von c vom Koordinatensystem abhängen würde.

14.5 Koordinatentransformationen

Wie am Anfang des Kapitels schon erwähnt, verändert eine Koordinatentransformation einen Tensor nicht, wohl aber seine Komponenten, so dass zwar für den Tensor selbst $\underline{\underline{A}}^{(x_i)} = \underline{\underline{A}}^{(x_{i'})}$ gilt für die Komponenten jedoch $A_{ij} \neq A_{i'j'}$, wobei der hochgestellte Index hier das Koordinatensystem angibt. Zur Transformation von einem Koordinatensystem in ein anderes muss also die Komponentenmatrix entsprechend geändert werden. Der Zusammenhang zwischen der Darstellung im alten und neuen Koordinatensystem kann dabei mathematisch über eine Matrix, die sogenannte *Transformationsmatrix* $(g_{i'i})$, hergestellt werden. Dabei wird jeder Index mit dieser Matrix multipliziert. Dabei ist zu beachten, dass i und i' unterschiedliche Indizes sind, über die nicht summiert wird. Ein Tensor 1. Stufe (Vektor) wird folgendermaßen transformiert:

$$a_{i'} = g_{i'i}\, a_i\,, \tag{14.4}$$

ein Tensor 2. Stufe so:

$$A_{i'j'} = g_{i'i}\, g_{j'j}\, A_{ij}\,. \tag{14.5}$$

Um diese Transformation in die Symbolschreibweise umzusetzen, muss sie, damit gleiche Indizes nebeneinander stehen, etwas umgeschrieben werden. Dazu ist es notwendig, die beiden Indizes zu vertauschen, eine Operation, die als *Transponieren* bezeichnet und durch ein »$^\mathrm{T}$« gekennzeichnet wird. Es gilt also

$$A_{ij}^{\mathrm{T}} = A_{ji}\,.$$

Damit ergibt sich für die Transformation

$$(A_{i'j'}) = (g_{i'i})\,(A_{ij})\,(g_{j'j})^{\mathrm{T}}\,.$$

Die Komponenten $g_{i'i}$ der Transformationsmatrix $\underline{\underline{g}} = (g_{i'i})$ lassen sich mit Hilfe der Basisvektoren $\underline{g}^{(i)}$ und $\underline{g}^{(i')}$ des ungestrichenen und des gestrichenen Koordinatensystems leicht berechnen. Jede ihrer Komponenten ergibt sich aus dem Skalarprodukt der entsprechend indizierten Basisvektoren:

$$g_{i'i} = \underline{g}^{(i')} \cdot \underline{g}^{(i)}\,. \tag{14.6}$$

Dabei müssen alle Basisvektoren im selben Koordinatensystem angegeben werden.

Das lässt sich am besten an einem einfachen Beispiel erläutern. Es wird wieder das zweidimensionale System aus Abschnitt 14.1 betrachtet. Das ungestrichene Koordinatensystem hat entsprechend Bild 14.1 die Basisvektoren

$$\underline{g}^{(1)} = \begin{pmatrix} 1 \\ 0 \end{pmatrix} \qquad \text{und} \qquad \underline{g}^{(2)} = \begin{pmatrix} 0 \\ 1 \end{pmatrix},$$

die Basisvektoren des gestrichenen, *angegeben im ungestrichenen System,* sind

$$\underline{g}^{(1')} = \begin{pmatrix} \sqrt{2}/2 \\ \sqrt{2}/2 \end{pmatrix} \qquad \text{und} \qquad \underline{g}^{(2')} = \begin{pmatrix} -\sqrt{2}/2 \\ \sqrt{2}/2 \end{pmatrix}.$$

Mit Hilfe von Gleichung (14.6) ergibt sich die Transformationsmatrix damit zu

$$(g_{i'i}) = \begin{pmatrix} \sqrt{2}/2 & \sqrt{2}/2 \\ -\sqrt{2}/2 & \sqrt{2}/2 \end{pmatrix}.$$

Führt man nun die Koordinatentransformation für $\underline{a}$ mit $(a_i) = \begin{pmatrix} 1 & 2 \end{pmatrix}^{\mathrm{T}}$ durch, so ergibt sich

$$(a_{i'}) = (g_{i'i})(a_i) = \begin{pmatrix} \sqrt{2}/2 & \sqrt{2}/2 \\ -\sqrt{2}/2 & \sqrt{2}/2 \end{pmatrix} \begin{pmatrix} 1 \\ 2 \end{pmatrix} = \begin{pmatrix} 3\sqrt{2}/2 \\ \sqrt{2}/2 \end{pmatrix} \, .$$

14.6 Wichtige Konstanten und Tensoroperationen

In diesem Abschnitt werden wichtige Rechenvorschriften und Konstanten zusammengefasst.

Das *Kronecker-Delta* δ_{ij} stellt einen Tensor mit invarianten Komponenten dar, d. h., es ändert bei beliebigen Koordinatenrotationen seine Komponenten nicht. Es ist definiert als

$$\delta_{ij} = \begin{cases} 1 & \text{für } i = j, \\ 0 & \text{für } i \neq j. \end{cases} \tag{14.7}$$

In der Komponentenschreibweise entspricht das Kronecker-Delta dem *Einheitstensor:*

$$(\delta_{ij}) = \underline{\underline{1}} = \begin{pmatrix} 1 & 0 & 0 \\ 0 & 1 & 0 \\ 0 & 0 & 1 \end{pmatrix} \, .$$

Ein Tensor beliebiger Stufe wird *transponiert,* indem die Reihenfolge der Indizes vertauscht wird:

$$(C_{ijkl})^{\mathrm{T}} = (C_{lkji}) \, .$$

Bei einem Tensor 2. Stufe entspricht das dem Vertauschen von Zeilen und Spalten.

Die *Spur* eines Tensors 2. Stufe entspricht der Summe der Hauptdiagonalelemente. Sie wird mit tr für engl. *trace* bezeichnet:

$$\operatorname{tr}\underline{\underline{A}} = A_{ii} = A_{11} + A_{22} + A_{33} \, . \tag{14.8}$$

Die *Determinante* $\det\underline{\underline{A}}$ eines Tensors 2. Stufe entspricht der Determinante der Matrixdarstellung ihrer Komponenten. Für den dreidimensionalen Raum gilt

$$\begin{aligned} \det\underline{\underline{A}} = \ & A_{11}A_{22}A_{33} + A_{12}A_{23}A_{31} + A_{13}A_{21}A_{32} \\ & - A_{11}A_{23}A_{32} - A_{12}A_{21}A_{33} - A_{13}A_{22}A_{31} \, . \end{aligned}$$

Die positiven Produkte werden aus den nach rechts abfallenden Diagonalen der Matrixdarstellung gebildet, die negativen aus den nach rechts ansteigenden.[2]

---

2 Diese einfache Regel gilt allerdings nur für den dreidimensionalen Raum.

14.7 Invarianten

Jede Darstellung eines Tensor zeichnet sich durch spezielle Eigenschaften aus, die durch eine Koordinatentransformation nicht verändert werden. So besitzt z. B. ein Vektor eine Länge, die sich auch durch eine Koordinatentransformation nicht ändert. Sie berechnet sich aus dem Skalarprodukt des Vektors mit sich selbst:

$$|\underline{a}|^2 = a_1^2 + a_2^2 + a_3^2 = a_{1'}^2 + a_{2'}^2 + a_{3'}^2 \, ,$$

oder in der Indexschreibweise

$$|\underline{a}|^2 = a_i \, a_i = a_{i'} \, a_{i'} \, . \tag{14.9}$$

Da $|\underline{a}|$ durch ein Skalarprodukt definiert ist, ändert sich sein Wert durch Koordinatentransformationen nicht. Die Länge eines Vektors wird deshalb auch als die *Invariante* eines Vektors bezeichnet. Wählt man ein geeignetes $x_{i''}$-Koordinatensystem, in dem der Vektor $\underline{a}$ die Komponenten

$$(a_{i''}) = \begin{pmatrix} |\underline{a}| & 0 & 0 \end{pmatrix}^{\mathrm{T}}$$

besitzt, so ist der Vektor allein durch Angabe seiner Länge und des Koordinatensystems eindeutig bestimmt.

Wie ein Vektor haben Tensoren jeder Stufe Invarianten, also Kenngrößen, die sich bei keiner Koordinatentransformation ändern. Ein Tensor 2. Stufe besitzt drei Invarianten, die als *Eigenwerte* $\lambda^{(k)}$ bezeichnet werden. Sie ergeben sich für den Tensor (A_{ij}) aus der sogenannten charakteristischen Gleichung

$$\left(A_{ij} - \delta_{ij}\lambda^{(k)} \right) v_j^{(k)} = 0 \tag{14.10}$$

beziehungsweise

$$\left(\underline{\underline{A}} - \underline{\underline{1}}\lambda^{(k)} \right) \underline{v}^{(k)} = \underline{0} \, ,$$

wobei man die triviale Lösung $v_j^{(k)} = 0$ nicht betrachtet. Es ergeben sich immer drei (nicht notwendigerweise verschiedene) Lösungen $\lambda^{(k)}$ mit den zugehörigen *Eigenvektoren* $\underline{v}^{(k)}$. Allgemein sind die so berechneten Eigenwerte und -vektoren leider komplex und somit physikalisch nicht interpretierbar.

Bei symmetrischen Tensoren, für die $A_{ij} = A_{ji}$ gilt und die besonders häufig sind, sind alle Eigenwerte reell, und die Eigenvektoren stehen paarweise senkrecht aufeinander. Dies ist z. B. bei Spannungs- und Dehnungszuständen der Fall, die für klassische Kontinua immer symmetrisch sind. Bei ihnen heißen die Eigenwerte *Hauptspannungen* bzw. *-dehnungen* und die Eigenvektoren *Hauptrichtungen* oder *-achsen*.

Ein symmetrischer Tensor 2. Stufe kann, ähnlich wie ein Vektor, durch die Angabe der Eigenwerte und -vektoren eindeutig beschrieben werden. Dazu wird aus den auf die Länge 1 normierten Eigenvektoren ein $x_{i''}$-Koordinatensystem gebildet, in dem der Tensor eine

Diagonalform annimmt:

$$\underline{g}_{i''} = \underline{v}^{(i'')}\,,$$

$$(A_{i''j''}) = \delta_{\underline{i}''j''}\,\lambda^{(\underline{i}'')} = \begin{pmatrix} \lambda^{(1)} & 0 & 0 \\ 0 & \lambda^{(2)} & 0 \\ 0 & 0 & \lambda^{(3)} \end{pmatrix}\,.$$

In dieser Darstellung enthält die Komponentenmatrix nur noch Hauptdiagonalelemente. Sie heißt dann *Hauptachsenform*.

Aus den Eigenwerten lässt sich durch ihre Kombination eine andere Darstellung von Invarianten bilden, die als *Grundinvarianten* J_k bezeichnet werden:

$$J_1 = \lambda^{(1)} + \lambda^{(2)} + \lambda^{(3)}\,,$$
$$J_2 = \lambda^{(1)}\lambda^{(2)} + \lambda^{(1)}\lambda^{(3)} + \lambda^{(2)}\lambda^{(3)}\,,$$
$$J_3 = \lambda^{(1)}\lambda^{(2)}\lambda^{(3)}\,.$$

Direkt für den Tensor angegeben lauten sie:

$$J_1 = A_{ii} \qquad\qquad\quad = \operatorname{tr}\underline{\underline{A}}\,,$$
$$J_2 = \frac{1}{2}\left[A_{ii}\,A_{jj} - A_{ij}\,A_{ji}\right] \quad = \frac{1}{2}\left[(\operatorname{tr}\underline{\underline{A}})^2 - \operatorname{tr}(\underline{\underline{A}}\,\underline{\underline{A}}^{\mathrm{T}})\right]\,,$$
$$J_3 = \det(A_{ij}) \qquad\qquad\; = \det\underline{\underline{A}}\,.$$

Die Grundinvarianten sind im Zusammenhang mit dem Fließbeginn von Materialien wichtig und werden in Abschnitt 3.3.1 verwendet.

14.8 Ableitungen von Tensorfeldern

Physikalische Größen sind häufig nicht durch einen einzigen Tensor definiert, sondern dadurch, dass jedem Punkt des Raums ein Wert eines Tensors zugeordnet wird. Beispiele hierfür sind ein Temperaturfeld (Skalarfeld), bei dem an jedem Punkt des Raums ein Wert der Temperatur angegeben wird, ein Geschwindigkeitsfeld in einer Strömung (Vektorfeld), bei dem an jedem Raumpunkt angegeben wird, wohin die Strömung fließt, oder ein Spannungsfeld in einem Material (Tensorfeld 2. Stufe), bei dem jedem Raumpunkt ein Wert des Spannungstensors zugeordnet ist.

Da sich der Wert solcher Felder von Raumpunkt zu Raumpunkt ändert, ist es möglich, sie nach verschiedenen Raumrichtungen abzuleiten. Die Ableitung eines skalaren Felds $f(\underline{x})$ nach $\underline{x}$ ist ein Vektor und berechnet sich zu

$$\frac{\partial f(\underline{x})}{\partial \underline{x}} = \begin{pmatrix} \partial f(\underline{x})/\partial x_1 \\ \partial f(\underline{x})/\partial x_2 \\ \partial f(\underline{x})/\partial x_3 \end{pmatrix}\,.$$

Dabei gibt die jeweilige Komponente an, wie stark sich das Skalarfeld in der jeweiligen

Raumrichtung ändert. Das so berechnete Vektorfeld wird als *Gradient* von f bezeichnet.

In ähnlicher Weise kann auch der Gradient eines Vektorfelds $\underline{v}(\underline{x})$ berechnet werden. Dieser gibt an, wie sich das Vektorfeld in jeder Raumrichtung ändert, und ist deshalb ein Tensorfeld. Die entsprechende Rechenvorschrift formuliert sich am einfachsten in Komponentenschreibweise:

$$\left(\frac{\partial \underline{v}(\underline{x})}{\partial \underline{x}} \right)_{ij} = \frac{\partial v_j}{\partial x_i} .$$

Dabei ist zu beachten, dass auf der rechten Seite der erste Index i im Nenner, nicht im Zähler, steht. Auf die gleiche Weise können Tensoren höherer Stufe nach einem Vektor abgeleitet werden, wobei der Index des Nenners immer der erste Index ist.

Gelegentlich müssen Tensorfelder auch nach skalaren Größen abgeleitet werden, von denen sie abhängen. Dies geschieht dadurch, dass jede Komponente für sich abgeleitet wird. Die Stufe des Tensors ändert sich dabei nicht, also z. B.

$$\frac{\mathrm{d}\underline{v}(\alpha)}{\mathrm{d}\alpha} = \left(\begin{array}{ccc} \dfrac{\mathrm{d}v_1(\alpha)}{\mathrm{d}\alpha} & \dfrac{\mathrm{d}v_2(\alpha)}{\mathrm{d}\alpha} & \dfrac{\mathrm{d}v_3(\alpha)}{\mathrm{d}\alpha} \end{array} \right)^{\mathrm{T}} .$$

15   Millersche und miller-bravaissche Indizes

Häufig ist es notwendig, Richtungen bzw. Ebenen im Kristallgitter anzugeben. Es ist dabei zweckmäßig, dies in einem kristallographischen Koordinatensystem zu tun, dessen Achsen parallel zu den Kanten der gewählten Elementarzelle liegen. Alle parallelen Richtungen bzw. Ebenen sind in einem Kristall gleichwertig, so dass der Ursprung des Richtungsvektors oder der Ebene nicht spezifiziert werden muss.

15.1   Millersche Indizes

Um Richtungen oder Ebenen in einem Kristall angeben zu können, wird der Ursprung des kristallographische Koordinatensystem in einen Gitterpunkt gelegt und die Achsen werden so skaliert, dass die Länge jeder Einheitszellenkante Eins beträgt. Für nicht-kubische Gitter ergibt sich ein nicht-kartesisches Koordinatensystem.

Eine Richtung wird im System der *millerschen Indizes* dadurch beschrieben, dass man sie als Gerade durch den Ursprung des Koordinatensystems laufen lässt. Die sie beschreibenden Koordinaten werden als *Indizes* bezeichnet und in eckigen Klammern angegeben: $[hkl]$. Sie ergeben sich aus ihrem dem Schnittpunkt der Geraden mit einem weiteren Gitterpunkt, wie beispielsweise $[112]$ in Bild 15.1 a. Eventuelle negative Werte werden durch einen Strich über der entsprechenden Koordinate gekennzeichnet, z. B. $[1\bar{1}0]$. Ist nicht eine bestimmte Richtung gemeint, sondern alle kristallographisch gleichwertigen, so wird ihre Indizierung in spitzen Klammern angegeben: $\langle hkl \rangle$. Kristallographisch gleichwertige Richtungen sind alle diejenigen Richtungen, die innerhalb der Kristallsymmetrie vergleichbar sind. So sind beispielsweise in einem kubischen Kristall alle Raumdiagonalen ($[111]$, $[\bar{1}11]$, $[1\bar{1}1]$, $[1\bar{1}1]$) gleichwertig.

Eine Ebene wird ebenfalls durch drei Zahlenwerte beschrieben. Sie werden dadurch bestimmt, dass man den Ursprung des Koordinatensystems so legt, dass er in beliebiger Weise nicht in der Ebene liegt. Die Schnittpunkte m, n und p mit den Koordinatenachsen werden bestimmt, wie in Bild 15.1 b skizziert (hier: $m = 1$, $n = 1$, $p = 2$). Ist die Ebene parallel zu einer der Koordinatenachsen, so wird der Schnittpunkt im Unendlichen angenommen. Nun werden die Kehrwerte der Schnittpunkte genommen: $\tilde{h} = m^{-1}$, $\tilde{k} = n^{-1}$, $\tilde{l} = p^{-1}$ (hier: $\tilde{h} = 1$, $\tilde{k} = 1$, $\tilde{l} = 0{,}5$). Daraus wird das kleinste ganzzahlige Tripel $h : k : l$ bestimmt, das das gleiche Verhältnis wie $\tilde{h} : \tilde{k} : \tilde{l}$ besitzt. Dieses Tripel stellt die Indizierung der Ebene dar, die in runden Klammern geschrieben wird: (hkl), im Beispiel (221). Ist die Gesamtheit aller gleichwertigen Ebenen gemeint, so werden geschweifte Klammern verwendet: $\{hkl\}$. Im Falle eines kubischen Gitters entspricht die Indizierung der Ebene ihrer Ebenennormalen.

15.2   Miller-bravaissche Indizes

Für hexagonale Kristalle, die in der Basisebene eine 120°-Symmetrie aufweisen, wird das *miller-bravaissche* System verwendet, bei dem das Koordinatensystem vier Achsen be-

© Springer Fachmedien Wiesbaden GmbH, ein Teil von Springer Nature 2019
J. Rösler et al., *Mechanisches Verhalten der Werkstoffe*, https://doi.org/10.1007/978-3-658-26802-2

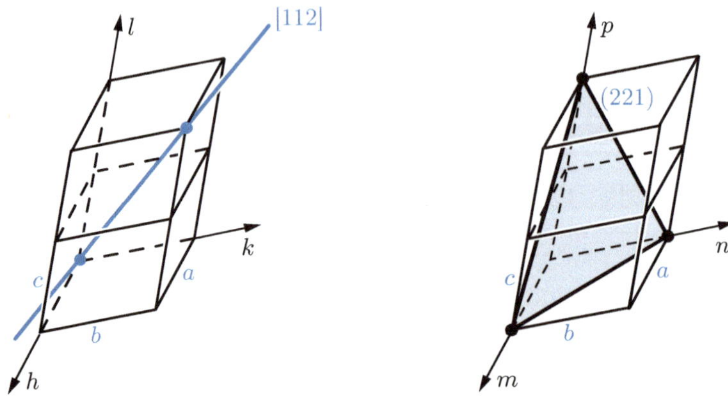

a: Für eine Richtung　　　　　b: Für eine Ebene

Bild 15.1: Bestimmung der millerschen Indizes

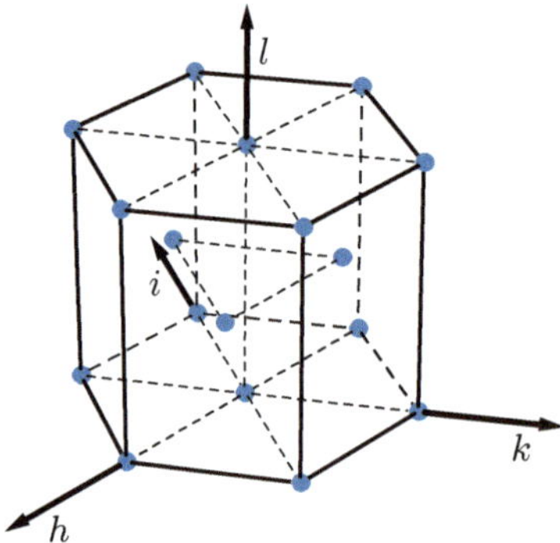

Bild 15.2: Koordinatensystem für miller-bravaissche Indizes

sitzt: Drei gleichwertige unter jeweils 120° in der Basisebene und eine senkrecht zu dieser: $[hkil]$ (Bild 15.2). Dadurch spiegelt sich die Symmetrie auch in den Koordinatenangaben wider. Für die ersten drei Koordinaten gilt stets die Nebenbedingung

$$h + k + i = 0.\tag{15.1}$$

Bis auf die Wahl des Koordinatensystems läuft die Indizierung der Richtungen und Ebenen wie bei den millerschen Indizes ab. Allerdings entspricht hier die Ebenennormale *nicht* den Indizes einer Ebene.

16 Thermodynamische Grundlagen

In diesem Kapitel sollen zwei thermodynamische Konzepte erläutert werden, die in diesem Buch an verschiedener Stelle verwendet werden, nämlich zum einen die thermische Aktivierung von Prozessen und zum anderen der Begriff der freien Energie bzw. Enthalpie. Eine ausführliche Erläuterung der Thermodynamik findet sich beispielsweise in *Reif* [127].

16.1 Thermische Aktivierung

Gesucht ist die Wahrscheinlichkeit, dass in einem System ein Prozess stattfindet, der eine Energie ΔE benötigt. Diese Energie soll das System aus seiner Wärmeenergie beziehen. Besitzt das System eine Temperatur oberhalb des absoluten Nullpunkts, so befinden sich seine Bestandteile (beispielsweise die Atome, aus denen es sich zusammensetzt) in ständiger regelloser Bewegung, der sogenannten *brownschen Molekularbewegung*. Etwas vereinfacht kann man sich die thermische Aktivierung eines Prozesses so vorstellen, dass es immer eine gewisse Wahrscheinlichkeit gibt, dass die zufälligen Bewegungen vieler Atome sich so addieren, dass der jeweilige Prozess ermöglicht wird. Dies macht klar, dass die Wahrscheinlichkeit für die thermische Aktivierung um so höher sein wird, je höher die Temperatur ist.

Um die thermische Aktivierung im Detail zu verstehen, benötigt man ein grundlegendes Prinzip der Thermodynamik. Kann ein System eine Reihe verschiedener Zustände $\mathcal{Z}_1$, $\mathcal{Z}_2, \ldots$ mit Energien E_1, $E_2, \ldots$ annehmen, und ist es im thermischen Gleichgewicht, so besagt das *Boltzmann-Gesetz* der Thermodynamik, dass die Wahrscheinlichkeit $P(\mathcal{Z}_i)$, das System im Zustand $\mathcal{Z}_i$ anzutreffen, durch

$$P(\mathcal{Z}_i) \sim \exp\left(-\frac{E_i}{kT}\right) \tag{16.1}$$

gegeben ist. Dabei ist T die Temperatur des Systems und k die sogenannte *Boltzmann-Konstante* ($k = 1{,}38 \cdot 10^{-23}\,\mathrm{J/K}$). Die Proportionalitätskonstante kann dadurch ermittelt werden, dass die Summe über alle Wahrscheinlichkeiten im System 1 sein muss.

Daraus ergibt sich die Wahrscheinlichkeit, dass das System von einem Zustand in einen anderen Zustand mit einer um ΔE höheren Energie durch thermische Aktivierung übergeht, zu

$$P(\Delta E) \sim \exp\left(-\frac{\Delta E}{kT}\right) . \tag{16.2}$$

Als Beispiel soll mit dieser Formel die Leerstellendichte in einem metallischen Kristall abgeschätzt werden. Wenn eine Leerstelle im Inneren des Kristalls gebildet wird, so sind einige Bindungen der Nachbaratome nicht abgesättigt, wodurch sich die Energie des

Systems erhöht. Ein typischer Wert für die Energie, die notwendig ist, um die Leerstelle zu bilden, ist $\Delta E \approx 10^{-19}$ J. Setzt man Zahlenwerte in Gleichung (16.2) ein,[1] so erhält man für die Wahrscheinlichkeit, dass sich an einem Gitterplatz eine Leerstelle befindet, bei 0 °C einen Wert von etwa $3 \cdot 10^{-12}$, bei 500 °C ergibt sich 10^{-4}. Die Leerstellendichte entspricht aufgrund der großen Anzahl von Atomen in einem Kristall dieser Wahrscheinlichkeit. Sie steigt also mit der Temperatur stark an.

In der Chemie verwendet man häufig eine andere Form des Boltzmann-Gesetzes, bei der statt der Boltzmann-Konstante die sogenannte *allgemeine Gaskonstante* verwendet wird, die den Wert $R = 8{,}314$ J/mol K hat, also auf ein Mol bezogen ist. In diesem Fall muss auch die Energie in den Gleichungen (16.1) und (16.2) als Energie pro Mol angegeben werden. Die Formel ist dann so zu interpretieren, dass man nach der Wahrscheinlichkeit fragt, dass der betrachtete Prozess nicht einmal, sondern in einem System mit einem Mol Atomen oder Molekülen $6{,}022 \cdot 10^{23}$ mal abläuft. Die Aktivierungsenergie für den Atomtransport an eine Oberfläche im obigen Beispiel ist damit 60 kJ/mol.

16.2   Freie Energie und freie Enthalpie

Die Thermodynamik beruht auf zwei wichtigen Prinzipien, den sogenannten *Hauptsätzen der Thermodynamik*. Sie lauten:

Erster Hauptsatz
   Die Energie U eines abgeschlossenen Systems ist konstant.

Zweiter Hauptsatz
   Die *Entropie* S eines abgeschlossenen Systems nimmt im Gleichgewichtszustand ihren Maximalwert an.

Unter einem abgeschlossenen System verstehen wir dabei ein System mit konstantem Volumen, das weder Teilchen noch Wärme mit der Umgebung austauschen kann. Die Aussage des ersten Hauptsatzes ist dabei die bereits aus der Mechanik vertraute Energieerhaltung.

Um den zweiten Hauptsatz verstehen zu können, muss man sich kurz über den Begriff der *Entropie* Gedanken machen. Die Entropie eines Systems misst die Wahrscheinlichkeit dafür, dass ein System sich in einem bestimmten makroskopischen Zustand befindet. In einem System, das von der Umwelt abgeschlossen ist und somit eine konstante Energie besitzt, sind alle mikroskopischen Zustände nach dem Boltzmann-Gesetz genau gleich wahrscheinlich. Man wird also bei einer makroskopischen Beobachtung denjenigen Zustand am häufigsten antreffen, der auf möglichst viele verschiedene Weisen durch mikroskopische Zustände erzeugt werden kann. Deshalb ist es sehr unwahrscheinlich, dass sich alle Gasmoleküle in einem Behälter plötzlich in einer Ecke ansammeln und im Rest des Behälters ein Vakuum erzeugen. Der Prozess ist zwar nicht unmöglich, aber es gibt nur sehr wenige Möglichkeiten, die Gasmoleküle alle in einer Ecke anzuordnen, verglichen

---

mit der Zahl der Möglichkeiten, sie über das gesamte Volumen des Behälters zu verteilen. Vereinfachend wird deshalb häufig gesagt, die Entropie messe die Unordnung in einem System, weil ein geordneter Zustand nur auf vergleichsweise wenige Weisen herbeigeführt werden kann.

Diese Überlegungen galten für ein abgeschlossenes System. In der Praxis hat man es meist mit Systemen zu tun, die im thermischen Kontakt mit der Umgebung stehen. Nach den Überlegungen des vorherigen Abschnitts ist die Wahrscheinlichkeit dafür, dass sich ein System im thermodynamischen Gleichgewicht bei einer Temperatur T in einem bestimmten Zustand $\mathcal{Z}_i$ befindet, durch den Boltzmann-Faktor aus Gleichung (16.1) bestimmt. Der wahrscheinlichste Zustand ist demnach der mit der niedrigsten Energie, und je höher die Energie eines Zustands ist, desto unwahrscheinlicher ist es, das System in diesem Zustand anzutreffen.

Diese Aussage scheint der alltäglichen Erfahrung zu widersprechen: Betrachtet man etwa die Gasmoleküle in einem Behälter bei einer bestimmten Temperatur, so scheint sie zu implizieren, dass es am wahrscheinlichsten ist, dass sich alle Gasmoleküle am Boden des Behälters sammeln, was ihre potentielle Energie minimieren würde, und dass sie dort alle in Ruhe sind, weil so auch ihre kinetische Energie minimiert wird. Dies wird jedoch nicht beobachtet.

Dieser scheinbare Widerspruch kann aufgelöst werden, wenn man sich überlegt, wie viele verschiedene Zustände die Gasmoleküle einnehmen können, um einen bestimmten *makroskopischen* Zustand zu erzeugen. Es gibt nur wenige Möglichkeiten, den oben beschriebenen Zustand niedrigster Energie zu erzeugen, aber sehr viele Möglichkeiten, die Gasmoleküle regellos im Inneren des Behälters zu verteilen. Deshalb beobachtet man in der Realität die regellose Verteilung der Moleküle mit nahezu absoluter Sicherheit.

Ein einfaches Beispiel soll diese Unterscheidung weiter verdeutlichen: Ein Würfel wurde so manipuliert, dass er die Zahl 6 mit einer Wahrscheinlichkeit von 25 % anzeigt, jede andere Zahl mit einer Wahrscheinlichkeit von nur 15 %. Führt man zehn Würfe hintereinander durch, so ist die Wahrscheinlichkeit, dass zehn Mal eine 6 geworfen wurde, größer als die Wahrscheinlichkeit jeder anderen, genau festgelegten, Abfolge von Zahlen. Dennoch ist die Wahrscheinlichkeit hierfür mit $(1/4)^{10} \approx 10^{-6}$ nur eins zu einer Million, denn es gibt nur eine Möglichkeit, zehn Mal die Sechs zu würfeln, aber bereits 50 Möglichkeiten, neun Mal eine Sechs in Kombination mit einer anderen Zahl zu würfeln.

Betrachtet man ein System $\mathcal{S}$ bei einer bestimmten Temperatur, bringt es also in Kontakt mit einem Wärmebad $\mathcal{W}$, so kann es mit diesem Energie austauschen. Die Entropie wird nach wie vor für das Gesamtsystem maximiert, also für das System $\mathcal{S}$ und das Wärmebad $\mathcal{W}$ gemeinsam. In diesem Fall wird nicht mehr unbedingt die Entropie von $\mathcal{S}$ selbst maximiert, denn das Gesamtsystem kann seine Gesamtentropie eventuell durch einen Prozess erhöhen, der die Entropie in $\mathcal{S}$ verringert, diejenige in $\mathcal{W}$ aber um einen größeren Betrag vergrößert.

Um das System $\mathcal{S}$ beschreiben zu können, führt man eine neue Größe ein, die die *freie Energie F* genannt wird. Sie ist definiert als

$$F = U - TS \,, \tag{16.3}$$

wobei U die *innere Energie* des Systems $\mathcal{S}$ und S seine Entropie sind. F wird in einem System im Kontakt mit einem Wärmebad minimiert (nicht maximiert, da die Entropie negativ eingeht).

Kann das System zusätzlich auch noch sein Volumen ändern, weil es sich unter einem konstanten Druck p befindet,[2] so kann sich seine innere Energie auch dadurch ändern, dass das System sein Volumen V gegen den äußeren Druck vergrößert oder verkleinert. In diesem Fall tritt an die Stelle der freien Energie die *freie Enthalpie G*:

$$G = U - TS + pV \,. \tag{16.4}$$

In einem System bei konstantem Druck und konstanter Temperatur wird die freie Enthalpie minimiert. Untersucht man also die Frage, ob ein bestimmter Prozess unter diesen Bedingungen ablaufen wird, so muss man die Änderung der freien Enthalpie untersuchen: Verringert sie sich, so kann der Prozess ablaufen. Ein Beispiel hierfür ist die Untersuchung der Keimbildung in Abschnitt 6.4.3. In Festkörpern spielt die Unterscheidung zwischen freier Energie und freier Enthalpie meist keine große Rolle, da die Volumenänderung bei einer Änderung des Druckes klein ist.[3]

16.3   Phasenübergänge und Phasendiagramme

Wie im vorherigen Abschnitt erläutert, minimiert ein System mit konstantem Volumen in Kontakt mit einem Wärmebad (d.h. bei konstanter Temperatur) seine freie Energie. Bei niedrigen Temperaturen ist der Einfluss der Entropie nach Gleichung (16.3) klein, so dass das System dazu tendiert, seine Energie zu minimieren. Bei höheren Temperaturen wird dagegen der Einfluss der Entropie immer wichtiger, so dass das System sich nicht mehr im energetisch günstigsten Zustand befindet. Diese Temperaturabhängigkeit des Systemzustands ist der Grund für das Auftreten von Phasenübergängen, wie nun gezeigt werden soll.

Betrachten wir als Beispiel ein Metall. Bei niedrigen Temperaturen liegt dieses als Kristall vor, da die kristalline Anordnung die Energie minimiert, indem sie für eine starke Bindung zwischen den Metallatomen sorgt (siehe Abschnitt 1.2). Die Entropie eines Kristalls ist wegen der vorliegenden Fernordnung jedoch sehr gering, da die Position aller Atome innerhalb des Kristalls festgelegt ist. Im flüssigen Zustand sind die Metallatome dagegen weniger stark gebunden, d.h., die Energie U des Systems ist größer. Dafür ist aber auch die Entropie größer, da die Atome keine Fernordnung mehr besitzen, sondern sich durcheinander bewegen können.

Bild 16.1 zeigt schematisch die Kurven der freien Energie für den flüssigen und festen Zustand eines Materials. Nach Gleichung (16.3) hängen beide linear von der Temperatur ab[4], so dass sich die beiden Geraden bei einem bestimmten Wert der Temperatur schneiden. Unterhalb dieser Temperatur ist der kristalline Zustand derjenige mit der niedrigsten freien Energie, oberhalb dieser Temperatur ist es der flüssige Zustand. Erwärmt man das

---

2 Dabei entspricht der Druck p der negativen hydrostatischen Spannung σ_m, ist also unter Zugspannung negativ.

3 Sie ist aber entscheidend für die in Abschnitt 7.5.4 diskutierte Umwandlungsverstärkung von Keramiken.

4 Dabei ist vereinfachend angenommen worden, dass die innere Energie und die Entropie selbst keine weitere Temperaturabhängigkeit besitzen.

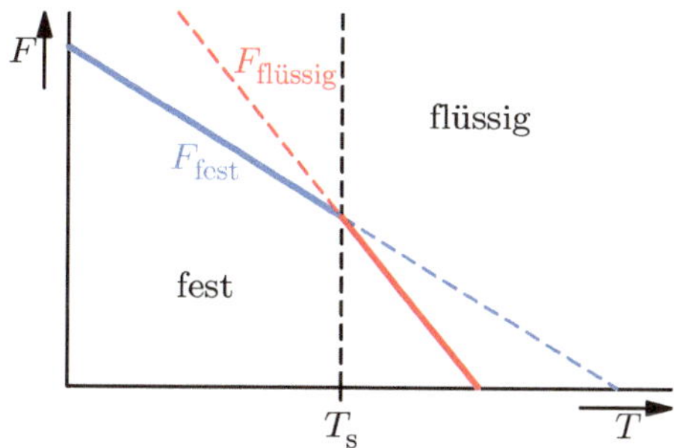

Bild 16.1: Freie Energie im flüssigen und festen Zustand als Funktion der Temperatur.

System also über diese Temperatur, so wird es einen *Phasenübergang* vom festen in den flüssigen Zustand geben. Daraus folgt, dass diese Temperatur die Schmelztemperatur ist.

Im Allgemeinen findet ein Phasenübergang jedoch nicht exakt bei der so bestimmten Übergangstemperatur statt. Direkt oberhalb der Schmelztemperatur ist die Verringerung der freien Energie, die durch die Phasenumwandlung erreicht werden kann, sehr gering. Hinzu kommt, dass zur Bildung einer flüssigen Phase innerhalb des Festkörpers eine zusätzliche Energie nötig ist, da die Grenzfläche zwischen flüssiger und fester Phase energetisch ungünstig ist. Es ist deshalb möglich, ein Material über seine Schmelztemperatur zu erwärmen, ohne dass der Phasenübergang stattfindet. Erst wenn der Gewinn an freier Energie groß genug ist, um die zusätzlich aufzubringende Grenzflächenenergie zu kompensieren, wird der Phasenübergang tatsächlich stattfinden. Lediglich bei unendlich langsamer Führung des Prozesses wird der Phasenübergang genau an der Übergangstemperatur stattfinden, da es immer eine gewisse Wahrscheinlichkeit dafür gibt, dass die zusätzliche Grenzflächenenergie durch thermische Fluktuationen aufgebracht wird.

Betrachtet man anstelle einer reinen Substanz eine Legierung, so kompliziert sich die Situation. Je nach Löslichkeit der Legierungselemente kann das System seine freie Energie verringern, indem die beiden Komponenten sich entweder miteinander mischen oder zwei getrennte Phasen ausbilden. Betrachten wir zunächst ein System aus zwei Atomsorten A und B, das vollständig im festen Zustand vorliegt. Die Entropie des Systems ist dann am größten, wenn die beiden Atomsorten als Mischkristall vorliegen, da eine Trennung in zwei Phasen die Anzahl der Möglichkeiten, die Atome anzuordnen, verringert. Bei genügend hohen Temperaturen erwartet man deshalb auf jeden Fall eine vollständige Löslichkeit der beiden Elemente ineinander. Bei niedrigen Temperaturen hängt das Systemverhalten von der Stärke der Bindung zwischen den Atomsorten A und B ab: Ist diese stärker als die Bindung zwischen den Atomen A–A und B–B, so ist eine Mischkristallbildung auch bei niedrigen Temperaturen vorteilhaft. Ist sie jedoch schwächer, so ist es energetisch günstiger, bei niedrigen Temperaturen die Phasen zu separieren. Auf diese Weise kommt es zu einer sogenannten *Mischungslücke,* d. h., zu einem Bereich im Phasendiagramm, in dem die Atomsorten nicht vollständig in der jeweils anderen Matrix löslich sind.

Bild 16.2 zeigt ein *Phasendiagramm* eines Systems mit einer Mischungslücke. In einem solchen Diagramm ist auf der horizontalen Achse die Konzentration der Elemente aufgetragen, auf der vertikalen Achse die Temperatur. Innerhalb des Diagramms sind die Be-

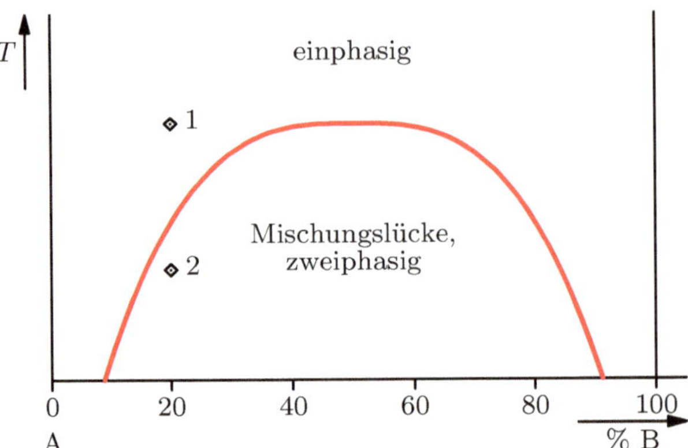

Bild 16.2: Schematisches Phasendiagramm eines Systems mit einer Mischungslücke im festen
Zustand. Bei niedrigen Temperaturen liegen zwei getrennte Phasen vor, bei ho-
hen Temperaturen ein Mischkristall. Bei Punkt 1 liegt die Legierung einphasig als
Mischkristall vor, bei Punkt 2 sind zwei Phasen vorhanden.

reiche verschiedener Phasenzusammensetzung eingetragen, so dass die Zusammensetzung
des Systems als Funktion der Temperatur und der Konzentration der Legierungselemente
abgelesen werden kann. Die Bereiche sind durch Grenzlinien voneinander getrennt, bei
denen ein Phasenübergang stattfindet. In einigen Bereichen des Diagramms liegt nur eine
Phase vor, in anderen zwei.[5] Für alle Phasendiagramme zweikomponentiger Systeme gilt
dabei, dass Einphasengebiete immer an Zweiphasengebiete grenzen, außer an einzelnen
Punkten. Diese Regel ist nützlich für die Analyse komplizierterer Phasendiagramme.

Im Zweiphasengebiet existieren sowohl eine A-reiche als auch eine B-reiche Phase. Die
Konzentration innerhalb der beiden Phasen kann abgelesen werden, indem man ausgehend von dem Punkt, der die Gesamtkonzentration und die Temperatur kennzeichnet,
eine horizontale Linie zieht und dort, wo diese Linie die Phasengrenzen schneidet, die Konzentration der Elemente abliest. Die Mengen der beiden Phasen können ebenfalls ermittelt
werden, da die Gesamtkonzentration der Ausgangskonzentration entsprechen muss. Ist c
die Gesamtkonzentration der B-Atome, c_A die B-Konzentration in der A-reichen Phase
und c_B die B-Konzentration in der B-reichen Phase, so gilt für die Massen m_A und m_B
der A- und B-reichen Phase das *Hebelgesetz*

$$\frac{m_A}{m_A + m_B} = \frac{c_B - c}{c_B - c_A},$$
$$\frac{m_B}{m_A + m_B} = \frac{c - c_A}{c_B - c_A}. \tag{16.5}$$

Kühlt man ein System mit einer Mischungslücke aus dem Hochtemperaturbereich ab,
so kommt es zu einer Separation der Phasen, ähnlich wie beim Übergang zwischen der

---

5 In realen Systemen kommt es auch bei hohen Temperaturen nicht unbedingt zur Mischkristallbildung, da die Schmelztemperatur erreicht werden kann, bevor der Entropiegewinn durch vollständige Löslichkeit eine eventuell notwendige Erhöhung der Energie überwindet.

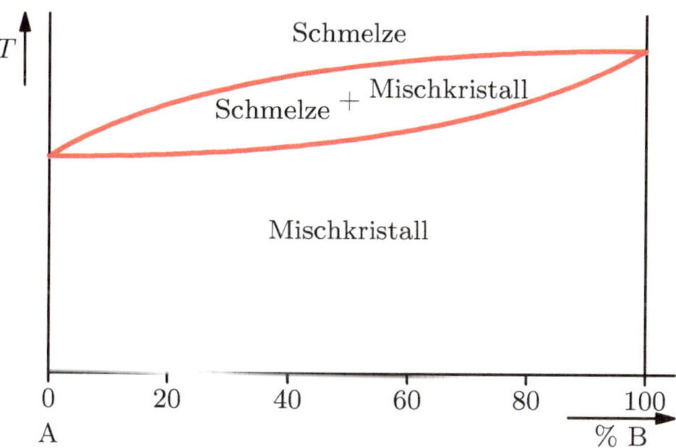

Bild 16.3: Schematisches Phasendiagramm eines zweikomponentigen Systems mit vollständiger Löslichkeit der Komponenten.

festen und der flüssigen Phase. Auch in diesem Fall wird der Übergang nur dann exakt an der im Diagramm eingezeichneten Übergangstemperatur stattfinden, wenn die Abkühlung extrem langsam erfolgt. Zur Separation der beiden Phasen im Festkörper sind Diffusionsprozesse nötig, die bei niedrigen Temperaturen nur sehr langsam ablaufen. Es ist deshalb möglich, ein System mit einer Mischungslücke stark zu unterkühlen, indem man es vom Hochtemperaturbereich so schnell abkühlt, dass keine Diffusion stattfinden kann. Hält man das System schließlich bei niedrigen Temperaturen, wo der Diffusionskoeffizient sehr klein ist, so kann der Systemzustand praktisch stabil sein, obwohl er nicht der thermodynamisch günstigste ist. In diesem Fall spricht man von einem *metastabilen* Zustand.

Wie bereits erläutert, geht ein Festkörper bei hohen Temperaturen in den flüssigen Zustand über. Auch den flüssigen Zustand kann man in ein Phasendiagramm einzeichnen. Als Beispiel zeigt Bild 16.3 das Phasendiagramm einer zweikomponentigen Legierung, bei der beide Komponenten sowohl im flüssigen als auch im festen Zustand vollständig ineinander löslich sind. Bei niedrigen Temperaturen bildet sich ein Mischkristall aus, bei hohen Temperaturen eine Schmelze aus beiden Elementen. Kühlt man die Schmelze ab, so wird ein zweiphasiger Bereich erreicht, in dem sowohl Schmelze als auch feste Bestandteile vorliegen. Entsprechend dem oben erläuterten Hebelgesetz für die Zusammensetzung der beiden Phasen sieht man, dass die erstarrten Bereiche zunächst reicher an dem Material mit der höheren Schmelztemperatur sind, während die Schmelze eine größere Konzentration des niedriger schmelzenden Materials aufweist. Beim weiteren Abkühlen ändert sich die Konzentration von Schmelze und erstarrten Bereichen, bis sich schließlich beim Überschreiten der zweiten Phasengrenzlinie der Mischkristall mit konstanter Konzentration gebildet hat.

Häufig tritt jedoch der Fall ein, dass die Komponenten A und B im festen Zustand nur bedingt ineinander löslich sind. In diesem Fall bildet sich ein komplizierteres Phasendiagramm aus, wie beispielhaft in Bild 16.4 dargestellt. Bei hohen Temperaturen, d. h. im flüssigen Zustand, sind beide Komponenten vollständig ineinander löslich, bei niedrigen Temperaturen ist die Löslichkeit jedoch gering, so dass zwei Phasen vorlie-

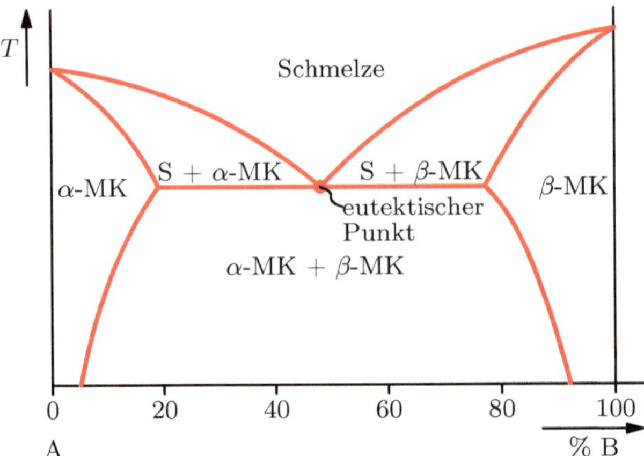

Bild 16.4: Phasendiagramm eines zweikomponentigen Systems mit geringer Löslichkeit der Komponenten.

gen können, nämlich eine A-reiche Phase mit gelösten B-Atomen, die meist als α-*Phase* (bzw. α-Mischkristall, α-MK) bezeichnet wird, und eine B-reiche Phase mit gelösten A-Atomen, die meist β-Phase genannt wird. Der untere Bereich des Phasendiagramms ähnelt Bild 16.2, da auch hier eine Mischungslücke vorliegt, also ein Bereich mit einem Zweiphasengebiet im festen Zustand. Die Mischungslücke endet jedoch bei einer bestimmten Temperatur, da das Material dann zu schmelzen beginnt. Bei höheren Temperaturen entsteht, abhängig von der Konzentration, ein Gemisch aus Schmelze und der α- oder β-Phase. Bei einer bestimmten Konzentration, die als *eutektisch* bezeichnet wird, geht der Mischkristall direkt in die Schmelze über, wird also wie eine reine Substanz bei einer bestimmten Temperatur flüssig. Der entsprechende Punkt im Phasendiagramm, bei dem der Übergang stattfindet, wird als *eutektischer Punkt* bezeichnet. Die zugehörige Temperatur liegt dabei unterhalb der Schmelztemperaturen der beiden einzelnen Komponenten.

Abhängig von den Bindungsenergien zwischen den beteiligten Atomsorten und von der Möglichkeit, zusätzliche Phasen auszubilden, können reale Phasendiagramme wesentlich komplizierter sein als die hier gezeigten einfachen Modelle. Ein Beispiel für ein komplizierteres Phasendiagramm ist das Eisen-Kohlenstoff-Diagramm in Bild 6.52.

17   Das J-Integral

In diesem Abschnitt soll das J-Integral, das in Kapitel 5 eingeführt wurde, hergeleitet und näher erläutert werden. Die Herleitung beginnt dabei mit Konzepten aus der Vektor-Analysis. Sie orientiert sich an *Gross / Seelig* [59] und *Rice* [129].

17.1   Unstetigkeiten, Singularitäten und der gaußsche Integralsatz

Der *gaußsche Integralsatz* stellt einen Zusammenhang zwischen dem Oberflächen- und dem Volumenintegral über eine vektorwertige Funktion $\underline{F}(\underline{x})$ her:

$$\iiint\limits_{V} \left(\underline{\nabla} \cdot \underline{F}(\underline{x}) \right) \mathrm{d}\underline{x} = \iint\limits_{S} \underline{F}(\underline{x}) \cdot \underline{n} \, \mathrm{d}S \,. \tag{17.1}$$

Dabei sind V das betrachtete Volumen mit Oberfläche S und $\underline{n}$ der *Normalenvektor* auf dieser Oberfläche.

Der gaußsche Satz besitzt auch eine anschauliche Interpretation: Ein Vektorfeld $\underline{F}(\underline{x})$ kann man sich als aus Flusslinien bestehend vorstellen, die den ganzen Raum erfüllen, wie in Bild 17.1 skizziert. Die *Divergenz* $\underline{\nabla} \cdot \underline{F}(\underline{x})$ eines Vektorfelds misst die Quellstärke des Felds. Ist die Divergenz in einem Raumbereich Null, so führen genau so viele Flusslinien in dieses Gebiet hinein wie hinaus (Raumbereich 1 in Bild 17.1). Ist dies im gesamten Raum der Fall, beginnen und enden die Flusslinien nicht, d. h. sie sind geschlossen. Ist die Divergenz ungleich Null, so entstehen an diesem Punkt Flusslinien (man spricht von einer Quelle) oder sie enden dort (eine Senke, Raumbereich 2 in Bild 17.1). Der gaußsche Satz sagt genau dies aus: Das Volumenintegral misst die gesamte Quellstärke im Volumen V, das Oberflächenintegral misst, wie viele Flusslinien hinein- und hinausführen. Der Normalenvektor im Oberflächenintegral sorgt dafür, dass hinein- und hinausführende Flusslinien mit entgegengesetztem Vorzeichen in das Integral eingehen.

Der gaußsche Satz gilt allerdings nicht immer, sondern nur, wenn die Funktion $\underline{F}(\underline{x})$ stetig differenzierbar und ihre Ableitung ebenfalls stetig ist. Hat die Funktion hingegen im betrachteten Bereich eine Singularität (d. h. geht ihr Wert gegen unendlich), so kann der gaußsche Satz nicht angewendet werden, d. h., die linke und die rechte Seite von Gleichung (17.1) sind nicht mehr identisch.

Diese Tatsache kann man sich zunutze machen, indem man den gaußschen Satz verwendet um zu testen, ob eine Funktion, deren Divergenz Null ist, in einem Gebiet eine Unstetigkeit oder eine Singularität besitzt. Ergibt das Oberflächenintegral $\iint_{S} \underline{F}(\underline{x}) \cdot \underline{n} \, \mathrm{d}S$ einer Funktion $\underline{F}(\underline{x})$ mit $\underline{\nabla} \cdot \underline{F}(\underline{x}) = 0$ einen Wert ungleich Null, so bedeutet dies, dass in dem von der Fläche S eingeschlossenen Volumen V eine Singularität oder eine Unstetigkeit der Funktion vorliegen muss.

© Springer Fachmedien Wiesbaden GmbH, ein Teil von Springer Nature 2019
J. Rösler et al., *Mechanisches Verhalten der Werkstoffe*, https://doi.org/10.1007/978-3-658-26802-2

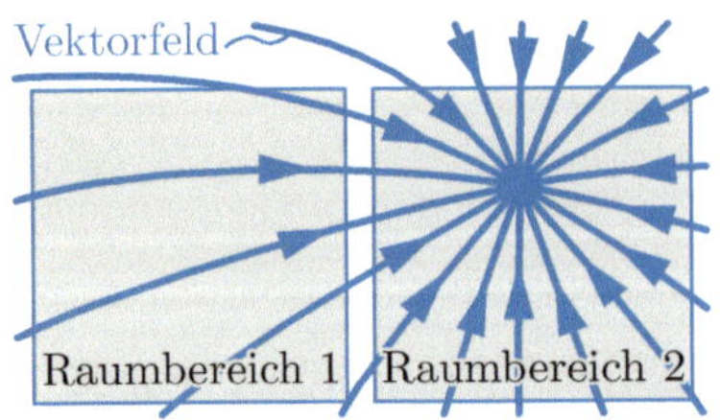
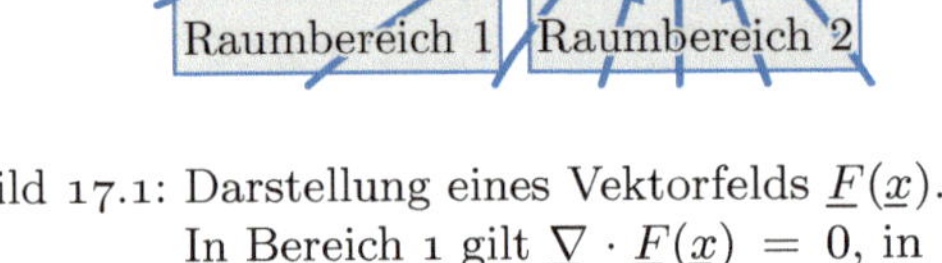

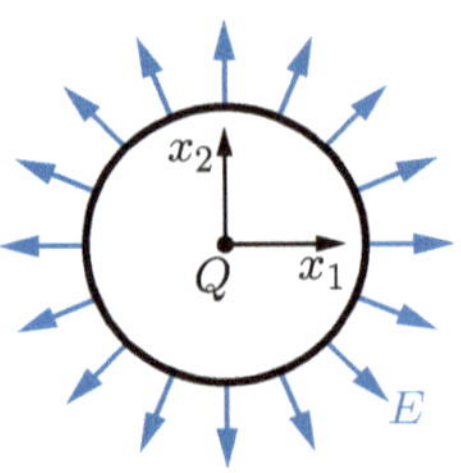

Bild 17.1: Darstellung eines Vektorfelds $\underline{F}(\underline{x})$. In Bereich 1 gilt $\underline{\nabla} \cdot \underline{F}(\underline{x}) = 0$, in Bereich 2 $\underline{\nabla} \cdot \underline{F}(\underline{x}) \neq 0$.

Bild 17.2: Elektrisches Feld auf einer Kugeloberfläche um eine Punktladung

Ein Beispiel aus der Elektrostatik soll dies verdeutlichen: Das elektrische Feld $\underline{E}(\underline{x})$ erfüllt im Vakuum die Gleichung $\underline{\nabla} \cdot \underline{E}(\underline{x}) = 0$, d. h., Feldlinien des elektrischen Felds enden im Vakuum nicht. Liegt jedoch eine elektrische Ladung vor, so wirkt diese – je nach ihrem Vorzeichen – als Quelle oder Senke der Feldlinien. Das elektrische Feld einer kleinen Kugel mit Ladung Q im Koordinatenursprung (Bild 17.2) erfüllt im Bereich außerhalb der Ladung die Gleichung

$$\underline{E}(\underline{x}) = \frac{Q}{4\pi\varepsilon_0} \frac{\underline{x}}{|\underline{x}|^3} \, . \tag{17.2}$$

Eine einfache Rechnung zeigt, dass diese Funktion divergenzfrei ist, also $\underline{\nabla} \cdot \underline{E}(\underline{x}) = 0$ gilt.

Dazu schreibt man $\underline{E}(\underline{x})$ in kartesischen Koordinaten auf, also für jede Komponente

$$E_i(\underline{x}) = \frac{Q}{4\pi\varepsilon_0} \cdot \frac{x_i}{\left(x_1^2 + x_2^2 + x_3^2\right)^{3/2}} \, .$$

In kartesischen Koordinaten ist der Divergenz-Operator $\underline{\nabla} = (\partial/\partial x_1, \partial/\partial x_2, \partial/\partial x_3)$. Wendet man diesen auf die Funktion für das elektrische Feld an, ergibt sich

$$\underline{\nabla} \cdot \underline{E}(\underline{x}) = \frac{\partial E_i}{\partial x_i} = \frac{\partial E_1}{\partial x_1} + \frac{\partial E_2}{\partial x_2} + \frac{\partial E_3}{\partial x_3} = 0$$

für $\underline{x} \neq \underline{0}$.

Die Funktion $\underline{E}(\underline{x})$ hat aber eine Singularität bei $\underline{x} = 0$. Integriert man das elektrische Feld über eine Kugeloberfläche O mit Radius R, so ergibt sich

$$\iint_O \underline{E}(\underline{x}) \cdot \underline{n} \, \mathrm{d}S = \frac{Q}{4\pi\varepsilon_0} \iint_O \frac{\underline{x}\,\underline{n}}{|\underline{x}|^3} \, \mathrm{d}S = \frac{Q}{4\pi\varepsilon_0} \iint_O \frac{R}{R^3} \, \mathrm{d}S$$

$$= \frac{Q}{4\pi\varepsilon_0} \frac{1}{R^2} \iint_O \mathrm{d}S = \frac{Q}{4\pi\varepsilon_0} \frac{1}{R^2} \cdot 4\pi R^2$$

$$= \frac{Q}{\varepsilon_0} \, .$$

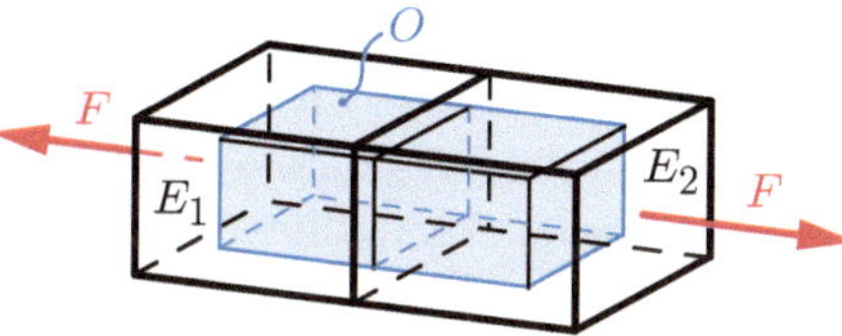

Bild 17.3: Elastisches Medium mit einer unstetigen Veränderung des Elastizitätsmoduls. Eingezeichnet ist auch eine Integrationsoberfläche O.

Das Oberflächenintegral verschwindet also nicht, obwohl im Bereich des Integrals selbst die Divergenz des elektrischen Felds verschwindet. Man kann ein solches Integral also verwenden, um die Anwesenheit von Ladungen in einem Volumen zu erkennen. Dies ist vor allem dann nützlich, wenn die Ladung eine mathematische Punktladung ist, so dass eine direkte Integration über das Volumen wegen der Singularität mathematisch problematisch wäre.

Ein ähnliches Problem tritt auch in rissbehafteten Medien auf. Auch hier gibt es Singularitäten (beispielsweise der Spannung) in der Nähe der Rissspitze. Außerdem sind die genauen Gegebenheiten in der Nähe der Rissspitze nicht bekannt, wohl aber in größerer Entfernung von der Rissspitze. Findet man also eine Größe, deren Divergenz normalerweise verschwindet, die aber im Bereich einer Rissspitze eine Singularität oder eine Unstetigkeit aufweist, so kann man diese Größe verwenden, um weit entfernt von der Rissspitze mit einem Oberflächenintegral Informationen über den Riss zu gewinnen. Dieser Ansatz soll im Folgenden verfolgt werden.

17.2 Energie-Impuls-Tensor

Es ist also eine physikalische Größe zu suchen, die für ein beliebiges elastisch-plastisches Material definiert werden kann, deren Divergenz verschwindet und die an einer Rissspitze unstetig oder singulär wird.

Eine denkbare Möglichkeit, eine solche Größe zu wählen, wäre der Spannungstensor $\underline{\underline{\sigma}}$. Für diesen gilt, wenn keine Volumenkräfte anliegen, $\underline{\nabla} \cdot \underline{\underline{\sigma}} = \underline{0}$, da ja nur dort Spannungen entstehen, wo äußere Kräfte wirken. Die Verwendung des Spannungstensors hat jedoch einen entscheidenden Nachteil, denn der Wert der Spannung ist oft von außen vorgegeben, wie folgendes Beispiel zeigt:

Ein Zugstab bestehe aus zwei Materialien mit unterschiedlichen Elastizitätsmoduln E_1 und E_2 (Bild 17.3). Der Stab werde mit konstanter Kraft an seinen Enden belastet. Dann ist die Spannung innerhalb des Stabes überall konstant,[1] so dass auch das Oberflächenintegral über die Spannung auf einer beliebigen Oberfläche innerhalb des Materials Null ist. Der Sprung in den Materialeigenschaften kann durch ein solches Integral also nicht festgestellt werden.

Eine Größe, die im Beispiel des Zugstabs in den beiden Stabhälften unterschiedliche Werte annimmt, ist die *Energiedichte* $w = \int \sigma_{ij}\, d\varepsilon_{ij}$. Bei gegebener Spannung ist die

---

1 Der Einfachheit halber ignorieren wir in dieser Betrachtung die Querkontraktion.

Dehnung in dem Bereich mit dem niedrigeren Elastizitätsmodul höher, so dass hier auch die Energiedichte entsprechend höher ist. Die Energiedichte selbst eignet sich aber nicht als Größe, weil der gaußsche Satz ja eine vektorwertige Funktion erfordert. Dennoch ist es offensichtlich sinnvoll, eine Größe zu verwenden, die die Energiedichte enthält. Eine solche Größe ist der sogenannte *Energie-Impuls-Tensor* $\underline{\underline{T}}$, der als

$$T_{ij} = w \cdot \delta_{ij} - \sigma_{jk}\frac{\partial u_k}{\partial x_i} \qquad (17.3)$$

definiert ist, wobei w die Energiedichte, $\underline{\underline{\sigma}}$ der Spannungstensor und $\underline{u}$ der Verschiebungsvektor sind. δ_{ij} ist das Kronecker-Delta, das im Anhang 14.6 eingeführt wurde.

Die genaue Herleitung des Energie-Impuls-Tensors würde den Rahmen dieses Buches bei Weitem sprengen. Die Bezeichnung stammt aus der klassischen Feldtheorie, die sich allgemein mit beliebigen physikalischen Feldern befasst, beispielsweise dem elektromagnetischen Feld, dem Strömungsfeld in einer Flüssigkeit oder eben dem Verzerrungsfeld in einem elastischen Medium. Dort verwendet man einen erweiterten Tensor, von dem einige Komponenten die Energie- und die Impulsdichte des Systems beschreiben. Innerhalb der Elastizitätstheorie ist die Bezeichnung Energie-Impuls-Tensor jedoch etwas unglücklich, weil die Komponenten des Tensors weder die Energie- noch die Impulsdichte sind. Eine, allerdings relativ schwierige, Einführung in dieses Gebiet findet sich in *Landau / Lifschitz* [89].

Der Energie-Impuls-Tensor hat gerade die geforderte Eigenschaft, dass seine Divergenz für jede Komponente verschwindet, also

$$\left(\underline{\nabla} \cdot \underline{\underline{T}}\right)_i = \frac{\partial}{\partial x_j}T_{ij} = 0 \qquad (17.4)$$

für $j = 1\ldots 3$ gilt. Dies ist leicht zu zeigen, wenn man berücksichtigt, dass $\partial\sigma_{ij}/\partial x_j = 0$ ist, falls keine Volumenkräfte vorliegen. Man erhält also nicht nur eine, sondern sogar drei Größen, die im gaußschen Satz verwendet werden können, um Unstetigkeiten und Singularitäten zu untersuchen.

17.3 J-Integral

Um die Bedeutung des Energie-Impuls-Tensors näher zu untersuchen, soll noch einmal das Beispiel des Mediums mit zwei verschiedenen Elastizitätsmoduln aus Bild 17.3 verwendet werden. Die Spannung ist im gesamten Bauteil gleich der angelegten Spannung σ, die Dehnung ist in jeder Bauteilhälfte konstant mit 11-Komponente $\varepsilon^{(n)} = \sigma/E^{(n)}$, wobei der obere Index n die Bauteilhälften nummeriert. Mit der Energiedichte eines linearelastischen Materials $w = \sigma\varepsilon/2$ und der Querkontraktionszahl ν (die in beiden Teilen gleich sei) ergibt sich der Energie-Impuls-Tensor zu

$$T_{ij}^{(n)} = w^{(n)}\delta_{ij} - \sigma_{jk}^{(n)}\frac{\partial u_k^{(n)}}{\partial x_i} \, , \text{ d. h.}$$

$$\underline{\underline{T}}^{(n)} = \frac{\sigma^2}{2E^{(n)}} \begin{pmatrix} 1 & 0 & 0 \\ 0 & 1 & 0 \\ 0 & 0 & 1 \end{pmatrix} - \begin{pmatrix} \sigma & 0 & 0 \\ 0 & 0 & 0 \\ 0 & 0 & 0 \end{pmatrix} \cdot \begin{pmatrix} \varepsilon^{(n)} & 0 & 0 \\ 0 & -\nu\varepsilon^{(n)} & 0 \\ 0 & 0 & -\nu\varepsilon^{(n)} \end{pmatrix}$$

$$= \frac{\sigma^2}{2E^{(n)}} \begin{pmatrix} 1 & 0 & 0 \\ 0 & 1 & 0 \\ 0 & 0 & 1 \end{pmatrix} - \begin{pmatrix} \sigma & 0 & 0 \\ 0 & 0 & 0 \\ 0 & 0 & 0 \end{pmatrix} \cdot \frac{\sigma}{E^{(n)}} \cdot \begin{pmatrix} 1 & 0 & 0 \\ 0 & -\nu & 0 \\ 0 & 0 & -\nu \end{pmatrix}$$

$$= \frac{\sigma^2}{2E^{(n)}} \begin{pmatrix} 1 & 0 & 0 \\ 0 & 1 & 0 \\ 0 & 0 & 1 \end{pmatrix} - \frac{\sigma^2}{E^{(n)}} \begin{pmatrix} 1 & 0 & 0 \\ 0 & 0 & 0 \\ 0 & 0 & 0 \end{pmatrix}$$

$$= \frac{\sigma^2}{2E^{(n)}} \cdot \begin{pmatrix} -1 & 0 & 0 \\ 0 & 1 & 0 \\ 0 & 0 & 1 \end{pmatrix} .$$

Der Energie-Impulstensor hat also eine recht einfache Form und ist in den beiden Hälften des Mediums jeweils konstant.

Was geschieht nun, wenn man den gaußschen Satz anwendet? Wie bereits erwähnt, gibt es dafür drei Möglichkeiten, nämlich eine für jede der drei Spalten der Matrixdarstellung des Energie-Impuls-Tensors. Es wird die in Bild 17.3 dargestellte Oberfläche O innerhalb des Volumens betrachtet. Man definiert nun drei Größen J_1, J_2 und J_3, die sogenannten *J-Integrale*, als

$$J_i = \iint\limits_O T_{ij} \cdot n_j \, \mathrm{d}A \,, \tag{17.5}$$

wobei $\underline{n}$ der Normalenvektor auf der Oberfläche ist [129].

Da der Tensor in der jeweiligen Hälfte des Materials konstant ist, fallen die vier Seitenflächen des Integrationsvolumens weg (zu jeder Fläche gibt es eine gegenüberliegende mit entgegengesetztem Normalenvektor) Nur die Integrale über die beiden Stirnflächen mit Flächeninhalt A bleiben übrig. Damit ergibt sich

$$J_1 = \iint\limits_{A_1} \frac{-\sigma^2}{2E^{(1)}} \cdot n_1 \, \mathrm{d}A + \iint\limits_{A_2} \frac{-\sigma^2}{2E^{(2)}} \cdot n_2 \, \mathrm{d}A$$

$$= \frac{\sigma^2 A}{2} \left(-\frac{1}{E^{(1)}} + \frac{1}{E^{(2)}} \right), \tag{17.6}$$

$$J_2 = 0 \,,$$

$$J_3 = 0 \,.$$

Wie man sieht, verschwinden zwei der drei J-Werte, und nur J_1 ist von Null verschieden. Da die Unstetigkeitsfläche einen Normalenvektor in 1-Richtung hat, ist dies auch plausibel.

Das J-Integral hat auch eine anschauliche Interpretation. Betrachtet man seine Einheit, so handelt es sich um eine Kraft, doch es ist zunächst nicht klar, um was für eine Kraft es sich handeln soll und worauf sie wirkt. Eine bessere Interpretation ergibt sich, wenn man das J-Integral mit einer Länge $\mathrm{d}x_1$ multipliziert. Die sich ergebende Größe $\mathrm{d}\Pi = J_1 \mathrm{d}x_1$ ist eine Energie. Bedenkt man, dass die Energiedichte in den elastischen Medien durch $w = \sigma^2/2E^{(n)}$ gegeben ist, so sieht man, dass $\mathrm{d}\Pi$ gerade die Energie ist, die frei würde, wenn man die Grenzfläche in 1-Richtung um eine Strecke $\mathrm{d}x_1$ verschieben würde. Diese Interpretation gilt entsprechend auch für die beiden anderen J-Integrale: Bei einer Verschiebung der Grenzfläche in 2- oder 3-Richtung würde sich im System nichts ändern, also ist der notwendige Energieaufwand Null. Man kann das J-Integral somit als »Energiefreisetzungsdifferential« interpretieren, also als die Energieänderung, die eintritt, wenn die betrachtete »Störung« des Systems um eine infinitesimale Strecke verschoben wird.

Die Betrachtung des J-Integrals erfolgte bisher nur am Beispiel des Mediums mit einem Elastizitätssprung. Die Überlegungen gelten jedoch allgemein. Ist also O eine beliebige Fläche mit Normalenvektor $\underline{n}$, die eine Unstetigkeit oder Singularität des Materials einschließt, so ist das J-Integral $\underline{J}$ komponentenweise definiert als Oberflächenintegral

$$J_i = \iint\limits_O T_{ij} \cdot n_j \,\mathrm{d}A\,. \tag{17.7}$$

Das Energiedifferential bei einer infinitesimalen Verschiebung der Position der Störung um die Strecke $\mathrm{d}\underline{x}$ ist gegeben durch $\mathrm{d}\Pi = \underline{J} \cdot \mathrm{d}\underline{x}$. Die Interpretation dieser Größe als Energiefreisetzung gilt in dieser Form jedoch nur für elastische (lineare) Medien. Für elastisch-plastische Medien ist $\mathrm{d}\Pi$ der Unterschied der Energie zweier Systeme, in denen die Störung um $\mathrm{d}\underline{x}$ verschoben wurde; es ist jedoch nicht immer gewährleistet, dass bei einer tatsächlichen Verschiebung der Störung (z. B. dem Wachsen eines Risses) diese Energie freigesetzt wird. Dies wird weiter unten näher erläutert.

Eine weitere wichtige Eigenschaft des J-Integrals, die aus den obigen Überlegungen folgt, ist seine Unabhängigkeit von der Integrationsfläche. Solange diese die Störung einschließt, ist die genaue Wahl der Fläche unerheblich. Dies wurde am Beispiel des elektrischen Felds der Punktladung weiter oben bereits deutlich: Das Oberflächenintegral ist unabhängig vom Radius der Kugel und immer gleich Q/ε_0. Das Gleiche gilt auch im Fall des Mediums mit Elastizitätssprung; auch hier geht der genaue Verlauf der Fläche nicht in die Integration ein; lediglich die Querschnittsfläche, d. h. die Fläche der Störung, die von der Integrationsfläche umschlossen wird, spielt eine Rolle. Diese Eigenschaft ist deshalb wichtig, weil sie es im Fall der Rissuntersuchung erlaubt, den Wert des J-Integrals weit weg von der Rissspitze zu berechnen. Im Fall einer numerischen Berechnung (beispielsweise mit der Methode der finiten Elemente) ist es somit nicht notwendig, die Details in der Rissspitzen-Nähe genau zu berechnen, lediglich das Spannungs- und Verschiebungsfeld in größerer Entfernung müssen korrekt sein.

17.4 J-Integral um eine Rissspitze

Im Folgenden soll nun das J-Integral für die Betrachtung der Verhältnisse an einer Rissspitze verwendet werden. Die Überlegungen beschränken sich dabei auf eine zweidimensionale Betrachtung, also ein System im ebenen Spannungs- oder Dehnungszustand. In

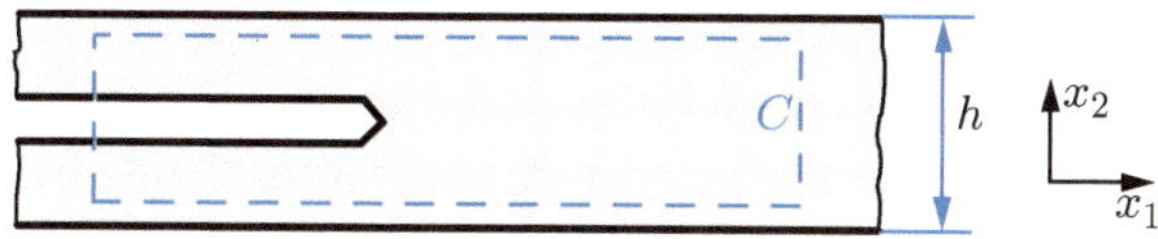

Bild 17.4: Einfache Konfiguration zur Auswertung des *J*-Integrals

diesem Fall wählt man die Integrationsfläche so, dass ihr Querschnitt in jeder Ebene senkrecht zur x_3-Achse derselbe ist. Innerhalb einer solchen Ebene ist das Integral dann dementsprechend kein Oberflächenintegral mehr, sondern ein Wegintegral[2].

Im zweidimensionalen Fall ist das *J*-Integral in i-Richtung also definiert als

$$J_i = \int_C T_{ij} \cdot n_j \, \mathrm{d}s \,. \tag{17.8}$$

Dabei sind C die Integrationskurve bzw. -kontur, $\underline{n}$ der Normalenvektor auf dieser Kurve und $\mathrm{d}s$ ein infinitesimales Streckenelement entlang der Kurve. Die Integrationskurve muss dabei die zu untersuchende Rissspitze einschließen. Davon abgesehen ist das Integral, wie oben erläutert, vom Weg unabhängig.

Diese Wegunabhängigkeit erklärt, warum das *J*-Integral tatsächlich zur Charakterisierung des Risses dienen kann und von den sonstigen Verhältnissen im Material unabhängig ist. Es ist plausibel, dass das *J*-Integral nur vom Spannungsfeld um die Rissspitze bestimmt wird, wenn man die Integrationskontur sehr dicht um die Rissspitze legt. Wegen der Wegunabhängigkeit ändert sich der Wert des Integrals nicht, wenn man die Kontur stetig weiter von der Rissspitze entfernt, so dass es also möglich ist, einen weit entfernten Integrationsweg zu verwenden.

Das *J*-Integral soll nun anhand des in Bild 17.4 skizzierten, einfachen Beispiels weiter untersucht werden. Dargestellt ist ein in x_1-Richtung verlaufender Riss in einem in x_1- und x_3-Richtung unendlich ausgedehnten Material der Höhe h, das am oberen und unteren Ende eingespannt ist. Die Verschiebung $\underline{u}$ ist auf beiden Rändern jeweils konstant vorgegeben. Die Integrationskontur C wird gewählt, wie im Bild dargestellt. Sie beginnt auf einer der Rissflanken und endet auf der gegenüberliegenden. Prinzipiell muss die Kontur natürlich geschlossen sein. Da aber innerhalb des Risses kein Material vorhanden ist, ist der Energie-Impuls-Tensor dort zwangsläufig Null. Da der Riss entlang der x_1-Achse verläuft, wählt man das J_1-Integral

$$J = J_1 = \int_C \left[w \, \mathrm{d}x_2 - \left(\underline{\underline{\sigma}} \cdot \frac{\partial \underline{u}}{\partial x_1} \right) \cdot \underline{n} \, \mathrm{d}s \right] \,. \tag{17.9}$$

---

2 Bei der Auswertung des Wegintegrals ist allerdings Vorsicht geboten: Bei den meisten Wegintegralen, die in der Physik oder Mathematik auftauchen, ist die Integrationsgröße ein Vektor, der tangential zur Kurve orientiert ist, die den Integrationsweg beschreibt. Dies ist in diesem Fall jedoch anders: Da das Wegintegral nur ein um eine Dimension reduziertes Oberflächenintegral ist, ist die Integrationsgröße $\mathrm{d}s$ ein Skalar, und der zugehörige Vektor $n_j \, \mathrm{d}s$ steht senkrecht auf der Kurvenlinie.

Lässt man die x_1-Koordinate der senkrechten Abschnitte von C gegen $\pm\infty$ gehen, so kann man den Wert des J-Integrals leicht errechnen. Die beiden senkrechten Abschnitte ober- und unterhalb des Risses bei $x_1 = -\infty$ tragen zum Integral nichts bei, da dort sowohl die Energiedichte als auch die Ableitung der Verschiebung Null sind. Auch die Integration entlang der eingespannten Enden leistet keinen Beitrag, denn die Integration über die Energiedichte verschwindet ($\mathrm{d}x_2$ ist entlang eines Weges in x_1-Richtung Null) ebenso wie der zweite Term, da $\partial\underline{u}/\partial x_1 = 0$ ist. Übrig bleibt also lediglich das Wegstück bei $+\infty$. Auch hier ist $\partial\underline{u}/\partial x_1 = 0$, also gibt es nur einen Beitrag der Energiedichte w_∞, und es ergibt sich

$$J_1 = w_\infty h\,. \qquad\qquad (17.10)$$

Die Energie-Interpretation ist bei einem unendlich ausgedehnten System ein wenig problematisch, da die Gesamtenergie des Systems unendlich groß ist. Man kann versuchen, folgendermaßen zu argumentieren: Verschiebt man die Rissspitze um ein Stück $\mathrm{d}x_1$ in x_1-Richtung, so wird dabei Energie frei, und da die Konfiguration im Prinzip dieselbe ist (lediglich um $\mathrm{d}x_1$ verschoben) lässt sich die Energie-Differenz als $w_\infty h\,\mathrm{d}x_1$ schreiben. Dieses Argument ist jedoch fragwürdig, denn da die Konfiguration dieselbe ist, muss auch ihre Energie dieselbe sein. Das Problem besteht darin, dass hier Differenzen zweier unendlicher Größen betrachtet werden. Dieses einfache Beispiel zeigt aber dennoch, dass das J-Integral im Falle eines elastischen Materials zur Risscharakterisierung dienen kann.

Nach dem oben Gesagten kann das J-Integral nur dann von Null verschieden sein, wenn der Energie-Impuls-Tensor eine Singularität aufweist. Dies ist im Fall der scharfen Rissspitze in einem elastischen Material tatsächlich der Fall. Wie in Abschnitt 5.2.1 gezeigt, werden Spannung und Dehnung bei Annäherung an die Rissspitze unendlich groß, Gleichung (5.1):[3]

$$\sigma \sim \frac{1}{\sqrt{r}}\,,$$
$$\varepsilon \sim \frac{1}{\sqrt{r}}\,. \qquad\qquad (17.11)$$

Dabei ist r der Abstand von der Rissspitze.

Eine solche Singularität erscheint auf den ersten Blick unphysikalisch. Dies ist jedoch nicht der Fall, da Dehnungen, Spannungen und Energiedichten nur bezogene Größen sind, die nicht direkt messbar sind. Die Dehnung ergibt sich beispielsweise als Differenz der Verschiebung zwischen zwei benachbarten Punkten. Die Verschiebung selbst darf keine unendlichen Werte annehmen, die auf einen infinitesimal kleinen Abstand bezogene Änderung der Verschiebung hingegen schon. Die Spannung als Kraft pro Flächeneinheit darf ebenfalls singulär werden, solange die wirkenden Kräfte innerhalb des Mediums endlich bleiben.[4] Auch die Energiedichte darf unendlich groß sein, vorausgesetzt die Energie innerhalb des Systems (also das Integral über die Energiedichte) ist endlich. Nach Glei-

---

chung (17.11) ist die Energiedichte $w = \int \sigma \, d\varepsilon$ proportional zu $1/r$, also in Zylinderkoordinaten $w(r,\phi) = w_\phi(\phi)/r$. Integriert man die Energiedichte innerhalb eines Kreises K mit Radius R um die Rissspitze, so ergibt sich

$$\iint_K w(\underline{x}) \, dA = \int_0^\pi \int_0^R w(r,\phi) r \, dr \, d\phi = \int_0^\pi \int_0^R \frac{w_\phi(\phi)}{r} r \, dr \, d\phi$$

$$= \int_0^\pi w_\phi(\phi) \, d\phi \cdot \int_0^R dr = R \int_0^\pi w_\phi(\phi) \, d\phi \,.$$

Die Energie, die im Bereich der Rissspitze gespeichert ist, bleibt also endlich groß.

17.5　Plastizität an der Rissspitze

Die obigen Betrachtungen waren für den Fall eines elastischen Materials gültig. Das J-Integral soll aber auch dann verwendet werden, wenn das Material sich in der Nähe der Rissspitze plastisch verformt. Auch in diesem Fall werden die Spannungen, Dehnungen und die Energiedichte singulär.

Die Art der Singularität kann dabei – etwas vereinfacht – wie folgt analysiert werden: Integriert man das J-Integral entlang einer Kreislinie mit Radius R, so ergibt sich

$$J_1 = \int_{-\pi}^\pi \left[w n_1 - \left(\underline{\underline{\sigma}} \, \frac{\partial \underline{u}}{\partial x_1} \right) \underline{n} \right] R \, d\phi \,. \tag{17.12}$$

Das J-Integral muss, wie oben gezeigt, wegunabhängig sein, d. h., das Integral muss für alle Werte von R denselben Wert besitzen. Betrachtet man eine kleine Umgebung um die Rissspitze, so ist es plausibel anzunehmen, dass der Einfluss des Spannungszustands in großer Entfernung der Rissspitze (also der genauen Geometrie des Bauteils) auf die Form des Spannungsfelds immer unwichtiger wird und die Verhältnisse allein durch die Geometrie des Risses (und den Belastungsfall) bestimmt werden.[5]

Weiterhin soll nun angenommen werden, dass sich der Energie-Impuls-Tensor als $\underline{\underline{T}}(r,\phi) = \underline{\underline{T}}_r(r)\underline{\underline{T}}_\phi(\phi)$ schreiben lässt. Die Unabhängigkeit des Integrals vom Radius der Integrationskontur bedeutet dann, dass der Wert des Energie-Impuls-Tensors proportional zu $1/R$ sein muss. Damit ist also $\underline{\underline{T}}_r(r) = 1/r$. Die Energiedichte und das Produkt $\sigma_{ij}\varepsilon_{ij}$ sind also jeweils proportional zu $1/r$. Im linear-elastischen Fall, in dem $\sigma \sim \varepsilon$ gilt, folgt daraus, dass σ und ε jeweils proportional zu $1/\sqrt{r}$ sind (siehe Gleichung (17.11)).

Im Fall des plastischen Materialverhaltens kann vereinfachend angenommen werden, dass Spannung und Dehnung nach Gleichung (3.16) zusammenhängen:

$$\varepsilon = K^{-1/n} \sigma^{1/n} \,, \tag{17.13}$$

---

5 Diese Annahme wird im Nachhinein dadurch bestätigt, dass sich eine Singularität im Energie-Impuls-Tensor ergibt, so dass der Einfluss äußerer Bedingungen tatsächlich verschwindend gering ist, je mehr man sich der Rissspitze annähert.

wenn elastische Anteile der Dehnung klein gegenüber den plastischen Anteilen sind. Aus Gleichung (17.13) und aus $\sigma\varepsilon \sim 1/r$ folgt dann[6]

$$\underline{\underline{\sigma}}(r,\phi) \sim \frac{1}{r^{n/(n+1)}}\underline{\underline{\sigma}}_\phi(\phi)\,, \tag{17.14}$$

$$\underline{\underline{\varepsilon}}(r,\phi) \sim \frac{1}{r^{1/(n+1)}}\underline{\underline{\varepsilon}}_\phi(\phi) \tag{17.15}$$

für die Singularität um die Rissspitze. Je kleiner der Exponent n wird, desto stärker wird die Singularität in der Dehnung und desto schwächer die in der Spannung.

Welche Rolle spielt hierbei nun das J-Integral? Wegen der Unabhängigkeit des Spannungs- und des Dehnungsfelds von den Gegebenheiten in großer Entfernung von der Rissspitze sind alle Spannungsfelder, die sich um eine gegebene Rissspitzengeometrie bei festgelegter Art der Belastung (also Modus I, Modus II oder Modus III) einstellen können, ähnlich. Sie unterscheiden sich lediglich um einen Faktor, der die Stärke der Belastung angibt. Dieser Faktor ist gerade das J-Integral. Man kann also schreiben: $\underline{\underline{T}}(r,\phi) = (J/r)\underline{\underline{T}}_\phi(\phi)$. Erhöht man die außen an das System angelegte Spannung, so verändert sich der Wert des Energie-Impuls-Tensors entsprechend. Die Gleichungen für die Spannung und die Dehnung ergeben sich damit zu

$$\underline{\underline{\sigma}}(r,\phi) = c_\sigma \left(\frac{J_1}{r}\right)^{n/(n+1)} \underline{\underline{\sigma}}_\phi(\phi)\,, \tag{17.16}$$

$$\underline{\underline{\varepsilon}}(r,\phi) = c_\varepsilon \left(\frac{J_1}{r}\right)^{n/(n+1)} \underline{\underline{\varepsilon}}_\phi(\phi)\,. \tag{17.17}$$

Die Konstanten c_σ und c_ε hängen dabei zwar von der Geometrie, dem Exponenten n und der Art der Belastung ab, nicht aber von der Stärke der Belastung. Das J-Integral ist somit ein Maß für die Größe des Spannungs- und des Dehnungsfelds. Dies gilt in ganz analoger Weise auch für den linear-elastischen Fall aus dem vorherigen Abschnitt.

17.6   Energie-Interpretation des J-Integrals

Wie bereits in Abschnitt 17.3 ausgeführt, besitzt das J-Integral eine Energie-Interpretation: Der Wert des J-Integrals entspricht der spezifischen Energiedifferenz zweier Systeme, die sich durch eine infinitesimalen Verschiebung der Singularität oder Unstetigkeit unterscheiden.[7] Dies soll in diesem Abschnitt gezeigt werden.

Hierzu werden zwei dreidimensionale Körper mit einer axialsymmetrischen Aussparung betrachtet, für die der Unterschied in der in ihnen gespeicherten Energie berechnet werden soll (siehe Bild 17.5). Die beiden Körper sollen in allen Eigenschaften identisch sein und sich nur dadurch unterscheiden, dass die Aussparung im einen Körper (Körper B) um ein infinitesimales Volumen ΔV größer ist als im anderen (Körper A). Die beiden Körper sollen elastisch, aber nicht unbedingt linear-elastisch sein. Diese Annahme

---

6 Häufig wird in diesen Gleichungen der Exponent $m = 1/n$ statt n verwendet.

7 Bei einer solchen Verschiebung kann es sich z. B. um einen Rissfortschritt handeln.

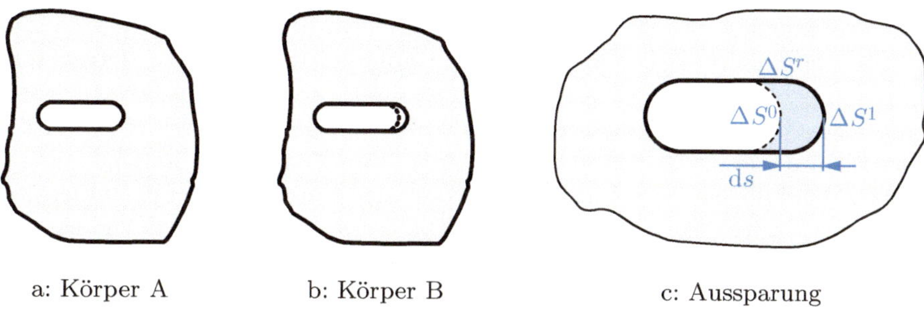

<table>
<tr><td>a: Körper A</td><td>b: Körper B</td><td>c: Aussparung</td></tr>
</table>

Bild 17.5: Vergleich zweier Körper mit Aussparungen, die sich um ein Volumenelement ΔV unterscheiden. Nähere Erläuterung im Text.

ist deshalb wichtig, weil in einem elastischen Körper die durch eine Verformung geleistete Arbeit von der Verformungsgeschichte unabhängig ist. Außerdem seien auch alle Volumenkräfte Null, damit die Divergenz des Energie-Impuls-Tensors verschwindet.

Zur Vereinfachung wird weiter angenommen, dass die Verschiebungen auf der äußeren Oberfläche der beiden Körper vorgegeben sind, so dass keine Arbeit von äußeren Oberflächenkräften geleistet wird, wenn Material aus dem ersten Körper entfernt wird.[8] Die Aussparung im Inneren sei ebenfalls kräftefrei.

Das zu entfernende Volumenelement ΔV wird von folgenden Seitenflächen berandet: ΔS^0, ΔS^1 und ΔS^r (vgl. Bild 17.5). ΔS^1 soll dabei durch eine Verschiebung von ΔS^0 um eine infinitesimale Strecke $\mathrm{d}s$ entstehen. In drei Dimensionen ist ΔS^r also eine zylindrische Mantelfläche mit Höhe $\mathrm{d}s$. Die durch die Verschiebung entstandenen Anteile ΔS^1 und ΔS^r werden zu $\Delta S = \Delta S^1 + \Delta S^r$ zusammengefasst.

Gesucht ist der Unterschied in der Energie, die in beiden Körpern gespeichert ist. Um diese Energie zu berechnen, kann man sich vorstellen, dass man den einen Körper in den anderen überführt, und zwar in zwei Schritten. Zunächst wird das Volumenelement ΔV entfernt, wobei die Kräfte, die das Material im Volumen ΔV auf der Oberfläche ΔS^1 ausübt, durch äußere Kräfte ersetzt werden. Dadurch wird also im übrigen Volumen des Körpers keine Arbeit geleistet, weil dort die Volumenentfernung nicht wahrnehmbar ist. Die Energie $\mathrm{d}W_V$, die hierbei freigesetzt wird, ist gleich dem Integral über die Energiedichte w im Volumenelement ΔV

$$
\begin{aligned}
\mathrm{d}W_V &= \int\limits_{\Delta V} w(\underline{x})\,\mathrm{d}V \\
&= \int\limits_{\Delta S^0} w(\underline{x})\,\mathrm{d}s\,\mathrm{d}S \\
&= \int\limits_{\Delta S^1} w(\underline{x})\,\mathrm{d}s\,\mathrm{d}S\,,
\end{aligned}
\qquad (17.18)
$$

---

wobei das Volumenintegral in ein Oberflächenintegral umgewandelt werden kann, weil die Energiedichte innerhalb des infinitesimalen Volumens als konstant betrachtet werden kann.

In einem zweiten Schritt müssen nun die äußeren Oberflächenkräfte entfernt werden, die bisher dazu dienten, das Material in seinem alten Zustand zu halten. Diese Oberflächenkräfte $\underline{F}$ sind durch die Spannung innerhalb des Körpers A auf der Oberfläche ΔS^1 und der Mantelfläche ΔS^r festgelegt. Es gilt $F_i = \sigma_{ij}n_j$, wenn $\underline{n}$ der Normalenvektor auf der Oberfläche ist. Die Kräfte sollen nun auf Null reduziert werden. Dabei leistet das System die Arbeit $\mathrm{d}W_S$, die durch

$$\mathrm{d}W_S = \int\limits_{\Delta S} F_i \Delta u_i \,\mathrm{d}S \tag{17.19}$$

gegeben ist. Dabei ist $\Delta\underline{u}$ die Verschiebung, die sich durch das Lösen der Kräfte ergibt. Ist die Verschiebung $\mathrm{d}s$ der Oberfläche klein, so kann man davon ausgehen, dass das Verschiebungsfeld auf der Oberfläche ΔS^1 im Körper B gleich dem Verschiebungsfeld auf der Fläche ΔS^0 im Körper A ist. Im Fall eines Risses, bei dem Dehnungen und Spannungen um die Rissspitze wie oben erläutert nahezu vollständig durch die Rissspitzengeometrie festgelegt sind, ist diese Annahme besonders plausibel. Die Änderung der Verschiebung $\Delta\underline{u}(\underline{x})$ auf der Fläche ΔS^1 ist dann gegeben durch die Differenz zwischen dem Verschiebungsfeld an einem Punkt $\underline{x}^1$ auf ΔS^1 im Körper B und dem Verschiebungsfeld an dem entsprechenden Punkt $\underline{x}^0$ auf ΔS^0 im Körper A, also

$$\Delta\underline{u}(\underline{x}^1) = \underline{u}(\underline{x}^0) - \underline{u}(\underline{x}^1) = \frac{\partial\underline{u}}{\partial\underline{x}}\mathrm{d}s\,. \tag{17.20}$$

In die Arbeit $\mathrm{d}W_S$ geht zusätzlich noch ein Beitrag der Mantelfläche ΔS^r ein. Dieser ist jedoch klein, da die Höhe des Zylindermantels infinitesimal ist. Damit ergibt sich für die beim Entlasten geleistete Arbeit

$$\mathrm{d}W_S = \int\limits_{\Delta S^1} \sigma_{ij}n_j \frac{\partial u_i}{\partial x_k}\mathrm{d}s_k \,\mathrm{d}S\,. \tag{17.21}$$

Die gesamte Energieänderung ist damit gegeben durch

$$\mathrm{d}W = \int\limits_{\Delta S^1} \left(w(\underline{x})\mathrm{d}s - \sigma_{ij}n_j \frac{\partial u_i}{\partial x_k}\mathrm{d}s_k \right) \,\mathrm{d}S\,. \tag{17.22}$$

Dies ist genau der Ausdruck für das J-Integral in drei Dimensionen, multipliziert mit der Verschiebung $\mathrm{d}s$ der Oberfläche. Damit ist gezeigt, dass das J-Integral tatsächlich eine Energie-Interpretation besitzt.

Bei der Herleitung dieser Beziehung wurde davon Gebrauch gemacht, dass der Endzustand des Systems (d. h. der Körper B) auf beliebige Weise aus dem Anfangszustand gewonnen werden kann, ohne dass dies einen Einfluss auf das Ergebnis hat. Diese Annahme ist streng genommen nur für elastische Körper gültig. Liegt Plastizität vor, so muss deshalb die Energie-Interpretation mit Vorsicht behandelt werden. Sie ist aber immer noch gültig, solange die sogenannte Theorie der Deformationsplastizität verwendet wird, bei der davon ausgegangen wird, dass es zu keinen Entlastungsvorgängen im Material kommt. Diese Einschränkung ist jedoch nicht besonders schwerwiegend, und in vielen Fällen kann das J-Integral auch im Fall der Plastizität angewandt werden.

18 Literatur

[1] R. B. Abernethy: *The New Weibull Handbook.* Selbstverlag, 5. Auflage, 2006.

[2] R. Abinger, F. Hammer und J. Leopold: *Großschaden an einem 300-MW-Dampfturbosatz.* Der Maschinenschaden, 61(2):58–60, 1988.

[3] D. Altenpohl: *aluminium von innen.* Aluminium-Verlag, 5. Auflage, 1994.

[4] Aluminium-Zentrale (Hg.): *Aluminium Taschenbuch.* Aluminium-Verlag, 14. Auflage, 1983.

[5] B. F. Antolovic: *Fatigue and fracture of nickel-base superalloys.* In: S. R. Lampman (Hg.): *Fatigue and Fracture*, Band 19 der Reihe ASM *Handbook*, Seiten 854–868. ASM International, 1996.

[6] E. Arzt und D. S. Wilkinson: *Threshold stresses for dislocation climb over hard particles: the effect of an attractive interaction.* Acta Metallurgica, 34(10):1893–1898, 1986.

[7] M. F. Ashby: *Materials Selection in Mechanical Design.* Butterworth-Heinemann, 5. Auflage, 2016.

[8] M. F. Ashby und D. R. H. Jones: *Engineering Materials 1: An Introduction to their Properties and Applications.* Pergamon Press, 1980.

[9] M. F. Ashby und D. R. H. Jones: *Engineering Materials 2: An Introduction to Microstructure, Processing and Design.* Pergamon Press, 1986.

[10] N. W. Ashcroft und N. D. Mermin: *Solid State Physics.* ITPS Thomson Learning, 2000.

[11] D. R. Askeland: *Materialwissenschaften.* Spektrum Akademischer Verlag, 1996.

[12] K. Autumn, Y. A. Liang, S. T. Hsieh, W. Zesch, P. C. Wai, T. W. Kenny, R. Fearing und R. J. Full: *Adhesive force of a single gecko foot-hair.* Nature, 405:681–685, 2000.

[13] A.-M. M. Baker und C. M. F. Barry: *Effects of composition, processing, and structure on properties of engineering plastics.* In: G. E. Dieter (Hg.): *Materials Selection and Design*, Band 20 der Reihe ASM *Handbook*, Seiten 434–456. ASM International, 1997.

[14] M. Bäker: *Numerische Methoden in der Materialwissenschaft*, Band 8 der Reihe *Braunschweiger Schriften zum Maschinenbau.* Fachbereich Maschinenbau der TU Braunschweig, 2002.

[15] M. Bäker: *Funktionswerkstoffe.* Springer Vieweg Verlag, 2014.

[16] O. H. Basquin: *The exponential law of endurance tests.* Proceedings of the ASTM, 10:625–630, 1910.

[17] E. Becker und W. Bürger: *Kontinuumsmechanik*, Band 20 der Reihe *Leitfäden der angewandten Mathematik und Mechanik*. B. G. Teubner, 1975.

[18] A. Beiser: *Atome, Moleküle, Festkörper*. Vieweg Verlag, 1983.

[19] W. Bergmann: *Werkstofftechnik, Teil 1: Grundlagen*. Hanser Verlag, 3. Auflage, 2000.

[20] J. Betten: *Kontinuumsmechanik*. Springer-Verlag, 2. Auflage, 2001.

[21] G. Blugan, M. Hadad, J. Janczak-Rusch, J. Kuebler und T. Graule: *Fractography, mechanical properties, and microstructure of commercial silicon nitride–titanium nitride composities*. Journal of the American Ceramical Society, 88:926–933, 2005.

[22] H. Blumenauer und G. Pusch: *Technische Bruchmechanik*. Deutscher Verlag für Grundstoffindustrie, 1993.

[23] C. Boller und T. Seeger: *Materials data for cyclic loading, Part A–E*. Elsevier, 1987.

[24] R. R. Boyer, E. W. Collings und G. Welsch (Hg.): *Materials Properties Handbook: Titanium Alloys*. ASM International, 1994.

[25] J. E. Bramfitt und R. L. Hess: *A novel heat activated recoverable temporary stent (hearts system)*. In: *Proceedings of SMST-94*, Seiten 435–442, 1994.

[26] I. N. Bronštein, K. A. Semendjaev, G. Musiaol und H. Mühlig: *Taschenbuch der Mathematik*. Verlag Europa-Lehrmittel, 10. Auflage, 2016.

[27] R. J. Brook (Hg.): *Concise Encyclopedia of Advanced Ceramic Materials*. Pergamon Press, 1991.

[28] W. D. Callister: *Materials Science and Engineering*. John Wiley & Sons, 9. Auflage, 2014.

[29] K. K. Chawla: *Ceramic Matrix Composites*. Chapman & Hall, 1993.

[30] K. K. Chawla: *Composite Materials*. Springer-Verlag, 3. Auflage, 2012.

[31] R. E. Clegg und G. D. Paterson: *Ductile particle toughening of hydroxyapatite ceramics using platinum particles*. In: A. Atrens, J. N. Boland, R. Clegg und J. R. Griffiths (Hg.): *Structural Integrity and Fracture, Proceedings of SIF 2004*, 2004.

[32] L. L. Clements: *Polymer science for engineers*. In: J. N. Epel (Hg.): *Engineering Plastics*, Band 2 der Reihe *Engineered Materials Handbook*, Seiten 48–62. ASM International, 1988.

[33] L. F. Coffin und j. Schenectady, N. Y.: *A study of the effects of cyclic thermal stresses on a ductile metal*. Transactions of the ASME, 76:931–950, August 1954.

[34] *The copper page*. http://www.copper.org, Stand: 29.04. 2019.

[35] A. H. Cottrell: *Dislocations and plastic flow in crystals*. Clarendon Press, 1965.

[36] T. H. Courtney: *Mechanical Behaviour of Materials*. McGraw-Hill, 1990.

[37] J. D. Currey: *Bones: Structure and Mechanics*. Princeton University Press, 2002.

[38] M. Dankert: *Ermüdungsrißwachstum in Kerben – ein einheitliches Konzept zur Berechnung von Anriß- und Rißfortschrittslebensdauern*. Dissertation, Institut für Stahlbau und Werkstoffmechanik, Technische Universität Darmstadt, 1999.

[39] R. H. Dauskardt, R. O. Ritchie und B. N. Cox: *Fatigue of brittle materials*. In: S. R. Lampman (Hg.): *Fatigue and Fracture*, Band 19 der Reihe ASM *Handbook*, Seiten 936–945. ASM International, 1996.

[40] J. R. Davis (Hg.): *Stainless Steels*. ASM Specialty Handbook. ASM International, 1994.

[41] G. E. Dieter: *Mechanical Metallurgy*. McGraw-Hill, 1988.

[42] R. D. Doherty, D. A. Hughes, F. J. Humphreys, J. J. Jonas, D. Juul Lensen, M. E. Kassner, W. E. King, T. R. McNelley, H. J. McQueen und A. D. Rollett: *Current issues in recrystallization: a review*. Materials Science and Engineering A, 238:219–274, 1997.

[43] H. Domininghaus: *Domininghaus – Kunststoffe: Eigenschaften und Anwendungen*. Springer-Verlag, 8. Auflage, 2012.

[44] W. Domke: *Werkstoffkunde und Werkstoffprüfung*. Cornelsen Verlag, 10. Auflage, 1994.

[45] N. E. Dowling: *Mechanical Behavior of Materials*. Prentice Hall, 4. Auflage, 2012.

[46] G. W. Ehrenstein: *Polymer-Werkstoffe*. Hanser Verlag, 3. Auflage, 2011.

[47] G. Erhard: *Konstruieren mit Kunststoffen*. Carl-Hanser-Verlag, 4. Auflage, 2018.

[48] A. G. Evans und R. M. Cannon: *Toughening of brittle solids by martensitic transformations*. Acta metallurgica, 34:761–800, 1986.

[49] R. P. Feynman, R. B. Leighton und M. Sands: *The Feynman Lectures on Physics, Vol I, II & III*. Pearson Higher Education, »New Millennium« Auflage, 2011.

[50] U. Fischer, M. Heinzler, R. Kilgus, F. Näher, H. Paetzold, W. Röhrer, K. Schilling und A. Stephan: *Tabellenbuch Metall*. Verlag Europa-Lehrmittel, 47. Auflage, 2017.

[51] J. V. Foltz: *Metal-matrix composites*. In: J. R. Davis (Hg.): *Nonferrous Alloys and Special Purpose Materials*, Band 2 der Reihe ASM *Handbook: Properties and Selection*, Seiten 903–912. ASM International, 1990.

[52] H. J. Frost und M. F. Ashby: *Deformation-Mechanism Maps*. Pergamon Press, 1982.

[53] F. E. Fujita (Hg.): *Physics of New Materials*, Band 27 der Reihe *Springer Series in Materials Science*. Springer-Verlag, 2. Auflage, 1998.

[54] C. J. Gilbert und R. O. Ritchie: *On the quantification of bridging tractions during subcritical crack growth under monotonic and cyclic fatigue loading in a grain-bridging silicon carbide ceramic*. Acta materialia, 46:609–616, 1998.

[55] M. B. Goddard, P. D. Burke, D. E. Kizer, R. Bacon und W. C. Harrigan Jr.: *Continuous graphite fiber* MMCs. In: T. J. Reinhart (Hg.): *Composites*, Band 1 der Reihe *Engineered Materials Handbook*, Seiten 867–873. ASM International, 1987.

[56] G. Gottstein: *Physikalische Grundlagen der Materialkunde*. Springer-Verlag, 3. Auflage, 2007.

[57] K. Grandin (Hg.): *Les Prix Nobel. The Nobel Prizes 2010*. Nobel Foundation, 2011.

[58] J. K. Gregory: *Fatigue crack growth of titanium alloys*. In: S. R. Lampman (Hg.): *Fatigue and Fracture*, Band 19 der Reihe ASM *Handbook*, Seiten 845–853. ASM International, 1996.

[59] D. Gross und T. Seelig: *Bruchmechanik*. Springer Vieweg Verlag, 6. Auflage, 2016.

[60] K.-H. Grote, B. Bender und D. Göhlich (Hg.): *Dubbel – Taschenbuch für den Maschinenbau*. Springer Vieweg Verlag, 25. Auflage, 2018.

[61] W. Guo, C. H. Wang und L. R. F. Rose: *Elastoplastic analysis of notch-tip fields in strain hardening materials*. Technischer Bericht AR-010-065, Aeronautical and Maritime Research Laboratory, 1998.

[62] M. Götting: *Modellierung des Kriechrisswachstums von Nickelbasis-Superlegierungen*. Dissertation, Cuvillier Verlag, 2005.

[63] S. Hampshire: *Engineering properties of nitrides*. In: S. J. Schneider (Hg.): *Ceramics and Glasses*, Band 4 der Reihe *Engineered Materials Handbook*, Seiten 812–820. ASM International, 1991.

[64] J. Harder: *Simulation lokaler Fließvorgänge in Polykristallen*. Dissertation, Mechanik-Zentrum, TU Braunschweig, 1997.

[65] W. C. Harrigan: *Discontinuous silicon fiber MMCs*. In: T. J. Reinhart (Hg.): *Composites*, Band 1 der Reihe *Engineered Materials Handbook*, Seiten 889–895. ASM International, 1987.

[66] F. Hild: *Probabilistic Approach to Fracture: The Weibull Model*, Seiten 558–565. In: J. Lemaitre [94], 2001.

[67] R. Hill: *The Mathematical Theory of Plasticity*. Oxford University Press, 1998.

[68] M. Hoffman, Y.-W. Mai, S. Wakayama, M. Kawahara und T. Kishi: *Crack-tip degradation processes observed during* in situ *cyclic fatigue of partially stabilized zirconia*. Journal of the American Ceramic Society, 78:2801–2810, 1995.

[69] G. A. Holzapfel: *Nonlinear Solid Mechanics*. John Wiley & Sons, 2000.

[70] R. W. K. Honeycombe: *Steels – Microstructure and Properties*. Butterworth-Heinemann, 4. Auflage, 2017.

[71] S. Horibe und R. Hirahara: *Cyclic fatigue of ceramic materials: Influence of crack path and fatigue mechanisms*. Acta metallurgica et materialia, 39:1309–1317, 1991.

[72] E. Hornbogen, G. Eggeler und W. E.: *Werkstoffe*. Springer Vieweg Verlag, 12. Auflage, 2019.

[73] T. J. R. Hughes und J. Winget: *Finite rotation effects in numerical integration of rate constitutive equations arising in large-deformation analysis*. International Journal for Numerical Methods in Engineering, 15:1862–1867, 1980.

[74] E. A. Humphreys und B. W. Rosen: *Properties analysis of laminates.* In: T. J. Reinhart (Hg.): *Composites*, Band 1 der Reihe *Engineered Materials Handbook*, Seiten 218–235. ASM International, 1987.

[75] A. Hunsche und P. Neumann: *Quantitative measurement of persistent slip band profiles and crack initiation.* Acta metallurgica, 34(2):207–217, 1986.

[76] B. Ilschner und R. F. Singer: *Werkstoffwissenschaften und Fertigungstechnik.* Springer Vieweg Verlag, 6. Auflage, 2016.

[77] G. R. Irwin: *Analysis of stresses and strains near the end of a crack traversing a plate.* Journal of Applied Mechanics, Seiten 361–364, September 1957.

[78] L. Issler, H. Ruoß und P. Häfele: *Festigkeitslehre – Grundlagen.* Springer-Verlag, 2. Auflage, 2003.

[79] R. Janda (Hg.): *Kunststoffverbundsysteme.* VCH Verlagsgesellschaft, 1989.

[80] A. D. Jenkins (Hg.): *Polymer Science*, Band 1. North-Holland Publishing Company, 1972.

[81] M. Jirasek und Z. P. Bazant: *Inelastic Analysis of Structures.* John Wiley & Sons, 2001.

[82] S. Kaliszky: *Plastizitätslehre.* VDI-Verlag, 1984.

[83] H.-H. Kausch (Hg.): *Crazing in Polymers, Vol. 1*, Band 52/53 der Reihe *Advances in Polymer Science.* Springer-Verlag, 1983.

[84] H.-H. Kausch (Hg.): *Crazing in Polymers, Vol. 2*, Band 91/92 der Reihe *Advances in Polymer Science.* Springer-Verlag, 1990.

[85] C. Kittel: *Einführung in die Festkörperphysik.* R. Oldenbourg Verlag, 15. Auflage, 2013.

[86] D. P. Knight und F. Vollrath: *Liquid crystals and flow elongation in a spider's silk production line.* Proc. R. Soc. Lond., 266:519–523, 1999.

[87] U. F. Kocks: *The relation between polycrystal deformation and single-crystal deformation.* Metallurgical and Materials Transactions B, 1(5):1121–1143, 1970.

[88] D. Kulawinski: *Biaxial-planare isotherme und thermo-mechanische Ermüdung an polykristallinen Nickelbasis-Superlegierungen.* Dissertation, Logos Verlag, 2015.

[89] L. D. Landau und E. M. Lifschitz: *Lehrbuch der theoretischen Physik*, Band 2: Klassische Feldtheorie. Verlag Harri Deutsch, 12. Auflage, 1997.

[90] R. W. Landgraf: *Fracture mechanics of steel fatigue.* In: S. R. Lampman (Hg.): *Fatigue and Fracture*, Band 19 der Reihe ASM *Handbook*, Seiten 632–644. ASM International, 1996.

[91] G. Lange: *Vereinfachte Ermittlung der Fließkurve metallischer Werkstoffe im Zugversuch während der Einschnürung der Proben.* Archiv für das Eisenhüttenwesen, 45(11):809–812, November 1974.

[92] G. Lange und M. Pohl (Hg.): *Systematische Beurteilung technischer Schadensfälle.* Wiley-VCH, 6. Auflage, 2014.

[93] R. L. Lehman: *Overview of ceramic design and process engineering.* In: S. J. Schneider (Hg.): *Ceramics and Glasses*, Band 4 der Reihe *Engineered Materials Handbook*, Seiten 29–37. ASM International, 1991.

[94] J. Lemaitre (Hg.): *Handbook of Materials Behavior Models.* Academic Press, 2001.

[95] C. Leyens und M. Peters (Hg.): *Titanium and Titanium alloys.* Wiley-VCH, 2003.

[96] P. Lukáš und L. Kunz: *Specific features of high-cycle and ultra-high-cycle fatigue.* Fatigue and fracture of engineering materials and structures, 25(8):747–753, 2002.

[97] W.-B. Luo, T.-Q. Yang und X.-Y. Wang: *Time-dependent craze zone growth at a crack tip in polymer solids.* Polymer, 45(10):3519–3525, 2004.

[98] H. J. Maier, T. Niendorf und R. Bürgel: *Handbuch Hochtemperatur-Werkstofftechnik.* Springer Vieweg Verlag, 6. Auflage, 2019.

[99] S. S. Manson: *Behavior of materials under conditions of thermal stress.* In: *Heat Transfer Symposium*, Seiten 9–76. University of Michigan Engineering Research Institute, 1953.

[100] S. S. Manson: *Behavior of materials under conditions of thermal stress.* NACA report 1170, National Advisory Committee for Aeronautics, 1954.

[101] C. Mattheck: *Design in der Natur: der Baum als Lehrmeister.* Rombach Wissenschaften, Reihe Ökologie, 4. Auflage, 2006.

[102] *Mitsubishi Chemical Carbon Fiber and Composites.* http://www.mccfc.com, Stand: 27.04. 2019.

[103] N. G. McCrum, C. P. Buckley und C. B. Bucknall: *Principles of Polymer Engineering.* Oxford University Press, 1988.

[104] E. A. McNally, H. P. Schwarcz, G. A. Botton und A. L. Arsenault: *A model for the ultrastructure of bone based on electron microscopy of ion-milled sections.* PLOS one, 7(1):e29258, 2012.

[105] M. Merkel und K.-H. Thomas: *Taschenbuch der Werkstoffe.* Hanser Verlag, 7. Auflage, 2008.

[106] M. A. Miner: *Cumulative damage in fatigue.* Journal of Applied Mechanics, Seiten A-159–A-164, September 1945.

[107] R. von Mises: *Mechanik der plastischen Formänderung von Kristallen.* Zeitschrift für Angewandte Mathematik und Mechanik, 8:161–185, 1928.

[108] *Mitsubishi Chemical.* https://www.m-chemical.co.jp/en/products/field/carbon/index.html, Stand: 27.04. 2019.

[109] M. Miyayama, K. Koumoto und H. Yanagida: *Engineering properties of single oxides.* In: S. J. Schneider (Hg.): *Ceramics and Glasses*, Band 4 der Reihe *Engineered Materials Handbook*, Seiten 748–757. ASM International, 1991.

[110] A. Moet und H. Aglan: *Fatigue failure*. In: J. N. Epel (Hg.): *Engineering Plastics*, Band 2 der Reihe *Engineered Materials Handbook*, Seiten 741–750. ASM International, 1988.

[111] D. Munz und T. Fett: *Mechanisches Verhalten keramischer Werkstoffe*. Springer-Verlag, 1989.

[112] D. Munz und T. Fett: *Ceramics*, Band 36 der Reihe *Materials Science*. Springer-Verlag, 1999.

[113] E. M. Nadgornyi: *Dislocation dynamics and mechanical properties of crystals*, Band 31 der Reihe *Progress in materials science*. Pergamon Press, 1988.

[114] H. Neuber: *Kerbspannungslehre*. Springer-Verlag, 4. Auflage, 2001.

[115] *Nippon Graphite Fiber Corporation*. http://www.ngfworld.com/en/en_skill.html, Stand: 27. 04. 2019.

[116] *Orbital Viewer*. https://www.orbitals.com/orb/ov.htm, Stand: 03. 05. 2019.

[117] T. A. Osswald und G. Menges: *Materials Science of Polymers for Engineers*. Hanser Verlag, 3. Auflage, 2012.

[118] H. Parisch: *Festkörper-Kontinuumsmechanik*. B. G. Teubner, 2003.

[119] W. D. Pilkey: *Peterson's Stress Concentration Factors*. John Wiley & Sons, 3. Auflage, 2017.

[120] M. de Podesta: *Understanding the Properties of Matter*. UCL Press, 1996.

[121] I. Polmear, D. StJohn, J.-F. Nie und M. Qian: *Light Alloys*. Butterworth-Heinemann, 5. Auflage, 2017.

[122] C. Pöppe: *Der Beweis der Keplerschen Vermutung*. Spektrum der Wissenschaft, Seite 10, April 1999.

[123] W. Prager: *Einführung in die Kontinuumsmechanik*, Band 20 der Reihe *Lehr- und Handbücher der Ingenieurwissenschaften*. Birkhäuser Verlag, 1961.

[124] D. Radaj und M. Vormwald: *Ermüdungsfestigkeit*. Springer-Verlag, 3. Auflage, 2007.

[125] S. Rawal: *Metal-matrix composites for space applications*. Journal of Metals, 53:14–17, 2001.

[126] K.-A. Reckling: *Plastizitätstheorie und ihre Anwendung auf Festigkeitsprobleme*. Springer-Verlag, 1967.

[127] F. Reif: *Statistische Physik und Theorie der Wärme*. De Gruyter, 3. Auflage, 1987.

[128] T. J. Reinhart (Hg.): *Composites*, Band 1 der Reihe *Engineered Materials Handbook*. ASM International, 1987.

[129] J. R. Rice: *A path independent integral and the approximate analysis of strain concentration by notches and cracks*. Journal of Applied Mechanics, Seiten 379–386, Juni 1968.

[130] H. Riedel: *Fracture at High Temperatures.* Materials Research and Engineering. Springer-Verlag, 1987.

[131] R. O. Ritchie: *Mechanisms of fatigue-crack propagation in ductile and brittle solids.* International Journal of Fracture, 100:55–83, 1999.

[132] J. C. Romine: *Continuous aluminum oxide fiber MMCs.* In: T. J. Reinhart (Hg.): *Composites*, Band 1 der Reihe *Engineered Materials Handbook*, Seiten 874–877. ASM International, 1987.

[133] B. W. Rosen: *Analysis of material properties.* In: T. J. Reinhart (Hg.): *Composites*, Band 1 der Reihe *Engineered Materials Handbook*, Seiten 185–205. ASM International, 1987.

[134] J. Rösler, R. Joos und E. Arzt: *Microstructure and creep properties of dispersion-strengthened aluminium alloys.* Metallurgical Transactions A, 23 A:1521–1539, Mai 1992.

[135] J. Rösler und E. Arzt: *A new model-based creep equation for dispersion strengthened materials.* Acta metallurgica et Materialia, 38(4):671–683, 1990.

[136] J. Ruge und H. Wohlfahrt: *Technologie der Werkstoffe.* Springer Vieweg Verlag, 9. Auflage, 2013.

[137] V. Saß: *Untersuchung der Anisotropie im Kriechverhalten der einkristallinen Nickelbasis-Superlegierung CMSX-4.* Dissertation, TU Berlin, 1997.

[138] R. Schirrer: *Damage mechanisms in amorphous glassy polymers: Crazing*, Seiten 488–499. In: J. Lemaitre [94], 2001.

[139] K. Schneider: *Advanced blading.* In: E. Bauchelet *et al.* (Hg.): *High Temperature Materials for Power Engineering 1990 – Part II*, Seiten 935–954. Kluwer Academic Publishers, 1990.

[140] G. Schott (Hg.): *Werkstoffermüdung – Ermüdungsfestigkeit.* Deutscher Verlag für Grundstoffindustrie, 4. Auflage, 1997.

[141] K. Schulte: *Faserverbundwerkstoffe mit Polymermatrix – Aufbau und mechanische Eigenschaften.* DLR-FB 92-28, Deutsche Forschungsanstalt für Luft- und Raumfahrt, 1992.

[142] J. M. Schultz: *Properties of solid polymeric materials – Part B*, Band 10 der Reihe *Treatise on materials science and technology.* Academic Press, 1977.

[143] K.-H. Schwalbe: *Bruchmechanik metallischer Werkstoffe.* Carl Hanser Verlag, 1980.

[144] *sgl carbon.* https://www.sglcarbon.com/loesungen/material/sigrafil-carbon-endlosfasern/, Stand: 27.04.2019.

[145] K. Shiozawa und L. Lu: *Very high-cycle fatigue behaviour of shot-peened high-carbon-chromium bearing steel.* Fatigue and fracture of engineering materials and structures, 25(8):813–833, 2002.

[146] D. J. Srolovitz, M. J. Luton, R. Petkovic-Luton, D. M. Barnett und W. D. Nix: *Diffusionally modified dislocation-particle elastic interactions.* Acta Metallurgica, 32(7):1079–1088, 1984.

[147] R. Stevens: *Engineering properties of zirconia.* In: S. J. Schneider (Hg.): *Ceramics and Glasses*, Band 4 der Reihe *Engineered Materials Handbook*, Seiten 775–786. ASM International, 1991.

[148] R. A. Storer *et al.* (Hg.): *Metals Test Methods and Analytical Procedures*, Band 03.01 der Reihe *1995 Annual Book of ASTM Standards*, Kapitel E 399: Standard Test Method for Plane-Strain Fracture Toughness of Metallic Materials, Seiten 412–442. American Society for Testing and Materials, 1995.

[149] K. Tanaka und Y. Akiniwa: *Fatigue crack propagation behaviour derived from S-N data in very high cycle regime.* Fatigue and fracture of engineering materials and structures, 25(8):775–784, 2002.

[150] R. Telle (Hg.): *Salmang, Scholze: Keramik.* Springer-Verlag, 7. Auflage, 2007.

[151] M. W. Toaz: *Discontinuous ceramic fiber MMCs.* In: T. J. Reinhart (Hg.): *Composites*, Band 1 der Reihe *Engineered Materials Handbook*, Seiten 903–910. ASM International, 1987.

[152] *Toray Industries, Inc.* http://www.torayca.com, Stand: 27. 04. 2019.

[153] Verband der Keramischen Industrie e. V. (Hg.): *Brevier Technische Keramik.* Fahner Verlag, 2003. http://www.keramverband.de/brevier_dt/brevier.htm, Stand: 28. 04. 2019.

[154] J. F. V. Vincent und J. D. Currey (Hg.): *The mechanical properties of biological materials.* Cambrige University Press, 1980.

[155] R. Z. Wang, A. G. Evans, N. Yao und I. A. Aksay: *Deformation mechanisms in nacre.* Journal of Materials Research, 16:2485–2493, 2001.

[156] M. Wegst und C. Wegst: *Stahlschlüssel-Taschenbuch.* 25. Auflage, 2018.

[157] W. Weibull: *A statistical distribution function of wide applicability.* Journal of Applied Mechanics, 18:293–297, 1951.

[158] K. Wellinger und H. Dietmann: *Festigkeitsberechnung: Grundlagen und technische Anwendung.* Alfred Kröner Verlag, 3. Auflage, 1976.

[159] H. von Wieding: *Entwicklung eines Programmpaketes zur Berechnung der ertragbaren Spannungen bzw. der Lebensdauer bei mehrachsiger Betriebsbeanspruchung auf der Basis der modifizierten Oktaederschubspannungshypothese.* Studienarbeit, Institut für Werkstoffe, TU Braunschweig, 1991.

[160] G. Ziegler: *Engineering properties of carbon-carbon and ceramic-matrix composites.* In: S. J. Schneider (Hg.): *Ceramics and Glasses*, Band 4 der Reihe *Engineered Materials Handbook*, Seiten 835–844. ASM International, 1991.

[161] C. Zorn: *Plastisch instabile Verformung aufgrund dynamischer Reckalterung und korrelierten Versetzungsgleitens.* Dissertation, Mechanik-Zentrum, TU Braunschweig, 2002.

19 Verzeichnis wichtiger Formelzeichen

Skalare

α	Gitterwinkel
α	Wärmeausdehnungskoeffizient
α_k	Kerbformzahl
β	Gitterwinkel
β_k	Kerbwirkungszahl
γ	Gitterwinkel
γ	Scherung
γ, γ_0	spezifische Oberflächenenergie
Γ_0	Oberflächenenergie
δ	Korngrenzendicke
δ	Lastangriffspunktverschiebung
δ_t	Rissspitzenöffnung
ε	technische Dehnung, Nenndehnung
ε_B	Bruchdehnung eines Polymers
ε_M	Dehnung bei Auftreten der Zugfestigkeit eines Polymers
ε_{tB}	Bruchdehnung eines Polymers
ε_Y	Streckdehnung eines Polymers
$\varepsilon_V^{(pl)}$	plastische Vergleichsdehnung
$\dot{\varepsilon}_V^{(pl)}$	plastische Vergleichsdehnrate
θ	Winkel
λ	halber Hindernisabstand
λ	lamésche Konstante
λ	Nachgiebigkeit
λ	Winkel
$\dot{\lambda}$	Proportionalitätsfaktor in der Fließregel
μ	lamésche Konstante
ν	Querkontraktionszahl
ϱ	Dichte
ϱ	Kerbradius
ϱ	Versetzungsdichte
σ	Normalspannung
$\sigma_I, \sigma_{II}, \sigma_{III}$	Hauptspannungen, der Größe nach sortiert ($\sigma_I \geq \sigma_{II} \geq \sigma_{III}$)
σ_0	Spannung mit höchster Versagenswahrscheinlichkeitsdichte
$\sigma_1, \sigma_2, \sigma_3$	Hauptspannungen, unsortiert
$\sigma_{A(N)}$	Spannungsamplitude zum Erreichen einer vorgegebenen Zyklenzahl N
σ_a	Spannungsamplitude
σ_B	Bruchspannung eines Polymers
σ_b	Knickspannung
σ_{bW}	Biege-Wechselfestigkeit
σ_c	kritische Spannung
σ_c	Inertfestigkeit
σ_D	Dauerfestigkeit
$\sigma_{D,k}$	Dauerfestigkeit einer gekerbten Probe (Nennspannung im Kerbgrund)
σ_F	Fließspannung
σ_f	Faserspannung
$\sigma_{f,B}$	Bruchfestigkeit einer Faser
σ_m	Matrixspannung
σ_m	Mittelspannung
σ_m	hydrostatische Spannung
$\sigma_{m,F}$	Fließspannung der Matrix
σ_{max}	Maximalspannung (Kerbgrund)
σ_M	Zugfestigkeit eines Polymers
σ_{nk}	Nennspannung im Kerbgrund
σ_o	Oberspannung
σ_p	Prüflast im Überlastversuch
σ_T	Spaltfestigkeit
σ_u	untere Versagensgrenze (Weibull)
σ_u	Unterspannung
σ_V	Vergleichsspannung
$\sigma_{V,GEH}$	Vergleichsspannung der Gestaltänderungsenergiehypothese (von Mises)
$\sigma_{V,kGEH}$	Vergleichsspannung der konischen Fließbedingung
$\sigma_{V,pGEH}$	Vergleichsspannung der parabolischen Fließbedingung
$\sigma_{V,SH}$	Vergleichsspannung der Schubspannungshypothese (Tresca)
σ_w	wahre Spannung
σ_W	Zug-Druck-Wechselfestigkeit
σ_Y	Streckspannung eines Polymers
σ_{zul}	zulässige Spannung
$\Delta\sigma$	Schwingbreite
$\Delta\sigma_{FK}$	Verfestigungsbeitrag durch Feinkornhärtung
$\Delta\sigma_{MK}$	Verfestigungsbeitrag durch Mischkristallhärtung
$\Delta\sigma_{TH}$	Verfestigungsbeitrag durch Teilchenhärtung
$\Delta\sigma_V$	Verfestigungsbeitrag durch Verformungsverfestigung
τ	Schubspannung
τ^*	effektive Schubspannung
τ_F	Schubfließspannung
$\tau^{(GS)}$	Schubspannung im Gleitsystem
τ_i	an Grenzfläche übertragbare Spannung

© Springer Fachmedien Wiesbaden GmbH, ein Teil von Springer Nature 2019

J. Rösler et al., *Mechanisches Verhalten der Werkstoffe*, https://doi.org/10.1007/978-3-658-26802-2

τ_i	Reibspannung
τ_krit	kritische Schubspannung
τ_rel	Relaxationszeit
τ_ret	Retardationszeit
φ	wahre Dehnung
φ	Winkelkoordinate
φ_Gl	Gleichmaßdehnung
χ	Spannungsgradient im Kerbgrund
χ^*	bezogener Spannungsgradient
Ω	Leerstellenvolumen
a	Gitterkonstante
a	Risslänge bei Oberflächenrissen, halbe Risslänge bei inneren Rissen
a	Schwingfestigkeitsexponent
a^*	kritische Risslänge
$\mathrm{d}a/\mathrm{d}N$	Rissfortschritt pro Zyklus
Δa	Rissfortschritt
A	Anisotropiefaktor
A	Bruchdehnung $A_{5,65}$
A, A^*	Konstante in Potenzgesetz für unterkritisches Risswachstum
A	Fläche
$A_{5,65}$	Bruchdehnung für $L_0/\sqrt{D_0} = 5{,}65$
$A_{11,3}$	Bruchdehnung für $L_0/\sqrt{D_0} = 11{,}3$
A_C	Materialkonstante für Coble-Kriechen
A_KGG	Materialkonstante für Korngrenzengleiten
A_NH	Materialkonstante für Nabarro-Herring-Kriechen
b	Duktilitätsexponent
b	Gitterkonstante
b	Länge des Burgersvektors
B, B^*	Parameter für Lebensdauer bei unterkritischem Risswachstum
B	Konstante beim Potenzgesetz-Kriechen
c	Gitterkonstante
c	Konzentration
C	Larson-Miller-Konstante
C	Konstante in Parisgleichung
C	Verfestigungsparameter
d	Durchmesser
d^*	Hindernisbreite
d_0	anfänglicher Durchmesser im Zugversuch
D	Diffusionskoeffizient
D_0	Diffusionskonstante
D_KG	Diffusionskoeffizient für Selbstdiffusion
D_V	Diffusionskoeffizient für Leerstellen
E	Arbeit
E	Elastizitätsmodul
E_c	Retardationsmodul
E_r	Relaxationsmodul
f	Fließflächenfunktion
f	Wahrscheinlichkeitsdichte
f_f	Volumenanteil Faser
f_m	Volumenanteil Matrix
f_V	Volumenanteil
F	freie Energie
F	Kraft
F_i	innere Wechselwirkungskraft
F_Q	kritische Kraft
g	Fließflächenfunktion
g	Wahrscheinlichkeitsdichte im Überlastversuch
G	freie Enthalpie
G	Schubmodul
G_f	Ausfallwahrscheinlichkeit im Überlastversuch
$\mathcal{G}, \mathcal{G}_\mathrm{I}, \mathcal{G}_\mathrm{II}, \mathcal{G}_\mathrm{III}$	Energiefreisetzungsrate
$\mathcal{G}_\mathrm{Ic}$	kritische Energiefreisetzungsrate
h	kristallographischer Index
H	Verfestigungskoeffizient
HB	Brinellhärte
j	Leerstellenstromdichte
J	Leerstellenstrom
J	J-Integral
J_1, J_2, J_3	Grundinvarianten
k	Boltzmann-Konstante
k	Federsteifigkeit
k	kristallographischer Index
k	Verfestigungsparameter
k_F	Fließgrenze der von-misesschen Fließbedingung
k_HP	Hall-Petch-Konstante
k_l	Verfestigungsparameter
k_TH	Teilchenhärtungskonstante
k_V	Konstante für Verformungsverfestigung
K	Kompressionsmodul
$K, K_\mathrm{I}, K_\mathrm{II}, K_\mathrm{III}, K_\mathrm{Q}$	Spannungsintensitätsfaktor
K_I0	Schwellspannungsintensitätsfaktor für unterkritisches Risswachstum
K_Ic	Bruchzähigkeit
K_IR	Rissausbreitungswiderstand
K_m	Mittespannungsintensitätsfaktor
K_op	rissöffnender Spannungsintensitätsfaktor
ΔK	zyklischer Spannungsintensitätsfaktor
ΔK_eff	effektiv wirkender Spannungsintensitätsfaktor
K_f	Kerbwirkungszahl, siehe auch β_k
K_t	Kerbformzahl, siehe auch α_k
ΔK_th	Schwellspannungsintensitätsfaktor für Ermüdungsrisswachstum
l	kristallographischer Index
l	Länge
l_0	Anfangslänge
l_c	kritische Länge in Faserverbundwerkstoffen
L	aktuelle Messlänge im Zugversuch
L_0	Anfangsmesslänge im Zugversuch
m	Zug-Druck-Parameter für Polymerfließbedingung
m	Weibullmodul
m^*	Weibullmodul für die Lebensdauer

M	Taylorfaktor		ausgeprägter Streckgrenze
n	Exponent in der Paris-Gleichung	R_m	Zugfestigkeit
n	Exponent im Potenzgesetz für unterkritisches Risswachstum	R_p	Dehngrenze für Materialien ohne ausgeprägte Streckgrenze ohne Festlegung der genauen plastischen Dehnung
n	Kriechexponent, Spannungsexponent		
n	Verfestigungsexponent	$R_\mathrm{p0,2}$	0,2 %-Dehngrenze für Materialien ohne ausgeprägte Streckgrenze
n_χ	dynamische Stützziffer		
N	Anzahl	S	aktuelle Querschnittsfläche im Zugversuch
N	Schwingspielzahl		
N_D	Grenzlastspielzahl	S	Entropie
N_i	Rissinitiierungsschwingspielzahl	S	Schädigung
N_f	Versagensschwingspielzahl	S_0	anfängliche Querschnittsfläche im Zugversuch
p	Druck		
P	Larson-Miller-Parameter	S_i	Teilschädigung
P	Wahrscheinlichkeit	t	Kerbtiefe
P_f	Versagenswahrscheinlichkeit	t	Probendicke
P_s	Überlebenswahrscheinlichkeit	t	Zeit
Q	Aktivierungsenergie	t_f	Lebensdauer
Q_B	Leerstellenbildungsenthalpie	T	Linienspannung einer Versetzung
Q_V	Energiedifferenz zur übersättigten Phase	T	Schwingperiode
Q_W	Aktivierungsenergie für Platzwechsel einer Leerstelle	T	Temperatur
		T_g	Glasübergangstemperatur
r	Atomabstand	T_m	Schmelztemperatur
r	inverse Übergangszeit (Garofalo-Gleichung)	T/T_m	homologe Temperatur
		U	Energie, Potential
r	Radialkoordinate	$U^{(\mathrm{el})}$	elastisch gespeicherte Energie
r	Teilchenradius	v_0	Rissöffnung
r^*	kritischer Teilchenradius	V	Volumen
r_0	Gleichgewichtsabstand	V^*	Aktivierungsvolumen
R	allgemeine Gaskonstante	V_0	Bezugsvolumen
R	Radius	W	Arbeit
R	Spannungsverhältnis (R-Wert)	w	Energiedichte, spezifische Arbeit
$\sigma_\mathrm{d0,2}$	Stauchgrenze duktiler Werkstoffe	$w^{(\mathrm{el})}$	elastische Energiedichte
σ_dB	Druckfestigkeit	$\dot{w}^{(\mathrm{pl})}$	bezogene dissipierte Leistung
R_eH	obere Streckgrenze für Materialien mit ausgeprägter Streckgrenze	x	Koordinate
		X	Kerbgrundposition
R_eL	untere Streckgrenze für Materialien mit	Y	Geometriefaktor (Bruchmechanik)

Vektoren

In diesem Verzeichnis werden die Vektoren in der Indexschreibweise aufgeführt. Die zugehörige Symbolschreibweise lässt sich nach dem Schema $(a_i) \mathrel{\widehat{=}} \underline{a}$ bilden. Wenn nicht anders angegeben, laufen die Indizes von 1 bis 3.

ε_α	Dehnungsvektor (voigtsche Schreibweise, $\alpha = 1\ldots6$)	n_i	Normalenvektor
		q_i	Schnittspannung
ξ_i	Koordinate im unverformten System	t_i	Linienvektor einer Versetzung
σ_α	Spannungsvektor (voigtsche Schreibweise, $\alpha = 1\ldots6$)	u_i	Verschiebung
		v_i	Bewegungsrichtung einer Versetzung
b_i	Burgersvektor	x_i	Koordinate
m_i	Gleitrichtung		

Matrizen und Tensoren

In diesem Verzeichnis werden die Matrizen und Tensoren in der Indexschreibweise aufgeführt. Die zugehörige Symbolschreibweise lässt sich nach dem Schema $(A_{ij}) \mathrel{\widehat{=}} \underline{\underline{A}}$ bzw. $(A_{ijkl}) \mathrel{\widehat{=}} \underset{4}{A}$ bilden. Wenn nicht anders angegeben, laufen die Indizes von 1 bis 3.

δ_{ij}	Kronecker-Delta		se, $\alpha, \beta = 1\ldots 6$)
ε_{ij}	Dehnungstensor	C_{ijkl}	Elastizitätstensor
$\dot{\varepsilon}_{ij}^{(\mathrm{pl})}$	plastische Formänderungsgeschwindigkeit	F_{ij}	Deformationsgradient
		G_{ij}	greenscher Verzerrungstensor
σ_{ij}	Spannungstensor	R_{ij}	Rotationstensor
σ'_{ij}	Spannungsdeviator	$S_{\alpha\beta}$	Nachgiebigkeitsmatrix (voigtsche Schreibweise, $\alpha, \beta = 1\ldots 6$)
$\sigma_{ij}^{(\mathrm{eff})}$	effektive Spannung	S_{ijkl}	Nachgiebigkeitstensor
$\sigma_{ij}^{(\mathrm{kin})}$	kinematische Rückspannung	T_{ij}	Energie-Impuls-Tensor
$C_{\alpha\beta}$	Elastizitätsmatrix (voigtsche Schreibwei-	U_{ij}	Rechts-Streck-Tensor

Indizes und Operatoren

α, β	Tensorrechnung: Laufindizes in der voigtschen Schreibweise, mögliche Werte: 1 bis 6	i, j, k, l	Tensorrechnung: Laufindizes für die Tensorkomponenten, mögliche Werte: 1 bis 3
∇	Divergenz	m	Mittelwert bei zyklischen Belastungen, z. B. Mittelspannung $\sigma_\mathrm{m} = (\sigma_\mathrm{o} + \sigma_\mathrm{u})/2$
Δ	Schwingbreite bei zyklischen Belastungen, z. B. $\Delta\sigma = \sigma_\mathrm{o} - \sigma_\mathrm{u}$	o	oberer Wert bei zyklischen Belastungen, z. B. Oberspannung σ_o
$1, 2, 3$	unsortierte Hauptwerte für Spannungstensoren	u	unterer Wert bei zyklischen Belastungen, z. B. Unterspannung σ_u
$\mathrm{I}, \mathrm{II}, \mathrm{III}$	sortierte Hauptwerte für Spannungstensoren		

20 Wichtige Festigkeitsbegriffe

Dieser Abschnitt fasst die wichtigsten in diesem Buch verwendeten Festigkeitsgrößen zusammen.

Unter *Belastungsgröße* ist die Belastungsart angegeben, mit der eine Probe belastet wird, um die Kenngröße zu ermitteln. Bei komplexen Spannungszuständen muss die entsprechende Spannungsgröße aus dem Spannungstensor ermittelt werden, z. B. die von-Mises-Spannung bei plastischer Verformung, die maximale Hauptspannung bei Rissausbreitung in Mode I usw.

Begriff	Belastungsgröße	Versagensart	Besonderheit	Abschnitt
Festigkeit	Beliebige Spannung	Verformung oder Gewaltbruch	Oberbegriff für alle Festigkeitsgrößen, je nach Zusammenhang auch speziell für einmalige Belastungen, Ermüdung oder Kriechen	3.2.1
		einmalige Belastung		
Dehngrenze $R_{\mathrm{p0,2}}$	Zugspannung	plastische Verformung	Beginn der plastischen Verformung im Zugversuch, DIN EN ISO 6892-1	3.2.1
(ausgeprägte) Streckgrenze R_{e}	Zugspannung	plastische Verformung	Beginn der plastischen Verformung im Zugversuch, hauptsächlich bei unlegierten Stählen, DIN EN ISO 6892-1	3.2.1
Zugfestigkeit R_{m}	Zugspannung	plastische Verformung oder Gewaltbruch	bei Metallen und Keramiken, maximale im Zugversuch auftretende Spannung, DIN EN ISO 6892-1	3.2.1
Stauchgrenze σ_{d}	Druckspannung	plastische Verformung	Beginn der plastischen Deformation im Druckversuch, DIN 50 106	3.2.1, 3.3.3, 9.3.5

© Springer Fachmedien Wiesbaden GmbH, ein Teil von Springer Nature 2019
J. Rösler et al., *Mechanisches Verhalten der Werkstoffe*, https://doi.org/10.1007/978-3-658-26802-2

Begriff	Belastungsgröße	Versagensart	Besonderheit	Abschnitt
Druckfestigkeit σ_{dB}	Druckspannung	Gewaltbruch	Spannung im Druckversuch, bei der ein erster Riss oder der Probenbruch auftritt, DIN 50 106	3.2.1, 3.3.3, 9.3.5
Biegefestigkeit σ_B	Biegebelastung	Gewaltbruch	Spannung an der Oberfläche beim Versagen einer Biegeprobe	3.2.1
Spaltfestigkeit σ_T	Zugspannung	Gewaltbruch	Versagen unter Zugspannung durch Überlastung der atomaren Bindungen	3.5.2
Inertfestigkeit σ_c	Spannung	Gewaltbruch, instabiles Risswachstum	Versagen einer Keramik in chemisch inerter Umgebung	7.2.6
Streckspannung σ_Y	Zugspannung	plastische Verformung	bei Polymeren, DIN EN ISO 527-1	3.2.1
Zugfestigkeit σ_M	Zugspannung	plastische Verformung oder Gewaltbruch	bei Polymeren, maximale im Zugversuch auftretende Spannung, DIN EN ISO 527-1	3.2.1
Bruchspannung σ_B	Zugspannung	Gewaltbruch	bei Polymeren, DIN EN ISO 527-1,	3.2.1
einmalige Belastung eines Risses				
Bruchzähigkeit K_{Ic}, K_{IIc}, K_{IIIc}	Spannungsintensitätsfaktor	Risswachstum, Gewaltbruch	ISO 12 135 (nur K_{Ic})	5.2.2
zyklische Belastung				
Ermüdungsfestigkeit	Spannungsamplitude, R-Wert	Schwingbruch	Oberbegriff für alle Festigkeitsgrößen unter Ermüdungsbelastung	10.1
Dauerschwingfestigkeit (Dauerfestigkeit) σ_D	Spannungsamplitude (Zug, Druck), R-Wert	Schwingbruch	Werkstoff dauerfest unterhalb dieser Grenze, DIN 50 100	10.6.2

Begriff	Belastungsgröße	Versagensart	Besonderheit	Abschnitt
Wechselfestigkeit (Zug-Druck-Wechselfestigkeit) σ_{W}	Spannungsamplitude (Zug, Druck), $R = -1$	Schwingbruch	Werkstoff dauerfest unterhalb dieser Grenze, DIN 50 100	10.6.2
Biege-Wechselfestigkeit σ_{bW}	Spannungsamplitude unter Biegelast, $R = -1$	Schwingbruch	Werkstoff dauerfest unterhalb dieser Grenze	10.6.2
Schwellfestigkeit σ_{Sch}	Spannungsamplitude (Zug), $R = 0$	Schwingbruch	Werkstoff dauerfest unterhalb dieser Grenze, DIN 50 100	10.6.2
Zeitschwingfestigkeit (Zeitfestigkeit)	Spannungsamplitude (Zug, Druck), R-Wert	Schwingbruch	Versagen nach endlicher Zyklenzahl, DIN 50 100	10.6.2
Kurzzeitfestigkeit	Spannungsamplitude, R-Wert	Schwingbruch	Versagen im LCF-Bereich	10.6.2
Kerbwechselfestigkeit $\sigma_{\mathrm{W,k}}$	Spannungsamplitude, $R = -1$	Schwingbruch	Werkstoff dauerfest unterhalb dieser Grenze für gekerbte Proben	10.7
zyklischer Schwellspannungsintensitätsfaktor ΔK_{th}	zyklischer Spannungsintensitätsfaktor, R-Wert	Schwingbruch	Werkstoff dauerfest unterhalb dieser Grenze	10.6.1
andauernde Belastung				
Kriechfestigkeit	Beliebige Spannung	Kriechverformung oder Kriechbruch	Oberbegriff für alle Festigkeitsgrößen bei Kriechversagen	11
Zeitdehngrenze $R_{\mathrm{p}\varepsilon/t_{\mathrm{p}\varepsilon}/\vartheta}$	Zugspannung	Erreichen einer bestimmten Verformung	für eine bestimmte Belastungsdauer $t_{\mathrm{p}\varepsilon}$ und Temperatur ϑ, DIN EN ISO 204	11.1
Zeitstandfestigkeit $R_{\mathrm{u}t_{\mathrm{u}}/\vartheta}$	Zugspannung	Kriechbruch	für eine bestimmte Belastungsdauer t_{u} und Temperatur ϑ, DIN EN ISO 204	11.1

21 Stichwortverzeichnis

Symbole
α-Eisen, *siehe* Eisen, Stahl, Ferrit
α-Phase in Siliziumnitrid, *siehe* Siliziumnitrid
α Relaxation, 266
β-Phase in Siliziumnitrid, *siehe* Siliziumnitrid
β-Relaxation, 266
γ-Eisen, *siehe* Eisen, Stahl, Austenit
γ'-Phase, 401, 417
δ-Eisen, 225
σ-ε-Diagramm, *siehe* Spannungs-Dehnungs-
    Diagramm

A
Abbruchreaktion, 27
Abgleitung, 114, 169, 170, 175, 213, 432, 433,
    455, *siehe auch* Versetzung – Bewegung,
    Kettenmolekül – Beweglichkeit
ABS, *siehe* Acrylnitril-Butadien-Styrol
Abscherung, *siehe* Abgleitung
Abschrecken, 216, 217, 228, 229
Acrylnitril, 299
Acrylnitril-Butadien-Styrol, 299
Ätzen, 16
Aktivierung (thermisch), 188, 198–200, 263, 264,
    273, 279, 383, 397, 419, 421, 433, **483**
Aktivierungsenergie, 274, 278, 395, 437, 462, 484
  – Diffusion, 209
  – Korngrenzendiffusion, 406
  – Leerstellenbildung, 403, 404, 416, 484
  – Leerstellendiffusion, 406, 416
  – Leerstellenplatzwechsel, 402
  – Platzwechsel, 403, 404, 416
  – Selbstdiffusion, 395, 407
Aktivierungsvolumen, **199**, 276, 401, 403, 404
Al_2O_3, *siehe* Aluminiumoxid
Alanin, 289
allgemeine Gaskonstante, 404, **484**
Alterung, 215, 216, *siehe auch* Auslagern,
    Reckalterung
Aluminium, 7, 196, 204, 206, 207, 215, 417, 426,
    445
  – als Matrixwerkstoff, 331, 375
  – Ausscheidungshärtung, 215, 216, 218, 434,
    456
  – Bruchzähigkeit, 431, 453
  – Dehngrenze, 196, 204, 207, 216, 390, 429,
    451

Aluminium...
  – Dispersionshärtung, 220
  – Einsatztemperatur, 396
  – Elastizitätsmodul, 44, 58, 59, 426, 429, 445,
    452
  – Ermüdung, 364, 372, 439, 465
  – Feinkornhärtung, 433, 456
  – Fließbedingung, 429, 451
  – Gleitband, 348
  – Kerb, 123
  – Kriechen, 409, 417
  – kritische Risslänge, 148
  – Spannungs-Dehnungs-Diagramm, 83,
    126–128, 429, 452
  – Spannungsrisskorrosion, 153
  – Verfestigungsexponent, 84
  – Verformungsverfestigung, 433, 456
  – Verschleiß, 211
  – Wechselfestigkeit, 390
  – Zugversuch, 82, 127
Aluminium-Kupfer-Phasendiagramm, 217
Aluminiumoxid, 18, 123, 220, 255, 257, 324, 330,
    332, 426, 445
  – als Matrixwerkstoff, 332, 333
  – Biegefestigkeit, 256
  – Dichte, 256
  – Druckfestigkeit, 256
  – Einsatztemperatur, 396
  – Elastizitätsmodul, 44, 256, 426, 445
  – Kornstruktur, 24, 25
  – kritische Risslänge, 148
  – Pulvergröße, 256
  – Risswachstum, 154, 241, 435, 458
  – Spannungs-Dehnungs-Diagramm, 75
  – Weibullmodul, 244
  – zirkonoxidverstärkt, 260
  – Zugfestigkeit, 256
Aluminiumtitanat, 255, 258
Amidgruppe, 30, 293
Aminosäure, 289, 337
amorph, 24
  – Keramik, **24**, 233
  – Metall, 25
  – Phase, *siehe* Glasphase
  – Polymer, **30**, 266, 276, 282
Anisotropie, 12, 48, 53, 57, 103, 258, 329, 335,
    336